UTB

Eine Arbeitsgemeinschaft der Verlage

Böhlau Verlag · Wien · Köln · Weimar
Verlag Barbara Budrich · Opladen · Toronto
facultas.wuv · Wien
Wilhelm Fink · Paderborn
A. Francke Verlag · Tübingen
Haupt Verlag · Bern
Verlag Julius Klinkhardt · Bad Heilbrunn
Mohr Siebeck · Tübingen
Nomos Verlagsgesellschaft · Baden-Baden
Ernst Reinhardt Verlag · München · Basel
Ferdinand Schöningh · Paderborn
Eugen Ulmer Verlag · Stuttgart
UVK Verlagsgesellschaft · Konstanz, mit UVK/Lucius · München
Vandenhoeck & Ruprecht · Göttingen · Bristol
vdf Hochschulverlag AG an der ETH Zürich

Bernd Blessin / Alexander Wick

Führen und führen lassen

Ansätze, Ergebnisse und Kritik der Führungsforschung

7., vollständig überarbeitete Auflage

UVK Verlagsgesellschaft mbH · Konstanz
mit UVK/Lucius · München

Bis zur 6. Auflage wurde dieser Titel von Prof. **Dr. Oswald Neuberger** verfasst.

Dr. Bernd Blessin ist als Leiter Personal und Organisation bei den VPV Versicherungen tätig. Darüber hinaus ist er Dozent an der Europäischen Wirtschaftsakademie Madrid (EWA), welche zur Dualen Hochschule Baden-Württemberg (DHBW) gehört.

Dr. Alexander Wick ist Professor für BWL, insb. Personalwirtschaft an der Internationalen Berufsakademie Darmstadt. Seine Forschungsschwerpunkte sind Personalauswahl, Mitarbeiterbindung, virtuelle Kooperation sowie Kompetenzdiagnostik und -entwicklung.

Online-Angebote oder elektronische Ausgaben sind erhältlich unter www.utb-shop.de.

Bibliografische Information der Deutschen Bibliothek
Die Deutsche Bibliothek verzeichnet diese Publikation in der Deutschen Nationalbibliografie; detaillierte bibliografische Daten sind im Internet über <http://dnb.ddb.de> abrufbar.

Einbandgestaltung: Atelier Reichert, Stuttgart
Coverbild: © iStockphoto.com, casarsa
Druck und Bindung: cpi - Ebner & Spiegel, Ulm

UVK Verlagsgesellschaft mbH
Schützenstr. 24 · 78462 Konstanz
Tel. 07531-9053-0 · Fax 07531-9053-98
www.uvk.de

UTB-Nr. 8532
ISBN: 978-3-8252-8532-6

Vorwort

Dieses Buch erschien zum ersten Mal 1984 und ist durch *Oswald Neuberger* über sechs Auflagen hinweg zu einem Klassiker der Führungsforschung geworden. Für uns war es damit zugleich Ehre und Ansporn, die nunmehr 7. Auflage erarbeiten zu dürfen. Wir haben daher am bewährten Ziel, einen Überblick über die wichtigsten Ansätze und Befunde der Führungsforschung zu geben und sie kritisch zu kommentieren, festgehalten. Dabei haben wir die grundlegenden Gedanken und Ausführungen von *Neuberger* aktualisiert und fokussiert in ein neues Konzept eingebracht. Dieses führt über *Neubergers* Ansatz hinaus in prototypische Kontexte und Anwendungsfelder der modernen Personalführung, die die Komplexität von Führungsforschung und -praxis zweckdienlich vermitteln, ohne sich im allzu Kleinen dieser Komplexität zu verlieren. Da Theorie nicht abgehoben von der Praxis als reiner Selbstzweck existieren sollte, haben wir zahlreiche Fallbeispiele aus der Praxis zur Unterstützung der Vermittlung eingebracht. In ihnen wird Führung an Beispielen aus DAX-Konzernen, kleinen und mittleren Unternehmen oder etwa der NASA/ESA aufgezeigt.

Auch diese Auflage ist und bleibt selektiv. Mehr noch als *Neuberger* das für die letzte Auflage festgestellt hat, ist es heute ein eher unrealistisches Unterfangen, die Personalführung *insgesamt* und aus *allen Blickwinkeln* und in *allen Kontexten* darzustellen. Wir haben uns entschieden, einen Ansatz zu wählen, der einer in der Führungsliteratur in jüngster Zeit sehr beliebten Disziplin widersteht: Das Sammeln und Indexieren immer neuer (?) adjektivisch qualifizierter Führungsvorstellungen. Das aktuelle Sortiment ist groß, noch wachsend und inflationär: „authentische Führung", „ethische Führung", „emotionale Führung", „ambidextre Führung", „dienende Führung", „begeisternde Führung", „spirituelle Führung" etc. pp. Sie alle bieten monothematische Perspektiven auf Führung und beleuchten damit bestimmte, höchstwahrscheinlich durchaus relevante Aspekte, während andere im Dunkel bleiben. Diese Beleuchtung kommt aus einer bestimmten (im besten Fall theoretisch fundierten) Richtung; das führt zu reizvollen Licht- und Schatteneffekten, reißt bestimmte Aspekte, die den jeweiligen AutorInnen wichtig sind, aus dem Gewühl der Komplexität heraus. Aber den Anspruch darauf, Führung an sich oder insgesamt zu beschreiben, erklären oder gar kriterienbezogen zu entwickeln, haben sie damit natürlich aufgegeben.

In einer Zeit, in der bei jeder sich bietenden Gelegenheit auf die Komplexität und Veränderung und Undurchschaubarkeit der Realität (falls es diese im sozialen Raum überhaupt gibt) hingewiesen wird, gilt es als legitim, geradezu geboten, solche Mikrokonzepte herauszugreifen, da sich das „Gesamte" ohnehin nicht mehr erfassen und begreifen lässt. Allerdings, darauf hinzuweisen, dass sie diesen Kunstgriff tun, vergessen viele (Ratgeber-)AutorInnen. Und die Mitglieder der wissenschaftlichen Gemeinschaft werfen sich im Wissen um den auch bei ihnen steigenden Konkurrenzdruck (*publish or perish*, Drittmitteleinwerbung, „Sichtbarkeit" im „Feld") auch im Gefolge erhöhter Drehfrequenz von Studiengängen (vom 4-Jahres-Diplom zum 3-Jahres-Bachelor mit angehängten Ministudiengängen von 1-2 Jahren, die zum Master führen) dankbar auf solche begrifflichen Konstruktionen. Das Trendsurfen (*Shapiro*, 1996) ist längst aus den Chefetagen diffundiert und hat unter anderem die einst sorgsam um unaufgeregten Erkenntnisgewinn bedachten Hochschulen erreicht.

Andererseits: Ganz wird man sich dem natürlich nicht entziehen können. Das würde schlussendlich bedeuten, dass man wieder nach „der Führung" für alle Umstände suchen würde, wie das in sehr einfacher Form, aber doch durchaus bestimmt mit den Great-Man-Theorien versucht wurde – und auch einige der neuen adjektivischen Formen versuchen. Andererseits ist das ein unendlicher Prozess auf den man sich einlässt: Warum nicht auch „Führung in nordhessischen ländlichen Regionen" oder „süße Führung"? Was ist hilfreich und wozu?

Wissenschaftlich gesehen ist eine gewisse Verallgemeinerung anzustreben, um den Anwendungsbereich breit zu halten. Andererseits sollte der Übertragungs-/Transferschritt auf konkrete Situationen der praktischen Führung nicht so groß sein, dass die durchschnittliche Führungskraft damit überfordert ist. Aus dem sozialen Prozess wissenschaftlicher Forschung lässt sich die Ausdifferenzierung der Kontexte oder Bedingtheiten und damit schrumpfende Einsatzbereich vieler Erkenntnisse ebenso nachzuvollziehen wie aus den konkreten Bedürfnissen der Unternehmen und Führungskräfte.

Der Tritt auf die Bremse bei dieser Atomisierung der Einsatzbereiche und Miniaturisierung von theoretischen Aussagen bedeutet für dieses Buch, dass einige Kontexte, mit praktischen Fällen kombiniert, präsentiert werden, aber nicht der Versuch unternommen wird, das Phänomen „Führung" über die mosaikartige Zusammenstückelung von „Führung in spezifischen Kontexten und aus spezifischen Perspektiven" zu erreichen.

Die präsentierten Kontexte sind mit Bedacht als sehr relevant (entweder für die Praxis der Führung oder für die Forschung oder vielleicht sogar beides) ausgewählt worden und bleiben trotzdem nur Situierungen breiterer Erkenntnisse der Führungsforschung, die auch anders hätten stattfinden können.

Zum Aufbau des Buches

Der Einstieg in das Buch erfolgt über den **Führungsbegriff**. Führung ist ein viel diskutiertes Thema, bei dem kalte Kognitionen und heiße Emotionen oft unentwirrbar vermengt werden. Die Einschätzungen schwanken zwischen Vergötterung und Heroisierung, Banalisierung und Trivialisierung, emotionalisierte Verklärung und nüchterne Verwissenschaftlichung und schließlich Dämonisierung oder Diabolisierung. Wir ordnen dies in Kapitel 1.

Führung ist ein multifaktorielles Geschehen, zu dessen Verständnis bei jedem dieser Faktoren (Führer, Geführte, Aufgaben, Organisation, Umwelt etc.) angesetzt werden kann. Um komplexe Zusammenhänge angemessen verarbeiten zu können, bieten sich zunächst Vereinfachungen an. In den **personalistischen Führungsansätzen** wird die Anzahl der Bedingungsgrößen so radikal verringert, dass nur noch ein Faktor für *eigentlich* bedeutsam erklärt wird: Es kommt vor allem anderen auf den Führer oder die Führerin an! Wir gehen dieser These in Kapitel 2 nach.

Nach dem Forschungsschwerpunkt auf den Eigenschaften der Führenden und dessen nicht zufriedenstellenden Ergebnissen kam eine Perspektive in Mode, die sich nicht auf quasi naturgegebene Unterschiede in der Person des Führenden konzentrierte, sondern die Beschreibung von Verhalten fokussierte und vom Verhalten auf Erfolg zu schließen suchte. Auch hier wurden verschiedene Konzepte und Modelle entwickelt, die gemeinsam haben, dass nach identifizierbaren Verhaltensmustern gesucht wurde. Die entsprechenden Verhaltensmuster werden als Führungsstile bezeichnet und unter die **verhaltensorientierten Führungsansätze** subsumiert. Wir prüfen die Belastbarkeit dieses Ansatzes in Kapitel 3.

Ausgangslage für den **Kontingenzansatz der Führung** ist die noch immer nicht zufriedenstellende Erklärung, Prognose und Förderung von Führungserfolg. Von dieser Stelle aus wandte sich die Führungsforschung denjenigen situativen Faktoren zu, die auf den Erfolg verschiedener Führungsstile wirken. Der Führungsstil ist also dem Führungserfolg in einer vorliegenden Situation kontingent in dem Sinne, dass eine starke Verbindung des einen mit dem anderen vorliegt (oder zumindest angenommen wird). Der Ansatz wird, da er die Situation als prominenten Faktor mit einbezieht, auch als *Situativer Ansatz* bezeichnet. Wir hinterfragen in Kapitel 4, ob dieser Ansatz Führungserfolg erklärt.

Nachdem die Führungsforschung den nachvollziehbaren Weg von Eigenschaftstheorien über Führungsverhalten zur Situationskontingenz gegangen war und die Realität sich gegenüber den untersuchten Ansätzen weiterhin als widerspenstig zeigte, herrschte eine gewisse Ratlosigkeit. Die Bemühungen differenzierten sich auf. Einerseits in Richtung alternativer Erklärungen, die die Komplexität des Führungsphänomens (erst noch) besser **verstehen, deuten und schaffen** wollten und sich von konkreten Optimallösungen emanzipierten. Sie sind eher „subjektivistisch" ausgelegt und bemühen sich, ein komplexes Feld, von dem man erkannt hat, dass einfache Ansätze ihm nicht hinreichend gerecht werden, weiter zu bearbeiten. Wir betrachten einige relevante Vertreter der **konstruktivistischen Ansätze** in Kapitel 5.

Im Kapitel 6 wird innegehalten, um eine Bestandsaufnahme zum Erfolg der Forschungsbemühungen vorzunehmen. Dabei wird zunächst der Blick darauf gerichtet, was denn eigentlich der Erfolg von Führung, um den das ganze Thema geht, eigentlich ist bzw. warum es so schwierig ist, ihn greifbar zu machen. Dann wird darauf geschaut, **wodurch Führung wirkt,** was denn vom bisher Betrachteten Führung erfolgreich machen kann. Dabei sind Blicke auf allgemeinere Theorien des Lernens und der Motivation notwendig, auf denen Führung aufbaut und an denen sie ansetzt.

Im folgenden Teil des Buchs werden Grundbedingungen und herausgegriffene Settings von Führung betrachtet, um dem Phänomen mittels dieser Situierungen noch näher zu kommen.

Seit einiger Zeit ist viel von demographischem Wandel und Wertewandel die Rede, von Internationalisierung und Globalisierung, von Inter- und Transkulturalität, von der Individualisierung und Fragmentierung von Lebensentwürfen und Berufsbiographien. Führung hat sich solchen Prozessen und Herausforderungen zu stellen und ihren Teil zur „Zukunftsfähigkeit" von Unternehmen und der Wirtschaft beizutragen. **Vielfalt**

führen – vielfältig führen untersucht Führung aus verschiedenen Perspektiven dieser Entwicklung hin zur größeren Vielfalt und Vielgestaltigkeit von Unternehmensangehörigen. Wir zeigen in Kapitel 7 in aktuellen Kontexten auf, was zu beachten ist.

In, durch und mit Veränderungen führen beleuchtet Entwicklungen und Veränderungen von Menschen, Organisationen und Umwelten sowie nach aktuellem Forschungsstand angemessene Reaktionen und Anpassungen von Führung. Dabei kann Führung selbst Entwicklungen und Veränderungen initiieren. So werden hier Führungsaufgaben aus drei sich stark überschneidenden Führungssettings aufgezeigt, Führung in und von Team- oder Projektstrukturen, und in organisationalen Veränderungsprozessen. Wir zeigen in Kapitel 8 die Einflüsse von Veränderungen auf Führung und die Einflüsse von Führung auf Veränderungen auf.

In einer abschließenden Betrachtung, die sich wieder von einzelnen Kontexten löst, betrachten wir die Frage: **Für oder gegen wen und was führen** Führungskräfte eigentlich? Diese Frage behandelt Kapitel 9, das von allgemeinen Prinzipien des Handelns über die Möglichkeiten zur Begründung von Führungshandeln bis hin zum täglichen Kampf um die eigenen (?) Interessen führt. Schließlich wird das Feld von Führungsdilemmata betrachtet, das als ein Ergebnis der Frage nach dem für und gegen von Führungskräften zu bearbeiten ist.

Das Ihnen vorliegende Buch ist für Studium und Praxis gleichermaßen geeignet. Es bildet als wissenschaftliches Lehrbuch seit vielen Jahren die Grundlage zur Vermittlung von Kernergebnissen der Führungsforschung schlechthin und ist in seiner aktualisierten Form für alle Unternehmen und Führungskräfte das Handbuch zur Personalführung.

Wir danken Herrn Dr. Jürgen Schechler vom Verlag und unseren Familien für ihre Geduld mit uns und besonders Oswald Neuberger für seinen inspirierenden und uns immer wieder herausfordernden Umgang mit dem Thema Führung.

Stuttgart und Heppenheim im September 2013,

Bernd Blessin und Alexander Wick

Inhaltsverzeichnis

Errata

zum Buch

Führen und führen lassen

von B. Blessin und A. Wick

S. 12: Inhaltsverzeichnis – Kap. 7.1.3 kommt versehentlich zweimal vor; beim zweiten Mal muss es „7.1.4“ lauten

S. 44: in Abb. 1.8 muss in rechten Kasten „Verhalten“, statt "Verhandeln" stehen

S. 112: Verweis im oberen grauen Kasten muss auf Abb. 3.3 erfolgen (nicht 3.4)

S. 305: Überschriftklassifizierung muss „7.1.4“ sein

S. 357: dritte Zeile statt „Potenziale vertikaler Führung“ muss es „Potenziale verteilter Führung“ heißen

S. 384: in Tab. 8.3 befindet sich ein Erläuterungssternchen – dieses bitte ignorieren

---

Mit der Bitte um Entschuldigung und Verständnis

Ihre Autoren und der Verlag UVK Lucius

Verzeichnis der Fallbeispiele

Abbildungsverzeichnis

Tabellenverzeichnis

Verzeichnis der Zusatzdokumente

1. Der Führungsbegriff

Führung ist ein viel diskutiertes Thema, bei dem kalte Kognitionen und heiße Emotionen oft unentwirrbar vermengt werden. Die Einschätzungen schwanken zwischen Vergötterung und Heroisierung (Personenkult), Banalisierung und Trivialisierung (Führung ist ‚nichts als' der Lückenbüßer von Organisation und eine verdinglichende Technik), emotionalisierte Verklärung und nüchterne Verwissenschaftlichung und schließlich Dämonisierung oder Diabolisierung (Verführung und Beherrschung der unschuldigen, unwissenden, widerstrebenden Massen).

1.1 Lexikalisches zum Begriff der Führung

An sich wäre es nach dem derzeitigen Stand der Erkenntnis seriöser, den Passepartout-Begriff ‚*Führung*' durch differenzierte Indizierungen zu präzisieren ($\text{Führung}_{\text{charismatisch}}$, $\text{Führung}_{\text{systemisch}}$, $\text{Führung}_{\text{leistungsorientiert}}$ etc.). Eine großsprecherische Art mag da, wo keiner Einblick und Überblick hat, fürs erste weiterhelfen. Damit handeln all jene systemkonform, die ihre Führungs-Auffassung kommerziell verwerten (müssen), denn hier zählt nur, dass der Käufer zufriedengestellt wird. Und da kann man – wie noch zu zeigen sein wird – mit den eigenartigsten Produkten den Geschmack treffen. Für kritische SozialwissenschaftlerInnen geht aber den Vorhersagen und Gestaltungsempfehlungen das Verstehen voraus (so fordert es zumindest die reine Lehre, die offensichtlich auch hier verschämt ihren Blick von der Wirklichkeit abwendet). Mit ‚Verstehen' ist kein unerklärliches Aha-Erlebnis der einzelnen Person gemeint (sonst müsste man die Bekehrungen, die Gurus auslösen, dazurechnen), sondern eine Einsicht, die fachlich informierten, jedenfalls aber verständigen PartnerInnen übermittelt werden kann und die die Chance hat, deren vernünftiger Kritik (vorläufig) standzuhalten. Diese kritische Öffentlichkeit kann aktuell natürlich geblendet werden (und verblendet sein), aber auf lange Sicht wird sie Fassade und Substanz zu unterscheiden wissen.

Dies ist kein Vorschlag, auf den Begriff der Führung wegen seiner Chamäleonhaftigkeit ganz zu verzichten (vgl. *Alvesson & Sveningsson*, 2003); im Gegenteil: er soll bewusster, d.h. differenzierter, nämlich in einem je spezifischen Erklärungszusammenhang gebraucht werden und nicht mehr als *Omnibus*-Begriff, der alles bedeuten kann (und nichts bedeuten muss), kursieren. Dazu muss er in theoretische Modelle eingebettet werden (s. unten).

Um zu untersuchen, was unter ‚Führung' verstanden wird, werden im kommenden Kapitel 1.2 verschiedene Definitions-Strategien skizziert. Das Ergebnis soll nicht die Ableitung der einzig wahren oder allumfassenden Führungsdefinition sein, sondern eine Zusammenstellung der Bestimmungs-Stücke, die für die Collage *Führung* verwendet werden. Damit wird das Repertoire ausgebreitet, aus dem sich jene bedienen, die im europäisch-amerikanischen Kulturraum über Führung reden. Bevor jedoch die genannten Definitionsstrategien behandelt werden, soll ein kurzes Resümee der lexikalischen Bestimmung des Begriffs erfolgen.

Ein erstes Grundverständnis mag ein etymologischer Ansatz sein, also das Herkommen eines Begriffs aus seiner „ursprünglichen" Bedeutung. ‚Führen' hängt im Deutschen mit ‚fahren machen' (in Bewegung bringen) zusammen; das englische ‚lead' wurzelt im altenglischen *lithan* (gehen, reisen, wandern); das althochdeutsche *lidan* hat dieselbe Bedeutung. Darauf geht das deutsche ‚leiten' als vorangehen, in Gang setzen zurück. Wortbildungen mit dem französischen *‚gestiori'* (Führung; von *gerer:* führen, verwalten) oder *meneur/meneuse* (Führerin) kommen im Deutschen nicht vor; dagegen findet sich *diriger* (führen, leiten) wieder in dirigieren, Direktor; auch das französische *commander* hat in den deutschen Lehnwörtern kommandieren und Kommandeur seine Entsprechungen; *chef* (oder das englische *chief*) stammen vom lat. *caput* (Haupt, *head*) und haben somit eine enge Verwandtschaft zu Kapital. Aus dem Griechischen stammen Wortverbindungen, die auf *‚archeiri'* (herrschen, regieren) zurückgehen (s. Hierarchie = heilige Ordnung/Herrschaft, Autarkie, Monarchie, Oligarchie etc.); die Endungen *‚-kratie'* (z.B. Autokratie, Demokratie, Plutokratie, Meritokratie) stammen von ‚kratikos' (Macht, Stärke) ab.

Ein weiterer pragmatischer Ansatz ist es, Lexika nach deren Begriffsdefinition und -verwendung zu analysieren. Das ist natürlich problematisch: Man kann ja an chinesischen Gebrauchsanweisungen oder türkischen Fremdenverkehrsprospekten sehen, wohin es führt, wenn jemand zum Lexikon greift und das nächstbeste Synonym wählt. Zur Führung tauchen in Lexika gewöhnlicher Weise eine Vielzahl von Begriffsverwendungen auf, deren Angemessenheit sich zumeist nicht allgemein, sondern erst in spezifischen Kontexten erschließt. So werden z.B. im *Grimm*schen Deutschen Wörterbuch (1866/1984) 31 transitive, acht reflexive (sich führen) und neun intransitive Verwendungen von „führen" unterschieden.

Um einen ungefähren Eindruck zu geben, sind die transitiven Verwendungen im Zusatzdokument 1 verkürzt wiedergegeben.

Im Deutschen wurde vor 1900 der Begriff *Führer* eher selten verwandt (s. *Helmer,* 1988); er wurde erst vor dem ersten Weltkrieg im Zusammenhang mit der Reformpädagogik und der Wandervogel-Bewegung in seiner heutigen Bedeutung wichtig. *Helmer* wertete verschiedene Ausgaben des Großen Meyer, des Brockhaus und verschiedener Fachlexika aus. Die Stichworte ‚Führung' oder ‚Führer' wurden im Großen Meyer recht unterschiedlich behandelt:

- 1847 sehr kurz,
- 1887 knappe Ausführungen zum Stichwort Führer,
- 1909 Kürzung des Texts von 1887,
- 1926 erstmals Führer in einer halben Spalte soziologisch erläutert,
- 1938 werden dem Führer (im Sinne des Nationalsozialismus) 3½ Spalten gewidmet, in der letzten kompletten Auflage von
- 1979 ist der Eintrag nur noch einen Satz lang.

Wenn im Folgenden Begriffsdefinitionen untersucht werden, dann ist das eine im positiven Sinn akademische Übung, weil sie entlastet ist vom Druck sofortiger Verwertbarkeit. Dahinter steht allerdings die Vision der idealen Sprechergemeinschaft, die sich durch miteinander reden aufklärt, damit sie über etwas vernünftig reden kann; das redende Denken (oder denkende Reden) wird nicht auf die Vorbereitung der produktiven Tat reduziert, sondern als eigenständige Praxisform gesehen. Kommunikation ist politisches Handeln, das soziale Realität sowohl beschreibt wie herstellt; sie wird verstanden, weil man sich auf sie verständigt hat. Die Wirklichkeit ‚Führung' ist Produkt und Produzent des Redens über Führen. Alle gebrauchen dasselbe Wort, aber sie verstehen – unaufgeklärt – jeweils etwas anderes darunter und reden so, ohne es zu merken, aneinander vorbei. Als *alltagssprachlicher* Begriff muss Führung mit Bedeutungsreichtum und Unschärfe, die Praxistauglichkeit verbürgen, leben.

Wenn man sowohl in der Alltagssprache, wie – was noch zu zeigen sein wird – in der Fachsprache über viele Optionen verfügt, das Wort ‚führen' inhaltlich zu füllen, dann ist jede Festlegung auf ein bestimmtes Verständnis eine Hinsicht, die im doppelten Sinn eine Absicht ist: Sie sieht ab von anderen Möglichkeiten und sie bringt eine Absicht des oder der Definierenden zum Ausdruck. Definitionen selektieren und konstruieren, d.h. setzen aus Elementen eine bestimmte(!) Wirklichkeit zusammen. Die Konstruktionen sind nur in der jeweiligen ‚Lebensform' verständlich. Dies ist eine deutliche Warnung vor Begriffsmagie: Wer glaubt, mit dem ‚richtigen Wort' ließe sich die Sache entzaubern, irrt. Es kommt bei einer pragmatischen Perspektive nicht auf den lexikalischen *Co-Text* an (die anderen Worte oder Texte, mit denen ein Begriff umstellt/erhellt/kontrastiert/vernetzt wird), sondern auf den *Kontext*, also die Lebensumstände und Lebensweisen, in denen gehandelt wird und für die Begriffe gebraucht werden. Je nach Kontext *ist* Führung etwas anderes.

Als Resümee der lexikalischen Deutung des Begriffs *Führung* kann festgehalten werden, dass er wie jeder wichtige Begriff einer lebendigen Sprache einen plastischen Kern hat, der in unterschiedlichen Zusammenhängen jeweils andere Akzentsetzungen erfährt. Ein Autor, der über Führung schreibt, archiviert, was andere gesagt, geschrieben und getan haben und deutet, wie sie es wohl gemeint haben. Dieser Anschluss an Denktraditionen schafft die Chance, das Bestehende als vieldeutig, interpretationsbedürftig, veränderlich und damit veränderbar zu erkennen. Statt Führung als etwas Endgültiges, Hermetisches und Objektives zu sehen, soll sie als widersprüchlich, prozessual, vielgestaltig und mehrdeutig begriffen werden. Wenn etwas unterschiedlich gesehen werden kann oder gar in verschiedenen Formen existiert, kann diese kognitive oder reale Vielfalt als Handlungsspielraum genutzt werden. Diese Einsicht lässt sich in eine Reihe von Argumenten für die Auseinandersetzung mit Führungs-Diskursen entfalten:

[1] Unsere Wirklichkeit ist sprachlich konstituiert. Was wir wissen, wissen wir zu einem großen Teil über Sprache und versprachlichte Erfahrung. Wir validieren unser Wissen kommunikativ und es ist wichtig, sich der zu Grunde liegenden Unterscheidungen bewusst zu werden.

[2] Mentale Modelle (Landkarten) bestimmen, was wir (nicht) sehen. Landkarten orientieren das Gehen (also: die Führungspraxis) im Gelände. Sie formen und

repräsentieren Suchfelder und Erwartungen. Sie schaffen sogar Gelände, das es (so) vorher nicht gab.

[3] Im selben Begriff verstecken sich – evtl. unerkannt – sehr unterschiedliche Bedeutungen. Das beschränkt sich nicht nur auf die denotativen Inhalte, sondern erstreckt sich auch auf die Konnotationen. Hinzu kommt, dass Begriffe in unerkannte ideologische Kontexte (z.B. ‚Führungsmythen', s. Kap. 6.2) integriert sind und von dort her unterschiedlichen Stellenwert erhalten.

[4] Die Klärung des Begriffsverständnisses hat einerseits Konsequenzen für pragmatische Empfehlungen (z.B. Ratschläge in Bezug auf Verhalten, Training, Feedback, Bewertung, Sanktionen) und andererseits begründet und ermöglicht es die kritische Reflexion eben dieser Empfehlungen.

[5] Definitionen sind wichtig für die Abgrenzung von konkurrierenden bzw. benachbarten Wissensgebieten (bei Führung sind das z.B. Organisation, Management, Persönlichkeitspsychologie, Gruppendynamik etc.) und die Übertragung und Nutzung von dort generiertem Know-how, sodass man es sich sparen kann, das Rad immer wieder neu zu erfinden. Allerdings darf man sich die Sache nicht zu einfach machen: Wenn ein Begriff in unterschiedlichen Sprachspielen oder Texten gebraucht wird, wechselt er mit ihnen seine Bedeutung (dazu ausführlich und informativ: *Möhring*, 1998; semantisch: *Polysemie* durch Spezialisierung). Dies ist ein Hinweis darauf, dass es nicht um fixe oder (end-)gültige Bedeutungen geht, sondern verschiedene Möglichkeiten, den Begriff zu gebrauchen.

Man kann zwar auch über Führung kommunizieren durch Hinzeigen: „Das war eine beeindruckende Führungstat!" oder durch Visualisierung von Szenen (in Bildern oder Filmen), aber auch das setzt ein sozialisiertes Wissen über Führung und Nicht-Führung voraus. Entsprechendes gilt für die in Praxis-Ratgebern sehr verbreitete Technik, Geschichten (Anekdoten, Episoden) zu erzählen, in denen die Groß- oder Untaten einer Zentralfigur (Führungskraft) beschrieben werden. Um jedoch zu erkennen, was bei all diesen Geschichten *Führung* war (und nicht etwa Zufall, Machthunger, Pflichtbewusstsein, Manipulation, Selbstdarstellung etc.), benötigt man ein Vor-Verständnis, das grundgelegt ist in der gesellschaftlichen und kulturellen Praxis, in der die Adressatinnen und Adressaten aufgewachsen sind. Führung ist kein Ding wie ein Schuh oder ein Auto, sondern ein soziales Konstrukt.

1.2 Strategien zur Dekodierung des Führungsverständnisses

Die folgenden Überlegungen behandeln systematische Möglichkeiten, die Verrätselung des Begriffs aufzulösen, um seine Verwendung in der Fachliteratur besser zu verstehen. Dazu werden hier fünf Strategien zur Entschlüsselung von Definitionen diskutiert.

Führungsdefinitionen, die sich in unüberschaubar vielen wissenschaftlichen, populärwissenschaftlichen und andern Texten der Wirtschaftswissenschaften, Psychologie, Politologie, Soziologie, Historiographie, Vergleichenden Verhaltensforschung, Pädagogik etc. finden lassen, setzen sehr unterschiedliche Akzente, Abgrenzungen und Erstreckungsbereiche und beinhalten verschiedenste implizite Theorien (vgl. *Alvesson & Sveningsson*, 2003; *Winston & Patterson*, 2006).

Die folgenden Definitionen aus sieben Jahrzehnten sollen in die Vielfalt vorzufindender Führungsdefinitionen einführen:

- *Stogdill* (1950, S. 4): „Führung [ist] der Prozess der Beeinflussung der Aktivitäten einer organisierten Gruppe in Richtung auf Zielsetzung und Zielerreichung."
- *Packard* (1962, S. 170): „In seinem Wesen scheint Führung die Kunst zu sein, andere dazu zu bringen etwas zu wollen, wovon du überzeugt bist, dass es getan werden sollte."
- *Katz & Kahn* (1978, S. 528): „Nach unserer Auffassung ist das Wesen organisationaler Führung der Einflussüberschuss über die mechanische Befolgung der Routinedirektiven der Organisation hinaus."
- *Burns* (1978, S. 18). „Führung von Menschen wird ausgeübt, wenn Personen mit bestimmten Motiven und Zielen im Wettbewerb oder im Konflikt mit anderen die institutionellen, politischen, psychologischen und anderen Ressourcen so mobilisieren, sodass sie die Motive der Geführten wecken, verpflichten und befriedigen."
- *Lord & Maher* (1991, S. 11): „Führung [kann man sehen] als den Prozess, der dazu führt, von anderen als Führungskraft wahrgenommen zu werden."
- *Baecker* (1994, S. 32) „Führung soll heißen, Anweisungen zu geben, die befolgt werden, weil die Untergebenen sich mit ihnen identifizieren."
- *Weinert* (2004, S. 458): „Darunter ist der Versuch zu verstehen, Einfluss zu nehmen, um Gruppenmitglieder zu einer Leistung und damit zum Erreichen von Gruppen- oder Organisationszielen zu motivieren. Einfluss kann definiert werden als Veränderung in den Einstellungen, Werten, Überzeugungen und Verhaltensweisen von Zielpersonen als Ergebnis von Einflussbemühungen der Führungsperson."
- *Maier & Bartscher* (2013): „durch Interaktion vermittelte Ausrichtung des Handelns von Individuen und Gruppen auf die Verwirklichung vorgegebener Ziele; beinhaltet asymmetrische soziale Beziehungen der Über- und Unterordnung."

Zusatzdokument 2 führt diese und weitere von den jeweiligen AutorInnen als wissenschaftlich erachtete Definitionen aus dem Umfeld der beiden Hauptdisziplinen der Führungsforschung, der Psychologie und der Wirtschaftswissenschaften auf.

Den meisten aktuellen Definitionen sind einige Punkte gemeinsam, wodurch sich ein gewisser Grundkonsens herauszukristallisieren scheint, nämlich, dass

- Führung ein Prozess ist,
- die Beeinflussung anderer Personen intendiert,
- im Kontext einer Gruppe stattfindet,
- die Erreichung von Zielen beinhaltet,
- diese Ziele in irgendeiner Art von Führenden und Geführten geteilt werden (*Walenta*, 2012, S. 496).

Im Folgenden sollen Strategien vorgestellt werden, wie diese verschiedenen Definitionen und dahinter stehenden Führungsansätze entschlüsselt werden können, sodass ein Chance besteht, das reichhaltige Angebot zu strukturieren und seine Einsichten zu nutzen. Wenn die Implikationen offen gelegt worden sind, kann eine bewusste Entscheidung für oder gegen eine Gegenstandsbestimmung erfolgen. Durch die Vorstellung *mehrerer* Möglichkeiten soll gleichzeitig auch Distanz gegenüber jeder einzelnen erzeugt werden: keine ist die richtige oder beste, aber alle sind bereichernd. Die fünf Analyse-Strategien können – umgekehrt – auch als Arbeitsanweisungen für jene gelesen werden, die einen (sozialwissenschaftlichen) Fachbegriff definieren möchten. Im Einzelnen werden folgende Vorgehensweisen behandelt:

- Operationalisiere und handle!
- Differenziere und hierarchisiere!
- Konstelliere und relationiere!
- Typisiere und erzähle eine Geschichte!
- Integriere und theoretisiere!

Operationalisiere und handle!

Es wird eine *Handlung* oder *Vorgehensweise* beschrieben, deren Ausführung erzeugt, was ‚Sache' ist. Es ist im Grunde eine hinzeigende Strategie, die dem Motto folgt: „Schau dir das an, was ich jetzt mache. Genau das verstehe ich unter Führung!" Derartige Definitionen ersetzen das Reden durch Tun: Man muss Führung sehen, erleben, machen! Ersatzweise kann man sich aber auch mit der (verbalen) Handlungs*anweisung* begnügen, weil sie das Prinzip nennt, dem die Praxis folgen soll: Wenn z.B. jemand unter Führen ‚Anweisungen geben' versteht, dann folgt daraus, dass jede Person führt, die Anweisungen gibt. Nur dann, wenn angewiesen wurde, kann man von Führung sprechen.

Operationale Definitionen formulieren im Wesentlichen einen Handlungskatalog, der so, wie er ist, erschöpfend ist. Wenn in diesem Katalog steht: Plane! Organisiere! Motiviere! Kontrolliere!, dann sind diese vier Anweisungen noch *un*operational, weil man nicht weiß, wie im konkreten Fall nun eigentlich z.B. ‚planen' geht. Man muss vielmehr die Ausführungsbestimmungen angeben, also die einzelnen Handlungen beschreiben oder vorführen, die z.B. ‚Planen' ausmachen. Damit wird man sehr schnell mit Problemen der Abgrenzung bzw. Vernetzung, Eindeutigkeit, Interpretationsbedürftigkeit etc. konfrontiert.

Operationale Definitionen werden zumeist bei experimentellen Versuchsanordnungen genutzt, wenn das, was etwa die Versuchsbedingung ‚autoritäre Führung' kennzeichnen soll, dem Inhaber oder der Inhaberin dieser Führungsrolle dezidiert vorgegeben wird (z.B.: klare Anweisungen geben, sich auf keine Diskussionen einlassen, unterbrechen, nicht rückfragen, Fristen setzen, ohne Begründung Bewertungskriterien anwenden, ohne Ankündigung kontrollieren …). Die für diese Rolle vorgesehene Person muss das trainieren und in der Experimentalsituation praktizieren. Tut sie das, dann hat sie ‚autoritär geführt'. In gleicher Weise kann man diese Technik im verhaltensorientierten Führungskräftetraining nutzen.

Es ist jedoch offenkundig, dass diese Strategie das Problem nur verlagert, weil unterstellt wird, dass die ‚konkreten Handlungen' eindeutig seien; sie sind es aber nicht ‚als solche', sondern nur als verstandene und kontextualisierte.

Differenziere und hierarchisiere!

Eine unabdingbare Voraussetzung, um Sinn oder Bedeutung eines Begriffs zu ermitteln, ist ganz buchstäblich: Definition. Das Wort ‚definieren' enthält das lat. ‚finis' = Grenze und bedeutet wörtlich: ab- oder eingrenzen. Die Maxime lautet: Triff eine Unterscheidung. Das Gemeinte wird vom Nicht-Gemeinten wie die Figur vom Hintergrund abgehoben. Durch Gegenüberstellung zum Nicht-Identischen wird die Identität hergestellt. Weil es unendlich viele Möglichkeiten des Nicht-Identischen gibt (eine Kuh ist kein Regenwurm, kein Kohlepapier, kein Programmbefehl, keine Autobahn …), ist es ein kreativer Akt, das Andere zu bezeichnen, das man gegenüberstellen, von dem man etwas abheben, zu dem man etwas kontrastieren kann.

Der Vorschlag zum differenzierenden Vorgehen ist meist: Ordne die in den Definitionen in Beziehung gesetzten Begriffe! Das heißt konkret: Verorte sie, indem du *genus proximum* und *differentiae specificae* bestimmst, also die *nächst höhere Klasse bzw. Art* und die *spezifischen Unterschiede* zwischen jenen Begriffen, die unter den ‚nächst höheren: Ober-Begriff subsumiert werden (können).

Allgemein ausgedrückt lautet die Struktur einer solchen Führungsdefinition:

Führung ist ein Unterfall von … [füge ein: den Oberbegriff], der sich von anderen Unterfällen unterscheidet durch … [füge ein: die kennzeichnenden Differenzen].

Beispiel: Analyse von zwei in Führungsseminaren erarbeiteten Definitionen:

a) „Führen heißt, sich und andere organisieren."

b) „Führen heißt, Ziele durch andere erreichen."

zu a): Führen = organisieren (Oberbegriff) und zwar „sich und andere" (Unterbegriff: Personen; ausgeschlossen sind z.B. Maschinen oder technische Prozesse). Ob und wie bewertet werden kann/soll, wann dieses Organisieren gut oder schlecht, erfolgreich oder gescheitert ist, wird nicht ausgesagt. Nur *organisiertes* Handeln zählt, nicht aber spontanimpulsives, lustvollkreatives, opportunistisches oder affektives. Implizit schwingt durch das *‚und'* die These mit: Nur wer selbst organisiert ist, kann auch andere organisieren.

zu b): Führen heißt Zielerreichung (Oberbegriff), und zwar: durch andere (Unterbegriff; Abgrenzung z.B. zu *‚selbst* Ziele erreichen'). Über die Wege zur Effektivität wird nichts ausgesagt (z.B. dass die Zielerreichung durch Handlungslenkung, Gehirnwäsche, Interaktion, Strukturgestaltung etc. erfolgen soll), wichtig ist nur, dass *andere* die Arbeit tun. Das könnten auch Sklaven oder Roboter oder höhere Vorgesetzte sein. Ob die Ziele nur die eigenen oder (auch) die der anderen sind, bleibt ebenso offen wie die Frage, ob die Ziele nicht ohnehin – also: ohne Führung – angestrebt und erreicht worden wären.

Resümee: Beide Definitionen sind, weil sie viel ein- und wenig ausschließen, ziemlich uninformativ.

Diese Vorgehensweise bringt Begriffe zueinander in *hierarchische* Beziehung; die Analogie zu klassischen Organigrammen drängt sich auf: Ordnung = lineares Unter-Ordnen durch Herrschaft (im Sinne von Sub-Ordination). Charakteristisch ist, dass aus dem Obergriff eine Untermenge herausgeschnitten wird, die eindeutig sein soll. Die damit verbundenen Operationalisierungsprobleme behandelt am Beispiel der Führungseigenschaften die sog. ‚Kategorisierungs-Theorie' (s. Kap. 2.2).

Das zentrale Problem dieser Strategie ist, dass zwar das Eingeschlossene, nicht aber das Ausgeschlossene benannt wird. Die LeserInnen werden weitgehend allein gelassen beim Erfinden oder Auffinden sowohl der Kontrastbegriffe, die die gewollte Hervorhebung erst zu positionieren erlauben, wie auch der zu Grunde liegenden inhaltlichen Theorie (z.B. Führung ist ein Wahrnehmungs- oder Zuschreibungsprozess; Führung ist ein Konditionierungsprozess; Führung ist ein Problemlösungsprozess etc.).

Konstelliere und relationiere!

Die dritte Strategie ist, Begriffe miteinander zu vernetzen, einander gegenüber zu stellen, in Beziehung setzen, konstellieren, in einem Raster von Referenzbegriffen zu positionieren. Ein Begriff wird z.B. dadurch ‚konstelliert', dass er mit einer Reihe familienähnlicher Begriffe konfrontiert wird. Es wird also nichts ausgegrenzt, sondern etwas miteinander *in Beziehung* gesetzt.

In Abb. 1.1 ist eine Auswahl von Bezugsbegriffen zusammengestellt, die im Diskurs über Führung immer wieder benutzt werden. Wortfelder (neuerdings „tag clouds") können eher unstrukturiert sein, z.B. wenn einfach andere Begriffe, die eine gewisse Ähnlichkeit oder Relevanz für das Konzept aufweisen, in die Nähe des Begriffs geschrieben werden. Oder sie können eine inhaltliche Struktur aufweisen, z.B. dass Nähe von Begriffen deren Ähnlichkeit oder Verbundenheit darstellt, und Größe der Schrift kann die Relevanz des jeweiligen Begriffs symbolisieren.

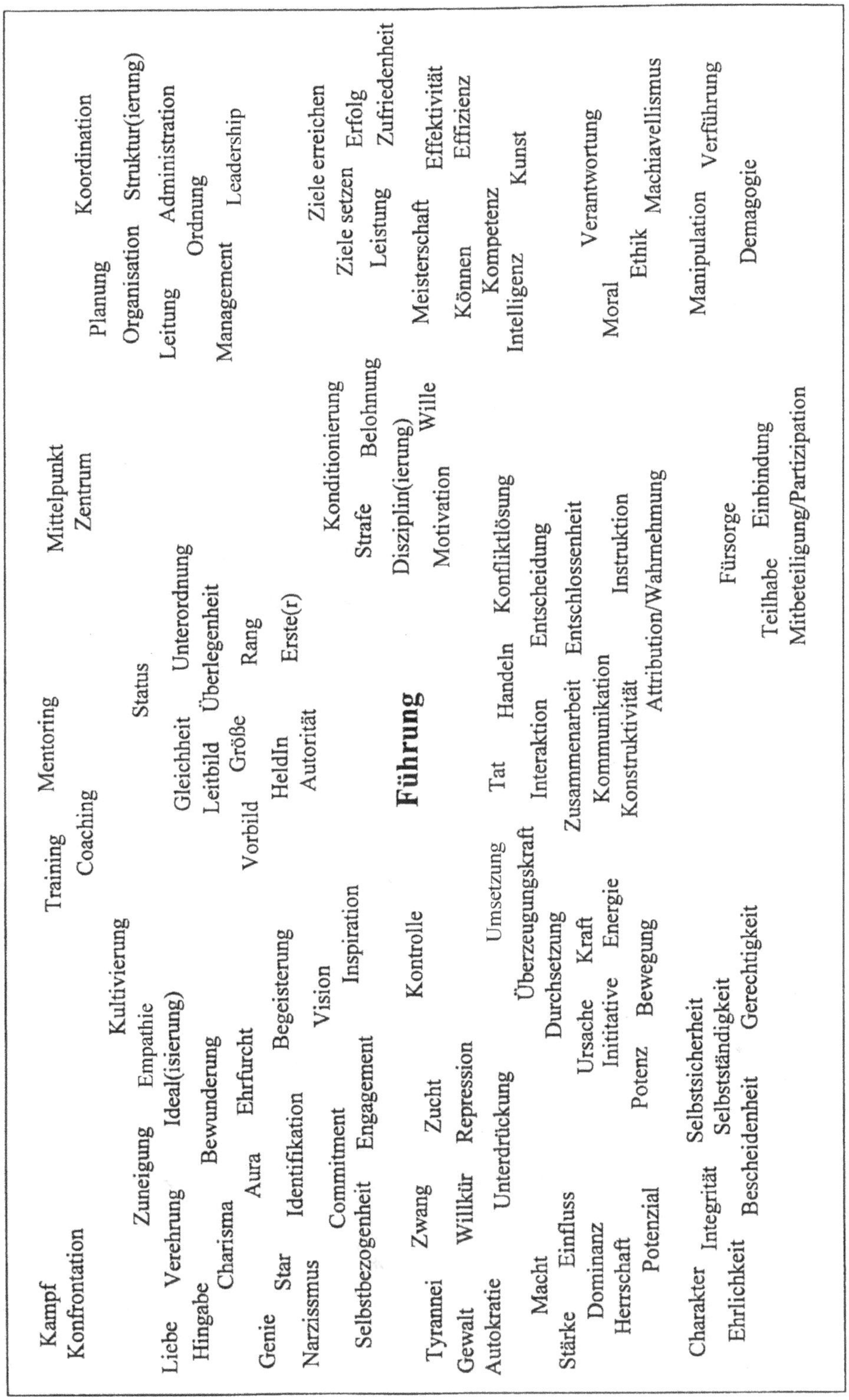

Abb. 1.1: Wortfeld Führung

Wie jeder Mensch über fünf bis sieben Kontakte zu jedem anderen Menschen in der Welt in Beziehung steht, so steht jedes Wort mit jedem anderen über wenige Zwischenbegriffe in Verbindung. Und wie eine Person durch die Interaktion mit anderen sich selbst bestimmt oder bestimmt wird, so auch ein Begriff durch die Bezugsbegriffe, in deren Zusammenhang er seinen Sinn findet.

Eine Relationierungsstrategie verfolgen auch jene statistischen Techniken, die Konzepte in einem mehrdimensionalen Raum lokalisieren, der durch Bezugsbegriffe, Dimensionen, Achsen oder Faktoren strukturiert wird (z.B. Diskriminanzanalyse, Faktorenanalyse, Multidimensionale Skalierung etc.). Dabei wird ein Merkmalsraum (etwa: Führungsverhalten z.B. in zwei Dimensionen, z.B. Mitarbeiter- und Aufgaben-Orientierung) aufgespannt, der die Zu-Ordnung aller empirisch unterschiedenen Verhaltensweisen (loben, antreiben, mitreden lassen, freundlich sein, Ziele setzen, kontrollieren etc.) erlaubt.

Beispiel: „Führungslandschaft Schweiz"

Im Projekt „Führungslandschaft Schweiz" wurden schweizerische Führungskräfte über ihr Verständnis von Führung befragt (s.a. *Müller & Dachler*, 1988; *Biedermann*, 1989), indem man sie Geschichten darüber erzählen ließ, wann sie zum ersten Mal in ihrem Leben Führung erlebt hätten. Aus diesen Geschichten hat die Forschergruppe eine Reihe von Kennzeichnungen destilliert, die deutlich machen, dass Führung kein übereinstimmend gebrauchtes Konzept ist, sondern von den Befragten mit recht verschiedenen Erlebnissen und Inhalten ausgefüllt wurde:

Zum Beispiel kommen im Führungsselbstverständnis schweizerischer Führungskräfte (*Müller*, 1988) bei den meisten Befragten Themen zur Sprache wie

- Standort einnehmen,
- fordern können,
- sich auch gegen Widerstand durchsetzen können,
- bewegen, bewirken, verändern,
- Vorbild sein,
- sich auch an der Front bewähren.

Auch wenn einzelne Führungskräfte ihr persönliches Führungsverständnis berichtet haben, so liefert doch die Zusammenschau der Einzelschilderungen ein Kollektivbild, das Führung in Beziehung setzt zu: Garant für Ordnung, mitreißende Kraft, ein Kollektiv prägen, ihm seinen Stempel aufdrücken, Position beziehen, einen klaren Standort einnehmen, sich exponieren, (fachlich) Vorbild sein, bewegen, bewirken, verändern, Ursache sein, unmissverständlich und konsequent fordern und sich durchsetzen können, sich an der Front (Auge in Auge mit dem Gegner?) bewähren …

Dies ist keine Charakterisierung von Führungskräften, wie sie ‚tatsächlich' sind, sondern wie sie sich selbst sehen oder gesehen werden möchten; im Bericht vermischen sich soziale Erwünschtheit und Erinnerung. Es wird ein Netz von Anforderungen aufgespannt, dem Führungskräfte in der Praxis mehr oder weniger entsprechen. Sie müssen damit rechnen, nach diesen Vorgaben beurteilt zu werden, auch wenn einzelne BeurteilerInnen sehr spezifische Erwartungen haben.

Die Strategie des In-Beziehung-Setzens geht aus von der Grundstruktur sprachlichen Verstehens, das nicht durch singuläre Wortbedeutungen, sondern durch Sinnzusammenhänge (Wortnetze, Verweisungen, Strukturen) bestimmt ist. Eine Definition hängt von den gewählten Bezugsbegriffen ab; deren *Netz*, und nicht ein einzelner Bezug, stiftet Sinn. Damit entsteht ein Wege-Netz, mit dessen Hilfe man eine Route durch unbekanntes Gelände finden/bahnen, sich orientieren, eine Landkarte zeichnen, Anschlüsse zu anderen Begriffen und Theorien herstellen kann.

Die als Referenzen gewählten Begriffe sind nicht zufällig, sondern – wie gesagt – familienähnlich, sie decken zum Teil ähnliches ab und überlappen sich. Führung hat etwas von Macht, von Liebe, von Kommunikation, von Konsequenz, von Zwang, von Manipulation etc. Es ist ein wichtiger Teil der Sozialisation in eine Gesellschaft oder Kultur, mit den immer interpretationsfähigen und -bedürftigen Deutungsmustern und Beziehungsstrukturen vertraut zu werden, sodass man am Ende kompetent mit ihnen spielen kann.

Typisiere und erzähle eine Geschichte!

In Erweiterung der Relationierungsstrategie werden hier bestimmte Merkmalskombinationen als Muster, Gestalten oder Typen hervorgehoben. Sie dienen als prägnante Prototypen, Schemata oder Archetypen, die eine schnelle Orientierung ermöglichen. Es gibt offenkundig in jedem Kulturkreis eine begrenzte Anzahl solcher Modelle, die als markante Konfigurationen (oder Figuren) imponieren. Sie erhalten griffige Namen (z.B. DespotIn, HeldIn, Vater- oder Mutterfigur, MacherIn) und alle wissen, womit sie zu rechnen haben, wenn ihnen ein solcher Typ präsentiert wird.

Prototypen werden nicht als isolierte Wortmarken präsentiert und angeeignet. Was an ihnen charakteristisch ist, wird im Begriff zwar auf den Punkt gebracht, aber vermittelt und gelernt wird es in Geschichten. Damit wird angeknüpft an uralte Traditionen, die offenbar in allen Kulturen gepflegt wurden. Menschen haben das, was für sie wichtig war, in einprägsamen, oft dramatischen Erzählungen weitergegeben. Führungsgeschichten waren meist Heldengeschichten, die von (oft professionellen) GeschichtenerzählerInnen buchstäblich zum Besten gegeben wurden und wichtiger Bestandteil der Erziehung und des Hineinwachsens in eine kulturelle Überlieferung waren. In unterschiedlichen Erzählformen (Märchen, Heldengeschichten, Heiligenlegenden, Biografien, Epen etc.) wurden auf diese Weise Werte, Normen, Regeln, Ideale, Vorbilder etc. gleichnishaft, einprägsam und anregend weitergegeben. Die Rolle der GeschichtenerzählerInnen ist heute von den Massenmedien besetzt, die in Fernsehen, Internet und

Presse (speziell auch in der Management-Presse) die aktuellen Modelle liefern. Auch die halb- oder pseudowissenschaftliche Literatur beteiligt sich intensiv an der Verfertigung und Weitergabe solcher Erzählungen. Der Erfolg von Bestsellern wie denen von *Peters & Waterman* (1982/1984), *Deal & Kennedy* (1982), *Peters & Austin* (1986), *Bennis* (1990), *Sprenger* (1991), *Collins & Porras* (1995), *Neff & Citrin* (1999), *Goleman* (1997), *Malik* (2006), *Hinterhuber* (2010), *Hill & Lineback* (2011); *Sprenger* (2012) beruht nicht zuletzt darauf, dass sie ihre Kernaussagen mit anekdotischen Schilderungen der Großtaten erfolgreicher UnternehmensführerInnen stützen und sie dabei häufig im Originalton reden lassen. Solche Geschichten ‚verraten' ebenso viel über die Erzählenden und ihr verständiges Publikum und die Konventionen der Kultur und Sprache, in denen erzählt wird, wie über die dargestellten Führenden. Definitionen der Führung beziehen sich wie das gesamte Führungs-Gerede nicht auf etwas Objektives, das man wie ein Ding messen und mit anderen Dingen (wie z.B. Erfolg) in Beziehung setzen kann. Es ist also durchaus – geadelt durch menschheitsgeschichtliche Tradition und gestützt auf moderne Erkenntnistheorie – eine sinnvolle Strategie, Führung durch eine Vignette zu definieren.

5 **Integriere und theoretisiere!**

In Definitionen werden manchmal explizit Zusammenhangsbehauptungen aufgestellt, die z.B. folgende Struktur haben können: „Wenn eine Führungskraft x tut oder ist, dann wird sie Erfolg haben". Viel häufiger aber sind diese Wenn-Dann-Beziehungen unausgesprochen unterstellt. So gesehen sind Definitionen kurze Sequenzen aus einem größeren Text: der Theorie. Diese muss man kennen, um den Ausschnitt wirklich zu verstehen. Die Integriere-und-theoretisiere-Strategie zielt darauf ab, das zu Grunde liegende theoretische System zu identifizieren. Das „In-Theorien-Einbetten" ist die anspruchsvollste Strategie, weil sie Expertise in Sachen Führungs-Theorien voraussetzt: Man muss wissen, welche Theorien es gibt, was jeweils die Kernaussagen sind, wie die Theoriearchitektur aussieht, welche Begriffe verwendet, welche Beziehungen unterstellt, welche erkenntnistheoretischen Voraussetzungen gemacht werden etc.

Alle Theorien nehmen Reduktionen vor, aber verschiedene Theorien jeweils andere und sie unterscheiden sich vor allem in ihren Strukturkernen (Kerngedanken, Basisannahmen, Grundprinzipien). Für den aktuellen Zusammenhang soll kurz erörtert werden, wie *Strukturkerne* von Theorien mit Hilfe einiger Heuristiken identifiziert werden können:

[1] *Identifiziere das Problem, das die Theorie lösen will!*
Soll sie die Zielerreichung optimieren, Rollenerwartungen erfüllen, die geeignetste Persönlichkeit herausfinden, Integrations- oder Kooperationsproblem lösen, unintendierte Konsequenzen erklären…

[2] *Zeige die Traditionslinie des Ansatzes auf!*
Berücksichtige Vorläufer, Schulen, Entwicklungsstufen, Zusammenhänge mit oder Abgrenzungen von anderen Ansätzen. Beispiel: *Fiedlers* ‚Kontingenztheorie der Führungseffektivität' steht in der Tradition der empirischen sozialpsychologischen Gruppenforschung und der situativen Organisationstheorie und über-

nimmt von diesen Ansätzen die Korrelations-Mentalität, den Hang zu empirischen Generalisierungen und zur Einführung von Moderatorvariablen.

[3] *Identifiziere die Kernbegriffe!*
Zum Beispiel haben Begriffe wie Beobachtung, Grenze, Kommunikation, Autopoiesis, Reflexivität, Referenz im systemtheoretischen Kontext eine spezifische Bedeutung. In anderen Kontexten – z.B. psychoanalytischen – tauchen diese Begriffe nicht auf oder haben einen ganz anderen Sinn. Für Führung könnten solche Kernbegriffe sein: Eigenschaft, Erfolg, Macht, Kommunikation, Kultur etc.).

[4] *Decke das Beziehungsmuster auf!*
Beschreibe oder visualisiere, wie die Kernbegriffe zueinander in Beziehung gesetzt werden. Werden bestimmte Abhängigkeits-, Zusammenhangs- oder Verursachungsmuster unterstellt?

[5] *Finde (unausgesprochene) Basisannahmen!*
Diese den Theorieentwurf inspirierenden Voraus-Setzungen werden im Regelfall nicht offengelegt, sondern häufig als unreflektierte Selbstverständlichkeiten betrachtet. Beispiel: „Geführte sind passiv und träge und deswegen müssen sie angeregt, angestoßen, angetrieben, motiviert werden"; die Gegenthese würde danach fragen, wie die unterdrückte ‚natürliche' Spontaneität, Kreativität, Tatkraft und Verantwortungsfreude der Arbeitnehmer wieder entfesselt werden kann, sodass die Geführten von selbst, ohne Zutun von Vorgesetzten aktiv werden.

[6] *Identifiziere die Aussagenebene!*
Was ist Subjekt und/oder Objekt: Individuum, Gruppe, Organisation, Gesellschaft? Werden Aussagen über intrapsychische Vorgänge gemacht (Abwehrmechanismen, Einstellungen, Motive, Beobachtungen) oder über Interaktionen oder Artefakte oder Strukturen?

[7] *Thematisiere die Selektivität der Perspektiven!*
Anhand von Rahmenkonzepten kann geprüft werden, welche Perspektiven (nicht) thematisiert werden. Wenn sich in einem Erklärungsansatz z.B. keine Aussagen zu Emotion oder Macht oder Wert oder Kosten finden, kann man fragen, ob diese Auslassung bewusst vorgenommen wurde und/oder ob sie aus ideologischer Voreingenommenheit herrührt oder die Festlegung auf ein spezielles Theoriemodell verrät.

1.3 Eine handlungstheoretische Führungsdefinition

Im Folgenden soll am Beispiel einer *handlungstheoretisch* fundierten Definition illustriert werden, dass theoretische Rahmungen eine große Zahl von Folgeproblemen nach sich ziehen. Ähnliches hätte sich auch an psychoanalytischen, systemtheoretischen oder sonstigen Ansätzen zeigen lassen, es wird hier aber ein handlungstheoretischer gewählt, weil dieser Zugang in der Führungsdiskussion mit Abstand am häufigsten praktiziert wird.

1.3.1 Struktur einer handlungstheoretischen Führungsdefinition

Die allgemeine Grundstruktur einer handlungstheoretisch fundierten Aussage über Führung ist:

*Akteur **A** führt in Bezug auf Akteur **B** in der Situation **S** die Handlung **X** aus und bewirkt **Y**.*

Y sind Ereignisse, Ergebnisse, Zielwerte (z.B. Qualität, Umsatz, Kooperation, Anwesenheitsgrad, Innovationsrate, Gewinn etc.), die aus dem Hintergrund von **S** als Figur hervorgehoben sind und die in einen kausalen oder temporalen Bezug zu **X** gesetzt werden.

Eine solche Sichtweise schließt Voraussetzungen ein, die *Führung* von anderem Handeln in Organisationen unterscheiden:

1. Weil **A** und **B** *Subjekte* sind, ist zum einen mit Deutung, Reflexivität, Emotionalität etc. zu rechnen und zum anderen ist als emergente dritte Größe die *Beziehung zwischen* **A** und **B** zu berücksichtigen (Intersubjektivität). Dabei muss **B** nicht *eine* Person, sondern kann auch eine *Mehrzahl oder ein Kollektiv* von Personen sein (z.B. ein Team, eine Abteilung, ein Bereich); eine Führungskraft kann durch ihr Handeln die Regeln, Strukturen, Prozesse solcher ‚Kollektivakteure' verändern.

Die Führungskraft (Akteur **A**): Definitionen, die sich mit Aussagen über *Führungseigenschaften* zufrieden geben, und im Extremfall eine mystische Verklärung der Führenden betreiben, beschränken sich ausschließlich auf diese eine Komponente. Als erstes Element der folgenden Visualisierung von Führung (Abb. 1.2) soll die Führungskraft als Akteur oder Person A im grafischen Symbol eines Kreises vorgestellt werden:

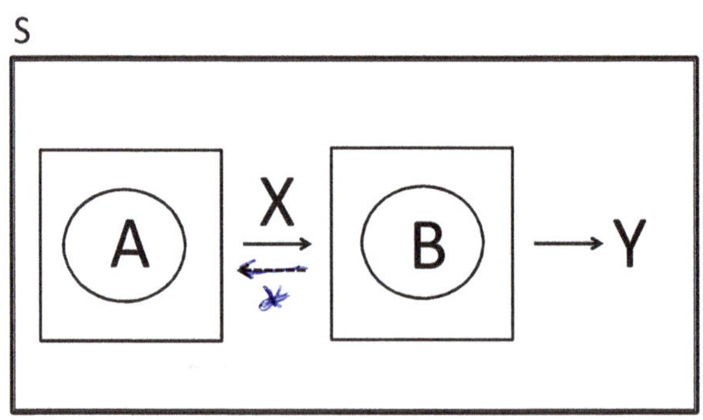

Abb. 1.2: Grundstruktur eines handlungstheoretischen Führungsansatzes

Wenn **A** für die Person A ‚als solche, rein für sich' steht, wird abstrahiert von allem Wissen über organisationale Stellung, Vorgeschichte, Statussymbole etc. Erst dieses Absehen von allen anderen Bedingungen gibt die Möglichkeit, Führungs*eigenschaften* zu identifizieren. Diese Eigenschaften, genauer deren Ausprägungen, sind es, die darüber entscheiden, ob eine Person eine Führungskraft ist oder nicht bzw., ob sie eine gute oder schlechte Führungskraft ist.

Die exklusive Fokussierung auf die (Eigenschaften der) Führungsperson bezahlt den Preis der völligen Ausklammerung von Geführten, Situation und/oder Führungshandlungen. Diese rein ‚personalistische' Ausgangssituation wird erweitert und verändert, wenn die Führungsperson nicht ‚für sich', sondern im Kontext gesehen wird. Der Kerngedanke dabei ist, dass das, was Führung ausmacht, nicht *in der Person* residiert, sondern sozial (organisational, kulturell, gesellschaftlich) *vorgegeben* ist. Wer, aus welchen Gründen auch immer, zur Führungskraft ernannt wird und/oder eine Führungsposition ein- oder die Führungsrolle übernimmt, ist FührerIn. Nicht seine/ihre Eigenschaften sind entscheidend, sondern die soziale Schablone ‚Führung', die die Stelle oder Funktion kennzeichnet. Wer ‚FührerIn' genannt werden will, muss vorgegebenen Anforderungen genügen und wird mit geeigneten Ressourcen ausgestattet, die es ihm/ihr erleichtern, diesen Erwartungen gerecht zu werden.

Im Folgenden soll das dadurch symbolisiert werden, dass **A** in ein Quadrat eingefügt wird, das als Rahmen, Vor-Gabe, Erwartungsraster (das ‚stählerne Gehäuse der Hörigkeit', der ‚überwältigende Zwang der Verhältnisse') zu lesen ist: Der Volksweisheit zufolge gibt Gott Verstand, wem er ein Amt gibt. Analog wird/ist jemand FührerIn, wenn er/sie eine Führungsposition innehat. Die empirische Aufgabe besteht darin, die Erwartungen und Anforderungen zu identifizieren, die erfüllt werden müssen, will man das Attribut Führungskraft nicht verlieren.

Zwischen Kreis und Quadrat, zwischen Person und Rolle kann es erhebliche Spannungen geben, weil das Selbstbild einer Person (die Erwartungen, die sie an sich und das Wissen, das sie von sich hat) und die Forderungen, die von anderen an sie gerichtet werden, keineswegs nahtlos übereinstimmen müssen. Auf dieses Spannungsverhältnis von Rolle und Identität wird einzugehen sein (s. Kap. 5.1). Hinzu kommt die weitere Komplikation, dass es gesellschaftliche und organisationale Erwartungen nicht nur an die Rolle ‚Führungskraft' gibt, sondern dass die InhaberInnen der Führungsposition als Personen weitere Attribute haben, die ebenfalls eine gesellschaftlich oder organisational definierte Bedeutung tragen (Geschlecht, Alter, Nationalität etc.). Für eine konkrete Person, z.B. eine Frau, können deshalb Konflikte buchstäblich vorprogrammiert sein, wenn sie z.B. den teilweise heterogenen oder widersprüchlichen Erwartungen entsprechen soll, die an sie als Frau *und* als Führungskraft gerichtet werden.

Die Beziehung von Führungskraft und Geführtem (**A** – **B**): Führung ist charakterisiert durch eine *Beziehung*. Schließt man (vorläufig) den Fall der Selbstführung aus, dann ist bei ‚Führung' immer zumindest eine zweite Person mitgedacht, die beeinflusst, verändert, gesteuert, begeistert etc. wird. Diese zweite Person B wird nicht ‚als solche' **B**, sondern immer schon in ihrer Rolle als Geführte **B** gesehen. Wenngleich die *Führungs*beziehung durch Überlegenheit oder Asymmetrie definiert ist, muss auch die Gegenrichtung der Beeinflussung mit bedacht werden: die Geführten konditionieren (durch ihre aktive Mitarbeit, ihre Kreativität, ihr Engagement, ihre Sabotage, Renitenz etc.) das Handeln der Führungskraft. Die Adressatin B könnte auch eine höhere Vorgesetzte oder eine Kollegin sein; solche Weiterungen sollen hier aber ausgeblendet bleiben.

Die dyadische Beziehung zwischen *einer* Führungskraft und *einer* geführten Person ist jedoch nur eine der Möglichkeiten. Weit häufiger hat eine Führungskraft mehrere direkte Unterstellte oder MitarbeiterInnen bzw. sieht sich einer Gruppe gegenüber oder ist in sie integriert.

2. Nur bestimmte Handlungen qualifizieren sich als *Führungs*handlungen.

Zu klären ist hier, ob es exklusive *Führungs*handlungen gibt, also Handlungen, die *nur* von Führungskräften ausgeführt werden können/dürfen und durch die sich jemand eindeutig als Führende(r) qualifiziert. Es kommt nicht auf *allgemeine* Verhaltenskategorien an (sprechen, lesen, gestikulieren, stehen, gehen, sein Äußeres pflegen etc.), denn darin unterscheiden sich Menschen nicht. Entscheidend ist vielmehr, ob legitime Erwartungen in Bezug auf die Führungs*rolle* erfüllt werden. Dabei geht es um komplexe, mehrdeutige und widersprüchliche Handlungen, die erst aus den zeitlichen und sachlichen *Kontexten*, in die sie integriert sind *und* aus den *Interpretationen* durch die Adressaten oder BeobachterInnen Sinn machen (s. Kap. 5).

> Trägt man die Prädikate zusammen, die in Führungsdefinitionen auftauchen, dann ist für Führung vor allem folgendes Handeln kennzeichnend: informieren, kommunizieren, Richtung weisen, (Verhalten und/oder Wahrnehmungen) steuern, Interaktionen strukturieren, zielorientiertes Verhalten auslösen, instruieren, motivieren, lenken, energetisieren, beeinflussen, begeistern, initiieren, (auf Ziele) ausrichten, modifizieren, Konflikte handhaben, Probleme lösen, Konsens erreichen, Zielübereinstimmung herstellen, fordern und fördern, sich durchsetzen, koordinieren, strukturieren, konditionieren, mobilisieren, übereinstimmende Interpretationen herstellen …
>
> Für all das kann man zwar Verhaltensweisen objektiv registrieren, deren Sinn erschließt sich aber erst durch Interpretation. Dabei können die Deutungen sehr auseinander gehen, sodass es nicht überrascht, wenn verschiedene BeobachterInnen zu höchst unterschiedlichen Schlussfolgerungen kommen. Führungskräfte ziehen daraus die pragmatische Konsequenz, es nicht dem Zufall zu überlassen, welche Meinung sich bildet, sondern durch geeignete Maßnahmen die gewünschten Interpretationen zu erzeugen.

Wenn eine Person andere anbrüllt, mit der Faust auf den Tisch schlägt, Papiere zerreißt, wütende Drohungen ausstößt, dann kann es ihr blühen, dass der Notarzt gerufen wird oder aber – wenn sie Chefin ist – dass dies als impulsives, autoritäres und einschüchterndes Führungsverhalten gewertet wird, mit dem einer laschen oder renitenten Truppe Mores gelehrt werden soll.

Die bisherigen Ausführungen haben die handelnden Akteure, ihre Konstellation und ihr Umfeld nach der Art von Organigrammen skizziert. Die eigentliche Führungs*aktivität* blieb ausgeklammert; sie war symbolisiert durch die Pfeile, die die Akteure miteinander verbinden. In diesen Pfeilen ist die Essenz des *Führungs*handelns verborgen, denn sie tragen die Last der Unterscheidung. Es geht ja nicht – wie oben schon gesagt – um Handeln im Allgemeinen, sondern um *Führen*. Es gibt eine für *Führungs*handeln typische Asymmetrie der Einflussnahme. Eine Person hat kraft Wahl oder Ernennung *legitimer Weise* das Recht oder die Pflicht, von Anderen Gehorsam zu fordern. Damit ist ein Potenzial bezeichnet; machen die Adressaten die Vorgaben zu Prämissen ihrer eigenen Entscheidungen, waren die Führungsversuche erfolgreich. Auch wenn eine Person nicht formell als InhaberIn einer Führungsposition legitimiert ist, kann sie dennoch (stets oder wiederholt oder verlässlich erwartbar) für ihre Anregungen oder Anweisungen Gefolgschaft finden. Mit dieser Qualifikation ist auch die so genannte *informelle* Führung abgedeckt. Weitere Kriterien wie *Dauerhaftigkeit* und *Übersituativität* schließen einmalige Beeinflussungserfolge als nicht hinreichend für die Etikettierung als ‚Führung' aus.

Jedenfalls gilt, dass der Führungsanspruch (formal oder informell) *anerkannt* wird. Werden Anordnungen gegen den erklärten Willen der Adressaten und jenseits der formell definierten oder informell zugestandenen Akzeptanzzone durchgesetzt, handelt es sich um Tyrannei, Gewalt, Zwang, Repression etc. – jedenfalls nicht um Führung.

Die genannten Qualifikationen (Legitimation, dauerhafte übersituative Akzeptanz) legen nicht fest, ob das Führungshandeln zu objektiv registrierbaren Veränderungen führt oder ob die Zuschreibung oder Wahrnehmung von Status, Potenzialen oder Attributen dominiert. Dieses Problem wird im nächsten Merkmal thematisiert.

3. Die Folgen **Y** werden nur (oder im Wesentlichen) durch Führung zustande gebracht; sie werden bewertet (gut – schlecht; Soll erreicht – verfehlt …).

Wie ist nachzuweisen, dass ein Ereignis oder Ergebnis auf Führungs*einfluss* zurückzuführen ist und nicht auf andere Gründe wie z.B. Konjunkturlage, Technologie, Entgelt- oder Kontrollsysteme? Empirisch feststellbar ist zunächst nur eine Korrelation oder Koinzidenz; ob sie durch Führung und nichts anderes erzeugt wurde, muss erst im Ausschlussverfahren untersucht werden. Weil man aber *praktisch* dritte Einflüsse *nie* ausschließen kann, ist die Rolle von Führung immer unsicher und umstritten. Ihre Bedeutung wird von anderen zugeschrieben und die Führungsakteure versuchen auch in diesem Fall, diese Zuschreibung durch symbolisches Handeln in ihrem Sinne günstig zu beeinflussen (vgl. Kap. 5.2 und 5.3).

Eine weitere Dimension wird eröffnet, wenn zusätzlich zu den personalen und interpersonalen Aspekten auch noch apersonale berücksichtigt werden. Führung wird dieser Überlegung zufolge bestimmt durch – und bestimmt seinerseits – Objektivierungen, wie Normen, Regeln, Werte, Strukturen, Artefakte etc.

Diese Überlegungen sind insbesondere für Organisationsanalysen relevant. Organisationen, in denen mehrere hundert Personen zusammenarbeiten, könnten nicht funktionieren, wenn das Handeln der Akteure allein durch unmittelbaren personalen Einfluss gesteuert würde (durch Absprache, Befehl, persönliche Einsicht etc.). Weil gleichzeitig an verschiedenen Orten an verschiedenen Projekten oder Aufgaben gearbeitet wird, muss für eine apersonale Koordination gesorgt sein, die geregeltes(!) Handeln erlaubt und dabei nicht voraussetzt, dass man sich bei jeder Entscheidung der Zustimmung oder Gehorsamkeit der Beteiligten versichert. Die Funktion von Befehl, Diskussion, Verhandlung, Konsens wird übernommen durch Regeln, Normen, Verfahren, Systeme etc., die nicht zur Disposition stehen und gerade deshalb das individuelle Disponieren erst ermöglichen. Diese apersonalen Führungsäquivalente unterwerfen alle Beteiligten einer im Einzelfall unausgesprochenen Vor-Führung: Es ist verbindlich geregelt, wie bestimmte Situationen zu rahmen sind, was in ihnen zu tun ist und welche Kompetenzen und Pflichten man hat, welches Handeln der anderen man unbesehen voraussetzen darf und wer, wenn die Bandbreite des Normalen verlassen wird, zu informieren ist und zu entscheiden hat.

Diese Überlegungen werden in der Abbildung durch den Rahmen visualisiert, der die beteiligten Akteure einschließt. Er kann – wie es die viel gebrauchten *meteorologischen* Metaphern nahelegen – die Atmosphäre und das Klima bezeichnen, in denen unausweichlich alles Handeln stattfindet. Suchte man eine *organismische* Metapher, dann könnte man sich auf die autonomen Regulationen des Körpers beziehen, die unabhängig von den Steuerungen des Zentralnervensystems funktionieren. Eine *Kultur*metapher würde die Grundannahmen, Mythen, Rituale und Artefakte (vor allem: Werkzeuge) hervorheben, die allen Kulturmitgliedern Möglichkeiten und Grenzen ihres Handelns vorgeben.

Die Umwelt (Kontext, Situation), in der die Akteure handeln, sollte eigentlich nicht als leerer Raum, sondern mit Artefakten gefüllt gezeichnet sein. Maschinen, Programme, Techniken, Institutionen etc. sind Steuerungseinrichtungen, die wie Handlungsimperative oder -restriktionen wirken. Ein leistungsorientiertes Entgeltsystem legt fest, wofür Einkommensanteile vergeben werden, es regelt Erfassung und Dokumentation, wirkt (de-)motivierend, lenkt Zahlungen, verursacht Verwaltungsaufwand etc.

In der Steuerung von MitarbeiterInnen stellt die einzelne Führungskraft die orientierende und regulierende Wirkung von Vorschriften, Normen, Routinen, Gewohnheiten, Vorgaben, Technologien etc. in Rechnung, nutzt sie, ist selbst durch sie in ihrem Handlungsspielraum kontrolliert (wird substituiert oder marginalisiert) oder kann in den Steuerungslücken und Widersprüchen, die diese Artefakte mit sich bringen, kreativ eigene Initiativen entfalten.

Ferner sind Gründe und Ursachen für die Wirkung **Y** zu beachten, die außerhalb der Organisation liegen, also im Umfeld der Organisation (Konjunktur etc.)

1.3.2 Zusammenfassung in einer Definition

Die bisherigen Überlegungen lassen sich in der folgenden synthetischen Definition zusammenfassen. Ihre Selektivität wird allein schon dadurch deutlich, dass sie ausdrücklich *handlungstheoretisch* begründet ist und sich damit an das vorherrschende Führungsverständnis anschließt. In dieser Komprimierung ist sie ziemlich überladen und sperrig und natürlich ist daran zu erinnern, dass Definitionen keine Aussagen über die Wirklichkeit sind, sondern Einladungen, über das, was Führungswirklichkeit genannt wird, verständig zu reden (womit alle Probleme reproduziert werden, die mit dieser Normalitätsfiktion zusammenhängen):

Eine synthetische handlungstheoretische Führungsdefinition

Führung in Organisationen ist ein von Beobachtenden thematisierter Interaktionsprozess, bei dem eine Person in einem bestimmten Kontext das Handeln individueller oder kollektiver Akteure legitimer Weise bestimmend beeinflusst; als kommunikative Einflussbeziehung nutzt sie ein unspezifisches Verhaltensrepertoire, um – auch mit Hilfe von und in Konkurrenz zu dinglichen und institutionellen Artefakten – die Lösung von Problemen zu steuern, die im Regelfall schlecht strukturiert und zeitkritisch sind.

Kürzer: Personelle Führung ist legitime bestimmende Einflussnahme auf das Handeln von Geführten in schlecht strukturierten Situationen mit Hilfe von und in Differenz zu anderen Einflüssen.

Die Termini in diesen Definitionen zielen auf folgende Unterscheidungen:

- *durch eine Person/personell:* Es wird ausdrücklich auf das Handeln eines Subjekts Bezug genommen; wenn durch Artefakte oder Substitute ‚geführt' wird, dann nur, wenn diese durch die betreffende Führungskraft gezielt geschaffen oder genutzt wurden.
- *legitim:* gedeckt durch geltende Ordnungen; Abgrenzung zu Verführung, Gewalt, Täuschung etc.
- *beeinflusst:* Bedingungen so gestalten bzw. Interventionen so platzieren, dass sie für die Geführten zu Prämissen ihres Entscheidens und Handelns werden.
- *bestimmend:* Gemeint ist absichtsvolle und zielorientierte Einwirkung, nicht unwillkürliches, beliebiges, zufälliges Beeinflussen oder allgemeine inspirierende Vorbildwirkung.
- *Handeln:* Gemeint ist ein umfassendes Verständnis, das Wahrnehmen, Denken, Fühlen, Wollen, Tun einschließt; dieses Handeln soll ermöglicht, angeregt oder eingeschränkt werden.
- *Geführte*: Zum Einen soll damit auf die interaktionale oder personale Dimension hingewiesen werden (die zur materiellen oder strukturellen Bedingungsgestaltung hinzukommt); zum Anderen sind ‚Geführte' in Organisationen normalerweise formal Unterstellte; die Überlegungen können aber auch auf formal gleichgestellte Individuen und Kollektive übertragen werden.
- *in schlecht strukturierten Situationen*: Führungsinterventionen sind vor allem dann nötig, wenn Überraschungen und Abweichungen vom geplanten oder gewohnten Gang der Dinge zu registrieren sind.
- *in Konkurrenz zu anderen Einflüssen*: Unterstellt wird, dass die Konditionierung nicht in einem Vakuum erfolgt, weil die Geführten durch eine meist große Zahl anderer Einflüsse bereits vorbestimmt sind. Erst wenn in *Differenz* zu diesen Ausrichtungen interveniert wird, soll von Führung gesprochen werden.

Folgende Qualifikationen werden dabei (u.a.) nicht thematisiert, da sie aus Handlungsperspektive als nicht bzw. weniger wichtig gelten können: *Gemeinsam* ein Ziel erreichen, bestimmte *Eigenschaften* besitzen, einen bestimmten optimalen Stil praktizieren (z.B. kooperativ, autoritär, charismatisch, transformational), exklusiv über bestimmte *Ressourcen* verfügen, einschränkende Bedingungen der Zielerreichung erfüllen (z.B. Effizienz, Effektivität). Über ihre Relevanz für andere theoretische Perspektiven ist damit nichts ausgesagt – sie können dort auch zentral sein.

1.4 Ein kurzer Blick auf die Strukturkerne von grundlegenden Führungstheorien

Ohne ein theoretisches Paradigma bleiben Definitionen beliebig und können bestenfalls stilistisch (Sind sie elegant, verständlich, ästhetisch, vollständig?) oder konventionalistisch (Entsprechen sie verbreitetem Gebrauch?) kritisiert werden. Theoretisch nicht verankerte Ausführungen bleiben abstrakt, so als gälten sie universell, ohne Bezugnahme auf eine bestimmte Praxis oder Forschungstradition. Konkreter wird es, wenn auf Führung in wirtschaftlichen Unternehmungen oder allgemeiner: in Arbeitsorganisationen Bezug genommen wird (z.B. in Abgrenzung zur Führung in Schulen, politischen Parteien, Non-Profit-Vereinigungen, im Militär).

Die Führungstheorien, die in der Führungsforschung rezipiert werden, lassen sich entsprechend ihrer historischen Einbettung in Gesellschafts- und Theorieentwicklung anhand ihrer Strukturkerne unterscheiden. Dadurch können auch neu auftauchende Theorien und Modelle entsprechenden Kategorien zugewiesen werden. Im Folgenden sollen die Kerne der in diesem Band erörterten Theorien kurz charakterisiert und ihrer ausführlicheren Behandlung vorausgestellt werden.

Personalistische Führungsansätze (Kap. 2)

Der rein personalistische Ansatz konzentriert sich *allein* auf Persönlichkeitsdispositionen der Führungskräfte. Weitere Faktoren wie situative Bedingungen, Merkmale der Geführten oder die Aktualisierung von Eigenschaften im Verhalten (Führungsstil) werden nicht berücksichtigt. Die Kausalrichtung ist einseitig und unvermittelt: Wer bestimmte Eigenschaften hat, wird erfolgreich sein.

Abb. 1.3: Personalistische Führungsansätze

Verhaltensorientierte Führungsansätze (Kap. 3)

Beim klassischen verhaltensorientierten Führungsansatz wird davon ausgegangen, dass ein bestimmtes Muster von Verhaltensweisen als Führungsstil (sei er ein- oder mehrdimensional variabel) Erfolg garantiert. Dieser Führungsstil ist ein Verhaltensmuster, das der Führungskraft allein zugerechnet wird. Sie wirkt damit auf Geführte ein, während diese keine aktive Rolle spielen.

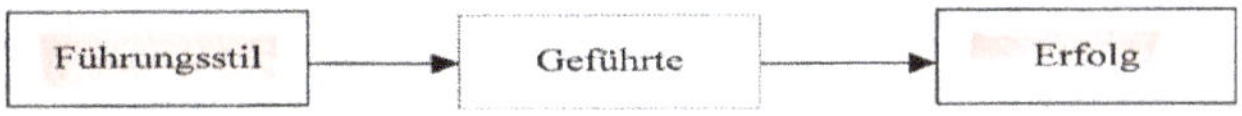

Abb. 1.4: Verhaltensorientierte Führungsansätze

Kontingenzansätze der Führung (Kap. 4)

In den Kontingenzansätzen wird ausdrücklich unterstellt, dass die Führungsstil-Erfolg-Beziehung durch situative Umstände moderiert ist: Ein bestimmter Führungsstil kann – je nach Umständen, z.B. Qualifikation oder Motivation der MitarbeiterInnen, Aufgabeninhalt oder -struktur, Ressourcenknappheit – mit Erfolg hoch positiv, niedrig, nicht oder gar negativ korreliert sein. Einzelne Führungsstile, die unterscheidbar sind (z.B. *telling, selling, participating, delegating*) können erfolgreich sein, sofern sie in der passenden oder richtigen Situation (ebenfalls typisiert gesehen) praktiziert werden und es ist denkbar, dass eine Führungskraft *alle* Führungsstile in ihrem Repertoire hat und situationssensibel einsetzen kann.

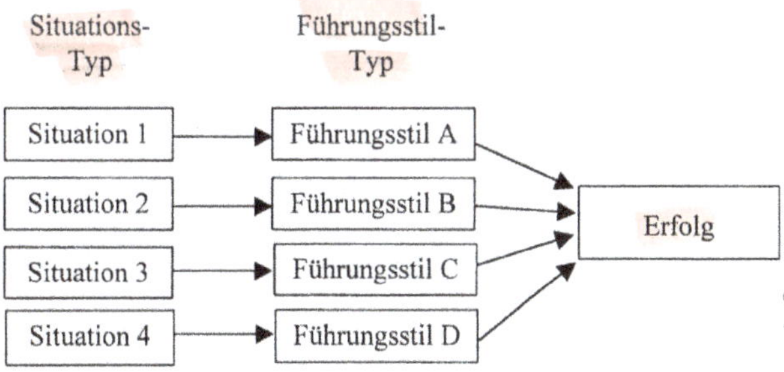

Abb. 1.5: Kontingenzansätze der Führung

Rollentheorie der Führung (Kap. 5.1)

Beim rollentheoretischen Ansatz (in seiner strukturalistischen Variante) wird die Führungskraft als Fokalperson gesehen: Sie steht im Brennpunkt der Erwartungen verschiedener Rollensender. Diese zum Teil divergenten Erwartungen hat sie auszubalancieren und ihr Verhalten daran zu orientieren. Eine unmittelbare Erfolgsbeziehung wird nicht thematisiert, es sei denn, die Erfüllung *bestimmter* Erwartungen (z.B. derjenigen ‚höherer Vorgesetzter' oder der Shareholder) würde als Erfolg definiert.

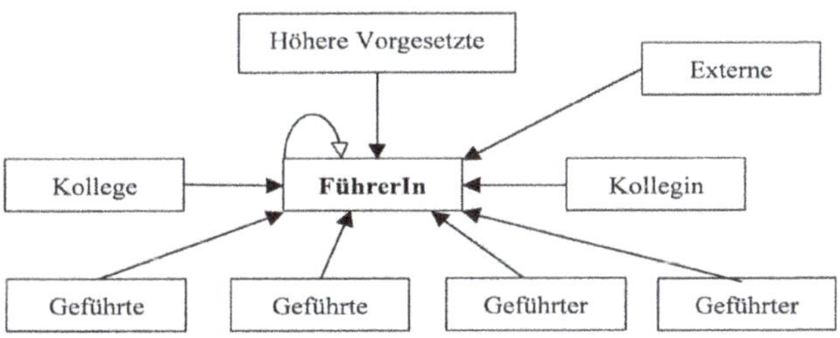

Abb. 1.6: Rollentheorie der Führung

Attributionstheorie der Führung (Kap. 5.2)

Bei den Ursachen-Zuschreibungs-Theorien analysiert die Führungskraft das Verhalten der Geführten und entwirft – gelenkt durch ihre eigenen Deutungsmuster – ein Bild der maßgeblichen Einflüsse und ihrer Vernetzung. Auf der Grundlage dieser Einsichten handelt sie. Ebenso beurteilen die *Geführten* als Subjekte das Objekt ‚Führungskraft' und handeln nach den Ergebnissen. Die Leitfrage ist dann: Wann wird jemand der Status ‚FührerIn' zuerkannt? Die zu Grunde liegende Annahme ist, dass ‚Führung' ein Wahrnehmungsprodukt ist: Bestimmte Konstellationen und Prozesse werden nach einer differenzierten Prüfprozedur einem sozialen Schema zugeordnet. Wenn die wesentlichen Bestimmungsstücke, die einer Führerin oder einem Führer zukommen, gefunden werden, dann wird die Zuschreibung vollzogen. Externe Erfolgsbeiträge sind nur eine der Variablen, die in die Attribution des Führungsstatus mit einbezogen werden können.

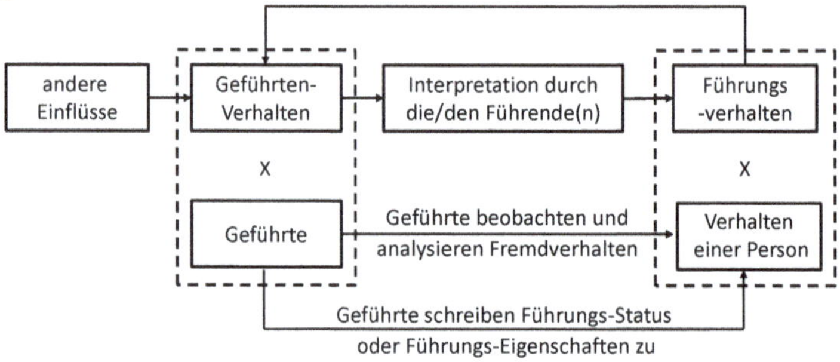

Abb. 1.7: Attributionstheorie der Führung

Symbolische Führung (Kap. 5.3)

Bei der Symbolischen Führung liegt Führungserfolg nicht in Merkmalen von Situation, Geführtem oder Führenden, sondern darin, dass es der Führungskraft gelingt, zu vorliegenden Tatsachen, Zuständen oder Prozessen den Geführten solche Deutungsangebote oder -vorgaben zu machen, dass diese die betrachteten Tatsachen, Zustände und

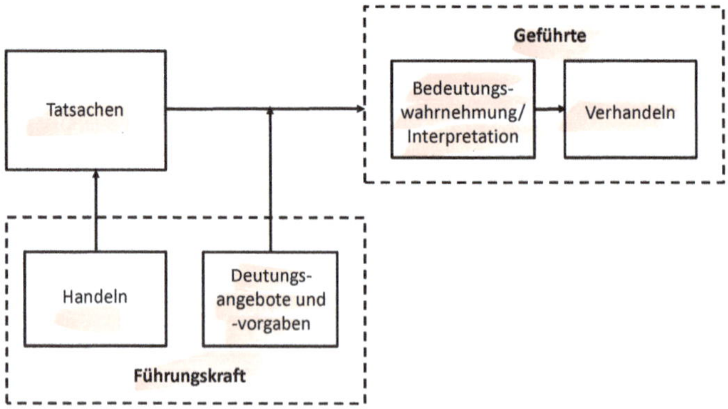

Abb. 1.8: Symbolische Führung

Prozesse in unternehmensziel dienlicher Weise interpretieren und ihr Verhalten danach ausrichten. Auch das zielgerichtete Herbeiführen von entsprechend interpretierbaren Tatsachen, Zuständen und Prozessen durch die Führungskraft ist Symbolische Führung.

Systemtheoretische Führungstheorien (Kap. 5.4)
Als Beispiel für ein Modell aus der zweiten Generation von Systemtheorien kann der kybernetische Ansatz dienen. Der Führungsprozess wird nach dem Modell einer durch Rückkopplung gesteuerten Maschine analysiert. Das Geführtenverhalten ist die ‚Regelstrecke', also jener Prozess, auf den eingewirkt wird, um Ergebnisse zu erreichen, die den Vorgaben (Zielen) entsprechen. Zeigt ein Vergleich des erreichten Ist mit dem Soll eine Diskrepanz, ist es Aufgabe der Führenden durch ihr Verhalten so auf die Geführten einzuwirken, dass die Diskrepanz beseitigt wird. Auch hier wird zur Kenntnis genommen, dass das Geführtenverhalten – neben dem Führungsverhalten – auch noch durch weitere Einflüsse reguliert wird.

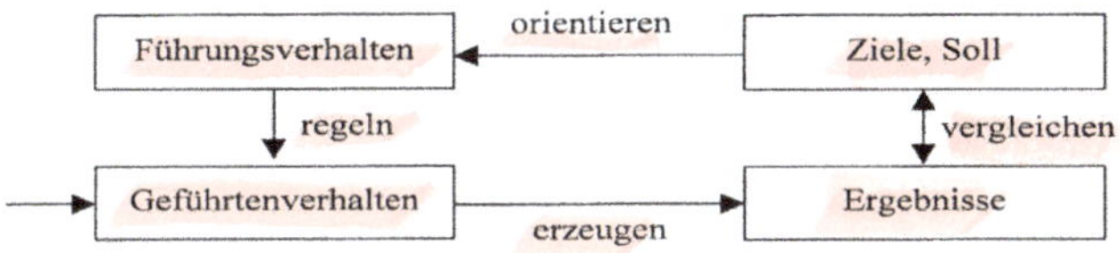

Abb. 1.9: Systemtheorie der Führung: Ein kybernetisches Steuerungsmodell

Aus den Strukturkernen der jeweiligen Theorien und Ansätzen lassen sich unterschiedliche Begriffsverwendungen und inhaltliche Schwerpunktsetzungen nachvollziehen und grundsätzlich auch vorhersagen. Dass sich alle Ansätze mit der Sache *Führung* befassen und dafür auch den selben Begriff verwenden, steht nicht im Widerspruch zu den vorzufindenden Unterschieden in den Ansätzen und Definitionen, die allesamt Deutungs- und Strukturierungsangebote für den alltagssprachlichen Begriff und damit evtl. „gemeinte" Phänomene (seien sie vor allem handlungs-, wahrnehmungs-, deutungs-, ergebnis-, eigenschafts- oder sonstwie bezogen) darstellen.

2. Personalistische Führungsansätze

Führung ist ein multifaktorielles Geschehen, zu dessen Verständnis bei jedem dieser Faktoren (Führer, Geführte, Aufgaben, Organisation, Umwelt etc.) angesetzt werden kann. Um komplexe Zusammenhänge angemessen verarbeiten zu können, bietet sich an, sie zunächst zu vereinfachen. Eine besonders große Reduktionsleistung liegt vor, wenn die Vielzahl der Bedingungsgrößen so radikal verringert wird, dass nur noch ein Faktor für *eigentlich* bedeutsam erklärt wird. Der klassische Eigenschaftsansatz formuliert eine solche Einseitigkeit: Es kommt vor allem anderen auf den Führer oder die Führerin an!

Wird als allgemeine Auffassung durchgesetzt, dass die InhaberInnen von Führungsstellen wegen ihrer überlegenen Persönlichkeit in ihren Positionen sind, dann wird den Unterlegenen automatisch das Recht zur Kritik oder zum Ungehorsam abgesprochen. Die Herrschaft der Elite ist gesichert, wenn diese Elite in den für die jeweilige Gesellschaft zentralen Aspekten ausgezeichnet ist (dies kann je nach Kultur und Zeitalter variieren: Körperkraft oder -größe, Schönheit, Kampfesmut, List, Weisheit, sexuelle Attraktivität, Wissen etc.). In einer Leistungsgesellschaft wird man nachzuweisen haben, dass die Herrschenden leistungsüberlegen sind und nur solche Personen nach oben kommen, die sich bereits bewährt haben oder an denen die Zeichen künftiger Bewährung erkennbar sind.

Was aber sind *Führungseigenschaften*? Es herrscht keineswegs Übereinstimmung darüber, welche Subgruppe von Eigenschaften sich für diese nähere Bestimmung qualifiziert.

> „Wenn wir an Männer wie *Hitler*, *Napoleon*, […] *Oliver Cromwell*, oder an Frauen wie *Mary Baker*, die erste Königin *Elisabeth* […] denken, wird es uns fast grotesk anmuten, einer Führerpersönlichkeit Eigenschaften wie innere Ausgeglichenheit, Sinn für Humor oder Gerechtigkeitssinn zuzuschreiben. Einige der erfolgreichsten Führer in der Geschichte sind Neurotiker, Geisteskranke und Epileptiker gewesen. Waren humorlos, engstirnig, ungerecht und despotisch. Es gab religiöse Führer, die an Schuldgefühl, politische Führer, die an Größenwahnsinn, und Militärdiktatoren, die an Verfolgungswahn krankten. Sollte man einwenden, dass wir es mit der Industrie zu tun haben und nicht mit Religion, Politik oder Militärkunde, wäre mit Leichtigkeit nachzuweisen, dass auch die großen Industriekapitäne vielfach der von den Psychologen empfohlenen Eigenschaften ermangeln. Männer wie *H. Ford*, *Carnegie* und *Morgan* waren keineswegs Musterbeispiele an Tugend oder innerer Gesundheit“ (*Brown*, 1956, S. 132).

Eine empirische Lösung des Problems wird auf drei Arten gesucht:

[1] Man untersucht die InhaberInnen von Führungspositionen und stellt fest, ob und wenn ja, in welcher Hinsicht, sie sich von anderen Menschen (vor allem den Geführten) unterscheiden.

[2] Man prüft, ob und wie sich die InhaberInnen von Führungspositionen *untereinander* unterscheiden. Auf diese Weise kann man – wie bei [1] auch – zwei Fragen beantworten: Ist die Ähnlichkeit unter den InhaberInnen von Führungspositionen klein oder groß und gibt es systematische Persönlichkeitsunterschiede zwischen guten (erfolgreichen) und schlechten (erfolglosen) FührerInnen?

[3] Man untersucht Personen zweimal: *bevor* sie in Führungspositionen aufgestiegen sind und *nachdem* sie aufgestiegen sind: Hat ihr FührerIn-Sein etwas an ihnen geändert?

Im Folgenden werden die beiden Hauptvertreter personalistischer Führungstheorie beschrieben: die Eigenschaftstheorie der Führung (Kap. 2.1) und der Kategorisierungsansatz der Führung (Kap. 2.2). Den Abschluss bildet einen monothematische Eigenschaftstheorie: die *charismatische* Führung, die nach ihrer wissenschaftlichen Formulierung in den 1920er Jahren einige Jahrzehnte später eine große Renaissance erlebte, die bis heute andauert.

2.1 Eigenschaftstheorie der Führung

Der eigenschaftstheoretische Ansatz erwartet die Identifikation von stabilen Personenmerkmalen, die (unweigerlich) dazu führen, dass eine Person als Führungskraft erfolgreich ist oder nicht. Einzige personalwirtschaftliche Maßnahmen auf dieser Basis sind es, die Personen mit der entsprechenden Eigenschaftsausstattung zu erkennen (diagnostizieren) und in eine Führungsposition zu bringen. Sobald das gelingt, wird sich über die Umsetzung der Eigenschaften im Führungsalltag der Führungserfolg folgerichtig einstellen. Personalentwicklungsmaßnahmen sind dagegen nur von nachrangiger (oder im Extremfall: keiner) Bedeutung.

2.1.1 Zum Eigenschaftsbegriff

Anders als physikalische Eigenschaften (Größe, Gewicht, Farbe etc.) sind psychologische Eigenschaften (Intelligenz, Dominanzstreben, Ausdauer etc.) Konstrukte, die nicht unmittelbar – als Dinge – wahrnehmbar sind und deshalb aus bestimmten Anzeichen erschlossen werden müssen.

Graumann (1960) hat vier Steigerungsstufen zunehmender Abstraktion unterschieden, die zur Zuschreibung von Eigenschaften führen. Das soll hier am Beispiel der Eigenschaft ‚Intelligenz' illustriert werden:

[1] *verbaler Modus*: jemand löst viele Denk-Aufgaben in kurzer Zeit (Beschreibung in Tätigkeitswörtern);

[2] *adverbialer Modus*: jemand löst Denk-Aufgaben schnell, richtig, mühelos etc. (Angabe qualifizierender Prädikate);

[3] *adjektivischer Modus*: jemand ist ein fixer, kluger Denker (Qualifizierung des Subjekts);

[4] *substantivischer Modus*: jemand hat Intelligenz (die Eigenschaft wird zu einer selbständigen Wesenheit objektiviert, die als solche gemessen werden kann).

Der letzte Modus ist gemeint, wenn von Eigenschaften die Rede ist. Sie werden als Persönlichkeitsmerkmale aufgefasst, die *zeitlich* und *übersituativ stabil* sind (also nicht nur einmal und in einer einzigen spezifischen Situation beobachtbar sind) und *universell* vorkommen (bei allen Menschen vorhanden sind, wenngleich in unterschiedlicher Ausprägung).

‚Eigenschaftstheorie der Führung' gilt als Sammelbezeichnung für alle Ansätze, die der Persönlichkeit des oder der Führenden ausschlaggebende Bedeutung beimessen. Bei diesem realistischen (oder auch ‚ontologischen') Ansatz wird davon ausgegangen, dass es Eigenschaften, die man finden und objektiv messen kann, tatsächlich *gibt*.

Eine Alternative dazu bietet eine konstruktivistische Auffassung, die einen stark ideologiekritischen Akzent setzt (s. *Kompa,* 2000). Sie geht davon aus, dass der Diskurs über (Führungs-) Eigenschaften Privilegien sichern und bestehende Verhältnisse gegen Veränderung schützen soll. Führungskräften werden sozial besonders hoch bewertete Eigenschaften zugesprochen(!) und diese Eigenschaften werden zu notwendigen Voraussetzungen von Erfolg oder Amtsinhaberschaft erklärt. Durch Mess- und Prüfverfahren – wie z.B. Leistungsbeurteilungen, 360°-Feedbacks, Tests, Assessment Center – erfolgt im Doppelsinn eine ‚Realisierung' dieser Eigenschaften: Sie gelten als wirklich vorhanden (weil man sie offenkundig quantitativ erfassen kann) und sie sind bestätigender Grund dafür, dass jemand sozial ausgezeichnet ist (durch Erfolg und/oder Position). Durch diesen Prozess der Vergewisserung wird ein an sich diffuses hypothetisches Konstrukt zur sozialen Gewissheit, also: *ontologisiert.* Es würden also nicht latent *vorhandene* Eigenschaften durch Messverfahren ermittelt/quantifiziert, sondern umgekehrt: die Verfahren der Erfassung sind *konstruktive* Praktiken, die das ‚dingfest' Gemachte(!) als an sich existierendes Wirkliches ausgeben. Beispielsweise werden die Antworten auf einen Papier-und-Bleistift-Test, in dem eine Reihe verschiedener kurzer Denkaufgaben zusammengestellt sind, auf der Basis von Populationswerten umgerechnet in einen Intelligenzquotienten – und die resultierende Zahl suggeriert durch die exakte Messung die *Existenz* einer stabilen Eigenschaft ‚Intelligenz'. Auf diese Weise wird eine komplexe Person-Situation-Interaktion so interpretiert, dass beobachtete, besser: gezielt und systematisch provozierte Unterschiede und Wirkungen allein der Person zugerechnet werden; sie werden damit entkontextualisiert und mutieren zu dauerhaften personimmanenten Ursachen.

Seit alters her wird Geschichte so geschrieben, dass sie als die Geschichte einzelner Herausragender erscheint; ganze Epochen werden nach Leitgestalten benannt (das *napoleon*ische Zeitalter, die Ära *Bismarck* etc.). Unter der Hand verkehrt sich dabei der abkürzende Sprachgebrauch, geschichtliche Abläufe einprägsam zu machen, indem sie an prominente Namen geknüpft werden, zu der Unterstellung, Geschichte sei von Einzelnen gemacht worden. Es ist durchaus einzuräumen, dass einzelne Personen in Machtpositionen Entscheidungen von großer (‚historischer') Tragweite trafen. Aber sie haben nicht in souveräner Autonomie entschieden: Als Inhaber sozialer Positionen, die zwar mit oft ungewöhnlicher Machtfülle ausgestattet waren, mussten sie dennoch zahlreichen – Außenstehenden und der Nachwelt oft unbekannten – Zwängen entsprechen. Der verwirrte und verwirrende Knäuel von Ursachen wird gelöst, indem einfach(!) eine bemerkenswerte Entwicklung auf die heroischen Taten einer einzigen Person zurückgeführt und mit deren besonderer Persönlichkeit ‚erklärt' wird.

Wie nüchtern – und für viele ‚große Wirtschaftsführer' kränkend – nimmt sich dagegen die alternative Sicht des Nobelpreisträgers *Milton Friedman* aus: „Die wirtschaftlichen Personen sind letztlich nichts anderes als Marionetten der Marktgesetze." (*Wörl*, 1989, S. 33).

2.1.2 Welche Eigenschaften versprechen Erfolg?

Es hat nicht an Versuchen gefehlt, jene faktischen oder zu konstruierenden Eigenschaften zu identifizieren, die Größe ausmachen und auch heute ist das zumindest in der Praktikerliteratur (oder auf Praktiker abzielenden Literatur) ein weit verbreiteter Sport. Die Listen sind unterschiedlich lang, aber doch frappierend ähnlich: Sie beten in stereotyper Wiederholung das Wörterbuch der sozial erwünschten Eigenschaftsbegriffe einer sich als dynamisch und anpackend verstehenden Gesellschaft herunter: Energie, Selbstbeherrschung, Durchsetzungsfähigkeit, Ausdauer, Willensstärke, Charakterfestigkeit, Dynamik, Sicherheit und Verantwortungsgefühl gehören ebenso zum Standardrepertoire wie Entscheidungsfähigkeit, Risikobereitschaft, Intelligenz, Initiative, Kontaktfähigkeit, Zuverlässigkeit, Urteilsvermögen, Gespür, Mut, Fairness und Aufrichtigkeit.

Aber aus welchem Universum von Eigenschaften kann man dabei eigentlich auswählen? Wie viele Persönlichkeitseigenschaften gibt es und wie viele davon sind zur Charakterisierung von Führungskräften geeignet? Die Frage nach der Anzahl geht vom ‚substantivischen Modus' im Sinne *Graumanns* (s.o.) aus und stellt sich die Persönlichkeit nach dem Modell der chemischen Elemente vor: Genauso wie jedes Ding als spezifische Element-Verbindung rekonstruiert werden kann, so auch jede Person als charakterische Komposition aus Grundeigenschaften. Leider lassen sich diese nicht eindeutig und als Tatsache identifizieren: *Allport & Odbert* haben bereits 1936 *Webster's Dictionary* ausgewertet und fast 18.000 Begriffe gefunden, mit denen Personen charakterisiert werden können. Nachdem das *Dictionary* inzwischen erheblich mehr Eintragungen hat als damals, dürfte es aktuell noch wesentlich mehr Eigenschaftsbegriffe geben.

In der Persönlichkeitspsychologie besteht seit Jahrzehnten die (Lehr-)Meinung, dass sich die Vielzahl der nuancierten Beschreibungen der Persönlichkeit auf fünf voneinander weitgehend unabhängige Grunddimensionen – die sogenannten „Big five" der Persönlichkeitsdiagnostik – zurückgeführt werden können (s. *Barrick & Mount,* 1991; *Costa & McCrae,* 1992; *Goldberg,* 1993; *Matthews,* 1997; *Becker,* 2001; *Borkenau & Ostendorf,* 2008; *John, Naumann & Soto,* 2008). Unabhängigkeit der Grunddimensionen bedeutet, dass das Wissen über einen Faktor (z.B. die ‚Gewissenhaftigkeit') eines Menschen keine Schlussfolgerung erlaubt auf die anderen (z.B. seine ‚Offenheit' oder seine ‚Extraversion').

Die „Big five" der Persönlichkeitsdiagnostik und ihre Beschreibung in Merkmalsskalen:

- Extraversion (*extraversion*)
  gesprächig – ruhig; offen – verschwiegen; gesellig – zurückgezogen; abenteuerlustig – vorsichtig, bestimmt – scheu, energisch – gehemmt
- Verträglichkeit (*agreeableness*)
  warm – kalt, gutmütig – grob; kooperativ – misstrauisch; freundlich – unfreundlich, einfühlend – rüde
- Gewissenhaftigkeit (*conscientiousness*)
  organisiert – desorganisiert, kleinlich – sorglos; gründlich – oberflächlich, effizient – unpraktisch, beharrlich – unbeständig; ordentlich – schlampig, verantwortlich – verantwortungslos
- emotionale Stabilität (*neuroticism*)
  launenhaft – unerschütterlich, nervös – beherrscht, entspannt – angespannt, gefasst – erregbar, ungestört – ängstlich, reizbar – gelassen, unemotional – emotional
- Offenheit (*openness*)
  phantasievoll – geistlos, komplex – einfach; unkonventionell – konventionell; breite Interessen – enge Interessen, intellektuell – unintellektuell, kreativ – einfallslos

Es liegen genügend Sammelreferate vor, die Ergebnisse und Aussagekraft eigenschaftstheoretischer Untersuchungen im Überblick dargestellt haben (*Stogdill*, 1948, 1974; *Korman*, 1968; *Ghiselli*, 1966; *Bass*, 1981; *Lord et al.*, 1986; *Fleishman*, *Zaccaro & Mumford*, 1991; *Kirkpatrick & Locke*, 1991; *Lord & Hall*, 1992). Sie stimmen weitgehend in folgenden Punkten überein:

[1] Es gibt:
a) Zusammenhänge zwischen Führer-Eigenschaften und Erfolg sowie
b) Unterschiede zwischen Führenden und Geführten.
Allerdings: Wenn man in sehr vielen Studien sehr viele Eigenschaften untersucht, ist selbst bei zufälliger Beziehung zwischen einzelnen Eigenschaften und einzelnen Erfolgsmaßen zu erwarten, dass einige Befunde mit signifikanten Ergebnissen vorkommen. Möglicherweise besteht zusätzlich eine Verzerrung in der Richtung, dass Studien mit negativen Ergebnissen erst gar nicht veröffentlicht werden.

Persönlichkeitsmerkmale, die FührerInnen kennzeichnen (sollen)

Die folgende Aufstellung ist modifiziert aus ‚Stogdill's Handbook of Leadership' (*Bass*, 1981, S. 46-63, 76-81, 90-92) entnommen.

- Alter
- Körpergröße und -gewicht
- Gesundheitszustand, Fitness, Energie, Vitalität, Stehvermögen, Stressresistenz
- Aussehen, physische Attraktivität, ästhetisches Erscheinungsbild (inkl. Gestaltung von Kleidung: Geschmack, Stilsicherheit)
- Redegewandtheit, Ausdrucksfähigkeit, angenehme Stimme, Redehäufigkeit
- Intelligenz
- Bildungsniveau; Schulleistungen, Noten
- Fachkenntnisse, technische und administrative Fertigkeiten, Wissen
- Urteilskraft, Entscheidungsfreude, Wachheit
- Gespür, Intuition, Einsicht, Sensibilität
- Originalität, Kreativität, Unabhängigkeit
- Anpassungsfähigkeit, Konformität
- Introversion/Extraversion
- Dominanz, Aufstiegsstreben
- Initiative, Ehrgeiz, Fleiß, Hartnäckigkeit
- Verantwortungsbereitschaft
- ‚Persönlichkeit': Charakterstärke, Integrität, Moral, Festhalten an Überzeugungen;
- Selbstvertrauen, Selbstsicherheit; Aggressivität, Eingebildetheit, Unbescheidenheit
- (keine) Launenhaftigkeit, Optimismus, Humor
- emotionale Stabilität, Reizbarkeit, Neurotizismus
- sozioökonomischer Status (Lebensstandard und Bildung im Elternhaus), Kultiviertheit
- Kontakthäufigkeit (vs. Einzelgängertum), Mobilität
- Aktivität, Umtriebigkeit, Abenteuerlust, Wagemut
- Sozialkompetenz, Freundlichkeit, Diplomatie
- Beliebtheit, Ansehen, Prestige
- Kooperationsfähigkeit, Teamfähigkeit, Begeisterungsfähigkeit

[2] Im Mittel sind diese Zusammenhänge schwach und die Unterschiede gering: Selten werden durch *einzelne* Eigenschaften mehr als zehn Prozent der Erfolgsvarianz erklärt. Die Gruppen der Führenden und Geführten überlappen sich bei

jeder Eigenschaft erheblich. Allenfalls für ‚Intelligenz' lassen sich engere Beziehungen nachweisen (s. *Lord et al.*, 1986).

[3] Vielfach finden sich zwischen den Studien erhebliche Streuungen: Trotz der im Schnitt niedrigen Erklärungsleistung berichten Einzelstudien bei einzelnen Eigenschaften Varianzaufklärungen bis zu 40 Prozent, zuweilen sogar nahezu unglaubliche 80 Prozent. Wenn man davon ausgeht, dass die Anforderungen an Führungskräfte nicht homogen sind, lässt sich Befund allgemein niedriger Erklärungsleistung zumindest teilweise erklären: Je nach hierarchischer Position (z.B. MeisterIn vs. Vorstandsmitglied), Funktion (z.B. Produktion vs. Vertrieb), Branche (z.B. Dienstleistung vs. Industrie), Unternehmensgröße (z.B. Familienbetrieb vs. Großkonzern), Technologie (z.B. Grad der Computerisierung) werden sich vermutlich andere Aufgaben stellen und damit andere Fähigkeiten zu ihrer Lösung gefordert sein. Es muss deshalb nicht überraschen, wenn Studien, die verschiedene Populationen untersucht haben, zu unterschiedlichen Ergebnissen kommen. Außerdem sind in den verschiedenen Untersuchungen die Kriterien, mit denen Führungserfolg bestimmt wurde, vielfach nicht vergleichbar (vgl. Kap. 6.1). Die erheblichen Unterschiede zwischen den einzelnen Untersuchungen haben die Suche nach *situativen* Bedingungen angeregt, von denen die Enge des Zusammenhangs beeinflusst werden könnte (z.B. Fähigkeiten der Geführten, Aufgabenschwierigkeit, Organisationsstruktur etc.). Das bedeutet eine Absage an die dogmatische Form der Eigenschaftstheorie, die dem Besitzer von Führungseigenschaften buchstäblich unter allen Umständen Erfolg versprach.

Dass es erkennbare Zusammenhänge gibt, ist aus zwei Gründen – im Nachhinein! – durchaus plausibel:

- Als Kriterium für Führungserfolg wurde in den allermeisten Fällen *Karriereerfolg* gewählt (Erreichen oder Innehaben eines bestimmten hierarchischen Niveaus; Einkommenshöhe; Beförderungsgeschwindigkeit; Gehaltsentwicklung; Funktions- oder Kompetenzfülle o.ä.). In all diesen Indikatoren drückt sich die Wertschätzung derjenigen höheren Vorgesetzten aus, die in Organisationen über das Weiterkommen zu befinden haben. Diese haben vermutlich ein bestimmtes Erfolgsstereotyp (vgl. *Calders* Prozessanalyse in Kap. 5.2) oder eine implizite Führungstheorie (s. Kap.2.2) und bevorzugen die dazu passenden Personen.
- Nur selten wurden Längsschnittuntersuchungen durchgeführt. Vergleicht man aber zum selben Zeitpunkt diejenigen, die Führungspositionen einnehmen mit Unterstellten, dann wird nicht beachtet, dass u.U. bestimmte Eigenschaften durch das Innehaben der Führungsposition erst entwickelt oder gesteigert werden (z.B. Dominanz, Selbstvertrauen, soziale Fertigkeiten).

Werden aber ‚erfolgreiche' Vorgesetzte mit ‚weniger erfolgreichen' im Hinblick auf einzelne Eigenschaften verglichen, dann ist zu beachten, dass *Erfolg* meist aus einer komplexen Mischung von Voraussetzungen resultiert und dass einzelne Schwachstellen durchaus durch besondere Überlegenheit in anderen Bereichen kompensiert werden können, wodurch dann aber im Allgemeinen die Bedeutung isolierter Einzelmerkmale reduziert wird.

> Siehe dazu Zusatzdokument 3: In der Studie von *McCall & Lombardo* (1983) wurde gezeigt, dass sich Erfolgreiche und Erfolglose in relevanten Eigenschaften und Verhaltensweisen nicht kategorial, sondern allenfalls graduell unterscheiden.

Ein weiteres Problem liegt darin, dass es zwar eine überwältigende Fülle von Studien gibt, aber kaum solche, die mit den gleichen Erhebungsmethoden (v.a. Messverfahren) in vergleichbaren Populationen gearbeitet haben; ein besonderes Manko ist, dass im Regelfall nur jeweils einige wenige Eigenschaften untersucht wurden. Für eine Gesamtbetrachtung der (Führungs-)Persönlichkeit wäre es aber wichtig zu wissen, ob die Eigenschaften unabhängig voneinander sind, einander verstärken oder schwächen oder in spezifischen Zusammenstellungen völlig neue Gestaltqualitäten erzeugen. Verallgemeinernd gesagt: Die typische Studie misst in einer hochspezifischen Population mit einem neuen Verfahren zwei bis drei Persönlichkeitsmerkmale und korreliert die Eigenschaften mit einem – ebenfalls neuen, spezifischen – Erfolgsmaß, das meist aus Schätzurteilen von Vorgesetzten oder KollegInnen besteht.

2.1.3 Würdigung des eigenschaftstheoretischen Ansatzes

Die Eigenschaftstheorie der Führung beinhaltet als Intervention wie erwähnt vor allem die Führungskräfteauswahl. Zur eigenschaftstheoretischen Begründung der Führungskräfteauswahl lassen sich einige Argumente vortragen. Sie basieren auf einem ‚realistischen' Eigenschaftskonzept (s.o.):

[1] Mit Eigenschaften wird nur *ein* Varianzanteil von Führung – nämlich personimmanente Gründe – erfasst, alle anderen Wirkfaktoren (z.B. Geführte, Aufgaben, KollegInnen, Vorgesetzte, Kapitalkraft, Umstände etc.) bleiben unberücksichtigt. Eigenschaften werden meist als einzeln und unverbunden nebeneinander erfasst. Aber sie wären zu konfigurieren, denn je nach Einbettung bedeuten Eigenschaften etwas anderes (‚das Ganze ist verschieden von der Summe seiner Teile'). Allerdings gibt es über diese Interaktionseffekte kaum gesichertes Wissen. Zur Erfolgsprognose genügten dann bestimmte Mittel- oder Grenzwerte von Eigenschaften nicht mehr, man müsste vielmehr Strukturen oder Profile ermitteln. Außerdem könnte es Kompensationsmöglichkeiten für mögliche Defizite geben und Punktschätzungen müssten zu Gunsten von Bandbreiten aufgegeben werden. Die professionelle Eignungsdiagnostik hat sich darauf mittlerweile eingestellt. Man stellt immer eine ganze Person ein bzw. befördert sie, nicht ein Bündel von einigen erwünschten Eigenschaften. Das heißt, dass man zu den gewollten auch ungewollte Eigenschaften ‚gratis' mitgeliefert bekommt. Diese können viel unerwünschter sein als die gewollten gewollt sind (siehe die zitierte Studie von *McCall & Lombardo*, 1986).

[2] Führungskräfte werden häufig den Geführten als eine homogene und ‚ganz andere' Gruppe gegenübergestellt. Aber zum einen sind fast alle FührerInnen selbst Geführte und zum anderen gibt es innerhalb der Gruppe der ‚erfolgrei-

chen' Führungskräfte eine enorme Streubreite in Bezug auf Besitz oder Ausprägungsgrad bestimmter Eigenschaften und eine große Überlappung mit den weniger erfolgreichen oder den Geführten.

[3] Eigenschaften haben eine unterschiedliche Stabilität (oder anders: Personen sind lernfähig, oder: neue Situationen erfordern neue Eigenschaften). Fast alle erfolglosen Führungskräfte waren früher erfolgreich, sonst wären sie nicht befördert worden. Die in Management-Zeitschriften beliebte Ehrung ‚Manager des Jahres' kann zum Beispiel – blickt man Jahre später auf die Geehrten zurück – als eine Geschichte der Flops gelesen werden. Zu berücksichtigen ist auch der Amt-Verstand-Effekt: weil man eine Führungsposition bekleidet, begegnen einem andere mit Respekt und Gehorsam, man wird selbstsicher und fühlt sich überlegen; Selbstsicherheit wäre dann keine Voraussetzung für eine Führungsposition, sondern deren Wirkung. Ähnlich ist es mit dem Phänomen der ‚Heiligsprechung des Erfolgreichen': Wer sich durch bestimmte Eigenschaften auszeichnete und in eine gehobene Position kam, dem wird noch eine Reihe weiterer attraktiver Eigenschaften quasi gratis nachgeliefert.

[4] Eigenschaften sind nicht nur zeit-, sondern auch situationsvariabel. Das ist nicht weiter verwunderlich, weil sie Abstraktionen von Person-Situations-Interaktionen sind. Inzwischen hat sich die Auffassung durchgesetzt, dass Eigenschaften nur in ‚schwachen' Situationen Vorhersagekraft haben. Damit ist gemeint, dass stark strukturierte Situationen den Handlungsspielraum der Personen so sehr festlegen, dass individuelle Eigenheiten unterdrückt werden (kaum jemand lacht bei einem Begräbnis, alle klatschen bei einer Ehrung …). Nur wenn Führungspositionen einen großen Entscheidungs- und Handlungsspielraum haben, können Eigenschaften der Führungskräfte einen Unterschied machen. Damit rückt wiederum die Bedeutung situativer Variablen (z.B. Hierarchie-Ebene, Konjunkturlage, Eigentumsverhältnisse, Technologie, Organisationsstruktur etc.) in den Vordergrund. Situationen sind zuweilen nicht *einfach so da* und die Person muss auf sie reagieren (bzw. wird ihr angepasst), sondern bestimmte Personen suchen bestimmte Situationen auf bzw. schaffen sie selbst, in denen sie besondere Erfolgswahrscheinlichkeit haben (vgl. *Röllinghoff*, 1996).

[5] Statt die (personalen) *Prädiktoren* zu verbessern, könnte man die (Erfolgs-)*Kriterien* optimieren (zumindest erst einmal: analysieren!). Wenn eigenschaftsbasierte Prognosen gut oder schlecht sind, könnte das (auch) daran liegen, dass das, was vorhergesagt werden soll, unklar, widersprüchlich, instabil etc. ist (*Neuberger*, 1976, S. 185; *Wick*, 2005, S. 8 ff.; vgl. Kap.6.1). In Bezug auf *bestimmte* Kriterien kann eine Person überzeugen, in anderen enttäuschen. Wenn Führungserfolg *generell* vorhergesagt wird, ist die erwartbare Beziehung zu Persönlichkeitsmerkmalen schwach und variabel, obwohl es durchaus auf die Eigenschaften ankommen kann.

[6] Für Eigenschaften gibt es keine exakten und allseits akzeptierten Messverfahren. Gerade dann, wenn Laien (z.B. höhere Führungskräfte) bei Personalbeurteilungen um differenzierte Urteile gebeten werden, kann man nicht sicher sein,

dass verschiedene BeurteilerInnen unter dem gleichen Begriff dasselbe verstehen. Hinzu kommt, dass verschiedene PraktikerInnen unterschiedliche Anforderungsnormen haben können: ein Niveau, das für die eine unterdurchschnittlich ist, kann für den anderen akzeptabel und für einen dritten gut sein (*Kanning*, 1999; *Judge, Cable & Higgins*, 2000).

[7] Selbst wenn man auf seriöse Messverfahren zurückgreift, die nach den Regeln der testtheoretischen Kunst(!) entwickelt sind, muss man davon ausgehen, dass in Bezug auf Objektivität, Reliabilität und Validität Wünsche offen bleiben; man kann auch durchaus die Angemessenheit dieser Kriterien in Frage stellen (*Grubitzsch*, 1991).

Mit diesen Punkten setzt sich die seit einigen Jahren neu erwachte eigenschaftstheoretische Führungsforschung auseinander und so scheint sich eine gewisse Renaissance der Eigenschaftstheorie der Führung anzukündigen, indem Zusammenhänge zwischen Personenmerkmalen und Führungsverhalten und Führungserfolg wieder verstärkt untersucht und auch gefunden werden (vgl. *Antonakis, Day & Schyns*, 2012; *Zaccaro*, 2012). Nicht nur, aber in größerem Maße finden diese Bemühungen im Zusammenhang mit der transformationalen Führung statt (z.B. *Felfe*, 2006a; vgl. Kap. 3.2) und sie zeigt sich häufig demütiger gegenüber anderen Einflüssen, die ebenfalls eine Rolle für den Führungserfolg spielen.

Für die „Big five“ (s.o.) und weitere Persönlichkeitsfaktoren liegen mittlerweile viele empirische Untersuchungen vor. Eine Metaanalyse von *Judge, Bono, Ilies & Gerhardt* (2002) mit 60 empirischen Untersuchungen zu den „Big five“ und 20 zu weiteren Persönlichkeitsfaktoren, die bis 1999 in englischsprachigen Fachzeitschriften veröffentlicht wurden und bei denen keine Situationsparameter oder spezifische Führungsverhalten berücksichtigt wurden, zeigen sich geringe, aber stabil nachweisbare mittlere Zusammenhänge von empirisch maximal $r < .25$ (statistisch korrigiert für Fehler in Messung und Kriterium $\rho < .4$). Die folgende Tab. 2.1 zeigt die Variablen und Koeffizienten:

Variable	r	ρ		Variable	r	ρ
Neurotizismus	-.17	-.24		Kontrollüberzeugung	.08	.13
Extraversion	.22	.31		Selbstwertgefühl	.14	.19
Offenheit	.16	.24		Gesellungsmotiv	.24	.37
Verträglichkeit	.06	.08		Dominanzstreben	.24	.37
Gewissenhaftigkeit	.20	.28		Leistungsmotiv	.23	.35
				Zuverlässigkeit	.18	.30

Tab. 2.1: Zusammenhang zwischen Persönlichkeitsvariablen und Führungseffektivität (*Judge et al.*, 2002)

Für einzelne Zusammenhänge gelten Beträge ab $r = .3$, wenn sie statistisch signifikant sind, als nicht *nur* statistisch, sondern auch inhaltlich bedeutsam (Effektstärke). Insbesondere Neurotizismus (oder positiv formuliert: emotionale Stabilität) und Extraversion kommen ins Blickfeld entsprechender Betrachtungen auch, die spezifischeren Faktoren Leistungsmotiv, Gesellungsmotiv und Dominanzstreben scheinen von größerer Bedeutung zu sein. Bezeichnenderweise sind sie nach aktueller psychologischer Vorstellung keine Eigenschaften, sondern Motive. Genauer sind sie die sogenannten Fundamentalmotive des Menschen nach Leistung, Zugehörigkeit und Macht (*McClelland*, 1961, zu deren Verbindung mit Führung s. *McClelland & Boyatzis*, 1982).

Nur am Rande sei erwähnt, dass sogar das Aussehen und die allgemeine körperliche Erscheinung als Faktoren für die Zuschreibung von Führungserfolg oder zumindest dem Potenzial einer Person dazu, wieder zu Ehren kommen. Vorwiegend im Gender-Zusammenhang (vgl. Kap. 7.2) liegen neuere einschlägige Untersuchungen vor (z.B. *Spreemann*, 2000; *Sczesny & Kühnen*, 2004; *von Rennenkampff*, 2005; *Bischoff*, 2010), die Zuschreibung zukünftigen Führungserfolgs mit „maskulinem" Aussehen – auch bei Frauen – einhergehen lassen.

Fazit: Der eigenschaftstheoretische Ansatz sagt nicht alles über Führungserfolg (vor-) aus. Insofern ist der Ansatz, *nur* oder zumindest überwiegend mittels Personalauswahl Einfluss auf die Führungskräfte in Unternehmen zu nehmen, unangemessen. Aber er sagt eben auch nicht nichts aus. Es wäre demnach ebenso unangemessen, die Vorstellung der Relevanz von einigermaßen stabilen Eigenschaften von (potenziellen) Führungskräften z.B. im Bereich der Personalauswahl und -allokation generell zurückzuweisen. Damit würde man puristisch ein methodologisch fundiertes Verdikt verabsolutieren.

Es gibt aber noch andere Gründe an einer Verfahrensweise festzuhalten; auch wenn sie zwar die versprochenen Leistungen nicht bringt, kann sie Vorteile bieten, die ebenfalls von großem Gewicht sind. Aus dieser Perspektive lassen sich zumindest folgende Gründe für das Festhalten am Eigenschaftsansatz anführen:

[1] *Kulturell verwurzelter (westlicher) Individualismus*
Er zeigt sich sogar in wissenschaftlichen Leitbildern, wie etwa der ökonomischen Grundfigur des *homo oeconomicus.* Der (scheinbar nur oder nur scheinbar?) *methodologische* Individualismus hält dazu an, alles auf die Aktionen der (allein-) entscheidenden Person zurückzuführen. Auch im Alltag neigen BeobachterInnen dazu, in mehrdeutigen Situationen die Ursachen für Handlungen ‚in' der Person zu suchen. *Ross* (1977) hat diesen sog. Fundamentalen Attributionsfehler umfassend beschrieben.

[2] *Kontrollillusion*
In unklaren Situationen lässt sich ‚leichter' handeln, wenn man die Ursachen für eigentlich komplex determinierte Effekte Personen zuschreibt. Wer die Personen beherrscht (zur Verantwortung zieht, ermahnt, bestraft, belohnt etc.), gewinnt die Zuversicht, die Geschehnisse steuern zu können und sich ihnen nicht hilflos ausgeliefert zu fühlen (vgl. das Konzept der kognizierten Kontrolle: *de-Charms*, 1968, *Frey & Jonas*, 2002). Das allein kann Aktivität freisetzen.

[3] *Die organisationalen Kontroll- und Belohnungssysteme sind personal eingerichtet*
In ihrer überwiegenden Zahl sind Organisationen immer noch pyramidalhierarchisch gestaltet. Diese Konstruktion unterstreicht die Vorstellung, dass die Person an der Spitze das letzte Wort hat und rituell die Verantwortung zu übernehmen hat, wenn etwas schief geht. Dementsprechend sind auch die organisationalen Beförderungs- und Belohnungssysteme darauf gerichtet, diejenige Person auszuzeichnen, die sich hervortut(!). Damit wird ein zirkulärer selbstverstärkender Prozess in Gang gehalten, der unabhängig davon abläuft, ob die Eignungsurteile über die Personen zutreffen oder nicht.

[4] *Personen sind sinnlich greifbar*
Relationen, Netzwerke, Ganzheiten etc. können kognitiv nicht so einfach und plastisch repräsentiert werden wie Personen. Das Modell der primären Sozialbeziehungen, das jedem Menschen in seiner frühen Kindheit eingeprägt wird, ist die Vorlage, an der sich auch später noch Rekonstruktionen abstrakter Sozialzusammenhänge orientieren. Das geht sogar so weit, dass sich magische Tendenzen der Personifizierung sogar auf die unbelebte Natur erstrecken, wenn z.B. Gestirne, Naturkräfte, Katastrophen etc. vergöttert oder verteufelt werden. Schuld, die ein Kollektiv auf sich geladen hat, lässt sich auf einen Sündenbock abladen und analog gilt für Helden und Lichtgestalten, dass sie die Verkörperung der kollektiven Tugenden sind.

[5] *Die persönliche Identität wird durch Taten und Rückmeldungen gesichert*
Die Gefahr von Ich-Auflösung oder -Fragmentierung wird abgewendet, wenn für das Geschehen „persönliche" Ursachen oder Strukturen verantwortlich gemacht werden. In westlich geprägten Kulturen definiert sich die Person vorwiegend durch Leistungen, die sie sich selbst zuschreibt und für die stabile personimmanente Gründe gefunden (oder erfunden) werden.

[6] *Typische Ambivalenz der ‚Humanressourcen'*
Es ist die Spezifik des ‚Faktors Arbeit', dass er verkaufter Besitz ist, der trotzdem Eigentum bleibt. Von der Person hängt es letztlich ab, ob sie ihr Arbeitsvermögen in Leistung umsetzt.

Obgleich es in diesem Sinne wahr ist, dass der Mensch im Mittelpunkt steht, befinden wir uns längst noch nicht in einer Situation, die anwendungssichere Praktiken zur optimalen Ausbeutung dieser Ressource zur Verfügung stellt.

2.2 Die Kategorisierungs- oder Schematheorie der Führung

Als Konstrukte sind Eigenschaften Ordnungsleistungen von Beobachtenden. Sie interpretieren Regelmäßigkeiten in Abläufe hinein und aus ihnen heraus. Die unendliche Komplexität der Welt kann nur verarbeitet werden, wenn sie vereinfacht wird, wenn man sich mit Ausschnitten begnügt, undramatische Unterschiede vernachlässigt und kleinere Veränderungen nicht beachtet. In gleicher Weise wird auch die Komplexität von Personen reduziert: Sie werden wenigen ‚Typen' zugeordnet, die mit einer begrenzten Zahl von Merkmalsbegriffen charakterisiert werden. Solche markanten einprägsamen Schemata sind z.B. Freund, Mutter, Mann, Krimineller etc. Wenn wir jemandem (neu) begegnen, ordnen wir ihn ‚nach dem ersten Eindruck' einem dieser Schemata zu und suchen offenbar *danach* (weiter) nach Einzeldimensionen, die aber durch das Schema schon zumindest grob vorgegeben sind (vgl. *Kanning*, 1999; *Fiske & Taylor*, 2013).

Auch „Führungsperson" ist eine solche Kategorie, die in verschiedenen Kontexten (Politik, Militär, Wirtschaft, Sport etc.) häufig zum Einsatz kommt. Das Schema „Führungsperson" wird nicht von jedem Menschen neu und originell mit Inhalt gefüllt, sondern ist als eine sozial vermittelte prominente Schablone zu betrachten. Hineinwachsen in eine Kultur heißt auch, sich die bedeutsamen Schemata dieser Kultur anzueignen, um auf dieser Basis den Umgang miteinander zu ermöglichen. Je diffuser die Hinweisreize, je mehr Schemata in Frage kommen, desto ungeklärter die Situation, desto schwieriger die Orientierung und desto größer Unsicherheit, Unbehagen oder gar Angst. Besonders wichtige Schemata werden deshalb besonders prägnant gezeichnet.

Man kann z.B. annehmen, dass in hierarchisch geschichteten feudalen Gesellschaften das Schema ‚Herr' (Adeliger) besonders einprägsam konturiert war. In funktional differenzierten Gesellschaften wie der unseren fällt die Orientierung schwerer, weil verschiedene z.T. konkurrierende, z.T. unabhängige Ordnungskategorien (Deutungsmuster, Stereotype) zur Verfügung stehen und in Frage kommen. Deshalb müssen die zu aktivierenden Schemata durch orientierende Auslösehinweise ausgezeichnet werden. Auf diesem Hintergrund sind ‚Eindruck schinden', ‚eine Show abziehen', das Präsentieren von Statussymbolen etc. Versuche, die andere Seite in ihren Orientierungsversuchen zu lenken.

Wenn man die Frage „Ist dies eine Führerin?" oder „Ist dies eine gute oder schlechte Führerin?" beantworten möchte kann man im Prinzip auf dreierlei Weise vorgehen:

[1] Man bietet eine erschöpfende Liste der unabdingbaren Merkmale an, die FührerInnen charakterisieren. Erfüllt eine Person *alle* diese Anforderungen, gilt sie als FührerIn.

[2] Man gibt herausragende Exemplare eindeutiger FührerInnen vor (z.B. *Napoleon*, *Lincoln*, *Jeanne d'Arc*) und vergleicht KandidatInnen mit diesen Vor-Bildern.

[3] Man verfügt über eine unscharf umgrenzte Menge von Charakteristika, die eine Führungsperson beschreiben; sie müssen nicht alle zutreffen, aber eine bestimmte Menge von ihnen muss gegeben sein, damit sich jemand als FührerIn qualifiziert und es lassen sich auch Ausschließungsmerkmale nennen, deren Besitz disqualifiziert und jemand als Nicht-Führerin kennzeichnet.

Diese dritte Vorgehensweise liegt dem Kategorisierungsansatz zu Grunde. Er setzt nicht voraus, dass eine Führungskraft bestimmte einzelne Eigenschaften *hat*, sondern sie *zugeschrieben bekommt* (vgl. Kap. 5.2). Als zentrale Formel kann gelten: *„Es wird allgemein erwartet, dass Führungspersonen folgende Eigenschaften haben*: …" Ganz selbstverständlich wird davon ausgegangen, dass jemand, der eine Führungsposition anstrebt oder bekleidet, intelligent, aktiv, redegewandt, kontaktfähig, entschlossen, durchsetzungsfähig etc. ist. Wenn eine Person auf kulturübliche Weise (z.B. durch Geburt, Wahl, Auslese, Berufung, Bestechung, Beziehungen etc.) in eine Führungsposition gekommen ist, werden ihr die entsprechenden Eigenschaften unterstellt und zwar nicht als einzelne, sondern als Syndrom. Diese Paketlösung erlaubt die eventuelle Minderausprägung einzelner Merkmale zu kompensieren durch andere – und das umso eher, je weniger konturiert das Schema gezeichnet ist.

Wird durch psychometrische Untersuchungen zu ermitteln versucht, ob Führungskräfte die nötigen Eigenschaften tatsächlich „*haben*", dann ist – wie oben gezeigt – die Bilanz meist weniger prägnant als erwartet.

Geht man davon aus, dass Handeln durch die Wahrnehmung und Interpretation der Situation gesteuert wird, dann gilt für Führungs-Handeln, dass es *markiert* sein muss, dass es sich also aus dem Handlungsstrom durch gewisse Merkmale hervorheben muss, um als solches bewertet werden zu können. Geführte müssen erkennen können, ob irgendein Handeln als *Führungs-Handeln* gemeint ist oder zu gelten hat, denn Menschen in Führungspositionen können nicht nicht handeln und dennoch ist nur ein kleiner Teil dessen, was sie tun, als *Führungs-Handeln* qualifiziert (es sei denn, man würde einen totalitären Anspruch erheben: Alles, was InhaberInnen von Führungspositionen tun, ist Führung – auch ihr Atmen, Gehen, Essen, Sitzen …). Führungs-Handeln muss deutlich gemacht sein als Handeln, das Konsequenzen hat für das nachfolgende Handeln der Geführten, sei es durch stummen Aufforderungscharakter oder Vorbildlichkeit oder ausdrückliche Gehorsamsforderung.

Es ist ein evolutionär bedeutsamer Fortschritt, wenn ein Organismus die Fähigkeit erwirbt, nicht nur auf eng begrenzte eindeutige (immer exakt gleiche, identische) Auslösereize zu reagieren, sondern auch nicht-identische Reize als zusammengehörig und gleichwertig zu betrachten lernt, weil dann Abweichungen vom eingespeicherten Reiz-Reaktions-Muster nicht handlungsunfähig machen. Die Fähigkeit zur Unterscheidung muss also durch die Fähigkeit zur Verallgemeinerung ergänzt werden und es überrascht nicht, dass es zu den Grundproblemen der Lerntheorie gehört, die verschränkten Mechanismen von Diskriminierung und Generalisierung zu erklären.

Das Individuum muss jedoch nicht für sich allein und originär in einem Versuchs-Irrtums-Verfahren die richtige oder günstigste Sichtweise ermitteln, sondern wird für einen Teil dieser Ordnungsleistungen sowohl durch angeborene als auch gesellschaftlich vermittelte Auslöse-Schemata unterstützt. Für Menschen als hochentwickelte Lebewesen dient der ausgedehnte Sozialisations-Prozess im Wesentlichen der Vermittlung und Aneignung der bewährten und verbindlichen Sicht- und Handlungsweisen. Daraus aber folgt auch: Wer die Sichtweisen bestimmt, bestimmt die Handlungsweisen (vgl. Kap. 5.3).

2.2.1 Zur Konstruktion der Kategorisierungs-Theorien

Diese grundsätzlichen Überlegungen sind in der Kategorisierungs-Theorie von *Rosch (1978)* verfeinert und von *Lord* und seinen Mitarbeitern (z.B. *Lord, Foti & Phillips,* 1982; *Lord, Foti & DeVader,* 1984; *Lord & Foti,* 1986; *Lord et al.*, 1986; *Lord & Maher,* 1991; *Lord, Brown, Harvey & Hall,* 2001; *Foti, Bray, Thompson & Allgood,* 2012) auf Fragen der Führung übertragen worden. Die Kategorisierungs-Theorien hängen eng zusammen mit den so genannten ‚impliziten Führungstheorien'; auch sie unterstellen, dass Beobachtende intuitiv wissen, wie sich jemand verhalten muss, um als Führerin (an)erkannt zu werden. Es genügt unter Umständen zu erfahren, dass eine Arbeitsgruppe erfolgreich war, um zu wissen, wie sie geführt wurde (weil man z.B. auf Grund der eigenen unreflektierten Führungstheorie ‚weiß', dass man Erfolg nur haben kann, wenn man partizipativ führt.

Lord und seine Mitarbeiter setzen sich aus einer kognitiven Perspektive mit Führung auseinander. Im Mittelpunkt ihrer Überlegungen steht die Frage nach den Informationsverarbeitungsprozessen, die es Menschen erlauben, sich in einer extrem komplexen sozialen Welt zurechtzufinden. Diese Informationsverarbeitung kann *automatisch* oder *kontrolliert* erfolgen (vgl. *Chaiken & Trope*, 1999; *Fiske & Taylor*, 2013, S. 31 ff.).

> „Kontrollierte Verarbeitung stellt hohe Anforderungen an unsere begrenzte Kapazität zur Aufmerksamkeitszuwendung, konzentriert sich auf eine Aktivität pro Zeiteinheit, kann durch das Subjekt leicht geändert oder aufgehoben werden und reagiert sehr sensibel auf kognitive Belastung … Automatische Prozesse dagegen verlangen weniger Aufmerksamkeit, können auf verschiedene Aktivitäten gleichzeitig angewandt werden, sind schwer zu ändern, zu unterdrücken oder zu ignorieren, wenn sie einmal gelernt sind und bleiben praktisch unberührt durch die kognitive Belastung" (*Lord & Foti,* 1986, S. 21).

Kontrolliertes Verarbeiten erfolgt z.B. bei bewusstem Problemlösen in neuartigen Situationen, während das zentrale Konzept für automatisches Verarbeiten der Schema-Begriff (*Bartlett*, 1932; *Rumelhart*, 1980) ist. „Ein Schema ist eine kognitive Struktur, die sowohl organisiertes Wissen über einen bestimmten Reiz – z.B. eine Person oder Situation – wie Regeln, die die Informationsverarbeitung steuern, enthält (*Lord & Foti,* 1986, S. 12).

Den Vorteilen der Entlastung und Beschleunigung durch Schemanutzung stehen die Nachteile der Änderungsresistenz und der Typisierung bzw. Schablonisierung gegenüber. Handeln in Organisationen wäre jedoch nicht denkbar, wenn jedes einzelne Mitglied jede Handlung und Beziehung als buchstäblich beispiellos interpretieren und dafür ebenso beispiellose Lösungen entwickeln wollte.

Lord & Foti (1986) unterscheiden vier Arten von Schemata (Selbstschema, Person-Schema, Ereignis-Schema (Skript), Person-in-Situation-Schema), von denen für den vorliegenden Zusammenhang der personalistischen Führungstheorie das wichtigste Konzept das Person-Schema darstellt. Im Person-Schema steht die Wahrnehmung *anderer* Personen im Mittelpunkt. Wir nehmen andere nicht als einmalige Individuen wahr, sondern ordnen sie Kategorien oder Typen zu. Wenn eine Person einmal etikettiert ist, wird sie unter dieser generellen Rubrik ‚abgespeichert'; die Erinnerung wird von dieser Rubrizierung gelenkt, sodass evtl. auch Eigenschaften ‚erinnert' werden, die nie an der konkreten Person unmittelbar beobachtet worden waren, aber für die Kategorie, der sie zugeordnet wurde, charakteristisch sind.

Zunächst wird davon ausgegangen, dass die Begriffsbildung *strukturiert* ist und zwar vertikal und horizontal (vgl. Abb. 2.1). Die *vertikale* Struktur bezeichnet die Verallgemeinerungsdimension: Es gibt abstrakte übergeordnete Kategorien (in unserem Fall: „Führungsperson"), basale Kategorien (z.B. „FührerIn in wirtschaftlichen Organisationen") und untergeordnete Kategorien (z.B. „Bereichsleiter" oder „AbteilungsleiterIn" oder „Bereichsleiter vs. Bereichsleiterin"). Die *horizontale* Dimension differenziert die Kategorien einer vertikalen Ebene.

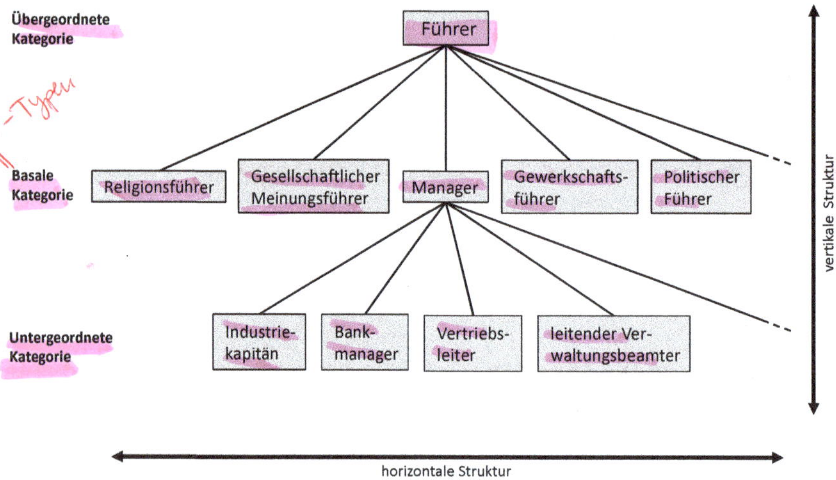

Abb. 2.1: Kategoriensystem mit Beispiel

Für die mittlere Ebene, die hier als die ‚*basale Kategorie*' herausgegriffen werden soll, sind die Merkmale zu ermitteln, mit denen jeder der genannten Führer-Typen gekennzeichnet werden kann, etwa durch die oben schon diskutierten Führungs-Eigenschaften, z.B. intelligent, ehrlich, verständnisvoll, verbal gewandt, entscheidungsfreudig, durchsetzungsfähig, engagiert, fair, glaubwürdig, charismatisch, aggressiv, verantwortungsvoll, zielbewusst, stark. Es mag sein, dass Generäle mit zum Teil anderen Begriffen gekennzeichnet werden als Bischöfe und diese sich wiederum teilweise unterscheiden von den Top-ManagerInnen etc.

Der Grad der Brauchbarkeit einzelner Merkmale zur Kennzeichnung eines Typs kann quantitativ bestimmt werden im Koeffizienten der „*Familienähnlichkeit*", der ein zusammenfassender Ausdruck dafür ist, wie sehr ein Merkmal für viele Typen auf einer Ebene genutzt werden bzw. wie speziell es auf einen oder wenige Typen beschränkt ist (Beispiel: ‚TopmanagerIn' und ‚SchulleiterIn' werden mit den gleichen oder ganz verschiedenen Merkmalen beschrieben). Vorausgesetzt wird dabei, dass nie *alle* Merkmale benutzt werden und dass jeder einzelne Typ in der basalen Ebene einen leicht unterschiedlichen Satz von Merkmalen in Anspruch nimmt.

Der *Prototyp* ist eine abstrakte Zusammenstellung der *repräsentativsten* Merkmale einer kategorialen Einheit. Es gibt also zum Beispiel einen Satz von Merkmalen, der in besonders markanter Weise einen ‚militärischen Führer' auszeichnet (vielleicht: hart, entschlossen, durchsetzungsfähig, aggressiv, mutig), während ein ‚Vorstandsmitglied' prototypisch durch z.T. andere Eigenschaften charakterisiert sein kann (z.B. dynamisch, flexibel, entschlossen, doppelzüngig, verhandlungsgeschickt). Der Prototyp in diesem Sinn ist nicht zu verwechseln mit einer konkreten *exemplarischen* Figur (etwa *Angela Merkel* als Beispielsfall einer politischen Führerin).

Die *Merkmals-Validität* schließlich ist ein Wahrscheinlichkeitsbegriff, der die Fähigkeit eines Merkmals (*attribute*, *cue*) ausdrückt, zwischen den Kategorien (Typen) derselben hierarchischen Ebene zu differenzieren. Jedes einzelne Attribut hat eine spezifische ‚Trennschärfe'; diese wird bestimmt über die Häufigkeit, mit der es bei den verschiedenen Kategorien einer Ebene auftaucht. Das Merkmal ‚hemdsärmelig' kann z.B. für Gewerkschaftsführer charakteristisch sein, für Militär- oder Kirchen-Führer aber überhaupt nicht zutreffen; es hätte dann hohe Merkmals-Gültigkeit für die Kategorie ‚Gewerkschaftsführer', während ‚von seiner Sache überzeugt sein' für alle FührerInnen zutreffen mag und deshalb kaum „*cue validity*" hat.

Mit diesem methodischen Inventar kann man sich an die Aufgabe machen zu bestimmen, welche Eigenschafts-Kombinationen in den Augen relevanter Beurteiler eine Führungskraft in einem bestimmten Aufgabenbereich haben muss. Erfüllt sie diese Anforderungen nicht, gilt sie für diese Beurteilergruppe nicht als (richtige) Führungskraft.

Auf der Grundlage der Kategorisierungs-Theorie muss man erwarten, dass es kaum Eigenschaften (Merkmale) gibt, die für *alle* Führer relevant sind, weil das Konzept der Familienähnlichkeit lediglich Muster oder Kombinationen unterstellt. Die Suche nach *den* Führungseigenschaften ist deshalb von vorneherein zum Scheitern verurteilt. Das Konzept der Merkmals-Validität fordert unter anderem dazu auf, nach Merkmalen zu suchen, die z.B. FührerInnen von Nicht-FührerInnen deutlich unterscheiden. *Lord et al.* haben (für eine studentische Beurteilergruppe mit n = 263) gezeigt, dass „die Wahrscheinlichkeit, vier der fünf Führungsmerkmale zu besitzen, die sowohl in Familienähnlichkeit wie Prototypik die höchsten Werte haben (intelligent, ehrlich, verständnisvoll, wortgewandt, entschlossen) für Nicht-FührerInnen niedriger als .02 ist, während sie für FührerInnen .46 beträgt" (1984, S. 352; s. dazu die Tab. 2.2). Die Werte für Führungsperson-Familienähnlichkeit machen dabei deutlich, dass die Übereinstimmung in dem, was einen (richtigen) Führer ausmacht, keineswegs beeindruckend ist.

Führungs-merkmal	Familien-ähnlichkeit „Führungs-person"	Familien-ähnlichkeit „Nicht-Führungs-person"	cue validity	Proto-typikalität „Führungs-person"	Proto-typikalität „Nicht-Führungs-person"
intelligent (intelligent)	.91	.64	.59	4.39	2.90
honest (ehrlich)	.64	.18	.78	4.26	3.60
outgoing (kontaktfreudig)	.55	.55	.50	3.26	2.65

understanding (verständnisvoll)	.45	.09	.83	4.00	3.15
verbal skills (wortgewandt)	.45	.27	.63	4.30	2.55
aggressive (offensiv)	.36	.09	.80	3.17	2.15
determined (entschlossen)	.36	.18	.67	4.39	3.00
industrious (fleißig)	.36	.27	.57	3.83	2.65
caring (fürsorglich)	.27	.09	.75	3.74	3.45
decisive (entscheidungs-freudig)	.27	0	1	4.44	2.65
dedicated (engagiert)	.27	.18	.60	4.65	3.20
educated (gebildet)	.27	.18	.60	3.96	2.70
well dressed (gut gekleidet)	.27	.27	.50	3.48	2.35

Anmerkungen: erste drei Spalten: Wertebereich von 0 bis 1; letzte zwei Spalten: Wertebereich von 1-5. Aufgeführt sind die 14 Merkmale, die am häufigsten als prototypisch für Führungspersonen genannt wurden.

Tab. 2.2: Prototypische Attribute des Schemas *„Führungsperson"* (*Lord et al.*, 1984)

Bemerkenswert allerdings sind einige weitere Beobachtungen, die die Untiefen des Kategorisierungsansatzes bereits andeuten:

- Es wurde kein Merkmal für alle elf vorgegebenen Kategorien von Führungspersonen häufig genug als prototypisch bezeichnet, dass es für alle Kategorien hätte aufgenommen werden können (Grenzwert bei 30% Nennungen), nur drei von 85 erwähnten Merkmalen wurden in der Mehrzahl der Fälle genannt (*intelligent*, *ehrlich* und *kontaktfreudig*).
- Die Häufigkeit der Nennung geht nicht immer einher mit hoher Prototypikalität des Merkmals unter den Nennungen (*kontaktfreudig* und *offensiv*).
- Dasselbe Merkmal kann durchaus sowohl für Führungspersonen als auch für Nicht-Führungspersonen als prototypisch eingeschätzt werden (*intelligent* und *kontaktfreudig*). Sowohl häufige Nennungen als auch hohe Prototypikaltiätswerte können für dasselbe Merkmal gefunden werden.
- Die cue validity ist häufig nicht beeindruckend oberhalb der (hier) 50%igen Zufallswahrscheinlichkeit, gelegentlich wird diese genau erreicht (*kontaktfreudig* und *gut ge-*

kleidet), wodurch das Vorliegen des Merkmals in gleicher Weise Führungspersonen wie Nicht-Führungspersonen kennzeichnet. Sie haben also keinerlei Trennschärfe.

Bedenkt man, welch hoher Stellenwert dem FührerInnen-Bild als Bezugssystem sowohl für die Führungskräfteauslese wie für die Führerverhaltensbeschreibung zukommt, dann ist erstaunlich, dass diese Problematik in der Führungsforschung erst in jüngerer Zeit Aufmerksamkeit gefunden hat. Vermutlich liegt darin auch einer der Gründe für die mangelhafte Generalisierbarkeit der empirischen Befunde (z.B. *Himme*, 2006; *Höft*, 2006; *Chalmers*, 2007) in den beiden genannten Forschungsfeldern. Andererseits erklärt das auch die Bedeutung der attributionstheoretischen Zugänge zum Führungsproblem (s. Kap. 5.2). Wenn Führung primär eine Wahrnehmungsfrage ist, wird jene Person, die als FührerIn *wahrgenommen* wird, schneller/besser akzeptiert und (deshalb!) mehr Einfluss haben. Gerade in Krisen-Situationen kommt es deshalb darauf an, gleichsam Show-Verhalten zu zeigen, d.h. die markanten Führungseigenschaften in besonders ausgeprägter unübersehbarer Weise zu demonstrieren (etwa: Aktivität, Mut, Sichtbarkeit, Entschiedenheit etc.), sodass mehr Anstrengung auf die Inszenierung des FührerInnen-Bildes aufgewandt wird, als auf direkte Problemlösungs-Aktivitäten oder dass sogar mehrdeutige Situationen produziert werden, um sich als FührerIn inszenieren zu können. Aktivitäten politischer FührerInnen vor Wahlen sind ein guter Beleg dafür. In ähnliche Richtung geht die bei Führungspersonen in Militär und Wirtschaft beliebte Faustregel: Lieber eine schnelle falsche Entscheidung als eine verspätete richtige!

2.2.2 Beispiel für einen Kategorisierungsansatz: Das GLOBE-Projekt

Die Kategorisierungs-Theorie ist ein Beschreibungsansatz, der zu analysieren hilft, welche Merkmalszusammenstellungen in einer bestimmten Population (proto-)typische FührerIn charakterisieren.

Eine konkrete Umsetzung der Annahmen der Kategorisierungstheorie erfolgt im internationalen GLOBE-Projekt, das von *Robert House* an der University of Pennsylvania initiiert wurde und an dem sich über 170 WissenschaftlerInnen aus aller Welt beteiligen (s. *House, Wright, & Aditya*, 1997; *Brodbeck et al.*, 2000; *House, Hanges, Javidan, Dorfman & Gupta*, 2004; *Chhokar, Brodbeck & House*, 2007). GLOBE ist das Akronym für "Global Leadership and Organizational Behavior Effectiveness Research Program".

Ausgangspunkt des GLOBE-Projekts war die Generierung von 382 Führungsattributen (Eigenschaften, Fertigkeiten, Rollen, Fähigkeiten, Verhaltensweisen etc.) unter Rückgriff auf die vorhandene Literatur. Ziel war es herauszufinden, wodurch herausragende Führung (*outstanding leadership*) gekennzeichnet ist. Es geht dabei also nicht um das ganze Kontinuum des Führungserfolgs, sondern nur dessen oberste Spitze. Aus dem ursprünglichen Itempool wurden zunächst 16, später 21 Führungs-Skalen entwickelt, die in einer großen Zahl von Staaten und mehreren Studien empirisch untersucht wurden. In Tab. 2.3 sind die Skalen und dafür verwendete Begriffe aufgeführt:

Skala	GK*	Fragebogen-Items (Begriffe)
1. Vision	.85	visionär, vorausschauend, antizipierend, vorbereitet, intellektuell anregend, zukunftsorientiert, plant voraus, inspirierend
2. Inspiration	.84	enthusiastisch, positiv, ermutigend, steigert die Arbeitsmoral, motivierend, schafft Vertrauen, dynamisch
3. Selbstaufopferung	.63	risikofreudig, aufopfernd, überzeugend
4. Integrität	.84	ehrlich, aufrichtig, gerecht, vertrauenswürdig
5. Entschlossenheit	.53	willensstark, entschieden, logisch, intuitiv
6. Leistungsorientierung	.63	Verbesserung, an Exzellenz und Leistung orientiert
7. Teamfähigkeit	.76	gruppenorientiert, zusammenarbeitend, loyal, beratend, Mediator[1], brüderlich
8. Teamintegration	.65	klar, Integrator, ordnet sich unter, informiert, kommunikativ, Koordinator, Teamentwickler
9. Diplomatie	.29	diplomatisch, weltgewandt, auf Ausgleich achtender Problemloser, effektiver Verhandler
10. Böswilligkeit	.93	reizbar, nachtragend, egoistisch, unkooperativ, zynisch, feindselig, unehrlich, unzuverlässig, intelligent
11. administrative Kompetenz	.84	ordentlich, verwaltungstechnisch geschickt, organisiert, guter Verwalter
12. Selbstzentriertheit	.92	eigennützig, unpartizipativ, Einzelgänger, asozial
13. Statusbewusstsein	.83	statusbewusst, klassenbewusst
14. Konflikterzeuger	.79	Intragruppen-Konkurrent, heimlichtuerisch, moralisierend
15. Gesichtswahrer	.87	indirekt, vermeidet Negatives, ausweichend
16. prozedurales Verhalten	.88	ritualisiert, formal, an Gewohnheiten festhaltend, vorsichtig, verfahrensbetont
17. Autokratie	.92	autokratisch, diktatorisch, herrisch, elitär, Herrschertyp, dominierend
18. Partizipation	.87	nicht-individualistisch, egalitär, mischt sich nicht in Kleinigkeiten ein, Delegierer
19. humane Orientierung	.83	großzügig, mitfühlend
20. Bescheidenheit	.66	bescheiden, zurückhaltend, geduldig
21. Autonomie	.77	individualistisch, unabhängig, autonom, einzigartig

*GK: Generalisierbarkeits-Koeffizient: Eine Schätzung der Skalenkonsistenz und des Konsenses auf gesellschaftlicher Ebene; er wurde für jede Skala aus Daten der Hauptstudie (GLOBE) errechnet, bei der 15.322 ManagerInnen aus dem mittleren Management aus 61 Staaten und einer Gesamtheit von 779 lokalen (nicht-multinationalen) Organisationen erfasst wurden.

Tab. 2.3: Skalen zur Erfassung der Führungs-Prototypikalität

[1] Mediator: (Konflikt-)Schlichter, Vermittler

Die AutorInnen konnten zeigen, dass in verschiedenen Ländern, Weltregionen und Kulturkreisen für den Prototyp der ‚herausragenden Führungsperson' zum Teil unterschiedliche Akzente gesetzt werden. Ein Eindruck dazu vermittelt eine Studie, die in Europa durchgeführt wurde; ein Ausschnitt der Ergebnisse ist in Tab. 2.4 wiedergegeben. Daraus geht hervor, dass – mit der bemerkenswerten Ausnahme Frankreichs – in den europäischen Ländern recht ähnliche Vorstellungen über Führung bestehen. Allerdings gibt es einzelne Unterschiede, die bei Auslandsentsendungen und für interkulturelles Training interessant sind.

Führungs-Prototypikalität	Anglo (GB, IRL)	Nordisch (SWE, NL, FIN, DEN)	Deutsch (BRD, CH, AUS)	Französisch (FRA)	Latino (ITA, SPA, POR, HUN)	Russisch (RUS)
hoch positiv (fördert herausragende Führung)	Leistung inspirierend visionär Team-integrator Integrität entschieden partizipativ	Integrität inspirierend visionär Team-integrator Leistung entschieden nicht-autoritär partizipativ	Integrität inspirierend Leistung nicht-autoritär visionär entschieden partizipativ administrativ Team-integrator	partizipativ nicht-autoritär	Team-integrator Leistung inspirierend Integrität visionär entschieden administrativ diplomatisch zusammenarbeitend	visionär administrativ Leistung inspirierend entschieden Integrität Team-integrator
niedrig positiv (fördert etwas)	nicht-autoritär administrativ diplomatisch zusammenarbeitend Bescheidenheit aufopferungsvoll human Konflikt-vermeider	zusammenarbeitend diplomatisch administrativ Konflikt-vermeider aufopferungsvoll human Bescheidenheit	diplomatisch zusammenarbeitend aufopferungsvoll Bescheidenheit human Konflikt-vermeider autonom	inspirierend, Integrität, Team-Integrator, Leistung, visionär, entschieden, diplomatisch, zusammenarbeitend, Konflikt-vermeider, administrativ, Bescheidenheit	nicht-autoritär partizipativ aufopferungsvoll Bescheidenheit human statusbewusst Konflikt-vermeider	partizipativ zusammenarbeitend diplomatisch statusbewusst aufopferungsvoll Bescheidenheit Konflikt-vermeider autonom
niedrig negativ (hindert etwas)	autonom statusbewusst bürokratisch	autonom statusbewusst bürokratisch	statusbewusst bürokratisch	aufopferungsvoll statusbewusst autonom human bürokratisch	bürokratisch autonom	human nicht-autoritär bürokratisch Gesichtswahrer

hoch negativ (hindert)	Gesichts-wahrer selbst-bezogen bösartig	Gesichts-wahrer selbst-bezogen bösartig	Gesichts-wahrer selbst-bezogen bösartig	Gesichts-wahrer selbst-bezogen bösartig	Gesichts-wahrer selbst-bezogen bösartig	selbst-bezogen bösartig

Tab. 2.4: Prototypkalitäts-Rangordungen europäischer Länder (Auszug aus *Brodbeck et al.* 2000, S. 15)

Die Items und Skalen wurden mit Hilfe von Faktorenanalysen und multidimensionaler Skalierung auf zu Grunde liegende Hauptdimensionen untersucht. Bei der europäischen Studie hat sich z.B. eine 3-Faktoren-Lösung als optimal herausgestellt:

[1] *Interpersonale Direktheit und Nähe* (hohe Ladungen in ‚inspirieren', ‚Integrität', ‚administrativ' (–), ‚Gesichtswahrer' (–), ‚prozedural' (–) und ‚partizipativ')

[2] *Bescheidenheit* (hohe Ladungen in ‚Teamzusammenarbeit', ‚Bescheidenheit', ‚Humane Orientierung') und

[3] *Autonomie* (hohe Ladungen in ‚Autonomie' und ‚Teamintegrator').

Als weltweit (*global*) nutzbare Basisdimensionen zur Charakterisierung von ‚Führung' wurde ein 6-Faktoren-Raster erarbeitet, das in Tab 2.5 wiedergegeben ist:

Faktor	Skalenbegriffe (Attribute)
charismatisch	visionär, inspirierend, selbstaufopfernd, Integrität, entschieden, leistungsorientiert
teamorientiert	zusammenarbeitend, Teamintegrator, diplomatisch, böswillig, administrativ kompetent
partizipativ	autokratisch, partizipativ
humanorientiert	bescheiden auftretend, humane Orientierung
autonomieorientiert	autonom (individualistisch, unabhängig, einzigartig)
defensiv	gesichtswahrend, statusbezogen, konfliktorientiert, bürokratisch korrekt, selbstbezogen

Tab. 2.5: Globale implizite, sechsdimensionale Führungstheorie auf der Grundlage des GLOBE-Projekts (*Brodbeck, 2006*)

Die vier ersten Dimensionen werden als kulturunabhängig gültig gesehen, also ist der weltweite Stereotyp der außerordentlich erfolgreichen Führungskraft, dass diese charismatisch, teamorientiert, partizipativ und humanorientiert ist, führt oder wirkt. Der autonomieorientierte (insbes. Mittel- und Nordeuropa, Russland) ebenso wie der defensive Stil (insbes. Südostasien) werden nicht überall als förderlich wahrgenommen, was das Bild von der *globalen Spitzenführungskraft* relativiert. Man sollte sich bei diesen Ergebnissen stets vergegenwärtigen, dass nicht die Attribute empirisch produktiver oder erfolgreicher Führungskräfte ermittelt wurden, sondern dass idealisierende Erwartungen abgefragt wurden (vgl. *Northouse*, 2010, S. 160). Es dominiert ein Führungsleitbild – gefragt wurde ja nach ‚herausragenden' FührerInnen – das Weitblick, Begeisterungsfähigkeit, Leistung und Zusammenarbeit vereint.

Die Untersuchungen und Auswertungen des GLOBE-Projekts laufen immer noch, die Anzahl der untersuchten Führungskräfte und teilnehmenden Länder ändert sich dabei. Anzumerken ist daneben, dass ausschließlich Idealbilder erhoben werden auch, dass dies nicht bei einer repräsentativen (Zufalls-)Stichprobe ermittelt wird, sondern (nur) bei Unternehmen, die sich bereit erklärt haben zu kooperieren und dass dort z.T. Vollerhebungen durchgeführt werden, z.T. Teilerhebungen. Ferner werden verschiedene Befragungsverfahren eingesetzt. Entsprechend sich verändernder Formulierungsmoden werden dabei Begriffe angepasst (z.B. wurden aus „Fähigkeiten" und „Eigenschaften" zunächst allgemein „Dimensionen", dann „Kompetenzen"), ohne indes den Grundansatz und seine Bedeutung zu verändern. Aber das Projekt zeigt, wie eine konzertierte, über Grenzen von Ländern und Kulturen hinweggehende Untersuchung vieler Forscher aussehen kann (vgl. *Avolio, Walumba & Weber*, 2009, S. 438).

2.2.3 Resümee zu den Kategorisierungs-Ansätzen

Die Grenzen des Kategorisierungs-Ansatzes liegen darin, dass es im Kern um ein Begriffsverständnis geht: Was verbindet *das Publikum* zu einer bestimmten Zeit in einer bestimmten (Welt-)Region mit dem Begriff der Führung? Wenn man dabei nicht nach der jeweils konkret existierenden unmittelbar vorgesetzten Führungsperson fragt, wird ein vereinfachtes und geglättetes Schema aktiviert, das die ‚Wunschführung' beschreibt. Das gibt dann den Maßstab ab, mit dem tatsächliche Vorgesetzte (ManagerInnen? oder gar: FührerInnen?) gemessen werden können. Jeder würde die Frage nach dem idealen Fisch verwirrt zurückweisen: ist es der Hai, der Kabeljau, die Scholle oder gar der Wal‚fisch'? Je nachdem, wo und wovon er lebt, kann der ideale Fisch ganz anders aussehen: wo die Muräne gedeiht, könnte der Hai nicht überleben und auch der Kugelfisch hat seine Nische. Wie also sieht die herausragende Führungskraft aus? Das weiß man – so die Quintessenz der Ergebnisse – nicht so genau, zumindest nicht so ganz übereinstimmend.

2.3 Charisma und Führung

Egal ob man Führen als technisches Geschäft versteht oder ihm eine metaphysische Tiefendimension verleiht: Man muss begründen können, warum man sich für eine der vielen Empfehlungen oder Erklärungen entscheiden soll, die auf den Theorie- und Praxismärkten angeboten werden. Die Begründungsformen können unterschiedlich sein: weil es immer so war, weil es Erfolg verspricht, weil es dem Wesen der Sache gemäß ist, weil es sich so gehört oder die Menschen es erwarten etc. (vgl. z.B. Kap. 9.1). In jeder Epoche bricht die Diskussion über das beste Führen erneut aus und jede hat ihre spezifischen Favoriten: zur Kaiserzeit war es wohl ein monarchisch-militärisches Modell, im Nazi-Reich ein faschistisch-autoritäres, in der sozialen Marktwirtschaft ein partizipatives. Aktuell gibt es eine Viel- (oder Un-)zahl von Kandidaten: die Postmoderne bietet sich an für vielfältige Konzepte, die das Heil versprechen, ohne sich allzu sehr vor einer Widerlegung fürchten zu müssen. So bietet ein buntes Sortiment von mehr oder minder belastbaren, zumeist monothematischen Führungskonzepten Interpretationen des Führungsgeschehens und zur Förderung des Führungserfolges, oder etwas schärfer formuliert – sie buhlen um die Aufmerksamkeit im lukrativen Beratungsmarkt: authentische, dialektische, dienende, emotionale, inspirierende, spirituelle, synergetische etc. Führung. Prominent ist auch die Wiederentdeckung von Charisma und seiner transformierenden Kraft im Führungsgeschehen.

Leitkulturen der Führung spiegeln gesellschaftliche und ökonomische Entwicklungen wider. Je komplexer und intransparenter die Verhältnisse werden, je verteilter und personalisierter das Wissen ist, je schneller auf neue Technologien und Marktchancen reagiert werden muss, desto wahrscheinlicher versagen hierarchisch-zentralistische Steuerungsmodelle. Fremdbestimmung wird durch Selbstbestimmung der lokalen Akteure nicht ersetzt, sondern verändert: Nach wie vor gibt es Fremdsteuerung, aber sie funktioniert nicht mehr nach den Prinzipien von Vorschrift und Kontrolle, sondern subtiler. Sie ist darauf aus, die Entscheidungsprämissen, Wünsche, Bedürfnisse und Lebensentwürfe der Akteure zu konditionieren. Statt eines äußerlichen Zwangsregimes erfolgt eine innere Kolonialisierung, weil die fremden Werte zu eigenen gemacht werden (sollen). Charismatische Führung verspricht eben dies; deshalb ist sie als Modell moderner Steuerung so attraktiv.

Es geht um Inspiration, Verzauberung und Veränderung der Geführten: sie sind zu und von ‚Höherem' berufen! Ein charismatischer Führer schlägt die Geführten in seinen Bann. Das magische, irrationale und geheimnisvolle Element der Führung wird betont. Myriaden von Ratgebertexten haben Appeal, weil sie es zu lösen versprechen; ihre Vielzahl ist ein Beleg für die Marktnachfrage und für die Stärke der Sehnsucht.

Bei der charismatischen Führung (und deren Derivaten, z.B. der transformierenden (vgl. Kap. 3.2) und visionären (vgl. Zusatzdokument 4) Führung) die mit buchstäblich überwältigenden Attributen ausgestattete *Führungsperson* im Zentrum – demnach ist der Ansatz ein Vertreter der personalistischen Führungstheorie.

2.3.1 Charisma

Das Wort Charisma ist zusammengesetzt aus dem griechischen ‚charis' (Gnade) und der Nachsilbe ‚-ma': Gabe oder Geschenk. Dieses Gnadengeschenk stellt eine Berufung dar, die von der betroffenen Person Besitz ergreift, und sie zur faszinierten und faszinierenden macht. Charismatische Führung ist somit ein (wie auch immer) durch eine begnadete Führungsperson hervorgerufenes Phänomen.

Dieser Ansatz der gesalbten Persönlichkeit ist lange schon als problematisch erkannt worden. So schreibt *Burns* (1978, S. 244):

„Der Begriff hat eine Reihe unterschiedlicher, aber überlappender Bedeutungen: magische Qualitäten des Führers; ein emotionales Band zwischen Führer und

> Geführten; Abhängigkeit der Massen von einer Vaterfigur; volkstümliche Annahme, dass ein Führer mächtig, allwissend und rechtschaffen ist; Ausstattung der Führer mit enormer übernatürlicher Macht (oder mit weltlicher Macht oder mit beidem); und freundliche Unterstützung eines Führers, die an Liebe grenzt. Das Wort ist so überladen worden, dass es bei näherer Analyse zusammenbricht."

Der Charisma-Begriff wird von *Weber* im Rahmen seiner Herrschaftssoziologie eingeführt. *Weber* (1921, S. 124) definiert legitime Herrschaft *charismatischen* Charakters (in unserem Zusammenhang entsprechend der Führung) als „auf der außeralltäglichen Hingabe an die Heiligkeit oder die Heldenkraft oder die Vorbildlichkeit einer Person und der durch sie offenbarten oder geschaffenen Ordnungen" ruhend. Sein Charisma-Konzept ist durch folgende Bestimmungen charakterisiert:

- Charisma ist eine besondere, magische, übernatürliche, übermenschliche, außeralltägliche Qualität der Persönlichkeit;
- Charisma kann auf die geschaffenen Ordnungen überstrahlen;
- wichtig ist nicht, wie die charismatische Persönlichkeit an sich ist, sondern wie sie von den Anhängern bewertet wird; entscheidend ist die freiwillige Hingabe und Anerkennung, die aber als ‚Pflicht' erlebt wird, der sich die Gefolgschaft nicht entziehen kann;
- charismatisch legitimiertes Handeln muss auf Dauer ‚Wohlergehen für die Beherrschten' bringen;
- die charismatische Persönlichkeit setzt sich über bestehende Ordnungen hinweg und schafft neue („Es steht geschrieben, ich aber sage euch!");
- dabei geht es um eine ‚Umformung von innen' die zu einer ‚völligen Neuorientierung' führt;
- und schließlich ist Charisma der Tendenz nach wirtschaftsfremd, d.h. nicht auf ökonomische Verwertung ausgerichtet.

Zur genaueren Bestimmung des *Weber*'schen Charismabegriffs siehe Zusatzdokument 5 sowie zu dessen einflussreicher Kritik von *Steyrer* (1995) siehe Zusatzdokument 6.

Weil Charisma eine übernatürliche Bestimmung ausdrückt, ist sie nicht technisch oder sachlich zu begründen oder zu kritisieren. Das kommt auch in der religiösen Idiomatik zum Ausdruck: Es ist die Rede von Vision, Mission (Sendungsauftrag), Credo, Inspiration, Begeisterung, Enthusiasmus, Obsession. Hier zeigt sich auch die große Nähe (und deshalb deren häufige Zuordnung zum Eigenschaftsansatz) zur transformationalen Führung (s. Kap. 3.2). Ein Mensch hat Charisma, wenn er übernatürliche Qualitäten hat, die das normale Maß so sehr übersteigen, dass er anderen als „gottbegnadet" oder gar gottähnlich erscheint. Aus dieser Perspektive wird verständlich, warum in der Führungstheorie immer wieder „charismatische" Ansätze vorgetragen werden (z.B.: *House,* 1977; *Burns,* 1978; *Boal & Bryson,* 1987; *Avolio & Bass,* 1987; *Conger & Kanungo,* 1987, 1988; *Hogan, Raskin & Fazzini,* 1990; *Bryman,* 1992; *Steyrer,* 1995; *House & Shamir,* 1995; *Hentze & Kammel,* 1996; aktuelle Überblicke bieten z.B. *Felfe,* 2006a; *Conger,* 2011; *Antonakis,* 2012). CharismatikerInnen sind niemandem Rechenschaft schuldig, im Gegenteil: die Geführten schulden ihnen Verehrung und Dankbarkeit. Das Faszinierende und Überwältigende des Charisma zieht in seinen Bann, lähmt das kritische Vermögen, nährt das Bedürfnis nach Unterwürfigkeit und das Verlangen nach berauschender phantasierender Teilhabe. Charismatische FührerInnen sind Männer und Frauen der Tat; sie überwinden die „Paralyse durch Analyse" (*Peters & Waterman,* 1984), „des Gedankens angekränkelte Schwäche" (*Shakespeare* in Hamlet), die Kennzeichen und Folge einer rationalen, kritisch-sezierenden und damit Begeisterung zersetzenden Haltung sind.

Charismatische Führung ist kein spezifisches Bündel von Verhaltensweisen oder Richtlinien, sondern „schlicht" Ergebnis des Charismas der entsprechend begabten Personen in Führungssettings. Die Diskussion über charismatische Führung ist durch *House* (1977) wieder neu entfacht worden. Er hat in einem Sammelreferat, anknüpfend an *Webers* Ausführungen, eine Vielzahl von theoretischen und empirischen Studien zu charismatischer Führung ausgewertet und die Ergebnisse zu einem vorläufigen Modell zusammengestellt, in dem er vor allem drei Führer-Wirkungen betont:

- Charismatische Führer leben überzeugend und mitreißend vor, wofür es sich lohnt zu leben und zu arbeiten; damit wirken sie als Modelle für das Wertsystem, dem die Geführten nacheifern (sollen);
- charismatische Führer wecken neue („höhere") Motive und herausfordernde Ziele in den Geführten;

charismatische Führer vertrauen den Geführten und steigern damit deren Selbstachtung und Selbstvertrauen – was zur Steigerung von deren Motivation führt.

1987 definieren *House & Singh* (S. 684 f.) aus der Sicht der Geführten jenen Führer als charismatisch, dem es gelingt, Folgendes zu erzeugen:

„… ein hohes Maß an Loyalität, Verpflichtung und Hingabe an den Führer; Identifikation mit dem Führer und der Mission des Führers; Nacheiferung des Führers hinsichtlich seiner Werte, Ziele und Verhaltensweisen; das Gefühl der Selbstachtung aufgrund der Beziehungen zum Führer und seiner Mission; und ein außergewöhnlich hohes Maß an Vertrauen in den Führer und die Korrektheit seiner Glaubensüberzeugungen."

Liest man (insbesondere als Deutscher) eine solche Liste und assoziiert an den GröFaZ (den „Größten Führer aller Zeiten"), dann kommen einem zumindest ambivalente Gefühle.

Trotzdem liegen natürlich Messinstrumente zur Erfassung charismatischen Verhaltens vor, einige stammen z.B. von *Conger & Kanungo* (1994, dt. von *Rowold & Kersting*, 2008), oder *Steyrer* (1995).

2.3.2 Theoretische Erklärungen charismatischer Führung

Theoretische Erklärungen berauben ein Phänomen seiner Einzigartigkeit, sehen es als Produkt bestimmter Kräfte und Bestandteile. Sie stellen es als mehr oder weniger abhängiges Element in größere Zusammenhänge. Jeder Entwurf muss damit rechnen, durch einen anderen (umfassenderen, einfacheren, eleganteren, stimmigeren, besser bewährten etc.) ersetzt zu werden. Vor allem aber gilt: Es gibt nicht *eine* Erklärung, sondern viele konkurrierende. Diese Tatsache macht sowohl bescheiden wie vorsichtig.

- Eine ausschließlich personalistische Erklärung geht davon aus, dass Charisma ein (reales) Persönlichkeitsmerkmal ist, bei dessen Vorliegen bzw. ab einer entsprechend starken Ausprägung des Merkmals die charakteristischen Effekte eintreten – weitgehend unabhängig vom Führungskontext, der konkreten Situation und den InteraktionspartnerInnen. Diese führen eher zur jeweils spezifischen Erscheinungsform, die aber letztlich eher eine Aktualisierung oder ein Epiphänomen des allgemeinen Phänomens darstellt (Kap. 2.3.2.1).

- Charismatische Führung lässt sich aber auch als Wechselwirkungsprodukt von Bedürfnissen von „zu Führenden" und dem diese zu befriedigen versprechenden Merkmalen des Führenden gesehen werden. Nicht jeder Charismatiker wird überhaupt als Führer akzeptiert. Die zu Führenden suchen sich ihren Führer. Welcher Art dieser zu sein hat, wird einerseits durch die Merkmale der zu Führenden, andererseits durch gewisse situative Gegebenheiten mitbestimmt. Deren Wechselwirkung führt zu entsprechend artikulierten Bedürfnissen der zu Führenden. Treffen die Bedürfnisse der zu Führenden mit den entsprechenden Merkmalen des (angehenden) Führers zusammen, resultiert erfolgreiche, gegebenenfalls charismatische, Führung. Das Szenario braucht nicht auf einer faktischen Passung von Bedürfnissen und Merkmalen zu basieren. Die Geführten können den Führer auch charismatisch „machen", wenn der Druck in Richtung einer außergewöhnlichen Führung stark genug ist und weitere Parameter dafür sprechen, ihr Heil (ausgerechnet) in charismatischer Führung zu suchen (oder bereits zu finden) (Kap. 2.3.2.2).

2.3.2.1 Auf die Führungsperson zentrierte Ansätze

Tucker (1968) sieht charismatische Führer gekennzeichnet durch

- visionäres Denken, Zukunftsorientierung,
- rhetorische und kommunikative Begabungen,
- Sendungsbewusstsein,
- Selbstsicherheit und Selbstbewusstsein,
- Intelligenz,
- hohe Erwartungen an die Geführten.

House (1977) attestiert der charismatischen Führungspersönlichkeit ungewöhnlich hohe Ausprägungen folgender Merkmale: Dominanz, Selbstvertrauen, Bedürfnis Einfluss auszuüben, Glaube an die eigenen Werte. Sieht man sich derartige Merkmalslisten an, muss man feststellen, dass kein signifikanter Unterschied zu erkennen ist zu den Attributen, die gemeinhin FührerInnen zugeschrieben werden (s.o.). Aber ohnehin kann Charisma aus Sicht der Theorie letztlich nicht im Raster der üblichen Persönlichkeitsdimensionen beschrieben werden, weil diese am Populationsdurchschnitt normiert wurden. CharismatikerInnen sind aber – definitionsgemäß – unnormal (wie gesagt: außeralltäglich, übermenschlich, magisch etc.). *Steyrer* (1995) nimmt in seiner Betrachtung charismatischer Führung im Anschluss an *Lipps* (1985) These vom ‚Grenzverhalten' Persönlichkeitseigenschaften als Kontinuum, bei dem ausgehend von einem jeweiligen Normalbereich in positiver und negativer Richtung (Über-)Steigerungen möglich sind. Das Charismatische liegt im Grenzbereich des Normalen; eine weitere Extremisierung führt zu stigmatisiertem Verhalten, das mit sozialer Ausschluss beantwortet wird. In der Tab. 2.6 werden dafür Beispiele gegeben.

Stigma	⇐ Charisma	⇐ Normalität	⇒ Charisma	⇒ **Stigma**
Anti-Repräsentativität		Prototypikalität		Hyper-Repräsentativität
teilnahmslos, passiv	gelassen, tolerant	**engagiert**	leidenschaftlich	fanatisch
zögernd	besonnen, vorsichtig	**entschlossen**	hartnäckig	rücksichtslos
unscheinbar, farblos	menschlich, ohne Allüren	**sicher**	selbstbewusst, potent	dogmatisch, totalitär
ziellos, leichtsinnig	flexibel, impulsiv	**zielorientiert**	visionär	

Tab. 2.6: Charismatische Führungseigenschaften zwischen Stigma und Normalität (nach *Steyrer*, 1995)

An dieser Stelle soll der Verklärung charismatischer Führungspersonen begegnet werden, die sie als Wundertäter ohne Nebenwirkung feiert. *Yukl* (2010, S. 275) hat unter Bezugnahme auf *Conger* eine Negativliste zusammengestellt. Bei CharismatikerInnen muss man u.a. rechnen mit:

- schlechten interpersonellen Beziehungen (als Narzissten sind sie nur an der eigenen Wirkung interessiert);
- negativen Konsequenzen impulsiven und unkonventionellen Verhaltens (Polarisierung unter den Geführten, Unduldsamkeit gegenüber abweichenden Meinungen etc.);
- negativen Konsequenzen des Impression Management (Leistungen anderer aufs eigene Konto verbuchen und damit die guten Leute vertreiben);

- schlechter Organisations- und Verwaltungspraxis (Vernachlässigung der Alltagsarbeit);
- negativen Konsequenzen aufgrund des übergroßen Selbstvertrauens (Fehler, Mängel, Probleme nicht sehen oder zugeben können; Selbstüberschätzung, fanatische Verfolgung des einmal eingeschlagenen Wegs);
- unterlassener Nachfolgeplanung.

Wie kann man sich angesichts dieser Probleme die Bewunderung, Verehrung, ja Vergötterung der charismatischen FührerInnen erklären? Im Unterschied zu den rationalen Verhaltenskalkülen (Auszahlungen, Wahrscheinlichkeiten, Transaktionen), die in der Neoklassik und den meist kognitiv orientierten Verhaltens- oder Handlungstheorien vorherrschen und rationales Entscheiden (*rational choice*) als Erklärungsmodell zu Grunde legen, scheint hier etwas Irrationales zu geschehen, das dann mehr oder weniger hilflos mit Begriffen wie Hingabe, Selbstvergessenheit, Trance, Magie, Numinosum, Faszination, Begeisterung etc. beschrieben wird.

Wenn man die FührerInnen mit nahezu übermenschlichen Attributen ausstattet, hat man wenig gewonnen, weil man dann die Erklärungslast für komplexe soziale Prozesse den Fähigkeiten einzelner Personen aufbürdet, ohne zu zeigen, *wie* sie ihre scheinbar außeralltäglichen Fähigkeiten einsetzen. Sie selbst vollbringen ja keine Wunder, vielmehr wirken sie auf die Geführten, die sie zu hohem Einsatz, Selbstlosigkeit oder gar Selbstaufopferung inspirieren. Dabei wird meist das Beispiel von ‚Bewegungen' zu Grunde gelegt, bei denen bloß die begeistert den Führer feiernde Anhängerschaft, nicht aber deren dauerhafte Leistung im Mittelpunkt steht.

Die großen (und kleinen) charismatischen Führer (*Caesar, Alexander der Große, Jeanne d'Arc, Napoleon, Gandhi, Stalin, Hitler, Koresh, Jones, de Gaulle, Churchill, Castro, Blair, Obama* etc.) wirken nur in der Hagiographie als makellose (Halb-)Götter des Guten, des Bösen oder allgemeiner: ihrer Sache. Diejenigen, die ihnen (kritisch) nahe standen, zeichnen häufig ein gemischtes Bild, in dem neben allen großartigen ‚heroischen' Eigenschaften zuweilen auch Neurotizismus, Wahnideen, Narzissmus, Abkehr von nahen Bezugspersonen, Machtgier, Egoismus, Arroganz, Kälte, Grausamkeit, Mordlust, Herrenmenschentum etc. enthalten sind.

Obwohl eine trennscharfe Identifikation charismatischer Eigenschaften bislang nicht belastbar gelungen ist, gibt es ein Set von Begriffen, die gehäuft verwendet werden (selbstsicher, narzisstisch, unabhängig, energiegeladen etc.). Sie bilden aber kein Eigenschaftssyndrom von Charisma, dessen Einzelmerkmale als unverzichtbar, unersetzbar, voneinander unabhängig und eindeutig messbar beschrieben werden. Deswegen stößt die Suche nach diesem Syndrom auf zunehmend weniger Resonanz; das Interesse verlagert sich auf die *Beziehung zwischen* FührerIn und Geführten und die Untersuchung der Frage, was sie an einander bindet: Warum folgen die Geführten mit solch bedingungsloser Hingabe anderen Menschen? Wodurch und wie wird der kleinlich, ängstlich oder nüchtern kalkulierende Verstand ausgeschaltet, der zu Vorsicht und Vorteilnahme rät? Warum wird zu Gunsten einer gemeinsamen Sache der individuelle Opportunismus aufgegeben?

2.3.2.2 Auf die Geführten und ihre Komplementarität mit den Führenden zentrierte Erklärungen

Bei diesen Ansätzen steht nicht die charismatische Führungsperson, sondern die Geführten und ihre Interaktion mit dem Führenden im Mittelpunkt. Die Geführten sind nicht Wachs in den Händen des oder der Führenden, vielmehr benutzen und gebrauchen die Geführten ihn oder sie! Es wird also die Instrumentalisierung der Führers durch die Geführten, die Umkehrung der Täter-Opfer-Beziehung behauptet: FührerInnen werden dazu verführt, die Geführten zu ‚bedienen'. Die Führungsperson wird damit zur Projektionsfläche für Phantasien und Sehnsüchte der Geführten. Sie wird per Zuschreibung *ausgestattet* mit übernatürlichen Kräften, an die dann in selbsterfüllender Prophezeiung geglaubt wird. In solchen Erklärungsansätzen wird zum einen der Akzent auf die ‚äußere', zum anderen auf die ‚innere' Situation der Geführten gesetzt.

Aufgrund **äußerer** Bedingungen (Not, Krise, Anomie, Desorientierung, Ausweglosigkeit, ‚Weltuntergangsstimmung') können die Bewältigungsreserven der Geführten erschöpft sein. Weil alles nüchterne Handeln nichts gebracht hat, retten sie sich in den Glauben an die Wirkmächtigkeit gottgleicher Figuren. Dies ist derselbe Mechanismus, der von Religionskritikern für die *Erschaffung Gottes durch die Menschen* in Anspruch genommen wird: Je stärker die eigene Ohnmacht erlebt wird, desto eher wird ein übermenschliches Wesen phantasiert, das die Menschen zwar nach ihrem Bilde, aber eben in extremisierten Dimensionen schaffen. Ihm gegenüber sind sie dann entweder hilflose Kinder oder ‚unverantwortliche' Werkzeuge seines Willens, jedenfalls aufgehoben, beschützt und getröstet, entlastet von Verantwortung und versorgt mit Orientierung und Sinn.

Weit verbreitet und schon von *Weber* angeboten sind die Thesen, charismatische Führung sei besonders wahrscheinlich

- in Krisensituationen (Ruf nach der starken Hand) oder
- in strukturlosen Situationen, in denen eine Art Herrschaftsvakuum (Anarchie) bestehe.

Das *Krisentheorem* besagt, ‚Great Men' hätten ihre Chance und ihren Auftritt in Umbruchsituationen, in denen die alten Führer (damals wurde in dieser Hinsicht nicht über Frauen nachgedacht) gescheitert oder verschlissen sind, völlig neue Herausforderungen nach neuen Talenten rufen oder die Not und Ratlosigkeit so groß sind, dass die nächstbeste Person, die entschlossen die Chance nutzt, zum Kristallisationskern von Hoffnungen wird und Gefolgschaft findet. Solche Umbruchsituationen beschreibt der Politikwissenschaftler *Burns* (1978) am Beispiel der amerikanischen, französischen, russischen und chinesischen Revolutionen, aber auch in Fallstudien von *Gandhi* und *Hitler*. In allen Fällen sind Zentralfiguren (wie *Washington*, *Robbespierre*, *Lenin*, *Mao*) nicht plötzlich auf der Weltbühne erschienen. Sie waren Mitglieder von Bewegungen, Koalitionen, Fraktionen, in denen es jeweils mehrere Kandidaten für Führungspositionen gegeben hat und die Krise war weder ein unerwarteter vulkanartiger Ausbruch (meist ging ein jahrzehntelanges Rumoren voraus, in dem zahlreiche Aufstände, Massenaktionen und Einzelinitiativen zu beobachten waren), noch kam es quasi naturwüchsig zu dieser ‚Krise' (es wurde vielmehr planmäßig darauf hingearbeitet: die Krise wurde *er-*

zeugt, nicht vorgefunden). In den historischen Beispielen scheint noch ein anderer Faktor zentral zu sein: Diejenige Person obsiegt, die von einer gut strukturierten Anhängerschaft (Apparat, Partei, Kerntruppe) gestützt wird und der es gelingt, eine funktionierende *Organisation* aufzubauen, die den Anfangserfolgen mit symbolischen Aktionen ‚Publicity' verschafft und den bereits engagierten und profitierenden Anhängern (keineswegs: den leidenden, resignierten, zermürbten Massen) glaubwürdig Zukunftsperspektiven verspricht. Überdies scheint, dass für die Geburt revolutionärer FührerInnen der *Zufall* mindestens so wichtig wie die turbulente unübersichtliche Situation war: Fehler und Zerstrittenheit der alten herrschenden Klasse, lokale Dramen, überraschende Siege, die Ermordung vielversprechender Anführer, Rivalitäten zwischen einzelnen Widerstandsgruppen etc. Im Rückblick scheint alles auf die späteren HeldInnen hinausgelaufen zu sein; in der unklaren Situation selbst gab es zahlreiche gleich wahrscheinliche Optionen.

Das *Strukturlosigkeitstheorem* gibt der charismatischen Führungsperson nur dann eine Chance, wenn alte Ordnungen bereits zerfallen sind, stabile Institutionen fehlen, Gesetzlosigkeit und Willkür herrschen etc. Aus den vorhandenen Studien folgt, dass es nicht die ominöse oder numinose Ausstrahlung der Führungsperson (allein) ist, die für die starke Mobilisierung und Energetisierung charismatisch geprägter Beziehungen verantwortlich ist. Nicht die charismatische Person prägt in Not- und Chaossituationen Ordnung, sie wird vielmehr ‚nur' benötigt, um komplexen, aber unanschaulichen Strukturen, Apparaten und Institutionen ein menschliches Gesicht zu geben, sie stellvertretend zu symbolisieren.

> Einen Einblick in Ansätze und Ergebnisse einiger solcher Studien zur Entstehung charismatischer Führung liefert Zusatzdokument 7.

Die These, dass charismatische Führung vorwiegend aus oder in krisenhaften oder strukturlosen Situationen entsteht, lässt sich in dieser Form nicht bestätigen. Nicht selten werden überdies militärische, ökonomische oder moralische Krisen oder Situationen der Strukturlosigkeit (z.B. Sinn-Krise, Werte-Wandel) erfunden oder herbeigeführt, um neue, charismatische Führungsansprüche als notwendig erscheinen zu lassen und der Kritik zu entziehen. Die übliche Rechtfertigungsfigur: Man muss in dieser aktuellen Bedrohung sofort handeln und alle Kräfte bündeln, Bedenkenträgerei führt zur Verzögerung und zum Untergang, entschlossenes Entscheiden und geschlossene Gefolgschaft sind ‚unsere' einzige Rettung! Zu diesem Zweck werden mächtige Feinde und Bedrohungen konstruiert, um Zweifel und Alternativensuche zu unterbinden. Wenn die Optionen so reduziert wurden, kann die Rettung aus dieser Ausweglosigkeit nur noch von einem Überirdischen kommen, dem man sich bedingungslos ausliefern muss. Insgesamt ist jedoch festzuhalten, dass es noch nicht gelungen ist, eine systematische und theoretisch fundierte Taxonomie der Situationsvariablen zu entwickeln, die für charismatische Führung notwendig oder förderlich sind.

Die äußeren Bedingungen können also nicht allein die typische Hingabe und affektiver Beteiligung erklären, wenn nicht auch gleichzeitig **innere** Bereitschaften ausgebildet und aktiviert würden. Welche Erfahrungen und Erwartungen veranlassen Menschen, selbstverantwortete Bemühungen aufzugeben und sich dem Diktat anderer freiwillig, ja begeistert zu unterwerfen? Wie kommt das Äußere ins Innere bei einem ‚operativ geschlossenen System' (vgl. Kap. 5.4)?

Genauso wie man charismatische FührerInnen mit bestimmten Persönlichkeitseigenschaften ausstatten kann, so auch die Geführten. Die Argumentationsstruktur ist die gleiche: Es wird ein Faktum beobachtet oder beschrieben („hingebungsvolle ekstatische Gefolgschaft") und diese Tatsache wird entweder auf übermenschliche Qualitäten der Führungsperson zurückgeführt oder aber spiegelbildlich auf Eigenschaften der Geführten (Opferbereitschaft, Unterwürfigkeit, Abhängigkeit, Vertrauensseligkeit, emotionale Beeindruckbarkeit etc.).

In beiden Fällen liegt ein Kurzschluss vor, der schon vor vielen Jahren im Zusammenhang mit Bedürfnistheorien karikiert wurde: Wer schläft, hat ein Schlafbedürfnis, wer viel leistet, hat hohe Leistungsmotivation, wer Daumen dreht, hat einen Daumendrehtrieb … Analog: Ein großes Individuum hat Größe! Ein fanatischer Gefolgsmann hat Begeisterungsfähigkeit! Es kommt somit zur Verdoppelung der Welt durch Begriffsarbeit, neues Wissen wird allerdings nicht generiert.

Aufschlussreicher als die Persönlichkeitsausstattung (im Sinne von Möblierung mit passenden Eigenschaften) ist die differenzierte Analyse von Zusammenhängen oder Prozessen: Warum lassen sich Geführte von charismatischen FührerInnen begeistern? Wie kann man es erklären, dass charismatische FührerInnen häufig gespaltene Gefolgschaft haben: von den einen werden sie vergöttert, von den anderen verteufelt oder verspottet?

Meindl (1990) z.B. nimmt einen Prozess ‚sozialer Ansteckung' an. Auch ohne dass sie mit dem charismatischen Führer oder der Führerin unmittelbar in Kontakt kommen (sodass sie beeinflusst werden könnten), erlauben sich die Geführten, normalerweise unterdrückte Gefühle und Bedürfnisse dann auszuleben, wenn sie am Beispiel einzelner oder mehrerer anderer sehen, dass man das ungestraft oder gar belohnt tun kann (vgl. *Festinger, Pepitone & Newcomb*, 1952; *Zimbardo*, 1969; einen kurzen aktuellen Überblick liefern z.B. *Aronson, Wilson & Akert*, 2012, S. 330 ff.; zur emotionalen Ansteckung vgl. z.B. *Hatfield, Cacioppo & Rapson*, 1993; *Sy, Cote & Saavedra*, 2005). Mehr als auf die Führungsperson wird auf die Nebenperson (die Kollegin, den Mitbürger etc.) geschaut. Bei ihr werden Abweichungen vom Üblichen beobachtet und sie wird nachgeahmt. Das Muster: Er oder sie erlaubt sich das – warum nicht auch ich? Soziale Ansteckung hat eine einerseits bindende, andererseits befreiende Wirkung. Bindend deshalb, weil man sich wie die anderen verhält, und damit gewissermaßen gleichgeschaltet ist (s. Kleider-, Sprech-, Musikmoden; Spendenlisten für KollegInnengeschenke etc.). Andererseits kann darin auch eine Befreiung liegen, wenn man sich in einer verschworenen Gemeinschaft um eine besondere Erscheinung nicht mehr bemühen muss und Kräfte frei hat, sich gegen eine dominante Ordnung zu richten (Rebellion, Aufruhr, Lynchjustiz, Vorgesetztenmobbing etc.).

Charismatische Führung ist möglich, wenn und weil bei den Geführten gehemmte charismatische Bereitschaften, wie Selbstaufopferung, Identifikation mit einer Idee, Heroismus, extremer Einsatz, freigesetzt werden. Diese Romantisierung der Führung ist verbunden mit einer Abkehr vom Komplizierten, Rationalen, Technischen, Intransparenten, Institutionellen und Abstrakten und basiert auf einer diffusen allgemeinen Sehnsucht nach dem Einfachen und Überschaubaren, dem Konkreten, Spür- und Fühlbaren, dem Menschlichen und Persönlichen. Im Grunde handelt es sich dabei um eine regressive, infantilisierte Perspektive: Was immer geschieht, eine überlegene Vater- oder Mutterfigur durchschaut es, weiß was zu tun ist und sagt mir, was ich zu tun habe. Es ist die Sehnsucht der Geführten nach Sinn und Sicherheit, die sie die Lösung aller Probleme im Führer oder der Führerin erwarten lässt.

Darin liegt auch die Gefahr für CharismatikerInnen: Wenn Sehnsüchte stimuliert und deren Erfüllung auf die Anwesenheit einer Person attribuiert werden, werden Erwartungen geweckt, die früher oder später erfüllt werden müssen. Versagt eine charismatische Führungspersönlichkeit darin, dann ist ein kurzer Weg vom ‚Hosianna!' zum ‚Kreuziget ihn!'. Das drohende Scheitern kann CharismatikerInnen dann dazu veranlassen, nicht sich, sondern den Geführten die Schuld zu geben und sie durch Vernichtung zu bestrafen (totaler Krieg oder Konkurs). Eine Variante besteht darin, die Lebenslüge zu verlängern und die Geführten auf ein paradiesisches Jenseits zu vertrösten, in das man – z.B. mit einem kollektiven Selbstmord – nun aufbrechen werde. Auch die dramatische Ankündigung, dass die Rettung unmittelbar bevorstehe (die Wunderwaffe, die Präsentation eines neuen Geldgebers, der Durchbruch in der Produktentwicklung, die Entlarvung der üblen Machenschaften böswilliger Drahtzieher oder Spekulanten etc.) soll den Abfall der Geführten verhindern und vor dem Ausbruch des ‚Volkszorns' schützen.

Schon *Weber* (1921/1972) macht darauf aufmerksam, dass Charisma eine instabile Herrschaftsform ist; sie kann einerseits kippen in schiere Despotie, andererseits aber in andere Herrschaftsformen verwandelt werden, denn die privilegierten Schichten haben das Bedürfnis „… ihre soziale und ökonomische Lage ‚legitimiert', d.h. aus einem Bestände von rein faktischen Machtverhältnissen in einen Kosmos erworbener Rechte verwandelt und geheiligt zu sehen" (*Weber*, 1972, S. 679). Genuines Charisma kann allerdings wegen der rein faktischen Bewunderung der außeralltäglichen Persönlichkeit gar nicht auf einen ‚Kosmos von Rechten' zurückgreifen, sondern ihn bestenfalls erst kreieren.

Die Bedürfnisse der zu Führenden und die Merkmale des sich zur Führung Anschickenden müssen in eine komplementäre Interaktion treten, sei es faktisch oder ggfs. (nur) attributiv (also im Extremfall ohne Initiative des Führers). Charismatische Führung entsteht nur dann, wenn in dieser Beziehung beide Parteien jeweils füreinander wichtige psycho- oder soziodynamische Funktionen erfüllen. Selbst wenn die Analyse entweder von der führenden oder von der geführten Person ausgeht, so ist letztlich doch eine reziproke Beziehung zu Grunde gelegt: beide brauchen und benutzen einander. Besonders dramatisch drücken *Bennis & Nanus* (1985, S. 90) die Interaktionsbeziehung aus, indem sie in Assoziation zur Kernfusion andeuten, dass ungeheure Energien frei gesetzt werden: „Durch die vollständige Konzentration auf eine Vision kommt es zur ‚Verschmelzung zwischen Führern und Geführten, in der Energie freigesetzt wird‘. Diese Energie zeigt sich in der Begeisterung, dem Engagement, dem Stolz und der Bereitschaft, hart zu arbeiten und ‚ein bißchen mehr‘ zu tun“.

Und nicht nur die Geführten benötigen die Führungsperson, diese ist umgekehrt auf die Geführten angewiesen und ihnen, ihrer Bewunderung, ihrer Idealisierung, ihrer Huldigung verfallen. Deswegen lebt die idealisierte Führungsperson zu Recht in Paranoia, weil sie die Führer-Grandiosität ständig bedroht sieht. In diesem Zusammenhang von selbst- und fremdeingeschätzter Grandiosität, der unbedingten Angewiesenheit aufeinander von Geführten und Führendem spielt in Ansätzen zur charismatischen Führung das Persönlichkeitsmerkmal des *Narzissmus* eine gewisse Rolle (vgl. *Kets de Vries & Miller*, 1985; *Campbell, Hoffman, Campbell & Marchisio*, 2011; *Chatterjee & Hambrick*, 2011.

Für die klassischen Ansätze zum Narzissmus von *Freud*, 1921 siehe Zusatzdokument 8, und *Kohut*, 1971/1976 siehe Zusatzdokument 9.

Eine auffällige Ausprägung des Narzissmus wird als „hilfreiche“ Personen-Variable unterstellt, die von den MitarbeiterInnen nicht als störend oder hemmend wahrgenommen wird, sondern gerade im Gegenteil eine Identifikation mit diesen narzisstischen Zügen ermöglicht und damit eigenen entsprechenden Neigungen der Mitarbeiter in den Hintergrund drängt.

Nach der *Internationalen statistischen Klassifikation der Krankheiten und verwandter Gesundheitsprobleme*, dem weltweit verbreitetsten Klassifikationssystem dieser Art, sind die Kriterien einer narzisstischen Störung (*ICD-10-GM 2012*, Anhang 1):

[1] Größengefühl in Bezug auf die eigene Bedeutung (z.B. die Betroffenen übertreiben ihre Leistungen und Talente, erwarten ohne entsprechende Leistungen als bedeutend angesehen zu werden);

[2] Beschäftigung mit Phantasien über unbegrenzten Erfolg, Macht, Scharfsinn, Schönheit oder idealer Liebe;

[3] Überzeugung, „besonders“ und einmalig zu sein und nur von anderen besonderen Menschen oder solchen mit hohen Status (oder von entsprechenden Institutionen) verstanden zu werden oder mit diesen zusammen sein zu können;

[4] Bedürfnis nach übermäßiger Bewunderung;

[5] Anspruchshaltung; unbegründete Erwartung besonders günstiger Behandlung oder automatische Erfüllung der Erwartungen;

[6] Ausnutzung von zwischenmenschlichen Beziehungen, Vorteilsnahme gegenüber anderen, um eigene Ziele zu erreichen;

[7] Mangel an Empathie; Ablehnung, Gefühle und Bedürfnisse anderer anzuerkennen oder sich mit ihnen zu identifizieren;

[8] häufiger Neid auf andere oder Überzeugung, andere seien neidisch auf die Betroffenen;

[9] arrogante, hochmütige Verhaltensweisen und Attitüden.

Damit eine narzisstische Persönlichkeitsstörung diagnostiziert werden kann, müssen die allgemeinen Kriterien für eine Persönlichkeitsstörung und mindestens fünf der genannten Merkmale erfüllt sein.

Auf einer solchen Basis konstruierten *Raskin & Hall* (1981) ihr 54 Items umfassendes Narcissistic Personality Inventory. *Raskin & Terry* (1988) berichten über Faktorenanalysen, die auf Ergebnissen von mehr als 1.000 Personen beruhen. Folgende sieben Faktoren wurden gefunden:

- Autorität (Beispiel: „Ich bin ein geborener Führer"),
- dünkelhafte Unabhängigkeit („Ich brauche niemand, um etwas zu schaffen"),
- Überlegenheit („Ich bin eine außergewöhnliche Person"),
- Exhibitionismus („Bescheidenheit bekommt mir nicht"),
- Ausnützertum („Mir fällt es leicht, Menschen zu manipulieren"),
- Eitelkeit („Ich sehe mich gern im Spiegel"),
- Anspruchshaltung („Ich erwarte viel von anderen Leuten").

Um die Großartigkeit vor (Selbst-)Zweifeln zu schützen und zu legitimieren, werden Ideologien und Institutionen erfunden: Führende erklären sich als direkt von Gott (dem Schicksal, der Vorsehung) auserwählt und begnadet (siehe das Gottesgnadentum früherer absolutistischer Fürsten), irdischer Stellvertreter Gottes auf Erden (wie der Papst oder früher auch der Kalif), Vermittler des Göttlichen Willens (z.B. die Pharaonen des Mittleren Reichs) oder werden gar selbst Gott (wie etwa manche römischen Kaiser). Ihren eigenen Idealisierungshunger stillen sie durch Identifikation mit einer Botschaft, Lehre, Mission, ‚der Heiligen Schrift', höchsten Werten etc. CharismatikerInnen setzen sich mit diesen Idealen gleich: sie verkörpern oder ersetzen sie. Weil sie vor sich und den Geführten nicht versagen dürfen, schützen sie sich durch Herrschaftstechniken, die schon *Weber* beschrieben hat: Sie machen sich unzugänglich (sind durch einen höfischen Apparat, Zeremoniell und dergleichen dem gemeinen Volk entrückt) und/oder sie lassen die konkrete Arbeit („Drecks-Arbeit") durch Delegierte (Kanzler, Minister etc.) erledigen, die sie bei Misserfolg entlassen oder rituell bestrafen können. Damit ist man vom Zwang befreit, tüchtig sein zu müssen und kann beim Scheitern auf einen Sündenbock deuten. Für sich behalten sie „nur" das Privileg, unfehlbar zu sein. Sie müssen dann keine Leistungsprüfung mehr befürchten, deren Ausgang stets prekär ist.

2.3.3 Fazit zur charismatischen Führung

Wie Kleidermoden propagieren auch Führungsmoden das längst Bekannte in neuer Form. Nachfrage finden beide nur, wenn es gefällt. Die Zielgruppe muss glauben, gut heraus zu kommen. Resümierend sollen einige Gründe für das wieder erwachte Interesse an charismatischer, visionärer, heroischer, transformierender Führung zusammengefasst werden:

[1] *Komplexitätsreduktion: Einfache Rezepte*

Krisen sind Zuspitzungen von Entwicklungen, die Entscheidungen verlangen. Komplexität dagegen ist ein Dauerzustand, eine der Bestandsbedingungen moderner Organisationen. Die Systemtheorie macht zwar trivialisierenden Erklärungen (z.B.: „Es kommt auf den Mann/die Frau an der Spitze an!") ein rasches Ende. Dennoch steht die alexandrinische Lösung des Gordischen Knotens (Primat der Tat!) nach wie vor in hohen Ehren. Aktionismus oder symbolisches Handeln schaffen die Voraussetzung für personale Zurechnung von Effekten. Einfache Erklärungen haben größeren Appeal als der Verweis auf komplexe und komplizierte, vor allem aber: undurchschaute Zusammenhänge. Es ist offenkundig entlastender, eine einfache oberflächliche ‚Erklärung' anzubieten, als Nichtwissen einzugestehen, weil das Ausgeliefertsein bedeutete. Die Pseudolösung hat ein simples Leitmotiv: (Nach-)Folge!

Zwar enttäuschen über kurz oder lang alle Großen (vor allem wenn man Gelegenheit erhält, sie aus der Nähe zu betrachten), aber die Einzelnen werden durch neue Hoffnungsträger ersetzt, sodass das Prinzip erhalten bleibt. Alles andere, was ein Unternehmen (auch noch oder vor allem) stabilisiert, wird dabei anscheinend vergessen. Es handelt sich also um eine *monistische* Erklärung für ein komplexes Phänomen.

[2] *Krisen und die starken Führer*

Der Krisendiskurs ist in Mode und braucht um Anlässe nicht besorgt zu sein: Großtechnische Katastrophen (Tschernobyl 1986, Fukushima 2011), (Bürger-)Kriege, Überbevölkerung, Flüchtlingsströme und -wellen, Globalisierung, Klimakatastrophen (Unwetter, Tornados, Überschwemmungen, Erdrutsche), Erdbeben und Vulkanausbrüche, Währungsturbulenzen, Finanz- und Staatskrisen, Energie- und Entsorgungsprobleme etc. liefern die Szenarien für Endzeitprophezeiungen. Wenn in komplexen Zusammenhängen simple Steuerungsversuche versagen, werden frühkindliche Reaktionsmuster aktiviert: Es gibt einen Großen Vater oder eine Große Mutter; sie wissen und können alles und werden uns beschützen. Analog wird bei Marktversagen, Staatsversagen, Organisationsversagen der Ruf nach den *Great (Wo)Men* laut, die dem kleinlichen Gezerre, dem Durchwursteln und der Entscheidungsschwäche durch die befreiende und erlösende Tat ein Ende bereiten, den Knoten durchhauen. Dadurch dass diese Großen, wie es *Krech, Crutchfield & Ballachey* (1962, S. 438 f.) ausgedrückt haben, *one of us, most of us, best of us* sind (und damit zugleich aus unserer Mitte, unsere Werte und Normen in besonderer Weise repräsentierend und den Anderen weit überlegen sind), sind sie gleichzeitig nah und fern, Projektionsfläche und Identifikationsangebot. Die psychische Realität der Erlöser-Sehnsucht findet ihr Objekt und wird dadurch zur objektiven Realität. Die Krisen und Probleme – seien sie real oder herbeigeredet – bestehen weiter, aber die personalisierte Hoffnung schützt vor Verzweiflung und Resignation.

[3] *Transformation als Transzendenz: Erlösungsversprechen*

Sievers (1994) diagnostiziert *deification* (Vergötterung) als Antwort auf *reification* (Verdinglichung): Um der Wahrheit der Verdinglichung nicht ins Auge sehen zu müssen, wird auf einen verborgenen Sinn erkannt, den der überlegene Einzelne bietet oder darstellt. Auch noch der Unwichtigste wird, indem er IHM (oder IHR) folgt, selbst zum Helden; umso mehr wird ER, der die großen Räder dreht oder zu drehen scheint, zur gottgleichen Figur stilisiert. ER verbürgt Sinn, ER durchschaut die Zusammenhänge, bei IHM fließen alle Informationen zusammen, ER handelt strategisch nach einem ausgefeilten Plan. Das Unternehmen wird für unsterblich gehalten und auf die, die es leiten, fällt der Glanz von Größe, Reichtum und Potenz, der dem Unternehmen zugedacht ist.

Quasi-religiöse Gehalte und Metaphern verweisen auf die *Erlösungssehnsucht* der Menschen. Was man jeden Tag tut, kann nicht alles sein, es muss etwas geben, was den grauen Alltag übersteigt und dem Leben Farbe, Sinn und Wert gibt. CharismatikerInnen befriedigen dieses Bedürfnis: Sie formulieren ein Credo, haben eine Mission, folgen einer leuchtenden Vision, erwarten ‚commitment' und ‚passion'. Enthusiastisch weihen sich die MitarbeiterInnen der höheren Sache; MitarbeiterInnen und Firma gehen eine *unio mystica*, eine mystische Vereinigung, ein.

[4] *Emotionalisierung*

Je mehr Rationalisierung, Technisierung und Objektivierung fortschreiten, desto größer wird das Defizit an Körperlichkeit, Sinnlichkeit und Emotionalität und desto stärker das Kompensationsverlangen. Charismatische Führung ist mehr als ‚fun', sie ist erotische Hingabe, orgiastisches Glück (Massenhysterie); die MitarbeiterInnen sind gepackt, hingerissen. Die Aufklärung zeigt ihre dialektische Struktur am Umkippen in ihr Gegenteil, der Wiederkehr des Irrationalen. Auf die Entzauberung der Welt wird mit Wiederverzauberung reagiert. Das Aufklärungs- und Emanzipationsmodell der Moderne, das auf Rationalität baut, wird für gescheitert erklärt. Esoterik und Mystik erleben eine Renaissance.

[5] *Kompensatorisches Ganzheits- und Gemeinschaftsversprechen*

Die behauptete Hebung des moralischen Niveaus und der Bedürfnisse wird begleitet von einer Wiederbelebung scheinbar verloren gegangener Gemeinschaftserfahrungen. In der verschworenen oder beschworenen Gemeinschaft tauchen MitarbeiterInnen ein oder unter; sie genießen die Auflösung von Ich-Grenzen, weil es nicht mehr um den Einzelnen, sondern um das Ganze geht. Fragmentierte und diffuse Sozialbeziehungen werden überwunden: Wenn alle an einem Strang ziehen, untereinander gleichgeschaltet und mit der Firma eins sind, werden soziale Kontrolle und Stimulierung vervielfacht. Ein unschätzbarer Vorteil – wenn die Ausrichtung stimmt.

[6] *Bestärkung der/ durch Sehgewohnheiten*

Wir werden im Doppelsinn vorgeführt. In einer visuell geprägten Welt werden durch optische Medien Schablonen, Schemata und Prototypen präsentiert. Komplexe systemische Zusammenhänge werden personalisiert: Die Nachricht braucht ein Gesicht. Eine charismatische Führungsperson wird gestylt, inszeniert und gemacht. Sie muss ihren Auftritt gestalten und ihre Rolle überzeugend spielen (s. *Edelman*, 2005, zur ‚symbolischen Politik' und *Meyer, Ontrup & Schicha*, 2000; *Willems*, 2009, zur Theatralität; s.a. *Neuberger*, 1994 u. Kap. 5.3).

Führungskräfte können *lernen*, charismatisch zu agieren (insbesondere in ihrem Kommunikationsstil) und für die Staffage zu sorgen, die ihren Auftritt aus dem Alltag hervorhebt. Beispiele für solche Techniken wären: Dramatisiere! Emotionalisiere! Vereinfache! Polarisiere! Präsentiere plastische Bilder! Wie die Börsianer von *Erwartungen* beflügelt werden, so die MitarbeiterInnen von den *Phantasien*, die die ‚performance' (als *Leistung* wie als *Aufführung*) der Charisma-Rolle auslöst.

[7] *Die Großen Individuen sind benchmarks*

Wären charismatische Persönlichkeiten singuläre unerreichbare Erscheinungen, bliebe nur Bewunderung. Sieht man sie aber als *benchmarks*, dann kann man sie nachahmen. Eine gut bestückte Ratgeber-Literatur beschäftigt sich damit, die Erfolgsgeheimnisse der Großen herauszufinden und auszuplaudern. Der langen behavioristischen Tradition folgend, geht sie davon aus, dass jeder alles lernen kann, wenn nur das ‚Setting' und die Verstärkungen stimmen. Wer will, der kann. Wenn *Steve Jobs* bei Apple so hervorragende Zahlen erzielt hat: lass' uns herausfinden, wie er das gemacht hat, werden wir sein Klon! In dieser Plumpheit wird die Nachahmungsstrategie zwar selten vertreten, aber die optimistische Kernidee fordert zu positivem Denken auf: Entdecke in dir die Kraft (den Held, den Gott, den Sieger etc.), und du wirst alles schaffen! Denn auch du hast das Potenzial, es ist nur verschüttet und verkümmert. Erwecke es! In Paraphrasierung von *Kants* berühmten Wahlspruch der Aufklärung kann man formulieren: Habe den Mut, dich deiner eigenen Größe zu bedienen! Wenn du die Gesten der Großen nachmachst, wirst du dich groß fühlen und groß sein. Handle zuerst richtig (d.h.: wie sie), und fühle dich danach gut. Diese These feiert die Tat – darüber nachdenken kann man später immer noch, wenn man die Folgen sieht.

2.4 Zusammenfassung

Die Darstellung und kritische Analyse der Grundideen und Erfolge personalistischer Ansätze hat gezeigt, dass die Heroisierung von Führungskräften fehl am Platze ist. Ihr Beitrag zu organisationalen Erfolgsgrößen ist mit Sicherheit nicht so gravierend, wie es die ‚great man theory' unterstellt. Die vorliegenden Befunde liefern zwar deutliche Hinweise auf den Einfluss der Persönlichkeit, sind aber stark stichproben- und maßabhängig, sodass noch viel theoretische Aufklärungsarbeit zu leisten ist. Niemand bestreitet die Banalität, dass es auf den Einzelnen oder die Einzelne ankommt; praktisch und theoretisch viel wichtiger aber ist es herauszufinden, wie groß in Bezug auf welche Kriterien der Einfluss welcher Persönlichkeitsmerkmale in Interaktion mit welchen Moderatoren ist

Neue Forschungsansätze und -methoden lassen alte Forschungsideen, die bereits ad acta lagen, zu neuen Ehren kommen und so zeigt sich neben ihrer Funktion als Dauerbrenner in der Unternehmens- und Weiterbildungspraxis auch in der Forschung eine gewisse Renaissance der Eigenschaftstheorie der Führung, indem Zusammenhänge zwischen Personenmerkmalen und Führungsverhalten und Führungserfolg wieder verstärkt untersucht und auch gefunden werden (vgl. *Antonakis et al.*, 2012; *Zaccaro*, 2012). In Form charismatischer, dann visionärer und transformationaler Führung hat das Eigenschaftskonzept (als „new genre leadership“ s. *Avolio et al.*, 2009) in neuem Gewand an Boden gewonnen, indem keine festen Eigenschaften, sondern „nur“ die Wirkung des Verhaltens der Führenden betrachtet und zugestanden wird, dass situative Einflüsse und interaktive Prozesse bedeutsame Faktoren sind. In vielen neueren Ansätzen werden Eigenschaften nicht mehr als unter allen Umständen durchschlagend wirkend gesehen, sondern der Blick wird auf Muster und Einbettungen der Eigenschaften betrachtet. Auch die Vorstellung der Eigenschaft als direkt zu Verhalten führender Ursache wird relativiert, *Kompetenzen* als eine aktuellere Erscheinungsform persönlicher Merkmale (*White*, 1959; *McClelland*, 1973, *Frei, Duell & Baitsch*, 1984; *Sonntag*, 2009; *Wick*, 2009) gelten als individuell, teilweise sehr stabil, ggfs. auf psychophysischen Fähigkeiten aufbauend, aber nur dann *vorhanden*, falls verhaltensrelevant und sie gelten als – erlernbar.

3. Verhaltensorientierte Führungsansätze

Nachdem sich die Eigenschaften als weniger geeignete Erklärung für Führungserfolg gezeigt hatten, wie das erhofft war, kam eine Perspektive in Mode, die sich nicht auf quasi naturgegebene Unterschiede in der Person des Führenden konzentrierte, sondern sich auf die Beschreibung von Verhalten konzentrierte und vom Verhalten auf Erfolg zu schließen suchte. Dass dieses Verhalten (ausschließlich) auf Eigenschaften oder sonstigen festen Merkmalen der Führungskraft basierte, wurde nicht mehr als Voraussetzung gesehen. Vielmehr wurde die Quelle dieses Verhaltens offen gelassen, also auch dafür, wer und wie es zu erlernen oder zu entwickeln sein könnte. Es wurden verschiedene Konzepte und Modelle entwickelt, die gemeinsam haben, dass nach identifizierbaren Verhaltensmustern gesucht wurde, die

[1] intersituativ wie interindividuell einigermaßen stabil und

[2] erfolgsrelevant sind.

Die entsprechenden Verhaltensmuster werden als Führungsstile bezeichnet und unter *verhaltensorientierten Führungsansätzen* werden zumeist diese Führungsstilansätze subsumiert.

3.1 Führungsverhalten

Erfolgsbiografien und die so beliebten ‚best practice'-Studien haben vor allem dann einen Nutzen, wenn aus ihnen Lehren für die weniger Exzellenten oder noch Unerfahrenen gezogen werden können. Man geht nun davon aus, dass der Erfolg der Vorbilder auf ihr von Anderen verschiedenes Verhalten zurückgeht (und nicht etwa auf Zufall oder glückliche Fügung der Umstände) und dass ‚erfolgreiches' Verhalten erlernbar und trainierbar ist. Wenn Führungsqualität zur knappen Ressource erklärt wird, kann man nicht hoffen, den Bedarf durch lauter ‚geborene' AnführerInnen decken zu können: Man wird dem vorhandenen „Rohmaterial" nachhelfen und ihm den letzten Schliff geben müssen. Und warum sollten Nachwuchskräfte nicht aus den Fehlern und von den Erfahrungen derjenigen lernen, die schon viele Bewährungsproben bestanden haben? Wenn sich eine Organisation auf eine bestimmte Führungsphilosophie festgelegt hat, kann sie zudem herausfinden wollen, ob sich alle ihre Führungskräfte entsprechend den Grundsätzen verhalten (bzw. ob die Grundsätze oder das Verhalten korrigiert werden müssen).

3.1.1 Was ist Führungsverhalten? Ein Begründungsproblem

Ein erster Schritt der Verhaltensanalyse ist es festzulegen, was überhaupt erfasst werden soll. Nehmen wir an, eine Untersucherin hält – warum auch immer – das Verhaltensmerkmal *Dynamik* (Vitalität, Schwung, Energie, managerdeutsch: *Drive*) oder, um es nicht wieder als Eigenschaft erscheinen zu lassen: *dynamisches Verhalten* für wichtig. Sie steht nun vor der Frage, wie sie aus Verhaltensbeobachtungen den Ausprägungsgrad dieses Merkmals bei verschiedenen Führungskräften einschätzen kann. Mögliche Indikatoren könnten z.B. sein:

- Schnelligkeit des Sprechens, der Gestik, des Gangs,
- Lautstärke des Sprechens,
- Dauer des Arbeitstags; Pausenlänge und -häufigkeit,
- Zeitbedarf für eine Standardaufgabe (z.B. Leitung einer Routinesitzung),
- Verhältnis der durchgesetzten zu den gescheiterten Projekten etc.

Einige dieser Merkmale sind eher leicht zu bestimmen (z.B. Dauer des Arbeitstags; aber: Gehören das Arbeitsessen oder der Abendempfang, bei dem man lokale Größen aus Politik, Kirche und Geschäftswelt treffen kann, dazu?), andere erfordern verstärkte Definitionsarbeit (Was ist und wie erkennt man eine Pause?), wieder andere können kaum oder nur mit großem Aufwand exakt bestimmt werden (z.B. Schnelligkeit der Bewegungen).

Zu beantworten ist die ebenso wichtige Frage, ob ein Verhaltens-Merkmal *relevant* ist, also z.B. mit *Führungserfolg* zusammenhängt. Unsere Untersucherin müsste auch belegen, wieso sie zu der Vermutung kommt, Dynamik hätte etwas mit Führungserfolg zu tun. Ein Kritiker könnte ihr z.B. entgegenhalten, bedächtiges Verhalten sei erfolgsträchtiger als dynamisches! Der Untersucherin stehen zwei Strategien zur Wahl, um ihre Vermutung zu begründen:

[1] Die *empirische* Strategie: Sie versucht nachzuweisen, dass sich der Verhaltenszug ‚Dynamik' sehr viel öfter (oder stärker ausgeprägt) bei erfolgreichen als bei erfolglosen Führungskräften findet.

Siehe dazu Zusatzdokument 10.

[2] Die *normative* Strategie: Die relevanten Verhaltensmerkmale werden aus einem Modell oder einer Theorie abgeleitet.

Allerdings basiert nicht nur das normative Vorgehen auf einem Gerüst von zu begründenden Vorannahmen, sondern schon das empirische Verfahren ist notwendigerweise hypothesengeleitet, auch wenn die Vermutungen unausgesprochen bleiben. Denn – wie oben schon gesagt – es könnte buchstäblich alles Mögliche Verhalten eines Vorgesetzten als erfolgsrelevant angesehen werden: Wie er sich räuspert, wie er isst und trinkt, wie er sich kleidet, wie er schreibt, welche Witze er erzählt, wie oft er sich wäscht– all dies kann als Selektionskriterium dienen. Wenn z.B. bei der Führungskräfte-Auslese BewerberInnen während eines Essens daraufhin beobachtet werden, ob sie die Kulturtechniken beherrschen (*small talk* machen, beim Essen die „richtigen" Besteckteile verwenden etc.), dann drückt sich darin eine bestimmte Hypothese über den Zusammenhang dieses Verhaltens mit Führungseignung bzw. -erfolg aus: Wer sich richtig benehmen kann, wird Kunden, Vorgesetzte und MitarbeiterInnen für sich einnehmen können; oder: der stammt aus einem Elternhaus, in dem *neben* diesen äußeren

Formen sicherlich auch noch bestimmte Wert- und Leistungshaltungen vermittelt wurden, die für Führungserfolg sehr förderlich sind (vgl. *Hartmann*, 2004).

3.1.2 Untersuchung des Arbeitsverhaltens von Führungskräften

In den meisten Untersuchungen des Führungsverhaltens dominieren Schreibtisch-Analysen oder fragebogengestützte Datenerhebungen bei Unterstellten. Bei beiden Vorgehensweisen wird das Objekt der Befragung aus der Erinnerung rekonstruiert. Dadurch werden persönliche Bezugssysteme und können in besonderem Maße generelle Sollvorstellungen, Wunschdenken und Selbsttäuschungen eine Rolle spielen. Um diese Voreingenommenheiten zu umgehen, wird auch die Methode der Beobachtung (*activity sampling*) eingesetzt. Dabei wird unterstellt, dass die unmittelbare Evidenz des beobachteten Vorgangs und seine sofortige Dokumentation Verzerrungen durch individuelle ‚Zutaten' einschränken. Manchmal schwingt sogar die schon wiederholt erwähnte Erwartung mit, dass das ‚Ist' in direkter Beobachtung quasi fotorealistisch festgehalten werden kann. Dabei wird übersehen, dass Beobachtungen Unterscheidungen sind bzw. machen, die nicht ‚in der Natur der Sache' liegen, sondern von den BeobachterInnen eingeführt werden.

Es gibt verschiedene Varianten der Beobachtungsmethode; in der Führungsforschung sind vor allem zwei Hauptgruppen von Ansätzen genutzt worden:

[1] Fremdbeobachtung, und zwar als

- *fortlaufende* Beobachtung: Hier begleitet z.B. eine Beobachterin eine Vorgesetzte während des gesamten Arbeitstags oder es wird – im Labor – eine in sich abgeschlossene Aufgabe (z.B. eine Gruppendiskussion) zur Gänze beobachtet und ausgewertet.

- *stichprobenartige* Beobachtung: Nach einem genau festgelegten Stichprobenplan werden zu vorher festgelegten Zeiten oder beim Auftreten vorher definierter Episoden/Aufgaben Beobachtungsprotokolle durch einen Fremdbeobachter angefertigt.

Beide Beobachtungformen können unmittelbar oder medial vermittelt (Video, Tonaufzeichnung) erfolgen.

[2] Selbstbeobachtung („Tagebuch-Methode")

Bei dieser Vorgehensweise werden die Führungskräfte angehalten, alle täglichen oder vorher definierten Vorkommnisse mit Hilfe von vorgegebenen Protokollbögen möglichst unmittelbar nach dem Ereignis zu kodieren.

Beide Methoden haben ihre spezifischen Merkmale und Schwächen. Bei der Fremdbeobachtung z.B. kann die beobachtende Person, die der Führungskraft wie ein „Schatten" folgt, störend wirken oder künstliches Verhalten provozieren und als Uneingeweihte oft Bedeutung und Zusammenhang der Ereignisse nicht zutreffend einschätzen, so dass ihre Eintragungen verzerrt sind. Bei der Tagebuch-Methode gehen die selbstprotokollierenden Führungskräfte erfahrungsgemäß sehr selektiv vor (sie berichten z.B. nur zwei bis zehn Vorkommnisse pro Tag) und mit Fortdauer der Studie sinkt meist die Häufigkeit der Eintragungen, die zudem subjektiv gefärbt sind. Für beide

Methoden gleichermaßen gilt, dass Selbstselektionseffekte eine große Rolle spielen, d.h. dass sich nur bestimmte Führungskräfte dazu bereitfinden, sich über Tage hinweg beobachten zu lassen oder selbst zu protokollieren.

Wegen der Vielzahl der Möglichkeiten (siehe dazu auch *Walgenbach*, 1994, S. 109 ff.) sind die Ergebnisse von Studien im Prinzip nur vergleichbar, wenn in gleicher Weise vorgegangen wurde. Das kommt jedoch höchst selten vor, weil die verschiedenen ForscherInnen meist selbst entwickelte Instrumente benutzen, spezifischen Restriktionen unterliegen, unterschiedliche Auswertungsstrategien haben und andere Fragestellungen in verschiedenen theoretischen Kontexten untersuchen.

Die folgende Zusammenstellung von Ergebnissen, die auf die beschriebene *activity sampling*-Forschung fokussiert ist, soll in erster Linie das Panorama der Befunde veranschaulichen:

[1] Der Umfang der Arbeitszeit

Zum Umfang der faktischen Arbeitszeit von Führungskräften liegen einige Untersuchungen vor. Die folgende Tab. 3.1 kombiniert Untersuchungen aus dem deutschsprachigen Raum. Die Statistik des *DIW* (2012) differenziert zwischen Frauen und Männern in Führungspositionen und lässt auch erkennen, dass weitaus mehr Frauen als Männer Führungskräfte in „Teilzeit" sind (vgl. Kap. 7.1).

Faktische Arbeitszeit in Stunden / Woche Untersuchung	unter 40	40 bis unter 45	45 bis unter 50	50 bis unter 55	55 bis unter 60	60 und mehr
Eberwein & Tholen (1990)	0	26		41		33
Walgenbach (1994)	0	43		40		17
Reischauer (1997), Top-Manager	10			31	59	
Vedder (2001), mittleres Management	11			40	26	23
DIW (2012), differenziert in Frauen und Männer in Führungspositionen	F: 39 M: 16	F: 38 M: 42		F: 13 M: 27		F: 0 M: 10

Anmerkungen: Nennungen in %, geringfügig abweichende Kategoriengrenzen möglich.
F = Frauen in Führungspositionen, M = Männer in Führungspositionen

Tab. 3.1: Forschungsergebnisse zu Arbeitszeiten von Führungskräften in Wochenstunden

Durchgängig zeigt sich, dass Führungskräfte fast immer mehr als die üblicherweise als „volle Stelle" betrachteten 40 Wochenstunden arbeiten. Nicht unerhebliche Anteile arbeiten sogar mehr als 60 Stunden pro Woche, wobei hier die neueste der angeführten Untersuchungen eine Veränderung (der aufgewendeten Arbeitszeit oder der Befragungstechnik?) zeigt. Führungskräfte sind also zumindest zeitlich wesentlich stärker eingebunden, als das für ihre MitarbeiterInnen anzunehmen ist, was Auswirkungen sowohl auf ihre Effizienz als auch ihre Gesundheit haben kann (vgl. Kap. 7.3).

[2] Der Arbeitstag der typischen Führungskraft ist aus sehr vielen kurzen Episoden zusammengesetzt

Klassische Studien (z.B. *Mintzberg*, 1975) zeigen ebenso wie aktuellere Untersuchungen, dass Führungskräfte überwiegend sehr viele Episoden bearbeiten. Als ‚Episode' gilt eine Tätigkeit, die durch offensichtliche Veränderungen (z.B. des Orts, des Gesprächspartners, des Kommunikationsmediums etc.) gerahmt ist. Beispiel: Eine Vorgesetzte telefoniert (Episode 1). Ihr Assistent steckt den Kopf zur Tür herein und bedeutet ihr mit Gesten, dass er mit ihr ein wichtiges Schriftstück, das sie unterschreiben soll, durchgehen möchte, bevor es abgesandt wird. Sie beendet das Telefongespräch und befasst sich mit dem Schriftstück (Episode 2). Nach ihrer Unterschrift geht der Assistent und sie wendet sich ihren neu eingegangenen E-Mails zu (Episode 3).

Ergebnisse von Untersuchungen zeigen folgendes Bild: Arbeitstage von Führungskräften bestehen aus sehr vielen einzelnen Episoden, die üblicherweise durch andere Episoden unterbrochen und schließlich den (häufig überraschenden) Beginn einer anderen beendet werden. Die allermeisten dieser Episoden sind sehr kurz (oft unter einer Minute Dauer), nur sehr wenige Episoden sind länger. Diese können dann aber einen nicht unerheblichen Zeitanteil ausmachen (z.B. Meetings).

Auszug aus einem Arbeitstag eines Geschäftsführers (aus: *Schreyögg & Hübl*, 1992)

Der betrachtete Geschäftsführer A. leitet eine Gießerei mit ca. 100 Mitarbeitern. Daneben betreibt er eine im Aufbau befindliche Gesellschaft, die sich mit der Entwicklung eines Computersystems zur Fertigungssteuerung beschäftigt.

8^{00} A. betritt das Gebäude und erhält schon auf dem Weg zu seinem Büro von Ralf D., einem Mitarbeiter aus der Kalkulation, einen Hinweis auf eine Störung an dem in Entwicklung befindlichen Computersystem. Danach geht er zu seinem Schreibtisch,

8^{12} wo ihn der Anruf eines Konkurrenten erreicht, der einen Austausch der Auszubildenden vorschlägt.

8^{15} Direkt im Anschluss daran ruft er einen seiner Meister, Herrn G., an, um ihm eine Anweisung technischer Art zu geben.

8^{16} Dann startet er den in seinem Büro befindlichen Computer, der ihm die Ergebnisse während der Nacht erfasster und verarbeiteter Fertigungsdaten ausdruckt, um die Probleme, von denen ihm Ralf D. berichtet hat, selbst zu beobachten und

8^{19} stellt dann Ralf D. telefonisch dazu eine Frage.

8^{20} A. telefoniert mit einem zweiten Meister, um von ihm eine Information über den Produktionsfortschritt in einem bestimmten Bereich zu erhalten.

8^{21} Nun beginnt er, sich mit der bereits auf seinem Schreibtisch befindlichen Eingangspost zu beschäftigen, indem er sie öffnet, liest und zur Weiterbearbeitung vorbereitet. Den Teil, den er selbst bearbeiten möchte, behält er zurück. Dies dauert mit den folgenden acht Unterbrechungen etwa 12 Minuten.

8^{22} Als Reaktion auf eines der Schreiben telefoniert A. mit Meister G. und stellt ihm eine Frage.

8^{23} Danach stellt er dem zweiten Meister dieselbe Frage.

8^{25} A. ruft den Entwicklungsingenieur des Computersystems (den er auch privat sehr gut kennt) an und spricht mit ihm über die aufgetretene Störung.

8^{26} A. gibt die eben erhaltenen Informationen telefonisch an Ralf D. weiter.

8^{28} Der Betriebsleiter meldet sich telefonisch, A. gibt ihm Anweisungen in der mit den Meistern bereits besprochenen Angelegenheit.

8^{29} A. sieht durch die offene Tür seines Büros, wie ein Mitarbeiter des Nachbarbetriebes das Bürogebäude betritt und steht auf, um ihm entgegenzugehen. Beide unterhalten sich kurz auf dem Flur über allgemeine betriebliche Probleme, bevor der Besucher seine ursprünglich geplante Unterredung mit Mitarbeitern der Fertigung beginnt.

8^{31} A. telefoniert mit Meister F., um ihn zu sich zu bestellen.

8^{32} Sie tauschen sich auf dem Flur aus, da Meister F. eintrifft, als A. gerade auf dem Weg in das kaufmännische Büro ist, um den Mitarbeitern dort die Post zu bringen. A. trifft eine Entscheidung über das weitere Vorgehen in einer produktionstechnischen Angelegenheit.

8^{33} A. sucht die Buchhalterin in ihrem Büro auf. Sie erkundigt sich nach seiner kranken Sekretärin, daraus entwickelt sich eine kurze Unterhaltung über deren Gesundheitszustand.

8^{34} Auf dem Rückweg zu seinem Büro wird er noch einmal von Meister F., der in der Tür stehengeblieben war, zu dem eben erörterten Thema befragt.

8^{35} Kaum in sein Büro zurückgekehrt, erhält er einen Anruf von Meister G., der eine Information haben möchte.

Mintzberg (1975), der fünf Geschäftsführer beobachtete, fand, dass die Hälfte der Episoden weniger als neun Minuten dauerten und dass nur 10% länger als eine Stunde waren. *Stärk & Wallat* (1975) berichten von sieben Vorgesetzten in der damaligen DDR, dass „Störungen" durch „unangemeldete Besuche" zwischen 29 und 248 Minuten pro Tag und Leiter ausmachten. *Beishon & Palmer* (1979) berichten von Vorgesetzten, die sie zehn bzw. sieben Tage lang mit dem Funkmikrofon „überwacht" hatten, dass die „meisten Aktivitäten der Manager drei Minuten oder kürzer dauerten. Im

Schnitt sind es 7,59 bzw. 6,22 Minuten. In beiden Fällen zeigte sich, dass nur sehr wenige Ereignisse sehr lang dauern – bis zu 200 Minuten" (S. 198). Bei den 30 ManagerInnen in *Walgenbachs* Studie (1994) lagen 93% aller Tätigkeiten unter einer Dauer von neun Minuten (diese Grenze ist auf den Vergleich mit der *Mintzberg*-Studie zurückzuführen). Dabei ist eine deutliche Ungleichverteilung in Abhängigkeit von der Tätigkeitsart zu registrieren.

[3] Vorgesetzte kommunizieren hauptsächlich mündlich

Bereits in der schon erwähnten Studie von *Guest* (1956) zeigte sich, dass der Hauptanteil der täglichen Arbeitszeit durch *Reden* beansprucht war (46,6%). In *Mintzbergs* (1975) Geschäftsführer-Studie wendeten die Unternehmensleiter 78% ihrer Arbeitszeit in Gesprächen auf. *Stewart* (1967) berichtet, dass die Manager im Schnitt 43% ihrer Zeit mit Diskussionen, 7% in Konferenzen und 6% mit Telefonieren verbrachten. Weitere Untersuchungen (z.B. *Horne & Lupton*, 1965; *Brinkmann, Knodt & Krämer.*, 1982) bringen bei weiter Streuung ähnliche Ergebnisse. *Schirmer* (1992, S. 59) hat in einer Übersicht die Ergebnisse von 16 Studien zusammengestellt (darunter einige der eben referierten). Der Anteil verbaler Kommunikation schwankte zwischen 77% (höchster Wert) und 40% (niedrigster Wert: die 707 höheren Führungskräfte in *Ramme,* 1990). Die vier von *Tengblad* (2006) eine Woche lang beobachteten Geschäftsführer schwedischer Unternehmen kommunizierten zu 72% ihrer Arbeitszeit verbal.

[4] Kontakte mit Unterstellten spielen zwar eine wichtige, aber bei weitem nicht die alleinige Rolle

Die Zeit, in der Vorgesetzte ‚für sich allein' sind, beträgt meist weniger als ein Fünftel der Arbeitszeit. Die verschiedenen vorliegenden Studien stimmen darin überein, dass neben den Kontakten mit Unterstellten, vor allem die Beziehungen zu Gleichrangigen, Externen und höheren Vorgesetzten (in dieser Reihenfolge) wichtig sind. Einen Überblick über Befunde zeigt Tab. 3.2:

			Adressat		
Studie	Vorgesetzte	Kollegen	Mitarbeiter	Andere	Externe
Guest (1956)	10	12	46	32	k.A.
Dubin & Spray (1962)	k.A.	36	42	k.A.	k.A.
Stewart (1967)	8	k.A.	26	k.A.	k.A.
Kelly (1969)	13	20	28	k.A.	k.A.
Mintzberg (1975)	7	16	48	k.A.	28
Brinkmann et al. (1982)	16,5	23	53,1	21,3	k.A.
Schreyögg & Hübel (1982)	k.A.	k.A.	52	10	38
Walgenbach (1994)	4,5	18,2	54,9	k.A.	11,1
Tengblad (2006)	3	9	69	7	11

Anmerkungen: Angaben in % der Arbeitszeit, Abweichungen von 100% durch andere Tätigkeiten als Kommunikation bzw. Kommunikation mit mehreren Adressaten gleichzeitig

Tab. 3.2: Ergebnisse zu den Anteilen sozialer Kontakte an der Arbeitszeit von Führungskräften

[5] Führungskräfte haben keinen „festen" Arbeitsplatz

Einige Beobachtungsstudien, die den ‚Ort des Geschehens' erfassten, erweisen Vorgesetzte als sehr mobile Personen. Meist sind sie in ihrem eigenen Büro zu finden, häufig aber auch bei Vorgesetzten, KollegInnen, Unterstellten, Externen (z.B. Kunden oder Lieferanten), in Konferenzen, Firmenveranstaltungen etc. (vgl. Tab. 3.3).

	Arbeitsort		
Studie	eigener Arbeitsplatz	eigenes Unternehmen	extern
Horne & Lupton (1965)	52	k.A.	15
Stewart (1967)	51	24	k.A.
Kelly (1969)	54	36	10
Walgenbach (1994)	18	73,7	8,3
Tengblad (2006)	23	39	39

Anmerkung: Angaben in % der Arbeitszeit

Tab. 3.3: Relative Aufenthaltszeiten von Führungskräften an verschiedenen Arbeitsorten

[6] Der Arbeitstag von Vorgesetzten ist voll ungeplanter bzw. nicht planbarer Kontakte oder Ereignisse

Mintzberg (1975) berichtet, dass 93% der verbalen Kontakte seiner fünf Geschäftsführer auf einer ad hoc-Basis arrangiert wurden. In der Erhebung von *Eberwein & Tholen* (1990, S. 154) fanden sich folgende Resultate:

		Prozent
1	Tagesablauf ist durch Terminkalender weitgehend festgelegt	36
2	Mit Ausnahme von Reisen relativ festgefügter Tagesablauf	11
3	Große Teile sind festgelegt, es gibt aber ausreichend Spielräume für Kreativität und Reflexion	13
4	Am frühen Morgen und am späten Abend relative Ruhe	14
5	Kleiner Teil ist festgelegt, die anderen Teile werden je nach Bedarf hin und her geschoben	38

Anmerkung: Mehrfachnennungen möglich

Tab. 3.4: Planbarkeit des Tagesablaufs von Vorgesetzten nach *Eberwein & Tholen* (1990)

Bei den Managern, die *Schreyögg & Hübl* (1992) beobachteten, waren 78%(!) aller beobachteten Episoden ‚ungeplante Gespräche' (6% waren geplante Gespräche, 0,5%

Touren und 16% Schreibtischarbeit). Die Initiative zu den Episoden ging in etwa 60% der Fälle von den Managern aus. Es waren also vorwiegend sie, die andere ‚störten' und nicht umgekehrt.

Schließlich lassen sich einige methodologische Eigenheiten der Arbeitsverhaltenserfassung erkennen:

– In Selbstberichten von Vorgesetzten über ihren Arbeitstag ist die Kodierung oft unzuverlässig:

Es ist naturgemäß schwierig, bei Tagebuch-Protokollen eine Überprüfung der Richtigkeit von Eintragungen vorzunehmen, weil meist unabhängige Kontrollinformationen fehlen. Wenn jedoch innerhalb einer Organisation Führungskräfte untersucht werden, bietet sich die Möglichkeit, alle Berichte über gemeinsame Kontakte, die ja von jedem einzelnen protokolliert werden, auf inhaltliche Übereinstimmung zu prüfen. Vereinzelt ist dies geschehen; dabei konnte gezeigt werden, dass dasselbe Vorkommnis z.T. sehr unterschiedlich interpretiert wurde: Obwohl in *Burns* Studie (1954) die vier untersuchten Manager intensiven Kontakt miteinander hatten, kodierten sie in über 30% der Fälle den Inhalt zweiseitiger Interaktionen verschieden. *Weinshall* (1966) berichtet von 34 Managern, die morgens und abends die erinnerten Episoden notierten. Von 436 parallelen Vorgängen (an denen je zwei Berichtende beteiligt waren) stimmten nur 47% hinsichtlich des Inhalts überein. *Webber* (1970) zeigte bei der Untersuchung von 34 Vorgesetzten-Untergebenen-Paaren, dass Berichte über Ausmaß und Einleitung verbaler Kommunikationen systematisch verzerrt waren. *Harper & Argent* (1975) fanden bei 1.548 Episoden, bei denen zwei Personen beteiligt waren, dass nicht einmal 40% von beiden PartnerInnen übereinstimmend berichtet wurden.

– Es besteht eine hohe Schwankungsbreite:

Mittelwertsangaben dürfen nicht darüber hinwegtäuschen, dass sowohl von Führungskraft zu Führungskraft, wie auch bei jeder einzelnen Führungskraft von Tag zu Tag sehr unterschiedliche Verhältnisse bestehen können. In der Studie von *Vedder* (2001) an 35 ManagerInnen aus dem Mittelmanagement einer Pharmafirma fand er z.B. folgende Verteilung von „Arbeitszeit pro Woche in Besprechungen":

Arbeitszeit pro Woche in Besprechungen	bis zu 10 Std.	über 10 bis zu l5 Std.	über 15 bis zu 20 Std.	über 20 bis zu 25 Std.	über 25 Std.
Nennungen (n = 35)	10	8	3	11	3

Was die ‚täglichen Wegezeiten' anbelangt, so schwankten in der Untersuchung die Werte zwischen 20 und 160 Minuten; bei den Wochenarbeitszeiten war die Schwankungsbreite zwischen 45 und 70 Stunden und für die Zeit auf Geschäftsreisen lag sie zwischen einer Woche und 16 Wochen.

Es gibt einige Versuche, das Verhalten von Führungskräften auch inhaltlich voll zu erfassen.

In Zusatzdokument 11 finden sich weitere Informationen zu den Ansätzen von *Mahoney, Jerdee & Carroll* (1965), *Kotter* (1982) und *Luthans & Lockwood* (1984).

3.1.3 Schlussfolgerungen

Die meisten Untersuchungen, die dem Führungsverhalten in dieser Art näher kommen wollen, sind älteren Datums. Nur wenige Forscher machen sich in neuerer Zeit diese Mühe des nicht hypothesengeleiteten Zusammentragens (vgl. *Yukl*, 2010). Es gibt auf dieser Basis kaum gesicherte Ergebnisse z.B. darüber, ob Führungskräfte, die sehr lange arbeiten oder besonders viele kurzzeitige Episoden haben oder viele verplante Termine haben *erfolgreicher* sind als solche, die in diesen Hinsichten gegenteilige Ausprägungen zeigen. Außer Plausibilitätsargumenten spricht wenig für die Ableitung von Idealstrategien. Umso mehr überrascht es, mit welcher Sicherheit z.B. die Verfechter von Zeitmanagement-Techniken ihre Optimierungsratschläge geben.

Siehe dazu Zusatzdokument 12.

Die wenigen aktuelleren Untersuchungen (z.B. *Tengblad*, 2006, der explizit mit der klassischen Untersuchung von *Mintzberg*, 1975, vergleicht) weisen auf Gemeinsamkeiten und Veränderungen in den vergangenen Jahrzehnten hin.

Aber eigentlich bleibt dieser Untersuchungsansatz im Oberflächlichen, im Daten produzieren stecken. Dabei ist es praktisch weniger interessant, detailliert zu wissen, *was* Führungskräfte tun, als vielmehr *wie* sie es tun und auf jeden Fall die Auswirkung sowohl des *Was* als auch des *Wie* auf den Erfolg. So lassen es die berichteten Ergebnisse von Beobachtungsstudien geraten erscheinen, bei generalisierenden Aussagen über *die* Vorgesetzten außerordentlich vorsichtig zu sein.

Aus den berichteten Trends lassen sich einige zusammenfassende Ergebnisse ableiten, die sich auf die *Spezifika der Führungsrolle*, nicht aber auf Empfehlungen zur Erfolgssteigerung, beziehen. Vor diesem Hintergrund lassen sich die referierten Ergebnisse interpretieren und in sieben Aussagen zusammenfassen:

[1] *Vorgesetzte bevorzugen mündliche Kommunikation*.
Sie sind viel eher Reder (nicht Redner!) als Schreiber. Mündlicher Informationsaustausch lässt Vorgesetzte ‚live' am Geschehen teilnehmen und verlangt von ihnen, dass sie ständig ‚auf Sendung sind'. Papierarbeit als Produktion und Analyse von ‚Konserven' wird von den meisten Vorgesetzten weniger geschätzt. Dies hat zwei wichtige Konsequenzen: Zum einen ist sehr viel wichtige Information ausschließlich in den Köpfen der Vorgesetzten gespeichert und ist nicht mehr greifbar, wenn die Führungskraft ausfällt oder ausscheidet. Dies stellt eine bedeutende Machtquelle dar, die Vorgesetzte gegenüber der Organisation nut-

zen können. Zum anderen erklärt dies das „Delegations-Dilemma" (*Mintzberg*, 1973): Um sich zu entlasten, sollten Vorgesetzte Aufgaben an MitarbeiterInnen abgeben; weil die dazu nötigen Informationen aber nicht portioniert, kontextfrei und weitergebbar gespeichert sind, sondern als Erfahrung, Gespür, Hintergrundwissen etc. jeweils neu aktiviert und integriert werden müssen, ersparen sich viele Vorgesetzte langwierige Erläuterungen, machen die Sache selbst – und überlasten sich noch mehr.

[2] *Vorgesetzte ‚leben' von sozialen Kontakten.*
Sie arbeiten wenig allein in ihrem Büro. Es scheint für sie wichtig zu sein, zu möglichst vielen Informanten Beziehungen zu haben. Dabei spielt die hierarchische Verortung eine wichtige Rolle. Neben dem Verbindunghalten nach unten und oben sind auch die Kontakte zu KollegInnen, Vorgesetzten und Unterstellten in anderen Abteilungen, zu Stäben, zum Betriebsrat und nicht zuletzt auch zu organisationsexternen KontaktpartnerInnen sehr wichtig. Dabei zeigt sich (was die Rolle mündlicher Kommunikation unterstreicht), dass die Vorgesetzten nicht nur an ‚harten Fakten' und ‚gesicherten Informationen' interessiert sind, sondern dass sie – wie insbesondere Fallstudien sehr eindringlich demonstrieren – in hohem Maße auf informelle Informationen (Gerüchte, Klatsch, Spekulationen, Andeutungen, Hörensagen etc.) reagieren. Es ist wichtig, zu den Insidern zu gehören und Frühwarnsignale zu empfangen; denn was heute noch Gerücht ist, kann morgen Faktum sein und dann ist es vielleicht für Anpassungsreaktionen schon zu spät.

[3] *Der Arbeitstag von Vorgesetzten ist äußerst zerstückelt.*
Der Vielzahl der Störungen und Unterbrechungen können sie sich nicht entziehen, denn sie leben ja von der aktuellen Information. Vorgesetzte müssen deshalb die Kunst des Durchwurstelns beherrschen, hellwach und reaktionsschnell sein. Führungskräfte, die einen gründlich erarbeiteten Plan unbeirrbar abarbeiten, dürften nicht sonderlich erfolgreich sein, da sie auf die vielen Unterbrechungen und Neuigkeiten gemäß ihrem Plan gar nicht eingehen können. Dieser *labor interruptus* verlangt, trotz aller Fragmentierung den roten Faden nicht aus den Augen zu verlieren. Bereits 1977 kam bei *Skinner & Sasser* zum Ausdruck, was noch heute unverändert gilt: „Bei einem andauernd läutenden Telefon, einer endlosen Serie von Sitzungen und Konferenzen und einem Schauer von Notizen und Papierkram kann der betriebsame Manager leicht Tag für Tag in fieberhafter Eile arbeiten und ein befriedigendes Gefühl der Leistung haben. Aber nicht wenige Manager arbeiten monatelang und machen doch keine Fortschritte angesichts sich abzeichnender oder existierender Probleme. Stattdessen verschlechtert sich manchmal die Situation, für die sie verantwortlich sind" (S. 141). Andererseits ist die Fülle scheinbar unverbundener Episoden und Aktivitäten womöglich für die uneingeweihten BeobachterInnen verwirrender als für die Handelnden. Sie können sachliche Verbindungen herstellen und Zusammenhänge sehen, die den Außenstehenden verborgen bleiben.

[4] *Der Arbeitstag ist uneinheitlich und enthält viele ungeplante Elemente.*
Viel seltener als es der Mythos von der souveränen Führergestalt wahrhaben will, ist eine Führungskraft Initiator und Impulsgeber. Sie ist mindestens genauso oft gezwungen, auf die Vorgaben anderer oder auf unvorhergesehene Entwicklungen zu reagieren. Sie muss deshalb in hohem Maße umstellungsfähig sein, sich nicht sklavisch an ein Schema F binden, sondern sich durch konsequente Inkonsistenz auszeichnen und ausgeprägt oberflächlich sein können. Auf der Basis ihrer Analyse von 31 Fallstudien formulieren *Skinner & Sasser* (1977, S. 140) das Fazit: „ManagerInnen, die beständig viel erreichen, sind bemerkenswert unbeständig in der Art wie sie Probleme anpacken." Für schwache ManagerInnen diagnostizieren sie: „Ihr Untergang ist Beständigkeit, nicht nur eine allgemeine Beständigkeit des Stils, sondern auch eine Tendenz, auf einer begrenzten Anzahl von Instrumenten und Techniken zu beharren, die auf einer kleinen Auswahl von Führungsgrundsätzen beruhen, die sie immer und immer wieder benutzen" (S. 143).

[5] *Vorgesetzte sind mit vielen kurzen Arbeitsakten ausgelastet.*
Wegen der häufigen Unterbrechungen kann sich eine Führungskraft meist nicht auf ein Problem konzentrieren und es endgültig lösen: Sie ist wie ein Jongleur, der gleichzeitig mehrere Bälle in der Luft hat und dafür sorgen muss, dass keiner von ihnen herunterfällt. Diese Kurzatmigkeit erschwert gründliche Reflexion und erklärt auch, warum *action* einen so hohen Stellenwert für Vorgesetzte als ‚MacherInnen' hat. Sie stehen ständig unter Zeitdruck; nicht von ungefähr haben Management-Seminare, die rationelle Arbeitstechniken und Zeitmanagement versprechen, einen starken Zulauf. Weil es für Vorgesetzte darauf ankommt, den kritischen Punkt möglichst schnell zu erfassen, können sie sich mit differenzierender Problematisierung nicht aufhalten: ihr Job ist Reduktion von Komplexität – oftmals auf das Niveau von Daumenregeln. Bei dieser Nötigung zu vielfach holzschnittartiger Vereinfachung laufen sie aber immer Gefahr, wichtige Details zu übersehen – und dies ist ihr Dilemma: Sie denken in groben Grundzügen und müssen gleichzeitig sensibel auf kleinste Unterschiede und Anzeichen von Veränderungen achten.

[6] *Vorgesetzte haben mehr Rollen als die des/der Führenden.*
Wie erwähnt, müssen sich Vorgesetzte ein umspannendes Kontaktnetz schaffen. Sie sind nicht nur FührerInnen von Unterstellten, sie handeln zu einem großen Teil auch auf eigene Rechnung, etwa als Fachfrau, die mit Kunden oder Lieferanten Gespräche führt, als erfahrene Spezialistin, die schwierige Aufgaben selbst erledigt, als Repräsentantin der Organisation in öffentlichen Veranstaltungen, als empfindliche Antenne, die alle Signale registriert, die das eigene Fortkommen betreffen etc. Führungsstil-Analysen und Führungsverhaltens-Fragebogen engen das Blickfeld unzulässig ein auf die Vorgesetzten-Untergebenen-Beziehung; sie übersehen dabei, dass Vorgesetzte auch noch ExpertInnen, Verbindungsoffiziere, Feuerwehrleute, Galionsfiguren, Spionagesatelliten etc. sind.

[7] *Vorgesetzte sind viel unterwegs.*
Ihr Arbeitsplatz ist nicht nur das eigene Büro, sondern auch die Zimmer von höheren Vorgesetzten, KollegInnen, Stabsleuten, Unterstellten, Kunden etc. Wegen der Bedeutung aktueller mündlicher Information und der großen Zahl ihrer GesprächspartnerInnen sind Vorgesetzte oft gezwungen, ‚vor Ort' tätig zu sein und Information als Holschuld zu betrachten. Weil Vorgesetzte damit zeitweilig nicht erreichbar sind, häufen sich die Kontaktwünsche dann in ihrer Anwesenheitszeit und manche Vorgänge werden aufs geduldigere schriftliche Medium verlegt, das die Adressaten sicher erreicht, aber – weil verspätet – eben auch nur verzögert zur Reaktion veranlasst. Die regelmäßig angelieferten schriftlichen Informationen (E-Mails, Post, Berichte, Statistiken, Rundschreiben, Geschäftsmitteilungen etc.) werden häufig als Belastung und Informationsflut betrachtet. Ihre Bearbeitung erfolgt kursorisch, sie werden beiseitegelegt, und zu passenden Zeitpunkten ‚in einem Aufwasch' weggearbeitet und in hohem Maße selektiv gelesen, weil meist nur ein kleiner Bruchteil für relevant gehalten wird.

Ein(e) Vorgesetzte(r) ist einiges mehr als ‚nur' FührerIn von Unterstellten. Auch das Gewicht, das bei der Führungskräfte-Auslese auf einzelne Merkmale gelegt wird (z.B. Planungsfähigkeit, Erledigung von Papierarbeit, gründliche Problemanalyse) wird relativiert und zusätzliche Anforderungen werden sichtbar. Nicht zuletzt haben die Befunde der Führer-Verhaltens-Beobachtung auch Konsequenzen für die Führungstheorie.

Diese Folgerungen aus den Befunden der Verhaltensbeobachtung lassen Misstrauen gegenüber häufigen, dabei häufig aber wohl allzu simplen Ratschlägen begründen. Solche Standard-Ingredienzien von Führungsbrevieren sind z.B.:

- Delegiere alle Arbeiten, die Deine Mitarbeiter ausführen können.
- Analysiere Probleme gründlich, bevor Du Maßnahmen triffst.
- Denke in großen Zusammenhängen und verliere Dich nicht ins Detail.
- Konzentriere Dich auf objektive Information und gib nichts auf Klatsch und Hörensagen.
- Konzentriere Dich aufs Führen, das Ausführen sollen Deine Mitarbeiter besorgen.
- Setze Dir selbst Handlungsschwerpunkte und verfolge sie konsequent.
- Plane Deine Arbeit im Voraus.
- Halte Dir immer genügend Zeit fürs Nachdenken frei.
- Sei berechenbar in Arbeitsstil und Vorgehensweise.

An der allgemeinen Richtigkeit solcher Kalenderweisheiten ist nicht zu zweifeln. Es ist in der Praxis aber offensichtlich aus strukturellen Gründen (und nicht wegen persönlicher Unfähigkeit von Vorgesetzten) äußerst schwierig, wenn nicht unmöglich, diese Regeln tatsächlich einzuhalten. Sie vermitteln ein zu reines und zu logisches Soll-

Modell des Arbeitens; suggerieren aber gleichzeitig, dass es möglich sei, diese Anweisungen in die Tat umzusetzen. Weil dies aber nicht der Fall ist, besorgen sie Führungskräften ein schlechtes Gewissen, weil sie glauben, nur bei ihr ginge es so chaotisch, hektisch und zerstückelt zu. Das manchmal kreative, manchmal entnervende Durcheinander, das Führungskräfte vorfinden und schaffen, ist ein idealer Nährboden für Mikropolitik. Darauf wird weiter unten noch ausführlich einzugehen sein (vgl. Kap. 9.3).

3.2 Führungsstiltheorien

Der Blick darauf, was Führungskräfte an ihrem Arbeitstag tun, wozu sie ihre Zeit verwenden und wie viel Zeit sie dafür eigentlich aufbringen, liefert zwar eine Vorstellung vom Tagesablauf, aber nicht davon, wodurch ihr Tun und Treiben erfolgreich ist oder nicht. Dafür richtet sich der Blick darauf, wie sie mit ihren MitarbeiterInnen umgehen, um sie zur effizienten Erledigung ihrer Aufgaben zu führen. Traditionell werden die von den Führungskräften gezeigten Verhaltensmuster als Führungsstile konzipiert, als Muster oder Syndrome von Verhaltensweisen, die Führungskräften angesichts ihrer Führungsfunktion an den Tag legen. Es werden seit den 1940er Jahren immer wieder neue Vorschläge zu solchen „idealen" Führungsstilen gemacht bzw. empirisch untersucht, was es in der Praxis tatsächlich für Führungsstile gibt (vgl. *Weinert*, 2004, S. 414). Führungsstilen liegen u.a. Bedürfnisse und Werthaltungen des Führenden zugrunde, die in der Forschung zu Orientierungen abstrahiert werden, die sich dann im „Stil", d.h. dem sichtbar werdenden Handeln und Verhalten auf Basis dieser Gestaltungsgrundlagen ausprägen (vgl. *Weinert*, 2004, S. 465; *Weibler*, 2012, S.339). Die Auswahl (oder Fixiertheit?) und Umsetzung bestimmter Führungsstile gelten als kritisch für den Erfolg der Führungskräfte.

Von ihrer Intention her handelt es sich bei Führungsstiltheorien also um *Theorien für die Führenden*, weil letztlich nützliche Gestaltungsempfehlungen im Vordergrund stehen: Was sollten Führende tun, um ‚Erfolg' zu haben? Drastischer gesagt erhalten Führungskräfte mit diesen Theorien Gebrauchsanweisungen zum Umgang mit Geführten: (Führende) Subjekte beeinflussen (Geführte) Objekte. Diesen Theorien ist gemeinsam, dass sie eine stark anwendungsorientierte Ausrichtung haben. Sie gehen davon aus, dass FührerInnen durch ihr informiertes Handeln gewollte Effekte gezielt herbeiführen können und bei ihnen steht der *personale Einfluss auf Geführte* im Mittelpunkt. Führung wird als eine hierarchisch strukturierte soziale Beziehung gesehen, bei der typischerweise ein(e) Vorgesetzte(r) den Geführten gegenübergestellt und – mit Macht-, Informations-, Status-, Fähigkeits-Vorsprüngen ausgestattet – das Handeln dieser Geführten maßgeblich bestimmt.

Bevor auf einzelne Ansätze eingegangen wird, werden einige meist stillschweigend gemachte Voraussetzungen aufgezählt, die eine Relativierung des Anspruchs erlauben, mit diesem Vorgehen könne man endlich gesichertes, pragmatisch nutzbares Wissen bereitstellen:

[1] Das Reden über FührerInnen-Verhalten ist *personalisierend.* Vorgesetzte wählen auf Grund ihrer Fähigkeiten, Erfahrungen und Vorlieben bestimmte Verhaltensweisen, die *für sie* charakteristisch sind. Ihr Verhalten verrät etwas über ihre Person. Die Festlegung auf Vorgesetzte vermeidet auch die Probleme einer Berücksichtigung des Führungsverhaltens von Nicht-Vorgesetzten (z.B. den sog. ‚informellen Führern').

[2] Das Verhalten wird *isolierend* nur der Führungskraft zugerechnet; es ist nicht bedingt, ausgelöst oder verursacht durch die Situation oder die Geführten, sondern eigenständiger Ausdruck einer unterstellten souveränen Gestaltungskraft, die von Vorgesetzten als autonom Handelnden ausgeht.

[3] Das Verhalten wird nicht ‚als solches' betrachtet, sondern im Hinblick auf sinnvolle und beabsichtigte *Konsequenzen.* Aus der Menge der Konsequenzen interessieren vor allem jene Folgen, die unter Führungs-*Erfolg* subsumiert werden.

[4] Führungsverhalten lässt sich *objektivieren und quantifizieren*, es ist beobachtbar und dokumentierbar. Die Erkenntnisse können verallgemeinert werden, sodass Aussagen über Personenmehrzahlen (Durchschnittswerte der Population der Führungskräfte) gemacht werden können.

[5] Als Führungs-*Verhalten* wird im Allgemeinen jenes Verhalten thematisiert, das *auf die Geführten bezogen* ist. Verhalten gegenüber höheren Vorgesetzten oder Kollegen, oder Verhalten bei der Lösung von Sachaufgaben (‚Management') wird in der Regel vernachlässigt.

[6] Meist werden keine Prozess- oder Verlaufsanalysen durchgeführt, sondern *Querschnittsuntersuchungen*, die sich mit Häufigkeitsauszählungen begnügen. Es wird also ermittelt, ob und *wie oft* eine Vorgesetzte z.B. kritisiert, antreibt, berät etc. und nicht, *wann* sie kritisiert (anstatt zu beraten) und was auf ihre Kritik *folgt.*

[7] Hält man sich zudem vor Augen, dass primär der sozial erwünschte *sachlich-rationale* Anteil des Führungsverhaltens Untersuchungsgegenstand ist, dann wird das hohe Ausmaß an *Selektivität* erkennbar, das mit der üblichen Erfassung von Vorgesetztenverhalten einhergeht. Ausgeblendet bleibt z.B. (scheinbar) irrationales oder auch mikropolitisches Handeln.

3.2.1 Der eindimensionale Ansatz

Wenn verschiedene Muster von Führungsverhalten zu verschiedenen Erfolgen führen, stellt sich die Frage, worin sich die Stile systematisch unterscheiden, dass diese verschiedenen Ergebnisse erzielt werden. Diese Unterscheide wurden zunächst als Pole eines Kontinuums möglicher Verhaltensmuster konzipiert: auf der einen Seite der eine Stil – auf der anderen der andere. Und dazwischen befindet sich ein Kontinuum des Übergangs. Dann bleibt zu zeigen, wie die Pole aussehen und dass die entsprechenden Stile tatsächlich zu verschiedenem Führungserfolg führen.

Dieser Ansatz, der in der betriebswirtschaftlichen Literatur besonders beliebt ist, führt seine Genealogie auf die klassische Studie von *Lewin, Lippitt & White* (1939) an der University von Iowa zurück. Untersucht wurde, welchen Einfluss *autoritäres*, *demokratisches* und *laissez-faire*-Führungsverhalten auf Produktivität, Kreativität, Klima etc. von

Kindergruppen hatten, die Papiermasken anfertigten und bemalten. Soziale Phänomene an Kindern zu untersuchen galt damals als probat, da Kinder – so die Argumentation – noch nicht durch jahrzehntelange Sozialisation ihre „natürlichen" Verhaltensweisen abgelegt haben bzw. sich noch nicht so politisch und kontrolliert verhalten wie Erwachsene. Deshalb können solche Phänomene einfacher bei Kindern untersucht werden und sobald sie dort beobachtet und verstanden wurden auch in Untersuchungen mit Erwachsenen identifiziert werden. Das von den Gruppenleitern bei diesen Führungsstilen zu zeigende Verhalten konzipierten die Autoren folgendermaßen (Tab. 3.5):

autoritärer Führungsstil	demokratischer Führungsstil	Laissez-faire-Stil
– Leiter entscheidet allein – Leiter gibt direkte Anweisungen – Leiter gibt keine Erklärungen und Begründungen für die Anweisungen – Leiter kontrolliert Verhalten und Ergebnisse – Leiter achtet auf persönliche Distanz – Leiter macht seinen Bewertungsmaßstab nicht klar	– Leiter bespricht die Aufgabe und das Ziel – Leiter lässt Abstimmung der Mitglieder untereinander zu – Leiter lässt Vorschläge der Mitglieder zu – Leiter delegiert Teilaufgaben – Leiter bietet Beratung und Unterstützung an – Leiter legt Bewertungsmaßstab offen	– Leiter bleibt unverbindlich hinsichtlich der Ziele und ihrer Umsetzung – Leiter überlässt die Mitglieder sich selbst und vermeidet Leitungstätigkeit – Leiter handelt nachgiebig – Leiter hält sich aus Gruppenprozess heraus – Leiter bietet keine Unterstützung an

Tab. 3.5: Verhalten der Führungskräfte in den Untersuchungen von *Lewin* und Mitarbeitern

Seit *Lewin*, der als von den Nazis vertriebener Emigrant in den USA nachweisen wollte, dass demokratische Regimes autoritären überlegen sind, galt als meist unausgesprochene Selbstverständlichkeit, dass kooperative, partizipative oder teamorientierte Führung *an sich* überlegen sei. Der ‚Theorie'-Kern war also recht simpel: Wenn kooperative Führung, dann Erfolg! *Lewin* und seine Mitarbeiter gingen davon aus, dass der demokratische Stil den beiden anderen überlegen sein würde. Ergebnisse der Untersuchungen waren, dass das zutraf – gelegentlich. Die Kinder, die demokratisch geführt wurden, waren am zufriedensten, brachten häufig gleich gute oder überlegene Leistungen hervor und arbeiteten am qualitätsvollsten weiter, wenn die Führungskraft den Raum verließ. Aber die Ergebnisse waren nicht immer überlegen. Diese Einschränkung wurde jedoch nicht weiter als im engeren Forscherkreis rezipiert. Der Praxis genügte die schmissige und gesellschaftsmodellkonforme Gegenüberstellung mit einigen passenden Ergebnissen vollkommen aus.

Neuberger (1972) fand in seiner Untersuchung von 31 experimentellen Arbeiten zu eindimensionalen Führungsstilkonzepten ein typisch inkonsistentes Ergebnis (vgl. Tab. 3.6): Insgesamt lässt sich keine höhere Leistungseffizienz der ‚kooperativen' Führung feststellen. Und auch die Unterlegenheit des ‚autoritären' Stils hinsichtlich des Kriteriums der Einstellungen der Mitarbeiter ist nicht immer gegeben.

Erfolgsmaß	Überlegenheit des autoritären Führungsstils	Überlegenheit des kooperativen Führungsstils	keine eindeutige Überlegenheit
Leistung	9	8	6
Zufriedenheit	6	17	5

Tab. 3.6: Die Überlegenheit autoritärer und kooperativer Führung in experimentellen Studien (*Neuberger,* 1972)

Unterschiede in den Resultaten von Untersuchungen können an der Untersuchungsmethode liegen: bei *experimentellen* Studien wird zu einem Zeitpunkt t_1 eine Variable neu eingeführt oder verändert (z.B. in einer Untersuchungsgruppe ‚autoritäre', in der anderen ‚kooperative' Führung); zu einem späteren Zeitpunkt t_2 wird dann festgestellt, ob sich die beiden Gruppen in einem Kriteriumsmaß unterscheiden. Bei *korrelativen* Erhebungen – meist mit Fragebogen – werden demgegenüber die ‚unabhängige' Variable (z.B. Führungsstil) und die ‚abhängige' Variable (ein Erfolgsmaß) im Allgemeinen zum gleichen Zeitpunkt bestimmt, die Kausalität wird schlicht behauptet oder besten Falls theoretisch hergeleitet. Aber sie wird nicht faktisch beobachtet oder gar hergestellt. Aber auch bei experimentellen Studien gibt es eine Reihe von methodischen Problemen, die eine unbesehene Ableitung von Kausalaussagen nicht erlauben: Künstlichkeit und Kürze der Versuche, ihre Konsequenzlosigkeit für die Beteiligten, die gesicherte Überlegenheit der Führungsperson bzw. des Versuchsleiters oder der Versuchsleiterin, Verzerrungen in der Versuchspersonenauswahl, fehlende oder unzulängliche Vergleichsgruppen, ungenügende Kontrolle von dritten Einflussgrößen etc. Das Hauptproblem von experimentellen Studien ist jedoch, dass sie meist so angelegt sind, dass irgendeine Art von Führung auf jeden Fall praktiziert wird und damit sichergestellt ist, *dass Führung Konsequenzen hat,* sodass die Alternativhypothese (dass es ohne Führung genauso gut oder noch besser geht) gar keine Chance der Bestätigung erhält.

Das Kontinuum „autoritär – demokratisch" (der laissez-faire-Stil entzog sich stärker einer einfachen Kategorisierung von Leistung und Zufriedenheit) wurde später mehrfach variiert, umbenannt oder neu interpretiert. Bekannt sind Gegenüberstellungen wie ‚autoritär – kooperativ', ‚führerzentriert – geführtenzentriert', ‚produktionsorientiert – mitarbeiterorientiert', ‚imperativ – kooperativ', ‚direktiv – nondirektiv/konsultativ/partizipativ', ‚personorientiert – teamorientiert' etc. Die zentrale Variable, um die es meist geht, ist das Ausmaß der Entscheidungsbeteiligung, das Unterstellten zugestanden wird. Die später zu erörternden Kontingenzmodelle von *Fiedler* (1967) und *Vroom & Yetton* (1973) (vgl. Kap. 4.1) sowie *Tannenbaum & Schmidt* (1958) bauen auf diesem eindimensionalen Ansatz auf. Polarisierungen dieser Art haben zahlreiche Autoren inspiriert, die die Dimension ‚autoritär – kooperativ' zu einem Generalnenner gemacht haben, der für eine große Zahl einzelner Gegenüberstellungen steht. Die scheinbar eindimensionale Gegenüberstellung ‚autoritär – demokratisch/kooperativ' wird in verschiedenen Konzepten in sich sehr differenziert gesehen und man kann nicht sicher sein, dass zwei Personen, die die Dichotomie nutzen, darunter tatsächlich genau das Gleiche verstehen (vgl. *Neuberger*, 1972). Die Blütezeit dieser zum Teil außerordentlich differenzierten Systeme war in den 70er Jahren [siehe für den deutschsprachigen Raum z.B. die Konzeptionen von *Bleicher & Meyer* (1976, S. 155 ff.), *Baumgarten* (1977), *Lattmann* (1975 u. 1982) oder *Seidel* (1978, S. 166 f.)]. Als Beispiel ist in Abb. 3.1 das Einstufungsraster von *Baumgarten* (1977, S. 27) abgedruckt.

			1	2	3	(4)	5	6	7	
(1)	Art der Willensbildung	individuell								kollegial
(2)	Verteilung von Entscheidungsaufgaben	zentral								dezentral
(3)	Art der Willensdurchsetzung	bilateral								multilateral
(4)	Informationsbeziehungen	bilateral								multilateral
(5)	Art der Kontrolle	Fremdkontrolle								Selbstkontrolle
(6)	Formalisierungs- und Organisationsgrad	stark	Extrem autoritärer Führungsstil						Extrem kooperativer Führungsstil	schwach
(7)	Einstellung des Vorgesetzten zum Mitarbeiter	Misstrauen								Offenheit
(8)	Einstellung des Mitarbeiters zum Vorgesetzten	Respekt, Abwehr								Achtung, Vertrautheit
(9)	Grundlage des Kontaktes zwischen Vorgesetztem und Mitarbeitern	Abstand								Gleichstellung
(10)	Häufigkeit des Kontaktes zwischen Vorgesetztem und Mitarbeitern	selten								oft
(11)	Handlungsmotive des Vorgesetzten	Pflichtbewusstsein, Leistung								Integration
(12)	Handlungsmotive des Mitarbeiters	Sicherheit, Zwang								Selbständigkeit, Einsicht
(13)	Bindung der Mitarbeiter an das Führungssystem	schwach								stark
(14)	Soziales Klima	gespannt								verträglich

Abb. 3.1: Schema zur Erfassung des Führungsverhaltens (aus *Baumgarten*, 1977)

Das zentrale Charakteristikum der nur scheinbaren Differenzierungen ist, dass sie trotz des Reichtums der Betrachtungsperspektiven letztlich die Vieldimensionalität von Verhalten der Führungskraft drastisch auf das eine Kontinuum ‚autoritär – kooperativ' reduzieren und damit die Unabhängigkeit der vorher postulierten Einzelaspekte aufgeben. Die Einzelmerkmale des Führungsstils sollen somit lediglich als variierende Beschreibungen ein und desselben gelten. Wenn man unter ‚Theorie' einen geprüften oder zumindest prüfbaren Satz von Wenn-Dann-Beziehungen versteht, dann ist der theoretische Gehalt dieser Einteilungen rudimentär. Im Wesentlichen präsentieren sie ‚Es gibt'-Behauptungen oder Vorschläge für bestimmte Kategorisierungen der Wirklichkeit.

Die Differenzierung nach Situationsparametern und Aufteilung des Kriteriums in zwei Bereiche (Leistung und Zufriedenheit), die bereits *Lewin* formulierte, wurde zunächst nicht gleichmäßig rezipiert. In Auseinandersetzung mit der anscheinend mangelhaften empirischen Bestätigung des eindimensionalen Ansatzes wurde zunächst ein anderer Weg beschritten, der an der zunehmend als problematisch empfundenen Eindimensionalität der verschiedenen Führungsstile ansetzte.

3.2.2 Der mehrdimensionale Ansatz

In der Sparsamkeit der eindimensionalen Führungsstilmodelle liegt deren Reiz sowohl für die Praxis als auch die Forschung. Jedoch schon das erste Modell von *Lewin et al.* (1939) brachte bei genauer Betrachtung das Ergebnis, dass es so einfach nicht geht. Vor allem die Eindimensionalität wurde in der Folge häufig diskutiert. Ist z.B. der autoritäre Führungsstil tatsächlich (in jeder Hinsicht) der Gegenpol zum demokratischen Führungsstil? Bedeutet das Abrücken vom einen Pol wirklich ein Hinrücken zum anderen in genau demselben Maß? Beide Fragen wurden in der Praxis wie der Forschung zu häufig mit „Nein" beantwortet, um nicht nach besseren Lösungen zur Abbildung des Führungsphänomens und zur Verbesserung der Führungsergebnisse zu suchen. Naheliegend war der Ansatz, die anscheinend bewährte Idee der unterscheidbaren Führungsstile beizubehalten, aber deren Dimensionalität und Polarität genauer zu untersuchen. So bauen die mehrdimensionalen Modelle auf der Erkenntnis von konzeptionellen und empirischen Minderleistungen des eindimensionalen Ansatzes auf.

Lewin et al. (1939) selbst haben mit der Einführung eines dritten Führungsstils (‚laissez-faire') den Anstoß zu mehrdimensionalen Konzeptionen gegeben. Mit ‚laissez-faire' wurde eine anarchische, distanzierte und desinteressierte Haltung der Führungsperson beschrieben, die es den Geführten überließ, zu tun oder zu lassen, was sie wollten und sich weder mit Anordnungen noch Anregungen einmischte. Während die Dimension ‚autoritär – demokratisch' Abstufungen zwischen Allein- und Mitentscheidung bezeichnet, steht die zweite Dimension für Engagement, Interesse und Einfluss der Führungsperson. Autoritäre und demokratische Führung haben auf dieser Dimension hohe Werte, während ‚laissez-faire' dazu den Gegenpol markiert.

Bei zweidimensionalen Konzepten wird das Kontinuum der eindimensionalen Modelle quasi im Mittelpunkt geknickt, so dass ein rechtwinkliges Koordinatensystem entsteht (vgl. Abb. 3.2).

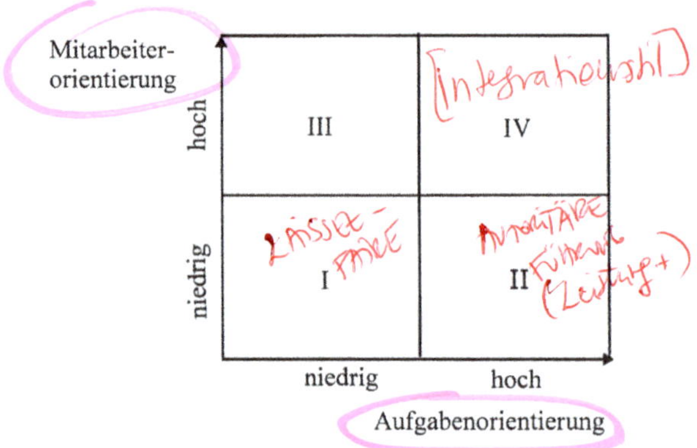

Abb. 3.2: Grundmuster zweidimensionaler Führungsstilkonzepte

Dieses cartesische Koordinatensystem ist der grafische Ausdruck für die gedachte Unabhängigkeit der beiden Dimensionen. Die beiden Koordinaten werden je nach Modell unterschiedlich benannt (Consideration vs. Initiating Structure; Mitarbeiter- vs. Leistungsorientierung; Person- vs. Aufgabenorientierung etc.). Zweiteilt man jede dieser Dimensionen in einem gedachten Mittelwert, dann entstehen vier Quadranten:

- Der Quadrant **I** entspricht einem Rückzug aus *beiden* Dimensionen; das kann man als „laissez-faire" (*Lewin et al.*, 1939), als „Verfahrensstil" oder als „Delegationsstil" bezeichnen; die Untergebenen werden jedenfalls sich selbst überlassen.
- Quadrant **II** repräsentiert den Vorstellungsinhalt, der klassischerweise mit sachbezogener und/oder autoritärer Führung assoziiert wird: die Führungskraft betont allein die Leistungskomponente, um Wohlergehen oder Zufriedenheit der MitarbeiterInnen kümmert sie sich nicht.
- In Quadrant **III** ist diese Akzentsetzung umgekehrt: der Vorgesetzte konzentriert sich auf die Pflege der zwischenmenschlichen Beziehungen, wohl in der Hoffnung, dadurch Leistungsimpulse freizusetzen.
- Der „Integrationsstil" in Quadrant **IV** schließlich markiert jenen Fall, bei dem die Vorgesetzte die beiden Orientierungen gleich stark und zwar hoch ausgeprägt manifestiert.

3.2.2.1 Ohio State Leadership Studies

In der Führungsforschung haben sich bestimmte Erwartungen über die Inhalte von Führungsverhalten durchgesetzt. Einen großen Anteil hatte das umfangreiche Forschungsprogramm, das nach dem zweiten Weltkrieg an der Ohio State University durchgeführt wurde (Hauptautoren waren *Hemphill*, *Stogdill* und *Coons;* später *Fleishman*). In den Ohio-Studies wurde im Rahmen eines interdisziplinären Forschungsprojekts zur Erfassung des Führungsverhaltens eine Vorgehensweise gewählt, die über Jahrzehnte hinweg Vorbild für zahlreiche andere Untersuchungen war. Man kann wohl ohne Übertreibung feststellen, dass kaum ein anderes Erhebungsinstrument und die mit ihm gefundenen Ergebnisse die Führungsforschung so nachhaltig beeinflusst haben wie der LBDQ (Leader Behavior Description Questionnaire) und seine Varianten und Nachfolger (z.B. die deutschsprachige Version FVVB (Fragebogen zur Vorgesetzten-Verhaltens-Beschreibung) von *Fittkau-Garthe & Fittkau*, 1971).

In der Veröffentlichung, in der der LBDQ zum ersten Mal vorgestellt wurde (*Hemphill & Coons* 1957), berichten die Autoren über die Entwicklungsschritte: Zuerst wurde bei Berufserfahrenen eine große Anzahl von Episoden-Schilderungen zusammengetragen, in denen Betroffene über ein Führungsgeschehen berichteten, das sie selbst (mit-)erlebt hatten. In einer Inhaltsanalyse der gesammelten 1.790 Kurzgeschichten wurden dann neun Dimensionen des Führungsverhaltens extrahiert (Integration, Initiative, Mitgliedschaft, Repräsentation, Organisation, Domination, Kommunikation, Anerkennung und Leistungsbetonung). Für diese Hauptaspekte wurden aus dem Material der Episoden 150 Fragebogen-Statements formuliert. Diese wurden verschiedenen Stichproben zur Beurteilung aktuellen Führungsverhaltens vorgegeben, wobei der Umfang des Fragebogens sukzessiv reduziert wurde. Die Kürzung des Fragebogens (auf schließlich 48 Items in der US-Fassung) wurde mit Ergebnissen verschiedener Faktorenanalysen begründet.

Zur Charakteristik und Problematik der Faktorenanalyse siehe Zusatzdokument 13.

Schon nach den ersten Faktorenanalysen hatte sich gezeigt, dass der größte Teil der Aussagen auf zwei Faktoren lud, die sie als *Consideration* und *Initiating Structure* bezeichneten; die anderen noch extrahierten Faktoren hatten bedeutend weniger Erklärungskraft, so dass sie als weniger relevant vernachlässigt wurden. Die Items dieser schwächeren Faktoren wurden dann in den Endformen der Fragebogen weggelassen.

Es wurde also ein immer „reineres“ Befragungsinstrument hergestellt, bei dem durch die Item-Vorauswahl dafür gesorgt war, dass die Verhaltensbeschreibungen zu zwei (und nur zwei) Hauptdimensionen zugeordnet werden konnten. Dabei umfassten die beiden Hauptfaktoren folgende inhaltliche Felder:

- *Consideration* (C) steht für Wärme, Vertrauen, Freundlichkeit, Achtung, Rücksichtnahme, praktische Besorgtheit, Ermöglichung zweiseitiger Kommunikation und Mitsprache und
- *Initiating Structure* (IS) erstreckt sich auf aufgabenbezogene Planungsinitiative, Organisation und Strukturierung, Aktivierung, Energetisierung und Kontrolle (s. dazu auch *Fleishman*, 1973).

Eine Analyse des Führungsverständnisses, das hinter diesen beiden empirisch ermittelten Dimensionen steht, findet sich im Zusatzdokument 14.

Man kann natürlich *innerhalb* der Hauptdimensionen nochmals differenzieren und Subfaktoren ermitteln, aber das resultiert lediglich in einer feiner gegliederten Binnenstruktur, der keine grundsätzlich andersartigen Inhalte hinzugefügt werden. Die in den Ohio-Studien entdeckte (besser: propagierte) Zweidimensionalität des Führungsverhaltens hat in zahlreichen Führungstheorien (z.B. *Blake & Mouton*, 1968; *Hersey & Blanchard*, 1969; *Reddin*, 1970 – s.u. bzw. Kap. 4.1) als tragender Bestandteil Eingang gefunden.

Die bisherigen Ausführungen sollten verdeutlichen, dass nach der Item-Zusammenstellung ein *rein empirisches* Suchverfahren in Gang gesetzt wird, das allein zu einer Umgruppierung bzw. sparsameren Beschreibung (durch Rückgriff auf eine latente oder hypothetische Struktur) führen kann, aber keine neue theoretische Einsicht bringt. Die theoretische Konzeption ist unausgesprochen in der Item-Vorauswahl enthalten, alles Folgende kann die Vorannahmen vereinfachen oder differenzieren, bestätigen oder zurückweisen, aber nicht mehr erweitern. Diese wesentliche Schlussfolgerung ist zu beachten, wenn man die weit reichenden Spekulationen würdigen will, die sich an die Entdeckung (oder Erfindung?) der Zweidimensionalität des Führungsverhaltens in der Ohio-Schule anschlossen.

Eine „hausinterne" Kritik der Ohio-Schule von *Stogdill* (1963) mit seinem LDBQ-XII findet sich in Zusatzdokument 15, eine gänzlich andere Perspektive wird in Zusatzdokument 16 mit dem tiefenpsychologisch-gruppendynamischen Ansatz skizziert.

In ihrer umfangreich dokumentierten Zusammenstellung zu den beiden Orientierungen zeigt bereits *Allerbeck* (1977, S. 71-82), dass

- zwischen Consideration (C) und *Zufriedenheit* überwiegend hohe positive Zusammenhänge bestehen. Sie neigt dazu, diesen Befund als Methoden-Artefakt zu interpretieren: C ist nichts anderes als ein Maß der Zufriedenheit der MitarbeiterInnen (mit der Führungskraft) und *keine Beschreibung des Verhaltens* der Führungskraft;
- bei Initiating Structure (IS) und *Zufriedenheit* das Bild uneinheitlich ist: „Je nach untersuchter Stichprobe, erfasstem Teilbereich der Zufriedenheit, Berücksichtigung spezifizierender Drittvariablen variieren die Beziehungen hinsichtlich Größe und Richtung. Nichtsignifikant positive und negative Beziehungen halten sich in etwa die Waage" (*Allerbeck*, 1977, S. 85).

Was die Beziehung zu *Leistungsmaßen* anbelangt, so sind die Ergebnisse noch inkonsistenter: *Yukl* (1971, S. 42) berichtet in einem Sammelreferat, dass sich bei 14 Studien fünf positive, sieben nicht signifikante und zwei negative Korrelationen zwischen *Consideration* und Leistung ergaben, und dass auch bei der Beziehung zwischen *Initiating Structure* und Leistung kein einheitlicher Trend auszumachen ist: Zwar werden kaum negative Zusammenhänge gefunden, aber den positiven Zusammenhängen steht eine etwa gleich große Anzahl insignifikanter Befunde gegenüber. *Stogdill* (1974) hat Fragebogenstudien und experimentelle Untersuchungen zum Erfolg verschiedener Führungsstile verglichen; auch diese Übersicht bestätigt, dass ‚Mitarbeiterorientierung' deutlich häufiger mit *Zufriedenheit* korreliert als ‚Aufgabenorientierung'. In Bezug auf die *Leistungs*effizienz sind allerdings keine derartigen Unterschiede festzustellen: Beide Führungsstil-Komponenten haben ähnliche Antwortverteilungen, es besteht nur ein leichter Vorteil für die ‚leistungsorientierten' Akzentsetzungen, weil sie weniger negative Befunde auf sich versammelten.

Die Metaanalyse von *Judge, Piccolo & Ilies* (2004) zeigt ähnliche Ergebnisse aus empirischen Untersuchung mit insgesamt über 20.000 TeilnehmerInnen (vgl. Tab. 3.7):

	Consideration	Initiating Structure
K	163	159
N	20963	20431
Follower job satisfaction	.46	.22
Follower satisfaction with leader	.78	.33
Follower motivation	.51	.41
Leader performance	.25	.24
Group performance	.28	.31
Leader effectiveness	.52	.39
Overall	.48	.29

Tab. 3.7: Ergebnisse der Metaanalyse von *Judge et al.* (2004) zum Ohio-Konzept

Die Koeffizienten sind unterschiedlich hoch und weisen insgesamt darauf hin, dass die Orientierungen durchaus eine Auswirkung zeigen (oder zumindest mit den verwendeten Kriterienmaßen zusammenhängen). Der Zusammenhang mit den Kriterien ist bei *Consideration* insgesamt höher und auch bei einigen einzelnen Kriterien. Die häufig postulierte und gelegentlich gefundene höhere Verbindung von *Initiating Structure* mit Leistungsmaßen ließ sich nicht bestätigen. Insofern – und da die Untersuchung versäumt, die möglichen Kombinationen der beiden Orientierungen zu einem Führungsstil zu berücksichtigen – könnte geschlussfolgert werden, dass *Consideration* der überlegene Stil ist oder, anders ausgedrückt, Führungskräfte es mit *Initiating Structure* eher übertreiben können. Die zentrale Schwäche hinsichtlich der Aussagefähigkeit der Untersuchung liegt aber darin, dass nicht Führungsstile, die sich aus der jeweiligen Kombination der beiden Orientierungen zusammensetzen untersucht wurden, sondern nur die unmittelbaren Auswirkungen aus den einzelnen Orientierungen. Die Autoren der Untersuchung mussten damit natürlich den Vorgaben des ihnen vorliegenden Materials folgen.

Dass die Zusammenhänge zwischen den Dimensionen *Consideration* und *Initiating Structure* und verschiedenen als abhängig betrachteten Kriterienmaßen (wie Einschätzungen der Leistungsgüte oder -höhe, Fehlzeiten, Fluktuation und dergleichen) sehr uneinheitlich sind, sowohl von Studie zu Studie bei gleichen Erfolgsmaßen, wie auch innerhalb der einzelnen Studien hinsichtlich verschiedener Erfolgsmaße liegt daran, dass

- die methodischen Qualitäten der Ohio-Skalen unzureichend sind (schiefe Antwortverteilung, mangelnde Kontrolle von Antworttendenzen, ungeklärte Konstruktvalidität; s. *Schriesheim & Kerr,* 1977a; *Schettgen,* 1991),
- sehr unterschiedliche Stichproben miteinander verglichen wurden,
- ganz verschiedene Erfolgsmaße benutzt wurden, die noch dazu von Studie zu Studie meist anders operationalisiert/gemessen wurden,
- meist nur *lineare* Korrelationen errechnet wurden, obwohl denkbar ist, dass nichtlineare Zusammenhänge existieren können (z.B. kann ein mittleres Maß an *Initiating Structure* leistungsfördernd sein, während überhaupt keine oder überwältigend hohe Initiative demoralisierend auf die Untergebenen wirkt).

Die Ohio-Studien haben zahlreiche weitere Führungsstilkonzepte inspiriert, von denen einige explizit mit dem Anspruch wissenschaftlich erarbeitet zu sein auftreten. Das Modell von *Blake & Mouton* (1968) soll folgend – da es wohl das bekannteste ist – in diesem Zusammenhang beschrieben und bewertet werden.

Weitere „Entwicklungen" in Richtung Mehrdimensionalität durch Hinzufügen zusätzlicher Dimensionen (z.B. das 4-Faktoren-Modell von *Bowers & Seashore*, 1966, das „Reifegradmodell" von *Reddin,* 1970, das im Kap. 4.1 zu behandeln sein wird, bei dem „Effektivität" als 3. Dimension eingeführt wird, die als Passung zu bestimmten Situationsparametern konzipiert ist, womit das Modell ein Kontingenzmodell wird; und auch das Grid-Modell erhielt in seiner neuesten Version von *Blake & McCanse*, 1995, noch eine dritte Dimension „Motivation") ließen nicht auf sich warten, brachten aber keine zusätzlichen Einsichten.

3.2.2.2 Das Verhaltensgitter von *Blake & Mouton* (1968)

Blake & Mouton (1968) haben das zweidimensionale Grundschema durch Differenzierung der beiden rechtwinkeligen Koordinaten in je neun (statt zwei) Abstufungen optisch abgestuft. Es entsteht so ihr „Verhaltensgitter" (*managerial grid*), das ihnen eine nummerische Kurz-Charakterisierung der wichtigsten Führungsstilvarianten erlaubt. Die beiden Orientierungen *„concern for people"* und *„concern for production"* (in deutschen Fassungen werden diese beiden Dimensionen unterschiedlich übersetzt: Mitarbeiterorientierung, Menschenorientierung, Betonung des Menschen sowie Leistungsorientierung, Sachorientierung, Betonung der Produktion), die ja immer zusammen vorkommen, ermöglichen die Kennzeichnung durch einen zweiwertigen Term: die erste Zahl steht für den Leistungs-, die zweite für den Mitarbeiter-Wert (s. Abb. 3.3).

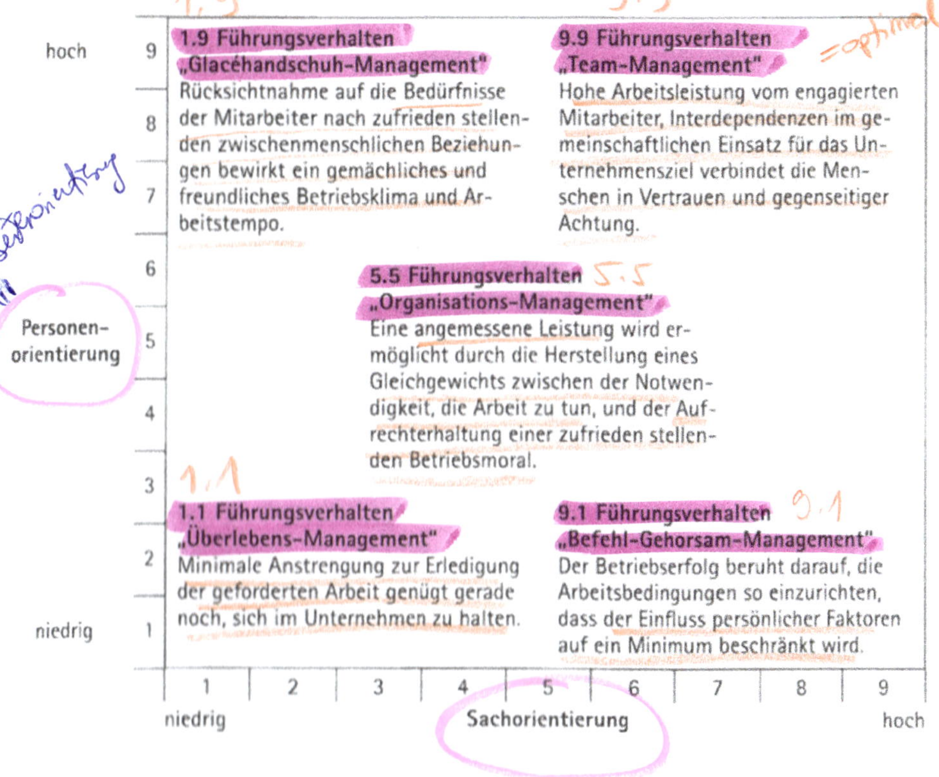

Abb. 3.3: Das Verhaltensgitter von *Blake & Mouton* (1968)

Ein 9,1-Vorgesetzter wäre z.B. eine Führungskraft, die extrem hohen Wert auf Leistung unter starker Vernachlässigung oder gar Missachtung der Mitarbeiterorientierung legt. *Blake & Mouton* legen sich darauf fest, dass es mit dem 9,9-Stil einen optimalen Führungsstil gibt. Kurios mutet dabei die Operationalisierung der beiden Dimensionen an, die keine große methodische Sorgfalt zeigt. *Blake & Mouton* bestimmten ursprünglich die beiden Dimensionswerte durch sechs einfache Items, mit denen sie die Verhaltensmerkmale eines Vorgesetzten abbilden; bei jedem Item sind fünf Antwortmöglichkeiten (für jeden ihrer fünf „Schlüsselführungsstile") vorgegeben. Das Führungsverhalten wird bewertet im Hinblick auf

- Entscheidungen,
- Überzeugungen,
- Behandlung von Konflikten,
- Emotionen (Launen),
- Humor,
- Anstrengung des Vorgesetzten.

Ein Beispiel-Item für die Erfassung der Verhaltensmerkmale eines Vorgesetzten (s. *Blake & Mouton,* 1980):

Element 6: „Anstrengung“:

a) Ich strenge mich nur soweit wie nötig an.

b) Ich führe selten, helfe aber überall.

c) Ich treibe mich und andere.

d) Ich versuche, ein gutes gleichmäßiges Arbeitstempo zu erhalten.

e) Ich strenge mich kräftig an, andere folgen mir.

Jede der fünf Antwortmöglichkeiten von a) – e) steht für einen der Schlüssel-Führungsstile (1,1 – 1,9 – 9,1 – 5,5, – 9,9) in der Abb. 3.4.

In aktuelleren Fassungen des Grid-Modells werden zum Teil andere ‚Elemente der Führung‘ (*Blake & McCanse,* 1995, S. 37 f.) genannt: Konfliktlösung, Initiative, Fragen, Standpunkt, Entscheidung und konstruktive Kritik. Warum sich die ‚Elemente‘ gegenüber der früheren Fassung geändert haben, wird nicht begründet. Letztlich erscheinen sie als nachgereichte und austauschbare Illustrationen für die „Schlüsselführungsstile“. Auch diese werden in den moderneren Fassungen erweitert. Zu den bereits bekannten fünf kommen bei *Blake & McCanse* (1995) zwei weitere hinzu:

- die *patriarchalische* Orientierung (Notation 1,9+9,1)
- die *opportunistische* Orientierung: Hier hat eine Führungskraft nicht *einen* für sie typischen Stil, sondern ist in der Lage – je nach situativen Umständen und KontaktpartnerInnen – zwischen verschiedenen Stilen zu wählen (im Extrem: jeden der sechs anderen Stile zu praktizieren).

Damit ergeben sich nunmehr sieben „Schlüsselführungsstile“ (vgl. Tab. 3.8):

1,1 „Überlebens-Management. Minimale Anstrengung zur Erledigung der geforderten Arbeit genügt gerade noch, sich im Unternehmen zu halten.“

1,9 „Glacéhandschuh-Management. Rücksichtnahme auf die Bedürfnisse der Mitarbeiter nach zufriedenstellenden zwischenmenschlichen Beziehungen bewirkt ein gemächliches und freundliche Betriebsklima und Arbeitstempo.“

9,9 „Team-Management. Hohe Arbeitsleistung vom engagierten Mitarbeiter, Interdependenz im gemeinschaftlichen Einsatz für das Unternehmensziel verbindet die Menschen in Vertrauen und gegenseitiger Achtung.“

5,5 „Organisations-Management. Eine angemessene Leistung wird ermöglicht durch die Herstellung eines Gleichgewichts zwischen der Notwendigkeit, die Arbeit zu tun und der Aufrechterhaltung einer zufriedenstellenden Betriebsmoral.“

9,1 „Befehl-Gehorsam-Management. Der Betriebserfolg beruht darauf, die Arbeitsbedingungen so einzuteilen, dass der Einfluss persönlicher Faktoren auf ein Minimum eingeschränkt wird."
1,9+9,1 Patriarchalische Orientierung: „[Sie] beruht auf einem Tausch von Belohnung und Anerkennung gegen Loyalität und Gehorsam. Wer sich nicht daran hält, wird bestraft."
Opportunistische Orientierung: „[Bei ihr] wird Leistung nach einem Austauschsystem erbracht. Bemühen wird gegen Bemühen aufgewogen. Wichtig ist allein, was dem Einzelnen zum persönlichen Vorteil gereicht."

Tab. 3.8: Führungsstile und Motivationen (zitiert nach *Blake & McCanse,* 1995, S. 51 ff.)

Das Grid-Modell ist ein eingängig gestyltes Designer-Modell, das insbesondere im Trainingsbereich große Resonanz gefunden hat. Es ist eine extrem offene Konzeption, die für diejenigen, die sich darauf festgelegt haben, eine gemeinsame Sprache bietet, mit der eine Verständigung über die betriebliche Wirklichkeit ermöglicht wird und eine konsensuelle Weltsicht geschaffen wird. Das Modell ist von jener unverbindlichen Gefälligkeit, die auf einem Massenmarkt offenbar gut ankommt. Jede Führungskraft kann sich und die anderen im Unternehmen leicht im Schema positionieren, und weiß, wohin die Entwicklung ‚eigentlich' gehen sollte. Situative Kontexte werden explizit nicht berücksichtigt, es kommt bei diesem extrem personalisierenden Modell allein auf die ‚Ressourcen' der Menschen an, die sich und ihresgleichen ändern möchten.

Der Ansatz ist so offen und unbestimmt, dass er nicht widerlegt, aber jederzeit durch Variationen und Erweiterungen scheinbar aktualisiert werden kann, sodass der Eindruck ständiger erfahrungsgestützter Verbesserung entsteht. Die ‚Innovationen' ähneln den Versuchen der Autoindustrie, Modelle am Ende ihres Lebenszyklus durch kosmetische Gimmicks (Spoiler, Chromleisten, phantasievolle Namen etc.) ‚aufzumotzen'. Der Grid-Ansatz ist ideologisch auf den 9,9-Stil festgelegt und bietet im umfangreichen Grid-Organisationsentwicklungs-Programm zahlreiche Module, die dazu eingesetzt werden können, die defizitären anderen Ausprägungen in Richtung auf 9,9 zu überwinden.

3.2.3 Ein derzeit erfolgreiches Führungsstil-Modell: Transformationale Führung im full range of leadership (*Bass*, 1985)

Seit der Gegenüberstellung von „*leadership*" und „*headship*" in der amerikanischen Fachdiskussion der 1960er und 1970er Jahre hat die Unterscheidung zwischen Führung und Management eine stets gegebene, gelegentlich sogar stark hervorgehobene Bedeutung. Zwar werden zuweilen die Begriffe Management und Führung synonym gebraucht, meist aber werden sie in charakteristischer Weise unterschieden: Führung steht dabei in der Regel für eine personale und interaktionale Akzentsetzung (‚Menschenführung'), während Management den strukturellen und institutionellen Aspekt hervorhebt (‚Unternehmensführung') (s. auch *Weibler,* 1996; *Hentze, Graf, Kammel & Lindert,* 2005; *Wunderer,* 2011). Management gilt als ‚Distanzführung', weil es nicht unmittelbar interaktional eingreift, sondern vermittelt über Artefakte lenkt (z.B. Strukturen, Techniken, Institutionen oder Systeme). Es wird verantwortlich gemacht für die Einrichtung und Steuerung solcher Artefakte, wie z.B. einem Planungssystem, einer Projektorganisation, einer Controllingtechnik. Management ist zudem ‚Dingführung', weil ihr Objekt nicht Menschen, sondern Prozesse und Gebilde sind: man *managt* einen Geschäftsprozess oder eine divisionale Organisation, aber man *führt* Menschen oder Gruppen.

Die Kontrastierung sei an zwei Zitaten illustriert:

„Wo sind die Führer" fragte *Davidson* Anfang der 80er Jahre und befürchtet, dass es mit Wirtschaft und Gesellschaft weiter bergab geht, wenn Manager sich nicht wie Führer verhalten. In einer Zeit des Zusammenbruchs alter Wertstrukturen brauche die Gesellschaft einen ‚Stern zu ihrer Orientierung', einen Führer, der die Werte einer ‚ungläubigen Welt' durch neue ersetzt. *Davidson* sieht eine düstere Zukunft auf die Gesellschaft zukommen, wenn sich ‚am Nachthimmel der Werte' in Politik und Wirtschaft keine neuen Sterne abzeichnen (1982, S. 81). In Zeiten der Verunsicherung, so die zentrale Botschaft, wollen Menschen nicht gemanagt, sondern sie wollen geführt werden (*Davidson,* 1982, S. 72).

Der Führer mobilisiert „durch die Konzentration der Aufmerksamkeit auf eine Vision … die emotionalen und geistigen Ressourcen der Organisation, ihre Werte, ihr Engagement und ihren Erwartungshorizont. Der Manager mobilisiert im Gegensatz dazu die physischen Ressourcen der Organisation …" (*Bennis & Nanus,* 1985, S. 90 f.). Manager sorgen dafür, dass die Arbeit produktiv und effizient erfolgt, große Führer dagegen „beflügeln ihre Gefolgschaft oft zu hohen Leistungen", erfüllen sie mit „Stolz und Befriedigung" und entsprechen damit ihrem Bedürfnis nach Wertschätzung der eigenen Person.

Prominente Autoren wie *Zaleznik* (1977), *Kotter* (1990) und *Bennis* (1993) haben eine Fülle weiterer Differenzkriterien beigesteuert, die im Sinne eines sogenannten *New Leadership Approach* (vgl. z.B. *House & Singh*, 1988; *Bryman*, 1992) Führung verherrlichen (vgl. Tab. 3.9):

ManagerInnen	**FührerInnen**
… verwalten	… innovieren
… erhalten	… entwickeln
… imitieren	… kreieren
… sind Kopien	… sind Originale
… akzeptieren den Status Quo	… fordern den Status Quo heraus
… fokussieren sich auf Systeme	… fokussieren sich auf Menschen
… verlassen sich auf Kontrolle	… setzen auf Vertrauen

… sind auf kurzfristige Erfolge aus	… denken langfristig
… fragen nach wie und wann	… fragen nach was und warum
… sind rational und kontrolliert	… sind begeistert und begeisternd
… haben die Bilanz im Auge	… haben die Vision im Herzen
… machen Dinge richtig	… machen die richtigen Dinge

Tab. 3.9: ManagerInnen und FührerInnen – eine Gegenüberstellung

3.2.3.1 Transaktionale und transformationale Führung

Mit den Unterscheidungen *leadership/headship* oder *Führung/Management* entdeckt die Führungsdiskussion eine Differenz neu, die in der Politiktheorie schon eine Jahrhunderte alte Tradition hat.

Ein Beispiel dazu, die *Dux-Rex-Polarisierung*, findet sich im Zusatzdokument 17. Für die Führungsforschung im Wirtschaftskontext wurde insbesondere der Ansatz der transformationalen Führung prominent.

Der amerikanische Politikwissenschaftler und Historiker *Burns* (1978) hat anschließend an Führungsstilmodelle und analog zur Management-Führungs-Differenzierung zwei Typen von Führung unterschieden: transaktionale und transformierende Führung. Transaktionale Führung „… geschieht, wenn eine Person die Initiative ergreift, mit anderen Leuten in Beziehung zu kommen, um einen Austausch wertvoller Dinge zu erzielen. … Jede der Parteien ist sich der Machtressourcen und Einstellungen der anderen bewusst. … Die Vertragspartner haben keinen überdauernden Zweck, der sie zusammenhält. Deshalb können sie getrennte Wege gehen. Ein Führungsakt hat sich ereignet, aber es war keiner, der Führer und Gefolgsleute in der gegenseitigen und fortdauernden Verfolgung eines höheren Zwecks verbindet … Kontrastieren Sie das mit transformierender Führung. Diese Führung erfolgt, wenn eine oder mehr Personen sich so miteinander verbinden, dass Führer und Gefolgsleute einander zu höheren Niveaus von Motivation und Moralität emporheben. Ihre Zwecke … werden fusioniert. Machtgrundlagen werden vernetzt, nicht als Gegengewichte, sondern zur gegenseitigen Unterstützung für den gemeinsamen Zweck. Für diese Art von Führung gibt es verschiedene Bezeichnungen, einige davon sind spöttisch gemeint: erheben, mobilisieren, inspirieren, exaltieren, emporliften, predigen, ermahnen, evangelisieren. … transformierende Führung wird letztlich moralisch, weil sie das Niveau menschlichen Verhaltens und ethischer Ansprüche sowohl des Führers wie der Geführten hebt und so eine transformierende Wirkung auf beide ausübt." (*Burns,* 1978, S. 20).

Burns' Buch hat auf die US-amerikanische Führungsdiskussion eine nachhaltige Wirkung gehabt (vor allem auf die Gruppe um *Bass*, s. u.). Was früher charismatische Führung war, wurde nun transformierend (und bald: transformational) genannt. *Burns* hatte zwar seine Charakterisierung aus der Analyse historischer Führungsfiguren abgeleitet, aber gleichzeitig betont, dass transformierende Führung auch in Alltagsbeziehungen möglich sei, wenn es zu einer gegenseitigen Transformation als Hebung auf ein höheres Bedürfnis- oder Werteniveau komme. Es lag nahe, auch Führung in wirtschaftlichen Unternehmen aus dieser Perspektive zu betrachten und die Bedingungen aufzuklären, unter denen diese Form der Führung zu realisieren ist.

Wenn über transformationale (wie auch über die charismatische) Führung geschrieben wird (siehe z.B. die Texte von *Burns,* 1978; *Bass,* 1985; *Tichy & Devanna,* 1986; *Peters & Austin,* 1986; *Bennis & Nanus,* 1985; *Alimo-Metcalfe & Alban-Metcalfe*, 2001; *Sosik & Jung*, 2010), verklären sich die Blicke auf die Welt und es wird buchstäblich einseitig argumentiert: Nur Aufbauendes, Gutes, Konstruktives, Innovatives wird präsentiert. Dabei beeindruckt die quasi-religiöse Idiomatik und Metaphorik: Zentrale Begriffe sind einmal mehr Vision, Mission, Enthusiasmus, Commitment, Innovation, das Streben nach höchsten Zielen („beyond expectations"!), der Neue Anfang, die verschworene Gemeinschaft, die Identifikation, das Einswerden mit dem Ganzen … Die Transformation ist eine Wiedergeburt im richtigen Geiste, eine Bekehrung, zumindest eine Reformation; es fällt sogar der Begriff „metanoic organization" (im Anschluss an das „Metanoeite!" *Johannes' des Täufers*: „Kehret um, tuet Buße!" – s. *Kiefer & Senge*, 1984). Ungeahnte Energien werden mobilisiert, wenn man an sich und sein Ziel (seine Mission) glaubt, einen Traum hat und diesen Traum lebt, sich im und mit dem Unternehmen zu einem (ewigen) Bund zusammenschließt und miteinander das gemeinsame Ideal verwirklicht. Der Einzelne hat sich dem Ganzen unterzuordnen und dieses wird dargestellt durch den Großen Transformator, der über magnetische Anziehungskraft verfügt und mit seinem Sendungsbewusstsein alle mitreißt und zu neuen Ufern führt. Ein solcher Führer braucht die Herausforderung und bewährt sich in der Krise – oder er produziert diese, um sich in ihr zu bewähren. Hier taucht wieder das schon wiederholt angeführte Grundmotiv auf, dass Einzelne („große Männer") Geschichte machen und dass die Vielen als die ziellose, emotionale Masse anzusehen seien, die – im Doppelsinn des Wortes – überwältigt werden will. Das elitäre herrschaftliche Moment ist nicht zu verkennen, wenn ‚transformationale' Führung propagiert wird. Es geht dabei nicht um nüchternes Geschäftemachen miteinander; vielmehr soll gerade diese Krämergesinnung ausgeschaltet werden.

Die *Burns*'sche Unterscheidung von transaktionaler und transformativer Führung wurde vor allem von *Bass* (1985) in die organisationspsychologische Diskussion eingeführt. Transaktionale Führung basiert auf Verstärkung: Für das, was sie tun oder lassen, haben die Geführten mit positiven oder negativen Konsequenzen zu rechnen, die die Führungskraft vermittelt: Sie kontrolliert sowohl den Weg (kann erleichtern, blockieren), wie die Ziele und Belohnungen (kann sie vorenthalten oder vergeben). *Bass* orientiert sich mit dieser Deutung transaktionaler Führung an der sogenannten Weg-Ziel-Theorie der Führung (s. Kap. 6.1), die dem Modell des rational kalkulierenden *homo oeconomicus* verpflichtet ist.

In dem Modell des *full range of leadership* von *Bass & Avolio* (1990), das in Abb. 3.4 wiedergegeben ist, wird *transaktionale* Führung durch die Variablen ‚Laissez-faire', ‚Management-by-exception' und ‚Bedingte Belohnung' (*contingent reward*) abgedeckt. Laissez-faire wird gezeigt, wenn die MitarbeiterInnen nach Auftragserteilung sehen müssen/dürfen, wie sie zurechtkommen. Die Führungskraft tritt nur auf direkte Aufforderung der MitarbeiterInnen oder zur Entgegennahme des Aufgabenergebnisses in Aktion. *Management-by-exception* steht für ein Führungsprinzip, bei dem sich das Management in das Handeln der Geführten nicht einmischt, so lange alles gut geht. Nur in Ausnahmen (*exceptions*) wird interveniert und gegengesteuert, weil dann die Geführten offenkundig aus eigenen Kräften nicht mehr in der Lage sind, mit den Problemen fertig zu werden. Üblicherweise wird dieses Muster differenziert in einen eher aktive und einen eher passive Form. *Bedingte Belohnung* bezeichnet einen Führungsstil, der dem Tauschhandelsprinzip folgt: für eine bestimmte Leistung des Mitarbeiters bietet die Führungskraft eine definierte faire Gegenleistung (Entgelt, Lob, Aufstieg, Arbeitsbedingungen etc.). Die Stile transaktionaler Führung gewährleisten eine ‚erwartete Anstrengung' , die im Rahmen des Vereinbarten und Gewohnten liegt und eine verlässliche Planungsgrundlage darstellt, weil sie zu einer ‚erwarteten Leistung' führt.

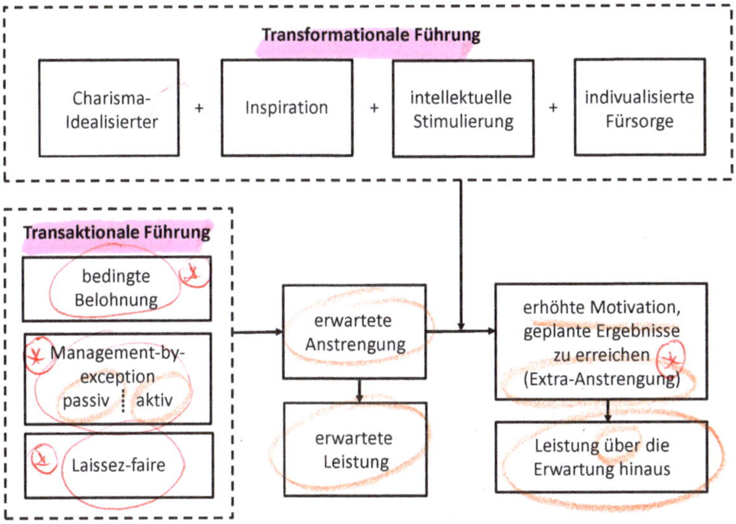

Abb. 3.4: Inhalte und Konsequenzen transaktionaler und transformationaler Führung (aus *Bass & Avolio*, 1990)

Transformationale Führung überwindet diesen Prozess. Sie setzt an beim Normalniveau der ‚erwarteten Anstrengung' an, die zu einer ‚Extra-Anstrengung' erhöht wird, indem mittels vier Techniken interveniert wird, die zusammengenommen transformationale Führung ausmachen (*Bass & Avolio*, 1990, S. 19):

- *Idealisierter Einfluss:* „Geführte identifizieren sich mit diesen FührerInnen und eifern ihnen nach, weil sie ihnen vertrauen und weil diese ihnen eine erreichbare Mission und Vision bieten".

- *Inspirierende Motivierung*: „Sorgt für Symbole und vereinfachte emotionale Appelle, die Bewusstsein und Verständnis für gegenseitig angestrebte Ziele steigern".
- *Intellektuelle Stimulation*: „Wird eingesetzt, um die Geführten zu ermutigen, ihre alten Praktiken in Frage zu stellen oder mit der Vergangenheit zu brechen. Geführte werden unterstützt bei der Infragestellung sowohl ihrer eigenen Werte, Überzeugungen und Erwartungen, wie auch jener der Führerinnen und der Organisation".
- *Individualisierte Fürsorge*: „Geführte werden verschieden, aber gerecht auf 1-zu-1-Basis behandelt. Es werden einerseits ihre Bedürfnisse in Rechnung gestellt und ihre Aussichten verbessert, andererseits kümmert man sich um ihre Möglichkeiten, Ziele effektiv anzugehen und Herausforderungen zu bewältigen".

Bass hat zusammen mit einer Anzahl von MitarbeiterInnen mit dem MLQ (Multifactor Leadership Questionnaire) einen entsprechenden Fragebogen entwickelt und getestet, der auch andere Forscher angesprochen hat (siehe z.B. *Bass*, 1985; *Bass, Avolio & Goodheim*, 1987; *Bass & Avolio*, 1990, 1995; *Howell & Higgins*, 1990; *Seltzer & Bass*, 1990; *Yammarino & Bass*, 1990; *Keller*, 1992; *Yammarino, Spangler & Bass*, 1993; *Lowe, Kroek & Sivasubramaniam*, 1996; *Geyer & Steyrer*, 1998; *Alimo-Metcalfe & Alban-Metcalfe*, 2001; *Felfe & Goihl*, 2002; *Antonakis, Avolio & Sivasubramaniam*, 2003; *Felfe*, 2006b). Dabei wird in den Studien die Faktorenstruktur des MLQ immer wieder bestätigt (was allerdings angesichts des Konstruktionsverfahrens keine Überraschung darstellt). Ähnlich wie in anderen Verfahren zur Erfassung des Führungsstils wurden die Skalen durch sukzessive Item-Elimination und -Ergänzung perfektioniert. Es wird immer wieder berichtet, dass sich zwischen transaktionaler und transformationaler Führung auf verschiedenen Dimensionen wie Zufriedenheit, Einsatzfreude, Leistungskriterien, Innovationsbereitschaft, Kreativität etc. die prognostizierten Unterschiede ergeben (zu den aufgezeigten Korrelationen mit der Gesundheit der Geführten siehe Kap. 7.3). Die Korrelationen transformationaler Führung zu verschiedenen Erfolgskriterien sind zwar stabil aufzufinden, jedoch zeigen metaanalytische Ergebnisse (*Judge & Piccolo*, 2004; *Wang, Oh, Courtright & Colbert*, 2011), dass diese keineswegs so beeindruckend sind, wie von einem allgemein überlegenen Führungsstil erwartet werden könnte bzw., dass die Unterschiede zu den Koeffizienten transaktionaler Führung zumindest denen der ‚Bedingten Belohnung' keineswegs überzeugend sind, betragsmäßig teilweise sogar gegen die transformationale Führung sprechen (vgl. Tab. 3.10).

	transformational	*t*	bedingte Belohnung	MbE aktiv	MbE passiv	Laissez-faire
Arbeitszufriedenheit MA	**.58**	*	**.64**	./.	./.	-.28
Zufriedenheit MA mit FK	**.71**	**	**.55**	.24	-.14	**-.58**
Arbeitsmotivation MA	**.53**	ns	**.59**	.14	-.27	-.07
Arbeitsleistung FK	.27	**	**.45**	.13	.00	-0.1
Abteilungs- bzw. Organisationsleistung	.26	ns	.16	-.09	-.17	./.

Effektivität FK	**.64**	* *	**.55**	.21	-0.19	**-.54**
Korrelation tranformationale Führung			.80	.17	-.20	-.65

Anmerkungen: FK = Führungskraft, MA = MitarbeiterIn; der t-Wert zeigt, ob die gefundenen Koeffizienten für „transformational" vs. „kontingente Belohnung" sich statistisch unterscheiden (ns = nicht signifikant, * = statistisch signifikanter Unterschied ($p < .05$); ** = statistisch signifikanter Unterschied ($p < .01$)

Tab. 3.10: metaanalytische Ergebnisse zur transaktionalen und transformationalen Führung von *Judge & Piccolo* (2004) und *Wang et al.* (2011)

Das Thema wird im Kap. 4 wieder aufzunehmen sein.

3.2.3.2 Transformationale vs. charismatische Führung

Der Ansatz transformationaler Führung klingt tatsächlich eher nach einem „Great Man"-Modell als nach einem Führungsstilmodell. Gerade mit der charismatischen Führung (vgl. Kap. 2.3) lassen sich weitgehende Überlappungen rekonstruieren. So werten z.B. *Judge & Piccolo* (2004) für ihre Metaanalyse Untersuchungen gemeinsam aus, die sowohl unter der Bezeichnung *transformationale* als auch *charismatische* Führung segeln. Beiden Ansätzen ist gemeinsam, dass sie *das Bestehende* radikal verändern oder überwinden möchten. Es werden *hohe Ziele* gesetzt und *hohe Erwartungen* an die Geführten gerichtet. Charismatische Führung und transformationale Führung sind beide buchstäblich ‚herausfordernd', weil sie gewohnte Bahnen verlassen und dem Leben der Geführten einen neuen Sinn geben (wollen), der in einer Vision, einem Ideal oder Endziel beschrieben wird.

> Ein Beispiel gibt die Parabel von den drei mittelalterlichen Steinmetzen, die gefragt werden, was sie tun. Der eine antwortet: ‚Ich behaue Steine', der andere: ‚Ich gestalte einen Eckstein', der dritte: ‚Ich baue eine Kathedrale!' Oder das viel zitierte Motto von *Saint-Exupery*: „Willst du Schiffe bauen, … wecke die Sehnsucht nach dem Meer!"

Häufig wird die Literatur aus beiden Feldern zusammen behandelt (z.B. *Leadership Quarterly*, 1999; *Felfe*, 2006a; *Yukl*, 2010; *Antonakis*, 2012). Von einigen AutorInnen werden die beiden Konzepte synonym gebraucht, andere differenzieren. Diejenigen, die einen Unterschied machen, sehen *charismatische* Führung durch folgende Merkmale charakterisiert:

- sie ist eher auf die Person des oder der *Führenden* konzentriert; *deren* Interessen und Ziele sollen verwirklicht werden;
- es kommt zur Bewunderung, Verklärung und Verehrung (‚Heiligsprechung') des oder der Führenden;
- die Geführten werden für (psychisch) abhängig und unselbständig gehalten;
- in wirtschaftlichen Organisationen kann sich Charisma selten entfalten;

- die *persönliche* Identifikation (die Selbstwertsteigerung durch ‚Einswerden' mit dem Führer oder der Führerin, bzw. mit Hilfe von Verehrung, Nachahmung etc.) ist ein unbewusster psychodynamischer Prozess;
- die Geführten sollen sich am Modell der Führungsperson orientieren und kritiklos ihren Vorgaben folgen.

Fallbeispiel 1: *Symbolische Führung – das Beispiel Reinhold Würth*

Beispielhaft kann hier der Unternehmer *Reinhold Würth* angeführt werden. Über den obersten Repräsentanten und zugleich obersten Verkäufer der Würth-Gruppe gibt es viele Geschichten im und außerhalb des Unternehmens. Laut einer davon müssen die VerkäuferInnen immer damit rechnen, dass *Reinhold Würth* morgens in aller Frühe unangemeldet bei ihnen vor der Tür steht, um sich im Firmenfahrzeug neben sie zu setzen und sie den ganzen Tag zu begleiten. Wann, wo und wie oft er das tut, ist nicht bekannt. Die VerkäuferInnen tun also gut daran, immer gut vorbereitet zu sein und professionell zu agieren. Ob die Geschichte stimmt oder nicht – allein die Legende wirkt. Mit solchen Aktionen kann man den Vertrieb durchaus motivieren. Wenn also der Chef mit weit über 70 Jahren noch verkaufen geht, dann kann ein Verkäufer oder Bezirksleiter um 07:30 Uhr nicht mehr im Bett liegen!

Transformationale Führung dagegen:

- zielt auf die Förderung und Ermächtigung der *Geführten*, damit sie zu Leistungen und Anstrengungen ‚über alle Erwartungen hinaus' fähig und motiviert sind;
- will Anliegen der Gemeinschaft, nicht individuelle Vorhaben realisieren; transformierende Führung ist eine moralische Übung, die den Standard menschlichen Verhaltens hebt;
- findet sich häufiger in Wirtschaftsorganisationen;
- rückt *soziale* Identifikation in den Vordergrund: die Geführten identifizieren sich mit einem Kollektiv (‚ihrer' Organisation, Nation, Kirche, Gruppe etc.). Dafür wird professionelles Symbolisches Management betrieben, indem Symbole, Artefakte, Rituale, Zeremonien, Sprachregelungen, Erfolgs- und Helden-Geschichten, Inszenierungen gezielt eingesetzt werden;
- löst bei den Geführten die Verhaltensweisen eines ‚Organisationsbürgers' (organizational citizenship behavior, s. *Organ*, 1988; *van Dyne, Cummings & McLean Parks*, 1995; *Koch, Kaschube & Fisch*, 2003; vgl. *Nerdinger*, 2004) aus, nämlich Bereitschaft zu spontanen Extraanstrengungen und Mehrarbeit, Übernahme der Verantwortung, erkannte Probleme in eigener Initiative anzupacken und klaglos auch missliche Umstände durchzustehen;

Vgl. Zusatzdokument 18 mit einer Auswahl von zehn typischen Fällen des eigenverantwortlichen Handelns.

- sorgt für eine ‚*Lernende Organisation*' (vgl. Kap. 8.3): Lernen und Veränderungen werden zu Selbstverständlichkeiten gemacht, Fehler als Lernchancen gesehen, kontinuierliche Verbesserungsprozesse installiert;
- etabliert (formalisierte) Systeme, Verfahren, Techniken etc., die aber fortwährend auf den Prüfstand gebracht und neuen Erfordernissen angepasst werden.

Fallbeispiel 2: *Mittelständisches IT-Unternehmen (1)*

Wie dies in die Praxis umgesetzt bzw. trainiert werden kann, zeigt dieses Fallbeispiel auf. Ziel der beschriebenen Vorgehensweise ist es, Führungskräfte generell in ihrer Führungsarbeit und ihrer übergreifenden Zusammenarbeit weiter zu fördern, das Wir-Gefühl zwischen ihnen zu stärken und eine gemeinsame Erfolgsorientierung herzustellen. Die konkreten Zielsetzungen für die sog. „artTeamings" waren z.B.:

- Die Kooperationsbereitschaft zwischen den einzelnen Teams sollte deutlich erhöht werden.
- Die Akzeptanz von vorbereitenden bzw. nachgelagerten Teamergebnissen sollte gesteigert und der entsprechende Abstimmungsvorgang verbessert werden.
- Das Feedback zwischen den Teams sollte professionalisiert und systematisiert werden.

Die Zielerreichung sollte daran gemessen werden, wieweit die Teammitglieder bereit sind, sich gegenseitig über Ergebnisse und Erkenntnisse auszutauschen, sich bei Ressourcen-Engpässen konkret operativ zu unterstützen und insgesamt ein positiveres Arbeitsklima und eine gesteigerte Zufriedenheit der Mitarbeiter erwachsen.

Entlang der Philosophie „Jeder Mensch im Team ist ein Künstler!" zielt „art-Teaming" darauf, den Teammitgliedern ihre persönliche Wirksamkeit für und am Team bewusst zu machen, ihre Gestaltungskräfte zu aktivieren und entsprechend Verantwortung für die persönliche Wirksamkeit zu übernehmen. Damit die soziale Plastik Team wohlgeformt wird.

Es geht also um Person vs. Verhalten, um Eigenschaften der Führungskraft vs. Verhaltensstil der Führungskraft. Insofern, zumal die Vertreter des Ansatzes nicht explizit die unveränderlichen Eigenschaften der transformational wirkenden Führungskraft bemühen, handelt es sich um Verhaltens- und damit Führungsstile (auch wenn sie nicht vom konkreten Handeln der Führungskraft, sondern von ihrer Wirkung auf die Geführten her betrachtet werden). Der Unterschied ist allerdings nur graduell, da „Charisma" als Teil des transformationalen Führungsstils gilt und in der Literatur zu transformationaler Führung (nicht nur darin) der schmale Grat zwischen der Beschreibung von Verhalten und Eigenschaften des Öfteren überschritten wird.

In dem gerade in den USA weit verbreiteten Genre der pragmatischen populärwissenschaftlichen Fachbuchliteratur findet sich eine große Zahl von Veröffentlichungen zu transformationaler Führung, die über mehr oder weniger gut fundierte empirische Studien berichten. Meist ist das Design einfach: Es werden erfolgreiche Führungskräfte identifiziert und dann werden sie (oder Auskunftspersonen, die sie gut kennen) über ihre Erfolgsgeheimnisse befragt. Ihre Haltungen oder Praktiken werden als ‚benchmarks' genutzt, an denen sich alle orientieren können, die ebenfalls bemerkenswerte Resultate erzielen möchten.

Zwei Beispiele dazu finden sich in Zusatzdokument 19.

Zu vergleichbar komprimierten Ergebnissen, die die Grenze zu Kalenderweisheiten oftmals überschreiten, kommen Texte, die aus einer Zusammenschau verschiedener Studien Regeln destillieren, die sie dann zu ‚Erfolgspaketen' zusammenstellen. Dazu ein Beispiel (*Yukl*, 1994):

Yukls Empfehlungen zur transformationalen Führung (1994, S. 368 ff.):

- Entwickle eine klare und begeisternde Vision!
- Entwickle eine Strategie, die Vision zu erreichen!
- Artikuliere und promoviere die Vision!
- Handle selbstbewusst und optimistisch!
- Zeige Vertrauen in die Geführten!
- Nutze frühe Erfolge, um in kleinen Schritten Zuversicht aufzubauen.
- Feiere Erfolge!
- Gebrauche dramatische symbolische Handlungen, um die Kernwerte zu betonen!
- Führe durch Vorbild!
- Schaffe, modifiziere oder eliminiere kulturelle Formen!
- Nutze Übergangsriten, um den Menschen über den Wandel hinwegzuhelfen!

Zusammenfassend ist transformationale Führung im Rahmen des *full range of leadership* ein „moderner Ansatz" in Weiterentwicklung von Ansätzen zur charismatischen Führung. Ein Versuch, den Begriff der Persönlichkeit oder der Eigenschaften zugunsten von Interaktionen, Verhalten und kompetenzähnlichenUmschreibungen zu vermeiden. Dass das Konzept der transaktionalen vs. transformationalen Führung extrem geschmeidig ist, zeigt sich dadurch, dass es nicht nur bei Anhängern von Eigenschaftstheorien und denen der Führungsstilmodelle rezipiert werden kann – es lässt sich darüber hinaus auch als Kontingenzmodell verstehen. Im Kapitel 4.1 wird diese Erweiterung vorgestellt.

3.3. Fazit zu den verhaltensorientierten Ansätzen der Führungsforschung

Es ist wie ausgeführt fraglich, ob Führungsverhalten überhaupt zuverlässig und zutreffend erfasst werden kann. Generell werden für die Auswertung der erhobenen Daten folgende Annahmen gemacht:

[1] Die MitarbeiterInnen (oder bei der Selbstbeobachtung die Führungskraft selbst) beschreiben das reale, objektiv existierende Verhalten ihrer Führungskraft.

[2] Jede Führungskraft hat ein für sie typisches, charakteristisches Verhaltensmuster; somit unterscheiden sich die Vorgesetzten voneinander.

[3] Der verwendete Fragebogen ist in der Lage, die spezifische Eigenart (und damit die Unterschiedlichkeit) des Führungsverhaltens abzubilden.

[4] Andere Bedingungen sind konstant oder zu vernachlässigen.

Treffen diese Annahmen zu, dann leitet sich daraus die Schlussfolgerung ab, dass die Unterschiede der Beschreibungen *zwischen* den Arbeitsgruppen größer sein müssen als die Unterschiede *innerhalb* der Arbeitseinheiten. Diese Schlussfolgerung kann empirisch nicht bestätigt werden. MitarbeiterInnen ein und derselben Führungskraft beschreiben diese sehr unterschiedlich; über dieselbe Führungskraft liegen weit auseinandergehende Auskünfte vor. Ein solcher Befund ist für Praxisverfahren wie die so genannte ‚Beurteilung von unten' oder das ‚360°-Feedback' von prägender Relevanz. Für die klassische Führungsforschung resultieren daraus schwer wiegende Konsequenzen. Es war – wie dargestellt – immer davon ausgegangen worden, dass sich Vorgesetzte auf eine charakteristische Weise verhalten, dass dieses Verhalten mit irgendwelchen organisationalen Ergebnissen (Führungserfolg!) in Verbindung steht, und dass angemessenes bzw. erfolgreiches Verhalten identifiziert und gegebenenfalls trainiert oder gefördert bzw. begünstigt werden könne. Natürlich hat man die unvermeidlichen Unschärfen einzelner Aussagen über Vorgesetzte in Rechnung gestellt und deshalb zum Fehlerausgleich jeweils *mehrere* BeobachterInnen um ihr Urteil gebeten, deren Aussagen *gemittelt* wurden. Nun aber zeigt sich, dass die Durchschnittsbildung ungerechtfertigt und sinnlos ist, weil die zu Grunde liegenden Einzelaussagen kaum übereinstimmen.

Das erinnert an die viel zitierte indische Fabel, bei der ein Fürst mehrere Blinde zu verschiedenen Stellen eines Elefanten führen und sich dann berichten ließ, wie ein Elefant aussehe. Einer fand: „Wie eine Säule", ein anderer: „Wie ein biegsames Rohr", ein dritter: „Wie ein gespitzter Holzpflock", ein weiterer: „Wie ein Stück dickes faltiges Leder"…

Nun haben ja nicht Blinde, sondern Sehende ihre lang bekannten Vorgesetzten beschrieben. Wie kann der unerwartete Befund erklärt werden? In diesem Zusammenhang ist auf Ergebnisse der Forschung zur sozialen Wahrnehmung zu verweisen (z.B. *Fiske & Taylor*, 2013). Eines ihrer gesicherten Ergebnisse ist, dass Beurteilungen und Aussagen über andere Menschen

[1] eine dreidimensionale Struktur haben und in den Dimensionen *Bewertung* (gut – schlecht), *Aktivität* (dynamisch – träge) und *Potenz* (stark – kraftlos) erfolgen. Es ist offenkundig, dass „Consideration" dem Bewertungs- und „Initiating Structure" dem Aktivitätsfaktor entsprechen (der Potenz-/Machtfaktor ist durch die einheitliche Untergebenen-Beziehung im Fragebogen nicht thematisiert);

[2] mehr Aussagen über die *Beurteilenden* als über die Beurteilten sind. Wenn Personen verschiedene andere Menschen beschreiben (lang bekannte ebenso wie vor kurzem kennengelernte), dann hat jede Person eine bestimmte, sie unverwechselbar kennzeichnende Struktur (und Begrifflichkeit), die sie in gleicher Weise auf verschiedene Beurteilte anwendet.

Die meisten Aussagen in Fragebögen zur Beobachtung von Führungsverhalten sind so gehalten, dass sie der subjektiven (Um-)Interpretation breiten Raum lassen. Um nur drei Beispiele aus dem FVVB von *Fittkau-Garthe & Fittkau* (1971) zu geben:

Wenn es heißt „*Er zeigt Anerkennung, wenn einer von uns gute Arbeit leistet*" (Item 2), was bedeutet dann ‚Anerkennung'? Es hängt vom Bezugssystem und den Erfahrungen der MitarbeiterInnen ab, ob sie ein bestätigendes Zunicken, ein ausdrückliches Lob, eine auszeichnende Geste, eine Einkommenssteigerung etc. als ‚Anerkennung' erleben oder würdigen. Und was ein Mitarbeiter für eine ‚gute Leistung' hält, muss nicht auch für seine Vorgesetzte als solche gelten.

„*Er ist freundlich und man hat leicht Zugang zu ihm*" (Item 18): Wer bislang unter einem extrem autoritären Vorgesetzten arbeitete, wird vielleicht ein kurzes Lächeln schon als ‚Freundlichkeit' empfinden, während ein anderer, der durch positive Erfahrungen verwöhnt oder aber grundsätzlich tief misstrauisch ist, sehr viel stärkere Beweise für freundliches Verhalten fordern würde.

„*Er regt seine unterstellten Mitarbeiter zu Selbständigkeit an*" (Item 30). Wie massiv darf eine ‚Anregung' sein, um noch eine Anregung zu sein (im sog. Harzburger Führungsmodell ist eine ‚Anregung' als ein „rückäußerungspflichtiger Tatbestand" definiert: wenn ihr der Mitarbeiter nicht folgt, hat er das zu begründen!). Wie kann ‚Selbständigkeit' von Desinteresse und Hängenlassen abgegrenzt werden? Sind nicht manche MitarbeiterInnen in ihrem Selbständigkeitsstreben unersättlich, andere dagegen ängstlich-unsicher?

Hinzu kommt – worauf bereits *Fleishman* (1973, S. 39 f.) aufmerksam macht – dass bei der Beantwortung und Auswertung von hochstrukturierten Fragebögen der LBDQ- oder FVVB-Art eine dreifache *Mittelwertsbildung* erfolgt:

- Zum einen durch die Zusammenfassung der Einzel-*Aussagen* zu Dimensionswerten. Damit geht die inhaltliche Differenziertheit verloren (wenn z.B. heterogene Verhaltensweisen durch die global-vereinheitlichende Dimension „Initiating-Structure" zugedeckt werden).

- Zum anderen werden die MitarbeiterInnen nicht festgelegt auf einen bestimmten *Zeitraum* oder bestimmte *Situationen*, so dass sich die Antwortenden höchst unterschiedliche Bezugssituationen in Erinnerung rufen können (Erinnerungen, die zudem wohl kaum genau Registriertes unverzerrt wiedergeben, sondern durch Weglassen, Beschönigen, Stimmig-machen etc. gekennzeichnet sind).
- Zum dritten wird die schon problematisierte Vorgehensweise praktiziert, die Aussagen mehrerer *Unterstellter* in einem Durchschnittswert zu nivellieren.

Diese Mittelwertsbildungen über Items, Zeiten/Situationen und MitarbeiterInnen gehen von der Annahme aus, dass es den objektiven, stabilen und einheitlichen Führungsstil tatsächlich gibt. Die Forschung zur Sozialen Wahrnehmung würde dem entgegensetzen, dass ein Mensch seine (soziale) Umwelt nicht abbildet, sondern *in seinem Sinne* – d.h. auf der Basis seiner Gewohnheiten, Erfahrungen und Erwartungen – interpretiert, so dass seine Beschreibung eine Koproduktion aus objektivem Reiz und subjektiver Verarbeitung ist, wobei letztere überwiegt (*Bruner & Postman*, 1951; vgl. *Lilli & Frey*, 1993). Die einzelne Person bringt in die chaotische Welt der Eindrücke Ordnung und Struktur, indem sie Aktionen und Zustände als verursacht, gewollt, nachvollziehbar etc. deutet. Sie begnügt sich nicht mit dem Registrieren von oberflächlichen Indizien wie z.B. Handbewegungen, Lauten, Körperpositionen, Mimikveränderungen, sondern sieht Sinn in sie hinein. Diese aktive Leistung muss auch bei der Vorgesetztenbeschreibung angenommen werden.

> Das (physikalisch) gleiche Verhalten einer Führungskraft bedeutet für verschiedene Mitarbeiter eine je andere Wirklichkeit. Wenn etwa eine Vorgesetzte in einer Gruppenbesprechung sagt: „Ich halte den Vorschlag von X für unausgegoren!“, dann kann der Mitarbeiter X dies als Demütigung erleben, der Mitarbeiter Y (Rivale von X) sieht es triumphierend als eine längst fällige Zurechtweisung, die Mitarbeiterin Z mag es als Retourkutsche auf eine kritische Bemerkung von X gegenüber der Chefin wahrnehmen und W schließlich hält das Ganze für Wortgeplänkel und Zeitvergeudung…

Führungsverhalten ist nicht nur *etwas da draußen*, so dass einem Forscher eine Videokamera genügte, um es aufzuzeichnen. Es ist vor allem *etwas da drinnen* (vom Beobachtenden Wahrgenommenes und Interpretiertes) und ForscherInnen müssen (ähnlich wie Anthropologen in einer fremden Kultur) erst Sprache, Sitten, Riten, Geschichte, Mythologie etc. der Organisation kennen, bevor für sie das beobachtete Verhalten Sinn ergibt. Aber bis zuletzt bleiben ihre Analysen Deutungsleistungen, die ihnen durch Übersetzung in die eigene Welt die Orientierung in einer fremden erlauben.

Da wir ganzheitlich erleben, aber kaum ganzheitlich über unsere Erlebnisse sprechen können, ist es unausweichlich, spezifische Verhaltens-Dimensionen zu differenzieren, wenn man sich miteinander verständigen möchte. Diese Merkmale bleiben aber so lange Bruch-Stücke, als der Bauplan nicht bekannt oder der Ort im Gesamtgebäude nicht ausgemacht ist. Bauplan, Gestalt, Ganzheit sind Ausdrücke, die das Besondere von Führungs*stil* im Unterschied zu Führungs*verhalten* kennzeichnen sollen. Aufzählungen oder Aneinanderreihungen von Merkmalen erlauben zwar für analytische Zwecke die Gegenüberstellung von Profillinien, aber Muster, Figur, Gestalt eines Führungs*stils* werden daraus nicht erkennbar. Vielleicht hat damit die Popularität und Attraktivität der eingängigen Polarisierung zwischen ‚autoritärer' und ‚demokratischer' (bzw. ‚kooperativer') Führung zu tun. Sie bringt einen ideologiehaltigen zentralen Sachverhalt auf einprägsame Weise zur Geltung: Alleinherrschaft vs. Mitbeteiligung. ‚Stilbildend' wurde vielmehr die erörterte Zweidimensionalität, die mit den Konzepten ‚Mitarbeiter- bzw. Beziehungsorientierung' (Consideration) und ‚Leistungs- bzw. Aufgabenorientierung' (Initiating Structure) arbeitet.

Aktueller und wohl auch in Wortwahl und Verve noch schmissiger ist die transformationale Führung der echten *Leader*, die charismatisches Verhalten umfasst, im Gegensatz zu der als zwar möglicherweise soliden, aber unpersönlich, unkreativ und uninspiriert geltenden transaktionalen Führung von *ManagerInnen*. Natürlich konnte es nicht ausbleiben, dass beide Konzepte auch zu einem einzigen „einsichtigen und aussichtsreichen" Modell kombiniert wurden (*Steyrer & Meyer*, 2010). Wie auch immer die Führungsstile benannt und differenziert werden, für PragmatikerInnen ist vor allem interessant, mit welchen *Konsequenzen* zu rechnen ist, wenn eine bestimmte Kombination von Verhaltensweisen praktiziert wird.

Als Resümee ist festzuhalten, dass keine methodisch gesicherten Aussagen zur generellen Überlegenheit eines bestimmten Führungsstils hinsichtlich der Erfolgswirksamkeit gemacht werden können. Inzwischen gilt es als unstrittig, dass global generalisierende Behauptungen („Kooperative Führung ist überlegen!") leer sind und darum weder bestätigt noch verworfen werden können. Infolgedessen hat man sich verstärkt der Forschungsstrategie des ‚Es-kommt-darauf-an' zugewandt; dabei wurden vor allem jene Einflussgrößen fokussiert, welche die Beziehung zwischen Führung und Erfolg wahrscheinlich vermitteln (moderieren). Eine extrem große Zahl solch *intervenierender Variablen* kommt in Frage, z.B. die Art der Aufgabe (bekannt? schwierig? strukturiert?), die Qualifikationen der MitarbeiterInnen, ihre Einstellungen oder Erwartungen zu bestimmten Führungsstilen, die Größe der Arbeitsgruppe bzw. Organisation, die affektiven Beziehungen zwischen Untergebenen und Vorgesetzten, die Abhängigkeit der Untergebenen von ihren Vorgesetzten etc. (s. *Müller & Hill*, 1977). Naheliegender Weise war der nächste Schritt in der Führungsforschung, dieses relativistische ‚Es-kommt-darauf-an' besser zu fassen und mit den bisherigen Ergebnissen (Modellen, Theorien über und Methoden zur Erfassung von) Führungsstilen zu verbinden.

4. Kontingenzansatz der Führung

Weder die Untersuchung von Eigenschaften der Führenden noch deren Verhaltens- oder genauer Führungsstile brachte wirklich zufriedenstellende Ergebnisse zur Erklärung, Prognose und Förderung von Führungserfolg. Vor allem in der Führungsstilforschung wurde der Einfluss situativer Faktoren als so stark anerkannt – der zwar bereits von Anfang an erkannt, wenn auch in den Implikationen nicht erfasst wurde – dass die These von der situationsunabhängigen Überlegenheit eines Führungsstils nicht aufrechtzuerhalten war: Der als erfolgreichster Führungsstil angesehene konnte sich unter gewissen Bedingungen auch als unterlegen herausstellen. Von dieser Bilanz aus wandte sich die Führungsforschung auf der Basis des erfolgversprechenden Anfangs mit den Führungsstilen denjenigen situativen Faktoren zu, die auf den Erfolg verschiedener Führungsstile moderierend wirken. Das ist ein Verfahren, das nicht nur in der traditionellen Führungsforschung angewandt wurde, sondern z.B. auch angesichts des neueren Modells transformationaler Führung bei einer sich der Theorie nicht unterwerfenden Praxis Abhilfe verspricht.

Das Bewusstsein, dass es nicht ausreichen wird, einzelne Situationsfaktoren einzubeziehen und unmöglich (und aus Gründen der Sparsamkeit theoretischer Modellierungen auch unerwünscht) ist, alle Situationsfaktoren in ihrer moderierenden Wirkung sowie ihren Wechselwirkungen untereinander zu erfassen, führt für diese Modellgruppe zu der Bezeichnung „Kontingenzansatz", d.h. bei Vorliegen bestimmter Situationsparameter solle ein bestimmter Führungsstil anderen vorgezogen werden, um die Erfolgswahrscheinlichkeit des Führungsverhaltens möglichst zu erhöhen – die letzte Gewissheit aber, dass die Wahl dann wirklich zum besten Ergebnis führt, ist damit nicht gegeben. Der Führungsstil ist also dem Führungserfolg in einer vorliegenden Situation *kontingent* in dem Sinne, dass eine starke Verbindung des einen mit dem anderen vorliegt (oder zumindest angenommen wird). Der Ansatz wird, da er die Situation als prominenten Faktor mit einbezieht, auch als *Situativer Ansatz* bezeichnet.

4.1 Kontingenzmodelle der Führung

4.1.1 *Fiedler* (1967): Kontingenztheorie der Führungseffektivität

Im Unterschied zu den beschriebenen Modellen der Führungsstilforschung, die zwar ausgefeilte, aber empirisch meist nicht überprüfte Analyseraster anbieten, hat *Fiedlers* (1967) Entwurf den Anspruch, als erster eine *falsifizierbare* Führungstheorie zu sein, weil er (wie sich zeigen wird: scheinbar) exakte Messmethoden für die zentralen Variablen vorgegeben hat.

Fiedler war vor seiner Auswanderung in die USA in Wien Therapeut gewesen und hatte sich unter anderem für soziale Wahrnehmung interessiert. Er war davon ausgegangen, dass PsychotherapeutInnen, die sich in ihre KlientInnen einfühlen können und sich ihnen nah fühlen, bessere Therapieerfolge haben. Diese Erwartung bestätigte sich zwar nicht, aber nach seiner Wende zur Sozial- und Managementpsychologie übertrug er diese Überlegungen auf Führende-Geführte-Beziehungen.

Ausgangspunkt ist seine sehr eigenwillige Definition von Führungsstil: Anders als andere AutorInnen versteht *Fiedler* darunter nicht ein bestimmtes Muster zeit- und situationsstabiler *Verhaltensweisen*, sondern einen persönlichkeitstypischen *Wahrnehmungsstil* des/der Führenden. Er operationalisierte dieses Konzept mit Hilfe zweier Polaritätenprofile bei den Führungskräften: im einen sollten sie den am *meisten*, im anderen den am *wenigsten* geschätzten Mitarbeiter beschreiben. Je deutlicher sich diese beiden Profile voneinander unterscheiden, desto größer ist – so die Annahme – die Fähigkeit der Führungskraft, unterschiedliche Maßstäbe anzulegen und deutlich zu differenzieren. Weil jedoch die beiden Profile hoch korrelierten, entschloss sich *Fiedler*, nur noch mit einem, dem *LPC*-Profil, zu arbeiten, das sich auf den Mitarbeiter bezieht, mit dem die Führungskraft bisher am schlechtesten zusammenarbeiten konnte, den *least preferred coworker*. Wer den *LPC* durchgängig mit den negativsten Charakteristika belegt, urteilt enger und radikaler als jemand, der auch beim schlechtesten Mitarbeiter noch gute Seiten sieht (über ihn zum Teil auch positive Urteile abgibt).

Ausschnitt aus der *LPC*-Skala von *Fiedler* (1967). Sie umfasst im Original 18 Polaritäten:

angenehm	8	7	6	5	4	3	2	1	unangenehm
freundlich	8	7	6	5	4	3	2	1	unfreundlich
gespannt	8	7	6	5	4	3	2	1	entspannt
kalt	8	7	6	5	4	3	2	1	warm
unaufrichtig	8	7	6	5	4	3	2	1	aufrichtig

Die 18 Einzeleinstufungen (Polaritäten) werden zu einem Mittelwert verrechnet; dieser Wert ist der (eindimensional konzipierte) Führungsstil: Wenn Vorgesetzte ihren *least preferred coworker* durchgängig abwerten, erreichen sie einen niedrigen *LPC*-Wert. Sie gelten als ‚aufgabenorientiert', weil sie sich in ihrer Beurteilung nicht durch Sympathie, Einfühlung, Mitleid und dergleichen (ab-)lenken lassen. Finden sie aber noch einige positive Seiten am *LPC*, ist ihr Führungsstil-Wert höher und sie werden als ‚beziehungsorientierte' Vorgesetzte eingestuft.

Fiedler geht davon aus, dass der ‚Führungsstil' eine stabile Persönlichkeitskonstante ist. Er hält deshalb nichts von Personalentwicklungsmaßnahmen, sondern schlägt stattdessen ‚situational engineering' vor: Man muss die Situation dem Führungsstil anpassen oder Führungskräfte in die für sie optimalen Situationen bringen, in denen sie die besten Ergebnisse erzielen. Damit ist das zweite Charakteristikum des *fiedlerschen* Ansatzes eingeführt: Er war der erste, der eine prüfbare *situative* Führungstheorie entwickelte, weil er nämlich die Effekte verschiedener Führungsstile abhängig (kontingent) von drei situativen Bedingungen machte, nämlich den *FührerIn-MitarbeiterIn-Beziehungen* ebenfalls in einem von der Führungskraft(!) ausgefüllten Polaritätenprofil ermittelt, der *Aufgabenstruktur* (anfangs durch Experten-Rating bestimmt) und schließlich der *Positionsmacht* (die mittels einer von dem/der Vorgesetzten ausgefüllten Prüfliste erfasst wurde). Dichotomisiert man die Werte dieser drei Situations-Faktoren, erhält man $2^3 = 8$ mögliche Situations-Konstellationen (‚Oktanten'), die *Fiedler* auf einem „Kontinuum der situativen Günstigkeit" anordnet (wobei das Gewicht der drei Faktoren in der oben angegebenen Reihenfolge abnimmt), das sich folgendermaßen darstellt (s. Tab. 4.1):

1. FührerIn-MitarbeiterIn-Beziehungen	+	+	+	+	–	–	–	–
2. Aufgabenstruktur	+	+	–	–	+	+	–	–
3. Positionsmacht	+	–	+	–	+	–	+	–
situative Günstigkeit	I	II	III	IV	V	VI	VII	VIII
	sehr günstig				mittelmäßig			sehr schlecht

Tab. 4.1: Das Kontinuum der situativen Günstigkeit nach *Fiedler* (1967)

In seiner „speziellen Kontingenzhypothese", die *Fiedler* aus der Analyse einer größeren Zahl empirischer Untersuchungen ableitete, behauptet er, dass die *Korrelation*(!) zwischen Führungsstil (*LPC*-Wert) und Effektivität mit der situativen Günstigkeit systematisch variiere: In mäßig günstigen Situationen würden Vorgesetzte mit hohem *LPC*-Wert, also beziehungsorientierte Führungskräfte, in sehr günstigen und sehr ungünstigen Situationen dagegen Vorgesetzte mit niedrigem *LPC*-Wert, also aufgabenorientierte Führungskräfte erfolgreicher sein. Als Erfolg hat er dabei (ausschließlich) ‚Aufgabeneffektivität' definiert. In den von ihm untersuchten Stichproben konnten deshalb so unterschiedliche Kriterien wie Treffergenauigkeit von Bomber- oder Panzerbesatzungen, Umsätze von Supermarktleitern, Tabellenränge von Basketball-Teams, Messgenauigkeit von Landvermesser-Gruppen, Anstichrate von Hochofen-Mannschaften etc. benutzt werden.

Auf der Basis der Theorieformulierung, -revision und empirischen Überprüfungen lassen sich vier Kurvenverläufe der Kontingenztheorie unterscheiden (s. Abb. 4.1):

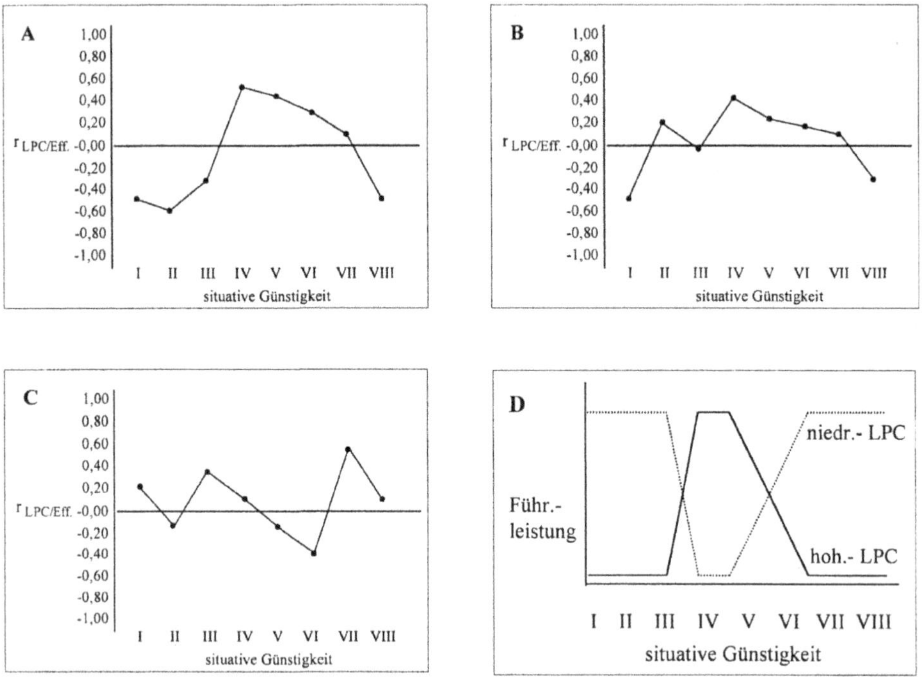

Abb. 4.1: Ergebniskurven zu *Fiedlers* (1967) Kontingenztheorie

Die erste Fassung (A) beruht auf den Daten, die *Fiedler* zur Formulierung der Theorie inspirierten; sie ist die ‚klassische' Form der Kontingenztheorie. Die zweite Form (B) ist rekonstruiert aus den Ergebnissen, die *Fiedler* und seine MitarbeiterInnen in Untersuchungen gefunden hatten, die *nach* der Erstfassung der Theorie durchgeführt wurden (konfirmatorische Befunde). Die dritte Form (C) ergibt sich aus den Studien, die von KritikerInnen des *Fiedler-Ansatzes* durchgeführt worden waren und die vierte Fassung (D) ist jenes geglättete und symmetrisierte Modell, das *Fiedler, Chemers & Mahar* (1979) im Rahmen der Vermarktung ihres Ansatzes präsentiert haben. Es ist auf einen Blick erkennbar, dass die Kurvenzüge in den Darstellungen wenig Ähnlichkeit miteinander haben – ganz abgesehen von der strategischen Umstellung in D, bei der in der Ordinate die *Korrelation* LPC-Effizienz durch Effizienz allein ersetzt wurde.

Sofern die Autoren der Studien nicht der *Fiedler*-Schule angehörten, haben Untersuchungen ‚spezielle Kontingenzhypothese' im Regelfall nicht bestätigt. Normalerweise würde man daraus schließen, dass das Modell in seiner ursprünglichen Form falsifiziert ist. *Fiedler* weigert sich, diese Konsequenz zu ziehen und liefert ein Lehrstück für die wissenschaftstheoretische These, dass eine Theorie empirisch grundsätzlich nicht widerlegt werden kann. AutorInnen, die mit *Fiedler* zusammenarbeiteten, fanden immer einen Weg, ihre Ergebnisse als theoriekonform auszulegen (s. die Überblicksartikel von *Graen, Alvares, Orris & Martella,* 1970; *Ashour,* 1973a,b; *Sarges,* 1974; *Schriesheim & Kerr,* 1977b). Später hat *Fiedler* seine Theorie marktgängiger formuliert (s. *Fiedler, Chemers & Mahar,* 1979; *Fiedler & Mai-Dalton,* 1995) und zum Teil geänderte Messverfahren vorgeschlagen, aber am Rationale der Theorie hat sich nichts geändert. Das einzige, was mehrfach Revisionen unterzogen wurde, war die inhaltliche Deutung dessen, was der *LPC*-Wert eigentlich misst. Hier hat *Fiedler* hohe Kreativität gezeigt oder, etwas weniger freundlich gesagt, alle paar Jahre eine andere Interpretation angeboten. Der *LPC*-Wert war z.B. Ausdruck von Führungsstil, eine Persönlichkeitseigenschaft, Indikator der motivationalen Hierarchie etc.

Fiedler beschuldigt die AutorInnen, die seine Theorie nicht bestätigen, sie hätten falsche Messinstrumente benutzt oder die Ergebnisse nicht richtig interpretiert, unzulässige Gruppenbildungen vorgenommen, Signifikanzniveaus zu eng oder zu weit interpretiert, ungeeignete Kriterienmaße erhoben, die ‚situative Günstigkeit' nicht theoriekonform kategorisiert etc. Bei bestätigenden Studien erweist er sich in all diesen Punkten jedoch als außerordentlich kulant. Auch in der Bilanz, die er fast drei Jahrzehnte nach Vorstellung der Theorie (*Fiedler & Mai-Dalton*, 1995) vorlegt, werden kritische Studien nicht zitiert.

Resümierend lässt sich festhalten, dass *Fiedlers* Ausgangspunkt mit der *LPC*-Skala ein „Maß auf der Suche nach Bedeutung" (so ein Kritiker-Urteil) war. Es ist ihm gelungen, die für die Forschung sehr fruchtbare Verbindung von Führungsstil und konkreten situativen Faktoren herzustellen. Die Ergebnisse, die er mit seinem *LPC* erhielt, hat er zur ‚Theorie' generalisiert. Für seine rein empirisch begründeten Verallgemeinerungen hat er wechselnde Erklärungen angeboten, so dass er sich allen möglichen Befunden anpassen konnte. Er hat mit seiner Kontingenztheorie viele empirische und methodologische Arbeiten angeregt, war aber nicht bereit, die differenzierte Kritik an Messverfahren und Theorie für Revisionen seines Ansatzes zu nutzen (vgl. *Wegge & von Rosenstiel*, 2004; *Northouse*, 2010, S. 115 ff.). Die Mehrzahl der Mitglieder der *Scientific Community* konnte er nicht für seine Auffassung gewinnen. Seine Arbeit ist ein gutes Beispiel dafür, dass Theorien erst grundlegend geändert oder aufgegeben werden, wenn ihr Begründer gestorben ist. Er ist ein exemplarischer Fall für die Exhaustionsstrategie: Durch immer neue Zusatzannahmen wird eine radikale Neukonzeption eines Ansatzes umgangen. Der Theorie-Kern wird verteidigt, in den Randzonen werden stützende Rettungsoperationen durchgeführt.

Über seine Motive für die Unbelehrbarkeit kann man nur spekulieren: Vaterstolz (Überidentifikation mit seinem ‚Baby'), Angst des Schulengründers, seine JüngerInnen zu enttäuschen, Zynismus („right or wrong, my theory!"), Sendungsbewusstsein und Dogmatismus (Festhalten an der rechten/reinen Lehre), ökonomische Interessen (in das Markenprodukt ist so viel Arbeit investiert worden, dass jegliche Kritik geschäftsschädigend ist und vehement zurückgewiesen werden muss). Was auch immer der Fall ist: Wer an der Krankheit der Wissenschaftsgläubigkeit leidet, kann durch das Studium der *fiedler*schen Manöver geheilt werden.

4.1.2 *Vroom & Yetton* (1973): Normatives Führungsmodell

Auch *Vroom & Yetton* (1973) gehen davon aus, dass es den einen optimalen Führungsstil nicht gibt, der unter allen Bedingungen Erfolg verspricht. Es hängt vielmehr von der spezifischen Konstellation situativer Voraussetzungen ab, welcher am effizientesten ist. Ausgangspunkt ist die Annahme, dass eine Führungskraft für ihr Vorgehen Wahlmöglichkeiten hat. Ihr stehen fünf mögliche Führungsstile (genauer: Entscheidungsstile) zur Verfügung, die sich voneinander durch den Grad der Beteiligung der Unterstellten unterscheiden: von der autoritären Alleinentscheidung (AI) bis zur Übertragung der Problemlösung auf die Gruppe, deren Entscheidung der Vorgesetzte akzeptiert (GII) (s. folgender Kasten). Damit wird deutlich, dass die abhängige Variable des Modells in der Tradition der eindimensionalen Führungsstil-Auffassungen konzipiert ist.

Die fünf Entscheidungsstile mit Modell von *Vroom & Yetton* (nach *Jago*, 1995). A steht jeweils für ‚autoritär', B für ‚beratend' und G für ‚gruppenorientiert'. I bezeichnet die Bezugnahme auf *eine* Person, II auf ein *Kollektiv*.

AI Sie lösen das Problem selbst und treffen die Entscheidung alleine. Grundlagen für Ihre Entscheidung bilden dabei die im Moment verfügbaren Informationen.

AII Sie verschaffen sich die für die Entscheidung Ihrer Ansicht nach notwendigen Informationen von Ihren Mitarbeitern; dann entscheiden Sie selbst, wie das Problem zu lösen ist. Die Rolle, die Ihre Mitarbeiter bei der Entscheidungsfindung spielen, besteht eindeutig nur in der Beschaffung spezieller Informationen, die Sie für Ihre Entscheidung brauchen; Ihre Mitarbeiter haben weniger die Aufgabe, Lösungen abzuschätzen oder gar anzuregen.

BI Sie besprechen das Problem mit einzelnen Mitarbeitern, ohne sie als Gruppe zusammenzubringen. Sie holen deren Ideen und Vorschläge ein und treffen dann selbst die Entscheidung. Diese Entscheidung kann die Vorschläge oder Ideen Ihrer Mitarbeiter berücksichtigen, muss aber nicht.

BII Sie diskutieren das Problem mit Ihren Mitarbeitern in einer Gruppenbesprechung. In dieser Gruppenbesprechung holen Sie deren Ideen und Vorschläge ein, entscheiden aber selbst über die Lösung des Problems. Diese Entscheidung kann die Vorschläge oder Ideen Ihrer Mitarbeiter berücksichtigen, muss aber nicht.

GII Sie diskutieren das Problem zusammen mit Ihren Mitarbeitern als Gruppe. Alle zusammen entwickeln Alternativen, wägen sie ab und versuchen, Übereinstimmung (Konsens) für eine Lösung zu finden. – Ihre Rolle entspricht mehr der eines Vorsitzenden, der die Diskussion koordiniert, auf das Problem zurückführt und sicherstellt, dass die kritischen Punkte tatsächlich diskutiert werden. Sie können und sollen Ihre Informationen und Ideen in die Gruppe einbringen, versuchen jedoch nicht, der Gruppe Ihre Lösung ‚aufzuzwingen'. Sie sind bereit, jede Entscheidung zu übernehmen und zu verantworten, die von der gesamten Mitgliedergruppe gewünscht und unterstützt wird" (*Jago*, 1995, S. 1061).

Vroom & Yetton halten für die Auswahl des angemessenen (Entscheidungs-)Stils sieben Situationsaspekte für relevant. Sie sind unterhalb des Entscheidungsbaums der Abb. 4.2 aufgeführt. Aus diesen Situationsaspekten geht hervor, dass die Autoren organisatorische, technische und aufgabenbezogene Bedingungen, übersetzt in die Sicht der Führungskraft bzw. ihrer Unterstellten berücksichtigen.

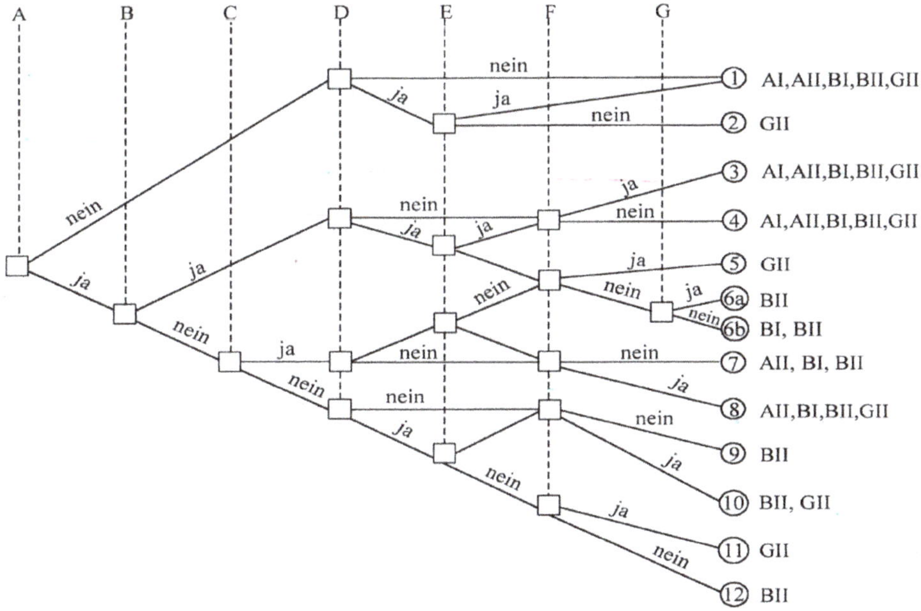

Die sieben Problemmerkmale sind:

A Gibt es ein Qualitätserfordernis: Ist vermutlich eine Lösung sachlich besser als eine andere?
B Habe ich genügend Informationen, um eine qualitativ hochwertige Entscheidung selbst treffen zu können?
C Ist das Problem strukturiert?
D Ist die Akzeptanz der Entscheidung durch die Mitarbeiter für effektive Ausführung wichtig?
E Wenn ich die Entscheidung selbst treffe, würde sie dann von den Mitarbeitern akzeptiert werden?
F Teilen die Mitarbeiter die Organisationsziele (Betriebsziele), die durch eine Lösung dieses Problems erreicht werden sollen?
G Wird es zwischen den Mitarbeitern vermutlich zu Konflikten kommen, welche Lösung zu bevorzugen ist?

Abb. 4.2: Das Entscheidungsmodell von *Vroom & Yetton* in der Version von *Jago* (1995)

Zu der Auswahl der Entscheidungs-Bedingungen sind *Vroom & Yetton* durch die Auswertung der vorliegenden empirischen Literatur gekommen, wobei sie vor allem sozialpsychologische Studien herangezogen haben. Bei sieben Situationsaspekten, die jeweils ‚vorhanden' oder ‚nicht vorhanden' sein können, gibt es theoretisch 2^7 (= 128)

Konstellationen. In der hier dargestellten Fassung des Modells von *Jago* (1995, S. 1066) werden 13 „praktisch bedeutsame“ Problemtypen berücksichtigt. Die zentrale Forschungsfrage besteht für die Verfasser darin, für diese Problemtypen oder Führungssituationen die beste Vorgehensweise zu finden, d.h. festzulegen, unter welchen Bedingungen welcher Stil optimal ist.

Zu diesem Zweck haben sie sieben Entscheidungsregeln formuliert, die auf Plausibilitätsüberlegungen beruhen:

[1] *Informationsregel:* Wenn die Entscheidungsqualität wichtig ist, der/die Vorgesetzte selbst aber nicht alle Informationen hat, ist AI auszuscheiden.

[2] *Zielübereinstimmungs-Regel:* Wenn die Entscheidungsqualität wichtig ist, die MitarbeiterInnen aber die Organisationsziele nicht teilen, ist GII auszuschließen.

[3] *Regel für unstrukturierte Probleme*: Wenn bei notwendiger Entscheidungsqualität dem/der Vorgesetzten wichtige Informationen fehlen, dann muss sie/er diese auf eine ökonomische Weise von den Unterstellten einholen; deshalb entfallen neben AI auch die aufwändigen, weil an Einzel-Gespräche gebundenen Stile AII und BI.

[4] *Akzeptanzregel:* Wenn die Akzeptanz der Entscheidung durch die Mitarbeiter wichtig ist und diese eine autokratische Entscheidung vermutlich nicht akzeptieren werden, fallen logischerweise AI und AII aus.

[5] *Konfliktregel:* Wenn Akzeptanz der Entscheidung wichtig ist und die Unterstellten eine Alleinentscheidung nicht akzeptieren würden, gleichzeitig aber über die beste Lösung uneins sind (Situationsbedingung G), muss ihnen die Möglichkeit gegeben werden, gemeinsam über das beste Vorgehen zu diskutieren, so dass AI, AII und BI nicht in Frage kommen.

[6] *Fairness-Regel:* Wenn Entscheidungsqualität unwichtig, aber gleichzeitig die Akzeptanz wichtig ist und Alleinentscheidungen abgelehnt würden, sollen die Unterstellten die Sache selbst in die Hand nehmen: GII.

[7] *Akzeptanz-Vorrang-Regel:* Wenn die MitarbeiterInnen die Organisationsziele teilen und die Akzeptanz wichtig, aber bei einer Alleinentscheidung nicht wahrscheinlich ist, dann müssen AI, AII, BI und BII außer Betracht bleiben.

Wenn man die 13 Problemtypen anhand der eben skizzierten Entscheidungsregeln analysiert, dann ergibt sich (siehe die zweite Spalte der folgenden Tab. 4.2), dass für sieben der 13 Problemtypen mehr als eine Entscheidungsmethode zulässig ist, weil sich das Basismodell nur an der *Entscheidungsqualität* orientiert.

Problem-Typ	zulässige Entscheidungsmethoden	Modell A	Modell P
1	AI, AII, BI, BII, GII	AI	GII
2	GII	GII	GII
3	AI, AII, BI, BII, GII	AI	GII
4	AI, AII, BI, BII	AI	BII
5	GII	GII	GII

6a	BII	BII	BII
6b	BI, BII	BI	BII
7	AI, BI, BII	AI	BII
8	All, BI, BII, GII	All	GII
9	BII	BII	BII
10	BII, GII	BII	GII
11	GII	GII	GII
12	BII	BII	BII

Tab. 4.2: Die 13 „praktisch bedeutsamen" Problemtypen und zulässige Entscheidungsmethode im Modell von *Vroom & Yetton* (nach *Jago*, 1995)

Will man unter der Menge zulässiger Strategien weiter auswählen, schlagen die Autoren ein ‚Modell A' und ein ‚Modell P' vor. Bei Modell A wird immer die schnellste Methode (geringster Zeitaufwand) empfohlen. *Jago* (1995, S. 1064) formuliert: „Da der Manager darauf bedacht ist, Zeit zu sparen, steht eine achte Entscheidungsregel zur Verfügung: ‚Wähle von den möglichen Entscheidungsprozessen den autokratischen.' " Bei Modell P wird immer die partizipativste Strategie, die größte Akzeptanz verspricht, angeraten. Die Ergebnisse sind in den rechten Randspalten von Tab. 4.2 festgehalten.

An einem Fallbeispiel der Autoren lässt sich das Vorgehen illustrieren (*Vroom & Yetton*, 1973):

Sie sind Vorgesetzter einer Gruppe von 12 Technikern. Deren Ausbildung und Arbeitserfahrung sind sehr ähnlich, so dass Sie sie bei Projekten untereinander austauschen können. Gestern hat Sie Ihr Vorgesetzter darüber informiert, dass von einer überseeischen Tochter eine Personalanforderung für vier Techniker gestellt wurde, die für eine Periode von sechs bis acht Monaten benötigt würden. Aus einer Reihe von Gründen meinte er, und Sie stimmten zu, dass diese Anforderung von Ihrer Gruppe erfüllt werden sollte. Alle Ihre Techniker sind in der Lage, die Aufgabe zu erfüllen und angesichts bestehender und künftiger Vorhaben gibt es keinen besonderen Grund, warum irgendeiner von ihnen nicht abgestellt werden sollte. Das Problem wird dadurch etwas kompliziert, dass der überseeische Standort in der Firma als wenig attraktiv gilt.

Analyse auf der Basis der Leitfragen (s. den Entscheidungsbaum in Abb. 4.2):

A (Qualität): nein

D (Akzeptanz): ja

E (Akzeptierung bei Alleinentscheidung): nein

Das ergibt: *Problemtyp* 2

Zulässige Entscheidungsmethode(n): GII

Methode mit dem geringsten Zeitaufwand: GII

Regelverletzungen durch die anderen Entscheidungsmethoden:

AI und AII verletzen Regeln 4, 5, 6; BI verletzt Regeln 5, 6, BII verletzt Regel 6.

Jago (1995, S. 1069) berichtet über eine eigene Studie, in der Daten von 2.631 ManagerInnen erhoben wurden, die derartige Fall-Skizzen bearbeitet haben. Spontan – ohne vorausgegangene Schulungen – wählten die (amerikanischen) Führungskräfte am häufigsten BII (29%), gefolgt von AI (24%), BI (18%), GII (16%) und AII (13%). Ihr Verhalten entsprach den Vorgaben des Modells von *Vroom & Yetton* in 70% aller Fälle.

Das Modell von *Vroom & Yetton* ist normativ, d.h. es schreibt vor, wie zu verfahren ist, wenn man ein bestimmtes Ziel (nämlich das Ziel der Organisation) am schnellsten oder reibungslosesten erreichen will. Das Erfolgskriterium selbst wird inhaltlich nicht näher differenziert, eigene Ziele von Vorgesetzten oder MitarbeiterInnen werden jedenfalls nicht in Rechnung gestellt. Es werden lediglich drei formale Aspekte genannt: Qualität, Zeiteffizienz und Akzeptanz.

Die meisten vorliegenden Untersuchungen sind retrospektiv, d.h. Führungskräfte wurden gebeten, zurückliegende Entscheidungssituationen in den Kategorien des Modells einzustufen und anzugeben, welche Strategie sie gewählt haben und ob sie Erfolg gehabt haben. Die subjektive Situations- und Erfolgsdiagnose unterliegt der Gefahr von Verzerrungen (in einem Klima, das partizipative Strategien sozial erwünscht sein lässt, nehmen Führungskräfte diese unter Umständen häufiger für sich in Anspruch). *Field* (1979) berichtet, dass z.B. die Kodierung von freien Fall-Schilderungen durch ManagerInnen ohne *Vroom-Yetton*-Training mit der Expertenkodierung nur zu 30 bis 45% übereinstimmte und auch nach Training nur Werte zwischen 63 und 78% erreichte. In seinem Überblicksreferat behandelt *Jago* neben *Field*s Studie noch zwei weitere Modell-Tests aus der *Vroom*-Gruppe, die etwas bessere Ergebnisse erbrachten (s.a. die Überprüfungen von *Reber & Jago*, 1997 und *Reber, Jago, Auer-Rizzi & Szabo*, 2000). Werden dagegen Fallschilderungen durch die MitarbeiterInnen betrachtet, lässt sich im Gegensatz zu den Schilderungen der Führungskräfte selbst keine Übereinstimmung feststellen (*Field & House*, 1990).

Betrachtet man die Tab. 4.2, so zeigt sich, dass in allen Problemtypen entweder GII oder BII in der zulässigen Menge sind. Die Wahrscheinlichkeit für Erfolg ist bei partizipativen Strategien deshalb a priori größer als bei autoritären. *Field* (1979, S. 256) schlägt deshalb die vereinfachte Strategie vor: „*Wähle entweder GII oder BII, wenn bei E ‚nein' zu antworten ist!*"

Angesichts der Unbestimmtheit des Erfolgskriteriums ist kaum zu entscheiden, ob die von den Autoren berücksichtigten Situationsdimensionen hinreichen (oder evtl. Entbehrliches enthalten). Die Variable ‚Zeitverbrauch' z.B. wird nicht als situative Anforderung, sondern als Kriteriumsaspekt behandelt (s. Modell A).

Das Modell beschränkt sich auf Empfehlungen für *Entscheidungs*verfahren, weitere Aspekte des Führungsgeschehens (Koordination, Durchsetzung, Kontrolle etc.) bleiben außer Betracht. Insofern ist der Ansatz bestenfalls als eine ‚Mikrotheorie' der Führung zu bezeichnen, weil er sich auf Vorschriften zur *Entscheidungsmethode* beschränkt. Für praktische Zwecke ist auch zu bedenken, dass ein Vorgesetzter, der weiß, welcher Stil richtig wäre, nicht unbedingt fähig ist, diesen Stil auch zu praktizieren!

Die zwischenzeitliche Kritik hat die *Vroom*-Gruppe zu einigen Modifikationen bewegt, die auf Kosten der Einfachheit und Übersichtlichkeit des Modells gehen: Die Ja-Nein-Antwortmöglichkeit für die Situationseinstufungen kann erweitert werden durch eine dritte Möglichkeit („vielleicht") oder gar durch eine 5-stufige Skala. Es gibt eben viele Führungs-Situationen, in denen eindeutige Festlegungen nicht möglich sind! Außerdem können zwei neue Situationsattribute hinzugefügt werden: „*Sind Mitarbeiter geographisch verteilt*?" und – man beachte die Suggestivität – „*Beschränkt ein unausweichlicher Zeitzwang ihre Fähigkeit, Mitarbeiter einzubeziehen*?" Außerdem können der Entscheidungsbaum, das System zulässiger Strategien und die Wahlmöglichkeit zwischen den Modellen A und P durch fünf simultane Gleichungen ersetzt werden (siehe dazu *Jago*, 1995, S. 1073).

Fazit aus dem Dargestellten ist, dass *Vroom & Yetton* ein logisch aufgebautes und transparentes Modell entwickelt haben, das, wenn man es zu Ende denkt, für die meisten Führungskräfte eine Horrorvision bedeuten dürfte: Ihr Entscheidungs-Handeln wird durch die Erfordernisse der Situation bestimmt, ist somit zur Gänze programmierbar; Führungskräfte könnten in dieser Hinsicht (Wahl der Entscheidungsmethode) durch einen Automaten ersetzt werden; die Führungskräften einzig verbliebene Funktion ist die Situationsdiagnose. Die technizistische Fassade wird als Trugbild entlarvt, wenn man sich vergegenwärtigt, dass zur Entscheidung zwischen den ‚zulässigen' Methoden (plötzlich) ein Modell A oder P eingeführt werden muss, womit sich die komplexe Modellstruktur weitgehend reduziert auf die Frage: „Immer partizipativ führen oder nur manchmal?" Da für das nichtpartizipative Führen (und nur für dieses) Gründe gebraucht werden, muss die letztlich alles entscheidende Variable ‚Zeitaufwand' einspringen: mit ihr allein kann autoritäres Führen gerechtfertigt werden. Darin zeigt sich, dass das *Vroom-Yetton*-Modell trotz seiner scheinbaren Offenheit für verschiedene Vorgehensweisen von dem Glauben getragen wird, dass alle Konflikte im Betrieb durch vernünftiges miteinander reden ausgeräumt werden können. Nur kostenminimierendes Zeitsparen als Grund für Alleinentscheidungen? Die rationale Konstruktion des Modells lenkt von der zu Grunde liegenden normativen Irrationalität ab, die darin begründet liegt, dass die Ziele des Führungshandelns weder analysiert noch bewertet werden.

4.1.3 *Hersey & Blanchard* (1969): Reifegradmodell der Führung

Einen geradezu exemplarisch eklektischen Text haben *Hersey & Blanchard* (1969; vgl. *Hersey, Blanchard & Johnson*, 2012) vorgelegt. Es ist ihnen gelungen, in ihrem Modell nahezu alle bekannten US-amerikanischen Autoren zu integrieren, die sich zu dieser Zeit mit Fragen der Führung, Motivation und Organisation beschäftigt haben. Sie unterscheiden vier Führungsstile, die sich aus der Kombination der zwei Dimensionen *aufgabenorientiertes Verhalten* und *beziehungsorientiertes Verhalten* ergeben und halten keinen für den allzeit überlegenen. Sie legen sich dabei – wie z.B. auch *Blake & Mouton* oder

Reddin – auf keine inhaltliche Erfolgsdefinition fest; welche Ziele auch immer verfolgt werden: wer sie gut (schnell, günstig etc.) erreicht, ist effektiv. Sie nennen diese vier Führungsstile 1= *telling*, 2 = *participating*, 3 = *selling* und 4 = *delegating* (s. Abb. 4.3).

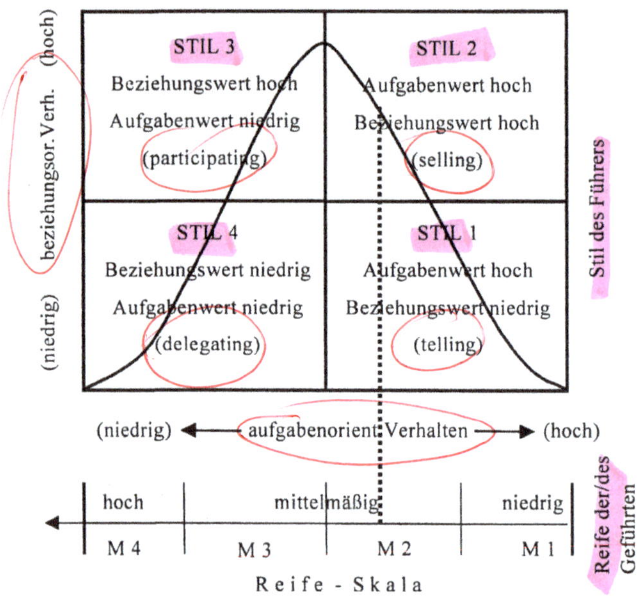

Abb. 4.3: Das Grundmodell der situativen Führungstheorie von *Hersey & Blanchard* (1977)

Eine dritte Dimension nennen sie abwechselnd (1977, S. 105 f.) Effektivität oder Umwelt, weil ein Manager, der sich situationsgerecht verhält, automatisch effektiv ist. Unter den Bedingungen der ‚Umwelt' werden erörtert: Vorgesetzte/r, KollegInnen, Organisation, Geführte, Arbeitsanforderungen, Zeit etc. Das Schwergewicht wird aber auf die *Reife* der MitarbeiterInnen gelegt. Der Grad an Reife ist durch zwei Aspekte charakterisiert:

- arbeitsbezogene Reife (Erfahrung, Fachwissen, Kenntnis der Arbeitsanforderungen etc.) und
- psychologische Reife (z.B. Verantwortungsbereitschaft, Leistungsmotivation, Selbstsicherheit und -achtung, Engagement etc.).

Es gibt eine *Reife-Skala*, die zu all diesen Bereichen Fragen enthält und die Gesamt-Reife in einem einzigen Summenwert zusammenfasst. Wenn der Vorgesetzte den Reifegrad der MitarbeiterInnen ermittelt hat, zieht er – wie in Abb. 4.3 demonstriert – eine senkrechte Linie nach oben; ihr Schnittpunkt mit der eingezeichneten Normalverteilungskurve markiert den Führungsstil, der in dieser Situation (Reife) am erfolgversprechendsten ist. Bei der Entwicklung zur reifen Persönlichkeit müssen die MitarbeiterInnen die Normalverteilung von rechts nach links durchlaufen: Reife/r MitarbeiterIn ist, wer von sich aus (gern und kompetent) tut, was sie/er soll! Unmittelbare Führung ist in einer solchen Situation entbehrlich, der Vorgesetzte delegiert.

Die Autoren haben ein Diagnose-Instrument aus zwölf Items entwickelt, das sie LEAD nennen (Leader-Effectiveness and Adaptability Description). Dabei wird jeweils zunächst eine bestimmte Situation skizziert und dann für jeden der Stile je eine Antwortmöglichkeit vorgegeben: Der Befragte hat jeweils die Möglichkeit, die er in einer solchen Situation wählen würde, anzukreuzen (s. Tab. 4.3).

Situation

Die beobachtbare Leistung Ihrer Gruppe steigt an. Sie haben dafür gesorgt, dass alle Mitglieder ihre Rolle und ihre Anforderungen kennen.

Verschiedene Handlungsmöglichkeiten (die beste ankreuzen!)

A Sie pflegen freundliche Beziehungen, aber Sie sorgen weiterhin dafür, dass alle Mitglieder ihre Rolle und ihre Anforderungen kennen.

B Sie unternehmen nichts Bestimmtes.

C Sie tun was Sie nur können, um der Gruppe das Gefühl zu geben, wichtig und mitbeteiligt zu sein.

D Sie betonen die Wichtigkeit von Terminen und Aufgaben.

Wenn der Befragte die Situation richtig diagnostizierte und den dazu passenden Führungsstil gewählt hat, erhält er für diese Lösung 2 Plus-Punkte. Hat er die nach Situations-Diagnose nächstbeste Lösung gewählt, bekommt er 1 Plus-Punkt, ist er in der Richtung der Normalverteilung noch weiter weg, bekommt er 1 Minus-Punkt und bei der völlig falschen Reaktion 2 Minus-Punkte.

Für das Beispiel-Item gilt:	A	+ 2	(Stil 1)
	B	– 2	(Stil 4)
	C	+ 1	(Stil 3)
	D	– 1	(Stil 1)

Tab. 4.3: Beispiel aus dem LEAD von *Hersey & Blanchard*

Mit diesem Messinstrument stellen *Hersey & Blanchard* zum einen die Vielfalt der verschiedenen Führungsstile fest, die jemand anwendet: Wenn eine Vorgesetzte bei allen Problemsituationen den gleichen Stil (z.B. *delegating*) einsetzte, hätte sie einen niedrigen ‚Adaptability'-Wert. Der ‚Effectiveness'-Wert gibt zum anderen an, wie sehr die Vorgesetzte richtig, d.h. situationsentsprechend geantwortet hat und wird durch die Summe der erreichten Punkte ausgedrückt (die bei zwölf Items zwischen –24 und +24 schwanken kann). *Hersey & Blanchard* behaupten, ohne dies näher zu belegen, dass „mehr als zehntausend Vorgesetzte" den LEAD-Test absolviert hätten und 84% im Bereich zwischen +/– 6 lägen: Für eine marktorientierte Theorie ein sehr günstiges Ergebnis, weil dann die größte Zahl der Führungskräfte nicht so schlecht ist, dass sie das Modell als ungünstig ablehnen müssten, aber andererseits auch nicht so gut, dass sie nichts mehr dazulernen könnten! Bemerkenswert ist auch, dass Ergebnisse, die darauf hinweisen, dass das Modell eher wenig Praxistauglichkeit hat, alternativ als

Hinweise darauf gelesen werden können, dass die entsprechenden Führungskräfte, die in der Untersuchung teilgenommen haben, Trainingsbedarf im Sinne des Modells haben: So stellten z.B. *Cairns, Hollenback, Preziosi, & Snow* (1998) in einer Untersuchung mit 151 Führungskräften großer amerikanischer Unternehmen fest, dass sich davon lediglich 18(!) einigermaßen modellkonform verhielten, also den jeweils richtigen der vier Führungsstile auswählten – demnach ist die überwiegende Zahl der untersuchten Führungskräfte (noch) nicht in der Lage, erfolgreich zu führen.

Abgesehen von den methodischen Problemen der „Mess"-Instrumente und der völlig unzulänglichen Dokumentation vorgeblicher Forschungsresultate sind aus ideologischer Perspektive Anmerkungen zu machen:

- Im Wesentlichen werden die Situationsbedingungen auf die MitarbeiterInnen verengt: auf sie kommt es an (wie sie es schaffen, die Bedingungen von Organisation, Technologie, Aufgabenstruktur etc. zu bewältigen).
- Je reifer MitarbeiterInnen sind, desto mehr können sie ohne Führung bleiben. Dem liegt eine Harmonie-These zugrunde, der zu Folge ein wirklich reifer Mensch gar nicht anders kann, als die Ziele der Organisation zu den seinen zu machen.
- Diese Ziele werden inhaltlich nicht analysiert. Effektivität wird rein formal definiert als Zueinanderpassen von ‚Situationsanforderungen' und ‚Führungsstil'.

Dass die Situationserfordernisse äußerst heterogen sind und Mitarbeiter-, Vorgesetzten-, Organisations- und ‚Umwelt'-Ziele praktisch nie gleichgeschaltet werden können, wird nicht problematisiert. Die unbekümmerte Oberflächlichkeit, mit der Pseudoerkenntnisse zu rezeptartigen Empfehlungen verarbeitet werden, lässt leicht übersehen, dass hinter diesen naiv technizistischen Modellen eine personalistische Machbarkeits-Ideologie steht, die im wahrsten Sinne des Wortes nicht verraten, sondern verkauft wird. Auch dieses Modell und darauf aufbauende Trainings sind heute noch (rechtlich geschützt) auf dem Führungskräftetrainings-Markt präsent.

4.1.4 *Reddin* (1970): 3-D-Modell

Im 3-D-Modell von *Reddin* sind die drei Faktoren „Führungsstil", „Situation" und „Erfolg" zu einer dreidimensionalen ‚Theorie' vereinigt (*Reddin*, 1970, 1987). Was die Dimension ‚Führungsstil' anbelangt, so orientiert er sich auf der Zweiteilung der Führungsverhaltens-Dimensionen *Consideration* und *Initiating Structure*, die in den Fragebogenerhebungen der Ohio-Schule gefunden worden war und die bereits von *Blake & Mouton* in deren Grid-Modell popularisiert worden waren. *Reddin* teilt jede Dimension in einen „hohen" und einen „niedrigen" Abschnitt und kommt so zu vier „Grundstilen" (Abb. 4.4):

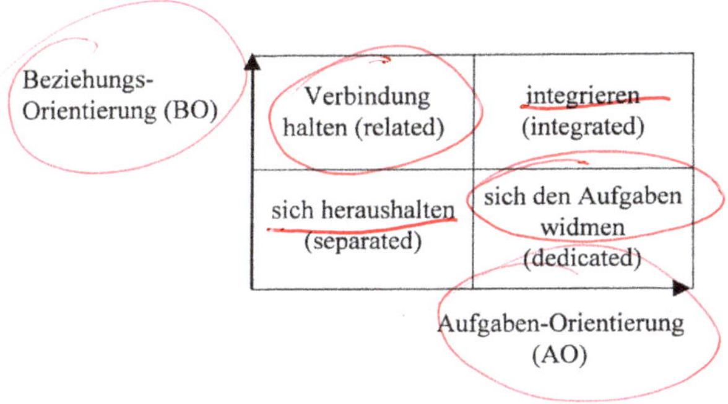

Abb. 4.4: Die vier Grundstile bei *Reddin* (1970)

Seine Theorie ähnelt stark dem Ansatz von *Hersey & Blanchard.* Auch er unterscheidet vier Führungsstile und sieht keinen für den allzeit überlegenen an. Er hält jeden der vier Grundstile unter bestimmten Bedingungen („Situation") für effizient und unter anderen Bedingungen für ineffizient. Diese Bedingungen sind:

[1] Arbeitsanforderungen (ähnlich wie die Aufgabenstruktur im System von *Fiedler*, beispielsweise Ausmaß der notwendigen Kenntnisse, Selbständigkeit, Ausführungsgenauigkeit etc.);

[2] Führungsstil des/der nächsthöheren Vorgesetzten;

[3] KollegInnen (insbesondere bei Abhängigkeit und häufigen Arbeitskontakten);

[4] Unterstellte (insbesondere bei intensiver Zusammenarbeit);

[5] Organisation (formelle und informelle Normen und Regeln).

Wenn z.B. die Aufgabenstruktur eindeutig, die Unabhängigkeit von Vorgesetzten und KollegInnen groß, die Fähigkeiten der Unterstellten und ihr Arbeitsengagement ausgeprägt hoch sind und klare Organisationsprozeduren bestehen, kann sich der Vorgesetzte zurückziehen: Der Grundstil „Sich heraushalten" (Verfahrensstil) ist dann effizient,

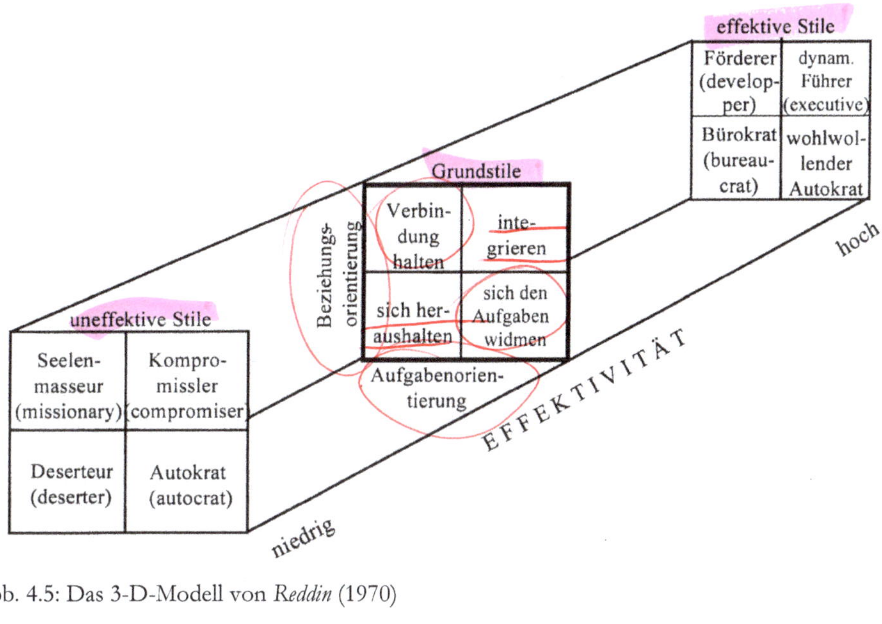

Abb. 4.5: Das 3-D-Modell von *Reddin* (1970)

der Vorgesetzte kann sich als „Bürokrat" auf die Überwachung der gesetzten Regeln beschränken. Hätte er es aber mit wenig kooperationsbereiten und unfähigen MitarbeiterInnen, unklaren und schwierigen Aufgaben, unberechenbaren Vorgesetzten etc. zu tun, dann wäre der Stil des „Sich Heraushaltens" ineffizient, der Vorgesetzte würde zum „Deserteur", der sich den Forderungen entzieht. Damit ist die dritte Dimension des Modells eingeführt: „Effektivität". Sie ist Ausdruck und Folge der Anpassung des Führungsstils an die Erfordernisse der Situation (s. Abb. 4.5).

Ein weiteres, didaktisch geschickt veranschaulichtes Konzept innerhalb des Ansatzes ist die *Stil-Flexibilität.* Gemeint ist damit die Bandbreite der Führungsstile, die eine Führungskraft beherrscht. Die eine kann z.B. ausschließlich fixiert sein auf den ‚Verbindungs-Stil', während eine andere in der Lage ist, sowohl diesen als auch noch den integrierten und den aufgabenbezogenen zu praktizieren. Andererseits ist auch die konkrete Situation unter Umständen weder einfach noch stabil, sondern fordert möglicherweise ihrerseits ‚Flexibilität'. Das Zueinanderpassen oder Auseinanderfallen dieser beiden Flexibilitäten veranschaulicht *Reddin* in sog. *Flex-Karten.* Zwei Beispiele geben Abb. 4.6 wieder:

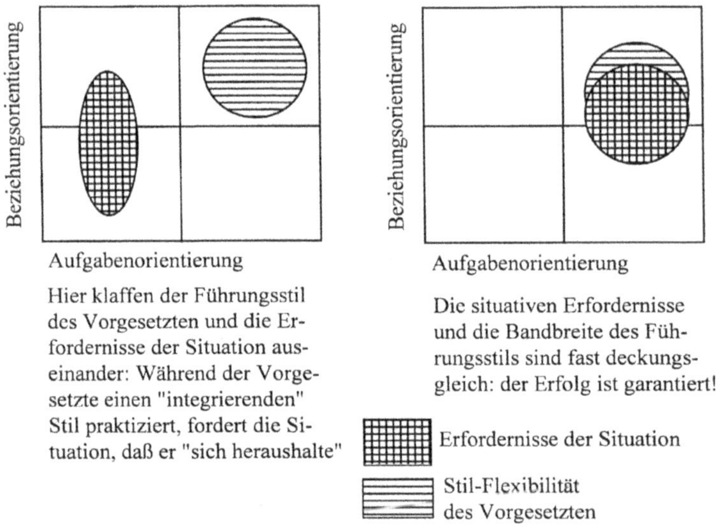

Abb. 4.6: Flex-Karten nach *Reddin*

Reddins Theorie ist ein anregender Entwurf, bei dem der Verfasser keine große Mühe auf systematisch entwickelte und geprüfte Messverfahren, empirische Untersuchungen oder eine theoretische Reflexion des Erfolgskriteriums verschwendet hat. Das Modell gibt dem Anwender extremen Interpretationsspielraum; das Schicksal, falsifiziert zu werden, hat es nicht zu befürchten. Es suggeriert Orientierung und Handlungsanweisung, wo es letztlich nur recht allgemeine und unverbindliche Weisheiten zum Besten(!?) gibt. Die Theorie und ein darauf aufbauendes Trainingsprogramm für Führungskräfte werden in *Reddins* Nachfolge bis heute kommerziell erfolgreich am Markt für Führungskräftetrainings vertrieben.

4.1.5 *Yukl* (1971): Modell Multipler Verbindungen

Die nahezu grenzenlose Offenheit der Ansätze wird besonders deutlich in *Yukls* ‚Modell Multipler Verbindungen' (1971, 1981/2010 S. 180 ff.; vgl. *Kim, Yukl, Howard & Liden,* 1998; *Yukl & Mahsud,* 2010). Der Autor fasst eine Fülle einzelner Einflussgrößen in getrennten Rubriken zusammen und verbindet diese mit Pfeilen (hier: *Van Fleet & Yukl,* 1986, S. 32):

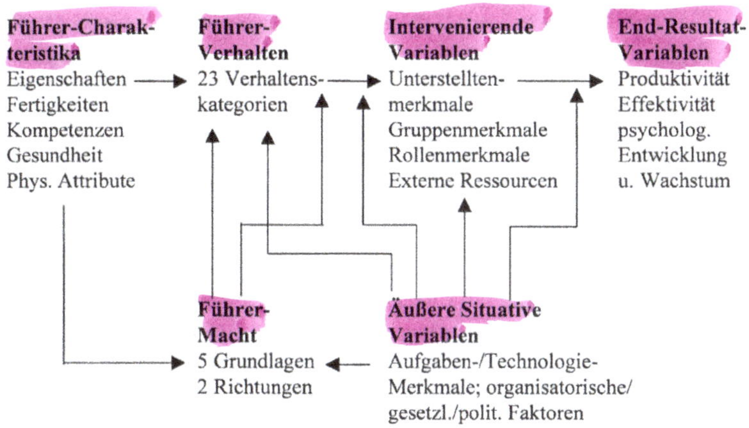

Abb. 4.7: *Yukls* Modell Multipler Verbindungen

Die ‚Theorie' besteht darin, dass für jede der Eintragungen zahlreiche Einzelstudien und Ergebnisse referiert werden, so dass der Eindruck empirischer Evidenz entsteht. In Wirklichkeit aber werden Studien und ihre Ergebnisse willkürlich und kontextfrei zusammengestellt. Das Ergebnis ist kruder Empirismus, der unwiderleglich ist, weil er keinerlei theoretische Position bezieht, so dass natürlich auch keine an einer empirischen Prüfung scheitern kann. Ferner sind „Modelle", die alle möglichen Einzelfaktoren beinhalten und damit natürlich auch um immer neue erweitert werden können weder theoretisch befriedigend noch praktisch handhabbar.

4.1.6 Transaktionale und transformationale Führung als Kontingenzmodell

Das Führungsstildual transaktionaler und transformationaler Führung (vgl. Kap. 3.2), hinter dem auch ein Great-(Wo)Man-Ansatz gemutmaßt werden kann, wird ebenso im Feld der Kontingenzansätze rezipiert. Trotz allgemein günstiger Ergebnisse hinsichtlich der Wirksamkeit transformationaler Führung scheint sie gegenüber transaktionaler Führung nicht immer überlegen zu sein. Die Metaanalysen von *Judge & Piccolo* (2004) und *Wang et al.* (2011), erbrachten keinen Hinweis auf die allgemeine Überlegenheit transformationaler Führung. Lässt sie sich bei den drei als weniger aktiv konzipierten Stilen der transaktionalen Führung noch zeigen, ist dagegen die ‚Bedingte Belohnung' insgesamt ähnlich hoch mit den Kriterien korreliert, bei einzelnen Kriterien sogar höher als bei transformationaler Führung. Ferner ist die Korrelation zwischen den beiden Stilen mit r = .8 extrem hoch. Das Ergebnis bedeutet schlicht, dass transformationale Führung der doch sehr unprätentiösen ‚Bedingten Belohnung' keineswegs allgemein überlegen ist – und empirisch kaum zu unterscheiden (vgl. auch *Yukl,* 1999).

Das ficht die Vertreter des Ansatzes jedoch nicht an, sodass solche Ergebnisse entweder nicht wahrgenommen oder verschiedene Erklärungen angeboten werden: So erscheint in neueren Veröffentlichungen ‚Bedingte Belohnung' quasi als Basistechnik transformationaler Führung. Alternativ ist ein Ansatz zu erkennen, der aus dem Führungsstilmodell ein Kontingenzmodell macht und dabei nicht ganz unplausibel ist: Bereits die ursprüngliche Argumentation von *Burns* (1978) enthält die Annahme, dass in der modernen Zeit eine andere Führung notwendig ist, als „bisher". Diese Annahme greifen *Bass* (1985) und *Bass & Avolio* (1990) auf. Der Unterschied zwischen traditionell und modern liegt hierbei vor allem darin, dass ein Übergang von eher stabilen zu eher ständig sich wandelnden Bedingungen in Unternehmen, sozialen Beziehungen und Umweltbeziehungen des Unternehmens angenommen wird. Für traditionelle Bedingungen wird transaktionale Führung als ausreichend gesehen, für die neueren, sich verändernden Bedingungen nicht mehr. Andererseits bildet transaktionale Führung eine Basis für transformationale Führung. Diese ist ohne transaktionale Führung abgehoben, nicht geerdet und entschwebt ins Esoterische.

So lässt sich ein Situationsparameter ausmachen, der bestimmt, welche Form der Führung erfolgreich ist: Die Stabilität vs. Dynamik der vorgefundenen Situation (*Rodler & Kirchler*, 2002, S. 67; *Steyrer & Meyer*, 2010; *Pundt & Nerdinger*, 2012). In stabilen Situationen ist transaktionale Führung erfolgreich – in dynamischen Situationen weniger. Transaktionale Führung schafft einen zusätzlichen Erfolgsbeitrag vor allem in dynamischen Situationen; in stabilen Situationen nicht notwendiger Weise. Zu untersuchen wäre nun die Hypothese, dass ‚Bedingte Belohnung' vor allem in stabilen Situationen erfolgreich ist und transformationale Führung vor allem in dynamischen Situationen. Entsprechende Untersuchungen bringen inkonsistente Ergebnisse (vgl. *Pieterse, van Knippenberg, Schippers & Stam,* 2010), weitere Moderatoren als die Dynamik(-erfordernisse) der Situation scheinen eine wichtige Rolle dabei zu spielen, wodurch sich auch hier die von den anderen Konsistenzmodellen bekannte Schwierigkeit zeigt, dass die Wahl des oder der Situationsparameter, die als die zentralen postuliert werden, eher nach der jeweiligen Anschauung erfolgt und daher recht willkürlich wirkt. Dabei bleiben diese aber stets nebulös und auch der Situationsfaktor (Situationsstabilität vs. Veränderung) bleibt so unbestimmt, dass ihm schließlich nur graduell, nicht aber qualitativ eine Rolle eingeräumt zu werden braucht. Hier sehen auch Hauptproponenten des Ansatzes noch Untersuchungsbedarf (*Avolio et al.*, 2009; S. 429).

4.2 Bewertung der Kontingenzmodelle

4.2.1 Dekonstruktion

Sind die situativen Führungsmodelle gegenüber der Great-(Wo)Man-Theory ein Fortschritt, weil sie deren einseitige Fokussierung auf die Führungsperson beseitigen und den ‚Umständen' zu ihrem Recht verhelfen? Sind sie ein Fortschritt gegenüber den Führungsstilmodellen mit ihren postulierten besten Stilen? Die Zahl möglicher situativer Bedingungen ist – wie gesagt – unendlich; greift man einige (nicht) heraus, müsste man begründen können, warum man das tut. Solche Selektionsprinzipien werden zumeist gar nicht oder nicht wirklich begründet genannt; die AutorInnen stellen sich stattdessen eine Generalvollmacht aus, indem sie gebetsmühlenartig wiederholen, *dass* das, was sie berücksichtigen, erfolgsrelevant ist. Ganz offensichtlich kann kein Mensch bei seinen Entscheidungen alle (oder: alle relevanten) Bedingungen berücksichtigen, aber ebenso offenkundig ist, dass die Menschen deshalb nicht in Entscheidungsstarre verfallen, sondern Auswahl- und Vereinfachungsverfahren nutzen, die ihnen das Gefühl(!) geben, auf eine Weise vorzugehen, die vielleicht nicht die bestmögliche, aber doch ‚gut genug' ist (vgl. *Simon*, 1955). Im Folgenden werden einige allgemeine Reduktionsmechanismen diskutiert, die VertreterInnen des situativen Ansatzes anscheinend einsetzen.

1. Individualismus

Der Situative Ansatz bildet Führung als eine Serie von individuellen Entscheidungen ab, die rational (d.h. also: konsequent zielbezogen) gefällt werden (sollen/können).

Dem liegen folgende Vorannahmen zu Grunde:

[1] Die Führungsperson (oder bei *Fiedler*: deren Vorgesetzte/r) *wählt* a) souverän und b) rational zwischen mehreren Optionen. Wenn sie dabei korrekt vorgeht, wird sie paradoxer Weise aus eigenen Stücken das tun, was die Situation gebietet: Sie ist *determinierter Souverän.*

[2] Die Führungskraft kennt das Ziel (Generalformel: ‚Erfolg'), akzeptiert es, will es und handelt, wie es für die Organisation(!) am besten ist und dabei

[3] berücksichtigt sie die äußeren (unabhängig existierenden) Bedingungen, von denen der Erfolg abhängt, um das eigene Verhalten darauf einzustellen.

Dabei wird ausgeblendet:

- Die Führungskraft ist nicht der imaginierte rationale souveräne Akteur, sondern zahlreichen Kräften ausgeliefert, die sie weder kennt noch beherrscht.
- Es gibt kein wohlgeordnetes Zielsystem, sondern mehrere Ziele, die zum Teil mehrdeutig, widersprüchlich, vage, intransparent und instabil sind.
- Führungskräfte verfolgen (auch) *eigene* Ziele; Egoismus und Opportunismus sind an der Tagesordnung.
- Führende sind in mikropolitische Netze integriert (bzw. müssen sie knüpfen und erhalten).

Situative Führungstheorien sind Symbolisches Management (s. Kap. 5.3): Sie inszenieren sich als rational, objektiv, exakt, einfach (undilemmatisch) und empirisch bewährt.

2. Empirismus

Der Ansatz gibt vor, quasi ‚theoriefrei' (unverzerrt von Theorien und vorgefassten Meinungen) allein die Fakten sprechen zu lassen. Durch zahlreiche empirische Studien kann man – so die These – Erfahrung kumulieren und praxistaugliches Wissen anhäufen.

Aber bei allen empirischen Untersuchungen ist zu fragen:

- An welchen *Stichproben*, mit welchen *Methoden*, mit welchen *Konzepten* und *Operationalisierungen* werden Daten erhoben?
- Was wird als *Bezugsgröße* (Erfolgskriterium, Bewertungsmaßstab) gewählt? Wer bestimmt sie? Wie wird sie gemessen?
- Wie stabil (im Zeitablauf gleich bleibend), robust (gegen kleinere Variationen unempfindlich) innerhalb der untersuchten Verhältnisse, generalisierbar auf andere Verhältnisse, hoch oder eng müssen die Zusammenhänge sein, um als ‚relevant' akzeptiert zu werden?
- Wie werden welche *Daten* erhoben (Hin-Sichten sind Weg-Sichten!) und wie werden sie aggregiert? Wird mit Mittelwerten (Durchschnitten) gerechnet, die das ganze Unternehmen oder ‚die Führungskraft' charakterisieren sollen? Daten gelten als objektiv, ihre politische und symbolische Dimension/Genese werden nicht reflektiert.
- Zuweilen gibt es *retrospektive* Datenerhebungen. Die Wirkung, z.B. (Miss-)Erfolg, liegt vor, und die Interviewerin erkundigt sich nach *vorausgegangenen* Führungsverhaltensweisen; die Bedingungs- und die Wirkungs-Messung erfolgen also zum gleichen Zeitpunkt.
- Der Informationsgehalt der *Hypothesen* ist gering (meist wenn-dann- oder je-desto-Aussagen für Zusammenhänge zwischen zwei Variablen).
- Der *Bewährungsgrad* ist gering (Replikationen bestätigen sehr häufig die ursprünglichen Befunde nicht).
- Es wird nur ein *kleiner Ausschnitt aus der Wirklichkeit* erfasst. Dies ist unumgänglich – aber es müsste *theoretisch* begründet werden, warum bestimmte Größen (nicht) berücksichtigt werden.

3. Objektivismus

Im Affekt gegen verkopftes weltfernes Theoretisieren wird häufig das programmatische Versprechen gegeben, die Dinge endlich so zu sehen, wie sie sind. Dieser ontologische Realismus führt zur Zementierung der bestehenden Verhältnisse, weil der ‚*naturalistische Fehlschluss*' gezogen wird: Was ist, muss so sein! Dabei wird übersehen, dass ein Ergebnis möglicherweise eindeutig ist, dass aber viele Wege zu ihm geführt haben können. So handelt es sich um naturalistische *Es-gibt-Forschung*. Diese unterstellt z.B.:

- Es existiert eine objektive Realität,
- sie kann eindeutig abgegrenzt (definiert) und
- objektiv gemessen (v.a.: quantifiziert) werden;
- die Interaktionen und Interdependenzen (innerhalb und zwischen den sachlichen, zeitlichen und sozialen Einflussgrößen, die zudem jeweils im Plural vorliegen) sind eindeutig bestimmbar.

Das objektivistische Programm ist der normativ-deduktiven Wissenschaftsauffassung verpflichtet, die im sog. *Hempel-Oppenheim-Schema* zum Ausdruck kommt. Dem zu Folge ist eine wissenschaftliche Aussage wie ein klassischer logischer Schluss aufgebaut:

Das zu Erklärende (Explanandum) ist die notwendige Folge des Erklärenden (Explanans), das aus zwei Komponenten besteht, nämlich den Rand- oder Antezedenzbedingungen (den situativen Umständen) und einer allgemeinen Gesetzesaussage. Klassisches Beispiel: Weil der Fall ist: ‚*Sokrates* ist ein Mensch' und weil allgemein gilt: ‚Alle Menschen sind sterblich', folgt: ‚*Sokrates* muss sterben'.

Eine empirische Theorieprüfung zitiert genau genommen nicht *die Realität* (die situativen Umstände) als Schiedsrichter, sondern sucht spezifisch *operationalisierte Sätze oder Aussagen* über die Realität zu falsifizieren. Irgendetwas mag existieren, aber dies als Prüfungsinstanz ‚Realität' zu errichten, setzt voraus, dass die Symbol-, Beobachter- und Kontextabhängigkeit der Beobachtung ausgeklammert wird.

4. Determinismus

Entgegen der proklamierten individualistischen Akzentsetzung (‚In Abwägung der situativen Umstände entscheidet die Führungskraft so oder so!'), gilt generell: *Die Situation führt*, denn Führungskräfte reagieren auf situative Erfordernisse und Zwänge, die ihnen ‚das Gesetz des Handelns' diktieren. Am deutlichsten kommt das in *Vroom & Yetton*s Entscheidungsmodell zum Ausdruck. Wer aber erfasst und gestaltet ‚die Situation'? Und bestimmt diese alternativenlos, unausweichlich, deterministisch? Würde man das bejahen, müsste man die Position ‚Führungskraft' in Frage stellen, denn die setzt notwendigerweise *Handlungs-Spielräume* der Führungskräfte voraus.

Die Rede von den situativen *Sachzwängen* suggeriert, der Widerstand gegen die Vorbestimmung sei von Hause aus sinnlos und zum Scheitern verurteilt. Aber in jeder Situation gibt es Handlungsspielräume oder gar die Möglichkeit von *Strategic choice* und damit des Sich-Hinwegsetzen über die Bedingungen, so wie sie *jetzt* sind: Eine Führungskraft kann Situationen gestalten, verändern, reifen lassen oder aufsuchen bzw. vermeiden, um so dem ‚Zwang' zu entkommen.

5. Rationalismus

Rationalistische Annahmen, die hinter den situativen Modellen stehen sind:

- Situationen, Führungs- und Geführten-Verhalten lassen sich vollständig und widerspruchsfrei beschreiben.
- Ziele (Kriterien) und Entscheidungsregeln sind eindeutig und bekannt.
- Vorgesetzte sind nur der Sache bzw. dem Unternehmensziel verpflichtet; sachfremde Einflüsse (wie z.B. Emotionen) können vernachlässigt werden.
- Die Beziehung „Führungsverhalten → Geführtenverhalten → Zielerreichung" ist gerichtet, linear, eindeutig, auf gleicher analytischer Ebene.

Aus empirischer Sicht stellen diese Rationalannahmen ein normatives Modell dar, dessen Idealbedingungen bestenfalls in trivialen Situationen erfüllbar sind. In zahlreichen Studien wurde gezeigt, dass Führung weniger die autonome und kompromisslose Realisierung einer glasklaren stimmigen Strategie ist, als vielmehr die Kunst des Durchwurstelns angesichts mehrdeutiger Ziele, nur partiell durchschauter Bedingungen, heterogener Interessen, beschränkter Ressourcen, Zeitdruck und komplexer wechselseitiger Abhängigkeiten.

Selbst wenn Informationen prinzipiell zugänglich wären, würde ihre Komplexität, Interdependenz und Zeitabhängigkeit Organisationen vor unlösbare Verarbeitungsprobleme stellen. Organisationen sind deshalb fehlbare Einrichtungen zur Reduktion und Beherrschung dieser Komplexität. Führungskräfte sind wichtige Agenten dieses Programms und angesichts ihrer beschränkten Informationsverarbeitungskapazität selbst wiederum eine Fehlerquelle, die kompensiert und kontrolliert werden muss.

4.2.2 Zusammenfassung und Kritik

Bevor die situativen Führungstheorien zusammenfassend kritisiert werden, sollen einige Gründe für die überwiegend positive Resonanz, die sie unter PraktikerInnen (insbesondere: FührungstrainerInnen) gefunden haben, genannt sein:

- Sie bieten übersichtliche Landkarten im unwegsamen Gelände des Führens. Mit wenigen knappen Strichen wird einprägsam skizziert, worauf es ankommt. Es macht nichts, wenn auf dieser Karte nicht jedes Detail stimmt; Hauptsache, die allgemeine Marschrichtung wird unterstützt.
- Das Training in einer dieser Theorien schafft eine gemeinsame Sprache, die der abkürzenden internen Verständigung dient.
- Die Steuerungsillusion (‚alles im Griff haben') wird bestärkt, denn es wird suggestiv vermittelt, dass man die Dinge beherrschen kann und dass dies außerdem nicht schwierig ist. So etwas macht Mut.
- Die Angst vor dem unbewältigbar Komplexen wird genommen: Führen ist im Grunde ganz einfach und die Gesetze des Erfolgs sind durchschaut; man kann sie schnell lernen.
- Das Handeln wird fokussiert. Man hat nur eine kleine Zahl von Varianten zur Auswahl. Das gibt Sicherheit.
- Die latente Botschaft bestätigt die Führungskräfte. Sie werden nicht mehr für ‚die Situation' verantwortlich gemacht, sondern nur noch dafür, angesichts gegebener(!) Umstände die richtige Entscheidung zu treffen. Führende sind verantwortlich – aber nicht mehr für alles. Das entlastet.

Diese Vorteile sind vordergründig. Die folgenden Überlegungen sollen deshalb den Unter- oder Hintergrund freilegen: Der situative Ansatz basiert auf der Maschinenmetapher (vgl. Kap. 5.1) und imaginiert Führungskräfte als Sozialingenieure. Es handelt sich um ein atheoretisches, apolitisches und asymbolisches Grundkonzept, das das Führungsproblem trivialisiert.

[1] Das Konzept der Situativen Führung führt in der Praxis zu einer *Generalamnestie* für jedes nur denkbare Verhalten. Die Begründung: Es war unter den konkreten Umständen eben erforderlich oder optimal! Möglich ist das, weil die zentrale Variable – die Situation – so vage bestimmt wird. Das gilt vor allem für so radikal vereinfachende Ansätze wie den von *Hersey & Blanchard*, bei dem ‚Situation' auf ‚Reife der MitarbeiterInnen' komprimiert wird, bei näherem Hinsehen aber auch für scheinbar so differenzierte Fragelisten wie die von *Vroom & Yetton*.

[2] Die Situative Führungstheorie ist die Kapitulation der Persönlichkeit vor der ‚Macht der Verhältnisse' (wobei das vielleicht realistisch ist, weil die Illusion des autonomen bürgerlichen Subjekts aufgegeben wird). Führung wird reduziert auf die Wahl zwischen wenigen Möglichkeiten, wobei aber das Vorgehen nicht generell auf eine dieser Möglichkeiten festgelegt wird, sondern jeweils – eben situationsabhängig – neu abgestimmt wird. Wer situativ führt, ist ein *Jenachdem*er. Kein spiritus rector, sondern ein quasi-automatischer spiritloser Reaktor: Keiner, der kontrafaktisch (also *gegen* den Druck der Tatsachen) handelt, sondern ein Passender, einer der fit ist und für den die Verheißung des *survival of the fit(test)* gilt. Wer jedoch zu gut angepasst ist, hat einen evolutorischen Nachteil, wenn sich die Situation ändert, auf die er programmiert wurde.

[3] Oder ist das Ganze subversiv (siehe dazu *Neubergers* S.P.D.-Theorie von 1985)? Die AutorInnen situativer Ansätze feiern Führung (manifest) und hebeln sie (latent) aus! Die Freiheit der Führungskraft ist die Notwendigkeit so zu handeln, wie die Situation es erfordert. Weil aber ‚die Situation' nur mit sehr undeutlicher Stimme spricht, kann die Führungskraft – sofern sie Erfolg hat – alles Handeln rechtfertigen. Insofern argumentiert die Situative Führungstheorie zirkulär: Die Situation führt die Führungskraft, die situationsangepasst führt, indem sie die Situation passend gestaltet, die sie führt.

[4] Die Situativen Führungstheorien richten sich offenkundig gegen universalistische moralische Programme (wie z.B. die ‚kooperative' Führung), weil diese anscheinend/scheinbar ‚nicht realistisch' sind und unter bestimmten Bedingungen versagen. In der Konkurrenz der Bewertungsstandards wird der ökonomische Erfolg zur einzigen Bezugsgröße. Führungshandeln wird damit vereinfacht.

[5] Was ‚Situation' genannt wird, kann man auch ‚Führungssubstitut' (s. Kap. 6.1) und damit: Bestandsbedrohung für die Institution ‚Führung' nennen. Es ist selbstwertschützend, wenn der Führung letztlich die Oberschiedsrichterfunktion darüber zuerkannt wird, welche Bedingungen sie zum Zuge kommen lassen will. Der individuellen Entscheidungsfreiheit werden Zügel angelegt: Man muss die Situation und sich *berechenbar* machen.

Letztlich haben sich die ‚situativen Theorien', obgleich sie unter PraktikerInnen großen Anklang gefunden haben, als theoretisch wenig fruchtbar erwiesen, weil sie beim Behaupten oder bestenfalls beim Aufzeigen empirischer Regelmäßigkeiten stehen geblieben sind. Sie haben den Allgemeinplatz „Es kommt darauf an" beschreibend differenziert und z.B. hervorgehoben, dass es auf die Organisation, die KollegInnen, die Geführten etc. ankommt. Aber das theoretische Prinzip, das diese Zusammenhangserwartung begründet, haben sie nicht offengelegt. Solange man nicht (wie z.B. *Türk*, 1981, mit seiner kontrolltheoretischen Akzentsetzung) eine *theoretische Beziehung* postuliert, kann man endlos Beliebiges aufzählen und Argumente und Studien zitieren, die belegen, dass Führung durch diese Einflüsse moderiert wird. Auf Möglichkeiten solch allgemeiner Prinzipien wird später zurückzukommen sein. (s. die Kap. 5 und 9).

Die meisten Modelle der Situativen Führungstheorie basieren auf der zweidimensionalen Beschreibung des Führungsverhaltens im Anschluss an die Ohio-Studien (vgl. *Yukl*, 2011): MitarbeiterInnen- und Aufgabenorientierung (people vs. production, p1 und p_2) spannen ein rechtwinkliges Koordinatensystem auf, in das sich alle empirisch vorkommenden Führungsverhaltensweisen einordnen lassen. Das auffällig Abwesende ist ein Drittes: Profit (p_3). Erst wenn man dieses Ausgeblendete sieht, enthüllt sich, dass p_1 und p_2 nicht ihretwegen verfolgt werden, sondern unter dem Diktat dieser ungenannten Größe stehen. p_1 und p_2 erscheinen als selbständige, wenngleich konkurrierende Zwecke, sind aber im Regelfall bloße Mittel. Sie werden eingesetzt und genutzt, um das der kapitalistischen oder (sozial-) marktwirtschaftlichen Logik immanente Ziel der Kapitalverwertung oder -rentabilität zu erreichen. Alle Manifestationen von Menschen- oder Sachorientierung sind dauerhaft nur soweit zugelassen, wie sie zu p_3 beitragen. Auf der people-Dimension sind die positiven Grenzwerte z.B. ‚sich rundum wohlfühlen', ‚sich selbst verwirklichen', auf der *production*-Dimension höchste Qualität, Effizienz oder Effektivität. Beides ist jedoch nur bedingtes Ziel, nämlich unter der Voraussetzung, dass es dem Gewinnziel nicht im Wege steht. Ist dieses Ziel bedroht, wird Personal abgebaut und der Leistungsdruck erhöht, werden Mitspracherechte zugunsten schneller ‚harter' Entscheidungen eingeschränkt und Privilegien zurückgenommen, unterbleiben mögliche Produkt- und Prozessverbesserungen, die – sofern sie z.B. den Kosten- oder Zeitbedarf erhöhen – die Erlös- oder Gewinnsituation verschlechtern würden. Es erscheint rätselhaft, warum eine so entscheidende Größe wie p_3 (oder damit verbundene Restriktionen) nicht unter den zahlreichen situativen Variablen auftaucht, die ansonsten berücksichtigt werden (wie Aufgabenschwierigkeit, Vorgesetzte, Kollegen, Organisationsstruktur etc.). Ist sie zu entfernt oder wird sie als bereits berücksichtigt eingeschätzt (als ‚Sachgröße') oder wird ihre Bedeutung als marginal angesehen? Weil Vorgesetzte durchaus für *ökonomisches* Handeln verantwortlich gemacht werden, wäre es nur folgerichtig, diese Handlungs- und Bewertungsdimension explizit herauszustellen. Ihr Abdrängen in die Latenz lässt sich formal als Komplexitätsreduktion beschreiben, inhaltlich aber wird ein Konfliktherd kaschiert. Diese Steuergröße wird erst dann zu Bewusstsein gebracht, wenn Führungskräfte für ihre Einheit auch Ergebnisverantwortung (Schlagwort: *Profit-Center*) haben.

Analoges gilt für eine weitere denkbare Dimension p_4: Power. Entscheidungen und Handlungen von Führungskräften sind keineswegs allein durch das Verwertungsinteresse (p_3) und schon gar nicht allein durch p_1 oder p_2 determiniert, sondern zuweilen am ehesten verstehbar, wenn man Ziele wie Machtausbau oder -erhalt unterstellt, koste es was es wolle in Bezug auf p_1, p_2 und p_3. Das geflissentliche ‚Übersehen' von p_3 und p_4 in den Ohio-Dimensionen und in den situativen Führungstheorien erinnert daran, dass wissenschaftliche Konzeptionen unausweichlich mit Ein- und Ausklammerungen arbeiten müssen und nur *ceteris paribus* gelten. Vielleicht liegt die wenig beeindruckende Deutungs-, Erklärungs- und Prognosekraft dieser Ansätze auch an ihrer extremen Aussparungspolitik.

Was an der Situativen Führungstheorie richtig ist, ist Plattitüde oder Tautologie. Was an ihr neu ist, ist gefährlich. Sie tut so, als ob Vorgesetzte an der Situation unschuldig seien und nur auf sie reagieren könnten. Wenn sie daran glauben, greift das Andorra-Phänomen: Sie werden zu dem, wofür sie sich halten.

5. Führung verstehen, deuten und schaffen: Konstruktivistische Ansätze

Nachdem die Führungsforschung den nachvollziehbaren Weg von Eigenschaftstheorien über Führungsverhalten zur Situationskontingenz gegangen war, herrschte eine gewisse Ratlosigkeit, da sich die Ziele der Führungsforschung nicht im erwünschten Maß erreichen ließen: Führungserfolg nicht nur zu erklären, sondern auch durch entsprechende Maßnahmen für die einzelnen Unternehmen und Führungskräfte zu erhöhen.

Die bisherigen Ansätze standen in massiver Kritik. So wurde den Ansätzen Einseitigkeit und Beschränktheit attestiert, z.B. die Vorstellung, dass ausschließlich explizit eingesetzte Vorgesetzte Einfluss auf explizit definierte Untergebene nehmen. Insbesondere bezog sich die Kritik aber auf die geringe empirische Evidenz der Ansätze (vgl. auch *Bryman*, 1996; *Heller*, 2002; *Parry*, 2011).

Angesichts des Scherbenhaufens mehrerer Jahrzehnte Führungsforschung differenzierten sich die Bemühungen auf. Einerseits in solche, die die alten Erkenntnisse in neuer Lesart kombinierten oder integrierten, sich den alten Fragen mit gleichen Zielen, aber neuen Methoden und Konzepten näherten. Häufig sind Modernisierungen in der Nomenklatur offensichtlich, aber der traditionelle Kern z.B. der Person-/Eigenschaftsorientierung bleibt unverkennbar. Über einige dieser Bemühungen (transformationale Führung, Wiederaufleben der Erforschung des Einflusses von Persönlichkeitsmerkmalen und der physischen Erscheinung) wurde bereits berichtet.

Andererseits in Richtung alternativer Erklärungen, die die Komplexität des Führungsphänomens (erst noch) besser verstehen wollten und sich von den als Irrlichter erkannten konkreten Optimallösungen emanzipieren. Diese bauen verstärkt auf einer neuen Sicht von Realität auf – einer sozial konstruierten Wirklichkeit, die verhandelbar oder zumindest sozial beeinflussbar ist. Und sie ziehen sich üblicherweise zurück von kochbuchartigen Rezepten zugunsten breiterer Perspektiven, die auf diese Weise an Übersicht und Einblick gewinnen – andererseits an Konkretheit verlieren. Sie nehmen also Abschied von der Vorstellung, dass eine Führungstheorie einer Führungskraft ohne Weiteres erfolgssichernde Faktoren gebrauchsfertig präsentieren soll. Sie fokussieren stärker auf Diagnosen und die Klärung von Zusammenhängen, die Führungskräften, aber auch anderen Anspruchspersonen im Feld von Führungsaufgaben Möglichkeiten zur Reflexion und zur grundsätzlichen Ausrichtung von Interventionen geben – und ihnen die Beschränktheit dieser Mittel klarmachen.

Im Anschluss an entsprechende Auflistungen lassen sich die Merkmale solcher neueren Ansätze folgendermaßen zusammenfassen (vgl. *Neuberger*, 1995; *Winkler*, 2004; *Yukl*, 2010; *Walenta*, 2012):

[1] Es werden eher Beziehungen und Prozesse fokussiert als Personen und deren Handlungen.

[2] Subjektivität und die persönliche Konstruktion von Wahrnehmungen, Interpretationen und Bewertungen werden als Grundlage der „Wirklichkeit“ von Führungssituationen hervorgehoben.

[3] Der Kontext von Führung wird als komplex, dynamisch, mehrdeutig und wenig durchschaubar konzipiert.

[4] Sie bemühen sich eher darum, Führung zu beschreiben und zu verstehen, als konkrete Handlungsanweisungen zu geben.

Im Folgenden werden einige prominente dieser neueren Ansätze angeführt. Zunächst schwerpunktmäßig aus Perspektive der Führungskräfte selbst die Rollentheorie (Kap. 5.1), dann sowohl aus Perspektive der Führenden als auch aus der der Geführten die Attributionstheorien (Kap. 5.2), die seit den 1970er Jahren für die Führungsforschung fruchtbar gemacht wurden. Danach geht der Blick auf die Symbolische Führung (Kap. 5.3), die sich mit der Steuerung von Attributionen, allgemeiner der Beeinflussung von Deutungen und Interpretationen durch die Führenden befassen. Die Proponenten des Ansatzes Systemischer Führung (Kap. 5.4) sind bestrebt, moderne Ansätze der Führungs- und Interventionsforschung und der Wissenschaftstheorie zu integrieren. Konstruktivistische Ansätze der Führung, insbesondere systemische Führung, sind ein frontaler Angriff auf das Heldenverständnis von Führung, in der bestimmt auftretende Führungskräfte durch ihr Sein und Tun allein über die Koordination der Aufgaben, MitarbeiterInnen und den Erfolg ihres Verantwortungsbereichs bestimmen. Andere Gegebenheiten und Akteure gewinnen an Kontur und sogar die Klarheit darüber, was Führung ist und was ihr primärer Aufgabenbereich ist verschwimmt scheinbar zugunsten psychologisch und sozial konstruierter Deutungen.

5.1 Rolle und Identität

Vorgesetzte sind – wie der Name schon sagt – Personen, die von jemand anderen vorgesetzt wurden. Damit ist eine Beziehung etabliert, in der es zumindest drei Positionen gibt: Vorsetzende, Vorgesetzte und Unterstellte. Vorgesetzte sind nicht frei, ihre Position so auszufüllen, wie sie möchten; sie haben vielmehr den Erwartungen zu entsprechen, die von den beiden genannten (und weiteren) Seiten an sie gerichtet werden. Diese Minimalsituation erweitert die Vorstellung, dass Führung sich (nur) zwischen Führendem und Geführten abspielt. Mit dieser wurde eine ‚untersozialisierte‘ Sicht der Dinge vertreten: Die Führungsperson ist souveräner Akteur und in ihren Handlungen nur bestimmt durch ihre Eigenschaften, Fähigkeiten, Motive und Ziele.

Dem stellt die Rollentheorie ein anderes Denkmodell zum Verhältnis Individuum – Gesellschaft gegenüber, das als ‚übersozialisiert‘ bezeichnet wurde: Die einzelne Person ist durch und durch geprägt durch die Gesellschaft, in der sie geformt wurde und existiert. Gerade in der Organisationstheorie dominierte lange Zeit die Metapher von der Organisation als einer perfekten Maschine; ‚Außengeleitetheit‘, ‚verwaltete Welt‘, ‚Zwang der Verhältnisse‘, ‚Organization Man‘ etc. sind Schlagworte zur Charakterisierung umfassender und unentrinnbarer Fremdbestimmung.

Polare Gegenüberstellungen sind Überzeichnungen, die dem Zweck dienen, charakteristische Unterschiede hervorzuheben. Im vorliegenden Zusammenhang geht es um den Gegensatz von ökonomischem und soziologischem Paradigma, also einerseits dem *homo oeconomicus* als rationalem, selbstbestimmten, nutzenorientierten Entscheider andererseits dem *homo sociologicus* als fremdbestimmte, konforme und unselbständige Marionette der Verhältnisse. Führungskräfte sehen sich allzu gern als *great (wo)men.* Aus rollentheoretischer Perspektive werden sie nun mit einer Sichtweise konfrontiert, die sie nur den Unterstellten zugedacht hatten: verlässlich zu funktionieren, wie Gesetz, Tradition oder fremder Wille es befehlen.

5.1.1 Das Rollenkonzept

In der verbreitetesten Auffassung des Rollenkonzepts wird unter Rolle das Insgesamt der Erwartungen verstanden, die an eine Person als Inhaberin einer Position gerichtet werden. Eine Rolle charakterisiert somit keinen Menschen, sondern eine Position; sie legt fest, welche Erwartungen an sie legitimer Weise zu hegen sind. Eine Rolle ist das vorweggenommene Einverständnis zur Standardisierung des Verhaltens (und der Haltung!); sie gibt einen Satz schematisierter Handlungsanweisungen vor, der nicht an die einzelne Person, sondern an den Typus adressiert ist. Rollen sind somit zum einen *kognitive* Interpretationsschemata („Es ist damit zu rechnen, dass …"), bei denen es um das ‚Lesen' oder Verstehen einer Situation geht. Zum anderen sind sie *normative* Forderungen („Du sollst oder musst dich so verhalten, dass …"). Die Rolle ist einerseits das bloß Faktische, Übliche, Normale (Ist-Beschreibung) und andererseits das ‚Billige', Geforderte, Gesollte (Appell, Imperativ). Im kognitiven Teil sind Rollen lernfähig, im wichtigeren normativen Teil dagegen intolerant und nicht lernbereit (*Luhmann,* 1964), denn sie fordern auch ‚kontrafaktisch', also auch im Widerspruch zu den aktuellen empirischen Verhältnissen, ihre Einlösung.

Der Begriff der Rolle ist der Theatersphäre entlehnt und suggeriert, dass die Handelnden vorübergehend – ohne dass ihre Identität berührt würde – fremde Figuren darstellen. Die Theateranalogie führt jedoch insofern in die Irre, als das Rollenhandeln nicht verstanden werden kann nach dem Modell eines wohlkonzipierten, vorher fertigen, überschaubaren und in sich abgeschlossenen, von bestimmten AutorInnen verfassten Stückes, das sich vom ‚wirklichen Leben' abhebt, absichtlich inszeniert wird, für ein Publikum bestimmt ist und vor ihm aufgeführt wird. Soziales Handeln verfehlt alle diese Merkmale. Die Person muss manchmal erst herausfinden, bei welchem Stück sie eigentlich mitspielt oder sie ist nicht nur Spielerin, sondern zugleich Stückeschreiberin, die ihre eigene Moral von der Geschichte einbringt und den weiteren Fortgang mit ihren PartnerInnen aushandelt oder ihnen zudiktiert, mittendrin einen anderen Part übernimmt oder aussteigt, weil sie glaubt, bei einer anderen Aufführung mehr Erfolg zu haben.

Man muss sich deshalb von einer Theater-Metapher lösen, die sich einseitig auf das klassische Autoren- und Publikums-Theater bezieht. Treffender wären allerdings die Modelle des Stegreif-Theaters oder *Brechts* ‚Lehrstücke', die – weil sie in intensiver Interaktion mit dem Publikum realisiert werden – nur in der Aufführung und nur für die Aufführenden Sinn haben – aber nicht gelesen oder textgetreu vor Publikum gespielt werden können/sollen.

Die Rollenanforderungen in Organisationen sind grundsätzlich nicht exakt und können nicht ein für alle Mal definiert werden. Daran scheitern auch die Versuche, präzise Stellenbeschreibungen und Anforderungsprofile für Führungskräfte vorzugeben.

Schülein (1989) stellt heraus, dass Rollen soziale Beziehungen enthistorisieren und entsubjektivieren; es muss nicht mehr in einem langen vernünftigen Diskurs von jedem und für jeden Einzelnen geklärt werden, was der Fall und geboten ist. Die Aufspaltung der Persönlichkeit zeigt sich in der distanzierenden und indizierenden Redewendung „In meiner Eigenschaft als …"; der Nachteil einer solchen segmentierenden (Un-)Zuständigkeitserklärung wird aufgewogen durch die Zurückweisung des Ansinnens, sich *total* zu identifizieren (unter Selbstpreisgabe mit einer Organisation verschmelzen, eins werden). Weil im Rollenhandel aber Risiken bestehen (Fehlsteuerung, Instrumentalisierung, Repressivität, Spaltung, situative Ungleichgewichte), ist Rollen-Distanz von so großer Bedeutung. Unter Rollendistanz versteht man ein reflexives Verhältnis zu den Erwartungen und Zumutungen. Sie werden geprüft und gegebenenfalls verworfen. Dieser Rück-Griff kann jedoch nicht beliebig und bedingungslos freigestellt werden, weil sonst das Konzept der Rolle entwertet würde.

In der folgenden Aufstellung findet sich ein nicht erschöpfender Überblick über Dimensionen, in denen die Verhaltensanforderungen variieren können. Ginge man von einem technischen (Maschinen-)Modell der Verhaltenssteuerung aus, müssten die im Folgenden genannten Möglichkeiten sehr exakt fixiert werden. Es ist typisch für den organisationalen Kontext, dass hier Festlegungen nur akzentuierend, aber nicht definitiv (ausschließend) erfolgen:

(1)	Eindeutigkeit, Präzision	⇐ vs. ⇒	Ungenauigkeit, Interpretationsfähig und -bedürftigkeit
(2)	Komplexität, Vielgestaltigkeit	⇐ vs. ⇒	Einfachheit, Elementarisierung
(3)	Wandel(barkeit), Reversibilität	⇐ vs. ⇒	Stabilität, Festgelegtheit
(4)	Allgemeingültigkeit	⇐ vs. ⇒	Spezifität, sektorale Gültigkeit
(5)	Stimmigkeit, Konsens	⇐ vs. ⇒	Konflikt, Widersprüche
(6)	Vernetzung, Integriertheit	⇐ vs. ⇒	Abschottung, Autarkie, Unverbundenheit

(7)	Akzeptanz, Wertschätzung	⇐ vs. ⇒	Abwertung, Ablehnung
(8)	Formalisierung, Dokumentation	⇐ vs. ⇒	Informalität
(9)	Expressivität, Zeremonialität	⇐ vs. ⇒	Nüchternheit, Sachlichkeit, Funktionalität
(10)	Zwang, Repression, Muss	⇐ vs. ⇒	Nebensächlichkeit, Freiwilligkeit, Kann/Soll
(11)	Potenz, Bestimmungsmacht	⇐ vs. ⇒	Schwäche, Unterlegenheit
(12)	Reflexion, Bewusstheit	⇐ vs. ⇒	Automatik, Routine
(13)	Transparenz, Publizität	⇐ vs. ⇒	Vertraulichkeit, Verschleierung
(14)	Offenkundigkeit, Explizitheit	⇐ vs. ⇒	Mutmaßung, Implizitheit, Rekonstruierbarkeit
(15)	Abgrenzung, Markierung	⇐ vs. ⇒	ineinander verfließend, unscharf markiert
(16)	Substituierbarkeit	⇐ vs. ⇒	Unverzichtbarkeit
(17)	Zentralität, Totalidentifikation	⇐ vs. ⇒	Nebensächlichkeit, Beiläufigkeit
(18)	Legitimiertheit, Begründetheit	⇐ vs. ⇒	Beliebigkeit, Willkür
(19)	Privilegierung, Sanktionsbewehrung	⇐ vs. ⇒	Gleich-Gültigkeit, Unbedeutsamkeit, Unbeachtetheit

Auflistungen wie diese machen sichtbar, dass die üblichen Positionsanalysen von Führungskräften relativ einseitige Akzentsetzungen bieten, die sich auf wenige der genannten Aspekte konzentrieren. Man kann sich nicht damit begnügen zu sagen, dass eine Führungsrolle durch Planung, Entscheidung, Organisation, Kontrolle, Motivation etc. bestimmt ist; um genau zu sein, müssten diese inhaltlichen Funktionen (zumindest) noch im Rahmen der genannten 19 Aspekte präzisiert werden.

‚Die' Rollentheorie gibt es nicht; es lassen sich vielmehr verschiedene Richtungen unterscheiden. Um deren Facettenreichtum und analytisches Potenzial zu erschließen, werden im Folgenden drei rollentheoretische Zugänge vorgestellt:

- der strukturalistische,
- der funktionalistische und
- der symbolisch-interaktionistische.

Sie sollen im Folgenden skizziert werden.

Der Versuch der Integration verschiedener rollentheoretischer Ansätze zur Außensteuerung bzw. individuellen Beeinflussbarkeit der persönlichen Rolle(n) durch *Graen* findet sich in Zusatzdokument 20.

5.1.1.1 Strukturalistischer Ansatz

Es ist schon ausgeführt worden, dass eine Rolle nicht so sehr eine Person, als vielmehr eine Position charakterisiert. Die Position ist eine Leerstelle, in einem sozialen System der Ort, der durch eine Person zu besetzen und auszufüllen ist. Nach Art eines Drehbuchs oder Skripts ist den PositionsinhaberInnen ihr Tun und Lassen vorgeschrieben. ‚Vorgeschrieben' heißt nicht notwendig, dass die Handlungsanweisungen explizit fixiert sind (wie etwa in einer Stellenbeschreibung); eine gültige soziale Übereinkunft kann auch durch beiläufiges Lernen, das durch positive oder negative Verstärkung (vgl. Kap. 6.2) vermittelt ist, hergestellt werden.

Dem strukturalistischen Rollenverständnis liegt ein recht einfaches Kommunikationsschema zugrunde, nämlich das Sender-Empfänger-Modell: Es läuft alles auf die Fokalperson, d.h. die Person, der eine Rolle zugeschrieben wird, hinaus. Sie ist als EmpfängerIn(!) passives Objekt, weil sie annimmt, was an sie herangetragen wird. Die Position und mit ihr die Person wird durch die (bestimmten oder diffusen) Anderen definiert. Damit wird eine alte Denkfigur wieder aufgegriffen, die z.B. in *Hegels* ‚Phänomenologie des Geistes' eine zentrale Stellung hat: Das Ich wird (sich) selbst bewusst durch die Spiegelung in den Anderen: erst wenn es gesehen *und* anerkannt wird, existiert es als Ich oder Selbst. Die Dezentrierung des Subjekts, das sich nicht länger als Ursprung und Mittelpunkt der Welt sieht, kommt auch beim französischen Lyriker, Abenteurer und Geschäftsmann *Arthur Rimbaud* zum Ausdruck: „In seinem Brief an *G. Izambard* schrieb er: ‚Es ist falsch zu sagen: Ich denke. Man müsste sagen: Es denkt mich. Entschuldigen Sie das Wortspiel. Ich ist ein Anderes. Umso schlimmer für das Holz, das sich als Geige vorfindet" (zitiert aus *Wils,* 1993, S. 13).

Das „Zumutungsmodell" der Rolle behauptet nicht, dass die einzelnen Erwartungen der verschiedenen „Sender" aufeinander abgestimmt sind. Im Gegenteil, Rollenkonflikte werden ausführlich diskutiert. Durch die wechselseitig kommunizierten Erwartungen wird es den Personen, die es miteinander zu tun haben, möglich, mit ziemlicher Sicherheit vorherzusehen, mit welchem Verhalten sie in typischen oder relevanten Situationen zu rechnen haben. Rollen sind also keine allumfassenden Handlungsvorschriften, sondern nur positions- und lagespezifische Festlegungen. Ein und derselben Person können in verschiedenen sozialen Bezügen gleichzeitig verschiedene Erwartungsträger gegenüberstehen, wie das in der folgenden Abb. 5.1 veranschaulicht wird.

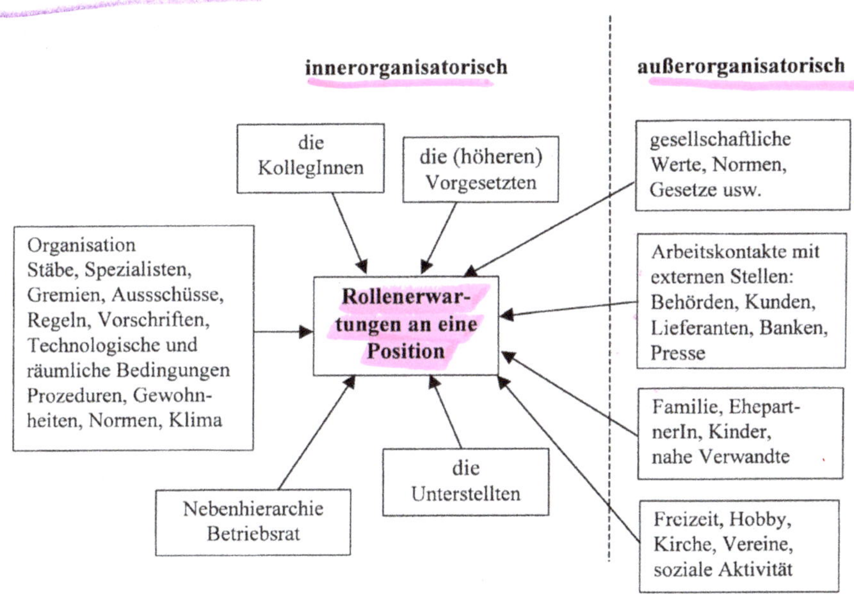

Abb. 5.1: Die Person im Zentrum von Rollenerwartungen

Alle Erwartungen (= Pfeile) verweisen auf die Positionsinhaberin; damit ist auch grafisch verdeutlicht, dass sie geradezu überwältigt wird von den Ansprüchen, die von anderen kommen. In ähnlicher Weise wird dies in den sog. Zwiebelschalen-Modellen symbolisiert, bei denen ein Individuum nach dem Modell der russischen Puppen in eine Vielzahl von Systemen eingeschlossen ist, die jeweils immer allgemeinere Forderungen stellen; aus diesem hermetischen Gehäuse gibt es kein Entrinnen (siehe Abb. 5.2).

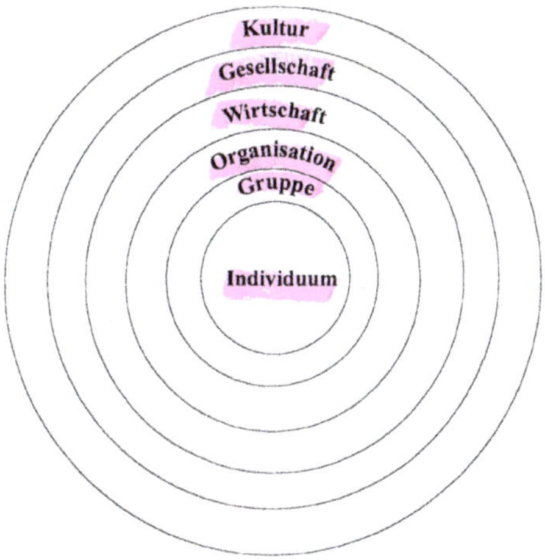

Abb. 5.2: Das Individuum im Fokus der Erwartungen und Prägungen verschiedener Systeme

Mit einem bei *Biddle* (1979) berichteten Wort von *Konfuzius* lässt sich die tautologische Essenz dieser rollentheoretischen Position trefflich karikieren: „Der Herrscher herrscht, der Diener dient, der Vater vatert, der Sohn sohnt!“ Im vorliegenden Zusammenhang wäre hinzuzufügen: der Führer führert! oder laut dem ehemaligen französischen Staatspräsident *Jacques Chirac*: „Ein Chef muss cheffen“.

Kahn et al. (1964) präsentieren eine Interpretation des strukturalistischen Rollenansatzes, die (auch) klarmacht, dass der Eindruck der harmonischen Stimmigkeit, der dem Ansatz gelegentlich anhaftet, so nicht hinzunehmen ist. Sie konzipieren sechs Formen von Konflikten, die möglich und je nach Konstellation auch wahrscheinlich sind:

- Intra-Sender-Konflikt,
- Inter-Sender-Konflikt,
- Inter-Rollen-Konflikt,
- Person-Rollen-Konflikt,
- Rollen-Ambiguität,
- Rollen-Überlastung.

Sie machen deutlich, dass die *Außensteuerung durch Verinnerlichung* (rollengeleitetes Handeln) keineswegs so perfekt ist, dass der einzelne Positionsinhaber zum Handlungsautomaten erniedrigt wird.

> Ihr Ansatz wird in Zusatzdokument 21 genauer dargestellt.

Dabei wird davon ausgegangen, dass die Fremdsteuerung aus strukturellen (personunabhängigen) Gründen unvollkommen sein *muss* und dass deshalb neben der Programmierung durch Rollen weitere Steuerungsmöglichkeiten vorzusehen sind. Für die Vorgesetzten-Rolle heißt das, dass sie prinzipiell (und nicht etwa aus Unfähigkeit der Rollen-Sender) nie so eindeutig, konfliktfrei und starr zu fassen ist, dass auf Seiten der EmpfängerInnen keine subjektiven Deutungs- und Gestaltungsmöglichkeiten bleiben. Man kann sogar allgemein formulieren, dass eine Vorgesetzten-Position nur dann als solche zu bezeichnen ist, wenn besondere Ermessens-, Interpretations- und Handlungsspielräume bestehen. Wenn es gelänge, die Vorgesetzten-Position völlig zu rationalisieren, hätte man damit ihre Existenzberechtigung beseitigt.

Obgleich durch diese Differenzierungen die Vorstellung von RollenspielerInnen als Handlungsbevormundeten schon nachhaltig in Frage gestellt wird, muss die Relativierung noch weiter getrieben werden, wobei die oben skizzierten verschiedenen Dimensionen des Rollenkonzepts Denkanstöße geben:

- Die Dynamik der Rollenentwicklung kommt in den statischen Modellen kaum zum Ausdruck. Dass Rollen in ihrer Komplexität, Bestimmtheit, Potenz etc. pulsieren, wachsen, verkümmern, bleibt ebenso unberücksichtigt wie das Problem der eindeutigen Abgrenzung und Übergangsmarkierung von Rolle zu Rolle.

- Die Ansätze unterstreichen die Opfersituation der Fokalperson; genauso wichtig ist es jedoch – gerade unter interaktionistischer Perspektive (siehe unten) – die Rückkoppelung zu beachten, die die Möglichkeit des Aushandelns und der aktiven Steuerung und Reflexion durch den Rollen-‚Empfänger' ausdrückt.
- Die Rollensender weisen unterschiedliches Gewicht bzw. Rang auf und der Vernetzung der Sender wird zu wenig Rechnung getragen; außerdem werden sie personalisiert (was eine dyadische Verhandlungssituation zwischen Gleichberechtigten nahelegt); die strukturelle Quelle mancher Rollendiktate (Aufgabe, Technologie, Organisation, Recht) gerät aus dem Blickfeld.
- „Einflüsse" sind nicht beliebig. Sie weisen spezifische Inhalte und Form auf. Zum letzteren zuerst: Es macht einen Unterschied, ob Anforderungen verbindlich, formalisiert, substituierbar, präzise etc. sind – oder nicht. Darüber hinaus kommt es auch auf den Inhalt an, der (insbesondere bei komplexen Rollen wie der von Vorgesetzten) nicht bloß Ausführung, sondern Entscheidung verlangt, vor allem dann, wenn Anforderungen nicht gleichgültig, sondern gleich gültig sind: Hier muss ein wertbegründeter und subjektiv verantworteter Weg aus im Grunde unauflösbaren Rollen-Dilemmata gefunden werden (siehe Kap. 9.4).

Vorgesetzte werden durch diese Dilemmata nicht in ihrer Handlungsfähigkeit gelähmt. Sie finden zahlreiche Wege, mit diesen Schwierigkeiten umzugehen; außerdem haben Vielfalt und Widersprüchlichkeit von Rollen durchaus positive Funktionen: Je mehr Rollen eine Person spielt,

- desto stärker ist sie in ein System integriert und
- desto größer ist ihre Unabhängigkeit von bestimmten Bezugspartnern (weil sie von keinem einzelnen mehr dominiert werden kann), und
- desto größer ist auch die Chance der Entwicklung von Ich-Identität (s.u.).

5.1.1.2 Funktionalistischer Ansatz

Bei der *funktionalistischen* Auffassung findet ein Wechsel des Bezugsystems statt: Im Mittelpunkt steht nicht mehr das scheinbar unabhängige Individuum, sondern das übergeordnete System. Das verlagert die Frage auf die notwendigen Bestands- und Wirkungsbedingungen einer Einheit (z.B. einer Person, Gruppe oder Unternehmung). Funktionalismus wird jenes Theorieprogramm genannt, das die Existenz eines sozialen Phänomens (z.B. eine soziale Gruppierung, eine Praxis, eine Institution etc.) durch die Wirkungen oder Funktionen erklärt, die es für ein übergeordnetes System hat. Meist wird mit dem naturalistischen Fehlschluss operiert: Was ist, *muss* so sein, denn sonst wäre es durch etwas anderes (längst) ersetzt.

Danach ist weitgehend egal, *wer* eine bestimmte Funktion wahrnimmt, Hauptsache ist, *dass* sie erfüllt wird. Bei diesem Standpunkt gibt es dann keine speziellen Führungs-Rollen mehr, sondern nur noch Systemerfordernisse, die von verschiedenen Instanzen befriedigt werden können. Rolle ist das mehr oder weniger willkürlich auf eine Person/Stelle vereinigte Funktionsbündel, das mit anderen Gestaltungsbeiträgen konkurriert, sie ersetzt oder ergänzt. In letzter Konsequenz gilt: Alles, was für den Systembestand notwendig ist, kann Bestandteil der Vorgesetztenrolle werden.

Woher aber weiß man, was die bestandssichernden System-Funktionen sind? In der Führungsliteratur gibt es dazu facettenreiche Aufzählungen, z.B. bei *Benne & Sheats* (1948) oder *Bales & Slater* (1969); diese Autoren sind der gruppendynamischen sozialpsychologischen Tradition verpflichtet. Sie haben der Dichotomisierung zwischen expressiven und instrumentellen Rollen (Mitarbeiterorientierung und Leistungsorientierung, sozioemotionale und aufgabenbezogene Rollen, Kohäsion und Lokomotion) zum Durchbruch verholfen.

Zu *Bales & Slater*s Ansatz der Führungsduale siehe Zusatzdokument 22.

In der praxisnahen Trainingsliteratur sind auch typologisierende Einteilungen verbreitet, denen zu Folge es in jeder Gruppe die Rollen von Star, Clown, AggressorIn, Sündenbock, OrganisatorIn, Arbeitstier, ExpertIn, Helfer, Playgirl/-boy, Moralist, Versager, PedantIn etc. gibt oder gar: geben muss. Als Managementtheoretiker unterscheidet *Staehle* (1989) 24 Managementrollen. Besonders häufig zitiert werden *Mintzbergs* (1973) zehn Rollen von Managern (vgl. Tab. 5.1):

„1. Interpersonale Rollen

a) Repräsentator

Als Repräsentator handelt die FK als symbolische Spitze der Organisation und übernimmt die Erfüllung zeremonieller Aufgaben gesetzlicher und sozialer Art…

b) Führer

In dieser Rolle erfüllt sie Aufgaben der Stellenbesetzung, Schulung, Motivation. Im Mittelpunkt stehen die direkten Beziehungen zu den Mitarbeitern …

c) Verbindungsmann

[Die Führungskraft etabliert durch sie] … Kontakte außerhalb ihrer vertikalen Kompetenzen … Diese Kontakte beziehen sich auf eine Vielfalt von Personen und Institutionen außerhalb der Organisation …

2. Informationelle Rollen

a) Beobachter

Als Beobachter sucht die Führungskraft ihre Umwelt und das persönliche Kontaktnetz nach Informationen ab und erhält sowohl gewünschte als auch nicht-nachgefragte Informationen. Ein hoher Anteil ist verbal und besteht aus Gerüchten, Spekulation und Hörensagen…

b) Verteiler

Die Führungskraft gibt bestimmte erhaltene Informationen an Personen weiter, die sonst nicht (ohne weiteres) an diese herankommen könnten …

c) Sprecher

In der Rolle des Sprechers gibt die Führungskraft Informationen an Personen außerhalb ihrer Organisationseinheit weiter und hat die Aufgabe, Personen, die auf ihre Einheit Einfluss ausüben, zu informieren. Ein Teil dieser Rolle besteht in der Formulierung der Ziele, Anforderungen, Pläne und Werte der Organisationseinheit gegenüber der Umwelt …

3. Entscheidungsrollen
a) Unternehmer
Die Führungskraft muss Wandel (Innovation) initiieren, indem sie die Organisation und Umwelt nach neuen Produkten und Gelegenheiten absucht, die den Bestand bzw. die Weiterentwicklung ihrer Organisation (Organisationseinheit) gewährleisten sollen …
b) Störungsregler
In dieser Rolle muss sich die Führungskraft mit Problemen zwischen Personen innerhalb ihrer Einheit bzw. zwischen Organisation und Umwelt beschäftigen. Sie reagiert (unfreiwillig) auf Druck …
c) Ressourcen-Zuordner
Die Führungskraft entscheidet über die Zuordnung von Ressourcen an Personen und Gruppen. Damit werden Entscheidungen in der und für die Organisationseinheit autorisiert, bevor sie implementiert werden …
d) Verhandler
In der Rolle des Verhandlers repräsentiert die FK die Organisation (Organisationseinheit) in bestimmten Umweltsegmenten und trifft mit anderen Verhandlern (Repräsentanten) gemeinsame Entscheidungen; sie verpflichtet damit ihre Organisation für bestimmte zukünftige Aktivitäten…!"

Tab. 5.1: Die zehn Führungsrollen nach *Mintzberg* (1973) in der Übersetzung von *Strehl* (1987; S. 35-40)

Der funktionalistische Ansatz verneint die Frage, ob die Institution *Führung(skraft)* unverzichtbar und unersetzlich ist für den Bestand eines Systems, weil es für Führung funktionale Äquivalente, also in ihrer Wirkung gleichwertige Alternativen, gibt. Es wäre für ein soziales System außerordentlich riskant, sich auf *eine* Steuerungsgröße, noch dazu eine personale, zu verlassen; man machte sich abhängig von deren Verfügbarkeit, Launen, Leistungsschwankungen, subjektiven Eigenheiten etc. Wichtige Systemfunktionen sind deshalb immer mehrfach abgesichert, sodass z.B. personale bzw. interaktionale Führung gesichert, ergänzt, kompensiert oder in Schach gehalten wird durch strukturelle Steuerung (z.B. über Verfahren, Regeln, Institutionen, Werte, materielle Umweltgestaltung etc.). Es gibt also in jedem Fall eine Fülle von *Führungssubstituten* (vgl. Kap. 6).

Auf die Führungsrolle bezogen heißt das, dass Führungsfunktionen (wie entscheiden, kontrollieren, koordinieren etc.) auch von anderen Personen oder Instanzen wahrgenommen werden können, z.B. von den Geführten (*empowerment*, *intrapreneurship*), von Stäben oder ExpertInnen (z.B. Controlling), von Technologien und Programmen (z.B. der Informationsverarbeitung), von Wertordnungen (z.B. der Unternehmenskultur) etc.

5.1.1.3 Symbolisch-interaktionistischer Ansatz

Die dritte Position, die auf den Sozialbehaviorismus *Meads* (1934) zurückgeht, hat *Blumer* (1980, S. 81) in drei Prämissen zusammengefasst:

- „Die erste Prämisse besagt, dass Menschen ‚Dingen' gegenüber auf der Grundlage der Bedeutungen handeln, die diese Dinge für sie besitzen. Unter Dingen wird hier alles gefasst, was der Mensch in seiner Welt wahrzunehmen vermag!"
- „Die zweite Prämisse besagt, dass die Bedeutung solcher Dinge aus der sozialen Interaktion, die man mit seinen Mitmenschen eingeht, abgeleitet ist oder aus ihr entsteht!"
- „Die dritte Prämisse besagt, dass diese Bedeutungen in einem interpretativen Prozess, den die Person in ihrer Auseinandersetzung mit den ihr begegnenden Dingen benutzt, gehandhabt und abgeändert werden!"

Nicht irgendeine objektive Wirklichkeit, sondern die in konkreten Interaktionen erfahrene und ausgehandelte symbolvermittelte Bedeutung bestimmt das Handeln der Subjekte.

Auf die beiden Namen gebenden Merkmale (Interaktionismus, symbolisch) soll kurz eingegangen werden:

a) Interaktionismus

Damit soll die aktive Mitwirkung des ‚Empfängers' an der Formulierung und am Inhalt der Rollenerwartungen zum Ausdruck gebracht werden. Die Rolle ist auch(!) eine Eigen-Leistung und nicht nur eine Fremdzuschreibung oder -Zumutung. Die symbolischen Interaktionisten haben schon sehr früh konstruktivistische Positionen vertreten, denen zu Folge ‚objektive' Wirklichkeit nicht fotorealistisch abgebildet wird, sondern Produkt aktiver sozialer Deutungs- und Verständigungsarbeit ist.

Des Weiteren gibt es beim Rollenträger insofern eine Binnendifferenzierung, als zwischen Rolle und *Ich* (Kern der Person, Identität) unterschieden wird. Das *Ich* kann sich reflexiv auf seine Rolle(n) beziehen, Rolle und Identität können sich voneinander abkoppeln oder in Konflikt miteinander geraten.

Bei Führungsbeziehungen ist grundsätzlich die *Relation* mit zu denken. Sie ist weder auto-aktiv (die Führungskraft als autonome souveräne Entscheiderin und Macherin), noch re-aktiv (lediglich antwortend auf fremde Erwartungen und Vorgaben), sondern inter-aktiv (auf andere einwirkend und im Gegenzug auch von ihnen beeinflusst) und sogar trans-aktiv, denn in dieser wechselseitigen Bestimmung bleiben *beide* Parteien nicht die, die sie waren, sondern werden zu neuen Qualitäten transformiert, sodass manche AutorInnen (siehe z.B. *Hemmati-Weber*, 1992, S. 43) von ‚transaktionaler Beziehung' reden. Der Begriff ‚transaktional' wird hier allerdings ganz anders verstanden als bei der im Kap. 3.2 behandelten transaktionalen Führung. Führungskräfte sind – wie alle anderen Organisationsmitglieder auch – Täter *und* Opfer; indem sie handeln und behandelt werden, prägen sie ihre Einmaligkeit aus. Diese in Interaktionen geformte individuelle unumkehrbare Geschichte konstituiert Subjektivität, Persönlichkeit und Charakter. Ein fester(!) Charakter, eine ausgeprägte(!) Persönlichkeit sind so gesehen Verhärtungen, in denen die Plastizität von Entwicklungsmöglichkeiten ihren vorläufigen Abschluss gefunden hat. Es ist dann nicht einfach, die Szene zu wechseln und ein ganz anderes Stück ins Repertoire aufzunehmen, denn dann müssten gleichzeitig alle

Kulissen und Mitspieler ausgewechselt werden – was deshalb schwerfällt, weil die meisten von ihnen verinnerlicht sind.

b) symbolisch

Der lange Zeit vorherrschende krude Behaviorismus, der dem Stimulus-Response-Schema folgt, und damit (Tiere und) Menschen als triviale Reaktionsapparate ansieht, wird überwunden. Zwischen ‚Reiz' und ‚Reaktion' wird ‚*symbolische*' Arbeit geschaltet, also aktive innere Auseinandersetzung. Es erfolgt eine Modellierung über das symbolisierende Medium Sprache. Die LaborrattenforscherInnen hatten übersehen, dass es Sprache und Institutionen gibt. Wichtig ist die Verarbeitung (= Interpretation) der ‚gesandten' Informationen auf dem Hintergrund einer kulturell-sozialisatorischen Deutungsregulation und -erfahrung (vgl. Kap. 6.2).

Auch die Personen selbst symbolisieren sich. Es geht also nicht um die Aufprägung einer Erwartung auf eine unbeteiligte Person, sondern um die Übermittlung sprachlicher Information, die das Subjekt zur Stellungnahme und Verarbeitung veranlasst. Jede neue Rollen-Zumutung wird zur vorhandenen ‚ausgeprägten' (sozialisatorisch gebildeten) Person in Beziehung gesetzt. Neue Rollenerwartungen werden also mit der vorhandenen, bereits ausgebildeten Identität konfrontiert, die selbst wiederum eine in Rollengeschichte gewordene ist. Wenn man von einem ‚ausgemachten Führer' spricht, wird nicht nur anerkennend seine besondere Qualität hervorgehoben, sondern zugleich signalisiert, dass diese Würdigung sozial vereinbart ist.

Um die Kerngedanken der symbolisch-interaktionistischen Rollentheorie zusammenzufassen: Was jemand tut, ist nur verständlich auf dem Hintergrund seiner ganz einmaligen Biografie, dem Zusammenfließen untypischer Ereignisse und typischer Beziehungen, sowie den höchst individuellen Bemühungen um Sinnfindung und Interessendurchsetzung. Die verschiedenen Rollen liegen nicht als vorgestanzte Behältnisse bereit, sie werden ‚im Verlaufe der Geschichte' entwickelt, ausgehandelt, angeboten, zurückgewiesen. Sie sind nicht fertig, objektiv, generell gültig, sondern immer einmalig und fragwürdig. Zwar haben alle Handelnden aneinander Erwartungen, die zunächst gesellschaftsüblichen Typisierungen folgen; was jemand aber aus der zugewiesenen Rolle *macht*, ist vor allem von ihm bzw. ihr und den MitspielerInnen abhängig. Nicht Ordnung und Konformität oder Beiträge zum Funktionieren sind die entscheidenden Charakteristika, sondern die Möglichkeit Identität zu gestalten, Entwicklungen offen zu halten, Unbestimmtheiten zu balancieren, Regeln zu vereinbaren etc.

Aus strukturalistischer und funktionalistischer Perspektive erscheinen unaufhebbare Widersprüche zwischen Rollenforderungen als vorübergehende Störungen bzw. Instabilitäten oder als pathologische Defizite. Aus symbolisch-interaktionistischer Sicht sind diese den Führungsalltag charakterisierenden Erscheinungen Aufforderungen zur Auseinandersetzung mit einer inkonsistenten, facettenreichen und kontingenten sozialen Un-Ordnung, die auch die Chance bietet, dem Druck der Verhältnisse persönliche Identität abzutrotzen. Der symbolisch-interaktionistische Ansatz der Rollentheorie bildet den allgemeinen Hintergrund für zwei weitere Forschungsfelder, die noch zu behandeln sind: *Dilemmata* der Führung (Kap. 9.4) und *Identität*.

5.1.2 Das Ich als Gesamtkunstwerk – Neun Dimensionen des Identitätsbegriffs

Der symbolische Interaktionismus gilt innerhalb der Soziologie und Sozialpsychologie als jene Theorierichtung, der die Identitätsforschung die wichtigsten Impulse verdankt. Dabei geht es um Konzeption, Entwicklung und Funktionen der Identität (oder des *einmaligen Selbst*, des *autonomen Subjekts*, der *unverwechselbaren Persönlichkeit*, des *starken Ich*). Charakteristisch für diesen sozialwissenschaftlichen Ansatz ist die spannungsgeladene Beziehung zwischen *I* und *Me*, die *Mead* (1934) in die Diskussion einbrachte:

- *I* steht für personale Identität: den einmaligen, eigenständigen, autonomen reflektierenden Teil der Person;
- *Me* bezeichnet soziale Identität: die von gesellschaftlichen Erwartungen, Konventionen und Normen geprägte Person.

Insofern ist Identität ein Kontrast- und Ergänzungsbegriff zum Konzept der Rolle. Während aber der Rollenbegriff auf den typischen(!) Inhaber einer sozialen *Stelle* gemünzt und durch die Nivellierung individueller Besonderheiten gekennzeichnet ist, kreist der Identitätsdiskurs um die Frage, wie angesichts umfassender gesellschaftlicher Determination eine *Person* so etwas wie Individualität, charakteristische Persönlichkeit oder eben: Identität entwickeln kann. *Gordon W. Allport* hat einmal gesagt, dass jeder Mensch in gewisser Hinsicht wie alle anderen Menschen, wie manche anderen Menschen und wie kein anderer Mensch sei. Die Identitätsdiskussion sucht herauszufinden, in welcher Hinsicht jemand einmalig (‚wie kein anderer Mensch') ist. Identität ist ein Differenzbegriff: man muss das Andere und Allgemeine kennen, von dem sich etwas Bestimmtes (durch eben diese Abgrenzung bestimmtes) als besonders abhebt. Wenn Menschen sich von anderen unterscheiden und auf ihre Unverwechselbarkeit aufmerksam machen wollen, treiben sie Identitätspolitik.

Gerade für die sozial exponierte Rolle(!) Führungskraft entsteht eine paradoxe Situation: In der typischen(!) Konkurrenzsituation muss die einzelne Führungskraft einerseits den Stereotypisierungen und Schemata ihrer Rolle entsprechen, um als ‚richtiger' Führer oder ‚richtige' Führerin (an-)erkannt zu werden, gleichzeitig aber leistet sie in zwei Richtungen Identitätsarbeit: sie profiliert sich ‚nach außen' gegenüber der sozialen Umwelt (will herausragen, als besonders gut auffallen) und sie erlebt sich ‚nach innen' in ihrer Einmaligkeit. Je weniger verbindlich soziale Typisierungen und Positionszuweisungen in funktional differenzierten Gesellschaften werden („Jeder ist seines Glückes Schmied"), desto treffender werden die Kennzeichnungen für postmoderne Lebensläufe und Identitäten: Bastel-, Patchwork-, Flickenteppich-, Crazy Quilt-, Kollage-, Puzzlebiographien, und desto größere Bedeutung kommt nach dem Wegfall oder der Vervielfältigung sozialer Strukturen und Orientierungsmuster der ‚Individualisierung' als der Fähigkeit, Aufmerksamkeit und Anerkennung auf sich zu lenken und sich selbst im scheinbar chaotischen Angebot von Rollenvorlagen einerseits als besonders und andererseits als integriert, funktionierend und akzeptiert zu erfahren (*Beck*, 1983, 1986).

Die Identitätsarbeit, die in besonderem Maße von Führungskräften erwartet wird, ist außerordentlich facettenreich. Den Vorarbeiten von *Mead*, *Krappmann*, *Habermas*, *Preglau*, *W. Müller*, *Belgrad* und *Vaassen* folgend werden hier insgesamt neun Dimensionen diskutiert, in denen sich die Identitätspolitik konkretisiert. Schon an dieser Stelle soll darauf hingewiesen werden, dass alles, was hier zu persönlicher Identität ausgeführt wird, auch für die Analyse und Gestaltung der ‚corporate identity' (oder Unternehmens*persönlichkeit*, wie sie bezeichnenderweise auch genannt wird) gilt. Identität wird nicht als lokalisierbare Entität gefasst; alle Dimensionen spiegeln konfliktreiche Hinsichten und haben Konkretisierungsbedarf. Die Führungskraft hat in allen genannten Dimension Identitätspolitik zu treiben und weil es in jeder Dimension große Handlungsspielräume gibt, ist das Resultat – die Identität der Führungsperson – zwar charakteristisch wie ein Fingerabdruck, aber anders als dieser nicht objektiv (wie ein Objekt) messbar und unveränderlich.

Die folgende Erörterung ist nach einem einheitlichen Schema gegliedert: Bei jeder der neun Dimensionen wird zunächst das Leitmotiv skizziert, dann wird es mit Gegenpolen kontrastiert und am Schluss ein paradoxes Motto formuliert. Hier tauchen bereits die zentralen Aspekte der Attribution (Distinktheit, Konsens, Konsistenz) auf, die im Kapitel 5.2 genauer behandelt werden, beredtes Zeichen für die Zuschreibung von Identität.

1. Kontrast/Distinktheit

Menschen können etwas nur wahrnehmen, wenn sie es definieren (also aus- oder abgrenzen): Eine Person muss distinkt sein und sich von den übrigen als besondere abheben, sonst wird sie nicht als solche erkannt. Identität gewinnt man nur durch Differenz. Dieses Anderssein mag naturwüchsig vorhanden oder gezielt erworben sein, es muss in jedem Fall bemerkbar gemacht und bemerkt werden, was insbesondere für latente Merkmale wie Eigen(!)schaften, Potenziale, Haltungen, Wertorientierungen etc. gilt. Im sozialen Feld gibt es eine Fülle von Techniken, die entscheidenden Unterschiede zu präsentieren: z.B. durch Sprache, Kleidung, Gestik und Benehmen, Umweltgestaltung (z.B. Statussymbole), Begleitpersonal, Ankündigung, Auftrittsinszenierung etc. Gerade durch das Anderssein definiert sich eine Person (bzw. wird definiert) als einmalig, unverwechselbar und eigenständig, zumindest will sie so gesehen werden oder soll sich so darstellen (vgl. dazu die entsprechenden Begrifflichkeiten im Marketing, z.B. *Branding*, *Visibility*).

Individuierung erfordert als Ver-Einzelung die Absonderung von anderen, denen man sich in einem spannungsgeladenen Verhältnis als zugleich zugehörig und nicht-zugehörig erlebt (siehe auch Dimension 5). Für die Identitätsformung ist das Ablösungsgeschehen, das allerdings vorherige Zugehörigkeit voraussetzt, Voraussetzung. Wie insbesondere tiefenpsychologische Schulen betonen, muss der ursprüngliche Zustand der Symbiose oder Identifikation [Ein(s)heit] in einem schmerzlichen Trennungsprozess überwunden werden, soll relative Selbst-Ständigkeit erreicht werden.

Die Dimension wird durch mehrere Gegenpole bedrängt oder herausgefordert: Der eine ist *Selbstpreisgabe* durch Gleichheit, Einssein, Identifikation, Verschmelzung, Fusion oder Entdifferenzierung; der andere beziehungslose *Abkoppelung*: sich absolut, unvergleichlich, autark fühlen und in der Selbsttäuschung befangen sein, von anderen unabhängig und auf Beziehungen, Wertschätzung, (Be-)Achtung nicht angewiesen zu sein. Sie bewegt sich im Feld eines *Differenz-Paradox*: Das Andere als Teil und Bedingung des Eigenen sehen/benötigen: „Identität stellt eine Bewegung des sozialen Verweisens dar: auf das Ich im Anderen und den Anderen im Ich" (*Vaassen*, 1996, S. 200).

2. Kontinuität

Niemand wurde so geboren, wie er oder sie heute ist. Wir verändern uns unaufhörlich (physisch, psychisch, sozial) und bleiben doch dieselben. Wir „wissen", dass wir immer noch die gleichen sind, obwohl wir vor fünf oder fünfundzwanzig Jahren ganz anders ausgesehen, gefühlt, gedacht und gelebt haben. Mit sich identisch sein heißt, die eigene Entwicklung oder Geschichte lückenlos zurückverfolgen können, und zwar als nicht-notwendige, evtl. von Brüchen und Zufällen gezeichnete, unabgeschlossene, vorläufige. Die Kenntnis (bzw. aktive Konstruktion) unserer Geschichte ermöglicht es uns und anderen, aus dieser Herkunft auf die Zukunft zu schließen. Es wird als Überraschung notiert, wenn jemand – z.B. nach einem traumatischen Ereignis – plötzlich ‚eine ganz andere' geworden ist und dennoch gehen wir davon aus, dass ein lebendiger Mensch sich stets weiter entwickelt. Der Ausdruck *Persönliche Identität* meint diese rückblickende Zusammenführung der eigenen Entwicklung. Es gilt der Psychoanalyse als Grundlage neurotischer Erkrankung, wenn die Kontinuität des Erlebens unterbrochen ist; eine Psychoanalyse ist Erinnerungsarbeit, die die verdrängten Anteile („Vergangenheit, die nie Gegenwart war") wieder zur Selbst-Vergewisserung und -Heilung integriert. Insbesondere *Erikson* (1966) hat diesen Prozess der Identitätsformung als Abfolge von Krisen beschrieben, die gemeistert werden müssen, um eine ‚reife' Persönlichkeit zu werden.

Wer sich fortwährend ändert und im nächsten Moment völlig neu ist, kann nicht zur Rechenschaft gezogen werden. Hier leisten sowohl Rollen- wie Identitätsbegriff wichtige Fixierungen, die auch für die Konstruktion des (Straf-)Rechts von Bedeutung sind. In Organisationen werden Leistungen und Beurteilungen dokumentiert, weil sie für spätere Entscheidungen (Beförderung, Entgelt, Training, Entlassung etc.) Rechtfertigungen liefern sollen. Was eine Person vor einem Jahr getan hat, hat die heutige Person getan! Die banale basale Annahme ist: Weil sie erfolgreich war, wird sie befördert und an anderer Stelle wieder erfolgreich sein.

Gegenpole dieser Entfaltungsperspektive sind einerseits Starrheit, Statik, Konstanz, Unwandelbarkeit und andererseits erinnerungs- und geschichtslose permanente Veränderung, stete Neuschöpfung, regellose Fluktuation, hektisch-aktionistisches Augenblicksdasein. Die Dimension stützt auf ein *Stabilitäts-Paradox*: Sich ändern und dabei die gleiche Person bleiben bzw. sich ändern müssen, um gleich bleiben zu können.

3. Konsistenz

Das zentrale Thema dieser Dimension ist das Spannungsverhältnis zwischen Einheit und Fragmentierung: Erlebt sich die Person als ‚stimmige Ganzheit' oder als gespaltene, zerrissene Vielheit? Und wie wird sie von anderen gesehen? Alternative Bezeichnungen könnten sein: Integration, Kohärenz, Einheit, Ganzheit, Konsonanz.

Eine gesunde Persönlichkeit ist – so will es die normative Forderung – eine ‚gute Gestalt', die die verschiedenen Persönlichkeitsanteile, Strebungen, Fähigkeiten und Erfahrungen zu einer schlüssigen Einheit integriert hat; sie ist keine Menge unverbundener Einzelteile, sondern eine harmonische Form. Zwar werden innerer (Facetten-)Reichtum und Differenziertheit vorausgesetzt, aber sie schließen sich wohlabgestimmt und austariert zu einem Ganzen zusammen, das durch ‚Stil' (einheitliche Linie) und ‚Charakter' geprägt ist. Von Integration ist in einem Doppelsinn zu reden: Die Person *ist* (strukturell) integriert (eine stimmige Ganzheit), sie *integriert* (funktional) auch alle Sinneseindrücke, Erfahrungen und Absichten, sodass sie nicht nur kohärent (*zusammenhängend*), sondern auf persönlichkeitstypische Weise verbunden und durch ein gestaltendes Zentrum geprägt sind. Will man nicht als eigenartig oder gestört auffallen, müssen die Geschichten, die wir über uns erzählen, stimmig sein, d.h. kulturell etablierten Einheits-Mustern folgen. Eine besonders wichtige Geschichte ist in Organisationen der ‚Lebenslauf', der bei Führungskräften vorzugsweise nach dem Schema der Heldenstory rekonstruiert wird, die quasi zwangsläufig und folgerichtig zum hier und jetzt führt und in der Zukunft genau dahin führt, wohin die Organisation es will.

Der Anschein vollendeter Stimmigkeit überlagert die Erfahrung der Existenz von inneren Konflikten, ‚persönlichkeitsfremden' Anteilen, Desorientierung und Zerrissenheit. Besonders plastisch kommt das im umstrittenen Konstrukt der *multiplen Persönlichkeit* zum Ausdruck. Weit über *Dr. Jekyll & Mr. Hyde* hinausgehend, leben dabei viele Personen – in einem extremen Fall sollen es 35 gewesen sein – mit jeweils eigenen Namen in *einem* Körper und melden Anspruch darauf an, das Handeln zu steuern. Das entspricht postmodernen Persönlichkeitskonstruktionen, die von Patchwork-Identity und polyzentrischer, situations- und stimmungsabhängiger Vielheit ausgehen und den ‚geschlossenen' oder ‚festen' Charakter als pathologische Verengung der Möglichkeiten betrachten.

Wenn das Ziel ‚differenzierte Einheit' ist, dann stellen die Vereinzelungen dieser zusammengehaltenen Spannung die Extrempole dar: auf der einen Seite Spaltung, Zerrissenheit, Multiphrenie (= ‚Vielköpfigkeit'), Beliebigkeit, dissonante Vielstimmigkeit und auf der anderen Seite ‚mit einer Stimme sprechen', differenzlose Ein-Heit, unprofilierte Homogenität, die zu Identitätszwang, -terror und -sucht werden kann. Es besteht das *Konsistenz-Paradox*: „E pluribus unum": Eines und Vieles zugleich sein.

4. Konsens (Kongruenz)

Anders als in der dritten Dimension geht es hier nicht um eine interne Konstellation, sondern um eine reflexive Bewegung: „Man ist oder wird, wie man gesehen wird". Ein Selbst-Bild entsteht aus den Bildern, die sich *Andere* machen und rückmelden. Wenn sich die Person mit den Augen der Anderen sieht (deren Blick ‚verinnerlicht'), ist es der ‚generalisierte Andere', der sie mustert. Dies ist kein bewusstseinsimmanenter selbstbezüglicher Akt („Ich mache mir Gedanken darüber, was die Anderen wohl über mich denken"), sondern auf Rück-Äußerungen und ‚Rück-Handlungen' gestützt. Identität wird mit der Erwartung verknüpft, von Anderen übereinstimmend (konsensuell) gesehen zu werden. Geht man von einer reflexiven Konstitution der Person aus, dann wäre eine Person, die von verschiedenen Bezugspersonen jeweils ganz anders erlebt wird, chamäleonhaft variabel, nicht zu fassen, ‚unbegreiflich'. Völlig unterschiedliche Rückmeldungen erlauben es der Person – der klassischen unitaristischen Auffassung zu Folge – nicht, einen gesicherten Selbstwert zu entwickeln („Sie küssten und sie schlugen ihn"); sie repliziert dann die ungeklärte Vielheit, die ihr angesonnen wird. Aber auch der genannte Identitätsterror kann sich von der anderen Seite wiederholen: Die soziale Umwelt drängt auf Stereotypisierung und will das enttäuschungsfeste Einheitsbild: Wer einmal stigmatisiert (gebrandmarkt!) ist, ist auf einen Typus fixiert.

Durch Rückmeldungen wird die so genannte ‚soziale Identität' geschaffen und erhalten: Identität wird *in der Gesellschaft* erworben oder genauer: verliehen. Damit ist der Zwang(?) verbunden, kongruent zu sein, d.h. berechenbar und verlässlich, um die Erwartungen der Anderen zu bestätigen. Deren Erwartungen müssten zudem eindeutig kommuniziert und wahrgenommen werden, damit sie als solche ‚verinnerlicht' werden können. Ein Gelingen des Vermittlungsprozesses erfordert ein gemeinsames Symbolsystem und -Verständnis. Nur wenn man von anderen übereinstimmend beurteilt wird und versteht, was sie einem sagen (wollen), gelingt konforme Rollenübernahme.

Wie ausgeführt, sind jedoch die Ansichten und Erwartungen des sozialen Umfelds keineswegs immer einheitlich und übereinstimmend; sie können mehrdeutig, lückenhaft und widersprüchlich sein. Hinzu kommt, dass sie vom Adressaten interpretiert, ausgewählt, negiert, umgeformt werden (müssen). Eben dieser Nicht-Konsens ist die Voraussetzung der Entwicklung von Rollendistanz als der Fähigkeit, den Erwartungen anderer relativierend und kritisch gegenüberstehen zu können. Sie verhindert das restlose Aufgehen in Vorgaben (= Entfremdung) und schafft die Möglichkeit der Abweichung im Sinne einer kreativen Balancierung mehrdeutiger und widersprüchlicher Rückmeldungen.

Buchstäblich verblendet (blind geworden) ist es zu glauben, in Gesellschaft ohne Rücksicht auf die anderen existieren zu können. Hier liegt der Keim zu den schon genannten narzisstischen Größenselbst-Konstruktionen oder den *lonely rider*-Phantasien, in denen der einsame Held aus dem Nichts kommt, sich zunächst als Außenseiter in niedrigen Tätigkeiten bewähren soll, aber sich überraschend widersetzt, den Spieß umdreht und den Anderen *sein* Gesetz aufzwingt. Das *anything goes* kann die Integrationskraft des individualisierten Subjekts überfordern; aber auch ein repressives *rien ne va plus* kann entmutigend oder aber reaktanzsteigernd[2] sein. In beiden Fällen resultiert Unberechenbarkeit.

In der Praxis wird der Kontrolle der sozialen Rückmeldungen große Aufmerksamkeit geschenkt. Organisationen sind überzogen von Systemen des Controlling und Monitoring, die der einzelnen Person keinen Zweifel lassen sollen, dass und wie sie gesehen wird. Personal- oder Leistungsbeurteilungen, Performance Reviews, 360°-Feedback, Mitarbeiterbefragungen, Benchmarking, Kritikgespräche etc. gehören zu dem Instrumentarium, mit dem für Klarheit gesorgt werden soll. Die Dimension umfasst das *Konsens-Paradox*: Von verschiedenen Anderen jeweils anders gesehen werden, aber dieselbe Person sein.

5. Vernetzung (Zugehörigkeit)

Die Autarkie-Illusion, die eben angesprochen wurde, wiederholt sich hier aus anderer Perspektive. Diesmal geht es nicht (wie bei Dimension 4) um Wahrnehmung und Anerkennung, sondern um den Ort in sozialen Netzen: ob jemand integriert oder isoliert ist.

2 Reaktanz: Trotz; genau das Gegenteil dessen tun, was gefordert wurde.

Alter und Ego werden nicht als zwei voneinander Unabhängige, sondern als aufeinander Bezogene, sich wechselseitig Bedingende gesehen. Ähnlich wie ein Wort erst im Aussagenzusammenhang (durch Stellung und Verweisung) Sinn bekommt, so erhält auch die einzelne Person ihre Besonderheit durch die Vernetzung in sozialen Beziehungen.

Anders als bei Dimension 1 (Kontrast) steht hier nicht das Anderssein, sondern das Ein- oder Ausgeschlossensein (weniger extrem: der Anschluss oder die Beziehung) zur Debatte. Die Mitgliedschaft im Vorstand oder im ‚Goldfischteich', die Zugehörigkeit zum ‚Oberen Führungskreis' oder zur ‚Abteilungsleiter-Ebene' verleiht(!) Identität, weil das ‚Dabeisein' heißt, die Normen, Ansichten, Spielregeln, Praktiken, Selbstdefinitionen der Gruppierung zu teilen (wer ‚nonkonform' ist, wird schnell ins Abseits gestellt oder ausgeschlossen). Man muss nicht explizit dazu gehören, es genügt schon, Zugehörigkeitshoffnungen oder aber ‚Beziehungen' (Vitamin B) zu haben. Beides kann zu einer ‚antizipatorischen Sozialisation' führen: man eignet sich schon im Vorgriff oder in Mimikry jene Identität an, die für diese Kreise typisch ist.

Insbesondere in der feministischen Literatur wird oft als Manko von Frauen hervor gehoben, dass ihnen ähnliche ‚connections' fehlen, wie sie im männerbündischen ‚Old Boys Network' üblich sind. Die Ausgrenzung verhindert zu verstehen, wie die andere Seite ‚tickt' und sorgt dafür, dass identitätstiftende Privilegien, Projekte und Beziehungen vorenthalten bleiben. Gegenpole dieser Dimension sind es, Mitglied oder Einzelgänger zu sein; zur exklusiven(!) ingroup oder zur outgroup gehören; vielfältig vernetzt sein (zu mehreren Verbindungen gehören) oder auf eine Gruppierung festgelegt sein. Die Person agiert im *Relationsparadox:* Abgrenzung durch Beziehung. Zusammengehören, und dadurch ‚einer von uns' *oder* ‚einer von denen' sein.

6. Control (Wirkung)

Dahms (1963) hat Führung kurz und bündig definiert als ‚Bewegungsbewirkung'. Die soziale Energie, die Bewegung ermöglicht, ist Macht. Sowohl für die Selbst- wie für die Fremdeinschätzung spielt das Ausmaß der Verfügung über dieses Potenzial eine wichtige Rolle. Menschen unterscheiden sich in der Art, wie sie den ‚locus of control' (*Rotter*, 1966) verorten: ob sie dazu neigen sich eher von fremden Mächten abhängig fühlen (externale Kontrolle) oder aber glauben, das Geschehen selbst gestalten zu können (internale Kontrolle). Mit dem Konzept der ‚self-efficacy' (Selbstwirksamkeit) hat *Bandura* (1977) eine produktive Forschungstradition angestoßen. Es ist immer wieder bestätigt worden, dass Personen, die glauben Herausforderungen gewachsen zu sein und aus eigener Kraft Dinge bewegen zu können mit größerem Selbstvertrauen *und* Erfolg an neue Aufgabenstellungen herangehen. Zum Selbststereotyp von Führungskräften gehört, dass sie sich als UrheberInnen von Wirkungen definieren, dass sie Dinge bewegen und Spuren hinterlassen: dass es auf sie ankommt. Die systemische Theorie liefert zahlreiche Argumente dafür, dass es mit der alleinigen Urheberschaft einzelner Personen meist nicht weit her ist, weil Führungskräfte von Führungssurrogaten umstellt und unkontrollierbaren dritten Einflüssen ausgeliefert sind. Dennoch sind die ‚Steuerungsillusion' (*illusion of control*) und die Attributionstendenz, Erfolge sich und Misserfolge den Umständen zuzuschreiben (s. Kap. 5.2), wichtige Triebfedern, es trotz aller Widrigkeiten immer wieder zu versuchen.

Ein großer Teil des Repertoires Symbolischer Führung (s. Kap. 5.3) ist dem Ziel gewidmet, Führungskräfte als unentbehrlich, einflussreich und erfolgswirksam zu präsentieren. Insignien der ‚äußeren' Macht sind aber nur Prothesen, die letztlich überflüssig werden, wenn die Person vom Bewusstsein ihrer Gestaltungskraft durchdrungen ist. Weil der Verlust der Selbstkontrolle (= Selbstbeherrschung) zugleich immer ein Versagen der gesellschaftlichen Kontrolle ist, muss die Innensteuerung tief verankert werden. Was Führungskräfte bei den Unterstellten bewirken sollen (dass diese von sich aus tun, was sie tun sollen), gilt umso mehr von ihnen selbst.

Der unbestreitbaren Fremdbestimmtheit und Abhängigkeit wird ein unerschütterliches (vielleicht sogar größenwahnsinniges?) Vertrauen in die eigene Wirkmacht gegenüber gestellt. Die Führungskraft ist einerseits Souverän (was im Sinne des Absolutismus ‚unumschränkter Herrscher' bedeutet) und andererseits ebenso sehr Subjekt (ganz wörtlich genommen: Unterworfener, Untergebener). Das dazu gehörige *Kontrollparadox* lautet: Als Subjekt Souverän sein.

7. Identifikation (Commitment)

Rollenerwartungen werden häufig mit der Metapher der ‚Maske' assoziiert, die man aufsetzen und ablegen kann: Man *spielt* die Rolle nur, ohne dass sie in Fleisch und Blut übergeht. Letzteres aber wird von ‚Identität' behauptet: Sie ist keine äußerliche Konformität mit fremden Erwartungen, sondern ‚tiefster' oder ‚innerster' Kern der Person: das Ureigene. Bei einem Berufswechsel oder dem Übergang in den Ruhestand kann der Wegfall oder Ersatz von Rollenattributen (wie Vorgesetzte, Finanzexpertin, Mitglied der Firma X) leicht verkraftet werden oder aber zu schweren Identitätskrisen führen – je nachdem, wie sehr eine Person damit ‚identifiziert' war, wie sehr die Rolle elementarer Bestandteil der Selbstdefinition war. Das legt die Vorstellung eines Schale-Kern-, Kleidung-Körper- oder Peripherie-Zentrum-Modells nahe und deklassiert die sozialen Erwartungen und Zumutungen zu Äußerlichem und Austauschbarem. In ihrer Außenschicht kann sich die Person den Umständen chamäleonartig anpassen, während das ‚Wesen' unverändert bleibt (siehe dazu auch die Unterscheidung von *Hochschild*, 1990, zwischen „Oberflächen-" und „Tiefenhandeln", die im Kontext der Emotionsarbeit diskutiert wird; vgl. *Rastetter*, 2008). Hinter einer Maske (Rolle) kann sich jemand verbergen, um einen verbotenen Wunsch zu äußern oder eine versteckte Angst zu besiegen. Das demonstrative(!) Verleugnen verrät die Wahrheit. Welche neuen Einsichten erschlössen sich, wenn statt von Führungs*rolle* von *Führungsmaske* spräche?

Pragmatisch gesehen findet die Dimension großes Interesse, weil ihre Nutzung über die bloße Hinnahme und Verinnerlichung des von der sozialen Umwelt Angesonnenen hinaus verspricht, zu dessen womöglich begeisterter ‚innerlicher' Bejahung vorzudringen. Das ‚Ich muss' soll in ein ‚Ich will' transformiert (Ansatzpunkt für symbolische wie transformationale Führung), das fremde Gebot als eigenes Bedürfnis erlebt werden. Was man Selbstverwirklichung nennt, ist dann keine Entfaltung des angelegten Originals (Kern-Selbst), sondern die aktive kontingente Ausführung eines Entwurfs (Ideal-Bilds), die durch die eigenen Möglichkeiten und die Umstände begrenzt wird.

Hier sind demnach die genannten Metaphorisierungen wieder aufzugreifen: Oberfläche – Tiefe, Hülle/Verpackung – Inhalt, Schale – Kern, Maske – Person, Erscheinung –

Wesen, Phänotyp – Genotyp etc. Dahinter stehen Dimensionen wie ‚Entfernung von einem Kern', ‚Ablösbarkeit', ‚Relevanz', ‚Gewicht', ‚generierende Kraft vs. Ergebnis' etc. Das *Commitment-Paradox* kennzeichnet die Dimension: Als Person voll und ganz bei der Sache sein. Sich eine Sache/Aufgabe zu eigen(!) machen; ganz bei sich sein und in der Gruppe/Firma aufgehen.

8. Bezeichnung (Kodierung)

Identität ist nichts Dingliches, sondern eine Organisationsform des Selbst, das als latente Größe unsichtbar bleibt. Identität aber wird *präsentiert* und zu diesem Zweck muss sie mit Hilfe von Kommunikationsmedien übersetzt, mitteilbar und erfahrbar (gemacht) werden. Die fließenden und mehrdeutigen Attribute werden fixiert. Das kann durch einen Namen geschehen oder durch dingliche Symbole oder Rituale. Dem Namen kommt dabei eine besondere Bedeutung zu: Die Namensverleihung(!) ist ein höchst signifikanter Akt, weil jemand damit aus der A-Nonymität herausgehoben zum Subjekt oder Mitglied erklärt wird. Es handelt sich dabei um einen magischen Akt, der in vielen Kulturen rituell zelebriert wird (Taufe, Initiationsriten). Mit dem Namen fließen Eigenschaften über, wer den Namen wegnimmt, löscht die (soziale) Existenz aus, wer den wahren Namen kennt, hat Macht (siehe das Rumpelstilzchen-Motiv). Neben Namen, Titeln, Dienstgraden, Funktionsbezeichnungen etc. kommt auch der dinglichen Ausstattung Signal- und Identifikationswert zu (Statussymbole, Arbeitsmittel, Kleidung etc.). Die Unsichtbarkeit von Vorrechten, Qualifikationen, Gehorsamsansprüchen etc. muss – um den sozialen Verkehr zu erleichtern und zu beschleunigen – vermittelt, d.h. in lesbare Zeichen übersetzt (kodiert) werden. Eine Ernennung macht einen zu einer Person von Wert.

Diese Kodierung wird Teil der Person und – wie *Habermas* es nennt – zu ihrer „prädikativen Selbstidentifikation" herangezogen: Ich teile mir und anderen mit, wer ich bin und vergewissere mich und sie meiner Identität, indem ich diese als mein durch Attribute vergrößertes Selbst präsentiere. Was zunächst nur Code-Zeichen oder Anzeiger war, wird zuweilen zum Identitätsaufhänger, der weniger die ideologisch behauptete ‚eigentliche' Identität ausdrückt, sondern eine neue verleiht und allein deswegen angestrebt wird (z.B. ein Doktor- oder Direktortitel).

Gegenpole der Dimension sind (unerkanntes) *Sein* vs. (kommunizierbarer, aber substanzloser) *Schein*. Was als schmückendes oder erläuterndes Beiwerk gedacht war, wird unversehens zum Eigentlichen, das aber paradoxerweise kein Eigentliches mehr, sondern als Mittel austauschbar und handelbar ist. Bezeichnend ist das *Kodierungsparadox*: Das Innere durch Äußeres darstellen. Den Bezeichneten zum Zeichen machen.

9. Reflexivität (Seiner selbst bewusst sein)

Diese Dimension bezieht sich auf das Spannungsverhältnis von frageloser Natürlichkeit und bewusster Reflexion. Identität hat nur, so lautet die normative Setzung, wer sich ihrer bewusst ist. Mit der Inschrift am delphischen Apollon-Tempel ‚Erkenne dich selbst!' ist eine paradoxe selbstreferenzielle Konstruktion bezeichnet. Selbsterkenntnis ist ein Prozess, der keinen Abschluss findet. Man kann sich seiner selbst nie gewiss sein, zum einen, weil jede Hinsicht eine Wegsicht ist (und man den eigenen blinden Fleck nicht sehen kann) und zum zweiten, weil das Selbst kein Ding, sondern eine Konstruktion ist, die fortwährend revidiert (korrigiert und neu gesehen) wird. Zu den eigentümlichen Besonderheiten der Identitätssuche gehört deshalb, dass sie nur auf dem Umweg über den Anderen erfolgreich sein kann. Die Wahrheit der Anderen soll die eigenen Selbsttäuschungen heilen. Das ist einer der Gründe dafür, dass Beurteilungen, in extremer Form: das 360°-Feedback, immer wieder als Königsweg der Selbsterkenntnis angepriesen werden.

Hierher gehören alle Varianten von Beurteilung und Prüfung (von der Personalbeurteilung bis zum Performance Review, vom Einstellungsgespräch bis zum Assessment Center). Führungskräfte und MitarbeiterInnen werden zu ‚Zeitmanagement' angehalten: zur sorgfältigen Buchführung über ihre Ver(sch)wendung der Ressource Zeit und zur bewussten Planung dieser kostbaren Ressource, deren Realisierung ein hohes Maß an Selbstdisziplin verlangt. Zeitplanung ist nur ein Teilbereich aus dem so genannten Selbstmanagement, das zum Inhalt hat, dass sich die Person in allen Aspekten wie ein kostbares Investitionsgut betrachtet, dessen Einsatz und Verwertung nicht dem Zufall überlassen werden darf.

Selbstsicherheit gilt als Zeichen psychischer Gesundheit. Wer an seiner Identität zweifelt und das ‚Ich bin, der ich bin' in Frage stellt, ist schon krank. Damit aber kommt man in die Nähe der schon erwähnten Doppelbindungssituation: Einerseits soll die Person ihre Selbsterkenntnis vertiefen (denn die ist – wie es ganz pragmatisch heißt – der erste Weg zur Besserung), andererseits soll sie sich nicht ‚übertrieben' (grüblerisch, verbohrt, neurotisch) mit sich selbst beschäftigen.

Die Gegenpole der Dimension sind Selbstverklärung und -überschätzung auf der einen, Selbstkritik und -zweifel auf der anderen Seite. Differenzierte analytische Klarheit (wenn z.B. die Persönlichkeit im Raster unabhängiger Dimensionen eindeutig ‚objektiviert' und – z.B. durch Balken- oder Sterndiagramme – quantitativ abgebildet wird) kontrastiert mit mystischer Verklärung, Beschwörung geheimnisvoller Tiefen oder Höhen, narzisstischer Selbstbewunderung (‚Größenselbst'). Die Dimension offenbart sich im *Kognitions-Paradox:* Das Unerkennbare erkennen. Bewusste Unbewusstheit (‚unthought known'). Das Erfundene entdecken.

Identität, Identitätsarbeit und Identitätspolitik von Führungskräften lässt sich in den breiteren Kontext der Beziehung zwischen Individuum und Organisation einordnen (vgl. *von Rosenstiel, Molt & Rüttinger*, 2005, S. 41). Dabei wird die Komponente des Individuums in ihren vielfältigen Beziehungen (auch) innerhalb der Organisation und möglichen daraus entstehenden Konfliktfeldern differenzierter betrachtet. So wird die Frage, wie Führungskräfte sich selbst, von anderen Individuen in der Organisation und „von der Organisation" wahrgenommen werden, untersucht und die Antwort im Raum der beschriebenen neun Dimensionen zu finden sein. Diese Frage und damit die Lokalisation von Identität ist durchaus zentral für die Wahrnehmung und Konstruktion von Führung, sei es für die Organisation, die MitarbeiterInnen oder die Führungskraft selbst. Für die Lokalisation von Identität als Führungskraft besteht neben einem Rahmen von außen an die Person herangetragener Erwartungen und Zuschreibungen ein gewisser Handlungsspielraum zur Selbstverortung. Und Führungskräfte können aktiv die Zuschreibungen der Interaktionspartner zu beeinflussen versuchen, was zentrales Thema konstruktivistischer Führungsansätze darstellt.

5.2 Attributionstheorien der Führung

Bereits bei der Behandlung von Rolle und Identität im letzten Kapitel waren deren *Zuschreibung* zu Personen Thema. Diese braucht nicht notwendigerweise mit dem Selbstbild und der eigenen Vorstellung der betrachteten Person – oder einer angenommenen von BeobachterInnen unabhängigen Realität – übereinzustimmen. Auf allgemeiner Ebene setzt sich mit solchen Fragen die Attributionstheorie auseinander, die auch für die Führungsforschung fruchtbar gemacht wurde. Sie ist ein Teilgebiet der sog. kognitiven Sozialpsychologie (s. *Rudolph & Reisenzein*, 2008; *Fiske & Taylor*, 2013). Ihre zentrale Fragestellung ist die Untersuchung der Prozesse sozialer Wahrnehmung unter dem Gesichtspunkt der Ursachenzuschreibung (*Kausalattribution*): Jeder Mensch ist darauf angewiesen, sich in seiner Umwelt zurechtzufinden. Zu diesem Zweck sucht und sieht er – als eine Voraussetzung für die eigene Handlungsplanung und die Beherrschung der Umwelt – Ordnung, Struktur, Regelmäßigkeit. Besondere Bedeutung kommt dabei der *sozialen* Umwelt zu, insbesondere, wenn es um das Verständnis und die Kontrolle der Handlungen anderer Personen geht. Aus diesem Grund ist die Attributionstheorie auch von Interesse für die Führungsforschung und wurde von verschiedenen AutorInnen darauf angewendet.

Der Titel eines ‚Vaters der Attributionstheorie' wurde *Fritz Heider* verliehen, dessen zunächst nicht beachtete „Psychologie interpersonaler Beziehungen" (1958) den Anstoß gegeben hat, Handlungsanalysen ‚naiv' zu rekonstruieren, so wie sie der ‚gesunde Menschenverstand' vornimmt. Abb. 5.3 zeigt die Struktur der *heiderschen* Überlegungen:

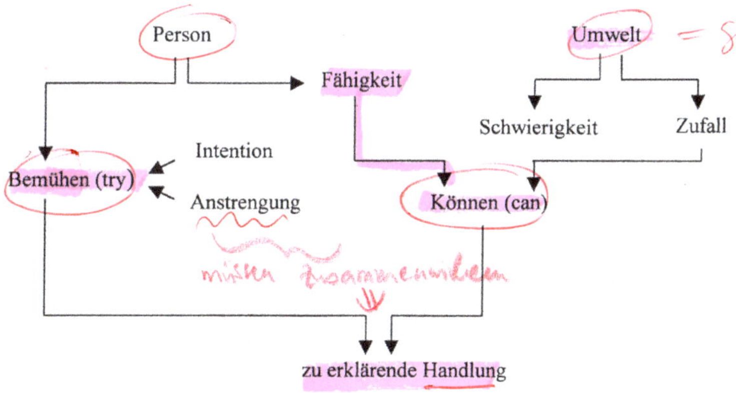

Abb. 5.3: Die Grundstruktur der ‚naiven' Handlungserklärung (nach *Heider*, 1958)

Er nimmt an, dass Menschen (in seiner Diktion „der Laie") Handlungen als Koproduktion von Bemühen (*try*) und Können (*can*) interpretieren. Das Bemühen kann unterschiedlich ausgeprägt sein, je nachdem wie sich die Person anstrengt und welche Absichten sie hat. Aber alles Wollen hilft nichts, wenn die Person nicht *kann*. Vorbedingung fürs Können sind zum einen entsprechende Fähigkeiten, zum anderen günstige Bedingungen: Die Aufgabe darf einerseits nicht zu schwer sein und andererseits können unerwartete externe Bedingungen die Möglichkeit des Handelns fördern oder vereiteln. Erst wenn ‚can' und ‚try' zusammenwirken, resultiert eine Handlung.

Die folgende Darstellung ist auf Führungsfragen fokussiert, legt aber zunächst das klassische Grundmodell der Attributionstheorie von *Kelley* (1973) dar. Nach seiner Auffassung verhalten sich Laien wie SozialwissenschaftlerInnen, wenn sie aus der Beobachtung von Handlungen auf deren Verursachung schließen. In einer unsicheren und dynamischen Welt suchen sie nach Hinweisen, die ihnen zutreffende Erklärungen über das Zustandekommen von Handlungen ermöglichen. Dabei werden drei hauptsächliche Quellen von Verhaltensunterschieden angenommen: die *Person*, die beobachtet wird, die *Inhalte* (Aufgaben), mit denen sie sich beschäftigt und schließlich äußere *Umstände* (Kontext). Wie bei einer Varianzanalyse interpretieren die BeobachterInnen Unterschiede zum üblichen oder durchschnittlichen Verhalten auf der Basis dreier Dimensionen:

- *Distinktheit* (Unterschiedlichkeit, Besonderheit der situativen Umstände);
- *Konsistenz* (zeitliche Beständigkeit);
- *Konsens* (Übereinstimmung mit anderen Personen).

Für drei prägnante Kombinationen dieser drei Dimensionen ist die Attributionsrichtung in der folgenden Tab. 5.2 wiedergegeben.

Wenn folgende Bedingungen existieren			dann wird attribuiert auf:
Konsens (soziale Übereinstimmung): „Wie alle anderen Personen?"	*Distinktheit* (situative Besonderheit): „Nur in dieser speziellen Situation?"	*Konsistenz* (zeitliche Beständigkeit): „Immer?"	
nein	nein	ja	Person (internal)
ja	ja	ja	Aufgabe, Umstände (external)
ja	nein	nein	Zeitpunkt (external)

Tab. 5.2: Drei Beispiele für die Kombination der drei Attributionsdimensionen nach *Kelley*

Es ist in diesem Zusammenhang bereits hier auf eine interessante Parallele zu systemtheoretischen Überlegungen *Luhmanns* (1964) hinzuweisen (vgl. Kap. 5.4). Dieser geht davon aus, dass formale Organisationen eine sachliche, zeitliche und soziale Generalisierung von Verhaltenserwartungen sicherstellen müssen: Das Handeln in Organisationen wird normiert, so dass die einzelnen Akteure nur noch als auswechselbare Typen fungieren (sollen). Will man nun von der Beobachtung solch neutralisierten gesichtslosen Handelns auf *Individuen* zurückschließen, muss man nach Anzeichen einer Abweichung vom Konsens, von der Universalität und von der Konsistenz suchen.

In der folgenden Abb. 5.4 sind die Überlegungen grafisch veranschaulicht. Die drei Kanten der Würfel stehen für die o.a. drei Dimensionen *Person*, *Inhalt* (Aufgabe) und *Kontext* (Umstände). Wenn eine Vorgesetzte Mitarbeiterverhalten beobachtet, wird sie darauf achten, ob sich in einer dieser Dimensionen Unterschiede zum sonstigen Verhalten feststellen lassen. Nehmen wir folgende Situation an: Einer Vorgesetzten sind drei Mitarbeiter unterstellt (P_{1-3}); diese Mitarbeiter haben verschiedene Inhalte (= Aufgaben) auszuführen (I_1: am Computer Texte schreiben, I_2: Archivieren, Ablage, I_3: Terminplanung, Organisation). Die Beobachtungen werden zu drei Zeitpunkten gemacht (U_1: Wochenanfang, U_2: Wochenmitte, U_3: Wochenende).

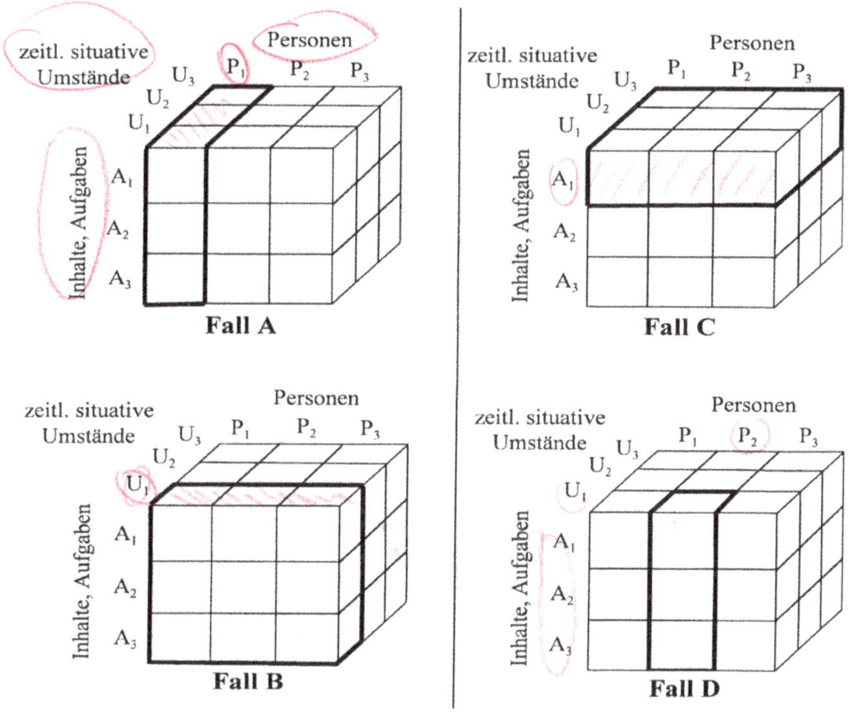

Abb. 5.4: Das varianzanalytische Modell für Kausalschlüsse (nach *Kelley*, 1973, S. 110 f.)

- Fall A: Hier stellt die Vorgesetzte fest, dass eine *Person* P_1 sich zu allen Zeitpunkten ($U_{1\text{-}3}$) und bei allen Aufgaben ($I_{1\text{-}3}$) von den anderen Personen unterscheidet: Die Vorgesetzte wird die Ursache in der *Person* suchen.
- Fall B: Alle 3 Personen sind bei allen drei Aufgabentypen *am Wochenanfang* anders als sonst: Die Vorgesetzte wird die Ursache dafür in den *zeitlichen* Umständen sehen („blauer Montag").
- Fall C: Zu allen Zeitpunkten lehnen alle drei Personen einen bestimmten *Aufgabentyp* (z.B. I_1: Maschineschreiben) ab. Die Führungskraft wird den Inhalt dieser *Aufgabe* für die Auffälligkeit verantwortlich machen.
- Fall D: Eine Person verhält sich zu einem Zeitpunkt bei allen Aufgaben *anders als die anderen* und *anders als sonst*. Die Ursache kann sowohl/als auch bzw.

entweder/oder in P oder U liegen. In dieser Situation ist die Ursachenzuschreibung nicht mehr so einfach wie in den vorangegangenen Fällen, weil gleichzeitig auf zwei Dimensionen Abweichungen vom Üblichen festzustellen sind.

Mit diesen simplen Fällen sollte das sog. *Kovariationsprinzip* veranschaulicht werden: Wenn Abweichungen in auffälliger Weise mit bestimmten Gegebenheiten einhergehen (kovariieren), werden diese als Gründe für eben diese Abweichungen interpretiert.

5.2.1 Attribution durch Führende

Darauf nimmt auch die folgende Abb. 5.5 Bezug, die *Neuberger* (2002, S. 550) nach *Green & Mitchell* (1979, S. 450) und *Mitchell & Wood* (1980, S. 124) entworfen hat. Ihr Attributionsmodell für den Führungskontext nimmt viele Aspekte der Attributionsforschung auf und bietet sich deshalb an, deren Erkenntnisse bzw. Annahmen darzustellen. Die mittlere Zeile der Abbildung zeigt das Erkenntnisobjekt der Attributionstheorie der *Führung*: Aus der Beobachtung von MitarbeiterInnenverhalten (1) zieht die Führungskraft Schlüsse (2), die ihr eigenes Verhalten (3) leiten.

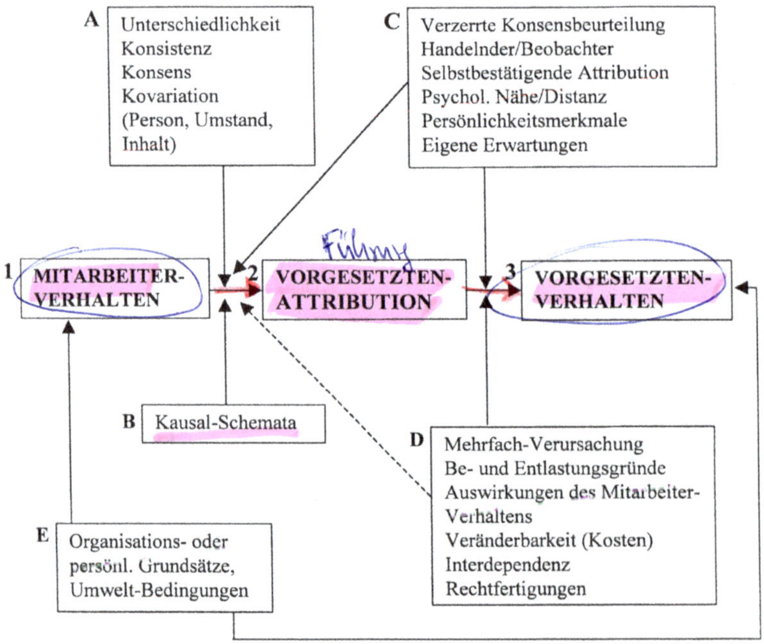

Abb. 5.5: Einflüsse auf den Attributionsprozess einer Führungskraft (nach *Green & Mitchell*, 1979)

Bei ausreichenden Informationen wird die Führungskraft zu sehr differenzierten Diagnosen kommen können. Im Kasten **A** ist die Kovariationsanalyse nach Kelley angeführt. Bei Zeitdruck, ungenügender oder widersprüchlicher Information und aus eingeschliffenen Verhaltensgewohnheiten kann sie abgekürzte Verfahren einsetzen. Diese ‚Kausalschemata' (Kasten **B**) sind einfach abrufbare Standarddeutungen, bei denen sehr wenige Informationen genügen, um weitreichende Schlüsse subjektiv zu rechtfertigen: „Allgemein gesprochen ist ein Kausalschema eine Vorstellung von der Art, in der zwei oder mehr kausale Faktoren in Beziehung auf einen Effekt interagieren" (*Kelley,* 1972, S. 14). Am bekanntesten ist das Kausalschema, das *Weiner, Frieze, Kukla, Reed, Rest & Rosenbaum* (1971; vgl. *Weiner*, 2012) zur Analyse von Leistungsverhalten identifiziert haben (siehe Tab. 5.3). Sie gehen davon aus, dass eine Person, die ein Leistungsresultat zu würdigen hat, zwei Urteilsdimensionen mit je zwei Ausprägungen zugrunde legt.

	Ort der Verursachung (locus of control)	
Zeitliche Stabilität	in der Person („internal")	in den Umständen („external")
stabil	z.B. Fähigkeit	z.B. Aufgabenschwierigkeit
variabel	z.B. Anstrengung	z.B. Zufall/Glück

Tab. 5.3: Kausalschema (nach *Weiner et al.*, 1971)

Wenn eine Vorgesetzte bei einem Unterstellten schlechte Leistungen feststellt, dann wird ihre Reaktion darauf wesentlich durch ihre Kausalattribution determiniert. Glaubt sie, dass es an mangelnden *Fähigkeiten* liegt, dann wird sie den Mitarbeiter schulen oder ihm leichtere Aufgaben zuweisen; hält sie dagegen mangelnden *Einsatz* für die Ursache, wird sie den Unterstellten unter Druck setzen, enger überwachen oder motivieren; war die *Aufgabenschwierigkeit* zu hoch, wird sie nicht den Mitarbeiter tadeln oder trainieren, sondern ihm leichtere Aufgaben übertragen; betrachtet sie die schlechten Leistungen jedoch als *Zufallsergebnis*, wird sie vermutlich gar nichts unternehmen (vgl. *Martinko & Gardner,* 1987). Externale variable Attributionen stellen für Vorgesetzte das größte Problem dar; sie werden im Regelfall vermieden zugunsten einer der drei anderen Möglichkeiten.

Bei der Urteilsbildung von Vorgesetzten spielen eine Reihe weiterer Eigenheiten sozialer Wahrnehmung eine Rolle, die im Kasten **C** der Abb. 5.5 aufgeführt sind (*Green & Mitchell,* 1979, S. 437 ff.; s. auch *Neuberger*, 1980; *Schettgen,* 1991; *Kanning*, 1999; *Fiske & Taylor*, 2013):

- *Verzerrte Konsens-Beurteilung:* Wenn ein Vorgesetzter ein Verhalten als üblich oder normal ansehen soll, dann muss er es auf eine repräsentative Stichprobe von Personen beziehen, die allesamt dieses Verhalten zeigen. Selten haben Vorgesetzte jedoch genügend Vergleichsdaten, so dass sie die Tendenz haben, ihren eigenen sehr begrenzten Erfahrungsschatz unberechtigt zu generalisieren. Dieses Problem spielt z.B. in der Personalbeurteilung eine Rolle, wenn Mitarbeiterleistungen oder -eigenschaften als ‚gut', ‚unterdurchschnittlich', ‚sehr gut' etc. eingestuft werden müssen, der Vorgesetzte aber für diese spezielle Position praktisch keine Vergleichsdaten hat.
- *Beobachtende neigen zu personalen, Handelnde zu situativen Attributionen:* Diese Tendenz ist von ausschlaggebender Bedeutung im Führungsprozess. *Ross* (1977) bezeichnet sie

als den ‚fundamentalen Attributionsfehler': als Beobachtende tendieren Vorgesetzte (im Zweifelsfall) eher zu ‚internalen Attributionen', d.h. sie werden Gründe für gute oder schlechte Leistungen häufiger in Fähigkeiten oder Motiven also im Inneren des Mitarbeiters sehen als in situativen Begleitumständen. Bittet man dagegen Handelnde selbst um eine Ursachenerklärung für (Miss-)Erfolg, dann werden sie seltener eigene (Un-)Fähigkeit, sondern häufiger (un-)günstige Bedingungen (äußere Gründe, Externalisierung) als Grund nennen (Akteur-Beobachter-Diskrepanz, vgl. *Jones & Nisbett*, 1972). Insbesondere für den Fall des Versagens kann diese Tendenz zur Personattribuierung für die unterstellten MitarbeiterInnen unangenehme Konsequenzen haben, weil allein ihnen die Last der Verantwortung aufgebürdet wird.

- *Selbstbestätigende (selbstwertdienliche, egoverstärkende) Attributionen:* Für Erfolge wird viel bereitwilliger die Verantwortung übernommen als für Misserfolge (*Miller & Ross*, 1975; *Pal*, 2007). Ein positives Selbstbild lässt sich eher aufrechterhalten, wenn sich eine Person von Schuld freisprechen und ein Versagen externen Bedingungen anlasten kann. Auch Vorgesetzte scheinen dazu zu neigen, schlechte Leistungen ihrer Unterstellten nicht als Folge ihrer eigenen Führungsunfähigkeit, sondern als mangelnde Fähigkeit oder Motivation der MitarbeiterInnen zu deuten. Gute Mitarbeiterleistungen werden aber umso eher aufs eigene Konto verbucht (oder zumindest als Koproduktion vereinnahmt).
- *Psychologische Nähe:* Je enger und positiver die Beziehung zwischen Führungskraft und MitarbeiterInnen, desto mehr nähert sich die Perspektive der Beobachtenden derjenigen der Handelnden und Vorgesetzte machen Ursachenzuschreibungen, die denen der MitarbeiterInnen selbst gleichen. Aus diesem Grundsatz können einige Ableitungen gefolgert werden: Je mächtiger Vorgesetzte sind, desto größere Distanz haben sie zu MitarbeiterInnen und desto eher werden sie deren Leistungen ‚internal' attribuieren. Erfahrene Vorgesetzte haben viele MitarbeiterInnen in Leistungssituationen kennengelernt und attribuieren eher ‚external'.
- *Persönlichkeitsmerkmale von MitarbeiterInnen:* Bestimmte Persönlichkeitsmerkmale scheinen Auslöser für eine gerichtete Ursachenzuschreibung zu sein – ein Mechanismus, der aus der Stereotypen-Forschung bekannt ist. Es genügt manchen Personen, von einer anderen zu wissen, dass sie Frau, Pazifist, Bayer, Vegetarier etc. ist, um auch ihr Arbeits- und Kooperationsverhalten vorhersagen und einschätzen zu „können". In einigen Untersuchungen wurde gezeigt, dass männliche Vorgesetzte bei Frauen häufiger als bei Männern in vergleichbaren Situationen Erfolge externen und Misserfolge internen Ursachen zuschreiben: War eine Frau gut, lag es an Zufall oder geringem Schwierigkeitsgrad; hat sie versagt, waren ihre geringen Fähigkeiten oder ihr unzureichender Einsatz schuld!
- *Erwartungsbestätigung:* Aus Befunden zur Selbstattribution folgern *Green & Mitchell* (1979, S. 442), dass die Ursachen für ein erwartungskonformes Verhalten in den Mitarbeiter verlegt werden; zeigen sich dagegen überraschende Ergebnisse, neigen Vorgesetzte dazu, dafür veränderte Bedingungen verantwortlich zu machen.

Nach der Diagnose folgt die zweite Phase des *Mitchell*-Modells: die Entscheidung für ein bestimmtes (Antwort-)Verhalten. Wenn eine Führungskraft auf der Basis der bisher skizzierten Überlegungen zu einer Ursachendiagnose gekommen ist, dann wird ihre eigene Reaktion von einigen Überlegungen bestimmt werden, die in Kasten **D** der Abb. 5.5 genannt sind:

- *Mehrfach-Verursachung*

Dies ist sowohl simultan wie sukzessiv gemeint. Wenn für ein beobachtetes Verhalten gleichzeitig mehrere Gründe aus verschiedenen Dimensionen (personelle, situative; stabile, variable) verantwortlich sein können, werden einzelne Gründe in ihrer Bedeutung abgewertet (Discount-Prinzip). Ähnliches gilt für Kausalketten (eine Vorgesetzte wird eine schlechte Leistung z.B. internal attribuieren, bis sie erfährt, dass zurzeit die Ehefrau des Unterstellten schwer erkrankt ist und er deshalb bei der Arbeit völlig unkonzentriert ist). Ganz allgemein dürfte die Mehrfach-Verursachung sich auf das Vorgesetztenverhalten folgendermaßen auswirken:

- Wegen ihrer Unsicherheit wird die Führungskraft zu weniger extremen Reaktionen neigen und
- sie wird versuchen, dadurch mehr Sicherheit zu erlangen, dass sie MitarbeiterInnen testet, indem sie z.B. Bewährungs- und Entscheidungssituationen herbeiführt.

- *Be- oder Entlastungsgründe*

Bei einer externalen Attribution werden MitarbeiterInnen selbstredend von Verantwortung freigesprochen; auch bei einer internalen Zuschreibung kann dies der Fall sein (wenn eine Mitarbeiterin einen Arbeitsunfall aus Leichtsinn herbeiführt, wird sie zur Rechenschaft gezogen werden, nicht aber, wenn der Unfall durch eine Herzattacke verursacht war). Die höchste Stufe von Verantwortlichkeit wird zugeschrieben, wenn ein Ergebnis von der Mitarbeiterin sowohl initiiert, wie intendiert und absehbar war (s. *Shaver,* 1975). Je mehr ein Mitarbeiter für verantwortlich gehalten wird, desto mehr werden sich Vorgesetztenreaktionen personalisierend auf *ihn* konzentrieren und desto extremer werden sie sein.

- *Auswirkungen des MitarbeiterInnen-Verhaltens*

Ein und dasselbe Verhalten (ein Pfleger z.B. gibt einem Patienten ein falsches Medikament) kann je nach den *Konsequenzen* sehr verschieden geahndet werden. Je gravierender die Auswirkungen des Untergebenen-Verhaltens, desto extremer werden die Vorgesetztenmaßnahmen sein (wenn der Patient nur unruhig schläft wird die Chefärztin andere Konsequenzen ziehen als wenn er einen schweren Rückfall erleidet).

- *Leichtigkeit der verändernden Einwirkung (Kosten der Veränderung)*

Es scheint – obwohl dafür kaum gesicherte Belege vorliegen –, dass Vorgesetzte eher davon ausgehen, dass Einwirkungen auf die *MitarbeiterInnen* leichter zu realisieren sind als Veränderungen der *Situation*, vor allem auch deshalb, weil in einer (großen) Organisation viele der Einflussgrößen dem Zugriff von Vorgesetzten entzogen sind. Es ist zudem leichter, einen Mitarbeiter aufzufordern, sich mehr anzustrengen, als Aufgabe oder Situation zu verändern.

Abschließend weisen *Green & Mitchell* darauf hin, dass *organisatorische Rahmenbedingungen* (s. Kasten **E** in Abb. 5.5) Vorgesetzte auf ein bestimmtes Verhalten festlegen können, selbst wenn sie persönlich aufgrund ihrer Ursachenanalyse eine andere Vorgehensweise bevorzugen würden (eine Vorgesetzte könnte z.B. Verständnis für das Zuspätkommen eines Mitarbeiters haben, dessen Kind erkrankt ist; dennoch schreiben die Organisationsregeln zwingend vor, dass sie den Fall an die Personalabteilung melden muss, die dann Sanktionen verhängt). In dem Überblick, den *Mitchell* (1995) über die Attributionstheorie der Führung gibt, betont er, dass die situative Determination als weit bedeutsamer einzuschätzen sei als die Ursachenzuschreibung durch die Führungskraft.

5.2.2 Attribution von Führung

Attribution findet in Führungskontexten selbstredend auch in der anderen Richtung statt, z.B., wenn Unterstellte das Führungsverhalten ihres Vorgesetzten beschreiben (vgl. die besprochenen Vorgesetzten-Verhaltensbeschreibungs-Fragebogen, s. Kap. 3.2). Es konnte – wie oben im Zusammenhang mit der Kategorisierungstheorie ausführlich beschrieben wurde – in einigen Untersuchungen gezeigt werden (zusammenfassend: *Lord et al.*, 1986), dass Befragte imstande sind, mit nur wenigen Informationen über eine Führungskraft vollständige Beschreibungen abzugeben. Den Versuchspersonen wurde z.B. über einen fiktiven oder fremden Vorgesetzten nur mitgeteilt, dass seine Arbeitsgruppe hohe Leistungen erbringt. Nachfolgende Beschreibungen mit dem LBDQ XII erbrachten die gleiche Faktorenstruktur und vergleichbare Mittelwerte wie sie beim Durchschnitt der Eichpopulationen gefunden worden waren! Dies wurde als Hinweis für die Wirksamkeit ‚impliziter Führungstheorien' gewertet, weil die Kenntnis des (Miss-)Erfolgs den Prototyp der (schlechten oder) guten Führungskraft aktiviert (*performance-cue-effect*). Es wird bei Führungsverhaltensbeschreibungen somit aktuelles Vorgesetztenverhalten nicht nur beschrieben, sondern zugleich überlagert durch die Reaktivierung eines sozial vermittelten Vorgesetztenstereotyps.

Auf den Prozess der Zuschreibung von *Führungsqualitäten* ist z.B. *Calder* (1977) in seiner „Attributionstheorie der Führung" eingegangen. Seine Überlegungen werden stellvertretend für diese Richtung kurz nachgezeichnet. Er schließt an die ‚naive Psychologie' *Heiders* an, der davon ausgegangen war, dass Personen ihre Welt dadurch ordnen und vorhersagbar machen, dass sie Ereignisse und Ergebnisse ungern einer unüberschaubar großen Anzahl situativer Einflüsse zurechnen, sondern lieber einzelne Handelnde dafür verantwortlich machen. Führung ist ein besonders markanter Fall dieser Tendenz, *personale* Ursachen für Verhalten(-swirkungen) zu suchen. Als FührerIn gilt jemand (immer nur) für eine bestimmte Gruppe, deren Erwartungen an eine Führungsperson er oder sie erfüllt: In einer Straßenbande gelten andere Führungskriterien als in einem Industriebetrieb. Dazu gehört auch, dass sich der oder die Führende anders als die anderen in der Bezugsgruppe verhält – sonst wäre ja kein Unterschied zu den anderen festzustellen. Das Verhalten der Führungsperson darf außerdem nicht situativ erzwungen sein: sie muss Wahlmöglichkeiten gehabt haben. Eine internale, d.h. auf Führungs-Qualitäten bezogene Attribution ist dann – *Kelley* zufolge – wahrscheinlicher, wenn

- die Effekte der gewählten und der nicht-gewählten Alternativen sich deutlich unterscheiden (wenn Verhalten im wahrsten Sinn des Wortes ‚einen Unterschied macht') und

- wenn dieses Verhalten keine hohe soziale Erwünschtheit hatte (wenn es nicht nur breite Zustimmung einbringt, also ein gewisser sozialer Widerstand zu überwinden war).

Bei der Beschreibung des Attributionsprozesses geht *Calder* (1977) von der Grundthese aus, dass Führung nicht ‚an sich', sondern nur als Wahrnehmungsphänomen existiert. Er hält Führung für einen Begriff der Alltagssprache, der wissenschaftlich „nicht lebensfähig" ist, weil er zu unklar, vielgestaltig und widersprüchlich ist (*Calder*, 1977, S. 202). Deshalb will er systematisch untersuchen, wie Laien dazu kommen, jemandem Führungsqualitäten zuzuschreiben. Er konzipiert dafür einen vierstufigen Attributionsprozess:

- Damit Führerschaft attestiert werden kann, müssen Handlungen einer Person beobachtet werden (1. Stufe) oder Wirkungen mit einer Person in Verbindung gebracht werden (wenn z.B. nach dem Trainerwechsel eine bislang sieglose Mannschaft ihre ersten Punkte macht, braucht man nichts über die konkreten Maßnahmen des neuen Trainers zu wissen: weil alles andere gleich geblieben ist, muss der überraschende Erfolg an ihm liegen). Um aber zu klären, ob es sich um einen Führer, einen Magier, einen Scharlatan, einen Menschenschinder etc. handelt, müssen die Handlungen der Zielperson daraufhin untersucht werden, ob sie dem in der Bezugsgruppe allgemein verbreiteten Vorverständnisses von einem Führer entsprechen.
- In einem Beweisführungsprozess (2. Stufe) wird untersucht, ob Verhalten und Effekte ‚führungsrelevant' sind. Aus den vorliegenden Indizien (Beobachtungen, Berichte) wird zunächst noch weiteres nicht beobachtetes Verhalten erschlossen (offensichtlich hat der neue Trainer ‚konsequent durchgegriffen' oder die Spieler ‚neu motiviert'). Darüber hinaus wird geprüft, ob das Verhalten in Übereinstimmung mit der impliziten Führungstheorie steht, ob sich ein prototypischer Führer in vergleichbarer Situation so verhalten würde. Des Weiteren wird noch untersucht, ob das gezeigte Verhalten charakteristisch für die Person ist, ob es sozial erwünscht war (s.o.) und ob es ausgeprägt genug war, sodass es tatsächlich einen gravierenden Unterschied zum üblichen Verhalten machte.
- Sind diese Hürden überwunden, wird der Führer-Kandidat noch daraufhin begutachtet (3. Stufe: Informationsbewertung), ob er überhaupt in dieser Situation anders hätte handeln können und/oder ob nicht alles, was er hätte tun können, letztlich die gleiche Wirkung gezeigt hätte. Je mehr sich die Effekte seines Handelns von den Wirkungen unterscheiden, die andere Verhaltensweisen gehabt hätte, desto eher kann ihm Führertum zugesprochen werden.
- In der 4. Stufe (individuelle Verzerrungen) schließlich kommt zum Ausdruck, dass die Attribution kein sachlich-neutraler Prüfprozess ist, sondern dass ganz persönliche Interessen und Voreingenommenheiten von BeobachterInnen eine wichtige Rolle spielen können (hier könnten übrigens auch die bei Green & Mitchell besprochenen ‚Attributionsfehler' angeführt werden). Calder berücksichtigt zwei Überlegungen von BeobachterInnen: Sie werden sich fragen, ob sie durch die Handlungen von Vorgesetzten persönlich betroffen sind und ob diese Handlungen ihnen Vorteile bringen werden oder mit den eigenen Zielen unvereinbar sind. Als ‚Führung'

werden sie eher solche Akte klassifizieren, die ihnen selbst nützen (anderenfalls werden sie das Verhalten als parteiisch, kriminell, schikanös etc. abtun).

Calders Entwurf ist eine Systematisierung längst bekannter Aspekte. Führung ist demnach kein dauerhafter Besitz, der an eine hierarchische Position unauflöslich gekoppelt ist, sondern wird zu- und aberkannt. *Calder* leistet mit seiner Analyse, was die Konstrukteure von Führerverhaltens-Fragebogen voraussetzen: Er liefert die Ermittlungsprozedur, die feststellen lässt, was als Führung angesehen wird. Es stellt sich z.B. die Frage, ob das wichtige Verhaltensmerkmal ‚Consideration' (das in der Faktorenstruktur bei Fragebogenstudien meist den größten Varianzanteil erklärt) tatsächlich ein *Führungs*-Merkmal ist. Ist dieser Zug so typisch, so distinkt, so konsistent, so wenig sozial erwünscht und so extrem, dass er besondere (‚nicht-gemeinsame') Wirkungen hervorzurufen vermag? Oder ist ‚Freundlichkeit' eine bloße Hintergrundvariable, die die emotionale Tönung der sozialen Beziehung zwischen Führenden und Geführten charakterisiert? ‚Consideration' hätte dann inhaltlich nicht viel mit Führung zu tun, es würde lediglich die Führungskraft als Verwalterin eines Führungs-Amtes beschreiben, das sie zur austauschbaren Vollstreckerin eines organisatorisch fixierten Programms macht.

5.2.3 Führen im Attributionsansatz

Die Attribution von Führung braucht nicht naturwüchsigen Prozessen überlassen zu werden, sie kann bewusst und gezielt in Dienst genommen werden. *Pfeffer* (1977, S. 110) formuliert eine Hypothese, die in diesem Zusammenhang relevant ist: „Je mehr in Wirklichkeit der Kontext die organisatorischen Ergebnisse bewirkt, desto größere Anstrengungen werden gemacht, um ihre Attribution auf Führung zu sichern". Ähnlich wie der Kulturanthropologe *Malinowski* vermutete, dass die ‚Erfindung' von Göttern als Versuch zu werten sei, ansonsten unkontrollierbare Mächte (Sonne, Regen, Insektenbefall, Gezeiten, Stürme etc.) zu beeinflussen, weil man Götter anrufen kann, die ihnen gebieten, kann man auch die ‚Erfindung' von Führung in (großen) Organisationen sehen: Es wird damit eine personale Instanz geschaffen, die für Erfolg oder Misserfolg zuständig ist – denn diese hängen von so vielen einzelnen Faktoren ab, dass es ein hoffnungsloses Unterfangen wäre, dieses Geflecht durchschauen oder gar beeinflussen zu wollen (vgl. *Meindl & Ehrlich,* 1987, S. 92).

Die AttributionstheoretikerInnen definieren Führung als *Wahrnehmungsphänomen*; erst müssen die Eigenheiten dieses Prozesses entschlüsselt werden, bevor man Führung zum *Gegenstand* deklarieren kann, der mit spezifischen objektiven Merkmalen ausgestattet ist und nach verallgemeinerungsfähigen Gesetzen funktioniert. Solche Überlegungen mögen für Vertreter der Great-Man-Theory, denen es als ausgemacht gilt, dass es auf den Mann an der Spitze ankommt, ein Sakrileg sein. Eine Untersuchung von *Lieberson & O'Connor* (1972) gibt aber zumindest zum Nachdenken Anlass. Sie werteten über einen Zeitraum von 20 Jahren die Geschäftsberichte von 167 großen amerikanischen Aktiengesellschaften aus und stellten für jedes Jahr als Erfolgsmaße die Werte von Umsatz, Gewinn und Umsatzrendite fest. Durch eine Varianzanalyse suchten sie zu klären, in welchem Umfang diese drei abhängigen Variablen beeinflusst wurden

- vom Geschäftsjahr,

- von der Branche,
- von der Unternehmung und schließlich
- von der Unternehmensleitung (definiert durch die Periode, in der ein und derselbe Präsident oder Vorsitzende dem Unternehmen vorstand).

Dass z.B. Branche und Geschäftsjahr (allgemeine Konjunktur) einen Einfluss haben können, legen die Umsatzveränderungen in Abb. 5.6 nahe, die sie für die acht größten amerikanischen Stahlproduzenten veröffentlicht haben. Es geht daraus hervor, dass die verschiedenen Firmen in dieser 20-Jahres-Periode einen fast identischen Umsatz-*Verlauf* hatten.

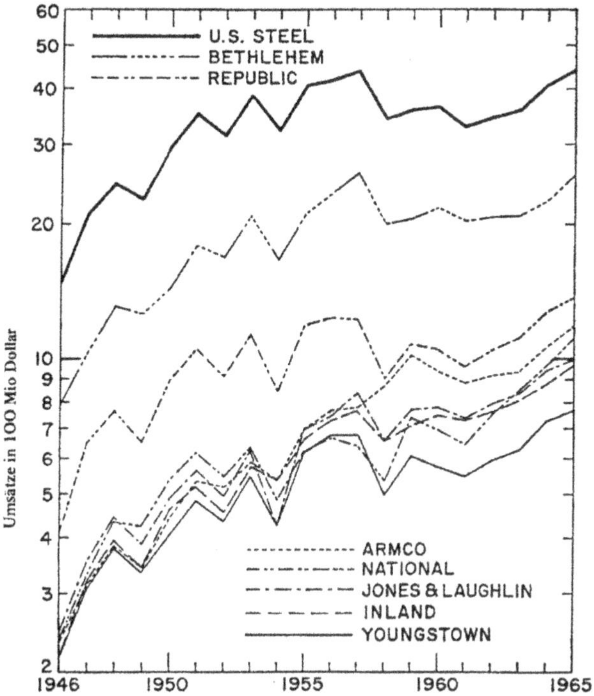

Abb. 5.6: Die Veränderung der Umsätze der acht größten US-Stahlfirmen in der Zeit zwischen 1946 bis 1965 (*Lieberson & O'Connor*, 1972, S. 120)

Für alle drei Kriterienmaße fanden sie, dass die *Branche* und vor allem die *Unternehmung* die größten Erklärungsbeiträge brachten, während das *Geschäftsjahr* (es handelt sich um eine Periode steten Wirtschaftswachstums) und die *Führung* viel weniger bedeutsam waren. Die Autoren stellen fest, „dass wir bei der Betonung der Wirkung von Führung die weit mächtigeren Umwelteinflüsse übersehen können" (*a.a.O.*, S. 129). Die Ergebnisse der *Lieberson-O'Connor*-Studie lösten große Resonanz und einige Nachfolgestudien aus (wie z.B. *Weiner*, 1978; *Thomas*, 1988). Aus deren Daten geht übereinstimmend hervor, dass – bezogen auf die Gesamtvarianz in allen drei Erfolgsmaßen – ‚Führung' nur eine untergeordnete Rolle spielt. Bezogen auf derartige Ergebnisse hatten *Pfeffer & Salancik* (1978, S. 19) formuliert: „… Untersuchungen, die die Wirkung der Unternehmensleiter einschätzten, fanden, dass sie für ungefähr 10 Prozent der Varianz in der Organisationsleistung verantwortlich sind [und dies steht in] einem dramatischen Gegensatz zu den 90 Prozent intellektueller Anstrengung, die in die Entwicklung von Theorien individuellen Handelns investiert wurde."

Im Grunde werden hier zwei Lager gegenüber gestellt – die ‚Individualisten' (Führung, genauer Führungskräfte, bestimmen den Unternehmenserfolg) und die ‚Kontextualisten' (andere Faktoren sind wichtiger für den Erfolg) – und das Ergebnis ist: die Kontextualisten haben gewonnen. Hier wiederholt sich unter anderem Namen eine Auseinandersetzung, die lange Jahre in der Psychologie geführt wurde, ob nämlich Verhalten (mehr) durch Persönlichkeitseigenschaften oder durch situative Bedingungen bestimmt wird (die ‚Nature-Nurture'-, Anlage-Umwelt- oder Person-Situation-Debatte). Entschieden – soweit solch vereinfachende Zuspitzungen überhaupt ‚entschieden' werden können – wurde die Kontroverse in der Psychologie durch die vermittelnde Position des Interaktionismus, der statt des Entweder-Oder für ein Sowohl-Als-Auch plädiert: nur durch Interaktion *beider* Einflüsse entstehen Wirkungen. Um auf die Diskussion, die durch die *Lieberson-O'Connor*-Studie angestoßen wurde, zurückzukommen: *Organisationalen* Bedingungen dürfte *relativ* größere Bedeutung zukommen (eine Unternehmung, die sechs Mal größer ist als eine andere, macht leichter einen größeren Umsatz und Gewinn, aber nicht unbedingt eine bessere Umsatzrendite); die Struktur einer Unternehmung wird jedoch – eventuell zeitverzögert – durchaus auch von den Entscheidungen des Top-Managements geprägt und vice versa: Geschichte, Kultur und Struktur einer Organisation bestimmen mit, welcher Typ von Vorstand berufen wird.

Die Kausalattribution von Arbeitsergebnissen, -erfolgen und Misserfolgen einer Organisationseinheit kann für Führungskräfte auch gefährlich werden: Attribuieren die MitarbeiterInnen von den (positiven oder negativen) Ergebnissen wenig auf das Wirken der Führungskraft, nehmen sie „schwache Führung" wahr, attribuieren sie Misserfolge external, bietet sich als Personenattribution die Führungskraft an, wodurch die Folgerung „schlechte Führung" naheliegt. Für Führungskräfte ist es aus attributionstheoretischer Perspektive wichtig – sogar zentral – für sie vorteilhafte Attributionen von ihren MitarbeiterInnen und von anderen Anspruchsgruppen (FührungskraftkollegInnen, höhere Vorgesetzte, Personalabteilung, Kunden, Lieferanten) zu erhalten. Insofern liegt es nahe, dass Führungskräfte die Attributionen ihrer InteraktionspartnerInnen zu ihren Gunsten zu beeinflussen versuchen. *Impression Management*, die gezielte Selbstdarstellung (vgl. *Tedeschi*, 1981; *Mummendey*, 1995; *Goffman*, 2010) ist dabei nur eine Strategie und handfestere Herangehensweisen wie Symbolische Führung (vgl. Kap. 5.3) und Mikropolitik (vgl. Kap. 9.3) stellen dabei nicht einmal das Ende der Möglichkeiten dar. Aus dieser Perspektive liegt Erfolg von Führungskräften vor allem darin, dass ihnen diese Beeinflussung der Attributionen anderer gelingt.

5.2.4 Abschließende Stellungnahme

[1] Die Attributionstheorie konzentriert sich auf die Wirklichkeits-*(Re-)Konstruktion* der Beteiligten; Führung gilt nicht als objektiver Sachverhalt, sondern als phänomenales Konstrukt, das geeignet ist, eine komplexe und instabile Realität zu ordnen. Insofern machen diese Ansätze Ernst mit der These, dass wirklich ist, was als

wirklich erkannt oder gedeutet wird. FührerIn und Geführte wirken nicht wie unabhängige Massen aufeinander ein und stoßen sich gegenseitig mechanisch zu einem gemeinsamen Ziel hin; es interessieren vielmehr die Besonderheiten der *Zuschreibung* von Kausalität bei der Verursachung von Verhaltensweisen und Ergebnissen. Die soziale Urteilsbildung folgt gewissen Gesetzmäßigkeiten, die zentraler Untersuchungsgegenstand sind. In der Behauptung solcher Gesetzmäßigkeiten liegt aber auch – worauf *Waldmann* (1999, S. 166-195) in seiner ausführlichen kritischen Würdigung der Attributionstheorie in der Führungsforschung hinweist – ein zentraler Kritikpunkt: Die AttributionsforscherInnen sind nach wie vor einem objektivistischen Wissenschaftsverständnis verpflichtet, das die eigenen Standards zur Norm erhebt (und großzügig die ‚Laien' als ‚naive WissenschaftlerInnen' gelten lässt). Die Rede von *Attributionsfehlern* – gar fundamentalen! – unterstellt, dass es *wahre* Verhältnisse gibt, die sich dem unverzerrten Blick der WissenschaftlerInnen erschließen. Genau genommen wird jedoch nur geprüft, ob ‚Laien' mit den an varianzanalytischen Designs geschulten Fragestellungen der WissenschaftlerInnen kompetent umgehen können und ob sie in der Lage sind, ihre sehr komplexen intuitiven Wahrnehmungen in das dürre Raster von wenigen vorgegebenen Kategorien einzuordnen.

[2] Der Ansatz widersteht der jahrzehntelang vorherrschenden Tendenz, Führungs- und Geführtenverhalten auf Durchschnittswerte zu reduzieren (etwa: ‚mittlerer Reifegrad' oder ‚Initiating-Structure-Wert'). Solche zeit- und situationsabhängigen Etikettierungen suggerieren, dass es etwas ‚an sich' zu messendes gäbe, wo es doch nur(?) um subjektive Bilder der Wirklichkeit geht.

[3] Es werden somit auch keine systematischen Zusammenhänge zu ‚abhängigen Variablen' (wie etwa Führungserfolg) aufgezeigt und untersucht; es wird vielmehr analysiert, wie und warum ein Ergebnis bestimmten Personen zugerechnet wird.

[4] Diese subjektive Akzentsetzung bringt es mit sich, dass die Übergänge zur objektiven und objektivierten Welt vernachlässigt werden. Die Attributionstheorie konzentriert sich auf die Binnenwelt der Handelnden bzw. die Interpretation ihrer Handlungen und Ergebnisse durch Dritte.

[5] Attributionstheoretische Ansätze sperren sich gegen eine unmittelbare technologische Indienstnahme zur Fremdsteuerung anderer obwohl sie dazu auch genutzt werden können. Sie könnten zu einem theoretischen Bezugsrahmen für verständigungsorientierte Kooperationsformen ausgebaut werden (die nicht mehr von dem was *ist* ausgehen, sondern von dem, was *gemeinsam geschaffen werden kann*). Das würde einen Paradigmenwechsel voraussetzen, der nicht schwer fallen dürfte, weil der eigenständige Erklärungsbeitrag, den Attributionen zur Vorhersage von (Leistungs-)Verhalten bringen, nicht besonders hoch ist, wie *Mitchell* (1982; 1995) selbstkritisch-resignierend feststellt. Dies hat ihn jedoch nur veranlasst, die Ausweitung des Suchfelds zu fordern und für eine stärkere Berücksichtigung von *‚hard facts'* (speziell: situativen Bedingungen) zu votieren. Man kann aber wohl die eine Erklärung nicht gegen die andere ausspielen, weil monokausale Interpretationen grundsätzlich unzulänglich sind. Die Misserfolge der Einstellungsforschung sind ein warnendes Beispiel. In dieser Disziplin kam es zum Stillstand der Forschung, weil unzählige Untersuchungen gezeigt hatten, dass man von Einstellungen (allein) nicht

auf nachfolgendes Verhalten schließen kann. Eine so simple Erwartung kann man heute auch im Hinblick auf die Folgen von Attribution nicht mehr hegen.

Dennoch sind natürlich Erfolge zu erwarten, wenn es in Organisationen, insbesondere auch den einzelnen Führungskräften gelingt, die Attributionen der MitarbeiterInnen in ihrem Sinn zu beeinflussen. Dazu sind Deutungen von vorgefundenen Zuständen, erlebten Prozessen und erreichten Ergebnissen notwendig, die durch die Führungskräfte geleistet und den MitarbeiterInnen glaubwürdig nahegelegt werden. Aus der attributionstheoretischen Forschung sind erfolgreiche Trainings von Attributionen für verschiedene Kontexte erarbeitet worden (z.B. Leistungsmotivation, Lernmotivation in der Schule, Therapie kognitiver Depression). In der Führungsforschung kann Symbolische Führung als Anwendung der attributionstheoretischen Ansätze gelten – gleichgültig, ob das den symbolisierenden Führungskräften bekannt ist und von ihnen bewusst genutzt wird oder nicht.

Durch die Glaubwürdigkeit und offensichtliche Übereinstimmung mit eigener Wahrnehmung und Deutungen sind dieser Vorgehensweise gewisse Grenzen gesetzt. Diese zu überschreiten, bedeutet für Führungskräfte und ggfs. die Organisation insgesamt, dass ihre Glaubwürdigkeit beschädigt oder zerstört wird, was nicht nur zur Wirkungslosigkeit, sondern sogar zu gegenteiligen Ergebnissen führen kann, als durch Einsatz der Technik intendiert.

5.3 Symbolische Führung

Führung bewältigt Unsicherheit und ist selbst Unsicherheitsfaktor, und zwar in einem doppelten Sinn: Zum einen ist *personales* Handeln nie so determiniert und ausrechenbar wie das Funktionieren einer Maschine und zum anderen haben Führungskräfte einen Machtvorsprung, dessen Grundlagen und Umfang nicht exakt abschätzbar sind, der vielmehr erst durch Zeigen *und* Verbergen begründet wird. Macht wird einerseits demonstrativ(!) dargestellt: die *Position* ‚Vorgesetzte' ist mit einer Reihe von Insignien ausgestattet, die das Recht und die Fähigkeit zu Letztentscheidung und Durchsetzung ausdrücken. Auch wenn, z.B. bei der so genannten ‚kooperativen Führung', davon scheinbar kein Gebrauch gemacht wird, ist doch die Möglichkeit dazu allen Beteiligten bekannt; sie begründet das Attribut ‚vorgesetzt sein'. Gleichzeitig ist aber nicht klar, wie weit eine Führungskraft ‚wirklich' gehen wird oder wie weit sie ‚im Ernstfall' gehen könnte, wenn es denn zur Konfrontation käme. Es ist vielmehr eine wichtige Machtressource, es *nicht* zur Konfrontation (und damit zum Machteinsatz und -verbrauch) kommen zu lassen. Die Adressaten werden im Unklaren darüber gelassen, was passieren würde, wenn sie die Entschlossenheit testeten. *Münkler* (1995) hat begründet, dass Macht immer zugleich simuliert und dissimuliert. *Simulieren* heißt, eine Scheinwelt aufbauen, andere glauben machen, es sei die Potenz vorhanden, „den eigenen Willen auch gegen Widerstreben durchzusetzen" (*Weber*, 1972, S. 28). Wenn diese Zurschaustellung geglaubt wird, ist sie eine selbsterfüllende Prophezeiung und eine eventuelle Täuschung würde Wahrheit. Wird jedoch der Wirkungsbeweis herausgefordert, *kann* es sich zeigen, dass nur getäuscht wurde. *Dissimulieren* heißt, dass verleugnet wird, dass eine bestimmte Absicht, Bereitschaft oder Fähigkeit vorhanden ist. Dieses gezielte Verbergen vorhandener Möglichkeiten hat in bestimmter Hinsicht die gleiche Wirkung wie die Vortäuschung nicht vorhandener: Bei den Adressaten wird die Ungewissheit erhöht. Bei der Diskussion von Mikropolitik (Kap. 9.3) wird ausgeführt, dass Führung immer zugleich vortäuscht, was sie nicht ist/will/kann, und verbirgt, was sie ist/will/kann. Führung ist stets mehrdeutig. Geheimnis und Rätsel sind als *Visibilitätsreserve* (*Münkler*, 1995) wichtig, weil sie die Adressaten im Unklaren über die Möglichkeiten und Absichten lassen und diese Ungewissheitszonen können kontrolliert werden.

Führung ist unsichtbar: sie muss personifiziert werden, um wahr und ernst genommen zu werden, aber sie wirkt auch unsichtbar (nämlich mittelbar, über die Institutionen, Regeln und Artefakte, die sie ersetzen). Führung kann man nur sehen, wenn man gelernt hat, sie zu sehen, d.h. mit Attributen (Privilegien, Pflichten, Haltung, Kleidung, Sprache …) zu *ver*sehen, die in ihrer Zusammenstellung prototypisch nur Führungskräften zukommen. Das macht den Unterschied, ob man ein und dieselbe Person einmal als Urlauberin beim Strandbummel, ein anderes Mal als Führungskraft in einer Besprechung *wahrnimmt*. Weil Führungs-Kraft als solche nicht erkennbar ist, muss sie vermittelt und buchstäblich bezeichnet werden. Als Mittel oder Medien spielen *Symbole* eine herausragende Rolle; Führung ist symbolisiert und sie symbolisiert. Damit erweist sich Führen als Sonderfall nicht nur politischen, sondern sozialen Handelns, für das generell gilt, dass Darstellung und Verstellung eng aufeinander bezogen sind.

Wenn Offenlegen *und* Verbergen zur Grundbestimmung des Sozialen gehören, dann kommt dem Deuten (sowohl hindeuten wie erschließen) eine zentrale Rolle zu. Das gilt umso mehr für die sozial exponierte Führungsrolle: Was Führende tun, ist nie eindeutig – es muss interpretiert werden – und diese Interpretation wird nicht dem Zufall überlassen, sondern gesteuert. Führungskräfte handeln nicht einfach, sie inszenieren ihr Handeln und versehen es mit Deutungs- und Regieanweisungen (*Soeffner*, 1998, S. 150). Damit wird ein semiotischer Zugang zur Führungswirklichkeit eröffnet: Was ist, wird nicht für bare Münze genommen, sondern als Hinweis auf einen dahinter liegenden Sinn bzw. als dessen Ausdruck (genauso wie die ‚bare Münze' nur etwas wert ist, weil ihr Tauschwert durch ein sehr komplexes soziales Arrangement gesichert ist). Dieser Zugang ist gemeint, wenn von *symbolischer* Führung die Rede ist.

5.3.1 Grundbegriffe zur Symbolischen Führung

Der Begriff *Symbolische Führung* kann leicht missverstanden werden. Das Adjektiv symbolisch erweckt den Eindruck, als sei diese Art von Führung ‚nicht wirklich', bloß ‚vorgeblich' und ‚scheinhaft', als handele es sich um die Vortäuschung ‚eigentlicher Führung', wie etwa die Als-ob-Führung eines Frühstücksdirektors. Das ist jedoch nicht gemeint, denn die Bezeichnung *symbolisch* steht als Kürzel für die beiden Aspekte sinngesteuerter Führung, nämlich *symbolisierte* und *symbolisierende* (oder: sinnkonstituierte und sinnkonstituierende, sinnbindende und sinnbildende) Führung. Aber weil sich der Begriff eingebürgert hat (s. z.B. *Lasser*, 1987; *Weibler*, 1995), soll er trotz seiner Unschärfe beibehalten werden. Um die Besonderheiten des Ansatzes Symbolischer Führung zu verdeutlichen, sollen zunächst einige Grundbegriffe geklärt werden.

Symbol

Symbol heißt im ursprünglichen Wortsinn „Zusammenfügung". Ein in Teile zerbrochener Gegenstand (z.B. ein Ring oder ein Medaillon) diente, wenn im frühen Griechenland die Teile beim Zusammenfügen passten, als Erkennungszeichen. Diese Grundelemente hat auch die spätere Begriffsverwendung bewahrt:

- Ein Symbol ist etwas Konkretes (ein Ding, ein Wort, ein Zeichen);
- im Symbol wird Getrenntes zusammengefügt;
- das Symbol hat eine übertragene und damit überragende (über sich hinausweisende) Bedeutung. Ursprünglich ging es nicht so sehr um die Wiederherstellung einer zerbrochenen Ganzheit, sondern um den Nachweis, dass ein Teil, wenn es zu einem anderen passte, als Ausweis (als Wahrzeichen!) diente.

Symbole sind somit wesentlich durch ihren Verweisungscharakter definiert. Sie stehen als etwas für etwas für jemand:

- *als etwas*: Sie sind ein konkretes empirisches Faktum oder Medium, ein objektiver Sachverhalt, der aber nicht als solcher, sondern in seiner Mehrdeutigkeit interessiert;
- *für etwas*: Symbole beziehen sich auf etwas anderes, vertreten es, bringen es zum Ausdruck, stellen es verdichtet dar; der Verweisungs- oder Verdichtungszusammenhang ist interpretationsfähig, auslegbar (nicht wie ein konventionelles Zeichen eindeutig);
- *für jemand*: Symbole bedeuten etwas für bestimmte AdressatInnen, deren Sozialisationserfahrung sie in den Stand setzt, das Gemeinte zu dechiffrieren. Das Erkennungszeichen verstehen nur Eingeweihte und nur auf sie kann/soll Wirkung ausgeübt werden.

Das, worauf ein Symbol verweist, ist nicht gegenwärtig, es ist vielleicht unsichtbar oder ungegenständlich (z.B. Freundschaft). Eheringe z.B. sind ein Symbol für Treue und Zusammengehörigkeit, ein teures Auto ist ein Symbol für finanzielle Potenz, eine Krawatte ein Symbol für Konventionalität und Konformität. Die unauflösliche Paradoxie des Symbols markiert, dass es etwas Konkretes und zugleich nicht dieses Konkrete, sondern ein anderes ist.

Sinn

Ein Symbol leistet als Sinn-Bild Sinn-Stiftung. Welcher Sinn durch diese Vergegenständlichung ausgedrückt wird, ist in bestimmten Deutungsgemeinschaften festgelegt und im Allgemeinen kulturspezifische Konvention; die Möglichkeit kulturübergreifender archetypischer Symbole (z.B. Kreis, Ring, Pfeil etc.) ist damit nicht ausgeschlossen. Sinn-Stiftung ist keine individuelle Leistung, sondern setzt soziale Verbindlichkeit und Verständlichkeit voraus. Charakteristisch für Symbole ist, dass sie nicht für eine eineindeutige umkehrbare Zuordnung von Merkmal und Bedeutung stehen, sondern dass diese Beziehung meist mehrwertig oder mehrdeutig ist und somit Interpretationsspielraum bzw. mehrere Verknüpfungsmöglichkeiten offenlässt.

Sinn ist Verortung und Vernetzung einer sozialen Tatsache (z.B. eines Gedankens, einer Äußerung, eines Produkts, eines Lebensentwurfs etc.). Sinn ist nur möglich in und durch einen Bezugsrahmen: Was völlig zusammenhangslos, ‚aus dem Zusammenhang gerissen' ist, hat ebenso wenig einen erkennbaren Sinn wie irgendwelche beliebigen Verbindungen. Sinn hat, was eine *gute Gestalt* bildet, prägnant, geschlossen, stimmig, passend ist.

Fakten

Im Ansatz der Symbolischen Führung spielt der Begriff der Tat-Sachen (*Fakten* in des Wortes ursprünglicher Bedeutung als das – von Menschen – *Gemachte*) eine fundamentale Rolle. Symbolische Führung nutzt den Sinn, der in Fakten liegt, die vorgefunden oder geschaffen werden. (Führungs-)Kultur beginnt mit Tat-Sachen, in denen das ‚Wort' (Sinn) steckt. Über Symbolische Führung sprechen heißt somit nicht, idealistisch zu spekulieren, sondern von empirischen Fakten auszugehen und sie zu deuten, ihren Sinn zu verstehen.

Damit wird von Anfang an die Zweideutigkeit von Fakten betont: Sie sind wie selbstverständlich in bestimmte (Handlungs-)Kontexte eingefügt; sie sind, was sie sind (mit sich selbst identisch) und haben eine spezifische offen zu Tage tretende rein praktische, handlungs- und wirkungsbezogene Funktion. Zugleich aber können Fakten interpretiert und damit in neue Zusammenhänge gestellt werden. Sie können dann in einem ganz anderen Licht erscheinen, eine neue Qualität erhalten. Die Um-Deutung darf jedoch nicht idiosynkratisch erfolgen, also nicht nur für einen einzigen Interpreten subjektiven Sinn machen (wie das bei einer ‚einsamen Entscheidung' der Fall wäre, die anderen unverständlich bleibt); Deutungen müssen von mehreren als sinnvoll nachvollzogen werden können.

Inszenierung

Bei Symbolischer Führung wird jede Handlung als Darstellung gesehen und die Handelnden begreifen sich selbst als DarstellerInnen. Das setzt die Einsicht um, dass – weil soziale Handlungen und Fakten mehrdeutig sind – nie etwas ‚nur einfach' zu tun ist, sondern immer zugleich auch eine sinnvolle Lesart oder Deutungsanweisung mitgeliefert werden muss, denn sie entscheidet darüber, wie etwas ankommt und wie reagiert wird. Aus kommunikationstheoretischer Perspektive entspricht das der Maxime von *Watzlawick*, dass man im sozialen Raum nicht nicht kommunizieren kann (*Watzlawick, Beavin & Jackson*, 1967): Alles, was getan wird, „sagt" auch etwas aus. Die zweite Perspektive – die Führungskraft als Selbstdarstellerin – ist im Zusammenhang mit der Rollen- und Identitätstheorie der Führung schon erwähnt worden (s. Kap. 5.1). Die Führungsperson soll sich zum ‚Charakter' (aktueller ausgedrückt: zur Marke) stilisieren, weil sie dann für ihre Bezugspersonen als unverwechselbar-spezifische, stabile und situationsübergreifende Handlungsursache zur berechenbaren Konstante wird. Sie ist ihre Handlungen; wenn und weil man sie kennt, weiß man, was was zu bedeuten hat. Diese Selbstdarstellung im Alltag (*Goffman*, 2010) ist Mehraufwand, der sich lohnt.

Fallbeispiel 1: *Symbolische Führung – das Beispiel Reinhold Würth*

Ergänzend hierzu sei auch das Beispiel *Reinhold Würth* angeführt: Über *Reinhold Würth* als obersten Repräsentanten und zugleich obersten Verkäufer gibt es viele Geschichten im Unternehmen. Laut einer davon müssen die VerkäuferInnen immer damit rechnen, dass *Reinhold Würth* morgens in aller Frühe unangemeldet bei ihnen vor der Tür steht, um sich im Firmenfahrzeug neben sie zu setzen und sie den ganzen Tag zu begleiten. Wann, wo und wie oft er das tut, ist nicht bekannt. Die VerkäuferInnen tun also gut daran, immer gut vorbereitet zu sein und professionell zu agieren. Teilweise wird diese Praxis auch von der Geschäftsleitung gepflegt… Ob dies stimmt oder nicht – allein die Legende wirkt. In einer Außendienstorganisation sind solche Informationen innerhalb von Stunden durch. Mit solchen Aktionen kann man den Vertrieb durchaus motivieren. Wenn also der Chef mit weit über 70 Jahren noch verkaufen geht, dann kann ein Verkäufer oder Bezirksleiter um 07:30 Uhr nicht mehr im Bett liegen!

Auch zu Anreizsystemen im Vertrieb gibt es bei Würth eine ganze Reihe Geschichten. Demnach sind z.B. die jährlichen Vertriebsmeetings auch eine „Leistungsschau“ der Dienstwägen. Je erfolgreicher das Jahr war, desto hochklassiger wird das Fahrzeug und damit Symbol des Erfolgs. Dies funktioniert jedoch nicht nur in eine Richtung, nämlich nach oben! Es soll sogar Fälle geben, in denen ein Verkäufer mit seinem aktuellen Dienstwagen, einem Mittelklassewagen VW Passat, zum jährlichen Vertriebsmeeting fährt. Weil er seine Ziele nicht erreicht hat, muss er mit einem Kleinwagen VW Golf wieder nach Hause fahren... Auch diese Geschichte sie trägt zur Bildung eines Mythos über die Verkaufspraxis bei, den es so in der Praxis vermutlich nur in Ausnahmefällen gibt.

Trotz aller Geschichten und Mythen, die sich um *Reinhold Würth* und sein Unternehmen ranken, stellt er Führung deutlich ins Zentrum seines Denkens und Handelns, indem er sagt:

„Ich bin davon überzeugt, dass Menschenführung zu mehr als 50%
über Gewinn und Verlust entscheidet,
während Kapital und Produkte nur nachgeordnete Bedeutung haben.“

Was einer ist, ist was einer vorstellt. Da eigene Taten Geschichte sind, die nur von den wenigsten BeobachterInnen selbst erlebt werden konnte, muss man sich mit Trophäen umgeben, die von diesen Leistungen berichten. Das viel beschworene Leistungsprinzip („An ihren Früchten sollt ihr sie erkennen“) bietet angesichts der komplexen Probleme der Attribution von Effekten, die sich aus unübersehbar vielen Quellen speisen, eine zu unsichere Basis. Dem wird nachgeholfen, indem man sich das Aussehen eines Siegers zulegt, die Lebensart der Elite präsentiert (den noch unsicheren Parvenü unterstützt dabei das reiche Angebot an ‚Benimmkursen‘ oder Outfit-Beratungen) und die symbolischen Kapitalien anhäuft, die den Kreisen, denen man zugerechnet werden möchte, ihr Renommee geben. Das *Impression Management* zielt, weitgehend sprachlos und damit nicht der Wider-Rede ausgesetzt, auf die anderen, die zu Beachtung und Wert-Schätzung animiert werden sollen. Es wirkt aber ebenso – reflexiv – auf die Person selbst. Sie ist oder wird, womit sie sich ausstattet: kostbar, exklusiv, bedeutend. Ganz generell wird mit mimetischen Effekten gerechnet: Wer in einem ordentlichen, sauberen, rechtwinkligen und pflegeleichten Ambiente arbeitet, wird selber so.

Nimmt man die Ratgeber-Literatur und die regelmäßigen Berichte in der illustrierten Managementpresse als Indiz, dann kommt der Kleidung („*dress for success*"!), den Accessoires (vom goldenen Füller bis zur Uhr und zum Fotorahmen auf dem Schreibtisch), den Arbeitsgeräten (der flachste, schnellste, teuerste Laptop) offenbar große Bedeutung zu, ebenso wie der Lage und Größe des Büros, dessen Mobiliar, dem Parkplatz direkt am Eingang, der Marke und Preislage des Dienstwagens. Was als ‚Statussymbol' gilt, ist jedoch wesentlich mehr als ein Rangabzeichen. Es ist sowohl Ausdruck wie Mittel der Selbstvergrößerung: nicht nur als Persönlichkeit wirkt man, sondern als Fusion von Person und (kostbarem, exklusivem, signifikantem) Ambiente.

In den Anstrengungen zur Selbststilisierung ist der oder die Einzelne nicht auf sich gestellt: Die Organisationen nehmen das in die Hand und sorgen für Systematik und Effektivität. Es wird formal geregelt und standardisiert, wer mit welchen Rangattributen (Titel, Zimmergröße, Flugzeugklasse, eigene(r) AssistentIn, Telefon- oder IT-Anlage etc.) ausgestattet wird. Zu dieser von Person und Organisation betriebenen *individualisierenden* Selbst-Stilisierung oder -Präsentation gibt es auch noch eine *kollektivierende* Ergänzung. Organisationen investieren Geld, Mühe und Kreativität, um sich als Ganzes in ein besonderes Licht zu rücken: *Corporate Identity*-Programme bieten keine tatsachengetreue Selbstbeschreibung des Unternehmens an, sie geben vielmehr einen normativen (und geschönten) Entwurf vor, der die Wunsch- und Leitbilder derjenigen zum Ausdruck bringt, die mit ‚ihrem' Unternehmen Staat machen möchten. Die Corporate Identity ist ein Konstrukt, das genauso planvoll produziert wird wie Güter und Leistungen. Sie ist die Form, in der das so genannte Faktische wahrgenommen werden soll.

Zur *Ästhetisierung* als Ziel und Ansatz und ihrem Einsatz als Führungstechnik und -ersatz siehe Zusatzdokument 23.

5.3.2 Die beiden Komponenten Symbolischer Führung

Wie oben schon erwähnt, hat Symbolische Führung einen zweifachen Ansatz: Zum Einen betont sie, dass jeder Handelnde in einer Organisation von Führungs-Ersatz gleichsam umstellt ist, weil in den organisatorischen Tat-Sachen Führung geronnen (*symbolisiert*) ist. Zum Anderen agieren Vorgesetzte im Wesentlichen nicht als unmittelbare Macher, die in eigener Anstrengung physische Situationsveränderungen herbeiführen, sondern wirken vermittelnd (*symbolisierend*), indem sie Handlungen ausführen, die von anderen (sinnvoll) gedeutet werden und geregeltes (regeltreues) Anschlusshandeln auslösen. Diese beiden Bedeutungsinhalte sollen im Folgenden näher erläutert werden:

Symbolisierte Führung

Dieser erste, aus Vorgesetztensicht eher passive oder defensive Aspekt Symbolischer Führung unterstellt, dass Führung (Handlungssteuerung) in Fakten verborgen ist: Durch Sprachregelungen, soziale Institutionen und Artefakte wird Handeln verlässlich kanalisiert. Damit stellt sich der Ansatz Symbolischer Führung gegen die Auffassung, Vorgesetzte wirkten direkt (unmittelbar) auf Unterstellte ein:

Führende(r) → Geführte

Stattdessen ist grundsätzlich davon auszugehen, dass Führungseinwirkung immer vermittelt (über Medien wie Sprache, Gesten, Taten, Artefakte) erfolgt:

Führende(r) → **x** → Geführte

Zwischen Führungsperson und Geführte tritt unausweichlich ein Drittes, das Medium, das unbedachten und ungewollten Eigensinn und Mehrwert haben kann. In Abb. 5.7 sind diese Überlegungen erweitert.

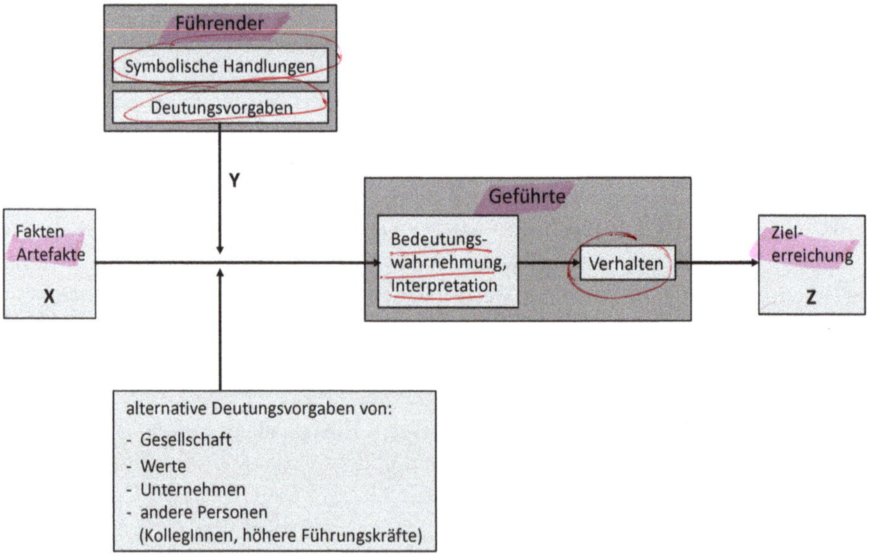

Abb. 5.7: Der Prozess der (symbolischen) Führung

Zum einen wirkt eine Vorgesetzte z.B. durch eine Handlung **x**, die vom Unterstellten registriert und (richtig) gedeutet werden muss, damit **z** (das Ziel) erreicht werden kann. Zum anderen steht die Vorgesetzte gleichsam in Konkurrenz zu führungsgleichen anderen Einflüssen (**y**). Damit sind all jene – zum Teil von der Führungskraft mitgeschaffenen – inner- und außerorganisatorischen Einrichtungen gemeint, die direkt oder wiederum über die Führungskraft vermittelt wirken. Beispiele für **y** sind: Entgeltsystem, Vorschriften und Organisationsprinzipien, Aufgabeninhalt und -verteilung, anerzögene Leistungsmotivation, Kontrollpraktiken usw. In **x** und **y** ist Symbolische Führung verborgen. Generell gilt: Man kann nicht nicht symbolisch führen. Man hat nicht die Wahl entweder symbolisch zu führen oder nicht; man führt immer symbolisch. Dage ist lediglich, ob man es bewusst macht und ob man es sich bewusst macht.

Die Steuerungsmittel **x** und **y** sind konkret, sie sind soziale Fakten, Tat-Sachen. Der Unternehmenskultur-Ansatz hat die wichtigsten Gruppen dieser Versachlichungen untersucht (s. *Neuberger & Kompa*, 1987). Er geht davon aus, dass Kultur „mentale Programmierung" (*Hofstede,* 1980) ist und dass sich diese ‚weiche' Fern-Steuerung in verschiedenen Medien verbirgt, nämlich

- *verbalen* (Geschichten, Sprachregelungen, Witzen, Reden, Slogans, Mottos, [Spitz-]Namen etc.),
- *interaktionalen* (also Regulierungen des Umgangs miteinander, die sich zeigen können in Ritualen, Gewohnheiten, Bräuchen, „Spielen", Taktiken etc.) und
- *artifiziellen* (Gebäuden, Statussymbolen, Logos, Druckwerken, Kontrolleinrichtungen, Maschinen etc.).

Eine umfangreiche Literatur, beginnend mit den Kultbüchern von *Peters & Waterman* (1982) und *Deal & Kennedy* (1982), präsentiert eine überwältigende Fülle von Praxisbeispielen (um nur einige Arbeiten zu nennen: *Peters & Austin,* 1986; *Neuberger & Kompa,* 1987; *Gomez & Probst,* 1987; *Collins & Porras,* 1994; *Schein*, 2010).

Diese Lenkungs-Mittel wirken personenunabhängig (strukturell), weil sie als *Fakten* existieren (wie z.B. Formulare, Gebäude, Sprachregelungen, Umgangsformen, Rituale, Werkzeuge), die Handlungen orientieren und sowohl diese wie die Handelnden aufeinander beziehen. Es ist der einzelnen Person dann nicht mehr freigestellt, wie sie sich verhalten will; vielmehr wird sozial verbindlich gemacht, wie sie sich verhalten soll oder es wird sogar durch technologischen Sach-Zwang alternativenlos festgelegt, wie sie sich verhalten muss.

Es geht hier also um Führungs*substitute* (*Kerr & Jermier*, 1978; *Kerr & Mathews*, 1995; vgl. Kap. 6) oder *entpersonalisierte* Führung (*Türk*, 1995) oder *kontextuelle* Führung oder *geronnene* Führung. Gehaltssysteme, Maschinenprogramme, organisatorische Abläufe, mechanische Zeiterfassung sind Beispiele für einen solchen Führungsersatz.

Führung wäre ohne eine solche Ver-Sinnlichung (Konkretisierung, Materialisierung) sehr erschwert, in großen Organisationen praktisch unmöglich. Durch sachliche und soziale Einrichtungen, die abgelöst von der Führungskraft das Verhalten regulieren, werden im Grunde Führungskräfte vervielfältigt und allgegenwärtig gemacht. Es gibt keinen Disput mehr über Entgeltfragen, Vorgehensweisen, Anwesenheitszeiten etc., wenn durch zentrale, sachliche und „rationale" Verfahren und Apparate Handlungen erzwungen, gelenkt und überwacht werden. Es muss allerdings gemeinsame Deutungsmuster geben, damit in einem sozialen Kollektiv Dinge auf gleiche Weise gesehen und getan werden können. Ansichten müssen entsubjektiviert, also verdinglicht, standardisiert, sozial verbindlich gemacht werden.

Beispiele:

- Wer ‚wir' sind, weiß man erst, wenn diese Ein-Heit symbolisiert wurde (etwa in einem Namen, einem Slogan, einem Logo, einer Gründerfigur, einem Totem – z.B. einem Hauptprodukt, einem Gebäude, einem Aufnahmeritual ...).
- Wer wichtig und entscheidend ist, muss seine Potenz erkennbar machen durch eine beeindruckende Selbstsymbolisierung, etwa durch Selbst-Vergrößerung (Größe der Räume, Kostbarkeit der Ausstattung, persönliche Assistenzkraft, Unübersehbarkeit der Erscheinung, Thron, Insignien, Schmuck, Krone, Zugangsbarrieren, umfangreiche Dienerschaft oder Leibgarde).
- Die eigene Vortrefflichkeit oder Fehlerfreiheit wird verdeutlicht durch Zurschaustellung von Erfolg und Reichtum, Sauberkeit, Korrektheit, Modernität (etwa: kein ausgebesserter oder gar handgeschriebener Brief, keine unrasierten Mitarbeiter, kein Schmutz an Boden und Menschen ...).

Um sinnbindend zu wirken, kann das Management versuchen, Sinn in Fakten einzuschmelzen. Es bietet sich an, dabei auf Schablonen zurückzugreifen, die die Gesellschaft bereithält. Durch die Berufungsmöglichkeit auf das Gültige und Unstrittige entfällt aufwändige Legitimationsarbeit. Der Gewinn durch diese Art der Steuerung ist enorm. Es werden völlig neue Komplexitätsstufen handhabbar, die personale Steuerung nie hätte beherrschen können. Führung vervielfältigt sich, wenn sie in Fakten gebunden ist. Diese Fakten sind gewissermaßen Sinn-Depots, die automatisch entsprechendes gewolltes Verhalten anregen – wenn sichergestellt ist, dass die Sinn-Bilderschrift von allen einheitlich entziffert wird! Diese Gleichsinnigkeit(!) der Interpretation ist jedoch kein Zufall, sondern Ergebnis absichtlicher Steuerung und Bemühung. Insofern kann von *Symbolischem Management* gesprochen werden, weil das Arrangement der Bedingungen, die Deutungen und Handlungen verlässlich auslösen sollen, sich nicht naturwüchsig herausbildet, sondern sozial gestaltet ist. Ausufernden Macher-Phantasien sind jedoch Grenzen gesetzt: Die Gesellschaft, in der Sinn-Produktion versucht wird, hält Deutungsmuster bereit, denen nicht zuwidergehandelt werden darf, will man nicht die Aufgabe auf sich nehmen, neue Werte-Grundlagen und Legitimations-Basen zu schaffen. Wegen deren mannigfacher Vernetzung und Verfestigung in Fakten wäre dies eine herkulische Arbeit.

Symbolisierende Führung

Im Anschluss daran geht es in der zweiten Komponente Symbolischer Führung darum, bedeutungshaltige Fakten zu verändern, um gewolltes Anschlusshandeln zu erzwingen oder anzuregen. Fakten sind nämlich nicht nur Sinn-Depots, sie sind auch Sinn-Deponien, in denen Altlasten gelagert sind, die sich als schädlich erweisen können (oder auch Nutzstoffe, deren Recycling sich lohnte). Sinnfindung ist deshalb kein Automatismus. Vielmehr können bestimmte Sichtweisen von Fakten (etwa bislang übersehene Vernetzungen, Verweisungen, Perspektiven) propagiert, entdeckt und buchstäblich zur Sprache gebracht werden, so dass nicht nur das Alte und Bewährte routinehaft wiederholt wird, sondern neue Handlungsmöglichkeiten erschlossen werden.

Hier kann an das angeschlossen werden, was bereits zur *Inszenierung* geschrieben wurde. Weil alle Fakten *auch* Sinn-Bilder und damit mehrdeutig sind und auf Verschiedenes verweisen können, ist es eine wichtige Aufgabe von Führung, ‚richtigen' Sinn zu *machen*. Wie mehrdeutige Symbole ‚korrekt' gelesen werden sollen, muss beeinflusst werden. Das imponierende Ambiente eines Vorstandszimmers könnte ja z.B. auch als Vergeudung, Protz, Byzantinismus und nicht als Erfolgs- oder Potenznachweis und für Repräsentationszwecke angemessen gedeutet werden.

Was ist, kann in Zusammenhang mit anderem gebracht werden; etablierte Bezüge können aufgelöst und/oder ersetzt werden, so dass es zu einer neuen Deutung der Tat-Sachen kommt. Verfestigte Sichtweisen werden verflüssigt, es eröffnen sich damit neue Hinsichten und Handlungsanschlüsse. Sonntagsruhe ist dann plötzlich nicht mehr heilige Tradition, sondern unökonomisches Relikt aus alten Zeiten, das Produktivität mindert und Arbeitsplätze gefährdet. Bei symbolisierender Führung vermittelt die Führungskraft nicht eine (aus der Organisation) vorgegebene Interpretation einer Tat-Sache, sondern sie entwickelt selbst zu einer bestehenden Tat-Sache eine neue Interpretation, die sie vermittelt oder sie schafft/"erkennt" sogar selbst neue Tat-Sachen, von denen sie dann eine (Erst-)Interpretation an die MitarbeiterInnen vermittelt.

Symbolisierende Führung bezieht sich also nicht auf das Deponieren von Sinn in Fakten, sondern vor allem auf das Herauslesen neuen Sinns aus alten Fakten bzw. die Schaffung neuer Fakten und deren „richtige" Deutung, die durch entsprechende Dechiffrier-Anleitungen gesichert wird. Fakten sind Symbole und können – im Prinzip – anders gedeutet werden. Deshalb sind Anstrengungen zu unternehmen, die gewollte Lesart durchzusetzen.

Um die *Deutungshoheit* und damit die Symbolisierung der Fakten in der Hand zu behalten, kann es sich ein Unternehmen nicht leisten, zu umfassende Fragen und Deutungen durch die MitarbeiterInnen zuzulassen: Es muss ein Abbruch*kriterium* fürs Hinterfragen geben oder zumindest ein *Verfahren* dafür. In-Frage-stellen darf nur die Ausnahme sein, weil es zu Destabilisierung führt und weil es gefolgt sein muss von Restabilisierung. Ohne solche Öffnung für Alternativen – so gefährlich sie auch sind – wäre das Unternehmen zu sklerotischer Erstarrung verurteilt. Veränderungen in Unternehmen (vgl. Kap. 8.3) erfolgen dadurch, dass anderer Sinn gesehen bzw. erfunden wird oder dass innere Widersprüche glattes Anschlusshandeln verhindern, sodass – vielleicht zufällig – neues Handeln generiert wird.

In diesem zweiten, „aktiven" Teil Symbolischer Führung, geht es somit um Sinn-Entbindung, also die Geburt neuen Sinns. Neue Hin-Sichten können aufgezeigt oder vorgelebt und durch neue Fakten konkretisiert werden. Dies bedeutet Destabilisierung und löst Widerstand, Unsicherheit, Angst, Restaurationsbemühungen etc. aus.

Symbolische Führung ist deshalb ein Kreisprozess, der zwischen *Verfestigung* (Symbolische Führung$_1$: Entzifferung des Sinns von Fakten) und *Verflüssigung* (Symbolische Führung$_2$: Schaffen neuer sinnhaltiger Fakten bzw. Deutungen) dialektisch oszilliert (vgl. Abb. 5.8).

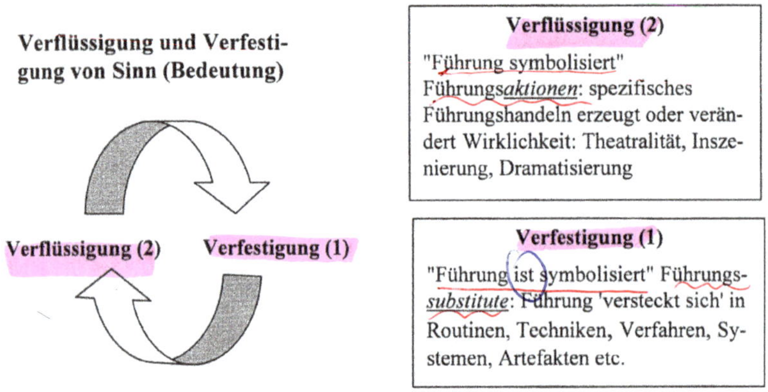

Abb. 5.8: Symbolische Führung als Kreisprozess

5.3.3 Intervention bei Symbolischer Führung (am Beispiel von Führungsgrundsätzen)

Wie jeder andere Ansatz, so muss auch Symbolische Führung auf zwei Grundsatzfragen Antworten geben: Wie kann die Lage – und damit der Führungsbedarf – *diagnostiziert* werden und welche Möglichkeiten der *Intervention* gibt es?

> Auf die Grundfrage der Intervention soll im Folgenden eingegangen werden, zur Diagnose finden sich einige Überlegungen im Zusatzdokument 24.

Ent- und Verschlüsselungen von Sinn können nicht einfach von einem autoritativen *Sender* auferlegt werden, sondern müssen angeboten, ‚verkauft' oder ausgehandelt werden, denn Sinn wird letztlich vom *Empfänger* gemacht, weil es um die Einordnung in seine Bezugssysteme geht.

Symbolische Führung will dem einzelnen Akteur (der Führungskraft) keine rezeptologischen Handlungsanweisungen geben, sondern den Blick schärfen für das gleichzeitige Wirken verschiedener Handlungszentren, die einander in Schach halten. Es geht also nicht um die Wiederbelebung des Heldenmythos („Es kommt auf den Führer an"), sondern um das Gespür dafür, dass Vorgesetzte mit anderen Einflüssen konkurrieren und dass der Ausgang dieser Konkurrenz unsicher ist. Intervention bei Symbolischer Führung bedeutet, dass

- ein sozialer Akteur (eine Person, eine Gruppe) Aktivitäten entfaltet und
- etwas anders macht als bisher (also bestehende Strukturen, Routinen oder Deutungsschemata zu ändern sucht), und dass
- die Wirkungen dieser Änderung nicht insgesamt und eindeutig vorhergesehen werden können, weil sie von anderen Akteuren gedeutet und auf Grund deren Ansichten und Interessen beeinflusst werden.

Jeder Strukturwandel impliziert einen Sinneswandel und umgekehrt. Bei allen Interventionen, die eine Führungskraft einleitet, ist deshalb wiederum nicht nur nach den beabsichtigen, kalkulierten Zielen zu fragen, sondern auch auf die unbedachten und ungewollten *Neben-Wirkungen* zu achten. Soziale Handlungen haben, wie bei der Diskussion von Modellen zur sozialen Kommunikation (*Watzlawick et al.*, 1971; *Schulz von Thun*, 1981; *Neuberger*, 1996; *Schulz von Thun, Ruppel & Stratmann*, 2011) mittlerweile breiter Konsens ist, eine Mehrzahl von Bezugs- und Wirkungsebenen:

a) Sie legen offen, was der Fall ist und beschreiben Tat-Sachen (Informationsfunktion);
b) sie verraten die Absichten, Motive, Ängste, Vorurteile usw. des Handelnden (expressive Funktion);
c) sie etablieren und definieren eine soziale Beziehung (z.B. als hierarchisch, partnerschaftlich, vertrauensvoll, rivalisierend, doppelbödig) (Relationsfunktion);
d) sie lenken oder manipulieren den jeweiligen Adressaten (Steuerungsfunktion);
e) sie liefern Interpretationsanweisungen mit (metakommunikative Funktion);
f) sie verändern – durch ihren Vollzug – auch den Akteur selbst (reflexive Funktion).

Auf dem Hintergrund eines solchen Analyse-Rasters lassen sich dann Führungs-Aktionen – wie z.B. ‚Management by wandering around' bei *Peters & Waterman* (1982), ‚Telling' bei *Hersey & Blanchard* (1969), Reorganisationsmaßnahmen (in denen Stellenzuschnitt, Kompetenzen und Berichtswege verändert werden), Kritikgespräche, vorbildliches Führungsverhalten etc. – interpretieren. Daraus leitet sich zwar für die einzelne Führungskraft keine eindeutige Handlungsempfehlung ab – andererseits aber wird sie auch nicht entmündigt durch Vorschriften, Programme und Anweisungen, die ihr Handeln zu standardisieren suchen und der realen Komplexität der Führungssituation nicht gerecht werden („Wenn die Reife der MitarbeiterInnen niedrig ist, führe direktiv!"). Die Institution *Führung* gibt es, weil objektive organisatorische Regulierungen der widersprüchlichen, instabilen und mehrdeutigen Realität nicht Herr werden können. Führung rationalisieren – das ist ungefähr so wie das Licht einschalten, um herauszufinden, wie die Dunkelheit aussieht.

Als Beispiel sollen hier *Führungsgrundsätze* betrachtet werden (vgl. dazu auch die nachfolgenden Fallbeispiele 3 bis 5). Dabei darf man sich nicht mit dem fertigen Dokument (‚Verfestigung') begnügen, sondern muss fortwährend an seiner Verlebendigung und Veränderung arbeiten. Die aktive Arbeit an Führungsgrundsätzen kann in zwei Abschnitte zerlegt werden: a) ihre Erarbeitung und Einführung und b) ihre tagtägliche Handhabung und Weiterentwicklung.

zu a) Erarbeitung und Einführung

Die Entwicklung und Implementierung von Führungsgrundsätzen zielt nicht auf das Ergebnis, sondern auf einen *Prozess* organisationalen Lernens. Folgende Elemente sind wichtig:

- Beauftragung durch den Vorstand und dessen sichtbares und deutliches Commitment,
- Beteiligung vieler, vor allem wichtiger Organisationsmitglieder/Multiplikatoren in der Konzeptionsphase; MitarbeiterInnenbefragungen (z.B. im Intranet),
- Suchen nach Benchmarks (um von den Besten zu lernen),
- Entwicklung von Vorfassungen, die diskutiert und modifiziert werden,
- Entwicklung der grafischen Gestaltung (Erfinden von Logos/Emblemen, Anstecknadeln, Postern, scheckkartenähnlichen Taschenausgaben),
- Verabschiedung durch Vorstand (und Betriebsrat), Bekanntmachung in den innerbetrieblichen Medien (Zeitschrift, Business-TV, Intranet),
- feierliche Einführung (Kick-off-Veranstaltung, Event),
- Benennung von Fach- und Machtpromotoren,
- Schulungen von Führungskräften und Multiplikatoren,
- etc.

Fallbeispiel 3: *Talentmanagement im Rahmen einer Fusion dreier Banken*

Während und nach der Fusion dreier mittelständischer Kreditinstitute bestand ein Hauptanliegen des Bankvorstands darin, den Führungskräften durch Leitlinien eine gemeinsame Basis für gemeinschaftliches und vergleichbares Verhalten gegenüber ihren MitarbeiterInnen zu geben.

Die Führungskräfte aller Bereiche haben im Rahmen eines solch tiefgreifenden Umwälzungsprozesses eine herausgehobene Bedeutung als Fürsprecher und Vorbilder der Veränderung: Sie stellen die Notwendigkeit der Veränderung heraus, zeigen Chancen auf und geben konkrete Hilfestellung bei Problemen und Engpässen. Die erarbeiteten Führungsgrundsätze wurden anschließend in einem Führungshandbuch zusammengefasst.

Fallbeispiel 4: *Strategische Neuausrichtung am Beispiel Bundesverband deutscher Banken e.V.*

Der Bundesverband deutscher Banken e. V. vertritt als Spitzenverband der privaten Banken die Interessen von mehr als 210 Mitgliedsinstituten in Deutschland gegenüber Politik, Öffentlichkeit und Wissenschaft. Auf Grund veränderter Rahmenbedingungen (fortschreitenden Integration Europas, globale regulatorische Krisenbewältigung sowie der Intensivierung des Wettbewerbs unter den Mitgliedsinstituten) hat der Verband sich dazu entschieden, seine Strukturen und Abläufe auf den Prüfstand zu stellen, neue Führungsleitlinien zu entwickeln. Hierbei spielten die folgenden Aspekte eine zentrale Rolle:

- Führung stärken: Führungsteam noch besser einspielen, Aufgaben- und Rollenverteilung klären, und regelmäßige Feedbackprozesse über alle Ebenen festlegen

- Zusammenarbeit stärken: Vertrauenskultur, Konfliktbereitschaft und -fähigkeit verbessern, geschäftsbereichsübergreifende Arbeit unterstützen und Wissen besser teilen
- Stakeholderorientierung stärken: Orientierung an Stakeholdern als wichtigstes Erfolgskriterium verankern, Anforderungen der Stakeholder besser und schneller auffassen, Kommunikation noch adressatengerechter gestalten.

zu b) tagtägliche Handhabung und Weiterentwicklung

Damit das erarbeitete Material kein bloßes Schriftstück bleibt, das in Ablagen verschwindet, muss für tagtäglichen Einsatz und Revitalisierung gesorgt werden:

- periodische Aktionen, z.B. in der Mitarbeiterzeitschrift oder im Intranet (in denen positive oder negative Vorfälle oder Vorbilder berichtet werden; dramatische Geschichten erzählen); Poster, Sticker, Buttons präsentieren/verteilen; Wettbewerbe durchführen, Auszeichnungen vergeben (‚MitarbeiterIn des Monats'),
- systematische konforme Umgestaltung aller Verfahren (Personalauswahl, Schulung, Gehaltsfindung, Beförderung, Beschwerdemanagement etc.),
- Exempel statuieren bei gravierendem Fehlverhalten,
- Beförderungen, Versetzungen, Entlassungen etc. demonstrativ auf die Grundsätze stützen;
- spezielle Schulungsmaßnahmen für alle Einzelthemen der Grundsätze anbieten, Erfahrungsaustauschgruppen einrichten,
- in Qualitätszirkeln die Weiterentwicklung betreiben,
- etc.

Fallbeispiel 5: *Führungskräfte-Colloquium*

Daimler TSS GmbH ist ein konzerninterner Serviceprovider für Daimler, der Kunden im Konzern mit IT-Solutions, -Services und -Consulting unterstützt. Das Unternehmen ist in den vergangenen Jahren rasant gewachsen.
Für das Führungsteam stellte sich neben der Beherrschung des Größenwachstums und der zunehmenden Komplexität des Kundenumfelds und des Leistungsportfolios vor allem die Herausforderung, eine Vielzahl neuer Führungskräfte in das Team zu integrieren. Neben einem optimalen Auswahlprozess geeigneter Führungskräfte liegt der Schwerpunkt vor allem in der zielgerichteten Führungskräfte-Entwicklung, um die Qualität der Führung sicherzustellen. Ein wichtiger Aspekt dabei ist es, ein gemeinsames Führungsverständnis zu erreichen.

Um mit allen länger gedienten und neu ernannten Führungskräften ein gemeinsames Führungsverständnis zu erreichen, wurden eine Führungsphilosophie, Führungsgrundsätze sowie Führungsleitlinien entwickelt. Damit im Rahmen der gemeinsam erarbeiteten Führungsphilosophie möglichst viel Wirkung als erfolgreiches Führungsteam entfaltet wird, wurde ein Führungskräfte-Curriculum entwickelt. Das Curriculum wurde als Inhouse-Seminar konzipiert und stellt den kollektiven Lernerfolg des Führungsteams in den Mittelpunkt. Hierfür wurden vorab konkrete Lernziele vereinbart, deren Erfüllung regelmäßig gemessen wird.

Das Führungskräfte-Curriculum füllt den Rahmen der Führungsphilosophie mit konkretem „Handwerkszeug" einer Führungskraft. Neben der reinen Wissensvermittlung dient es vor allem auch dem gemeinsamen Lernen und der fachlich-inhaltlichen Auseinandersetzung der Führungskräfte untereinander. Als besonders wertvoll hat sich dies beispielsweise in der Findung gemeinsamer Beurteilungsmaßstäbe etwa für Zielerreichungsgrade der MitarbeiterInnen oder für die Beurteilung von Kriterien für Führungspotenziale herausgestellt.

All diese Handlungen sind zumindest nicht nur auf die sachlich administrative Entwicklung und Anweisung zur Anwendung von Führungsgrundsätzen bezogen. Vieles davon wäre *dafür* nicht notwendig. Sie beziehen sich vielmehr darauf, wie die Führungsgrundsätze wahrgenommen werden sollen und welche (Art von) Verbindlichkeit sie dann tatsächlich haben. Da Menschen gegenüber schönen Worten häufig genug skeptisch sind, vor allem, wenn sie in ihrer bisherigen beruflichen Laufbahn in der Organisation gelernt haben (vgl. Kap. 6.2), dass ihnen in der Regel keine oder ihnen entgegenstehende Handlungen folgen, sind eben solche Taten, Handlungen, Symbole, Tat-Sachen wichtige Ergänzung, die zur Glaubhaftigkeit (oder „richtige" Interpretation) solcher Führungsgrundsätze beitragen: „Der Worte sind genug gewechselt, lasst mich auch endlich Taten sehn" (*Goethe*: Faust). Wohlgemerkt: Es geht nicht um die „korrekte" oder „mangelhafte" Umsetzung des „natürlichen, in der Sache selbst liegenden" Sinns, sondern darum, den Sinn, der darin liegen *soll*, den MitarbeiterInnen (und bei Führungsgrundsätzen auch den Führungskräften) *als* den natürlichen Sinn zu vermitteln. Beides muss sich nicht widersprechen, aber schon allein der (gut begründete) Zweifel, dass im sozialen Raum Dinge überhaupt einen eindeutigen und ausschließlichen Sinn an sich haben, zeigt, dass es zumeist ohne Symbolische Führung gar nicht geht.

5.3.4 Situative Führung im Licht Symbolischer Führung

Die Besonderheiten Symbolischer Führung können z.B. durch eine kontrastierende Gegenüberstellung zur Situativen Führung (s. Kap. 4) herausgearbeitet werden. Den Modellen der Situativen Führung liegt eine individualistisch-entscheidungsorientierte Basisannahme zugrunde: Ein rationaler Akteur nähert sich einem (selbstgewählten oder vorgegebenen) Ziel unter Berücksichtigung aller verfügbaren Informationen aufwandsminimal oder ergebnisoptimal. Im Kontrast zu früheren Auffassungen, die *einen einzigen optimalen* Führungsstil unterstellten, der buchstäblich unter allen Umständen Erfolg versprach, betont Situative Führung die Kontingenz des Führungshandelns: Welches Vorgehen optimal ist, hängt immer ab von den konkreten situativen Bedingungen.

Ein solcher Ansatz macht Vorgesetzte zu Informationssammlern und Entscheidern; sie registrieren, was (wichtig) ist, kombinieren diese Einsichten nach bewährten Programmen, treffen dann im Hinblick auf ein klares Ziel, das vorgegeben ist, die nötigen Entscheidungen und sind in der Lage, die nötigen Schritte zu ihrer Verwirklichung zu unternehmen. Im Grunde diktiert die Situation, was zu tun ist. Dies ist – radikal zu Ende gedacht – der Kern des Modells: Es gibt für jede Bedingungs- und Zielkonstellation ‚den einen besten Weg' – und wenn man die richtige Diagnose gestellt hat und nach den richtigen Programmen handelt, kann der Erfolg nicht ausbleiben. Führung lässt sich so auf der Basis empirisch ermittelter Gesetzmäßigkeiten rationalisieren und damit programmieren (s. etwa den Entscheidungsbaum im Modell von *Vroom & Yetton,* 1973). Modelle situativer Führung argumentieren positivistisch-naturwissenschaftlich: Für sie gibt es eine Wirklichkeit, die objektiv erkannt und nach empirisch ermittelten „Gesetzmäßigkeiten" deterministisch gestaltet werden kann. Weil soziale Situationen nun aber nicht in dieser geforderten Objektivität, Eindeutigkeit, Widerspruchsfreiheit, Transparenz etc. vorliegen, müssen sie entsprechend durchschaubar, vereinfacht und quantifizierbar *gemacht* werden. Ein typisches Beispiel ist die „Situative Führungstheorie" von *Hersey & Blanchard* (1969, vgl. Kap. 4.1). Das Design des Modells suggeriert, was es voraussetzt: Durch Anlehnung an die Symbolik naturwissenschaftlicher Darstellungen (Koordinatensystem, Normalverteilungskurve, Lot, eindeutige Bestimmung von Feldern, Punkten und Dimensionen) wird der Eindruck erweckt, das Führungsgeschehen sei relativ einfach durchschaubar, klar abzubilden und leicht (4 Stile!) zu beherrschen. Die einzelne Führungskraft – auf die es ja letztlich ankomme – könne sich diese Erkenntnisse aneignen und in die (Führungs-)Tat umsetzen.

Bei näherer Betrachtung entlarven sich derartige Modelle als leerformelhafte Beschwörungen einer problemlosen Wirklichkeit, die es im Führungsalltag nicht gibt. Allen PraktikerInnen ist (oft schmerzlich genug) bewusst, wie unberechenbar, komplex, undurchschaubar, fließend, mehrdeutig, widersprüchlich die Verhältnisse sind und dass sie oft nicht erkannt, sondern benannt oder bestimmt werden, um in ihnen überhaupt handeln zu können und dass Handeln vielfach heißt: re-agieren und rückblickend Sinn zu machen aus dem, was ohnehin geschehen ist und was man zu verantworten hat. Wenn aber in Organisationen koordiniert gehandelt wird, dann nicht deshalb, weil einzelne souveräne Entscheider nach ihren rationalen Kalkülen vorgegangen sind, sondern weil *alle* Beteiligten unter Bedingungen stehen, die Anschlusshandeln und Koordination vorregeln, so dass *alle* Beteiligten – wenn auch nicht jeweils im gleichen Umfang – geführt werden und führen.

5.3.5 Fazit

Symbolische Führung ist eine Anleitung zum Dialog mit dem Subjekt Mitarbeiter. Dieser Dialog wird nicht frei geführt, weil viele Voraus-Setzungen (Fakten) unausgesprochen bleiben. Betrachtet man das Führungsgeschehen nicht mehr nur von der Führungsperson, sondern von den Geführten aus (und jede Führungsperson ist auch eine geführte), dann erschließen sich neue Einsichten. Die alltägliche Mehrdeutigkeit, Intransparenz, Widersprüchlichkeit, Instabilität etc. muss man dann nicht als zu beseitigende Störungen eines ansonsten durch und durch rationalen Prozesses begreifen, sondern als Chance zur Nutzung und Erweiterung von bislang unausgeschöpften Handlungsmöglichkeiten.

Das Verflüssigen kann allerdings auch zum Extrem des (scheinbar) inhaltslosen Handelns führen, bei dem auffälliges Tun Substanzlosigkeit kaschiert. *Meyer* (1992) beschreibt dies im Hinblick auf das (Führungs-)Handeln in der Politik:

„Symbolische Politik ist symbolisches Handeln zu politischen Zwecken. … Im kritischen, wenn auch häufigen Grenzfall stellt symbolische Politik ein Handeln zur Schau, das nichts Wirkliches verdichtet und auf nichts Wirkliches verweist. Ein Handeln also, das das, worauf es zu verweisen scheint, durch den Verweis nur inszeniert. Scheinhandeln. Aber nicht die Handlung ist der Schein, sondern das, worauf sie verweist" (*Meyer*, 1992, S. 62).

Alle Führungssubstitute wie Führungsgrundsätze, ein 360°-Feedbacksystem, eine Balanced Scorecard, die Möblierung eines Büros oder ein (in-)offizieller Dresscode, ein sorgfältig inszenierter Vorstandsauftritt oder lancierte Heldengeschichten funktionieren analog. Sie sind Beispiele für den Versuch ‚mentaler Programmierung' durch Symbolisierung.

Weil selbst großartige Monumente der Gefahr erliegen, zur bloßen Staffage zu werden, müssen einstmals gelungene Symbolisierungen immer wieder aktualisiert und im Doppelsinn des Wortes geltend gemacht werden. Dies ist ein endloser Prozess, der auch zur schöpferischen Zerstörung einer rigide gewordenen Form führen kann. Dies betrifft nicht nur die einzelnen Führungsmittel, sondern Führung insgesamt. Sie ist ein Doppel-Agent, weil sie zugleich mobilisiert und immobilisiert. Sie mobilisiert (‚Bewegungsbewirkung'!) und sie fixiert (sie entscheidet, legt fest, reguliert, strukturiert); sie muss dafür sorgen, dass das in Verfahren, Regeln und Artefakten Verfestigte immer wieder verflüssigt und den neuen Umständen und Chancen angepasst wird. Führung ist, je nachdem von welcher Seite man sie ansieht, sowohl repressiv wie emanzipatorisch. In erwerbswirtschaftlichen Organisationen sind beide Facetten spezifisch konditioniert. Die Repression darf die unsichtbare Grenze nicht überschreiten, jenseits derer nicht mehr mit kreativem Mittun, sondern Desinteresse, Reaktanz und Sabotage zu rechnen ist. Die Emanzipation ist beschränkt auf die Freisetzung nützlicher, verwertbarer Potenzen; alle darüber hinaus gehenden humanistischen, moralischen, ästhetischen Ausgänge aus der produktiven Unmündigkeit werden nur dann toleriert oder gefordert, wenn sie instrumentalisierbar sind. Das allerdings ist nicht immer, sofort und eindeutig festzustellen. Im Vertrauen darauf, dass die Immunmechanismen der Organisation die schädlichen Mutationen schon erkennen und ausmerzen werden, erhalten Innovationen immer wieder eine Chance. Weil sie fast nie eindeutig, sondern mehrdeutig symbolisiert/symbolisierend sind, ist nicht nur ihre Produktion, sondern auch ihre Interpretation und Legitimation eine Führungsaufgabe, die mit der ebenfalls unverzichtbaren Daueraufgabe konkurriert, dasselbe für das Bestehende zu leisten.

5.4 Systemische Führung

Der Begriff *Systemische Führung* ist ein Hybridbegriff, der zwei entgegengesetzte Elemente in sich vereinigt: Zu *System* wird im Allgemeinen Ganzheitlichkeit und Selbstorganisation oder gar Autopoiesis (siehe unten) assoziiert, zu *Führung* dagegen individuelle Einwirkung und Fremdbestimmung. Aus dieser Spannung resultieren des Öfteren pragmatische Übertragungs- und Anwendungsversuche, die den Ansatz verkürzen und ihm nur noch Lippenbekenntnisse zollen (vgl. *Steinkellner*, 2006, S. 92). Eine Orientierung an der Systemtheorie erscheint jedoch als aussichtsreicher Ansatz, Führung und ihre Auswirkungen nicht nur besser zu verstehen, sondern auch das Führungshandeln darauf aufbauend (erfolgreich?) umzukonstruieren.

5.4.1 Entwicklung der Ansichten über ‚Systeme'

Der systemische Ansatz geht aus von der unbewältigbaren Komplexität lebender (und sozialer) Systeme, die er nicht zu ‚trivialisieren' sucht, indem er sie z.B. in eindeutige und beherrschbare Ursache-Wirkungs- oder Mittel-Zweck-Beziehungen zerlegt. Dieser Bruch mit einer technizistischen Vergangenheit erfordert neue Begriffe, Theorien und Methoden, die zunächst als praxisferne Komplizierungen erscheinen mögen, aber unverzichtbar sind, um sich mit der anders gelagerten Fragestellung fruchtbar auseinandersetzen zu können (vgl. *Resch & Steinkellner*, 2012, S. 555). Die Begriffe der Systemtheorie sind zum Teil sehr voraussetzungsvoll und abweichend von der Alltagssprache konstruiert. Die Systemtheorie nimmt für sich in Anspruch, den Interessierten die ‚Anstrengung des Begriffs' zuzumuten; sie müssen sich mit den Voraus-Setzungen vertraut machen, wenn sie sachverständig mitreden wollen.

Weil sich (noch) keine einheitliche und allgemein akzeptierte sozialwissenschaftliche Systemtheorie herausgebildet hat, werden im Folgenden zentrale Konzepte (Beobachtung, Grenze, Selbstreferenz, Autopoiese, Kommunikation, doppelte Kontingenz etc.) vorgestellt, die von vielen systemtheoretisch argumentierenden AutorInnen verwendet werden (wenngleich nicht immer deckungsgleich). Damit soll verdeutlicht werden, auf welche Weise die Systemtheorie alte Fragen der Führungstheorie neu stellt und/oder beantwortet.

Der zuweilen verwirrende Konzept- und Perspektivenreichtum systemtheoretischer Ansätze verdankt sich den verschiedenen Traditionslinien, in denen sie stehen, z.B. der Biologie, Steuerungstechnik, Soziologie, Psychotherapie, Kommunikationstheorie, konstruktivistischen Erkenntnistheorie etc. (siehe *Königswieser*, 1991; *Beisel*, 1994 sowie für einen theoretischen Überblick *von Schlippe & Schweitzer*, 2003, S. 49 ff.). In den Wirtschaftswissenschaften lässt sich die systemorientierte Managementlehre auf das St. Galler Management-Modell zurückführen, das in den 1960er Jahren entwickelt, 1972 von *Ulrich & Krieg* erstmals veröffentlicht und später von *Knut Bleicher* weiterentwickelt wurde (vgl. *Bleicher*, 2011, sowie ergänzend *Steinkellner*, 2006, S. 98 ff.; 2012).

Nachfolgend wird hauptsächlich der sozialwissenschaftlichen Ansatz von *Luhmann* (z.B. 1964, 1980, 1984, 2000, 2008) beschrieben, weil er am weitesten entwickelt ist und – z.T. umformuliert – zahlreiche andere Ansätze und Einsichten nutzt.

In Bezug auf den zu Grunde gelegten Systembegriff unterscheidet *Luhmann* drei Entwicklungsphasen, bei denen sich jeweils die Leitdifferenzen geändert haben:

1. Leitdifferenz: *Teil – Ganzes*

Systeme werden als Ganzheiten gesehen, die aus Elementen bestehen, die auf charakteristische Weise miteinander verbunden oder vernetzt sind (siehe dazu die Abb. 5.9). Die zum Teil komplexen Relationierungen erzeugen Ganzheiten, die ‚mehr sind als die Summe ihrer Teile' (Übersummativität, Gestaltqualität), also aus der Kenntnis der Elemente allein nicht vorhergesagt werden können.

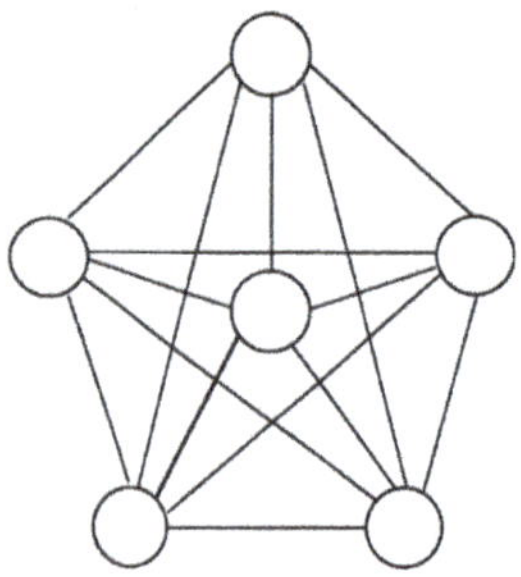

Abb. 5.9: Elemente und Relationen (1. Generation)

2. Leitdifferenz: *System – Umwelt*

Systeme werden als Wirklichkeitsbereiche eigener Organisation und Struktur von Umwelten abgegrenzt, stehen aber in einer Anpassungs- und Austauschbeziehung mit dieser Umwelt (‚offene' Systeme, Input-Output-Betrachtung). Diese ‚Offenheit' gegenüber der Umwelt ist in Abb. 5.10 durch die durchbrochene Systemgrenze symbolisiert.

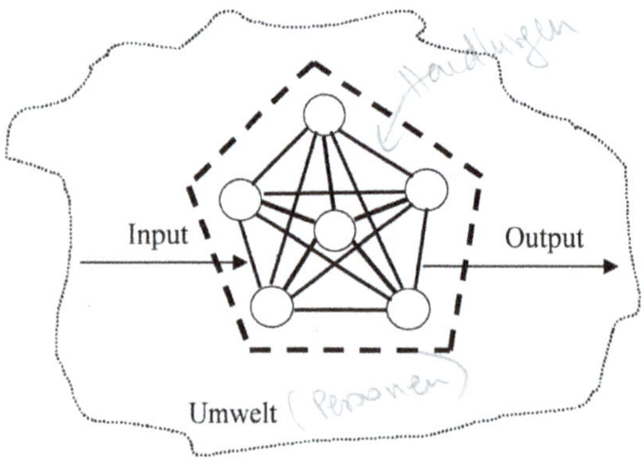

Abb. 5.10: Austausch zwischen System und Umwelt (2. Generation)

„Als System lässt sich danach alles bezeichnen, worauf man die Unterscheidung von innen und außen anwenden kann; denn in dem Maße, als eine Ordnung sich ausprägt und verdichtet, müssen unterscheidende Grenzen gezogen werden, und andererseits setzt die Erhaltung der Grenzen eine darauf abzielende innere Ordnung voraus. Die Innen/Außen-Differenz besagt, dass eine Ordnung festgestellt wird, die sich nicht beliebig ausdehnt, sondern durch ihre innere Struktur, durch die eigentümliche Art ihrer Beziehungen Grenzen setzt. Die Struktur des Systems ermöglicht zugleich, dass das System sich in einer andersartigen Umwelt gegenüber Wechselfällen relativ invariant hält. … Als Handlungssysteme gesehen, schließen soziale Systeme keineswegs alle Handlungen der beteiligten Personen ein. Sozialsysteme bestehen nicht aus konkreten Personen mit Leib und Seele, sondern aus konkreten Handlungen. Personen sind – sozialwissenschaftlich gesehen – Aktionssysteme eigener Art, die durch einzelne Handlungen in verschiedene Sozialsysteme hineingeflochten sind, als System jedoch außerhalb des jeweiligen Sozialsystems stehen. Alle Personen, auch die Mitglieder, sind daher für das Sozialsystem Umwelt“ (*Luhmann*, 1964, S. 23 f.).

3. Leitdifferenz: *Identität – Differenz*

In dieser dritten Generation wird von ‚geschlossenen' Systemen ausgegangen, die sich durch Grenzziehung von ihrer Umwelt abheben und ihre Identität durch eben diese Grenzziehung konstituieren. Sie sind nicht von außen direktiv steuerbar, sondern verarbeiten Informationen (genereller: Inputs) nach ihren eigenen eingebauten Gesetzmäßigkeiten (Selbstorganisation). Der Großteil der folgenden Argumentation bezieht sich auf diesen Entwicklungsstand.

In Abb. 5.11 ist Geschlossenheit des Systems durch die lückenlose Systemgrenze veranschaulicht. Wichtig ist auch, dass explizit die Rollen der externen und internen Beobachter eingeführt werden; sie erkennen das beobachtete System nur im Rahmen ihrer eigenen Wahrnehmungsvoraussetzungen.

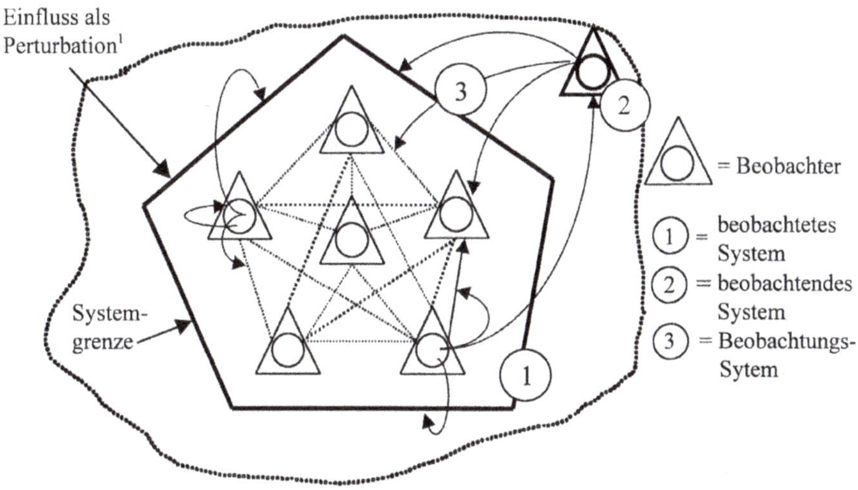

Abb. 5.11: Operational geschlossene, selbstreferenzielle Einheit (3. Generation)

Die Auseinandersetzung mit ‚Systemischer Führung' wird hier in drei Teile gegliedert. Im ersten Abschnitt (Erkenntnisprogramm) werden die Konzepte eingeführt, die die Systemtheorie für die Bildung und Verarbeitung von Information bereitstellt. Der zweite Abschnitt behandelt das für Konstitution und Wirkungsweise von Systemen basale Element ‚Kommunikation' (Kommunikationsprogramm). Der dritte Abschnitt (Operationsprogramm) stellt Selbstreferenz und Selbsterzeugung (Autopoiesis) in den Mittelpunkt. Dabei wird auch insbesondere das für das klassische Führungsverständnis wichtige Problem der Intervention in Systeme thematisiert. Das Kapitel wird durch eine Zusammenfassung in Maximen und Reflexionen abgeschlossen.

5.4.2 Das systemische Erkenntnisprogramm

Eine verbreitete Maxime – nicht nur unter ManagerInnen – ist: „Sich an den Fakten orientieren!" Damit aber wird zugleich meist entkontextualisiert und enthistorisiert, weil Beobachtungen aus ihren sachlichen, sozialen und zeitlichen Zusammenhänge herausgeschnitten, isoliert bzw. willkürlich neu relationiert (‚interpunktiert') werden.

Dem systemischen Ansatz geht es nicht um ontologische Feststellungen (‚Wie die Dinge wirklich sind!'), sondern um Standpunkt- und methodenabhängige Beobachtungen, die den scheinbar objektiven Gegenstand für den Betrachtenden erst konstituieren. Damit ist nicht gemeint, dass BeobachterInnen Wirklichkeit erschaffen, sondern nur, dass sie zu einer wie immer gearteten, prinzipiell ‚als solcher' unerkennbaren Wirklichkeit einen vermittelten Zugang haben: Sie machen sich ein Bild und handeln auf Basis dieser ‚Konstruktion'. Was z.B. für eine Führungskraft ein Problem des Personal(kosten)abbaus ist, kann für einen Mitarbeiter Arbeitsplatzverlust sein; Verhalten einer Kollegin, das die anderen ‚karrieristisches Ellbogentum' nennen, kann für eine Vorgesetzte ‚Durchsetzungsfähigkeit' sein …

Damit wird sichtbar, dass ein spezifischer konstruktivistischer Wahrheitsbegriff verwendet wird: kein korrespondenztheoretischer (die Begriffe entsprechen der Wirklichkeit, bilden sie ab), kein konsistenztheoretischer (Aussagen über die Wirklichkeit sind widerspruchsfrei, stimmig, folgerichtig), kein konventionalistischer (die Übereinstimmung der Meisten, die vorherrschende Meinung der Fachwelt, willkürliche Setzungen, die verbindlich gemacht werden), sondern ein ‚performativer' (also auf Leistung, Vollzug oder Vorführung bezogener): Wahrnehmungen der Wirklichkeit und Aussagen über sie haben einen Realitätseffekt, wenn und weil sie das Sehen und Handeln der Akteure als *aktive* Leistung bestimmen, die ihnen erlaubt, in ihrer Wirklichkeit zurecht zu kommen: „Die Wahrheit als „ein Verdacht, der andauert" (*Ramón de Campoamor*) oder sie „ist nur der zweckmäßigste Irrtum" (*Vaihinger*, 1911, S. 192).

Unsere Struktur des Erkennens bestimmt, worauf wir achten und was wir sehen (können). Im Zusammenhang mit ‚ökologischer Kommunikation' bemerkt *Luhmann* (1986, S. 52): „Ein System kann nur sehen, was es sehen kann. Es kann nicht sehen, was es nicht sehen kann. Es kann auch nicht sehen, dass es nicht sehen kann, was es nicht sehen kann". „In der Außenwelt gibt es weder Inputs noch Outputs, weder Informationen noch Möglichkeitsbereiche, aus denen Informationen ausgewählt werden. Die Außenwelt ist, wie sie ist: stur, möglichkeitslos und unbekannt" (*Luhmann,* 1994, S. 334). Oder anders ausgedrückt: „Ein Paradigma ist nicht leicht zu erkennen, denn es ist ja die Brille, durch die wir die Welt betrachten. Und wenn wir die Welt betrachten, können wir nicht auch die Brille sehen, durch die wir schauen. Erst der Blick auf diese Brille ist aber die Voraussetzung dafür, systemisches Denken zu verstehen" (*Seliger*, 2012, S. 60).

Es kommt somit alles auf die *systeminternen* Unterscheidungen an, mit deren Hilfe die Ordnung der Dinge besorgt wird. Solange einem Unternehmen, das nach dem

Geldcode funktioniert, Umweltzerstörung nicht in diesem Code mitgeteilt und aufgerechnet wird, ‚weiß es nichts' von Umweltzerstörung. BeobachterInnen sehen nie das *Ganze* eines Systems, sie sehen es nicht *ganz* und so, wie es ‚wirklich' ist. Der naive ontologische Realismus, auf den FührungspraktikerInnen so stolz sind, wird im systemischen Ansatz radikal auf den Index gesetzt. Die Konsequenz ist, dass man Abschied nehmen muss von *objektiven* Diagnosen der Situation, wie sie etwa die Situative Führungstheorie à la *Hersey & Blanchard* oder *Vroom & Yetton* voraussetzt.

Eine genauere systemtheoretischen Behandlung der „Beobachtung" und damit verbunden „Grenzziehung" und Interpretation findet sich im Zusatzdokument 25.

Eine Führungskraft kann Verhalten eines unterstellten Mitarbeiters – z.B. im Rahmen von Personalbeurteilung – verschieden rahmen. Wenn ein Mitarbeiter zur ‚ingroup' (zum engeren Kreis der wertvollen, förderungsfähigen und sympathischen Mitarbeiter) gehört, wird ein Fehlverhalten als einmaliger Ausrutscher, Lernchance oder durch die Umstände erzwungen gedeutet werden. Dieselbe Beobachtung würde bei einem Mitglied der ‚outgroup' diametral entgegengesetzt bewertet werden. Führungskräfte haben allerdings kein Monopol auf sinnstiftende Bezugsrahmen und Selektionen. Wie andere Organisationsmitglieder auch können sie nicht *unmittelbar* intervenieren, sondern müssen sich ‚verständlich machen', d.h. anschließen an die Praxis der Unterscheidungen und Rahmungen der Geführten.

Daraus folgt, dass es nicht so sehr auf *einzelne* Ereignisse, Entscheidungen, Handlungen oder Kommunikationen ankommt, sondern deren Einordnung und Passung in Rahmen (Muster, Strukturen, Regeln, Institutionen). Der systemische Ansatz nimmt für sich nicht in Anspruch, die elementaristische Detailbetrachtung durch die Vogelperspektive, den Blick aufs vermeintliche Ganze überwunden zu haben, sondern – weniger holistisch – zu einer dreifachen Relationierung (sachlich, sozial, zeitlich) aufzufordern:

- *sachlich:* Zu welchen anderen Ereignissen oder Entscheidungen lässt sich eine Beziehung herstellen? Welches Etwas wird gegen ein anderes abgegrenzt?
- *sozial:* Im Netz welcher weiteren Personen, Akteure oder Stakeholder ist ein Handelnder verortet? Wie wird die Situation von jemand anderem gesehen?
- *zeitlich:* Für welche Vorgeschichte ist ein Ereignis die Konsequenz oder Fortsetzung? Welche Vorher-Nachher-Ordnung wird einem Geschehen *auferlegt*?

Für einen Mitarbeiter wird die Diagnose ‚faul' („low- oder no-performer") gestellt. *Wer* diagnostiziert Faulheit und in Bezug auf welches Normalverhalten? Was folgt auf die Faulheit und was geht ihr voraus? Haben auch noch andere BeobachterInnen sie wahrgenommen und kommuniziert? Wie verhalten sich die anderen Beteiligten in der Beziehung? Es würde also grundsätzlich nicht nur eine Seite der Unterscheidung (Faulheit als *personale* Attribution) prozessiert werden, sondern die Einheit von drei Unterscheidungen (in Bezug auf Ereignisse, Akteure, Zeitpunkte, siehe dazu den Attributionswürfel von *Kelley*, vgl. Kap. 5.2). Eine solche weite Sicht der Dinge eröffnet ein breiteres Spektrum von Ansatzmöglichkeiten für Lösungsimpulse als wenn man sich auf nur eine Attribution (z.B. Faulheit als Persönlichkeitszug) beschränkte.

Wenn einzelne Personen, Taten, Episoden mehrstellig relationiert (und damit auch: differenziert) werden, wird einsichtig, dass indirekte Steuerungsformen (Beispiel: Unternehmenskultur) effektive Lenkungsmöglichkeiten sein können. Simplifizierende Schemata, wie FührerIn – Geführte, LenkerIn – Gelenkte, mit denen in Organisationen häufig operiert wird, sind keineswegs selbstverständlich, sondern höchst voraussetzungsvolle und machtvoll durchgesetzte Einschränkungen eines umfassenderen Bezugsrahmen, in dem Führungskraft und Geführte(r) wechselseitig Subjekt und Objekt, Täter und Opfer sind. ‚Führung von unten' ist deshalb für systemische Ansätze keine Störung der natürlichen Ordnung, sondern die Vervollständigung einer buchstäblich einseitigen Perspektive.

5.4.3 Das systemische Kommunikationsprogramm

Nachfolgend geht es um die Frage, wie die basalen, selbsterzeugten Elemente sozialer Systeme – Kommunikationen – zum Aufbau von Beziehungen, Strukturen, Orientierungsmustern etc. genutzt werden.

Kontingenz und Komplexität

Für die systemische Herangehensweise ist Veränderung der Normalfall: Zustände oder Ereignisse sind nur Momentaufnahmen von Prozessen. Ordnung und Stabilität entstehen fortwährend neu aus Variationen und Fluktuationen. Das ist ein Plädoyer gegen Statik, Stillleben (nature morte), Status quo, Hier und Jetzt, Durchschnittsbildungen. In Handlungen wie Strukturen steckt Geschichte, genauer: sie sind Geschehen. Weil grundsätzlich von Kontingenz auszugehen ist, ist Bestand eher erklärungsbedürftig als Veränderung.

Unter Kontingenz wird hierbei (wahrgenommene) Verbundenheit oder sogar Aufeinander-bezogen-sein von (mindestens) zwei Ereignissen, die aber nicht notwendiger Weise logisch / kausal gekoppelt sind. Also eine Bezogenheit ohne Zwang, eher in Plausibilität. Es ist ein Begriff, der in der Systemtheorie verwendet wird, um die prinzipielle Offenheit und Ungewissheit menschlicher Lebenserfahrungen zu bezeichnen. Er „bezeichnet mithin Gegebenes (zu Erfahrendes, Erwartetes, Gedachtes, Phantasiertes) im Hinblick auf mögliches Anderssein; er bezeichnet Gegenstände im Horizont möglicher Abwandlungen" (*Luhmann*, 1984, S. 152). Die Begriffsverwendung hat Nähe zu dem Begriffsbestandteil der *Kontingenz*theorien, wobei aber entsprechend dem psychologischen Wortgebrauch dort die Verbundenheit als viel fester, (beinahe) kausal angesehen wird, mit deren Funktionieren im allgemeinen gerechnet werden kann und die lediglich durch besondere Umstände / Ereignisse / Ausnahmen vorübergehend außer Kraft gesetzt werden kann.

Im sozialen Bereich wird die ‚normale' Kontingenz im Umgang miteinander noch gesteigert, dass alle Kommunikationspartner sich kontingent verhalten. Dass die Personen kontingent handeln und dies voneinander wissen (und sogar voneinander wissen, dass sie es voneinander wissen), nennt man im soziologischen Fachjargon ‚doppelte' Kontingenz (*Luhmann*, 1975, S. 68).

„Üblicherweise wird Komplexität mit Hilfe der Begriffe Element und Relation definiert … Mindestens drei Dimensionen müssen bestimmt werden, um das Ausmaß der Komplexität eines Systems festzulegen, nämlich (1) die Zahl der Elemente, (2) die Zahl der im System möglichen Beziehungen zwischen den Elementen und (3) der Verschiedenartigkeit dieser Beziehungen, durch die dann in komplexen Bestimmungsprozessen zugleich die Elemente ‚qualifiziert' werden… anspruchsvollere Begriffsfassungen ziehen zusätzlich die Zeitdimension in Betracht" (*Luhmann*, 1980, S. 1065 f.).

Würden sich Kontingenz und Komplexität frei entfalten, könnte nicht mehr koordiniert gehandelt werden, Entwicklungen ließen sich weder überblicken, noch steuern. Es ist deshalb wichtig, in komplexe Systeme dämpfende Rückkoppelungen einzubauen, die ein eskalierendes Aufschaukeln verhindern. Dadurch, dass sich Kontingenz mit Komplexität verbindet, entsteht ein hoher Druck darauf, Strukturen zu bilden und das System zu stabilisieren.

Systemisches Diagnostizieren fragt deshalb danach, was bisher getan wurde, ob und warum es fehlschlug und was dann passierte. In der systemisch orientierten Praktiker-Literatur finden sich immer wieder Anregungen, die auf diese Einsichten zurückgreifen:

- Ein Loblied auf Gelassenheit, Geduld, Warten können und langen Atem wird angestimmt, während Zeitdruck als Reflexionsbarriere und Entwicklungsbremse denunziert wird.
- Es ist mit zeitlich *verzögerten* Wirkungen zu rechnen und mit der Wirkung an *anderen* Stellen als den traktierten.
- Das Berücksichtigen langfristiger Entwicklungen und langer Zyklen wird propagiert – in deutlichem Kontrast zum effekthascherischen Soforterfolg beim Quartals- oder Geschäftsjahresdenken.

Gegen den Macher-Mythos: Nicht-Trivialisierung

Systemische Betrachtung als Kontrastprogramm zum Macher-Mythos sieht Veränderungen nicht linear, sondern *netzartig* oder *zirkulär* verursacht. Typischerweise werden für die systemische Analyse statt simpler Kausalketten Einfluss-Netzwerke gezeichnet. Das formale Ideal der Hierarchie als durchgängig praktizierter Oben-Unten-Unterscheidung wird mit polyzentrischen oder heterarchischen Konzeptionen konfrontiert, in denen mehrere verteilte, einander nicht untergeordnete Herrschaftszentren, die abwechselnd oder bei bestimmten Sachthemen oder bei bestimmten Personenkreisen das Sagen haben (vgl. Kap. 8.1). Damit die Hierarchie und ihr Letzt-Entscheidungs-Monopol als Referenzmodell bleiben können, muss im Alltag organisationalen Handelns subversiv und effektiv gegen die weltfremden Simplifizierungen angekämpft werden, die sie unterstellt (Konzentration von Wissen und Entscheidungsmacht, die nur ‚delegiert' wird); realistischer wäre es, dialektisch die Umkehrung zu denken: Hierarchen fingieren lediglich den Besitz jener Kompetenzen, die sie großzügig und vertrauensvoll den Nachgeordneten ‚übertragen'. Sie schreiben sich zu, was sie nicht haben, um es theatralisch / symbolisch / inszeniert / ritualisiert an jene weiter zu reichen, die es ohnehin haben. Rechenschaftspflicht, Abhängigkeit und Austauschbarkeit werden dabei asymmetrisiert: die Hierarchen sprechen sich davon in dem Maße frei, wie sie diese Bestimmungen den Unterstellten zumuten, ohne diesen das Anrecht zu geben, von den Vor-Gesetzten die Offenlegung von Entscheidungsbegründungen und -kriterien verlangen zu können.

SystemikerInnen betonen im Unterschied dazu, dass nur über Kommunikation interveniert werden kann; deren Resultat ist prinzipiell kontingent. An die Stelle der (Befehls-)Hierarchie – typisch und verräterisch ist die Rede von der ‚Linie' – tritt ein mehr oder weniger dichtes Gewebe von Austauschverhältnissen und Vertragsbeziehungen. Es gilt also nicht: „Eine Führungskraft führt Unterstellte", sondern: „Eine Führungskraft verändert sich oder ihr Verhalten; diese Verhaltensänderung wird von den Unterstellten auf der Basis *ihrer* Programme und Ursachenkarten beobachtet, interpretiert und beantwortet, und diese Antworten werden von der Führungskraft beobachtet, die darauf re-agiert etc."

Der Macher-Mythos stilisiert Führungskräfte zu Sozialingenieuren, die ihre Unterstellten als Maschinen oder Objekte betrachten, für deren reibungsloses Funktionieren sie verantwortlich sind.

> Der radikale Konstruktivist *von Foerster* hat diese Herangehensweise ‚trivialisieren' genannt und in der viel zitierten Gegenüberstellung von trivialen und nichttrivialen Maschinen metaphorisiert (siehe Zusatzdokument 26).

Schlichtes Trivialisieren, das von PraktikerInnen zuweilen als Tugend gefeiert wird (siehe z.B.: Primat der Tat!) ist für SystemikerInnen ein rotes Tuch.

Was *von Foerster* grundsätzlich entwickelt hat, ist eines der zentralen Momente in den Praxisanwendungen der Systemtheorie, wenn von ‚Vernetzung' und ‚zirkulärer Kausalität' die Rede ist. Ganz anders als man es von den üblichen Organigrammen oder den Darstellungen von Ziel-Systemen gewohnt ist, die beide konsequent hierarchisch geordnet sind, wird hier von einem dichten Netz von Funktionen oder Zielen ausgegangen, die untereinander auf vielfältige und zum Teil indirekte und widersprüchliche Weise verbunden sind. Dies demonstriert eine Komplexität der Situation, die im Grunde von niemand mehr überblickt werden kann und die sich auch Versuchen einer kausalen Steuerung entzieht. Als Praxisbeispiel soll hier die Rekonstruktion eines Handlungssystems dienen, die *Gomez & Probst* (1987) zur Analyse von Steuerungsproblemen in einer Buchhandelskette genutzt haben (Abb. 5.12):

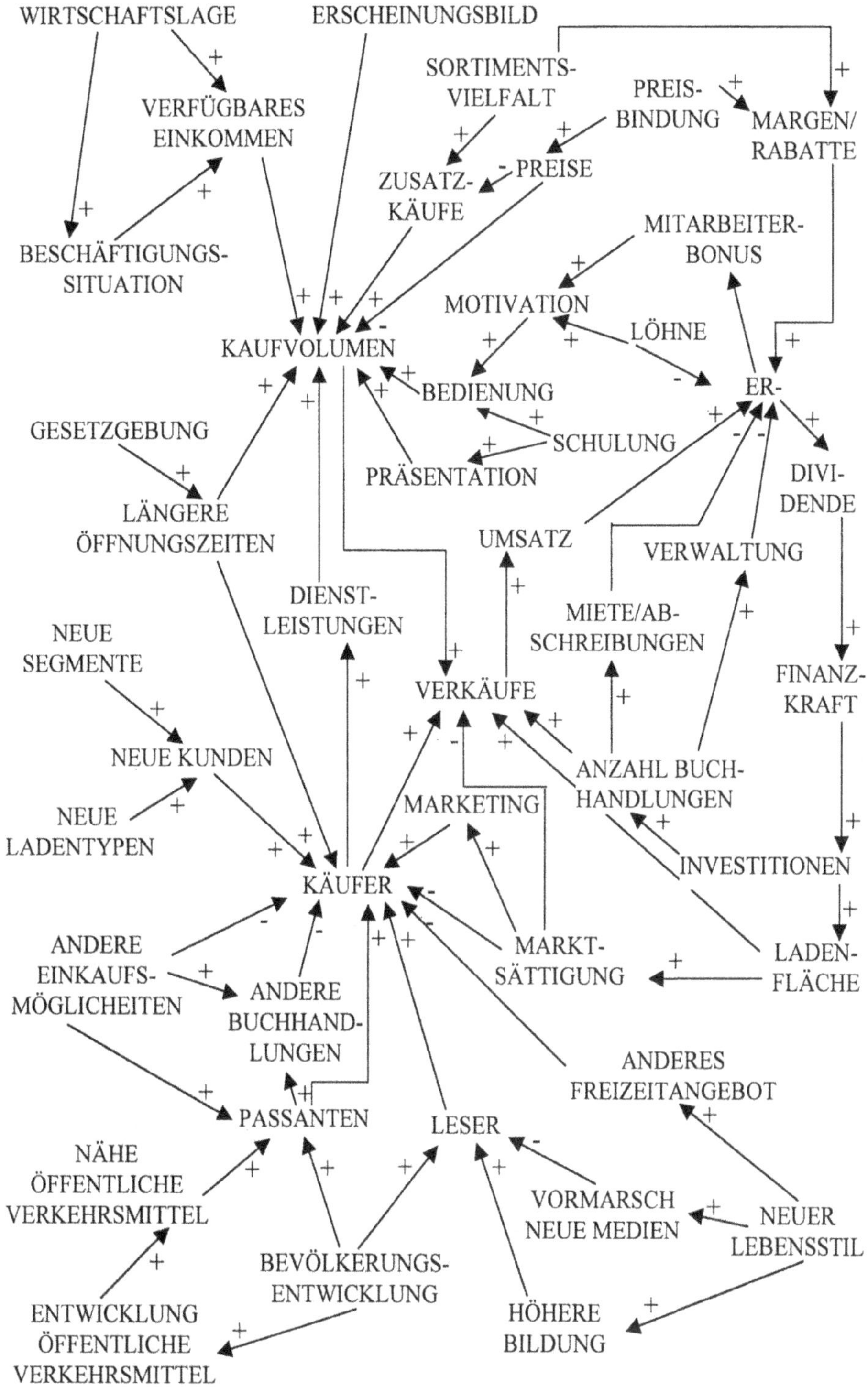

Abb. 5.12: Vernetztes Denken im Management (aus *Gomez & Probst*, 1987)

Die Abbildung zeigt, dass Elemente in Beziehung gesetzt werden, die auf sehr verschiedenen Abstraktions- und Aggregations-Ebenen liegen. Trotzdem mag sie als Beleg dafür dienen, dass forsche spontane oder auch sorgfältig kalkulierte Eingriffe in ein solch delikates Beziehungsnetz an anderen Stellen Folge- und Nebenwirkungen zeigen können, die nicht bedacht wurden und mit vernünftigem Aufwand und unter realistischen Zeitbegrenzungen auch gar nicht bedacht werden können (vgl. *Weick*, 1985). Vielleicht rührt daher die verzweifelte gordische Lösungsempfehlung: „Handeln!". Aktionismus beendet das Denken in Möglichkeiten, nimmt verändernde Eingriffe vor und sucht dann, die Folgen in den Griff zu bekommen. *Dörner* (1989, 2008) hat in einer Reihe von Simulationsstudien gezeigt, dass Menschen üblicherweise nicht in der Lage sind, vernetzte Probleme selbst relativ geringer Komplexität erfolgreich zu bearbeiten. Dabei untersuchte er primär *individuelles* Problemlösen; man muss sich klar darüber sein, dass bei *kollektivem* Problemlösen zusätzliche Komplexitätsstufen ins Spiel kommen.

Definiert man Personalführung als Entscheiden für/über andere Personen, dann enthält sie trivialisierende Züge. Autoritäre Führung ist dabei lediglich ein Extrem. Aus übergeordneten und fremdbestimmten Rücksichten werden Führende vielfach nicht umhin können, Einschnitte vorzunehmen (z.B. entlassen, befördern, beurteilen, disziplinieren). Sie ‚zerstören' damit eingeschliffene Beziehungen und Abläufe – und haben danach alle Hände voll zu tun, mit den vielleicht unerwarteten Folgen fertig zu werden. Führung und Autonomie wären dann vereinbar, wenn Führende lediglich einige relevante *Bedingungen* des Handelns von Geführten kontrollieren und diesen gezielt Informationen zur Selbststeuerung bereitstellen. Beispiele einer solchen Bedingungsgestaltung sind: Verfügbarmachung/Entzug von Ressourcen (finanzielle, personelle, technische, relationale, informationelle etc.), Vorgabe von Verfahrensregeln und Erfolgsmaßstäben, Unterwerfung unter Kontrollen, Ausüben von Rechtfertigungsdruck, Vorgabe einer strategischen Ausrichtung, Orientierung an Grundwerten, Kommunikation von Erwartungen und Vereinbarung von Zielen … All diese Kontextgestaltungen lassen der handelnden Person immer noch erhebliche Freiheitsgrade (vgl. *Willke*, 1994).

Kausalzuschreibung (s. Kap. 5.2) verwirklicht die Sehnsucht nach Ordnung und Überschaubarkeit. Sie ist dann am überzeugendsten, wenn sie *eine* Ursache präsentieren kann. Damit (re-)produziert sie falsches Bewusstsein und kapituliert vor zyklischen und rekursiven Vernetzungen von Interaktionen und Interrelationen. Die Suche nach auslösenden Ur-Sachen wird nun ersetzt durch Prozessanalysen, die Regeln, Verläufe und Muster identifizieren.

Einzelne (Personen, Probleme) sind nicht Ursache, sondern nur Symptomträger; an ihnen zeigen sich die systemtypischen allgemeinen und grundsätzlichen Spannungen, Muster, Strukturen etc. Dazu gehört auch, dass geltende Normen, Werte, Regeln und (Sprach-)Regelungen MitarbeiterInnen oder Handlungen schaffen bzw. selektieren – und nicht umgekehrt! Aus einer solchen Sicht bedeutet es eine Fehlleitung von Ressourcen, sich unmittelbar um die Veränderung von MitarbeiterInnen zu bemühen. Sinnvoller ist es, handlungsgenerierende und -lenkende mentale Landkarten, Verfahren, Praktiken, Systeme etc. zu modifizieren.

Ganzheitlichkeit wäre missverstanden, wenn sie zum Ausspruch „Alles hängt mit allem zusammen“ entdifferenziert würde. Es mag ja sein, dass letztlich oder genau genommen alles mit allem zusammenhängt, aber dies ist nicht direkt, nicht sofort und nicht für alle Elemente in gleicher Stärke der Fall. Und für ein Beobachtungssystem ist nicht irgendein realer Zusammenhang wichtig, sondern ein auf Grund der eigenen Beobachtungsschemata erzeugter, wahrgenommener. Übersieht man solche Differenzierungen, ist die Konsequenz, dass längere Handlungsketten oder planvoll realisierte Strategien nicht mehr möglich sind, weil jede noch so kleine Veränderung an einer Stelle sofort auf alle anderen Subsysteme durchschlagen und sie zur Revision ihrer Pläne zwingen würde. Man muss also Verzögerungen, Schwellen, Filter, Puffer, Abschottungen etc. einführen, um lokal selbständiges, idiosynkratisches und abweichendes Handeln ohne Systemüberflutung ent- oder bestehen zu lassen. Nur weil es Grenzen, Ab-Schnitte, Konstanten etc. gibt, kann innovativ gehandelt werden. Einiges muss immer stabil oder starr bleiben, damit Anderes sich wandeln kann. Lose Kopplung schafft Freiheitsgrade und Selbständigkeit, bedeutet dabei aber zugleich mangelnde zentrale Durchschlagskraft(!).

Gomez & Probst (1987, S. 62) bieten eine kontrastierende Gegenüberstellung von klassischen ‚Denkfehlern‘ im Management und ganzheitlichem Problemlösen (siehe Tab. 5.4). An dieser praxisorientierten Gegenüberstellung wird zugleich der Abstand zwischen der abstrakten und verbal präzisen Systemlogik *luhmann*scher Provenienz (Herkunft, Abstammung) und der zugleich hemdsärmeligen wie idealistischen Umsetzung in einen Kanon von Ratschlägen sichtbar. Wie z.B. kann man eine Situation *als Ganze* erfassen? Was hat man sich unter Lenkungs*eingriffen* (!) vorzustellen? Was heißt es konkret, *situationsgerecht* vorzugehen? Trotz der Anklänge an systemische Konzepte tritt kaum verhüllt die selbstsichere Interventionsmentalität der klassischen Macher zu Tage.

Denkfehler im Umgang mit komplexen Situationen	**Schritte ganzheitlichen Problemlösens**
1. Probleme sind objektiv gegeben und müssen nur noch klar formuliert werden.	Abgrenzung des Problems: Die Situation ist aus verschiedenen Blickwinkeln zu definieren und eine Integration zu einer ganzheitlichen Abgrenzung anzustreben.
2. Jedes Problem ist die direkte Konsequenz einer Ursache.	Ermittlung der Vernetzung: Zwischen den Elementen einer Problemsituation sind die Beziehungen zu erfassen und in ihrer Wirkung zu analysieren.
3. Um eine Situation zu verstehen, genügt eine ‚Photographie‘ des Ist-Zustandes.	Erfassung der Dynamik: Die zeitlichen Aspekte der einzelnen Beziehungen und einer Situation als Ganzem sind zu ermitteln. Gleichzeitig ist die Bedeutung der Beziehungen im Netzwerk zu erfassen.
4. Verhalten ist prognostizierbar, notwendig ist nur eine ausreichende Informationsbasis.	Interpretation der Verhaltensmöglichkeiten: Künftige Entwicklungspfade sind zu erarbeiten und in ihren Möglichkeiten zu simulieren.
5. Problemsituationen lassen sich ‚beherrschen‘, es ist lediglich eine Frage des Aufwandes.	Bestimmung der Lenkungsmöglichkeiten: Die lenkbaren, nicht lenkbaren und zu überwachenden Aspekte einer Situation sind in einem Lenkungsmodell abzubilden.

6. Ein ‚Macher' kann jede Problemlösung in der Praxis durchsetzen.	Gestaltung der Lenkungseingriffe: Entsprechend systemischer Regeln sind die Lenkungseingriffe so zu bestimmen, dass situationsgerecht und mit optimalem Wirkungsgrad eingegriffen werden kann.
7. Mit der Einführung einer Lösung kann das Problem endgültig ad acta gelegt werden.	Weiterentwicklung der Problemlösung: Veränderungen in einer Situation sind in Form lernfähiger Lösungen vorwegzunehmen.

Tab. 5.4: Denkfehler in komplexen Situationen und Schritte ganzheitlichen Problemlösens (aus *Gomez & Probst*, 1987, S. 62)

Durch Organisation (Institutionen, Programme, Regeln, Strukturen etc.) werden Erwartungen *stabilisiert* und *typisiert*, ihre potenzielle Zufälligkeit, Einmaligkeit und Unwiederholbarkeit wird überwunden. Zudem werden mit/durch Organisation Erwartungen *legitimiert*. Das mündet in die Konsequenz, dass Organisation führt (Führungs-Kraft hat). Personale Führung durch Vorbild, Charisma, Belohnung/Bestrafung etc. wird zur Restgröße und bleibt auf Feuerwehr- oder Reparaturfunktionen beschränkt: Führungskräfte sind Lückenbüßer der Organisation.

Kommunikation

Neu am systemischen Ansatz *luhmann*scher Prägung ist, dass er Kommunikation zum fundamentalen Analysebaustein macht. Gebetsmühlenhaft wird wiederholt, dass soziale Systeme (wie etwa Organisationen) nicht aus Menschen, sondern aus Kommunikationen bestehen. Nur diese können sie selbst generieren (*Autopoiesis*, s.u.) und nur aus ihnen und durch sie bestehen sie.

Kommunikation heißt also *über etwas* mittels eines Mediums *mit jemand* in Verbindung treten, der die Mitteilung einordnen oder *verstehen* soll.

> Die dreifache Selektionsleistung (Information, Mitteilung/Übermittlung, Verstehen, vgl. hierzu auch Zusatzdokument 27, bringt es mit sich, dass Kommunikation ein kontingenter und somit potenziell labiler und störbarer Prozess ist, der abgesichert werden muss.

Das markiert auch den Unterschied zum ‚technischen' Übertragungsmodell der Kommunikation, bei dem ein Sender eine Information an einen Empfänger weitergibt. Der systemischen Konzeption fehlt die dingliche Gewissheit dieses Informationspaket-Transportmodells, weil sie von der kontingenten *Konstruktion* der Information (als dreifacher Selektionsleistung) ausgeht.

In der bisherigen Führungsforschung ist immer schon Kommunikation als eine wichtige Variable betrachtet worden, meist aber orientiert am genannten klassischen Botschaft-Übertragungs-Modell (*Shannon & Weaver*, 1949). In endlosen Variationen werden die Defizite oder Verbesserungsmöglichkeiten in Zielsetzungs-, Beurteilungs-, Kritik-, Konflikt- und Problemlösungsgesprächen etc. zum Gegenstand von Trainingsmaßnahmen gemacht, die mit manipulativen Ratschlägen nicht geizen. Damit soll der Tatsache Rechnung getragen werden, dass Kommunikation das zentrale Medium der Führung ist, die ja nicht durch physische Gewaltanwendung, allenfalls durch Artefaktgestaltung, wirkt.

In sozialen Systemen sind Kommunikationen nicht auf unmittelbaren sprachvermittelten Austausch beschränkt, sondern können auf symbolisch generalisierte Medien zurückgreifen. Mit verständigungsorientierter sprachlicher Kommunikation allein könnte z.B. der Koordinierungsaufwand in einem (selbst-)organisierten System nicht ökonomisch bewältigt werden. Es existieren deshalb auch Kommunikationsmedien, die von den Absichten *einzelner* Akteure abgelöst sind und das Besondere des jeweiligen Systems insgesamt konstituieren.

Das führt zu der (das System insgesamt charakterisierenden) Konsequenz, dass nur das, was in dieser „Meta-Sprache" ausgedrückt ist, wahrgenommen und weiter verarbeitet (‚verstanden') werden kann. Wenn z.B. ‚Liebe' in einer erwerbswirtschaftlichen Organisation keinen Sensor und Code hat, löst sie kein Anschlusshandeln aus, bleibt singulär, unverstanden, folgenlos und führt allenfalls zu Irritationen. Kann die Zerstörung der Biosphäre nicht in die ‚Sprache der Organisation' übersetzt werden, lässt sie sich intern nicht thematisieren und abstellen. Für wirtschaftliche Organisationen ist *Geld* das zentrale symbolisch generalisierte Kommunikationsmedium. Es regiert die Organisationswelt, es reguliert die Autopoiese der Kommunikation in allen drei Selektionen: was ‚Sache' ist, in welcher Form wer adressiert werden kann, wie es intern weitergeht. *Geld* ist allerdings nicht das einzige symbolisch generalisierte Medium in Organisationen: auch *Macht* oder *Vertrauen* (und zuweilen *Liebe?*) können eingesetzt werden, haben aber nur Hilfsfunktion, die genutzt wird, um die im Leitcode verankerte Differenz reibungsloser oder effektiver zu bearbeiten.

5.4.4 Das systemische Operationsprogramm

Selbstorganisation

Selbstorganisation ist ein zentrales Schlagwort in der systemtheoretischen Diskussion und Praxis. In vielen systemtheoretischen Texten ist mit Selbstorganisation pragmatische *Selbstregulation* gemeint, konkret: Vertrauen in Anregung oder ‚Impulsgabe' statt erzwungener oder vorgeschriebener Veränderung. *Königswieser & Pelikan* (1990, S. 39) formulieren lakonisch: „Der Weg wird schon sein Ziel finden. Er selbst kann schon das Ziel sein." Durch die Organisation des Systems ist für Verarbeitungsprozesse gesorgt, die so elastisch und lernfähig sind, dass Irritationen aufgefangen und bewältigt werden können, ohne die Fortsetzung der Autopoiese zu zerstören.

In verschiedenen Disziplinen (Biologie, Astronomie, Physik, Chemie) wird darüber diskutiert, wie aus Un-Ordnung Ordnung wird. Die Lösungsansätze scheinen strukturelle Ähnlichkeiten aufzuweisen (vgl. *Schmidt*, 1987). Ordnungen ent- und bestehen nicht, weil die Wirkgrößen einem differenziert ausgearbeiteten Plan unterworfen sind, sondern weil Zustände um zentrale Erwartungswerte fortwährend fluktuieren und alle Varianten einem Bewährungsdruck unterworfen sind, der für die gesteigerte Möglichkeit zur Fortsetzung der Autopoiese sorgt. Ordnung in sozialen Systemen ist zwar, wie *von Hayek* es ausgedrückt hat, die Folge menschlichen Handelns, aber nicht (unbedingt) menschlicher Absicht.

In der Führungsforschung und -praxis werden seit langem permissive oder partizipative Stile, teilautonome Gruppen, lockere Kontrolle etc. empfohlen, um die negativen Folgen direktiver Übersteuerung und rigider Regulierungen zu vermeiden. Meist stützen sich solche Lösungsvorschläge aber auf die Human-Relations-Ideen, denen zu Folge mehr Freiraum für die Subjekte und ein vertrauensvolles Einvernehmen gut sind für die sozialen Beziehungen (Betriebsklima), die Selbstverwirklichung des Einzelnen und den Aufbau und Einsatz eigenständiger Problemlösekapazitäten (organisationales Wissen). Der systemische Ansatz stellt dem gegenüber die Rationalitätssteigerung durch Selbst-Organisation in den Vordergrund.

Dabei spielt das Konzept der *Emergenz* eine wichtige Rolle. Damit wird der Sachverhalt bezeichnet, dass aus bekannten Elementen neue Konfigurationen entstehen, die aus der Kenntnis der Elemente nicht vorhergesehen werden konnten. Insofern gilt für diesen Effekt der neu- und eigenartigen Kombination von Elementen, dass das Ganze (Neue) *weniger* ist als die Summe seiner Teile, weil nämlich von jedem ‚Teil' nur bestimmte Charakteristika – und nicht das Insgesamt seiner Potenziale – berücksichtigt und genutzt werden. Was ansonsten noch in den Teilen steckt, wird virtualisiert, d.h. im Möglichkeitsraum geparkt. Das ständige Präsenthalten *aller* Möglichkeiten würde handlungsunfähig machen. Handeln impliziert unausweichlich Selektion, Ab-Sicht, Ignoranz, Vernichtung von Möglichkeiten. Würde sich jede Person in einer Organisation in allen ihren Potenzialen vor- und rücksichtslos ‚selbstverwirklichen' (nur an sich selbst denken; nur tun, was ihr selbst Spaß macht oder sie weiter bringt), gäbe es schon in sehr kleinen Unternehmen eine astronomische Größenordnung von Handlungen, deren gegenseitiger Anschluss nicht mehr gewährleistet wäre. Deshalb muss ausgewählt und unterdrückt werden. Die unausweichliche Repressivität von Organisation und Führung ist die Quelle ihrer Nützlichkeit.

Selbstreferenz

Unter Referenz ist die Bezugnahme auf etwas zu verstehen. Selbstreferenz ist ein Terminus, der erst in der dritten Phase der Entwicklung der sozialwissenschaftlichen Systemtheorie einen hohen Stellenwert erhielt. Zwar existieren Systeme in einem Medium, das ihre materielle und energetische Erhaltung oder Zerstörung besorgt, aber das interne Funktionieren kann durch externe Einflüsse nur angeregt (oder irritiert bzw. *perturbiert*, was ‚durcheinander wirbeln', in ‚Unordnung bringen' meint) werden. Was konkret im System geschieht, ist durch den systemtinternen Operationsmodus festgelegt.

> Wenn auf den Sehnerv ein Impuls trifft, wird dieser in den entsprechenden Gehirnregionen zu einem Seherlebnis weiter verarbeitet; andere Sinnesmodalitäten (Hören, Schmecken, Tasten etc.) sind durch Lichtreize nicht unmittelbar aktivierbar. Analog sollten Informationen über eine Person, die deren Partei- oder Kirchenzugehörigkeit, sexuelle Orientierung, musische Qualifikationen o.ä. betreffen, für ein *Unternehmen* nur dann (entscheidungs-)relevant werden, wenn sie

in einen Zusammenhang mit Leitcodes (z.B. zahlen – nicht zahlen, leisten – nicht leisten) gebracht werden können.

Das System ist an seine Umwelt gekoppelt und registriert an seinen internen Prozessen, dass sich ‚draußen' etwas getan hat. Wie es diese Information verarbeitet, hängt allerdings ganz allein von den eigenen eingebauten und herausgebildeten Strukturen und Gesetzmäßigkeiten ab.

Führungskräfte sind als Produzenten und Adressaten von Kommunikation Teil eines Kommunikationssystems, auf das sich ihre kommunikativen Akte beziehen. Ihre kommunikativen Handlungen beziehen sich nicht nur auf die Geführten, sondern wirken immer auch auf sie selbst zurück (sog. ‚mitlaufende Selbstreferenz'). Eine Führungskraft ist unausweichlich Teil des Systems und kann sich nicht außerhalb oder gegenüber stellen, sie ist keine unabhängige Gestalterin oder Beeinflusserin. Das relativiert die Selbstdefinition als Macherin, die verlangt, dass andere geformt werden, die Person selber aber mit sich identisch (unverändert, unberührt) bleibt.

Diese Einsicht gibt der Tatsache der selbsterfüllenden Prophezeiung eine neue Aktzentsetzung:

Eine Führungskraft kann ihrem Handeln *McGregors* (1960) Typologie von Theorie X (autoritäre, entwertende Führung) oder Theorie Y (vertrauende und aufbauende Führung) zu Grunde legen. Glaubt sie als Anhängerin von Theorie X, ihre Mitarbeiter seien faul und verantwortungsscheu und kontrolliert sie dementsprechend, so erstickt sie Ansätze zu Selbstverantwortung und Eigenständigkeit und *macht* durch ihr Verhalten wahr, was sie als wahr voraussetzt. Gleichzeitig aber definiert *sie sich selbst* als eine Person, die zu dieser Unterscheidung fähig und berechtigt ist und brauchte – um aus ihrer ideologischen Befangenheit heraustreten zu können – Aufklärung über die Unterschiede, die die von ihr genutzte Unterscheidung erzeugt.

Es lassen sich verschiedene Formen des Selbstbezugs unterscheiden, die mit Termini wie Rekursivität, Rückkopplung, Reflexivität, Reflexion bezeichnet werden. Ihr Gemeinsames ist die Abkehr von einfachen linearen Verkettungen. Die säuberliche Trennung von Reiz und Reaktion (Täter und Opfer, Subjekt und Objekt) ist falsch, weil der Reiz zugleich eine Reaktion und die Reaktion ein Reiz ist – es kommt allein auf Interpunktion, Beobachtungsstandpunkt, -zeit oder -dauer an.

Aus systemischer Perspektive lassen sich sog. „*circuli vitiosi*" (Teufelskreise) folgendermaßen erklären: Die Organisation als Kommunikationssystem wird durch unerwartete Informationen ‚irritiert' (desinteressierte Mitglieder) und reagiert nach eingebauten Gesetzen: mehr Kontrolle, Standardisierung, Formalisierung etc. Sie ist nicht in der Lage, über ihren Schatten zu springen (d.h.: sich ihrer Unterscheidungen bewusst zu werden und deren andere Seite zu sehen). Das wäre nur möglich, wenn – z.B. auf Grund von Einsicht in doppelte Kontingenz – die Konstruktion(!) der Mitglieder als Objekte oder Werkzeuge ersetzt würde durch ihre Konstruktion als KommunikationsteilnehmerInnen, die ihrerseits eigenständige Selektionen (Information, Mitteilung, Verstehen) vornehmen.

Für die Führungsarbeit sind derartige Modellierungen von Bedeutung, weil sie aufzeigen, dass mit den kognitiven Mitteln der Person Regelkreise selbst von geringer Komplexität nicht mehr durchschaut und gesteuert werden können. Traditionale Empfehlungen (‚Vorbild', ‚Handeln!', ‚Lieber eine schnelle Entscheidung, die falsch ist, als gar keine Entscheidung!') erweisen sich einmal mehr als Inszenierungen des Macher-Mythos. Daraus kann nun nicht die Konsequenz abgeleitet werden, die Entscheidungsautonomie solle an Computer(programme) delegiert werden, weil diese zu komplexeren Analysen in der Lage sind. Das trifft nur dann zu, wenn die Situation durchschaut und wohldefiniert ist, was nur für wenige Führungsentscheidungen der Fall sein dürfte.

Die systemische Antwort ist, Systeme so zu konzipieren, dass es gar nicht mehr auf die Letztentscheidung einer Einzelnen ankommt, sondern dass das im System vorhandene und verteilte Wissen dezentral genutzt wird. Wer zentralistische Großorganisationen einrichtet, muss sich nicht wundern, wenn sie der Zentralsteuerung entgleiten. Mehr von demselben macht die Lage nur schlimmer.

Autopoiese

Führung im klassischen Sinn ist Allopoiese (Fremdgestaltung), Formung eines Prozesses durch externen Einfluss. Autopoiesis meint demgegenüber wörtlich: Selbst-Erschaffung. Der Autopoiese-Begriff (*Maturana & Varela*, 1980; span. 1972) ist ursprünglich aus der Zellular-Biologie übernommen worden (daran entzündet sich auch die Kritik an der Übertragung auf sozialwissenschaftliche Fragestellungen, s. *Lipp*, 1987). Zellen können Energie und Materie nicht einfach übernehmen, sondern müssen sie sich buchstäblich ‚aneignen', d.h. nach ihren eigenen Regeln selbstbestimmt transformieren. Wird ihr eigener Operationsmodus zerstört (z.B. durch einen Stromstoß, Zerquetschen, Vergiften), hören sie auf, als Einheit zu existieren; sie existieren nur so lange, wie sie in der Lage sind, den Prozess ihrer Selbsterzeugung fortzusetzen.

> „Als autopoietisch wollen wir Systeme bezeichnen, die die Elemente, aus denen sie bestehen, durch die Elemente, aus denen sie bestehen, selbst produzieren und reproduzieren. Alles, was solche Systeme als Einheit verwenden, ihre Elemente, ihre Prozesse, ihre Strukturen und sich selbst, wird durch eben solche Einheiten im System erst bestimmt. Oder anders gesagt: Es gibt weder Input von Einheit in das System noch Output von Einheit aus dem System. Das System operiert als ein selbstreferenziell-geschlossenes System. Das heißt nicht, dass keine Beziehungen zur Umwelt bestehen, aber diese Beziehungen liegen auf anderen Realitätsebenen als die Autopoiesis selbst. Sie werden im Anschluss an *Maturana* oft als Koppelung des Systems an seine Umwelt bezeichnet" (*Luhmann*, 1984, S. 403).
>
> „Im Kontext der autopoietischen Reproduktion wirkt die Umwelt als Irritation, als Störung, als Rauschen, und sie wird für das System erst sinnvoll, wenn sie auf die Entscheidungszusammenhänge des Systems bezogen werden kann. … Als ‚difference that makes a difference' ist Information immer ein Eigenprodukt des

> Systems, ein Moment des Prozessierens von Entscheidungen und nicht ein Faktum in der Umwelt, das unabhängig von Beobachtung und Auswertung existiert. Andererseits steht es nicht im Belieben des Systems, dies Eigenprodukt Information zu erzeugen oder es zu lassen. Das System wird durch die Umwelt laufend irritiert, und es sucht mit seinem Entscheidungsnetz geradezu Irritationen auf, um sie in Informationen umzuwandeln und zur Führung seines Entscheidens benutzen zu können" (*Luhmann*, 1988, S. 173).

Die Einheiten, aus denen soziale Systeme bestehen und die sie selbstbestimmt erzeugen, sind – wie oben schon skizziert – nicht Menschen, sondern Entscheidungen, Handlungen, Erwartungen, Kommunikationen etc. Die Frage nach den ‚Elementen' sozialer Systeme ist außerordentlich wichtig, weil sich Systeme durch sie eigenständig re-generieren oder re-kreieren.

Diese Überlegungen *Luhmanns* bedeuten für die Theorie der Führung eine radikale Neuorientierung. FührerInnen werden dezentriert, buchstäblich aus dem Mittelpunkt der Aufmerksamkeit entfernt. Es geht nicht mehr um den Führer oder die Führerin als *Personen*, sondern um die Frage, wie das System ‚Unternehmung' (das aus Entscheidungen, Erwartungen, Handlungen, Kommunikationen) besteht, die Fortsetzung seines Bestandes und seiner Leistungen sichert. Dies kann mit zahlreichen funktionalen Äquivalenten zu personaler Führung geschehen (vgl. die Behandlung von Führungssubstituten in Kap. 6). Für den Langzeiterfolg einer Unternehmung kommt es nicht auf einzelne ‚große Persönlichkeiten' an, sondern auf die Strukturen, die regulieren, wie Anschlusshandlungen erzeugt und verbunden werden. Jede Organisation verträgt den Ausfall scheinbar Unentbehrlicher, weil und wenn dafür gesorgt ist, dass diese ‚Überragenden' wichtiges Systemwissen nicht monopolisieren und Beziehungen nicht trivialisieren.

Je stärker Gedeih und Verderb einer Unternehmung von den Handlungen, Entscheidungen, Kommunikationen eines einzigen Menschen an der Spitze abhängt, desto geringer ist ihre Selbstorganisationsfähigkeit und desto größer die Gefahr das Scheiterns an unbewältigter Komplexität und Kontingenz. Diese Überzeugung mündet in die (buchstäblich übermenschliche) Aufforderung an Führungskräfte, sich selbst entbehrlich zu machen, d.h. privatisiertes Wissens- und Beziehungskapital in systemisch verfügbares zu transformieren, sodass die eigene herausgehobene Stellung verlorengeht.

Kontextsteuerung

Es ist ein Kernsatz der selbstreferentiellen, autopoietisch geschlossenen Systemtheorien der dritten Generation, dass Systeme nur sich selbst entlang ihrer eingebauten Gesetzmäßigkeiten ändern können. Interventionen ‚von außen' werden entweder als Anstoß (der eigenen internen Aktivitäten anregt) oder als Zerstörung (die die Autopoiese beendet) wirksam. Damit ist eine für das klassische Führungsverständnis essenzielle Frage angeschnitten, denn Führung war immer schon definiert als Einwirkung, Veränderung oder Gestaltung. Die Möglichkeit der direkten Beeinflussung von MitarbeiterInnen ist durch die Theoriearchitektur der Systemtheorie genommen. Was einem intervenierenden System bleibt, ist die Rahmenbedingungen (Kontexte) zu ändern, die das selbstgesteuerte Operieren von Systemen anstoßen und orientieren. Einwirkung erfolgt somit über die Schaffung von Bedingungen, die es für das zu beeinflussende System attraktiv oder unausweichlich erscheinen lassen, eine selbstgenerierte Veränderung vorzunehmen. Solche Bedingungen können gesteigerter Problemdruck, in Aussicht gestellte Anreize oder Sanktionen, Handlungsbarrieren etc. sein.

Ein zentrales Mittel so verstandener *Kontextsteuerung* sind *symbolisch generalisierte Kommunikationsmedien*. Dieses Konzept stammt von *Parsons* und wurde von ihm primär am Beispiel des Geldes entwickelt, für das anerkannte *Symbolisierungen* (Münzen, Banknoten, Schecks, Kreditkarten etc.) vorliegen, die durch *Institutionalisierungen* geschützt und garantiert sind, sodass nicht in jeder einzelnen Interaktion oder Transaktion die (Fort-)Geltung ausgehandelt und bekräftigt werden muss. Damit werden soziale Beziehungen entlastet und *generalisiert*, weil eine verlässliche Erwartungsstruktur (Regeln, Rechte) etabliert ist, die die Beziehungen personunabhängig reguliert. Mit diesen Generalisierungen steht für die Kontextsteuerung ein abstraktes Mittel bereit, das die Akteure einerseits entlastet, andererseits aber auch Anschlussfähigkeit sichert und Orientierungen lenkt.

Systemisches Lernen

Lernen heißt generell: Umstellung der internen Selektions- und Verarbeitungsmuster, sodass Erwartungen seltener enttäuscht werden, weil Herausforderungen bewältigt und Chancen genutzt werden können. Statt individuellem Lernen der Personen (etwa Führungstrainings, wie z.B. Rhetorikseminare) wird institutionelles oder organisationales Lernen betont, also sowohl Lernen in bzw. durch Institutionen oder Kollektive und Lernen der Institutionen oder Kollektive. In beiden Fällen geht es um die Veränderung der Beziehungsmuster und Informationsverarbeitungsverfahren. Im Anschluss an *Bateson* (1972) und *Argyris & Schön* (1978, 2008) werden meist verschiedene Lernebenen differenziert: Lernen I ist auf die Beseitigung konkreter Soll-Ist-Diskrepanzen gerichtet, bei Lernen II werden die Soll-Werte in Frage gestellt und verändert, die die bisherigen Strategien orientiert haben und beim reflexiven Deutero-Lernen wird gelernt, wie man lernen kann.

Lernfähigkeit setzt das Aufheben starrer Koppelungen voraus und erfordert/produziert Mehrdeutigkeit, Anschlussunschärfe, Wahlmöglichkeit – sonst würde es ein für alle Mal bei der einmal etablierten Koppelung bleiben. Lernen bedeutet immer auch Ver-Lernen, d.h. das Ersetzen alter Strukturen, Verfahren und Beziehungen. In Termini systemischer Sprache heißt das: anders beobachten (andere Unterscheidungen treffen, andere Codierungen verwenden – was Beobachtung zweiter Ordnung erfordert), anders kommunizieren (andere Selektionen vornehmen und der doppelten Kontingenz Rechnung tragen), anders relationieren und referieren (andere Kommunikations- und Beziehungsanschlüsse suchen).

Die (Nicht-)Rolle des Subjekts in der Systemtheorie

Subjekte (Menschen, Individuen, Personen) sind zwar im systemtheoretischen Denken nicht Elemente des Systems, sondern gehören zu dessen Umwelt. Allerdings sind sie die Produzenten von Entscheidungen, Erwartungen, Handlungen und Kommunikationen, zumindest werden diese ihnen zugeschrieben. Erst wenn Absichten, Wissen, Informationen, Präferenzen, Interessen etc. sich in Kommunikationen manifestiert haben, sind sie – abgelöst von den Subjekten – organisational handhabbar. Menschen sind als Kommunikationsteilnehmer Adressen, sie sind ‚quirlige, psychophysische Systemarrangements' (*Fuchs*, 1994, S. 28 f.).

Die übliche systemtheoretische Diskussion ist rein kognitiv orientiert (es geht um das Treffen von Unterscheidungen und das Prozessieren von Informationen). Die Systemtheorie hat sich für Affekte, emotionale Betroffenheit, Leidenschaften und Begehren, Triebe und Motive nicht besonders interessiert und darum finden sich konsequenterweise diese Phänomene nicht in ihren Analysen. In ihrer Distanz vom Subjekt ist Systemische Führung eigentlich keine Personalführung, da es um Systeme geht und Menschen als Personen dabei ausgeblendet werden. Also handelt es sich dabei eher um Unternehmensführung.

Angesichts der Dominanz von Konzepten wie Geschlossenheit, Selbstreferenz und Selbstorganisation kommt die Auseinandersetzung mit Widersprüchen, Ambiguitäten, Antagonismen, Brüchen und Asymmetrien zu kurz. Das subjekt- und interesselose Funktionsideal wird in dem viel zitierten Managerausspruch deutlich: „Früher hieß es: Wie führe ich ein Unternehmen? Heute heißt es: Wie führen wir ein Unternehmen? Und morgen wird es heißen: Wie führt sich ein Unternehmen?". Diese Einsicht ist aber bislang weitgehend rhetorische Figur geblieben und hat sich nicht in einem generellen Umbau der Organisationsstrukturen niedergeschlagen. Empowerment, Projektarbeit, Intrapreneurship, Dezentralisation und Center-Konzeptionen sind Initiativen, die sich immer noch gegenüber der ressourcensteuernden, wenngleich nicht ressourcengenerierenden Hierarchie rechtfertigen müssen.

Die Systemtheorie liefert eine abstrakte Logik des Funktionierens und zeichnet die Konturen des Gesamtbilds; für das Durcheinander auf dem Weg zur Viabilität (der radikalkonstruktivistischen Vorstellung dessen, was ansonsten mit ‚Realität' oder ‚Wirklichkeit' bezeichnet wird, aber nach dieser Sichtweise nicht erkannt werden kann; vgl. *von Glasersfeld*, 1997) interessiert sie sich weniger. Interessengegensätze, Konflikte, Repression und dergleichen werden in die abstrakte Sprache der Systemtheorie übersetzt und gewissermaßen sterilisiert. *Geld* z.B. ist lediglich ein symbolisch generalisiertes Kommunikationsmittel, mit dessen Hilfe Anschlusshandeln reguliert wird, nicht aber Fetisch, Objekt der Begierde oder Suchtmittel.

Von systemisch arbeitenden *PraktikerInnen* wird der Subjekt- oder Akteursstandpunkt über personalisierende Techniken wieder eingeführt, die zwar Kommunikationen generieren, aber auf subjektive Einsichten und Handlungsimpulse hoffen, die dadurch ausgelöst werden.

Solche Techniken werden in vielen praxisorientieren Texten präsentiert (s. etwa *Schmidt*, 1989; *Königswieser*, 1989; *Simon*, 1993 und *Simon & Stierlin*, 1993; *Königswieser & Exner*, 1999). Hier einige Beispiele:

Hypothetische Fragen: „Was würde geschehen, wenn das Problem, das Sie stört, plötzlich verschwunden wäre?", „Wie denkt (die gerade abwesende) Person X über das Problem?"

Zirkuläre Fragen: „Was würde Ihr Chef sagen, wenn der notorische Faulpelz X plötzlich eine Leistungsexplosion zeigte?" „Was wird Ihrer Meinung nach X zu Y sagen, wenn sie über Sie (oder über das Problem) redet?" „Wann wäre der Chef mit einer Lösung zufrieden?" „Angenommen der Chef würde xyz tun/sagen, wie würde P reagieren?"

Paradoxe Fragen: „Was müssten sie tun, um das Problem noch ärger werden zu lassen?" Wer hat etwas davon, dass das Problem (weiterhin) existiert?" Die Aufforderung, das Problem zu verschlimmern, ist eine paradoxe Intervention.

Positive Konnotationen von ‚Problemen': Das Symptomverhalten positiv und nicht als pathogen bewerten. Beispiel: Widerstand gegen Veränderung nicht negativ etikettieren, sondern als Ausdruck berechtigter Sorge angesichts früherer Erfahrungen interpetieren und dies auch so kommunizieren.

Symptomverschreibung: Anders als bei den paradoxen *Fragen* geht es hier um therapeutische *Aufträge*: „Versuchen Sie, das Problem zu verschlimmern!"

Komplexe situative oder soziale Konstellationen können bildlich – z.B. in Collagen -präsentiert, in Märchen verkleidet oder durch die Beteiligten oder Anwesenden als ‚lebende Skulptur' oder ‚Organisationsaufstellung' dargestellt werden; utopische oder visionäre Szenarios sollen blockierende Denkrigiditäten aufheben …

Über die kognitive Umstrukturierung, die in *Subjekten* erfolgt, wird eine Neuordnung der Beziehungsmuster und ‚Spiele' in *sozialen Systemen* angestrebt. Der non-direktive Standpunkt systemischer BeraterInnen beschränkt sich in fast psychoanalytischer Abstinenz auf Anregung, Irritation oder konstruktive (Ver-)Störung; inhaltliche Empfehlungen sind verpönt, weil sie die Selbstorganisation des Systems behindern. Ziel ist nicht die punktuelle Lösung eines aktuellen Problemfalls, sondern die Befähigung der Beteiligten, selbstständig und selbsttätig *eigene* Lösungs*verfahren* zu entwickeln und den Umgang miteinander und mit Problemen neu zu ordnen. Das bedeutet nicht zuletzt, den Beteiligten ihre eingeschliffenen Unterscheidungen (Differenzschemata), blinden Flecken und Beobachtungspositionen bewusst zu machen (vgl. das folgende Fallbeispiel 2).

Fallbeispiel 2: *Mittelständisches IT-Unternehmen (1)*

Kooperationen zwischen Führungskräften beziehungsweise zwischen deren jeweiligen Teams entsteht kaum von selbst. Gleichwohl steigt in den Unternehmen die Notwendigkeit von Zusammenarbeit und Kooperation stetig an. In der betrieblichen Praxis erweist sich Teamarbeit oft als Schwerstarbeit. Missverständnisse und Unverständnis für die Blickwinkel des Anderen überschatten Diskussionen, persönliche Eitelkeiten blockieren Entscheidungsprozesse und das Fehlen von gegenseitiger Akzeptanz und Anerkennung verhindert die Umsetzung.

Im geschilderten Fall wird anhand des Gestaltens einer realen Plastik ein Teamentwicklungsprozess initiiert. Die dabei stattfindenden Interaktionen werden unter Anleitung eines Prozessbegleiters und eines Künstlers fortlaufend reflektiert und entsprechende Transferansätze für den Arbeitsalltag des betreffenden Teams vereinbart.

Der Teamentwicklungsprozess, hier artTeaming genannt, zielt immer auf folgende Aspekte:

1. Vision und Zielsetzungen für die Workshops umsetzen bzw. erreichen
2. Konstruktiver Umgang mit Widerständen
3. Haupt- und Nebenprozesse unterscheiden und verbessern
4. Spielregeln für eine erfolgreiche Zusammenarbeit entwerfen
5. Haupterkenntnisse und Transfer
6. Rahmen und Namensfindung

In einem ersten Schritt wurde den TeilnehmerInnen der jeweiligen Veranstaltung das geplante Ergebnis, die Holzplastik, das Ausgangsmaterial und die groben Arbeitsschritte vorgestellt. Die anfänglichen Schwierigkeiten wurden erst durch die koordinierenden Aktivitäten einzelner und durch den gemeinsamen abgestimmten Einsatz von Werkzeugen (Sägen, Spaltwerkzeuge...) wurden Möglichkeiten und Ergebnisse sichtbar.

Im zweiten Schritt erarbeitete jeder Teilnehmer unter Anleitung des Künstlers mit einem Beil eine eigene Grünholzplastik in Form einer Acht. Während des Arbeitens an der individuellen Plastik wurden mehrere Reflexionsphasen eingelegt. Anhand der Bearbeitung von Astgabelungen oder Astlöchern diskutierten die Teilnehmer das Thema „Umgehen mit Widerständen“. An der Wuchsform des Holzes erklärte der Künstler, dass mit dem Beil nicht gegen das Holz gearbeitet werden kann. Wichtigste Erkenntnis: Widerstände weisen darauf hin, wo Energie liegt, wie sie freigesetzt und genutzt werden kann.

Ein weiteres Reflexionsthema waren die „Haupt- und Nebenprozesse“. Nach etwa 30 Minuten des Beilens ist der Hackstock jedes Teilnehmers von einer dicken Schicht Späne umlagert. Dies warf die Frage nach Haupt- und Nebenprozessen im Team auf: Welches sind „Abfallprodukte des Arbeitsprozesses“ im Team? Welcher Ästhetik, welchen Ansprüchen sollen sie genügen? Wo entsteht das Hauptkunstwerk beziehungsweise wo liegt die Grenze der sozialen Plastik?

Ein Höhepunkt des artTeamings war der Tausch der Plastiken. Dieser nicht angekündigte Tausch sollte übliche Kooperationsprozesse in Projekten symbolisieren, bei denen KollegInnen eben auch ihre eigenen Ideen und Vorstellungen einbringen und bei denen man gezwungen ist, Kollegen am „eigenen Baby“ mitgestalten zu lassen. Dieser Prozess führte im Unternehmen immer wieder zu Spannungen und Konflikten und entsprechend wollten wir ihn hier sichtbar und besprechbar machen.

Dabei wird eine Umkehrung der normalerweise negativen Bewertung von Problemen, Konflikten und Widerständen propagiert: Sie werden als Chancen, Indikatoren und Schmerzsignale gesehen, durch die das organisationale Immunsystem aktiviert und gekräftigt wird (*Luhmann*, 1984). Akteure werden zu einem ‚spielerischen' oder ‚verrückten' Umgang mit Problemen animiert. Was bisher möglichst schnell aus der Welt geschaffen werden sollte, wird als Mittel der Selbstaufklärung genutzt: Man erfährt etwas über die Funktionsmodi des Systems.

„Auf einen einfachen Nenner gebracht: Je autopoietischer (oder ‚*luhmann*ianischer') die Beratung gesehen wird, desto weniger ist sie möglich … Die Systemtheorie *luhmann*scher Prägung hebt die Probleme der Intervention so sehr hervor, dass es den Beratern schon aus funktionalen Gesichtspunkten nicht möglich ist, der Theorie ganz zu folgen" (*Groth*, 1999, S. 110). „Bodenhaftung bekommen systemische Organisationsberater durch ihre therapeutischen Erfahrungen" (*a.a.O.*, S. 111).

5.4.5 Zusammenfassung in Thesen: Systemische Reflexionen und Maximen

Das komplexe Gebäude der Systemtheorie(n) unterschiedlicher Provenienz lässt sich kaum schlagworthaft vermitteln, ohne ihre (oder zumindest einige davon) Grundideen durch Trivialisierung zu schädigen. Hier sollen nun das für systemisch orientierte Führung relevante Erarbeitete in Thesen zusammengefasst werden, um das Feld zumindest abzustecken:

Es gibt keine unerschütterlichen harten Fakten, nur Beobachtungen und Konstrukte. Die Wirklichkeit ist nicht ‚da', sie wird hergestellt. Man kann nicht herausfinden, was ist, sondern nur, was geht.

Es gibt nicht *die* Wirklichkeit, sondern nur die Wirklichkeit des *Beobachtenden*. Sie *ist* nicht, sie wird *gesehen*. Alles hängt von den Beobachtungsperspektiven und Unterscheidungen ab. Die Bilder der Wirklichkeit regulieren den Zugang zu ihr und begründen jenen aus-Schnitt aus der unendlichen Fülle der Möglichkeiten, der behandelbar ist.

Beobachtung beruht auf Unterscheidung. Nur durch Grenzziehung wird Überschaubares vom unbeherrschbar komplexen Umfeld abgesondert und der Analyse zugänglich. Jede Beobachtung hat einen blinden Fleck, über den nur eine Beobachtung zweiter Ordnung aufklären kann – und dazu ist ein zweiter Beobachter nötig.

Niemand weiß alles und kennt ‚das Ganze'. Akteure nehmen lediglich Bruchteile und Ausschnitte wahr, und nur deshalb können sie handeln. Wer alles wüsste und bedächte, könnte nicht mehr handeln. Die Voraussetzung für Handeln ist Ignoranz.

Das der Zentrale verfügbare Wissen ist nur ein sehr kleiner Teil des im System verteilten Wissens.

Eine Führungskraft soll sich nicht einbilden, sie allein würde führen und wäre verantwortlich für das, was (nicht) geschieht. Geführte handeln eigenständig nach ihren

Funktionsprinzipien; eine Führungskraft ist nur eine der vielen Kontextfaktoren, die auf die Geführten wirken und von ihnen nach angeborenen oder erlernten Programmen verarbeitet werden.

Es kommt nie auf die einzelne Person an. Jede ist in sachlichen, sozialen und zeitlichen Kontexten verortet. Niemand kann alles überblicken und beeinflussen, selbst kleine Veränderungen an einer Stelle können an anderer Stelle weit reichende Wirkungen haben. Deswegen produziert die vereinfachende (Selbst-)Zurechnung von Verantwortlichkeit zwar eine moralisch und motivational wirksame Verpflichtung, wird aber der Komplexität der Handlungsgenese nicht gerecht.

Das basale Element, das soziale Systeme selbst erzeugen, ist Kommunikation. Sie ist das einzige anschlussfähige, wenngleich störungsanfällige Mittel der Einflussnahme. Kommunikation ist dreifach prekär (Information, Mitteilung, Verstehen). Wegen dieser Kontingenz wird sie für Steuerungsabsichten mehrfach abgesichert (generalisiert, formalisiert, reflexiv überwacht etc.). Nicht einzelne Kommunikationen zählen, sondern Muster, Formen und ‚Spiele'.

Die Handlungs- und Personzentrierung (Täter-Opfer-Schema) wird durch eine Interaktions- und Kommunikationszentrierung überwunden.

Ein Problem kann als Symptom interpretiert werden, in dem sich ‚holografisch' systemspezifische Muster (Sichtweisen, Abgrenzungen, blinde Flecken, Leitdifferenzen etc.) zeigen. In Problem verrät sich Exkommuniziertes (aus kommunikativen Zusammenhängen Ausgeschlossenes); dessen Latenz hat eine strukturschützende Funktion.

Die Selbstorganisation sozialer Systeme ist immer eine Ordnung auf der Basis von Fluktuationen. Scheinbar kleine und entfernte Ausschläge können die etablierte Balance aushebeln und zu neuen Gleichgewichten drängen. Interventionen können sich dieses Prinzip des minimalen Anstoßes zu Nutze machen. Wirkungen von Handlungen kommen an den Ausgangspunkt zurück, oftmals verzögert, aus unerwarteter Richtung und in anderer Form.

Durch Ausschluss von Möglichkeiten von Teilsystemen erfolgt eine Steigerung der Möglichkeiten des Gesamtsystems. Reduktion von Komplexität auf der einen Seite ist die Voraussetzung für die Komplexitätssteigerung auf der anderen Seite. Die Relationierung von Elementen lässt Gestalt-Eigenschaften emergieren, die die Elemente nicht hatten.

Die Umwelt – und dazu gehören für die Geführten auch Führungskräfte – regt an oder irritiert, aber sie determiniert nicht. Kontextsteuerung ist nur dann eine ‚zielsichere' Intervention, wenn die Differenzschemata und Verarbeitungsprozesse des beeinflussten Systems bekannt und auf Grund von Fluktuationen, Mehrdeutigkeiten und Polyvalenzen für Anschlussvarianten offen sind.

Statt Hierarchie: Heterarchie. Statt Linie: Netz. Statt Zentralismus: Polyzentrismus. Statt Heteronomie: Autonomie. Statt Allopoiese: Autopoiese. Statt Fremdbestimmung: Selbstorganisation. Statt linearem zirkuläres Denken. Statt Einfachheit, Eindeutigkeit und Transparenz: Komplexität, Kontingenz und Mehrdeutigkeit. Statt Konsens: Dissens/Differenz.

5.4.6 Abschluss

Wollte man ‚systemisches Führen', wie es in Empfehlungen der praxisorientierten Literatur propagiert wird, in der Sprache der Führungsstil-Klassifikationen charakterisieren, dann könnte man es einen *schizoiden Führungsstil* nennen: Die systemische Führungskraft achtet auf (ihre) Grenzen und mischt sich nicht persönlich ein. Direkt(iv)e Intervention in Beziehungen und Handlungen anderer Personen vermeidet sie. Sie gibt Anregungen zur Selbstorganisation; Distanz und (Selbst-) Beobachtung sind für sie sehr wichtig. Sie entlarvt und kritisiert nicht, weil das nur den ‚Widerstand' erhöhen würde, sondern gibt Beobachtungen in positiver Konnotation wieder. Sie legt sich und ihre Unterstellten nicht fest, hält möglichst viele Optionen offen und betont Wandel, Flexibilität, Erneuerung, Lebendigkeit. Die größte Angst hat sie vor Irrationalität, Gefühlen, Körperlichkeit, Erstarrung und Festlegung. Sie betreibt keine personalisierende Motivforschung, sondern interessiert sich für Muster, Regeln und Strukturen der Kommunikation.

Führung im Rahmen einer ‚Systemischen Führungstheorie' kann somit auf abstraktem Niveau beschrieben und reflektiert werden. Konkrete und allgemein gültige Handlungsanweisungen kann man von ihr jedoch entsprechend ihres Ansatzes und ihrer Kernkonzepte nicht erwarten, zumal Systemisches Führen „als eine Art Kreislauf anzusehen [ist], in dem der systemische Führungsstil auf einer systemischen Grundhaltung basiert und mittels einer systemischen Führungstheorie reflektiert wird" (*Steinkellner*, 2006, S. 115 f.). Dieses Resultat ist für PraktikerInnen polarisierend: Einigen erschließt sich der Hype um Systemtheorie nicht für ihr Alltagshandeln und sie verabschieden sich gedanklich von dieser für sie nicht anschlussfähigen Theorie mit ihren seltsamen Fachbegriffen. Andere sehen darin die Bestätigung ihrer Erfahrungen, nämlich, dass einfache Kausalitäts-Interpretationen und triviale Interventionen nicht mit hinreichender Wahrscheinlichkeit zu hinreichend vorhersagbaren Ergebnissen führen und bemühen sich darum, systemtheoretische Überlegungen in ihr Reflektieren, Planen und Handeln zu übernehmen. Und es gibt auch einen dritten Weg, den *Neuberger* (2007) in einem Artikeltitel markig fasst: „Ach wie gut, dass niemand weiß, was man so systemisch heißt", in dessen Verlauf er die notwendige Loslösung der systemtheoretisch orientierten Praxis von der Systemtheorie (*luhmann*scher Prägung) feststellt. (Auch) darin identifiziert er einen Grund des Erfolgs der Systemtheorie bei PraktikerInnen: Die Praxis braucht sich nur wenig an der Theorie zu orientieren, einen Bezug zu behaupten ist zumeist ausreichend: Systemisch ist, was so genannt wird. Nach einem Überblick zu Interventionstechniken, die im Rahmen systemischer Beratung zum Einsatz kommen, resümiert er schließlich plakativ, provozierend und eindeutig mehrdeutig: "Alles ist systemisch" (*Neuberger*, 2009, S. 56).

6. (Wodurch) Führung wirkt

Führungskräfte haben – mit Blick auf die Geführten – Aufgaben vorzugeben, Probleme zu definieren, Situationen zu strukturieren, Ressourcen zu vermitteln etc. Damit legen sie fest oder geben als Beauftragte weiter, was zu geschehen hat – und wie Sachverhalte zu interpretieren sind. *Führungs*aufgaben sind dadurch charakterisiert, dass sie nicht routinisiert zu lösen sind. Standardisierbare Aufgaben werden normalerweise technisiert oder organisiert, sodass sie nach einem festgelegten Algorithmus (Lösungsweg) bearbeitet werden (können). Aus produktions- oder kooperationslogischer Perspektive ist Führung nur gefordert, wenn Störungen, Unklarheiten, Widersprüche, Fehler, Mängel, Termin- oder Kostenüberschreitungen etc. auftreten, die nicht in eigener Initiative von den Handelnden selbst bewältigt werden können. Das hat *Luhmann* (1964) und *Türk* (1981) dazu bewegt, die Institution der *personalen* Führung als ‚Lückenbüßer der Organisation' zu etikettieren: nur wenn die ansonsten erfolgreiche ‚same procedure as every year' nicht funktioniert, muss interveniert werden.

So haben z.B. *Kerr & Jermier* (1978) eine ‚Theorie der Führungssubstitute' entwickelt (vgl. auch den Ansatz von *Türk*, 1995, zur „entpersonalisierten" Führung), die sich mit solchen organisatorischen, kulturellen und technologischen Faktoren befasst, an denen sich das Verhalten der Organisationsmitglieder auszurichten hat, die also Aufgaben erfüllen, die ansonsten durch Führungskräfte bewerkstelligt würden. Allerdings bieten Substitute den „Vorteil", dass sie nicht abhängig von Personen (den einzelnen Führungskräften) sind, die evtl. eigene Interessen verfolgen, überfordert sein oder zu Leistungsschwankungen neigen können. Die Führungssubstitute engen den Handlungsspielraum von Führungskräften durchaus gewollt ein und lassen damit Führung noch mehr als „Restkategorie" erscheinen, die ausschließlich noch dort legitim wirken darf, wo die Substitution (neben der Organisation) nicht erfolgreich oder zu aufwändig ist.

Der Ausgangspunkt der Autoren war ein empirisch-methodologischer: Als Forscher, die sich insbesondere mit der psychometrischen Qualität der Ohio-Skalen (LBDQ etc.) beschäftigt hatten, waren sie enttäuscht über die geringen Zusammenhänge, die zwischen den Führungsverhaltens-Dimensionen und Erfolgskriterien gefunden worden waren. Sie suchten deshalb nach einem Ansatz, der geeignet war, die Prognosequalität oder Erklärungskraft zu steigern. Ihr Vorschlag war, *neben* dem Führungsverhalten noch andere Einflussgrößen zu erfassen, die zusätzlich zu diesem oder an seiner Stelle mit den Kriterien korrelierten. Dabei unterschieden sie zwischen *Substituten* und *Neutralisierern*. Ein *Führungssubstitut* definierten sie als „eine Person oder Sache, die an Stelle einer anderen handelt oder genutzt wird [und] beziehungs- und/oder aufgabenorientierte Führung nicht nur unmöglich, sondern auch *unnötig* macht" (*Kerr & Jermier*, 1978, S. 395). Ein *Führungssubstitut* ist also jemand oder etwas in der Umwelt einer Führungskraft, das deren Fähigkeit reduziert, auf die Geführten gezielt und erfolgreich einzuwirken; der *Führungs*einfluss wird durch etwas anderes ersetzt. Ein *Neutralisierer* ist eine Variable, die „… die Wirksamkeit von etwas anderem paralysiert, zerstört oder ihm entgegenwirkt. Im Kontext der Führung kann dieser Begriff angewandt werden auf die Merkmale, die es *unmöglich* machen, dass beziehungs- und/oder aufgabenorientierte

Führung einen Unterschied macht (*a.a.O.*). Führungssubstitute sind somit eine Untermenge der Neutralisierer (s. *Podsakoff, Niehoff, MacKenzie & Williams*, 1993, S. 32), die den Vorgesetzteneinfluss aufs Kriterium schwächen und zugleich durch einen eigenen Einfluss ersetzen. In Fortführung dieser Überlegungen schlagen *Howell, Dorfman & Kerr* (1986) vor, zusätzlich noch *Steigerer* (enhancers) zu berücksichtigen, die zum unmittelbaren Führungseinfluss hinzukommen und ihn verstärken (vgl. auch das Konzept der *Organisationssubstitute* bei *Wunderer*, 2009, S. 316 f.).

In der folgenden Abb. 6.1 ist der Kerngedanke der Substitutionstheorie veranschaulicht. Das oben links lokalisierte Führungsverhalten (mit den beiden Hauptdimensionen ‚Aufgaben-' und ‚Beziehungsorientierung') konkurriert mit 13 anderen ‚funktionalen Äquivalenten', die es ersetzen (an seiner Stelle gleiche Wirkungen erzeugen) oder behindern, stören oder außer Kraft setzen können. Eine solche Darstellung führt plastisch vor Augen, dass (personale) Führung mit zahlreichen anderen (personellen, interaktionalen und strukturellen) Einflussgrößen konkurriert. Sie lässt allerdings auch ein Defizit der Substitutionstheorie erkennen, weil sie ‚Führungsverhalten' und die 13 Substitute als unabhängig voneinander erscheinen lässt. Es liegt allerdings nahe, dass die einzelnen Substitute einander beeinflussen und dass vor allem Führung auf alle anderen Substitute fördernd oder einschränkend einwirken kann.

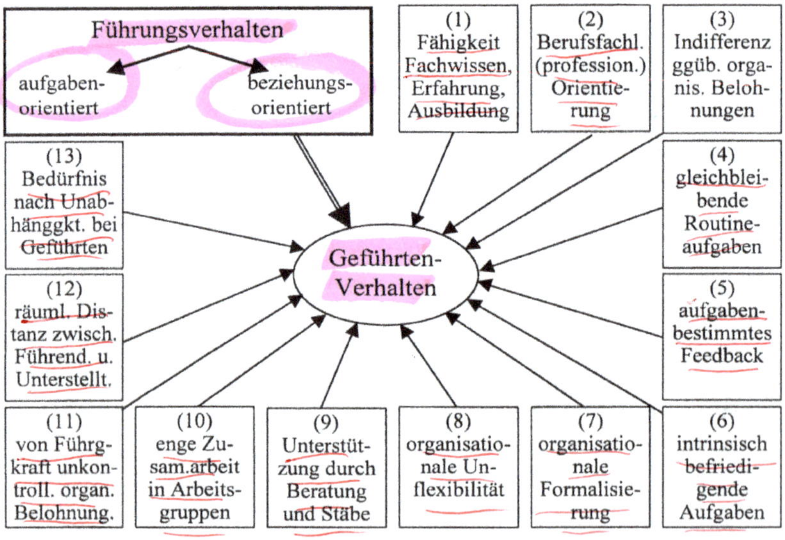

Abb. 6.1: Führungsverhalten und Führungssubstitute (im Anschluss an die „revidierte Skala zur Erfassung von Führungssubstituten" von *Podsakoff et al.*, 1993)

Kerr & Jermier (1978) bzw. *Podsakoff et al.* (1993) stellen die Aufgabenerledigung in den Mittelpunkt. Als ihre Leitfrage kann gelten: Welche Einflüsse oder Bedingungen sorgen – anstelle der Führung! – dafür, dass die erwünschten Resultate (nicht) erzielt werden? Diese ‚erwünschten Resultate' (= Erfolgskriterien) sind z.B. Leistung, Arbeitszufriedenheit, verlässliche Anwesenheit, Loyalität zur Firma etc. Die Möglichkeit, gute Leistungen zu erbringen, hängt z.B. von Fachkenntnissen, Erfahrung, relevanten Informationen, Lernmöglichkeiten, Aufgabenschwierigkeit ab; die Bereitschaft, sich zu engagieren, wird durch die erwartete Belohnung/Bestrafung, durch Gruppennormen, herausfordernde Tätigkeitsinhalte etc. beeinflusst; die Arbeitszufriedenheit kann unter anderem beeinflusst werden vom Gruppen- und Organisationsklima, von Selbständigkeit ermöglichenden oder verhindernden Organisationsvorschriften etc.

Türk (1995) reformuliert das Thema macht- bzw. kontrolltheoretisch; dann geht es um die Kontrolle wichtiger Ungewissheitszonen: Wenn die Führungskräfte fachlich nicht überlegen sind, können sie ihren Unterstellten keine diesbezüglichen Ratschläge oder Feedbacks geben, die das Leistungsergebnis verbessern; die Unterstellten greifen dann auf ihre eigene Expertise oder andere Fachleute in der Organisation zurück. Wenn ‚sich am Arbeitsplatz wohlfühlen' im Wesentlichen nicht von den Vorgesetzten, sondern von den KollegInnen, der unmittelbaren Arbeitsumgebung und der Art der Tätigkeit abhängt, spielt das Führungsverhalten bestenfalls eine indirekte Rolle. Haben Vorgesetzte kaum Entscheidungsbefugnis über Belohnungen für gute Leistung (weil alles durch formelle Verfahren und spezielle Fachabteilungen oder Gremien geregelt wird), dann werden sich die Unterstellten in Bezug darauf eher nicht an der Führungskraft orientieren.

Inzwischen liegen zahlreiche Studien zu den Führungssubstituten vor (siehe auch die Metaanalyse von *Podsakoff, MacKenzie & Bommer*, 1996), die das bei der Darstellung der Ohio-Fragebogen Berichtete replizieren: Einige Untersuchungen weisen einen deutlichen Erklärungsbeitrag durch die Substitute (oder zumindest einiger Substitute) nach, andere finden nur geringe, praktisch wenig bedeutsame Effekte. Immer wieder werden die im szientistischen Paradigma üblichen Erklärungen für die uneinheitlichen oder erwartungskonträren Befunde angeführt: Stichprobengrößen und -unterschiede, divergierende Operationalisierungen der Substitute und Kriterien, fragliche Qualität der Kriterien (meist sind es Einschätzungs-Daten, oft sogar Selbsteinschätzungen). Weil kein klar formuliertes Referenzproblem genannt wird (Geht es um Kontrolle? um Information? um Zufriedenheit? um Identität oder Identifikation? um Leistung? etc.) überrascht es nicht, wenn generelle Arbeitscharakteristika, die vermutlich für all diese Effekte eine Rolle spielen, im Einzelfall höchst unterschiedliche Ergebnisaufklärung leisten. Es zeigt sich ein weiteres Mal, dass man bei so komplexen und komplizierten Problemen wie der Entschlüsselung von ‚Erfolg' oder ‚Effektivität' nicht weiter kommt, wenn man auf Catch-all-Erklärungen setzt, die zwar ‚im Großen und Ganzen' richtig sind, genau besehen aber über Alltagswissen nicht wesentlich hinaus kommen. Auch hier werden die Grenzen des auf generelle Gesetzmäßigkeiten und objektive Identifikation der Ausgangsbedingungen gerichteten normativ-deduktiven (Natur-) Wissenschaftsprogramms sichtbar. Liest man die ‚Theorie der Führungssubstitution' aber als Anleitung zu einer systematischen Interpretation und kreativen Nutzung von Bedingungen und (Substitutions-)Möglichkeiten, dann kann man ihre Anregungen politisch gestaltend aufgreifen, ohne aber hoffen zu dürfen, nach Art eines Sozialingenieurs den Konstruktionsplan der Maschine ‚Organisation' durchschaut zu haben und sie trivialisiert steuern zu können.

Es würde eine Vergeudung von Ressourcen bedeuten, Führungskräfte für Aufgaben einzusetzen, die genauso gut und billiger von anderen erfüllt werden können. Führung ist deshalb auf Aufgaben oder Probleme spezialisiert, die schlecht strukturiert (komplex und kompliziert, mehrdeutig, widersprüchlich, instabil) und zeitkritisch sind. Weil solche Aufgaben oftmals nicht oder nur mit unvertretbarem Aufwand zu routinisieren sind, lohnt sich der Einsatz (interaktionaler) Führung. Allerdings setzt das auf Seiten der Führenden voraus, dass sie über die für solche Aufgaben erforderlichen Qualifikationen verfügen und dass sie die Werte und Ziele des Systems oder der Auftraggeber verinnerlicht haben und loyal verfolgen.

Was sie tun, wenn sie „führen" wird aus verschiedenen theoretischen Richtungen unterschiedlich fokussiert bzw. interpretiert. Ebenso unterschiedlich sind die Vorstellungen darüber, was denn genau Erfolg ist, wie sie ihn erzielen können und schließlich, wie er (von anderen) erkannt werden kann. Als eine Art Zwischenfazit soll in diesem Kapitel zunächst untersucht werden, was Führungserfolg (je nach Position des Betrachters) ist – sein könnte – zweckmäßig ist, als solchen wahrzunehmen und ob bzw. wie er wahrgenommen, festgestellt oder überprüft werden kann, was schließlich einen zentralen Aspekt der Untersuchung von Führung darstellt. Dabei stößt der Suchende schnell auf charakteristische Schwierigkeiten, von denen einige – vielleicht die theoretisch einfacheren, aber praktisch nicht weniger erheblichen – erläutert werden sollen (Kap. 6.1). Danach soll, um der Frage des Führungserfolgs noch näher zu kommen, auf einige weitgehend anerkannte grundlegende Mechanismen eingegangen werden, die Führung „erfolgreich" machen können. Dabei geht es um die Art der Interventionen, die Führungskräfte erbringen und worauf diese bei den MitarbeiterInnen abzielen bzw. hinwirken (Kap. 6.2).

6.1 Führungserfolg

Angesichts dessen, dass:

- Führung schwer zu definieren ist (s. Kap. 1),
- es schwierig ist zu erkennen, was die Grundlage von Führung ist und es unklar zu bleiben scheint, was gute Führung ausmacht (s. Kap. 2 – 4),
- Führung möglicherweise gar nicht „wirklich" besteht, sondern vor allem ein sozialkonstruktives Phänomen ist (s. Kap. 5) und
- Führung möglicherweise nur ein „Lückenbüßer der Organisation" ist (s.o.),

verwundert es kaum, dass eine Antwort auf die naheliegende Frage danach, was Führungs*erfolg* eigentlich ist, nicht so einfach und klar ausfallen wird, wie das im Sinne der Praxis zu erhoffen wäre.

Dementsprechend sind auch belastbare Aussagen darüber, was Führung bewirkt und in welchem Ausmaß, nicht selbstverständlich. Üblicherweise wird trotz der als nahezu naturgegeben angenommenen großen bis zentralen Relevanz von Führung (und der entsprechenden materiellen und in gewissen Kreisen auch ideellen Kompensation) auf Gedeih und Verderb von Unternehmen auch in entsprechenden Untersuchungen oder Übersichten häufig eine eher geringe Auswirkung von Führung auf den Unternehmenserfolg festgestellt (vgl. *Lieberson & O'Connor*, 1972; *Cohen & March*, 1974; *Pfeffer*,

1977; *Podolny, Khurana & Hill-Popper*, 2004; *Uhl-Bien & Marion*, 2009; vgl. Kap. 5.2). Derartige Befunde verweisen auf eine eher geringe Auswirkung von operativer Führung im Vergleich mit anderen Faktoren, der Erfolg scheint also durchaus bescheiden zu sein. Dagegen zeigt sich, wenn (ausschließlich) die strategische Ebene betrachtet wird zumeist ein großer, bisweilen wesentlicher Einfluss (vgl. *Thomas*, 1988; *Schrader*, 1995; *Finkelstein & Hambrick*, 1996; *Bass & Bass*, 2008).

Von daher scheinen spezifische Faktoren eine moderierende Rolle auf operative Führung zu nehmen, die so auf rein strategischer Ebene nicht gegeben sind. Einige solcher Faktoren sind in Tab. 6.1 zusammengefasst:

In der Organisation	Außerhalb der Organisation
Zielsystem	Politische und rechtliche Entwicklungen
Organisation bzw. Strukturen	Gesellschaftliche Entwicklungen
Führungssubstitute	Allgemeine wirtschaftliche Entwicklungen
Ressourcensituation – z.B.(Nicht-)Verfügung über personelle, materielle, finanzielle, informatorische Ressourcen, die notwendig sind zur erfolgreichen Aufgabenerledigung – z.B. Veränderungen in der unmittelbaren Mitarbeiterschaft der Führungskraft	Branchen- und Marktentwicklung
Mikropolitische Aktivitäten um die Führungskraft	Unternehmensentwicklung

Tab. 6.1: Einige organisationsinterne und -externe Faktoren, die auf den Führungserfolg wirken

Um das Thema des Führungserfolgs nicht einfach mit Hinweis auf eher schwache empirische Ergebnisse vom Tisch zu wischen, sollen hier mehrere Themenkreise beleuchtet werden, die charakterisieren, was damit gemeint ist, wenn Führungserfolg untersucht werden soll – und worin einige Schwierigkeiten bestehen, die jenseits dessen, wie erfolgreich Führung nun „tatsächlich" ist, es schwer machen können, Erfolg feststellen zu können:

- Unklarheit, was mit „Erfolg" gemeint ist, z.B. hinsichtlich der Relation nicht vergleichbarer Inputs und Outcomes, der Zeitperspektive, also seiner Nachhaltigkeit und der Frage für wen der Erfolg zu Buche schlägt: Erfolg muss für verschiedene mögliche Nutznießer – Führungskraft, MitarbeiterIn, Team, Organisation etc. – nicht dasselbe sein (Kap. 6.1.1 und 6.1.4)
- Prinzipielle Messbarkeit der Faktoren und die Validität von Diagnoseverfahren (Kap. 6.1.2)
- Zurechenbarkeit des Erfolgs zur Führungskraft bzw. deren (Führungs-)Aktivität (Kap. 6.1.3).

6.1.1 Das Kriterienproblem: Was ist Führungserfolg?

In den vielen Führungsdefinitionen wird implizit oder explizit davon ausgegangen, dass Führen ein zielgerichtetes Bewirken von Ergebnissen sei. Umso mehr muss es überraschen, dass das Endprodukt von Führung, der ‚Erfolg', vergleichsweise wenig theoretische und empirische Beachtung gefunden hat. In dieser Hinsicht sind FührungsforscherInnen traditionell wenig geschmäcklerisch: Sie nehmen, was sich ihnen bietet. Am häufigsten sind dies Leistungs-Einschätzungen durch nächsthöhere Vorgesetzte (*Neuberger*, 1976; *von Rosenstiel*, 2009), aber auch alle möglichen anderen Anzeichen. *Fiedler* kann für dieses Quodlibet-Vorgehen (*was euch gefällt, was ihr wollt*) als Musterbeispiel gelten. Er verwendete zur Entwicklung und Prüfung seines Ansatzes unterschiedslos die heterogensten Maße (bei Basketballteams den Tabellenstand, bei Panzerbesatzungen die Treffergenauigkeit, bei Landvermessern die Präzision, bei Supermarktmanagern den Umsatz, bei Stahlarbeitern die Abstichintervalle etc.). Dahinter steckt kein System – denn dies würde voraussetzen, dass *Fiedler* geklärt hätte, ob die verwendeten Maße jeweils

- objektiv (eindeutig, zweifelsfrei, intersubjektiv übereinstimmend),
- zuverlässig (zeitlich stabil),
- relevant (nicht nebensächlich, sondern wichtig oder von großem Gewicht),
- voneinander unabhängig (nicht redundant),
- vollständig (nicht defizient, alle wesentlichen Aspekte erfassend),
- kontaminationsfrei (nicht ‚verunreinigt' durch dritte Einflüsse),
- differenzierend (die guten Vorgesetzten von den schlechten tatsächlich trennend)

waren. Es scheint, als ob *Fiedler* buchstäblich das nächstbeste Maß genommen hätte – und damit hat er nur getan, was die anderen auch machen.

Ein solcher Pragmatismus versteckt sich dann in den Zusammenfassungen der Forschungsberichte und beim Zitieren der Ergebnisse hinter den verallgemeinernden Begriffen Leistung, Effizienz, Produktivität, Erfolg etc. Dies sind magische Wörter, deren Faszination allzu leicht Denkblockaden auslöst. Anders ist es nicht zu erklären, dass beliebige einzelne Maße (Umsatz, Wachstum, Kosten, Tempo, Ausschuss, Krankenstand, Fluktuation, Ausstoß, Lieferfristen etc.) als die abhängige Variable und somit als Erfolgsindikator akzeptiert werden. Jeder Führungskraft ist klar, dass ein ganzes Bündel von Kennziffern nötig ist, um faire Leistungsvergleiche durchzuführen, denn die Konzentration auf ein Maß kann allzu leicht dazu führen, dass andere vernachlässigt werden. In der Praxis wird im Regelfall von einem Ziel*system* (s. *Heinen,* 1966) und damit einem differenzierten und nicht immer ganz durchschauten Netz von gegenseitigen Abhängigkeiten, Konkurrenzbeziehungen und Substitutionsmöglichkeiten ausgegangen, wobei einzelne Ziele als unverzichtbare ‚Nebenbedingungen' (constraints) fixiert, andere zur Maximierung freigegeben werden etc.

Dies ist aber nur die eine (technische oder kognitive) Seite des Zielproblems, bei der die inneren Zusammenhänge, Ausprägungsgrade und Terminierungen der Einzelziele so aufeinander abgestimmt werden müssen, dass die Menge aller erfassten Resultate langfristig bestimmten Standards entspricht: also Kriterien für Kriterien (s.u.). Die andere Seite ist die Wert- oder Interessenfrage. Die Zielsetzung ist nicht nur ein Problem-, sondern auch ein Konfliktlösungsprozess, denn das, worum es ‚eigentlich' geht, ist nicht quasi naturgesetzlich vorgegeben, sondern wird ausgehandelt und ist deshalb auch abhängig von den inner- und außerorganisatorischen Machtverhältnissen und Koalitionen (s. *Hauschildt,* 1980).

Man mag dagegen einwenden, dass diese Fragestellung für die normale Führungskraft, die nicht Vorstandsmitglied oder UnternehmerIn ist, müßig sei, denn ihr seien ihre Ziele präzise vorgegeben. Selbst wenn dem so wäre (und es gibt begründete Zweifel an der Lückenlosigkeit der Determination; siehe die obige Diskussion des rollentheoretischen Ansatzes), dann müssten sich Vorgesetzte dennoch fragen, ob sie sich – wenn sie schon loyale Ausführungsorgane sind – nicht Gedanken machen sollten, wofür sie führen. Dieses ‚Wofür' ist ein doppeltes: *für wen* (Wem nutzt oder schadet es?) und *für was* (Was bewirkt es – auch an ungewollten Nebenfolgen?). Wenn sie sich bereit erklärten, bedenkenlos jedes aufgetragene Ziel und nur dieses zu erfüllen, dann fehlte nicht mehr viel zum bewusstlos funktionierenden Roboter. Würden sie aber – unterstellen wir den Mut zum Heldentum – jedes übertragene Ziel in Frage stellen, dann würden sie unberechenbar und das System als Ganzes wäre, wenn ihr Beispiel Schule machte, handlungsunfähig. Es geht deshalb nicht um das Entweder-Oder, sondern um das Sowohl-Als-Auch, um das Aushalten und Balancieren von Gegenprinzipien, die allein die Lebens- und Fortschrittsfähigkeit eines sozialen Systems sichern (vgl. auch Kap. 9).

Das Kriterienproblem wird zusätzlich kompliziert dadurch, dass nicht nur das Ziel/Ergebnis, sondern zumeist auch der *Weg* zum Ziel bewertet wird. Nicht *dass* oder *ob* ein Resultat erreicht wird, zählt dann, sondern zusätzlich ob es auf die richtige Weise (z.B. kooperativ, ethisch einwandfrei, effizient etc.) erreicht wurde. Diese Bestimmung findet sich auch in Führungsdefinitionen, in denen z.B. gefordert oder gesetzt wird, dass die Geführten freiwillig bzw. von selbst oder begeistert oder ‚wie ein Mann' oder konsensuell oder effizient die gesetzten Ziele [zuweilen: die gemeinsamen(!) Ziele] erfüllen sollen. Hinzu kommt der in der Praxis nicht leicht zu führende Nachweis, dass sich die Folgen/Erfolge der *Führung,* und nicht irgend welchen anderen Bedingungen (wie z.B. dem Entgeltsystem, der Attraktivität der Aufgaben, der hohen Qualifikation der MitarbeiterInnen etc.) verdanken. Gerade weil es so schwer ist, den Verursachungsanteil von Führung herauszurechnen, geben sich manche Definitionen mit übereinstimmender Attribution zufrieden: Ohne manifeste Veränderungen abzuwarten und zu messen, wird jemandem das Attribut ‚FührerIn' verliehen, wenn er/sie die *Reputation* von Großartigkeit, Charisma, Durchsetzungsstärke etc. hat.

Im Prinzip aber wird von Führungskräften verlangt, dass sie den Einflussanspruch rechtfertigen (können), den sie erheben. Es gibt viele gute Gründe, den Handlungsspielraum anderer zu kontrollieren; die für die Führung in wirtschaftlichen Organisationen wichtigsten basieren auf den folgenden Argumentationsfiguren oder Logiken:

- Es wirkt (Effektivität, Produktivität).
- Es zahlt sich aus (Kostengünstigkeit, Wirtschaftlichkeit, Verwertungserfolg).
- Es ist in Ordnung (folgt Traditionen, Werten, Normen oder Gesetzen und reproduziert sie).

- Es macht Eindruck (Reputation, Image, Anerkennung).
- Es verbindet (fördert Zusammenarbeit und Zusammenhalt).
- Es befriedigt (*Ich* und/oder *sie* wollen es so: Autorität, Macht, Verehrung, Bedürfnisbefriedigung).

Sowohl beteiligte Interne (Unterstellte, Vorgesetzte, höhere Vorgesetzte, andere Organisationsmitglieder) wie Externe beobachten, beschreiben und bewerten dieses Geschehen. Sie rechnen Effekte personalen Ursachen zu und begründen damit die Konstrukte Führung, Führungsverhalten und -stil sowie Führungserfolg. Führung ist somit ein nur intersubjektiv erfassbarer Gegenstand. Als weitere Eskalationsstufe kann hinzu kommen, dass WissenschaftlerInnen Beobachtungen beobachten.

Was aber ist dieses mysteriöse Kriterium ‚Erfolg'? Oder genereller: Was ist ein Kriterium? Allgemein gesagt das, worauf es sowohl hinausläuft wie auch ankommt.

Der Begriff Kriterium stammt vom griechischen ‚krinein' (trennen, unterscheiden, urteilen, entscheiden; s.a.: Kritik, Krise). Das Kriterium ist das Entschiedene und deswegen Festgesetzte, Gewisse, Sichere, Geltende, Indiskutable; es ist zugleich das Entscheidende (Maßstab, Messlatte, Bezugsstandard) mit der Funktion, das Eine vom Anderen unterscheiden und ihm einen spezifischen Wert zuschreiben zu können.

„Jobbezogene Kriterien … klassifizieren oder messen auf quantitative Weise Leistung, Verhalten, Ereignisse oder Ergebnisse, die für die Organisation oder Teile von ihr und für Entscheidungen, die zu treffen sind, für wichtig gehalten werden. Sie sind Maße, mit denen wir die Güte verschiedener Interventionen … messen können. Sie repräsentieren Werte. … Ein Kriterium zu wählen, das man erklären oder vorhersagen oder letztlich verbessern will, ist (oder sollte sein) das Gleiche wie zu sagen ‚dies ist wichtig; es zu verbessern ist wertvoll für diese Organisation'. Ein Kriterium ist … eine Variable oder Bedingung, die wichtig genug ist, um vorhergesagt, verbessert oder korrigiert zu werden" (*Guion,* 1991, S. 261 f.). Andererseits stellt *Guion* fast resignierend fest: „Um es unverblümt zu sagen: nachdem wir ein halbes Jahrhundert darüber geklagt haben, wissen wir immer noch nicht was wir tun, wenn wir ein Kriterium wählen und messen" (S. 276).

In der Kriteriumsdiskussion findet sich häufig eine von *Thorndike* (1949) eingeführte Differenzierung zwischen aktuellen Kriterien und dem eigentlichen Kriterium (siehe auch Abb. 6.2). Dieses hypothetische Letztkriterium (ultimate criterion) ist Ausdruck für die *raison d'etre* (der Grund für das Sein, Bestandsgrund, die Daseinsberechtigung) des Unternehmens. Das Erreichen dieses Kriteriums kann exakt nur rückblickend bestimmt werden, wenn das Unternehmen aufgehört hat zu existieren, denn erst dann kann eine buchstäblich abschließende Bestandsaufnahme gemacht werden. Das Letztkriterium ist somit kein messbares Ergebnis, sondern eine begriffliche Perspektive. In kapitalistischen Unternehmen steht dabei weder der Gebrauchswert von Produkten oder Leistungen im Mittelpunkt (Kundennutzen stiften), noch die Förderung der Interessen der MitarbeiterInnen (‚unser wichtigstes Kapital'), noch der Beitrag für das Gemeinwesen (z.B. Steuerzahlungen) oder der Schutz der Umwelt, sondern der erzielte Gewinn oder die Rentabilität des Kapitaleinsatzes. Das abstrakte Letztkriterium wird im Regelfall mit einer Reihe vorgelagerter Kriterien ausgedrückt, die an Stelle eines fiktiven einheitlichen Gesamtkriteriums dessen wesentliche Attribute in Form eines idealerweise integrierten Satzes von mehreren Einzelmaßen darstellen (multiples Kriterium).

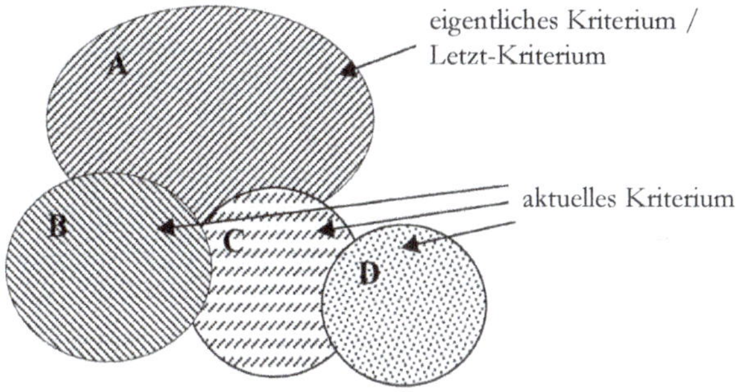

Abb. 6.2: Die Beziehungen zwischen ‚eigentlichem' Kriterium und ‚aktuellen' Kriterien (Defizienz, Kontamination, Relevanz).

Für Führung werden häufig übergeordnete Kriterien aus zwei Perspektiven betrachtet:

- Erfolg und Effizienz
- Leistung und Zufriedenheit

Erfolg und Effizienz werden häufig als synonym betrachtet, mitunter auch differenziert. Gemeinhin kann unter Effektivität die Wirksamkeit oder Wirkung verstanden werden – also ein Ausmaß. Unter Effizienz wird eher verstanden, dass das, was erreicht wird, unter einer günstigen Aufwands-Ergebnis-Relation erreicht wird. Die Effektivität ist also die Dimension des „Was und wie viel" und die Effizienz die Dimension des „wie (ökonomisch)". Es besteht hier die Möglichkeit, den Gegensatz von „die Dinge richtig tun (Effizienz)" vs. „die richtigen Dinge tun (Effektivität)" zu erkennen. Wobei eine erstaunliche Uneinigkeit über die Bedeutung der Begriffe zu bestehen scheint, denn bisweilen gilt auch die Effektivität als das Ausmaß ohne Richtung, während die Effizienz als das Maß der richtigen Richtung gilt. Also auch hier bleibt der/die Beobachtende erst einmal ratlos zurück und muss sich auf eine der verschiedenen Lesarten festlegen oder der Entscheidung ausweichen. *Kehr* (2000) und im Anschluss daran *Weibler* (2012) sehen in der Effektivität das Maß der *Ziel*erreichung und in der Effizienz das Maß des Verhältnisses von Input und Outcome. Gelegentlich wird Erfolg von Effektivität und / oder Effizienz differenziert. So sieht *von Rosenstiel* (1999) im Führungserfolg die Wirkungen spezifischen Führungsverhaltens allgemein und in Führungseffizienz den Erfolg hinsichtlich Quantität oder Qualität der erbrachten Gruppenergebnisse und *Luthans* (1988) nutzt für seine Untersuchungen den Begriff der Führungseffektivität als Maß aus quantitativen und qualitativen Gruppenleistungskriterien, der Mitarbeiterzufriedenheit und Mitarbeiterbindung, während er als Führungserfolg Karrieremaße der Führungskraft operationalisiert.

Leistung und Zufriedenheit gelten als die beiden übergeordneten inhaltlichen Zielaspekte der Führung (z.B. *von Rosenstiel*, 1993, 2011; bereits angelegt in den Ergebnissen von *Lewin et al.*, 1939, s. Kap. 3.2). *Witte* (1995) nimmt die Unterteilung in seiner Konzeption von Führungseffizienz auf. Dabei kann durchaus auch der Blick darauf gerichtet werden, dass natürlich Leistung von unterschiedlichen Anspruchsgruppen verschieden interpretiert werden kann und Zufriedenheit nicht nur die der MitarbeiterInnen zu sein braucht, sondern auch die der Führungskraft selbst, der internen Prozessabnehmer und externen Kunden sein kann und natürlich nicht zuletzt die der höher stehenden Führungskräfte, deren Leistungsurteile häufiges Kriterienmaß für Führungserfolg sind und keineswegs selbstverständlicher Weise rein objektive Sachmaße zu sein brauchen, sondern sehr wohl Zufriedenheitsmaße, die einerseits auf sachbezogenen Leistungen aufbauen können – andererseits aber auch auf eher leistungsfernen Faktoren wie Sympathie und aktivem sozialem Einfluss (s. die Untersuchungen von *Luthans*, *Hodgetts & Rosenkrantz* (1988) unten und Kap. 9.3). Ferner weist auch *von Rosenstiel* (1993, 2009) darauf hin, dass nicht alle (empirisch verwendeten) Kriterienmaße sich ausschließlich einer der beiden Kategorien zuordnen lassen. So sind z.B. Absentismus oder Fluktuation durchaus übliche Maße von (mangelnder) Zufriedenheit – stellen aber (üblicherweise) ebenso eine messbare Leistungseinbuße der betrachteten Abteilung dar.

6.1.2 Das Messproblem: Entwicklung und Validität von Prädiktoren

Kriterien müssen gemessen werden, um sich ein Urteil erlauben zu können, inwieweit sie erreicht werden. Sie entziehen sich allerdings häufig genug der unmittelbaren Messung und deshalb werden zur Abbildung des *eigentlichen*, des Letztkriteriums *aktuelle* Kriterien entwickelt, die prinzipiell messbar sind und die (zumindest in Kombination) das Letztkriterium möglichst gut abdecken. Um diese aktuellen Kriterien zu messen, werden Verfahren oder Instrumente entwickelt, mit deren Hilfe Aussagen hinsichtlich der Kriterienwerte von Personen gemacht werden können (die sog. *Prädiktoren*).

Unternehmen sind dazu da, Güter und Dienstleistungen für einen Markt gewinnbringend zu produzieren. Um Spezialisierungsvorteile zu nutzen, sind sie arbeitsteilig gegliedert (horizontal und vertikal). Wegen des Transformationsproblems (Arbeitsvermögen wird gekauft, Arbeitsleistung wird gebraucht) müssen die Akteure fortwährend motiviert werden (durch Bezahlung, Beförderung, interessante Arbeit, Kündigungsdrohung etc.). Um gezielt motivieren zu können, muss man wissen, wer seine Sache gut oder schlecht macht: man braucht Differenzierungs*kriterien*. Die Leistung (genauer: die Einschätzung der Leistung) wird gemessen an Vorgaben bzw. Zielen. Damit wird die Doppelnatur des Kriterienkonzepts sichtbar: Zum einen ist ein Kriterium eine konkrete Messgröße, die zur Unterscheidung verwendet wird (weil sie einen Unterschied markiert zwischen gut vs. schlecht, erfolgreich vs. gescheitert etc.). Zum anderen ist es eine abstrakte Bezugsgröße (Wert, Norm, Regel), die dem konkreten Maß Bedeutung und Gewicht gibt.

Damit ein Kriterium für die Zwecke der Auswahl, Zuordnung, (Be-)Förderung, Belohnung etc. genutzt werden kann, muss es bestimmten Anforderungen genügen.

Solche Kriterien für Kriterien sind im Folgenden kurz aufgeführt (s.a. *Neuberger*, 1976, S. 182; *Borman*, 1991; *Austin & Villanova*, 1992, S. 848 f.; *Marcus & Schuler*, 2006):

Ein Kriterium soll

- objektiv und reliabel sein (verschiedene Leute sollen das Gleiche darunter verstehen; es soll bei Messwiederholungen stabil bleiben),
- differenzieren (es sollen sich nach Möglichkeit mehrere Ausprägungen unterscheiden lassen; zwischen Merkmalsträgern soll klar unterschieden werden können),
- messbar sein (je höher das Messniveau, desto besser),
- ökonomisch erfassbar sein (der Messaufwand soll in einem günstigen Verhältnis zur Bedeutung sein),
- gültig und relevant sein (es soll mit den zentralen oder höchsten Werten korrespondieren),
- repräsentativ oder gar vollständig sein (kein wesentlicher Aspekt sollte fehlen),
- unkontaminiert und verzerrungsfrei sein (ohne sachfremde Einflüsse und Bewertungen),
- zurechenbar sein (Veränderungen sollen auf bestimmte Ursachen zurückführbar sein),
- eindeutig, offen und transparent sein (den Bewertenden soll im Vorhinein und un-missverständlich bekannt sein, welche Maßstäbe an ihr Handeln/ihre Ergebnisse angelegt werden sollen).

Beim Messproblem geht es im Kern um die Güte der Schlussfolgerungen von einem Datensatz (den Prädiktoren) auf einen anderen Datensatz (die Kriterien). Einer eingängigen praxisnahen Definition zufolge wird bei Validitätsprüfungen untersucht, ob ein Verfahren misst, was es zu messen vorgibt.

„Nach einer Definition, auf die sich die American Psychological Association (APA) mit einigen anderen Verbänden geeinigt hat, bezieht sich der Begriff Validität auf die *Angemessenheit* (appropriateness), die *Bedeutung* oder *Sinnhaftigkeit* (meaningfulness) und die *Nützlichkeit* (usefulness) der spezifischen Schlüsse, die aus Testwerten gezogen werden. Als deutsche Bezeichnung wird gewöhnlich das Wort ‚Gültigkeit' gebraucht; der Bedeutungsgehalt würde allerdings mit den Worten ‚Brauchbarkeit' oder ‚Tauglichkeit' besser getroffen" (*Schuler*, 1996, S. 52).

Die drei wichtigsten Validitätsarten sind

- die repräsentative oder Inhalts-Validität,
- die prädiktive bzw. prognostische oder Vorhersage-Validität und
- die Konstrukt-Validität.

Geht man davon aus, dass einem bestimmten Prädiktor nicht ein allgemein und zeitlos gültiger Validitätswert zugesprochen werden kann (weil dieser von zahlreichen und zudem variablen Bedingungen abhängig ist), dann ist es sachlich richtiger, bei Gültigkeitsbestimmungen nicht das Ergebnis (Validität), sondern die Strategie (Validierung) in den Mittelpunkt zu rücken (s.a. *Austin & Villanova*, 1992, S. 854).

Im Fall der *Inhaltsvalidität* werden Prädiktoren als *‚samples'* (repräsentative Stichproben) der eigentlich interessierenden Merkmalskonfiguration aufgefasst. Aus dieser Perspektive kann man fragen, ob die messbaren aktuellen Kriterien repräsentative Stichproben des ‚eigentlichen' Kriteriums sind und/oder Inhalte haben, die statistisch gesehen Fehlervarianz sind. Meist wird dies in der Form von Venn-Diagrammen visualisiert (siehe Abb. 6.2). Das Letztkriterium A soll durch die aktuellen Kriterien B, C und D erfasst werden. B und C messen jeweils einen Teil von A, und dieser Überlappungsbereich kennzeichnet ihre *Relevanz*. Sind aber auch *kontaminiert* (verschmutzt), weil sie außerhalb dieser Überlappung noch etwas messen, was mit dem Kriterium nichts zu tun hat. Andererseits sind B und C auch *defizient* (mangelhaft), weil sie wesentliche Teile des Letztkriteriums nicht erfassen (visualisiert durch die Fläche in A, die nicht durch B und C abgedeckt wird). Das aktuelle Kriterium D schließlich misst nichts vom Letztkriterium, hängt aber mit dem partiell relevanten Kriterium C zusammen und kann so den Eindruck erwecken, es sei auch ein valides Maß.

Im Fall der *prognostischen Validierung* werden die Prädiktoren als ‚signs' (Zeichen) interpretiert, die als Indikatoren auf derzeit nicht bekannte andere Merkmalskomplexe hindeuten. Hier werden der Prädiktor oder das aktuelle Kriterium inhaltlich nicht auf gemeinsame Elemente mit dem Letztkriterium untersucht. Es ist z.B. nicht unmittelbar einsichtig, was ‚verheiratet sein' mit Karriereerfolg zu tun haben soll. Dennoch gibt es eine klare und stabile Beziehung (für die man im Nachhinein eine Fülle vernünftiger Gründe finden kann). Unter *‚Zeichen'-Gesichtspunkten* interessiert jedoch nur der Hinweischarakter einer Information, nicht aber deren ‚innere' oder kausale Beziehung.

Bei der *Konstruktvalidierung* gelten die Prädiktoren als Knoten in einem nomologischen Netz (ein System miteinander verbundener – vernetzter – Gesetzesaussagen oder Hypothesen, *Cronbach & Meehl*, 1955, vgl. *Lienert & Raatz*, 1998, durch das ein Konstrukt definiert ist). Das Netz ist die ‚map' (Landkarte); um sich zu orientieren, man muss wissen, *wo* man sich befindet und das weiß man nur, wenn man auch die anderen Orte und die Distanzen und Koordinaten kennt. Geht man vom *map-Konzept* aus, dann löst man sich von Zweierbeziehungen zwischen einzelnen naheliegenden Kriterien und dem oder den zeitlich weiter entfernten. Stattdessen betrachtet man die gesamte Konstellation (das wie in einer *Landkarte* dargestellte Netz der vielen Beziehungen zwischen den unterschiedlichen Maßen) und versucht aus dieser Gesamtschau ein substanzielles Verständnis der wechselseitigen Abhängigkeit oder Determination zu gewinnen. Aus der Abb. 6.3, die Daten einer Studie von *Klimoski & Strickland* (1981) wiedergibt, kann man z.B. erkennen, dass Assessment Center (AC), die sie hier als Vorhersage-Instrumente für Leistung untersuchten, künftige *Leistungen* nicht vorhersagen (r = -.02); diese werden durch ein Leistungsrating *vor* dem AC (mit r = .38) besser vorhergesagt. Das Rating des künftigen Potenzials einer Führungskraft korreliert mit dem AC-Wert mit r = .37, mit einem Vorgesetztenrating (*vor* dem AC) mit r = .51. Aus dem Gesamtbild der Zusammenhänge lassen sich eine Fülle von Hypothesen ableiten, die in speziellen Untersuchungen geprüft werden müssten, um zu einem gesicherten Verständnis des empirisch gefundenen, zum Teil überraschenden Beziehungsmusters zu kommen.

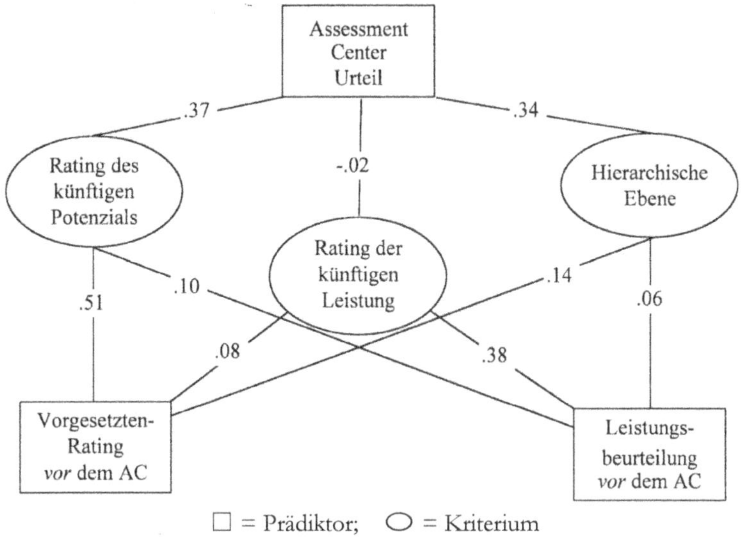

Abb. 6.3: Prädiktoren- und Kriterien-Interkorrelationen in der Studie von *Klimoski & Strickland* (1981)

Erkenntnisbezogen ist die *Konstrukt*validierung am befriedigendsten. Sie setzt die theoretische Bemühung um eine wertbezogene Definition dessen, worum es geht, voraus (vgl. *Messick*, 1998; *Wacker*, 2004). Die Diskussion der Konstruktvalidierung fand für längere Zeit schwerpunktmäßig im Umfeld der Forschung zur (Eignungs-)Diagnostik und hier vor allem zum AC-Verfahren statt (vgl. *Guion*, 1991; *Scholz*, 1994; *Kompa*, 2004). Der Ansatz lehnt die übliche Praxis ab, das nächstbeste, weil verfügbare Kriterium zu nehmen: Absentismus (Fehlzeiten), Vorgesetztenratings, Beförderungsstufen, Umsatzzahlen, Fehlerquoten, Unfälle oder Ähnliches. Das bedeutet, dass einem wenig damit gedient ist zu erfahren, wie z.B. AC-Urteile oder Leistungsbeurteilungen mit dem Gehalt oder der hierarchischen Position fünf Jahre später zusammenhängen. Gehalt und Position sind nur zwei herausgegriffene Messwerte, die mit anderen Messwerten (wie Qualität und Quantität der Leistung, Termin- und Kostentreue, Innovationsrate etc.) zusammenhängen (können) und erst in diesem Komplex Erfolg ausmachen. Die verschiedenen Kriterien im ‚Komplex Erfolg' sind Punkte in einem nomologischen Netz, die erst durch die Relation, die sie zu anderen ‚Punkten' haben, sinnvoll werden. Um verallgemeinerbare Aussagen machen zu können, müsste man wissen, warum oder wofür jemand (schneller) befördert oder (besser) bezahlt wird (welches Verhalten oder welche Leistungen vorhergegangen sind oder erwartet werden), wer die relevanten Verhaltensweisen oder Leistungen beobachtet und von welchen (weiteren) Bedingungen sie abhängen.

6.1.3 Zurechnung von Führungserfolg

Ein zentrales Problem der Kriteriumsmessung ist die *Zurechnung*. Ist jemand tatsächlich und substanziell verantwortlich für bestimmte Effekte? Bei Vorgesetzten stellt sich das Problem in besonderer Schärfe, weil sie (vor allem) an der Leistung ihrer Unterstellten gemessen werden: Ihre Leistung ist die Leistung anderer. Nicht mehr die aktuellen Produzenten werden in ihren jeweiligen Leistungen gemessen und bewertet, für Einzel- und Kollektivleistung wird vielmehr mit der Führungskraft eine spezielle Stelle (und Person) etabliert: Sie hat dafür zu sorgen, dass alle ihr Unterstellten effektiv und effizient arbeiten. Für diese Führungsleistung werden Kriterien (Maßgrößen und Bezugsgrößen) gesucht – in der Praxis eine stete Herausforderung (vgl. dazu auch das nachfolgende Fallbeispiel 6).

Fallbeispiel 6: *„Wirksame Führung“ in Genossenschaftsbanken*

Für den Bundesverband der Deutschen Volksbanken und Raiffeisenbanken (BVR) wurde ein effektives, aber einfaches Instrument für seine über 1.100 Mitgliedsinstitute entwickelt, das u.a. die Führungswirkung und damit den Führungserfolg verbessern soll.

Mehr Wirkung erzielten Banken und damit deren Führungskräfte, die die Umsetzung und den Erfolg von Maßnahmen nachhielten, z.B. in Qualitätszirkeln, und die ihre Führungskräfte gezielt durch Coaching oder Training unterstützten.

Allerdings ist darauf hinzuweisen, dass allein schon die Durchführung der Analyse bereits nachhaltige Wirkung erzielt, wie zahlreiche Führungskräfte-Interviews in einer teilnehmenden Bank ergaben. Und: Die Partizipation der MitarbeiterInnen wird von allen Beteiligten positiv gesehen, auch wenn damit keine direkte Motivations- und Leistungssteigerungen verbunden sind.

Ist eine hohe Leistung der Abteilung Ergebnis guter Aufgabenorganisation? Oder guter Personalauswahl der MitarbeiterInnen (zumindest teilweise Aufgabe der Führungskraft)? Oder guter Personalentwicklung? Oder guter Planung und Anweisung durch die Führungskraft? Oder vielleicht Ergebnis des Wirkens der Vorgängerin der aktuellen Führungskraft (*Day & Lord*, 1988, ermittelten, dass viele Wirkungen von Führungsinterventionen mindestens zwei Jahre auf sich warten lassen, wenn man Maßzahlen als Kriterien nimmt)? Vielleicht kam die gute Leistung zustande *trotz* des (eigentlich unangemessenen) Führungsverhaltens der Führungskraft? Oder wegen einer günstigen Branchenentwicklung? Die Gründe sind vielfältig. Die Absentismusrate als Kriterium des Führungserfolgs, die im Personalcontrolling ermittelt wird, kann bei bester Führung beträchtlich ansteigen, wenn in der Abteilung eine Infektionskrankheit weitergegeben wird, die aber andere Abteilungen weniger erreicht. Der altersbedingte Weggang eines zentralen Mitarbeiters kann viele Erfolgswerte beeinträchtigen. Hier darauf zu bestehen, dass die Führungskraft frühzeitig hätte entgegenwirken müssen, benennt nur einen Teil des Problems.

In dem Feld der Zurechenbarkeit des Abteilungserfolgs zur Abteilungsführung ist mangels Eindeutigkeit ein Tummelplatz von Interpretationen und Attributionsmanagement durch die Führungskräfte, die MitarbeiterInnen und anderer Personen. Ist die Führungskraft unter ihresgleichen gut integriert und vernetzt, wird ihr Erfolg besser beurteilt als bei geringer Vernetzung (vgl. *Luthans et al.*, 1988). Gelingt es der Führungskraft ihre MitarbeiterInnen und Vorgesetzten davon zu überzeugen, dass Erfolge vor allem an ihrer Führung liegen, wird das (soziale) Realität (vgl. Kap. 5.2, 5.3 und 9.3). Diese Interpretationen und ihre Auswirkungen stehen einer möglichst neutralen, validen Messung natürlich im Wege, zumindest solange davon ausgegangen wird, dass Führungserfolg tatsächlich von real sachaufgabenbezogenen koordinierendem Handeln der Führungskraft ausgeht. Im konstruktivistischen Paradigma stellt sich ggfs. die Frage so gar nicht und gerade diese Deutungs-, Interpretations-, Symbolisierungs-, Attributionslenkungsleistung der Führungskraft *an sich* ist der Erfolg ihrer Führung.

(Führungskraft)

6.1.4 Persönlicher Erfolg und Unternehmenserfolg

Ein Aspekt der Frage nach dem Führungserfolg ist der nach dem „für wen?“. Es lassen sich hierbei mindestens zwei Antworten identifizieren: Für die Führungskraft selbst und für das Unternehmen. Etwas differenzierter ließen sich z.B. auch die einzelnen MitarbeiterInnen der Führungskraft, das von der Führungskraft geführte soziale Kollektiv (Abteilung, Arbeitsgruppe, Team) oder die Familie der Führungskraft (als Subsystem des persönlichen Umfelds der Führungskraft) betrachten (vgl. *Parry*, 2011; vgl. auch Kap. 9). Dieser Aspekt hat Auswirkungen auf die Auswahl von Kriterien und Prädiktoren und von daher sollte er angemessen berücksichtigt werden.

a) Persönlicher Erfolg

Der Persönliche Erfolg (oder gelegentlich verkürzend als Karriereerfolg subsumiert) drückt die Wertschätzung aus, die eine Führungskraft in den Augen derjenigen gefunden hat, die die organisationsinternen Privilegien und Kompetenzen verteilen. Er zeigt sich in einer Reihe von Indikatoren:

- *Aufstieg*: erreichte hierarchische Position (Abstand von der Spitzen- oder der Basisebene); Anzahl der bisherigen Beförderungen; Geschwindigkeit des Aufstiegs (Zeit, die für das Erreichen der 3., 2., 1. Ebene benötigt wurde).
- *Entgelt*: Höhe im Vergleich zu Bezugswerten (Branchendurchschnitt, Unternehmensdurchschnitt, Durchschnitt der Ranggleichen); Geschwindigkeit der Gehaltssteigerung (Wie lange hat jemand gebraucht, um ein Gehaltsniveau von 100.000 Euro zu erreichen oder um von 100.000 auf 125.000 Euro zu kommen?). Empirisch tauchen große Probleme auf, weil Entgelte für Führungskräfte absichtlich (s. *Bucksteeg*, 1993) intransparent und unvergleichbar gehalten werden (über Boni, Prämien, Optionen, Aktienbeteiligung, geldwerte Leistungen wie Firmenwagen, Direktversicherung etc.;

es gibt auch Tradeoffs mit Titeln, Statussymbolen, Aufstiegsversprechen etc.). Falls man über verschiedene Zeiten vergleichen muss, kann eine Relativierung über Kaufkraft-Indizes nötig sein.

- *Funktionsindizes*: Sie sollen den Aufgabenumfang und die Kompetenzen erfassen (Vertretungs- und Nachfolgerechte, Unterschriftsberechtigung, Prokura, Budgetverantwortung, Anzahl unterstellter MitarbeiterInnen etc.).

Bei Vorstellung eines einheitlichen Kriteriums für Erfolg müsste diese Wertschätzung hoch korrelieren mit dem Beitrag, den eine Führungskraft zum Unternehmenserfolg geleistet hat. Dafür müsste gesichert sein, dass alle „*Wertschätzenden*“ (diejenigen, die die individuellen Vorteile vergeben) mit einem gleichen Erfolgsverständnis operieren und die gleichen Maßstäbe anwenden. Dieses Problem taucht insbesondere in Großorganisationen auf, in denen verschiedene Personen/Stellen unabhängig voneinander – nur auf Basis gleicher Richtlinien – Vorrechte vergeben. Des Weiteren müsste unterstellt werden, dass die lokalen Wertschätzenden keine leistungsfremden Erwägungen einfließen lassen, wie z.B. Loyalitätsprämien, den Aufbau von Seilschaften/Netzwerken, die Abgrenzung und Sicherung von Einflusszonen (z.B. keine gefährlichen KonkurrentInnen hochkommen lassen), Rücksichtnahme auf scheinbar irrelevante Merkmale (wie Ethnie, Religion, Geschlecht, Alter, Aussehen, Nationalität, Dialekt, Umgangsformen etc.).

b) Unternehmenserfolg

Will man als Gütemaßstab den (vergangenen/aktuellen/künftigen) Beitrag zum Unternehmenserfolg heranziehen, müssen eine Reihe von Annahmen gemacht werden:

- Der Unternehmenserfolg kann eindeutig definiert und verzerrungsfrei gemessen werden. Hier zeigt sich schon ein erstes Problem, das wiederum mit dem Börsenwert (den Aktienkursen) parallelisiert werden kann: Der Börsenwert ändert sich tagtäglich, ist also stark zeitpunktabhängig. Wovon der Marktwert abhängt, lässt sich nicht durch *ein* fixes Kennziffernsystem darstellen (Eigenkapitalrendite, Return on Investment, Return on Capital Employed, Economic Value Added, Discounted Cash Flow etc.).

- Und selbst wenn es sich darstellen ließe, tauchte die mindestens genauso schwierige Frage auf, wie man das Zurechnungsproblem löst: Welchen Anteil an einem wie immer gemessenen Unternehmenserfolg hat eine konkrete Führungskraft?

Mit der Unterscheidung zwischen Karriereerfolg und Unternehmenserfolg befassen sich u.a. Arbeiten von *Luthans* und Mitarbeitern. Für eine Untersuchung fassten *Luthans et al.*, (1988) die 12 Kategorien eines Führungskräfte-Beobachtungssystems (LOS, *Luthans & Lockwood*, 1984) zu vier Hauptgruppen zusammen, die die Tätigkeiten von Führungskräften charakterisierten und brachten sie mit verschiedenen Erfolgskriterien zusammen (vgl. Tab. 6.2):

Beobachtungskategorien aus dem LOS	**Zusammenfassung zu Hauptkategorien**
Informationsaustausch Schreibarbeit	Routine-Kommunikation
Planen/Koordinieren Entscheiden/Problemlösen Kontrollieren	traditionelle Managementfunktionen
Interagieren mit Externen soziale Kontakte pflegen / Mikropolitik	Beziehungspflege
Motivieren/Verstärken Disziplinieren/Bestrafen Konflikte handhaben Personal beschaffen Personal entwickeln	Human Resource Management

Tab. 6.2: Kategorien grundlegender Tätigkeiten von Führungskräften nach *Luthans et al.*, (1988)

In verschiedenen Stichproben wurden insgesamt 457 Führungskräfte von trainierten Beobachtern bei ihrer Arbeit in den LOS-Kategorien eingestuft. *Luthans et al.* fanden folgende Häufigkeitsverteilungen (Tab. 6.3):

Relative Häufigkeit der beobachteten Manageraktivitäten				
	alle Manager (N = 248)	erfolgreiche Manager (N = 52)	effektive Manager (N = 178)	erfolgreiche und effektive Manager (N = 15)
Routinekommunikation	29	28	44	31
trad. Managementfunktionen	32	13	19	34
Beziehungsarbeit (networking)	19	48	11	20
Human Resource Management	20	11	26	15
	100	100	100	100

Tab. 6.3: Aktivitäten erfolgreicher vs. effektiver Manager (*Luthans et al.*, 1988)

Erfolgreiche ManagerInnen (*successful managers*) wurden jene genannt, die einen überdurchschnittlichen Karriere-Erfolg hatten (schnell befördert wurden, steilen Gehaltsanstieg hatten), während als effektive ManagerInnen (*effective managers*) Führungskräfte bezeichnet wurden, deren sachaufgabenbezogene Ergebnisse überdurchschnittlich waren. Wie zu sehen ist, konzentrierten sich die erfolgreichen ManagerInnen auf Beziehungspflege (48%! ihrer Arbeitszeit), während effektive ManagerInnen ‚Routine-Kommunikation' betonten. „Beziehungsarbeit hatte bei [den erfolgreichen Manager-

Innen] bei weitem die relativ stärkste Beziehung zu Erfolg, aber die schwächste zu Leistungswirksamkeit. Andererseits hatten HRM-Aktivitäten eine starke Beziehung zur Wirksamkeit (übertroffen nur von der ebenfalls humanorientierten ‚Routinekommunikation'), aber die relativ schwächste Beziehung zu Erfolg. Mit anderen Worten: in dieser Studie zeigten die erfolgreichen Managerinnen nicht das gleiche Verhaltens wie die wirksamen ManagerInnen (genau genommen taten sie fast das Gegenteil)" (*Luthans*, 1995, S. 386).

c) Erfolg für die MitarbeiterInnen, das geführte Kollektiv und die Familie der Führungskraft

Führungserfolg einer Führungskraft für ihre MitarbeiterInnen ließe sich auf der Dimension „Leistung – Zufriedenheit" finden, z.B. in der (Förderung der) fachlichen und überfachlichen Kompetenz der MitarbeiterInnen, in der Unterstützung von motivierenden Arbeitsaufgaben, -organisationen und -bedingungen, in der individuellen Arbeitszufriedenheit, in Verbindung damit auch Berücksichtigung von Gesundheits- und Work-Life-Aspekten und individuellen Lebens- und Arbeitsentwürfen wie der Persönlichkeitsförderlichkeit durch die Führungskraft (vgl. Kap. 7.1). Hinweise finden sich in den *Luthans*-Untersuchungen dort, wo „Human Resource Management" angesprochen ist: dazu gehört z.B. Personalentwicklung und Konflikthandhabung – Aspekte, die von MitarbeiterInnen im Allgemeinen durchaus positiv aufgenommen werden dürften. Für das geführte Kollektiv geht es um quantitative wie qualitative Leistungsfähigkeit und deren Entwicklung, um Zusammengehörigkeitsgefühl, gegenseitige Unterstützung und Kooperation, ggfs. um Selbstorganisation des Kollektivs z.B. über Ansätze der geteilten oder verteilten Führung (vgl. Kap. 8.1). Für die Familie der Führungskraft können das wiederum Fragen von Entgelt und Status sein, aber auch Fragen nach der Integration in die Familie, Zeit, Kraft und Muße, sich einer aktiven Familiendynamik zu widmen und eine konstruktive Rolle in deren Alltag und Entwicklung zu spielen. Auch weitere Aspekte des Führungserfolgs lassen sich finden und ggfs. bemessen, z.B. ökologische und soziale Nachhaltigkeit der eigenen Tätigkeiten, z.B. in der Produktion (Materialersparnis, keine Verschwendung, keine künstlichen Abhängigkeiten erzeugen etc.), die der Gesellschaft und der Natur zugutekommen – ein Aspekt, der üblicherweise eher in wohlklingenden theoretischen Erörterungen als im faktischen Alltag seinen Platz findet (vgl. Kap. 9.2).

6.1.5 Abschluss: Ein Mehrebenen-Modell des Führungserfolgs

Bleibt die anfängliche Frage zu beantworten: Wodurch ist eine Führungskraft „erfolgreich" bzw. woran lässt sich das erkennen? Dass dies nicht einfach ist, haben die bisherigen Ausführungen gezeigt. Um das bisher Gefundene zu integrieren, sollen abschließend an Hand eines Mehr-Ebenen-Modells die Beziehungen zwischen Prädiktoren, proximalen (nahe liegenden, aktuellen) und distalen (entfernteren, letztlich entscheidenden) Kriterien diskutiert werden. In der Abb. 6.4 ist das Modell visualisiert:

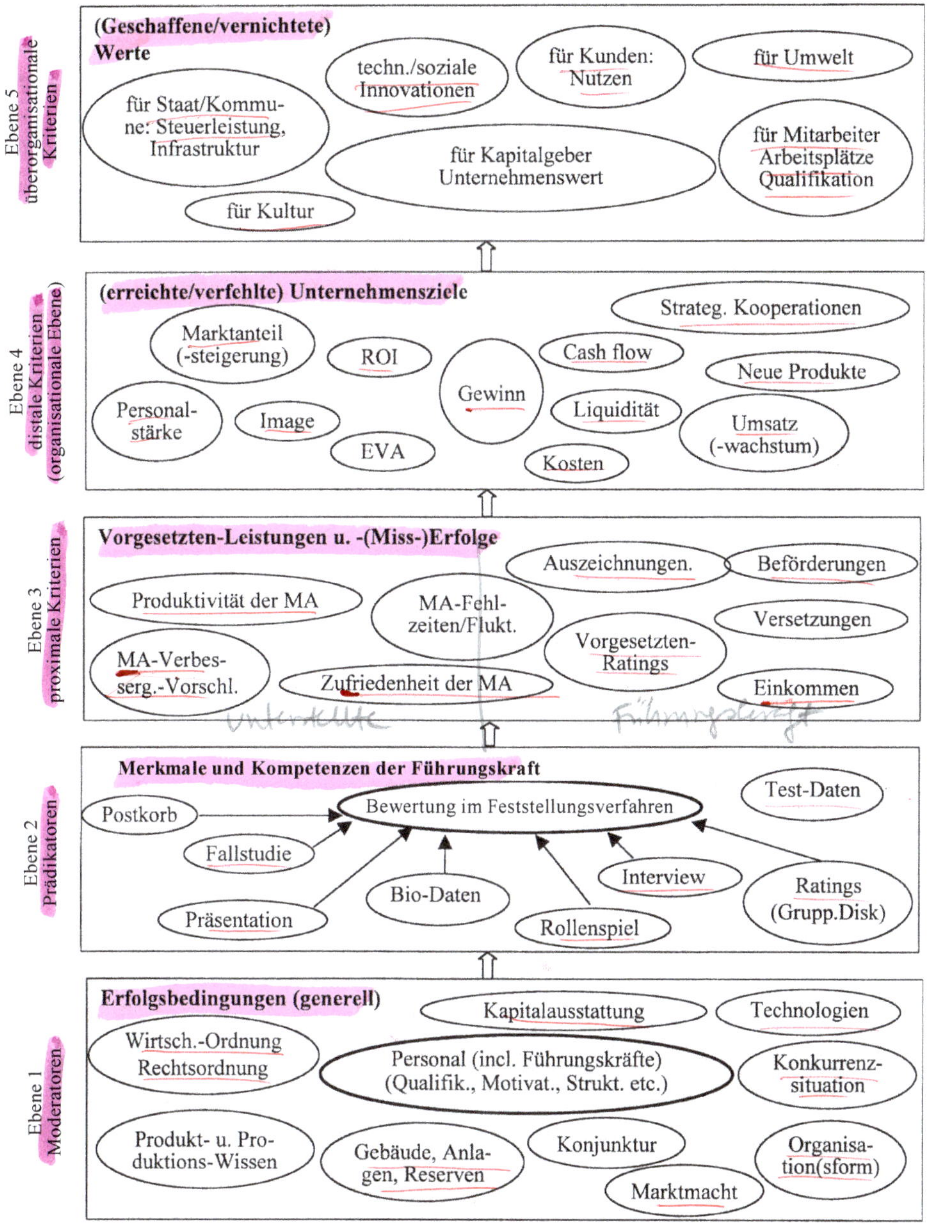

Abb. 6.4: Ein Mehr-Ebenen-Modell der Kriteriumsanalyse

Ebene 1

Auf der untersten Ebene sind die so genannten *Moderatoren* lokalisiert. Darunter versteht man alle ‚sonstigen' Einflüsse, die quasi von außen fördernd oder behindernd auf eine untersuchte Beziehung (hier z.B.: Merkmale und Kompetenzen der Führungskraft ⇒ Leistung der Abteilung) einwirken (inhaltlich ist ein Moderator nichts anderes als ein Prädiktor). Eine Führungskraft ist keine autarke Schöpferin, sondern organisiert Prozesse, die vielfältig bedingt sind (z.B. von der vorhandenen Technologie, den Produktionsbedingungen, der Qualifikation der MitarbeiterInnen, der Konkurrenzsituation, der Konjunkturlage, der Reputation der Firma, ihrer Marktmacht etc.). Sie wird für ein außerordentlich komplexes vielfältig bedingtes Ergebnis (ein Produkt in bestimmter Quantität und Qualität zu bestimmten Kosten in bestimmter Zeit) verantwortlich gemacht. Begründet sie das Verfehlen vorgegebener Ziele mit negativen *externen* Einflüssen, stellt sie selbst ihre Existenzberechtigung in Frage, denn die Institution Führung ist eine soziale Technologie, die nur zu dem Zweck geschaffen wurde, intermediär oder vermittelnd zu wirken, also Störungen oder ungünstige Einwirkungen frühzeitig zu erkennen und zu bekämpfen, sowie Chancen zu nutzen. Macht sie andere fürs Scheitern verantwortlich, disqualifiziert sie sich selbst, denn sie hätte im Rahmen ihrer Kompetenzen kreativ, unermüdlich, einsatzfreudig ‚alles' dafür tun müssen, dass es zum Versagen nicht kommt (rechtzeitig warnen, die nötigen Ressourcen beschaffen, korrigierend eingreifen, motivieren, Konflikte und Probleme lösen etc.). Diese Konstruktion wird dadurch balanciert, dass es der Führungskraft andererseits auch erlaubt ist, sich den Erfolgsfall selbst zuzurechnen. Eine solch fragile Konstruktion muss institutionell abgesichert werden, indem der Beliebigkeit der (Miss-)Erfolgszurechnung Grenzen gesetzt werden (z.B. durch Stellenbeschreibung, Budgetzuweisung, Auftragsdefinition etc.). Gleichzeitig aber wird die Führungskraft aufgefordert, sich durch diese Grenzen nicht behindern zu lassen, sodass sie in eine Doppelbindungssituation gedrängt wird, die dadurch gekennzeichnet ist, dass eine Person Aufforderungen nachkommen muss, die einander widersprechen; sie darf das nicht thematisieren und auch nicht ausweichen (sie *muss* reagieren).

Ebene 2

Auf der 2. Ebene stehen die konkreten Prädiktoren zur Debatte, mit denen das Abschneiden einer Person bewertet und zu einer Gesamtbewertung zusammengeführt wird. Auf dem Hintergrund dieser Situation ist z.B. das Diagnoseverfahren *Assessment Center* als eine Einrichtung entworfen, die in seinen Übungen und Bewertungen eine spätere Bewährungssituation abbildet: Die Aufgabenstellungen sind unter Zeitdruck und Konkurrenzbedingungen zu bearbeiten, sie sind zum großen Teil mehrdeutig und das Zustandekommen der Urteile ist nicht immer objektiv nachvollziehbar. Wer in solch unklaren Situationen beeindruckt, hat nach der Logik des Verfahrens das Zeug zur Führungskraft.

Ebene 3

Wer auf der zweiten Ebene gut abgeschnitten hat, für den/die müsste sich diese Prognose in der späteren Laufbahn bewahrheiten. Ebene 3 nennt einige Beispiele für die *personale* Zurechnung von Ergebnissen. Sie steht für *proximale* (nahe liegende, unmittelbar greifbare) Kriterien, die im unmittelbaren Verantwortungsbereich einer Führungskraft erfasst werden können. Dabei sind zwei Arten zu unterscheiden: In der rechten Hälfte der Ebene 3 sind Kriterien genannt, die unmittelbar die Führungskraft selbst kennzeichnen (*Karriereerfolg* im engeren Sinn): Beförderungen, Gehaltserhöhungen, Förderversetzungen (Rotationen, Auslandsentsendungen), Auszeichnungen und Beurteilungen durch Vorgesetzte. In der linken Hälfte sind Effekte aufgeführt, die den Zustand der Unterstellten charakterisieren: Fehlzeiten, Produktivität, Fluktuation, Verbesserungen, Zufriedenheit etc. Diese Wirkungen sind zum Teil keine notwendigen, schon gar nicht hinreichenden Bedingungen für Organisationserfolg (der auf Ebene 4 behandelt wird).

Die Überlegungen sollen durch zwei konkrete empirische Befunde erhärtet werden. Abb. 6.5 zeigt ein kleines Netz von Zusammenhängen aus einer Studie von *Jansen & Stoop* (1994); überraschend ist z.B., dass ‚Managementpotenzial' (eingeschätzt durch Vorgesetzte) und ‚Leistungsbeurteilung' (durch Vorgesetzte) nur schwach miteinander korrelieren und dass Leistungsbeurteilung und Gehaltshöhe nur einen sehr niedrigen Zusammenhang haben, während das Ergebnis der Person in einem Assessment-Center einen deutlichen Varianzanteil der Gehaltshöhe erklärt. Außer ‚aktuellem Gehalt' korreliert keine der aufgeführten Variablen signifikant mit dem Endurteil im Assessment Center.

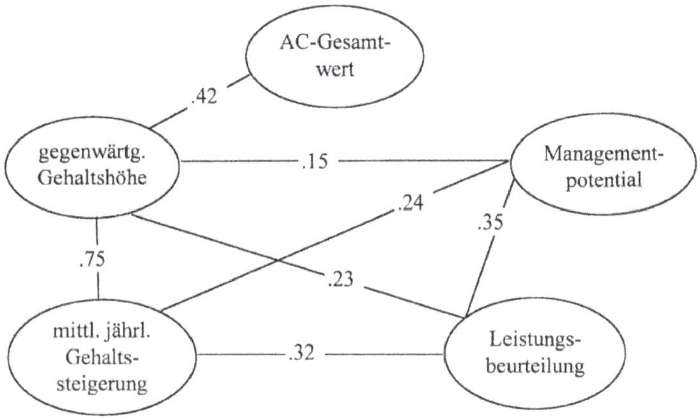

Abb. 6.5: Korrelationen zwischen Assessment Center-Gesamtwert und verschiedenen Kriteriumsmaßen (nach Daten in *Jansen & Stoop* 1994, S. 201)

Auch die folgende Tab. 6.4 zeigt in Zusammenfassung einer Vielzahl von Studien interessante Ergebnisse in Bezug auf den Prädiktor ‚Biographischer Fragebogen'. Dieses Instrument erreicht im Schnitt Ergebnisse, die für ein *einzelnes* Verfahren nicht schlecht sind; interessant ist aber die Streubreite in den Korrelationswerten (von r = .20 bis r = .53), die nahelegen, dass systematisch erhobene biographische Daten (*bio data*) für bestimmte Kriterien bessere Prädiktoren sind als für andere und vor allem, dass eine theoretische Begründung für diese (unterschiedlichen) Vorhersageleistungen dringend nötig ist. Das proximale Kriterium (z.B. ‚Produktivität') muss in seinem Zustandekommen selbst erst durchschaut werden, bevor man es zum fixen Bezugspunkt von Selektionsentscheidungen macht.

Kriterium	Anzahl der Validitäten	Gesamtstichprobe (n)	durchschnittliche Korrelation
Leistungsbeurteilungen	29	3.998	.32
Fluktuation	28	28.862	.21
Ausbildungsleistung	9	1.774	.23
Produktivität	19	13.655	.20
Beförderung	6	8.008	.33
Gehalt	7	1.544	.53

Tab. 6.4: Durchschnittliche Korrelationen zwischen dem Prädiktor ‚Biographischer Fragebogen' und verschiedenen Kriterien (aus Daten in *Schuler & Schmitt*, 1987, S. 262).

Zu der bloßen Streubreite der Ergebnisse kommt noch ein weiteres Problem hinzu, das ‚Validitätsabfall' genannt wird. Ein einmal ermittelter Zusammenhang gilt nicht für ewig. Es ist im Regelfall damit zu rechnen, dass die Validitätskoeffizienten im Zeitablauf sukzessive fallen (weil sich relevante Umfeldbedingungen ändern, weil eingesetzte Techniken oder Abläufe – und sei es nur marginal – verändert werden, weil die Akteure andere Strategien anwenden und/oder sich Gewöhnungs-, Bürokratisierungs- und Verschleißerscheinungen einstellen, weil sich Interessens-, Motivations- und Qualifikationsmuster ändern, weil sich Leistungsanforderungen wandeln etc.). Das bedeutet, dass günstige Prognosewerte, die ein Verfahren vielleicht zu Beginn hatte, schon in wenigen Jahren so stark abfallen können, dass sie von anderen Verfahren übertroffen werden. Die Güte eines Verfahrens muss also für jeden Durchgang aufs Neue empirisch belegt und theoretisch reflektiert werden.

Ebene 4

Darauf aufsetzend wird aus *organisationaler* Perspektive gefragt: Was trägt eine so beschriebene oder bezeichnete Führungskraft zum Unternehmenserfolg bei? Dieser Aspekt wird dem letztgenannten eine Ebene übergeordnet, da es letztlich für das Unternehmen um *seinen* Erfolg geht. Damit wird eine neue Beziehungsebene erschlossen. Der Wechsel auf diese Ebene impliziert eine Wirkungstheorie, denn die *Attribute der Führungskraft* von Ebene 3 (Einkommen, Mitarbeiter-Fehlzeiten etc.) müssen nun mit dem Erreichen oder Verfehlen von *Unternehmenszielen* in Verbindung gebracht werden. Wenn – von wem auch immer – für die Führungskraft Unternehmensziele definiert worden sind (Umsatz, Marktanteil, Produktinnovationen, Gewinn, Personalbestandsgrößen etc.), dann ist nun aufzuzeigen, *ob* und *wie* die in Ebene 3 näher beschriebene Führungskraft dazu beiträgt, diese übergeordneten Ziele zu erreichen. Diese Ziele befinden sich auf einer anderen Aggregationsebene (nicht mehr im unmittelbaren Gestaltungsbereich der Führungsperson) und sind mehrfach determiniert. Um aber diese Zielebene steuern zu können, werden Annahmen über die relativen Wirkungsbeiträge der verschiedenen ‚Ursachen' gemacht: Eine gut beurteilte Führungskraft (überdurchschnittliches Einkommen, schnell befördert, mit hoher Mitarbeiterproduktivität) versteht es, ihre Leute auf die Unternehmensziele einzuschwören, Abteilungsegoismus zu überwinden, mit anderen betrieblichen Stellen konstruktiv zusammenzuarbeiten, Kostensenkungspotenziale zu identifizieren und zu realisieren, sich für Abteilungs- oder unternehmensübergreifende Kooperationsprojekte anzubieten etc. Ein Unternehmen, das solche Führungskräfte hat, steigert Umsatz, Marktanteile, Gewinn, Kapitalrentabilität etc. Die schwierige Aufgabe besteht nun darin, den Anteil der *einzelnen* Führungskraft an diesen Effekten zu bestimmen. Eine bewährte Wirkungstheorie für diesen Schritt liegt nicht vor; einen pragmatischen Ansatz bietet beispielsweise die Balanced Scorecard (*Kaplan & Norton*, 1992, 1996), bei der ein Netz (oder Kreislauf) von Zusammenhängen zwischen vier Perspektiven, nämlich der finanzwirtschaftlichen, der kundenbezogenen, der prozessbezogenen und der mitarbeiter-, potenzial- bzw. wachstumsbezogenen etabliert und die darauf bezogenen Ziele durch Kennziffern und Maßnahmen operationalisiert werden.

Das Controlling-Instrument der Balanced Scorecard (*Kaplan & Norton*, 1992, 1996) bietet eine Illustration für diese Überlegungen: Wenn das Oberziel als Erfüllung bestimmter finanzwirtschaftlicher Kriterien definiert ist (z.B. Umsatzrendite, Deckungsbeitrag, Cash Flow etc.), dann wird in einer Art Ableitungstheorie postuliert, dass dieses Ziel nur erreicht werden kann, wenn Kunden gewonnen, befriedigt und gebunden werden, und dieses setzt effektive und effiziente Geschäftsprozesse voraus, die wiederum ständig neuen Herausforderungen und Möglichkeiten angepasst werden müssen, sodass fortwährendes Bemühen um Lernen und Verbesserung angezeigt ist. Führungskräfte haben sich in dieser gesamten Ableitungskette zu bewähren und ihre MitarbeiterInnen so einzusetzen, zu motivieren, zu informieren etc., dass sie in allen Teilaufgaben erfolgreich sein *können* und tatsächlich erfolgreich *sind*.

Ebene 5

Weil die multiplen Ziele auf Ebene 4 nicht unbedingt widerspruchsfrei definiert, klar priorisiert, zeitlich stabil und transparent sind, ist eine weitere Kriteriumsebene 5 anzunehmen, die das Rationale des Unternehmens definiert: Wozu gibt es das Unternehmen? Für wen (für welche Nutznießer/Stakeholder) schafft es Werte? Woran kann *distal* (aus der Distanz, letztlich, auf lange Sicht) erkannt wert, dass das Unternehmen erfolgreich ist? In einer kapitalistischen Wirtschaftsordnung ist das herausragende Ziel die Kapitalverwertung, die Steigerung des Unternehmenswerts für die Kapitalgeber (*shareholder value*). Aber das ist nicht der einzige Nutzen, den ein Unternehmen stiftet. Es profitieren auch MitarbeiterInnen, die Öffentliche Hand, die Kunden, die Technologie, die Kultur, die Umwelt von erfolgreichen Unternehmen – oder sie zahlen den Preis für den kurzfristigen ökonomischen/finanzwirtschaftlichen Erfolg. Für die Führungskraft gibt es keinen Königsweg zur Wertschöpfung auf dieser höchsten Stufe, weil zwischen den einzelnen ‚Letztzielen' komplexe nicht völlig durchschaute Trade-offs bestehen und insbesondere die Zeithorizonte, Wirkungsverzögerungen und Vernetzungen noch undurchschaubare Probleme darstellen.

Resümee

Entfaltet man das Kriterienproblem so, wie es in den fünf Ebenen der Abb. 6.4 geschehen ist, dann wird deutlich, dass es ein vergebliches Unterfangen wäre, mit *einer* Kennziffer den Erfolg von Führungskräften auszudrücken (z.B. „eine durchschnittliche Korrelation von r = .40 mit Leistungskriterien"). *Innerhalb* jeder Ebene bestehen zahlreiche differenzierte Zusammenhänge, die es als allzu grobe Vereinfachung erscheinen lassen, dieses komplexe Beziehungsgeflecht in einem zusammenfassenden Kennwert abzubilden. Die eigentliche Herkulesaufgabe besteht darin, zusätzlich zu den multiplen Beziehungen *innerhalb* der Ebenen auch die Beziehung *zwischen* den Ebenen zu durchschauen. Proximale personale Erfolgszuschreibungen müssen zu organisationalen Ergebnissen in Beziehung gesetzt werden; weil diese von zahlreichen strukturellen, institutionellen, technischen und politischen Bedingungen abhängen, dürfte der Beitrag der einzelnen Führungskraft zu einer marginalen Größe schrumpfen. Und ob schließlich im Sinne eines *ultimate criterion* Marktanteil oder Gewinn wirklich die alleinigen Bezugsgrößen (Wert-Maßstäbe) sind, sei dahin gestellt.

Schon auf der proximalen Ebene sind die Zusammenhänge zwischen Potenzialeinschätzungen und Erfolg außerordentlich vielfältig und theoretisch noch kaum durchschaut. Irgendwelche naheliegende Maße als Kriterien zu nehmen, hat – solange man das Zustandekommen dieser Größen oder ihre Konstruktvalidität selbst nicht kennt – mehr Show- und Rechtfertigungseffekt als Erklärungskraft.

Die Kriteriumsdiskussion legt in aller Deutlichkeit eine offene Flanke bloß: In der Führungsforschung ist bislang der ‚abhängigen Variablen' (dem so genannten Erfolg) viel zu wenig Aufmerksamkeit gewidmet worden. Man hat sich verständlicherweise mit nahe liegenden verfügbaren Maßen (Gehalt, Positionsebene, Vorgesetztenrating, Arbeitszufriedenheit etc.) begnügt. Diese stark pragmatische Ausrichtung hat die Akzeptanz gefördert, ist aber auf Kosten der theoretischen Durchdringung gegangen.

6.2 Damit Führung *erfolgt*: Deutungen, Einstellungen und Verhalten

Grundvoraussetzungen dafür, dass Führung (durch Vorgesetzte) überhaupt erfolgreich sein kann – allgemeiner formuliert: dass sie überhaupt *erfolgt* – sind:

[1] – die Anerkenntnis, dass es Führung gibt (und auch geben sollte) und dass die vorgesetzte Person diejenige sein soll, die führt: Zunächst die Frage nach der Anerkenntnis der Notwendigkeit oder Zweckmäßigkeit von Führung an sich, nach Deutungsvorlagen, die Führung als unverzichtbar erscheinen lassen – gelöst von der Frage ihrer *faktischen* Notwendigkeit oder Zweckmäßigkeit. Dann die nach den Funktionen oder Rollen, die Führungskräfte und Geführte in der „gemeinsamen" Bearbeitung der gestellten Aufgaben ausüben (vgl. Kap. 5.1) und schließlich die Frage nach der Grundlage der Annahme, dass genau *diese* Führungsperson die richtige ist und die Geführten *richtig* führt – also zumindest nach dem Vertrauen der Geführten in die Führenden, ihrer Überzeugung, dass man es mit dieser Person als Führungskraft versuchen kann.

– Dabei geht es um die Zuschreibung von Führungs*kraft* auf die Führungsperson. Es handelt sich einerseits um das, weswegen eine vorgesetzte Person geeignet sein sollte, zu führen: also Merkmale der Führungskraft, traditionell als Eigenschaften oder Führungsqualitäten, aktuell als Führungskompetenzen konzipiert. Das greift aber auch auf Merkmale der Geführten aus bzw. die Passung der Merkmale von Führenden und Geführten, wie das in Menschenbilddualen (z.B. die wenigen Auserwählten und die uninspirierte Masse) angenommen wird oder auch in der Komplementarität von Bedürfnissen z.B. hinsichtlich Narzissmus oder Charisma. Es geht aber auch um wechselseitige Anerkenntnis der (aktuellen) Führungs- und Geführtenrolle an sich, z.B. über Attributionen von Führung (vgl. Kap. 5.2), die durchaus durch die Führenden gezielt gesteuert werden können und was ggfs. auch von ihr gefordert wird (vgl. Kap. 5.3).

[2] die Gewissheit, dass das, was sich leichthin als Führung bezeichnen lässt, nachhaltig Einstellungen, Interpretationen und Handeln derer, die geführt werden, beeinflussen lässt: Hierbei stellt sich die Überlegung, wie – durch welche Art der Tätigkeit – Führende Geführte führen oder genauer: wie sie den Geführten Führung vermitteln. Dabei hat sich (eine recht weite Auffassung von) Kommunikation als ein so zentraler Faktor herausgestellt, dass er in praktisch keiner ernstzunehmenden Definition von Führung fehlt. Systemisch betrachtet bietet Kommunikation sogar die einzige Möglichkeit, Systemelemente in ihrem Verhalten zu beeinflussen (vgl. Kap. 5.4). So muss schwerpunktmäßig Kommunikation die Beeinflussung der Geführten bewerkstelligen. Als Grundlage deren zielorientierten Verhaltens gelten neben ihren Kompetenzen ihre Einstellungen und ihre Motivation, den Unternehmenszielen entsprechend zu handeln. Um dies nachhaltig, zweckmäßig und ohne ständige Kontrolle zu bewerkstelligen, ist Lernen relevant, um stabil Verhalten formen und ermöglichen zu können.

Damit werden spezifische Deutungen, Einstellungen und Verhalten angesprochen – sowohl der Führenden als auch der Geführten. Auf diesen Voraussetzungen kann mit konkreter Führungsaktivität aufgesetzt werden, möge sie

- als in Eigenschaften (vgl. Kap. 2), Verhaltensmustern (vgl. Kap. 3), Reaktionen auf Situationsgegebenheiten (vgl. Kap. 4) oder in Interaktionen und deren Deutungen (vgl. Kap. 5) begründet angenommen werden,
- auf einer Grundvorstellung basieren, wie ambidextre, authentische, dialektische, dienende, emotionale, ethische, postheroische, spirituelle, synergetische etc. Führung und
- auf spezifische Rahmenbedingungen (vgl. Kap. 7) oder Führungskontexte (vgl. Kap. 8) abgestimmt sein.
- Dementsprechend sollen diese Voraussetzungen im Folgenden genauer betrachtet werden. Sie werden behandelt in Komplexen zu Fragen
- *dass* Führung ist und *was* Führung ist (Kap. 6.2.1),
- der Zuschreibung von Führungskompetenz (Kap. 6.2.2),
- der Vermittlung von Führung (Kap. 6.2.3),
- der Motivation und Motivierung (Kap. 6.2.4),
- des Lernens (Kap. 6.2.5).

6.2.1 (Was) Führung ist

Rollenzuschreibungen

Grundlegend für die Wirkung und den Erfolg von Führung ist, dass es einen Konsens darüber gibt, dass es so etwas gibt wie „Führung" und darüber, wer oder was sie ausübt. Üblicherweise werden einzelne Personen als TrägerInnen der Führung angenommen – was nicht selbstverständlich ist und in modernen Führungskonzeptionen durchaus anders angelegt wird – es also (ausschließlich) Führende und (ausschließlich) Unterstellte gibt und was deren Rollen sind. Dies allein führt schon in Konflikte und Widersprüche zwischen verschiedenen Settings, in denen zwar immer die Führende-Untergebene-Konstellation gesehen werden kann, aber die Führende der einen Situation die Unterstellte einer anderen sein kann – allgemeiner, dass die meisten Führungskräfte in vielen ihrer Interaktionen Gleichrangige oder gar Unterstellte sein können. Damit sind Erwartungen an dieselbe Person in derselben Position verschieden, je nachdem aus welcher Perspektive mit ihr interagiert wird, die Rolle der Führungskraft von verschiedenen InteraktionspartnerInnen (grund-)verschieden wahrgenommen wird. Zentral aber ist, dass solche Rollen zugeschrieben werden und dass in jedem führungsaffinen Handlungssetting ein grundsätzlicher Konsens über diese Zuschreibung und deren Implikationen besteht.

Deutungsvorlagen für Führung

Führung wirkt auch abhängig davon, inwiefern sie und einzelne Techniken von den zu Führenden angenommen und als selbstverständlich, zumindest aber als legitim gesehen wird. Auf Ideen oder abstrakten Prinzipien und Vorstellungen basierende Deutungsschablonen für die Erklärung und Legitimation von Führungspraktiken sind dabei sehr hilfreich. Im Folgenden werden zwei Formen dieser Schablonen herausgegriffen und erläutert: Führungsmythen und Führungsmetaphern.

Führungsmythen

Unter Mythen versteht *Neuberger* (1995, 2002) Aussagen, die mit Wahrheitsanspruch auftreten, aber die Wirklichkeit nicht umfassend abbilden, sondern einseitig oder selektiv beleuchten und damit andere Teile der Wirklichkeit abdunkeln oder verleugnen. Der Begriff ‚Mythos' war ursprünglich im Griechischen bedeutungsgleich mit dem Begriff ‚Logos': beide bezeichneten Wort, Geschichte, Aussage. Erst nach *Hesiod*, einem griechischen Geschichtsschreiber um ca. 700 vor unserer Zeitrechnung, trennten sich die Begriffsinhalte: Logos wurde reserviert für exaktes, systematisches, wissenschaftliches, abstraktes Argumentieren, während Mythos auf bilderreiche, interpretationsbedürftige, vieldeutige Erzählungen bezogen wurde, z.B. die griechischen Göttermythen. Eingekleidet in eine Geschichte (siehe die Ödipus-Erzählung) werden tiefe Einsichten über fundamentale menschliche Bedürfnisse, Konflikte und Probleme vermittelt.

Dazu hat *Neuberger* (1995) eine Liste beispielhafter Führungsmythen zusammengestellt, die er bei der Analyse von Führungsmodellen und -theorien des 20. Jahrhunderts identifizieren konnte, wobei er betont, dass sich zu diesen Mythen jeweils Gegenmythen finden lassen, die durchaus von anderen Akteuren oder Personengruppen bevorzugt werden können:

1. Es geht rational zu!
2. Alles ist machbar!
3. Der/die Beste setzt sich durch!
4. Es kommt auf die Einzelnen/den Einzelnen an!
5. Die Führungskraft hat alles im Griff!
6. Das Ziel ist Erfolg!
7. Es gibt Gesetzmäßigkeiten des Führens!
8. Alle sitzen in einem Boot!
9. Der Mensch steht im Mittelpunkt!
10. Es geht ums Ganze!

Mythen dienen der Beherrschung potenzieller sozialer Spannungen, die aus unklaren oder widersprüchlichen Forderungen, Ansprüchen oder Erwartungen entstehen können. Sie bieten Orientierung und Rechtfertigung in mehrdeutigen Situationen, deren Komplexität sie buchstäblich einseitig reduzieren. Ihre Ein*seitig*keit sorgt für Ein*deutig*keit. Indem Mythen das Erwünschte als das Bestehende ausgeben, blenden sie Zweifel aus bzw. lassen sie gar nicht erst aufkommen. Mythen wirken, weil sie vorhandene Sehnsüchte bedienen: Wenn der Wunsch stark ist, dass der Mensch im Mittelpunkt steht, dass die Führung alles unter Kontrolle hat, dass allein Leistung zählt, dass die Besten nach oben kommen etc., dann glaubt man das nur zu gern, wenn es im Brustton der Überzeugung verkündet wird, man starke Indizien (feierliche Erklärungen, gedruckte Programme, praktizierte Verfahren) vorfindet und vor allem, wenn man glauben gemacht wird, alle anderen sähen es genauso.

Führungsmythen sind keine Rechtfertigungen der sozialen Institution Führung als solcher, dazu dienen Ideologien (s. Kap. 9.1). Sie stellen vielmehr Arrangements dar, durch die bestimmte übliche Praktiken und Anschauungen als selbstverständlich, natürlich, jedenfalls immer „richtig" vermittelt werden. Führen wird eingebettet in allgemein übliche Handlungsweisen und Prinzipien und durch die scheinbare Logik dieser Grundsätze bekräftigt und gegen Kritik immunisiert. Mit der engen Bindung an einen Wert, der hohe Achtung genießt, soll auch Führung, die ihm ‚dient', dem Meinungsstreit und der Begründungspflicht entzogen werden. Gelingt diese Koppelung, wird Führung erheblich erleichtert (hier setzt z.B. die Symbolische Führung an). Führende beeinflussen, fordern Veränderungen, beanspruchen Privilegien, verteilen oder entziehen Ressourcen. Würden sie diese Asymmetrien in jedem Einzelfall argumentativ begründen und gegen Widerstand durchsetzen müssen, würde ihr Handeln erheblich erschwert.

Es ist deshalb eine soziale Erfindung von großer Tragweite, wenn Prinzipien installiert werden, deren Geltung nicht angezweifelt wird. Das Begründungsverfahren wird dadurch erheblich abgekürzt: es beschränkt sich auf die Anrufung des unstrittigen Grundsatzes. Wenn z.B. ‚Rationalität' in einer Gesellschaft ein hoher Wert ist, dann hat alles, was logisch, stimmig, konsequent, einsichtig, begründbar, exakt ist, eine erhöhte Akzeptanzchance. Das gesellschaftliche Subsystem, das in besonderem Maße für Rationalität steht, ist die (Natur-)Wissenschaft. Es hat keinen Sinn, gegen wissenschaftlich erhärtete Aussagen anzukämpfen, weil der Status von (Natur-)Gesetzen durch menschliches Wollen nicht außer Kraft gesetzt werden kann. Kann suggeriert werden, dass Führen rationalen Gesetzmäßigkeiten folgt – die sich womöglich sogar in Formeln darstellen, empirisch prüfen, quantitativ ausdrücken lassen, dann ist dementsprechendes Führen gegen Widerspruch gefeit.

Drei der am häufigsten bemühten Mythen sollen kurz kommentiert werden:

Beispiel 1: Rationalitätsmythos

Dem, was oben gerade zum Rationalitätsmythos angemerkt wurde, ist hinzuzufügen, dass Rationalität die Gegensätze von Zwang und Freiheit oder Ordnung und Chaos (s. *Frug* in *Cooper*, 1989, S. 496) kaschiert (verbirgt, verschleiert) und sich selbst als rein und klar darstellt. Rationalität suggeriert Objektivität, Beherrschtheit, Ordnung: sie neutralisiert, desexualisiert, entkörperlicht (vergeistigt), entsinnlicht. Sie unterstellt dauerhaft machbare, verlässliche Ordnung und nicht einen Prozess, der unsicher, störbar und gefährdet ist. Die auffällige Betonung von Rationalität verrät das Abgewehrte: Es sollen nicht sein Un-Ordnung, Un-Wissen, Un-Sicherheit, Un-Klarheit, Un-Bewusstheit! Der Antagonist Irrationalität wird verleugnet. Die Betonung von Rationalität imaginiert die Führungskraft allein als Problemlöserin, beschränkt sie also aufs Kognitive; damit erfolgt eine Ausklammerung z.B. der Machtfrage oder emotionaler Dynamiken. Sie gilt als Sozial-Ingenieurin, die die Maschine Organisation bedient, entwirft, wartet, repariert, programmiert, überwacht, steuert. Eine derartige (Zweck-)Rationalität setzt voraus, dass Ziele und (Mess-)Kriterien verbindlich und eindeutig gegeben(!) sind. Es ist jedoch auffällig, dass in jüngerer Zeit die Diskussion des Gegenmythos der Irrationalität – eher bezeichnet als Emotionalität oder Ganzheitlichkeit – wieder belebt wird, wenn Charisma, Emotionale Intelligenz(!), soft skills, intuitive Bauch-Entscheidungen etc. zum Diskussionsthema gemacht werden.

Beispiel 2: Der/die Beste setzt sich durch

Dieser Mythos ist meist gepaart mit dem individualisierenden „Es kommt auf die einzelne Person an!". Sein sozialdarwinistisches Fundament (die Bestgeeigneten überleben im Kampf ums Dasein) verleiht ihm die Dignität von Naturgesetzlichkeit und Unausweichlichkeit. Verschleiert wird, dass es in vielen Fällen nicht Leistungsüberlegenheit oder Systemnützlichkeit waren, die eine(n) nach oben brachte, sondern Zufall, Vetternwirtschaft, opportunistisches Taktieren, günstige Gelegenheiten etc. Der Besten-Mythos blendet das aus; die Person an der Spitze kann für sich reklamieren, in einem unerbittlichen und unbeeinflussbaren Ausleseprozess übrig geblieben zu sein. Wer erwiesenermaßen so gut ist, hat alles Recht, den weniger Guten seinen Willen aufzuzwingen oder ihnen Ziele vorzugeben und sie auf dem Weg zu ihnen anzuleiten. InhaberInnen einer solchen Spitzenposition werden häufig daraufhin „analysiert", was sie zum/zur Besten gemacht hat und weiterhin macht: oft werden bestimmte Eigenschaften, Verhaltensmuster oder besondere Ideen (z.B. „Visionen") gefunden – womit sie nicht mehr als InhaberInnen von Spitzen*positionen* beschrieben werden, sondern vielmehr als Spitzen-*Personen*.

Beispiel 3: Wir sitzen alle in einem Boot

Dieser Gemeinschaftsmythos (‚Wir sind eine große Familie') ist häufig gekoppelt mit jenem Teil des ‚Es geht ums Ganze'-Motivs, der die Sorge um das Wohl aller, den Verzicht auf kleinkarierten Egoismus und die Bewahrung und Verteidigung der Einheit auf seine Fahnen schreibt. Auch hier lassen sich wieder Gegensatzpaare identifizieren, deren einer Pol zugunsten des Mythos in die Latenz abgedrängt wird: Fusion, Verschmelzung, Eins sein erhalten den Vorrang vor Individuation oder Vereinzelung (auf sich allein gestellt sein), der Appell an Gleichheit und Vereinheitlichung verleugnet die Realität von Hierarchie und Differenz, der ‚allgemeine Wille' ersetzt die Willen aller, ohne sie an der Willensbildung beteiligt zu haben, das gefühlsselige Gemeinschaftserleben wird gegen die nüchterne Ordnung des Gesellschaftlichen ausgespielt, die in Kollektiven auch verbreiteten Gefühle und Antriebe wie Hass, Neid, Aggression, Narzissmus, Ausbeutertum werden zugunsten von ‚guten' Strebungen wie Liebe, Hilfe, Großzügigkeit, Gemeinsinn und Gleichberechtigung verschwiegen, die Leistungsvorteile des Ressourcen-Zusammenlegens werden hervorgehoben, die Nivellierung durch eigentümliche Nachteile von Vereinheitlichung und Harmoniestreben verschwiegen.

Die Überlegungen zu Mythen der Führung sollen dazu anregen, den Blick auf Führung anzureichern mit dem Blick auf das Nicht-Gesagte, Vorausgesetzte oder Verschleierte. Führung ist weder selbstverständlich noch natürlich. Sie ist sowohl ein gesellschaftlicher Diskurs wie eine Praxis und zu beidem gibt es Alternativen. Die Art und Weise, wie generell (nicht) über Führung geredet wird, stellt die Argumente und Rechtfertigungen dafür bereit, die Praxis (nicht) zu ändern.

Führungsmythen dienen als einfache Erklärungs- und Begründungsmuster für Deutungen, Verhalten, Zustände und Prozesse in Unternehmen. Davon Abweichendes darf nach diesem Paradigma auch öffentlich angegriffen und zur Reglementierung von Unternehmensangehörigen genutzt werden, die solche abweichenden Verhaltensweisen oder Gedanken erkennen lassen. So wirken sie als Deutungs- und Erklärungsmuster, die zur Stabilisierung nicht nur von Führung an sich, sondern auch der einzelnen Handlungen von Führungskräften und deren MitarbeiterInnen dienen.

Metaphern der Führung

Metaphern ziehen Bedeutungen zusammen, sie infizieren einen Begriff mit den Merkmalen eines anderen und reichern ihn dadurch spezifisch an. Ein abstrakter Begriff wird ausgemalt, indem er in eine Als-ob-Beziehung zu einem plastischen Bild gesetzt wird.

> Wenn man sagt: ‚Dieses Auto ist eine Rakete', dann wüsste man bei Nachfrage und Nachdenken natürlich, dass es keine Rakete *ist*, sondern so schnell, stark und schwerelos *wie* eine Rakete erlebt werden kann oder soll. Aber zu Nachfragen und Nachdenken kommt es nicht, weil Metaphern Wegabkürzungen für Deutungen sind, die sofort in jenes Zentrum führen, in dem begriffliche und affektive Informationsverarbeitung verschmolzen sind (vgl. *Junge*, 2012; *Müller*, 2012).

Rigotti (1994, S. 19 ff.) spricht (politischen) Metaphern drei Funktionen zu:

- eine *ornamentale*: Aussagen spielerisch und dekorativ ausschmücken und ästhetisch anziehend machen; Aufmerksamkeit erregen und faszinieren; Beispiele: „Der Führer ist wie eine Kerze: Sie verbrennt, um anderen zu leuchten"; „Der Führer ist der erste Diener";
- eine *evokative*: beim Adressaten Situationen unmittelbar wachrufen, die ihn einbeziehen; ihn in persönliche Betroffenheit versetzen und stimulierende Leidenschaften erwecken; Beispiel: „Ein Kamel ist ein Pferd, das von einem Komitee gezeichnet wurde." Die Botschaft: Wenn es um wirklich wichtige Dinge geht, kann man sich keine Plauderrunde erlauben!
- eine *konstitutive*: einem Denkinhalt oder einer These Ausdruck und Form geben, sie historisch und begrifflich plausibel machen. Ohne das metaphorische Bild könnte sich der Adressat keine inhaltsreiche Vorstellung machen; Beispiel: „Die Führerin ist eine Wölfin: mutig, zäh, kampfstark, umsichtig. Sie dominiert das Rudel."

Metaphern bergen allerdings die Gefahr, so beeindruckend zu sein, dass vergessen wird, dass sie lediglich Veranschaulichungen sind: Sie werden für bare Münze genommen (auch eine Metapher!) und versperren so den Weg (weitere Metapher) zu alternativen Auffassungen oder Bestimmungen des Bezugsproblems. Dieser Gefahr kann man dadurch begegnen, dass man für ein Thema verschiedene Metaphern anbietet, die sich damit gegenseitig relativieren. *Morgan* (1986/2008) illustriert das am Beispiel gängiger Organisationsmetaphern. Er stellt Organisation als Maschine, Bauwerk, Organismus, Theater, Kultur, Computer etc. vor und führt durch die Diskussion der jeweiligen Akzentsetzungen und Defizite die Voraussetzungsfülle und Einseitigkeit jeder einzelnen Metapher vor Augen.

Beispielmetapher: „Führung ist Krieg"

Die wohl berühmteste Vorlage ist *Machiavellis* „Der Fürst" von 1513, das zur Literaturgattung der ‚Fürstenspiegel' gehört, die zur damaligen Zeit sehr beliebt waren. Es handelt sich dabei im Grunde um Erziehungsbücher, in denen erfahrene

Männer ihr Wissen an junge Prinzen weitergegeben haben, damit diese die Regierungskunst erlernten. *Machiavellis* Text nimmt in seinem Aufbau die heutigen Management-Bestseller vorweg: Abstrakte Prinzipien werden stets durch eine Fülle konkreter historischer Beispiele veranschaulicht, die sehr plastisch ausgemalt werden.

Es fehlt seit dieser Zeit nicht an Ratschlägen, wie man den Krieg im Unternehmen führen und gewinnen kann (s. *Commer & Rindermann*, 1977; *Hesse & Schrader*, 1993). Meist sind es mehr oder weniger umfangreiche Auflistungen von Machttechniken (z.B. die „48 Gesetze der Macht“ von *Greene*, 1999). *Jay* hat 1968 einen Text ‚Management und Machiavellismus‘ geschrieben und in dieser Art sind ihm z.B. *Noll & Bachmann* (1987), *Drummond* (1993), *Grimm* (1996), *Wolf* (1996), *Schwanfelder* (2007) und *Phillips* (2010) gefolgt. Eine seriösere Auseinandersetzung hat *Bragg* (1999) beigesteuert, die sich kenntnisreich auf sozialpsychologische Forschungsergebnisse stützt.

Wohl mit dem damaligen Japan-Boom in der Management-Literatur hat es zu tun, dass im letzten Jahrzehnt des 20. Jahrhunderts einige Bücher erschienen sind, die versuchen, aus der Philosophie und Praxis fernöstlicher Kampfkünste Lehren für das Management zu ziehen. Beispiele sind *Pater* (1990), *Krause* (1996, 1997) und *Drosdek* (2000). Eine differenzierte, wohlwollend-kritische Auseinandersetzung, bei der Aikido im Mittelpunkt steht, hat *Schettgen* (2000) vorgelegt. Der Basler Sinologe *von Senger* hat in zwei Bänden (1994, 2000, komprimiert: 2011) sehr materialreich 36 chinesische ‚Strategeme‘ (ursprünglich Kriegslisten, also Taktiken, die der ‚strategos‘ (Feldherr) praktizierte, um den Gegner zu täuschen und zu überraschen) beschrieben, die die Quintessenz uralter chinesischer Kriegskunst formulieren und auch im China von heute als unerschöpfliche Quelle für die Kommentierung tagesaktueller Vorgänge genutzt werden (vgl. allgemein die umfassende moderne Rezeption und Adaption des Werks zur Kriegskunst von *Sunzi* aus dem 6./5. Jh. vor unserer Zeitrechnung).

Als besondere Kuriosa tauchen Bücher über das ‚Attila-Management‘ (*Roberts*, 1990) oder über die Lektionen des Dschingis Khan (*Man*, 2009), in denen die vorgebliche Führungspraktiken der genannten Hunnen- und Mongolenführer zur Nachahmung empfohlen werden oder solche, die darauf aufbauen, Guerilla-Techniken der Kriegführung zu adaptieren (*Levinson*, 1997) und ähnliche mehr auf – noch immer scheint trotz allem der Gedanke an Krieg für viele Menschen außergewöhnlich inspirierend zu wirken.

Gerade die Ratgeber-Literatur bietet eine Vielzahl von Werken, die mit der Technik der Analogisierung arbeiten. Der Kerngedanke ist, mit der Metapher eine Art verfremdenden Spiegel vorzuhalten: Man blickt auf etwas (scheinbar) Bekanntes und entdeckt in ihm bzw. durch es bislang übersehene Facetten des Erklärungsbedürftigen. Als Kreativitätstechnik hat die systematische Verfremdung, z.B. mittels Analogisierung und Metaphernbildung, durchaus ihre Relevanz (vgl. *Schuler & Görlich*, 2007; *Müller*, 2012). Aber es liegt auf der Hand, dass mit dieser Technik nie ein auch nur annähernd vollständiges Bild gezeichnet werden kann. Ganz im Gegenteil: Es wird extrem vereinfacht, überzeichnet bis zur karikierenden Entstellung. Es kommt dabei auf Akzentuierung, nicht auf Repräsentation an. Schließt man von der breiten, stets erneuerten Angebotspalette von Führungsmetaphern auf die Nachfrage, dann muss dieses Genre bei PraktikerInnen großen Anklang finden. Vielleicht auch deshalb, weil die Texte etwas Spielerisches, Unterhaltsames und Konkretes haben und Führungsthemen auf eine viel amüsantere Weise nahe bringen als dies akademische Texte (wie leider auch der vorliegende) tun.

Metaphern gewinnen dadurch Mehrwert, dass sie einen der Person wenig vertrauten Sachverhalt durch einen anderen, der offenkundige oder allgemein bekanntere und dem anderen Sachverhalt ähnliche Merkmale hat, verdeutlicht. In der Rhetorik gewinnt die Metapher vor allem dadurch, dass die den unklaren Sachverhalt verdeutlichende Ähnlichkeit (am besten in Form einer Analogie) tatsächlich besteht oder zumindest überzeugend ist. Im Führungskontext – wie in allen interessengeleiteten Kontexten – gewinnt sie vor allem dadurch, dass sie ein einfaches Deutungsangebot macht, das durch denjenigen, der es präsentiert, definiert wird und das Denken der anderen Person in entsprechende Bahnen lenkt (als *Ankerheuristik*, vgl. *Tversky & Kahneman*, 1974; *Brewer & Chapman*, 2002) bzw. es sich in der Abkürzung zur Metapher kurzschließt und die Person glaubt, dass es mit der Ähnlichkeit wohl seine Richtigkeit habe. Gut gesetzte Metaphern lassen einfach „erkennen“, die Führung „ist“ und „funktioniert“.

6.2.2 (Zuschreibung von) Führungskompetenz

Vertrauen

Der Aspekt des Vertrauens (*Petermann*, 1985/2013; *Luhmann*, 2000; *Schilcher, Will-Zocholl & Ziegler*, 2012) gilt als wichtig für Zusammenarbeit und gemeinsame Aufgabenerledigung. Kooperation ohne Vertrauen, dass die anderen kooperieren, ist kaum möglich und führt zu umfangreichen Sicherungsmaßnahmen (wie z.B. abzuwarten statt weiterzumachen) und schließlich dazu, die Arbeitsressourcen von der eigentlichen Aufgabenerledigung abzuziehen. Vertrauen lässt die Personen ihre Ressourcen von der eigenen Person und deren Absicherung weg auf die zu erledigenden Aufgaben und dabei auf Kooperationsmöglichkeiten richten.

Unter Vertrauen wird die Annahme, Überzeugung oder der Glaube an die Verlässlichkeit betrachteter Personen verstanden. Diese Verlässlichkeit kann sich auf verschiedene Inhalte beziehen, z.B. auf Ehrlichkeit, Achtsamkeit, Vermögen oder Motivation und auch auf verschiedene Adressaten: eine andere Person, eine Gruppe von Personen, eine Institution oder die sich selbst betrachtende Person (Selbstvertrauen). Üblicherweise gehört zum Vertrauen auch die Überzeugung der Möglichkeit von und Fähigkeit zu Handlungen im Angesicht unerfreulicher Alternativen (z.B. als *Selbstwirksamkeit* im Sinne *Banduras*, 1977, oder interner *locus of control* im Sinne *Rotters*, 1966).

Vertrauen basiert auf persönlicher Disposition (aus der Sozialisationsgeschichte), aber auch auf konkreten (eigenen oder direkt beobachteten) Interaktionen mit der betreffenden Person (vgl. *Worchel*, 1979; *Lewicki & Bunker*, 1996). Hinweise aus der Umwelt können das weiter unterstützen, z.B. kann „institutionelles Vertrauen“ in das Unternehmen einer neu eingesetzten Führungskraft einen Vertrauensvorschuss einbringen. Grundsätzlich aber bekommen Führungskräfte diesen auch allein aufgrund der Tatsache, *dass* sie als Führungskraft eingesetzt wurden. Dabei ist zu berücksichtigen, dass Vertrauen eine dynamische Komponente hat: Neue Erfahrungen beeinflussen üblicherweise das Ausmaß und ggfs. einzelne Domänen des Vertrauens.

Kann eine Führungskraft (warum und wodurch auch immer) kein ausreichendes Vertrauen ihrer MitarbeiterInnen gewinnen, sinkt die Wirkung ihrer Aktivität – möglicherweise bis dahin, dass sie nicht als faktische Führungskraft ernst genommen wird. Hat sie das Vertrauen ihrer MitarbeiterInnen und erkennen diese ihr Tun und Lassen als erfolgreich an, wird der Einfluss der Führungskraft auf das Handeln der MitarbeiterInnen größer und unmittelbarer sein, also ihre Führung stärker wirken (vgl. *Weibler*, 1997; *Neubauer & Rosemann*, 2006; *Laufer*, 2007).

Führungskompetenzen

Was es ausmacht, dass gerade bestimmte Personen (bzw. ihre Verhaltensweisen, Kommunikationen etc.) als geeignet für eine Führungsposition erscheinen, während andere das nicht tun, führt zur Suche nach in der Person verankerten Ursachen oder von der Person ausgehenden Wirkungen. Wenn aber (angeborene) Eigenschaften nicht mehr als die zentralen Faktoren gesehen werden, Personen aber weiterhin als naheliegende Ursache von Erfolg und Misserfolg gelten, sind andere Konstrukte zu suchen. Seit einiger Zeit gelten *Kompetenzen* als eine aktuellere Erscheinungsform solcher persönlichen Ursachen für Erfolg und Misserfolg (*White*, 1959; *McClelland*, 1973; *Frei, Duell & Baitsch*, 1984; *Sonntag*, 2009; *Wick*, 2009). Beim Konstrukt der Kompetenz handelt es sich um ein durchaus als vorläufig zu bezeichnendes Konzept, das dem Problem gerecht werden soll, Aufgaben insgesamt lösen zu können, auch wenn das nicht mit unmittelbar trainierten oder durch Erfahrung aufgebauten Routineoperationen möglich ist – mithin das Tätigkeitsfeld der Führung. In der einschlägigen Forschung verschiedener Disziplinen scheint Konsens zu sein, dass Kompetenz in einem sehr engen Verhältnis zum Handeln in abgrenzbaren Situationszusammenhängen steht, sie eine Grundlage, Disposition oder Neigung zu kontingentem (Nicht-)Handeln ist, die in konkreten Situationen aktualisiert wird (vgl. *Geissler & Orthey*, 2002). Die überwiegende Zahl von Begriffsverwendungen geht ferner davon aus, dass Kompetenzen in ihren Ausprägungen erlernt sind und sich prinzipiell über die Lebenszeit verändern und entwickeln lassen (vgl. *Dehnbostel*, 2001, *Weinert*, 2001; *OECD*, 2005). Eine gewisse Einmütigkeit besteht auch darin, sich nicht mit der Feststellung einer allgemeinen, allumfassenden Kompetenz zu begnügen, sondern Kompetenzen auf *Domänen* menschlicher Aktivität, voneinander abgrenzbare Klassen von Inhalten, zu beziehen und entsprechende Differenzierungen vorzunehmen – eine solche Domäne könnte die Führung darstellen.

Es gibt verschiedene Kompetenzkonzepte (vgl. *Vonken*, 2005; *Kaufhold*, 2006; *Sonntag*, 2009), deren besser ausgearbeitete sich zwei Kategorien zuordnen lassen: In der einen werden Kompetenzen als Bündel von Fertigkeiten und Fähigkeiten gesehen (z.B. *Spencer, McClelland & Spencer*, 1992; *Dehnbostel*, 2001; *Frey*, 2006), in der anderen als Selbstorganisationsfunktion (z.B. *Frei et al.*, 1984; *Rychen & Salganik*, 2003; *OECD*, *2005;*

Erpenbeck & von Rosenstiel, 2007; *Hanft, Müskens & Gierke,* 2007). Bei dieser zweiten wird unter Kompetenz der individuelle Organisations- und Funktionsapparat zur Nutzung und Entwicklung der eigenen Ressourcen bei der aktiven, ziel- und lösungsorientierten Auseinandersetzung mit definierten Lebenssituationen – z.B. der Führungsaufgabe – verstanden. Kompetenz integriert und organisiert die persönlichen affektiven, kognitiven und verhaltensbezogenen Ressourcen und beinhaltet darüber hinaus die Weiterentwicklung sowohl der Ressourcen als auch der Integrations- und Organisationsfunktionen an sich. Ob die Ressourcen (wie in der ersten Kategorie) selbst als Teil der Kompetenz angesehen werden, ist dabei zunächst zweitrangig (vgl. *Wick*, 2011).

In der Einzahl wird der Kompetenzbegriff im Zusammenhang mit Führung gemeinhin als das (kognitive, motivationale, emotionale und verhaltensmäßige) Potenzial einer Person, als Führungskraft (erkennbar und wenn möglich erfolgreich) zu agieren, betrachtet. In der Mehrzahl verwendet, wird auf einzelne Aspekte, die zu dieser Gesamtkompetenz beitragen, verwiesen. Systematische Bemühung um die Klärung dieser Aspekte führt zur Bildung von Kompetenzmodellen. In der Forschung werden darunter üblicher Weise Systematisierungen von Einzelkompetenzen zu verstehen, die den Raum möglicher Kompetenzen abdecken sollen. So wird z.B. häufig ein Modell der Kompetenzen, das auf das Konzept der Schlüsselqualifikationen von *Mertens* (1974) aufbaut rezipiert, das die vier Felder

- Fachkompetenz (zum inhaltlichen Umgang mit fachspezifischen Aufgabestellungen),
- Methodenkompetenz (zu Techniken des Umgangs mit Aufgaben allgemein),
- Sozialkompetenz (zum Umgang mit anderen Personen),
- Selbstkompetenz (zum Umgang mit der eigenen Person)

unterscheidet, in das einzelne Kompetenzen eingeordnet werden können und das als Suchfeld für die Identifikationen relevanter Kompetenzen z.B. für Führungskräfte gilt.

Im Zuge der Kompetenzdiskussion nimmt als Resultante oder weitere Domäne die Handlungskompetenz eine wichtige Rolle ein und wird in neuere Modelle aufgenommen. So unterscheiden *Heyse & Erpenbeck* (2004) in ihrem „Kompetenzatlas“:

- Personale Kompetenz
- Aktivitäts- und Handlungskompetenz
- Sozial-kommunikative Kompetenz
- Fach- und Methodenkompetenz

Den vier Feldern weisen sie 64 Einzelkompetenzen zu, bei Personaler Kompetenz z.B. *Loyalität*, *Glaubwürdigkeit*, *Eigenverantwortung* und *normativ-ethische Einstellung.*

Für den Einsatz von Kompetenzmodellen in der Praxis, z.B. der Personalauswahl und -entwicklung von Führungskräften, ist im Zusammenhang mit modernen Eignungskonzepten, die besonderen Wert auf die Passung von Anforderungen und Befriedigungspotenzialen der Tätigkeit und des Unternehmens einerseits und Eigenschaften/Fähigkeiten/Fertigkeiten/Kenntnisse und Bedürfnissen der BewerberInnen bzw. MitarbeiterInnen andererseits nehmen (*Schuler*, 1996, 2006a), ist der Blick auf die beiden Bedeutungen von Kompetenz als Vermögen („können") und Kompetenz als Zuständigkeit („dürfen") zu werfen. Daneben, wie ausgeprägt die interessierenden Kompetenzen sind, stellt sich auch die Frage, in welchem Maß und mit welcher Richtung sie eingesetzt werden sollen und dürfen – und wo die Grenzen dessen liegen. Dementsprechend sind in Unternehmen erarbeitete Kompetenzmodelle auch unternehmensspezifisch. Sie formulieren Erwartungen bzw. Anforderungen, die nicht für die Führungskraft *an sich* gelten, sondern für die Führungskraft *in diesem* Unternehmen – oder ggfs. noch genauer: für eine bestimmte Führungsposition in diesem bestimmten Unternehmen. Das kommt z.B. bei *Hale* (2004, S. 77) zum Ausdruck, wenn sie Kompetenzen definiert als: „statements that describe the behaviors or attributes organizations want in their employees on the assumption that these characteristics correlate with results".

Die aus der eignungsdiagnostischen Literatur vertrauten „Wunderlisten" von Schlüsselqualifikationen oder Kompetenzen (vgl. *Neubauer*, 1995; *Sarges*, 2000), die quasi alle prinzipiell wünschenswerten Merkmale umfassen, zeigen, dass auch in diesem Feld eine gewisse Verzettelung und Beliebigkeit um sich zu greifen droht. Handbücher zur Messung von beruflichen, auch potenziell für Führungsaufgaben relevanten Kompetenzen (*Ridder, Bruns & Brünn*, 2004; *Kaufhold*, 2006; *Erpenbeck & von Rosenstiel*, 2007; *Erpenbeck*, 2012), Fragebögen, die alle möglichen Kompetenzen, Motivationen, Fähigkeiten von oder für (angehende) Führungskräfte messen, z.B. das Hamburger Führungsmotivationsinventar (FÜMO; *Felfe, Elprana, Gatzka & Stiehl*, 2012) oder das Balance-Inventar der Führung (BALI-F; *Grote & Kauffeld*, 2007) sowie Bücher zur (praktischen) Entwicklung von Kompetenzen (z.B. *AGBW*, 2006; *Kauffeld, Grote & Frieling*, 2009; *Reineck, Sambeth & Winklhofer*, 2009; *North, Reinhardt & Sieber-Suter*, 2013) verweisen auf die wissenschaftliche wie auch praktische Fruchtbarkeit des Kompetenzansatzes.

Hilfreich ist in diesem Ansatz von personalisierter Führung, wenn einer Führungskraft nicht nur diese Rolle zugeschrieben wird, sondern sie diese auch annimmt, am besten voll und ganz, sodass sie Führung auch wirklich personalisiert. Hierzu sind nicht nur Führungskompetenzen, sondern möglicherweise gewisse weitere persönliche Züge hilfreich, die zwar keinen Bezug zu Erfolg zu haben brauchen, aber erfolgreich darin sind, die Rollen klarzustellen und einige der in die Rollen gesetzten Erwartungen (auffällig) zu erfüllen. Gibt es ein Stereotyp darüber, wie eine Führungskraft zu „sein" hat, werden Personen, die diesem eher entsprechen – z.B. einen entsprechenden Habitus aufweisen – eher als solche erkannt und führungsrelevante Ereignisse und Ergebnisse werden eher auf sie attribuiert. Entsprechend der Vorstellungen darüber, was Führung ist und wie sie funktioniert, ändert sich das Stereotyp und damit z.B. auch der erwartete Habitus. Gehört zur Erwartung, dass Führungskräfte diese Position auch ausleben und die hierarchische Situation, die dadurch entsteht, dass sie vorgesetzt werden auch als solche ausgestalten, mag z.B. eine gewisse überdurchschnittliche Ausprägung von Narzissmus hilfreich sein, um als Führungskraft wahrgenommen zu werden oder die Produktion immer wieder neuer Ideen und Visionen, die – auch wenn sie faktisch gar nicht umgesetzt werden – zum Eindruck von Kreativität und Führungs*kraft* oder -kompetenz beitragen. Ebenso wird es schwierig für eine Person, sich auf diese Weise als Führungskraft zu zeigen, wenn die Vorstellung von Führung als Domäne der einzelnen Person abweicht. Werden flachere Hierarchien und mehr Verantwortung bei den MitarbeiterInnen gesehen, evtl. sogar ein Wechsel der Führungsrolle je nach anstehender (Teil-)Aufgabe, kann derselbe Habitus plötzlich störend wirken und ein anderer gefordert sein, z.B. „auf Augenhöhe" zu kommunizieren, beraten, offen sein für Ideen (auch und vor allem anderer).

Attributionen

Attributionen sind Zuschreibungen, also z.B. der Führungsrolle. Überwiegend befasst sich die Attributionsforschung jedoch mit der Zuschreibung von Ursachen. Bereits seit *Heider* (1958) wird die Kategorie „in der Person liegende Ursachen" (internal) vs. „andere Ursachen als in der Person liegende" (external) als zentrale Unterscheidung beobachtet. Naheliegend ist aus der Führungsthematik die Unterscheidung, ob die Ursache für ein Ereignis / eine Handlung / ein Ergebnis *X* (z.B. der Erfolg einer Abteilung) in einer Person (insbesondere der Führungskraft) liegt oder in anderen Faktoren (inklusive den anderen Personen). Im Alltag mögen solche breiten, generalisierten Attributionen einen Hintergrund zum Attributionsgeschehen bieten, aber hier wirken die Wahrnehmungen einzelner Episoden, die jeweils zugeschrieben werden, häufig oder ständig. Fernab der Vorstellung einer kognitiven Algebra (*Anderson*, 1965), in der Wahrnehmungen mathematisch miteinander zu einem Eindruck verrechnet werden, können trotzdem einzelne Informationen dazu führen, Eindrücke und damit auch Attributionen zu verfestigen oder zu modifizieren. Jede Interaktion, jede Handlung und jede Aussage von Führungskräften und über Führungskräfte können potenziell Einfluss auf Attributionen nehmen. Genau hieran setzen Vorstellungen der positiven Selbstdarstellung, des vermittelten Habitus, aber auch von symbolischen Handlungen und anderen Interpretationsangeboten an die InteraktionspartnerInnen an. Ist es ein Ziel (wessen: der Führungskraft, der MitarbeiterInnen, des Unternehmens, der Forschung, der Gesellschaft?), dass für Erfolge Führungskräfte (überwiegend) zuständig oder verantwortlich gesehen werden, bieten sich entsprechende Interpretationsangebote an: Bei Erfolg auf die Führungskraft, bei Misserfolg auf wohlfeile „andere Ursachen". Lässt sich ein Misserfolg nicht mit anderen Ursachen entschuldigen, bestehen immer noch zwei Möglichkeiten: eine instabile Attribution zu fördern (z.B. „ist entschuldigt, denn die Führungskraft war gesundheitlich nicht auf der Höhe") oder, offensiv, den Misserfolg per se umzuinterpretieren, z.B. als irgendwann fälliges „Lehrgeld", als Lernchance, als schmerzhaften ersten Schritt in die richtige Richtung oder schlicht als „eigentlicher Erfolg", der nur aus einer veralteten Sichtweise heraus als Misserfolg anzusehen ist; was davon (noch) glaubhaft vermittelt wird: eine Frage des Führungserfolgs aus konstruktivistischer Sicht.

> Aus dieser Perspektive ist Erfolg ebenso wie Führung immer eine Frage der Auslegung bei denen, die das beurteilen. Aber die betrachtete Person (oder auch das

betrachtete Team oder Unternehmen) hat die Möglichkeit, mehr oder weniger erfolgreich diese Auslegungen zu beeinflussen:

- Wer dies nicht versucht, führt „schwach" und „wirkungslos".
- Wer dies nur wenig erfolgreich tut, führt „schlecht" und „erfolglos".
- Wer dies erfolgreich tut, führt „gut" und „erfolgreich".

Dabei ist nicht zu vergessen, dass nicht nur MitarbeiterInnen führungsrelevante Attributionen machen und Führungskräfte versuchen, diese zu beeinflussen, sondern dasselbe auch in der anderen Richtung geschieht. Führungskräfte können üblicher Weise trotz selbstwertdienlicher Attributionsvoreingenommenheiten sehr wohl einschätzen, ob z.B. die Koordination eines Teams von ihnen ausgeht oder andere Instanzen (z.B. informelle Führer oder äußere Umstände) Erfolge bewirken. Und MitarbeiterInnen können z.B. Akte Symbolischer Führung, die dazu dienen sollen, der Führungskraft und dem Unternehmen dienliche Attributionen zu befördern, erkennen, wenn sie (zu) offensichtlich sind. Darüber hinaus können auch MitarbeiterInnen den Führungskräften Deutungsangebote dazu machen, wie Erfolge oder Misserfolge zustande gekommen sind. Gerade in moderneren Organisations- und Führungskonzepten, die den MitarbeiterInnen größeren Handlungsspielraum übertragen wird und die Interaktionsdichte zwischen Führungskraft und MitarbeiterInnen niedrig ist, ergeben sich hier große Gestaltungsräume dafür, die Situationswahrnehmung der Führungskraft zu beeinflussen. Auch wenn evtl. die Möglichkeiten von Unterstellten hinsichtlich des Einsatzes symbolischer Akte gegenüber Führungskräften eingeschränkt sind, bleiben z.B. Techniken der positiven Selbstdarstellung oder der Mikropolitik offen.

6.2.3 Kommunikation: Das Mittel der Führung

Führungsintervention findet überwiegend durch Kommunikation statt, weshalb diese in den meisten Führungsdefinition genannt wird. Natürlich läuft viel Kommunikation über das gesprochene und gelegentlich geschriebene Wort. Aber auch als Vorbild handeln, kommuniziert gelegentlich ebenso gut, manchmal besser als Worte. Und auch dieselben Worte können je nach Setting gut oder schlecht gesetzt erscheinen.

Traditionell wird Führungskommunikation als die Sendung von unmittelbaren, hierarchischen Steuerungsnachrichten konzipiert. Mittlerweile sind Reziprozität, Mehrperspektivität (*Watzlawick et al.*, 1967, *Schulz von Thun et al.*, 2011) und der Einsatz von mehr Kanälen (verbal, paraverbal und nonverbal) und Medien (direkt, Telefon, E-Mail etc.) ebenfalls in die Betrachtung von Führungskommunikation eingegangen. Ebenso, dass sich Teile von komplexen kommunikativen Botschaften widersprechen können (*Mehrabian & Wiener*, 1967; *Argyle*, 1975, 2013) und Menschen damit in charakteristischer Weise umgehen können. Sie können diese Möglichkeit auch als Technik einsetzen, was einerseits als (schlecht) verdeckter Widerspruch, Unehrlichkeit, Ungehorsam oder aber andererseits als Teil von Verhandlungsgeschick, sozialer Kompetenz oder Durchsetzungsstärke gesehen werden kann(vgl. dazu auch das nachfolgende Fallbeispiel 7).

Fallbeispiel 7: *Interkulturelle Führung (Lloyds Banking Group)*

Im Rahmen von Kooperationen und Fusionen in Unternehmen gehören auch internationale Führungsaufgaben zum Unternehmensalltag. Es ist jedoch vermehrt festzustellen, dass bewährte Führungsstile im interkulturellen Kontext nicht erfolgreich sind. Sie können sogar kontraproduktiv wirken. Gleiches gilt für die Kommunikation, was in diesem Fallbeispiel anhand von non-verbaler Kommunikation zweier Führungskräfte aus unterschiedlichen Kulturkreisen, eines deutschen (dem Unternehmenssprecher) und eines englischen mit US-Sozialisation (dem CEO), die Besonderheiten der Personalführung und Beurteilung von Ergebnissen dargestellt wird und es werden mögliche Lösungen für eine besseres Verständnis aufgezeigt.

Hier einige Ansätze dazu:

1. Bewusstsein entwickeln: Nicht nur für Gemeinsamkeiten, sondern gerade auch für Unterschiede in der Darstellung von Aufträgen, Erwartungen beim Delegieren und den unterschiedlichen Selbstverständnissen.
2. Konfliktfähigkeit stärken: Mut zum offenen Austausch über Merkmale und Stärken der jeweiligen Führungsstile, aber ohne diese zu bewerten.
3. Mehrwert in den Vordergrund stellen: Herausarbeiten der Kombination von Stärken und gemeinsamer Ziele in Führungssituationen und Managementprozessen.

Im beschrieben konkreten Fall wurde das kulturell unterschiedlich geprägte Führungsverhalten noch erkannt und es konnte die Kommunikationsebene korrigiert werden. Der Unternehmenssprecher konnte seinen Kommunikationsstil gegenüber dem CEO noch verändern. Er wusste jetzt um den Kontext, seine Rolle und kannte die Auswirkungen.

Besondere Anforderungen an die Kommunikation in Führungszusammenhängen ergeben sich auch durch die Erkenntnis und Entwicklung von Vielfalt der arbeitenden Menschen in Organisationen, z.B. mit verschiedenen Bildungshintergründen, aus verschiedenen Kulturen oder verschiedenen Alters und den damit einhergehenden unterschiedlichen Werten und Lebenswelten. Ebenso, wenn die Rolle der Führungskraft sich von der des Anweisenden, Kontrollierenden, Lobenden und Tadelnden der als unbeholfen und unorientiert gesehenen MitarbeiterInnen hin zum Unterstützenden, Entwickelnden, Beratenden und Vereinbarenden der als sich selbst organisierenden, hoch kompetent angesehenen MitarbeiterInnen verändert. Ebenso wie hier durch „zu freundschaftliches" Vorgehen die Führungskraft an Ansehen und Durchsetzungskraft einzubüßen Gefahr lief, läuft sie da Gefahr, in einem Bemühen zu starker Reglementierung die Leistungsfähigkeit und zu starker inhaltlicher Bevormundung die Leistungsbereitschaft der MitarbeiterInnen abzuwürgen.

Kommunikation ist zentral, gleichgültig ob im traditionellen Sinn von Anweisungen geben – Loben – Tadeln, ob in der Unterstützung und Entwicklung der Kompetenzen,

Leitungsfähigkeit und Selbstorganisation der MitarbeiterInnen oder dabei, das handelnde System zu „stören“, um es zu Modifikationen und Anpassungen an Erfordernisse anzuregen.

6.2.4 Motivation und Motivierung

Mit *Motivation* ist im historischen Kontext der Führungsforschung die Gesamtheit der intrapsychischen Beweggründe gemeint, die Qualität, Richtung, Intensität und Dauer von Handlungen bestimmen. Es geht also immer um eine Entscheidung: das Individuum kann nicht nicht handeln, aber es kann sich für oder gegen bestimmte Handlungsmöglichkeiten entscheiden und seine Wahl dann mit mehr oder weniger hoher Intensität, Konsequenz, Unbeirrbarkeit etc. realisieren.

Inhaltstheorien der Motivation bieten Kataloge von *inhaltlich* bestimmten Motiven, oft in mangelnder theoretischer Abgrenzung der modernen Motivationsforschung (vgl. z.B. *Heckhausen & Heckhausen*, 2010; *Rheinberg*, 2012) auch von Trieben, Bedürfnissen etc. an, die meist als Mangelzustände konzipiert werden; sie setzen Suchverhalten in Gang, das durch den Vollzug von Handlungen, die das Bedürfnis befriedigen, beendet wird. Meist wird von einem Satz von Motiven oder Grundbedürfnissen ausgegangen, die sich vielfältig differenzieren lassen. Über die Anzahl der Motive, Triebe oder Grundbedürfnisse besteht keine Einigkeit, meist werden etwa ein Dutzend angegeben. Als in der Praxis und (vor allem betriebswirtschaftlichen) Lehrbüchern immer noch populärste Beispiel einer Inhaltstheorie kann die *Maslow*sche Bedürfnishierarchie (1954) angesehen werden, die fünf aufeinander aufbauende Bedürfnisklassen unterscheidet: Existenz/Überleben, Sicherheit, Zugehörigkeit/Kontakt, Ich-Motive (wie Anerkennung, Geltung, Statusstreben) und Selbstverwirklichung. Zentrale These ist, dass die nächsthöhere Bedürfnisklasse erst aktiviert wird, wenn alle darunterliegenden (zumindest in zufriedenstellendem Ausmaß) befriedigt sind.

Formal- oder *Prozesstheorien* der Motivation legen sich demgegenüber nicht auf bestimmte Inhalte (einzelne Triebe, Motive, Bedürfnisse, Strebungen etc.) fest, sondern beschreiben lediglich *formal* den *Prozess* der Auswahl zwischen verschiedenen Möglichkeiten des Handelns. Den prominentesten Ansatz aus dieser Gruppe markieren die Erwartungs-mal-Wert-Modelle.

Erwartungs-mal-Wert-Ansätze

Der Erwartungs-mal-Wert-Ansatz ist ein Abkömmling der rationalen Entscheidungstheorie, die auf dem *Bernoulli*-Prinzip basiert. Der Mathematiker *Bernoulli* beschäftigte sich mit Entscheidungen unter Unsicherheit und ging – am Beispiel der Lotterie – von der These aus, dass in Entscheidungen der erwartete Nutzen maximiert würde: Der Wert eines Ergebnisses (Nutzen) wird multipliziert mit der Wahrscheinlichkeit seines Eintretens; für jede sich bietende Alternative wird dieses Produkt bestimmt (Hauptgewinn: sehr hoher Wert, sehr geringe Wahrscheinlichkeit; kleiner Gewinn: geringer Wert, höhere Wahrscheinlichkeit etc.). Jene Alternative wird gewählt, bei der die Summe aller Produkte am höchsten ist. Dieser Erwartungswert des Nutzens kann dann auf den Einsatz (Lotteriekaufpreis) bezogen werden; übersteigt er den Einsatz, ist das

Angebot vorteilhaft, ansonsten ist es zurückzuweisen. Weil man so nüchtern gesehen bei jeder Lotterie draufzahlt, muss man ‚sachfremde' Überlegungen wie Spielleidenschaft oder Risikopräferenz bewerten und ins Kalkül einführen.

Dieses rationale Kalkül wird psychologisiert, indem subjektive Erwartungen und subjektive Nutzenbewertungen eingeführt werden (vgl. *Kahneman & Tversky*, 1984): Eine Person wird jene Handlungsalternative wählen, deren ‚subjektiv erwarteter Nutzen' maximal ist. Auch hier werden für die zur Wahl stehenden Entscheidungsalternativen jeweils alle Erwartungs-mal-Nutzen-Produkte aufsummiert und wird mit den analogen Summenwerten der anderen Alternativen verglichen. Die attraktivste Alternative (die mit dem höchsten Summenwert) wird dann gewählt (kurz: Motivation = Erwartung x Wert).

Ein etwas weiter ausgebauter Ansatz ist die *Valenz-Instrumentalitäts-Erwartungs-Theorie* (VIE-Theorie) von *Vroom* (1964), die postuliert, dass nicht der Wert (*Valenz*) des Handlungsergebnisses das ist, worum es der/dem Handelnden eigentlich geht, sondern um die Folgen für fundamentale (Lebens-)Ziele und Werthaltungen der Person, die damit verbunden sind und wie *instrumentell*, also wirksam, das Erreichen des Ergebnisses für die Erlangung der Folge ist (vgl. Abb. 6.6).

Abb. 6.6: VIE-Theorie von *Vroom* (1964).

Gemäß der Logik des Modells muss für jede wählbare Handlungsalternative bestimmt werden, mit welcher Wahrscheinlichkeit (= *Erwartung*) sie geeignet ist, die angestrebten oder vorgegebenen ‚Ergebnisse' zu realisieren (für jede Ergebniskategorie ist dieser Wert zu benennen: Eine ausgiebige Pause fördert z.B. mit p = 0,3 den Projektfortschritt, senkt mit 0,8 die gute Meinung der Vorgesetzten, trägt mit 0,6 zum guten Arbeitsklima bei etc.). Wirklich wichtig ist aber nicht, ob bestimmte ‚Ergebnisse' erreicht werden, sondern was diese Ergebnisse *wert* sind (ihre *Valenz*, ihr Nutzen). *Instrumentalität* ist methodisch gesehen ein Korrelationskoeffizient, der zwischen -1 und +1 schwanken kann: Bei I = +1,0 ist ein Ergebnis stets und in vollem Umfang mit einer erwünschten Konsequenz verbunden, bei I = –1,0 passiert immer genau das Gegenteil des Erwünschten.

Die Motivation eine Handlung auszuführen (im Modell als motivationale Entscheidung bezeichnet) ergibt sich aus der Valenz des Handlungsergebnisses X Erwartung, das Ergebnis zu erreichen. → Motivation = V(Ergebnis) X E(Ergebnis). Die Valenz eines Handlungsergebnisses ergibt sich aus dem Produkt aller (überschauten und eingeschätzten positiven und negativen) Valenzen der Folgen, die aus dem Handlungsergebnis entstehen können und der dazugehörigen Instrumentalitäten, die das Erreichen der Handlungsergebnisses für das Eintreten der Folgen haben:

→ V(Ergebnis) = S[Valenzen(Folgen) X Instrumentalitäten (Folgen)]

Die eigentlich relevanten Ziele sind nicht weitere konkrete Ereignisse, die als Spät- oder Nebenfolgen der Handlungsresultate zu erwarten sind, sondern die eigentlich angestrebten Lebensziele (wie z.B. Aufstieg, soziale Anerkennung Befriedigung durch Herausforderung etc.). An dieser Stelle tauchen inhaltstheoretische Kategorien wieder auf, weil es darum geht, das zu spezifizieren, worauf es der Person ‚eigentlich' oder ‚letztlich' ankommt, also die Bezugssysteme, von denen her sie die Ergebnisse bewertet: Liebe, Sicherheit, Bewunderung, Selbstverwirklichung, Genuss etc. Gewichtet man diese finalen oder terminalen Werte (z.B. auf einer Skala von 0 bis 10), dann lässt sich für jeden Wert ermitteln, in welchem Umfang und in welcher Richtung ein ‚Ergebnis' zur Verwirklichung dieser Werte beiträgt. ‚Ein guter Eindruck bei der Vorgesetzten' korreliert u.U. mit ‚Sicherheit' +.5, mit ‚Liebe' +.1, mit ‚Lebensgenuss' +.2, mit ‚Selbstverwirklichung' –.3 etc.

Ferner gibt es Erweiterungen des Erwartungs-mal-Wert-Modells, die die Situation, in der sich die/der Handelnde befindet, mit in die Berechnung mit aufnehmen (*Heckhausen*, 1977) bzw. die Selbsteinschätzung der Person, die entsprechende Handlung auch wirksam ausführen zu können (Selbstwirksamkeitserwartung, *Bandura*, 1977), wobei diese Erwartungen sich eher spezifisch auf die Situation oder auf den Handelnden im Allgemeinen (generalisierte Erwartungen; vgl. internale Kontrollüberzeugung bei *Rotter*, 1966) beziehen kann.

Dieser kurze Abriss der Grundzüge der Erwartungs-mal-Wert-Modelle zeigt die enorme Kompliziertheit der Kalküle auf, die eine Person bei ‚kontrollierter Informationsverarbeitung' durchführen müsste, um im Alltag zu handeln. Auf intensives Nachfragen kann die Person vielleicht Rationalisierungen produzieren, die (auch ihr selbst) verständlich machen, warum sie was (nicht) getan hat. Normalerweise aber – und das definiert das Normale – ist wohl mit Gewohnheiten, Schemata, Routinen und unreflektierten Programmierungen zu rechnen, die den Gang der Dinge regulieren (vgl. Kap. 2.2). Sie verfügt über einen Satz akzeptabler Optionen, aus dem sie bei Gelegenheit(!) nahezu automatisch ‚wählt'. Nur wenn diese Routine gestört ist (weil das gewohnte Programm scheitert, weil Widersprüche, besondere Gefahren oder große Chancen auftreten etc.), wird das aufwändige ergebnisoffene und den Handlungsstrom unterbrechende Kalkül aktiviert.

Für die Führungstheorie liegt die Pointe darin, dass die skizzierten Überlegungen nicht auf die Führungskraft selbst angewandt werden, sondern dass diese sich in die Entscheidungsrechnung ihrer Unterstellten einfühlen oder hineindenken soll, um in instrumenteller Absicht jene Stellhebel zu identifizieren, mit denen sie erfolgreich auf den Entscheidungsprozess der Geführten Einfluss nehmen kann. Auch die im Folgenden behandelte Weg-Ziel-Theorie der Führung konzentriert sich auf dieses Erklärungsanliegen.

Die Weg-Ziel-Theorie der Führung

Die Weg-Ziel-Theorie der Führung ist eine auf die Führungssituation ausgelegte Version der Erwartungs-mal-Wert-Modelle, insbesondere der VIE-Theorie. Sie verlangt von der Führungskraft, sich in die Situation des oder der *Geführten* zu versetzen und seine bzw. ihre Überlegungen nachzuvollziehen. Wenn also z.B. eine Vorgesetzte die Forderung nach mehr Pünktlichkeit stellt, muss sie sich überlegen, was in einer Mitarbeiterin vor sich geht, die mit diesem Verlangen konfrontiert wird. Die Vorgesetzte muss wissen, was die unmittelbaren Ziele der Mitarbeiterin sind (z.B.: in Ruhe gelassen werden, von den KollegInnen respektiert werden, den Arbeitsplatz nicht verlieren, für den Partner Zeit haben, sich nicht verausgaben etc.), sie muss wissen, wie wichtig diese Ergebnisse für die Mitarbeiterin sind, d.h. wie eng sie mit ihren zentralen Lebenszielen (und welche das sind) kovariieren. Sie muss ferner wissen, ob die Mitarbeiterin einen engen Zusammenhang zwischen „Pünktlichkeit" und dem Erreichen konkreter Arbeitsergebnisse sieht und ob die Handlungen, die die Mitarbeiterin ergreift, sicherstellen, dass sie tatsächlich, wenn sie sich anstrengt, pünktlich sein *kann* – und was sie das an Aufwand, Zeit, Konflikten, Ausgaben etc. kostet. Das Prinzip ist, dass die Führungskraft für alle ihre MitarbeiterInnen und alle Handlungen, die sie von ihnen verlangt, diese Kalkulationen durchführt, um für jede Person maßgeschneidert diejenigen Vorgehensweisen zu finden, die ergebnisoptimal sind.

Die Erfordernisse, die das Modell an die Quantität und Qualität benötigter Informationen und deren Verarbeitung stellt, sind wahrscheinlich für den normalen Vorgesetzten unerfüllbar; noch bedeutsamer ist, dass die *mechanistische Kombination* der Informationen, die das Modell unterstellt, praxisfremd ist und Vorgesetzte die MitarbeiterInnen lediglich als *Objekte* ihrer Einflussnahme betrachten. Die Theorie enthält einige Annahmen, die für die Praxis nicht gegeben sind. Sie:

- unterstellt rationale Entscheidungskalküle bei den MitarbeiterInnen
- und das rationale Kalkül dieses Kalküls bei der Führungskraft,
- setzt exakte *Messbarkeit* der Parameter voraus,
- fordert auf zur *Quantifizierung* der erwähnten Parameter und
- ist *a-kommunikativ*, denn die Führungskraft entscheidet quasi stellvertretend für die Unterstellte(n) und arrangiert ihr eigenes Verhalten dann so, dass sie mit möglichst großer Wahrscheinlichkeit ein (für das Unternehmen) akzeptables oder optimales Mitarbeiterhandeln durchsetzt.

Evans hat 1970 eine erste Fassung der Weg-Ziel-Theorie vorgelegt, die 1971 von *House* auf eine ‚Motivationsgleichung' eingeengt und präzisiert wurde. Beiden Konzeptionen ist gemeinsam, dass sie eine enge Anbindung von VIE-Überlegungen an die Ohio-Dichotomisierung von Führungsstilen (Consideration – Initiating Structure, s. Kap. 3.2) vornehmen. Im Grundsatz liegt dem Ansatz eine weitere, eindeutig auf das Grundmodell der Erwartungs-mal-Wert-Formel zurückzuführende Motivationsgleichung zugrunde. *House* (1971, S. 323 f.) leitet aus seinem Modell vier Thesen ab, die – verkürzt – Folgendes postulieren:

[1] Die Motivationsfunktion der Führungskraft besteht darin, Erwartungen, Valenzen und Instrumentalitäten der Geführten *zielbezogen* zu gestalten.

[2] Ein Weg-Ziel-Beziehungen klärendes und strukturierendes Verhalten der Führungskraft hat positive motivationale Effekte (es reduziert Rollenambiguität oder ermöglicht externe Kontrolle).

[3] Versuche der Führungskraft, offenkundige Weg-Ziel-Beziehungen (z.B. bei Routine-Aufgaben oder objektivierten Kontrollen) noch weiter zu klären, resultieren in erhöhter externer Kontrolle und werden von den Geführten als redundant angesehen.

[4] Zufriedenheit steigerndes Führungsverhalten wird dann zu erhöhter Leistung führen, wenn diese Zufriedenheit die positive Netto-Valenz erhöht, die mit zielbezogener Anstrengung verbunden ist.

In weiteren neun Hypothesen stellt er dann eine Beziehung zwischen diesen allgemeinen Postulaten und den beiden Ohio-Dimensionen des Führungsverhaltens her. Beispiel: „Durch die Verminderung der Rollenambiguität steigert initiierendes Strukturieren der Führungskraft die Weg-Instrumentalität für solche Geführte, deren Rollen nichtroutinisierte Aufgabenanforderungen enthalten" (*House* 1971, S. 324). Führungskräfte motivieren also ihre MitarbeiterInnen darüber, dass sie es ihnen durch geeignete Interventionen besser ermöglichen beziehungsweise attraktiver machen, ein bestimmtes Ziel zu erreichen: Sie definieren Ziele, klären den Weg dorthin, räumen Hindernisse aus dem Weg und bieten den MitarbeiterInnen Unterstützung (*House & Mitchell*, 1974). In der Fassung von 1996 ist die Theoriearchitektur komplexer gestaltet, um sie praxistauglicher zu gestalten.

Ein Überblick über die Ausdifferenzierungen und deren Auswirkungen für ihre Verwendbarkeit in der Führungspraxis findet sich in Zusatzdokument 28.

Die Aufnahme vieler Faktoren, auch unter expliziter Integration der Ergebnisse von vielen empirischen Untersuchungen zur Führungsforschung, führt dazu, dass die Weg-Ziel-Theorie in der Literatur als empirisch gut bestätigt gilt (vgl. *Robbins, Judge & Campbell*, 2010). In seiner Bewertung der Weg-Ziel-Theorie hebt *Jermier* (1996) folgende vier Leistungen hervor:

- Sie hat die enge Beschränkung auf nur zwei Führungsverhaltensdimensionen (*Consideration, Initiating Structure*) überwunden,
- sie hat die dyadische Beziehung zwischen Führenden und Geführten (an Stelle diffuser Gruppenbeziehungen) in den Mittelpunkt gestellt,
- sie hat das Tor zu Kontingenz-Überlegungen geöffnet (weil sie *Bedingungen* genannt hat, unter denen Zielerreichung zu erwarten ist) und
- sie hat auch klar gemacht, wann Führung überflüssig ist, weil sie durch andere Einwirkungen substituiert wird.

Die Theorie ist, zumindest in der neuen Fassung von 1996 in der Vielzahl ihrer Moderatoren und weiteren Faktoren für einen effektiven Einsatz in der Praxis viel zu umständlich mit der Vielzahl und zumindest scheinbaren Beliebigkeit intervenierender Kontextvariablen und der Offenheit der berücksichtigten Führungsverhaltens-Dimensionen. Ferner ist ihr Fokus zu eng dafür, eine wirkliche Führungstheorie zu sein, da sie sich allein auf Motivations*kalküle* bezieht. Die Beschränkung auf ‚kontrollierte Informationsverarbeitung' blendet – als buchstäblich unkalkulierbar – Affekte, Irrationalitäten, Gewohnheiten etc. aus. Motivation erscheint, trotz der *formalen* Komplexität, trivialisiert, eine Kopfgeburt pedantisch buchhaltender WissenschaftlerInnen, aus deren Rechenschema die für reales Entscheiden so typischen Phänomene wie Ambiguität, Zweifel, Dilemmata, Widersprüche, Spontaneität etc. getilgt sind. Was die Umsetzung rationaler Vorteilskalküle in der Praxis betrifft, so stellte schon *Nietzsche* (1906, Bd. 9, S. 271) fest: „Der Mensch ist ein mittelmäßiger Egoist: auch der Klügste nimmt seine Gewohnheit wichtiger als seinen Vortheil." Trotzdem lassen sich offensichtlich praxistaugliche und erfolgreiche Konzepte auf die Weg-Ziel-Theorie zurückführen, indem sie einerseits ihren engen Fokus weiteten und andererseits die Flut an zu untersuchenden Moderatoren und anzuwendenden Führungsstilen wieder dichter integrierten.

Die Theorie ist z.B. Grundlage für die im Führungskontext relevante Zielsetzungstheorie (*Locke & Latham*, 1984, 1990), die Bedingungen für hohe Leistungen von MitarbeiterInnen benennt und konkrete Maßnahmen für Führungskräfte ableiten lässt, sodass die Theorie sich in praktisch handhabbare Führungsinstrumente umsetzen lässt. Die Zielsetzungstheorie geht davon aus, dass Ziele an sich das Verhalten von Personen genauer ausrichten helfen und deren Anstrengung, hohe Leistungen zu erreichen, erhöht. Dafür sieht sie insbesondere hohe, aber noch erreichbare sowie spezifisch formulierte und überprüfbare Ziele als geeignet an. Die Theorie definiert Wirkungsmechanismen und Moderatoren, die zusätzlich das Leistungsbemühen der MitarbeiterInnen beeinflusst (vgl. Abb. 6.7).

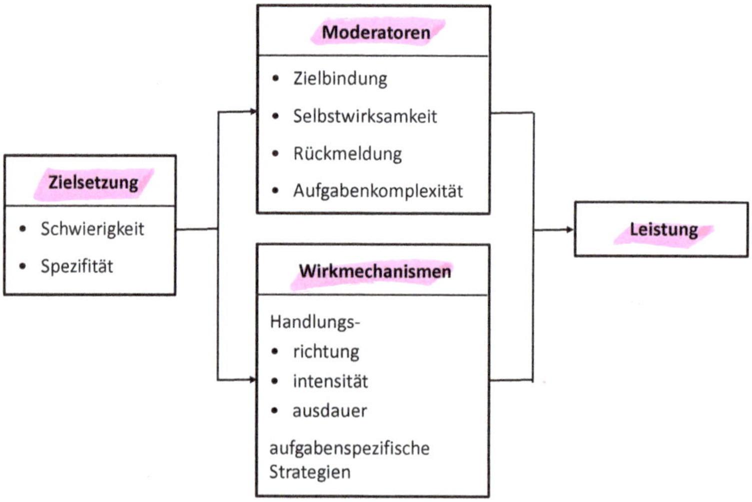

Abb. 6.7: Theorie der Zielsetzung (nach: *Nerdinger et al.*, 2011a, S. 404)

So bezieht sich die Führung durch Zielvereinbarung (Management by Objectives, *Drucker*, 1954; *Odiorne*, 1965; *Rodgers & Hunter*, 1991; *Schmidt & Kleinbeck*, 2006) in ihrer neueren Entwicklung oder das partizipative Produktivitätsmanagement (*Pritchard*, 1990; *Pritchard, Kleinbeck & Schmidt*, 1993; *Pritchard, Harrell, DiazGranados & Guzman*, 2008) explizit auf die Ergebnisse der Zielsetzungsforschung, die auf das motivationspsychologische Erwartungs-mal-Wert-Modell aufbaut.

6.2.5 Lernen

Lernen in Organisationen wird unterschiedlich konzipiert. Dabei steht traditionell die Verwertungsfunktion des Lernens im Vordergrund, sodass vor allem die Veränderung von Verhalten(-swahrscheinlichkeiten) fokussiert wird (z.B. *Hofstätter*, 1957; *Hilgard & Bower*, 1973; *Zimbardo & Gerrig*, 2004). Daneben wird aber auch die Veränderung persönlicher Einstellungen, die als verhaltensbestimmend angenommen werden, betrachtet – auch wenn diese Vorstellung in ihrer Allgemeinheit nachweislich viel zu kurz greift (*Einstellungs-Verhaltens-Diskrepanz*, vgl. *Frey, Stahlberg & Gollwitzer*, 1993; *Haddock & Maio*, 2007). Gelegentlich wird bereits in den Definitionen des Lernens auf den zentralen Einfluss persönlicher Erfahrung für das Lernen hingewiesen (z.B. *Hasselhorn & Gold*, 2013 und auf den Führungskontext bezogen *Weibler*, 2012, S. 275). Nicht unerheblich im Zusammenhang mit Führen und Lernen ist die Frage, in welchem Setting gelernt wird. Eine häufige Unterscheidung ist formales oder formelles Lernen (in Bildungsinstitutionen) vs. nicht-formelles Lernen (z.B. *Björnavold*, 2001) oder in weiterer Differenzierung z.B. formelles, nicht-formelles, informelles und inzidentelles Lernen (z.B. *Gnahs*, 2007; *Schiersmann*, 2007). Für Führungskontexte der alltägliche Rahmen, also das Lernen bei der Arbeit oder im Prozess der Arbeit (*Baitsch*, 1998; *Dehnbostel*, 2007) von besonderem Interesse und hierbei weniger selbstorganisiertes als vielmehr fremdvermitteltes Alltagslernen. Die Führungskraft spielt dabei die herausgehobene Rolle, sei es durch Anweisungen und den Einsatz von Techniken der Anerkennung und Kritik, aber auch durch subtilere Techniken wie Vorbildfunktion, Situationsdeutungen und Sinnvermittlung. Ferner hat nahe liegender Weise die Führungskraft auch eine wichtige Funktion bei der Zuteilung institutionalisierter Lernsituationen – z.B. Weiterbildungen.

Relevante Grundprozesse des Lernens sind vor allem die operante Konditionierung (aus dem Reiz-Reaktions-Schema) und das soziale Lernen (Modelllernen aus dem kognitivistischen Lernschema). Über das Lernen hinaus stellt sich die Frage der Wissensgenerierung, hierbei sind neben den Fragen der Gedächtnisorganisation und Elaboration zur Rekombination und Neubewertung (z.B. „Einsicht") v.a. konstruktivistische Ansätze von Interesse (aktuelle Überblicke zur Lernpsychologie bieten z.B. *Kiesel & Koch*, 2012; *Edelmann & Witte*, 2012 und *Hoffmann & Engelkamp*, 2013).

Operante Verhaltensmodifikation in Organisationen

Operantes Konditionieren ist das Erlernen von Reiz-Reaktionsmustern oder einfacher: von Konsequenzen. Die Wahrscheinlichkeit eines Verhaltens verändert sich durch (die Wahrnehmung oder Veränderung von) deren Konsequenzen. Man lernt eine Reiz-Reaktions-Koppelung (S-R) (vgl. *Thorndike*, 1898, 1932): Zunächst zufälliges Verhalten erfährt eine Stärkung durch darauf folgende relevante (positive oder negative) Konsequenzen.

> *Thorndike* ging von einem Paradigma aus, in dem die/der Handelnde – bei ihm zunächst Katzen – sich in einer Situation befinden, die eine bestimmte Bedeutung hat: Die Katzen waren in einen engen Käfig eingesperrt, aus dem sie sich

nahe liegender Weise zu befreien suchten. In dieser Situation zeigen sie verschiedene Verhaltensweisen – seien es solche, die der Befreiung dienen sollen oder auch andere, die nicht darauf gerichtet sind. Auf bestimmte Verhaltensweisen hin zeigt sich eine Konsequenz, die für den Handelnden eine relevante Folge zeigt (der Katze öffnet sich der Käfig oder in anderen behavioristischen Paradigmen: die Ratte bekommt eine Futterpille oder einen Stromschlag).

Da die Konsequenz immer auf dasselbe Verhalten hin auftritt, erlernt die/der Handelnde, dass diese Folge mit dem Verhalten gekoppelt ist – wobei auch durchaus spektakuläre Fehlzuordnungen stattfinden können und die Handelnden „abergläubisches Verhalten“ an den Tag legen, das zwar auch zum Erfolg führen , aber groteske Überritualisierungen hervorbringen kann oder nicht mit dem angestrebten Ergebnis verbunden ist („Bei Vollmond dreimal über die Schulter spucken …“).

Die Folgen werden aus der Perspektive ihrer Rückwirkung auf die Verhaltenswahrscheinlichkeit als sog. *Verstärkung* oder *Bestrafung* konzipiert. Verstärker erhöhen die Auftretenswahrscheinlichkeit des Verhaltens. Dabei wird als positiver Verstärker (Belohnung) ein angenehmer Reiz verstanden, der dem Verhalten folgt, ein negativer Verstärker ist, wenn ein aversiver (unangenehmer) Reiz entfällt, sobald ein Verhalten gezeigt wird. Bestrafung senkt die Auftretenswahrscheinlichkeit eines Verhaltens: „Positive“ Bestrafung ist das Auftreten eines aversiven Reizes (also einer Bestrafung) als Verhaltensfolge, „Negative“ Bestrafung ist der Wegfall eines angenehmen Reizes als Folge des Verhaltens (vgl. Tab. 6.5).

		Verhalten wird	
		gefördert	unterdrückt
angenehmer Reiz	wird hinzugefügt	positive Verstärkung	–
	wird entfernt	–	„negative“ Bestrafung
unangenehmer Reitz	wird hinzugefügt	–	„positive“ Bestrafung
	wird entfernt	negative Verstärkung	–

Tab. 6.5: Verhaltensmodifikation durch operante Konditionierung.

Die eher überraschenden Bezeichnungen brauchen in diesem Zusammenhang nicht zu stören, gemeint ist lediglich, dass der Wegfall von etwas Positivem als Negatives erlebt wird und umgekehrt – diesen Sachverhalt in allgemein verständliche und sozial anerkannte Begriffe zu fassen, ist keine einfache Aufgabe. Auf den Unternehmenskontext übertragen können die Verhältnisse z.B. folgendermaßen illustriert werden:

- Positive Verstärkung (= Belohnen im alltagssprachlichem Sinn): Ein Mitarbeiter kommt pünktlich, die Vorgesetzte lobt ihn.
- Negative Verstärkung (= Wegnahme einer negativen Konsequenz): Ein Mitarbeiter kommt pünktlich, die Vorgesetzte hört auf, wegen Zuspätkommens dauernd an ihm herumzunörgeln.

- Positive Bestrafung (= Bestrafung im alltagssprachlichen Sinn): Ein Mitarbeiter kommt unpünktlich, die Vorgesetzte verlangt Nacharbeit nach Dienstschluss.
- Negative Bestrafung (= Wegnahme einer positiven Konsequenz): Ein Mitarbeiter kommt unpünktlich, die Vorgesetzte streicht mit sofortiger Wirkung die übliche Kaffeepause.

Geschwindigkeit und Stabilität des Lerneffekts wird beeinflusst durch den Grad der Zuverlässigkeit der Beziehung zwischen dem Verhalten und dessen Folgen, wofür auch in diesem Kontext wieder der Begriff der *Kontingenz* verwendet wird. Es wurden unterschiedliche Muster und Relationen der Kontingenz untersucht und zu *Verstärkerplänen* destilliert:

- Sichere und auf jedes Verhalten hin gezeigte Verstärkung/Bestrafung führt zu schnellem Lernen, aber ebenfalls schnellem Verlernen, wenn die Folgen ausbleiben.
- Partielle Verstärkung, also nicht nach jedem entsprechenden Verhalten auftretende Folgen führen zu langsameren Lernen, aber auch langsamerem Aufgeben der erlernten Verhaltensmuster, wenn die Folgen schließlich nachlassen oder ausbleiben.
- Pläne, die nach Quote (also orientiert an der Häufigkeit des Verhaltens) verstärken, führen zu schnellerem Lernen als solche, die nach Intervall (also orientiert an der Zeit oder Dauer des Verhaltens) verstärken.
- Variable Pläne (also solche, bei denen nicht unmittelbar klar ist, wann die Folge eintritt) führen zu löschungsresistenteren Verhaltensänderungen als fixierte (bei denen genau vorauszuberechnen ist, wann die Folge eintreten wird).

Selbstredend verhalten sich Menschen nicht zufällig oder nur dann, wenn sie Sanktionen vermeiden wollen, einigermaßen zielorientiert. Aber bestimmte Situationen regen eher zu entsprechenden Verhalten an als andere. So werden mit der Zeit auch für Außenstehende unscheinbare oder nicht zu erkennende Hinweise gelernt, die als Anzeiger für nun mit hoher Wahrscheinlichkeit folgendes Verhalten dienen können (sog. *diskriminative Reize*) und auf die alleine dann bereits so reagiert wird, dass diese gekoppelten Verhaltensweisen aktiviert oder vermieden werden: Lernt ein Mitarbeiter, dass die Vorgesetzte dann auf negative Nachrichten mit harter Kritik am Überbringer der Nachricht reagiert, wenn sie sich zuvor bereits mit einer bestimmten Bewegung die Nase gerieben hat, wird er versuchen, in einer solchen Situation die schlechte Nachricht zurückzuhalten und erst dann anzubringen, wenn dieser diskriminative Reiz nicht auftritt.

Ganz so krude wie in der Grundlagen erforschenden (Tier-)Psychologie verläuft operante Konditionierung im Unternehmen selten und auch unter der heute selbstverständlichen Annahme, dass Menschen beim Lernen bewusstseinsfähig sind und auch Verstärkungs- und Bestrafungsgaben in der Regel nicht (nur) reflexmäßig, sondern durchaus kognitiver Moderation unterliegen, haben doch die Mechanismen operanter Konditionierung ihre Wirkung im Unternehmen und in der Führer-Geführten-Interaktion, wie das Beispiel mit der Vorgesetzten, die vor unfairen Angriffen auf ihre MitarbeiterInnen eindeutige körperliche Signale aussendet, die diese – sei es bewusst oder unbewusst – erlernen und wodurch sich die Wahrscheinlichkeit, gewisse Verhaltensweisen zu zeigen, systematisch ändern. Viel mehr noch: die am weitesten verbreiteten

Rückmeldeverfahren Lob und Kritik, bauen auf dem Grundprinzip auf, ebenso leistungsbezogene Anreizsysteme.

Eine funktionale lerntheoretische Analyse der Führung zeichnet sich gegenüber den pragmatischen Rezeptologien der Führungsstilmodelle dadurch aus, dass sie

- auf eine allgemeine Verhaltenstheorie zurückgreift und deshalb Führung als einen Spezialfall sozialen Handelns in einem umfassenden Kontext analysieren kann;
- sich auf das ‚objektive' Verhalten von Menschen konzentriert und beschränkt. Leistungsergebnisse sind für sie nicht Endresultate, sondern Konsequenzen, die wiederum für nachfolgendes Verhalten relevant sind. Insofern ist das System in sich geschlossen und macht keine kategorialen Sprünge (wie es etwa der Fall bei der Eigenschaftstheorie ist, die aus Eigenschaften Erfolg ‚erklärt');
- die Integration vorliegender Befunde der Führungsforschung erlaubt. *Mawhinney & Ford* (1977) haben z.B. demonstriert, dass die Erwartungs-mal-Wert-Theorien in die operante Theorie überführt werden können; *Sims* (1977) interpretiert die Verhaltensdimension *Initiating Structure* als Stimuluskontrolle und das Belohnungsverhalten des/der Vorgesetzten (zu dem *Consideration* gehört) als Kontingenzmanagement;
- die Relativität des Vorgesetzteneinflusses deutlich machen: Neben dem Vorgesetzten existieren noch zahlreiche weitere Akteure, die Handeln zum Teil anders oder gar im Widerspruch zu Führungskräften verstärken; die MitarbeiterInnen und Vorgesetzten haben überdies eine komplexe Verstärkungsgeschichte, in der sich ihre Individualität abbildet; die antezedenten Bedingungen sind im Bereich menschlichen Handelns extrem komplex und dynamisch.

Außerdem bestehen beim funktionalen Ansatz keine Schwierigkeiten, die Betrachtungsperspektive umzukehren: Man kann genauso gut Vorgesetzte als Objekt der Verstärkungen und Stimuluskontrollen der MitarbeiterInnen untersuchen.

Soziales Lernen

Die extreme Position der klassischen behavioristischen Lerntheorie, mentale oder kognitive Größen mit der Begründung nicht berücksichtigen zu brauchen, da sie unbeobachtbar seien, ließ sich nicht halten. Schon früh wurde gezeigt (*Tolman,* 1932), dass unbeobachtbare Zustände des Organismus und ‚innere Repräsentationen' einen wichtigen Erklärungsbeitrag leisten konnten. Das S(timulus)-R(esponse)-C(onsequences)-Schema wurde erweitert zum S-O-R-C-Schema, bei dem als weiteres Glied der ‚Organismus' eine wichtige Rolle einnahm. Einer der ersten und einflussreichsten klassischen Lerntheoretiker, die sich der erweiterten Orientierung zuwandten, war *Albert Bandura* (1969, 1977/1979, 1986), der als Begründer der sozialen bzw. sozial-kognitiven Lerntheorie gilt.

Das sozial-kognitive Lernen wird nach *Bandura* durch eine Abfolge von vier Teilprozessen gesteuert (vgl. Abb. 6.8):

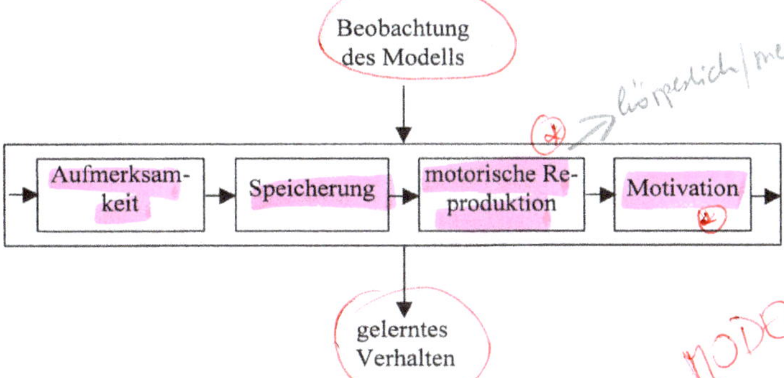

Abb. 6.8: Sozial-kognitives Lernen nach *Bandura* (1977).

Aufmerksamkeit: Aus der unendlichen Fülle der Beobachtungsmöglichkeiten muss eine Auswahl getroffen werden, die die Beobachtung auf relevante Verhaltensweisen des Modells fokussiert. Personen, die Status, Prestige, Macht, Erfolg, Attraktivität etc. haben (wie höhere Vorgesetzte), qualifizieren sich als nachahmenswerte Modelle eher als etwa rangniedrige VersagerInnen.

Speichern, Behalten, Erinnern: Weil man tagtäglich vieles sieht, ist es wichtig, dass sich das Modell dem Beobachtenden einprägt. Das kann durch angereicherte Vorstellungsbilder, einprägsame Namen, assoziationsträchtige Symbolisierungen und probendes Vergegenwärtigen geschehen (sich z.B. eine prototypische Situation ausmalen, in der man selber erfolgreich agiert).

Reproduktion: *Bandura* spricht von *motorischer* Wiederholung und hebt damit hervor, dass es nicht mit dem Ins-Gedächtnisrufen von Bildern oder Szenen getan ist, sondern dass der/die Nachahmende selbst körperlich oder mental *aktiv* werden muss. Dazu gehört natürlich auch, dass die lernende Person die physischen und geistigen Fähigkeiten hat, das Nachgeahmte selbst zu tun (Körperkraft, Größe, Intelligenz, Fachwissen etc.). Beim Nachmachen können sich unbemerkt Fehler einschleichen, die durch externes Feedback identifiziert und behoben werden können.

Motivation: Wenn die Person glaubt, dass ihr ‚neues' Verhalten erfolgreich sein und belohnt werden wird, ist die Wahrscheinlichkeit größer, dass sie es ausprobiert. Die Reproduktionsphase wird deshalb oft in einer fehlertoleranten Atmosphäre mit viel Anerkennung und Bestätigung gesichert, bevor das Gelernte im Ernstfall praktiziert wird.

Modelllernen wird insbesondere beim Führungskräftetraining eingesetzt; dabei werden im Vergleich zu anderen Trainingsformen gute Erfahrungen berichtet (z.B. *Latham & Saari*, 1979; *Robertson*, 1990; *Burke & Day*, 1986; *Sims & Lorenzi*, 1992).

Sonntag & Stegmaier (2000) beschreiben das Beispiel eines filmunterstützten Trainings zur Vorbereitung auf Gruppenarbeits-Systeme. Das angestrebte konkrete Zielverhalten („Lernpunkte") wurde für wichtige Aufgabenfelder in Diskussionen mit Meistern herausgearbeitet (z.B. Gruppendiskussionen, in denen problembesetzte Themen wie Urlaubsplanung, Überstundenverteilung, Entleihen von MitarbeiterInnen an andere Gruppen, Schichtübergabe etc. bearbeitet wurden):

Aufgabenbereiche	Beispiele für ‚Lernpunkte' (als Regeln formuliert)
Gruppendiskussion	– Andere ausreden lassen
	– beim Thema bleiben
	– Andere in das Gespräch einbeziehen
Konfliktbewältigung	– Konflikt abgrenzen gegen andere Probleme
	– mögliche Lösungen entwickeln
	– Konsequenten festhalten
Feedback	– richtigen Zeitpunkt wählen
	– einzelne Kritikpunkte genau benennen
	– konkrete Änderungsvorschläge machen

Die Autoren produzierten für jeden Aufgabenbereich zwei Filme (jeweils ein positives und ein negatives Verhaltensmodell), in denen – ausgehend von einer praxisnahen Fallvignette – die zentralen Lernziele durch die Protagonisten vorgeführt (bzw. verfehlt) wurden. Das Zielverhalten wurde dann in Rollenspielen von den TeilnehmerInnen trainiert und durch systematisches Feedback verbessert.

Modelllernen erweist sich als eine Form des Lernens, die nicht durch Reiz-Reaktions-Koppelung allein erklärt werden kann. Es ermöglicht zu lernen, ohne selbst Konsequenzen erleiden zu müssen/dürfen, sondern indem sie durch Beobachtung erfasst und für die eigene Person bewertet werden. Es ermöglicht schnelles Lernen und Einüben auch komplexer Reaktionsmuster. Die Beobachtung von Konsequenzen lässt sich stark durch (verbale) Instruktion ergänzen, um den Lernerfolg zu beschleunigen und zu verfestigen. Das Modelllernen führt den Lernenden ein gutes Stück auf dem Weg von extern Getriebenen zum selbständig Handelnden (*Werbik*, 1978).

Selbstlernen

Wenn der Weg vom extern kontrollierten operanten Lernen zum Modelllernen gegangen ist, folgt als konsequenter nächster Schritt der Übergang zum Selbstlernen. Darin ist einerseits die Einsicht enthalten, dass Lernen, zumindest sein Ergebnis, ganz im Gegensatz zu den Vorstellungen der klassischen Lerntheorien, nicht trivial ist, sondern eine aktive Konstruktionsleistung darstellt, also der eigentliche *Lernort* nicht irgendein Seminarraum oder der Arbeitsplatz ist, sondern der Kopf der Lernenden: Diese aktive Konstruktion erstreckt sich über Wahrnehmung, Priorisierung, Interpretation, Speicherung, Repräsentation, Elaboration und Abruf und wird durch Gesetzmäßigkeiten der Gedächtnisorganisation und Wissensrepräsentation ebenso wie die individuelle Ausrichtung der Wissensgenerierung und -bewertung. Andererseits geht es um die Verlagerung des *Verursachungsorts* des Lernens von der Organisation und ihren Führungskräften auf die MitarbeiterInnen selbst.

Kontrolltheoretisch gesehen, geht es um die Verankerung nützlicher Verhaltensweisen, für die weder eine Fremdsteuerung, noch eine Modellierung nach Vorbildern erfolgversprechend und ökonomisch durchzuführen ist. Dies trifft vor allem auf Handeln in komplexen und intransparenten Situationen zu, in denen widersprüchliche oder neuartige Anforderungen bewältigt werden müssen und für die es charakteristisch ist, dass die Handelnden nicht jederzeit und unmittelbar überwacht werden können und einen großen Entscheidungsspielraum haben. Beispiele: Fehlersuche und -beseitigung in komplexen Anlagen, Entwicklung und Einführung von Verbesserungen und Innovationen, umfassende Serviceleistungen bei Kunden, dauerhafte Höchstleistungen, Bewältigung von Verteilungskonflikten, organisationsübergreifende Zusammenarbeit in Strategischen Allianzen etc.).

Die Steuerung kann dann nicht mehr über beobachtbare und isolierbare Verhaltensakte oder das Nachahmen kompetenter Modelle erfolgen, weil das optimale Verhalten erst gefunden werden muss und/oder weil das gezeigte Verhalten nicht beobachtet und/oder nicht individuell zugeschrieben werden kann.

Es ist ein Lernen höherer Ordnung nötig, bei dem Einstellungen, Werte, Regeln oder Prinzipien angeeignet werden (z.B. Vertrauen, Loyalität, Commitment, Fairness, Selbstlosigkeit, Ausdauer, Einsatzfreude, Kreativität). Nicht mehr ‚Oberflächenhandeln' (ordnungsgemäß vorgehen, definierte Aufgaben effizient und effektiv ausführen etc.), sondern ‚Tiefenhandeln' steht an, das man aus Vorgesetztenposition weder befehlen, noch unmittelbar steuern kann. Die bisher von der modern agierenden Führungskraft übernommenen Funktionen des Beratens, Koordinierens, Korrigierens, Anerkennens etc. müssen nun die Akteure selbst übernehmen (seien das nun die unmittelbaren KollegInnen in der selbststeuernden Arbeitsgruppe, die sich gegenseitig helfen, antreiben, informieren etc., oder die einzelne Person, die auf sich gestellt zu entscheiden hat).

In einer Ökonomie, die auf selbständiges Handeln ermächtigter Individuen (Empowerment), Intrapreneurship (Mit-Unternehmertum), selbststeuernde Arbeitsgruppen, Selbstorganisation etc. setzt, ist eine Doppelaufgabe zu lösen: Die Fesseln bürokratischer Herrschaft sind zu lösen, damit kundennahes, eigenverantwortliches, situationsflexibles und innovatives Handeln erleichtert wird, gleichzeitig aber muss sichergestellt sein, dass die ‚befreiten' Subjekte (oder Teams) nach wie vor auf die Ziele eingeschworen bleiben, die die dominante Koalition verfolgt. Der Gestaltwandel der Herrschaftslogik darf die Verwertungslogik nicht gefährden. Insofern ist der Titel des Buchs, in dem *Manz & Sims* (1989) das geforderte neue Führungskonzept etwas marktschreierisch beschreiben, buchstäblich bezeichnend: „SuperLeadership: Leading Others to Lead Themselves.".

Wenn oder weil ‚die Anderen'

- sich selbst ihre Aufgaben und Informationen suchen,
- selbst die nötigen Kenntnisse und Kontakte haben oder aufbauen können,
- selbst Entscheidungen schnell, kompetent und vor Ort treffen (müssen),

- ein Entgelt- oder Gratifikationsmenü angeboten bekommen, aus dem sie selbst das für sie Passende zusammenstellen,

wird die Rolle der Vorgesetzten radikal umgebaut. Sie sind dann in erster Linie für strukturelle, strategische und politische Aufgaben verantwortlich. Die von Vorgesetzten wahrgenommenen Funktionen Kontrolle, Verstärkung, Motivation mutieren zu Selbstkontrolle, Selbstverstärkung, Selbstmotivation und dafür müssen – verhaltenstheoretisch gesprochen – im S-, O-, R- und C-Bereich die Voraussetzungen geschaffen werden.

Für die Komponente **S** (Situation) bedeutet das, dass ein anderer Aufgabenzuschnitt, andere Kontroll- und Feedback-Verfahren, andere Informations- und Gratifikationssysteme, andere Organisationskonzepte etc. realisiert werden müssen. Das Zielverhalten **R** wird weniger restriktiv und konkret(istisch) festgelegt werden (MbO: Management by Objectives, meist übersetzt als Führung durch *Zielvereinbarung*).

Bandura (1977) hat mit seiner ‚self-efficacy' schon früh ein strategisches **O**-Konzept eingeführt, das nachfolgend große Aufmerksamkeit gefunden hat. Meist wird dieser Begriff mit ‚Selbstwirksamkeit' übersetzt. *Bandura* definiert self-efficacy (1986, 1997) als Satz von Überzeugungen in Bezug auf die eigene Fähigkeit, Handlungsabläufe zu organisieren und auszuführen, die erforderlich sind, um bestimmte Arten von Leistungsergebnissen zu erreichen. In kognitiver Sprache ist Selbstwirksamkeit (Selbstvertrauen, Selbstkompetenz, Zuversicht in die eigene aufgabenbezogene Leistungsfähigkeit) ein Teil des Selbst-Schemas. Personen unterscheiden sich hinsichtlich des *Niveaus* (Schwierigkeitsgrad) bestimmter Leistungen, die sie sich zutrauen und hinsichtlich der *Sicherheit*, mit der sie an ihren Erfolg glauben. Selbstwirksamkeit ist das Wissen, dass man schwierige Situationen durchstehen, beanspruchende Aufgaben schaffen und hohe Ziele erreichen kann; weil man sich mehr zutraut, wird man engagierter, ausdauernder und selbstbewusster an Herausforderungen herangehen.

Eine Angleichung der (sozial-kognitiven) Lerntheorie an die motivationstheoretischen Erwartungs-mal-Wert-Modelle zeigt sich am Konzept der Kompetenzerwartungen. Diese sind Erwartungen der Person an sich selbst, davon sind (nach *Bandura,* 1986) Handlungs-Ergebniserwartungen und Konsequenzerwartungen zu unterscheiden. Die ersteren sind – in der klassischen operanten Lerntheorie S-R-Koppelungen – in der Sprache der Erwartungs-mal-Wert-Theorien Erwartungen, dass das eigene Handeln erfolgreich sein wird, während die Konsequenzerwartungen (operant: R-C-Kontingenzen) mit den Instrumentalitäten des VIE-Ansatzes in Verbindung gebracht werden können: dass auf eine erbrachte Leistung tatsächlich die erhoffte Belohnung folgen wird. Die Kompetenzerwartung (Selbstwirksamkeit) thematisiert demgegenüber als O-Variable in einem S-O-R-C-Modell die Zuversicht, es schaffen zu können und wirkt sich aus in der *Auswahl* der Herausforderungen, denen man sich stellt und dem Maß an *Einsatz* und *Ausdauer*, die man bei der Bewältigung zeigen wird.

Die Kompetenzerwartung kann generalisiert oder auf spezifische Vollzüge beschränkt sein, hoch oder niedrig ausgeprägt sein und man kann sich ihrer sehr sicher oder unsicher sein. Damit Selbst-Führung oder Selbst-Management gelingt, ist es wichtig, ein hohes Maß an Selbstwirksamkeit aufzubauen. Das geschieht durch Erfolgserfahrungen (personal mastery), Modelllernen, systematische Überzeugung und Feedback (Coaching, Supervision) und Beeinflussung des emotionalen Erregungsniveaus (Gelassenheit, Entspannung, Attributionstechniken in Vorbereitung auf Herausforderungen oder Verarbeitung von Misserfolgen) (s. *Sims & Lorenzi*, 1992, S. 171 f., *Schwarzer*, 2000, S. 175 f.).

Was im Kontext operanter Konditionierung in Organisationen ‚Kontingenz-Management' genannt wird, bezieht sich auf die R-C-Koppelung: welche Verstärkung **C** folgt mit welcher Wahrscheinlichkeit auf ein bestimmtes Verhalten R? In klassischen hierarchischen Führungsbeziehungen ist das ‚Kontingenz-Management' zentrale Vorgesetztenaufgabe: Die Führungskraft überwacht das Verhalten der Unterstellten, belohnt/bestraft es und steuert damit die Wiederauftretensrate des so verstärkten Verhaltens. Diese Funktion wird nun weitgehend von den Unterstellten übernommen, die *Selbst*kontrolle und *Selbst*verstärkung betreiben. In dieser schönen neuen Welt entfallen Zeit und Ressourcen für Fremdkontrollen ebenso wie die Täuschungsmanöver und Reaktanzeffekte bei den Kontrollierten, denn die mündigen Organisationsbürger kennen (vgl. das Konzept der „Organisationsbürgerschaft" *organizational citizenship*, *Organ*, 1988) ihre Ziele und wissen selbst am besten, wo sie stehen und was zu tun ist, wenn ein Verfehlen der Ziele droht. Wenn es gelungen ist, die geeigneten Haltungen zu implantieren, verstärken sich die Verselbständigten durch Selbstlob und Selbstkritik, sie sind stolz auf sich oder machen sich Vorwürfe, sie setzen sich höhere Ziele oder intensivieren ihren Einsatz und sie entnehmen aus dem Reservoir der organisational vorgesehenen Belohnungen im fairen Maß jene Verstärker, die ihnen wichtig sind (Freizeit, Pausen, Kurse, Boni, Aktienoptionen, Feiern, Statussymbole etc.): „Ein selbstgeführter Angestellter ist der Gipfel an Gefolgschaft – unabhängig, kreativ und fähig zu hohen eigenständigen Leistungen. Der selbstgeführte Angestellte ist der ultimative Ausdruck des neuen Führungsparadigmas" (*Sims & Lorenzi*, 1992, S. 197).

6.2.6 Schlussbemerkung

Grundvoraussetzungen für Führung oder Führungserfolg zu identifizieren und zu beschreiben allein sichert den Führungserfolg nicht. Ebenso wenig wie eine lange Liste von konkreten Verhaltensanweisungen à la „Wenn *X* eintritt, dann tue *Y*!". Generische Hinweise wie „Führe auf diese Art und Weise und nicht anders!" scheitern üblicherweise ebenfalls: die Dynamik und Komplexität konkreter Situationen als Ausschnitt einer umfassenden und schwer zu erfassenden Gesamtkonstellation lässt sie im Allgemeinen und Ungefähren verebben. Insofern ist es eine erfolgversprechende Idee, Führung auf einem mittleren Abstraktionsniveau zu situieren. Dies geschieht in der aktuelleren Erforschung und Darstellung der Führung bevorzugt dadurch, dass:

- bestimmte Bedingungen oder Aufgaben aus dem Universum der Möglichkeiten herausgegriffen werden, die als besonders relevant, kritisch, weit verbreitet oder neu und zukunftsträchtig gelten, oder
- Führung insgesamt durch eine den Blick gleichzeitig verengende aber auch fokussierende Perspektive betrachtet wird.

Die folgenden Kapitel wenden sich diesem Vorgehen zu, wobei der erste Ansatz bevorzugt wird.

7. Vielfalt führen – vielfältig führen

Führen bezieht sich nach traditionellem Verständnis auf die Gruppe der MitarbeiterInnen, die Unterstellten oder schlicht: *das Personal*. Sieht man diese Gruppe als weitgehend homogen an (z.B. hinsichtlich ihrer Herkunft, ihrer Ausbildung, ihrer Bedürfnisse), lässt sich folgern, dass tatsächlich die einzelnen Personen als Bestandteil der Gruppe und die Gruppe als homogene Einheit geführt werden können – bestimmte Verhaltensweisen werden *der Gruppe*, also allen Mitgliedern (vielleicht bis auf einen kleinen Rest von Abweichlern) gleich gerecht (vgl. *von Rosenstiel et al.*, 2005, S. 41). Ein soziales Kollektiv nach dem Mittelwert der Individualausprägungen zu steuern und dabei annehmen zu können, dass die Individuen nur gering von diesem Mittelwert abweichen, führt zu einer Vorstellung von Führung, die sich einfach optimieren lässt. Führungsstil- und Kontingenzansätze der Führung bauen auf darauf auf, ebenso die meisten menschenbildorientierten Führungsansätze.

Was aber, wenn diese Gruppe der MitarbeiterInnen gar nicht die hinreichende Homogenität aufweist, um sie mit denselben Techniken kollektiv führen zu können? Ans Postmoderne heranreichende Menschenbilder (vgl. Kap. 9.1), z.B. der *complex man* von *Schein* (1965) gehen davon aus, dass MitarbeiterInnen so verschieden sein können, dass sie individuell(er) zu behandeln sind, um die Wahrscheinlichkeit ihres optimalen Arbeitseinsatzes zu erhöhen. Mehr noch: derselbe Mensch kann zu verschiedenen Zeiten unterschiedlich auf dieselben Führungsinterventionen ansprechen. Werden ferner noch die vielen Adressaten und Einflussrichtungen von Führung betrachtet (laterale Führung, Führung von unten, Selbstführung, verteilte Führung etc.), so ist unübersehbar, dass die traditionelle Idee der durchschnittsorientierten Führung von Untergebenen keine hinreichende Modellierung moderner Führungserfordernisse darstellt.

Da sich Menschen nicht nur unterscheiden und individuell verändern können, sondern auch ganze Gesellschaften, besteht die Aufgabe der Führungskräfte und der Führungsforschung nicht nur darin, „jetzt endlich" angemessene Führungsmodelle und –techniken zu entwickeln, sondern auch mit Tendenzen und Prozessen umzugehen, die bekannte Zustände real verändern und dementsprechend eine an einem imaginierten Status Quo orientierte Forschung und Praxis hinsichtlich der anstehenden Aufgaben für die Zukunft zum Scheitern bringen können.

Aktuell ist viel von demographischem Wandel und Wertewandel die Rede, von Internationalisierung und Globalisierung, von Inter- und Transkulturalität, von der Individualisierung und Fragmentierung von Lebensentwürfen und Berufsbiographien, von Dynamisierung und Prekarisierung, von Pluralismus und dem Auseinanderdriften der Gesellschaft etc. Führung hat sich solchen Prozessen und Herausforderungen zu stellen, wenn gewünscht ist, dass sie ihren Teil zur „Zukunftsfähigkeit" von Unternehmen und der Wirtschaft insgesamt beiträgt.

Dieses Kapitel untersucht Führung aus verschiedenen Perspektiven dieser (Entwicklung hin zur) größeren Vielfalt und Vielgestaltigkeit von Unternehmensangehörigen. Zunächst wird die Entwicklung zur Individualisierung und Kultivierung von Vielfalt der Gesellschaft mit ihren Auswirkungen auf Unternehmen und Führung betrachtet (Kap. 7.1). Danach wird der in der gesellschaftlichen und mittlerweile durchaus auch der Forschungs-Diskussion herausgehobene Aspekt von Frauen in Führungspositionen thematisiert (Kap. 7.2). Das Kapitel 7.3 befasst sich mit dem Zusammenhang von Führung und Gesundheit (der Führenden und der Geführten), der aus der Perspektive der demographischen Entwicklung, der Wettbewerbsfähigkeit der Unternehmen, der Kosten der Sozialsysteme und nicht zuletzt der sozialen Verantwortung eine wachsende Bedeutung in Unternehmen aufweist.

7.1 Individualisierung und Vielfalt: Diversity

Seit einigen Jahrzehnten sichtbar und in jüngerer Vergangenheit spürbar werdende Veränderungen auf Seiten der Angebotsseite des Arbeitskräftemarkts stellen Unternehmen vor charakteristische Anpassungsaufgaben. Dabei geht es um die Ausbildung oder Suche und Attraktion geeigneter Arbeitskräfte, aber auch um deren Motivierung, Bindung sowie ihren effizienten und nachhaltigen Einsatz, sofern es gelungen ist, sie für das Unternehmen zu verpflichten.

Die Umsetzung dieser Anpassungsaufgaben liegt zu einem großen Teil in den Händen der Führungskräfte, an die damit Anforderungen gestellt werden, die teilweise weit von denen abweichen, die traditionell mit Führungskräften in Verbindung gebracht werden. Aber die Veränderungen betreffen auch die Führungskräfte selbst. Sie haben ebenfalls Anteil an gesellschaftlichen Veränderungen und stellen entsprechende Anforderungen an ihre Unternehmen, um nachhaltig effiziente Leistung erbringen zu können.

In diesem Kapitel werden nach einem Blick auf relevante Veränderungen in der Gesellschaft (Kap. 7.1.1) zwei Konzepte betrachtet, die den Anspruch erheben, sich konstruktiv und leistungsfördernd mit diesem Feld auseinanderzusetzen: Einerseits die *Work-Life-Balance*, bzw. deren Beeinflussung (Kap. 7.1.2), die MitarbeiterInnen wie Führungskräften sowohl

- die Teilhabe am Leistungserbringungsprozess ermöglichen,
- mögliche Schädigungen durch die Tätigkeit und ihre Rahmenbedingungen vermeiden helfen und
- motivieren und zur engagierten Leistungserbringung anregen soll;

andererseits das Konzept des *Diversity Management* (Kap. 7.1.3), dessen Funktion darin besteht,

- verschiedenen, insbesondere auch bisher unterprivilegierten oder ausgeschlossenen Arbeitnehmergruppen die Teilhabe am Arbeitsprozess zu ermöglichen und
- die Kompetenzen von Menschen, die von den traditionellen Prototypen oder Kategorien von MitarbeiterIn oder Führungskraft abweichen, zur Entfaltung zu bringen – wenn möglich sogar mit dem Effekt der Leistungsverbesserung von Organisationen durch konstruktive Nutzung der damit anerkannten Vielfalt ihrer Mitglieder.

7.1.1 Für den Arbeitskräftemarkt relevante gesellschaftliche Entwicklungen

Gesellschaften unterliegen ständigen Veränderungen, die von innen und außen an sie herangetragen werden. Aktuell sind Einflüsse wie rasante technologische und medizinische Entwicklungen ebenso relevant wie wirtschaftliche und kulturelle Globalisierungsprozesse. In vielen westlichen (post-)industriellen Gesellschaften wirken sich demographische Entwicklungen seit einiger Zeit zunehmend auf verschiedene Lebensbereiche aus. Weitere Einflüsse kommen aus dem Selbstverständnis gesicherter Demokratie und gesicherten Wohlstands der Gesellschaft und eines großen Teils ihrer Individuen, was sich auf Lebensstile und -formen auswirkt. Viele traditionelle Schranken und Festlegungen werden relativiert oder aufgehoben und durch andere, teilweise weniger verbindliche, aber auch freiere Konstruktionen abgelöst. Auf demographischen wie gesellschaftlichen Wandel soll im Folgenden eingegangen werden, um Rahmenbedingungen aktueller und absehbarer zukünftiger Führung verständlich zu machen.

7.1.1.1 Demographischer Wandel

Demographischer Wandel bezeichnet wahrnehmbare und relevante Veränderungen in der Bevölkerungszusammensetzung über die Zeit. Solche Entwicklungen resultieren aus dem Zusammenspiel von der Fertilitäts-, Mortalitäts- und Nettoimmigrationsraten einer Volkswirtschaft (*Richter, Bode & Köper*, 2012, S. 2; vgl. *Statistische Ämter des Bundes und der Länder*, 2011). Für Deutschland zeigt sich bei weitgehend natürlicher Verteilung von Frauen und Männern (also seit längerem gegebene Minimierung bzw. Ausgeglichenheit von geschlechtstypischen Lebensrisiken, z.B. Kriegstote oder Müttersterblichkeit) eine Veränderung der Gesamtbevölkerungszahl bei charakteristischen Verschiebungen der Altersstruktur und einem erheblichen Einfluss von Migrationsfaktoren.

Die gesamte Wohnbevölkerung wird voraussichtlich mit zunehmender Geschwindigkeit von 80,2 Mio. im Jahr 2011 (*Statistisches Bundesamt*, 2013) auf 77,4 bis 79,0 Mio. im Jahr 2030 und ferner auf 64,7 bis 70,1 Mio. im Jahr 2060 schrumpfen (*Statistisches Bundesamt*, 2012, S. 50, wobei diese Zahlen noch von einem Bevölkerungsstand von 81,8 Mio. Personen im Jahr 2011 ausgehen). Dabei wirkt das Phänomen der „doppelten Alterung“ der Gesellschaft: Während durch schrumpfende Kohorten im Reproduktionsalter und deren zusätzlich nicht bestandserhaltende Reproduktionsraten die Stärke der Geburtskohorten abnimmt, steigt die Lebenserwartung an, wodurch sich das Durchschnittsalter der Bevölkerung stark nach oben verschiebt. Dadurch bleibt zwar die Relation der jungen Menschen unter 20 Jahren zu denen im üblicherweise erwerbstätigen Alter zwischen 20 und 65 Jahren auf absehbare Zeit stabil (bei einer Relation von ca. 3 zu 10), im Vergleich dazu steigt aber seit spätestens den 1990er Jahren der Anteil der über 65-Jährigen relativ rasant an (Relation 2010: 3,4 zu 10 zu den 20- bis 65-Jährigen; 2030: ca. 5,2 zu 10; 2060: 6,5 zu 10). Ähnliche Tendenzen zeigen sich in den meisten industrialisierten Ländern (*Stamov-Roßnagel & Hertel*, 2010).

Die Wanderungsbewegungen von und nach Deutschland, die in den letzten 50 Jahren insgesamt zu einem Einwanderungsüberschuss geführt haben, machen sich 2011 bei einer Wohnbevölkerung von 80,2 Mio. in einem Ausländeranteil von 7,7% (6,2 Mio.

Personen) und einem Bevölkerungsanteil mit Migrationshintergrund 18,7% (15,0 Mio. Personen) (*Statistisches Bundesamt*, 2013) bemerkbar, wobei *Migrationshintergrund* ein breites Spektrum von Personen erfasst, u.a. einen größeren Anteil von Personen, die als „Spätaussiedler" nicht als Ausländer gezählt werden und auch Menschen mit ausländischer Staatsbürgerschaft, die seit ihrer Geburt in Deutschland wohnen und sprachlich, kulturell und bildungsmäßig weitgehend integriert sind.

Durch den demographischen Wandel erreichte in Deutschland um das Jahr 2012 die Zahl der verfügbaren Arbeitskräfte einen Höhepunkt, danach wird sie ab spätestens 2015 schnell zurück gehen (*Bullinger & Buck*, 2007) und das Arbeitskräftepotenzial wird von ca. 50 Mio. (2012) bis 2030 um 6,3 Mio. absinken (*Richter et al.*, 2012). Abgesehen von gesellschaftlichen und gesellschaftspolitischen Auswirkungen ist in wirtschaftlicher Hinsicht ein Resultat davon ein Fachkräftemangel, wobei noch nicht vorhergesehen werden kann, ob er durchgängig oder (nur) branchenspezifisch sein wird (*Bundesagentur für Arbeit*, 2011).

Künftig wird es mehr wissensintensive Arbeitsbereiche geben und die Arbeitswelt wird weiter komplexer, also werden (prozentual) mehr Hochqualifizierte und fast ebenso viele Facharbeiter benötigt wie bisher (*Bullinger & Buck*, 2007). Viele einfachere Arbeitsplätze sind bereits weggefallen und fallen weiter weg, dafür entstehen viele noch geringer qualifizierte Jobs im neu geschaffenen Niedriglohnsektor, v.a. in Dienstleistungen. Demnach wird der bereits in einigen Branchen und Positionen beobachtbare Wettbewerb um qualifizierte MitarbeiterInnen, häufig etwas unangebracht als *war for talent(s)* (*Michaels, Handfield-Jones & Axelrod*, 2001) oder etwas präziser als *battle for best fits* bezeichnet, weiter zunehmen.

Für Unternehmen stellen sich folglich Aufgaben jenseits des Feldes, mit anderen Unternehmen „Krieg" um MitarbeiterInnen zu führen, um die sinkenden personellen Kapazitäten bestmöglich zu bewirtschaften. *Priebe* (2007, S. 34 ff.) benennt die Fokusbereiche

- Erhöhung der Erwerbsbeteiligung (allgemein und insbesondere die herausgehobenen Gruppen der Älteren, Frauen und Migranten) und
- Erhöhung der Qualifikation und Kompetenzniveaus („Nachschulung" vorhandener und Bildung zukünftiger ArbeitnehmerInnen),

womit er sowohl den quantitativen wie den qualitativen Aspekt des Mangels anspricht.

7.1.1.2 Individualisierung der Gesellschaft

Demographischer Wandel ist nicht der ganze, möglicherweise nicht einmal der wichtigste Faktor aktueller und zukünftiger Anforderungen an Arbeit und Führung. Gesellschaftlicher Wandel ist weder identisch mit, noch ausschließlich bestimmt durch demographischen Wandel, sondern ebenso durch vielfältige kulturelle, technologische, wirtschaftliche, soziale und politische Einflüsse und als das breitere Konzept der Rahmen, in den auch demographische Entwicklung eingefügt werden kann.

Ein gesellschaftlicher Megatrend liegt in der Individualisierung der Gesellschaft, ein Prozess der von stärkerer Fremdbestimmung zu stärkerer Selbstbestimmung führt. Er vergrößert die Vielfalt von Lebenszielen und -entwürfen, was sich in der Differenzierung von Lebensstilen niederschlägt (vgl. *Beck*, 1983; *Elias*, 1987). Damit gehen Bedürfnisse und deren Artikulation einher, die sich in vielfältiger Form gesellschaftlicher Teilhabe manifestiert (Pluralismus), was sich vor allem, aber nicht nur, in (post-)industriellen westlichen Gesellschaften zeigt.

Weitgehend stabile gesellschaftliche Zuordnungen von Personen und Personengruppen (Klassen bzw. Schichten) weichen der Relevanz von sozialen Milieus und Mikromilieus (z.B. *Ascheberg*, 2006; *SINUS*, 2011), die mehrdimensional geprägt und teilweise in verschiedenen Richtungen gut durchlässig der traditionellen, vertikalen Gesellschaftsschichtung nicht mehr entsprechen. Die Lösung aus fixierten gesellschaftlichen Positionen geht einher mit einer Lockerung weiterer traditioneller sozialen Bindungen wie der Familie, der lokalen und regionalen Verbundenheit und mittlerweile der Herkunftskultur und deren Interpretationsmustern und Ritualen.

Sie führt aus einer stabilen, dabei klare Orientierungen vorgebenden Gesellschaft hin zu einer, die viele neue Freiheiten bietet, dabei aber ihre Kraft, eindeutige Orientierungen zu bieten, einzubüßen droht (*Popper*, 1945; zu seinem Konzept der Offenen Gesellschaft in der Interpretation von *Gebert*, 2003, siehe Zusatzdokument 29.

Gesellschaftlicher Wertewandel

Seit den 1970er Jahren werden vorwiegend soziologische Untersuchungen zu einem charakteristischen Wertewandel in (post-)industriellen Gesellschaften angestellt, die entsprechende neuartige und qualitative Veränderungen abbilden helfen sollen. Dabei werden zumeist Werteverschiebungen weg von konventionell-bürgerlichen, materialistischen Pflicht- und Akzeptanzwerten, die auf Sicherung der eigenen Existenz zielen (Deckung physiologischer Bedürfnisse aller Art, auch wirtschaftliche Stabilität, Wirtschaftswachstum, Preisstabilität, ferner Ruhe und Ordnung in Staat und Gesellschaft und darüber hinaus leistungsstarke Streitkräfte) hin zu idealistischen, postmaterialistischen Selbstentfaltungswerten, die geistige, schöpferische, ästhetische und kontemplative Bedürfnisse, aber auch Zugehörigkeitsgefühl, Bedürfnisse nach Mitsprache in Staat und Gesellschaft, Meinungsfreiheit sowie Naturschutz postuliert (*Inglehart*, 1977; *Klages*, 2001) und in entsprechenden (Befragungs-)Studien auch gefunden. Gelegentlich wird auch der Verfall traditioneller Werthaltungen, ohne dass neue Werte deren stabilisierende Funktion einnehmen würden, hervorgehoben (*Noelle-Neumann*, 1978). Als Grundlage wird zumeist materieller Wohlstand eines großen Bevölkerungsteils mit Möglichkeiten des Massenkonsums, ein selbstverständliches Sicherheitsgefühl angesichts medizinischer Fortschritte, leistungsstarker Sozialsysteme, prosperierender Wirtschaft und Erfahrung langandauernden Friedens, verstärkte Bildungserfahrung und erreichte -niveaus sowie die Möglichkeiten schneller und massenhafter Kommunikation und Mobilität gesehen (*Inglehart*, 1977; *Stitzel*, 2004).

Für die betriebswirtschaftlich interessante Gruppe der Nachwuchsführungskräfte (sie wird in diesem Zusammenhang grob definiert als Hochschulabsolventen und junge Berufstätige der Wirtschafts-, Natur- und Sozialwissenschaften und deckt damit einen Gutteil der jungen, akademisch gebildeten Arbeitskräfte insgesamt ab) liegt umfangreiche Forschung zu (Veränderungen von) deren Berufsorientierungen vor (*Stengel & von Rosenstiel*, 1985; *Blickle*, 1999; *von Rosenstiel & Nerdinger*, 2000). Sie resultiert u.a. in der Beobachtung, dass zusätzlich zu der als typisch angesehenen (wobei sich die Frage stellt: Von wem und wann eigentlich?) Karriereorientierung von Nachwuchsführungskräften Orientierungen auf alternative Engagements und die eigene Freizeit starken Einfluss haben, also der beruflichen Laufbahn verschiedene Formen der Wertigkeit zugeschreiben werden, die entweder

- im Vordergrund der aktuellen Lebensplanung steht (*Karriereorientierung*),
- Variable eines Komplexes verschiedener Werthaltungen und Lebensziele ist, in den sie im idealen Fall konstruktiv integriert wird (*Alternatives Engagement*) oder
- lediglich als notwendiger Aufwand für ein davon inhaltlich getrenntes „eigentliches" Leben in der Nicht-Arbeitszeit gilt (*Freizeitorientierte Schonhaltung*).

Mit diesen Berufsorientierungen gehen spezifische Wahrnehmungs-, Interpretations- und Handlungsmuster einher, die in unterschiedlicher Relation zu den Zielen und Interessen der Unternehmen stehen, in denen diese Führungskräfte tätig (oder gezielt nicht) sind, und sich auf diversen Kriterien wie Einstellungen zur Arbeit, Engagement bei der Arbeit und Berufserfolg nachweisen lassen (vgl. *Maier, Wastian & von Rosenstiel*, 2009).

Verschiedene Lebensentwürfe und -stile bedürfen teilweise anderer beruflicher Rahmenbedingungen der Beschäftigungsverhältnisse, als das traditionelle Normalarbeitsverhältnis in der Einverdiener-Ehe, das gerne als Vergleichsmodell herangezogen wird und vor einigen Jahrzehnten tatsächlich noch erheblich größere Bedeutung hatte. Wenn Lebensstile und berufliche Rahmenbedingungen nicht vereinbart werden können, werden die Personen von geregelten Einnahmen aus eigener Arbeit und das Unternehmen von (knappen) Arbeitsressourcen abgeschnitten.

Gesellschaftliche Individualisierung bzw. zumindest Diversifizierung lässt sich z.B. ablesen an der Zunahme der gesellschaftlich akzeptierten Partnerschaftsformen

- Familie Vater-Mutter-Kind(er) und Patchwork-Familien in traditionellem Hausfrauen- oder im Zwei-Verdiener-Modell,
- Ein-Eltern-Familien,
- Distanzbeziehungen, getrennt Zusammenlebende, Wochenendbeziehungen,
- Zwei-Verdiener-Paare ohne Kinder, *dual career couples* mit und ohne Familiengründungsintention,
- erweitert um weitere Formen und Ausprägungen wie zunehmender Anteil von Einpersonenhaushalten oder gleichgeschlechtlicher Partnerschafts- und Familienformen (vgl. *Gross*, 2012).

In der Arbeitswelt wirken sich demographischer Wandel, Wertewandel, Veränderungen der Lebensentwürfe und Lebensstile in sich ausdifferenzierenden Artikulationen von Bedürfnissen bei der Arbeit wie z.B. Arbeitszeitregelungen, Aufgaben, durch Arbeitnehmer in Kauf genommene oder angestrebte Flexibilisierung der Arbeitsverhältnisse aus. Hinsichtlich der Führung können auch und vor allem Probleme auftauchen, wenn Führungskraft und MitarbeiterIn sich in demographischen Faktoren wie Alter, Geschlecht, kulturellem Herkommen oder hinsichtlich ihrer Werte und Einstellungen unterscheiden und für eine optimale Zusammenarbeit nicht das notwendige gegenseitige Verständnis aufbringen. Hierbei sind die Führungskräfte in der Pflicht, auch in solchen Situationen aktiv zu werden. Doch auch für die Führungskräfte können Schwierigkeiten auftauchen, wo neu gewandelte gesellschaftliche Werte von Nachwuchsführungskräften auf alte Unternehmenskulturen treffen (*von Rosenstiel, Nerdinger, Spieß & Stengel*, 1989).

Fallbeispiel 8: *Führung bei veränderten Rahmenbedingungen*

Hella Hagena, v. Rundstedt & Partner GmbH, führt dazu aus, dass Führungskräfte heute „mehr als eine Generation" managen müssen. Sie müssen deren Ansprüchen gerecht werden, um in ihrem Führungsstil akzeptiert zu werden. Heute können MitarbeiterInnen aufgrund eines Wandels vom Arbeitgeber- zum Arbeitnehmermarkt in manchen Tätigkeitssegmenten entscheiden, ob ihnen die Führungsqualität gerecht wird, oder ob sie sich eine besser zu ihnen passende sucht. Das kann auch ein virtuelles Team mit unternehmensweiten Chatfunktionen, Online-Tools etc. ohne festen Arbeitsplatz und Stechuhr sein. Zwar gibt es schon positive Beispiele, aber bisher sind es zu wenige, um strukturelle Änderungen zu erreichen. Beispielhaft zu erwähnen sind Unternehmen, die Eltern-Kind-Zimmer für Eltern eingerichtet haben, die ihre Kinder in Notfällen mit ins Unternehmen bringen können. Ein Arbeitgeber, der Vollzeitmüttern eine Perspektive bietet, indem er ihnen die Möglichkeit offeriert, stundenweise zu arbeiten. Ein Unternehmen, das seinen MitarbeiterInnen anbietet, alle zwei Jahre selbst zu wählen, wie die Arbeitszeit aussehen soll. Ein Krankenhaus, in dem der Oberarzt nur zwei Tage in der Woche arbeitet: Er betreut an den anderen Tagen seine Kinder. Dort gibt es auch Ärztinnen, die nach der Elternzeit mit vier Stunden Wochenarbeitszeit wieder einsteigen dürfen. Unternehmen, die während der Elternzeit den Zugang zum Intranet aufrecht erhalten oder die auch in dieser Zeit die Teilnahme an Seminaren ermöglichen – natürlich mit dem Angebot einer Kinderbetreuung in dieser Zeit. Gerade wegen eines solchen Entgegenkommens zeigen sich diese MitarbeiterInnen besonders loyal und einsatzbereit. Bei dem Thema „Vereinbarkeit von Beruf und Familie" geht es aber auch um das Thema pflegebedürftige Eltern. Auch hier gibt es bereits Unternehmen, die Arbeitsmodelle anbieten, um die Pflege von Angehörigen zu unterstützen.

Die traditionellen Führungs- und Organisationsstrukturen lösen sich teilweise auf und verändern die Voraussetzungen für eine erfolgreiche Führung. Somit müssen nicht nur die Unternehmen selbst, sondern auch die für sie tätigen Führungskräfte umdenken und werteorientierte „Werbeträger“ werden. Sie müssen ihren MitarbeiterInnen eine Arbeitswelt bieten, in der sich Beruf und Familie vereinbaren lassen, in der MitarbeiterInnen wertgeschätzt werden, in der sie ihre Potenziale entfalten können und nicht, um hauptsächlich ihre Arbeit unter der Prämisse eines gewinnmaximierenden Controllings zu bewältigen.

Das Umdenken ist aber ein Lernprozess, der sich nicht einfach umsetzen lässt. Deshalb sind Hochschulen und Unternehmen gefordert, diesen Prozess zu unterstützen.

Schwierig kann aber auch der konsensuelle Versuch, neue Freiheiten und Wege der Selbstverwirklichung und -steuerung für die MitarbeiterInnen und die Unternehmen zu nutzen sein, da der Weg die Gefahr mit sich bringen kann, als selbstverständlich geltende Orientierungen zu verlieren. Die Anerkenntnis, dass dadurch Arbeitsorganisation, Kooperation und Führung komplexer werden und man die Vorstellung ihrer vollständigen Beherrschbarkeit nicht aufrechterhalten kann, ist notwendig, reicht aber nicht aus, um mit der neuen Erkenntnis umzugehen. *Gebert* (2003) versucht in diesem Zusammenhang zu skizzieren, inwiefern dabei Führung eine Rolle spielt und vergleicht das mit den bekannten und vielen Betroffenen Sicherheit vermittelnden traditionellen Steuerungsmechanismen, die sich überlebt haben, aber weiterhin einen gewissen Reiz ausüben (vgl. Abb. 7.1):

Bewusstseinsdimensionen (wie in Abb. 1 definiert):	Interessenheterogenität/-homogenität	gleichwertig/ungleichwertig	Einzelner/Kollektiv	voluntaristisch/ deterministisch	irrtumsbehaftet/irrtumsfrei
	I	II	II	IV	V
Förderliche Handlungswei weisen/Instrume nte für die offene Gesellschaft	Betonung des Betriebsverfassungsgesetzes, Konfliktoffenlegung	Ausländerintegration, Frauenförderung	Einräumen von Widerspruchsrecht, Gewährung von Freiräumen, Entstandardisierung	Verfahrensinnovationen, Organisationsentwicklung, Rollenverhandlung	Beurteilung nach oben, Fehlertoleranz
Förderliche Handlungswei weisen/Instrume nte für die geschlossene Gesellschaft	Pflege der Human Relations, Symbolische Führung, Weihnachtsfeiern	rangspezifische Casinos, koffertragende und folienauflegende Assistenten	Uniformen, Abzeichen, Corporate Identity, Belohnung von Betriebstreue	Betonung von Sachzwängen (technischer, ökonomischer, biologisch-anthropologischer Art)	Expertokratie, visionäre Führung, tranformation leadership, Wertedefinition von „oben“

Abb. 7.1: Innerbetriebliche Strategien zur Förderung von Bewusstseinsstrukturen, die der offenen oder geschlossenen Gesellschaft nahestehen (*Gebert*, 2003, S. 770).

7.1.2 Work-Life-Balance

Die individualisierten Vorstellungen des eigenen Lebens und der eigenen Berufstätigkeit finden hinsichtlich deren Priorisierung, Verteilung und Komplementarität eine gewisse Entsprechung im Konzept der Work-Life-Balance (*Schobert*, 2007; *Sonnentag & Fritz*, 2010; *Collatz & Gudat*, 2011)

7.1.2.1 Work-Life-Balance als Problem

Der Begriff Work-Life-Balance ist ebenso gut eingeführt wie missverständlich oder sogar unangemessen. Insofern ist es zentral, was genau er in einem bestimmten praktischen oder wissenschaftlichen Kontext bedeuten soll. Nach üblichen Gepflogenheiten wird das im praktischen Kontext nicht hinreichend bestimmt, da er als Chiffre oder Etikett für gerade das verwendet werden soll, worum es dem Sprechenden oder Unternehmen gerade geht. Das schlägt sich auch in der wissenschaftlichen Beschäftigung mit der Work-Life-Balance nieder. Ursprünglich aus dem Feld Familien-, genauer gesagt Mütterfreundlichkeit von Arbeitsverhältnissen kommend, bezieht er sich häufig bis in die Gegenwart überwiegend auf „Familienfreundlichkeit für Mütter jüngerer Kinder“ (*Gross*, 2012, S. 147). Eine modernere Lesart dieser Fassung ist familiäre Vereinbarkeit (für Mütter, Väter und Pflegende) von Erwerbsarbeit und dem „Rest des Lebens“. Hinsichtlich dieser „Life“-Komponente zeigt sich die begriffliche Hilflosigkeit z.B. im Titel einer Arbeit von *Sonnentag & Fritz* (2010): „Das Verhältnis von Arbeit und Lebensbereichen außerhalb der Arbeit ...“. Zumeist werden diese als das Familiendasein und die Freizeit oder Erholungsmöglichkeiten einer Person aufgefasst (vgl. *Ulich*, 2007) und schlagen sich hinsichtlich Maßnahmen zum Umgang damit insbesondere in Fragen der Arbeitszeit- und Arbeitsortgestaltung sowie Entgrenzung von Arbeitszeit und Arbeitsort nieder.

Nimmt man diese Bereiche außerhalb der eigentlichen Erwerbsarbeit genauer ins Blickfeld, fällt unmittelbar auf, dass es sich nicht nur um „Erholung von und Ressourcenaufbau für die Erwerbsarbeit“ (s. *Rudow*, 2011) sowie „Zeit für die Familie“ (s. *Greenhaus & Singh*, 2004; *Byron*, 2005) handelt, sondern ein wesentlich breiteres Feld an sinntragenden Lebensdomänen umfasst, die mit dem Schlagwort „Life“ zwar umfassend abstrahiert werden, in ihrer Abgrenzung von „Work“ jedoch als nicht gelungen anzusehen sind. Stellt doch z.B. *Ulich* (2007) aus arbeitspsychologischer Perspektive fest, dass Erwerbsarbeit kein vom Leben abgetrennter Aspekt ist, sondern vielmehr einen wichtigen Teil der Identitäts-, Kompetenz- und Persönlichkeitsbildung darstellt und außerhalb der Erwerbsarbeit sehr viele Tätigkeiten durchaus Arbeitscharakter haben, also den Rest des Lebens als die Phase der Erholung von der Arbeit zu charakterisieren zu kurz greift. Besser trifft es, die Dichotomie auf „Berufsleben vs. Privatleben“ zu fokussieren und sich dabei der vielfältigen Übergriffe und Komplementaritäten bewusst zu sein (*Gross*, 2012). Um der Vielfalt des Privatlebens gerechter zu werden eignet sich der eingeführte, aber weniger verbreitete Begriff der „Life-Domain-Balance“ besser (*Ulich*, 2007; *Schobert*, 2010), der verdeutlicht, dass neben den *auch* zentralen Aspekten des Berufslebens weitere zentrale Lebensdomänen treten, die interindividuell und über die Zeit gesehen auch intraindividuell durchaus unterschiedliche Gewichtung erfahren können. Dazu passt das Ergebnis der Münchener Wertestudien (s.o., *Stengel*

& Rosenstiel, 1985), bei denen nicht nur einseitig Karriereorientierte und einseitig Freizeitorientierte das Bild der Führungsnachwuchskräfte seit den 1970er Jahren bestimmen, sondern auch alternativ Engagierte, denen Arbeiten und Erholen allein nicht ausreicht.

Dass das Thema überhaupt so dichotom fokussiert ist, liegt an der grundlegenden Annahme, es wäre häufig so, dass Menschen mit ihren Ressourcen nicht beide oder alle Domänen in zufriedenstellender Art bedienen können und so Rollenkonflikte entstehen (vgl. Kap. 5.1). Es werden Probleme darin gesehen, dass sich Belastungsfaktoren der Arbeit massiv auf die Freizeit auswirken, d.h. Schwierigkeiten dabei, emotional, gedanklich, aber auch körperlich von der Arbeit abzuschalten und wieder auf normales Erregungsniveau zu kommen (*Kuiper, van der Beek & Meijman*, 1998). Das kann zu Schwierigkeiten mit dem privaten sozialen Umfeld führen, zu Leistungs- und Zufriedenheits- und Wohlbefindensproblemen dort, aber auch zur „Freizeitkrankheit", also dem Auftreten psychosomatischer Probleme in der Freizeit, insbesondere an Wochenenden und zu Urlaubsbeginn (vgl. *Rudow*, 2011, S. 178).

Es gibt diverse theoretische Ansätze zum Verhältnis von *Work* und *Life*, die außer der Vorstellung, dass es keine Beziehungen zwischen beiden gibt (Segmentierungs- oder *Segregationshypothese*), empirisch einige Belege finden (s. *Sonnentag & Fritz*, 2010). So postuliert die *Kompensationshypothese*, dass Freizeit dazu genutzt wird, arbeitsinduzierte Beanspruchung und Entbehrung zu kompensieren, die *Spillover-Hypothese*, dass Erfahrungen aus der Arbeit in die Freizeit mitgenommen werden und sich dort entsprechend auswirken, die *Konflikthypothese*, dass Arbeit und Freizeit bzw. Familie miteinander in Widerspruch, Konkurrenz und Antagonismus stehen und schließlich die *Bereicherungshypothese*, die davon ausgeht, dass die Erfahrungen verschiedener Lebensbereiche sich gegenseitig positiv beeinflussen. Dass für diese Hypothesen eine gewisse, aber stets keine wirklich überzeugende empirische Evidenz vorliegt, verweist vermutlich darauf, dass die Entscheidung nicht so sehr zwischen den verschiedenen Ansätzen liegt, sondern wie sie für einzelne Individuen relevant sind bzw. modellieren, wie es bei dieser Person aussieht.

Im Zusammenhang mit Personalführung in Unternehmen ist es aber zentral, neben der individuenzentrierten Perspektive, wie sie prototypisch vom deutschen *Bundesministerium für Familie, Senioren, Frauen und Jugend* (*BMFSFJ*, 2005, S. 4) definiert und beschrieben wird als „eine neue, intelligente Verzahnung von Arbeits- und Privatleben vor dem Hintergrund einer veränderten und sich dynamisch verändernden Arbeits- und Lebenswelt. Betriebliche Work-Life-Balance-Maßnahmen zielen darauf ab, erfolgreiche Berufsbiographien unter Rücksichtnahme auf private, soziale, kulturelle und gesundheitliche Erfordernisse zu ermöglichen" auch die unternehmensseitige Perspektive zu berücksichtigen, geeignete Mitarbeiterkompetenzen durch nachhaltige Bewirtschaftung unter besonderer Berücksichtigung der Erholung sowie anderer Lebensdomänen zu erschließen und zu mobilisieren, was die Veröffentlichung des *BMFSFJ* dann später auch in den Blick nimmt.

Die Privatzeit umfasst die Gelegenheiten, sich von möglichen Belastungen und Beanspruchungen der Arbeit zu erholen. Diese Erholung sollte einerseits im Interesse des

Unternehmens gewährleistet sein und sollte auch entsprechend gestaltet werden (*Rudow*, 2011). Dabei sollte aber sowohl im Interesse der Personals auch ihres sozialen Umfelds und damit mittelbar wieder des Unternehmens der Lebensvollzug in anderen zentralen Lebensbereichen nicht so beeinträchtigt werden, dass er über längere Zeit auf ein für die Person unbefriedigendes oder gar schädliches Niveau herabgedrückt wird. Besonders fokussiert werden in diesem Zusammenhang neben den traditionellen Themen körperlicher Belastung und langer Arbeitszeiten vor allem Auswirkungen von Arbeitsverdichtung und dem Übergreifen der Erwerbstätigkeit in die Zeit der anderen Domänen durch ein Aufweichen und Zerfließen der zeitlichen und räumlichen Grenzen (*Schaper*, 2011).

Damit rücken diverse Berufsgruppen in den Fokus, da sie in dieser Hinsicht als besonders gefährdet gelten, so z.B. „Neue Selbständige“, AußendienstmitarbeiterInnen, TelearbeiterInnen, Management- und SporttrainerInnen, IT-Fachleute und – Führungskräfte (*Rudow*, 2011, S. 178).

Freiberufler, „Freelancer“ oder „Neue Selbständige“ ohne vorgeschriebene und kontrollierte Arbeitszeiten sind in Hinsicht Work-Life-Balance in einer sehr differenziert zu sehenden Situation (vgl. *Süß & Sayah*, 2013 und auch die gesundheitsrelevante Komponente flexibler Arbeitsverhältnisse in Kap. 7.3). Einerseits besteht die Gefahr der (Selbst-)Ausbeutung und keine externe Kontrolle kann sie davor wirksam in Schutz nehmen. Im Wettbewerb mit anderen Anbietern kann sich das ungünstig auswirken. Da sie i.d.R. auch nicht (immer) in den Räumlichkeiten des Auftraggebers, sondern an selbst gewähltem Ort arbeiten, besteht dann die Gefahr, dass die Lebensdomänen ineinandergreifen und so die *Life*-Komponente Schaden nimmt.

Andererseits kann sich Freiberuflichkeit oder Einzelunternehmertum als Projektauftragnehmer positiv auswirken, wenn diese flexible Arbeitsform erst die gewünschte Vereinbarkeit ermöglicht, weil z.B. durch freie Zeiteinteilung und Wahl der räumlichen Gegebenheiten eine bessere Vereinbarkeit z.B. mit Pflege- und Erziehungstätigkeiten oder bei eigener Einschränkung der Mobilität, z.B. durch körperliche Versehrtheit, entsteht. Zentral hierfür ist neben der Einkommenssituation und damit der faktischen Entscheidungsmöglichkeit zur Annahme oder Ablehnung von Aufträgen die Fähigkeit der Person, die Domänen auszutarieren, also selbst Work-Life-Balance-Management zu betreiben.

Führungskräfte haben in der Regel höhere Wochenarbeitszeiten als ihre MitarbeiterInnen und entsprechend weniger Freizeit (vgl. Kap. 3.1). Da bei ihnen zu den Arbeitsrollen, die MitarbeiterInnen einnehmen (Kollege, Mitarbeiter) noch die des Vorgesetzten hinzukommt, und sie in ein Netz aus Beziehungen und Rollen eingesponnen sind, wodurch ihre Handlungsspielräume zwar anders und durch die MitarbeiterInnen als charakteristisch größer wahrgenommen werden (der/die Vorgesetzte entscheidet ja, was der/die MitarbeiterIn lediglich umsetzen darf), aber faktisch nicht größer sein braucht und i.d.R. komplexer ist, lässt sich nachvollziehen, dass die Work-Life-Balance gerade von Führungskräften sehr gefährdet sind. Freizeit dient ihnen häufig nur zur Erholung, oft durch umfangreichen Konsum. Aber auch dieser kann die Erholung beeinträchtigen, da ein hoher Druck(!) besteht, sich effizient zu erholen; außergewöhnliche, aktive Reisen zu machen; Häuser, Autos etc. zu kaufen, deren Anschaffungspreis so hoch ist, dass ihr Kauf umfangreicher Bewertungen und Kontrollen bedarf.

Effizienz, Leistung und Rationalität, die für den beruflichen Kontext gerade von Führungskräften oft als sehr wichtig erachtet werden, sind oft ziemlich unangemessen für die Freizeitgestaltung und das Familienleben. Übertragungseffekte von erfolgreichen beruflichen Verhaltensweisen können im privaten Umfeld problematisch sein und auf Ablehnung stoßen (*Streich*, 2003). Einseitige Ausrichtung auf die Arbeit, die auf Ablehnung im privaten Umfeld stößt, kann durchaus zu einer weiteren Erhöhung der Relevanzwahrnehmung der Arbeitssphäre beitragen. Bei weiterer Entwicklung entsteht die Gefahr von Workoholismus bzw. Arbeitssucht als übersteigerte Neigung, Arbeit und ihren Stellenwert für das eigene Leben ins Zentrum zu stellen, bis hin zum Verlust der Selbstkontrolle, klaren Anzeichen von Suchterkrankungen (*Spence & Robbins*, 1992; *Poppelreuter*, 1997; *Weimar, Braakmann, Gelo & della Schiava-Winkler*, 2009) und der Drohung des psychischen, körperlichen und damit letztlich auch beruflichen Zusammenbruchs.

Führungskräfte rücken einerseits als besonders gefährdete Gruppe ins Blickfeld, andererseits aber auch als diejenigen, die alltäglich und systematisch Einfluss auf die Work-Life-Balance ihrer MitarbeiterInnen nehmen und damit einen wesentlichen Beitrag zu deren Möglichkeiten zur Teilhabe an der betrieblichen Leistungserbringung leisten können.

7.1.2.2 Führung und Work-Life-Balance

Work-Life-Balance zu erreichen wird häufig als individuelle Aufgabe der arbeitenden Person gesehen: eine persönliche Leistung, die dahin geht, selbständig Erholungsmöglichkeiten zu schaffen und Work-Life-Konflikten proaktiv zu begegnen, z.B. durch deren grundsätzliche Vermeidung (*Schaper*, 2011, S. 493). Aber damit ist keineswegs ausgemacht, dass Unternehmen nicht unterstützend beitragen können, indem sie entsprechende Angebote machen, die den MitarbeiterInnen Work-Life-Balance ermöglichen und den Unternehmen Zugriff auf wichtige personelle Ressourcen und Kompetenzen ermöglichen. Im Gegenteil ist es grob fahrlässig, keine solche Maßnahmen zu ergreifen.

Faktische Unvereinbarkeit führt unweigerlich zu Fluktuation oder einem Zusammenbruch der Leistungsfähigkeit durch die Konsumption der physiologischen, persönlichen und sozialen Ressourcen zum Ausgleich der beruflichen (und ggfs. privaten) Beanspruchungen. Am offensichtlichsten ist das beim Ausscheiden von wettbewerbsfähigen ArbeitnehmerInnen aus dem Arbeitsmarkt. Das ist aber nur die auffälligste Variante. Teilzeitlösungen, Leistungszurückhaltung, Karriereverzicht auf der einen, (Selbst-)Ausbeutung, Arbeitssucht, Burnout und Stresssymptome mit Auswirkung auf die Leistungserbringung auf der anderen Seite sind weitere Stufen.

Work-Life-Balance hat oft bei Führungskräften und insbesondere in den oberen Führungsebenen keinen guten Ruf, da man selber „es" ja auch schafft. Aber: Andere Menschen haben vielleicht auch andere Ziele, ohne dabei bei der Arbeit faul zu sein, Personen anderer Gehaltsgruppen können sich die Kompensationsmaßnahmen nicht leisten, die bei (höheren) Führungskräften möglich sind (umfangreiche Kinderbetreuung, Haushaltshilfe oder Hausangestellte, schnelle und damit teurere Wocheneinkäufe, etc.) bzw. haben nicht die Zeitsouveränität, auf die Bedürfnisse der Familie einzugehen (Geburtstage, Jubiläen, Schulferien etc.), um die soziale Ressource entspannt zu pflegen.

MitarbeiterInnen sind häufig Willens, Leistungsfähigkeit und Motivation einzubringen, wenn sie es dürfen und es ihnen ermöglicht wird. Aber Selbstverwirklichung kann auch in anderen Domänen stattfinden und MitarbeiterInnen fordern diese Möglichkeiten in unterschiedlichem Maß. Dass solche MitarbeiterInnen „unmotiviert" sind, die (auch) in anderen Domänen Selbstverwirklichung suchen, ist zwar eine einfach auszusprechende Verunglimpfung, verkennt aber die gesellschaftliche und soziale Realität ebenso wie die eigene Leistungsfähigkeit der Organisation, die Ressourcen der MitarbeiterInnen auf sich zu lenken. Hier zu einer für die Organisation möglichst günstigen Bilanz zu kommen – auch (und evtl. vor allem) unter dem Druck fortschreitenden und teilweise selbst produzierten Mangels an erforderlichen hochqualifizierten Arbeitskräften (Frühverrentungspolitik, wenig Aus- und Weiterbildung, keine Weiterbildung für Ältere, Frauen, die Mütter werden aus Laufbahnen schieben oder sie erst gar nicht hineinlassen, Karriereaussichten nur unter dem Opfer der restlichen Lebensdomänen, etc.) ist das Thema von Work-Life-Balance aus Perspektive der Unternehmen.

Vorteile von Work-Life-Balance-Maßnahmen für Unternehmen lassen sich ausmachen in (vgl. *Gross*, 2012, S. 149 f.):

- einem besseren Zugriff auf (potenzielles) Personal: Unternehmensimage für Recruiting, konkrete Angebote in Stellenbesetzungsverfahren und unmittelbare Leistungen für die MitarbeiterInnen,
- schnelleren und besseren Rückkehrmöglichkeiten und vereinfachtem Wiedereinstieg nach längerer Pause,
- geringeren Abwesenheiten und geringerer Fluktuation,
- höhere Motivation und Leistungsbereitschaft der in den Genuss der Maßnahmen Kommenden.

Ulich (2007) schreibt zu Maßnahmen zur Förderung der Work-Life-Balance oder, wie er begrifflich klarstellt: *Life-Domain-Balance,* plakativ von:

- lebensfreundlichen Arbeitszeiten
- familienfreundlichen Arbeitsorten
- persönlichkeitsförderlichen Arbeitstätigkeiten

als den Schwerpunkten.

Teilweise kongruente zentrale Domänen von Maßnahmen zur Balancierung von Lebensdomänen, die für Unternehmen unmittelbare oder mittelbare Vorteile mit sich bringen können, sind Gesundheitsförderung (vgl. auch Kap. 7.3), Familienfreundlichkeit und weitere Lebensdomänen.

Gesundheitsförderung

Hinsichtlich der Gesundheit sind traditionell zu lange, wechselnde oder unvorhersehbare Arbeitszeiten problematisch. Dazu treten neuere problematische Entwicklungen wie

- das Übergreifen von Arbeitsepisoden auf Privatzeiten nicht nur durch die herkömmlichen Phänomene wie Überstunden, sondern die mittlerweile technisch mögliche ständige Erreichbarkeit und deren Einforderung bei verschiedenen Berufs- und Statusgruppen,
- Arbeitsverdichtung über Optimierung von Arbeitsabläufen oder erhöhte Verantwortungsübertragung ohne entsprechende Erweiterung des Handlungsspielraums.

Übermüdung, Übertragung beruflicher Problematiken auf private Lebensbereiche, gesundheitliche Probleme durch Überbeanspruchung, Burnout und andere Folgen führen zu erhöhtem Zeit- und Ressourcenbedarf für die Erholung *und* deren gleichzeitiger Beeinträchtigung durch die Berufstätigkeit. Folgen für die berufliche Tätigkeit sind nachlassende Arbeitszufriedenheit und -motivation, steigende Fehler- und Unfallgefahr, erhöhter Absentismus und geminderte Leistungsfähigkeit wegen gesundheitlichen Schwierigkeiten (vgl. *Kolb*, 2010).

Maßnahmen von Unternehmen und Führungskräften sind Angebot und reale Durchführung entlastender Arbeitszeitmodelle, Vermeidung längerer Unterbesetzungen, realistische Aufgabenerteilung oder Zielvereinbarung (Keine Leistung ohne entsprechende Ressourcen und Spielräume!), Rücksichtnahme bei privaten Problemen, Coaching etc. (vgl. Kap. 7.3).

Familienfreundlichkeit

Für Unternehmen ist es ökonomisch, familienfreundliche Work-Life-Balance-Maßnahmen anzubieten und umzusetzen. Sie können nachweislich das Unternehmensimage bei potenziellen und aktuellen ArbeitnehmerInnenn erhöhen, MitarbeiterInnen motivieren und an das Unternehmen binden. Unternehmen können sich auf diese Weise die Kompetenzen von Personen sichern, die ansonsten durch familiäre Verpflichtungen (und andere private Gründe) nicht im Unternehmen verbleiben oder eintreten könnten. Grundsätzlich ist es für Unternehmen ökonomisch, die soziale Ressource „Familie“ ihrer MitarbeiterInnen zu stärken, da diese, wenn sie stabil ist und nicht etwa durch den Beruf destabilisiert wird, die besten Voraussetzungen bietet, mit Stress, Beanspruchung etc. umzugehen (*coping*, vgl. *Lazarus*, 1974; *Zapf & Semmer*, 2004), Burnout vorzubeugen, Erholungszeiten kurz zu halten, längere anstrengende Phasen besser auszuhalten. Belastet also das Unternehmen das soziale Netzwerk der MitarbeiterInnen oder hält sie davon fern, sägt es am eigenen Ast.

Familienfördernde Maßnahmen beziehen sich überwiegend auf Arbeitszeiten und den Arbeitsort, aber auch andere Felder. Maßnahmen sind Arbeitszeitgestaltung, Telearbeit, Teilzeitangebote, Angebot von Kinderbetreuung (im Unternehmen selbst oder finanziell gefördert), Elternzeit arbeitnehmerfreundlich auszugestalten, Wiedereinstiegsgestaltung, aber auch die Pflege von Angehörigen mit Arbeitsplatzerhalt unterstützen (rechtl. Grundlage im Pflegezeitgesetz), Beratung (eigenes Sozialwesen bzw. Personalabteilung, Sonderurlaub etc. (vgl. *Kolb*, 2010, S. 153 f.). Führungskräfte haben dabei insbesondere die Aufgabe als Diagnostiker, Berater und Unterstützer zu fungieren, sicherzustellen, dass

- zweckmäßige Maßnahmen auch umgesetzt werden und Kompetenzorientierung und nachhaltige Leistungserbringung vor substanzschädigender Maximalleistung und
- individuelle Lösungen statt Durchschnittsregulierung, die viele geeignete MitarbeiterInnen aus den angemessenen Positionen und damit einer optimalen Leistungserbringung des Unternehmens drängt

stehen. Sie haben dafür zu sorgen, dass Nachhaltigkeit in der nicht als laue Mittelmäßigkeit abqualifiziert wird, sondern sie als insgesamt vorteilhaft kommunizieren, auch wenn dabei Bequemlichkeit und Vorhersehbarkeit ein Stück reduziert werden. Natürlich – und das wird wohl eines der am häufigsten gebrauchen Gegenargumente sein – ist das aufwändiger und erfordert höhere Aufmerksamkeit der Führungskräfte. Die Frage stellt sich aber nicht (nur) nach dem Aufwand und den Kosten, sondern der längerfristigen Rentabilität.

Gross (2012) stellt differenzierend fest, dass hinsichtlich Familienfreundlichkeit die Unterstützung von Frauen und Männern in unterschiedliche Richtungen verläuft, die nur noch zum Teil hergebrachten Geschlechterschemata entsprechen. Während es bei Frauen verstärkt darum geht, ihnen überhaupt den Zugang zu beruflichen Laufbahnen zu öffnen bzw. offen zu halten (Wiedereinstieg, Teilzeit in qualifizierter Tätigkeit, etc.), geht es bei Männern eher um deren Zugang zum Privaten, v.a. ihrer Familie. Gerade in der Folge gesellschaftlicher Entwicklungen, in der Kinder nicht als „selbstverständlich", sondern als Ergebnis umfassender Planungs- und Entscheidungsprozesse einen entsprechenden Stellenwert im eigenen Leben einnehmen, wollen nicht nur Mütter, sondern auch Väter in der (zumindest während die Kinder klein sind) Ein-Verdiener-Familie, gerne eine aktive Rolle innerhalb der Familie spielen, statt Wochenendväter oder „Onkel Papa" zu sein (vgl. *Krüger, Kiefer, Feld, Diwersy & Li*, 2008).

Auch Führungskräfte sollten an Work-Life-Balance-Maßnahmen von Unternehmen teilhaben können. Dafür ist zusätzlich zu denselben Gründen wie für ihre MitarbeiterInnen ins Feld zu führen, dass sie für den Erfolg des Unternehmens als besonders wichtig wahrgenommen werden. Hierbei wird z.B. Teilzeitarbeit von Führungskräften als Work-Life-Balance-Maßnahme diskutiert (*Blum, Henschel, Radermacher & Wagner*, 2008), häufig aus Perspektive moderner Arbeitsorganisations- und Kooperationsformen (z.B. verteilte Führung oder virtuelle Teams, s. Kap. 8.1 bzw. 8.2), die das ermöglichen. Aber dem stehen oft traditionelle Vorstellungen entgegen, z.B. dass Führungskräfte, gerade weil sie Schlüsselpositionen inne haben, allzeit bereit zu sein haben, um ihre MitarbeiterInnen zu kontrollieren und ohne Zeitverzug Entscheidungen zu treffen. So ist der Blick der Forschung in diesem Zusammenhang einstweilen recht stark auf den Öffentlichen Dienst fokussiert, der durchaus solche Möglichkeiten bietet.

Weitere Lebensdomänen

Work-Life-Balance-Maßnahmen in Unternehmen haben häufig auch eine über die Erholung und die Familienfreundlichkeit durch Arbeitszeit- und Arbeitsortgestaltung hinausgehende, auf die Persönlichkeitsentwicklung zielende Komponente. Sportangebote, Interessengemeinschaften unterstützen, kulturelle Veranstaltungen, Bibliotheken, betriebliches Reisebüro zur Verfügung stellen etc. sind zumindest teilweise solche Angebote. Diese zu unterstützen, aber auch MitarbeiterInnen zur Teilhabe an gesellschaftlichen Entwicklungen zu ermutigen und entsprechende Initiativen zu unterstützen, vielfach auch als Maßnahmen der *Corporate Social Responsibility* (*Freeman, 1984; McWilliams & Siegel, 2000; Schneider & Schmidpeter*, 2012) daherkommend, ist ein weiteres Wirkungsfeld für Führungskräfte. Dass es dabei weder um Erholung noch um die Familie geht, macht das Feld für viele Führungskräfte etwas schwer zu durchschauen.

Eine eher auf jüngere MitarbeiterInnen abzielende Maßnahme ist es, After-Work-Events zu organisieren, die insbesondere MitarbeiterInnen ohne soziale Netzwerke am Ort (v.a. aus beruflichen Gründen Zugezogene) oder ohne eigene Familie Entspannung, Erholung und Sich-Fallenlassen organisiert gestalten. Ihnen werden so Möglichkeiten geboten, sich ohne dem Stress andauernder neuer Kontaktorganisation eine aktive soziale Freizeitgestaltung zu betreiben (*Rudow*, 2011, S. 180). Für ältere MitarbeiterInnen oder solche, die entspannt ihre Freizeit organisieren, sind solche Veranstaltungen dagegen zusätzlich der *Work*-Zone zuzuordnen und beeinträchtigen die Balance eher, als sie zu fördern. Also ist nicht zuletzt durch Führungskräfte abzuwägen, welche Art Events unterstützt werden und ob das Kriterium des gemeinsamen Gruppenerlebnisses (was dazu führt, dass möglichst alle MitarbeiterInnen teilnehmen sollen) oder das der organisierten Freizeit (die sich nur sehr gezielt an diejenigen richtet, die ihrer bedürfen) als wichtiger eingeschätzt und dementsprechend gehandelt wird.

7.1.2.3 Fazit

Um die MitarbeiterInnen je nach ihrem individuellen Bedarf in ihrer Work-Life-Balance zu unterstützen, sind nicht nur Fragen des Arbeitsorts und der Arbeitszeit relevant oder möglich, sondern die Verfügung über weitere Ressourcen wie Handlungs- und Entscheidungsspielräume, Kompetenzen als psychologische und emotionale Ressourcen sowie soziale Ressourcen und nicht zuletzt Geld (*Gross*, 2012, S. 149). *Beauregard & Henry* (2009) konstatieren, dass die Forschung zu Effekten von Work-Life-Balance-Interventionen auf die Leistungserbringung noch nicht zu festen Erkenntnisbeständen geführt hat (ähnlich *Mohe, Dorniok & Kaiser*, 2010). Trotzdem lässt sich die Wirkung von Work-Life-Balance-Programmen und einzelnen Maßnahmen auf verschiedenen leistungs- und unternehmenserfolgsbezogenen Kriterien nachweisen, so z.B. affektivem Commitment, das in positivem Zusammenhang mit der Leistungsbereitschaft und negativem Zusammenhang mit der Fluktuationsneigung steht (*Rhoades, Eisenberger & Armeli*, 2001; *Meyer, Stanley, Herscovitch & Topolnytsky*, 2002; *Wright &*

Bonett, 2003; *Wick & Dutke*, 2004). Zum Beispiel fanden *Kaiser, Ringlstetter, Reindl & Stolz* (2010) bei UnternehmensberaterInnen einen positiven Zusammenhang zwischen Work-Life-Balance-Maßnahmen ihrer Arbeitgeber und affektivem Commitment oder *Casper, Harris, Taylor-Bianco & Wayne* (2011) zwischen unterstützenden Maßnahmen des Vorgesetzten und affektivem Commitment der MitarbeiterInnen. Für den Aspekt familienfreundlicher Work-Life-Balance-Maßnahmen vgl. *Schneider, Gerlach, Juncke & Krieger*, 2012).

Hier wie in anderen Feldern ist es Aufgabe der Führungskräfte, sensibel zu sein, auf die Individualität der MitarbeiterInnen einzugehen, deren Bedürfnisse zu berücksichtigen. Das gilt für den (Führungs-)Alltag ebenso wie auch in den in ihrer Verantwortung oder unter ihrem Einfluss stehenden Rahmenbedingungen. Dabei ist neben der in den Werthaltungen der (Führungs-)Person ruhenden Vorstellung von Menschenfreundlichkeit das Interesse des Unternehmens an effizienter und nachhaltiger Leistungserbringung ins Zentrum der Überlegung zu stellen und zu berücksichtigen, dass die Pflege der Work-Life-Balance sowohl der eigenen Person als auch die der MitarbeiterInnen dazu einen realen und u.U. nicht anders zu erzielenden (z.B. im Fall des Verlusts gerade eines leistungsstarken Mitarbeiters durch zu rigide Arbeitszeitregelung oder zu ausufernde Übergriffe ins Privatleben) Beitrag leisten kann.

Die Idee der Work-Life-Balance geht davon aus, dass Menschen unterschiedliche Ressourcen zur Verfügung haben und somit auf Beanspruchung unterschiedlich reagieren – sowohl im Erleben als auch im Verhalten. Ein Konzept, zu dem sich aus dieser Sicht gut überleiten lässt, ist grundlegender und allgemeiner: Diversity befasst sich mit der Individualität bzw. Verschiedenheit von Menschen, Diversity Management mit deren Implikationen für Organisation und Führung.

7.1.3 Diversity Management

Traditionell herrscht die Ansicht vor, die Belegschaften von Unternehmen könnten in einer Durchschnittsregulierung geführt werden, da sich die MitarbeiterInnen grundsätzlich ähneln (vgl. *von Rosenstiel et al.*, 2005). Darauf bauen z.B. die traditionellen Menschenbilder des *homo oeconomicus*, der *Theorie X* und *Theorie Y* (*McGregor*, 1960), des *rational-economic man*, des *social man* und des *self-actualizing man* (*Schein*, 1965, vgl. Kap. 9.1) sowie viele andere auf, wie unterschiedlich deren Inhalte auch sein mögen. Erst allmählich setzte sich trotz vielfacher Erfahrung, dass Belegschaften sich aus sehr verschiedenen Menschen zusammensetzen können, die Einsicht durch, dass es für Unternehmen zumindest vorteilhaft ist, sich mit den Unterschieden oder der Verschiedenartigkeit der MitarbeiterInnen zu beschäftigen. Lange Zeit galt in Unternehmen und bei der wissenschaftlichen Betrachtung das Bild vom deutschen, männlichen, christlichen und bevorzugt allein für den Unterhalt einer Familie sorgenden Mitarbeiter als der Prototyp, aus dem sich die Belegschaft zusammensetzt. Abweichungen galten allenfalls für bestimmte Branchen und Berufszweige, die zumeist wenig Renommee besaßen oder für die unteren Belegschaftsgruppen, Handlanger für inhaltlich einfache und/oder körperlich schwere Arbeiten. Ähnliche Prototypen gelten auch für andere Länder, z.B. für die USA weiße, protestantische Männer der Mittelschicht (*Yukl*, 2010).

Mittlerweile zeigen sich so weitreichende und flächendeckende Veränderungen in den Belegschaften, dass bereits der *Versuch*, MitarbeiterInnen so zu führen, als ob es diese homogene Durchschnittsbelegschaften noch (aber gab es sie tatsächlich jemals?) gäbe, als suboptimal bis unmöglich erweist. Durch teilweise interdependente gesellschaftliche und demographische Entwicklungen werden in immer mehr Berufszweigen, Branchen und Unternehmen die Belegschaften differenzierter. Auch auf die Hierarchiestufen hat der Wandel übergegriffen. Wo bislang eher in klar umgrenzten Kontexten (Bergbau, Landwirtschaft, Bauwirtschaft, Produktion, untere Ebenen im Sozial-, Gesundheits- und Bildungswesen) definierte Gruppen „Anderer" (polnische Arbeiter für den Bergbau im Ruhrgebiet oder für die Spargelernte, jugoslawische Saisonarbeiter in der Gastronomie, italienische „Gastarbeiter" für die Baustellen und die Produktion in städtischen Fabriken, Frauen) arbeiteten, so lösen sich solche Klarheiten immer weiter auf. Und auch die Mitglieder des Prototyps werden durch sich differenzierende Lebensstile und Werthaltungen verschiedener.

Unternehmen werden sich also der Tatsache zu stellen haben, dass sie eine heterogene Mitarbeiterschaft zu führen haben, die sich aus sehr verschiedenen Menschen zusammensetzt und dass diese Unterschiedlichkeiten vielfältiger und weitreichender sind, als dass sie mittels Durchschnittsregulierung optimal zu führen wären. Dies erfordert eine Führung, die einerseits Konflikten aus der Zusammenarbeit heterogener Belegschaften gegensteuert und andererseits die Heterogenität sogar produktiv nutzbar macht (vgl. *Gutting*, 2012; *Yukl*, 2010, S. 471).

7.1.3.1 Diversity

Für die Unterschiedlichkeit, Vielfalt oder Heterogenität der Menschen in Unternehmen (und der Gesellschaft allgemein) hat sich der Begriff der *Diversity* oder *Diversität* etabliert. Er bezeichnet in diesem Zusammenhang die zunehmende psychologische, demographische und verhaltensmäßige Vielfalt von Menschen, die dieselben Berufsrollen und Positionen in Unternehmen einnehmen (vgl. *Lieber*, 2011, S. 172; *Oechsler*, 2011, S. 109). Allgemeiner wird „Diversität als das Vorhandensein vielfältiger Lebensstile, Identitätsbezüge sowie als Sammelbegriff für gesellschaftlich als relevant anerkannte Unterscheidungsmerkmale verstanden" (*Bendl, Hanappi-Egger & Hofmann*, 2012, S. 11). Diversity in Unternehmen nimmt die Veränderungen in der Gesellschaft sowie die Neubewertung altbekannter Sachverhalte (z.B. Alter, Geschlecht, Nationalität etc.) auf.

Häufig bilden soziale Kategorien (Alter, Geschlecht, Bildung, sexuelle Orientierung etc.) die Grundlage für die Definition von Diversität. Allerdings ist zu beachten, dass Kategorisierungen Unterschiede z.T. erst (sozial) hervorbringen (*Tajfel*, 1978; *Cox*, 1995), zumal die Homogenität innerhalb der betroffenen sozialen Gruppen zumeist außer hinsichtlich der bezeichnenden Variable sehr gering ist und sogar die Variable selbst nicht so trennscharf: Ab wann sind z.B. MitarbeiterInnen *ältere* MitarbeiterInnen?

Vgl. dazu auch Zusatzdokument 30.

Kategorisierungen und Stereotype fördern das Denken in *Wir* und *Sie*, in Freund und Feind (*Tajfel*, 1978) und dienen der hegemonialen Angrenzung sozialer Gruppen gegenüber anderen, indem sie sich Überlegenheit oder zumindest „Normalität" zuschreiben, während die anderen als unterlegen oder abweichend gelten (*Hofmann*, 2012, S. 32).

Immer stellt sich aber die Frage, welche Unterschiede, welche Verschiedenartigkeit in Kooperationssituationen relevant ist oder zumindest so wahrgenommen werden könnte: Variabilität in Körpergröße, Ernährungspräferenzen und ästhetischem Empfinden wird üblicherweise in relativ weiten Spannen als unerheblich erlebt. Erst im Extrem wird daraus „Behinderung", „Krankhaftigkeit" oder sonst ein Stigma. Bei anderen Faktoren wie dem Alter können viel größere Prozentsätze ausgegrenzt werden, beim Geschlecht 50% und bei kulturell Anderen oder „Ausländern" sogar fast alle Menschen.

Dimensions- oder Ebenenmodelle versuchen die Faktoren zu kategorisieren, um die kaum überschaubare Zahl möglicher Differenzierungen beschreibbar zu machen. Prominent sind 2-Kategoriensysteme (vgl. *Rastetter*, 2006, S. 83; *Oechsler*, 2011, S. 109) mit Bezeichnungen wie demographische bzw. beziehungsorientierte bzw. nicht-aufgabenbezogene bzw. beobachtbare (Alter, Geschlecht, Behinderung, ethnische Zugehörigkeit, Berufsgruppe, Werdegang, Berufserfahrung, Status) vs. organisationale bzw. aufgaben- bzw. sachbezogene bzw. nicht oder kaum direkt beobachtbare (Werthaltungen, Einstellungen, Religion, Berufsorientierung) Dimensionen. *Gardenswatz & Rowe* (1995) haben ein gelegentlich rezipiertes Ebenenmodell beigesteuert, das zwischen *in* der Person vs. *außerhalb* der Person liegende Unterschiedlichkeiten differenziert: Persönlichkeit – kaum veränderbare persönliche Aspekte – eher Demographisches und Erfahrungen – organisationale Aspekte wie Arbeitsaufgabe und Funktion. *Ladwig* (2003, S. 450) unterscheidet ähnlich zwischen:

- demographischen Merkmalen (u.a. Behinderung, Ausbildung, Familienstand, kultureller Hintergrund),
- Fachwissen und Erfahrung,
- Wertesystem (Glauben, Geisteshaltung, Werte),
- Persönlichkeit (Verhalten, Auftreten, Ausstrahlung, Arbeitsorganisation),
- sozialem Status.

Entsprechend der vielen Möglichkeiten, verschieden zu sein, hat die Forschung mittlerweile Indizes und andere Darstellungsformen für das Ausmaß der Vielfalt in Unternehmen oder Arbeitsgruppen erarbeitet (vgl. *Voigt & Wagner*, 2006), die auch als Variable zur Vorhersage von deren Leistung herangezogen wird (vgl. *Stock*, 2005, s.u.).

Vielfalt gilt häufig – sowohl für die Führung von Gruppen als auch für die Kooperation innerhalb der Gruppe an sich – zunächst als unangenehm oder unbequem. Für die Führung von Gruppen wird Vielfalt häufig als bedrohlich für die Beherrschbarkeit der Situation durch den Willen anderer gesehen oder zumindest als eine Unterschiedlichkeit, die zur Differenzierung zwingt und damit das ohnehin schon komplexe Feld der Führung noch anspruchsvoller macht. Und tatsächlich ist der Umgang mit Verschiedenartigkeit, also im Extremfall mit lauter Individuen statt einer *Belegschaft* aufwändiger als der mit lauter Gleichartigen. Aber gegebenenfalls ist es den zu erbringenden Mehraufwand wert – möglicherweise ist der Mehraufwand, der entsteht auch nur *Ergebnis* einer vorherigen Kategorisierung von Personen, die bestimmte Führungsaktivitäten impliziert, die bei bewusster Führung verschiedenartiger MitarbeiterInnen erst gar nicht erbracht werden müsste.

Geht eine Führungskraft davon aus, dass die MitarbeiterInnen ihrer Abteilung sich darin gleichen, dass sie nach Statussymbolen streben, so ist ein differenziertes System zur Zuteilung dieser notwendig, um ein Statusgefüge darzustellen (also ggfs. erst zu produzieren). Z.B.: Wer bekommt einen Dienstwagen? Welcher Marke? Welchen Modells? Welchen Alters? Zur Privatnutzung? Kraftstoff auf Unternehmenskosten? Und so weiter. Ist diese Form traditionellen Statusdenkens aber nicht für alle, evtl. sogar nur für wenige MitarbeiterInnen von Interesse, kann die Führungskraft sich diesen Aufwand sparen und die entsprechende Energie kann zielorientierter für die Leistungserbringung aufgebracht werden. Auch das Statussymbolsystem für die wenigen wirklich daran interessierten kann dann erheblich einfacher gehandhabt werden.

Für die Kooperation ergeben sich u.a. Unannehmlichkeiten daraus, dass entsprechend der Ansätze zur sozialen Identität (*Tajfel*, 1978) und der Ähnlichkeits-Attraktions-Hypothese (*Byrne*, 1971) davon auszugehen ist, dass das gegenseitige Verständnis, die Kommunikation und damit letztlich die Kooperation mit ähnlichen Personen als angenehmer erlebt wird und reibungsloser verläuft als mit unähnlichen Personen. Mit diesen ist die Wahrscheinlichkeit für Konflikte erhöht, die verschiedenen Perspektiven oder schlicht aus Missverständnissen erwachsen, deren Quellen es bei ähnlichen Personen nicht gibt (z.B. kulturelle Unterschiede). Unterschiede bieten auch zusätzliche Ansatzpunkte für mikropolitische Aktionen: So können sich gegenseitig definierende Untergruppen von MitarbeiterInnen auch einander ausgrenzen und die Teamleistung nachhaltig stören. Es könnten sich z.B. in einem Team „Junge" (sich als flott, dynamisch, modern Sehende) vs. „Alte" (sich als erfahren, besonnen, nicht so oberflächlich Sehende) positionieren, sich gegenseitig von Information ausschließen und die Teamleistung damit beeinträchtigen – und alle sind damit einverstanden (*Ladwig*, 2003, S. 450). Mit der Vielfalt sind also potenzielle Probleme verknüpft, bzw. ohne weitere Beachtung besteht eine erhöhte Wahrscheinlichkeit, dass sie (in größerem Umfang) entstehen.

Allerdings liegen auch umfassende Erkenntnisse dazu vor, dass Kooperationserfahrung zwischen verschiedenen Personen diese Schwierigkeiten reduzieren kann (vgl. *Rastetter*, 2006) und auch homogene Teams können spezifische Probleme haben: Ein Projektteam aus Nachwuchskräften durch ständige interne Machtkämpfe, da jeder noch etwas zu beweisen hat; oder Teams nur aus Männern bzw. nur aus Frauen durch versierte geschlechtsspezifische Konfliktaustragung, die jeweils alle beherrschen und die sich deshalb verselbständigen können (*Ladwig*, 2003, S. 450). Heterogene Gruppen bergen auch das Potenzial von Vorteilen gegenüber homogenen Gruppen. Dabei geht es um Vorteile, die gerade aus der Unterschiedlichkeit bzw. aus deren konstruktiver Kombination oder Integration entstehen können. Üblicherweise werden dabei erhöhte Flexibilität, Kreativität, Problemlösequalität und Innovationskraft genannt (vgl. z.B. *Rastetter*, 2006, S. 87; *Lieber*, 2011, S. 172). Und tatsächlich lassen sich durchaus Leistungsvorteile heterogener Gruppen und Organisationen gegenüber homogenen zeigen (*Swann, Polzer, Seyle & Ko*, 2004).

Ferner ist zu fragen, inwiefern angesichts demographischer und gesellschaftlicher Tendenzen sich die Frage nach dem *ob* von homogenen Gruppen überhaupt stellt. Evtl. kann die homogene Arbeitsgruppe eher als (zunehmend) theoretischer Vergleichsmaßstab hinsichtlich Leistungsgüte und –menge verstanden werden, wenn es um die Organisation und Führung heterogener Gruppen geht. Damit stellt sich nicht allein die Frage, ob heterogene oder homogene Teams leistungsfähiger sind, sondern vor allem die nach den Bedingungen, unter denen heterogene Teams effektiv und effizient arbeiten. Somit geht der Blick darauf, wie heterogene Arbeitseinheiten (im Unterschied zur traditionellen Vorstellung von Kooperation und Führung) funktionieren und wie sie sich optimal ausrichten und unterstützen lassen, um bestmögliche, nachhaltige Leistung zu erbringen.

Dazu haben sich mittlerweile einige Erkenntnisse angesammelt, die in die Überlegungen zur Führung von Vielfalt einbezogen werden können. So brauchen heterogene Teams länger, um sich als Einheit zu finden und Probleme in der Zusammenarbeit zu lösen. Ist das gelungen, sind sie häufig leistungsstärker als homogene Teams – wenn es um kreative Aufgaben und Problemlösungen geht. Multikulturelle Gruppen scheinen entweder besonders effektiv oder ineffektiv zu arbeiten – abhängig davon, ob sie das Synergiepotenzial der Unterschiede nutzen und die Koordinations- und Integrationsprobleme lösen können oder nicht (*Podsiadlowski*, 2002). *Stock* (2005) fand eine umgekehrt u-förmige Beziehung zwischen Teamheterogenität und (Prozess-)Qualität der Entscheidungsfindung. *Cronin & Weingart* (2007) fanden charakteristische Schwierigkeiten für die Leistungserbringung in Teams hoher fachlicher Diversität, indem die Informationsverarbeitung im Team auf der Basis begrifflicher Unterschiede, der Situation, dass es keine äquivalenten Konzepte in den Fachrichtungen gibt und fach- bzw. funktionsspezifischer unterschiedlicher Einschätzungen (z.B. hinsichtlich von Wert und Relevanz eines Aspekts), zusammenbrechen kann (vgl. *Gebert*, 2004). Fachliche Diversität muss also keineswegs leistungs- und auch nicht einmal innovationsförderlich sein. Dazu sind einige zusätzliche Bedingungen notwendig (vgl. Kap. 8.1).

Da die Forschungsergebnisse widersprüchlich sind, drängt sich die Folgerung auf, dass Homogenität und Heterogenität abhängig von den Rahmenbedingungen wie der Aufgabe und ihren Bedingungen Vorteile oder Nachteile haben können (*Thomas*, 1999; *Wegge*, 2003; *Rastetter*, 2006). Dazu ergeben die Erkenntnisse das Bild, dass heterogene Teams überlegen sind:

- in bestimmten Arbeitsfeldern (z.B. Forschung und Entwicklung),

- unter bestimmten Voraussetzungen (z.B. wenn ein wirkungsvolles Diversity Management implementiert ist),
- bei bestimmten Aufgaben (z.B. Kreativität und Aufgabenqualität ohne übermäßigen Zeitdruck),
- abhängig von Art, Ausmaß und Verteilung der Diversityfaktoren in der Arbeitseinheit.

Zentrale Erkenntnis dabei ist, dass nur wenn Bewusstsein für Diversity gegeben ist, Unterschiede effektiv genutzt werden können, sonst sind unterschwellige Störungen und Behinderungen zu befürchten.

7.1.3.2 Diversity Management

Unterschiede zwischen Menschen anzuerkennen und das Bemühen, mit diesen Unterschieden umzugehen, ohne sie zu leugnen oder abzulehnen, war eine Quelle der Beschäftigung mit dem, was mit der Zeit zu *Diversity Management* wurde. Ganz allgemein fasst es *Hofmann* (2012, S. 33): „Diversitätsmanagement kann unterschiedlichste Formen des Umgangs mit Diversität in Organisationen bezeichnen". Es ist das Bemühen von Unternehmen, eine heterogene Belegschaft so zu organisieren und zu führen, dass die Potenziale Aller möglichst so integriert werden, dass sie optimal zur Wertschöpfung des Unternehmens beitragen (*Oechsler*, 2011, S. 109; vgl. *Krell*, 2008), dabei wird in neueren Konzeptionen „Vielfalt als Ressource … als Quelle neuer Wertschätzung und Wettbewerbsfähigkeit" betrachtet (*Gutting*, 2012, S. 119; vgl. auch *Süß & Kleiner*, 2007).

Diversity Management kann viele verschiedene Gesichter und unterschiedlich breiten Fokus haben. In der Historie des Konzepts mitsamt seinen Vorläufern (*Thomas & Ely*, 1996, S. 79 ff.; vgl. *Becker*, 2006; *Jensen-Dämmrich*, 2011) ging der Weg

- von gezielten Bemühungen, Nachteile von identifizierbaren, unterprivilegierten ArbeitnehmerInnengruppen (z.B. Frauen, Behinderte, Menschen anderer ethnischer Herkunft) durch konkrete Maßnahmen auszugleichen (sog. *positive Diskriminierung* bzw. *affirmative action* z.B. über Beschäftigungsquoten oder andere ordnungspolitische Eingriffe wie finanzielle Eingliederungshilfen), was bis zur Jahrtausendwende der vorwiegende Fokus war und auch weiterhin eine wichtige Rolle spielt,
- über den Versuch, mittels Abdeckung der potenziellen Kundenstruktur in der Mitarbeiterstruktur verbesserten Zugang sowohl zu einheimischen Marktsegmenten wie auch dem globalen Markt zu erhalten,
- bis hin zur aktuell am meisten fokussierten Vorstellung, dass die Erschließung der Potenziale von Menschen über einen individualisierten, strikt kompetenzorientierten und damit vorurteilsfreien Ansatz dem Unternehmen vielfältige Vorteile hinsichtlich seiner Wettbewerbsfähigkeit in Markt und Gesellschaft einbringen kann.

Zentrale Gründe für Diversity Management in Hinblick auf die interne Leistungserbringung in Organisationen sind also

- einerseits defensiv: potenzielle Nachteile in der Zusammenarbeit heterogener Belegschaften zu vermeiden und
- andererseits positiv: die Heterogenität der Belegschaft wirtschaftlich nutzen.

Für die Außenbeziehungen der Organisationen sind weitere Gründe aufzuführen. *Gutting* (2012) fand in einer Untersuchung an in Deutschland tätigen, bekannten Großunternehmen folgende Kategorien genannter Gründe für die Einführung bzw. Umsetzung von Diversity Management (vgl. auch die Ergebnisse von *Süß & Kleiner*, 2006, S. 72):

- Verbesserung des Arbeitgeberimages,
- Steigerung der Motivation und Einsatzbereitschaft der MitarbeiterInnen,
- Ausgleich von Personalengpässen,
- Konfliktsteuerung und -vermeidung,
- Wettbewerbsvorteile im Produktmarketing und Employer Branding,
- Erhöhung der Systemflexibilität (Know-how-Transfer und Marktkenntnis),
- Erhöhung von Kreativität, Innovativität und Problemlösungsqualität.

Ferner sind

- ordnungspolitische Gesetzgebung (z.B. die Einführung des Allgemeinen Gleichbehandlungsgesetzes in Deutschland 2006 und die Diskussion der Einführung einer „Frauenquote" für Unternehmensvorstände und Aufsichtsräte),
- gesellschaftliche Einflüsse (Markt, Werte der Organisationselite, Veränderungen der wirtschaftlichen Rahmenbedingungen …),
- Internationalisierung von Unternehmen und Globalisierung der Geschäftstätigkeit

zu berücksichtigen.

7.1.3.3 Führung und Diversity Management

Ob *Stärke durch Vielfalt*, also gelungenes Diversity Management faktisch lediglich ein Slogan des Marketings ist oder eine Beobachtung interner Leistungserstellung des Unternehmens (*Domina*, 2011), bleibt zunächst dem Unternehmen überlassen. Es ist eine (bewusste?) Entscheidung der Unternehmensspitze, ob das Eine oder das Andere im Fokus stehen soll. Nun ist das Eine einfach zu haben, hilft aber dem Unternehmen in der Substanz wenig, während das Andere aufwändig zu erzielen ist und etwas, worum sich immer bemüht werden muss, eröffnet aber immerhin eine Perspektive für eine Zukunft auf dem demographisch gewandelten und individualisierten Arbeitskräftemarkt.

Es wird gerne mit dieser genannten Synergie durch Diversity bzw. dem zusätzlichen Erfolgspotenzial durch Diversity für den Unternehmenserfolg argumentiert. Das ist sicher der theoretisch anstrebenswerteste Ansatz. Aber in vielen Fällen dürfte es zunächst schon einen Quantensprung darstellen, wenn der Nutzen allein darauf beruht, die vorhandenen Kompetenzen aller MitarbeiterInnen anzunehmen und zur Wirkung kommen zu lassen. Vielleicht ist das aber bereits der Kern von Diversity Management. Jedenfalls sollte es an die Gegebenheiten eines Unternehmens v.a. hinsichtlich vorhandener und zukünftig angestrebter Personalstruktur angepasst sein. Notwendig ist eine klare Konzeptbildung und Ausrichtung sowie eindeutige (ideelle wie konkrete) Unterstützung durch die Unternehmenselite. Sonst besteht einerseits die Gefahr von Feigenblattmaßnahmen und auf der anderen Seite der Verzettelung auf vielen Nischenschauplätzen sowie Unklarheit hinsichtlich der Ernsthaftigkeit des Versuchs, wodurch auch ernstgemeinte Ansätze einfach unterlaufen werden können (*Gutting*, 2012).

Umfassendes Diversity Management beginnt bei einem Menschenbild, das sich emanzipiert von der Vorstellung, dass (fast) alle Menschen hinsichtlich ihrer Ansichten, Werthaltungen und Handlungsstrategien im Wesentlichen sehr ähnlich sind bzw. sein sollen. Daraus folgern sich sowohl differenzielle und prospektive Aufgabengestaltung (*Ulich*, 2011) wie auch entsprechende Herangehensweisen an Kooperation und Motivierung zur Leistungserbringung.

Rastetter (*2006*, S. 99 ff.) nennt in diesem Zusammenhang als relevante Handlungsfelder des Diversity Managements:

- die Zusammensetzung von Arbeitseinheiten,
- Kulturmanagement in den Arbeitseinheiten,
- Führung,
- Personalentwicklung,
- Arbeitsorganisation.

Ganz ähnlich schlagen *Roberge, Lewicki, Hietapelto & Abdyldaeva* (2011) als vordringliche Felder vor, um Vorteile aus Diversity zu realisieren:

- fachübergreifende Teams einrichten,
- verbesserte Kommunikation,
- Wertschätzung von Vielfalt demonstrieren und praktizieren (symbolisches Management),
- Trainings,
- HR-Praktiken fairer gestalten.

Dabei tauchen Führung und die Führungskräfte an prominenter Stelle und indirekt in weiteren Feldern auf. Trotzdem ist zu berücksichtigen, dass neben den Führungskräften auch die Organisationselite, die Personalabteilung, die Organisationskultur, ganz grob evtl. die Rechtsabteilung (falls vorhanden) und schließlich möglicherweise auch engagierte MitarbeiterInnen und die Personalvertretung Agenten des Diversity Managements sind. Wichtig ist, dass glaubhaftes, inklusives Diversitätsmanagement vorhandene Konfliktpotenziale nicht vernachlässigt bzw. beschönigt, sondern sie als eine Aufgabe sieht, mit der es sich aktiv auseinanderzusetzen gilt (*Hofmann*, 2012, S. 34).

Führungskräfte sind also zwar nicht die einzigen, aber im Alltag wichtige und die sichtbarsten Akteure des Diversity Managements. Sie sollten Vorbilder im Umgang mit Diversität sein, das Verständnis für unterschiedliche Anschauungen, Werte und Traditionen fördern, den Nutzen von Diversität für den Team- und Unternehmenserfolg verdeutlichen, andere unterstützen, die Toleranz und Diversity fördern, Stereotype zur Personenbeschreibung verhindern, Diskriminierungen (auch „verdeckte") nicht dulden und konsequent ahnden (*Yukl*, 2010, S. 472). Die Führungskräfte sollten auch die *Diversity-Reife* der MitarbeiterInnen, also deren Kompetenz zum Umgang und zur Kooperation mit verschiedenen KollegInnen fördern, z.B. durch Zuweisung von entsprechenden Personalentwicklungsmaßnahmen, entsprechende Beratung, Führung und schließlich in der Aufgabenverteilung. Eine Möglichkeit hierbei ist die Tandembildung verschiedener KollegInnen, z.B. Alters- und Gendertandems bei der Bearbeitung von (Teil-) Aufgaben oder die Bildung von Arbeits- oder Projektgruppen, die über die notwendige funktionale Diversität hinaus heterogen besetzt sind.

Vorbild geben und Zeichen setzen können Führungskräfte z.B. bei der Personalauswahl. In diesem Feld besteht eine starke Tendenz, sich selbst ähnliche Personen bzw. solche Personen auszuwählen, die den bisherigen MitarbeiterInnen ähnlich sind (*Sears & Rowe*, 2003; *Wick*, 2005). Damit wird der Aufbau von Diversität gezielt unterlaufen – wenn auch nicht notwendigerweise bewusst und häufig sogar mit bestem Gewissen („müssen zu uns passen"). Das Potenzial von Unterschiedlichkeit wird somit ausgeblendet, v.a. auch für Führungspositionen.

Unterstützt werden kann die Förderung von Vielfalt durch die Personalabteilung mittels entsprechender Sensibilisierungsmaßnahmen und Beurteilungstrainings, aber ggfs. auch durch Maßnahmen wie eine Anonymisierung von Bewerbungsunterlagen (*Krause, Rinne & Zimmermann*, 2010).

7.1.3 Fazit

Diversity Management ist ein Vorgehen von Unternehmen, das Chancengleichheit für alle im Unternehmen anstrebt und nutzt, um Vorteile bei der Leistungserstellung und dem Absatz von Produkten und Dienstleistungen zu realisieren (*Krell*, 2008). Der Erfolg scheint ausgemachte Sache zu sein, allerdings entzieht er sich wie bei vielen „weichen" Maßnahmen häufig den üblichen Evaluations- oder Controllingmaßnahmen (vgl. Kap. 6.1). Es ist schwierig, den konkreten Nutzen von Diversity Management in Euro und Cent zu ermitteln, da gleichzeitig viele weitere Faktoren wirken, der Prozess länger dauert und auch später stets im Auge zu behalten ist. Inhaltlich formulierte Ziele zu erfassen gelingt besser, wie z.B. den Anteil der Frauen in Führungspositionen, das Einstellungsverhalten und Kündigungsverhalten etc., wobei dann wiederum deren Verbindung zum Gewinn je Einzelfall dabei häufig schwierig auszumachen ist.

Vorteile, die Diversity Management verspricht sind zwar stark im Bereich Kooperation verortet, weisen aber auch darüber hinaus. So zählt *Gutting* (2012, S. 119) folgende Domänen positiver Auswirkungen von Diversity Management auf:

- Gewinnung hoch talentierter Mitarbeiter
- Gesteigerte Mitarbeitermotivation
- Überwindung von Arbeitskräfteengpässen
- Förderung von Innovation und Kreativität
- Erschließung neuer Marktsegmente
- Verbesserung von Service und Kundenzufriedenheit
- Verbesserung des Unternehmensimage

Allerdings ist Diversity Management eine weitere Management- und Führungsdomäne und erfordert entsprechende Ressourcen. Gerade die Zeit, bis Diversity wirklich vorurteilsfrei und konstruktiv gestaltet wird (wird sie das je?) erfordert Zeit, Mühe, Kosten und birgt die Gefahr des Scheiterns, z.B. dadurch, dass aus dem Konzept eine Verzettelung in zu viele Einzelaktionen resultiert, die jede für sich erfreulich, aber u.U. insgesamt nicht mehr angemessen sind. Ferner kann auch vorhandener Nutzen unerkannt bleiben, das Programm eingestellt werden und die Idee ist beschädigt.

Die Darstellung zur Vielfalt und dem Diversity Management blieb hier im Allgemeinen. Nicht eine erschöpfende Aufzählung aller Ergebnisse zu allen Konstellationen von Vielfalt wurde angestrebt, sondern ein schlaglichtartiger Blick auf das Problemfeld geboten. Richtet sich die Aufmerksamkeit auf einzelne Aspekte von Vielfalt, die für die Kooperation relevant sein könnten, bieten sich für das Diversity Management zumindest folgende potenzielle Fokusgruppen oder -personen an, die sich häufig und durchaus mehrfach überschneiden:

- Personen mit familiären Verpflichtungen (Kinder, Pflege- und Betreuungsbedürftige),
- Frauen,
- Junge und Ältere (die einen werden weniger, die anderen mehr),
- Zugewanderte,
- Behinderte und sonst Leistungsgewandelte (hierbei wieder Ältere, aber z.B. auch Träger des Asperger-Syndroms u.Ä.),
- Menschen mit nicht-traditionellen, individuellen Lebensentwürfen und alternativen Engagements,
- stigmatisierte Personenkreise (wieder Behinderte, Ältere, Ausländer, aber auch Homosexuelle, Angehörige anderer Religionen).

Ferner ist zu berücksichtigen, dass Unterschiede erst aus dem Zusammentreffen von Personen entstehen. Unternehmen bringen abhängig von den Organisationsprinzipien und den zu erfüllenden Aufgaben zunehmend Personen unterschiedlicher Ausbildung, Qualifikation, Erfahrung und fachlichen Domänen zueinander, wodurch Diversity ohnehin gezielt herbeigeführt wird (vgl. Kap. 8.1).

Als ein Beispiel für einen Diversity-Faktor wird im Zusatzdokument 30 die Situation von und der Umgang mit sogenannten *älteren* Mitarbeiter-Innen behandelt.

7.2 Frauen und Führung

Über Frauen schreiben heißt über Männer schreiben – und umgekehrt. Dieser Satz gewinnt im Lichte der Diskussion um Diversity in besonderer Weise an Gewicht. Diversity Management zielt in der operationalen Ausrichtung auf erhöhte Problemlösefähigkeit heterogener Gruppen. Und gerade wegen dieser beiden Aspekte ist es eine zwingende Notwendigkeit auch über einen zunehmenden Anteil von Frauen in Führungspositionen zu diskutieren. Da davon ausgegangen werden kann, dass in unserer Kultur die Thematik ‚Mann und Führung' unproblematisch und selbstverständlich ist, während ‚Frau und Führung' (weiterhin) als etwas Unerwartetes und Abweichendes eine besondere Beachtung und Begründung verdient, wird hier die Thematik ‚Frau und Führung' fokussiert.

7.2.1 Sex – Gender: Das System der Zweigeschlechtlichkeit

Es ist keine freie Entscheidung jeder einzelnen Person, wo oder wie sie sich als Mann oder Frau positionieren will. Die Rolle wird mit der Geburt zugewiesen. Die Gesellschaft hat ihr neues Mitglied oder Ohneglied registriert und wird es von nun an ein Leben lang im Raster der Geschlechterdichotomie behandeln. Es hat die Erwartungen zu erfüllen, die an es gerichtet werden (in Kleidung, Benehmen, Interessen, Lebenszielen, Partnerwahl, Sexualverhalten etc.). Wer ausschert, wird mehr oder weniger drastisch zur Ordnung gerufen.

Diese Koppelung ist und wird in unserer Sprache verfestigt, in der wir nur den einen Begriff *Geschlecht* haben, während im angelsächsischen Sprachraum zwischen ‚*sex*' und ‚*gender*' differenziert werden kann. Sex steht dabei für das biologische Geschlecht (primäre und sekundäre Geschlechtsmerkmale), während *gender* als soziales Geschlecht die kulturellen Vorgaben bezeichnet, die das (Er-) Leben von Geschlechtlichkeit regulieren.

Die Anthropologin *Rubin* stellte dem *sex* als biologischem Geschlecht „… *gender* als soziale Konstruktion und Superstruktur von Gesellschaften gegenüber. Männer und Frauen würden durch die Klassifizierung in zwei distinkte Gruppen in ein Ordnungsgefüge gepresst, welches für beide Geschlechter, insbesondere für Frauen, mit der Einschränkung von Entwicklungs- und Handlungspotenzialen verbunden sei" (*Stein-Hilbers,* 2000, S. 56).

Die sozialwissenschaftliche Argumentation bestreitet nicht das körperliche Fundament der Geschlechterdifferenzierung, betont aber, dass es sich dabei eben nur um ein Fundament handelt, auf dem kultur- und zeittypisch sehr verschiedene

Gebäude oder Gehäuse (Konstruktionen) errichtet wurden. Es geht ihr um die interkulturelle *Variabilität* [= *Nicht*dichotomie] der an die Geschlechter gerichteten Erwartungen, sozialen Positionierungen und Privilegierungen, Darstellungsformen und -zwänge, Eigenschaftszuschreibungen etc. Gegen die unvermittelte Biologisierung des Geschlechtlichen werden empirische Belege für die These gesammelt, dass seine Erscheinungsformen kulturell sehr unterschiedlich reglementiert sind [=*Nicht*naturhaftigkeit]. Wer einen Zustand ‚natürlich' (früher zusätzlich: gottgegeben) nennt, der erkennt zugleich auf die Aussichtslosigkeit aller Bemühungen, ihn zu ändern [also von *Nicht*konstanz auszugehen]. Eines der stärksten Mittel gegen Tolerierung oder Erprobung unorthodoxer sexueller Varianten ist es, solche alternativen Praktiken und Identitäten als *naturwidrig*, pervers oder krankhaft zu brandmarken.

Insbesondere der feministischen Theorie ist es zu verdanken, dass ‚Vergeschlechtlichung' (*gendering*) als Prozess der Naturalisierung des gesellschaftlich Geschlechtlichen erkannt wurde. Die männliche oder weibliche Geschlechtszuschreibung wird sowohl verinnerlicht (Geschlechts-Identität) wie veräußerlicht (Geschlechts-Darstellung) und dies ist kein freiwillig selbst gewählter, sondern ein sozial erzwungener lebenslanger Prozess. Die Unterschiede werden institutionalisiert und legitimiert und sind damit der individuellen Willkür weitgehend entzogen.

Bei näherem Hinsehen zeigt sich, dass es verschiedene Strömungen des Feminismus gibt, die jeweils andere Akzentsetzungen vorgenommen und andere theoretische und methodische Impulse gegeben haben. *Calás & Smircich* (1996, S. 219 ff.) präsentieren ein Klassifikationsschema, das sieben Richtungen feministischer Theorie differenziert, die verschiedene intellektuelle Wurzeln, Konzeptionen des Menschlichen, Arten und Gewichtungen der Sex-Gender-Differenzierung etc. repräsentieren.

Die Grundlinien dieses Überblicks werden im Zusatzdokument 31 skizziert, um die große Bandbreite der Ansätze zu illustrierten, die es wohl verbietet, von *dem* Feminismus zu reden.

Aus dieser breiten Perspektive lässt sich die Programmatik von ‚Frauen und Führung' nicht generell auf Diskriminierungs-Forschung reduzieren, also als Überwindung der ungerechtfertigten (und zudem unsichtbaren) Hindernisse, die Frauen in den Weg gelegt werden, wenn sie ihren ‚Weg nach oben' gehen wollen oder ‚gleichen Lohn für gleiche Arbeit' fordern. Denn bei dem Ziel gegen Diskriminierung zu kämpfen, wird implizit die bestehende (männliche) Ordnung akzeptiert, sie soll ‚nur' gerechter gestaltet werden, indem Frauen den Männern in Chancen, Rechten und Pflichten gleichgestellt werden. Damit aber wird das hegemoniale männliche Modell als Bezugssystem akzeptiert und radikal andere Perspektiven – wie sie etwa marxistische, postmoderne oder postkoloniale Ansätze bieten – geraten völlig aus dem Blickfeld. Letztlich unterwerfen sich beide Parteien den Spielregeln einer kapitalistischen Optimierungsstrategie, die Pluralität, Diversität und Selbstbestimmung nur dann zulässt, wenn sie funktional für die Kapitalverwertung sind.

Die ‚Frauen-ins-Management'-Parole zwingt Frauen, sich anzubieten als unzureichend genutzte Ressource. Das bislang nicht genug ausgeschöpfte Potenzial von Frauen (z.B. ihre vorgeblichen Stärken in den ‚*soft skills*', ihr spezifisch weiblicher Führungsstil etc.) wird den Herrschenden (Männern), die es einsetzen sollen, als Wettbewerbsvorteil verkauft.

7.2.2 Drei Paradigmen des feministischen Diskurses

Auf dem Hintergrund dieser Überlegungen sollen – im Anschluss vor allem an *Knapp* (1997/2011) – drei Argumentationsstrategien nachgezeichnet und der Versuch unternommen werden, normative Forderungen und empirische Befunde aus der Perspektive dieser Positionen (der gleichheitstheoretischen, differenztheoretischen und dekonstruktivistischen) zu interpretieren.

7.2.2.1 Gleichheitstheorie

Die Kernaussage dieses Ansatzes, der den *liberalen* Feminismus charakterisiert, ist: Frauen sind ‚eigentlich' gleich, in allen Aspekten den Männern gleichwertig. Dabei sind sie jedoch nur formal gleichberechtigt, aber faktisch von ihnen unterdrückt. Die politische Konsequenz ist deshalb, Chancengerechtigkeit, Chancengleichheit oder gar Gleichstellung zu fordern: „Wir wollen von allem die Hälfte, und zwar sofort"! Angesichts der bestehenden Diskriminierung müssen korrigierende Maßnahmen ergriffen werden, gegebenenfalls sogar vorübergehende kompensierende *Un*gleichbehandlung der Frauen (positive oder umgekehrte Diskriminierung, *affirmative action*), indem sie gegenüber Männern so lange bevorzugt werden, bis das Geschlechterverhältnis ausgeglichen ist (gleiche Anzahl in den Führungspositionen, gleiches Entgelt für gleiche Leistung, Gleichverteilung der Geschlechter bei der Zuweisung zu Arbeitsplätzen und Qualifikationsmaßnahmen etc.).

Die sog. ‚Frauenförderung' impliziert folgende Voraussetzungen:

[1] Frauen haben die gleichen Potenziale (Fähigkeiten, Motivation, Einstellungen etc.) wie Männer.

[2] Wenn Unterschiede festgestellt werden, dann liegt das daran, dass Frauen ungünstigere Bedingungen vorfinden, z.B. Zuweisung der alleinigen Verantwortung für die Kindererziehung, Doppelbelastung im Haushalt, Fehleinschätzung auf Grund von Geschlechterstereotypen (statistische Diskriminierung) etc.

[3] Weil Frauen das benachteiligte Geschlecht sind, müssen diese Defizite durch korrektive Maßnahmen ausgeglichen werden, die die strukturellen Gründe der Benachteiligung beseitigen: Kinderbetreuungseinrichtungen, Rückkehrprogramme, Qualifizierungsangebote, flexible Arbeitszeitvereinbarungen etc.

Auf die argumentative Fundierung dieser drei Voraussetzungen wird in Zusatzdokument 32 näher eingegangen.

Die Berechtigung von Maßnahmen der Frauenförderung kann neben der meritokratischen (Förderung der Leistungsfähigsten) und der ethischen Argumentation (Grundrecht auf Gleichberechtigung) auch noch auf andere Weise begründet werden (*Alvesson & Billing*, 1992), nämlich durch Verweis auf

- alternative Werte: Im Gefolge des sog. Wertewandels finden sich in der Gesellschaft vermehrt Muster, die als Abkehr vom männlichen und Zuwendung zum weiblichen Lebensmodell bezeichnet werden (weg von Machtstreben, Aggression, Konkurrenz, Leistungsideologie hin zu Hedonismus, Toleranz, Emotionalität etc.);
- den *speziellen* Beitrag der Frauen: Hier wird *differenz*theoretisch argumentiert, weil Frauen als spezifische Ergänzung für oder Kompensation von männlichen Eigenheiten eingesetzt werden sollen.

Im Folgenden soll ein geraffter Überblick über wichtige Maßnahmen der Frauenförderung/Gleichstellung gegeben werden, der durch verschiedene Fallbeispiele aus Unternehmen ergänzt wird:

- Gesetzliche Regulierungen (z.B. Erziehungsurlaub, Gebot zur geschlechtsneutralen Stellenausschreibung etc.);
- Schaffung oder Organisation von Kinderbetreuungseinrichtungen (auch im Verbund mehrerer Unternehmen, von Unternehmen bezuschusst, von Frauen selbst organisiert etc.);
- Kontakthalten mit den (vorübergehend) ausgeschiedenen Frauen (Einsatz als Vertretungen, systematische Information über betriebliche Entwicklungen, Teilnahme an betrieblichen Veranstaltungen, auch an Weiterbildungskursen etc.);
- Wiedereinstellungsgarantien (im mittelständischen Bereich z.T. auch im Verbund mit anderen Unternehmen);
- Einführung frauenfreundlicher Arbeitszeitregelungen (Teilzeit, Job sharing, Jahresarbeitszeitverträge, langfristige Ausgleichszeiträume, Sabbaticals etc.);
- bewusstseinsbildende Kampagnen bei Personalverantwortlichen, die sie über die tatsächlichen empirischen Gegebenheiten (Fähigkeiten, Ausfallzeiten, Erziehungsurlaub, Kündigungsrecht etc.) und innovative Möglichkeiten informiert; Etablierung von Erfahrungsaustauschgruppen;
- Programme zur Entwicklung von Problembewusstsein bei Männern und Frauen;
- gezieltes Angebot von Weiterbildungsmaßnahmen, um spezifische Qualifikationen zu vermitteln, die die Arbeitsmarktchancen erhöhen;
- Quotierungen;
- Bindung staatlicher Aufträge an bestimmte Auflagen (z.B. Erfüllung von Frauenquoten, Durchführung von Qualifikationsprogrammen);
- Gleichstellungscontrolling: systematisches Screening aller im Unternehmen eingesetzten Verfahren im Hinblick auf eventuelle diskriminierende Effekte (Personalmarketing, Auswahl, Beurteilung, Arbeitsbewertung, Bezahlungssysteme, Beförderungssysteme etc.);
- Sponsoren- oder Mentorenprogramme;

- Aufbau von firmeninternen und firmenübergreifenden Frauennetzwerken;
- Total Equality-Programme (öffentliche Auszeichnung besonders frauenfreundlicher Unternehmen);
- Schaffung der Institution ‚Frauenbeauftragte' oder ‚Gleichstellungsbeauftragte', die mit speziellen Ressourcen und Kompetenzen ausgestattet wird und den Auftrag erhält als Interessenvertretung für die Frauen oder für die Gleichstellung zu fungieren;
- Spezielle Rubriken in den Werkszeitschriften, eigene Chatforen im Intranet;
- Gezielte Öffentlichkeitsarbeit.

Mögliche Maßnahmen der Frauenförderung in der Praxis zeigen die nachfolgenden Beispiele aus der Versicherungswirtschaft sowie einem unternehmensübergreifenden Frauennetzwerk auf:

Fallbeispiel 9: *Frauenförderung bei der Allianz Deutschland AG*

Die Allianz Deutschland AG hat 2011 das Projekt „**Frauen+**" ins Leben gerufen. Hierbei wird die Förderung von Frauen mit Hilfe verschiedener Maßnahmen bezüglich privatem und beruflichem Werdegang angestoßen und aktiv von der Allianz Deutschland AG unterstützt.

Dabei hat sich die Allianz ein konkretes Ziel gesetzt – sie möchte den Anteil von Frauen in Führungspositionen bis 2015 auf 30% erhöhen. Anfang des Jahres 2012 lag dieser Anteil bereits bei über 25%. Diese Zahlen sind das Ergebnis verschiedener seit 2011 modernisierter Personalprozesse, die sich an der Strategie zur Diversity orientieren; Ziel ist eine besser umgesetzte Chancengleichheit von Frauen, insbesondere in Führungsfunktionen.

So wurden verschiedene Programme entwickelt, wie beispielsweise spezielle Führungskräfteworkshops für Frauen, ein Sponsorship-Programm für 100 Frauen in Führung und eine Workshop-Reihe namens „Allianz Women in Dialogue". Moderne Arbeitszeitregelungen und Angebote zum Work-Life-Management sind ebenso Bestandteil des Programms.

Fallbeispiel 10: *Die Initiative „Gender Diversity"*

Auch die Württembergische und Wüstenrot AG (W&W-Gruppe) hat sich zum Ziel gesetzt, die Vielzahl engagierter und hochqualifizierter Frauen im Konzern besser zu fördern und Führungspositionen häufiger als bisher mit Frauen zu besetzen.

In der Vergangenheit hat die W&W-Gruppe hierfür bereits gute Grundlagen geschaffen und in einer neuen Initiative fortgeführt und ausgebaut. Durch diese Maßnahmen ist es gelungen, mehr qualifizierte Frauen auch während oder nach einer familienbedingten Unterbrechung im Unternehmen zu halten. Dennoch sind Frauen in Führungspositionen im Verhältnis zu ihrem Anteil in der Belegschaft (rd. 50%) wenig vertreten: Ende 2010 waren 18,8% aller Führungspositionen (Vorstand/Geschäftsführung sowie 1. bis 3. Führungsebene) im W&W-Innendienst mit Frauen besetzt. Aufgrund der guten Erfahrungen mit gemischten Führungsteams wurde deshalb Ende 2010 in der Personalstrategie im Handlungsfeld Talent Management das Ziel verankert, den Anteil der Frauen in Führungspositionen im Innendienst des W&W-Konzerns bis Ende 2015 auf 30% zu erhöhen. Der Bereich Personalentwicklung des Konzerns wurde beauftragt, Maßnahmen zu erarbeiten, die das Erreichen des gesetzten Ziels unterstützen.

So hat beispielsweise auch der Arbeitgeberverband der Versicherungsunternehmen in Deutschland (agv) hat im Juli 2012 beschlossen, einen Branchenbeirat zu gründen, der sich speziell dem Thema „Frauen in Führung" in der Versicherungswirtschaft widmet. Der Beirat soll die Versicherungsunternehmen in ihrem Bestreben, den Anteil von Frauen in Führungspositionen zu erhöhen, unterstützen. Er soll diesem Ziel die erforderliche Nachhaltigkeit verschaffen und so langfristig die Wettbewerbsfähigkeit und Attraktivität der Branche stärken. Der Anteil weiblicher Führungskräfte in Versicherungsunternehmen steht immer noch in einem deutlichen Missverhältnis zu den Beschäftigtenzahlen. In den Versicherungsunternehmen sind knapp die Hälfte der Beschäftigten Frauen, während auf Vorstandsebene der Frauenanteil bei 3,6% stagniert. Auf der Führungsebene unterhalb des Vorstands ist der Frauenanteil mit aktuell 10,1% ebenfalls deutlich unter dem Gesamtdurchschnitt. Im angestellten Außendienst sind die Frauen mit einem Anteil von 20,9% auch in der Belegschaft unterrepräsentiert. Der Beirat soll Projekte initiieren, die dazu beitragen, den Frauenanteil in Führung in der Assekuranz zu erhöhen. Durch seine hochrangige Besetzung soll der Beirat deutlich machen, dass die Spitze der Versicherungswirtschaft hinter dem Ziel der Erhöhung des Frauenanteils in Führung steht (vgl. *agv*, 2012).

Fallbeispiel 11: *X-Company Network Region Stuttgart*

Zwei Versicherungsunternehmen, die vorgenannte W&W-Gruppe sowie die VPV Versicherungen wirken darüber hinaus aktiv im X-Company Network Region Stuttgart mit und forcieren so den Austausch mit anderen Unternehmen. Das X-Company Network Region Stuttgart ist ein unternehmensübergreifendes Frauennetzwerk (daher „X-Company", also Cross-Company). Gegründet im November 2009, vereinigt es derzeit Netzwerke namhafter Unternehmen, die teilweise deutschland- oder weltweit tätig sind.

Das X-Company Network erarbeitet Maßnahmen, um den Frauenanteil auf allen Führungsebenen in den beteiligten Organisationen signifikant anzuheben. Es nimmt auf höchster Ebene aktiven Einfluss auf den Wandel des etablierten Karriereverständnisses, um die individuellen Karrieremöglichkeiten für Frauen in den eigenen Unternehmen voranzutreiben.

Um dies zu erreichen, wurden unternehmensübergreifende Arbeitsgruppen wie u.a. die „Diskussionsgruppe 20/20konkret!", ein „Communication & Events Team" sowie ein firmenübergreifendes Mentoringprogramm etabliert. Ziel ist es, den Dialog mit den Geschäftsleitungen, den Vorständen und dem mittleren Management der angeschlossenen Unternehmen aufzunehmen und unternehmensinterne Maßnahmen anzustoßen, die nicht nur *bottom-up* initiiert werden, sondern auch *top-down* unterstützt werden.

Gegen fast alle Maßnahmen der Frauenförderung werden Einwände vorgebracht. Viele fähige Frauen lehnen Quotenregelungen ab, weil sie glauben, diskriminiert zu werden, wenn sie in den Verdacht geraten, nicht wegen ihrer Leistungen, sondern aus formalen Gründen befördert oder eingestellt werden. Die Existenz formaler Vorschriften stimuliert – manche sagen: in erster Linie – die kreative Phantasie, diesen Vorschriften auf dem Papier zu folgen, sie aber im konkreten Leben trickreich auszuhebeln. Insbesondere kostenwirksame Reglementierungen führen unter Umständen zu organisiertem Vermeidungsverhalten der Unternehmen und konterkarieren damit den ursprünglichen Zweck. Auch eine in Deutschland seit einiger Zeit diskutierte Selbstverpflichtung der DAX-Unternehmen scheint eine Möglichkeit zu sein, den Anteil von Frauen in Führungspositionen zu erhöhen, ohne direkten staatlichen Einfluss befürchten zu müssen, wie etwa der Gesetzesinitiative von EU-Kommissarin *Viviane Reding*. Sie will per Gesetz börsennotierte Unternehmen verpflichten, bis zum Jahr 2020 einen Frauenanteil von 40 Prozent in den Aufsichtsräten zu erreichen (*Europäische Kommission*, 2012a). Zur gesellschaftlichen Diskussion von Frauenquoten vgl. u.a. *Pfarr* (1988), *Kuhr & Büschemann* (2010), *Steffens et al.* (2010), *Niejahr* (2012), *Bauernschuster & Fichtl* (2013), *Seng, Fiesel & Rüttgers* (2013). Ergänzend ist anzumerken, dass aus Sicht von GegnerInnen fixierte prozentuale Frauenquoten und deren Einhaltung auch an unüberwindliche verfassungs- und europarechtliche Grenzen stoßen (vgl. hierzu *Deutscher Bundestag*, 2013).

Darüber hinaus wird grundsätzlich kritisiert, dass mit Frauen*förder*programmen Frauen als Mängelwesen definiert werden, denen mit Gönnergeste oder heiligem Eifer zu helfen ist. Frauen haben aber keine quasi angeborenen Defizite, sie werden ‚lediglich' systematisch benachteiligt, sodass ‚Gleichstellung' oder ‚Mainstreaming' angemessenere Bezeichnungen wären: Das 1985 durch die 3. Weltfrauenkonferenz etablierte *Mainstreaming* „… soll ausdrücken, dass ein bestimmtes Handeln (hier: ein geschlechterbewusstes) sich zum integrierten Bestandteil des normalen Handlungsmusters einer Organisation (des ‚Mainstreaming') entwickeln soll" (*Kuppe & Körner*, 2000, S. 96). In der 4. Weltfrauenkonferenz 1995 wird Gender Mainstreaming als Strategie der internationalen Gleichstellungspolitik endgültig eingeführt, als Querschnittsthema bekräftigt und verankert. Dies hat die Konsequenz, dass alle Mitgliedstaaten verpflichtet sind, in ihren nationalen Strategien zur Umsetzung ein Konzept zur Implementierung von Gender Mainstreaming zu entwickeln.

Sehr häufig wird den Förderprogrammen lediglich ein Public Relations-Effekt zugestanden: das Unternehmen inszeniert Aktionen mit klangvollen Namen und lanciert Berichte darüber in den internen und externen Medien; der imagefördernde Effekt übersteigt bei weitem die realen Veränderungen.

Männerförderung

Um dem Eindruck eines weiblichen Defizits zu begegnen, das durch spezifische Frauenförderung behoben werden muss, schlägt *Hadler* (1998, S. 365) zur Behebung der Asymmetrie eine Männerförderung vor. Deren Erfolg könnte sich beispielsweise darin zeigen, dass männliche Führungskräfte:

- „ihre Arbeitszeiten so organisieren, dass sie familiären und beruflichen Aufgaben nachkommen können,
- eine Teilzeitbeschäftigung ausüben, ohne dass ihnen eine mangelnde Aufstiegsorientierung und Einsatzfreude unterstellt wird,
- in Erziehungsurlaub gehen, ohne belächelt zu werden und ohne Nachteile für ihre Karriere erwarten zu müssen,
- nicht automatisch den Ernährerstatus für eine Familie zugewiesen bekommen,
- sich für Gleichstellungsfragen engagieren, ohne dass dies einen Statusverlust bedeutet,
- beim Verfolgen ihrer Karriere eine zwanghafte Orientierung hin auf einen ausschließlich vertikalen Aufstieg in der betrieblichen Hierarchie aufgegeben haben,
- Führungspositionen entsprechend dem Anteil an männlichen Beschäftigten im Unternehmen innehaben.“

Mit der Überwindung der Asymmetrie würde Diversity wirklich gelebt werden.

7.2.2.2 Differenztheorie

Plakativ vereinfacht konstatiert dieser Ansatz: Frauen sind ‚eigentlich‘ ganz anders als Männer. Sie haben Stärken, die Männer nicht haben und nicht erwerben können und sind deshalb eine wertvolle Ressource, auf die (auch) aus ökonomischen Gründen nicht verzichtet werden sollte.

Die (behaupteten) speziellen Begabungen von Frauen werden zuweilen als ‚weibliches Arbeitsvermögen‘ zusammengefasst. Nicht nur auf Grund ihrer sozialen Rollenzuweisung seien Frauen charakteristische Qualifikationen antrainiert worden (wie z.B. *Beck-Gernsheim & Ostner*, 1978, und *Ostner*, 1992, argumentieren). Es wird sogar unterstellt, dass Frauen auf Grund ihrer biologischen Bestimmung bzw. der sozio-biologischen Evolution über eine andere Ausstattung verfügten, wie z.B. Einfühlungsvermögen, Fürsorglichkeit, Geduld, Kommunikationsgeschick. Diese spezifischen Vorzüge begründeten ihre Überlegenheit in bestimmten Arbeitskontexten (z.B. bei persönlichen Dienstleistungen). Es fällt jedoch auf, dass die Arbeitsplätze, in denen das ‚weibliche Arbeitsvermögen‘ in besonderer Weise gefordert ist (z.B. ErzieherInnen, Krankenschwestern und -pfleger, VerkäuferInnen, FlugbegleiterInnen) im Regelfall niedriger entlohnt sind. Die Zuschreibung ‚besonderer Eignung‘ kann somit auch dazu dienen, Frauen in diese Arbeitsplätze, die für Männer weniger attraktiv sind, abzudrängen.

Diese Begründung wird erhärtet durch ein Phänomen der *Feminisierung der Arbeit:* Erringen Frauen in vormals männerdominierten Berufs- und Arbeitsfeldern die Majorität, werden diese Arbeitsplätze abgewertet (was eine weitere ‚Flucht' der Männer aus ihnen fördert) oder Frauen werden den schlechteren Segmenten in diesen Feldern zugewiesen. Für diese Entwicklung wird exemplarisch der einstmals sehr respektierte und gut honorierte Beruf des Sekretärs genannt; innerhalb der ärztlichen Berufe ist z.B. die Chirurgie eher Männer dominiert, während in der schlechter bezahlten und weniger angesehenen Psychiatrie Frauen stärker vertreten sind.

Was früher fast ausschließlich weibliche Erwerbsbiografien charakterisierte, wird inzwischen als globaler Trend der Feminisierung der Arbeit beobachtet: zunehmend wird sie zu einem modernen Prototyp, der – flankiert mit Schlagworten wie Intrapreneurship, Employability und Ich-AG – auch zum Muster männlicher Lebensläufe wird, wie etwa Teilzeitarbeit, Mehrfach-Jobs, befristete Arbeitsverhältnisse, Diskontinuität und unregelmäßige Phasen der Erwerbslosigkeit, atypische Beschäftigungsverhältnisse, Arbeiten in Tätigkeitsfeldern, die nicht dem Ausbildungsniveau entsprechen, Verwischung der Grenzen zwischen Erwerbs- und Privatarbeit sowie Arbeits- und Privatwelt (vgl. Kap. 7.1).

Das ‚weibliche Arbeitsvermögen' ist ein ganzheitliches legitimatorisches Konstrukt, sofern es (in statistischer Diskriminierung) Frauen als Kollektiv zugeschrieben und mit schlechteren Arbeitsbedingungen gekoppelt wird. Weil zentrale Elemente des ‚weiblichen Arbeitsvermögens' unter modernen Produktions- und Organisationsbedingungen funktional erscheinen, werden sie auch von männlichen Führungskräften erwartet und damit neutralisiert, also aus der polarisierenden Zuweisung zum weiblichen Geschlechtsstereotyp herausgenommen und als ‚allgemeine' Erfolgsvoraussetzungen deklariert (siehe etwa ‚emotionale Intelligenz', ‚Sozialkompetenz', ‚Teamfähigkeit' und ‚soft skills').

Spezifisch auf geschlechtsspezifisches Arbeitsvermögen bzw. dessen Wirkungen wird von VertreterInnen des Differenzansatzes für das Verhalten von Führungskräften ein ‚weiblicher Führungsstil' als Ersatz für einen unter heutigen Bedingungen obsolet gewordenen ‚männlichen Führungsstil' oder als dessen notwendige balancierende Ergänzung gefordert.

Macha (1998, S. 12) kontrastiert z.B. weiblichen und männlichen Führungsstil wie folgt:

„Der weibliche Führungsstil kann am besten als eine kreisförmige teambezogene Netzwerkstruktur mit der Frau im Zentrum des Teams charakterisiert werden. Die Führungsfrau bildet das ‚Herz' und bemüht sich um intensive Beziehungen zu ihren Mitarbeiterinnen und Mitarbeitern. Informationen können direkt weitergegeben werden, ohne den Umweg über die Hierarchie. Kreativität und Eigeninitiative werden eher gefördert. Um ‚Mensch' zu bleiben, legen weibliche Führungskräfte öfter Pausen ein, in denen sie ihre Arbeit reflektieren und strukturieren."

„Der männliche Führungsstil wird als ‚pyramidal-hierarchisch' beschrieben, mit dem Führer als ‚Kopf'. Informationen laufen über die Hierarchie, Beziehungen stehen unter dem Aspekt des Erfolgs und der Effektivität, respektieren weniger die kreativen Potentiale und die lebensweltlichen Bezüge der Mitarbeiterinnen und Mitarbeiter. Distanz in den Sozialbeziehungen ist ebenfalls kennzeichnend für männliche Führer."

Macha schließt sich damit Autorinnen wie *Helgesen* (1991: „Frauen führen anders"), *Loden* (1988: „Feminine Leadership"), *Rosener* (1990: „Ways Women Lead") oder *Frenzel, Sottong & Müller* (2001: „Frauen und Führung") an, die mit zum Teil sehr fragwürdigen empirischen Methoden (siehe die Kritik von *Krell*, 1998, S. 343) signifikante Stilunterschiede zwischen Männern und Frauen in Führungspositionen festgestellt (erfunden?) haben. Diese Autorinnen behaupten folgende Eigenheiten des weiblichen Führungsstils: Frauen …

- sind eher kooperativ, Männer sind konkurrierend, wettbewerbsorientiert,
- geben Informationen eher/besser weiter, Männer betrachten Information als Machtressource,
- gehen eher intuitiv-rational vor, Männer analytisch-rational,
- erlauben und ermutigen Partizipation, Männer bevorzugen individuelle Durchsetzung,
- wollen gute Sachergebnisse, Männer wollen gewinnen,
- steigern das Selbstwertgefühl der MitarbeiterInnen, Männer wollen sich bestätigen,
- sind einfühlsam und schaffen Atmosphäre und Teamgeist, Männer denken und handeln strategisch und individualistisch,
- kontrollieren weniger, Männer mehr …

Empirische Studien zeigen im Regelfall (s. zusammenfassend *Friedel-Howe*, 1990, *Wunderer & Dick*, 1997), dass sich weder in Bezug auf das Führungsverhalten noch auf den Führungserfolg bedeutsame und stabile Unterschiede zwischen männlichen und weiblichen Führungskräften nachweisen lassen. Dies findet sich auch in *Weibler* (2012) bestätigt, der u.a. eine Meta-Analyse von *Eagly, Johannesen-Schmidt & van Engen* (2003) zitiert, die lediglich eine leichte Bevorzugung des transformationalen Führungsstils durch Frauen aufzeigt. In der Studie "Woman Matter" von *McKinsey* (2007) heißt es im Untertitel „Companies with a higher proportion of women in top management may perform better…", d.h., dass Unternehmen mit einem höheren Frauenanteil in der höchsten Führungsebene bessere Leistungen erzielen *dürften*. Zu ähnlichen Ergebnissen gelangen auch *Ernst & Young* (2011a, b) am Beispiel Australien. Ob die beschriebene „bessere Leistung" tatsächlich so ist, ist allerdings strittig. Wie u.a. auch *Krell* (2013, S. 8) ausführt, sind die „empirischen Befunde der geschlechtervergleichenden Forschung zu Führungseigenschaften, -verhalten und -erfolg … höchst widersprüchlich".

Angesichts der oben ausführlich erörterten Ansätze, Befunde und Probleme der Führungsstilforschung (s. Kap. 3) ist es nicht verwunderlich, wenn zwischen den Geschlechtern keine markanten Führungsstilunterschiede gefunden werden:

Krell (1998, S. 346) plädiert dafür,

„… das Jagen nach und Sammeln von Erkenntnissen über die ‚wahren Geschlechtsunterschiede' in Führungseigenschaften, -verhalten und -erfolg einzustellen.

Um Missverständnissen vorzubeugen: Dieses Plädoyer ist keines für den generellen Verzicht auf Forschungen zum Thema ‚Führung und Geschlecht', sondern eines für einen Perspektivwechsel. Da Geschlecht und Geschlechtsverhältnisse immer sozial konstruiert sind, erscheinen z.B. erfolgversprechender:

- die Perspektive der Dekonstruktion …
- eine interpretative Perspektive, die sichtbar werden lässt, wie sich an Geschlechterstereotypen orientierte Schemata für das Führungsverhalten und den Führungserfolg von Frauen auswirken …
- eine politikorientierte Perspektive, die den Blick auf die Bedeutung von Interessen und Herrschaft lenkt …"

Aus den für eine differenztheoretische Argumentation enttäuschenden Ergebnissen der empirischen geschlechtervergleichenden Führungsforschung wurden zwei konträre Schlussfolgerungen gezogen: die Forderung nach ‚Diversity' (s. Kap. 7.1) und die Propagierung von Androgynie: Die Überwindung der Mann-Frau-Differenz führt zurück zur Gleichheitsthese; *Beide* Geschlechter sollen sich ändern und ihre Widersprüche in einer dritten Position im dialektischen Sinn ‚aufheben', nämlich sowohl bewahren, wie beseitigen, wie auch auf eine höhere Stufe des ‚allgemein Menschlichen' heben. Wenn man per Setzung diesen Universalmenschen mit allen erdenklichen Attributen ausstattet und ihm die Fähigkeit zur Harmonisierung der Widersprüche attestiert, dann ist nicht verwunderlich, dass ein solch allseits entwickelter Mensch selbst konträren Ansprüchen genügt, eben weil er ein (allerdings wirklichkeitsfernes) Ideal ist.

Eine abgemilderte Form der Androgynie, die nicht personalisiert (in *einem* Subjekt sollen beide Positionen integriert werden), plädiert für eine Art Bündnisstrategie: Männer und Frauen sollen ihre jeweiligen Eigenheiten behalten und nutzen, sich aber zusammentun; vereint marschieren, getrennt schlagen. *Höhler* (2000) formuliert das so: „Das globale Business ist maskufeminin" (S. 233) – und deshalb müssen Männer und Frauen ihre Stärken zusammenlegen, um ihre Schwächen zu überwinden.

7.2.2.3 Dekonstruktion

Das dekonstruktive Programm (s. *Knapp*, 1997, 2001; *Wartenpfuhl*, 1998; *Hirschauer*, 1996) fordert dazu auf, die soziale Realität nicht als hermetische Einheit und Ganzheit hinzunehmen, sondern als gesellschaftliche Konstruktion zu sehen, die theoretisch und praktisch dekonstruiert werden kann, indem man ihre Konstruktionspläne offenlegt, ihre Entwicklungsgeschichte nachzeichnet und die Vielzahl der Abweichungen, Widersprüche, Mutationen und Unfälle registriert, die vom Mainstream verdeckt werden. Statt auf Einheit und Geschlossenheit wird auf Heterogenität, Differenz und Kontingenz gesetzt: Was ist, muss nicht so sein, wie es ist, es kann auch anders sein und es ist (tatsächlich/auch) anders, es wird morgen anders sein und es war gestern und ist woanders anders (vgl. auch *Lorber & Farell*, 1991).

Das ist für die Führungsforschung von unmittelbarer Bedeutung: Es bringt – wie festgestellt – wenig Gewinn zu fragen, ob männliche oder weibliche Führungskräfte sich in ihren Eigenschaften oder Verhaltensweisen signifikant unterscheiden. Viel wichtiger ist es herauszufinden, warum diese Frage gestellt wird, durch welche Praktiken und Institutionen Unterschiede erzeugt oder aufrechterhalten werden, wie sie gerechtfertigt werden und wie auf Versuche ihrer Nivellierung reagiert wird.

Aus dekonstruktivistischer Position folgt daraus, dass Geschlechtlichkeit inszeniert wird und dass soziale Konventionen existieren, wie und mit welchen Mitteln das zu geschehen hat. Wer diesen Konventionen folgt, *macht sich* – für andere erkennbar – zum Mann oder zur Frau und *erfährt sich* durch dieses Machen als Mann oder Frau, vor allem aber wird er oder sie durch die Rückmeldungen aus dem unmittelbaren sozialen Umfeld als Mann oder Frau bestätigt. Nicht wie oder was eine Person (eigentlich, biologisch) ist, sondern wie sie sich gibt, wird aus dekonstruktivistischer Perspektive entscheidend. Es geht darum, die Eindeutigkeit der Kategorien ‚weiblich' und ‚männlich' aufzulösen.

Die dekonstruktive Position soll anhand einer Frau verdeutlicht werden, die, wenn sie eine Entscheidung für eine Führungslaufbahn getroffen hat, auf dem Weg zu diesem Ziel mit einer Reihe von gesellschaftlich konstruierten Herausforderungen und Widerständen konfrontiert wird, die an den Beispielen

- ‚glass ceiling',
- ‚token women',
- ‚think manager – think male'
- ‚Männerbünde'

nachfolgend illustriert werden.

Glass ceiling

Unter dem Phänomen der ‚gläsernen Decke' wird die Tatsache verstanden, dass Frauen zwar befördert werden, die Top-Positionen sehen, aber ab einem bestimmten hierarchischen Niveau an eine unsichtbare harte (gläserne) Decke stoßen, die ihrem weiteren Aufstieg ein abruptes Ende setzt (*Morrison, White & Van Velsor*, 1987; vgl. *Dominguez*, 1992, *Powell & Butterfield*, 1994, *Klenke*, 1996, S. 171 ff., *Krell*, 2010, *Dyrchs & Strack*, 2012).

Im ersten ‚Glass Ceiling Report' der amerikanischen Regierung schrieb der damalige Arbeitsminister *Lynn Martin* (1991, S. 2):

„Die gläserne Decke behindert, wo sie existiert, nicht nur Individuen, sondern die Gesellschaft als ganze. Sie beschneidet effektiv unseren Pool potenzieller Unternehmensführer, indem sie über die Hälfte der Population eliminiert. Sie beraubt unsere Wirtschaft neuer Führer, neuer Quellen der Kreativität – der möglichen Pioniere der Geschäftswelt. Wenn es uns letztlich darauf ankommt, den Wettbewerb im heutigen globalen Markt erfolgreich zu bestehen, dann müssen wir das volle Potenzial der amerikanischen Arbeitskraft entfesseln. Die Zeit ist reif, die ‚Glasdecke' nieder zu reißen, zu entfernen."

Die verstärkten Initiativen zeigen erste Veränderungen. Die *glass ceiling* hat sich jedoch nicht in einen *glass escalator* verwandelt, d.h. dass Gleichstellungsmaßnahmen keineswegs zu einem automatischen Aufstieg führen; von einer asymmetrischen Bevorzugung von Frauen kann nicht die Rede sein. Der Frauenanteil unter Führungskräften hat sich zwar im unteren und mittleren Management in den letzten Jahren deutlich erhöht, entspricht aber keineswegs dem Anteil der erwerbstätigen Frauen. In den letzten 15 Jahren haben sich auch im obersten Top-Management durchaus Veränderungen ergeben. Schwankte damals der Anteil der Frauen um ca. 5% (in den USA), gut 6% (in Frankreich), nicht einmal 1% in Deutschland und Großbritannien, und fast 9% in Schweden (s. auch *Berthoin Antal & Quack*, 1998, S. 115 f.), so ergeben sich in der Europäischen Union für 2012 mittlerweile durchaus höhere Werte: Frankreich 22%, Deutschland 16%, Großbritannien 16% und Schweden 25%. Der Durchschnitt der EU-27 liegt bei 14% (*Europäische Kommission*, 2012b, s. auch *Holst & Schimeta*, 2013; vgl. Abb. 7.2):

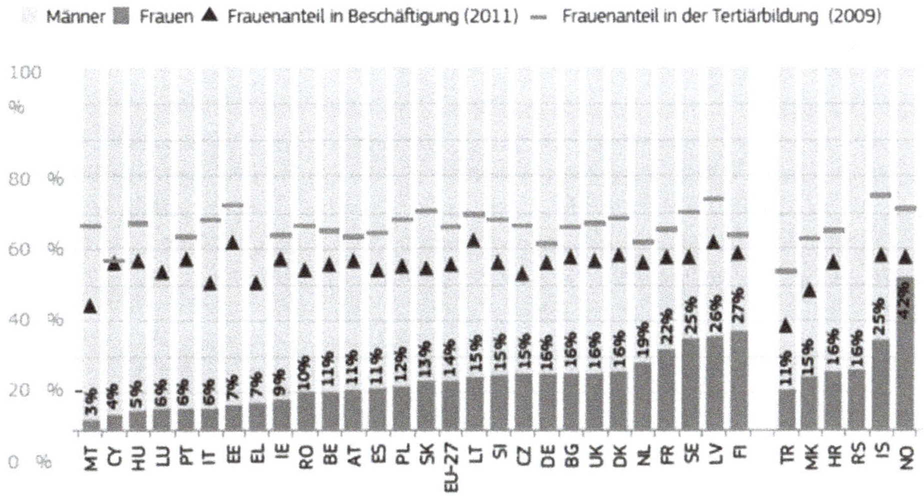

Abb. 7.2: Frauenanteil in den höchsten Entscheidungsgremien der größten börsennotierten Unternehmen in Ländern der EU im Jahr 2012 (*Europäische Kommission*, 2012b).

Alle Studien ziehen jedoch das gleiche Fazit: Während Frauen nahezu die Hälfte der Erwerbspopulation ausmachen, besetzen sie im Top-Management einen ganz erheblich niedrigeren Prozentsatz der Positionen.

Eine ökonomische Erklärung für das Glasdecken-Phänomen bieten *Franck & Jungwirth* (1998) an: Wenn ‚weiblich' – bezogen auf Managementqualitäten – mit einem noch so kleinen negativen Vorurteil behaftet ist, stellt die Berufung von Frauen ins Top-Management ein riskantes Experiment dar, weil es für den Kapitalmarkt negative Signale aussendet.

> Siehe auch die Überlegungen zur humankapitaltheoretischen Argumentation in Zusatzdokument 32.

Eine Konsequenz, die Frauen offenbar aus der strukturellen Benachteiligung in (Groß-) Unternehmen ziehen, ist das Ausweichen auf Unternehmensgründungen. So stellte *Klenke* bereits 1996 für die USA fest, dass die Zahl der Unternehmensgründungen durch Frauen um 20% stieg und dass deren Firmen mehr Mitarbeiterinnen beschäftigen als die Fortune 500-Unternehmen zusammengenommen.

Token Women, Quotenfrau

Dieses Konzept, das meist auf eine Arbeit von *Kanter* (1977) zurückgeführt wird, thematisiert in besonderer Weise die Probleme und Funktionen einer Frau, die in eine Männerdomäne eingedrungen ist (das gilt auch für mehrere Frauen, die aber Minoritätenstatus haben, also weniger als etwa 15-20% der betreffenden Population ausmachen). Der Begriff ‚token' meint in diesem Zusammenhang ‚Aushängeschild', ‚Etikett', ‚Hinweiszeichen' und bezieht sich auf eine in einem Beruf oder einer Organisation (-seinheit) oder Rangstufe arbeitende Frau, die darin eine Ausnahme oder Minderheit darstellt. Sie wird als Exotin, Vorzeige-, Alibi- oder eben Quotenfrau behandelt.

> Als eine solche Exotin oder Vorzeigefrau würde sich *Nathalie Benedikt* selbst nicht sehen. Dies stellt sie in einem Interview mit dem Handelsblatt deutlich heraus (vgl. *Heide*, 2013). Da sie jedoch mit 36 Jahren bereits Finanzvorstand bei einer Aktiengesellschaft ist, dem Maschinenbauer *Pfeiffer Vacuum*, steht sie gerade weil sie eine Frau ist im Fokus. Was für eine Karriere wichtig ist und warum eine Frauenquote „Quatsch" wäre, erklärt sie im Interview ebenfalls. Darin findet sich auch das Statement einer weiteren sog. Vorzeigefrau, *Elke Strathman*, Vorstand bei *Continental*, die ebenfalls von einer Frauenquote im Management nichts hält. Anders sieht dies etwa *Krell* (2013, S. 6): „Ich halte Quotenregelungen für ein notwendiges Mittel, um in Systeme zu intervenieren, die sich nicht von innen heraus verändern wollen oder können".

Der Token-Status aktiviert die geschlechtsstereotypen Erwartungen: Die Frau wird als femininer (‚typisch Frau') wahrgenommen als in Gruppen mit einer ausgeglichenen Geschlechterzusammensetzung. Es kommt zu einem *‚genderrole spillover'*, zu einem Überschwappen geschlechterstereotyper Merkmale auf die Rollenerwartungen, mit der die Frau konfrontiert wird.

Der herausgehobene Status vergrößert die Sichtbarkeit und den Bekanntheitsgrad der Frau. Im Prinzip sind das gute Bedingungen, sich und anderen die eigenen Fähigkeiten zu beweisen und im Gespräch zu sein, wenn es um die Besetzung von attraktiven Positionen geht. Andererseits wird die token woman in eine dilemmatische Situation gedrängt: Sie ist eine erfolgreiche Ausnahme; sie wird genau beobachtet und jeder noch so kleine Fehler wird bei ihr besonders schnell wahrgenommen und ihrem Geschlecht zugeschrieben (‚typisch Frau'), während Erfolge sie zum Quasi-Mann machen (‚sie steht ihren Mann', ‚sie hat Standvermögen', ‚sie hat die Hosen an', ‚sie hat Biss' etc.).

Je mehr sie sich dem Männlichkeitsstereotyp annähert, desto eher läuft sie Gefahr, als ‚unweiblich' und Nicht-Frau etikettiert zu werden. Betont sie dagegen ihre Weiblichkeit, muss sie damit rechnen, dass sie als ‚nicht professionell' gesehen wird oder gar dass ihr unterstellt wird, ihre Weiblichkeit strategisch einzusetzen und sich z.B. ‚nach oben schlafen' zu wollen. Je rationaler sie ihr Weiblichkeitsmanagement betreibt, desto mehr desexualisiert sie sich und ihren Körper und unterstützt damit die Politik der Desexualisierung der Organisation, die diese als rein sachliches und neutrales Instrument der Kooperation präsentieren möchte (*Rastetter*, 1994, S. 266; *Haiford & Leonard*, 2001).

Der Status als Ausnahmefrau kann auch dazu führen, dass sie als Andere oder Fremde nicht in die informellen Cliquen oder Kontakte der Männer einbezogen wird, sodass ihr wichtige Informationen und Beziehungen vorenthalten bleiben. Weil in ihrer Anwesenheit Männer ihr Verhalten ändern müssen (Witze, Anspielungen, Benehmen) wird sie als störend empfunden, sie wird ausgeschlossen und isoliert.

In der durchweg nicht empirischen Literatur ist weiterhin hartnäckig die Rede vom ‚Bienenkönigin-Syndrom' (*Bernardoni & Werner*, 1987), dem zu Folge eine erfolgreiche Frau ihren herausgehobenen Status genießt und nichts dafür tut, andere Frauen zu fördern; im Gegenteil: Sie lege möglichen Konkurrentinnen alle erdenklichen Hindernisse in den Weg. Das Scheitern der potenziellen Rivalinnen unterstreicht dann umso mehr ihren Ausnahmestatus. Aus Sicht der Praxis scheint vieles eher dafür zu sprechen, dass Frauen erkennen, dass die den ‚Männerbünden' abgeschauten Netzwerke und Mentor-Mentee-Beziehungen (s.u.) für alle Beteiligten Vorteile haben (vgl. hierzu auch das Fallbeispiel 11).

Think Manager – Think Male

Das typische Bild der erfolgreichen Führungskraft entspricht dem männlichen, nicht dem weiblichen Geschlechtsstereotyp (*Schein*, 1973; *Schein, Mueller, Lituchy & Liu*, 1996; *Dodge, Gilroy & Fenzel*, 1995; *Rustemeyer & Thrien*, 1989; *Krumpholz*, 1996).

Spreemann (2000) hat den Stand der Diskussion resümiert und selbst vier Experimente durchgeführt. Wie andere UntersucherInnen auch fand sie bei *Befragungen* umgekehrte Stereotypisierungseffekte (Frauen wurden als *geeigneter* für Führungspositionen eingestuft). Als Erklärung dieses Befunds, der nicht vorschnell als Indiz für einen Werte- oder gar Meinungswandel interpretiert werden darf, wird ‚soziale Erwünschtheit' angenommen: Wenn und weil Befragte sich bewusst werden, dass sie zu ungerechtfertigter Diskriminierung befragt werden, versuchen sie nicht vorurteilsbehaftet zu erscheinen, geben sich sogar besonders progressiv. *Spreemann* (2000, S. 172 f.) diskutiert Diskriminierungen in mehreren Phasen des Auswahl- und Beförderungsprozesses, die zur Unterrepräsentanz von Frauen in Führungspositionen beitragen können:

- Schon bei der Auswahl- und Einstellungsentscheidung werden Personen mit einer typisch femininen Erscheinung (also v.a. Frauen) eher zurückgewiesen.
- Bei Leistungsbeurteilungen und Belohnungszuteilungen werden feminine Erscheinungen negativer beurteilt und benachteiligt.
- Weil geringere Anreize (z.B. Gehalt) geboten werden, ist die Karrieremotivation geringer.
- Hinzu kommt ‚selbstbegrenzendes Verhalten': In realistischer Einschätzung ihrer Chancen und/oder wegen ihrer negativeren Selbstbewertung wählen Frauen (oder: Personen mit femininem Aussehen) von vorne herein Berufe oder Laufbahnen, die weniger Karriereoptionen bieten.

Männerbünde

Rastetter ist in ihrer material- und facettenreichen Monografie über „Sexualität und Herrschaft in Organisationen" (1994) auch ausführlich auf Männerbünde und speziell den ‚Männerbund Management' eingegangen: Sie konstatiert, dass „männerbündisches Handeln ein konstitutives Element der Organisation und ihrer herrschaftssichernden Instanzen ist" (S. 236). Als gemeinsame Merkmale von Männerbünden nennt sie:

- „der schwierige Zugang: die Aufnahme ist an Bedingungen und besondere Initiationsgepflogenheiten gebunden, die Zugehörigkeit ist ein Privileg;
- ein selbstverordnetes strenges Reglement;
- Prinzipien von Brüderlichkeit und Gleichheit, die durch (meist) latente Homosexualität, Frauenfeindlichkeit, Kameradschaft angesichts des Todes, Bereitschaft zu Verschwörung und Außenseitertum gekennzeichnet sind;
- strenge Hierarchien trotz der Huldigung der Brüderlichkeit;
- Ausschluss von Frauen" (S. 236 f.).

Management – als Sammelbegriff für die höhere Führungsebene in einer Organisation – ist nicht nur eine Männerdomäne (wie die nach wie vor niedrige Repräsentanz von Frauen belegt), es funktioniert auch männerbündisch: die genannten fünf Merkmale ließen sich auch für das Management als soziale Gruppe nachweisen.

Als Funktion und Institution habe das Management:

- „eine sinnstiftende Wirkung durch die allgemein als wichtig anerkannten Führungsaufgaben, deren Handhabung und Durchführung aber nicht direkt zu strukturieren und zu beurteilen sind, was ihm eine geheimnisvolle Aura verleiht;

- es beinhaltet ein hohes Unsicherheitspotenzial, das durch die Aufnahme von vertrauten und ähnlichen Personen reduziert werden kann;
- es weist innerhalb der Organisation und nach außen eine relativ hohe Ressourcen- und Machtallokation auf, die durch bündisches Verhalten gesichert werden kann" (*Rastetter* 1994, S. 257).

Nicht Qualifikationsmängel und Sozialisationsdefizite sind für die Unterrepräsentation von Frauen im Management verantwortlich, sondern umgekehrt: Weil sie systematisch ausgeschlossen werden, wird Frauen die Möglichkeit genommen, die passenden(!) Qualifikationen und Haltungen zu erwerben.

Aus einer solchen Perspektive wird nachvollziehbar, dass das Eindringen von Frauen in Männerbünde auf Widerstand stößt, weil es das Rationale der Bünde in Frage stellt. Kooptierte Frauen sind weniger bedrohlich, wenn sie zu Männern umdefiniert und umgemodelt werden, d.h. sich wie Männer kleiden, wie Männer reden und denken, wie Männer arbeiten (immer für die Firma da sind, sich um das ‚Privat-' Leben nicht kümmern).

Weil die Inklusion von Frauen ins Management *verschiedene* Logiken kreuzt (Verwertungslogik, Produktionslogik, Herrschaftslogik, Beziehungslogik, Gerechtigkeits- oder Fairnesslogik, s. dazu *Wimmer & Neuberger*, 1998, S. 321 ff.), entsteht eine spannungsgeladene Situation, in der die Interessen der beteiligten Akteure und Institutionen nicht eindimensional befriedigt oder frustriert werden. Die von *Rastetter* übernommene Tab. 7.1 stellt wichtige Ambivalenzen im Überblick dar.

Positive und negative Aspekte der Präsenz von Frauen im Management		
… für die Organisation	… für den Männerbund	… für die Frauen
+	+	+
• Hoffnung auf neue Impulse • Stärkung der Leistungsideologie, bessere Ergebnisse • Disziplinierung des Männerbundes • Druck auf Führungskräfte: Der Erwerb neuer ‚weicher' Qualifikationen wird erwartet • Imageverbesserung	• Stärkung des Männerbundes durch forcierte Verbündung in Gegnerschaft zu Frauen	• Zuwachs an Macht, Ressourcen, Einkommen, Selbstbestätigung • Möglichkeit der Erweiterung weiblicher Rollenmuster • egalitäre Zusammenarbeit mit Männern
–	–	–
• Imageverlust (auf Grund niedrigerer gesellschaftlicher Macht von Frauen) • Unzufriedenheit des Männerbundes	• Bedrohung aller Sinninhalte des Männerbundes • gespannte Atmosphäre • Rivalitäten unter Männern • Angst und Verunsicherung	• Anpassungsdruck • erhöhte Arbeitsbelastung • permanente Ausbalancierung widersprüchlicher Anforderungen

• partielle Auflösung des geschlechtsspezifischen Gebildes • verringerte Möglichkeiten zur Kapitalisierung weiblicher Sexualität	• Erhöhte Arbeitsplatzunsicherheit und Konkurrenz	• Gefahr der Isolierung, Gefahr der Spaltung der Frauen • wenig egalitäre Zusammenarbeit mit Frauen

Tab. 7.1: Mögliche Konsequenzen der Präsenz von Frauen im Management (in Anlehnung an *Rastetter*, 1994, S. 273).

Die Bastionen der Männerbünde haben sich als schwer einzunehmen erwiesen; einzelne weibliche Eindringlinge wurden schnell assimiliert. Deswegen haben Analytikerinnen des Geschlechterkampfs empfohlen, das Erfolgsrezept des Gegners zu kopieren und den ‚old boys networks' Frauennetzwerke entgegen zu setzen, frauenspezifische Sponsor-Protegé-Beziehungen zu etablieren, exklusive Clubs und Treffen zu organisieren etc. Weil die Frauennetzwerke bislang vergleichsweise wenig Ressourcenkontrolle haben, ist ihre Attraktivität für ‚DarwiportunistInnen' (s. Kap. 9.1) gering. Aber mit zunehmend breiterem Fundament der Frauen im unteren und mittleren Management kann sich das durchaus ändern.

7.2.2.4 Gleichheit, Differenz, Dekonstruktion: Keine Alternativen!

Alle drei Positionen des feministischen Diskurses münden in Dilemmata:

Das *Gleichheitsdilemma*: Die Gleichbehandlung von Ungleichem schreibt Ungleichheit fort. Gleichheit vor dem Gesetz ist überdies nicht Gleichheit nach dem Gesetz, Rechtsansprüche sind nicht Rechtswirklichkeit.

Das *Differenzdilemma*: Differenzierung mündet in die „Fortschreibung und Verstärkung des Stigmas der Abweichung" (*Knapp*, 2011). Wenn Frauen sich als anders definieren, akzeptieren sie ‚den Mann' als Bezugsnorm und müssen beweisen, dass ihr Anderssein *nützlich* ist, weil es (die von Männern) gesetzten Ziele, die nicht in Frage gestellt werden, besser erreicht.

Das *Dekonstruktionsdilemma*: Identitätspolitik untergräbt die kollektive Basis von Frauenpolitik. Weil es so etwas wie eine (kollektive) ‚weibliche Identität' nicht gibt, muss jede Frau für sich sorgen. Allein aber scheitert sie einerseits an der Übermacht der Männer begünstigenden Strukturen und andererseits am Fortbestand der gesellschaftlichen Praktiken und Institutionen, die sie als (verantwortliches) Subjekt konstruieren.

Gleichheit, Differenz und Dekonstruktion schließen sich als Handlungsimperative nicht aus, sondern ergänzen einander.

7.2.3 Schlussbemerkung

Sicherlich wäre es vermessen zu glauben, dass sich innerhalb weniger Jahre – oder auch Jahrzehnte – umkehren ließe, was über viele Jahrhunderte tradiertes Verhalten war. Richtig ist aber auch, dass Diversity im Allgemeinen und Frauen in Führungspositionen im Besonderen immer breiter diskutiert, verstärkt eingefordert und gefördert und damit zunehmend ‚Normalität' werden. Dies ist vergleichbar mit einem Change-

Prozess, mit den hierfür typischen Erfolgskriterien: Ob auf der individuellen, der Unternehmens- oder der gesellschaftlichen Ebene, es müssen realistische Ziele formuliert werden, Widerständen ist mit umfangreicher und frühzeitiger Kommunikation zu begegnen und es muss ein gut geplanter Prozess mit regelmäßiger Evaluation vorhanden sein. Und, dies verlangt von allen Seiten viel Geduld und Verständnis, aber auch den starken Willen zur konsequenten Umsetzung.

7.3 Gesund führen

Betriebliches Gesundheitswesen, Gesundheitsmanagement, berufliche Rehabilitation, Gesunde Arbeit, Work-Life-Balance, Stress, Burnout und Mobbing sind beliebte Themen betriebswirtschaftlicher, psychologischer, soziologischer, arbeitsmedizinischer und arbeitswissenschaftlicher Forschung. Die Rolle von Führung und der Führungskräfte wird dabei als gegeben bis zentral angesehen. *Führen und Gesundheit* ist dennoch bemerkenswerter Weise noch keine inhaltliche oder begriffliche Kombination, die einen sicheren Platz in Lehrbüchern zur Führung gefunden hat. Das Thema taucht eher in Werken zur Gesundheitsförderung (z.B. *Bamberg et al.*, 2011) oder spezifischen gesundheitlichen Risiken bzw. einer ganzen Anzahl von Monographien auf. Der Frage nehmen sich mittlerweile für die Praxis auch gesellschaftliche Akteure wie das *Bundesministerium für Gesundheit* (2013) und Krankenkassen an und auch die übliche Welle an Ratgeberliteratur (z.B. *Matyssek*, 2007; *Lohmer et al.*, 2012) ließ nicht lange auf sich warten.

Belastungen am Arbeitsplatz gibt es in vielerlei Gestalt. Sie müssen dabei nicht für jeden Arbeitsplatz objektiv gegeben oder subjektiv wahrnehmbar sein. Auch kann das Ausmaß zwischen und auch innerhalb der Stelle sehr unterschiedlich sein. Es gibt körperliche Belastungen (wie schweres Heben oder ungünstige Körperhaltung), Belastungen durch Umgebungsbedingungen (wie Hitze/Kälte, Geruchs-/Schadstoffexposition), psychische Belastungen (durch Aufgabe, Organisation und Tätigkeitsbedingungen) und soziale Belastungen (durch Interaktionen und Begleiterscheinungen von Kooperationsformen). Das Themenfeld Führung und Gesundheit befasst sich vor allem mit psychosozialen Belastungen, wenn auch die Gesundheitsgefährdungen durch physikalische Umgebungsfaktoren nicht dem Blick entschwunden sind. Ziel der Forschungsbemühungen ist nachhaltige Arbeitsfähigkeit (*work ability*: *Ilmarinen, Tuomi & Klockars*, 1997; *Ilmarinen*, 2009) und die entsprechende Teilhabeentscheidung der MitarbeiterInnen für die Perspektive der Unternehmen und Gesundheit und Wohlbefinden für die Perspektive der MitarbeiterInnen.

7.3.1 Gesundheit als Anliegen: Gesundheitskonzepte und Gesundheitsförderung im Betrieb

Zur Gesundheitsförderung in Arbeitsorganisationen hat sich mittlerweile umfassende Literatur aus verschiedenen Disziplinen angesammelt. Stellvertretend sei hier auf die Übersichts- und Lehrwerke von *Badura, Walter & Hehlmann* (2010), *Bamberg, Ducki & Metz* (2011), *Quick* (2011), *Rudow* (2011) und *Faller* (2012) verwiesen.

Rechtlich stehen der Gesundheitsschutz, die gesundheitliche Prävention und Förderung der Gesundheit von Erwerbstätigen – wenn auch unsystematisch, jedoch deshalb nicht weniger bindend – in Deutschland fest verankert, hauptsächlich in Arbeitsschutzgesetz, Arbeitsschutzrichtlinien, Arbeitssicherheitsgesetz, Arbeitszeitgesetz, Betriebsverfassungsgesetz, Tarifvertragsgesetz und in breiterem Rahmen in den Sozialgesetzbüchern V und IX, dem Bürgerlichen Gesetzbuch und dem Grundgesetz.

Unternehmen und anderen Arbeitsorganisationen entstehen bei arbeitsbedingten Gesundheitsproblemen vielfältige Kosten durch Fehlzeiten, Fluktuation, Unfall und Arbeitsunfähigkeit, Frühverrentung, ergonomische Nachrüstkosten, Personalbeschaffung und Einarbeitung, schlechtes Betriebsklima, geringe Einsatzbereitschaft (Schonungsorientierung), bis hin zu Schadenersatzforderungen von betroffenen MitarbeiterInnen. Laut Bericht der deutschen Bundesregierung über den Stand von Sicherheit und Gesundheit bei der Arbeit lag im Jahr 2011 bei 41,1 Mio. Erwerbstätigen in der Bundesrepublik Deutschland die Anzahl der Arbeitsunfähigkeitstage bei 460,6 Mio. Tagen, womit ein volkswirtschaftlicher Produktivitätsverlust von 80 Mrd. Euro einhergeht (*Bundesministerium für Arbeit und Soziales & Bundesanstalt für Arbeitsschutz und Arbeitsmedizin*, 2013, S. 41).

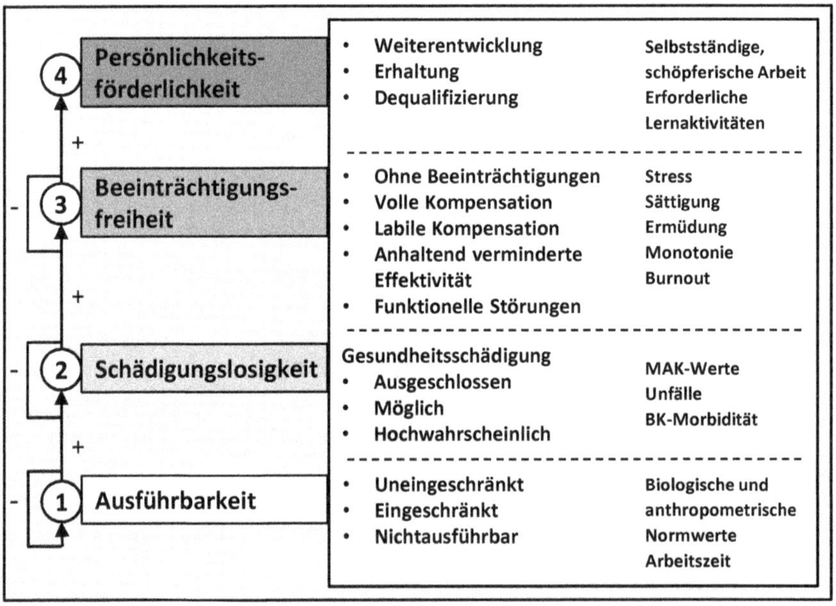

Abb. 7.3: Kriterien zur Bewertung von Arbeitstätigkeiten nach *Hacker & Richter* (1980).

Gesundheit wird an sich und im Wirtschaftskontext funktional als erstrebenswertes Ziel gesehen. Dabei geht die Vorstellung, was Gesundheit ist, darüber hinaus, darin den Zustand der Abwesenheit von Krankheit zu sehen. Eine viel Beachtung findende Definition von *Hurrelmann* (2006) lautet: „Gesundheit ist das Stadium des Gleichgewichtes von Risikofaktoren und Schutzfaktoren, das eintritt, wenn einem Menschen eine Bewältigung sowohl der inneren ... als auch äußeren ... Anforderungen gelingt. Gesundheit ist ein Stadium, das einem Menschen Wohlbefinden und Lebensfreude vermittelt" (S. 146). Im Arbeitskontext Gesundheit erhalten und fördern geht also über die unmittelbare Vermeidung und Heilung von Krankheit und Verletzungen weit hinaus. Konzepte humaner Arbeit enthalten zumeist Kriterien, die gesundheitliche Aspekte in den Vordergrund stellen, z.B. bei *Hacker & Richter* (1980), dessen vier Ebenen humaner Arbeit deren Ausführbarkeit, Schädigungslosigkeit, Beeinträchtigungsfreiheit und Persönlichkeitsförderlichkeit betreffen (vgl. Abb. 7.3).

Gesundheit zu erlangen, erhalten und fördern wird aus dieser Perspektive als komplexe Erhaltungsaufgabe im Arbeitssystem gesehen, die nur über den Ansatz an mehreren Hebeln – Arbeitsgestaltung, Arbeitsorganisation und Personalführung – erfolgreich bearbeitet werden kann (vgl. *Rudow*, 2011).

7.3.1.1 Belastungen bei der Arbeit und deren Auswirkungen

Am häufigsten wurden bzw. fühlen sich (nach der BIBB/BAuA Erwerbstätigenbefragung 2011/2012 mit n = 17.562 Teilnehmenden) ArbeitnehmerInnen durch folgende psychischen Arbeitsanforderungen belastet (*Lohmann-Haislah*, 2012, S. 34 f.):

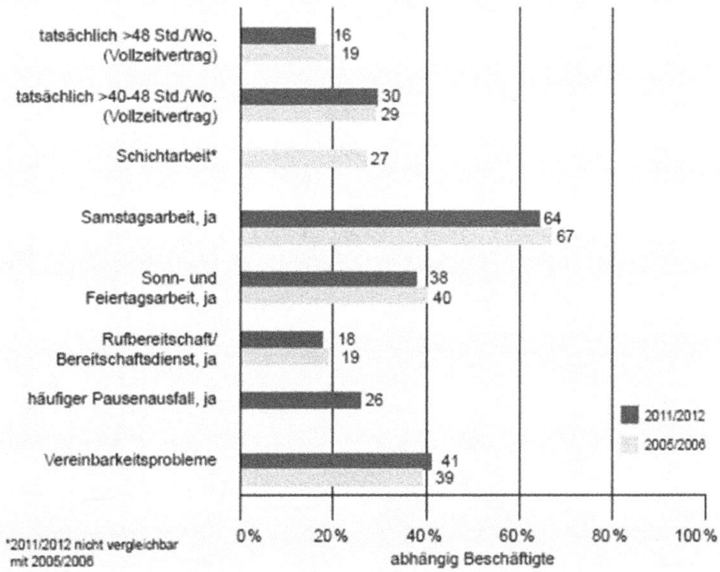

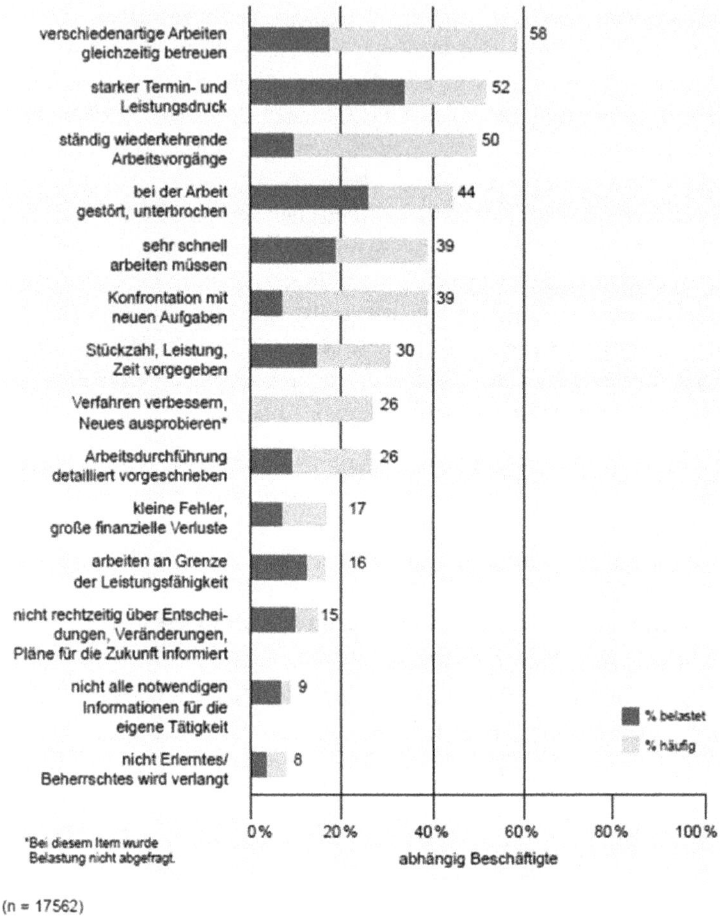

Abb. 7.4: Anforderungen und Belastungen aus Arbeitsorganisation, -inhalt und -zeiten nach *Lohmann-Haislah* (2012).

Auswirkungen von Belastungen können für Gesundheit, Wohlergehen und das Erfüllen von Arbeitsanforderungen eintreten. Im Fall fortgesetzter Tätigkeit führen z.B. Fehlbeanspruchungen zu vielfältigen kurz-, mittel- und langfristigen Folgen. Tab. 7.2 zeigt eine Zusammenstellung nach *Strobel & v. Krause* (1997):

kurzfristige Folgen	mittel- bis langfristige Folgen	Folgen bezüglich der Bewältigung von Arbeitsaufgaben
Ermüdung, Monotonie, Sättigung Gefühle der inneren Anspannung Konzentrationsprobleme Nervosität, Angst	Ängstlichkeit Unzufriedenheit Resignation Depression allgemeine Beeinträchtigung des Wohlbefindens	Leistungsschwankungen Abnahme der Qualität der Arbeitsverrichtung kurzsichtige Entscheidungen Verschlechterung der sensomotorischen Koordination

Reizbarkeit Ärger und Wut	(Ein-)Schlafschwierigkeiten kritisches Gesundheitsverhalten psychosomatische Erkrankungen	Konflikte mit Vorgesetzten und Kollegen Rückzugsverhalten Zunahme von Fehlzeiten

Tab. 7.2: Folgen von Fehlbeanspruchungen bei der Arbeit (nach *Strobel & von Krause*, 1997).

Im Fall eintretender Krankheiten liegen umfassende Meldungen der Krankenkassen vor (wobei Krankenkassen Erkrankungen, für die keine Arbeitsunfähigkeitsmeldung erfolgt ist, nicht erfassen). Im Jahr 2011 fielen die meisten Arbeitsunfähigkeitstage an für die Krankheitsarten Muskel- und Skeletterkrankungen (21,6%) vor Atemwegerkrankungen (14,1%), psychischen und Verhaltensstörungen (12,9%), Verletzungen und Vergiftungen (11,5%), Herz- und Kreislauferkrankungen (5,8%) und Erkrankungen der Verdauungsorgane (5,5%). Alle anderen Erkrankungen machten zusammen 28,5% der Ausfalltage aus (*Bundesministerium für Arbeit und Soziales & Bundesanstalt für Arbeitsschutz und Arbeitsmedizin*, 2013, S. 41).

Aus Perspektive der Gesundheitsförderlichkeit lassen sich viele moderne *Managementkonzepte* der letzten Jahrzehnte (z.B. *lean management, business reengineering, outsourcing, downsizing*) als problematisch ansehen (*Ulich & Wülser*, 2010). Sie verdichten Arbeit, erhöhen Zeitdruck und reduzieren Puffer, sichernde Redundanzen, Schon- und Nischenarbeitsplätze auch für temporär leistungsgeminderte MitarbeiterInnen. Zugleich fordern sie eine verstärkte Übernahme von Verantwortung – teilweise für Prozesse, die vorgegeben und von den Betroffenen nicht beeinflussbar sind.

Moderne *Arbeitsformen* weisen ebenfalls häufig charakteristische Anfälligkeiten hinsichtlich ihres Gesundheitsbezugs auf (*Galais, Sende, Hecker & Wolff*, 2012). So entbehren die bei verschiedenen Arbeitnehmergruppen begehrten Arbeitsplätze bei Telearbeit von zu Hause aus oft jeglicher ergonomischen Gestaltung, sie sind sozial verarmt und bieten häufig keine regelmäßige Zeitstrukturierung (*Ulich & Wülser*, 2010). Arbeit in modernen Call Center beinhalten hohe Belastung durch Mehrfachtätigkeit und hohe Konzentrationsanforderungen: gleichzeitige Aufnahme und Verarbeitung visueller und auditiver Reize, ständige Kommunikation mit Kunden, hohe emotionale Anforderungen an Freundlichkeit und Ausgeglichenheit (Emotionsarbeit), hohe Taktfrequenz, geringe Tätigkeitsspielräume, oft unmittelbarer Umsatzdruck und geringe körperliche Aktivitätsmöglichkeiten während der Tätigkeit (*Ulich & Wülser*, 2010).

Auch die Vielzahl der sogenannten *atypischen Beschäftigungsverhältnisse*, z.B. dauerhaft befristete Arbeitsverträge, Minijobs, Dauerpraktika, Werk- und Dienstleistungsverträge statt Anstellungsverträgen („neue Selbständigkeit"), Leiharbeit, Zeitarbeit, Saisonarbeit, Arbeit auf Abruf gehen können mit Gefahren für die Gesundheit und das Wohlbefinden einhergehen: Kompetenzverluste, Senkung der Aufmerksamkeit für Arbeitssicherheit, starke Verunsicherung, psychosozialer Stress, Arbeiten trotz Krankheit und erhöhter Medikamentenverbrauch sowie schließlich schlechtere Gesundheit sind wahrscheinliche Folgen (vgl. *Hecker, Galais & Moser*, 2006; *Bödeker & Barthelmes*, 2011). Sie bringen auch das Phänomen einer zusätzlichen Segmentierung in Stamm- und in Randbelegschaft, wobei letztere lediglich bei Bedarf zusätzlich herangezogen wird und nur lose oder kaum in die vielfältigen Prozesse des Arbeitssystems einbezogen wird. So partizipiert sie üblicherweise kaum an Personalentwicklung, Beförderung, Kompetenzentwicklung, Kollegialität, betrieblichen Feierlichkeiten etc. (vgl. *Broschak & Davis-Blake*, 2006; *Rogers*, 1995; *Nienhüser & Baumhus*, 2002). Diese Segmentierung ist mittlerweile in allen Wirtschaftszweigen weit verbreitet und führt zu besonders schlechten Bedingungen, geringen Handlungsspielräumen, geringer Bezahlung, nur Teilaufgaben, partialisierten Aufgaben und damit zu chronischer qualitativer Unterforderung und Kompetenzverfall für die Randbelegschaft (*Kalleberg & Rognes*, 2000; *Nienhüser & Matiaske*, 2006). Andererseits ist darauf zu verweisen, dass sich Menschen darin unterscheiden, inwiefern solche flexiblen Beschäftigungen für sie belastende Notbehelfe oder evtl. eine gewählte Form der Selbstverwirklichung darstellen (*Ellingson, Gruys & Sackett*, 1998; *Dütschke & Börner*, 2012).

Auch viele *Arbeitszeitmodelle* sind als potenziell problematisch zu sehen: Vertrauensarbeitszeit (*Andresen*, 2009) bringt die Gefahr der Selbstausbeutung, der Entgrenzung durch ausgedehnte Mehrarbeit, da nach Ergebnissen und nicht nach Arbeitszeit bemessen wird. Ständige Überstunden und Arbeit zu wechselnden, unüblichen und ungeplanten Zeiten (z.B. in virtuellen Teams), Schichtarbeit, insbesondere Wechselschichten und Wochenendschichten, Rufbereitschaft, aber auch bei „regulären" Arbeitszeiten ständige Erreichbarkeit für das Unternehmen nach Feierabend, an Wochenenden, im Urlaub und bei Krankheit sind gesundheitsgefährdend, da sie private Zeit verknappen, die Erholung beeinträchtigen, Schlafstörungen, Befindlichkeitsbeeinträchtigungen und Irritation fördern sowie soziale Einbettungen und Kontakte stören (vgl. *Dettmers et al.*, 2012).

An dieser Stelle sei jedoch auch auf die umfangreiche Forschungsliteratur zur psychischen Gesundheit im Fall von Arbeitslosigkeit verwiesen, die bereits auf eine lange Tradition zurückblicken kann (*Lazarsfeld, Jahoda & Zeisel*, 1933). Sie stellt immer wieder fest, dass Arbeitslose im Vergleich zu Beschäftigten einen schlechteren Gesundheitszustand aufweisen und dieser v.a. im Bereich der psychischen Gesundheit sehr groß ist (vgl. z.B. *Hollederer*, 2003, 2008; *Berth*, 2006; *Weber, Hörmann & Heipertz*, 2007). So können auch prekäre Arbeitsverhältnisse und -bedingungen ggfs. zumindest gegenüber der Arbeitslosigkeit zu einer Verbesserung der psychophysischen Gesundheit beitragen.

Führungskräfte können häufig wenig Einfluss auf die Wahl der Managementkonzepte, Arbeitsvertragsgestaltung oder Arbeitszeitmodelle der Organisation nehmen. Sie können aber durchaus Einfluss darauf nehmen, ob darin liegende Stressoren voll ausgeprägt und ungehemmt auf die MitarbeiterInnen wirken und ob ihnen die Möglichkeit zu Ressourcenaufbau und -nutzung eingeräumt wird oder nicht. Voraussetzung hierfür ist jedoch, dass Führungskräfte sich der Wirkungen von Arbeitsbedingungen bewusst werden und die gegebenen Handlungsspielräume nutzen bzw. sogar schaffen (vgl. *Czekella*, 2010).

7.3.1.2 Modellierung der Interaktion von Merkmalen der Tätigkeit und der Arbeitstätigen

Im Rahmen der Diskussion um betriebliche Gesundheitsförderung wird üblicherweise auf das Belastungs-Beanspruchungs-Konzept (*Rohmert & Rutenfranz*, 1975) und Stressoren-Ressourcen-Konzepte (vgl. z.B. *Udris, Kraft, Mussmann & Rimann*, 1992; *Bamberg, Busch & Ducki*, 2003; *Zapf & Semmer*, 2004) Bezug genommen. Sie gehen davon aus, dass viele Einflüsse, die potenziell beeinträchtigend sind (*Belastungen* oder *Stressoren*) nicht automatisch zu negativen Auswirkungen führen, sondern erst in Wechselwirkungen mit Wahrnehmung und Reaktion des betroffenen Individuums Wirkung (*Beanspruchung*) zeigen. Das Ausmaß der (negativen) Wirkung wird dabei stark vermittelt durch die der Person zur Verfügung stehenden und auch eingesetzten Potenziale (*Ressourcen*) zu Widerstand und Bewältigung der vorliegenden Belastungen. Das Belastungs-Beanspruchungs-Konzept nimmt verschiedene Qualitäten von Einflüssen (seien sie physikalischer oder psychosozialer Natur) auf, die Stressoren-Ressourcen-Modelle tun dies historisch gesehen auch, werden aber häufig lediglich oder vorrangig für psychosoziale Einflussfaktoren konzipiert oder angewendet und beziehen sich damit ausschließlich auf Stress im psychologischen Sinn. Nach *Zapf & Semmer* (2004, S. 1011) wird dabei Stress als „subjektiv unangenehmer Spannungszustand, der aus der Befürchtung entsteht, eine aversive Situation nicht ausreichend bewältigen zu können" verstanden. Dabei wird das wahrgenommene Ungleichgewicht zwischen arbeitsbezogenen Anforderungen und darauf bezogenen Ressourcen, also die Überforderung der eigenen Bewältigungsmöglichkeiten, als Ursache von Stress aufgefasst. Stress wirkt sich auf die Leitungsfähigkeit (kurzfristig fördernd, mittelfristig differenziert fördernd und hemmend, langfristig zerstörend, vgl. *Selye*, 1946, 1953; *Lazarus*, 1974; *Zapf & Semmer*, 2004), auf die psychische sowie körperliche Gesundheit aus. Die Annahme ist weitgehend bestätigt, dass Stressoren negativ und Ressourcen positiv mit der Gesundheit bzw. dem Wohlbefinden zusammenhängen (z.B. *Antonovsky*, 1979; *Udris et al.*, 1992; *Karasek*, 1979, *Siegrist*, 1996; *Johnson & Hall*, 1988; *Bakker & Demerouti*, 2007). Dabei sind wie erwähnt zumeist Wechselwirkungen und Moderatoren zu berücksichtigen.

Psychosoziale Stressoren werden von *Zapf & Semmer* (2004) nach ihrer Herkunft kategorisiert. Sie unterscheiden aufgaben- und organisationsbezogene Stressoren (aus der Arbeitsrolle, aus Über- oder Unterforderung, aus Beeinträchtigungen der Handlungsregulation) und soziale Stressoren wie soziale Konflikte, organisationale Ungerechtigkeit, selbstwertverletzendes Verhalten (z.B. Mobbing), Interaktionsstressoren mit Kunden (z.B. Emotionsarbeit). Nach ihrer Herkunft kategorisieren sie auch die Ressourcen in *organisationale* (die Arbeitsorganisation, insb. die sich daraus ergebende Situationskontrolle aus Handlungs- und Entscheidungsspielraum und soziale Unterstützung aus der Organisation durch Vorgesetzte und KollegInnen) und *personale* Ressourcen (Persönlichkeitsmerkmale wie Optimismus, geringer Neurotizismus, Kohärenzempfinden, internale Kontrollüberzeugungen und hohe Selbstwirksamkeitserwartungen, soziale Kompetenzen und Stressbewältigungsstrategien, ein stabiles Immunsystem und körperliche Gesundheit) die als Komplex bisweilen als Resilienz, d.h. Widerstandskraft gegenüber Stressoren, bezeichnet werden (vgl. *Maddi & Khoshaba*, 2005).

Nach *Stadler & Spieß* (2002, S. 8) sind mit „sozialer Unterstützung" folgende Formen und Verhaltensweisen gemeint:

- materielle Unterstützung,
- Unterstützung durch helfendes Verhalten,
- emotionale Unterstützung (durch Zuneigung, Vertrauen, Anteilnahme),
- Feedback (z.B. soziale Bestätigung),
- informative Unterstützung, Orientierungshilfe (z.B. durch Rat),
- positive gesellige Aktivitäten (die dem Spaß und der Erholung dienen),
- Zugehörigkeit zu einem Netzwerk.

Drei Wirkungen schreiben sie sozialen Unterstützungsprozessen zu: Sie …

- sind in der Lage, die Höhe der arbeitsbedingten Belastungen zu reduzieren,
- haben eine positive Funktion bei der Stressbewältigung (d.h., die Belastung wird als weniger beanspruchend empfunden),
- haben eine gesundheitsfördernde Wirkung (weil dadurch gesundheitsfördernde Ressourcen aufgebaut werden).

Gunkel, Grofmeyer & Resch-Becke (2011) fügen dem die Kategorie *materieller* Ressourcen hinzu, die sich mit ergonomischer Arbeitsplatzgestaltung, Schutzkleidung, angenehmer Arbeitsumgebung, guten Werkzeugen und Ausstattung etc. befassen und damit stärker auf physikalische Bedingungen hin orientiert sind. Allerdings ist auch das Stressor-Ressourcen-Konzept defizitorientiert und in der empirischen Forschung dominiert dementsprechend ebenfalls die Erfassung v.a. von „Problemen", also z.B. Befindlichkeitsstörungen und Krankheiten, nicht von differenzierten Aspekten des Wohlbefindens, wie das z.B. das Konzept der Persönlichkeitsförderlichkeit von Arbeit tut (s.o. *Hacker & Richter*, 1980; vgl. *von Rosenstiel*, 2006).

Häufig wird in Gesundheitsmodellen entsprechend aktueller Definitionen ein Dual oder Kontinuum von krankheitsorientierten (kurativen oder präventiven) und gesundheitsorientierten (gesundheitserhaltenden und -förderlichen) Maßnahmen konzipiert (z.B. *Udris, Rimann & Thalmann*, 1994; *Rudow*, 2011). Im Kontext von Organisationen wird neben der ähnlich konzipierten Dimension Belastungsreduktion vs. Ressourcenaufbau als Ansatz*richtung* die Dimension der Ansatz*ebene* mit den Kategorien Person (Verhalten) und Organisation (Verhältnisse) verwendet (z.B. *Badura et al.*, 2010), vgl. Tab. 7.3:

Ansatzrichtung / Ansatzebene	Belastungsreduktion (kurativ)	Ressourcenaufbau (präventiv)
Organisation Verhältnisse	• Zeitdruck vermeiden • ergonomische Arbeitsplatzgestaltung • ...	• Zeitsouveränität • Handlungsspielraum • Förderung sozialer Kontakte im Unternehmen • ...
Person Verhalten	• Raucherentwöhnung • Ernährungsberatung • ...	• Schaffung von Lernanreizen • Qualifikation (z.B. Zeit-/Stressmanagement) • ...

Tab. 7.3: Ansatzebene und Ansatzrichtung gesundheitsförderlicher Maßnahmen.

Den Zellen des sich daraus ergebenden Vierfelderschemas lassen sich Maßnahmen zur Gesundheitsförderung zuordnen bzw. für die Praxis heuristisch für die Identifikation geeigneter Maßnahmen nutzen.

7.3.1.3 Betriebliche Gesundheitsförderung

Nachhaltiger Umgang mit Humanressourcen, damit auch der Gesundheit von Organisationsmitgliedern kann ebenso als Humanfaktor wie als Produktionsfaktor des Unternehmenserfolgs gesehen werden. Humanfaktoren sind inzwischen auch eine etablierte Dimension des Führungserfolgs (vgl. Kap. 6.1). Gesundheitsförderung lässt sich in diesem Sinne in Unternehmenszielsysteme einfügen, umso mehr ohnehin rechtlichen Anforderungen hinsichtlich der Gesundheit der MitarbeiterInnen genügt werden muss.

In Unternehmen stehen dafür Kürzel wie *BGF* (für Betriebliche Gesundheitsförderung), *BGM* (für Betriebliches Gesundheitsmanagement) oder *BGW* (für Betriebliches Gesundheitswesen), die zum exklusiven Managementjargon beitragen.

Auf Gesundheitsförderlichkeit hin konzipierte Interventionen in Unternehmen können im Einsatz einzelner Maßnahmen bestehen, aber auch als Projekt oder als Inhalte von Change-Prozessen stattfinden und damit in Unternehmens- und Führungskultur, -leitlinien und alltägliche -techniken integriert werden. Es gibt einen umfassenden Pool an Einzelmaßnahmen, die nicht auf der unmittelbaren operativen Führung basieren, z.B. Gesundheitszirkel, Arbeitsgestaltung, Workshops zu Gesundheitsthemen, Urlaubs-, Pausen-, Überstunden-, Erreichbarkeitsregeln, Leistungen zur Gesundheitsförderung (Betriebssport, Rückenschule, Raucherentwöhnung...), Verbesserung der Bedingungen am Arbeitsplatz (Ergonomie, Lärm, Temperatur etc.).

Rudow (2011) nennt auf verschiedenen Abstraktionsebenen mögliche und wünschenswerte Maßnahmen des betrieblichen Gesundheitsmanagements, wobei sein Fokus auf explizit gesundheitsbezogenen Maßnahmen liegt, weniger auf der Integration der Gesundheitsförderung in die alltäglichen Routineprozesse der Organisation:

- ein (auch) gesundheitsbezogenes Leitbild
- Einrichtung eines entsprechenden Steuerkreises oder einer Projektgruppe
- Gesundheitsbericht
- Gesundheitsbezogene Inhalte in Mitarbeiterbefragungen
- Fehlzeitenmanagement
- Stress-, Emotions- und Verhaltensmanagement
- Gesundheitszirkel
- Gesundheitscoaching
- Psychologische Beratung und Fortbildung zu Gesundheitsthemen für MitarbeiterInnen und Führungskräfte
- Suchtaufklärung und -beratung
- Konfliktmanagement, Mediation, Mobbing-Beratung
- gesundheitsbezogene Inhalte in der Supervision

7.3.2 Erhaltung und Förderung der Gesundheit der MitarbeiterInnen

Führungskräfte tragen Verantwortung für ihre MitarbeiterInnen und sie sind im direkten und häufigen Kontakt mit ihnen, sodass sie eine zentrale Rolle hinsichtlich der gesundheitsrelevanten Einflüsse und deren Auswirkungen auf ihre MitarbeiterInnen haben. Das Verhalten von Führungskräften ihren MitarbeiterInnen gegenüber kann deren Gesundheit positiv wie negativ beeinflussen. Allerdings wird auch in aktuellen Veröffentlichungen, z.B. dem Überblick über empirische Forschung von *Gregersen, Kuhnert, Zimber & Nienhaus* (2011), häufig sehr zurückhaltend über Art und Weise, wie und in welchem Maß Führung auf die Mitarbeitergesundheit wirkt, gesprochen. Das überrascht angesichts der vielen empirischen Befunde, die relativ klare Zusammenhänge zeigen (wenn auch im üblichen Rahmen schwankend, vom Ausmaß her moderat und mit dem verbreiteten Manko fraglicher Kausalität durch mangelnde Längsschnittstudien und experimentell variierte Bedingungen behaftet). Dass sich starke Zusammenhänge zeigen, ist angesichts der Komplexität der Konzepte *Gesundheit*, *Arbeit in Organisationen* und *Führung* ohnehin nicht anzunehmen und entsprechende Ergebnisse sollten eher misstrauisch machen.

7.3.2.1 Die Rolle der Führungskräfte bei der Gesundheitsförderung

Hinsichtlich ihrer Aufgaben bei der Gesundheitsförderung können Führungskräfte unterschiedliche Rollen einnehmen. Prinzipiell können sie sich ihr gegenüber gleichgültig oder sich sogar ausbeutend verhalten. Schließlich ist hinsichtlich Sicherheit und

Gesundheit jeder für sich selbst verantwortlich (vgl. Arbeitsschutzgesetz). Andererseits stehen Führungskräfte zumindest rechtlich betrachtet durch ihre Verantwortung und Fürsorgepflicht für die anvertrauten (unterstellten) MitarbeiterInnen natürlich besonders im Fokus (vgl. *Franke & Felfe*, 2011): Führungskräfte können in expliziter Auseinandersetzung mit der Gesundheit der MitarbeiterInnen als eine Art *Sicherheitsbeauftragter* agieren: Geht es um die Einhaltung gesetzlicher Mindeststandards zur Vermeidung rechtlicher Sanktionen, ist das Gesundheitsmanagement ausschließlich ein Kostenfaktor für das Unternehmen, den es für die Führungskraft möglichst gering zu halten gilt. Führungskräfte können auch primär und unter Einhaltung der rechtlichen Regelungen als *Ressourcenmanager* ihrer MitarbeiterInnen auftreten. Sie qualifizieren die MitarbeiterInnen und räumen ihnen Handlungs- und Entscheidungsspielräume ein. Sie schaffen Ressourcen, die das Gesundheitsrisiko der MitarbeiterInnen reduzieren. Und schließlich sind sie immer *Vorbild*, Modell für die MitarbeiterInnen: auch hinsichtlich gesundheitsschädigenden, -erhaltenden und -fördernden Verhaltens. Auf diese Weise scheint es zumindest möglich, dass Führungskräfte einen starken Einfluss auf ihre MitarbeiterInnen nehmen können. *Rudow* (2011, S. 208 ff.) sieht in der Wahrnehmung und Förderung von Gesundheit der Beschäftigten sogar eine zentrale Führungsaufgabe.

Fraglich ist aber zunächst das Bewusstsein der Führungskräfte für ihren Einfluss auf die Gesundheit der MitarbeiterInnen – und ihrer eigenen. Dazu ist eine kleine Untersuchung von *Echterhoff* (2011) mit 19 Führungskräften aus sechs Betrieben mit unterschiedlichem Stand gesundheitsförderlicher Maßnahmen illustrativ, in der Führungskräfte viele Verhaltensweisen als wichtig bezeichneten und für sich selbst in Anspruch nahmen, die als gesundheitsfördernd einzuschätzen sind (z.B. hinsichtlich Sorge um gutes Betriebsklima, Vertrauen schaffen, Rückmeldung geben, partizipativ führen, Konflikte konstruktiv behandeln). Aber hinsichtlich ihrer Möglichkeiten, direkt auf die Gesundheit von MitarbeiterInnen wirken zu können, wirken sie eher ratlos und sie individualisieren die Sorge um deren Gesundheit auf die betreffende Person oder externalisieren auf für sie kaum beeinflussbare Rahmenbedingungen und Arbeitsgestaltung. So scheint das Thema noch nicht überall in den Unternehmen angekommen zu sein und die erwähnten gesundheitsförderlichen Techniken, die eingesetzt werden, nicht auch als solche konzipiert oder auch nur wahrgenommen.

Aus ihrem Überblick vorliegender empirischer Untersuchungen folgern auch *Zimber & Gregersen* (2011, S. 112), dass bislang viele Führungskräfte gesundheitsförderliches Handeln nicht als integrierte Führungsaufgabe sehen. Dies zum Teil, weil sie andere Faktoren als ihr Wirken als wesentlicher ansehen, zum Teil weil sie ihren eigenen Einfluss und ihre Verantwortung dafür als sehr gering einschätzen.

Gerade Führungskräfte unterer Hierarchieebenen, die am unmittelbarsten „vor Ort“ wirken, sind zumeist wenig zum Thema geschult. Für diese Führungskräfte, die oftmals durch Bewährungsaufstieg in Führungspositionen gelangt sind, gilt nach *Gunkel et al.* (2011) auch in Bezug auf gesundes Führen, dass ihnen die gesamte Frage des Komplexes Führung weitgehend unklar ist, sie sich dessen Vielgestaltigkeit häufig nicht bewusst und ihr auch nicht gewachsen sind, sondern auf rein intuitiver Basis agieren. Daneben ist der eingeschränkte Handlungsspielraum der operativen Führungskräfte zu bedenken. Sie sind in Organisationen nur eine Akteursgruppe unter mehreren: Neben ihnen sind die Organisationsspitze mit ihren Entscheidungen bezüglich Arbeitsgestaltung, Arbeitsorganisation, Investitionen in Gesundheitsförderung etc., die Organisations- und Zentralabteilungen bei der Umsetzung gesundheitsrelevanter Maßnahmen und nicht zuletzt die MitarbeiterInnen selbst in Rechnung zu setzen. Und dass daneben viele Faktoren auf die Gesundheit der MitarbeiterInnen einwirken, die gar nicht oder nur indirekt durch die Organisation und ihre Akteure und Gegebenheiten beeinflussbar sind, versteht sich ohnehin.

7.3.2.2 Auswirkungen des Führungshandelns

Hinsichtlich der Positionierung der operativen Führungskräfte im Prozess gesundheitsförderlichen Führens hilft das Vier-Ebenen-Modell von *Spieß & Stadler* (2007) weiter. Es unterscheidet die Ebenen

[1] Ziel- und aufgabenorientiert führen

[2] Mitarbeiterorientiert führen

[3] Arbeits- und Organisationsprozess gestalten

[4] Gesundheitsförderliche Führungs- und Unternehmenskultur schaffen

Dabei sind die Ebenen 1 und 2 den Führungskräften unmittelbar zugänglich. Zumindest auf Ebene 1 gibt es immer eine Verpflichtung der Führungskraft, sich daran zu orientieren. Die Ebenen 3 und 4 können in abnehmenden Maße durch einzelne Führungskräfte beeinflusst werden, auf organisationsweite Regelungen und Werte haben sie nur im Rahmen ihres eigenen Handlungsspielraums Einfluss. Diesen können sie jedoch in verschiedener Weise zur Beeinflussung der Gesundheit ihrer MitarbeiterInnen nutzen (*Franke & Felfe*, 2011):

[1] Sie können durch die klassische Führungsinteraktion über Kommunikation positiven wie negativen Einfluss nehmen,

[2] Sie können im Rahmen ihrer Kompetenzen und Möglichkeiten die Arbeit und ihr Umfeld gestalten und organisieren,

[3] Sie haben als Vorgesetzte auch ohne entsprechende Intention und im Rahmen der betrieblich vorgegebenen Bedingungen (*Semmer & Udris*, 2007) eine Vorbild- und Orientierungsfunktion, die überwiegend mittels Modelllernen und Symbolische Führung auf das Erleben und Verhalten der MitarbeiterInnen wirkt.

Führungsverhalten kann also sowohl als Ressource als auch als Stressor auf die Gesundheit und das Wohlbefinden der MitarbeiterInnen wirken.

Es liegen mittlerweile umfassende Ergebnisse zur Wirkung von Führungsverhalten auf die Gesundheit der MitarbeiterInnen vor. Viele Untersuchungen benutzen dabei Fragebogen zur Erfassung der interessierenden Verhaltensweisen und Einstellungen, die in Selbsteinschätzung oder in der Einschätzung von Führungskräften durch ihre MitarbeiterInnen und umgekehrt beantwortet werden. Somit werden die Gesundheitsvariablen in der Regel nicht objektiv erhoben (*Nyberg, Bernin & Theorell*, 2005). Es liegen psychometrisch ausgearbeitete Fragebogen vor, die teilweise sowohl Arbeitsbedingungen und Stressoren als auch Gesundheit und Wohlbefinden erfassen (z.B. SALSA von *Rimann & Udris*, 1997; COPSOQ dt. von *Nübling, Stößel, Hasselhorn, Michaelis & Hof-*

mann, 2005). Dabei ergeben sich erwartungsgemäß bei positiver Einschätzung des Vorgesetztenverhaltens durch die MitarbeiterInnen weniger Angaben eigener Gesundheitsbeschwerden und höhere Angaben des eigenen Wohlbefindens als bei negativer Einschätzung des Vorgesetztenverhaltens (z.B. *Zok*, 2011 mit n = 28.223 Teilnehmern). Das lässt sich als Attributionsphänomen interpretieren (vgl. Kap. 5.2), könnte aber auch auf wirkliche Zusammenhänge hinweisen. Die Untersuchungsmethode lässt das nicht entscheiden. So räumen auch *Zimber & Gregersen* (2011) im Resümee ihres Überblicks ein, bleibt auch aus Perspektive der Forschung weiterhin unklar, *wie weit* der Einfluss von Führungskräften dabei geht, die Gesundheit der MitarbeiterInnen zu fördern (vgl. auch *Skakon, Nielsen, Borg & Guzman*, 2010).

Sehr weit verbreitet sind Untersuchungen zur Wirkung von Führungsstilen. Mehrere aktuelle Literaturaufbereitungen zu empirischen Untersuchungen bieten einen guten Überblick zur bisherigen Erkenntnis. *Nyberg et al.* (2005) finden in ihrer Literatursichtung zum Einfluss von Führung auf die Gesundheit von MitarbeiterInnen als am häufigsten untersuchte Führungsstile mitarbeiter- vs. aufgabenorientierte und transaktionale vs. transformationale Führung und formulieren sie ihre Befunde gemäß dieser beiden Duale (vgl. Kap. 3.2). Demnach ist transformationales und mitarbeiterorientiertes Führungsverhalten gesundheitsförderlich, während einseitige Aufgabenorientierung, ausschließlich transaktionale Führung und vor allem ein *laissez-faire*-Führungsstil gesundheitsschädlich sind. Ähnlich sind die Befunde bei *Gregersen et al.* (2011) auf der Grundlage von 49 empirischen Untersuchungen. Sie fanden einen positiven Zusammenhang sozialer Unterstützung durch die Führungskräfte, mitarbeiterorientierter Führung und transformationaler Führung als Ressource und Gesundheitsförderlichkeit. Uneindeutig sind die Befunde hinsichtlich transaktionaler Führung (mit eindeutig negativem Zusammenhang für den laissez-faire-Führungsstil) und für aufgabenorientiertes Führungsverhalten, bei dem sie angesichts der vorliegenden Ergebnisse fragen (es aber offen bleibt), ob es gesundheitlich neutral ist oder erst durch Mitarbeiterorientierung kompensiert wird. Auch Wechselwirkungen zwischen dem Führungsverhalten und Persönlichkeitsmerkmalen der Geführten, deren Einstellungen zur Arbeit und die Arbeitsbedingungen lassen sich aufzeigen. Führung wirkt demnach nicht ausschließlich direkt auf die Gesundheit, sondern auch mittelbar z.B. über die Arbeitsbedingungen oder die Arbeitszufriedenheit.

Kuoppala, Lamminpää, Liira & Vainio (2008) fanden in ihren nach differenzierten Qualitätskriterien ausgewählten 27 Untersuchungen internationaler Forschung aus dem Zeitraum 1970 bis 2005 einen moderaten Einfluss von Führung auf Wohlbefinden, krankheitsbezogenem Absentismus und Frühverrentung. Hinsichtlich der drei Führungsansätze, die sie in den Untersuchungen identifizieren konnten, war der Einfluss unterstützender Führung (Soziale Unterstützung der MitarbeiterInnen durch die Führungskraft, individuelles Eingehen auf MitarbeiterInnen, Coaching) am stärksten ausgeprägt, was allerdings immer noch schwache bis moderate Ergebnisse erbrachte. Mitarbeiterorientierte Führung (Consideration i.S. des Ohio-Konzepts) ergab für Wohlbefinden und Absentismus sehr schwache Zusammenhänge. Und auch transformationale Führung, deren Zusammenhang mit gesundheitsrelevanten Ergebnissen nur in einer Untersuchung Gegenstand war, brachte nur einen sehr schwachen Zusammenhang.

Skakon et al. (2010) verarbeiten in ihrer Übersicht 49 von ihnen gefundene empirische, zwischen 1980 und 2009 englischsprachig veröffentlichte Untersuchungen. Sie fanden in den überwiegend querschnittlich angelegten Untersuchungen Hinweise darauf, dass unterstützende Verhaltensweisen (z.B. Rückmeldung, Vertrauen, Zuversicht und Integrität) mit mehr Wohlbefinden, weniger Stress und verbessertem Umgang mit Stress der MitarbeiterInnen in Verbindung stehen, während negative Verhaltensweisen der Führungskraft wie enge Kontrolle, geringe Unterstützung und Ausbeutung mit erhöhtem Stress und geringerem Wohlbefinden in Verbindung stehen. Diese negativen Verhaltensweisen sind häufig Anzeichen dafür, dass die Führungskräfte ihrerseits unter hohem Stress stehen und dass Stress und Wohlbefinden von Führungskräften auf ihre MitarbeiterInnen übergreift. Ferner fanden auch sie Hinweise unterschiedlicher Auswirkungen verschiedener Führungsstile auf das Wohlbefinden der MitarbeiterInnen. Transformationale Führung fanden sie als positiv verbunden mit Wohlbefinden und negativ mit Stress. Transaktionale Führungsstile waren dagegen unterschiedlich verbunden: teils gar nicht, teils negativ und teils positiv. Die unterschiedliche Befundlage bei den transaktionalen Führungsstilen ist nicht verwunderlich, sondern eher zu erwarten, da keine Situationsparameter oder -analyse in die Untersuchung aufgenommen wurden (vgl. Kap. 4.1). Die eindeutig positiven Zusammenhänge beim transformationalen Führungsstil interpretieren sie als Beleg für dessen Überlegenheit, wobei auch hier anzumerken ist, dass Situationsparameter nicht berücksichtigt wurden.

Der Frage nach der uneindeutigen Wirkung transaktionaler und aufgabenorientierter Führungsstile wenden sich *Rowold & Heinitz* (2008) genauer zu. Sie nehmen an, dass sowohl mitarbeiter- als auch der aufgabenorientierte Führungsstil in negativem Zusammenhang mit Stress stehen, was in Einklang mit theoretischen Modellen, aber nicht den Ergebnissen empirischer Forschung zu stehen scheint. Sie fanden in ihren zwei Fragebogenstudien (n_{ges} = 1.412) mit mehreren Messzeitpunkten bei MitarbeiterInnen öffentlicher Einrichtungen mit Dienstleistungsaufgaben ebenfalls die unterschiedlichen Zusammenhänge transformationaler vs. transaktionaler Führung aber auch mitarbeiter- vs. aufgabenorientierter Führungsverhaltensweisen mit Stresserleben und Beschwerden. Transaktionale Führung stand kurzfristig in einem positiven, längerfristig in einem negativen Verhältnis mit Indikatoren von Stress. Für die transformationale Führung waren die Ergebnisse entgegengesetzt. Mitarbeiterorientierung zeigte durchgängig negative Zusammenhänge, während aufgabenorientierte Führung je nach Studie und Auswertungsprozedur verschiedene Zusammenhänge erbrachte.

Bemerkenswert ist, in welchem Maße die empirische Forschung sich auf die Untersuchung von Führungsstilen festgelegt hat – zumal die Erkenntnis, dass diese nicht unabhängig von Situationsparametern und Kontextfaktoren hinsichtlich ihrer Effizienz zu betrachten sind, etabliert und nicht zweifelhaft ist (vgl. Kap. 3.3). So wundern denn die zumeist mäßigen Ergebnisse großer Streuung nicht. Eher verwunderlich ist der offenkundig eindeutige Zusammenhang mit transformationaler Führung. Nachvollziehbar dagegen ist der stabil positive Zusammenhang mit mitarbeiterorientierter Führung, da dieser Führungsstil an sich eindeutig in Richtung Wohlbefinden und Zufriedenheit der MitarbeiterInnen ausgelegt ist.

Als zentraler Faktor bei der Vermittlung von Gesundheitsförderlichkeit gilt die unmittelbare Interaktion der Führungskräfte mit ihren MitarbeiterInnen (s.o. *Franke & Felfe*, 2011). *Nieder* (2012) unterscheidet bei der Rolle der Führungskräfte zwischen den Aufgaben der Personal- und Gesprächsführung, was darauf hinweist, dass sowohl die Bereiche alltäglicher operativer Führung bei der Aufgabenerfüllung als auch ein der Mitarbeiterförderung zuzuordnender anlass- oder routinebezogen aus dem Alltag herausgehobenes (Mitarbeiter-)Gespräch zur Gesundheitsförderung beiträgt. Beides ist zu integrieren, um Maßnahmen sowohl strukturell (für alle MitarbeiterInnen) als auch individuell auszurichten. Dabei scheint es, zumindest Beschäftigtenbefragungen zufolge, um die kommunikativen Fertigkeiten von Führungskräften schlecht zu stehen. So seien vor allem die Fähigkeiten, zuzuhören, Verständnis zu zeigen, MitarbeiterInnen einzubinden und zu unterstützen, vielfach nur unzureichend vorhanden (z.B. *Weaver & Mitchell*, 2012), was eine schlechte Voraussetzung für gezielte Verhaltensregulierung im Allgemeinen und mitarbeiterorientierte Führung im Besonderen darstellt.

Neben der unmittelbaren Führungsinteraktion können Führungskräfte Einfluss auf Rahmenbedingungen der Arbeit ihrer MitarbeiterInnen nehmen, der sich sowohl gesundheitsförderlich als auch gesundheitsschädlich auswirken kann. Sie haben Möglichkeiten, ihren MitarbeiterInnen Handlungsspielraum zu schaffen und sie mit Ressourcen ausstatten. Hierbei ist z.B. an das entsprechende Potenzial turnusmäßiger Leistungsbeurteilungen mit Zielvereinbarung und Entwicklungsgespräch zu denken. Und Führungskräfte haben im Rahmen der organisationalen Eingliederung und Schnittstellen ihrer Abteilung oder ihres Teams die Möglichkeit, Einfluss auf die Arbeitsorganisation zu nehmen. Sie können stressinduzierenden Verhältnissen und gesundheitsschädigendem Verhalten Einhalt gebieten oder sie zumindest mildern. Dazu sollen hier drei Beispiele skizziert werden:

- So können sie z.B. *Arbeitsunterbrechungen* reduzieren helfen, indem sie z.B. besuchs-, telefon- und e-Mail-freie Zeiten anordnen oder durch Heimarbeit ermöglichen. Oft genug sind sie selbst es, die ihre MitarbeiterInnen unterbrechen. Mittelfristig können häufige Arbeitsunterbrechungen in Wahrnehmungen der Irrelevanz eigener Tätigkeit oder des Kontrollverlusts über das eigene Aufgabenfelds führen. Viele moderne Arbeitsorganisationsformen und deren Begleiterscheinungen erhöhen die Frequenz der Unterbrechungen durch Teilnahme an unterschiedlichen Projekten, in Matrixstrukturen, an verschiedenen Aufgaben, Erreichbarkeit über verschiedene Medien etc. (vgl. *Rigotti & Mohr*, 2011).
- Sie können *selbstausbeutendes Verhalten* ihrer MitarbeiterInnen fördern oder hemmen. Manche modernen Managementkonzepte (z.B. Management by Results, das gerne als Management by Objectives ausgegeben wird), Organisationsformen (z.B. Vertrauensarbeitszeit, Telearbeit, Arbeitszeitkonten) und Arbeitsverhältnisformen (z.B. freie MitarbeiterInnen, befristete Arbeitsverhältnisse, zeitsensible Projekte) sind latent anfällig für Selbstausbeutung, insbesondere bei Vorliegen bestimmter Bedingungen oder persönlicher Merkmale (z.B. Overcommitment, Arbeitswut, Karrierismus, verschärfter Wettbewerb um Anschlussverträge, Provisionen und Beförderungen).

- Sie können *Veränderungen in Organisationen* (vgl. Kap. 8.3), die zunächst potenziell gesundheitsgefährdend sind, da sie üblicherweise Stress, Unsicherheit, Angst und durchaus manifeste Gefahren für den erreichten Status und die Anstellung überhaupt mit sich bringen können, belastungsmindernd vorbereiten, die MitarbeiterInnen partizipieren lassen und in die Umsetzung aktiv einbeziehen. Ferner sind Change-Management-Projekte oder -Prozesse gerade geeignet gesundheitsförderliche Einstellungen und Maßnahmen in einem Unternehmen oder einem Team zu implementieren (vgl. *Kowalski*, 2012; *Pickshaus & Urban*, 2011).

7.3.2.3 Gesundheitsförderliche Verhaltensweisen von Führungskräften

Sträter, Siebert-Adzic & Schäfer (2012) formulieren auf der Basis eines emotionszentrierten Zugangs zur Gesundheitsförderlichkeit bei Erwerbstätigen folgende Prinzipien gesunden (und effizienten) Führens:

- Vertrauen und Toleranz
- Fördern und Entwickeln
- Zug statt Druck (Ermöglichen, Motivieren und Inspirieren statt Druck auszuüben)

Eingebettet in diese Prinzipien, die auch aus anderen Kontexten bekannt sind, soll gesundheitsförderliche (*salutogenetische*) Führung im Alltag integriert und nicht lediglich als herausgehobenes Projekt punktuell implementiert werden (vgl. *Skakon et al.*, 2010). *Stadler & Spieß* (2002) formulieren Checklisten, anhand derer gesundheitsförderliches Führen erkannt werden könne. In den Listen lassen sich auf der positiven Seite sowohl Verhaltensweisen transaktionaler wie transformationaler und aufgabenorientierter wie mitarbeiterorientierter Führung identifizieren. Dabei taucht allerdings der Begriff der Gesundheit nicht auf, wodurch die Aufstellung eben nicht erklärt, was mit einer Umsetzung gesundheitsförderlicher Führung im Alltag gemeint ist. Im Prinzip handelt es sich bei den Gegenüberstellungen eher um als üblicherweise positiv vs. negativ bewertete Verhaltensweisen und Einschätzungen von Führungskräften – ohne Fokus auf Gesundheitsförderlichkeit.

Bisherige Führungskonzepte bieten wenig Orientierung, um konkrete gesundheitsrelevante Handlungsanweisungen abzuleiten und so fordern *Franke & Felfe* (2011, S. 5) für sie folgerichtig die Entwicklung eines spezifischen, auf die Gesundheitsförderung bezogenen Führungskonzepts. Sie formulieren prototypische Fragen, die verdeutlichen sollen, an welchen Stellen gesundheitsförderliche Führung konkret ansetzen könnte und sollte:

- Welche (gesundheitsspezifischen) Verhaltensweisen der Führungskraft beeinflussen die Gesundheit der MitarbeiterInnen?
- Welche gesundheitsbezogenen Einstellungen sind relevant?
- Was müssen Führungskräfte vorleben, um als gesundheitsbezogenes Vorbild wahrgenommen zu werden?
- Wie erkennen Vorgesetzte Anzeichen von gesundheitlichen Problemen bei ihren Mitarbeitern, gerade in hektischen Zeiten?

- Wie können Vorgesetzte MitarbeiterInnen ansprechen, bei denen sie gesundheitliche Probleme vermuten?
- Welche Unterstützungsangebote können und sollten Führungskräfte geben, welche nicht?
- Wie muss Führungskräfteentwicklung gestaltet sein, damit Vorgesetzte mit Gesundheitsthemen im Arbeitsalltag bewusster umgehen und angemessen reagieren können?
- Wie kann Gesundheitshandeln in der Vorgesetztenbeurteilung durch geeignete Beobachtungskriterien berücksichtigt werden?

Führungskräfte für die Wahrnehmung ihrer Rolle in der betrieblichen Gesundheitsförderung vorzubereiten und zu entwickeln, stellt aus der angeführten Erkenntnis, dass Führungskräfte sich hier oft nicht in der Pflicht oder auch nur in der Lage sehen, eine nicht triviale Aufgabe dar. Dazu soll hier zu illustrativen Zwecken eine Untersuchung von *Zimber & Gregersen* (2011) herangezogen werden. Sie berichten über mehrere Interventionen zur Förderung gesundheitsorientierter Führung im klassischen Projektmanagement-Design:

Die vier Projekte dauerten zwischen 9 und 18 Monaten und zur Umsetzung kamen an konkreten, auf die Führungskräfte bezogenen Maßnahmen:

- Entwicklung von Führungsgrundsätzen in Workshops
- Seminar zur Vermittlung gesundheitsbezogenen Führungsverständnisses (Sensibilisierung und Wissensaufbau)
- Implementierung regelmäßiger kollegialer Beratung zu Führungsthemen
- Seminar zur Vermittlung von Führungsaufgaben im Gesundheitsschutz
- Einführung von Teambesprechungen zu belastenden Arbeitssituationen

Bemerkenswert ist dabei die Schilderung der Ergebnisse. Evaluationen realer Auswirkungen wurden nicht (!) vorgenommen. Daher wurden die teilnehmenden Führungskräfte nach ihrer Einschätzung der Ergebnisse gefragt. Der Wissenserwerb wurde positiv beurteilt, ebenso die Auswirkungen der Projekte auf Betriebsklima und Unternehmenskultur. Skepsis herrschte hinsichtlich des langfristigen Nutzens des Unterfangens: Aufwand und Ertrag stünden in keinem effizienten Verhältnis zueinander und gerade der Nutzen für die MitarbeiterInnen sei fraglich. Die kritische Einschätzung hinsichtlich des Nutzens für die MitarbeiterInnen wurde mit deren geringer Resonanz auf das durchgeführte Projekt begründet.

Das Ergebnis zeigt die Problematik des Themas: Solange keine eindeutig identifizierbaren Zahlen für das Unternehmen selbst vorliegen, die den finanziellen Gewinn jedes einzelnen Projekts in trivialisierter Form darstellen (vgl. Kap. 5.4), kann sich ein Konzept kaum durchsetzen; eindeutige Vorteile auf Seiten weicher mitarbeiterbezogener Aspekte wie dem Betriebsklima und der Unternehmenskultur reichen dafür anscheinend nicht aus. Ferner scheinen die Führungskräfte nicht realisiert zu haben, dass sie im Alltag und nicht in kleinen Workshops gesundheitsförderlich führen können und sollen. Sie ist eine (unter vielen) Daueraufgaben in der alltäglichen Führung. Man könnte abschließend auch sagen: „Das Spiel hat begonnen, aber die eine Mannschaft ist noch nicht auf dem Platz".

7.3.3 Führung und gesunde Führungskräfte

Was für die MitarbeiterInnen gilt, trifft auch für ihre Führungskräfte zu: Ihre Arbeit kann sie krank machen oder ihre Gesundheit fördern. Auch sie arbeiten in einem Feld potenzieller Gefahren wie Unsicherheit, Erfolgsdruck, unstrukturierten Aufgaben, Überforderung durch die Aufgaben und die Führungsrolle an sich (vgl. z.B. das nur teilweise humorvoll formulierte Peter-Prinzip von *Peter & Hull*, 1969, nach der Arbeitskräfte schließlich auf der Hierarchiestufe landen – und enden – auf der sie faktisch inkompetent sind), Selbstausbeutung, Overcommitment, Arbeitswut, mangelnder Ausgleich im privaten Leben und schließlich sogar Einsatz unangemessener Bewältigungsmethoden im Angesicht großer Anforderungen (z.B. übermäßiger Konsum von Essen, Alkohol, Medikamenten).

Führungskräfte sitzen hinsichtlich der Erwartungen von Unternehmensspitze und MitarbeiterInnen zwischen den Stühlen (vgl. Kap. 5.1), in einer sog. „Sandwich-Position", und ihr Verhalten ist oft gekennzeichnet durch Stresssymptome wie Gereiztheit, emotionale Unausgeglichenheit, gelegentlich Entscheidungsschwierigkeiten und Versagensängsten (vgl. *Skakon et al.*, 2010). Sie erhalten selbst oft wenig Unterstützung für ihre Führungsaufgaben und nehmen sie aus dem Selbstbild als Einzelkämpfer auch selten in Anspruch (*Orthmann, Gunkel & Otte*, 2011). Verbreitete psychische Belastungen bei Führungskräften sind hohe Verantwortung, große Arbeitsmengen, Störungen und Unterbrechungen, hohe Konzentrations- und Aufmerksamkeitsanforderungen, geringe Handlungsspielräume, Termin- und Ergebnisdruck, Anforderungen an Arbeits- und Ergebnisgenauigkeit (*Orthmann et al.*, 2011, mit jeweils über 20% Nennungen in einer Fragebogenuntersuchung bei n = 268 Führungskräften verschiedener Hierarchiestufen im öffentlichen Dienstleistungssektor). Einen Zusammenhang der Tätigkeit als Führungskraft und Beschwerden sehen sie insbesondere hinsichtlich einer selbsteingeschätzten Reizbarkeit, Nervosität und Unruhe, Lustlosigkeit, Erschöpfung, Schlafstörungen (über 30%) und auch merklich hinsichtlich Verspannungen, Konzentrationsproblemen und emotionaler Erschöpfung (über 20%, a.a.O.).

In einer Fragebogenuntersuchung bei 221 Führungskräften von *Pangert & Schüpbach* (2011) klärten Zeitdruck, emotionale und kognitive Widersprüche sowie soziale Stressoren gemeinsam 42% der Varianz hinsichtlich der Befindlichkeitsstörung „Irritation" und 43% von „emotionale Erschöpfung" auf. Allerdings fanden sie keine Moderation der Effekte durch verschiedene Ausprägungen der Ressourcen „Tätigkeitsspielraum" und „soziale Unterstützung".

Orthmann et al. (2011) nennen im Hinblick auf eine Unterstützung der Gesundheit von Führungskräften mehrere Maßnahmen:

- Sensibilisierung für die eigene Rolle mit Förderung des Selbstmanagements
- Führungsschulungen allgemein
- Schulung und Training im Umgang mit Konflikten und Stress
- kollegiale Beratung und Verbesserung der Kommunikationsstruktur zwischen Führungskräften
- Arbeitsgestaltung und Gestaltung von Organisationsstrukturen zugunsten von mehr Transparenz und Partizipation
- Gesundheitscoachings als Förderungsmaßnahme

7.3.4 Abschluss: der Stand der Dinge

Zum Abschluss drängt sich die Frage auf, wie es tatsächlich mit gesundheitsorientierter Führung in Unternehmen aussieht. Dazu gibt es noch wenig gesicherte Ergebnisse. Die oben genannten Untersuchungsergebnisse von *Echterhoff* (2011) und *Zimber & Gregersen* (2011) lassen aber erst gedämpfte Hoffnung keimen. In diese Reihe passt auch eine Untersuchung von *Brandl, Kugler & von Eckardstein* (2008): Sie haben 101 Projektberichte österreichischer Betriebe, die zwischen 1999 und 2005 Modellprojekte im Bereich der Gesundheitsförderung durchgeführt haben, analysiert. Ihre Ergebnisse zeigen die Gesundheitsförderung im Spannungsfeld von nachhaltigem Human Ressource Management und kurzfristiger ökonomischer Orientierung: „Die vorliegende Analyse von Berichten aus Modellprojekten zur Gesundheitsförderung deutet darauf hin, dass selbst in Betrieben, deren Gesundheitsförderungsprogramme erklärtermaßen als vorbildlich ausgewiesen sind, von einer nachhaltigen Gesundheitsförderung nur in Ausnahmefällen die Rede sein kann“ (S. 232). Sie stellen fest, dass fast ausschließlich defizitorientierte Gesundheitsförderung stattfindet, kaum aber Prävention oder strukturelle Verbesserungen geschaffen werden. Das scheint sich darauf zurückführen zu lassen, dass die untersuchten Unternehmen diese Posten hauptsächlich als Kosten, nicht als Investitionen in nachhaltige Leistungsfähigkeit ansehen. Sie fanden, dass Unternehmen häufig nicht einmal eine *Vorstellung* von Art und Ausmaß der in der Organisation auftretenden Gefährdungen und Defizite und der Situation ihrer Belegschaft haben, die über das gesetzlich erzwungene Maß hinausgeht. Und einige der untersuchten Unternehmen scheinen sich auch aus der Befürchtung, dass MitarbeiterInnen, die eine Gesundheitsförderung genossen haben, das Unternehmen verlassen und andere Arbeitgeber davon profitieren könnten, mit entsprechenden Maßnahmen zurückzuhalten.

Möglicherweise ist gesundheitsorientiertes Führen als explizites Konzept vor allem in den Public-Relations-Darstellungen und Unternehmens-„Philosophien“ angekommen, aber (noch?) nicht wirklich in der operativen Hierarchie, die nach ganz anderen Prioritäten arbeitet. Allerdings sind auch hier Erwartungen einfach zu erzielender Auszahlungen anscheinend nicht angebracht: Aus einer Marketingperspektive haben z.B. *App,*

Büttgen & Pröpster (2012) experimentell 117, ungefähr zur Hälfte akademisch gebildete TeilnehmerInnen untersucht: Diese sollten die Außendarstellung eines fiktiven Unternehmens hinsichtlich der damit kommunizierten Arbeitgeberattraktivität bewerten. Dabei haben sie herausgefunden, dass ein aktiv kommuniziertes Gesundheitsmanagement für das Employer Branding, also der gezielt produzierten Arbeitgeberattraktivität für potenzielle BewerberInnen (noch) keine generelle Bedeutung hat. Allerdings fanden sie Hinweise, dass weibliche Interessenten positiv auf aktiv kommuniziertes Gesundheitsmanagement des Unternehmens ansprechen und empfehlen, die Komponente bei gezieltem und verstärktem Recruiting von Frauen einzusetzen.

Aus der Perspektive dieser Ergebnisse scheint es naheliegend, dass gesundheitsorientierte Führung (noch) mehrheitlich als Umsetzung von gesetzlichen Vorgaben oder als persönlicher Alleingang von Führungskräften mit entsprechenden persönlichen Werthaltungen gesehen werden kann. Oder es gibt Führungskräfte, die intuitiv Führungsverhalten zeigen, das als Nebeneffekt zur primären Zielerreichung auch die Gesundheit ihrer MitarbeiterInnen fördert.

8. In, durch und mit Veränderungen führen

Personalführung findet „von vorne" statt, in unmittelbarer Interaktion und im operativen Alltag. Entwicklungen und Veränderungen von Menschen, Organisationen und Umwelten führen zu Reaktionen und Anpassungen von Führung. Und Führung selbst kann Entwicklungen und Veränderungen initiieren. Dieses Kapitel beleuchtet Führungsaufgaben aus drei sich stark überschneidenden Führungssettings, die nichtsdestotrotz drei Forschungs- und Praxisperspektiven darstellen. Sie beziehen sich auf Veränderungen von und durch Führung dadurch, dass die Art und Weise, wie in Unternehmen Leistungen erbracht werden, sich systematisch verändert. Zuerst wird die Führung in und von Team- oder Projektstrukturen, die immer mehr Raum in der betrieblichen Arbeit einnehmen, betrachtet: zunächst hochqualifizierter Expertenteams (Kap. 8.1), dann in virtuellen Teams (Kap. 8.2). Danach geht der Blick auf Führung in organisationalen Veränderungsprozessen (Kap. 8.3); dem Bestreben in Organisationen mit an sie herangetragenen oder aus ihm entstehenden veränderten oder neuen Anforderungen konstruktiv umzugehen (z.B. durch Arbeit in [Projekt-]Teams und virtuellen Teams).

8.1 Führung von hochqualifizierten (Projekt-)Teams

Unternehmen sehen sich vermehrt Aufgaben- und Problemstellungen gegenüber, die durch traditionelle, abteilungsbezogene Aufbauorganisation nicht (mehr) effizient erledigt werden können. Hohe Komplexität und Dringlichkeit solcher Aufgaben erfordern zu ihrer Bewältigung verstärkt funktionsübergreifend agierende Einheiten, die hohe Expertise mit hoher Effizienz verbinden. Weder die traditionelle Koaktion noch die hergebrachte Delegation an Individuen erbringt die Differenziertheit der Abstimmung von Aktivität und Poolung von Kompetenzen, die notwendig wären, um solche Aufgaben zu erfüllen (vgl. *Wegge*, 2004; *Mathieu, Maynard, Rapp & Gilson,* 2008; *Bea, Scheurer & Hesselmann*, 2011; *West*, 2012). Antworten auf diese Anforderungen sind Kooperationsformen, die auf den Punkt hohe spezifische, zumeist interdisziplinäre Expertise und Kompetenzen zusammenbringen, in kooperativer Weise die Aufgabe schneller und effizienter bearbeiten und dabei stets offen für Umweltänderungen (wie der Kundenanforderungen und Rahmenbedingungen) bleiben. Sie werden verstärkt in Projektorganisation und Teamarbeit gesehen und praktiziert.

Wer in solchen Einheiten führt und wer geführt wird, ist dabei nicht nur durch weitgehenden Verzicht auf Hierarchie weniger eindeutig, sondern die Rollen verändern sich und können auch wechseln. Dieselben Personen in derselben Gruppe können einmal führen und einmal geführt werden, ggfs. auch einmal beides gleichzeitig.

Im Folgenden soll es weniger um Führung von oder in Gruppen im Allgemeinen gehen – siehe dazu die einschlägige Literatur (z.B. *Kleinbeck*, 2006; *Kogler Hill*, 2010; *Yukl*, 2010; *West*, 2012) – sondern um die aktuell stark im Fokus stehenden Formen des *funktionsübergreifenden Projekts* und des *hochqualifizierten Teams* (vgl. z.B. *Wastian, Braumandl & von Rosenstiel*, 2012; *Wegge & Schmidt*, 2012). In beiden Kooperationsformen werden

- komplexe und
- relativ neuartige Aufgaben
- mit oft unklaren Teilzielen und Leistungskriterien bearbeitet,
- die interdisziplinäre Anforderungen an ihre Erledigung stellen, wodurch
- eher überdurchschnittlich heterogene Teamzusammensetzung,
- hohe Expertise aus unterschiedlichen Domänen, wobei
- oft mehr Expertise bei den Mitgliedern als der Führungsperson liegt,

besteht. Bei Projekten besteht zusätzlich eine klare zeitliche Beschränktheit der Existenz der Einheit, wobei auch hochqualifizierte Teams nicht ständig und in derselben personellen Zusammenstellung zu bestehen brauchen und falls sie ständig zusammenarbeiten, bearbeiten sie oft zumindest teilweise Projekte.

Durch die verschiedenen, definierten Phasen in Projekten (Initialisierung – Definition – Planung – Steuerung – Abschluss) ergeben sich auch unterschiedliche Führungsanforderungen, teilweise unterscheiden sich diese Schwerpunkte von denen in ständigen Abteilungen (vgl. *Wastian, Braumandl & Weisweiler*, 2012, S. 81 ff.), z.B. das als außerordentlich wichtig angesehene Kick-Off-Meeting, das so in ständigen Abteilungen eher unüblich ist, ebenso aktive Teamentwicklung als Aufgabe guter Führung.

Ebenfalls hier nicht gemeint ist die Lesart des *Hochleistungsteams* für Aufgaben in Extremsituationen (z.B. Feuerwehr, Katastrophenschutz, Lebensrettungsteams), die unter extremen zeitlichen und ggfs. situativen Bedingungen genau abgrenzbaren Einsatzsituationen hochspezialisierte, anspruchsvolle Aufgaben erfüllen müssen, die dadurch gekennzeichnet sind, dass bereits ein einziger Fehler bzw. ein einziges Missgeschick die Zielerreichung komplett vereiteln kann (vgl. *Pawlowsky*, 2008; *Weibler*, 2012, S. 91). Hierbei könnte von *Führung in Extremsituationen* gesprochen werden (*Hannah, Uhl-Bien, Avolio & Cavarretta*, 2009). Ferner wird hier nicht auf die technische Steuerung von Leitungserbringungsprozessen fokussiert, sondern die Personalführungsfunktion der oder in den (Projekt-)Teams, aber auch die Perspektive, dass nicht nur die vertikale Führung, sondern gerade in diesen Kooperationsformen Selbst-, laterale und verteilte Führung eine hervorgehobene Rolle spielen.

Teams

Teams zeichnen sich dadurch aus, dass sie erst durch eine Integration der Kompetenzen der Personen erfolgreich sein können (z.B. *Thomas*, 1992, S. 117 f.; *Forsyth*, 2009; *Nerdinger*, 2011b). Die Relation der Mitglieder untereinander ist nicht durch Koaktion oder (nur) Interaktion gekennzeichnet, sondern durch echte Kooperation bei vorhandenem Handlungs- und Entscheidungsspielraum, wodurch das Team (ein Gutteil) der Verantwortung für sein Handeln hat. *Högl & Gemünden* (1999) sehen Teamarbeit als Maß (der Qualität) der Zusammenarbeit in einer organisatorischen Gruppe von MitarbeiterInnen, die auf sechs Konstrukten aufbaut:

- Kommunikation und Information: Wie häufig, informell, direkt und offen wird kommuniziert?
- Aufgabenkoordination: Wie eng werden die Aufgabenbeiträge im Team abgestimmt?
- Ausgewogenheit der Mitgliederbeiträge: Können alle Mitglieder sich ihren Potenzialen entsprechend einbringen?
- Gegenseitige Unterstützung: Wie weit helfen und ergänzen sich die Mitglieder?
- Arbeitsnormen (Engagement): In welchem Maße setzen sich die Mitglieder für die gemeinsame Aufgabe ein?
- Kohäsion: Welches Ausmaß an Zusammenhalt herrscht im Team?

Auf der Suche nach Optimierung von Teamergebnissen geht es um Aufgabengestaltung, Kooperation und Führung (vgl. z.B. *McGrath*, 1962; *Hackman & Walton*, 1986; *Fleishman, Mumford, Zaccaro, Levin, Kerotkin, & Hein*, 1991). Der Bezug des Führungshandelns liegt folglich auf den Aufgaben des Teams, der Relationen der Teammitglieder und der Interaktion des Teams mit seinem Umfeld. Wichtig ist, die Koordination und Kooperation im Team zu unterstützen und abzusichern, aber dafür auch klare Rahmen zu setzen und Verpflichtungen einzuholen.

Kleinbeck (2006, S. 656) fasst die Anforderungen an ein (optimal) erfolgreiches Gruppenmanagement folgendermaßen zusammen (Kursive im Original):

„a) Die *Gruppenaufgabe* muss so gestaltet werden, dass sie über hohe Motivierungspotenziale verfügt und die Gruppenmitglieder weder über- noch unterfordert.

b) Der *Arbeitsprozess* muss so gestaltet und durch begleitende Maßnahmen unterstützt werden, dass die Mitarbeiter die Ziele des Unternehmens erkennen können, um dann ihre Gruppenziele darauf abstimmen zu können.

c) Für die Arbeitsgruppen müssen geeignete, fachlich qualifizierte Mitglieder *ausgewählt* werden, die bei Bedarf auch *aus-* bzw. *weitergebildet* werden und die den sozialen Gegebenheiten gerecht werden können.

d) Die Führungskräfte müssen auf die veränderten Anforderungen an *Führung* … vorbereitet werden und sich entsprechenden Trainings unterziehen.

e) Der *Organisationskontext* des Unternehmens, in dem die Gruppen ihre Arbeit verrichten, muss so gestaltet werden, dass er die Effektivität der Arbeitsgruppen fördert."

Eine Metaanalyse von *Burke, Stagl, Klein, Goodwin, Salas & Halpin* (2006) mit Daten aus 50 empirischen Untersuchungen verweist darauf, welche Führungsverhalten/-stile den Teamerfolg unterstützen (vgl. Tab. 8.1). Hierbei ist zu beachten, dass Situationsparameter (z.B. Art der Aufgabe) und hierarchische Ausgestaltung der Führungsrolle nicht berücksichtigt wurden:

Führungsverhalten	Leistungsqualität (perceived effectiveness)	Ergebnisquantität (productivity)
transaktionale	.256	-
transformationale	.336	.252
Aufgabenorientierung (initiating structure)	.312	.203
Mitarbeiterorientierung (consideration)	.252	.222
Übertragung von Verantwortung (empowerment)	.465	.315
Außenbeziehungen bearbeiten (boundary spanning)	.488	-
interaktive Motivationstechniken	-	.293

Anmerkungen: N zwischen 185 und 1.291 Teams, angegebene Koeffizienten stellen die durchschnittlichen Korrelationen dar. Alle Korrelationen sind signifikant. Für einige Zellen (-) lagen keine ausreichenden Fallzahlen vor.

Tab. 8.1: Führungsverhalten und Teamerfolg – Metaanalyse von *Burke et al.* (2006).

Die angestrebte Effektivität des Teams liegt in dessen Leistung, aber auch der Zufriedenheit und Weiterentwicklung der Teammitglieder und des sozialen Kollektivs insgesamt, um die Leistung auch für zukünftige Aufgaben zu ermöglichen (z.B. *Kogler Hill*, 2010; vgl. auch *Yukl*, 2010, S. 368). Hinsichtlich der Quellen zur Effektivität von Teams allgemein vgl. z.B. *Cohen & Bailey*, (1997), *Kozlowski & Ilgen* (2006), *Antoni & Hertel* (2008), *Jöns* (2008), *Mathieu et al.* (2008), *Morgeson, DeRue & Karam* (2010).

Ein oben bereits genannter Aspekt, der zentral zur Effektivität und Effizienz von Teams beiträgt und nicht aus dem Blick geraten sollte, ist die Art und Gestaltung der zu bearbeitenden Aufgabe (*McGrath*, 1984; *Hackman*, 1987; *Tannenbaum, Salas & Cannon-Bowers*, 1996). So kann eine höhere Effektivität von Teams im Vergleich zu anderen Arbeitseinheiten ohnehin nur dann erwartet werden, wenn die Aufgabe und ihre Gestaltung für Teamarbeit geeignet ist. Mittlerweile verläuft die Argumentation zur Einrichtung von Teams häufig genau in die andere Richtung: Viele Aufgaben sind so beschaffen, dass sie durch traditionelle Abteilungsarbeit, Koaktion und Delegation in funktionalen Einheiten gar nicht mehr wirksam zu bearbeiten sind. Sollte eine für Teams prinzipiell geeignete Aufgabe vorliegen, sind dabei aber die Rahmenbedingungen für das Team nicht optimal, ist es auch Führungsaufgabe, die entsprechenden Rahmenbedingungen und sonstigen Voraussetzungen herzustellen und abzusichern.

Projektteams

Unter einem *Projekt* lässt sich z.B. mit *Kuster, Huber, Lippmann, Schmid, Schneider, Witschi, & Wüst* (2011, S. 5) verstehen: „Wenn ein einmaliges, bereichsübergreifendes Vorhaben zeitlich begrenzt, zielgerichtet, interdisziplinär und so wichtig, kritisch und dringend ist, dass es nicht einfach in der bestehenden Linienorganisation bearbeitet werden kann, sondern besondere organisatorische Vorkehrungen getroffen werden müssen, dann handelt es sich um ein Projekt." Darin ist wohl die Beschreibung eines Prototyps von Projekt zu sehen, denn natürlich gibt es viele Standardprojekte, deren Neuartigkeit und Komplexität als eher gering anzusehen sind, und die (trotzdem) von einer Projektgruppe bearbeitet werden, deren Mitglieder sonst nicht oder nicht in dieser Form zusammenarbeiten. Häufig geht es dabei um wichtige oder große Kundenaufträge, die wegen ihres Umfangs oder ihrer Dringlichkeit die Kapazitäten der üblichen Aufbauorganisation herausfordern, nicht aber wegen Komplexität und Neuartigkeit.

Das *Deutsche Institut für Normung* (2009) definiert das Projekt in seiner DIN 69901 allgemeiner und bescheidener als: „Vorhaben, das im Wesentlichen durch die Einmaligkeit der Bedingungen in ihrer Gesamtheit gekennzeichnet ist, wie z.B. Zielvorgabe, zeitliche, finanzielle, personelle und andere Begrenzungen; Abgrenzung gegenüber anderen Vorhaben; projektspezifische Organisation". Hier entfallen also zumindest die Kriterien der Aufgabenkomplexität und der Interdisziplinarität der Zusammensetzung der Gruppe als Definitionsmerkmale. Ferner ist die „Einmaligkeit der Bedingungen" ein sehr allgemein gefasstes Kriterium, sodass z.B. der Bau eines Einfamilienhauses aufgrund der topographischen Gegebenheiten, der Auswahl regionaler Bauunternehmen und dem Umgang mit lokalen Behörden bereits diese Einmaligkeit ausmachen kann, ohne in irgendeiner Weise die Komplexität und Neuartigkeit des Auftrags gegenüber irgendwelchen anderen Aufträgen zum Bau eines Einfamilienhauses zu erhöhen.

Viele Abhandlungen und Untersuchungen sowie eine umfassende Ratgeberliteratur weisen auf Besonderheiten bzw. eine anzunehmende Andersartigkeit von Führungsanforderungen in Projekten hin. Von daher stellt sich die Frage ob – und falls ja, inwiefern – Führung von oder in Teams oder Projekten sich unterscheidet von anderen Settings und ob zum Erfolg andere Merkmale, Verhaltensweisen, Kompetenzen oder sonstige Leistungen der Führungsperson notwendig oder zumindest hilfreich sind.

So schreiben *Kuster et al.* (2011) in ihrem Handbuch zum Projektmanagement „Projekte führen und leiten umfasst sowohl das Leiten und Führen einer Sache als auch von Mitarbeitern. Der Projektleiter in der Rolle des ‚Managers' führt das Projekt im betriebswirtschaftlichen Sinne. Er hat das Projektziel zu verfolgen, den optimalen Einsatz der Ressourcen, sowie die zur Verfügung gestellte Zeit und die finanziellen Mittel zu überwachen.

Zusätzlich nimmt der Projektleiter auch die Rolle der operativen Leitung sowie die Führung seiner Projektmitarbeiter wahr. Viele Funktionen und Rollen sind in der normalen Linienführung und in der Projektführung gleich. Für den Projektleiter resultieren daraus aber ein paar wesentliche Unterschiede:

- Er übernimmt die Führungsaufgabe nur ‚auf Zeit'.
- Meist führt er in der Matrix-Organisationsform mit mehreren etablierten Linienstellen.
- Er hat keine oder wenig formale Macht (Weisungsrecht).
- Er hat keine oder nur unpräzis definierte Ressourcenkompetenz.
- Die formale hierarchische Eingliederung der Projektorganisation hat temporären Charakter" (S. 212).

„Der gegenseitige Abstimmungs-, Informations- und Koordinationsaufwand ist in Projektteams gross. Trotz optimaler Organisation und dem Einsatz von Hilfsmitteln darf dieser Aufwand nicht unterschätzt werden. Sitzungen von Projektteams sind in der Regel sehr kosten- und zeitintensiv. … Wird aber ein Projektteam dem Zweck entsprechend für die Lösung komplexer Problemstellungen eingesetzt, wird das Kosten/Nutzen-Verhältnis sofort positiver ausfallen" (S. 243). Vgl. dazu auch Fallbeispiel 12.

Trotz dieses Bewusstseins, das häufig zum Ausdruck gebracht wird, lässt sich kein spezifischer Führungsansatz zur Projektarbeit oder Ansatz zur Führung in Projekten ausmachen (vgl. *Wastian, Braumandl & Weisweiler*, 2012). Viele Grundlagenwerke zum Projektmanagement (z.B. *Corsten, Corsten & Gössinger*, 2008; *Bea et al.*, 2011) befassen sich trotz begrifflicher Nähe kaum bzw. gar nicht mit Personalführung in Projektteams, wenn man darunter mehr als technische Steuerung versteht. Ein erfreuliches Gegenbeispiel ist *Olfert* (2012) und ein paar Sammelbände, die sich des Themas annahmen (z.B. in *Schuler*, 2006b; *Wastian, Braumandl & von Rosenstiel*, 2012). Zumeist werden dabei vor allem Unterschiede der Führungsanforderungen in Projekten gegenüber Führung in Abteilungen aufgelistet und (häufig) auf die empirische Befundlage gestützt Hinweise formuliert, wie damit umzugehen ist, um Projektarbeit effektiv zu gestalten. Werke zu Forschungsergebnissen bezüglich Erfolgsfaktoren und deren Ausgestaltung in Projektgruppenarbeit sind z.B. *Fisch, Beck & Englich* (2001), *Zeutschel & Stumpf* (2003) und *Wastian, Braumandl & von Rosenstiel* (2012).

Projektteams zur Bearbeitung anspruchsvoller Aufgaben (im Sinne der prototypischen Definitionen oben) sind häufig für die Dauer des Projekts zusammengestellte Teams, die zumindest im Kern aus Hochqualifizierten bestehen, die aus unterschiedlichen fachlichen Domänen kommen, damit sie der Komplexität und dem interdisziplinären Charakter ihrer gemeinsamen Aufgabe gerecht werden können, also i.d.R. aus akademisch gebildeten Wissensarbeitern, die reflexiven Umgang mit hoher Aufgabenkomplexität pflegen. Andererseits können Einheiten, die in dieser Art und Weise zusammengesetzt sind, auch dauerhaft ein Team bilden und zusammenarbeiten, ohne auf ein bestimmtes Projekt festgelegt zu sein. Diese Arbeitseinheiten sind es, die hier als *hochqualifizierte Teams* bezeichnet werden. Der Begriff des Teams soll dabei als eine spezifische Selbstorganisationsform von Arbeitseinheiten verstanden werden, die sich von anderen Einheiten dadurch unterscheidet, dass die Mitglieder auf der Basis fachlicher Expertise mit hohem Maß interner Selbstorganisation zur Erfüllung anspruchsvoller

Aufgaben kooperieren. Unter Kooperation ist hier gemeint, dass die Aufgabe nicht durch Koaktion oder rein organisatorische Verknüpfung der Kompetenzen der Mitglieder, sondern erst durch die Integration der Kompetenzen in einem Raum vorhandener und wahrnehmbarer Handlungsalternativen die Aufgabe gelöst werden kann (vgl. hierzu auch das nachfolgende Fallbeispiel 13).

Fallbeispiel 13: *Führen in Hochleistungsteams*

In der Consultingbranche fordern die Kunden jederzeit abrufbare und nachhaltige Höchstleistung von Seiten der Berater. Das stellt besondere Anforderungen an die Führung dieser Teams. Die Kunden erwarten überdies, dass der richtige und passende Berater jederzeit verfügbar und hoch motiviert beste Performance bringt. Das stellt hohe Anforderungen an die Zusammensetzung der Beraterteams. Die jeweilige Führungskraft und ihre MitarbeiterInnen mit ihren individuellen Stärken bilden – so ihre Argumentation – eine spezielle Beziehungsqualität. Je besser es Führungskräften, aber auch den anderen Teammitgliedern gelingt, in der Zusammenarbeit die eigenen Stärken einzusetzen sowie sich auf die der anderen einzustellen, umso besser ist nicht nur das soziale Miteinander im Team, sondern auch die Leistung für die Kunden.

Insofern handelt es sich um keine quantitative, sondern qualitative Arbeitsteilung, bei der z.B. nicht wie in vielen teilautonomen Fertigungsteams oder Dienstleistungsteams zur Kundenbetreuung jeder „auch die Aufgaben des anderen" übernehmen kann. Es handelt sich um eine spezifische Form der Bearbeitung einer Aufgabe durch Integration schwer übertragbarer Kompetenzen.

8.1.1 Führung und Kooperation in hochqualifizierten (Projekt-)Teams

Nachdem der Gegenstandsbereich des Kapitels nun festgelegt ist, richtet sich der Blick auf die Rolle sowohl der Führenden als auch der Geführten in diesen hochqualifizierten (Projekt-)Teams. Dabei zeigt sich in der Literatur schnell, dass hier die Rollenzuschreibungen verschwommen sind, wie sonst nur selten in der Führungsforschung. Ein erster Blick auf Grundideen von Teams zeigt, dass dazu eine weitgehende Hierarchiefreiheit in der operativen Aufgabenverrichtung gezählt wird: Die Teammitglieder sollen sich auf ihre Aufgabe und die Zusammenarbeit mit den anderen konzentrieren und nicht auf Gefälligkeiten und Vorrechte im Rahmen von Statusbeziehungen. Projekt- und TeamleiterInnen sind oft auch weniger hierarchisch abgesetzt durch disziplinarische Gewalt, fachliche Überlegenheit oder operativ andere Aufgaben. Häufig sind sie überdies selbst auch „Sachbearbeiter" innerhalb des Projekts, ist also ihre eigenen Mitarbeiter Innen. *Kleinbeck* (2006, S. 661) meint im Hinblick auf die Führung von Arbeitsgruppen, dass „man als Vorgesetzter nur dann erfolgreich sein kann, wenn man bereit ist, die Verantwortung für die Organisation der Gruppe zu einem großen Teil an ihre Mitglieder abzutreten". Mehr noch, die Projekt- oder TeamleiterInnen brauchen gar keine wirklichen Vorgesetzten zu sein – in Projekten ist er/sie das häufig disziplinarisch ohnehin nicht. Sie sind häufig eher der „Ansprechpartner" für auftraggebende

Instanzen, die gar keine Vorgesetztenfunktion vergeben. Die Teamleitung hat nicht mehr immer und überall die Konnotation, Führungskraft zu sein.

Scholl (2005) unterscheidet kategorisch, dass Führung in Projektgruppen entweder institutionalisiert oder informell stattfindet:

- falls institutionalisiert gibt es einen Projektmanager, der die Teilhabe der Mitglieder über ein zugelassenes, zugewiesenes oder vereinbartes Ausmaß an Partizipation beeinflusst und Macht mittels einer Restriktion der Partizipation der MitarbeiterInnen ausüben kann. Dabei gilt auch in solchen Settings Partizipation insgesamt als vorteilhaft für Arbeitszufriedenheit und Produktivität im Team (*Miller & Monge*, 1986)
- informell, also im Fall, dass es keinen offiziellen Projektmanager gibt, bilden sich ein oder gar mehrere informelle Führer heraus. Diese Rolle nehmen oft Mitglieder mit anerkanntermaßen höherem Kompetenzniveau und/oder Engagement ein (dazu bereits *Hemphill*, 1961).

Es gibt damit den prinzipiellen Unterschied, ob ein Team eine Führungskraft (zugewiesen) hat, die sich ebenfalls mit der operativen Aufgabenerfüllung befasst oder nicht. Teilautonome Arbeitsgruppen haben so etwas eher nicht, sie haben oft einen Ansprechpartner oder eine (häufig rotierende) Sprecherfunktion für die hierarchische Schnittstelle. Traditionelle Projektteams werden üblicherweise durch einen zugewiesenen Projektleiter geführt, der individuell für die Leistung des Teams verantwortlich gemacht werden kann.

Der Frage, wer und in welchem Maße in Teams führt und was das für die Anderen im Team bedeutet, lässt sich auch aus anderer Perspektive betrachten: Der Vorteil partizipativer Entscheidungsfindung stellt sich insbesondere als verbesserte Leistung ein, wenn für hochwertige Entscheidungen das notwendige Fachwissen in der Gruppe verteilt ist (*Wegge* 2004; *Wegge et al.*, 2010). Naheliegender Weise ist es dann auch von Vorteil, wenn die Umsetzung der Aufgabe nach der Entscheidung durch die Gruppe stattfindet. Die Vorteile von Teams entstehen aus Prozessperspektive durch die Kooperation der Teammitglieder, die Selbstorganisation des Teams als Kollektiv bei Poolung und Integration der Kompetenzen der Teammitglieder (vgl. z.B. *Nerdinger*, 2011).

Doch bei aller Teamarbeit ist gerade bei Hochqualifizierten nicht zu unterschätzen, dass häufig (auch) die Vorstellung von Autonomie bei der Aufgabenbearbeitung besteht und deren Wahrnehmung nachweislich mit Motivation, Zufriedenheit und Leistung der betreffenden Personen zusammenhängt. Ob und inwiefern diese Autonomievorstellung mit der Anforderung der Teamkooperation vereinbar ist, erweist sich für die Besetzung von Teams und die Teamentwicklung wie -führung als erheblich (*Haberstroh & Wolf*, 2005; vgl. bereits *Franke*, 1980, S. 126 ff. zur Aufgabe der gleichzeitigen Integration und Differenzierung der Mitglieder in Arbeitsgruppen). Die eigenen Aufgaben autonom, also mit Handlungs- und Entscheidungsspielraum (vgl. z.B. *Hackman & Oldham*, 1976; *Ulich*, 2011) hinsichtlich Arbeitsmethode, zeitlicher Planung und Ergebnisqualität (*Breaugh*, 1985) zu bearbeiten, aber für die anderen verlässlich und hinsichtlich Kommunikation und Arbeitsteilung kooperativ zu sein: Das zu erkennen, trennen und kombinieren zu können ist eine wesentliche Kompetenz von Teammitgliedern (vgl. dazu auch das nachfolgende Fallbeispiel 14).

Fallbeispiel 14: *Astronautentraining NASA/ESA*

Teamarbeit und Führung sind z.B. bei Astronauten von einer besonderen Bedeutung. So führt *Walter* – Professor für Raumfahrttechnik und D2-Astronaut – u.a. aus, dass eine in dieser Hinsicht spezifische Auswahl stattfindet. „Bei dieser wurde großer Wert darauf gelegt, dass ein Astronaut teamfähig ist, aber auch Leadership zeigen kann. Und zwar beides in ausgewogenem Maße. D.h., in Situationen in denen man sich auskennt, muss man die Führung übernehmen können. In den Situationen, in denen man erkennt, dass es der Kollege weit besser kann, muss man sich zurückziehen und im Team arbeiten können. … Es ist genau der Wechsel zwischen Teamfähigkeit und Leadership. Sie müssen die Fähigkeit haben, sich zurücknehmen zu können. Auf einer Raumstation ist man eben nicht mehr alleine, sondern in einem Team, das alle Experimente und Aufgaben erfolgreich bewältigen muss. Zugleich müssen Astronauten auch Leadership zeigen. … bei der NASA [gibt es] innerhalb eines Astronauten-Teams klare Hierarchien, also etwa den Missionsspezialisten und den Nutzlastspezialisten. Wir hatten beispielsweise die Situation, dass der Lüfter im Lebenserhaltungssystem kaputt gegangen ist. Es war die Aufgabe des Missionsspezialisten, dies zu reparieren. Dies war jedoch nicht gerade seine Stärke – er war mehr Denker als Macher. Irgendwann hielt ich es nicht mehr aus, machte mich selbst an die Arbeit und erledigte das Problem in wenigen Handgriffen. Dafür bin ich anschließend gerügt worden. Ich habe Hierarchien missachtet und ihm undiplomatisch aufgezeigt, dass er diese Aufgabe nicht erledigen konnte. Dadurch habe ich ihn herabgesetzt. ... Das ist eine Gratwanderung, die Astronauten beherrschen müssen.“

Teammitglieder darin zu unterstützen, ist Aufgabe von Führung, die sich damit in einer bemerkenswert feinsinnigen Unterscheidung von Situationswahrnehmung und -gestaltung agieren muss. *Riener & Wiederhold* (2012) stellten z.B. unter Laborbedingungen fest, dass MitarbeiterInnen, die bereits Vorerfahrungen mit ihrer Führungskraft (Projektleiter) hatten, ein höheres Leistungsniveau aufweisen als solche, die keine solchen Vorerfahrungen hatten – sobald jedoch die Kontrolle durch die Führungskraft das aus den Vorerfahrungen bekannte Maß merklich überstieg, senkten diese MitarbeiterInnen ihre Leistung substanziell ab.

8.1.2 Formen der Führung hochqualifizierter (Projekt-)Teams

Flachere Gestaltung von Unternehmenshierarchien und die Einführung teamorientierter Strukturen führt zur Betrachtung weniger hierarchisch angelegter Führungskonzepte. Schlagworte sind *delegative Führung*, *Teamführung*, *verteilte Führung*, *laterale Führung* und weitere, die allesamt darauf abzielen, das volle Leistungs- und Problemlösepotenzial der MitarbeiterInnen zu realisieren, indem sie teils die Möglichkeit, teils die Aufgabe haben, die kooperativ zu lösende Aufgabe so zu bearbeiten, dass sie ihre Kompetenzen möglichst optimal einsetzen können.

Teams aus Hochqualifizierten zur Bearbeitung komplexer Aufgabenstellungen – sei es in Projekt- oder ständigen Teams – zu führen, bringt neue Herausforderungen an Führung und Führungskräfte mit sich, die sich z.T. auch in der Auflösung der hergebrachten direktiven und delegativen Führungstechniken zugunsten von Führung, die eher im Team selbst liegt, manifestiert. Da Projektleiter und die „Ansprechpartner" oder „Sprecher" in Teams oft keine disziplinarischen Vorgesetzten sind, können sie das Verhalten der Projekt- oder Teammitarbeiter kaum auf traditionell-hierarchischem Weg beeinflussen, während die MitarbeiterInnen sich häufig auf ihre parallel fortbestehende hierarchische Einordnung an anderer Stelle berufen können. Sie müssen andere als die hierarchischen Möglichkeiten finden, das Team zur Zusammenarbeit, Anstrengung und Bindung an die Aufgabe und ihre Ziele zu bringen (*Wastian, Braumandl & Weisweiler*, 2012, S. 79). Hohe Aufgabenkomplexität unter Zeitdruck bringt diverse Gefahren mit sich: neben der Überforderung mit der Aufgabe an sich führt hohe Komplexität auch dazu, dass die Wirkung von Zielvereinbarungen sich abschwächt (*Wood, Mento & Locke*, 1987) und Zeitdruck lässt auch an sich kompetente MitarbeiterInnen und Teams Zuflucht zu Bearbeitungsstrategien nehmen, die die Komplexität unangemessen reduzieren, um sie handhabbar zu machen. Eine hohe Autonomie des Leiters für das Projekt und innerhalb der Organisation und starke Unterstützung des Projekts durch übergeordnete Stellen sind hier sehr günstig. Allerdings wird dies durch die häufig fehlende disziplinarische Stellung gerade nicht demonstriert.

Eine Lösung der Schwierigkeit wird oft in verstärkter Partizipation gesehen. Partizipation bei der Zielfestlegung hat bspw. einen starken Einfluss auf die Zielbindung der MitarbeiterInnen (*Klein, Wesson, Hollenbeck & Alge*, 1999). Aber auch der Erfolg partizipativer Führung ist an Vorbedingungen geknüpft, wie z.B. gegenseitiges Vertrauen, hohe soziale Kompetenzen der Beteiligten, vorhandene Expertise, Konflikthandhabungstechniken und den Wunsch nach Partizipation (*Wegge*, 2004).

Gerade für ausgesprochene Experten kann es motivierend sein, einerseits autonom zu arbeiten, ihre Kompetenzen weiterzuentwickeln, anspruchsvolle Aufgaben zu meistern und andererseits positive Leistungsrückmeldung zu erhalten, auch wenn andere Personen die eigene Expertise schon gar nicht mehr im Detail einschätzen können. Nach *Kehr* (2001) motiviert es besonders, wenn die Organisationsziele bzw. die Erfordernisse der Teamaufgabe und die persönlichen Ziele der Teammitglieder zusammenfallen. Dies lässt sich bei hoher Qualifikation und Expertise möglicherweise vor allem in Kooperation mit anderen hoch qualifizierten Personen bei der Bearbeitung hoch anspruchsvoller Aufgaben erreichen – evtl. so anspruchsvoll, dass übliche Führungstechniken sie gar nicht mehr effektiv koordinieren können. Im Laufe der nicht allzu langen Zeit, in der sich Praxis und Forschung mit Führung in Teams auseinandersetzen, lassen sich bereits einige alternative Ansätze finden, die eine zunehmende Verselbständigung von Teams hinsichtlich seiner Führung erkennen lassen. Die wissenschaftlich beschriebenen Konzepte erfassen das Phänomen der Teamführung aus verschiedenen Perspektiven, die aus unterschiedlichen Forschungshistorien und -ursprüngen stammen (vgl. *Wegge*, 2004; *Kauffeld & Schulte*, 2012, S. 563 ff.):

- *Dyadische* Gruppenführung: Die Führungskraft hat die Idee der zu erfüllenden Aufgabe und koordiniert die durch einzelne Gruppenmitglieder zu erbringenden Leistungen in dyadischer Führung. Hier können individuelle Delegation und Zielvereinbarungen wichtige Führungstechniken sein.

- *Direkte* Gruppenführung: Die Führungskraft interagiert mit dem Team als Ganzes, d.h. behandelt es als soziales Aggregat, das als Akteur angesprochen werden kann. Das impliziert die Vorstellung, dass dieses Team sich ein Stück weit selbst organisiert.
- *Indirekte* Führung über einen Repräsentanten: Die Führungskraft steht außerhalb des Teams und seines Aufgabenvollzugs, den dieses weitgehend selbst organisiert und ist mit dem Team über einen Ansprechpartner (Sprecher) gekoppelt, der das Team vertritt, aber nicht sein Vorgesetzter ist. Hier ist weitgehende Delegation von (Teil-)Aufgaben an das Team insgesamt möglich.
- *Gruppenzentrierte* Führung: Die Führungskraft tritt vor allem als Berater, Unterstützer und Entwickler des Teams auf (*empowerment*), kommuniziert Rahmenbedingungen und ermöglicht dem Team seine Selbstorganisation. Entscheidungen werden gemeinsam gefällt, wobei die Interessen der Gruppe besonders berücksichtigt werden.

Diese Formen der Teamführung bauen trotz fortschreitender Partizipationsmöglichkeiten der Teammitglieder darauf auf, dass eine vorgesetzte Person die Zügel, letztendlich Entscheidungsgewalt und Ressourcenverfügung, in ihrer Hand behält. Anders bei den folgenden Formen der Teamführung. Hier löst sich Führung augenscheinlich von einer vorgesetzten Führungskraft, wenn auch in unterschiedlichen Formen:

- *Co*-Führung: „Eine andere Form der Projektführung, welche in der Praxis immer öfter angetroffen wird, ist diejenige der „Co-Leitung". Gemeint ist damit das „miteinander" oder auch „nebeneinander" Führen eines Projektes mit zwei (bis drei) Personen mit unterschiedlichen Erfahrungshintergründen. Diese Form der Co-Projektleitung erfordert neben der fachlichen und vorgehensmässigen intensiven Koordination besonders eine „gute Chemie", ausgeprägte Teamfähigkeit und hohes Bewusstsein für eine kooperative Zusammenarbeit" (*Kuster et al.*, 2011, S. 115). Hierbei werden diese Teilführungsrollen hierarchisch zugewiesen.
- *Laterale* Führung: Führung unter KollegInnen und ohne hierarchischen Hintergrund. Ursprünglich war eine Konnotation des Begriffs die soziale Kontrolle von KollegInnen untereinander, ähnlich der Kontrolle durch eine Vorgesetzte. Dann wurde der Begriff für die Selbstorganisation von Arbeitseinheiten verwendet, also die Einflussnahme auf die Arbeit von KollegInnen im Sinne einer effizienten Aufgabenerledigung (vgl. *Klimecki*, 1984; *Fisher & Sharp*, 1998; *Kühl & Matthiesen*, 2012). Der Prozess dieser informellen Führung wird nicht von Hierarchie, sondern als von den Merkmalen Verständigung, Macht und Vertrauen getragen konzipiert (*Kühl, Schnelle & Schnelle*, 2004).
- *Verteilte* Führung: Die Führung des Teams entsteht aus der Situation in Kontingenz mit Kompetenzen und Expertise der überwiegend hochqualifizierten Teammitglieder, quasi aus der gesamten Teamkonstellation *emergent*. Das bedeutet einerseits, dass die Führungsrolle/n nicht explizit von außen zugeteilt ist/sind und je nach Situation wechseln zwischen den für die jeweiligen Situationen oder Teilaufgaben anerkannt kompetentesten Mitgliedern.

Aktuell findet das Konzept der verteilten Führung (zumindest in der Führungs*forschung*) die breiteste Diskussion. Es ist unter verschiedenen Begriffen im Umlauf: shared – distributed – collective – dispersed – verteilte – geteilte – kollektive Führung; die Begriffe werden zumeist nicht klar voneinander abgegrenzt, zumal in der Regel einer bevorzugt wird, ohne ihn überhaupt mit anderen in Beziehung zu setzen (vgl. *Avolio et al.*, 2009; *Pearce, Hoch, Jeppesen & Wegge*, 2010; *Bolden*, 2011). Möglicherweise lässt sich aber *ge*teilte von *ver*teilter Führung absetzen, indem das erste eher nahelegt, dass Teilführungsrollen explizit von oben (im Sinne von *Taylors* Funktionsmeister) oder informell durch Aushandlung im Team festgelegt (z.B. Aufgabenführer und sozio-emotionaler Führer im Sinne von *Bales & Slater*, 1969) sind und damit auch die Situationen, in welchen unweigerlich welche (Teil-)Führungskraft aktiv zu werden hat (also Co-Führung), während das zweite das Emergenzphänomen situationskontingenten Wechselns der Führungsrolle(n) bezeichnet.

8.1.3 Verteilte Führung

Vorstellungen dessen, was derzeit als *verteilte Führung* verhandelt wird, haben bereits eine längere Tradition in der Führungsforschung: So beschreiben z.B. *Katz & Kahn* (1978) recht gut das Phänomen und auch die ältere Literatur zur lateralen Führung ist hier anzusiedeln. *Pearce & Sims* (2002), die der Diskussion wesentlichen Auftrieb verschafft haben, unterscheiden für ihre Darstellung von verteilter Führung zwischen zwei Formen von Führung:

- *Vertikale Führung* (vertical leadership), d.h. die überkommene Führung von MitarbeiterInnen durch deren Führungskraft, in der diese die Gruppe mittels formaler Autorität lenkt, verantwortlich für deren Prozesse und Ergebnisse gemacht werden kann und die strategischen Entscheidungen fällt.
- *Geteilte Führung* (shared leaderhip), die aus der Gruppe hervorgeht und zwischen KollegInnen gleicher Ebene stattfindet (laterale Führung), bei der die Verantwortung von der Gruppe getragen wird, z.B. durch situations- und aufgabenspezifisch wechselnde oder alternierende Führungsaktivitäten einzelner Mitglieder.

Im Anschluss daran lässt sich verteilte Führung als ein dynamischer Prozess unter Individuen in Gruppen umschreiben, dessen Ziel es ist, sich gegenseitig zu führen, um Gruppen- bzw. Organisationsziele zu erreichen (*Pearce & Conger*, 2003, S. 1; vgl. *Gronn*, 2002; *Bolden*, 2011). Verteilte Führung findet statt, wenn Gruppenmitglieder aktiv und intentional die Führungsrolle der Gruppe einnehmen und abgeben, je nachdem, wie es die Umstände, in denen die Gruppe arbeitet, erfordern (*Pearce et al.*, 2010, S. 151). Sie wird als teamintern *emergent* gesehen, also in Form, persönlicher Gebundenheit und deren Veränderung aus der Konstellation, Situation und Geschichte des Teams und seiner Aufgabe entsteht, ohne dass das jeweils vorab von außen oder oben konkret so bestimmt worden wäre (*Carson, Tesluk & Marrone*, 2007; *Small & Rentsch*, 2010; *Avolio et al.*, 2009). Der situations- und teamdynamisch bedingte Wechsel der Führungsrolle(n) lässt sich mit *Pearce* (2004) als „serial emergence" der Führung konzipieren.

Die Wirkung verteilter Führung kann über den Erfolg verteilt geführter Teams gegenüber vertikal geführten Teams erschlossen werden. Hierzu liegen Untersuchungen vor, die zeigen, dass verteilte Führung bei vorliegenden Voraussetzungen durchaus zu besseren Ergebnissen führt als vertikale Führung (*Avolio, Jung, Murry & Sivasubramaniam*, 1996; *Gronn*, 2002; *Pearce & Sims*, 2002; *Bolden*, 2011; *Piecha, Wegge, Werth & Richter*, 2012). Die Potenziale vertikaler Führung liegen darin begründet, dass die leistungsbezogene Führungskomponente mit der humanzielorientierten Komponente von Partizipation, Selbstorganisation und Anerkennung von Expertise kombiniert werden. Hochqualifizierten mit entsprechendem Selbstvertrauen und Selbstbild ausgestatteten Kräften wird einerseits ihr Expertentum anerkannt, indem sie in den entsprechenden Feldern ihr Können entscheidend einbringen können, ohne dass ein operativer Vorgesetzter ihren Handlungsspielraum per hierarchischer Legitimation (und von ihnen ggfs. als unangemessen angesehen) einschränkt. Andererseits geht in die Kooperation die gegenseitig anerkannte Expertise unterschiedlicher Domänen ein, auf deren Grundlage die Teammitglieder sich koordinieren und bei der Aufgabenerledigung kooperieren. Um den Fortschritt jedes Mitglieds bei der Aufgabenbearbeitung und der Bearbeitung der Gesamtaufgabe abzusichern, bekommt diejenige Person temporär die Führungsrolle, die sie aufgrund seiner Expertise glaubt, ergreifen zu sollen und der dies durch die anderen zugestanden wird.

Verteilte Führung bringt nicht nur Zufriedenheits- und Motivationsvorteile, sondern fördert auch das Vertrauen innerhalb des Teams in dessen Leistungsfähigkeit und zur Kooperation der Mitglieder untereinander. Dies wird gestärkt durch zunehmende Interaktionshäufigkeit, wodurch Verständnis und Bindung aneinander wachsen (*Avolio et al.*, 1996; *Solansky*, 2008). Verteilte Führung führt zu Mustern des Informationsaustauschs, die häufigen Schwierigkeiten in Gruppen entgegenwirken, die z.B. daraus erwachsen, dass in Gruppen häufig vor allem allgemein anerkanntes Wissen kommuniziert wird, was teilweise darauf beruht, dass dies einerseits bequemer ist und andererseits eine wichtige Funktion zur Zugehörigkeitsbeteuerung per Konsensbestätigung hat. Bei verteilter Führung wird gerade durch die Anerkennung von individueller Perspektive in Verbindung mit einer entsprechenden Führungsaufgabe der Austausch nicht allgemein bekannten Wissens gefördert, wodurch die Gruppe umfangreichere und unterschiedlichere Wissensbestände nutzen kann (z.B. *Wegge*, 2004). Dieser Vorteil kommt insbesondere bei komplexen Aufgaben zum Tragen, wenn das benötigte Wissen zu umfangreich ist, als dass jeder darüber verfügen könnte.

Heinz (2005) konnte in ihrer Fragebogen-Untersuchung von 41 Forschungs-und-Entwicklungs-Teams eine positive Verbindung ihrer Führungs- und Kooperationsaspekte

- Zielklarheit/Zielgemeinsamkeit,
- Entscheidungsautonomie,
- Vertrauen im Team,
- Mannschaftsgeist,
- offene vertikale Kommunikation,
- Güte des Informationsflusses und
- Häufigkeit persönlicher Kontakte

zum Kriterium „Produktverbesserung" finden, kaum aber zum Kriterium „Budgeteinhaltung" und nicht zur „Zeiteinhaltung". Eine Regressionsanalyse klärte zwar 41,5% der Varianz des Kriteriums Produktverbesserung auf, allerdings erbrachte nur der Faktor „Häufigkeit persönlicher Kontakte" ein signifikantes Beta-Gewicht mit ein. Bemerkenswert war allerdings, dass die aufgenommenen Kontextvariablen „Grad elektronischer Integration", „Teamgröße" und „Neuigkeit der Aufgabe" die Beta-Gewichte beträchtlich variieren ließen. So war z.B. Zielklarheit bei großen Teams relevant und bei kleinen nicht, während es mit der Entscheidungsautonomie anders herum war. Das weist auf beträchtliche Unterschiede in der Bearbeitung von Aufgaben bei vergleichbaren Ergebnissen durch große vs. kleine Teams hin und auch hinsichtlich der beiden anderen Kontextfaktoren ließen sich solche Unterschiede identifizieren.

Aus Forschungsperspektive ist auch von Interesse

[1] in welchem Ausmaß in einem Team verteilte Führung vorliegt (vgl. *Pearce & Sims*, 2002; *Small & Rentsch*, 2010) und

[2] ob – und *falls* ja wie – dieses Ausmaß Vorhersagen über die Teameffektivität erlaubt.

Einen Überblick zu Ansätzen und Instrumenten zur Erfassung des Ausmaßes verteilter Führung liefern *Gockel & Werth* (2010). Die Autorinnen kommen zum Schluss, dass mit den vorgestellten Ansätzen die erste Aufgabe im Grundsatz gelöst werden kann, die zweite aber noch nicht. Hinsichtlich der Voraussetzungen, unter denen mittels verteilter Führung ihr Potenzial erhöhter Leistung für das Unternehmen realisiert werden kann, lässt sich feststellen, dass sie auf einigen Bedingungen basiert, die sie als anspruchsvoller erscheinen lassen, als vertikale Führung. Wie sich für Teamarbeit im Allgemeinen verschiedene Settings unterschiedlich gut eignen, so lassen sich kontingente Zuordnungen von Aufgaben und verteilter Führung finden (*Piecha et al.*, 2012), die u.a. abhängig sind von

- *Aufgabencharakteristika*:
  Die Art und Gestaltung der Aufgabe nimmt auf den Erfolg verteilter Führung großen Einfluss (*Pearce & Conger*, 2003). Gerade hoch komplexe Aufgaben eignen sich für verteilte Führung, insbesondere, wenn dabei die Qualität fokussiert wird. Dagegen weist massiver Zeitdruck eher weg von verteilter Führung, da die Koordinationsprozesse Zeit brauchen. So fanden z.B. *Mehra, Smith, Dixon & Robertson* (2006) bei Vertriebsteams keinen Vorteil verteilter Führung;
- *Mitglieder- und Gruppencharakteristika*:
  Zur Ausbildung verteilter Führung müssen die Teammitglieder über dieser Kooperationsform angemessene spezifische Führungskompetenzen verfügen. Ferner müssen sie fachlich kompetent und dem Konzept gegenüber aufgeschlossen sein. Sie brauchen ein gemeinsames Problemverständnis (*shared mental models*, vgl. Kap. 8.3), eine belastbare begriffliche Basis (vgl. *Cronin & Weingart*, 2007, zum Zusammenbruch der Informationsverarbeitung im fachlich diversen Team,

vgl. Kap. 7.1) und ausreichendes Vertrauen zueinander, um auch ohne formale Unterordnung Aufträge, die vereinbart wurden, auszuführen. Auch demographische Faktoren spielen eine Rolle: So fanden *Hoch, Pearce & Welzel* (2010) neben dem Ausmaß der Teamkoordination auch in der Altersverteilung des Teams einen Moderator des Zusammenhangs zur Teamleistung;

– *Organisationalen Bedingungen*:
  Organisationen mit ausgeprägten hierarchischen Strukturen und individuellen Anreizmodellen brauchen nicht davon ausgehen, dass in einzelnen Projekten verteilte Führung funktioniert. Teams, die verteilte Führung praktizieren, brauchen eine entsprechende organisationale Einbettung, z.B. klares und in der Praxis belastbares Commitment höherer Vorgesetzter mit dieser Kooperations- und Führungsform.

Verteilte Führung braucht also nicht unter allen Umständen vorteilhaft sein. Sie könnte nicht nur in einigen Gruppen und bei einigen Aufgaben besser einsetzbar sein, als in anderen, sondern auch in Organisationen insgesamt oder sogar ganzen Kulturkreisen (*Carson et al.*, 2007). Integrierte Personen aus Kulturen mit hoher hierarchischer Distanz und ausgeprägtem Senioritätsprinzip werden sich mit verteilter Führung wesentlich schwerer tun als Personen aus Kulturen, die diese Werte weniger honorieren (*Pearce et al.*, 2010).

Es ist auch zu berücksichtigen, dass Hochqualifizierte, die über basale Selbstführungs- und Führungskompetenzen verfügen und dem Konzept gegenüber aufgeschlossen sind, im Spannungsfeld von Kooperation und Autonomie nicht notwendigerweise harmonisch und ohne weitere Eigeninteressen ausschließlich auf die Aufgabenerledigung bezogen arbeiten und verteilt führen. Führungskräfte wie MitarbeiterInnen haben auf die eigene Person bezogene Ziele (vgl. Kap. 9.3); auch Teammitglieder, die gleichzeitig MitarbeiterInnen und verteilt Führende sind, haben diese. Der „Mythos vom Managementteam", den *Senge* (1999, S. 36 f.) eher auf vertikale Führungskräfte untereinander münzt, aber durchaus auch auf Selbstorganisation von Teams bezieht, ist auch hier zu prüfen: Binden verteilt führende Teams nicht erwartungsgemäß Einiges an persönlichen Ressourcen für Revierkämpfe, persönliche Profilierungen, Selbstbilderhaltung und Einmütigkeitsproduktion unter Vermeidung schwieriger Themen? Werden die Selbst(bild)manager dadurch, dass sie ein Team bilden, schlagartig zu selbstlosen Dienern der „höheren Aufgabe"? Andererseits: Falls davon auszugehen ist, dass dieser Reibungsverlust nicht ganz zu vermeiden ist: Beeinträchtigt das den potenziellen Leistungsvorteil verteilt geführter Teams überhaupt im Vergleich zu praktisch relevanten Alternativen?

Wirklich verteilte Führung effizient auszuüben, ist eine große Herausforderung: die Existenz der verschiedenen Expertisen, deren Anerkennung durch die jeweils anderen Teammitglieder, die Koordination zur Weitergabe der Führungsrolle, der Umgang mit dabei auftretenden Friktionen und Konflikten etc. macht verteilte Führung zu keiner Vorgehensweise, die erklärungsfrei sich selbst einstellt. Emergenz verteilter Führung ist ein Phänomen, das der Vorbereitung und Förderung bedarf. Dementsprechend spielt auch eine hierarchische Führungskraft eine wichtige Rolle: Häufig ist auch Teams, die in verteilter Führung arbeiten, eine vertikale Führungskraft vorgesetzt, deren Aufgaben sich aber konsequenter Weise von den traditionellen Aufgaben einer vertikalen Führungskraft unterscheidet.

8.1.4 Aufgaben bei der Führung in und von hochqualifizierten (Projekt-)Teams

Effektive Führung in hochqualifizierten Teams und prototypischen Projekten besteht zu einem Gutteil darin, Konditionen zu schaffen, in denen das Team leistungsfähig sein kann (vgl. *Pearce & Sims*, 2002; *Ensley, Hmieleski & Pearce*, 2006; *Bolden*, 2011; *Kauffeld & Schulte*, 2012), was eine eher indirekte Einwirkung auf die Teammitglieder nahelegt und deren Qualifikation, Expertise und Kompetenzen respektiert und leistungssteigernd zu unterstützen sucht. Diese Kernaufgabe ist abhängig von den Aufgabenmerkmalen, den Kompetenzen der Mitglieder, der Unternehmenskultur und dem in der Organisation vertretenen Menschenbild, wodurch die gewählte konkrete Form der Führung eher abhängige Variable als a-priori Setzung sein sollte.

Dabei leidet gelegentlich die Genauigkeit der Aussagen etwas, wenn in der Literatur „die Führungskraft" angesprochen wird, es aber z.B. im Rahmen von Partizipation, Selbstorganisation oder verteilter Führung um „Führung" allgemein geht. Der Aspekt personeller Verteilung von Führungsaufgaben bleibt dann unausgesprochen und die Betrachtung gerät so – evtl. unbeabsichtigt – ausgesprochen personalistisch. Als spezifische Anforderungen an *Führungskräfte* in hochqualifizierten Teams (Projektleiter) werden z.B. folgende Bereiche benannt (vgl. z.B. *Mumford, Scott, Gaddis & Strange*, 2002; *Wegge & Schmidt*, 2012), wobei auch hier zu differenzieren ist zwischen dem *Machen* und dem *Ermöglichen* durch die Führungskraft:

- Diagnose der Aufgabenkomplexität und der daraus erwachsenden Anforderungen an die MitarbeiterInnen,
- Komplexität handhabbar zu machen, ohne sie zu banalisieren: Denken in Prozessen und Systemen,
- Diagnose der aufgabenbezogenen Kompetenzen der MitarbeiterInnen und deren Vertrauen in diese Kompetenzen,
- Prioritäten für die Ressourcenzuteilung zu setzen: Dringlichkeit und Wichtigkeit, sowie Wollen und Müssen der Mitarbeiter,
- Entscheidungen zu fällen bzw. herbeiführen: Verfahren zur effizienten Entscheidungsfindung in *diesem* Team entwickeln, Informationssuche, -verteilung und -bewertung sicherstellen,
- Ziele zu vereinbaren, konkretisieren, verfolgen, überprüfen,
- Zielbindung der MitarbeiterInnen bei fehlender disziplinarischer Grundlage und geteilten Loyalitäten und Aufgabenanforderungen der Mitglieder zu stärken,
- MitarbeiterInnen Feedback zu bieten,
- Zeitmanagement für die MitarbeiterInnen, das Team und die eigene Arbeit.

Yukl (2010, S. 367) fasst ebenfalls Fertigkeiten zusammen, die Führungskräfte in funktionsübergreifenden Projektteams in besonderem Maße haben sollten, um erfolgreich zu sein:

- *Technical expertise*: Die Führungskraft muss auf der Basis fachlicher Kenntnisse zumindest in der Lage sein, sich verständig mit Teammitgliedern unterschiedlicher funktionaler Hintergründe verständigen zu können.
- *Project management skills*: Die Führungskraft muss die Techniken des Projektmanagements beherrschen.
- *Interpersonal skills*: Die Führungskraft muss Werte und Bedürfnisse der Teammitglieder verstehen, sie beeinflussen und Konflikte auflösen sowie ein Zusammengehörigkeitsgefühl bei ihnen stimulieren können.
- *Cognitive skills*: Die Führungskraft muss komplexe Probleme, die auch Kreativität und Systemdenken erfordern, lösen können und verstehen, in welcher Weise die im Team vorhandenen Kompetenzen für den Projekterfolg relevant sind.
- *Political skills*: Die Führungskraft muss in der Lage sein, Koalitionen einzugehen, die den Zugang zu Ressourcen, Unterstützung und Zustimmung des Topmanagements und anderen relevanten Anspruchsgruppen verschaffen.

Damit stellt er eine interessante Mischung aus bescheidenen (z.B. bei *technical expertise*) und beinahe unerreichbaren (z.B. die *cognitive skills* in dieser Formulierung) Kompetenzanforderungen zusammen, was darauf hinweist, dass er (immer noch) die traditionelle Vorstellung, dass letztlich *die eine* Führungskraft alles allein durchschaut und alles Wichtige entscheidet, pflegt.

Wird verteilte Führung als überlegene Koordinations- und Kooperationsform für die Bearbeitung komplexer Aufgaben gesehen, stellt sich die Frage, wie diese in einem Team gefördert werden kann. *Houghton, Neck & Manz* (2003) stellen Techniken zusammen, mit deren Hilfe die Führungskraft verteilte Teamführung fördern kann:

- entsprechende Auswahl der Teammitglieder (Fachexpertise, Führungskompetenzen),
- Entwicklung von Selbstführungs- und Organisationskompetenzen,
- Einforderung des Gebrauchs dieser Kompetenzen,
- Vermeidung von Bestrafung und stattdessen Befürwortung des Lernens aus Fehlern,
- Formulierung von Fragen statt Antworten zu liefern,
- Förderung von Initiative und Kreativität,
- Reduzierung des Formulierens von Befehlen,
- Schaffung von Interdependenz,
- Förderung von Entscheidungsfindungen auf Individual- und Teamebene,

- Unterstützung des Teams, falls notwendige Kompetenzen (noch) nicht ausgeprägt sind,
- gezielte Grenzregulation zwischen Team und deren organisationalem Umfeld.

Sie nennen die Aufgabe der Führungskraft in diesem Zusammenhang *SuperLeadership*, indem sie die Teammitglieder in die Lage versetzt, selbst gemeinsam die Führung des Teams auszugestalten. Der Ansatz hat große Ähnlichkeit mit teamarbeitsbezogenem *empowerment* von MitarbeiterInnen (vgl. *Piecha et al.*, 2012).

Hinsichtlich der zu verfolgenden Führungsstile wird in der Führungsforschung auch im Kontext verteilter Führung die transformationale Führung bevorzugt. *Pearce & Sims* (2002) untersuchen fünf Dimensionen der Führung (Führungsstile), die sich potenziell für verteilte Führung eignen und die sie als Grundlage ihres Instruments zur Messung des wahrgenommenen Ausmaßes verteilter Führung verwenden: die ermächtigende, die transformationale, die transaktionale, die direktive und die aversive Führung. Sie liefern Untersuchungsergebnisse, dass (Prozessoptimierungs-)Teams mit zunehmendem Ausmaß verteilter Führung Effektivitätsvorteile realisieren. Diese fanden sie sowohl für die Einschätzung durch die Teammitglieder selbst (wobei das nicht weiter verwunderlich ist) als auch durch deren Vorgesetzte und Kunden. Von besonderem Interesse ist dabei die ermächtigende (empowering, s.o.) Führung, die auf die Entwicklung von Selbstführung bei den MitarbeiterInnen zielt, sowie transformationale Führung, die sich positiv auf die Effektivität auswirken. Transaktionale Führung wirkt sich situationsspezifisch positiv, neutral oder negativ aus (vgl. Kap. 4.1) während direktive und aversive (auf Bestrafung, Tadel und Drohung basierende) Führung sich negativ auswirken.

Wastian, Braumandl & Weisweiler (2012, S. 87) berichten ebenfalls, dass sich auch bei der Führung von Teams wieder die differenzierte Betrachtung transaktionaler und transformationaler Führungsverhaltens durch Einführung von Situationsparametern lohnt. Aus der Perspektive der Innovationsforschung – ein für anspruchsvolle Teamarbeit in Projekten durchaus relevantes Feld – wären in kreativen Prozessen transformationale Führungstechniken vorteilhaft, um die Qualität der gefundenen Lösungen zu steigern, während transaktionale Techniken eher mindernd wirkten. Letztere sind eher in der Implementierung bzw. Aufgabenumsetzung angezeigt – sobald also Routineprozesse einsetzen (vgl. *Keller*, 1992). Allerdings können nach ihrem Dafürhalten auch dann transformationale Techniken zu zusätzlicher Leistung führen, wodurch die Befundlage etwas verkompliziert wirkt.

Durch das *empowerment* des Teams in Richtung verteilter Führung können die Führungskräfte auch für sich selbst weit verbreiteten Schwierigkeiten entgehen oder vorbeugen, die bei der Führung bei komplexen Aufgaben und in Projekten weit verbreitet sind. Neben möglichen Schwierigkeiten bei der Situationsbeurteilung, technischen Lösungsfindung und Entscheidungen, die traditionell schwer auf den Schultern der Führungskraft allein lasten (s.o. der Kasten mit vorzuhaltenden Führungsfertigkeiten nach *Yukl*, 2010), werden Aspekte des Zeitmanagements und der Tätigkeitspriorisierung relevant. Dabei sind Schwierigkeiten zu berücksichtigen wie:

- Häufig aufzufindende unmäßige zeitliche Aufschiebungen (Prokrastination, vgl. *Fydrich*, 2009; *Klingsieck & Fries*, 2012);
- Fehleinschätzung (zumeist Unterschätzung) der benötigten Bearbeitungszeit nicht nur angesichts neuartiger, komplexer Aufgaben, sondern vor allem auch für unspektakuläre Aufgaben, die als nicht herausfordernd gesehen werden, aber detailliert, gewissenhaft und ggfs. in Interdependenz mit anderen bearbeitet werden müssen (z.B. administrative oder allgemein Routinetätigkeiten) und in denen vorhandene persönliche Erfahrung eigentlich zu guten Zeitschätzungen führen müsste (*Kahneman & Tversky*, 1979);
- Präferenzwechsel als Bedrohung von gesetzten Prioritäten (*Lewin*, 1931; *Heckhausen*, 1989; *Kehr*, 2001; *König & Kleinmann*, 2007).

Projektleiter verfallen auch häufig der Selbstausbeutung, indem sie viel mehr als die übliche Arbeitszeit investieren, wodurch einerseits ihre Gesundheit und ihr Privatleben, andererseits aber auch die Arbeitsqualität leiden können. Bemerkenswerter Weise scheinen Männer häufiger so zu handeln als Frauen, die die Balance anscheinend nicht so häufig aufgeben und die Lebensbereiche besser auszutarieren verstehen (vgl. *Hoff, Grote, Dettmer, Hohner & Olos*, 2005). *Manz* (1986, 1991) versteht in diesem Zusammenhang unter Selbstführung neben der konkreten Formung eigenen Verhaltens durch Selbstbeobachtung, Zielsetzung und Selbstverstärkung auch die Auseinandersetzung mit den eigenen Zielen, Werten und Bewertungen. Auf letzterem baut die von ihm beschriebene Aufgabe der Veränderung eigener Gedankenmuster auf. Genau hierzu fordert das Konzept der verteilten Führung auf – auch für eine evtl. benannte Führungskraft eines solchen hochqualifizierten (Projekt-)Teams.

Verteilte Führung wie Selbstführung der Teammitglieder lassen sich als Substitut für Vorgesetztenführung konzipieren, wie auch im nachfolgenden Fallbeispiel 12 aufgezeigt wird. Sie können also zumindest Teile der Personalführung durch Vorgesetzte übernehmen bzw. ersetzen (vgl. *Kerr & Jermier*, 1978; *Kerr & Mathews*, 1995, vgl. Kap. 6) und somit die Führungskraft sowohl quantitativ wie qualitativ entlasten.

Fallbeispiel 12: *Finanzdienstleistungsunternehmen*

Die Bedeutung von Projekten nimmt unverkennbar zu. Die Führung von MitarbeiterInnen in Projekten sieht sich dabei mit Herausforderungen konfrontiert, deren Bewältigung spezielle Führungsfähigkeiten erfordert. Dies wird am Beispiel der Einführung von SAP HR in einem Finanzdienstleistungsunternehmen im Rahmen eines unternehmensweiten IT-Projektes aufgezeigt:

„Da die Einführung des personalwirtschaftlichen (IT-)Systems erfolgskritisch für die Weiterentwicklung der Personalfunktion war, bedurfte es für mich zunächst eines gezielten Überblicks im Rahmen eines Projekt-Reviews. Dabei zeigte sich schnell, dass weitere interne Kapazitäten für das Projekt freizustellen und wichtige Schlüsselfunktionen im Projekt mit erfahrenen Kollegen zu besetzen waren, um die Projektziele erreichen zu können.

Mit ausreichendem Know-How und Kapazität im Projekt konnte anschließend der Fokus auf ein gezieltes Team Building im Projekt gelegt werden. Dabei war es wertvoll, vor allem auf fachlich übergreifenden Kompetenzen und die Kenntnis bestehender interner Netzwerke der Kollegen zurückgreifen zu können und aktiv Freiraum für Entscheidungen zu schaffen, um so das vorhandene Wissen der Kollegen zur gezielten Entfaltung zu bringen und die im Projekt vorhandenen Kompetenzen der Mitarbeiter und Mitarbeiterinnen im Projekt aktiv und gezielt zu vernetzen.

Frühzeitig hatten wir vorgesehen, dass die Projektmitarbeiter während der Einführungsphase und auch in der ersten Umsetzungsphase als Multiplikatoren für das neue IT-System fungieren sollten. Daher war es wichtig, dass gerade die Projektmitarbeiter ein hohes Interesse an dem neuen System hatten. Es war vor allem in der ersten Hälfte des Projektes immer noch schwierig, die Projektbeteiligten von dem Nutzen des neuen Systems zu überzeugen, da das Altsystem weiter in aktiver Anwendung und die Vorteile des neuen Systems nun sichtbar wurde. Nur durch gezielte Projektrunden, in denen der fachliche wie persönlich Nutzen der IT-technischen Optimierungen regelmäßig – neben den Fortschritten im Projektstatus/-verlauf – hervorgehoben wurden, gelang es zunehmend die Neugierde und den Optimismus für das neue IT-System zu wecken.

Bedeutsam war es dabei aber auch, das Erreichen wichtiger Meilensteine im Projekt nicht nur fachlich zu würdigen, sondern auch mit besonderen Aktionen (z.B. gemeinsamen Projektevents) zu verbinden, um den Zusammenhalt im Projektteam weiter zu verfestigen. In den regelmäßigen Informationsrunden oder bei Mitarbeiterveranstaltungen wurde regelmäßig von Projektmitarbeitern und mir als Projektleiter über die erzielten Projektfortschritte berichtet. Ziel war es, das Projekt immer mehr in das „Alltagsgeschäft“ des Personalbereiches zu integrieren und alle MitarbeiterInnen auf die anstehenden Qualifizierungsmaßnahmen als auch die Systemumstellung vorzubereiten.

Darüber hinaus erhielten wir im Rahmen des unternehmensweiten IT-Projektes einen guten Überblick zu potenziellen Kandidaten, die sich über die erfolgreiche Mitarbeit im Projekt für weiterführende Verantwortungen im Unternehmen empfehlen konnten. Insoweit ist ein Projekt immer eine gute Möglichkeit, interne Talente mit neuen Aufgaben zu betrauen und Sie in Ihrer beruflichen Weiterentwicklung gezielt zu fördern. Ein aus meiner Sicht noch nicht ausreichend genutzter Entwicklungsweg.

Dieses Bespiel zeigt: Die Besetzung von Projektleitungsfunktionen ist in vielen Unternehmen häufig noch unzureichend geregelt. Vernachlässigt werden sowohl eine an vorab zu definierenden Kompetenzen orientierte professionelle Auswahl geeigneter Projektleiter als auch deren intensive Vorbereitung auf die Aufgabe. Das Verständnis, eine gute Führungskraft in der Linie sei auch eine gute Führungskraft in Projekten, teile ich nicht. Zu unterschiedlich sind die Herausforderungen eines Projektleiters und die an ihn gestellten Anforderungen sowohl was die spezielle Fachmethodik im Projektmanagement angeht als auch die Führung von Mitarbeitern. Vorrangige Aufgabe eines Projektleiters ist die Bewältigung neuer und „einmaliger" Herausforderungen, Kernaufgabe der Linienfunktion ist die Stabilisierung und Optimierung der laufenden unternehmerischen Aufgaben."

8.1.5 Ausblick

Verteilte Führung ist nicht die „eine beste" und schon gar nicht die häufigste Form der Führung in der Praxis von Teams und Projektgruppen, eher das, was aktuell für bestimmte Konstellationen als das Führungskonzept mit dem besten Potenzial angesehen wird: der hochkomplexen Aufgabe, relativen Neuartigkeit, den interdisziplinären Anforderungen etc. praktisch gesehen am besten angemessen.

Verteilte Führung bedeutet andererseits nicht, dass keine Führungskraft mehr nötig wäre oder gar (immer) störend. Sie hebt die Bedeutung der Führung von oben nicht auf, sondern die Aufgaben der formalen Führungskraft sind bei verteilter Führung charakteristisch verändert, indem sie schwerpunktmäßig in der Entwicklung, Erhaltung und Unterstützung der verteilten Führung besteht. Die zentrale Aufgabe der Führungskraft in solchen Teams ist es demnach, das Team in seiner Entwicklung zu fördern sowie nach innen und außen handlungsfähig zu halten – und das in der spannungsgeladenen Konstellation einer starken Betonung sowohl individueller Kompetenzen der Teammitglieder als auch deren Kooperation, also gleichzeitiger Personalisierung und Verschmelzung der vorhandenen Kompetenzen durch Kooperation (vgl. *Franke*, 1980). Bei Friktionen, die für das Team offensichtlich und durch es selbst artikuliert nicht mehr zu beherrschen sind, hat eine Instanz da zu sein, nicht notwendigerweise um zu entscheiden oder „das Problem aus der Welt zu schaffen", vielleicht lediglich und viel eher zur Moderation. Bei solchen und anderen Interventionen in die operative Arbeit verteilt geführter Teams sollte die Führungskraft aber starke Zurückhaltung üben. Nicht selten sind gerade solche Eingriffe für die Teamleistung ungünstig (vgl. *Stock*, 2005; *Riener & Wiederhold*, 2012). Trotz dieser unterstützenden Wirkung nach innen verschiebt sich bei verteilter Führung der alltägliche Fokus der Vorgesetzten ein gutes Stück weiter nach außen auf die Schnittstellen des Teams, hin zu Stakeholdern der Teamarbeit. Das Networking in diesen Kontexten ist häufig ein ganz erheblicher Faktor für den Erfolg von Projekten (vgl. *Wastian, Braumandl & Weisweiler*, 2012, S. 80).

Verteilte Führung wirkt sich nicht nur positiv auf die Effektivität der Teams, die Zufriedenheit, Motivation und Unternehmensbindung der Teammitglieder aus, sondern hat auch das Potenzial, über die Erhöhung des Handlungsspielraums, der Zuweisung wirklicher Verantwortung, der Motivierung durch vollständige Aufgaben und Förderung der Selbstregulierung Potenzial zur Persönlichkeits- und Gesundheitsförderung zu entwickeln (*Piecha et al.*, 2012, S. 569). Das gilt auch für die Vorgesetzten selbst hinsichtlich qualitativer und quantitativer Belastung und damit ihren Schutz vor üblicherweise daraus folgenden negativen Konsequenzen für Leistung und Gesundheit (vgl. Kap. 7.3).

Da nicht nur Aufgaben von Teams komplexer Natur zu sein brauchen, sondern sie auch in komplexe Kontexte, z.B. Netzwerkbeziehungen, eingebettet sind und ihre Aufgaben ebenfalls dichte Vernetzungen außerhalb des unmittelbaren Handlungsradius des Teams haben, lässt sich das Bild der Führung in komplexen Settings auch ausweiten: *Complexity Management* (*Lichtenstein, Uhl-Bien, Marion, Seers, Orton & Schreiber*, 2007; *Uhl-Bien & Marion*, 2008) bezieht sich auf die spezifische Führungsaufgabe angesichts komplexer Felder und Umgebungen, vorzugsweise bei moderner Wissensarbeit. Allerdings hat dieser Ansatz den Fokus auf zwar spontan und situativ veränderliche *emergente* Führungsprozesse, die aber überwiegend (noch) dyadisch gedacht sind. Angesichts von Netzwerken zwischen Teams, ggfs. solchen aus verschiedenen Unternehmen oder sogar aus Unternehmen wird mittlerweile auch ein *Shared Network Leadership* betrachtet (z.B. *Graen & Graen*, 2007; *Weibler & Rohn-Endres*, 2010).

8.2 Führung in virtuellen Teamstrukturen

In der globalisierenden Welt sind räumlich verteilte Gruppen, die zu ihrer Koordination und Aufgabenerfüllung in starkem Umfang moderne Informations- und Kommunikationsmedien nutzen, mittlerweile weit verbreitet und sie werden demnach als ein weiteres Setting betrachtet, in dem eine spezifische Ausprägung von Führung zu diskutieren ist.

Begrifflich werden diese Arbeitsgruppen oder Teams unterschiedlich gefasst. Den Begriffen ist gemeinsam, dass sie ausdrücken sollen, was sie von Präsenzgruppen (bzw. traditionellen, konventionellen, lokalen oder face-to-face-Gruppen) unterscheidet. So werden die unterschiedlichen definierenden Aspekte solcher Teams beleuchtet: Sie werden als *(standort-)verteilt*, *mediengestützt*, *medial vermittelt* oder *virtuell* qualifiziert, was ihre Merkmale als nicht an einem (realen) Ort versammelt, durch Medien aber koordiniert und damit im „virtuellen Raum" oder virtuell konstituiert, anspricht.

Dementsprechend konzentrieren sich Definitionen auf die Aspekte der räumlichen Distanz und der medialen Zusammenführung der Kompetenzen und Teilaufgaben:

„Ein virtuelles Team ist – wie jedes andere Team – eine Gruppe von Menschen, die mittels voneinander abhängiger – interdependenter – Aufgaben, die durch einen gemeinsamen Zweck verbunden sind, interagieren. Im Gegensatz zum konventionellen Team arbeitet ein virtuelles Team über Raum-, Zeit- und Organisationsgrenzen hinweg und benutzt dazu Verbindungsnetze, die durch Kommunikationstechnologien ermöglicht werden" (*Lipnack & Stamps*, 1998, S. 31).

„Als virtuelle Teams werden flexible Arbeitsgruppen standortverteilter und ortsunabhängiger Mitarbeiterinnen und Mitarbeiter bezeichnet, die auf der Grundlage von gemeinsamen Zielen bzw. Arbeitsaufträgen ergebnisorientiert geschaffen werden und informationstechnisch vernetzt sind" (*Konradt & Hertel*, 2002, S. 18).

„… teams, in which members are geographically dispersed and coordinate their work predominantly with electronic information and communication technologies (e-mail, video-conferencing, etc.)" (*Hertel, Geister & Konradt*, 2005, S. 69).

„Unter einer mediengestützten Arbeitsgruppe verstehen wir ein Team, dessen Mitglieder ohne unmittelbare geografische und zeitliche Bindung zusammenarbeiten und dazu vornehmlich über elektronische Medien kommunizieren und interagieren" (*Wick, Mitschke & Dauner*, 2009, S. 15).

Als ein weiteres Merkmal virtueller Arbeitsgruppen wird häufig die durch die räumliche Ungebundenheit im Vergleich zu Präsenzteams erhöhte Wahrscheinlichkeit dafür, dass virtuelle Gruppen auch inter- oder multikulturelle Gruppen sind, genannt (z.B. *Bell & Kozlowski*, 2002; *Köppel*, 2007; *Wick et al.*, 2009). Das relative Ausmaß der Nutzung von Medien zur Kommunikation und Kooperation bestimmt schwerpunktmäßig das Ausmaß an *Virtualität* der Gruppe (*Martins, Gilson & Maynard*, 2004), ergänzt durch das Ausmaß der (räumlichen, zeitlichen und konfiguralen) Verteiltheit (*O'Leary & Cummings*, 2007).

Arbeiten in virtuellen Teams wird unter verschiedenen Bezeichnungen untersucht: Wohl am stärksten durchgesetzt hat sich die „virtuelle Teamarbeit" (bzw. „virtual teamwork(ing)", z.B. *Bal & Teo*, 2001; *Lenk, 2002*; *Geister & Scherm*, 2004; *Hertel & Konradt*, 2007; *Hertel, Konradt & Voss*, 2006; *Rack, Tschaut, Giesser & Clases*, 2011). Daneben werden weitere Begriffe verwendet, die zumindest weitgehend synonym sind, wie z.B.:

- Telekooperation (z.B. *Büssing & Konradt*, 2006; *Hertel & Konradt*, 2007; *Reichwald, Möslein, Sachenbacher & Englberger*, 2000);
- virtuelle Kooperation (*Konradt & Köppel*, 2008; *Ryser et al.*, 2011);
- e-collaboration (z.B. *Fink*, 2007; *Konradt & Hoch*, 2007; *Stoller-Schai*, 2003);
- distibuted working (z.B. *Good*, 2007);
- virtual team collaboration (*Wesner*, 2008).

In solchen virtuellen Settings zu arbeiten, stellt spezifische, von den üblichen Anforderungen in Teams und Arbeitsgruppen teilweise systematisch abweichende Anforderungen nicht nur an die Technik, sondern auch an die betroffenen Personen: sowohl die MitarbeiterInnen als auch die Führungskräfte. Wegen der Auswirkungen auf die Aufgaben von Führung und der dafür erforderlichen Kompetenzen hat sich ein eigenes Forschungsfeld entwickelt, das die Führung in virtuellen Gruppenstrukturen untersucht (vgl. *Avolio, Kahai & Dogde*, 2001; *Bell & Kozlowski*, 2002; *Konradt & Hertel*, 2002).

Geläufige alternative Begriffe für die Führung virtueller Teams bzw. die Führung in virtuellen Teams sind:

- E-Leadership (z.B. *Avolio et al.*, 2001; *Hoch, Andreßen & Konradt*, 2007);
- Führung auf Distanz oder Distance Leadership (z.B. *Eichenberg*, 2007; *Herrmann, Hüneke & Rohrberg*, 2012; *Remdisch & Utsch*, 2006);
- Computer-mediated Leadership (z.B. *Fischer & Manstead*, 2004).

8.2.1 Angenommene Chancen und erlebte Risiken virtueller Teams

Organisationen versprechen sich Vorteile davon, wenn sie virtuelle Teams einrichten (vgl. *Hertel & Konradt*, 2002; *Ebrahim, Ahmed & Taha*, 2009; *DeRosa & Lepsinger*, 2010). Konkret geht es dabei um:

- Kostenersparnis (Reisekosten; Entsendungskosten; Raum- und Ausstattungskosten; geringere Lohnkosten von MitarbeiterInnen aus anderen Ländern etc.)
- Leistungsverbesserung (durch Kompetenzpoolung z.B. der besten oder gerade freier Experten des Unternehmens, auch wenn diese an unterschiedlichen Orten sitzen und dort auch unabkömmlich sind; schnellere und bessere Entscheidungsfindung etc.)
- Erhöhte Zeitflexibilität (kurzfristige Zusammenkünfte; Informations- und Kooperationsgewinn durch Arbeit in verschiedenen Zeitzonen etc.)
- Höhere Zielorientierung und effizientere Zeitnutzung (Schnelligkeit durch Arbeit „rund um die Uhr" in verschiedenen Zeitzonen; keine emotionalen Gefechte durch objektivierte Kommunikation über Medien; bessere Leistungs- und Fortschrittsüberprüfung über Medien; keine Reisezeiten; nur zeitweise Nutzung der Kompetenzen der Mitglieder, die dadurch auch für andere Arbeiten frei bleiben; mediale Automatisierung von Standardvorgängen etc.)
- Höheres Reaktionspotenzial auf Markt- und Wettbewerbsanforderungen und -veränderung (schnelle Präsenz in einem neuen regionalen Markt mit wenig Personal dort, das aus anderen Ländern virtuell unterstützt werden kann; Möglichkeit, Großaufträge zu bearbeiten etc.)
- Maximale bzw. optimale Informationsversorgung über die Medien (schnelle und objektiv nachprüfbare Informationsausbreitung; sowohl geschlossene als auch offene Austauschmöglichkeiten; einfache Übertragbarkeit großer Informationsmengen; schnelle und sichere Aktualisierungsmöglichkeiten; Möglichkeit automatischer Dokumentation etc.)
- Engere Zusammenarbeit über niedrigschwellige, schnelle und nachprüfbare Kommunikationsmöglichkeiten (synchron: z.B. Telefon, Videokonferenz; asynchron z.B. E-Mails, Wikis)
- Erhöhte Arbeitsmotivation der Teammitglieder (durch freiere Zeiteinteilung; durch freiere räumliche Arbeitsmöglichkeiten; erweiterte Entscheidungsmöglichkeiten; höhere Autonomie etc.)

- Mitarbeitergewinnung und -bindung: Image- und Attraktivitätsgewinne bei Hochqualifizierten, Technikaffinen und Personengruppen, die räumlich weniger mobil sind (wegen Kinderbetreuung, Pflege Angehöriger, körperlicher Behinderung etc.)

Allerdings ist die Einrichtung virtueller Teams nicht immer dadurch motiviert, dass sie als eine *bessere* Form der Kooperation im Vergleich zu Präsenzteams gesehen werden. Oft dienen virtuelle Teams eher als die zu wählende Möglichkeit, wenn es dem Unternehmen nicht oder nur unter unhaltbaren Bedingungen gelingt, ein Präsenzteam zusammen zu stellen (vgl. *Weinkauf & Woywode*, 2004).

Entsprechend den Vorstellungen über die Vorteile virtueller Teams müssten sich Leistungs- und Zufriedenheitsvorteile finden bzw. in dem Fall, in dem sie nicht als die bessere Alternative, sondern als Kompensation für nicht zustande zu bringende Präsenzteams dienen, zumindest ein vergleichbares Niveau. Und da sie Teams konstituieren lassen, wenn sich Präsenzteams nur mit unverhältnismäßigem Aufwand einrichten lassen, sollten sie Kosteneinsparungen mit sich bringen.

Nach einer (recht kurzen) Phase der Begeisterung über die Potenziale virtueller Teamarbeit kam bei genauerer Betrachtung der Ergebnisse das unangenehme Erwachen (vgl. *Jarvenpaa*, 1998; *Govindarajan & Gupta*, 2001; *Scholz*, 2001; *Bergiel, Bergiel & Balsmeier*, 2008; *Köppel & Sattler*, 2009). Was sozialpsychologisch, kommunikationstheoretisch, medientheoretisch, ergonomisch und aus anderen Grundlagendisziplinen durchaus bekannt war, wurde nun anhand von Beobachtungen im Organisationsalltag zur Kenntnis genommen: Das Potenzial der Mehrleistung oder gleicher Leistung bei geringeren Kosten ist nicht so einfach zu realisieren. Vielfach wurden sehr schwache Ergebnisse festgestellt: Die Leistung virtueller Teams ist oft bescheiden, der Zeitbedarf, zu Ergebnissen zu kommen hoch, die Kosten ebenfalls. Häufig werden die Ziele gar nicht erreicht, Teams werden vorzeitig aufgelöst oder kollabieren. Allein die Möglichkeit, Nachrichten und Daten schnell, sicher und kostengünstig zwischen hochqualifizierten Teammitgliedern zu versenden und zu empfangen, gewährleistet demnach keine überlegenen Kooperationsergebnisse oder Kosteneinsparungen.

Den großen Potenzialen virtueller Kooperation stehen Einschränkungen und Gefahren gegenüber, die sich zwar bei umsichtigem Vorgehen kalkulieren, kompensieren, vermeiden oder sogar konstruktiv nutzen lassen. Ihr höchstwahrscheinliches Auftreten bei „naivem“, d.h. nicht auf die Spezifitäten der virtuellen Situation und Prozesse vorbereiteten Vorgehen bringt aber große Schwierigkeiten mit sich (Überblicke z.B. in *Konradt & Hertel*, 2002; *Malhotra, Majchrzak & Rosen*, 2007, *Bergiel et al.*, 2008; *Köppel & Sattler*, 2009; *Ebrahim et al.*, 2009):

- Erhöhter Organisationsaufwand im Alltag hinsichtlich der technischen Unterstützung (z.B. Groupware), Vorbereitung und Durchführung der Kooperation sowie für Präsenztreffen
- Abhängigkeit davon, dass die zu benutzenden medialen Technologien wirklich zweckmäßig und zuverlässig sind
- Mangelnde routinemäßige Kontrollmöglichkeit für die Verantwortlichen und damit geringerer unaufdringlicher und niedrigschwelliger Zugriff für die Führungskraft auf die MitarbeiterInnen

- Größere Gefahr zunächst unerkannter, dann scheinbar spontan eskalierender (Macht-)Konflikte und Kommunikationsprobleme (*flaming*) und erhöhter Aufwand im Konfliktmanagement
- Zusätzliche Belastungen für Teammitglieder (Tageszeiten/Zeitzonen, zeitliche Fragmentierung der Tätigkeit, gelegentliche weite Reisen, Work-Life-Balance, Informationsüberflutung)
- Stärkere Anforderungen an die Vertrauensbildung zur Kooperation im Team
- Mangelnde Identifikation und geringes Commitment der Mitglieder mit dem Team, der Aufgabe und dem Unternehmen
- Mangelnde Integration der virtuell kooperierenden Mitglieder in lokale Teams
- Erhöhte Wahrscheinlichkeit von Schwierigkeiten in der interkulturellen Zusammenarbeit

Die erwähnten Potenziale und Vorteile virtueller Kooperation eröffnen die Chance zu erfolgreichem Handeln – unter Umständen erfolgreicher und effizienter als die in Präsenzteams. Dies lässt sich nur dann erwarten, wenn die Gefahren und Nachteile sie nicht ausgleichen oder überwiegen. Die Effektivität virtueller Teams ist ein virulentes Thema in Praxis und Forschung – der Blick soll nun auf deren Führung gerichtet werden.

8.2.2 Die Führung virtueller Teams

Die Zusammenarbeit in mediengestützten Arbeitsgruppen ist charakteristisch verschieden von der in traditionellen Arbeitsgruppen: Persönliche Kontakte zu KollegInnen und Führungskräften finden (relativ) seltener statt. Es wird mehr medienvermittelt und asynchron kommuniziert. Die Wahrscheinlichkeit, dass KollegInnen sich nicht persönlich kennen und darüber hinaus aus verschiedenen Kulturkreisen stammen, ist erhöht. Diese Besonderheiten können für MitarbeiterInnen zu eingeschränkter Motivation, Engagement, Vertrauen und verstärktem Konflikt, Überforderung und schließlich zu einer Verminderung der Arbeitszufriedenheit und Gruppenleistung führen. Virtuelle Arbeitsgruppen und Teams sehen sich folglich allen Herausforderungen von Präsenzteams auch gegenüber – zusätzlich aber der, dass die Kooperation routinemäßig ohne unmittelbaren Kontakt stattfindet. Daher die häufige Einschätzung, virtuelle Kooperation sei anspruchsvoller und komplexer. Allerdings scheint es auch einige Vorteile im Prozess der Kooperation zu geben, die in lokaler Kooperation erfahrungsgemäß kaum zu erzielen sind.

Es liegen mehrere Überblicksarbeiten zur empirischen Forschung vor, die sich mit den Erfolgsfaktoren von virtuellen Teams befassen (z.B. *Martins et al.*, 2004; *Hertel et al.*, 2005; *Gaudes, Hamilton-Bogart, Marsh & Robinson*, 2007 und *Mortensen, Caya & Pinsonneault*, 2010). Hinsichtlich der Leistung von virtuellen Teams eindeutige Ergebnisse zu erwarten, ist ebenso (un-)angemessen, wie das bei lokalen Teams ist. Trotzdem wird – gerne im Vergleich – genau diese Leistung zu ergründen, gelegentlich empirisch zu untersuchen versucht. *Martins et al.* (2004, S. 817) stellen in ihrem Überblick empirischer Untersuchungen denn auch fest, dass die Ergebnisse sehr gemischt sind und nennen als offensichtliche und kaum zu beeinflussende Moderatoren dafür die Art der Aufgabe und die Ausprägung der Virtualität der Teams. Virtuelle Teams brauchen demnach üblicherweise länger als lokale Teams, um klar umrissene Aufgaben zu erfüllen (allein schon technisch durch Asynchronität der Kommunikation und längere Zeit, die für das Schreiben als für das Sprechen benötigt wird). Andererseits sind virtuelle Teams bei Entscheidungsaufgaben mindestens gleich stark, bei Brainstorming-Aufgaben besser, jedoch bei Verhandlungsaufgaben eher schwächer als traditionelle Teams. Allerdings beschränken sich die Befunde dabei auf eng umrissene Aufgaben, die bevorzugt unter Laborbedingungen untersucht werden können, nicht auf die zumeist komplexen Aufträge realer effizienzorientierter Teams. *Baltes, Dickson, Sherman, Bauer & LaGanke* (2002) fanden in einer Metaanalyse (mit 52 Untersuchungen) zur Qualität und Zufriedenheit mit Entscheidungen in Teams, dass medial gestützte Teams auch unter Berücksichtigung verschiedener Moderatorvariablen bestenfalls gleich schnell, effektiv, effizient und zufrieden waren wie Präsenzteams, vielfach ihnen jedoch unterlegen. Einzeluntersuchungen kommen aber auch zu anderen Ergebnissen. So fand *Fjermestad* (2004) Vorteile virtueller Gruppen hinsichtlich Entscheidungsqualität, Analysetiefe, Partizipation der Beteiligten und Zufriedenheit der Teammitglieder bei etwa einem Drittel der Teamvergleiche (n=145).

Die Faktoren, die gemäß der Überblicksarbeiten kritisch sind für den Erfolg eines virtuellen Teams unterscheiden sich nur unwesentlich von denen in Präsenzteams: Teamzusammensetzung, Commitment für die Aufgabe, das Team und die Organisation, Arbeitszufriedenheit, bisherige Leistungsergebnisse, Entscheidungsqualität, Weiterentwicklungsmöglichkeiten, Qualitäts- und Verbesserungsorientierung, Güte der Kommunikation, Form der Kooperation etc. Die Liste könnte den Eindruck vermitteln, dass virtuelle Teams im Großen und Ganzen gleich funktionieren und damit gleich zu führen sind wie Präsenzteams. Der Unterschied liegt eher im Detail, unterhalb der Ebene der üblichen Domänenetiketten wie ‚Kommunikation', ‚Kooperation', ‚Commitment', ‚Motivation' etc. Und so werden eher Erkenntnisse zu einzelnen Aspekten den Weg zur erfolgreichen virtuellen Kooperation aufweisen als die Hoffnung, „neue" Kompetenzdomänen virtueller Kooperation zu finden.

Stellvertretend für andere soll hier knapp der „integrative Ansatz" von *Mortensen et al.* (2010) angeführt werden, der auf einer Basis von 97 empirischen Untersuchungen zu virtuellen Teams, die zwischen 1990 und 2008 veröffentlicht wurden (wobei ca. die Hälfte experimentell und an die zwei Drittel mit Studierenden durchgeführt wurden, was auf gewisse methodische Probleme der empirisch gestützten Erkenntnis zu virtuellen Teams hinweist): Sie haben (wie bereits andere Autoren) festgestellt, dass sich zwar kritische Faktoren identifizieren lassen, aber die genauen Zusammenhänge zwischen deren Gestaltung/Ausprägung und Erfolg weiterhin unklar bleiben. Ihr Modell der Voraussetzungen von Effektivität virtueller Teams ist in Abb. 8.1 zu finden.

Es scheint auch einfacher zu sein, kritische Faktoren zu benennen, die Einfluss auf die Leistungs- (und Zufriedenheits-)Ergebnisse von virtuellen Teams nehmen, als das jeweils angemessene Verhalten oder Vorgehen als erfolgversprechende Ausgestaltung dieser Faktoren zu definieren. Führungskräfte sind auch bei Kenntnis der relevanten

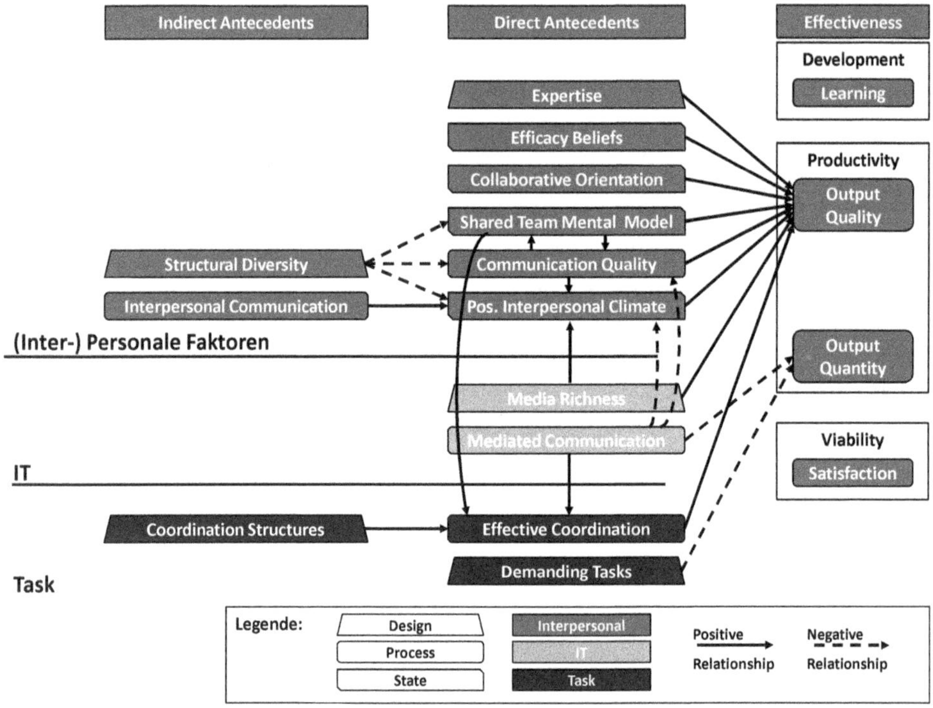

Abb. 8.1: Modell der Effektivität virtueller Teams von *Mortensen et al.* (2010).

und kritischen Faktoren häufig genug ohnehin nicht in der Lage, die Komplexität der Situation, in der sie agieren müssen, zu durchschauen (*Braitenberg*, 1984; *Dörner*, 2008), umso weniger mit den ihnen zur Verfügung stehenden Mitteln zu optimieren. Dem Erfolg evtl. entgegenstehende Rahmenbedingungen (Wirtschaftslage, Ressourcenverfügbarkeit, Unternehmenskultur etc.) als auch interne Aspekte des Teams (Zusammensetzung der Gruppe etc.) sind häufig nicht über Führungsinterventionen zu beherrschen – das anzunehmen hieße, die Möglichkeiten, die Führungskräfte haben, falsch einzuschätzen.

Dabei mag das Verhalten der Führungskräfte in als erfolgreich wahrgenommenen Episoden sich auffällig von dem in solchen Episoden unterscheiden, in denen eklatanter Misserfolg gesehen wird. Aber ob dieses Verhalten der Führungskraft das nächste Mal wieder ein (solcher) Erfolg wird, ist damit nicht gesichert (vgl. Kap. 6.1). Ein Vergleich des Erfolgs in Präsenzteams vs. virtuellen Teams wäre ohnehin nicht sonderlich aussagekräftig, da virtuelle Teams wie erwähnt oft (nur) deshalb zusammengestellt werden, weil Präsenzteams als nicht möglich oder zu aufwändig gesehen werden. So sind Minderleistungen im Durchschnitt nicht nur anzunehmen, sondern kalkulierter und akzeptierter Faktor.

Von daher ist es folgerichtig, diejenigen Faktoren zu identifizieren, die erfolgskritisch sind und den Führungskräften einzuräumen, diese auf den aktuellen Fall bezogen zu gestalten. Ob das Führungskräften virtueller Teams häufiger oder seltener gelingt, als

Führungskräften von Präsenzteams wäre die eigentliche Frage. Würde virtuelle Kooperation *zusätzliche* Anforderungen stellen, wäre von geringerem Erfolg auszugehen, bei (lediglich) *veränderten* Anforderungen nicht unbedingt.

8.2.3 Besondere Koordinationserfordernisse virtueller Teams

Üblicherweise wird virtuelle Kooperation im Vergleich mit lokaler Kooperation als anspruchsvoller und komplexer dargestellt. Sie erfordere vor allem *mehr*, z.B. an Selbstorganisation, Selbstführung, Strukturierung des Aufgabengebiets und für Führungskräfte höhere und differenziertere Anforderungen und einen ungleich höheren Aufwand für die Organisation der Teamprozesse oder ein *hohes Niveau* (wohl im Vergleich zur Präsenzkooperation), z.B. an intrinsischer Motivation, Disziplin und Ergebnisorientierung (z.B. *Lenz*, 2007; *Rack et al.*, 2011; *Hertel & Orlikowski*, 2012). Also wieder einmal nichts weniger als absolute Spitzenleute. Nur woher nehmen – bei gleichzeitig berufenem Fachkräftemangel durch demographischen Wandel, „Verfall der Arbeitsmoral", Zunahme von psychischen Störungen durch Arbeit und Burnout und der beklagten Berufsunfähigkeit von Auszubildenden und StudienabsolventInnen?

Für virtuelle Teams und deren Mitglieder werden für gewöhnlich besondere oder zumindest spezifisch ausgeprägte Kompetenzerfordernisse formuliert (vgl. *Hertel et al.*, 2006):

- spezifische Kommunikationsanforderungen,
- Vertrauensbildung ohne routinemäßigen persönlichen Umgang,
- breiter Medieneinsatz,
- Kooperationsbewusstsein und -wille,
- interkulturelle Kompetenz,
- Selbstorganisation, Eigenverantwortlichkeit und Eigenmotivation.

Wesner (2008) stellt fünf Kompetenzfelder zusammen, die für die virtuelle Zusammenarbeit besonders aufmerksam zu beachten sind, sei es in der Zusammenstellung virtueller Teams, sei es bei deren Führung:

- Kenntnisse über die Organisation,
- Interkulturelle Kompetenz,
- Expertenkenntnis des Gegenstands und der Arbeitsinhalte,
- Kompetenz im Umgang mit Kooperationsmedien,
- Kompetenz in kooperativen Arbeitsprozessen.

Die Kompetenzfelder unterscheiden sich kaum von denen, die in lokaler Kooperation bedeutsam zu sein scheinen. Wichtig ist der Hinweis, dass diese in hervorgehobener Weise zu berücksichtigen sind (also keinen Unterschied, sondern eine Priorisierung darstellen). Eine effektive Führungskraft für Präsenzteams kann in virtuellen Teams scheitern, aber muss eine effektive Führungskraft in virtuellen Teams wirklich einfach eine „sehr gute Präsenzführungskraft + virtuelle Komponente" sein? Kann es keine effektiven Führungskräfte auf Distanz geben, die in Präsenzteams nicht sonderlich erfolgreich sind? Das scheint unwahrscheinlich – wurde aber so noch nicht untersucht. Warum also die Suche nach *mehr* und nicht nach *anders ausgeprägten* Kompetenzen? Zumindest *Orlikowski, Hertel & Konradt* (2004, S. 33; vgl. auch *Hertel et al.*, 2005) kommen in einer Interview- und Fragebogenuntersuchung zu Führung und Erfolg in virtuellen Teams anhand 31 Fällen zu dem Schluss, dass sowohl hinsichtlich des Teamerfolgs als auch der Arbeitszufriedenheit der Teammitglieder „...in erfolgreichen virtuellen Teams keine grundsätzlich neuen Wege gegangen werden müssen, sondern dass zumindest teilweise auf bekannte Führungsstrategien ... zurückgegriffen werden kann".

8.2.4 Führungsaufgaben in virtuellen Teams

Jedenfalls sind im virtuellen Kontext einmal mehr Veränderungen in den Führungsaufgaben festzustellen. Das Bild der Führungskraft als KoordinatorIn, KommunikatorIn, KontrolleurIn, EntscheiderIn, aber auch MotivatorIn, UnterstützerIn und ModeratorIn des Teams wird dabei nicht grundlegend verändert. Form und Schnittstellen der Aktivitäten unterliegen aber so starken Veränderungen, dass sich ein eigenes Forschungsfeld zur Führung von mediengestützten Teams gebildet hat. Führung im virtuellen Raum wird insbesondere charakterisiert als (vgl. *Avolio et al.*, 2001; *Hertel et al.*, 2006; *Malhotra et al.*, 2007; *Levasseur*, 2012):

1. Kommunikation anbieten, unterstützen und sichern
2. Strukturen bieten und einfordern
3. Vertrauen haben, Vertrauen demonstrieren und herstellen; den Teamprozess gestalten, Soziale Motivation aufbauen
4. Effiziente Kontrolle gestalten angesichts differenzierten Verlusts und Gewinns von Kontrollmöglichkeiten
5. Akzeptanz und Gestaltung von verstärkter Mitarbeiterpartizipation und -autonomie
6. Verstärkte Aktivität hinsichtlich Mitarbeiterdiversität

Diese Handlungsschwerpunkte weisen teilweise in konträre Richtung (Vertrauen vs. Kontrolle, Strukturen fordern vs. Mitarbeiterautonomie), wodurch sie kaum in einfache und eindeutige, immer geltende Rezepte zu überführen, sondern je nach konkreter Konstellation abzuwägen sind. Auf sie soll im Folgenden genauer geschaut werden, um Rolle und Aufgaben von Führungskräften in verteilten Teams genauer zu fokussieren.

Kommunikation

Die Führungskraft hat nach einhelliger Ansicht in Forschung und Praxis in virtuellen Teams dafür Sorge zu tragen, dass Kommunikationsgelegenheiten geschaffen und genutzt werden:

- Dabei geht es einerseits darum, einen möglichst effizienten Einsatz der zur Verfügung stehenden Medien zu sichern. Dazu gehört, die entsprechende *Medienkompetenz* der Teammitglieder durch Auswahl, Entwicklung und Motivation bereitzustellen und auf *Technologiebasis* Zuverlässigkeit, Alternativen und Angemessenheit der Auswahl der Medien zu betreiben (z.B. entsprechend der *Media-Richness-Hypothese*, s.u.).
- Andererseits geht es darum, im Prozess der Aufgabenbearbeitung routinemäßige *Kommunikationsgelegenheiten* zu schaffen und zu sichern.

Seit den 1970er Jahren wird interdisziplinär untersucht, wie die Zusammenarbeit in Arbeitsgruppen oder Teams durch Informations- und Kommunikationstechnologie unterstützt werden kann (vgl. *Reichwald et al.,* 2000). Zur Kommunikation in virtuellen Teams können viele verschiedene Medien und Technologien verwendet werden (Telefon, Internet, E-Mail, Webkonferenzen, Groupware, Fernzugriff etc., vgl. z.B. *Thissen, Jean, Madhavi & Toyia*, 2007). Die Interaktion kann synchron oder asynchron verlaufen: Synchrone Interaktion findet statt, wenn Teammitglieder zur gleichen Zeit kommunizieren und Dialoge stattfinden wie in Präsenz-Situationen. Interaktion ist asynchron, wenn die Teammitglieder zu unterschiedlichen Zeiten kommunizieren, wie das üblicherweise per E-Mail oder in Diskussionsforen geschieht. Asynchrone Interaktion verläuft erheblich langsamer als synchrone aber auf der anderen Seite ist sie unabhängig von den unterschiedlichen Zeitzonen auf der Erde und damit den Aktivitätszeiten der KommunikationspartnerInnen. In dringenden Fällen kann sich ein über die ganze Welt verteiltes Team zu einem synchronen Austausch treffen, das ist dann üblicherweise für einige der Mitglieder mit den hohen Kosten der Nachtarbeit verbunden. Aber es wäre noch teurer, sich durch eine Reise rund um die Welt persönlich zu treffen. So wird zu entscheiden sein, welche Aufgaben oder Phasen von Aufgaben mittels asynchronem, synchronem oder direktem Kontakt behandelt werden sollen.

Für Kommunikation in virtuellen Teams im Vergleich zu Präsenzteams ist auch (und als Folge medialer Vermittlung) charakteristisch, dass sie fast ausschließlich *formal* und *explizit* abläuft. Informelle Gespräche auf dem Gang, in denen Einiges an Klarstellungen, Abstimmungen oder Problemklärungen stattfinden kann, fehlen fast völlig. Die gesamten nonverbalen Anteile der Kommunikation, die in der menschlichen Interaktion zentrale Bedeutung haben, sind je nach Medium nicht oder nur eingeschränkt vorhanden (soziale Verarmung der Kommunikation durch Medieneinsatz; vgl. *Kiesler, Siegel & McGuire*, 1984; *Wood & Smith*, 2004) und daher müssen diese Informationen (fast) alle im Rahmen sprachgebundener Explikation vermittelt werden. Diese ist routinemäßig nicht allzu präzise, da sich im Normalfall Jeder auf zusätzliche nonverbale Informationen von Mimik und Gestik stützen kann (*Mehrabian*, 1972). Der Verlust von sozialen und nonverbalen Signalen sowie informellen Gesprächen bei zufälligen Begegnungen macht aus medialer Kommunikation die etwas seltsame Erfahrung, viele Informationen, die in face-to-face-Kontakt implizit übertragen werden können, explizieren zu müssen. Der daraus resultierende Zwang zur Deutlichkeit kann dazu beitragen, dass Informationen durch umfangreichen Austausch von langen Nachrichten, die an die Stelle der sonst üblichen kleinen Geste treten, überfrachtet sind. Oder im Gegenteil kann Kommunikation durch die ungebrochene Explikation ohne weitere soziale Einbettung sehr hart ankommen und den Interaktionspartner durch ihre Direktheit sozial beeinträchtigen, was schnell zu Fehlinterpretationen und Konflikten führen kann. Andeutungen, Humor, Ironie und eine Menge anderer Kommunikationstechniken funktionieren zumindest zu Beginn des Lebenszyklus' virtueller Teams nicht – oder nie. Dennoch eröffnet medial vermittelte Kommunikation Möglichkeiten, Rollen und Normen sowie Sympathie und ein Gefühl von Zusammenhalt und sogar Zusammengehörigkeit zu entwickeln: So verweisen *Hunsaker & Hunsaker* (2008) darauf, dass die Feststellung, Anerkennung und Feier von Gruppenerfolgen zur Kohäsion auch und vor allem in virtuellen Teams beiträgt. Hierbei ist es im Wesentlichen die Führungskraft, die das initiiert oder vernachlässigt (vgl. *Handy*, 1995).

Zumindest unter Laborbedingungen lässt sich zeigen, dass z.B. emotionale Ansteckung oder auch die Personenwahrnehmung bei sozial armen Medien wie E-Mail durchaus möglich ist (*Cheshin, Rafaeli & Bos*, 2011; *Taesler & Janneck*, 2010). So können z.B. Konflikte, die entstehen, wenn Unklarheiten oder Uneinigkeit hinsichtlich Aktivitäten, die erforderlich sind, um die Aufgabe zu erfüllen, sowohl durch Kommunikationstechnologie als auch durch die Führungskraft reduziert werden (*Wakefield, Leidner & Garrison*, 2008). Die Führungskraft kann also sowohl indirekt über die Beeinflussung der Mediennutzung als auch direkt über konfliktbezogene Kommunikation auf Konfliktdynamik einwirken.

Damit die Arbeitsleistungen der Mitglieder koordiniert werden und bleiben, ist trotz erweiterter Selbstorganisation, Vertrauensbildung und expliziter Aufgabenzuteilung darauf zu achten, dass die Kommunikation nicht abbricht und auf diese Weise schließlich die individuellen Leistungen der Teammitglieder auseinanderdriften. Weil die Kommunikation ein kritischer Faktor virtueller Teams ist, sollte die Führungskraft Austauschmöglichkeiten zeitlich und medial genau benennen und eröffnen. Bilaterale Telefongespräche mit den einzelnen Teammitgliedern so häufig wie möglich, wöchentliche Telefon- oder Videokonferenzen für das Gesamtteam und face-to-face Treffen zu bestimmten Meilensteinen sind wesentliche Elemente (*Köppel & Sattler*, 2009). Es wird empfohlen, Routinesitzungen anzuberaumen, die auch stattfinden, wenn niemand expliziten Bedarf vorab anmeldet und auch, dass Kommunikationsräume geschaffen werden, in denen sich Teammitglieder ohne Anwesenheit oder Zugang der Führungskraft austauschen können (*Hunsaker & Hunsaker*, 2008).

Es ist eine anspruchsvolle Aufgabe der Führungskraft, für jeweilige Kommunikationsanlässe angemessene Kommunikationsmedien auszuwählen, vorzuschlagen und ggfs. einzufordern. Aus Perspektive des Media-Richness-Modells (*Trevino, Lengel & Daft*, 1987; vgl. *Riethmüller & Boos*, 2011; *Scheck, Allmendinger & Hamann*, 2008) bzw. der Theorie der Mediensynchronizität (*Dennis & Valachich*, 1999) sind unterschiedliche Medien unterschiedlich geeignet, für bestimmte Aufgaben eingesetzt zu werden. Der „Reichtum" der Medien bestimmt sich durch die Anzahl und soziale Anmutung der Kommunikationskanäle. So weist eine E-Mail (verbaler Ausdruck) einen geringeren Reichtum auf als ein Telefonat (verbaler und paraverbaler Ausdruck) und dieses weniger als eine Videoübertragung (verbaler, paraverbaler und nonverbaler Ausdruck). Komplexere Aufgaben benötigen demnach „reichere" Medien und je nach Aufgabentyp (divergent oder konvergent) sind jeweils dazu passende Medien hilfreicher (vgl. Tab. 8.2):

Situationsspezifika	Auswirkungen auf Kommunikationsmedien
Je komplexer ein Thema, …	… desto reichhaltiger sollte das Medium sein.
Je höher die aufgabenbezogene Abhängigkeit der Teammitglieder, …	… desto häufiger sollte kommuniziert werden.
Je größer die kulturelle oder berufsbezogene Heterogenität im Team, …	… desto reichhaltiger sollten die Medien sein.
Je ähnlicher die Ansichten und je klarer die Ziele, …	… desto einfacher kann das Medium sein.
Wenn reichhaltige Medien nicht erforderlich sind, …	… dann sollte das ökonomischste Medium gewählt werden.
Verbleibende Wahlmöglichkeiten bzgl. Kommunikationsmedien werden durch persönliche Präferenzen bestimmt.	

Tab. 8.2: Implikationen auf Basis des Media-Richness-Modells (nach *Hertel & Orlikowski*, 2012).

Zuletzt soll noch auf einen scheinbar paradoxen Effekt online-vermittelter Kooperation eingegangen werden, mit dem sich die Führungskräfte virtueller Teams auseinanderzusetzen haben. Es besteht die Gefahr, dass zum Eindruck sozialer Isolation durch geringen persönlichen Austausch der Eindruck einer Überlastung durch eine Masse an Informationen durch zu viele und zu detaillierte Nachrichten entsteht. Dadurch, dass beliebig umfangreiche Nachrichten ohne größeren Aufwand an beliebig viele Personen vermittelt werden können, kann die *Informationsflut* epidemische Ausmaße annehmen (vgl. *Rack et al.*, 2011). Sie kann sowohl zu quantitativer wie zu qualitativer Überforderung der Teammitglieder führen, die viele Nachrichten lesen, die nicht für sie relevant sind und in dieser Masse möglicherweise relevante Information übersehen. Diese Flut einzudämmen oder zumindest zu kanalisieren ist keine triviale Aufgabe (vgl. *Jones, Ravid & Rafaeli*, 2004): z.B. Anzahl, Länge und Detailliertheit angemessen zu halten oder nur die Personen anzuschreiben, die mit der Nachricht wirklich etwas zu tun haben, statt eine Antwort routinemäßig an alle zu senden (*reply to all*) und bei jeder Nachricht viele andere Personen nachrichtlich auf den Verteiler zu setzen (*cc*). Die MitarbeiterInnen sollten sie in der Lage sein bzw. durch geeignete Einflussnahme der Führungskraft dahin gebracht werden, ihre Kommunikation quantitativ und qualitativ auf die Erfordernisse der Teamarbeit einzustellen (*Schaper*, 2011).

Strukturen

Bereits *Kozlowski, Gully, Salas & Cannon-Bowers*(1996) beschreiben als wichtige Aufgabe von Führungskräften virtueller Teams, dass sie die Rahmenbedingungen schaffen und sichern sollen, innerhalb derer die Teammitglieder in der Lage sind, ihre Arbeit als Team soweit wie möglich selbst zu regulieren, da

- die Kontrolle ohnehin erschwert ist,
- die Führungskraft häufig gar nicht die fachliche Expertise hat, die Arbeit der Mitglieder effizient konkret anzuweisen und
- dies dem Selbstverständnis der Teammitglieder nach motivierender und selbstbestimmter Arbeit entgegenkommt.

Dafür haben sie klare Richtungsweisung zu geben und spezifische, individuelle Ziele zu formulieren (z.B. *Köppel & Sattler*, 2009), damit den Mitgliedern und dem Team als Ganzes ermöglicht wird, ihr Handeln zielorientiert zu koordinieren. Der Führungskraft obliegt die Prozessgestaltung; dies bedeutet, initiativ zu wirken, aber die Sachkompetenz für die Aufgaben bei den Experten, d. h. den Teammitgliedern, zu respektieren. Die Notwendigkeit, zu Beginn Ziele, Aufgaben, Rollen und Meilensteine zu klären, besteht für virtuelle Teams in erhöhtem Maße und nur eine gemeinsame Abstimmung bewirkt das notwendige Commitment bei den Mitgliedern. Dabei sollten Regeln zur Zusammenarbeit und zum Austausch vereinbart werden. So sollte durch die Führungskraft unterstützt und geleitet u. a. abgestimmt werden, welche Medien für welche Information genutzt werden, in welchen Intervallen über welches Thema kommuniziert wird und welche Schritte bei Unklarheiten zu unternehmen sind.

Die Führungskraft hat dabei darauf zu achten, dass die Abstimmung stets zielbezogen erfolgt. Die Planungsergebnisse und Regeln sind zu dokumentieren und der Führungskraft obliegt es im weiteren Verlauf, darauf zu achten, dass sie selbst und die Teammitglieder die Regeln einhalten. Manche Arbeitsschritte brauchen eine weitere Spezifikation oder Anpassung an veränderte Umstände. Auch hier sollte die Führungskraft von zentralen Vorgaben absehen und die jeweiligen Verantwortlichen im Team dazu auffordern, Vorschläge zu unterbreiten und umzusetzen. Wenn Teammitglieder vom Plan oder der Regel abweichen, muss die Führungskraft im jeweiligen Einzelfall die Hintergründe eruieren und die Betreffenden wieder integrieren.

Die Führungskraft kann durch eine entsprechend gestaltete Startphase der Zusammenarbeit entscheidend zum Erfolg des Teams beitragen (vgl. *Govindarajan & Gupta*, 2001; *Orlikowski, et al.*, 2004; *Hertel et al.*, 2005; *Duarte & Snyder*, 2006), gerade wenn der weitere Verlauf der Teamkooperation durch starke Partizipation oder verteilte Führung (vgl. Kap. 8.1) geprägt wird. Eine Kick-Off-Veranstaltung in Präsenz, in der die Ziele klargemacht werden, explizit Rollen, Aufgaben und Verantwortlichkeiten verteilt und die Mitglieder darauf verpflichtet werden; in der die Führungskraft fördert, dass die Mitglieder sich untereinander kennen lernen und Regeln für dem Umgang miteinander in Routine- und auch in Konfliktfällen vereinbart werden, gilt als erfolgskritisch. Die Entwicklung von Routinen ist für die alltägliche Kooperation zentral, denn sie automatisieren das tägliche (Kooperations-)Verhalten, bringen so gegenseitiges implizites Verständnis und beugen ständigen Diskussionen über Abläufe und Schnittstellen vor (*Gersick & Hackman*, 1990; *Bell & Kozlowski*, 2002; vgl. *Hunsaker & Hunsaker*, 2008). Die Führungskraft kann im Kickoff-Meeting den Grundstein für diese Routinen legen.

Hier sollten auch neue Kommunikationsmedien und Groupware vorgeführt werden, in die die Teammitglieder sich später noch einzuarbeiten haben.

Zu häufig wird auf ein erstes gemeinsames Treffen aller Teammitglieder verzichtet, weil die aufwändige Logistik und die hohen Kosten gescheut werden. Praxis und Forschung sind sich jedoch einig, dass dies auf keinen Fall geschehen sollte (z.B. *Hertel et al.*, 2005; *Köppel*, 2007). Neben den prozessualen Aspekten bietet es den KollegInnen eine der wenigen Möglichkeiten, sich persönlich kennenzulernen, Vertrauen aufzubauen und zu beginnen, sich als Team zu fühlen. Eine Kick-Off-Veranstaltung in Präsenz hat auch eine nicht zu unterschätzende Symbolkraft und wirkt weit in die zukünftige Zusammenarbeit hinein.

Vertrauen und soziale Motivation

Der Aspekt des Vertrauens (vgl. Kap. 6.2) wird bei der Führung von und Kooperation in virtuellen Teams häufig besonders hervorgehoben (z.B. *Lipnack & Stamps*, 1998; *Jarvenpaa*, 1998; *Büssing*, 2000; *Handy*, 1995). Es gilt als wichtig für Kooperation, da es einerseits arbeitsteilige Prozesse über Schnittstellen hinweg flüssiger macht und andererseits Doppelarbeit reduziert. Lässt ein Teammitglied so lange die Arbeit liegen, bis von den anderen die explizite Rückmeldung kommt, dass sie ihre Teilaufgabe bearbeitet haben, ist keine parallele Bearbeitung verschiedener Teilaufgaben möglich. Die Koordination fällt somit zurück auf die alte Form der Weitergabe von Zwischenprodukten, die dann weiter bearbeitet werden, statt die Potenziale kooperativen Handelns zu nutzen. Unter Vertrauensbedingungen können die MitarbeiterInnen am Ball bleiben, da sie sich darauf verlassen können, dass die anderen das auch tun und deshalb die eigene Tätigkeit effizient bleibt.

Köppel (2007) sieht im Kontext virtueller Teams als Voraussetzungen von Vertrauensbildung:

- das Ausmaß der Vertrauensneigung, also eine persönlichen Disposition;
- die Einschätzung der Vertrauenswürdigkeit des Interaktionspartners, wobei diese vor allem durch Faktoren bestimmt werden wie die Wahrnehmung von deren
  - Fachkompetenz,
  - Leistungsbereitschaft,
  - Absichten,
  - persönlichen Eigenschaften,
  - Gruppenzugehörigkeiten (wie z.B. Kultur, Unternehmen, Abteilung etc.),
  - Verhaltenskonsistenz,
  - auf die beobachtende Person bezogenen Handeln;
- das Vorliegen (oder Schaffen) von Umständen, die es erlauben, dass sich rekursiv über häufig zufällige Verhaltensweisen Vertrauen entwickeln kann.

Es herrscht eine gewisse Einmütigkeit in der Forschung darüber, dass die Entwicklung von Vertrauen als wesentlich erschwert gilt, wenn wenig unmittelbarer Kontakt, vor allem auch informeller Natur, besteht (z.B. *Hinds & Weisband*, 2003; *Köppel*, 2007).

Informelle Kontakte geben Menschen den Eindruck, die andere Person einschätzen und ihr Verhalten vorhersagen zu können. Gerade diese Kontaktmöglichkeiten sind in virtueller Kooperation erschwert. Diesem Sachverhalt ist durch die Führungskräfte in virtueller Kooperation besondere Aufmerksamkeit zu schenken.

In diesem Zusammenhang gilt ein weiterer Effekt als wirksam: Organisationale Bindung (*Mowday, Porter & Steers*, 1979; *Allen & Meyer*, 1990; *Moser*, 1996; *Felfe, Six, Schmook & Knorz*, 2002; *Meyer et al.*, 2002) gilt als verbunden mit Vertrauen: affektives Commitment (also eine emotionale Bindung) als positiv, kalkulatorisches Commitment (also eine materielle Kosten-Nutzenabwägung der Mitgliedschaft) als negativ korreliert (*Büssing, Drodofsky & Hegendörfer*, 2003). Organisationale Bindung allerdings scheint unter virtuellen Bedingungen durch die geringe Beteiligung am unmittelbaren betrieblichen Geschehen häufig geschwächt zu sein (s.o.). Über das verringerte Commitment scheint also wiederum die Vertrauensbildung zu leiden. Andererseits bietet virtuelle Kooperation auch Formen der Zusammenarbeit, die die Bindung zur Organisation auch stärken können, wie z.B. Telearbeit, die eine verbesserte Vereinbarkeit von Familie und Beruf ermöglicht. Virtuelle Kooperation kann die Zeitautonomie erhöhen, was mit gesenkter Fluktuation und erhöhter – auch affektiver – Bindung einhergehen kann. Zusammenfassend betonen *Hunsaker & Hunsaker* (2008), dass Führungskräfte in virtuellen Teams die Mitglieder motivieren müssen, sich mit dem Team zu identifizieren, ein Zusammengehörigkeitsgefühl vermitteln sollten, insbesondere, wenn das Team unter hohem Erfolgs- und Zeitdruck arbeitet und verweisen auf viele entsprechende Untersuchungsergebnisse (z.B. *McGrath*, 1984; *Hackman & Walton*, 1986; *Kozlowski et al.*, 1996).

Zur breiter angelegten Teamentwicklung in virtuellen Arbeitsfeldern schlagen z.B. *Köppel & Sattler* (2009) vor:

- Präsenz-Kick-off,
- regelmäßiger Austausch,
- Teambonusregelungen,
- gemeinsame Schulungsmaßnahmen,
- soziale Events bei jedem persönlichen Treffen,
- small talk ermöglichen,
- Dienstreisen des Teamleiters und der Teammitglieder zu anderen Teammitgliedern,
- gemeinsame Teilprojekte um die Interdependenz zwischen zwei Kollegen an zwei unterschiedlichen Standorten zu erhöhen.

Die Maßnahmen förderten Teamkohäsion und Vertrauensaufbau und basieren hauptsächlich auf der Integration informeller und personenbezogener Aspekte. Weitere Maßnahmen zur Vertrauensgenerierung sind es, Hinweise zur Vertrauenswürdigkeit von Kooperation, Arbeitsteilung, KollegInnen und der Führungskraft selbst zu liefern (*Nooteboom*, 2002). Die Führungskraft hat auch Strukturen zu bieten (s.o.), die bei der Arbeit Vertrauen fördern. Sie kann Termine bieten, verhandeln und überprüfen. Aufgaben sind explizit zuzuteilen und deren Erfüllung / Umsetzung zu sichern, z.B. über regelmäßige Rückmeldung transparent zu machen. Aufgabenbereiche sind persönlich zuzuordnen, um Effekte des *social loafing* (soziales Faulenzen; *Latané, Williams & Harkins*, 1979; vgl. *Fiske & Taylor*, 2013) zu unterbinden, das sich im virtuellen Raum ohne ständige Überwachungsmöglichkeit geradezu anbietet.

Kontrolle

Es gibt auch einige zusätzliche Verwerfungen hinsichtlich des traditionellen Bilds der Führung. Führungsaspekte in virtuellen Teams sind stärker verteilt als in face-to-face-Teams. Wenn die Führungskraft nicht alltäglich kontrollieren oder überwachen kann, was ihre Teammitglieder tun, sollten Entscheidungen gefällt werden, wie damit umzugehen ist (*Yukl*, 2010, S. 370). Soll sie versuchen, mit technischen Mitteln, viel Berichterstattung und häufigen Kontakten alltägliche Kontrolle aufrecht zu erhalten? Oder sollen die Mitglieder dahin gehend entwickelt werden, dass sie stärker selbstorganisiert und selbstgeführt arbeiten? Die technischen Möglichkeiten machen ständige automatische Kontrollen der einzelnen MitarbeiterInnen oder des gesamten Teams möglich. Dieses *Electronic Performance Monitoring* (z.B. Messung von Log-in-Zeiten, Auszählen von Beiträgen und Verfolgen der Bildschirmaktivitäten) kostet die Führungskraft bei Kontrolle der einzelnen Teammitglieder viel Zeit und liefert die MitarbeiterInnen einer extremen Überwachung aus. Diese führt letztlich zumindest bei hochqualifizierten Teammitgliedern, die an anspruchsvollen und komplexen Aufgaben arbeiten und über ein entsprechendes Selbstverständnis verfügen, zu Stressempfinden, Zufriedenheits- und Motivationsbeeinträchtigungen und damit letztlich Leistungseinbußen (vgl. *Aiello & Kolb*, 1995): Die Überwachung ist technisch total und führt zu entsprechender Reaktanz. Es gibt zwar auch Studien, die Hinweise darauf liefern, dass, falls es gelingt, die Überwachung als Maßnahme zur Kompetenzförderung der Teammitglieder zu vertreten, diese negativen Effekte möglicherweise nicht eintreten – im Gegenteil sogar zu Verbesserungen führen können, auch hinsichtlich Vertrauens zur Führungskraft und in die Gleichbehandlung der Mitarbeiter durch das Unternehmen (*Aiello & Kolb*, 1995; *McNall & Roch*, 2009; *Bartels & Nordström*, 2012). Es handelt sich dabei aber fast ausschließlich um experimentelle Untersuchungen unter Laborbedingungen und untersuchen einfache, jedenfalls im Verhältnis zu realen Teamaufgaben unterkomplexe, Aufgaben.

Scholz (2001) rät zu einer „weichen Integration" der Teammitglieder in virtuellen Teams: Es sollten möglichst wenig technisch-bürokratische Mechanismen und stattdessen kulturell-visionäre „Verklammerung" angestrebt werden. Das wäre auch hilfreich, um die Zentrifugalkräfte in solchen Teams durch verschiedene Expertise, räumliche Trennung und geringe Verbundenheit im Team abzumildern. Die Führungskraft steht vor dem Dilemma (vgl. Kap. 9.4) von Selbstorganisation der MitarbeiterInnen vs. Strukturierung durch die Führungskraft, von Vertrauen mit seinen Potenzialen hoher Leistung durch Motivation und Kreativität der MitarbeiterInnen vs. Kontrolle und ihrer Macht, Leistungszurückhaltung und Pflichtvernachlässigung zu identifizieren und zu ahnden. Die Führungskraft kann ihr Teil dazu beitragen, eher die Potenziale zu nutzen, indem sie die Kompetenzen der MitarbeiterInnen stärkt, ihre Motivation und Bindung an die gemeinsame Aufgabe und vielleicht sogar an das Team zu unterstützen, indem sie Strukturen bietet, die es den MitarbeiterInnen ermöglichen, ihre Kompetenzen motiviert einzusetzen. Und sie muss sicherstellen, dass es Instanzen gibt, die nichtunternehmenszieladäquaten Entwicklungen steuern können. Sei es im verteilt geführten Team oder letztlich in der eigenen Funktion als TeamleiterIn. Das genannte Dilemma führt zur nächsten Aufgabe von Führungskräften in virtuellen Teams.

Mitarbeiterautonomie

Die Merkmale der Kontrollsituation für die Führungskräfte tragen neben anderen Aspekten des Settings dazu bei, dass in virtuellen Teams Führung breiter aufgesetzt ist als in traditionellen Teams. Bei verteilter Führung bekommen die Gewichtung von interaktionaler Führung (Führungskraft – Mitarbeiter), struktureller Führung (durch Organisation, Systeme und Kultur), selbstbezogener Führung und teambasierter Führung (Verteilung von fachlichen Führungsaufgaben auf mehrere Teammitglieder) gegenüber lokalen Teams eine Umgewichtung (*Hoch et al.*, 2007). Interaktionale Führung ist durch die Einschränkung ihrer niedrigschwelligen Handlungsmöglichkeiten im medialen Raum stärker auf moderierende und strukturierende Aufgaben beschränkt, während die Relevanz der anderen Aspekte der Führung in virtuellen Teams systematisch erhöht ist. Das geht einerseits mit veränderten Kompetenzanforderungen für die Teammitglieder, andererseits veränderten Funktionen (und damit schließlich auch Kompetenzen) der Führungskräfte, einher.

Da virtuelle Teams zumeist aus Mitgliedern hoher Expertise in ihren Feldern zusammengesetzt sind, ist es sinnvoll, diese zumindest stark dahingehend einzubinden, wie sie ihre Aufgaben erledigen, da die Führungskraft in dieser Hinsicht daneben, dass sie fachlich wenig beitragen kann, ihre Anweisungen ohnehin kaum in einer Weise überprüfen könnte (und häufig auch gar nicht über die disziplinarischen Mittel dazu verfügt), die die MitarbeiterInnen nicht demotiviert. Zielvereinbarungen mit Einzelnen wie mit Subgruppen des Teams zu schließen, die sich dann in der Zielerreichung selbst organisieren, scheint eine angemessenere Vorgehensweise zu sein. Kombiniert damit, dass die Führungskraft sich um das gegenseitige Vertrauen der Mitglieder kümmert und eine dichte, zielorientierte Kommunikation aufrechterhält, begründet sie die Rahmenbedingungen für eine effiziente Kooperation. TeamleiterInnen können nur über Motivation die Teammitglieder zur Erledigung ihrer Aufgaben bringen. Andererseits weist nicht jede/r MitarbeiterIn das für virtuelles Arbeiten notwendige Maß an Selbständigkeit oder die Fähigkeit auf, die eigenen Aufgaben selbst zu strukturieren. Die Führungskraft sollte Aufgabenpakete und Verantwortungsgebiete auf die Fähigkeiten der MitarbeiterInnen zuschneiden und langsam steigern, die MitarbeiterInnen entsprechend coachen und ggfs. mit Trainings unterstützen (*Köppel & Sattler*, 2009).

Hinsichtlich Partizipation und Autonomie kann so möglicherweise deren systematische Ausweitung bei gleichzeitiger Einbettung in die Eigenverantwortung über die Führung und Koordination des Teams und die kooperative Auftragserledigung gesehen werden, frei nach der Formel: „Rechte für Pflichten – Pflichten sind auch Rechte".

Mitarbeiterdiversität

Typische Mitgliedervielfalt in virtuellen Teams bezieht sich neben der auch in lokalen Abteilungen und Teams vorzufindenden Diversität (vgl. Kap. 7.1) auf erhöhte kulturelle wie disziplinäre Vielfalt. Laboruntersuchungen stützen die Vermutung, dass virtuelle Teams tatsächlich stärker nach fachlicher Expertise zusammengesetzt werden, während in Präsenzteams stärker auf persönliche Passung der Mitglieder untereinander (z.B. Ähnlichkeit von Einstellungen, Geschlecht, kulturelle Herkunft, physische Attraktivität) geachtet wird (*DSouza & Colarelli*, 2010). Empirische Befunde aus effizienzorientierten Organisationen liegen dazu aber anscheinend noch keine vor, wenn auch üblicherweise von dieser Annahme ausgegangen wird. Erste Untersuchungen zur Passung von Persönlichkeitsmerkmalen und Aufgabeneinschätzungen durch die Teammitglieder zeigen differenzielle und schwache Zusammenhänge mit der Leistung der virtuellen Teams (*Turel & Zhang*, 2010).

Die Vielfalt führt zu Möglichkeiten interdisziplinärer und interkultureller Synergien, erfordert aber von den Mitgliedern interkulturelle wie interdisziplinäre Kompetenzen und von der Führungskraft, unterstützen zu können, dass aus Vielfalt Synergien werden. Die Beteiligten sollten – ggfs. durch die Führungskraft initiiert und moderiert – definieren, welche (kulturellen) Unterschiede sie konstruktiv für die Aufgabenerledigung nutzen können (z.B. spezielle Arbeitsweisen, Netzwerke, Kompetenzen) und welche Gemeinsamkeiten sie insbesondere zur Regelung der Kooperation benötigen (*Köppel & Sattler*, 2009). Die Führungskraft ist auch Instanz zur Gewährleistung kompetenzbasierter Kooperation, die nicht an sozialen Schemata und Kategorien scheitert. Sie kann das mittels direkten Eingriffen oder indirekten Maßnahmen wie entsprechender Aufgabenzuteilung, Vorbildfunktion und Steigerung der Diversity-Reife der MitarbeiterInnen (z.B. über Zuweisung entsprechender Entwicklungsmaßnahmen) umsetzen.

8.2.5 Abschluss

Führungskräfte haben in virtuellen Teams *anders konturierte* Aufgaben – wenn auch nicht völlig *andere* Anforderungen an sie gestellt werden. Führungserfolg und -misserfolg in virtuellen Teams kann systematisch anders zustande kommen als in traditionellen face-to-face-Teams und deshalb lohnt sich die Betrachtung des Feldes. Für die in der Führung traditioneller Teams sozialisierte Führungskraft kommt es zur Anmutung einer „anderen" Führung und damit einer weiteren Komplexitätserhöhung von Führung insgesamt. Ob Führungskräfte, die vorwiegend in virtuellen Teams arbeiten *mehr* belastet sind und ein *komplexeres* Feld vorfinden als das face-to-face-Teams tun, ist noch nicht entschieden. Sicher ist, dass die „traditionelle" Führung im virtuellen Setting eher nicht zu gleich guten Ergebnissen führt – ebenso dürfte es für „virtuelle" Führungskräfte in traditionellen Settings sein.

Dass aber auch Führungskräfte und MitarbeiterInnen in virtuellen Teamsettings sich nicht *einig* zu sein brauchen darüber, was Teamerfolg befördert und was nicht, zeigt z.B. eine Querschnittsstudie von *Orlikowski et al.,* (2004), die bei 31 virtuellen Teams den Zusammenhang von eingesetzten Managementtechniken und Erfolg im Team beobachteten. Die Führungskräfte und die MitarbeiterInnen beurteilten dabei den Erfolg des Teams nicht sonderlich übereinstimmend (r = .35). Tab. 8.3 zeigt die Ergebnisse zu den Einschätzungen der Teammitglieder vs. der Führungskräfte:

	Teamerfolg beurteilt durch die Führungskräfte	Erfolg aus Mitgliederperspektive	Mitarbeiterzufriedenheit
Management by Objectives	*.41	**.69	**.76
Feedback	.12	**.64	**.90
Vorbereitungsschulung	.23	**.42	**.61
Persönliches Kennenlernen	.29	*.30	**.58
Konfliktumgangsformen	.18	**.56	**.64
Gruppenbelohnung	**.46	.09	.03
Informelle Kommunikation	.19	*.44	*.32

Tab. 8.3: Einschätzungen von Führungskräften vs. MitarbeiterInnen zum Erfolg virtueller Teams nach *Orlikowski et al.* (2004).

In diesem Zusammenhang sind die auffälligen Perspektivunterschiede beim Einsatz der Techniken „Feedback", „Vorbereitung auf die virtuelle Kooperation", „Konfliktbehandlung", „Gruppenbelohnung" und „Informelle Kommunikation" interessant, die von Führungskräften und Teammitgliedern unterschiedlich beurteilt werden und was weiter zu untersuchen wäre hinsichtlich der Implikationen für den (Nicht-)Einsatz der entsprechenden Techniken in virtuellen Teams.

8.3 Change Management: Führung im organisationalen Wandel

Wandel in Organisationen ist ein selbstverständliches Phänomen und eine selbstverständliche Anforderung. Die Vorstellung einer Organisation, die unverändert die Zeiten überdauert, wurde (und wird) vor allem als Modell zur didaktisch reduzierten Darstellung in Lehrkontexten verwendet. Stabilität von Strukturen gilt als eine Grundlage des Erfolgs von Unternehmen, aber ebenso die Fähigkeit einer Organisation, sich an wandelnde Anforderungen anzupassen. Systemtheoretische Ansätze greifen diese beiden anscheinend antagonistischen Aufgaben auf. So geht z.B. *Parsons* (1951) davon aus, dass die vier Grundfunktionen zur Selbsterhaltung von Systemen die Aufrechterhaltung und Integration (also Stabilisierung) sowie die Zielverfolgung und Umweltanpassung (also Dynamik und Veränderung) sind. Der soziotechnische Systemansatz (*Emery & Thorsrud*, 1969; *Sydow*, 1985; vgl. *Ulich*, 2011) geht ebenso vom Stabilisieren und Anpassen als (Sekundär-) Funktionen von Arbeitssystemen aus. Erhaltung und Veränderung sind also keine einander ausschließenden Optionen, sondern es handelt sich um eine Frage der Relation, der Dynamik und der Abstimmung beider.

In der Praxis findet sich häufig eine gewisse Resistenz gegenüber (freiwilligen) Veränderungen und es fällt bei der innerorganisationalen Kommunikation häufig nicht leicht, zu vermitteln, wann und bis wohin Stabilität zu verfolgen ist und (ab) wann Veränderung und Wandel. Häufig wird eine Differenzierung vorgenommen: Im Schnittfeld mit der Umwelt (Märkte, Produkte, Gesetze) sind Veränderungen möglich, hinzunehmen oder sogar anzustreben, während im Inneren der Organisationen (Prozesse, Hierarchie, Routinen) Stabilität zu wahren versucht wird. Entsprechende Akzentsetzungen reduzieren die Unsicherheit bei der Auswahl und Begründung von Aktivitäten der Personen in Organisationen. Trotzdem ist Veränderung und Wandel eine vitale Aufgabe von Organisationen, die z.T. aus ihnen selbst heraus zur Anforderung wird: Auch wenn es eine stabile Umwelt gäbe, so sind allein durch die Reifung von Organisationen oder durch ihren Erfolg am Markt Veränderungen notwendig, um überhaupt eine Aussicht auf weiteren Erfolg zu haben. Es wirken also sowohl externe als auch interne Einflüsse darauf hin, dass Organisationen Veränderungen unterliegen oder aus Eigeninteresse Wandel betreiben.

Es stellt sich weniger die Frage, ob es solche Einflüsse, die einen Wandel erfordern, gibt, sondern vielmehr, welche Reaktionen, welche Veränderungsleistungen im Wandel erfolgversprechend sind. Übersichten zu solchen Einflüssen (z.B. *Jones & Bouncken*, 2008, S. 603 ff.; *Weibler*, 2012, S. 492 f.; *Oechsler*, 2011, Kap. 2) lesen sich wie Aufzählungen von Merkmalen der (Post-)Moderne und in der Tat sind alle relevanten wirtschaftlichen, politischen, institutionellen, technischen, ökologischen und gesellschaftlichen Veränderungen mögliche Ursachen für Wandlungsprozesse in Organisationen. Abb. 8.2 kategorisiert mögliche Einflüsse, die auf Veränderungen in Organisationen hinwirken und nennt jeweils Beispiele.

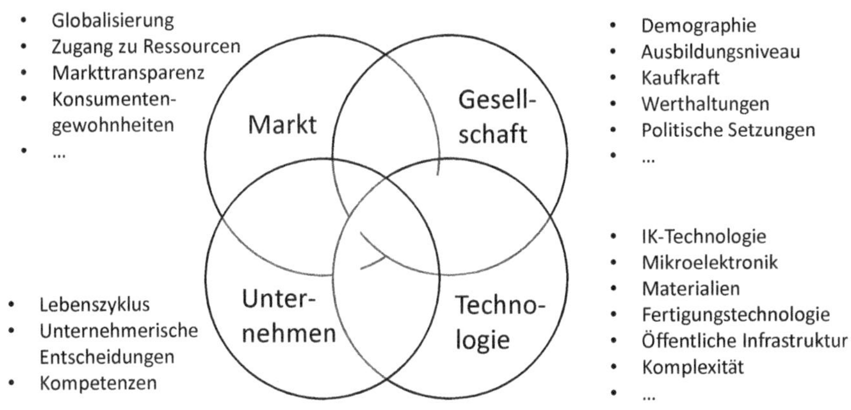

Abb. 8.2: Einflüsse auf Organisationen, die auf Veränderungen hinwirken.

Die Einflüsse wirken nicht alle gleichzeitig in gleichem Maß auf jede Organisation. Ferner sollte nicht davon ausgegangen werden, dass jede Herausforderung, jede Veränderung für sich abgearbeitet werden kann, um dann die nächste anzugehen. Das Feld zeichnet sich insbesondere dadurch aus, dass verschiedene Einflüsse gleichzeitig wirken und mit diesem Komplex insgesamt umzugehen ist. Dabei ist es nicht sicher, ob jeder Faktor immer wirkt und falls, ob er immer Reaktionen erfordert, und einzelne Faktoren können durchaus einander widersprechende Reaktionen nahelegen. In Organisationen laufen nahezu ständig gewollte und ungewollte Wandlungsprozesse ab. Sie sind oft nicht einfach zu kontrollieren oder gar zu lenken, manchmal werden sie gar nicht erkannt. Viele Organisationen stellen sich jedoch der Aufgabe, ihren Wandel (mit) zu gestalten, also geplanten organisationalen Wandel zu betreiben.

Die Existenz einer Organisation lässt sich nach weitgehender Übereinstimmung in der Organisationsforschung als ein Lebens- und Entwicklungszyklus ausmachen, den sie durchläuft. Das übliche, allgemeine Lebenszyklusmodell nimmt die Phasen

- Gründung,
- Wachstum,
- Reife,
- Rückgang,
- Auflösung

an (vgl. *James*, 1973; *Miller & Friesen*, 1980; *Jones & Bouncken*, 2008). Dabei wird davon ausgegangen, dass die Phasen absolut und relativ unterschiedlich lang andauern können und dass Zyklusabkürzungen dergestalt eintreten können, dass aus allen Phasen heraus ein unmittelbarer Übergang zur Auflösung erfolgen kann. Um regelhaft zur nächsten Phase zu gelangen, müssen die Herausforderungen gemeistert werden, die die jeweils davor liegende stellt.

Greiner (1972) hat ein Modell zum Wachstum von Organisationen vorgestellt, das weite Verbreitung gefunden hat. Es differenziert den Aufstieg einer Organisation in der Gründungs- und Wachstumsphase in fünf regelmäßige Stadien und beschreibt deren Merkmale und die Krisen, die die Phase zu ihrem Ende bringen. Wird die Krise nicht überwunden, wird sich die Organisation nicht weiterentwickeln oder sich sogar wieder auflösen. Es beschreibt auch die Herausforderungen, die mit der Krise verbunden sind, bei deren Lösung ein weiteres Wachstum der Organisation zu erwarten ist (Abb. 8.3).

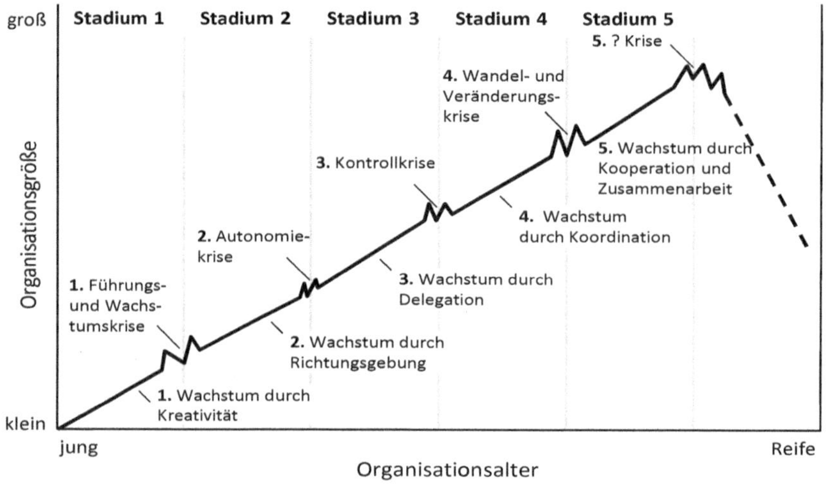

Abb. 8.3: Modell des Wachstums von Organisationen von *Greiner* (1972)

Nach dem fünften Stadium so *Greiner*, ist typischerweise die Reifephase der Organisation erreicht, der der Rückgang der Organisation folgen wird. Typische Probleme, die nicht hinreichend konstruktiv gelöst werden können und damit mit hoher Wahrscheinlichkeit zum organisationalen Rückgang führen, sieht er in

- zu starkem Wachstum, sodass die Organisation nicht mehr effizient ist,
- starken Umweltveränderungen, die hohe Anpassungs- und Entwicklungsanforderungen stellen und
- einer um sich greifende und nicht überwundenen Trägheit (in) der Organisation, die durch behagliches Einrichten in der bislang vorteilhaften Situation und das daraus resultierende Verteidigen von Besitzständen resultieren kann und die notwendige Entwicklungen und Anpassungen verhindert.

Für die Phase des organisationalen Rückgangs – ausgehend von der Reifephase – haben *Weitzel & Jonsson* (1989) ein entsprechendes Modell vorgestellt, wobei es eigentlich Hinweise geben soll, wie eine Organisation sich aus einem bereits eingesetzten Rückgang wieder auf ein Leistungsniveau der Reife bringen kann. Rückgang tritt demnach ein, sobald eine Organisation nicht mehr mit den (internen und externen) Kräften, die ihr langfristiges Überleben beeinflussen, konstruktiv umgehen kann, z.B. Ressourcen von ihren Stakeholdern (Banken, MitarbeiterInnen, Führungskräfte, Kunden) zu erhalten. Rückgang von Organisationen kann im Vergleich zur Reife in unterschiedlichem Ausmaß möglich sein. *Weitzel & Jonsson* (1989) unterscheiden fünf Stadien des Rückgangs. In den ersten vier sind erfolgreiche Gegenmaßnahmen durch das Management möglich, mit fortschreitendem Stadium aber müssen die Interventionen umfassender und radikaler werden, um erfolgreich zu sein. Abb. 8.4 fasst die Stadien, die von den Autoren diagnostizierten typischen Probleme und möglichen bzw. notwendigen Interventionen, um als Organisation wieder erfolgreich zu werden, zusammen.

Im Zusatzdokument 33 findet sich eine Beschreibung der Stadien.

	Stadium 1	Stadium 2	Stadium 3	Stadium 4	Stadium 5
Problem	Blindheit	Inaktivität	falsche Handlungen	Krise	Auflösung
Maßnahme	Informationen beschaffen	sofortige Aktion	korrigierende Handlung	effektive Reorganisation	Liquidation

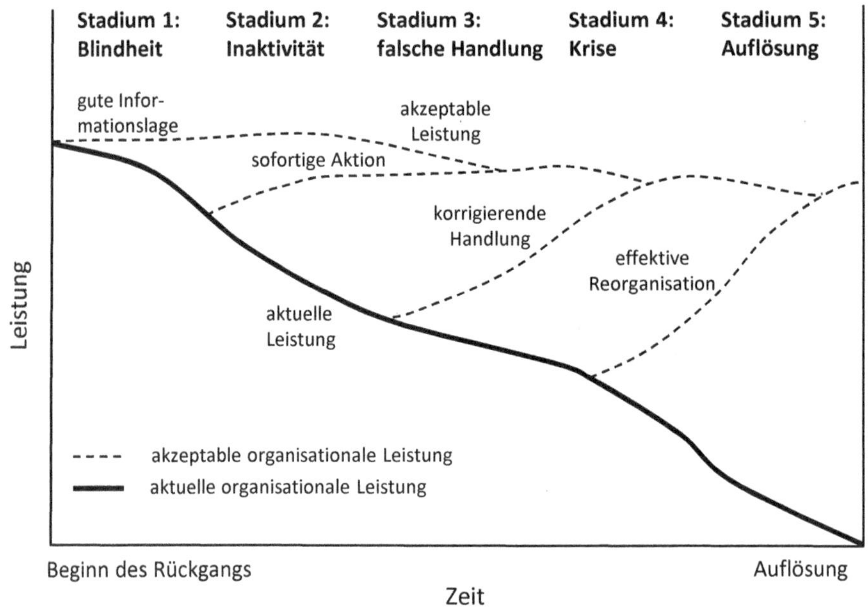

Abb. 8.4: Stadien organisationalen Rückgangs nach *Weitzel & Jonsson* (1989).

In den Phasen und vor allem im Übergang zwischen den Phasen stellen sich Entwicklungsaufgaben, von deren Lösung das weitere Schicksal der Organisation abhängt. Wandel in Organisationen kann ganz unterschiedlich angestoßen, wahrgenommen und durchgeführt werden. Ebenso können die Ergebnisse ganz verschieden sein. Um das Universum der Möglichkeiten zu strukturieren, werden hier fünf Dimensionen des Wandels angeboten. Die Strukturierung ist sicherlich nicht die einzig mögliche, doch spricht sie Themen an, die in der Literatur zum Wandel in Organisationen häufig auftauchen und insofern für die Forschung wie für die Praxis eine weitreichende Bedeutung zu haben scheinen. Wandel in Organisationen kann charakterisiert werden durch die Dimensionen

[1] Initiative der Organisation: reaktiver vs. aktiver Wandel

[2] Kontinuität des Wandels: evolutionärer vs. revolutionärer Wandel

[3] Eskalation des Wandels: Eingriffstiefe in die Organisation (Wandel 1. und 2. Ordnung)

[4] Ansatzpunkte des Wandels: Strukturen vs. Personen

[5] Ausbreitung des Wandels in der Organisation (z.B. bottom-up oder top-down).

Im Zusatzdokument 34 werden die fünf Dimensionen ausführlicher erläutert.

8.3.1 Aufgaben von Führungskräften in organisationalen Wandlungsprozessen

„Leading change is one of the most important and difficult leadership responsibilities. For some theorists, it is the essence of leadership and everything else is secondary" (*Yukl*, 2010, S. 296). Egal, warum der Wandel betrieben wird, wer ihn initiiert und wie er sich in der Organisation ausweitet: Unter den Akteuren des Wandels befinden sich die Führungskräfte der Organisation. Weitere Akteure sind oder können sein: die Unternehmensleitung, MitarbeiterInnen bzw. die Mitarbeitervertretung, die Human-Resource- und Organisationsabteilungen, Stabs- und Projektgruppen, externe Berater und Vertreter von Stakeholdern. Allerdings sind die Führungskräfte Schlüsselakteure sowohl im Rahmen ihrer Mitarbeit in Veränderungsprojekten (vgl. *Schiersmann & Thiel*, 2011) als auch durch ihre Führungsrolle im Alltag, in der Stabilisierung und Veränderung Kategorien ihrer Tätigkeit im Arbeitssystem sind.

Stabilisierung und Veränderung als Zielkategorien von Führung(-sverhalten) finden sich in Führungsdualen wieder, die in diesem Zusammenhang einige Bekanntheit erlangt haben:

- Management vs. Leadership (*Bennis & Nanus*, 1985; s. Kap. 3.2)
- Transaktionale vs. transformationale Führung (*Bass & Avolio*, 1994, s. Kap. 3.2)
- Symbolisierte und symbolisierende Führung (*Neuberger*, 1990; s. Kap. 5.3)

Führungskräfte können bei Veränderungen in Organisationen unterschiedlich aktive Rollen einnehmen:

[1] Sie müssen sich an Veränderungen in Organisationen anpassen. Wenn z.B. Werte und Kriterien in der Organisation geändert wurden, müssen sie diese nun vertreten und in deren Sinn agieren (Weibler, 2012, S. 491).

[2] Sie spielen eine wichtige Rolle dabei, den geplanten Wandel in Organisationen *umzusetzen*. Dabei haben sie die Aufgabe, aktiv die Veränderungen zu gestalten und ihre MitarbeiterInnen in dieser Hinsicht anzuleiten.

[3] Sie selbst *initiieren* Veränderungen. Vor allem auf höheren Ebenen können z.B. über transformationale Führung durch die Führungskräfte neue und neuartige Ideen, Werte und Ziele angestrebt und entsprechender Wandel angestoßen werden. Dies kann auch über strategische, politische oder persönliche Entscheidungen geschehen.

Einflussreichen Führungskräften bieten sich, wenn sie selbst initiativ werden für die Gestaltung von Veränderung, verschiedene Alternativen (vgl. *Jäckel*, 2003, S. 640):

- Sie können Kraft ihrer Funktion Wandel anordnen und umsetzen (lassen): Dieses Vorgehen bietet sich vor allem an, wenn der Führungskraft relativ klar ist, was das Ziel ist (Top-down-Vorgehen, Macher-Ansatz).

- Sie können die Initiative für die Veränderung ergreifen oder aufnehmen und die Veränderung moderieren und innerhalb von gesetzten Rahmenbedingungen halten, die die beteiligten Betroffenen entwickeln und umsetzen (Bottom-up-Vorgehen, Partizipations- oder Kultivierungsansatz).
- Sie können einen entsprechenden Auftrag an (oft externe) Experten erteilen, die die Veränderung planen, sich legitimieren lassen und dann umsetzen (Expertenprojekt).

Vorstellungen wie geplanter Wandel abläuft, abzulaufen hat oder idealerweise ablaufen sollte, gibt es viele. Einige der bekannteren sind:

- Die fünf Phasen des Veränderungsprozesses nach *Lewin* (1948)
- Der Zyklus der Organisationsentwicklung mit vier Phasen nach *Becker & Langosch* (1984)
- Die fünf logischen Ebenen der Veränderung nach *Dilts* (1990)
- Die fünf Disziplinen der Lernenden Organisation nach *Senge* (1990)
- Die acht Schritte der Transformation nach *Kotter* (1996)

Abb. 8.5 stellt geplanten Wandel schematisch dar:

Abb. 8.5: Schematischer Ablauf geplanten Wandels

Im Folgenden werden einige Aufgaben von Führungskräften in organisationalen Veränderungsprozessen ausführlicher betrachtet. Es handelt sich um fünf Kernfunktionen, die in der Literatur besondere Aufmerksamkeit genießen:

- den Wandel aktiv mittragen
- den Grad der Einbeziehung der MitarbeiterInnen steuern
- Interpretieren und motivieren: Deutungen nahelegen
- Entscheidungen fällen und revidieren
- mit Widerstand umgehen

8.3.1.1 Den Wandel aktiv mittragen

Eine zentrale Aufgabe von Führungskräften in organisationalen Veränderungsprozessen besteht darin, den Wandel mitzutragen. Sie haben darauf zu achten, dass Werte verfolgt und Regeln eingehalten werden. Und sie haben umfangreiche Aufgaben in der Informationssammlung, -aufbereitung und -distribution nach oben und unten. Dazu gibt es ja nach Ansatz ganz unterschiedliche Formen von Interventionen.

In Top-down-Interventionen wie Restrukturierung, Reengineering und Expertenberatung haben Führungskräfte die Aufgabe, Vorgaben, die von oben kommen und die sie u.U. weder nachvollziehen, noch verstehen können, auch gegen den Widerstand (s.u.) von unten umzusetzen (anweisen und motivieren).

Fallbeispiel 15: *Unitymedia und KabelBW*

Hier wird der Zusammenschluss von Unitymedia und KabelBW 2012 nachgezeichnet. Dabei ging es vor allem darum, die Vision, die diesem Zusammenschluss zu Grunde lag, zu übersetzen und in die Erlebniswelt jedes einzelnen Mitarbeiters zu bringen; und zwar auf natürliche Art und Weise, nicht kurzfristig „ge-*hyped*" durch irgendwelche Projekte und Hochglanz-Broschüren. Sondern durch das Vorleben und gemeinsame Erleben der Vision und Ableitung zentraler Werte. Hierfür wurde ein kollaborativ-partizipativer Ansatz gewählt und mehr als 120 Führungskräfte eingebunden. Im Rahmen der Umsetzung der Maßnahmen waren die Führungskräfte dann doppelt gefordert: Damit die gewünschten Veränderungen durch sie vorgelebt werden konnten, mussten sie sich teilweise erst selber verändern und anpassen. Sie waren also zeitgleich der Motor und auch Objekt des Wandels.

„Nun standen wir … vor der Frage, ob der nächste Schritt durch eine breite partizipative bottom-up Initiative oder doch top-down getrieben werden sollte. Wir haben uns letztlich für ein zwar abgemildertes aber doch klar top-down angelegtes Vorgehen entschieden. Hier spielte sicherlich auch der antizipierte Aufwand für einen bottom-up Ansatz eine Rolle. Aber letztlich hat aus unserer Sicht ein Leitbild auch eine richtungsgebende „Verantwortungs-Komponente". „Führen" heißt auch voran gehen. Wir waren überzeugt, dass jede Führungskraft in unserem Unternehmen in der Lage sein muss, sowohl ein aus unserer Kultur abgeleitetes Zielbild zu füllen (also einem Leitbild zu folgen), als auch dieses durch Diskussion mit den Mitarbeitern zu konkretisieren (und selbst zu führen). Diese beiden Aspekte bestimmten dann auch unser Vorgehen. Über moderierte Workshops mit unserem Senior Leadership Team wurden die Kompetenzen und Verhaltensweisen in ein kurzes und prägnantes Leitbild gegossen. Dieses Leitbild war dann die erste Komponente unseres darauf folgenden Leadership Development Programms."

Partizipative Ansätze erfordern ganz andere Leistungen von Führungskräften. Im Bottom-up-Ansatz müssen die Führungskräfte immer schauen, ob, was und wie zu verbessern ist. (vgl. *Jones & Bouncken*, 2008, S. 631f). Im Rahmen von Organisationsentwicklungsansätzen haben Führungskräfte die Aufgabe, die Rahmenbedingungen aufrechtzuerhalten, die diese Ansätze brauchen. Sie haben häufig eine Funktion als Moderatoren, Mediatoren, als diejenigen, die Maßnahmen unter Berücksichtigung der Bedürfnisse der MitarbeiterInnen umsetzen bzw. die Selbstorganisation der Umsetzung bei den MitarbeiterInnen abzusichern.

Für gemeinsames Verstehen, Handeln und Entwickeln sind *gemeinsame mentale Modelle* (vgl. dazu auch das folgende Fallbeispiel 16) von besonderer Bedeutung. Mentale Modelle sind interne Repräsentationen der Welt oder relevanten Ausschnitten davon (*Johnson-Laird*, 1983). Sind entsprechende Modelle bei Organisationsmitgliedern gleich oder zumindest sehr ähnlich, ermöglichen sie nicht nur ein gemeinsames Verständnis der Situation und anstehenden Aufgaben, sondern ermöglichen auch Arbeitsteilung, Kooperation und systemadäquate Reaktionen in neuartigen Situationen (*Bouncken*, 2003).

Fallbeispiel 16: *Sparkasse Mittelthüringen*

Der Vorstand der Sparkasse Mittelthüringen hat einen langfristigen „strategischen Zielpfad" formuliert. Dieser dient allen Führungskräften und MitarbeiterInnen mittels Zahlen, Daten und Fakten zur Orientierung und ermöglicht somit eine Fokussierung aller Aktivitäten. Neben der langfristigen Ausrichtung erfolgt eine Aufteilung in Jahresziele.

In Anbetracht der sich wandelnden Anforderungen, wie z.B. Kundenbedürfnissen, Vertriebswegen, Mitarbeiterbedürfnissen und gesetzliche Anforderungen, an Kreditinstitute im Allgemeinen und Sparkassen im Besonderen, sucht der Vorstand über bisherige Mittel und Wege hinaus Möglichkeiten, den Geschäftserfolg weiterhin sicherzustellen und gleichzeitig ein „attraktives" Arbeitsumfeld für die MitarbeiterInnen zu schaffen.

Als Teil einer Visionsarbeit hatte der Vorstand Gelegenheit, seine (Wunsch-)Vorstellung zu Führung in der Sparkasse im Jahr 2020 zu formulieren: „Auch in Zeiten zunehmender Komplexität, sich ändernder Vertriebswege, hoher Leistungsanforderungen, arbeiten motivierte, leistungsfähige, resiliente Führungskräfte gemeinsam am Geschäftserfolg ihrer Sparkasse Mittelthüringen. Die Führungskräfte agieren weitgehend selbständig und emanzipiert als „Unternehmer im Unternehmen". Die jeweils vorgesetzte Führungshierarchie beteiligt die ihr nachgeordnete, wo immer es nützlich und zielführend ist, an Entscheidungsprozessen. Handlungsspielräume werden verantwortungsvoll genutzt und zum Wohl der Sparkasse verwendet. Die Mitarbeiter (im Speziellen die Führungskräfte) setzen sich leidenschaftlich für die Geschicke ihres Hauses ein."

Ausgehend von diesem vom Vorstand entwickelten Zukunftsbild der Führung ging es im Vorstandskreis (also in den Veranstaltungen des Vorstands mit der 1. und 2. Führungsebene) darum, im Rahmen einer Bestandsaufnahme zu klären, wie sich der Unterschied zwischen Ist-Zustand im Jahr 2011 und Wunsch-Zustand im Jahr 2020 darstellt.

Abseits der eigenen Betrachtungen legte der Vorstand Wert darauf, Wunschvorstellung und aktuelles Erleben der „Führungswelt in der Sparkasse Mittelthüringen" durch die Führungskräfte der Ebenen 1 und 2 kennenzulernen und in einem Entwicklungsprozess zu einem künftig gemeinsam geteilten Führungsverständnis zu gelangen.

Zu diesem Zweck stand die Erhebung der aktuellen individuellen und kollektiven mentalen Modelle, des Ist-Zustands, und des gewünschten Zukunfts-Zustands zur Dimension „Führung" aus Sicht der gesamten Führungsmannschaft im Vordergrund des Prozesses.

Insbesondere die nachfolgenden fünf Facetten wurden Reflexionsgrundlage und Entwicklungsgegenstand des zugrundeliegenden Prozesses:

- Verständnis und Stellenwert von Führung
- Kommunikation und Kooperation
- Entscheidungsspielräume
- Verantwortung und Auftrag
- Mitarbeiterentwicklung und Leistungsförderung.

In partizipativen Ansätzen können durch gemeinsame Interpretationen, Rückmeldungen, Interaktionen auf der Basis von Normen, Werten, Symbolen, Regeln und Artefakten der Organisation gemeinsame mentale Modelle entstehen. Führungskräfte können diesen Prozess ermutigen oder stören. In hierarchisch geprägten Ansätzen entsteht aber eher eine Diffusion von mentalen Modellen von oben nach unten als eine gemeinsame Konstruktion von organisationalem Wissen. Den Führungskräften kommt dann die zentrale Bedeutung in der Generierung und Diffusion (der Vermittlung) der Modelle zu. Hier ist das Feld von „Visionen vermitteln", „transformational führen" und der „Verpflichtung der MitarbeiterInnen durch Ideen und Werte". Die Bildung, Nutzung und Weiterentwicklung geteilter mentaler Modelle und weitere Techniken erlauben den einfachen Zugriff auf Wissen und die Entwicklung der Wissens- und Erfahrungsbasis. MitarbeiterInnen aller Ebenen werden ermutigt, die Werte umzusetzen und werden durch die Organisationssysteme dabei unterstützt (vgl. *Yukl*, 2010, S. 323). *Dunba, Garud & Raghura* (1996) beziehen den Ansatz mentaler Modelle auf die Eingriffstiefe von organisationalem Wandel. Werden im eher Teilstrukturen und -prozesse modifizierenden Wandel (1. Ordnung) die mentalen Modelle gedehnt („bent"), werden sie im tiefgreifenden Wandel (2. Ordnung) aufgebrochen und durch neue ersetzt („broken").

8.3.1.2 Grad der Einbeziehung der MitarbeiterInnen steuern

Führungskräfte haben den erwünschten Grad der Einbeziehung der MitarbeiterInnen zu gewährleisten. Haben die (niedrigerrangigen Führungskräfte und) MitarbeiterInnen lediglich Anweisungen umzusetzen oder werden sie in die Suche nach Entwicklungen und Alternativen mit einbezogen? Und wenn ja, in welchem Maße? *March* (1991) unterscheidet zwei grundsätzliche Formen organisationalen Lernens: Exploitation und

Exploration. Exploitation bedeutet, dass die Organisationsmitglieder neue Wege erlernen, damit bestehende organisationale Aktivitäten und Prozeduren verbessert werden und die Effektivität erhöht wird. TQM (*Total Quality Management*; vgl. *Rothlauf*, 2010) oder KVP (*Kontinuierlicher Verbesserungsprozess*, vgl. *Witt & Witt*, 2008).

Fallbeispiel 17: *Operative Exzellenz als Ziel von Veränderung*

Das Beispiel der FilialBank (fiktiver Name) steht für eine mittelgroße deutsche Regionalbank. Die Rahmenbedingungen für die FilialBank haben sich in den vergangenen Jahren signifikant verändert. Günstige Direktanbieter machen die Gewinnung neuer Kunden schwieriger, bestehende Kunden wandern ab. Die Demografie sorgt zusätzlich dafür, dass die Kundenzahl sinkt. Vertriebsseitig machen engere Zinsmargen sowie sinkende Wertpapiertransaktionen und damit niedrigere Provisionserträge Sorgen. Steigend sind dagegen die Kosten: Betriebsausgaben für Gebäude, EDV und Fuhrpark wachsen. Schließlich erzwingen regulatorische Anforderungen höheres Eigenkapital und teils komplexere Abwicklungsprozesse. In Summe ist die Ertragslage noch gut. Der Ausblick aber ist negativ.

Für den Vorstand der FilialBank war der Auftrag daher klar: Das Haus muss sich verändern, will es weiterhin erfolgreich sein. Man beschloss, auch außerhalb der Branche nach erfolgversprechenden Konzepten Ausschau zu halten. Und wurde in der Automobilindustrie fündig.

Bei der Suche nach einem geeigneten Partner stieß die FilialBank auf Porsche: Das Unternehmen litt Ende der achtziger Jahre unter rückläufigen Absätzen. Zusammen mit den MitarbeiterInnen machte das Porschemanagement aus der Not eine Tugend. Unternehmensweit wurden schlanke Prozesse aufgesetzt und seitdem konstant weiterentwickelt.

Mit diesen Erfahrungen wurden die Herausforderungen bei der FilialBank angegangen und die dortigen Prozesse analysiert. In den Pilotworkshops fanden die Teams 15-20% einfach und nachhaltig eliminierbare Verschwendung in den untersuchten Prozessen – damit refinanziert sich das KVP-Programm innerhalb eines knappen Jahres selbst.

Exploration dagegen richtet Organisationsmitglieder darauf hin aus, neue Formen organisationaler Aktivitäten zu suchen, zu erkunden und damit zu experimentieren, um die Effektivität zu erhöhen. Hierbei ist die Handlungslegitimation für die MitarbeiterInnen weiter ausgedehnt. Sie dürfen nicht nur Verbesserungen des Vorhandenen, sondern auch dessen Veränderung ausprobieren. Wohin sich Exploration entwickelt, ist offener als bei Exploitation, bei der das Kriterium klar ist: Das Prinzip bleibt bestehen. Es geht also darum, ob und wie weit und in welcher Hinsicht Partizipation erwünscht wird und um die Einhaltung der gewählten Konzeption, worüber die Führungskräfte zu wachen haben.

8.3.1.3 Interpretieren und Motivieren: Deutungen nahelegen

Führungskräfte leisten Arbeit in der Interpretation von Information, Prozessen und Ergebnissen. So konzipiert z.B. *Dweck* (1999; *Dweck & Leggett*, 1988) zwei unterschiedliche grundsätzliche Möglichkeiten des Umgangs mit erreichten Ergebnissen. Sie können als Ausweis des Grades vorhandener Kompetenz interpretiert werden. Dann stabilisieren sie das Ergebnis für zukünftige Episoden. Oder sie können als Lerngelegenheit interpretiert werden. Dann stellen sie immer die Ausgangsbasis für Weiterentwicklungen dar. Diese Interpretationsleistungen sind Teil der Symbolischen Führung (s. Kap. 5.3), indem sie ein dringendes Deutungsangebot machen und bauen auf den Attributionsansatz auf (s. Kap. 5.2). Führungskräfte haben abzusichern, wenn in Lernenden Organisationen die Werte Lernen, Innovation, Neugier, Ausprobieren, Flexibilität, Initiative konsequent in die Struktur, Organisation und Kultur integriert und gelebt werden sollen (*Popper & Lipshitz*, 1998; *James*, 2002; vgl. auch den Unternehmenskulturansatz von *Schein*, 1995).

8.3.1.4 Entscheidungen fällen und revidieren

Organisationen existieren und wachsen, weil Führungskräfte die richtigen Entscheidungen treffen – manchmal aufgrund von Fähigkeiten und Erfahrungen, manchmal durch Zufall und Glück. Es gibt für Führungskräfte immer Alternativen, zwischen denen zu entscheiden ist. Zumindest die Entscheidung darüber, ob (überhaupt) eine Aktion durchzuführen ist oder keine. Entscheidungen sind oft nicht völlig durch vorgegebene Regeln etc. determiniert. Häufig hängt die Alternativenwahl auch von aktuellen, durchaus entscheidungsfremden Parametern ab, wie aktuellen Koalitionen, der Informationsverfügbarkeit, Gelegenheit, Timing (vgl. das *Garbage-Can-Modell* der Entscheidungen von *Cohen, March & Olsen*, 1972). Entscheidungen können dadurch unvorhersagbaren, widersprüchlichen, fließenden Charakter bekommen.

Allgemein kann zwischen programmierten und nicht programmierten Entscheidungen unterschieden werden (*Simon*, 1960):

- Programmierte Entscheidungen treten wiederholt und regelmäßig auf. Sie zu fällen werden in Unternehmen Regeln, Standards, Routinen entwickelt. Diese sind häufig in Normen und Werten der Organisationskultur verankert (vgl. *Sackmann*, 1983; *Schein*, 1995).
- Nicht programmierte Entscheidungen sind neuartig und unstrukturiert. Wenn (neuartige) Aufgaben und Herausforderungen auftauchen, müssen Lösungen neu erarbeitet werden. Diese Entscheidungen erfordern mehr Suchaktivitäten, Überlegungen, Abwägungen und Koordination. Sie zwingen Führungskräfte oft, sich auf eigenes Urteilsvermögen, ihre Intuition, Kreativität und Einschätzung zu verlassen, da sie sich nicht auf vorhandene Regeln und Routinen stützen können. Ergebnisse nicht programmierter Entscheidungen können zu neuen Regeln und Normen verdichtet werden, die die Grundlage zu zukünftigen programmierten Entscheidungen bilden.

Organisationen und ihre Führungskräfte müssen in der Lage sein, nicht programmierte Entscheidungen treffen zu können, da diese eine wichtige Grundlage der Anpassung an Umweltveränderungen darstellen. Fällen Führungskräfte keine nicht programmierten Entscheidungen, können ihnen keine Fehler vorgeworfen werden – und deshalb vermeiden das viele Führungskräfte auch. Es kann ihnen aber vorgeworfen werden, dass ihre Entscheidungen nicht ausreichen, das bestmögliche Ergebnis für die Organisation zu erzielen – sie das erst gar nicht versuchen. Organisationen, die nur programmierte Entscheidungen zulassen, lähmen sich selbst und verlieren ihre Adaptabilität an Veränderungen und Entwicklungserfordernisse.

Aber nicht nur Entscheidungen zu fällen ist eine zentrale Aufgabe von Führungskräften; für Wandel und Entwicklung ist es auch besonders wichtig, Entscheidungen revidieren zu können. So identifiziert *Staw* (1978) als eine Ursache für geringes Lernen und falsche Entscheidungen in Organisationen die übermäßige Verpflichtung von Führungskräften gegenüber vergangenen Entscheidungen – auch wenn diese damals unter anderen Voraussetzungen getroffen wurden als die, die mittlerweile gelten (sog. eskalierendes Commitment, vgl. *Moser, Hahn & Galais*, 2000; *Pfeiffer, Schönborn, Mojzisch & Schulz-Hardt* (2007). Oft sind Führungskräfte so darauf bedacht, ihre Entscheidungen der Vergangenheit auch als aus aktueller Sicht richtig erscheinen zu lassen, dass sie – sogar selbst nachdem ihnen klar wird, dass es eine schlechte war – weitere Entscheidungen so treffen, dass die ursprüngliche wieder als einigermaßen gelungen erscheint. Sie investieren also weitere Ressourcen in die bereits erkannt schlechte Entscheidung (Konsistenzstreben, Ruf wahren, Problem der *sunk costs* …). Eine Variante davon ist, an Entscheidungen festzuhalten, die zur damaligen Zeit richtig erschienen, sich durch Veränderungen aber erledigt haben – aus der Befürchtung heraus, sich die Frage nach der damaligen Absehbarkeit gefallen lassen zu müssen. Das Phänomen ist oft ein unerkanntes Problem bei inkrementellen Prozessen, die systematisch die Modifikation bestehender Verhältnisse (z.B. im kontinuierlichen Verbesserungsprozess KVP) gegenüber einer kompletten Veränderung (z.B. Reengineering) bevorzugen.

8.3.1.5 Mit Widerstand umgehen

Häufig funktioniert geplanter Wandel, vor allem wenn er zentralistisch angeordnet wird, nicht (so wie geplant). Oft verläuft er schleppend und verebbt, Widerstände bremsen ihn aus und andere Themen lenken den Blick davon ab. Ein zentrales Thema bei Wandlungsprozessen ist der Widerstand, der gegenüber Wandlungsprozessen geleistet wird. Widerstand gegen Veränderungen ist üblich – sowohl für Individuen als auch für Organisationen insgesamt. Organisationen als Systeme sind darauf angewiesen, sich erkennbar zu erhalten, das führt zur generischen Abwehr von Veränderungsanforderungen. Eine Hauptquelle für Widerstand ist organisationale Trägheit, d.h. das Bestreben, den Status Quo zu erhalten, gefördert durch Unsicherheitsvermeidung und Unsicherheitsgefühl (vgl. *Greiner*, 1972; *Jones & Bouncken*, 2008, S. 607ff). Wandel muss gut begründet werden, um nicht „automatisch“ abgewehrt zu werden (vgl. Kap. 5.4). Aber auch auf Individual- und auf Gruppenebene ist Widerstand ein wichtiges Thema bei Veränderungen (vgl. Abb. 8.6).

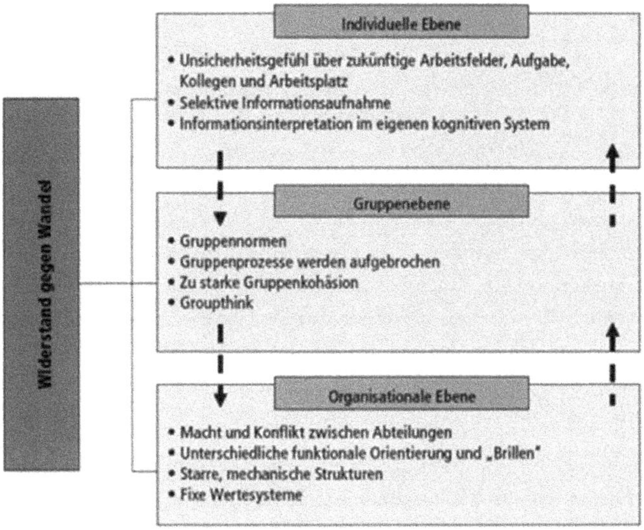

Abb. 8.6: Widerstand auf verschiedenen Ebenen aus *Jones & Bouncken* (2008, S. 607).

Aktiver Widerstand von Individuen gegen Veränderungen ist nicht einfach das Ergebnis von Ignoranz oder mangelnder Flexibilität, sondern eine natürliche Reaktion von Menschen, die ihre Selbstbestimmung, Interessen und Besitzstände wahren wollen (*Yukl*, 2010, S. 298).

Connor (1995) benennt eine ganze Reihe von Gründen, aus denen Personen sich gegenüber Veränderungen in Organisationen verweigern. Diese Gründe sind nicht alle unabhängig voneinander:

[1] Mangel an Vertrauen in die Proponenten der Veränderung

[2] Annahme, dass die Veränderung nicht notwendig ist

[3] Annahme, dass die Veränderung nicht umsetzbar ist

[4] Ökonomische Bedrohungen (Gehalt, Provisionen, Arbeitsplatzsicherheit, Aufstieg)

[5] Hohe (Neben-)Kosten der Veränderung für die Organisation

[6] Furcht vor zukünftigem persönlichem Versagen (durch Veränderungen in der Expertise)

[7] Furcht vor Verlust an Status und Einfluss

[8] Bedrohung von persönlichen Werthaltungen und Idealen

[9] Ablehnung von Einmischung in den eigenen Handlungsspielraum

Die Gründe lassen sich grob den Kategorien „Misstrauen" (1-3) und „Bedrohungswahrnehmung" (4-9) zuordnen.

In Unternehmen besteht ein sehr differenziertes Feld von Interessen und Motivationen, innerhalb dessen die Veränderung stattfindet. Wie eine Person auf Veränderung reagiert, hängt stark davon ab, in welchem Maß sie davon ausgeht, allgemein mit Veränderungen umgehen zu können, der Selbstwirksamkeitsüberzeugung (*Bandura*, 1977, 1997; *Schyns & von Collani*, 2002; *Molter, Noefer, Stegmaier & Sonntag*, 2013; vgl. Kap. 6.2). Diese Einschätzung baut stark auf den Erfahrungen mit bisherigen Veränderungen und den Erfolg dabei auf (*Rafferty & Griffin*, 2006; *Herold, Fedor & Caldwell*, 2007). Je stärker die Person sich den möglichen Veränderungen ausgeliefert fühlt, desto stärker sind Befürchtungen, Angst, Unsicherheit und damit auch die Tendenz, sich vor Veränderungen zu verschließen, was sich in Widerstand ausdrücken kann. Dieser Widerstand wird auch umso stärker sein, je starrer die aktuellen Strukturen und Besitzstände, je größer die Ängste vor der Veränderung und je geringer die vorgesehene Partizipation der MitarbeiterInnen ist.

Doppler & Lauterburg (2008, S. 339) kategorisieren allgemeine Symptome für Widerstand nach den Dimensionen *aktiv – passiv* und *verbal – nonverbal.* Abb. 8.7 zeigt diese hilfreiche Aufstellung.

	Verbal *(Reden)*	nonverbal *(Verhalten)*
aktiv *(Angriff)*	Widerspruch *Gegenargumentation* *Vorwürfe* *Drohungen* *Polemik* *sturer Formalismus*	Aufregung *Unruhe* *Streit* *Intrigen* *Gerüchte* *Cliquenbildung*
passiv *(Flucht)*	Ausweichen *Schweigen* *Bagatellisieren* *Blödeln* *ins Lächerliche ziehen* *Unwichtiges debattieren*	Lustlosigkeit *Unaufmerksamkeit* *Müdigkeit* *Fernbleiben* *innere Emigration* *Krankheit*

Abb. 8.7: Allg. Symptome für Widerstand aus *Doppler & Lauterburg* (2008)

Sie bieten vier Reflexions-Grundsätze für den Umgang mit Widerstand (S. 345 f.):

- Es gibt keine Veränderung ohne Widerstand!
- Widerstand enthält immer eine verschlüsselte Botschaft (darüber hinaus, dass Widerstand geleistet wird)!
- Nichtbeachtung von Widerstand führt zu Blockaden!
- *Mit* dem Widerstand, nicht *gegen* ihn gehen!

Nach *Yukl* (2010, S. 297) sind Veränderungen in Organisationen mit höherer Wahrscheinlichkeit erfolgreich, wenn die Führungskräfte

- die Gründe verstehen, aus denen die MitarbeiterInnen darauf eingehen oder Widerstand leisten,
- Phasen und Formen von Veränderungen kennen und
- erkennen wie wichtig es ist, angemessene Modelle zum Verständnis von Problemen in und von Organisationen haben.

Wichtig dafür, dass MitarbeiterInnen Veränderungen akzeptieren und ihnen folgen ist, dass sie Grund und Richtung der Veränderung verstehen und dass sie der Führungskraft (bzw. deren Legitimität, die entsprechende Veränderung umzusetzen) vertrauen.

8.3.2 Erfolg von Führung in organisationalen Wandlungsprozessen

Yukl (2010, S. 315) stellt auf der Basis von theoretischen Konzepten, Forschungsergebnissen und Praktikererfahrungen 14 Leitsätze für ein die Wahrscheinlichkeit von Erfolg maximierendes Herangehen an umfassenden organisationalen Wandel zusammen:

- Create a sense of urgency about the need for change
- Communicate a clear vision of the benefits to be gained
- Identify people whose support is essential and any likely resistance
- Build a broad coalition to support
- Fill key positions with competent change agents
- Use task forces to guide the implementation of changes
- Empower competent people to help plan and implement change
- Make dramatic, symbolic changes that affect the work
- Prepare people for change by explaining how it will affect them
- Help people deal with the stress and difficulties of major change
- Provide opportunities for early successes to build confidence
- Monitor the progress of change and make any necessary adjustments
- Keep people informed about the progress of change
- Demonstrate continued optimism and commitment to the change

Hierbei lassen sich Ratschläge aus verschiedenen Perspektiven identifizieren: Mikropolitik (Koalitionen bilden), Partizipation, Transparenz, Symbolisches Handeln, Unterstützendes Handeln, Modellverhalten etc. Wie schwer die Anwendung dieser 14 Leitsätze in der Praxis ist, zeigen die Legionen an gescheiterten Veränderungsprozessen in Unternehmen. Die Bedeutung und Tragweite von Führung und Führungshandeln in Veränderungsprozessen zeigt auch das Fallbeispiel 18 auf:

Fallbeispiel 18: *EWA Madrid*

„Seit einigen Jahren unterrichte ich Personalmanagement an der Europäischen Wirtschaftsakademie Madrid. Um den StudentInnen-Personalarbeit und Führung auch praktisch nahe zu bringen, wird abschließend im Rahmen eines sog. Unternehmensplanspiels eine Übung zum Change Management durchgeführt.

Die Übung hat sich über die Jahre hinweg gut bewährt. Eine bemerkenswerte Auffälligkeit ist, dass die Studenten nicht nur die Rollen „Geschäftsführung", „Arbeitnehmervertretung" und „Mitarbeiter" funktional unmittelbar annehmen, sondern diese mit entsprechenden Rollenklischees verbinden und diese ausleben. Die eingesetzte Beobachtergruppe kann dies am Ende des Übungstages anhand vieler Beispiele jeweils aufzeigen.

Mit dieser sicherlich sehr kurzen und stark vereinfachten Übungssequenz wird den StudentInnen dennoch vor Augen geführt, welche Herausforderungen es im Change Prozess zu bewältigen gilt, welche Rollen oder welches Verhalten die einzelnen Parteien einnehmen oder zeigen können und wie hiermit durch Kommunikation und Information oder eben durch geeignete Führung und Führungshandeln umgegangen werden kann."

Jede erfolgreiche Neuausrichtung, sogar jede unorganisierte reaktive Anpassung an Veränderungen, die gemeistert wurde, ist ein Erfolg. Ob es ein Erfolg *der Führung* ist, stellt sich (wieder) als schwierig zu beurteilen dar. Jedenfalls kann aber gelten: Wenn es gelingt, erfolgreichen organisationalen Wandel als Erfolg der Führung zu vermitteln (sei es über symbolische Handlungen, über entsprechende Beeinflussung von Attributionen oder über soziale Lernprozesse), dann *war* es zunächst einmal auch ein Erfolg der Führung. Die Faktoren Führung vs. Andere in der Praxis fein zu unterscheiden, wie das analytisch gelingen kann, ist kaum möglich. Aus Sicht der Systemtheorie (sowohl mit Blick auf die Organisation allein als auch im Blick auf die Wirtschaft insgesamt) ist das ohnehin ein zweckloses Unterfangen. Erfolg mag hier schon „Irritation" sein, was Führung im Wandel als (Nicht-Routine-) Intervention ohnehin ist.

Fallbeispiel 19: *Mittelständisches IT-Unternehmen (2)*

In einem Bereich des betreffenden Unternehmens arbeiten circa 700 hochqualifizierte MitarbeiterInnen, die mittels verschiedenster Medien alle Anfragen rund um das Softwareportfolio des Unternehmens beantworten.

Dort wurden in den vergangenen Jahren sehr viele Veränderungen (von außen) initiiert, zum Beispiel die Umstellung von persönlichen Support-Lösungen für Kunden hin zu internetspezifischen sowie Umstrukturierungen und die Definition neuer Aufgabenschwerpunkte für den Bereich. Dabei waren alle MitarbeiterInnen und Führungskräfte gefordert, nach neuen Wegen zu suchen, Energien zu bündeln und Ressourcen auszuschöpfen. Auch in den kommenden Jahren sollen die Themen „Veränderungsmanagement" und „Ressourcenmanagement" permanente Begleiter des Unternehmens sein. Hierbei sollen die Veränderungsinitiativen verstärkt aus den Reihen der MitarbeiterInnen und Führungskräfte initiiert werden (Bottom-up). Aus diesem Grund startete der Leiter des Bereiches ein Führungskräfteentwicklungsprojekt, das die Wahrnehmung der Führungskräfte und MitarbeiterInnen für diese Themen schärfen, ihr Handlungswissen verbreitern und sie für Umsetzungsinitiativen öffnen soll.

Da aus Sicht der Bereichsleitung und des Unternehmens die Führungsarbeit und damit die Führungskräfte eine erfolgskritische Rolle in diesen Veränderungsprozessen spielen, wurden von Seiten des Unternehmens folgende Zielsetzungen definiert:

- Den Wissens- und Erfahrungsaustausch zu den Themen „Veränderungsmanagement" und „Ressourcenmanagement" fördern.
- Das konkrete Wissen vor allem der Führungskräfte zu den Themen „Veränderungsmanagement" und „Ressourcenmanagement" und zu entsprechenden Handlungstechniken ausbauen.
- Die Bereitschaft und die Motivation der MitarbeiterInnen und Führungskräfte für Veränderungen erhöhen.
- Die Aktivitäten zur Initiierung von Verbesserungsprozessen, Strukturveränderungen und zur Optimierung des Ressourceneinsatzes stärken.
- Die Führungskräfte im Umgang mit eigenen und den Emotionen anderer stärken und das Bewusstsein für die Bedeutung ihrer Führungsarbeit schärfen.

Die ungewohnten Elemente der Prozessarchitektur sollten insbesondere auch durch das Einbauen der Aikido-Elemente aktional und vor allem emotional verstärkt werden. Diese Aspekte wurden in Analogien Veränderung, Ressourcenmanagement und (Selbst-) Führung beziehungsweise Metaphern zu den Inhalten der Workshops gefasst und in konkreten Körperübungen erfahren. Insbesondere wurde viel Aufmerksamkeit in Reflexion und Transferarbeit gelegt.

Der Erfolg des Projektes wurde anhand der Mitarbeiterzufriedenheit, der Bereitschaft zur Umsetzung von Neuerungen und der Anzahl der mitarbeiter- (führungskräfte-) initiierten Veränderungsimpulse gemessen.

Forschungs- und Praktikerliteratur bieten umfangreiche Listen zu Gefahren und hilfreichen Faktoren für organisationale Wandlungsprozesse. So listet z.B. *Jäckel* (2003, S. 648 f.) Fallen im geplanten Wandel als Organisationsentwicklungsprozess aus Sicht einer initiativen Führungskraft:

- Unklarheit im Kontrakt mit einer Projektleitung/Steuerungsgruppe
- Fehlende Rückendeckung vom Top-Management
- Zu dicht am Projekt, dadurch keine Selbstorganisation im Projekt

- Zu fern vom Projekt, dadurch Verlust des Bezugs und Commitments
- Falsche Personen in wichtigen Rollen
- Konflikte mit gegenseitiger Blockade
- Fehlendes Prozessdenken in der Steuerungsgruppe

Kolb (2010, S. 565) nennt in einer Zusammenschau:

- Das Problem überzogener kurzfristiger Erwartungen, die Projekte „mangels Erfolg" abwürgen,
- Zu starke oder zu häufige Veränderungen können überfordern. Auf jeder Welle mitzuschwimmen kann die Veränderungsfähigkeit real überfordern,
- Vorstellungen, dass es unmittelbare Einsichten und keine Widerstände geben wird,
- Konkurrierende Vorstellungen können Projekte abwürgen, z.B. die Vorstellung von Veränderung zum Nulltarif,
- Informationsdefizite erschweren Veränderungen (können Widerstand erhöhen oder Maßnahmen scheitern lassen, was nicht geschehen wäre, wenn die Information kommuniziert worden wäre).

Ferner kann nicht jede Organisation jede Interventionsform für sich erfolgreich nutzen oder auch nur ertragen (vgl. Kap. 6.1): Bei der Organisationsentwicklung spielt die „Rezeptivität" der Organisation für diese Interventionsstrategie eine wichtige Rolle (*Becker & Langosch*, 2002). Wenn die Organisation nicht bereit ist, Veränderungsprozessen Zeit einzuräumen, die Organisationsmitglieder aktiv partizipieren zu lassen, eine gewisse Toleranz bezüglich rollierender Zielsetzung und Maßnahmen zu zeigen und mitarbeiterorientierte Ziele mit effizienzorientierten zu integrieren, schließt sich Organisationsentwicklung dem Inhalt (oft nicht aber dem Begriff) nach aus.

Empirische Evidenz für die Wirksamkeit von geplanten Veränderungsprozessen ist methodisch belastbar nur schwer zu erlangen. So ergehen sich die Quellen oft in Anekdoten („Am Anfang war das Chaos. Dann aber sprach der HERR (Berater/Manager/Autor)...") oder „best practice"-Schilderungen, die positiv interpretierte Ergebnisse auf genau definierte Interventionen zurückführen, zumeist ohne die Gültigkeit dieses Schlusses wirklich zu prüfen. Schilderungen phantastischer Ergebnisse von Wandlungsprozessen werden ganz anders beleuchtet, wenn man sich die Untersuchungen wie die geschilderte (Kap. 5.2) von *Lieberson & O'Connor* (1972) in der amerikanischen Stahlindustrie betrachtet.

Kontinuierliche, langfristige Veränderungen gehen mit vielen veränderten Einflüssen, Zuständen und Faktoren einher, die die Ergebnisse ebenfalls beeinflussen. Revolutionäre Eingriffe können im Ergebnis das Unternehmen so verändern, dass eine Vorher-Nachher-Messung einem Vergleich von Äpfeln und Birnen gliche. So laviert auch *Gebert* (1995) bei seiner Übersicht zu den Auswirkungen von Organisationsentwicklung mit Kriterien- und Methodenfragen und kommt nur zu sehr vorsichtigen Einschätzungen.

Bei betriebswirtschaftlich orientierter Expertenberatung, bei der klar definierte Ziele vorgegeben werden, können (auf diese Zahlen bezogen) eindeutige Kontrollen stattfinden. Schwierig ist in dem Zusammenhang jedoch, mit Abweichungen umzugehen, da sie automatisch als „Misserfolg" zu gelten haben, aber natürlich von den Experten zu externalisieren versucht werden. Bei Organisationsentwicklung, bei der die konkreten Ziele erst im Verlauf der Maßnahme erarbeitet werden, geht das nicht. Noch weniger bei Lernenden Organisationen, dort handelt es sich eher um ein stetiges Voranschreiten, dessen Domänen und Zielausprägungen exakt festzulegen ein Stück der Idee widersprechen würde.

Die genannten Ergebnisse von *Thomas* (1988) zeigen, dass Erfolg in den Mitteln keinen Erfolg in den Zielen garantiert. Die Mittel werden aber häufig als Operationalisierung der Ziele herangezogen. Andererseits zeigen heftige Reaktionen in den Aktienkursen von Unternehmen die Wirkung, die schon offensichtlich symbolische Maßnahmen wie Absichtserklärungen hervorrufen können – vielleicht ein Hinweis darauf, dass in einem stark interessengeprägten Feld „neutrale" Evaluationen nicht nur mit schwerwiegenden methodischen, sondern auch mit massiven politischen Problemen zu kämpfen haben.

9. Für oder gegen wen und was führen?

Da Führung reflektiert und hinterfragt werden kann – sowohl in ihren *Mitteln* als auch ihrer *Legitimation*, vielleicht sogar in ihrer *Existenz*, stellt sich u.a. die Frage, *wofür* und *für wen* geführt wird; und da es in wirtschaftlichen Kontexten häufig genug um knappe Ressourcen geht, die nicht allen und immer zur Verfügung stehen: *wogegen*, d.h. auf wessen Kosten? Führt die Führungskraft vor allem, um ihre eigenen Ziele zu erreichen (falls sie sich deren bewusst ist)? Oder die des Unternehmens? Die der Gesellschaft? Die der Menschheit als Ganzes? Oder vielleicht die der MitarbeiterInnen? Oder aller? Spätestens dann stellt sich die Frage nach der Relation dieser Anspruchsgruppen und ihrer Bedürfnisse und Interessen zueinander:

- Widersprechen sie sich? – Müssen sie wohl nicht immer;
- Sind sie komplementär? – Zu Zeiten und Gelegenheiten;
- Besteht Harmonie? – Eher unwahrscheinlich, zumindest wenn man alle Anspruchsgruppen betrachtet.

Um Führung, Ziele und Handlungen zu legitimieren, werden Begründungen entwickelt und formuliert und diese sind Inhalt des folgenden Kapitels. Sie verweisen ein stückweit darauf, für (und ggfs. gegen) was und wen geführt wird.

Dabei werden hier verschiedene Ebenen von Begründungen und Handlungsorientierungen angesprochen, die sich auf verschiedene Umfänge von Führung(-saktivität) beziehen: Ideologische Begründungen von Führung haben einen umfassenden Geltungsanspruch (Kap. 9.1), ethische Überlegungen befassen sich damit, was im Allgemeinen gilt (Kap. 9.2) und Mikropolitik setzt um, was gerade jetzt im Augenblick gilt (Kap. 9.3). In diesem Feld von *immer* vs. *jetzt gerade*, von Nachhaltigkeit vs. Kurzzeitorientierung agiert Führung. Umgang mit diesem Dilemma wie mit anderen charakterisiert sie besser als glatt formulierte Definitionen. Der Umgang mit Dilemmata im Angesicht von Komplexität und Dynamik ist ein Ansatz, die Aufgaben, die *sich* den Führungskräften stellen, die *an sie* gestellt werden und die *sie sich* selbst stellen, genauer zu fassen und untereinander abzuwägen (Kap. 9.4).

9.1 Ideologie

Als Ideologie wird hier eine zusammenhängende gedankliche Konstruktion verstanden, die als umfassende Rechtfertigung einer bestehenden oder angestrebten/künftigen Wirklichkeit angeboten wird. Zu ihren sozialen Funktionen gehört es, die AnhängerInnen gegen andere Sichtweisen zu immunisieren, ihnen ein Zusammengehörigkeitsgefühl zu geben und sie für Auseinandersetzungen zu mobilisieren (vgl. *Tepe*, 2012). Aussagen als ‚ideologisch' zu bezeichnen, heißt sie brandmarken und abwerten (als Kontrastfolie dazu dienen z.B. wahre, wissenschaftliche, objektive Feststellungen). Die negative Wertung – ‚ideologisch' sind immer nur die Anderen! – gründet sich auf folgende Unterstellungen: Ideologien

- sind fundamentalistische Simplifizierungen, die alles aus einem Punkte zu kurieren versprechen;
- maskieren ihre Codes, Unterscheidungen und Absichten durch gefällige Oberflächen und lenken damit vom Kern der Sache (oder auch nur: anderen Sichtweisen) ab;
- vertauschen Geltungsansprüche (nennen z.B. *wahr*, was doch nur *vorteilhaft* ist);
- geben parteiische Teilinteressen als unstrittiges Gesamtinteresse aus; sie sind einseitig, aber mit totalitärem (allgültigem und allmächtigem) Anspruch;
- dulden keine Indifferenz, Ambivalenz oder Kritik, sondern fordern Parteinahme und Identifikation; Abweichungen von der dogmatisch vertretenen ‚reinen Lehre' werden intolerant geahndet;
- bieten Kurzschlüsse zwischen vorgeblichen Einsichten und Handlungsprogrammen an: weil man sicher *weiß*, hat man entschlossen zu *handeln*.

Gerade Zustände, Entwicklungen, Ergebnisse, die in Frage gestellt werden können – und wegen Interessengegensätzen in Frage gestellt werden – sollen durch Ideologien begründet und gerechtfertigt werden. Dabei richtet sich Ideologie an drei soziale Gruppierungen:

[1] Eine Gruppe (oder deren Repräsentanten) nimmt eine Ideologie in Anspruch, um sich gegenüber einer *outgroup*, die in sich geschlossen sein oder auch aus verschiedenen distinkten Gruppen bestehen kann und als Antagonist der ersten Gruppe wirkt (oder von dieser so gesehen wird), zu legitimieren.

[2] Sie gilt auch den Mitgliedern der sie verwendenden Gruppierung *selbst*. Sie gibt ihnen Orientierung, integriert und hält sie „in der Spur", sollten sie anfangen, die Zustände in Frage zu stellen.

[3] Schließlich richtet sie sich an „*die da draußen*", d.h. alle außerhalb der eigenen und der antagonistischen Gruppe, mit denen zwar keine unmittelbare Reibungsfläche besteht, die sich aber auch ihre Meinung bilden können und sich darauf aufbauend der Gruppierung gegenüber aufgeschlossen oder abweisend verhalten können.

Durch diese soziale Fokussierung strukturiert Ideologie den Handlungsraum sozialer Gruppen. Sie schaffen die Bühne, auf der sie ihre Wirkung entfalten können (vgl. Abb. 9.1).

Ein Beispiel aus dem wirtschaftlichen Kontext, das sehr vereinfacht und überspitzt ist und sich gerade deshalb gut zur Illustration eignet, ist: ingroup: Unternehmen A („kundenorientiert, ehrlich, gut") – Antagonist: die anderen Unternehmen der Branche („eigennutzorientiert, unsensibel, unseriös") – „die da draußen": die Kunden und andere Stakeholder (Lieferanten, Politik, Gesellschaft).

9.1.1 Ideologische Begründungen von Führung

Führung kann auf viele Weisen gerechtfertigt werden. Einige der meistgenannten Rechtfertigungen für „Führung" als Ganzes – nicht eine bestimmte Form oder ein bestimmter Stil der Führung – werden hier vorgestellt:

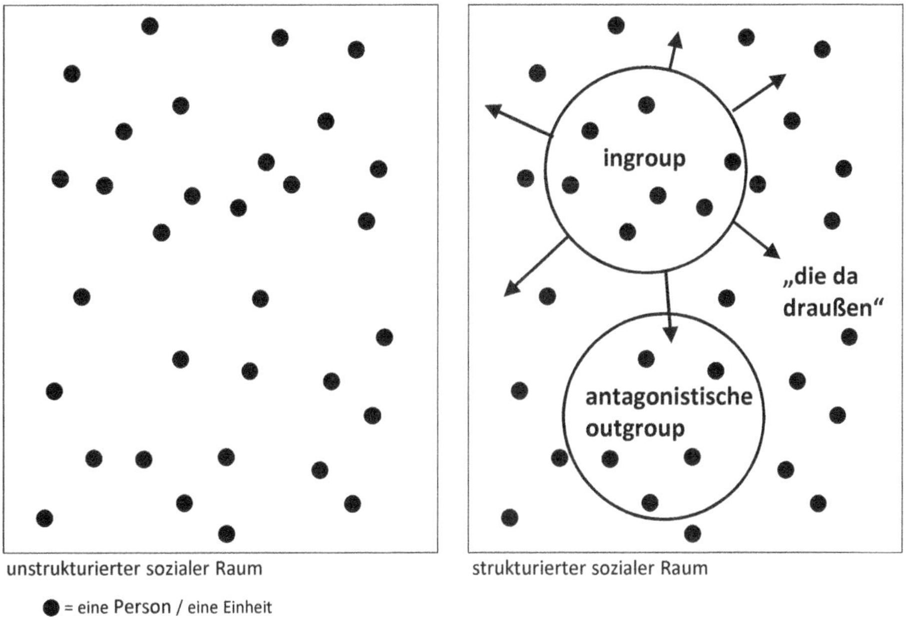

Abb. 9.1: Ideologie strukturiert den sozialen Raum und legitimiert Verhalten.

a) Führung gibt es, weil Menschen geführt werden *wollen*.

Die meisten Menschen sind unmündig (Kinder!). Sie wollen sich unterordnen, suchen die starke Hand und den Schutz des oder der Stärkeren und Überlegenen. Es ist eine Art biologisches Erbe, dass sich das Schwache dem Starken fügt.

Diese Argumentation ist ideologisch, weil sie einen Zustand, der durch Führung erst erzeugt wird, zur Voraussetzung von Führung macht.

b) Führung gibt es, weil Menschen der Führung *bedürfen*.

„Die meisten Menschen müssen geführt werden. Nur wenige vermögen aus sich heraus ihren Weg zu gehen. Alle Kinder bedürfen der Führung, alle Schwachen und Hilflosen, alle die sich verirrt haben, alle die die Gefahr nicht kennen“ (*Mehlis,* 1923, S. 356). Die einzelne Person, die nur einen beschränkten Einblick in die Zusammenhänge hat, kann ihr Handeln nicht wirksam mit dem anderer koordinieren, selbst wenn sie es ernsthaft wollte. Führungslosigkeit bedeutet Kopflosigkeit und Chaos. Nur jemand, der ‚über der Sache‘ (und den Menschen) steht, kann ihnen ‚einen Weg weisen‘.

Der Ideologieverdacht ist dann berechtigt, wenn zuvor durch Zerstückelung der Arbeit und das Vorenthalten von Informationen Orientierungslosigkeit erzeugt wird, die dann allerdings nach Zusammenschau und Zielsetzung verlangt (s.a. *Briefs,* 1934, S. 118).

c) Hierarchie ist ein *universales soziales Prinzip.*

Es wird die Vorstellung vertreten, dass aus Gründen der Erhaltung, Durchsetzung gegenüber anderen bzw. der Umwelt und des Wachstums soziale Gemeinschaften Führung zur Koordination brauchen sie und damit universalistisch ist. Aus diesen evolutionär-biologistischen Gründen wird Führung personalisiert gesehen. Es gibt für die Führerrolle unterschiedlich geeignete Personen. Daraus ergibt sich die soziale Hierarchie: „Eine Weltanschauung, die sich bestrebt, unter Ablehnung des demokratischen Massengedankens, dem besten Volk, also den höchsten Menschen, diese Erde zu geben, muss logischerweise auch innerhalb dieses Volkes wieder dem gleichen aristokratischen Prinzip gehorchen und den besten Köpfen die Führung und den höchsten Einfluss im betreffenden Volk sichern" (*Hitler,* 1931, S. 493). Eine derartige faschistische Ideologie fordert in Menschen verachtender Weise bedingungslose Unterwerfung unter den Willen eines Einzelnen, des ‚Führers', der – weil er sich aristokratisch zum Besten erklärt – gegen Kritik immunisiert ist. Den Betroffenen wird die Beteiligung an der Willensbildung oder deren Kontrolle verweigert.

Nach der Abschaffung der Monarchie und der alten ständischen Ordnung, die dem Einzelnen seinen festen Platz gab, fehlt ‚dem Menschen' etwas; und weil er wünscht, was er nicht hat, sehnt er sich nach dem ‚Führer', Erlöser, Heiland: „Alle Welt spricht heute vom Führerproblem. Doch offenbar deswegen, weil es überall an wahrhafter Führung gebricht… Der Mensch wünscht das herbei, was er nicht hat. Er sehnt sich nach dem, was er nicht mehr besitzt, oder was er anderswo bzw. bei anderen als glückbringendes Besitztum wittert. So sehnen wir uns heute nach dem ‚Führer'" (*Stadtler,* 1924, S. 5). Die „hin und her gepeitschte Masse schreit nun nach Bindung, nach Gemeinschaft, nach organischer und gerechter Gliederung; und sie sehnt sich aus demselben Noterlebnis heraus nach echter, nach erlösender Führung …" (*Stadtler,* 1924, S. 7).

d) Die Führungshierarchie ist Abbild und Ergebnis *menschlicher Fähigkeits- und Motivationsunterschiede.*

Wenn ein soziales System nach dem Leistungsprinzip organisiert ist, müssen besondere Begabungen und überdurchschnittlicher Einsatz dadurch belohnt werden, dass Aufstieg(!) ermöglicht wird (höherer Status, mehr Macht, mehr Funktionen). Die Chance einer solchen Belohnung stimuliert die besonders Begabten zur Konkurrenz um diese Vorrechte; für die Gemeinschaft produziert ein solcher Wettbewerb einen höheren Gesamtnutzen. Eine solche Rechtfertigung erfordert die hierarchische Abstufung von Belohnungen, denn nur dann können sie ihre Anziehungskraft entfalten.

Auch hier wird das zu Erklärende vorausgesetzt. Wenn hierarchische Differenzierungen gesellschaftlich besonders ausgezeichnet werden, können sie von anderen Motivierungen (Interesse an der Aufgabe, Fähigkeitsentfaltung, soziale Nützlichkeit etc.) ablenken.

e) Führung gibt es, weil Kollektive geführt werden *müssen.*

Ohne eine ‚starke' Führung zerfallen Kollektive und es machen sich Egoismus, Sonderinteressen und Rücksichtslosigkeit breit. Um einer solchen Zersplitterung und Zersetzung vorzubeugen, ist es nötig, die auseinander driftenden Vielen zu *vereinigen*, gleichzuschalten, zur Geschlossenheit zu bringen.

> „Die formlose Masse muss, will sie nicht im Chaos versinken und zu Grunde gehen - und das will sie nicht aus Selbsterhaltungstrieb – einen formgebenden Faktor suchen, den sie selbst nicht hat. Die Masse ist kopflos (oder ein Monstrum mit hundert Köpfen) und entwickelt mit der Zeit die begreifliche Sehnsucht, ein normaler Organismus zu werden, das will heißen, sie will ihren Kopf. Die kaiserlose, die schreckliche Zeit ist immer nur ein Interregnum" (*Gabriel*, 1937, S. 42).

Diese Erklärung unterstellt, dass Geschlossenheit und gemeinsames Handeln Werte an sich sind, die nicht in Frage gestellt werden dürfen. Es ist jedoch möglich, dass gerade Konflikte, abweichendes Verhalten und Konkurrenz zu Motoren neuer Entwicklungen werden. Führung würde sich dann als Lust an Zwang und Uniformierung entlarven.

f) Führung ist funktional, weil sie *erfolgreiches Handeln sichert.*

Hier werden technische Gründe vorgetragen: Mit steigender Größe, Komplexität und Differenzierung von Organisationen können die Ausführenden (vgl. Punkt c) die Zusammenhänge nicht mehr überblicken. Es ist deshalb nach sachlichen, also z.B. organisatorischen oder technologischen Lösungen für die Koordination zu suchen, um Menschen von willkürlich-autoritären Diktaten zu befreien. Solche Dauer- und Allgemeinregelungen erweisen sich aber angesichts der Dynamik und Komplexität der Verhältnisse oft als unzureichend oder gar hinderlich; die Führungskräfte sind deshalb als flexible Steuerungsglieder zu sehen, die – einem vorgegebenen Ziel verpflichtet – dafür Sorge tragen, dass auch bei Abweichungen und Störungen zielkonform gehandelt wird.

Der Ideologievorwurf leitet sich daraus her, dass das Führen als technischer Regelungsprozess versachlicht wird; damit wird verschleiert, dass es sich nicht um ein Effizienz- oder Rationalisierungsproblem handelt, sondern dass die ‚von oben' vorgegebenen Ziele bestimmten Eigentums- oder Verwertungsinteressen nützen, die aber nicht offengelegt, sondern als dem Führungsprozess äußerlich (eben: vorgegeben) deklariert werden.

Wenn die angeführten Begründungen als *Ideologie* klassifiziert wurden, weil sie zu Selbstwidersprüchen führen oder eine *petitio principii* betreiben (d.h. in den Voraussetzungen versteckt, was man daraus ableiten will), kann dann an ihre Stelle eine weniger angreifbare Legitimation gesetzt werden? Im Prinzip nein, weil das voraussetzte, dass man die reine Wahrheit unverstellt erkennen und ausdrücken könne. Eine Variante davon ist es, *alle* Erklärungen zu kennen, sie nebeneinander zu stellen und sie gerade durch diese Gegenüberstellung wechselseitig zu relativieren. So scheinen die Ansätze teilweise aufeinander zu fußen bzw. aufzubauen. Beispielsweise legt d) den Mechanismus zur Wahl der Führungsperson offen, die nach c) unumgänglich ist und für Gedeih und Verderb des betrachteten sozialen Kollektivs verantwortlich ist.

9.1.2 Funktionen von Führungsideologien

Nachdem verschiedene ideologische Begründungen von Führung dargestellt wurden, ist zu fragen, welche Funktionen oder Wirkung Ideologien haben.

a) Ideologien sind Wahrnehmungsfilter und Denkraster.

Die Welt ist komplex und alles darin ist mehrdeutig oder kann zumindest unterschiedlich gedeutet werden. Prozesse und Veränderungen bleiben oft unentdeckt und ihr Ergebnis tritt dann überraschend ein. Wer die Welt verstehen und in ihr handeln will, muss sie ordnen, strukturieren, vereinfachen. Er braucht Kategorien, in die er die chaotische Ungestalt der Eindrücke sortieren kann, damit er handeln und denken kann. Ideologien bieten solche Kategorien. Mehr noch: Sie bewerten sie nach gut/richtig/notwendig etc. vs. schlecht/falsch/unerheblich etc. Insofern haben Ideologien auch eine ‚exklusive' Wirkung: Sie schließen bestimmte Erfahrungen von vorneherein von der Kenntnisnahme und damit von der Weiterverarbeitung aus.

b) Ideologien liefern Deutungsmuster.

Ideologien setzen nicht nur Nahsichtbrillen (oder gar Färb- und Umkehrbrillen) auf, sie haben überdies eine narkotisierende oder halluzinatorische Wirkung: Das Geschehene (eigentlich bloß: Gesehene) wird in spezifischer Weise weiterverarbeitet; es gibt eingefahrene Denkbahnen und Kurz-Schlüsse; die differenzierte Ursachenanalyse und das Vergegenwärtigen und Ergründen von Mehrdeutigkeiten und Widersprüchen sind aufwändig und führen oft trotzdem nicht zur „Wahrheit" oder auch nur zum Erfolg. Also kann es als zweckmäßig erscheinen, Muster oder Bilder zu nutzen, die schnell und ohne die Mühsal von Analyse und Einsicht in den Irrtum wirken (vgl. *Chaiken & Trope*, 1999; *Strack & Deutsch*, 2002; *Fiske & Taylor*, 2013, S. 31 ff.). Man weiß, warum alles so kommen musste wie es kam.

c) Ideologien haben eine sinngebende und handlungsbegründende Wirkung.

Geht man davon aus, dass menschliches Handeln nicht nur als reflexhafte Reiz-Reaktions-Koppelung (siehe auch Kap. 6.2) oder als unbewusst triebdeterminiert zu verstehen ist (z.B. *Freud*, 1938), sondern akzeptiert man (zumindest zusätzlich) die in den kognitiven Handlungstheorien vorausgesetzte Tendenz nach Stimmigkeit und Dissonanzfreiheit (*Festinger*, 1957; *Gawronski & Strack*, 2012), dann besteht eine weitere Funktion von Ideologien darin, den Einzelnen diese Konsistenzerfahrung zu vermitteln: Was sie tun und wollen, ist konsequent und gerechtfertigt; sie bleiben geltenden oder eigenen Grundsätzen treu; sie verstehen nicht nur die Welt, sondern auch sich selbst (besser); für sie und andere hat Sinn, was sie getan haben oder zu tun vor haben; sie können Umwege gehen und Opfer und Lasten tragen, weil diese um des Höheren oder Ganzen willen gefordert sind.

Handeln bedeutet immer Festlegung und damit Verzicht auf und Vernichtung von Alternativen. Diese Komplexitätsreduktion ist unausweichlich; etwas anderes ist es aber, sich über die Prinzipien dieser Handlungsregulierung klar zu werden, sie offen zu legen und damit kritisier- und veränderbar zu machen. Es erweist sich dann, ob Einverständnis über sie herbeigeführt werden kann oder ob der Dissens Entwicklungen anregen kann, deren Ergebnisse auf breiterer Front akzeptiert werden. Ideologien helfen, solche Offenlegungen und Diskussionen zu vermeiden.

d) Ideologien ergänzen Konditional- und Zweckprogramme.

Luhmann (1968) hat zwei Alternativen der Systemsteuerung diskutiert: Konditionalprogrammierung, bei der jeder Handelnde gehalten ist, beim Eintreten einer bestimmten klassifizierten Situation eine spezifische vorgeschriebene Reaktion zu zeigen (z.B.: „Wenn ein Mitarbeiter mehr als zehn Minuten zu spät kommt, dann muss die Vorgesetzte dies der Personalabteilung mitteilen!"). Zweckprogramme nennen demgegenüber den zu erreichenden Zustand und überlassen es den Handelnden weitgehend selbst, jene Vorgehensweisen zu wählen, die sie zur Zielerreichung für sinnvoll halten (z.B. wenn ein Mitarbeiter entgegen den Vorschriften zehn Minuten zu spät kommt, kann die Vorgesetzte „ein Auge zudrücken", wenn der Mitarbeiter trotzdem sein volles Leistungspensum erbringt, weil es letztlich allein um hohe Produktivität der Abteilung geht). Bei buchstabengetreuer Ausführung können Konditionalprogramme zur Paralysierung einer Organisation führen (siehe ‚Dienst nach Vorschrift'). Zweckprogramme laufen Gefahr, dass um bestimmter Ziele willen Mittel eingesetzt werden, die aus übergeordneten Gesichtspunkten nicht tolerierbar sind.

In beiden Fällen kann Ideologisierung einen Ausweg eröffnen: Wenn erreicht werden kann, dass die Handelnden einen Satz von Werthaltungen und Überzeugungen so verinnerlicht haben, dass sie als Maximen ihres Handelns fungieren, dann kann externe Kontrolle wegfallen, weil die Akteure von sich aus wollen und tun, was sie sollen. Wenn es in einer Organisation z.B. als ausgemacht gilt, dass man(!) die Budget-Aufstellung offen und fair diskutiert, dann braucht man nicht zu versuchen, mikropolitisches Taktieren durch endlose Regelwerke, moralische Appelle oder prozentuale Kürzung aller Forderungen einzudämmen.

e) Ideologien stiften und kräftigen Zusammenhalt.

Ein einheitliches, von vielen geteiltes Weltbild geht mit einer gemeinsamen Sprache einher. Man versteht sich und teilt diese gleiche Wellenlänge auch in Abkürzungen, Symbolen, Ritualen etc. mit: Wer die Dinge so sieht, wie wir sie sehen, der ist einer von uns! Das Wir-Gefühl gewährleistet gleichzeitig eine soziale Validierung (Bekräftigung, Erhärtung, Beleg) der Überzeugungen, die sich oft genug einer unmittelbaren empirischen Prüfung entziehen: „Wenn aber viele so denken wie ich, dann können diese vielen nicht irren – und ich/wir habe(n) Recht." Je vager und unakzentuierter eine Ideologie, desto umfangreicher kann ihre Anhängerschaft sein, weil sie weniger ausgrenzt; deswegen werden große heterogene Organisationen weniger profilierte Ideologien vertreten, um es möglichst vielen recht zu machen. Je pointierter, radikaler und extremer eine Ideologie, desto kleiner ihre Klientel und desto prägnanter wird sie sich von Andersgläubigen abschließen müssen, um die eigene Identität nicht aufs Spiel zu setzen. Die kontrastierende Abhebung von den (ganz) Anderen wirkt solidarisierend im Innenbereich. Die stabilisierende Grenzziehung mündet nicht selten in die Überzeichnung „der Anderen" zum Feindbild.

9.1.3 Taxonomien zu ideologischen Bildern der Führung

In der bisherigen Betrachtung ging es darum, Erscheinungsformen und Funktionen von Ideologien über Führung darzustellen. Diese Überlegungen sollen dazu anregen, Führung nicht als Selbstverständlichkeit zu betrachten und zum Alltagsgeschäft der PraktikerInnen überzugehen. Die wollen sich nicht in theoretische Spekulationen verirren, sondern handfeste Problemlösungen vom Typus: ‚Wir brauchen Führungskräfte, was ist die beste Methode der Auslese?' haben. Das Privileg von TheoretikerInnen ist es, weniger unter dem Druck konkreten Handelns zu stehen. Sie können es sich leisten, nach den Hintergründen eines Auftrags zu fragen und die aufgedrängte Problemdefinition selbst zu problematisieren – um damit zu anderen (vielleicht sogar neuen) Ansichten und Lösungen zu kommen. Will man Ideologien in Frage stellen, muss man sie zunächst als solche identifizieren. Die Rede von *der* Führungsideologie verschleiert, dass es verschiedene Ideologien gibt. Deshalb soll nun aus verschiedenen Blickwinkeln eine solche Bestandsaufnahme vorgenommen werden.

9.1.3.1 Historische Entwicklungsstadien der Management-Ideologie nach *Bendix* (1956)

Führungsideologien sind nicht aus der gegenwärtigen Situation allein zu verstehen. In ihnen sind immer auch Denk-Traditionen und Relikte historisch bewährter oder verklärter Wirklichkeitsdefinitionen enthalten. Um die gegenwärtige Situation zu verstehen und zu ermessen, in welchem Umfang frühere Auffassungen vererbt, neu belebt oder kombiniert wurden, ist es deshalb von Vorteil, sich die Entwicklung der Managementideologien in den westlichen Zivilisationen vor Augen zu führen. *Bendix* (1956, deutsch: 1960) hat den Versuch unternommen, diese Entwicklung nachzuzeichnen (ähnliche Systematiken haben z.B. *Walter-Busch,* 1977 und *Werhahn,* 1980 vorgelegt).

Die historische Entwicklung der Managementideologie in den westlichen Industrienationen lässt sich in Anlehnung an *Bendix* bis zum Jahr 1950 in den folgenden fünf Phasen skizzieren.

Siehe dazu auch Tab. 9.1 unten; eine detailliertere Darstellung findet sich in Zusatzdokument 35.

Die Ideen bilden sich nicht spontan in den Köpfen der Herrschenden, um dann von diesen souveränen Tätern zur Wirklichkeit gemacht zu werden, sondern sind umgekehrt Reflex gesellschaftlicher Entwicklungen:

[1] In einer Zeit stabiler Besitz- und Machtverhältnisse vor dem Beginn der Industrialisierung dominierte eine ständische Ordnung. Zum Führer war man ebenso geboren wie zum Geführten. Das gesellschaftliche Oben und Unten wurde als gottgewollt akzeptiert; es gab keine historisch bewährte Alternative zu dieser fixierten Schichtung.

[2] Durch die ‚Befreiung der Arbeit' aufgrund verschiedener gesellschaftlicher Entwicklungen entstand ein Arbeitskräftepotential, das zur verlässlich konstanten, methodischen und regelmäßigen (Fabrik-)Arbeit erzogen werden musste (*Frühindustrialisierung*). Für die scheinbar faulen und zu Höherem unfähigen Arbeiter bestand keine Fürsorgepflicht mehr; sie konnten nur durch Hunger und Verelendung dazu gezwungen werden, sich der Disziplin ihrer Herren unterzuordnen, die – um ihren Profit zu sichern und weil sie in Konkurrenz mit anderen Herren standen – die Kosten für Löhne, Sozialleistungen und die Gestaltung der Arbeitsbedingungen, möglichst niedrig hielten.

[3] Die Ansammlung von wirtschaftlicher Macht bei Kaufleuten und Unternehmern ließ die überkommene ständische Ordnung veralten; im Bündnis zwischen Bürgern und Proletariern wurde sie z.T. revolutionär beseitigt (*Zeitalter der Bürgerlichen Revolutionen*). Die neue Herrschaft legitimierte sich mit den bürgerlichen Idealen der Freiheit und Gleichheit: Jeder hat die Möglichkeit, sich hochzuarbeiten; wer nach oben gekommen ist, hat damit bewiesen, dass er überlegen ist (Idee des Sozialdarwinismus).

[4] Mit zunehmender Expansion und Technisierung wurden Möglichkeiten der Rationalisierung gesucht (*Hochindustrialisierung*). Die Erfolge der Naturwissenschaften gaben dazu Anlass, ihre Denkprinzipien auch auf wirtschaftliche Organisationen anzuwenden: Persönliche Herrschaft mit all ihren Zufälligkeiten und Irrationalitäten sollte durch wissenschaftlich rationales Vorgehen ersetzt werden. Führer wie Geführte hatten sich den gleichen objektiven Gesetzen unterzuordnen, beide sollten sich gleichermaßen als Diener der gemeinsamen Sache sehen (Ideen der wissenschaftlichen Betriebs- und Unternehmensführung).

[5] Der wachsende Wohlstand und vor allem die steigende rechtliche und gewerkschaftliche Absicherung der Arbeitnehmer schränkten die Möglichkeiten ein, durch Druck und Zwang zu führen (*Demokratisierung*). Die komplexer werdende Produktion hing zudem immer mehr von der Bereitschaft der Arbeitnehmer ab, nicht unmittelbar kontrollierbare Handlungsbereitschaften zu entwickeln und konstruktiv einzusetzen (Zusammenarbeit, Loyalität, Mitdenken etc.). Durch eine Intensivierung der sozialen Beziehungen, durch Rücksichtnahme und Respektierung sollte die Führungskraft das Vertrauen der MitarbeiterInnen gewinnen und erhalten. Führung wurde Teamwork, der Führer zum Koordinator von sachverständigen und selbstbewussten Menschen (Idee der Leistungsüberlegenheit von kooperativer Führung und Organisation).

Wenn damit die Entwicklung bis in die 1950-er Jahre gekennzeichnet ist, welche Veränderungen haben sich dann seitdem ergeben? Jüngere Modelle verweisen auf Interpretationsmöglichkeiten, die dann (erst) in der jeweiligen Gegenwart ihrer Veröffentlichung an Schärfe und Einheitlichkeit verlieren und damit den Blick darauf richten, was heute als Postmoderne bezeichnet wird.

9.1.3.2 Menschenbilder nach *Schein* (1965)

In der Organisationstheorie und -psychologie wird auf das Bild vom Menschen vor allem deshalb eingegangen, weil sich in diesen Auffassungen – Stereotype der Führungskräfte von den Geführten – typische Handlungsmaximen widerspiegeln. Wer z.B. Arbeitnehmer für grundsätzlich faul und inkompetent hält, wird sich in seinem Verhalten entsprechend darauf einstellen. Vor allem *Schein* (1965, 1974, dazu z.B. auch *Kirchler Meier-Pesti & Hofmann*, 2004) hat die verschiedenen Auffassungen über den arbeitenden Menschen systematisiert (s. aber auch *Staehle,* 1980, 1999; *Lilge,* 1981; *Weinert,* 1995, 2004).

a) Der rationale Mensch

Mit dieser Konstruktion eines *homo oeconomicus* wird Bezug genommen auf den ‚wissenschaftlich' kalkulierenden Menschen, der seine individualistischen Ziele konsequent und rational verfolgt. *Taylors* (1913) Konzept der ‚wissenschaftlichen Betriebsführung' liegt eine solch technisch-nüchterne Haltung zugrunde. Hierin lässt sich unschwer die Nähe zu *Bendix'* viertem Stadium erkennen.

b) Der soziale Mensch

Die von *Mayo* inspirierte Human-Relations-Bewegung propagierte die soziale Determiniertheit menschlichen Handelns: Der einzelne fügt sich den Normen seiner Gruppe und strebt nach Anerkennung, Nähe, Zugehörigkeit: „Sage mir, zu welcher Gruppe Du gehörst, und ich sage Dir, wer Du bist!"

c) Der selbstaktualisierende Mensch

Dieses Menschenbild führt die bisher skizzierte Entwicklungslinie von *Bendix* (1956) fort zu einem neuen Typus. Auffällig ist die Konzentration auf das Individuum: Selbstverwirklichung und psychologisches Wachstum, Ich-Bedürfnisse und Autonomie sind die zentralen Begriffe, die z.B. in *Maslows* (1954) Bedürfnishierarchie die obersten Plätze einnehmen.

d) Der komplexe Mensch

Hier wird im Unterschied zu den drei genannten Auffassungen, die jeweils inhaltliche Akzente setzen, einer Dynamisierung das Wort geredet: Der Mensch ist flexibel, formbar, lern- und wandlungsfähig, er kann nicht auf eine bestimmte Eigenart festgeschrieben werden, sondern verändert sich je nach den Anforderungen der Situation, in der er handeln muss. Im Grunde stellt das Bild vom *komplexen Menschen* die Verteidigung eines Menschen dar, der zum gefügigen Produkt seiner Umwelt wurde: Er *wird*, wie er gebraucht wird!

Welche gesellschaftlichen Veränderungen korrespondieren diesen letzten beiden Menschenbildern, die in der Rekonstruktion von *Bendix* nicht aufgetaucht waren?

Eine bürokratisierte und technisierte Welt nimmt der oder dem Einzelnen immer mehr die Chance, ihre oder seine persönliche Einmaligkeit und Unverwechselbarkeit zum Ausdruck zu bringen, ja überhaupt zu entfalten. Sie oder er wird zur Charaktermaske der gesellschaftlichen Verhältnisse und ist wie sie: genormt, berechenbar, rationalisiert, funktionsfähig etc... Die unterdrückte Sehnsucht, die eigene Identität zu entfalten, soll von den Führenden gestillt werden durch eine Individualisierung der Arbeitsbedingungen, durch Ermöglichung ‚intrinsischer Motivation' (durch herausfordernde Aufgaben,

Erfolgserlebnisse, Selbstbestätigung, Kompetenzerweiterung, Verantwortungsübertragung etc.), durch Anerkennung und Hervorhebung des Einzelnen (Auszeichnungen, Statussymbole, Einkommensdifferenzierung etc.). Entgegen aller erdrückenden Alltagserfahrung, doch nur ein auswechselbares Rädchen im Getriebe zu sein, soll symbolisiert werden, dass es auf den Einzelnen ankommt und dass dieser Einzelne in sich selbst die Erlösung findet. Wenn es um ihn selbst geht (und das ist hier ja das höchste Entwicklungsstadium), ist jeder sich selbst der Nächste, er braucht keine solidarische Unterstützung durch Andere. Die Selbstverwirklichungsbewegung suggeriert dem Individuum, sein eigener Führer zu sein, anders zu sein als die gesichtslosen Anderen, unabhängig zu werden und nicht mehr verraten, verlassen und verkauft zu werden.

Die Konstruktion eines *komplexen Menschen* verdankt sich nicht (nur) der Einsicht in die Beschränktheit und Einseitigkeit der vorausgegangenen Konzeptionen. Sie offenbart auch nicht die endlich erlangte Wahrheit über das eigentliche Wesen des Menschen. Das jeweils typisierte Menschenbild ist der in einer konkreten historischen Situation geforderte Mensch: Wenn sich durch rasanten technologischen und wissenschaftlichen Fortschritt Arbeitsbedingungen, Berufsbilder und Lebensplanung fortwährend ändern, wenn man durch Zusammenbrüche oder Fusionen gezwungen oder durch neue Chancen verlockt, den Arbeitsplatz wechseln muss, wenn man sich ständig auf neue Arbeitsinhalte und -kollegInnen einstellen muss – dann kann in einer solch dynamischen Umwelt natürlich ein traditionsverhafteter, auf Bewahrung und Stabilität fixierter Menschenschlag nicht reüssieren. Es sind vielmehr diejenigen gefragt, die den ständigen Wandel nicht nur hinnehmen oder mitmachen, sondern sogar brauchen und aktiv betreiben. In derselben Unbefangenheit, in der mit den ersten drei Menschenbildern davon ausgegangen wird, der Mensch sei wie er ist und zwar alle Exemplare gleich, behauptet dieses vierte Menschenbild nun, dass das genau nicht so ist; weder seien die Menschen einander gleich, noch brauche der Einzelne das zu bleiben, was er einmal war, sondern könne das quasi nach Belieben (des Unternehmens) ändern (vgl. hierzu die Fragen der persönlichen Identität Kap. 5.3 und nach Individualisierung Kap. 7.1).

Wenn sich Organisationen fortwährend entwickeln müssen (s. Kap. 8.3), dann mit ihnen auch die Menschen. Im Grunde ist der *komplexe Mensch* nicht die Fortsetzung des *sich selbst aktualisierende Menschen*, sondern die Gegenbewegung dazu: der Einzelne hat sich dem System und seinen Veränderungen bereitwillig und aktiv unterzuordnen und sich so vielseitig zu entwickeln, dass er ‚unter allen Umständen' funktionstüchtig ist. Angesichts von unüberschaubarer Komplexität der Organisationen und Technologien, von Internationalisierung der Unternehmen und Märkte, von staatlicher Einflussnahme und ‚konzertierten Aktionen' hat sich der Einzelne dem Gang der Dinge zu fügen – nicht fatalistisch, sondern überzeugt im Glauben in die Selbstheilungs- und -steuerungskräfte des Systems. Wer mitmacht, stört nicht. Denn Störung der Funktionsfähigkeit ist das schlimmste Delikt, dessen eine/r beschuldigt werden kann; etwa dann, wenn er in engstirniger, fundamentalistischer und egozentrischer Weise nach Selbstbestimmung, Emanzipation und dem menschlichen Maß fragt.

Mit dem Sieg des Kapitalismus über den real existierenden Sozialismus ist zum Ende des 20. Jahrhunderts ein neues Menschenbild erstanden (oder reanimiert worden): das *souveräne Ich*. Im Neoliberalismus feiert einmal mehr der *homo oeconomicus* Wiederauferstehung. Abhängige ArbeitnehmerInnen sollen sich als *ArbeitskraftunternehmerInnen* (*Pongratz & Voß*, 2004) imaginieren, also sich selbst zum Produkt machen, das eine Marke ist und vermarktet werden muss: *ego branding*. Die Mutation der Großunternehmen zu kleinen flexiblen Netzwerken wird (trotz ungebrochener ‚mergermania') konstatiert oder für die nahe Zukunft prognostiziert. Unternehmen werden virtuell, die Produzenten arbeiten in wechselnden Teams an einzelnen Projekten zusammen; die Teams konfigurieren sich neu, wenn neue Vorhaben anstehen. Jeder Einzelne ist für sich selbst verantwortlich und muss für seine eigene *employability* (Beschäftigungsfähigkeit, vgl. *Fugate, Kinicki, & Ashforth*, 2004) sorgen, es ist von der ‚Aktie Ich', der ‚Selbst GmbH', der ‚Ich-AG' die Rede. Die von den Marxisten beschworene Durchkapitalisierung ist vollendet; die ‚Ware Arbeitskraft' wird nicht mehr länger von den Arbeitgeber-Kapitalisten ausgebeutet, sie ist ihr eigener Arbeitgeber und besorgt das vormalige Geschäft des Klassenfeindes an sich selbst. In einer solchen Situation ist es nur konsequent, dass (Fremd-)Führung zur Selbstorganisation umbenannt wird. Es genügt, eine begeisternde Vision zu kommunizieren; die Arbeitskraft-Unternehmer werden dann von selbst(!) alle Hebel in Bewegung setzen, sie zu realisieren. Auf geradezu wundersame Weise sind Gehorsam, Kontrolle, Solidarität etc. in Initiative und Querdenken, Selbstkontrolle und Vertrauen, Konkurrenz und Eigennutz verwandelt worden. Auch hier ist die kontrafaktische Strategie allen Ideologisierens greifbar: Der Alltagserfahrung, dass es mit Freiheit und Selbstverantwortung, flexiblen selbstorganisierten Teams und grenzenloser Selbstvermarktung nicht weit her ist, wird entgegengehalten, dass der neue Trend die *künftige* Realität sei und dass es in der Modellwelt des e- und m-business genügend Beispiele für die *brave new world* gebe. Das Kapitalinteresse nach Steigerung der Umschlagsgeschwindigkeit, hoher Verzinsung und Akkumulation wird zur Notwendigkeit umdefiniert, der sich niemand mehr entziehen könne. Die Erzeugung von lauter Schein-Selbstständigen, den „neuen Selbständigen", ist die Konsequenz aus der einseitigen Sicht von stabilen Stammbelegschaften als innovationsscheu, rigide, veraltet und kostenintensiv (wegen der „Leerkosten", die durch fehlende geschmeidige Anpassung an die aktuelle Auslastung und vom Unternehmen zu finanzierende Qualifizierung entstehen). Die Kehrseite der hohen inneren Flexibilität von stabilen Belegschaften, der gegenseitigen Unterstützung, der Vertrauensbildung und Loyalität wird nicht gesehen. Stattdessen wird der passende *Darwiportunist* maßgeschneidert: In dem von *Scholz* (1999, 2003) geprägten Kunstwort, das aus Darwinismus und Opportunismus zusammengesetzt ist, soll enthalten sein, dass (nun auch) moderne Arbeitskräfte bindungslos und vorteilsmaximierend jede neue Chance ergreifen und sich nicht durch Rücksichten auf Gemeinsinn, Loyalität und Verpflichtung bremsen lassen (s. auch *Sennett*, 2000).

9.1.3.3 Manager-Typen nach *Maccoby* (1976)

Eine andere Möglichkeit, gegenwärtig gültige Führungsideologien zu identifizieren, bietet eine sozialpsychologisch-psychoanalytische Untersuchung, die *Maccoby* (1976, deutsch: *Maccoby & Deymann*, 1979) an Managern in amerikanischen Großunternehmen durchgeführt hat. Aufgrund von Tiefeninterviews mit drei- bis zwanzig-stündiger Dauer, die sich auf die „Gesamtorientierung zur Arbeit, zu Wertvorstellungen und zu Eigenidentität" bezogen (*Maccoby & Deymann*, 1979, S. 33), konnte *Maccoby* vier Typen von Managern kontrastierend gegenüberstellen:

a) Der Fachmann (*the craftsman*)

Es ist der Typ des rational denkenden, um Qualität und Sparsamkeit bemühten, ruhigen, bescheidenen, praktischen und aufrichtigen Menschen, also jener Typus, der oben schon als objektiv-nüchterner und sachlich wissenschaftlicher Mensch beschrieben wurde, den *Taylor* (1913) unterstellt hatte bzw. erzeugen wollte und den *Weber* (1921) den für die rationale Herrschaft notwendigen ‚Fachmenschen' genannt hat.

b) Der Dschungelkämpfer (*the jungle fighter*)

Sein Ziel ist Macht: „Er erfährt das Leben und die Arbeit als einen Dschungel (nicht als Spiel), in dem es heißt, friss oder werde gefressen und in dem die Sieger die Verlierer vernichten. Ein Großteil seiner Kräfte ist dem Budget des inneren Verteidigungsministeriums zugewiesen" (*Maccoby & Deymann,* 1979, S. 35). Er „ist stolz darauf, gefürchtet zu werden" (S. 65).

Maccoby sieht *Andrew Carnegie* (1835-1919), einen bekannten und legendären amerikanischen Stahlmagnaten als Prototyp eines solchen Dschungelkämpfers:

„Wie viele Dschungelkämpfer, denen ich begegnet bin, liebte es *Carnegie*, sich als ein guter Mensch zu sehen, besorgt um den Fortschritt und das Wohl der Arbeiter. Ja, er hielt sich sogar für einen Radikalen. Als junger Mensch war er *Jackson*scher Demokrat und religiöser Skeptiker gewesen. Als Industrieller schrieb er später Traktate zur Unterstützung des Tarif- und Koalitionsrechts der Arbeiter. Aber seine eigenen industriellen Ziele waren Macht und Profit, gewonnen durch die neue Technologie, die Kosten senkende Massenproduktion und neue Managementtechniken, um die Löhne zu senken. Unter der Führung von *Carnegie* wurde die Stahlindustrie zur am weitesten fortgeschrittenen ihrer Zeit. Ein Modell für andere Industrien – dafür, die Zünfte unabhängiger Handwerker zu zerschlagen und *Taylorsche* Managementmethoden einzuführen, die die Arbeiter ihrer Würde beraubten und die Arbeitsplätze so umgestalteten, dass sie von ungelernten und angelernten Kräften besetzt werden konnten. Die Handwerker, die in Homestead gegen den industriellen ‚Fortschritt' kämpften, wurden, trotz der Versicherungen *Carnegies* und der Unterstützung durch die Öffentlichkeit, von Polizisten und Soldaten zusammengeschlagen, verletzt und umgebracht. Als das Management erst einmal die Kontrolle über den Produktionsprozess gewonnen hatte und die Gewerkschaft vernichtet worden war, bot *Carngie* eine Verkürzung der Arbeitszeit und andere Vorteile an, die die Beschäftigten besänftigen würden. In späteren Jahren schrieb und dozierte *Carnegie*, dass die amerikanische Demokratie die Zukunft sei, zum Teil weil sie dem außergewöhnlichen Individuum wie ihm selbst das Hochkommen ermöglichte, dem armen Jungen, der zum Führer der Gesellschaft aufstieg (was er war), der ‚wilden Blume … in den Wäldern einsam aufgefunden, keiner Hilfe der Gesellschaft bedürfend'" (*Maccoby & Deymann,* 1979, S. 63 f.).

Bezogen auf die oben dargestellte historische Analyse repräsentiert der Dschungelkämpfer das Bild des Unternehmers der Frühindustrialisierung, der seinen eigenen Erfolg sozialdarwinistisch rechtfertigt und die Unterlegenen für minderwertig hält.

c) Der Firmenmensch (*the company man*)

Er ist der „Mann der Organisation oder Funktionär, dessen Identitätsgefühl sich darauf gründet, dass er Teil einer mächtigen, schützenden Firma ist. Sein stärkster Zug ist die Sorge um die menschliche Seite des Unternehmens, sein Interesse an den Gefühlen der Menschen in seiner Umgebung" (*Maccoby & Deymann,* 1979, S. 35). Er ist auf der negativen Seite gekennzeichnet durch „unterwürfige Kapitulation vor der Organisation und der Autorität, sentimentale Idealisierung der Macht Habenden, eine Tendenz, das Ich zu verraten, um Sicherheit, Komfort und Luxus zu gewinnen" (*Maccoby & Deymann,* 1979, S. 78). Es liegt nahe, diesen Typ in den Stammbaum der durch die Human-Relations-Bewegung gezeugten künstlichen Menschen einzuordnen.

d) Der Spielmacher (*the gamesman*)

Diesen letzten Typ nennt *Maccoby* den „neuen Menschen" und den in seiner Studie „führenden Charakter".

> *The gamesman*:
>
> „Sein Hauptinteresse gilt der Herausforderung, der auf Konkurrenz beruhenden Tätigkeit, in der er sich als Sieger beweisen kann … Er reagiert auf Arbeit und Leben wie auf ein Spiel. Wettbewerb putscht ihn auf … ihm gefallen neue Ideen, neue Techniken, frische Methoden und Abkürzungen … Sein Hauptziel im Leben ist, Sieger zu sein" (*Maccoby & Deymann,* 1979, S. 36). „Er sieht ein sich entwickelndes Projekt sowie menschliche Beziehungen und seine eigene Karriere in der Form von Optionen und Möglichkeiten, wie ein Spiel. Sein Charakter ist eine Kollektion von Beinahe-Paradoxien, die nur zu verstehen sind durch seine Anpassungsfähigkeit an organisatorische Erfordernisse. Er ist kooperativ, aber auf Wettbewerb eingestellt; gelöst und ausgelassen, aber zwanghaft zum Erfolg getrieben; ein Mannschaftsspieler zwar, aber gern wäre er Superstar; ein Teamleiter, aber häufig ein Rebell gegen die bürokratische Hierarchie; fair und unvoreingenommen, aber er verachtet Schwäche; zäh und beherrschend, aber nicht destruktiv. Zum Unterschied von anderen Berufstypen ist seine Energie darauf gerichtet zu konkurrieren, jedoch nicht darauf, ein Imperium aufzubauen" (*Maccoby & Deymann,* 1979, S. 83).

Die Ideologie, aus der heraus der Spielmacher handelt, lässt sich wohl am besten im deutschen Ausdruck des „Machers" verdeutlichen: An der Mitgestaltung von Zielen oder ihrer moralischen Bewertung ist er weniger interessiert, er investiert vielmehr seine ganze Kraft darein, die Dinge am Laufen zu halten, andere zu übertrumpfen in einem Wettbewerb, dessen Kriterien Schnelligkeit, Wirtschaftlichkeit, Durchsetzung, Marktanteil etc. sind. Anders als der biedere und seriöse Fachmann, anders als der entscheidungsscheue und gruppenorientierte Firmenmensch und anders auch als der machtbesessene rücksichtslose Dschungelkämpfer ist der Macher nicht nur ein idealer Krisenmanager, sondern auch ein treuer und dynamischer Diener seines Herren: Welchen Auftrag er auch immer erhält, er setzt seinen Ehrgeiz daran, ihn besser auszuführen als alle anderen – er will Sieger sein und sich zudem auf seinen Lorbeeren nicht ausruhen, sondern die nächste Herausforderung suchen.

Damit ist der Macher ein ersetzbares, austauschbares Instrument: in seiner Ziellosigkeit beliebig einsetzbar. Wenn die Verhältnisse durch Transparenz, Wettbewerb, fortwährende Innovationen, wechselnde Koalitionen, Instabilität und kurze Reaktionszeiten charakterisiert sind, dann liefert die Macher-Ideologie (bzw. -Pragmatik) die besten Grundlagen für Erfolg und Überleben. Der ‚Spielmacher' *Maccobys* ähnelt dem ‚komplexen Menschen' von *Schein* (vgl. Tab. 9.1): er vereinigt in sich die anderen drei Typen und ergänzt sie durch die Fähigkeit zu flexiblem und angepasstem Einsatz. Mit dem *gamesman* hat Maccoby den Turnschuh-Kapitalisten des Silicon Valley vorweg genommen; er ist die passende Figur für eine bewegliche und sich ständig ändernde *New Economy*. Ihn zu führen dürfte nicht leicht sein; besser ist es, die Bedingungen so zu arrangieren, dass er sich selbst führt und aus sich so lange das Optimum herausholt, bis er ausgebrannt ist und einem Unverbrauchten (oder besser Gedopten) Platz macht.

9.1.3.4 Theorien der Subjektivität nach *Daniel* (1981)

In „Theorien der Subjektivität" versucht *Daniel* (1981) durch Gegenüberstellung von Theorien zum Verhältnis von Individuum und Gesellschaft „etwas von der Veränderung von Individualität im Verlauf der bürgerlichen Entwicklung deutlich werden" zu lassen (S. 8). Da der Führer als ausgezeichnete Gestalt bürgerlicher Individualität angesehen werden kann, versprechen die Analysen *Daniels* auch Einsichten in die Entwicklungen der Führungsideologie, zumindest aber in die Veränderungen der Subjekte, mit denen Führungskräfte umzugehen haben. Denn Ideen werden von außen in die Organisationen importiert; in ihren Ideologien, die zugleich Handlungsbegründung, Wirklichkeitsverständnis und Selbstüberzeugung sind, spiegeln Führungskräfte die gesellschaftlichen Verhältnisse wider, in denen sie tätig sind und durch die sie geprägt werden.

Wie sich der einzelne als Selbst (Subjekt, Persönlichkeit, Ich, Charakter, Individuum) gegenüber dem überwältigenden Druck der Gesellschaft (der Verhältnisse, des Systems, der Umwelt) entwickeln, behaupten und darstellen kann, ist eines der Probleme, die *Daniel* diskutiert. *Daniel* verwendet zeitgenössische Theorien (z.B. von *Fromm*, 1966, 1974; *Horkheimer & Adorno*, 1972; *Marcuse*, 1968) zur Entwicklung der Subjektivität durch die Zeiten der Entwicklung zur modernen Gesellschaft. Damit spiegelt er natürlich Bilder und Begründungen von Führung und der Formen, die sie annimmt. Im Ergebnis lässt sich damit eine wissenschaftlichere Entwicklungsfolge abbilden als in der eher narrativen Schrittfolge von *Bendix*.

Die Bezeichnungen, die *Daniel* nutzt und übernimmt, sind in der rechten Spalte der Tab. 9.1 ergänzend hinzugefügt, die genaue Darstellung findet sich im Zusatzdokument 36.

9.1.3.5 Synoptische Zusammenfassung

Die Entwicklungsstadien der Managementideologie bis zur Postmoderne sind in Tab. 9.1 zusammengefasst. Die Zeitangaben verstehen sich als ungefähre Anhaltspunkte; es ist darauf hingewiesen worden, dass (scheinbar) alte Ideologien nicht verschwinden, sondern weiterbestehen, periodisch reaktiviert oder lediglich durch (scheinbar) neue überlagert werden. Dies erklärt auch, warum manche Eintragungen doppelt erfolgen mussten.

Zeiten besonderer Dominanz	Entwicklung der Management-ideologien (*Bendix*)	Menschen-bilder (*Schein*)	Management-typen (*Maccoby*)	Theorien der Subjektivität (*Daniel*)
bis 1750	ständische Ordnung; stabile Über- und Unterordnung			
1750-1850	Ablehnung der Verantwortung für die Arbeiter: Motivation durch Hunger und Elend			
1830-1920	Sozialdarwinismus; Erfolgsversprechen	self-actualizing man (Variante 1)	Dschungelkämpfer	autonomes heroisches bürgerliches Subjekt
1900-1940	wissenschaftlich rationale Unternehmensführung	rational man	Fachmann	analer, autoritärer, nekrophiler Charakter (*Fromm*); instrumentelle Vernunft (*Horkheimer*); Eindimensionalität (*Marcuse*); „überwältigende Objektivität" (*Adorno*)
1920-1970	kooperative Führung; Betonung der sozialen Beziehungen Vorherrschaft der Organisation	social man	Firmenmensch	automatische Anpassung, Marketing-Charakter (*Fromm*); Außenleitung (*Riesman* u.a.); Identitätsarbeiter (*Cohen & Taylor*); Fassaden-Ich (*Goffman*)

1950-1980		self-actualizing man (Variante 2)		Biophilie, produktiver Charakter (*Fromm*)
1960-1980		complex man	Spiel-Macher (gamesman)	
1970-1980				narzisstisch-spätkapitalistischer Typ (*Lasch*)
1980 bis heute	postmodernes Subjekt			

Tab. 9.1: Aspekte von Management-Ideologien

Die Synopse geht an ihrem Ende in das Feld „postmodernes Subjekt" über, das das Ende aller ideologischen Bilder zu sein scheint oder sie alle zu einem vereint. Tatsächlich ist eine systematische Veränderung zu konstatieren.

9.1.3.6 Das postmoderne Subjekt

Die Postmoderne (*Lyotard*, 1979, 2012) unterstellt, dass das Projekt der Moderne gescheitert sei. Dieses Projekt ist das der Aufklärung, das dem Menschen den Ausgang aus der selbstverschuldeten Unmündigkeit, nachhaltige Naturbeherrschung und vernünftiges, kommunikativ reguliertes, gleichberechtigtes Zusammenleben aller verheißen hat. Die Diagnose des Scheiterns gründet sich auf das Argument, dass die Verhältnisse so komplex und undurchschaubar vernetzt sind, dass sie menschlichem Willen nicht verfügbar sind. Was immer man tut, es zeigen sich ungewollte und unvorhergesehene Konsequenzen; es gibt keine allgemein gültigen Wahrheiten oder Gesetzmäßigkeiten (auch nicht in den Naturwissenschaften); Erkenntnisse sind beobachter- und beobachtungsabhängig; trotz aller Fortschritte von Wissenschaft und Technik mehren sich Naturkatastrophen und im gesellschaftlichen Bereich vergrößern sich die Ungleichheiten; Armut, Hunger, Krankheiten kennzeichnen einen großen Teil der Menschheit und nicht nur zwischen, sondern auch in scheinbar zivilisierten Nationen brechen kriegerische Konflikte mit unvorstellbarer Grausamkeit aus.

Postmoderne Analysen haben Abschied genommen vom befreienden Zukunftsentwurf; sie sehen ihn sogar als illegitimen Trivialisierungs- und Rechtfertigungsversuch – eben als Ideologie. Sie konstatieren die willkürliche Collage fragmentierter Versatzstücke der Geschichte (*anything goes*), die zynische Entwertung aller Ideale, das Ausweichen auf ästhetisierende Stilisierung, den Rückzug auf das Individuum und den Abschied von der Gesellschaft, den hedonistischen Genuss des Jetzt und die sich zu Tode amüsierende Gesellschaft, die Auslieferung des Staates an die kapitalistische Wirtschaft, die Entkernung des Selbst, das sich beliebige (Patchwork-)Identitäten zulegen kann und vermarkten muss, die Dominanz des Virtuellen und des Scheins über das Reale, etc. Insofern sind der *complex man*, der *gamesman* und der *narzisstisch-spätkapitalistische Typ* durchaus bereits in die Postmoderne verweisende Entwürfe.

Ein postmoderner Ansatz ist, nicht „die" Wahrheit finden zu wollen, sondern mit den Gegensätzen, Widersprüchen, Unterschieden, Pluralität und Heterogenität umzugehen, sie als gegeben und unvermeidlich anzuerkennen, schließlich konstruktiv mit ihnen umzugehen. Orientierung zu finden im Wasser ohne Balken, sondern im Wissen, dass man auch ohne diese Balken überleben kann – indem man schwimmt. Die Postmoderne gibt sich gekennzeichnet durch eine Vielzahl von Vorstellungen, die im Zweifelsfall sogar von denselben Personen vertreten werden können und dabei weder widerspruchsfrei noch zielführend zu sein brauchen. Daneben (und dazwischen) stehen die alten holzschnittartigen Vorstellungen, die in der Tabelle 9.1 aufgeführt sind – und noch mehr derselben Sorte. Anders ausgedrückt, könnte die Postmoderne als gekennzeichnet gelten durch den weitgehenden Verzicht der Akteure auf Ideologien, da sie sich überwiegend auf sich selbst und ihre Bedürfnisse, Vorlieben und Launen beziehen; was wiederum eine Ideologie darstellt, wenn ein Akteur dies (z.B. als Führungskraft) zur Grundlage seiner Behandlung von Personen betrachtet, die sich ihr nicht entziehen können (sollen).

Wie bereits angemerkt, sind derartige Diagnosen nicht neu. Jedes Zeitalter kennt Untergangsprophezeiungen, die Verkündung des Endes der Geschichte und sich mehrende Anzeichen für die bevorstehende Apokalypse. Die Zukunftsszenarien, die einen entfesselten globalisierten Kapitalismus, das Verschwinden der Nationalstaaten, die Vernichtung oder Erschöpfung der natürlichen Ressourcen, die Renaissance des Fundamentalismus, den Kampf der Kulturen etc. ausmalen, extrapolieren Trends zu vielleicht plausiblen, keinesfalls aber gesicherten Zukunftsbildern. Zu unklar sind die Entwicklungen, die Informations- und Gentechnologie nehmen werden, zu wenig weiß man über die inneren Widersprüche eines weltumspannenden Kapitalismus, zu unberechenbar sind Natur- und Gesellschaftskatastrophen.

Für den vorliegenden Zusammenhang ist aber nicht die Gültigkeit der Diagnosen oder Prognosen relevant, sondern ihre Instrumentalisierung. Sie müssen dazu herhalten, *jetzt* bestimmte Forderungen als unausweichlich, selbstverständlich, realistisch zu begründen. Damit wird herbeigeredet, was als Option zwar vorhanden, aber kein zwingender Entwicklungspfad ist. Eine reflexive Postmoderne reagiert auf ihre eigenen Konstruktionen, als ob sie Wirklichkeit wären – und *macht* sie damit wirklich. Im Personalbereich sind solche Verriegelungs-Effekte zu besichtigen: Internationalisierung kann zu Lohndumping führen und erzwingt Lohnzugeständnisse, ‚working poor' und Abwälzung der Soziallasten auf die Gesellschaft; Abbau der ‚unbezahlbaren' sozialen Sicherungssysteme in Richtung auf Privatisierung der Risiken; Entsolidarisierung (Flucht aus den Gewerkschaften, die damit immer ohnmächtiger werden); Erhöhung der Mobilität auf den außer-, zwischen- und innerbetrieblichen Arbeitsmärkten und damit Verringerung der Planungssicherheit; Deregulierung als Abbau von Rechten und Besitzständen, die auf beiden Seiten das Erpressungspotential erhöht; Individualisierung der Vertragsbeziehungen steigert die Politisierung …

Für die Führung in Organisationen bedeutet der Abbau verbindlicher rechtlicher und gesellschaftlicher Regulierungen, dass innerbetriebliche funktionale Äquivalente (wirkungsgleiche Einrichtungen) geschaffen werden müssen. Wenn Bindung nicht über Verträge erfolgt, dann vielleicht – so die Hoffnung von Führungskräften (und Forschern?) – über Visionen, Gemeinschaftserlebnisse, Gewinnbeteiligungspläne, Unternehmenskulturen etc. Führungskräfte werden als ManagerInnen des Wandels (TransformatorInnen) definiert, oder als Kulturschaffende, EntertainerInnen, MediatorInnen oder Coaches etc. All das sind sie *auch*, vielleicht sogar mehr als früher, aber sie sind es nicht ausschließlich. Gleichzeitig behalten sie ihre alten Funktionen als Ziele Setzende, Motivierende, Kontrollierende, Disziplinierende, Koordinierende. Auf die Multiplikation der Rollen wurde bereits eingegangen und jede dieser Rollen erfordert ihre Begründung, Rechtfertigung: ideologische Absicherung.

9.2 Führungsethik

Ganz allgemein ist eine Absicht oder Handlung dann moralisch, wenn sie *gut* oder *richtig* ist. Mit diesem Abstraktionsniveau ist noch nicht viel Klarheit geschaffen. Zuweilen wird zwischen Ökonomischer Vernunft (‚Sachgerechtigkeit' oder ‚Sachgemäßheit') und Ethischer Vernunft (‚Menschengerechtigkeit') unterschieden (s. *Weibler*, 2001, S. 403; s.a. *Jäger*, 2001). Diese Differenzierung ist insofern problematisch, als sie dem Ökonomischen eine quasi außerethische Qualität gibt und ihm zugesteht, nach seinen eigenen Gesetzmäßigkeiten zu funktionieren (vgl. z.B. *Scherer*, 2006). Das Gewinnerzielungsdiktat (‚schwarze Zahlen') wird dann als unhintergehbare Grenze etabliert, an der selbst noch so wünschenswerte ‚ethische' (menschengerechte) Forderungen scheitern müssen, wenn man sich nicht in wirklichkeitsferne Spekulation verlieren will. Ökonomisches Handeln und ökonomische Strukturen sind jedoch Menschenwerk und damit ethisch kritisierbar, sofern man nicht dem naturalistischen oder realistischen Fehlschluss erliegt, das Bestehende zum Notwendigen zu verklären. Einer ethischen Phantasie oder sogar Handhabe, die das Vor-Herrschende zugunsten eines Besseren überwinden möchte, wird durch diese Sphärentrennung von vorne herein das Wasser abgegraben.

Vorauszuschicken ist, dass in der folgenden Diskussion dem Unterschied zwischen Moral und Ethik keine große Bedeutung beigemessen wird. Es wird zwar meist zwischen *Moral* als der sittlichen Begründung praktischer Handlungsvollzüge und *Ethik* als der systematischen Reflexion dieser Begründung getrennt, aber diese Differenzierung spielt für die vorliegende Darstellung keine entscheidende Rolle.

Moralisch entscheidet, wer berücksichtigt, dass die beabsichtigte Handlung

1) a) von anderen und
   b) von dem oder der Handelnden selbst
   c) im Bewertungsschema (*sittlich*) *gut* – *schlecht* beurteilt werden soll,
2) ferner attraktive Alternativen kennt und ausschlägt und
3) sich dabei Ansprüchen unterwirft, die im Prinzip für jedermann gelten sollten
4) und die Entscheidung sich selbst zurechnet (Verantwortung übernimmt).

Eine genauere Erläuterung zu den Aspekten findet sich im Zusatzdokument 37.

Hiermit werden Maßstäbe für alles Handeln präsentiert, damit natürlich auch für Handeln in Organisationen. Mögliche *Kriterien zur Beurteilung des Handelns* sind, in die Form eine Prüfliste gebracht:

zu 1a) Was sagen die anderen dazu (z.B. Achtung – Verachtung)?

zu 1b) Wie finde ich mich selbst dabei (z.B. Selbstachtung – Selbstverachtung)?

zu 1c) Worauf gründen sich diese Bewertungen (Wert-Maßstäbe des Gut-Schlecht-Urteils) und wie ist das Verfahren ihrer Begründung?

zu 2) Welche Alternativen wurden bewusst ausgeschlossen?

zu 3) Sind die Geltungsansprüche der Entscheidungsgründe verallgemeinerbar? Dürfte/sollte jedermann nach diesen Prinzipien handeln?

zu 4) Kann die Entscheidung oder Handlung mir zugerechnet werden (oder waren z.B. Zufall, Gewalt etc. im Spiel)?

Fast nie dürften auf diese Fragen eindeutige Antworten möglich sein. Damit aber wird deutlich, dass es unstrittige und klare Ja-Nein-Entscheidungen in Fragen der Moral kaum geben kann; Moral lässt sich nicht digitalisieren.

9.2.1 Gibt es eine spezielle Führungsethik?

Diskussionen über Wirtschafts- und Unternehmensethik haben Konjunktur (siehe z.B. *Schumann, Brink & Beschorner*, 2010; *Küpper*, 2011; *Pfleiderer & Seele*, 2012; *Noll*, 2013; *Göbel*, 2013). Es handelt sich dabei nicht nur um eine modische Zeitströmung; vermutlich sind sozioökonomische Bedingungen dafür verantwortlich: Es fällt immer schwerer, die Augen zu verschließen vor den Folgen ungehemmten quantitativen wirtschaftlichen Wachstums: Zerstörung der Umwelt, Vergeudung nicht regenerierbarer Ressourcen, Verelendung weiterer Teile der Weltbevölkerung. Hinzu kommt die Kapitalismusdiskussion im Zuge von Finanz- und mittlerweile Staatenkrisen. Man könnte es als eine raffinierte Taktik interessierter Kreise interpretieren, die Probleme zu *moralisieren*, um damit ihre *rechtliche* Regelung zu hintertreiben: Wenn sich Unternehmen freiwillig an (selbst bestimmte) moralische Standards binden, braucht der Gesetzgeber nicht tätig zu werden. Selbstbindung lässt sich wesentlich flexibler handhaben und bei Bedarf auch leichter und folgenärmer außer Kraft setzen als gesetzliche Regelungen. Die Entwicklungen zu Themen wie Unternehmensverfassung oder Sozialbilanzen haben gezeigt, dass Unternehmen so lange wie möglich rechtliche Regelungen zu vermeiden suchen (mit Begründungen wie Bürokratisierungstendenz, Inflexibilität, Transaktionskostensteigerung etc.).

Andererseits aber ist die Gegenüberstellung von Recht und Moral als quasi gleichwertige oder konkurrierende Alternativen fragwürdig. Es ist vielmehr ein Begründungsverhältnis des Rechts durch Moral anzunehmen und damit ein Primat der Moral: Eine genauere Analyse müsste für jede Handlungsnorm sogar einen Dreischritt bedenken: Moralische Begründung – rechtliche Inkraftsetzung – soziale Durchsetzung (s. *Apel*, 1984, S. 76). Moralische Normen schaffen Geltungsansprüche, denen gegenüber sich jede Praxis, auch die Praxis der Rechtssetzung, zu rechtfertigen hat (das ist gemeint mit Gegenüberstellungen wie ‚rechtens vs. richtig' oder ‚legal vs. legitim'). Sollte also die Unterstellung einer Taktik der Gesetzesvermeidung zutreffen, um stattdessen das Feld der Auseinandersetzung auf das ungefährlichere, weil scheinbar weichere Gebiet der Ethik zu verlagern, könnte sich das als kurzsichtig herausstellen, da eine intensivierte Ethik-Diskussion nämlich beides: erhöhte Moralisierung wie Verrechtlichung nach sich ziehen könnte. Es kommt deshalb aus Unternehmenssicht darauf an, die Moraldiskussion in die ‚richtigen' Bahnen zu lenken, z.B. mit symbolischen Aktionen (Beispiel: Erarbeitung von Führungsgrundsätzen) und mit der Personalisierung von Moral und somit der Ausklammerung von *institutioneller* Moral (Beispiel: wirtschaftskrimineller Handlungen verdächtigte ManagerInnen müssen sich üblicherweise wegen „Untreue" gegenüber dem Unternehmen vor Gericht verantworten, aber das Unternehmen, in dem sie sich in der nun angegriffenen Weise verhalten konnten – sollten? – selten) Kritikpotential zu kanalisieren und Legitimationsdruck zu verringern.

Ein weiteres Problem ist die Segmentierung der Moral: Gibt es eine spezielle *Führungsethik* (oder *Wirtschafts*ethik oder *Unternehmens*ethik), die sich unterscheidet von einer für alle anderen Lebensbereiche gültigen Ethik? Sicher nicht in dem Sinn, dass Sondermoralen einzelne Personen oder Kollektive von allgemeinen Geltungsansprüchen ausnähmen (etwa im Sinne einer 2-Klassen-, Standes- oder Herren-Moral, die *Privilegien* rechtfertigt). Spezialmoralen können nur mit *höheren Verpflichtungen* gekoppelt werden, die zu allgemein gültigen Forderungen *hinzukommen*. Damit sind nicht inhaltliche Forderungen gemeint, weil Universalisierbarkeit als grundsätzliches ethisches Postulat ohnehin keine Sonderreservate erlaubt. Wenn aber Gefährdungen und Versuchungen in Führungspositionen größer sind, kann es durchaus sinnvoll sein, nicht etwa strengere Maßstäbe anzulegen, sondern den Begründungs- oder Rechtfertigungszwang zu erhöhen. Berühren Entscheidungen von Führungskräften mehr Lebensbereiche (und/ oder diese intensiver und nachhaltiger), ist es billig zu fordern, dass diese Folgen gründlicher bedacht und auf allgemeingültige Wertvorstellungen bezogen werden. Darum spielen Strategien der Moralbegründung (siehe unten) eine zentrale Rolle. Dafür liegen mittlerweile eine ganze Anzahl spezifischer Abhandlungen vor (z.B. *Schmidt, Schank & Vorbohle*, 2011; *Kaiser & Kozica*, 2012; *Kuhn & Weibler*, 2012).

Zudem darf nicht übersehen werden, dass Handeln durch Institutionen vorgeregelt ist: es gibt eine den Einzelnen entlastende „institutionelle Außenstützung der Motivationen" (*Hoffe* 1981, S. 44). Damit kommt die sogenannte „institutionelle Ethik" ins Blickfeld (s. *Weise*, 2000), die der Rahmen-Ordnung gilt; diese bietet für alle, die ihr unterworfen sind, eine Art Pauschal-Legitimation. Statt jedem Einzelnen heroischen Widerstand gegen die Vorgaben abzuverlangen, haben Institutionen (z.B. Unternehmen) ihre moralische Fundierung generell zu begründen und zu rechtfertigen.

9.2.2 Moralbegründungen für Führungshandeln

In der Geschichte der Ethik gibt es unterschiedliche Strategien der Begründung moralischer Forderungen. Die verschiedenen Ansätze können nach folgendem Schema geordnet werden (Abb. 9.2). Sie werden nachfolgend skizziert.

Im Zusatzdokument 38 werden die verschiedenen Ansätze ausführlicher beschrieben.

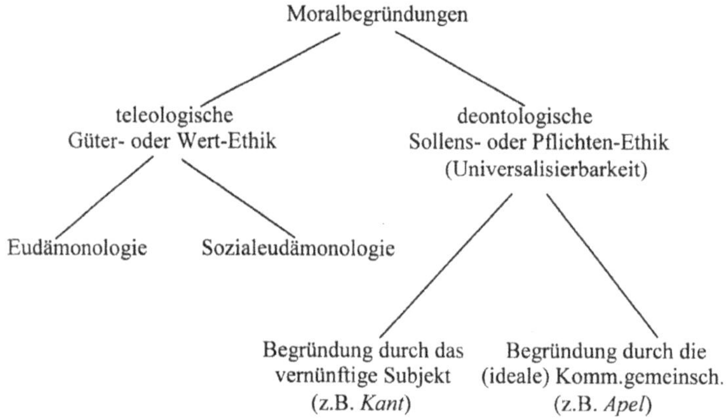

Abb. 9.2: Grundansätze zur Begründung von moralischen Forderungen

Teleologische Ethik: Primat des Resultats

Die historisch früheste und bis heute vermutlich unter PraktikerInnen am meisten verbreitete Richtung ist die materiale Ethik, die versucht, inhaltliche Maßstäbe zu identifizieren, die sittlichem Handeln zu Grunde zu legen sind. Welches Ziel (*telos*) hat ein Leben anzustreben, das als ein gutes zu betrachten ist? Ein solches Leben ist durch Glück(seligkeit) ausgezeichnet (modernisiert würde man heute vermutlich von einem ‚sinnerfüllten' Leben sprechen). Die entsprechende ethische Richtung wird als *Eudämonologie* (Lehre vom Wohlbefinden, vom glücklichen oder gelungenen Leben) bezeichnet. Charakteristisch für diesen Ansatz sind Wert- oder Tugendkataloge, in denen das Gebotene kategorial geordnet ist. Während die Eudämonologie dem Glücksverlangen der *einzelnen* Person inhaltliche Ziele gibt, hat die Sozialeudämonologie den Anspruch, die Bedingungen größtmöglichen Glücks für *Kollektive* zu nennen. Bekannteste Richtung ist der *Utilitarismus*, bei dem es sich also keineswegs um eine Anleitung zu individueller Lustmaximierung handelt. Utilitaristisches Kernprinzip ist, dass sich die Richtigkeit einer Handlung(-sregel) grundsätzlich nicht aus ihr selbst ergibt, sondern aus ihren Folgen für das Wohlergehen aller Betroffenen. Im Extremfall gilt: „Der Zweck heiligt die Mittel".

Deontologische Ethik: der kategorische Imperativ des vernünftigen Subjekts

„Während in der Antike die Ethik ganz im Zeichen der Frage nach dem Guten, dem höchsten Gut steht, und dabei die Frage des Sollens, der Verbindlichkeit, fast völlig zurücktritt, ist nach einer langen Übergangszeit … die neuzeitliche Ethik seit Kant überwiegend Sollensethik" (*Kuhlmann*, 1984, S. 17).

Seit Kant sind substanzielle Moralbegründungen zunehmend von metaphysik-freien prozeduralen oder formalen verdrängt worden. Diese sind offen für verschiedene inhaltliche Ergebnisse, solange die Normen-Begründung einen *universalisierbaren* Geltungsanspruch vertreten kann. Es wird hier also nicht mehr *hypothetisch* (bedingt) oder *folgenorientiert* argumentiert (z.B. „Wenn die Folgen gut sind, ist die Handlung erlaubt"), sondern *kategorisch* (unbedingt) oder *prinzipiell*: Die Maxime des Willens muss sittlich gut, und – bzw. also – universalisierbar sein. Eine solche Ethik wird deont(olog)isch genannt (vom griechischen „*deon*": Erfordernis, Pflicht).

Diese Begründungsstrategie widerspricht der utilitaristischen Moral, denn diese bewertet Handlungen nicht nach guten Absichten, sondern nach ihren Ergebnissen. Eine Führungskraft, die mit guten Gründen das Beste gewollt hat, aber gescheitert ist, wird (dennoch) für das *Resultat* verantwortlich gemacht werden.

Kant hat eindringlich darauf hingewiesen, dass es problematisch ist, moralisches Handeln an Folgen oder Zwecke zu binden, denn diese können sich wandeln, sie sind vielfältig und kulissenhaft. Die Begründung moralischer Normen oder Prinzipien muss deshalb formal, unbedingt, apriorisch und allgemeingültig (universalisierbar) sein und bei der Verwirklichung wird vorausgesetzt, dass es freie, mündige, bewusste Menschen sind, die Wahlhandlungen durchführen. In diesem Sinne ist der ‚Kategorische Imperativ' zu interpretieren: „§ 7 Grundgesetz der reinen praktischen Vernunft: Handle so, dass die Maxime deines Willens jederzeit zugleich als Prinzip einer allgemeinen Gesetzgebung gelten könne" (*Kant,* 1986, S. 53). Er geht also vom autonomen, (einsam) reflektierenden, von Traditionen und Sozialität abgekoppelten *Subjekt* aus, das sich seines eigenen Verstandes bedient.

Kommunikative Ethik des herrschaftsfreien Diskurses

Diskursethik oder kommunikative Ethik wurde in den 70er Jahren des 20. Jahrhunderts vor allem von *Apel* (1973, 1988) und *Habermas* (1973, 1981) als Gegenbegriff zu den vorherrschenden objektivistischen Ethiken entwickelt. Sie baut stark auf die soziologische Systemtheorie (*Parsons*, 1951; *Luhmann*, 1975, 1984) auf.

Eine kommunikative Ethik dagegen versucht statt einer *individuellen kognitiven* („Ich denke"…) eine *dialogische soziale* Moralbegründung („Wir sprechen"…, s. *Apel*, 1988). Damit wird die regulative Idee eines herrschaftsfreien Diskurses eingeführt, an dem alle Betroffenen zu beteiligen sind. Mit einer regulativen Idee ist eine handlungsleitende Ideal-Norm gemeint: Es wird ein (unerreichbares) Ideal skizziert, das aber normative Kraft hat und als Richtschnur und Motor des Handelns dienen soll. *Ulrich* (1981, S. 67) unterlegt der kommunikativen Ethik „ein einziges, präzises ethisches Grundprinzip … : zu fordern ist von allen Dialogteilnehmern der unbeschränkte *Wille zur Vernunft*, d.h. die Bereitschaft zur wahrhaftigen und unvoreingenommenen Bemühung um einen für alle Beteiligten akzeptablen Konsens oder Kompromiss".

9.2.3 Praktiken der Moralisierung in der Unternehmenspraxis

Der kurze Abriss möglicher Moralbegründungen sollte die Unterschiedlichkeit der Ansatzpunkte und ihre Anspruchsniveaus vorstellen. Im Kontrast dazu geht es im Folgenden um einen Blick über Möglichkeiten zur Verbesserung der Führungsethik, wie sie in der Unternehmenspraxis diskutiert oder sogar realisiert werden. Für den vorliegenden Zusammenhang sind angelehnt an die US-amerikanische Business-Ethics-Literatur und im Anschluss *Dahm* (1989a), *Ulrich*, *Lunau & Weber* (1998) und *Weibler* (2001) die wichtigsten anwendungsbezogenen Praktiken zusammengestellt, mit denen die Moralisierung des Unternehmens versucht wird. Es ist klar, dass sich Moralisierung erfolgsstrategisch als effizienzsteigernde Technik einsetzen lässt. Eine solche Instrumentalisierung degradiert Moral zur ökonomischen Variable, deren Nutzung vom Erfolg abhängig gemacht wird.

Wenngleich – wie zu zeigen sein wird – einzelne der moralfördernden Vorgehensweisen in durchsichtiger Weise als Symbolisches Management für andere Zwecke herhalten müssen, ist es dennoch nicht gerechtfertigt, das Bemühen insgesamt als Alibi-Taktik abzutun. An der subjektiven Redlichkeit einzelner engagierter Menschen ist nicht zu zweifeln. Sie sind dabei nicht nur ‚nützliche Idioten' für ganz andere Zwecke, sondern tragen dazu bei, dass neben sachrationalem Problemlösen und politischem Agieren moralische Erwägungen als wichtig oder gar selbstverständlich akzeptiert werden. Damit werden langfristig Begründungspflichten installiert, die die Chance steigern, dass bereits vor Entscheidungen moralisch argumentiert wird.

1) Ethische Grundsätze

Business ethics, ethical codes, Verhaltensleitsätze, Unternehmensverfassungen etc. sind notwendigerweise allgemeine Maximen, die Empfehlungen für regelungsbedürftige Tatbestände geben und nie alle Eventualitäten zweifelsfrei abdecken. Das können sie umso weniger, je konkreter sie formuliert sind.

Dabei sind firmeninterne Selbstverpflichtungen, die als ‚Unternehmensleitsätze', ‚Führungsgrundsätze', ‚Verhaltensrichtlinien' etc. bekannt sind, weniger strikt als gesetzlichen Regulierungen folgende Satzungen. Beispielhaft für zahlreiche Ethikgrundsätze oder -richtlinien sowie -kodices seien hier angeführt für bestimmte Unternehmensbereiche etwa die Ethikrichtlinie der BASF: „BASF IT Services Procurement" oder von Siemens der „Ethikkodex für Finanzangelegenheiten" sowie unternehmensweit etwa die „Compliance Brochure 2012" von Siemens oder die „motifs" von FESTO.

Ein sicherlich weitergehender ethischer Ansatz findet sich bei *Götz W. Werner*, dem Gründer der dm-drogerie markt, ausführlich beschrieben in *Meyer & Waßmann*, 2011, S. 25 ff. Sein Beispiel macht u.a. deutlich, welch starke Wirkung Führung auf die Implementierung und Einhaltung ethischer Grundsätze hat. Ergänzend hierzu vgl. das Fallbeispiel 20:

Fallbeispiel 20: *Führen und Ethik am Beispiel der GFOS*

Ein Beispiel aus der Praxis liefert *Heinemann* für die GFOS: „Der Mensch im Mittelpunkt für den gemeinsamen Erfolg" – so lässt sich das Führungskonzept des mittelständischen Unternehmens GFOS auf den Punkt bringen. In inhabergeführter Tradition stehend, werden Werte als wichtiger Pfeiler des wirtschaftlichen Erfolges gesehen, indem sie für eine hohe Bindung an das Unternehmen und eine hohe Motivation sorgen (gerade bei innovationsgetriebenen Betrieben ein wesentlicher Erfolgsfaktor). Zudem sind „Werte" als wesentlicher Unternehmenskulturbestandteil mindestens dadurch effizient, dass sie als Führungssubstitut wirken, wo Personalführung räumlich und zeitlich nicht unmittelbar möglich erscheint.

„Das Führungskonzept von GFOS stellt den Menschen klar in den Mittelpunkt. Unsere Führungsgrundsätze sind durch unternehmerische Erfahrung und das Bewusstsein, dass nur sauberes, ethisches Handeln am Ende zum Erfolg führt, geprägt." *Burkhard Röhrig*, Geschäftsführer der GFOS.

Die zentralen Werte sind auf eine möglichst große humane Komponente des Leistungsgeschehens hin ausgerichtet. Dabei versteht GFOS „Führung" als ganzheitliches, am Menschen ausgerichtetes Konzept. In gewisser Weise ist eine „Führungsethik" i.d.S. gar tautologisch – kann „Führung" ohne „Ethik" gar nicht sinnvoll gedacht werden.

Geht man davon aus, dass solche von oben erlassenen oder jedenfalls ratifizierten Anweisungen vermutlich dazu gedacht sind, existierende Mängel zu heilen, dann wirft das ein Licht auf die existierende ‚Kultur', die mit diesen Regeln gebessert werden soll. Es gelten auch für diese Aussagen die grundsätzlichen Fragen, die an alle derartigen Verhaltenskodices zu stellen sind:

- Wer hat sie erarbeitet und mit welcher Legitimation?
- Was ist ihre Geltungsgrundlage? Worauf berufen sie sich zur Legitimation?
- Ist auch/schon das Verfahren der *Entwicklung* und des *Erlasses* legitimiert?
- Wenn sie den Betroffenen von oben auferlegt werden, warum sollten diese sich daran halten? Was haben sie davon (innere Bejahung, Schutz vor Bestrafung, Vorteilsversprechen etc.)?
- Wie konkret sind die Normen? Werden sie operationalisiert? Kann beobachtbares Verhalten eindeutig zugeordnet werden?
- Wird offengelegt, aus welchem Universum die Regelungstatbestände ausgewählt wurden und warum bestimmte *nicht* kodifiziert wurden?
- Gibt es einen innerbetrieblichen ‚Verfassungsgerichtshof', bzw. einen Klageweg und Sanktionen bei Zuwiderhandeln?

Nicht das *Ergebnis* „Leitsätze" ist wichtig, sondern das *Verfahren* ihrer Erzeugung, Vermittlung und Umsetzung in die Praxis. Wer mit einem solchen fertigen Resultat („Papier") konfrontiert wird, braucht Erläuterung und Motivation. Denn sein Verstehen muss ausgebliebene Verständigung ersetzen. Verstehen heißt noch nicht bejahen und bejahen heißt nicht befolgen; all das muss unterstützt, begleitet, gesichert werden (vgl. *Kirsch & zu Knyphausen,* 1988). In *strategischen* Fragen sollte es – von einer kommunikativen Ethik ausgehend – keine Alleinentscheidung geben, sondern Beratung, Dialog, Verständigung, Beteiligung der Betroffenen. Allein der „eigentümlich zwanglose Zwang des besseren Arguments" (*Habermas*) sollte den Ausschlag geben: „Man muss versuchen, eine interne Diskussion zu organisieren und alle Gesichtspunkte zur Geltung zu bringen … Aber an Diskussion – da gibt es ein Defizit, auch im Unternehmerlager", sagte *Edzard Reuter,* der es als Vorstandsvorsitzender der damaligen Daimler-Benz AG wissen musste (s. *Fischer,* 1989, S. 141).

Alle moralischen Imperative sind ideal, d.h. sie gelten als regulative *Ideen*, sind also Bezugspunkte, die den Abstand vom *Soll* zum *Ist* erkennen lassen. Konkretes moralisches Handeln muss situative Zwänge, neurotische Prägungen, Stimmungen, Gefühle, Unwissenheit, Zeitdruck, Bösartigkeit der anderen, Selbsterhaltung etc. in Rechnung stellen. Es ist gut, den Blick auf die Sterne zu richten, man muss aber auch Acht haben auf die Gassen!

Manche Unternehmen lassen dann auch recht schnell wieder von dieser Form der (ohnehin fragwürdigen) Selbstverpflichtung in Unternehmensleitlinien ab. *Steinmann & Olbrich* (1998, S. 96 f.) zitieren die 1991 vom US-Kongress verabschiedeten sieben ‚Sentencing Guidelines for Organizations', die detailliert die Strafzumessung beim Vorliegen strafrechtlich relevanten Organisationsverschuldens regeln.

Um einen Paragraphen zu zitieren: „(4) Die Organisation muss Maßnahmen ergriffen haben, um ihre Standards und Verfahren allen Mitarbeitern und anderen Akteuren wirksam zu kommunizieren, indem sie z.B. die Teilnahme an Trainingsprogrammen verlangt oder Veröffentlichungen verteilt, die auf praktische Weise erklären, was erforderlich ist."

In großen US-Unternehmen wurden diese Vorschriften z.T. in unternehmensinterne Regelwerke transformiert. Die Firma Levi Strauss entschloss sich aber bald, davon wieder Abstand zu nehmen. *Steinmann & Olbrich* (1998, S. 110) zitieren die Begründung, die der CEO *R. Haas* für die Aufgabe der Selbstverpflichtungs-Strategie gab:

„Dieser Ansatz brachte uns nicht viel. Erstens: Regeln erzeugen Regeln. Und Vorschriften erzeugen Vorschriften. Wir ertranken in Papierfluten, und jedes Mal, wenn wir ein neues ethisches Problem hatten, wurde eine neue Regel oder Vorschrift geboren. Zweitens: Unser Compliance basiertes Programm richtete eine irritierende Botschaft an unsere Leute: *Wir achten Ihre Intelligenz gering und vertrauen Ihnen nicht!*' Schließlich, und das war einer der überzeugendsten Gründe für die Aufgabe dieses Ansatzes, es hielt Managerinnen und Mitarbeiterinnen nicht davon ab, unzulänglich zu urteilen und fragwürdige Entscheidungen zu treffen. Wir lernten, dass man einer Organisation ethisches Verhalten nicht aufzwingen kann."

2) Ethische Praktiken

In Unternehmen, die ihren ethischen Grundsätzen auch praktisch folgen wollen, müssen sich die Routinen und Praktiken des Unternehmens, z.B. Personalbeurteilung, Beförderungen, Stellenbewertung, Gehaltssystem und -festsetzung, Personalauswahl und -abbau eine Wert-Analyse (und nicht nur eine Gemeinkosten-Wert-Analyse!) gefallen lassen. Aufwand und interpretatorische Komplexität einer Operationalisierung, Messung und Quantifizierung von Moral werden bei einer solchen Programmatik allerdings zumeist überspielt.

Inhaltliche Maßstäbe einer solchen Bewertung könnten sein: z.B. Diskriminierungen, Transparenz, Öffentlichkeit, Nachvollziehbarkeit, Revisionsmöglichkeit. Formal müsste man nach der Art der Beteiligung der Betroffenen fragen, etwa wenn es um Auswahl und Einstufung der Werte geht. Moralische Standards müssten Inhalt der Mitgliedsrolle (sprich: Gegenstand des Arbeitsvertrags) sein. Darin könnte dann – paradoxerweise – die Pflicht zur Zivilcourage vorgeschrieben werden.

In diesem Zusammenhang wären auch die Probleme einer *institutionellen* Ethik zu diskutieren, weil die in Institutionen eingebauten sogenannten Sach-Zwänge *personale* moralische Entscheidungen vorwegnehmen oder verhindern können, sodass nicht Appelle, sondern Strukturveränderungen angezeigt wären, wenn eine ‚Hebung der Moral' beabsichtigt ist (siehe z.B. Betriebsvereinbarungen über Auswahlrichtlinien, Mitbestimmungsrechte, strukturelle Rahmenbedingungen, Standard Operating Procedures, Artefakte, Rituale). Es geht also um den Einbau moralischer Normen in die Handlungsroutinen, sodass moralisches Handeln automatisiert wird: man kann gar nicht mehr anders handeln! Eine solche Technisierung der Moral nähme ihr die ureigene Qualität der Wahlmöglichkeit des Individuums: Es würde zwar eventuell moralisch gehandelt werden, weil die Achtung durch die *anderen* gesichert wäre, aber die *Selbst*achtung wäre davon nicht berührt, weil Selbstverständliches praktisch nicht Gegenstand einer Bewertung ist.

3) Moralbilanz

Diese erst in Ansätzen greifbare Möglichkeit wird als Ergänzung zu den Sozialbilanzen oder Ökobilanzen diskutiert. Eine Moralbilanz kann sich vermutlich nicht auf eine quantifizierende und monetarisierte Rechnungslegung beschränken, sondern müsste – wie das bei den Sozialbilanzen erprobt ist – auch qualitative Daten berücksichtigen. Jedes Handeln hat Nutznießer und verursacht interne und externe Kosten. Abwägung ist also immer nötig. Zudem sind von jeder Entscheidung Dritte betroffen (entgegen dem üblichen Modell der atomistischen Tausch-Dyade). Darum ist eine umfassendere, alle Stakeholder berücksichtigende, nicht nur finanzwirtschaftliche Kosten-Nutzen-Analyse durchzuführen, bei der dann Externalitäten sichtbar werden: Mit welchen Folgen hat man (= alle!) zu rechnen, wenn unmoralisch gehandelt wird? Wie wirkt sich das auf andere und einen selbst aus? Moralisch relevante aktuelle Themen sind z.B. die in Alltagsroutinen eingebaute Diskriminierung von Frauen, Ausländern, Behinderten, älteren MitarbeiterInnen, oder die Folgen von Produkten und Produktionstechnologien für die Umwelt. Fragen der Operationalisierung, der Maßstäbe und der Partialinteressen nehmen auch hier die Rolle ein, die sie bei ethischen Grundsätzen und Praktiken haben.

Pragmatisch gesehen, gehen Moralbilanzen aus von der Maxime: „Es kommt alles heraus“ (man kann nichts geheim halten); nimmt das Unternehmen ihre Gestaltung selbst vor, ist es eher vor unliebsamen Überraschungen gesichert. Aber möglicherweise sind gerade diese Überraschungen Hinweise auf blinde Flecken, die der Selbstaufklärung entgangen sind.

Als Ansatz hierfür wird seit einiger Zeit (*Freeman*, 1984) die *Corporate Social Responsibility* (CSR), also die unternehmerische Gesellschafts- oder auch Sozialverantwortung diskutiert. CSR umfasst alle über die gesetzlich eingeforderte Regeleinhaltung (*Compliance*) hinausgehenden gesellschaftsrelevanten Beiträge der Wirtschaft. Es wird zunehmend als ein ganzheitliches, alle Nachhaltigkeitsdimensionen integrierendes Unternehmenskonzept aufgefasst und bezieht sich vornehmlich auf vier Kernbereiche unternehmerischen Handelns, nämlich Kapital(geber, Aktionäre), MitarbeiterInnen, Gesellschaft und Umwelt (für einen Überblick s. z.B. *McWilliams & Siegel, 2000; Backhaus-Maul, Biedermann, Nährlich & Polterauer*, 2010; *Jonker, Stark & Tewes*, 2011; *Schneider & Schmidpeter*, 2012; zur Nachhaltigkeit z.B. *von Hauff & Kleine*, 2009; *Enders & Remig*, 2013). Es gibt Ansätze unterschiedlicher Reichweite, so z.B. im Nahbereich des Unternehmens das *Corporate Citizenship*, während CSR eher als umfassender und weiter reichend gilt und sich auf nachhaltiges Wirtschaften in Gesellschaft und Natur bezieht und damit der Begriffsteil „Social“ auf eine falsche Fährte locken kann. Betrachtet man die mittlerweile als Binsenweisheit anzusehende Feststellung, dass Unternehmen nicht funktionieren würden, wenn sich ihre MitarbeiterInnen nicht über das, was vertraglich vereinbart ist („Dienst nach Vorschrift“) hinaus engagieren würden (*Organizational Citizenship Behavior*, s. *Organ*, 1988; *Koch & Kaschube*, 2000), dann ist es einerseits nicht verwunderlich, dass ein analoges Konzept für Unternehmen innerhalb der (gesellschaftlichen) Umwelt, in der sie agieren, formuliert wird. Andererseits könnte es auch als Überbetonung von etwas Selbstverständlichem betrachtet werden, etwas, was anders kaum möglich ist: Auf längerfristigen wirtschaftlichen Erfolg orientierte Unternehmen werden selbstverständlich vieles tun, was über die gesetzlichen Minimalforderungen hinausgeht, um in Märkten, auf denen Konkurrenz herrscht, überhaupt eine Wettbewerbschance zu haben – gerne auch weniger aus gesellschaftlichem Verantwortungsbewusstsein als mit festem Blick auf den Marketingeffekt. Insofern ist der Ansatz tautologisch und an Kritik an der Feier des Konzepts mangelt es nicht (z.B. unter dem Schlagwort *Greenwashing*, vgl. *Tokar*, 1997). Andererseits könnte es auch positiv genommen werden und ein Unternehmen, das tatsächlich anscheinend bemüht ist, über das gesetzlich, steuertaktisch wie wettbewerbsbezogen Notwendige oder Zweckmäßige hinausgehend, Verantwortung in der Gesellschaft und der Natur zu übernehmen, auch jenseits des damit verbundenen Marketing-, PR- und Employer-Branding-Effekts aus einer ethischen Perspektive heraus (also ohne eine Kaufentscheidung zu fällen zu haben) positiver zu bewerten. Insofern könnte ein ernst gemeintes gesellschaftliches Engagement von Unternehmen – auch unter dem Begriff CSR – in sein Zielsystem und Verhaltensrepertoire aufgenommen werden.

4) Ethik-Kommission und Moralbeauftragte

Ethik-Kommissionen stellen eine Art Moral-TÜV dar; sie fungieren als Moralordnungshüter, die das *management of values* (s. *MacCoy*, 1985) besorgen oder zumindest kritisch begleiten. Erforderlich werden dann Beschwerde- und Einigungsstellen bzw. -routinen. Neben etwa Datenschutz-, Sicherheits-, Umwelt-, Gleichstellungs- und Compliancebeauftragten gäbe es dann auch noch betriebliche Ethikbeauftragte oder Moral-Ombudsleute. Die Problematik einer solchen Institution wird klar, wenn man alternative Bezeichnungen, die polemisch gemeint sind (Sittenwächterin, Moralapostel), auf sich wirken lässt. Wenn die Einrichtung nicht nur Ventilfunktion haben soll, müssten die Kompetenzen in der Verfolgung der aufgezeigten Mängel verbindlich geregelt werden. Bei Ethik-Komitees und -Beauftragten ist entscheidend, wer die Personen nach welchen Gesichtspunkten auswählt, wofür sie welche Zuständigkeit und Befugnis haben und wem gegenüber sie selbst sich rechtfertigen müssen. In der Praxis hat sich die Auffassung durchgesetzt, dass nachhaltige Wirkungen nur dann zu erwarten sind, wenn hochrangige ‚Machtpromotoren' direkt oder indirekt engagiert sind.

Ein möglicher Schwachpunkt ist, dass Spezialeinrichtungen (Ethik-Kommission und Moralbeauftragte) die Gefahr erhöhen, das eigene Gewissen an Stabstellen oder Experten zu delegieren und Moral nicht mehr als eigenes, sondern als Expertenproblem zu betrachten. Am „besten" stehen diese Einrichtungen dann hierarchisch tiefer als Strategie- und Controllingstellen, die deren Einwände dann mit starken Argumenten entkräften oder sogar anerkennen, aber unter Verweis auf übermächtige Sachzwänge als nicht machbar qualifizieren.

Man kann sich zur Förderung ethischer Sensibilität auch externer (Ethik-)Berater bedienen (vgl. *Badura*, 2002). Hier eröffnet sich ein neues Geschäftsfeld für Unternehmens-Berater, Philosophen und Theologen als Personalisierungen eines eingekauften Unternehmensgewissens. Es kann dann auch zu alibihaften PR-Zwecken seine gut bezahlte Stimme erheben.

5) Öffentlichkeit herstellen

Öffentlichkeit herstellen, also „die Dinge beim Namen nennen", bringt Transparenz und stellt ein Angebot dar, dass sich jede/r Interessierte eine eigene Meinung bildet und sein/ihr Verhalten daran orientiert. Dies kann dadurch geschehen, dass Beispiele vorbildlichen moralischen Verhaltens zur Sprache(!) gebracht werden (z.B. in Betriebsversammlungen, in Artikeln der Betriebszeitung etc.), aber auch indem unmoralisches Handeln an den Pranger gestellt oder exemplarisch und sichtbar geahndet wird.

> Die bevorzugt von höheren Vorgesetzten gerne benutzte Aufforderung zur Zivilcourage wird in ihrer Doppelbödigkeit im Witz entlarvt: *„Ich dulde keine Jasager! Ist das klar?" „Ja, Herr Direktor."*

Zur Verallgemeinerung ethischer Reflexion im Unternehmen könnte auch an reflexive Mechanismen gedacht werden, die moralisch relevante Themen oder Handlungen zurückspiegeln und zur Diskussion stellen (s. etwa Einrichtungen wie Hofnarren, advocati diaboli[3] oder die Werkszeitung in entsprechenden Dauer-Rubriken, z.B. die „Offen-gesagt-Spalte“ oder „Satire“-Seite). Die Gefahr, die für die entsprechende Person mit dieser Rolle einhergeht, ist offensichtlich – es ist oft einfacher den Boten zu bestrafen, als das benannte Problem zu lösen.

Es gäbe auch die Möglichkeit, moralische Dilemma-Situationen öffentlich zu diskutieren, bzw. dafür ein regelmäßiges Forum zu schaffen (etwa in der Form von Erfahrungsgruppen, Internet- oder Intranetblogs).

Eine weitere Technik, Öffentlichkeit zu schaffen, wäre, durch einen „Moralpreis“ (eine Auszeichnung analog dem „Kavalier am Steuer“!). Dadurch kann man herausragendes Verhalten demonstrativ hervorheben. Hier kann man sich an den Orden erinnert fühlen, den österreichische Offiziere zu Kaisers Zeiten erhielten, wenn sie in eigener Verantwortung befehlswidrig handelten – *und dabei Erfolg hatten*!). Wer aber sitzt im Preisgericht für eine solche Auszeichnung? Und was geschieht mit Personen, die Sünden der Unternehmung öffentlich angeprangert haben? Es besteht zudem die Gefahr, dass durch eine solche Einrichtung ausschließlich *personalisiert* wird – weil abgelenkt wird auf die kleinen Mutproben im betrieblichen Alltag – und die weit schwerwiegenderen Wirkungen der *institutionellen* Ordnung unkritisiert bleiben. Hervorhebungen dieser Art sind nicht so sehr als individuelle Auszeichnung zu sehen, sondern als symbolisches Management: Eine Instanz nimmt sich das moralische(?) Recht(!), über andere, die sich ‚richtig‘ verhalten haben, zu urteilen und sie dokumentiert zugleich plakativ unternehmensintern und -extern, dass es ein Moral-Monitoring gibt.

6) Sanktionsrepertoire schaffen und anwenden

Hier könnte man an Einrichtungen denken, wie sie sich in den freien Berufen bewährt haben: *Ehrenkodices* (s. Hippokratischer Eid bei den Ärzten) oder *Ehren- und Standesgerichte*. Allerdings setzen derartige Einrichtungen entweder Segmentierungen der Belegschaft voraus (Standesethiken) oder aber eine sogenannte *starke* Unternehmenskultur (vgl. *Neuberger & Kompa*, 1987), die für alle verbindliche Orientierungen vorgibt.

Es werden auch Analoga zur „gelben/roten Karte“ für Regelverstöße diskutiert (Strafpunkte-Konto à la Flensburg), wobei natürlich die Grenzen zu einer fragwürdigen Betriebsjustiz fließend sind. Auch die Institution „Strafbank“ ist im Gespräch für solche Personen, die innerbetriebliche Standards verletzt haben. Mit der Strafbank ist eine Insidern als solche bekannte Abstellgleis-Position gemeint, in der eine Zeitlang zur Bewährung pausiert werden muss (es gibt auch dauerhafte Müllhalden oder Elefantenfriedhöfe).

Form und Konsequenzen einer Brandmarkung (Stigmatisierung) von schwarzen Schafen (bis hin zur Kündigung) sind zu überlegen. Sie sind eine delikate Angelegenheit, werden diese Personen doch quasi von oben „zum Abschuss freigegeben“, wenn keine

---

3 advocatus diaboli (lat. Anwalt des Teufels): In Heiligsprechungs-Prozessen der katholischen Kirche geschaffene Institution; ein ernannter Anwalt nimmt die Gegenposition ein und trägt alle erdenklichen Gründe vor, die *gegen* den Kandidaten/die Kandidatin sprechen. Heute allgemein der/die (geschützt und ungestraft) dagegen reden darf.

Einbettung der Maßnahme (z.B. in ein glaubhaftes Konzept der *lernenden Organisation* oder *Fehlerkultur*) stattfindet.

7) Ethik-Training und -Sozialisation

Dahm (1989b, S. 588) berichtet, dass ein „früherer Präsident der Investment Industry" der Harvard Business School 30 Millionen Dollar gespendet hat für die Entwicklung von Programmen zur ethischen Erziehung künftiger Finanzmanager. Ethik wird wie ein Pflichtfach behandelt, es gibt Curricula und man und hofft, ‚Ethik-Defizite' auf diese Weise beseitigen zu können! In Studiengängen tauchen entsprechende Inhalte durchaus auf – inwiefern sie von den Studierenden und ihren DozentInnen ernst genommen werden, lässt sich daraus nicht ablesen (vgl. auch das Fallbeispiel 8). Als typisches „Sonntagsreden"-Thema ist das einer Befragung der entsprechenden Personengruppen nicht glaubhaft zugänglich. Dass zumindest in der Finanzbranche ganz offensichtlich die Wende noch nicht gelungen ist, zeigt die 2008 in den USA ausgelöste weltweite Finanzkrise (u.a. Insolvenz der Investmentbank Lehman-Brothers am 15.09. 2008). *Dahm* hat an anderer Stelle (1989a) einen materialreichen informativen Überblick über Anstrengungen der Ethikvermittlung in Unternehmen vorgelegt.

Außer dem Training im Umgang mit moralischen Dilemmata gibt es auch spezielle Ethik-Schulungen, in denen man ethisch argumentieren bzw. moralisch begründen lernt, z.B. in Übungen des stellvertretenden fingierten Diskurses, der dann angezeigt ist, wenn Betroffene nicht erreichbar sind oder nicht argumentieren können (Natur, Tiere, spätere Generationen). Für diejenigen, die aktuell kein Votum abgeben können, wird *social responsibility* übernommen; es wird *über* sie geredet oder nachgedacht. Allerdings liegt hier in besonderem Maße die Gefahr nahe, dass damit nicht nur Bewusstsein geweckt wird für bisher ungesehene Ansprüche, sondern auch äußerliche Diskussionstechniken eingeübt werden, um sie in Konfrontationen vorwiegend defensiv oder manipulativ einzusetzen. Die Alternative zu dieser im Grunde monologischen sozialen Verantwortung ist echte dialogische *social responsiveness*, bei der *mit* mündigen und verantwortungsfähigen Partnern ein Interessenausgleich gesucht wird. Und die sehr aufwändig und im Erfolg ungewiss ist.

Im Kontext von Führungstrainings kann die Diskussion moralischer Dilemmata dazu beitragen, tabuisierte Themen und Konflikte anzugehen, Führungskräfte zu sensibilisieren für die bisherige Bandbreite im Umgang mit den Dilemmata und unternehmenseinheitliche Praktiken zu entwickeln.

Der Erfolg von Moraltrainings, die oft sehr enthusiastisch angepriesen werden, muss wegen der Personalisierung des Problems (s.o.) skeptisch beurteilt werden. Ein wesentliches Lehrziel von Ethik-Sozialisation müsste es sein, auf die immer vorhandenen Handlungs-*Spielräume* hinzuweisen und darauf zu dringen, diese Spielräume auch eigenverantwortlich zu nutzen und sich nicht dem Diktat der sogenannten Sachzwänge zu unterwerfen.

„Als individuelles Kernproblem ergibt sich dabei, den persönlichen Mechanismen der Gewissensberuhigung zu begegnen. Hierzu zählen Beruhigungsstrategien wie

‚Ich bin ja doch nur ein kleines Rädchen'.

‚Die anderen tun es ja auch'.

‚Wenn ich's nicht tu, dann tut's ein anderer'.

‚Ich kann meinen Arbeitsplatz nicht gefährden', usw." (*Perridon & Wagner*, 1988, S. 15).

Dafür wäre zentral, dass es diese Sachzwänge 1. tatsächlich nicht gibt, sie also – wie auch immer – beseitigt würden und 2. das den entsprechenden Personenkreisen auch glaubhaft vermittelt wird. Der zentrale Gedanke, der der Ethik-Sozialisation zugrundeliegt, ist in *Kästners* vielzitiertem Bonmot enthalten: „Es gibt nichts Gutes, außer: man tut es". Nur wenn ethische Reflexion handlungsbestimmend wird und sich nicht in Wort-Fassaden oder Ersatz-Handlungen (wie Hochglanzbroschüren für Grundsätze) erschöpft, ist mit sichtbaren Wirkungen zu rechnen. Damit ist die *kommunikative Praxis* gemeint, die in sozialen Netzen wirksam ist und dort als Brauch, Gewohnheit oder (informelle) Norm wie selbstverständlich gilt und gegenseitig überwacht wird.

8) Vorbilder, Tradition

Um Nachahmungsverhalten anzuregen, kann man z.B. Great (wo-)men, Gründer und Pioniere herausstellen und ihre Taten *aktuell* und *lebendig* halten. Wie im Unternehmenskultur-Ansatz üblich, geht es dabei – man muss die Begriffe in ihrer verräterischen Direktheit wahrnehmen – um „Werte-Infusion" oder „mentale Programmierung": Die handlungsleitenden und identitätstiftenden Grundannahmen der Unternehmung sollen damit sowohl symbolisiert wie aktiviert werden (vgl. *Neuberger & Kompa*, 1987). In diesem Zusammenhang werden auch kritische Ereignisse der Vergangenheit, Krisen, Katastrophen, Wendepunkte immer wieder in Erinnerung gerufen, um damit Modelle für das Nacheifern zu bieten. Dies lässt sich ausgestalten mit Jubiläumsfeiern, besonderen Auszeichnungen, Ehrentiteln, Slogans, Artikeln in Publikationen etc.

Der klassische *homo oeconomicus* lernt nicht dazu (weil er schon alles weiß und eine stabile und konsistente Präferenzvorstellung hat); auch *Kants* autonomes Subjekt ist lernunfähig, weil es prinzipiell (!) schon alles bedacht hat bzw. alles schon prinzipiell bedacht hat. Da aber (wichtigere) Entscheidungen *intertemporaler* Natur sind, kann sich zwischenzeitlich die Präferenz ändern (Sättigung, Altern…) und weil sie *sozial* sind, können sich durch die Veränderung des Teilnehmer- oder Betroffenenkreises völlig neue Situationen ergeben. Orientierungshilfen durch Modelle und Traditionen erfüllen deshalb eine wichtige Funktion.

Vorbilder und Traditionen vermitteln Orientierung für die Wahrnehmung und Beurteilung von Situationen sowie dem individuellen Handeln darin, ohne dass der Akteur sich mit philosophischen, esoterischen oder sonstwie abstrakten Überlegungen zu belasten braucht: Imitation und analoge Übertragungen auf andere, als strukturell ähnlich wahrgenommene Situationen führen quasi automatisch zu gewünschtem (also u.U. auch ethisch und moralisch anerkennenswertem) Verhalten.

9) Rekrutierung

Ein eher personalistischer Ansatz ist es, moralisch geeignete Leute zu gewinnen bzw. sich zu trennen von notorischen Sündern. Diese Strategie unterstellt, dass Moral eine Art Persönlichkeitszug ist, der stabil und übersituativ wirkt. Auch hier besteht die Gefahr, dass man auf Menschen zur Bewältigung abschiebt, was eigentlich durch die unaufgeklärte Widersprüchlichkeit der Institutionen fortwährend erzeugt wird.

Entsprechende psychometrisch (und natürlich auch solche ohne diesen Aufwand) entwickelte Instrumente und -gattungen liegen vor, z.B. die Integrity-Tests (*Ones, Schmidt & Viswesvaran*, 1993; *Marcus*, 2006), die in der Literatur zur Eignungsdiagnostik als sehr vorteilhafte Verfahren gelten, da sie eine hohe prognostische Validität mit einem ziemlich geringem Durchführungs- und Auswertungsaufwand vereinen. Sie zeigen auch substanzielle Verbindungen zu den sog. „Big-Five"-Persönlichkeitsfaktoren (vgl. Kap. 2.1), deren Messung sich dementsprechend auch eignen könnte, geeignete Personen zu identifizieren (z.B. *Marcus, Höft & Riedinger*, 2006). Allerdings ist mit der Verbundvariable *Integrity* nicht Ehrlichkeit oder Integrität der Persönlichkeit gemeint, sondern das Übereinstimmen oder zumindest übereinstimmende Handeln mit dem Willen der Organisation, also etwas wie „Unterordnungsbereitschaft", die eher *kein* Zeichen persönlicher Integrität darstellt. Sie ermöglicht vielmehr eine Rechtfertigung eigener Verhaltensweisen unter Verweis auf so etwas wie Treue gegenüber dem Auftraggeber oder Befehlsnotstand gegenüber einer Obrigkeit und rechtfertigt somit sowohl

- Handeln auch gegen die eigenen Überzeugungen als auch
- eine Ablehnung von Verantwortung auch bei Verhaltensweisen von deren Angemessenheit man (zumindest) zum Zeitpunkt seines Handelns durchaus überzeugt war.

9.2.4 Erfassung „ethischer Führung"

Weniger für die Rekrutierung als vielmehr hinsichtlich bereits im Unternehmen aktiver Führungskräfte von Interesse, gibt es Verfahren der „Messung" von ethischer Führung für Unternehmen, die sich ein solches Kriterium für ihre Führungskräfteentwicklung leisten wollen. Solche Verfahren anlassbezogen durchzuführen ist natürlich schwierig, da sie extrem anfällig für kurzfristige Beeinflussungsversuche sind – sowohl durch die zu beurteilenden Führungskräfte als auch durch die beurteilenden MitarbeiterInnen. Von daher ist höchstens dann von einer potenziellen Brauchbarkeit auszugehen, wenn sie in Routinebeurteilungsprozesse einbezogen sind.

Die Fragebogeninstrumente fokussieren sinnigerweise(?) die Führungskraft (ganz im Sinne von FVVB u.ä. Verfahren zur Beschreibung des Verhaltes von Führungskräften) aus Sicht der ihr Unterstellten. Warum ausgerechnet diese ethische Fragen mit hinreichender Genauigkeit und Sachverstand beurteilen können sollen, bleibt dabei zumeist unausgesprochen. Ein Training oder eine weitergehende Sensibilisierung scheint ihre Anwendung zumindest nicht vorzusehen. Ein Instrument (die Ethical Leadership Scale *ELS* von *Brown, Trevino & Harrison*, 2005) misst ethische Führung als eindimensionales Konstrukt mittels zehn einfacher Fragen. Die deutsche Übertragung (*ELS-D* von *Rowold, Borgmann & Heinitz*, 2009) eliminiert empirisch eine der Fragen und ermittelt aus den restlichen neun Fragen zwei Faktoren ethischer Führung: „ethische Mitarbeiterführung“ und „ethisches Rollenmodell“. Zur Illustration der Messung ethischer Führung in der Forschung sind die Fragen und Skalen nachfolgend abgebildet:

Skalen und Items der ELS-D von *Rowold* et al. (2009, S. 62):

„Die Führungskraft…“

Faktor 1: ethische Mitarbeiterführung:

- „… hört auf das, was Mitarbeiter zu sagen haben.“
- „… denkt an die Interessen der Mitarbeiter.“
- „… trifft faire und ausgewogene Entscheidungen.“
- „… ihr/ihm kann vertraut werden.“
- „… beurteilt Erfolge nicht nur nach den Ergebnissen, sondern auch danach, wie sie erreicht wurden.“

Faktor 2: ethisches Rollenmodell:

- „… führt ihr/sein Leben in ethischer Art und Weise.“
- „… diskutiert Geschäftsethiken und -werte mit den Mitarbeitern.“
- „… gibt Beispiele, wie Dinge aus ethischer Sicht richtig gemacht werden sollten.“
- „… wenn sie/er Entscheidungen fällt, fragt sie/er: „Wie kann ich bei dieser Entscheidung das Richtige tun?“

Die Fragen sollen auf einer 5-stufigen Skala mit verbaler Verankerung von „nie“ bis „immer“ beantwortet werden.

Ein weiteres Instrument (Ethical leadership at work questionnaire *ELW* von *Kalshoven, Den Hartog & De Hoogh*, 2011) umfasst sieben Dimensionen, wobei neben vier Skalen der Mitarbeiterorientierung auch „Integrität“, „ethische Anleitung“ und „Nachhaltigkeitsorientierung“ abgefragt werden. Die Beispiele vermitteln einen Eindruck davon, inwiefern sich ein Merkmal wie „ethische Führung“ ökonomisch und bedeutsam (nicht) erfassen lässt. Auf Schwierigkeiten in der Befragungsmethode und der Befragung von MitarbeiterInnen wurde bereits weiter oben eingegangen.

9.2.5 Schluss

Ökonomisches Handeln ist nicht nur Sach-Problemlösung, sondern auch Wert-Verwirklichung und damit interessengebunden. Moral als Gesamtheit gültiger, vernünftig begründeter Normen gibt für jede – und damit auch für wirtschaftliche – Praxis Leitlinien, wie in jeglicher Situation zu handeln ist. Ethische Überlegungen formulieren regulative Ideen, an denen sich die immer unvollkommene Praxis orientieren kann. Für die Führungsethik ist ein konstitutives ungelöstes Problem die Erweiterung zur (umfassenderen) Wirtschaftsethik. Wenn führungsethisch „die Anerkennung des Mitarbeiters als Person und Zweck an sich selbst" (*Göbel*, 2010, S. 195) gilt, gilt dann auch die Maxime: Im *Unternehmen* fair, auf dem *Markt* mit List und Tücke vorteilsmaximierend? Erst wenn sich auch *im* Unternehmen die Einsicht durchsetzt, dass es um „repeat business" geht und dass „Schwarzfahren" die Grenzmoral zum eigenen Schaden senkt, können die Akteure miteinander verallgemeinerungsfähige Standards entwickeln, die das Repertoire politischer Techniken begrenzen, ohne das *politische* Gestaltungsproblem allein als *technische* Rationalisierungsfrage aufzufassen.

9.3 Führung und Mikropolitik

Mehrfach wurde bereits die Beobachtung und Schlussfolgerung angesprochen, dass Führung nicht ausschließlich durch Regeln und detaillierte Vorgaben bestimmt ist, sondern sogar vor allem dort zum Einsatz kommt und notwendiger Weise gebraucht wird, wo das vorab Bestimmte nicht (unmittelbar) einzusetzen ist. Sie füllt also einen strukturellen Freiraum der Organisation und der Koordination. Wie sie oder genauer die Führungskräfte diesen füllen sollen, wird seit Jahrzehnten mittels der traditionellen Modellbildungen untersucht. Wie sie das im Einzelfall, im Hier und Jetzt, im Feld unklarer Mittel und widersprüchlicher Regeln tun, weniger. Die Forschung zur Mikropolitik in Organisationen, die seit einiger Zeit verstärkte Beachtung findet, befasst sich genau mit diesem Hier und Jetzt der Führung aus der Perspektive des (zutiefst Menschlichen *zoon politikon*) Politischen. Er soll im Folgenden genauer betrachtet werden.

9.3.1 Zur Definition von Mikropolitik

Die mikropolitische Perspektive überwindet die *monokratische* Auffassung von Führung zugunsten einer *polyzentrischen*, denn *jede* Position in Organisationen (auch jede Führungsposition) wird sowohl als Quelle wie als Ziel einer großen Zahl von Einflusslinien angesehen, die von allen Seiten kommen und nach allen Seiten gehen: So wird z.B. in Studien zur ‚Führung von unten' (s. *Wunderer*, 1992, 2011; *Weibler*, 1994; *Blickle*, *Röttinger* & *Nagy*, 1997; *Emmerich*, 2001) thematisiert, dass Vorgesetzte Adressaten kreativer und erfolgreicher Einflussversuche von den Unterstellten/MitarbeiterInnen sind. Dazu kommen Einflüsse ‚von der Seite' (von KollegInnen) und ‚von oben' (höheren Vorgesetzten) sowie von Stäben und von Außenstehenden. Mikropolitik betrachtet die strukturelle Macht der *Verhältnisse* als Produkt, Bedingung und Rahmen ‚interessierten' Handelns von Subjekten. In Abwandlung eines Kommunikationsaxioms von *Watzlawick* kann man dazu ergänzend formulieren: Jede Entscheidung oder Handlung hat einen Sach- und einen Machtaspekt, dergestalt, dass dieser jenen dominiert.

Das Leitbild politischen Handelns ist nicht die rationale Entscheidung des allein stehenden *homo oeconomicus*, denn diese basiert auf einigen idealisierenden Fiktionen: Ein Akteur wählt – vollständig informiert, mit konsistenter Präferenzordnung und einer angebbaren Regel folgend – aus einem Satz von Aktionsmöglichkeiten die für ihn attraktivste. Anders der politische Ansatz: Der Akteur ist nicht allein und souverän; er konkurriert mit anderen um knappe Ressourcen, hat keine vollständige zeitgerechte Information und kein konsistentes Zielsystem. Bei diesem Zielsystem spielt zudem neben inhaltlichen Zielen (Anhäufung von Gütern oder Rechten) vor allem ein formales Ziel eine Rolle: Es geht um die Fähigkeit (Potenz), die Durchsetzung wie auch immer gearteter eigener Interessen dauerhaft zu sichern und die Bedingungen dafür zu kontrollieren.

Fragebogen-Erhebungen zu mikropolitischen Praktiken rekonstruieren im Allgemeinen 8 +/– 4 verschiedene *Gruppen* von Einflusstaktiken. Am häufigsten werden folgende Kategorien genannt:

- Freundlichkeit, Einschmeicheln, Beziehungspflege;
- Tauschhandel anbieten oder praktizieren, Vorteile oder Nachteile versprechen oder verschaffen;
- unter Druck setzen, bestimmt und fordernd auftreten, drohen;
- Bündnisse schließen, Koalitionen eingehen;
- an höhere Werte oder Idealismus appellieren, charismatisch inspirieren;
- rationales Argumentieren, sachliche Information;
- höhere Vorgesetzte einschalten;
- sich auf Rechte, Traditionen, Pflichten, Vorschriften berufen;
- manipulieren, täuschen, überreden;
- sich beraten lassen, andere mitbeteiligen;
- vollendete Tatsachen schaffen, zupackend handeln.

Dieser Satz von Praktiken deckt natürlich nicht die volle schillernde Breite der Möglichkeiten ab, zeigt aber durchaus das Bewusstsein für die Realität der Mikropolitik in Unternehmen und das nicht nur als „Abweichung“ vom Gewünschten.

Offensichtlich wird dabei aber auch, dass Mikropolitik als permanenter Kleinkrieg Ressourcen bindet, die anderweitig viel konstruktiver genutzt werden könnten. *Klein* (1988, S. 4) macht in seiner Diskussion vom „Mythos des politischen Dschungels in Organisationen“ auf das mikropolitische Paradox aufmerksam: Politisches Agieren ist erfolgreich, wenn es die Opposition besiegt, also intraorganisationales politisches Agieren beendet; jeder politische Akteur ist darauf aus, die andere Seite unter Kontrolle zu bringen und ihr Möglichkeit zu politischem Agieren zu nehmen.

Diese Sichtweise ist nicht neu: *March* schreibt bereits 1962 (S. 672): „Unsere Grundannahme ist, dass ein Unternehmen eine politische Koalition ist und dass der Leitende Angestellte in der Unternehmung ein politischer Makler ist. Die Verfassung der Unternehmung ist nicht gegeben; sie ist ausgehandelt. Die Ziele der Unternehmung sind nicht gegeben; sie sind vereinbart“.

Vom vorherrschenden instrumentellen sachrationalen Ansatz hebt sich ein mikropolitischer in mehrfacher Hinsicht ab:

[1] Statt von einer unilateralen Einflussrichtung (von oben Vorgaben erhalten, nach unten Vorgaben machen) wird von *multiplen vernetzten Einflussquellen* ausgegangen, die die Führungskraft zum Teil nur indirekt – vermittelt über Dritte – tangieren (s. Abb. 9.3):

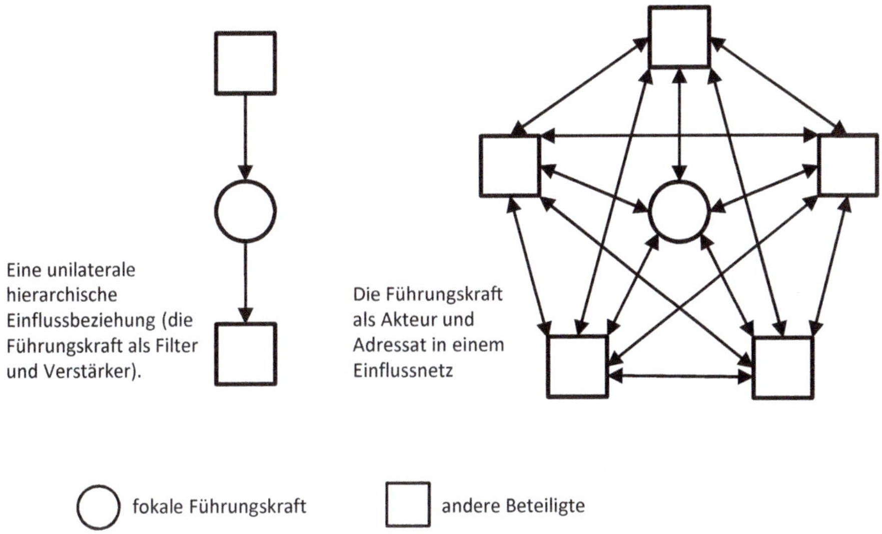

Abb. 9.3: Die Führungskraft als Akteur und Adressat in einem Einflussnetz. Die fokale Führungskraft ist durch einen Kreis symbolisiert, für die anderen Beteiligten stehen Quadrate.

[2] Statt Selbst-lose Agentin der Organisationsziele zu sein, verfolgt die Führungskraft opportunistisch ihre *eigenen Interessen*. Das impliziert, dass sie *Eigenaktivität* entfaltet und nicht nur ‚im Namen der Organisation' oder ‚im Auftrag des Prinzipals' handelt.

[3] Statt allein Ausführungsorgan von Handlungen zu sein (Erfüllung von Sachaufgaben, Verwirklichung vorgegebener Ziele) schafft und verändert die Führungskraft auch *Ordnungen* (Strukturen, Institutionen), durch die ihr selbst und anderen dauerhaft und abstimmungsentlastet Handlungsmöglichkeiten beschränkt und ermöglicht werden.

[4] Statt nur mit geliehener oder übertragener *Macht* im Dienste der Sache zu operieren, versucht die Führungskraft eigene Machtpotenziale zu schaffen, über die sie exklusiv verfügen kann.

Gesellschaft

In der Literatur werden meist drei Ebenen der Politik (Makro-, Meso-, Mikropolitik) unterschieden (s. *Türk*, 1989; *Küpper & Felsch*, 2000). Diese Dreigliederung wird zum Teil mit der Differenzierung zwischen Gesellschaft, Organisation und Individuum parallelisiert, zum Teil aber zielt sie auf die Strategie-Taktik-Operation-Unterscheidung: *Makropolitik* ist die grundsätzliche, strategische (langfristige und Rahmen setzende) und strukturell orientierte (Regeln und Institutionen schaffende) Gestaltung der Handlungs- und Entscheidungsprämissen durch die obersten Instanzen. *Mesopolitik* beschreibt die abgeleiteten Orientierungen und Festlegungen durch nachgeordnete Instanzen (in Unternehmen z.B. Bereiche, Abteilungen, Projektgruppen etc.). *Mikropolitik* schließlich bezieht sich auf das Agieren in den Niederungen des Alltags mit kurzer Zeitperspektive, taktischer Chancennutzung und unmittelbarer personaler Konfrontation.

Der Begriff der Mikropolitik wurde in Deutschland von *Bosetzky* (1972) in Anlehnung an die „micropolitics" von *Burns* (1962) eingeführt. Er definiert Mikropolitik als „die Bemühung, die systemeigenen materiellen und menschlichen Ressourcen zur Erreichung persönlicher Ziele, insbesondere des Aufstiegs im System selbst und in anderen Systemen zu verwenden sowie zur Sicherung und Verbesserung der eigenen Existenzbedingungen" (*Bosetzky*, 1972, S. 382). Mikropolitik bezeichnet das Arsenal jener alltäglichen ‚kleinen' (Mikro-!)Techniken, mit denen Macht aufgebaut und eingesetzt wird, um den eigenen Handlungsspielraum zu erweitern und sich fremder Kontrolle zu entziehen (*Neuberger*, 1995).

Weitere Vorschläge für Definitionen von Mikropolitik finden sich im Zusatzdokument 39.

Folgende Eigenheiten werden mit dem Präfix ‚mikro' in *Mikropolitik* assoziiert:

- mikroskopisch klein, unauffällig, unmerklich, praktisch unsichtbar; auf kapillare Feinstrukturen bezogen;
- unterhalb der sichtbaren Ebene offizieller Politik (Subpolitik), unterschwellig, untergründig;
- verborgen, heimlich, verdeckt, lichtscheu (illegitim); in der Schatten- und Grauzone des Handelns;
- 'von unten' (von den ‚Kleinen', aus der Froschperspektive) gesehen und betrieben;
- von Einzelnen Individuen gestaltet und auf sie bezogen; kurzsichtig und ohne Gemeinsinn auf den eigenen Vorteil gerichtet, ohne das Große und Ganze im Auge zu haben;
- im Gegensatz zur formellen offiziellen Großen Politik: informell, interpersonal-kleinräumig, von Angesicht zu Angesicht, unter vier Augen;
- nicht auf makropolitische Grundsatzentscheidungen aus, sondern auf kleine Variationen im Rahmen gültiger Strukturen und Regeln beschränkt. Nicht demonstrative ‚Staatsaktionen' sind ihr Metier, sondern alltägliche Kleinarbeit mit kurzer Reichweite. Türk (1989, S. 131) qualifiziert den mikropolitischen Ansatz deshalb als ‚apolitisches Politikkonzept';

- sie propagiert nicht den grenzenlosen Kampf aller gegen alle und schon gar nicht gegen die übergreifende stabile Ordnung, sondern ist auf lokale und kurzfristige individuelle Manöver beschränkt.

Mikropolitik ist keine Beobachtungs-, sondern eine Deutungskategorie (vgl. Kap. 6.2). Auf der Ebene beobachtbaren Verhaltens lassen sich kaum Abgrenzungsmerkmale zu ‚normalem' Verhalten finden, denn alles sichtbare Verhalten kann mikropolitisch motiviert sein oder als solches interpretiert werden: Einem differenziert ausgearbeiteten Projektvorschlag einer Bereichsleiterin sieht man als Laie ohne Kenntnis von Kontext, Vorgeschichte und Alternativen nicht an, dass er z.B. eine einschmeichelnde Verteidigung der Lieblingsidee eines Vorstandsmitglieds ist, dass er Ressourcen von einem allzu erfolgreichen Projekt innerbetrieblicher Konkurrenten absaugen soll, dass mit ihm die Flucht nach vorn angetreten wird, um von einem bevorstehenden Misserfolg in anderer Sache abzulenken etc. Damit entsteht allerdings ein erkenntnistheoretisches Problem: Wenn alles unter Mikropolitikverdacht gestellt wird, fällt der Begriff ‚Mikropolitik' zusammen mit dem Begriff ‚Handeln' und es gibt keinen Differenzbegriff mehr (vgl. *Gebert*, 1996).

Ziel ist nicht, die Entweder-Oder-Frage ‚politisch vs. sachlich' zu entscheiden, sondern aus dieser politisierenden Alternative heraus zu treten zugunsten eines *sowohl – als auch*: Jede scheinbar(!) rein sachliche Handlung oder Entscheidung *ist auch* eine politische und umgekehrt. Einen Hinweis dafür, dass es sich dabei um keine akademische Spitzfindigkeit handelt, ist die merkwürdige Kluft, die bei PraktikerInnen zwischen der reichen privaten Erfahrung und Könnerschaft in Sachen Mikropolitik einerseits und der offiziellen Verleugnung oder Verharmlosung von Mikropolitik im eigenen Handlungsfeld besteht: Mikropolitik betreiben immer die anderen, die es nötig haben, weil ihnen Argumente, Leistung oder Charakter fehlen. Man selber geht den rechten Weg, handelt dabei klug und wenn man scheitert, sind die mikropolitischen Machenschaften der anderen schuld.

9.3.2 Mikropolitik als Steuerungstechnik in Organisationen

Vielfach wird Mikropolitik in die ‚Schmuddelecke' der Organisation gestellt. Es grassiert die Befürchtung, dass sich, würde man sie offiziell fordern und fördern, ihre Praktizierung zu virtuoser Unmoral perfektionieren würde: Alle wären nur noch mit Täuschen und Tarnen, Lug und Trug, Überlisten und Ausbooten, Schmeicheleien und Kuhhandel beschäftigt. Diese Horrorvision malt entfesselte Mikropolitik als regelloses Chaos, Kampf aller gegen alle, unverschämten Egoismus und Verfall der Sitten. Ein solches Schreckensszenario sieht Mikropolitik kontextfrei, grenzenlos, negativ und dysfunktional.

Es ist ein Gemeinplatz, dass in Organisationen nichts funktionierte, wenn sich alle streng an die Vorschriften hielten. Erfolge sind vor allem dann zu erwarten, wenn jemand eine Aufgabe zu seinem Anliegen macht und mit Ideenreichtum und Einsatzfreude dafür sorgt, dass sie erledigt wird, auch wenn dafür bislang bewährte oder vorgeschriebene Wege verlassen werden.

> Vgl. hierzu auch *Walter* in Fallbeispiel 14, der zu den Prozessen der NASA ausführt: „Das Geheimnis einer guten Führung ist, zwar gute Prozesse zu haben, aber sich in 10-15% der besonderen Fälle eben nicht daran zu halten. Fortschritt ist eben manchmal nur möglich, wenn man bewusst gegen die Regeln verstößt. Nur so hat man die Möglichkeit, sich an die Umwelt anzupassen. Sozusagen die natürliche Mutation der Evolution einer Projektarbeit. Dazu muss eine Führungskraft auch in der Lage sein."

Aus einer funktionalen Perspektive spricht für Mikropolitik, dass sie Sklerotisierung (durch starre Regelbindung) oder Paralyse (durch endloses Nachfragen, das Handlungsaufschub bewirkt) umgeht. Mikropolitik dynamisiert und irritiert (auch, aber nicht nur im systemtheoretischen Sinn) zugleich. Im Grunde kann für Mikropolitik das gleiche Argument geltend gemacht werden, das für das ‚freie Spiel der Kräfte' auf einem funktionierenden Markt vorgetragen wird. Werden Eigeninitiative, Kreativität und Ausdauer durch Erfolg belohnt, werden die besten Kräfte auf Aktivitäten konzentriert, die den größten Nutzen versprechen. Wie beim Markt muss allerdings dafür gesorgt werden, dass bestimmte Spielregeln eingehalten werden, z.B. durch staatliche Gesetzgebung und Überwachung, Wettbewerb, kulturelle Werte und Traditionen (‚ehrbarer Kaufmann'!).

Würde *eine* Steuerungsstrategie in Unternehmen ein Monopol erhalten, würde dies gravierende Nachteile mit sich bringen. Man muss sich nur vorstellen, welche Konsequenzen zu gewärtigen wären, würde eine Organisation *nur* durch bürokratische Vorschriften, oder *nur* durch Technisierung und Automatisierung, *nur* durch Mikropolitik, *nur* durch Charisma einzelner, *nur* durch konsensuelle Entscheidungsfindung in Teams geführt werden. Jede dieser Techniken trägt den Keim zur Selbstzerstörung des Systems in sich, der sich mit verheerender Wirkung gerade in solchen Mono-Kulturen entwickelt, die sich auf *eine* der Techniken spezialisiert haben. Es ist jedoch nicht möglich, die technizistische Illusion zu realisieren, die bestmögliche Kombination der verschiedenen Methoden zu errechnen und dann zu programmieren – dies wäre ja genau ein Rückfall in *eine* der Strategien und damit definitionsgemäß schädlich.

In einem offenen System von *checks and balances* halten sich die Antagonisten gegenseitig in Schach; das verringert zentralen Kontrollaufwand und ist flexibel. Mikropolitik ist so einerseits Korrektiv für Formalisierung und Standardisierung (Bürokratie), muss aber andererseits von dieser wiederum begrenzt werden, damit sie (die Mikropolitik) nicht anarchisch wuchert. Durch Mikropolitik werden *Pläne* sowohl aktualisiert wie unterminiert, Mikropolitik schafft und überwindet technische *Sach-Zwänge*, sie setzt verbindliche *Wertordnungen* voraus und interpretiert sie neu, verletzt und entwickelt sie (dadurch) weiter; Mikropolitik benötigt verlässliche *Koalitionen und Übereinkünfte* und muss sie bei Bedarf oder Chance durch neue ersetzen können.

Politisches Agieren sichert den Handlungsfortgang bei nicht vorhandenem, nicht vollständigem und nicht explizitem Konsens über Lagebeurteilung, Verfahren, Ziele, Werte, berechtigte TeilnehmerInnen etc., wobei aber in all diesen Aspekten eine minimale Übereinstimmung gegeben sein muss, die den Korridor der zulässigen Inhalte und

Wege wenigstens vage beschreibt. Mikropolitik ist damit eben kein bedauerlicher und vermeidbarer Betriebsunfall oder ein unerklärliches Krebsgeschwür im ansonsten gesunden Organismus des Unternehmens, sondern unausweichlicher Bestandteil organisierten sozialen Handelns.

9.3.3 Bedingungen für Mikropolitik und darauf aufbauende mikropolitische Taktiken

Mikropolitik kann es nur geben, wenn und weil bestimmte Bedingungen vorliegen, die zugleich durch Mikropolitik (re-)produziert werden. Die zentralen Bedingungen von Mikropolitik werden in den folgenden Abschnitten skizziert und es werden jeweils zur Illustration einige darauf bezogene spezifische Handlungsmöglichkeiten (‚Einflusstaktiken', vgl. *Gandz & Murray*, 1980; *DuBrin*, 1990; *Wunderer & Weibler*, 1992; *Blickle*, 1995, 1997, 2004; *Blickle & Hepperle*, 1999; *Risch*, 1998; *Freudenberg*, 1999; *Neuberger*, 2006) genannt.

Dabei zeigt sich, dass der Kreativität der Akteure keine Grenzen gesetzt sind; wie in den Spiralen des Wettrüstens ist damit zu rechnen, dass neue Techniken bald gekontert werden, sodass noch raffiniertere Techniken entwickelt werden. Aber es handelt sich nicht von vornherein um ‚schmutzige Tricks', sondern um Praktiken, denen Verwerflichkeit oder Akzeptierbarkeit erst dann attestiert werden kann, wenn sie aus einer bestimmten begründungsbedürftigen Werthaltung beurteilt werden.

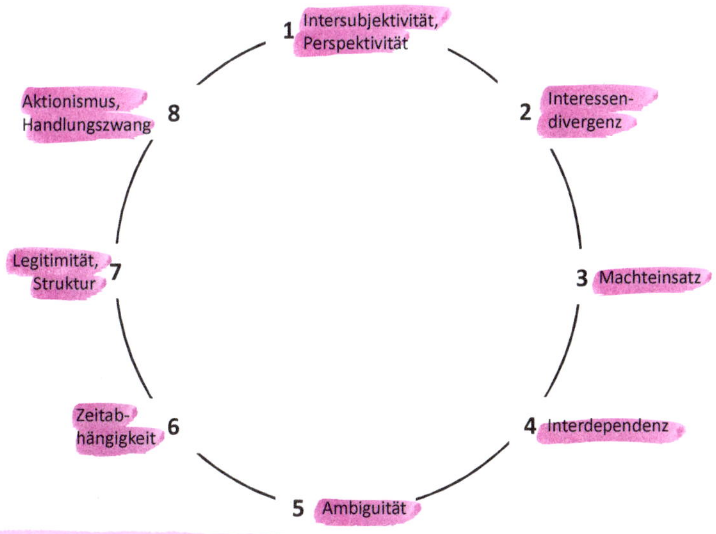

Abb. 9.4: Merkmale mikropolitischer Handlungsbedingungen

1. Intersubjektivität, Perspektivität

Mikropolitik ist definitionsgemäß kein isoliertes individuelles Handeln (wie „Selbstverwirklichung" oder „Aufgabenerfüllung"), sondern auf andere bezogen und durch sie ermöglicht und beschränkt. Eine mikropolitische Betrachtung legt deshalb eine Stakeholder-Analyse nahe, in der die Akteure identifiziert und ihre Relationen aufgedeckt werden. Die Protagonisten sind immer in Kontexte, Konfigurationen oder Beziehungsnetze eingebunden; die Qualität und Enge dieser Beziehungen gibt einerseits Aufschluss über das Potenzial des mikropolitischen Akteurs, soziale Ressourcen (Unterstützung, Informationen, Kredite/Vertrauen etc.) zu aktivieren und lässt andererseits erkennen, mit welchen Gegenmächten er zu rechnen hat. Die Beziehungsnetze sind nicht starr, sie können in Erstreckungsbereich und Enge der Verbindung variieren und sie sind auf zwei Ebenen zu betrachten: einer manifesten, sichtbar gemachten und einer latenten, geheim gehaltenen. Die Existenz heimlicher GegnerInnen oder Verbündeter erschwert das Anfertigen der interpersonalen Landkarte und ist Handicap *oder* Trumpf der Akteure.

Die Hervorhebung der Intersubjektivität bedeutet, dass von der Fiktion des individuellen Rationalakteurs abgegangen wird. Ihm wird zwar das Nutzenkalkül für *seine* Entscheidungen zugestanden, gleichzeitig aber wird konstatiert, dass aus einer *organisationalen* Perspektive das gleichzeitige Entscheiden vieler weiterer Akteure zu berücksichtigen ist, sodass mit Resulta(n)ten zu rechnen ist, die kein einzelner Akteur antizipiert oder gewollt hat. Akteure investieren deshalb Zeit und Ressourcen in die Entwicklung und Pflege von Beziehungen, um Konstellationen zu schaffen, die ihre Zukunft berechenbarer machen.

Diese Gegebenheiten erlauben unter anderen folgende mikropolitische Taktiken:

- Dritte für eigene Anliegen gewinnen oder einschalten, z.B. höhere Vorgesetzte, Expertinnen, Betriebsrat, Gerichte, Öffentlichkeit;
- günstige Koalitionen eingehen oder bedrohliche spalten;
- Hausmacht aufbauen, Seilschaften begründen und pflegen, Günstlingswirtschaft praktizieren, Lobbyismus betreiben;
- Netzwerke knüpfen, Verbindungen haben und ‚kurze Wege gehen' können;
- Beziehungspflege, Freundlichkeit, gewinnender Umgangsstil;
- solidarisch handeln, Unterstützung vergelten, Reziprozität zeigen;
- Einschmeicheln, Komplimente machen, Informationsträger umgarnen;
- Kontakte zu PromotorInnen, MentorInnen und SponsorInnen aufbauen und pflegen;
- KonkurrentInnen schneiden, isolieren, ignorieren, ausgrenzen, Intrigen spinnen, Mobbing, Belästigung, unter Druck setzen, einschüchtern;
- Doppelzüngigkeit (‚es jedem recht machen'), es sich mit niemandem verderben, sich alle Wege offen halten;
- Komplementarität leben oder stören;
- im Gespräch bleiben, sich ins Gespräch bringen, bekannt sein;
- vorteilhafte Selbstdarstellung, gut über sich reden (lassen), eigene Handlungen günstig etikettieren, Erfolge aufs eigene Konto verbuchen;

- Selbstinszenierung, sich mit Statussymbolen umgeben, die eigene „Sichtbarkeit“ durch auffällige Aktionen erhöhen;
- als Vorbild wirken, Charisma nutzen.

2. Interessendivergenz

Das mikropolitische und das rational-ökonomische Modell stimmen darin überein, dass die Akteure ihren Eigennutz im Auge haben. Nur eine Ideologie des ‚loyalen selbstlosen Dienens‘ oder der ‚Unterordnung unters Ganze‘ kann darin Verwerfliches sehen. In einer konkurrenzorientierten, individualistischen und leistungsorientierten Wirtschaft und Gesellschaft muss es sich für den Einzelnen lohnen, sich anzustrengen. Belohnungen knapp und begehrt zu machen ist der Mechanismus, um Konkurrenz anzustacheln. Zu ihren positiven Wirkungen gehört Leistungsverbesserung, zu ihren problematischen Folgen Täuschung, Betrug, Gewinnaufteilungs-Abmachungen und Ressourcen-Fehllenkung (z.B. in Machtkämpfe).

Aus einer politischen Perspektive sind Harmonie, Konsens und Kooperation eher unwahrscheinliche Zustände; realistischer ist es, von Konflikt, Dissens und Antagonismus auszugehen, sie zu nutzen, gegebenenfalls zu provozieren und zu kanalisieren. Wenn Handelnde nicht gleichgeschaltet sind, haben sie zum Teil verschiedene Interessen, die genutzt werden können oder sogar müssen, um ihr Engagement zu erhalten. Bei aller Beschwörung von Harmonie (‚Wir sitzen alle in einem Boot‘) darf nicht die produktive Kraft von Dissens und Diversität übersehen werden, die ja keineswegs zu egoistischer Profilierung oder blinder Gegnerschaft führen muss.

Man kann allerdings nicht ohne weiteres unterstellen, dass den Akteuren ihre Präferenzen bewusst sind und dass diese eindeutig, stabil und widerspruchsfrei sind. Es liegt im Gegenteil mikropolitisches Einflusspotenzial gerade darin, Zielpersonen bestimmte Interessen ein- oder auszureden, ihre Unschlüssigkeiten und Ambivalenzen zu nutzen oder ihnen Möglichkeiten aufzuzeigen, an die sie bislang nicht dachten (oder nicht zu denken wagten).

Geht man von Interessenunterschieden, Dissens und Konflikten aus und postuliert Eigennutz als Motor individuellen Handelns, dann bietet sich eine Reihe von Einflussstrategien an:

- Künstliche Differenzen aufbauen, spalten, Solidarisierung durch differenzielle Behandlung verhindern;
- Win-Win-Strategien zur Verfolgung des Eigeninteresses aufzeigen;
- Durch Appell an höhere verbindende Werte Differenzen überwinden (oder verschleiern);
- Differenzen aus der Latenz holen und eine offene Auseinandersetzung suchen: Aussprachen, Diskussionen, Verhandlungen;

- Durch gemeinsamen Gegner, gemeinsame Not, gemeinsame Aufgabe zum Schulterschluss bewegen und – vorübergehend? taktisch? – das Verbindende über das Trennende stellen;
- Von einem selbst kontrollierte Ressourcen so attraktiv machen, dass sie von den Zielpersonen begehrt werden.

3. Machteinsatz

Die zentrale Kategorie jeder (mikro-)politischen Analyse ist *Macht*. Die unmittelbare Evidenz dieses Konzepts verdeckt sein reiches Bedeutungsspektrum. Während alltagssprachlich davon ausgegangen wird, dass Macht ein Besitz ist, den man gezielt investieren und vermehren, speichern, abgeben, teilen und verlieren kann, sehen die meisten theoretischen Analysen Macht als Beziehungsphänomen: die eine Seite schreibt oder gesteht der anderen Überlegenheit zu und erlaubt ihr (für bestimmte Zeit, in bestimmten Fragen, in bestimmtem Ausmaß) die eigene Lebenssituation zu kontrollieren. Diese Sicht der Dinge hält fest an einer dyadischen oder antagonistischen Konstellation, wie sie etwa auch in *Max Webers* viel zitierter Definition zum Ausdruck kommt, bei der Macht als die Chance gesehen wird, den eigenen Willen auch(!) gegen Widerstreben durchzusetzen. Macht kann sich in offener personeller Konfrontation, aber auch verkleidet als manipulative Herstellung von Konsens und Konformität zeigen (vgl. *Lukes*, 1976). Sie kann sogar (als personale Strategie) ganz unsichtbar werden, wenn sie sich in Institutionen, Strukturen und Verfahren versteckt.

Beispiele für Taktiken, die auf Machteinsatz und -anspruch zielen, tragen der Tatsache Rechnung, dass Macht keine quasi-dingliche Habe, sondern eine strukturierende und strukturierte Beziehungsqualität ist:

- Selbstsicherheit und Durchsetzungsstärke signalisieren, dominant und mit unbedingtem Führungsanspruch auftreten, verunsichern, bluffen, befehlen, ‚anschnauzen', explodieren, einschüchtern, tyrannisieren;
- Andere, scheinbar Stärkere, öffentlich herausfordern, ihnen die Stirn bieten, Streit suchen, um sich selbst als furchtlos, stark, kampfbereit darzustellen und so unzufriedene Gefolgschaft zu sammeln;
- cool bleiben, „bei Treffern keine Wirkung zeigen", andere im Unklaren lassen über Ressourcen und Schmerzgrenzen;
- sich stur stellen, auflaufen lassen, offene Befehlsverweigerung, Zähne oder Rückgrat zeigen, dosierten Widerstand leisten (Wissen, wie weit man gehen kann);
- Forderungen unbeirrt und unablässig wiederholen, am Ball bleiben, Stehaufmännchen sein, Ausdauer zeigen;
- Kompromissbereitschaft erkennen lassen, es nicht zum Äußersten (Abbruch, Feindseligkeit) kommen lassen, durch Pseudofreundlichkeit ‚einwickeln';

- sich schwach und hilflos geben, das Helfersyndrom herausfordern, (flehentlich) bitten, Unterwerfungsgesten machen;
- Versprechen/Verweigern von Ressourcen;
- Expertise, Information(-smonopole) aufbauen, sich durch Fachkenntnisse unentbehrlich machen; Geheim- oder Spezialwissen (in Bezug auf Sachprobleme, Personen, Produkte etc.) monopolisieren, anhäufen und kontrollieren;
- gezielte Sozialisation und Enkulturation neuer MitarbeiterInnen (Respektieren und Anstreben von Machtüberlegenheit), Modelllernen;
- *culture management*: gezielte Nutzung von Sprachregelungen, Verfahren, Ritualen, Spielen und Artefakten zur ‚mentalen Programmierung' anderer.

4. Interdependenz

Wird Macht weniger als die Potenz, durch Ressourceneinsatz Widerstand zu brechen, denn als Nutzung und Erschließung von Handlungschancen konzipiert, muss sie nicht als Nullsummen-Spiel gesehen werden (was eine Partei verliert, gewinnt die andere). Es kann zu beiderseitiger Nutzensteigerung kommen, weil sich durch Ressourcen-Zusammenlegung gesteigerte oder neuartige Möglichkeiten eröffnen. Die Ökonomie arbeitet mit der sozialen Erfindung, den Raub durch den Tausch zu ersetzen, um sich in den Besitz des Begehrten zu bringen. Das senkt das Risiko, Niederlagen zu erleiden, schont Ressourcen bzw. vermeidet ihre unproduktive Allokation in einen Machtapparat und stabilisiert Beziehungen, weil die ‚Dialektik der Herrschaft' (*Giddens*, 1984) genutzt wird: nur wenn der ‚Herr' dem ‚Knecht' Freiheit lässt, wird dieser nicht nur das Erzwungene tun, sondern Mehrwert schaffen, von dem beide Seiten profitieren. Für den ‚Herrn' impliziert die Freiheit des ‚Knechts' allerdings den Abschied von der Determination des knechtischen Handelns: Er kann es ‚nur' noch konditionieren.

Bei wechselseitiger Abhängigkeit müssen Führungskräfte Autarkie oder auch nur Autonomie als Illusion erkennen und Abschied nehmen von der Phantasie, alles selbst bestimmen und kontrollieren zu können. Ressourcen und Beiträge sind verteilt und können von einer vorgesetzten Instanz nicht verlässlich mobilisiert werden, weil sie im Verfügungsbereich partiell unabhängiger und eigensinniger Subjekte sind. Im Wissen, aufeinander angewiesen und erpressbar zu sein, müssen sich Vorgesetzte und MitarbeiterInnen auf Kompromisse und Zugeständnisse einstellen, um Kooperation werben und dafür etwas bieten.

Mikropolitische Taktiken, die Führungskräfte unter Bedingungen wechselseitiger Abhängigkeit nutzen können (bzw. auf die sie gefasst sein müssen), sind:

- Tauschhandel, konsequent nach dem Prinzip „Leistung gegen Gegenleistung" verfahren, scheinbar fairen Tauschhandel anbieten;
- Vorleistungen mit Verpflichtungscharakter erbringen (Don-Corleone-Prinzip: ‚Eine Hand wäscht die andere'), bestechen, korrumpieren;

- jemand zum Sündenbock machen und ‚zum Abschuss' freigeben, um sich selbst aus der Gefahrenzone zu retten;
- Reputation aufbauen, um sich selbst als attraktiven Tauschpartner ins Gespräch zu bringen;
- jemand durch Schmeicheleien freundlich stimmen und für sich einnehmen (umso Transaktionskosten zu senken und aggressives Potenzial der anderen Seite zu kontrollieren);
- unrealistisch überhöhte Forderungen stellen und sich herunterhandeln lassen; präparierte Mitbestimmung: sich vorbereitete Zugeständnisse abhandeln lassen;
- „Speckpolster", Vorräte, Puffer, Verhandlungsmasse für schlechte Zeiten anlegen;
- Das eigene Schicksal so eng mit dem des anderen verbinden, dass es in dessen Selbstinteresse liegt, in Bedrohungssituationen zu helfen.

5. Ambiguität

Alle Modellvoraussetzungen der Konstruktion rationalen Entscheidens (vollständige, aktuelle und kostenlose Information über Handlungsmöglichkeiten, Umweltzustände und Präferenzen; Widerspruchsfreiheit und Eindeutigkeit der Entscheidungsregeln) sind unter empirischen Bedingungen unhaltbar. Kontingenz und Komplexität sozialer Systeme lassen trivialisierende Lenkungsvorstellungen als naives Wunschdenken erscheinen (vgl. Kap. 5.4). Es charakterisiert vielmehr die Situation der Entscheidenden, dass nahezu nichts exakt, eindeutig, objektiv, unstrittig und völlig bekannt ist.

Ein- und Mehrdeutigkeit sind oft keine vorgefundenen Zustände der Welt, sondern werden in taktischer Absicht erzeugt, um eigene Handlungsspielräume zu sichern und auszubauen und fremde Einsicht und Planung zu erschweren. Ambiguität ist unaufhebbar und nutzbar, denn ihre Kehrseite ist Deutungs-, Entscheidungs- und Handlungsspielraum – und Politik ist die Praxis der Freiheit. Oft genug werden absichtlich kontextuelle Hinweise weg- und multiple Interpretationen zugelassen. Ambiguität hat aus dieser Perspektive folgende Vorteile (vgl. *Eisenberg*, 1984):

- Sie fördert vereinheitlichte Vielfalt. Strategische Ambiguität erlaubt multiple Interpretationen in Bezug auf dieselbe Botschaft, was wichtig sein kann, wenn man Menschen mit sehr unterschiedlichen Interessen in einer Organisation zusammenhalten will.
- Sie erleichtert organisationalen Wandel. Organisationen brauchen mehrdeutige Ziele und Instrumente, die es erlauben, den notwendigen Wandel zu vollziehen, ohne sofort bei allen Beteiligten Widerstand zu provozieren.
- Sie erweitert existierende Kategorisierungen und bewahrt Privilegien. Ambiguität erlaubt es, den EntscheiderInnen unterschiedliche Ziele, Motive, Interessen etc. zuzuschreiben; jeder kann sich in einer Botschaft, die auslegungsfähig ist, wiederfinden (und deshalb ‚im Boot' bleiben).
- Ein weiterer Vorteil ist, dass strategisch ambigue Kommunikation bestreitbar ist.

Das macht einige mikropolitische Schachzüge verständlich:

- Probebohrungen vornehmen, Versuchsballons steigen lassen und sich bei Widerstand davon distanzieren und dementieren;
- Manche Wahrheiten nicht unverblümt aussprechen, sondern sie verkleiden, um den Fortgang der Beziehung zu sichern;
- Rationales, fundiertes Argumentieren (Zahlen, Belege, Dokumentation ...) soll den Anschein erwecken, die Entscheidungsgrundlagen seien objektiv und unbezweifelbar;
- Informationskontrolle praktizieren: EmpfängerInnen austrocknen/überfluten, in Verteiler aufnehmen/streichen, mit Schönfärberei, Ablenkung, Täuschung, Verkürzung, Verfälschungen arbeiten, Informationen filtern, manipulativ präsentieren;
- Nebenkriegsschauplätze eröffnen und damit Zeit und Energie binden;
- vor vollendete Tatsachen stellen (fait accompli);
- Fragliches als unstrittiges Faktum hinstellen oder behandeln (oder umgekehrt); Glaubwürdigkeit in Zweifel ziehen/bestreiten;
- Emotionalisierung: sie erschwert eine kritische und nüchterne Prüfung;
- Dienst nach Vorschrift, sich dumm stellen, absichtlich Fehler machen, jemand „hängen lassen";
- Lügen bzw. Falschmeldungen verbreiten, Gerüchte (Tratsch & Klatsch) verbreiten, Anspielungen oder Andeutungen machen, von denen man sich wieder distanzieren kann („falsch verstanden", „aus dem Zusammenhang gerissen");
- Vernichtung von Unterlagen, Falschablagen, Daten „verschwinden" lassen;
- Ausreden, Ausflüchte, Entschuldigungen;
- Verbindungs- u. Kommunikationsmöglichkeiten kappen, erschweren, behindern; sich oder jemand abschotten;
- durch irrelevante Informationen ablenken, irreführen oder in Sicherheit wiegen.

6. Zeitabhängigkeit

Die künstliche Zeitlosigkeit des *homo oeconomicus* (alle Informationen sind vorhanden oder verzögerungsfrei beschaffbar) eliminiert durch Setzung ein Alltagsproblem von Führungskräften: Denn in deren realer Welt kommt es auf Fristen, Termine, punktgenaue Abstimmung und Bewältigung von gleichzeitig Dringlichem an. Zeit ist eine kostbare – weil knappe – Ressource (‚Zeit ist Geld') und wer sie kontrolliert (genauer: wer das *timing* von Abläufen kontrolliert) verfügt über eine wichtige Machtquelle. Je nach Lage der Dinge eröffnen sich Gelegenheiten, die es zu nutzen gilt. Entscheidungs- und Ausführungsprozesse benötigen Zeit, die Koordination von Aktivitäten erfordert ein Zeitraster; Entwicklungen, Projekte, Absatz, Prüfungen folgen Rhythmen und Zeitreihen, die auch das Geschäftsjahr strukturieren.

Zeit ist demzufolge mikropolitisch vielfach nutzbar:

- Ausdauer und einen langen Atem haben, auf den günstigen Moment warten können;
- ‚Wiedervorlage', Verzögern, Vertrösten, auf die lange Bank schieben;
- Zeitdruck aufbauen;
- Den günstigsten Zeitpunkt nutzen, um ein Projekt auf den Weg zu bringen und zu beenden;
- ‚Machbare Zwischenlösungen' propagieren (unter dem Vorbehalt der Vorläufigkeit) – und dann davon ausgehen, dass nichts beständiger ist als ein Provisorium;
- Einführung von Rhythmen und Fixpunkten (Periodenabschlüsse, Quartalsberichte; jour fixe), um Handeln begründungsentlastet zu strukturieren;
- Termine setzen, kontrollieren, verschieben, nicht einhalten – um dadurch andere unter Druck zu setzen oder von sich abhängig zu machen;
- Sich zeitlich sehr flexibel präsentieren („der Mann für alle Fälle") und sich so für Feuerwehr- und Sonderaufgaben empfehlen;
- Durch Aussicht auf langfristige Kooperation von der egoistischen Ausnutzung aktueller Chancen abhalten.

7. Legitimität und Struktur

Mikropolitik ist gerade kein regelloser Nahkampf, in dem nur das Recht des Stärkeren oder Gerisseneren gilt. Politik ist eine Gemeinschaftsveranstaltung und basiert auf der Anerkennung (und Schaffung oder Kontrolle) von verbindlichen Regeln, Strukturen und Institutionen. Was rechtens ist oder was sich gehört legt in der Form von Generalerwartungen den Korridor des Zulässigen und nicht Begründungsbedürftigen fest. Wer sich darauf berufen kann, erspart sich Argumentationsaufwand und Ressourceneinsatz, weil er mit der Billigung aller rechnen kann, die den Grundkonsens teilen.

Es ist deshalb ein durchaus rationales Vorgehen mikropolitischer Akteure, die Geltung bestimmter Normen, Werte, Praktiken und Institutionen nicht anzuzweifeln, im Gegenteil sich mit ihnen zu identifizieren oder sie geradezu heilig zu sprechen, um unter ihrem Schutz die eigenen Interessen verfolgen zu können. Ordnungen, Gewohnheiten, Verfahren, Einrichtungen etc. sind starke Koalitionspartner, mit deren Hilfe man Entwicklungen forcieren oder bremsen kann. Ordnungen sind einerseits Beschränkungen, andererseits aber auch Ressourcen.

Die Situationsmerkmale Legitimität und Struktur können durch folgende mikropolitische Taktiken ausgebeutet werden:

- Die Verletzung von Standards oder Gesetzen ‚gerüchteweise' durchsickern lassen; *whistle blowing* (wörtlich: ‚verpfeifen'): höheren Vorgesetzten, dem Controlling oder gar der Presse Informationen über Fehlverhalten zuspielen, um sie zum Handeln zu zwingen;
- Routinen, Techniken und Verfahren (‚Geschäftsgang'), Geschäftsordnungstricks aufbauen, kennen und anwenden;
- Beharren auf Regeln, Vorschriften, Ordnungen, Traditionen bis hin zum Ad-Absurdum-Führen durch Wörtlich-nehmen (Schwejkiade, Eulenspiegelei), oder aber deren Missachtung, Lockerung, großzügige Auslegung;
- Entscheidungsprozeduren detailliert vorgeben oder Vorgaben subversiv außer Kraft setzen;
- Appell an höhere Werte oder Firmengrundsätze;
- Präzedenzfälle, Gewohnheitsrechte oder Besitzstände geltend machen;
- Regeln und Gewohnheiten zitieren, um eigenes Vorgehen abzusichern; neue Spielregeln einführen, heimlichen Spielregeln folgen.

8. Aktionismus und Handlungszwang

Mikropolitik begnügt sich nicht mit Beobachtung und Reflexion, Planung und Konzeption, sondern stellt eine aktive Intervention dar. Gerade Führungskräfte können sich nicht auf Kontemplation zurückziehen oder dem automatischen Funktionieren von Strukturen und Regeln vertrauen: Sie *müssen* handeln (‚Primat der Tat') und – wie es *Walgenbach* (1994) als Quintessenz seiner Verhaltensanalyse von Mittelmanagern beschreibt – den ‚Laden am Laufen halten'. Durch das von ihnen angestoßene Handeln werden die Bedingungen (re-)produziert, die eben dieses Handeln regulieren (‚Strukturation').

Der Aktionismus, der Mikropolitik kennzeichnet, und die Verschränkung von Zwang und Freude spiegeln sich in einer Reihe von Taktiken:

- Durch Schwung und Begeisterung mitreißen, andere dazu bringen, kritische Bedenken auszusetzen;
- durch Inszenierungen für sich einnehmen oder von Problemen ablenken;
- pausenlos neue Aktionen starten und ihre Ausführung an andere delegieren, denen dann auch die Schuld am Scheitern zugeschoben werden kann;
- Fraktionen gegeneinander antreten lassen, sportlichen Ehrgeiz wecken, an Fairness appellieren, Wetteifer stimulieren;

- Erfolge feiern, um Zusammenhalt zu kräftigen und künftig die Vorfreude zu nutzen;
- für geeignete (Wettkampf-)Stimmung, richtiges Ambiente und Claqueure (Beifallklatscher) sorgen;
- versteckte Fouls begehen, mit unfairen Tricks arbeiten, Fallen stellen, ausmanövrieren.

9.3.4 Das Fazit: Mikropolitik fördern oder eindämmen?

Die erörterten Bedingungen mikropolitischer Situationen geben einen Eindruck von der Komplexität des Szenarios, in dem sich die Akteure bewegen können. Seltene Meisterschaft hätte, wer in seinen Aktionen das gesamte Potenzial zu nutzen verstünde; in der Praxis dürfte eine Fokussierung auf einige der Konditionen vorherrschen. Hinzu kommt noch das Spezifikum, dass taktisches mikropolitisches Handeln nicht auf Aufklärung angelegt ist, sondern im Gegenteil von der Intransparenz profitieren möchte, die gegeben ist oder erzeugt wurde. Mikropolitik wirkt unerkannt am besten; von den Akteuren muss nur der *Anschein* der Legitimität gewahrt werden. Geht man davon aus, dass Handlungen ihren Sinn aus ihrer Einbettung in Zusammenhänge erhalten, dann entsteht ein Gutteil der Wirkung von Mikropolitik dadurch, dass Kontexte verwischt werden oder dass mit ihnen jongliert wird. Das kann zur Kultivierung des Zynismus führen: Verbal werden geltende Werte beschworen, durchs praktische Handeln werden sie demontiert. Für Mikropolitik besteht grundsätzlich ein Rumpelstilzchen-Effekt: In dem Moment, wo sie bei ihrem Namen genannt (aufgedeckt) wird, verliert sie viel von ihrer Kraft. Entscheidend ist nicht so sehr die Heimlichkeit des Geschehens; die Möglichkeiten des Dementierens oder Bestreitens können alle vermeintlichen Sicherheiten in Abrede stellen.

Führungskräfte werden verantwortlich gemacht für das Erreichen gesetzter organisationaler Ziele; sie unterliegen dabei den formalen Beschränkungen des Systems, in dem sie operieren. Mikropolitik dagegen kennt keine einseitige Bindung an einen verpflichtenden stellenbezogenen Kodex; sie findet in einem komplexen Feld wechselseitig abhängiger interessierter Akteure statt, die einander für ihre *eigenen* Ziele zu instrumentalisieren suchen. Der einzelne mikropolitische Akteur mag zwar auf dem Hintergrund seiner Interessen rational handeln, aber das kollektive Ergebnis dieser Einzelrationalitäten ist kaum vorhersagbar, weil die offiziellen Strukturen mehrdeutig und komplex sind und das Handeln der vielen Beteiligten nicht lückenlos überwacht werden kann. Das bedeutet allerdings auch, dass nichts genau so geschieht, wie es der einzelne clevere Mikropolitiker geplant oder eingefädelt hat. Verästelungen, Rückwirkungen, gegenseitige Blockaden, Ressourcenverzehr in Neben- und Spätfolgen, kontraintuitive Effekte, überraschende Bündnisse, neue Mitspieler oder Ausscheiden wichtiger Spieler, Korrumpierung der Machtspieler durch ihre eigenen Taktiken – all das kann Bedingungen schaffen, die nicht intendiert waren und sich später, zumindest für bestimmte Interessenten, als sehr vorteilhaft oder aber sehr nachteilig erweisen können.

Die Frage nach Verbreitung, Umfang und Wirkung von Mikropolitik ist aus verschiedenen Gründen schwierig. Zum einen wegen des schon erwähnten Rumpelstilzchen-Effekts: Wer seine eigenen Taktiken offenlegt, begibt sich eines Vorteils, weil die andere Seite sich danach gezielter auf ihn ‚einschießen' kann. Ein konträrer Grund ist die Naivität und Blauäugigkeit von Organisationsmitgliedern, die das, was sie selbst nicht tun (können), auch bei anderen nicht für möglich halten und/oder auf die offizielle Ideologie vertrauen, dass – von Einzelfällen abgesehen – nahezu alle Organisationsmitglieder auf die Sachziele eingeschworen sind. Damit in Beziehung steht die Abwertung von Mikropolitik als ‚eigentlich' illegitim und schändlich. Es ist eine verbreitete Tendenz, sich positiv darzustellen; Mikropolitik aber hat eine geringe soziale Erwünschtheit. Es ist auch denkbar, dass den Handelnden ihre Vorgehensweisen so sehr in Fleisch und Blut übergegangen sind, dass sie sie gar nicht mehr reflektieren (können) und fälschlicherweise – aber guten Gewissens – Fragen nach ihren Taktiken nicht zutreffend beantworten. Nicht welche Taktiken eine Person anwendet, ist wichtig, sondern wie gekonnt sie das tut. Damit ist neben Graden individueller Fertigkeit auch die Interaktion mit den Bedingungen, die Mikropolitik erst oder besonders möglich machen gemeint.

Da Mikropolitik nicht offen zutage liegt, muss sie erschlossen und unterstellt werden, denn niemand trägt seine Intentionen sichtbar wie ein Kainsmal auf der Stirn. Die dominante Methode der Datenerhebung sind Befragungen und sie provozieren vorwiegend keine Tat-, sondern Leidensgeschichten, Zuschreibungen und Deutungen. Befragungen sind aus inhaltlichen wie methodischen Gründen problematisch. Weil sich die Diagnose Mikropolitik auf die Interpretation von Indizien stützt, können Beschönigungs- oder Rechtfertigungstendenzen ebenso wie Neidreaktionen oder hämisches Umdeuten nicht gegönnter Erfolge eine Rolle spielen.

Was (schon) Mikropolitik ist und was nicht (mehr), ist abhängig von den Werthaltungen der sozialen Netze, in die jemand integriert ist. Auf der reinen Beschreibungsebene lässt sich mikropolitisches Agieren auf ökonomische Weise kaum registrieren; jede Deutung aber ist beeinflusst von den normativen Orientierungen und mentalen Landkarten, die die interpretierende Person hat. Nicht zuletzt spielen auch Formulierungen eine wichtige Rolle: Fragt man nach ‚Machiavellismus', ‚rücksichtslosem Opportunismus', ‚Kungelei', ‚Egoismus auf Kosten anderer' etc., wird man andere Antwortbereitschaften aktivieren als wenn man nach ‚Eigeninitiative', ‚Extra-Rollen-Verhalten', ‚unkonventionellen ideenreichen Vorgehensweisen', ‚Intrapreneurship' und Ähnlichem fragt.

So lässt sich in den Untersuchungen zum Thema zeigen, dass Führungskräfte Mikropolitik z.T. explizit ambivalent bewerten: schädliche wie nützliche Folgen werden berücksichtigt. Die Perspektive auf das Schädliche ist dabei die oft zunächst genannte und öffentlich hervorgehobene. Insbesondere die Bemühungen *Organs* (1988; s.a. *van Dyne, Graham & Dienesch,* 1994; *Koch & Kaschube,* 2000), die Aufmerksamkeit auf *Organizational Citizenship Behavior* zu lenken, haben jedoch einer positiven Bewertung normabweichenden Verhaltens den Weg geebnet, wenngleich in seiner Sichtweise das Extra-Rollen-Verhalten (*van Dyne et al.*, 1995; *Nerdinger*, 2004, vgl. auch *Katz & Kahn*, 1978; *Borman & Motowidlo*, 1997, *Frese & Fay*, 2001) nur dann akzeptabel ist, wenn es den vorgegebenen allgemeinen Organisationszielen dient. Ähnlich einer modernen Gesellschaft, die ohne freiwilliges bürgerschaftliches Engagement ihre Transaktionen nur zu exorbitanten Preisen zu regeln vermag, können Organisationen auch nur dann ökonomisch agieren, wenn sich die Mitglieder nicht auf ihr Rollenverhalten („Dienst nach Vorschrift") zurückziehen, sondern spontan und unentgeltlich Zusatzleistungen erbringen. Positiv konnotiert bezeichnet ‚eigenverantwortliches Handeln' dann ein Vorgehen, das durch Eigeninitiative, Partizipation, Verantwortungsübernahme, Risikobereitschaft, Unkonventionalität und Pflichterfüllung charakterisiert ist. Damit wird eine alte organisationale Erfahrung aufgegriffen: Eine Aufgabe wird nur dann erfolgreich und effizient bewältigt werden, wenn sie sich jemand ‚zu eigen gemacht' hat, dahinter steht, sich mit vollem Einsatz engagiert, Gott und die Welt in Bewegung setzt, damit alles so läuft wie es soll etc. Die Grenzen zu einer moralisch fragwürdig eingestuften (machiavellistischen, egoistischen) Mikropolitik sind fließend, jedenfalls auf der Verhaltensebene nicht eindeutig zu ziehen. Das Differenzkriterium wird deshalb auf die Intentions- oder Zielebene verlagert: weil es *guten Absichten* folgt oder *guten Zielen* dient, ist das Extra-Rollen-Verhalten gerechtfertigt (vgl. Kap. 9.1). Genau das aber ist auch die Grundfigur machiavellistischer Argumentation, der zufolge der (gute) Zweck jedes – auch noch so böse – Mittel heiligt. Mittlerweile neigt sich die Forschung zu den ursprünglich als eindeutig positiv konzipierten Extra-Rollen-Verhalten und *organizational citizenship behaviors* allerdings wieder einer differenzierteren Betrachtung zu und auch deren dunkle Seite wird wieder betrachtet (*Bolino, Klotz, Turnley & Harvey*, 2013; vgl. auch *Wick*, 2005).

Zusatzdokument 18 bietet ein Beispiel der positiven Formulierungen des *organizational citizenship behavior* aus *Koch* (2001), das aus anderer Perspektive auch als Mikropolitik ganz anders lauten könnte.

Mikropolitik kann also parasitär und gefährlich, aber auch nützlich sein. Wenn ihr Ausufern zentrale Werte der Unternehmung aushöhlt und Transaktionskosten exorbitant steigen lässt, muss Mikropolitik jedoch kontrolliert oder eingedämmt werden. Dies kann auf sehr verschiedene Weise geschehen. Im aktuellen Zusammenhang sollen aber – aufbauend auf der These, dass es nicht nur ein zu viel, sondern auch ein zu wenig an Mikropolitik geben kann – Möglichkeiten der Stimulierung und Förderung von Mikropolitik genannt werden. Einige Optionen sind z.B.:

- Intrapreneurship propagieren und belohnen,
- Empowerment fördern,
- komplexe Bewährungssituationen schaffen (z.B. Projektarbeit), bei denen weniger auf Verfahrenstreue und Normkonformität geachtet wird, sondern auf Effizienz und Effektivität;
- Konkurrenzbeziehungen unter Ressourcenknappheit etablieren;

- erfolgsabhängige Belohnungssysteme einführen (z.B. auch Entgeltsysteme);
- Komplexität, Ambiguität, Intransparenz, Zeitdruck, Interdependenz *steigern* und gleichzeitig persönliche Verantwortlichkeit zurechnen;
- die Diskussion über ‚Grenzmoral' und die Bedingungen ihrer Akzeptabilität führen.

Derartige Initiativen laufen darauf hinaus, den Handlungsspielraum der Akteure zu erweitern, sie aber gleichzeitig auf eindeutige herausfordernde Ziele festzulegen, die sie nur erreichen können, wenn sie in den unausweichlichen Konflikt- und Dilemma-Situationen eigensinnige unkonventionelle Wege gehen, sich besonders engagieren *und* den Zielvorgaben verpflichtet fühlen.

Folgerichtig gibt es auch Konzepte zu Identifikation (und damit ggfs. Auswahl) von entsprechenden Führungskräften, quasi die Formulierung einer „Mikropolitik-Kompetenz". *Solga & Blickle* (2012, S. 157) z.B. benennen vier Dimensionen einer solchen Kompetenz:

- soziale Scharfsinnigkeit
- Netzwerkfähigkeit
- wahrgenommene Aufrichtigkeit
- interpersonelle Einflussnahme

Nun ist oben behauptet worden, dass Erfolg in Organisationen meist erfordert, dass einige Nebenbedingungen verletzt werden. Geht alles gut, wird nicht weiter darüber geredet. Kritischer ist der Fall des Misserfolgs. Wenn dann das Verletzen von Vorschriften oder Werten beklagt und ein Sündenbock gesucht und geopfert wird, steigen die Transaktionskosten für die Bereitschaft, sich auf regelwidriges oder regeldehnendes Verhalten einzulassen. Konsequenz ist, dass Akteure die Risikoprämie erhöhen, weil sie davon ausgehen müssen, dass der unterstellte Langzeitvertrag keine sicheren Rückflüsse garantiert, sondern einseitig und willkürlich gekündigt werden kann. Langfristig und ökonomisch gesehen, erweist sich die Organisation mit einer pedantischen ‚law-and-order'-Strategie einen Bärendienst, weil sie sich allein auf die scheinbar wasserdichten expliziten Verträge verlässt. Die aber sind nicht geeignet, kreatives, eigenverantwortliches und einsatzfreudiges Handeln zu stimulieren; bleibt dieses aber aus, ist die Organisation erheblich gehandicapt in Bezug auf Zielerreichung, Kostengünstigkeit, Anpassungsfähigkeit und Innovation. Auch die klassische Führungsforschung hat implizit immer schon unterstellt, dass es verschiede Wege zum Ziel und damit Handlungs- und Entscheidungsspielräume für Vorgesetzte gibt. Der Diskurs über verschiedene Führungsstile und deren unterschiedliche Erfolgswirksamkeit wäre anders nicht denkbar.

9.4 Dilemmata der Führung

Wie auch der letzte Punkt zeigte, agieren Führungskräfte nicht im Feld des eindeutigen „richtig oder falsch". Handlungen in komplexen sozialen Feldern sind zumeist „richtig *und* falsch", indem sie nach verschiedenen Kriterien unterschiedlich bewertet werden können. Diese verschiedenen Kriterien können einander durchaus widersprechen, obwohl sie jedes für sich als relevant anerkannt sind. Maximierung des Einen geht zunächst auf Kosten des Anderen (z.B. das Dilemma „preiswerte Arbeitskraft für das Unternehmen vs. gute Löhne für die MitarbeiterInnen"). Insofern geht es zumeist um ein „sowohl – als auch", die Optimierung der Gesamtkonstellation, sei es als (fauler?) Kompromiss oder als echte produktive Lösung. Führungskräfte befinden sich also ständig in Dilemma-Situationen: Was tun – für wen und damit gegen wen oder was? Und wie viel davon?

Ein Dilemma lässt sich im Kontext der führungstheoretischen Diskussion durch drei Bestimmungsstücke charakterisieren:

Es muss eine Entscheidung getroffen werden zwischen mindestens zwei gegebenen, gleichwertigen und gegensätzlichen Alternativen. Auf diese Bestimmungen soll hier kurz eingegangen werden.

‚*muss*': Es besteht Entscheidungszwang oder Handlungsdruck, dem man sich nicht ohne weiteres entziehen kann.

‚*eine Entscheidung getroffen werden*': Die Situation ist durch eine bindende Wahl definitiv und endgültig aufzulösen. Der Rückzug auf bloße Kontemplation, Analyse oder Reflexion ist versperrt.

‚*zwischen mindestens zwei gegebenen gleichwertigen gegensätzlichen Alternativen*'. Diese Bedingung ist für die Namensgebung verantwortlich (es geht um zwei (griech. *di*) Lemmata (*lemma* wird eine Aussage in einem mathematischen oder logischen Schlussverfahren genannt). Die ‚3-g-Bedingung' (gegeben, gleichwertig, gegensätzlich) geht davon aus, dass der Entscheidungsraum in sehr spezifischer Weise vordefiniert ist:

- *gegeben*: Die Alternativen *sind tatsächlich vorhanden, nicht nur möglich oder* rein hypothetisch. Sie sind auch insofern gegeben, als sie klar definiert, eindeutig *be*zeichnet, u*nmiss*verständlich identifizierbar etc. sind.
- *gleichwertig*: *Beide* Seiten der Alternative werden begehrt oder gefürchtet; wie sie der Entscheidung von *Buridans* Esel zwischen zwei gleich attraktiven Heuhaufen, zwischen denen er schließlich verhungert oder der Wahl zw*ischen Pest oder Chole*ra zu Grunde liegen. Neben Ziel-Ziel- gibt es auch Ziel-Mittel-Dilemmata, wenn etwa *ein Ziel* A mit Mitteln verfolgt wird, die (ungewollt, aber vorhersehbar) ein Ergebnis X produzieren, das dem Ziel A widerspricht. Beispiel: Das Ziel A (Gewinnsteigerung) wird mit einem Kostensenkungsprogramm angestrebt, das aber gleichzeitig das Ergebnis X (eine hohe Störbarkeit der Abläufe) mit sich bringt und damit mittelfristig das Ziel A konterkariert.

- *gegensätzlich: Dilemma*-Alternativen sind konträr, also: Wenn man sich für die eine Alternative entscheidet, kann man (auch) nicht die andere erhalten.

Natürlich sind die Verhältnisse in realen Managementsituationen selten so eindeutig wie in konstruierten abstrakten Beispielen. In Entscheidungsfällen der Praxis sind die Alternativen meist komplex und mehrdimensional, mehrdeutig, vage und im Zeitablauf nicht konstant. Statt mit eindeutigen Antinomien (Widerspruch zwischen Aussagen, von denen jede für sich genommen gültig ist) hat man es deshalb meist mit Dualismen (Nebeneinanderbestehen von zwei unvereinbaren Zuständen oder Aussagen), Dichotomien (‚Zerschneidung in zwei Teile', Zweiteilung), Aporien (Weglosigkeit, Ausweglosigkeit, Unmöglichkeit einer Lösung), Antagonismen (Widerstreit), dialektischen Widersprüchen, Ambivalenzen (Zweiwertigkeit; ein Sachverhalt wird zugleich gegensätzlich bewertet, z.B. Hassliebe) und dergleichen zu tun. Es sind (scheinbar) unvereinbare Positionen, die sich gegenüber stehen, aber in irgendeiner Weise versöhnt oder ‚aufgehoben' werden müssen.

Entsprechend relativiert lautet die Definition von *Müller-Stewens & Fontin* (1997, S. 5): „Grundsätzlich beschreibt ein Führungsdilemma eine Situation, in der ein Entscheidungsträger vor die Schwierigkeit der Wahl zwischen zwei einander widersprechenden Handlungslogiken gestellt wird, wobei für beide i.a. gute Gründe sprechen".

Müller-Stewens & Fontin (1997, S. 42 ff.) beschreiben acht allgemeine Managementdilemmata:

1. *Zentralisierte Dezentralisation*
   „Einerseits flexibilisieren wir unsere Organisationen über Dezentralisierungsprozesse, andererseits bedarf es verstärkter Zentralisation, um noch die Vorteile des Ganzen nutzen zu können".
2. *Differenzierte Standardisierung*
   „Einerseits sollen wir uns über – oft teure – Differenzierungsvorteile im Wettbewerb positionieren; andererseits wird von uns auch Kostenführerschaft (bezogen auf die Benchmark-Partner verlangt)".
3. *Koordinierte Virtualität*
   „Einerseits machen wir unsere Unternehmen kleiner, indem wir sie auf Kernaktivitäten konzentrieren, um diese auch straffer führen zu können; andererseits vergrößern wir sie über immer mehr angegliederte Partner- und Zulieferunternehmen, die für uns bestimmte Wertschöpfungsaktivitäten übernehmen".
4. *Konkurrierende Kooperation*
   „Wir begeben uns in strategische Allianzen, wo wir einerseits bei bestimmten Wertschöpfungsaktivitäten mit dem Partner kooperieren müssen; andererseits machen wir uns aber an anderen Stellen der Wertschöpfungskette Konkurrenz".

5. *Rotierende Kontinuität*
„Einerseits soll die Mobilität der Organisation durch Rotationsprozesses gestärkt werden; andererseits müssen wir auch für Kontinuität in den Beziehungen sorgen, um ausreichend Vertrauen in unseren internen und externen Beziehungsstrukturen zu haben".
6. *Partizipative Themenvorgaben*
„Einerseits müssen in einem Konzern immer wieder neue, zentrale Themen in ein Unternehmen eingesteuert werden. Andererseits ist die Identifikation der umsetzenden Teileinheiten mit neuen Themen dann besonders groß, wenn diese aus der Teileinheit selbst kommen und diese ihr auch einen eigenen Stempel gibt".
7. *Selektive Kommunikation*
„Einerseits besteht die Notwendigkeit, dass die Anspruchsgruppen an einem Unternehmen rückhaltlos über die Sachlage dieses Unternehmens zu informieren sind. Andererseits sind heute viele Entwicklungen und Ereignisse in ihrer Tragweite nur sehr schwer einschätzbar, so dass man es bevorzugt, nur selektiv zu informieren, um eine Organisation nicht durch verfrühte Spekulationen zu paralysieren".
8. *Dynamische Kernkompetenzen*
„Einerseits verlangt die hohe Dynamik der Branchenstrukturen nach einer Erhöhung der internen Anpassungsgeschwindigkeit (Outside-in). Andererseits benötigt man für den Aufbau organisatorischer Kompetenzen sehr viel Zeit, sodass man diesen tendenziell treu bleiben sollte und für sie nach immer neuen Anwendungsfeldern zu suchen hat (Inside-out)".

9.4.1 Führungsdilemmata

Im Folgenden wird auf einige *Führungs*dilemmata im engeren Sinn eingegangen. Vorgesetzte leben notwendig in Widersprüchen, aus denen es keinen eindeutigen und gesicherten Ausweg gibt. Die innere Zwiespältigkeit des Führens fordert Kompromisse zwischen Alternativen, die beide unverzichtbar sind. Die völlige Vernachlässigung eines Aspekts würde mit Sicherheit das Scheitern als Vorgesetzter bedeuten. Ohne erschöpfend sein zu wollen sollen hier 13 solcher Dilemmata skizziert werden. Sie sind in Tab. 9.2 im Überblick dargestellt:

1. Mittel Betrachtung des Einzelnen als Kostenfaktor, Einsatzgröße, Instrument, Parameter, Leistungsträger	⇔	**Zweck** Selbstverwirklichung und Bedürfnisbefriedigung des Einzelnen als Ziel, „der Mensch im Mittelpunkt“
2. Gleichbehandlung aller Fairness, Gerechtigkeit, Anwendung allgemeiner Regeln, keine Bevorzugungen und Vorrechte	⇔	**Eingehen auf den Einzelfall** Rücksichtnahme auf die Besonderheiten des Einzelfalls, Aufbau persönlicher Beziehungen
3. Distanz (Sachlichkeit) Unnahbarkeit, hierarchische Überlegenheit, Unzugänglichkeit, Statusbetonung	⇔	**Nähe (Emotionalität)** Betonung der Gleichberechtigung, „Verbrüderung“, Freundschaft, Einfühlung, Wärme
4. Fremdbestimmung Reglementierung, Lenkung, Unterordnung, Durchsetzung, Strukturierung, Überwachung	⇔	**Selbstbestimmung** Autonomie, Handlungs- und Entscheidungsspielräume, Entfaltungsmöglichkeiten, Dezentralisierung
5. Spezialisierung Fachmann/-frau sein, um bei Sachproblemen kompetent entscheiden zu können	⇔	**Generalisierung** Überblick statt Detailkenntnisse haben, Zusammenhänge sehen
6. Gesamtverantwortung Wenig Verantwortung delegieren, die Zuständigkeit an sich ziehen, für alle Fehler einstehen	⇔	**Einzelverantwortung** Verantwortung und Aufgabengebiete aufteilen, bei Versagen Rechenschaft fordern
7. Bewahrung Stabilität, Tradition, Sicherheit, Vorsicht, Regeltreue, Konformität, Kalkulierbarkeit	⇔	**Veränderung** Flexibilität, Innovation, Experimentierfreude, Toleranz, Nonkonformität
8. Konkurrenz Rivalität, Wettbewerb, Konfrontation, Aggressivität, Konflikt	⇔	**Kooperation** Harmonie, Hilfeleistung, Solidarität, Interessenausgleich
9. Aktivierung Antreiben, drängen, motivieren, begeistern	⇔	**Zurückhaltung** Sich nicht einmischen, Entwicklungen abwarten
10. Innenorientierung Sich auf interne Gruppenbeziehungen konzentrieren, Mittelpunkt und Identifikationszentrum sein	⇔	**Außenorientierung** Repräsentieren, Außenkontakte pflegen, Gruppeninteressen gegenüber Dritten durchsetzen
11. Zielorientierung Ziele oder Ergebnisse lediglich vorgeben und kontrollieren	⇔	**Verfahrensorientierung** Die „Wege zum Ziel“ vorgeben und kontrollieren

12. Belohnungsorientierung Tauschbeziehung etablieren, mit Belohnung und Bestrafung operieren, Kurzzeitperspektive	⇔	**Wertorientierung** Auf die Verinnerlichung von Normen und Werten dringen, Belohnungsaufschub fordern, Langzeitperspektive
13. Selbstorientierung Die eigenen Interessen und Ziele verfolgen	⇔	**Gruppenorientierung** Übergeordnete Ziele anstreben, Kompromisse eingehen

Tab. 9.2: Führungsdilemmata

Möglicherweise sind diese Polaritäten nicht jeweils Endpunkte *eines* Kontinuums, sondern von zwei verbundenen Dimensionen, wie das ja auch von dem berühmten Dimensionspaar „Mitarbeiter-Orientierung" und „Leistungs-Orientierung" angenommen wird (s. Kap. 3.2). Diesen Dilemmata können Führende nicht entgehen, sie werden durch sie aber nicht immobilisiert, sondern zu Lösungen angeregt, die danach erörtert werden. Die folgende Kommentierung baut auf *Morris & Seeman* (1950), *Aram* (1976) und (*Neuberger*, 1976, 1995, 2000) auf.

1. MitarbeiterInnen als Mittel – MitarbeiterInnen als Zweck

Hier geht es um die Frage, ob Vorgesetzte ihre Unterstellten als Mittel oder Zweck, als Kostenfaktor (Einsatzgröße, Leistungsträger, Stelleninhaber, Instrument) oder als Mitmenschen und Partner betrachten, ob Unterstellte verplant, berechnet, fremdbestimmt werden oder ihnen Entscheidungsfreiheit, Eigeninitiative und Selbstbestimmung zuerkannt werden. Unter den gegebenen Systembedingungen von Arbeitsteilung, Zielvorgabe, Mittelknappheit, Marktkonkurrenz, Kooperationssicherung und öffentlichem Rechtfertigungsdruck kann keiner der beiden Pole vernachlässigt werden kann, wenn die wichtigsten Systemwirkungen gewährleistet sein sollen.

2. Gleichbehandlung aller – Eingehen auf den Einzelfall

Vorgesetzte haben es mit Menschen zu tun, von denen keiner dem anderen gleicht. Sie haben diese Individualität zu respektieren, zu fördern und evtl. sogar zu nutzen (vgl. Kap. 7.1), mit Einfühlungsvermögen auf die Besonderheiten des Einzelfalls einzugehen und die Würde des *ganzen* Menschen zu achten. Andererseits aber ist dieser *ganze* Mensch in Organisationen nicht gefragt – nur ein Teil von ihm interessiert: die Arbeitskraft, die für die Leistungserfüllung benötigt wird (vgl. Kap. 5.4). Sie wollen zwar mit Fairness und Gerechtigkeit gleich behandelt werden, aber eben nicht ohne Ansehen der Person, sondern im Hinblick auf ihre individuellen Stärken, Schwächen, Vorlieben, Abneigungen, Gewohnheiten, Wünsche. Übertreiben Vorgesetzte andererseits das Eingehen auf den Einzelnen, so kann ihnen leicht der Vorwurf der Parteilichkeit und Günstlingswirtschaft gemacht werden.

3. Distanz (Sachlichkeit) – Nähe (Emotionalität)

Nach verbreiteter Auffassung soll es in Wirtschaftsorganisationen rational und sachlich zugehen: Aufgaben, Ziele, Probleme stehen im Vordergrund, Emotionalität ist tabuisiert. Manche Vorgesetzte verbreiten eine Aura der Unnahbarkeit und Entrücktheit, aus der alle menschlichen Schwächen, Fehler, Eigenheiten verbannt sind. Wie ihre normierte Umwelt sind sie selbst versachlicht: beherrscht, distanziert, neutral. Sie leben die Fiktion des *organization man*, der seine Person hinter der Funktion zum Verschwinden gebracht hat. Die andere Variante wird durch Vorgesetzte repräsentiert, die den (auch Führungsfrauen auferlegten, vgl. Kap. 7.2) Männlichkeitswahn nicht mehr zelebrieren und Wärme, Nähe, Herzlichkeit und Aggressivität unmittelbar ausdrücken, auf einer persönlichen Ebene Kontakt pflegen, Stimmungen haben und tolerieren (vgl. Urban, 2008).

4. Fremdbestimmung – Selbstbestimmung

Vorgesetzte werden für das Herstellen von Ordnung, Durchschaubarkeit, Berechenbarkeit und Regelhaftigkeit verantwortlich gemacht. Sie müssen ihren Unterstellten Beschränkungen auferlegen, weil nur bestimmte Fähigkeiten zu bestimmten Zeiten gefragt sind. Eine solche Reduzierung und Einschränkung läuft Gefahr, Leistungspotentiale und Einsatzfreude verkümmern zu lassen. Es ist nicht wünschenswert, Vorschriften, Regeln, Programme zu eng zu fassen, weil dann Kreativität, Impulsivität, Handlungsbereitschaft und Identifikation stranguliert werden können. An die Stelle von Mitdenken, Selbstständigkeit und Selbstbewusstsein würden dann Linientreue, Abhängigkeit und Unmündigkeit gesetzt werden; deshalb wird – wie verräterisch! – die Lockerung der Zügel propagiert.

5. Spezialisierung – Generalisierung

Wer eine Hühnerfarm leitet, braucht nicht selbst Eier legen können. Von Vorgesetzten wird üblicherweise nicht verlangt, dass sie das, was ihre MitarbeiterInnen tun und können ebenso gut können – sie sollen deren Leistungen aber kompetent fördern und bewerten können. Dies setzt voraus, dass sie Einzelheiten, Schwierigkeiten und Möglichkeiten kennen, wenn sie ihrer Beratungs- und Beurteilungsaufgabe gerecht werden möchten. Es genügt also nicht, nur die „großen Linien zu sehen" oder nur ein „guter Menschenführer" zu sein, es werden auch Sachverstand und Detailwissen vorausgesetzt. Vertiefen sich Vorgesetzte aber zu sehr in die Einzelheiten, verlieren sie Überblick und Integrationsfähigkeit.

6. Gesamtverantwortung – Einzelverantwortung

Insbesondere bei der Verwirklichung des Delegationsprinzips (als Organisationsprinzip) wird unterstellt, Unterstellte seien für die übertragenen Aufgaben selbst voll verantwortlich, die Führungskraft habe lediglich die Führungsverantwortung. In der Praxis lässt sich eine derart säuberliche Trennung nicht vollziehen. Die Führungskraft wird (zumindest indirekt und langfristig) für ein Versagen ihrer Unterstellten zur Rechenschaft gezogen; es wird erwartet, dass sie sich für alle zu ihrem Bereich gehörigen Entwicklungen und Ergebnisse verantwortlich fühlt.

7. Bewahrung – Veränderung

Für abgestimmtes Handeln in Organisationen muss man sich aufeinander verlassen und aus der Gegenwart in die Zukunft extrapolieren können. Dies bedeutet, dass handlungsbestimmende Regeln, Werte, Einstellungen, Strukturen erhalten und verankert werden müssen. Konstanz, Stabilität, Tradition schaffen Verhaltenssicherheit und Transparenz – aber sie gefährden dann Bestand und Entwicklung, wenn Menschen und Umwelten sich ändern und das Festhalten am Bewährten zur Verkrustung führt und zur Anpassung unfähig macht (vgl. Kap. 8.3). Deshalb ist gleichzeitig Aufgabe des Vorgesetzten zu erneuern, Veränderungen auch gegen Widerstand durchzusetzen und Entwicklungen einzuleiten, die Bestehendes entwerten – ganz im Sinne des *schumpeterschen* Konzepts der „schöpferischen Zerstörung“ (*Schumpeter*, 1980): Das Bessere ist der Feind des Guten.

8. Konkurrenz – Kooperation

In der Formel vom „kooperativen Tiger“, der ein Manager sein soll, hat *Packard* (1966) die Symbiose dieser antagonistischen Prinzipien treffend ausgedrückt: In einer wettbewerbsorientierten, um knappe Güter und Vorteile rivalisierenden Wirtschaft wird derjenige mehr erhalten, der schneller, klüger, gerissener ist. Wettbewerb ist der Motor des Wachstums, Konflikte fördern neue Lösungen hervor, Konkurrenz sondert die Spreu vom Weizen. Aber den olympischen Mehr-Werten (höher, schneller, weiter) kann man auch andere Werte gegenüberstellen: Freundlichkeit, Genügsamkeit, Geduld, Genuss, Besinnlichkeit, Mitleid, Hilfsbereitschaft. Diese oft als ‚weiblich‘ charakterisierten Werte sind für das Überleben und die Leistungsfähigkeit eines Systems genauso unentbehrlich wie die ‚männlichen‘ Werte der Aggressivität, Dynamik und Durchsetzung. Man sollte den Fehler vermeiden, nur die guten Seiten der Kooperation nur den schlechten Seiten der Konkurrenz (und umgekehrt) gegenüberzustellen (s. *Wimmer & Neuberger*, 1981).

9. Aktivierung – Zurückhaltung

Zu den zentralen Merkmalen von Führung gehört Aktivität: Führende sind Macher, sie bringen und halten die Dinge in Bewegung. Hier spielen auch Elemente der Theorie X von *McGregor* (1960) als ein Syndrom von Einstellungen, dem zu Folge MitarbeiterInnen im Grunde faul und verantwortungsscheu sind und durch die Vorgesetzten zu Arbeit angehalten und angetrieben werden müssten, herein. Von sich aus tun Unterstellte nichts; sie müssen in Bewegung gebracht, wörtlich: motiviert werden. Dem gegenüber behauptet die *Theorie Y*, dass MitarbeiterInnen an sich gern und vor allem gern selbständig arbeiten, so dass Gängelungs- und Kontrollsucht von Vorgesetzten unangebracht sind bzw. letztlich das Verhalten erst erzeugen, gegen das sie sich richten. Vorgesetzte sollten also nicht nur leiten, sondern auch lassen können, nämlich unterlassen zu bevormunden, sich einzumischen, vorzuschreiben.

10. Innenorientierung – Außenorientierung

Vorgesetzte sollten sich einerseits der Pflege der gruppeninternen Beziehungen widmen, stets für ‚ihre Leute‘ verfügbar sein, Konflikte schlichten und partnerschaftlichen

Umgang zur Norm machen. Dies setzt Präsenz und Sichtbarkeit voraus und macht die Führungskraft zum Mittelpunkt der Gruppe. Andererseits aber muss sich die Führungskraft um die Pflege der Außenbeziehungen kümmern. Diese grenzüberschreitende Rolle entzieht den Mitgliedern der *ingroup* Zeit und Energie, ist aber wichtig für die Vernetzung im Gesamtsystem und in der Umwelt, um auf diese Weise den Fluss von Informationen und Ressourcen zu sichern. Widmen sich Vorgesetzte, die Gruppe symbolisierend und repräsentierend, zu sehr der Außenvertretung, entfremden sie sich der eigenen Truppe und verlieren den notwendigen Rückhalt.

11. Zielorientierung – Verfahrensorientierung

Diese Polarität hängt mit der plakativen Gegenüberstellung Kontrolle und Vertrauen zusammen. Gemeint ist: Vorgesetzte prüfen im Vertrauen auf Fähigkeiten, Einsatz und Loyalität ihrer Unterstellten lediglich die vorgelegten Ergebnisse, ansonsten aber führen sie Kontrollen nur auf Wunsch der MitarbeiterInnen zu deren Entlastung und Beratung durch. Dieses Vorgehen setzt selbständige, kompetente und verlässliche Unterstellte voraus, die sich selbst koordinieren oder vereinbarte Pläne zuverlässig einhalten. Solche Bedingungen sind für viele Vorgesetzte eine Utopie, weshalb sie auch den *Prozess* der Leistungserstellung kontrollieren. Dabei darf nicht übersehen werden, dass Kontrolle auch ein Instrument der Disziplinierung und der Selbstbestätigung der Vorgesetztenmacht sein kann. Die Notwendigkeit der Kontrolle bringt die Führungskraft in ein weiteres Dilemma: Sie sollte alles sehen – und sie darf vieles nicht gesehen haben.

12. Belohnungsorientierung – Wertorientierung

Belohnungsorientierung soll eine Haltung kennzeichnen, die gute Leistungen nur dann erwartet, wenn äußere Anreize und manifeste Gegenleistungen geboten werden (z.B. Geld, Lob, Aufstieg, Statussymbole etc.). Unterstellte werden als Nutzenrechner gesehen (sie wählen aus den möglichen Handlungsalternativen jene aus, die am meisten Nutzen bringen) oder als Dressurprodukt betrachtet (nur das wird getan, was erfahrungsgemäß mit den angenehmsten Konsequenzen verbunden ist). Im Grunde wird Handeln als Tausch erklärt: Leistung gegen Gegenleistung. Wertorientierte intrinsische Motivation dagegen wird als abgelöst von äußeren Belohnungen vorgestellt: Die Person handelt, weil sie die ‚Sache selbst' fasziniert oder weil sie im Prozess der Erziehung Werthaltungen oder Normen verinnerlicht hat, die sie – ohne Hinschielen auf unmittelbare(!) Belohnung – veranlassen zu tun, was sie soll bzw. gelernt hat zu tun. Wenn es nur auf den Verkauf der ‚Ware Arbeitskraft' ankäme, wäre eine strikte Belohnungsorientierung durchaus systemkonform, aber recht schwierig zu handhaben (Vorgesetzte müssten Handlungen registrieren, Belohnungen zur Verfügung halten und sie aufwands- und ergebnisentsprechend verteilen). Deshalb besteht – nicht zuletzt bei Vorgesetzten selbst – ein großes Interesse daran, sich auf Werte, Grundhaltungen, Normen etc. beziehen zu können, die eine stabilere (und vor allem ökonomischere!) Grundlage bieten als das Tauschprinzip, das leicht zur Krämergesinnung verkommt. Den geregelten Leistungstausch aber unter Hinweis auf Grundwerte und Pflichten zu unterlaufen, wäre ein im wahrsten Sinn des Wortes billiger Trick, um die faire Verteilung der Wertschöpfung zu umgehen.

13. Selbstorientierung – Gruppenorientierung

Diese oft zum Entweder-Oder stilisierten Handlungsmotive (‚Gemeinnutz geht vor Eigennutz!') bezeichnen, auf die unmittelbare Situation des Vorgesetzten angewandt, die polare Spannung zwischen egoistischer Vorteilssicherung und selbstlosem Beitrag für das Ganze. Die liberale These, im Verfolg des Eigennutzes schaffe eine unsichtbare Hand zugleich das größte Gemeinwohl, ist weder im gesamtwirtschaftlichen Bereich unumstritten (Ausbeutung durch Monopole, Umweltzerstörung, Enthumanisierung der Arbeit) noch kann sie im innerorganisatorischen Bereich als bewährt unterstellt werden. Natürlich, oder besser gesagt: systembedingt werden Vorgesetzte im Interesse ihrer eigenen Karriere bemüht sein, für sich selbst Vorteile zu erringen (und z.B. Kompetenzräuberei betreiben oder – wie es beschönigend heißt – den eigenen Delegationsbereich intensivieren). Aber dies dürfen sie aus taktischen und grundsätzlichen Überlegungen nicht zu weit treiben, weil sie sonst Missgunst und Gegenstrategien auf sich lenken (vgl. Kap. 9.3). Vorgesetzte werden nicht nur nach ihren vorzeigbaren Ergebnissen bewertet, sondern – gerade auch von den KonkurrentInnen und den Abhängigen – auch nach den Mitteln, die sie für ihre Zwecke einsetzen.

9.4.2 Ursachen der Führungsdilemmata

Die dargestellten Dilemmata sind Konsequenz oder Begleiterscheinung einer kontingenten, d.h. nicht notwendigen, sondern historisch spezifischen Form organisierten Wirtschaftens, die durch folgende Merkmale gekennzeichnet ist:

- Dominanz des Wirtschaftlichkeitsprinzips, demzufolge Güter und Dienstleistungen so produziert und abgesetzt werden müssen, dass die Aufwands-Ertrags-Beziehung optimiert wird;
- Kapitalrentabilität als oberster Bewertungsmaßstab, der allerdings durch eine Reihe von Nebenbedingungen modifiziert wird (etwa: Gesetze, Tarif- und Betriebsvereinbarungen, Gewohnheitsrechte), Maximierung des Einkommens, opportunistisches Vorteilskalkül;
- Arbeitsteilung und die Notwendigkeit der Integration bzw. Koordination;
- Formalisierung und Standardisierung: Ver-Regelung, die als Führungssubstitut und -konkurrenz wirkt;
- hierarchischer Aufbau mit dauerhaft fixierten Einfluss- bzw. Herrschaftsrechten;
- ‚Partialinklusion' (*Luhmann*) der Organisationsmitglieder, die neben ihrer Organisations-Rolle noch in weiteren Lebensbereichen engagiert sind, Trennung von Arbeit und Freizeit, Abschottung der einzelnen Lebensbereiche voneinander (‚funktionale Differenzierung');
- Vorhandensein eines Arbeitsmarktes mit der Möglichkeit der Abwanderung von Mitgliedern bzw. ihrer Ersetzung;
- individuelle Zurechnung von Leistungen und vorwiegend individualisierte Belohnungen.

Widersprüche sind zu erwarten, wenn z.B.

- eine Leistung gemeinsam erstellt aber individuell zugerechnet und angeeignet wird;

- Organisationsmitglieder, die eine Vielzahl inhaltlich unterschiedlicher Ziele verfolgen, auf *ein* abstraktes Ziel (z.B. ökonomische Kapitalverwertung) festgelegt werden;
- durch Spezialisierung die Leistungsvorteile *einzelner* genutzt werden sollen, gleichzeitig aber durch Verrechtlichung und Formalisierung *allgemeingültige* Regelungen angestrebt werden;
- auf Positionen dauerhaft fixierte *Machtvorsprünge* bestehen, gleichzeitig aber das durch Arbeitsteilung hergestellte Expertentum *funktionale* sachbezogene Entscheidungen fordert.

Diese Widersprüchlichkeit und Unschärfe ist wie bereits gesagt eine Existenzvoraussetzung für die Vorgesetztenrolle. Das mikropolitische Verhalten in Organisationen wäre nicht rational erklärbar, wenn man es nicht als einen Versuch verstehen würde, diese ungeklärte und gegensätzliche Situation zu nutzen.

Alltagshandeln von Führenden ist in den dargestellten Dilemma-Kategorien rekonstruierbar. Eine Führungskraft vergegenwärtigt sich normalerweise diese kontroverse Situation nicht. Beschäftigte sie sich ständig mit den Dilemmata, würde sie ebenso neurotisch werden wie jemand, der ängstlich darauf achtet, ob sein Herz noch schlägt. Wenn sie aber *gar* nicht daran denkt, überantwortet sie sich blind dem Geschehen und verkümmert zum Funktionär, der andere am Funktionieren hält. Ein weiteres Dilemma: Stets daran denken immobilisiert, das Problem ausblenden inhumanisiert. PraktikerInnen können sich nicht reflektierend über Handlungszwänge hinwegsetzen und versuchen, alle Möglichkeiten offen zu halten. Handeln bedeutet immer eine Festlegung und damit den Ausschluss von Alternativen. Die Reflexion erweist das eigene Handeln als kontingent; die situativen und strukturellen Umstände, von denen es abhängt, kann die einzelne Führungskraft meist nicht durch ein souveränes "Es sei!" verändern. Das erspart ihr aber nicht die persönliche Stellungnahme zu ihrem Tun. Diese begleitet sie auf jeden Fall – sei es als diffuses Unbehagen oder als Glücksgefühl, als Magengeschwür oder als der Wunsch, den ‚ganzen Krempel hinzuschmeißen', als erhebendes Erfolgserlebnis oder protzige Selbstbestätigung. In einer auf Leistung eingeschworenen Organisation gilt jede Reflexion, die nicht in eine Optimierung des finanziell bewertbaren Ergebnisses mündet, als Luxus. Würde man sich dieser Verwertungslogik voll unterwerfen, so bedeutete sie die Bereitschaft, sich im Dienste an der Sache(?) komplett vereinnahmen zu lassen. Wenn man sich aber das Nach-Denken, Über-Denken, Be-Denken erlaubt, führt es zu etwas anderem als der Einsicht in die unabweisbare Notwendigkeit, die dann – welch ein Taschenspielertrick – Freiheit genannt wird? Nur weil man dann weiß, dass man gegen die ehernen Gesetze der Situation keine Chance hat, sie aber dennoch nutzen soll?

Dieser Standpunkt geht, wie jede universalisierende Ethik (siehe dazu Kap. 9.2), an den spezifischen menschlichen Handlungsbedingungen vorbei, die durch Ungereimtheiten, Widersprüchlichkeiten, Informationsmangel, Unsicherheiten etc. ausgezeichnet(!) sind. Natürlich kann man kategorisch imperativ fordern, nur so zu handeln, dass die Maxime des eigenen Handelns zugleich Grundlage einer allgemeinen Gesetzgebung sein könnte – wenn einem bewusst ist, dass jedes allgemeine Gesetz seiner situativen Interpretation bedarf und gegen andere gleichermaßen gültige Gesetze abgewogen werden muss. Das Grundsatz-Handeln führt in Dilemmata, die durch Prioritätensetzung nur scheinbar oder vorübergehend aufgehoben werden. Das reflektierte Alltags-Handeln zeigt die Gestaltungsspielräume, die bestehen oder hergestellt werden können. Nur weil und wenn es diese Handlungs- und Entscheidungskorridore gibt, kann eine Führungskraft den spezifischen Ansprüchen gerecht werden, die üblicherweise mit ihrer Position verbunden sind. Erst wenn sie ihre Freiräume tatsächlich nutzen, können Vorgesetzte von sich behaupten, nicht nur *Aus*führungsorgane zu sein.

So sehr Übereinstimmung herrscht, dass Dilemmata im Führungsprozess unausweichlich sind, so sehr gehen die Meinungen darüber auseinander, wie auf diese Situation zu reagieren ist.

9.4.3 Zum Umgang mit Führungsdilemmata

Auf die oben aufgeführte Definition von Dilemmata lassen sich solche Techniken spezifisch übertragen. Die Dilemma-Definition oben enthält folgende Bestimmungen:

[1] Zwischen zwei gegebenen gleichwertigen gegensätzlichen Alternativen
[2] entscheiden
[3] müssen.

Durch die Negation jeder dieser drei Setzungen ergeben sich Möglichkeiten des Umgangs mit Dilemmata:

Zu [1] Keine gegebenen gleichwertigen Gegensätze

Wird bestritten, dass es sich bei den präsentierten Alternativen um gegebene gleichwertige Gegensätze handelt, eröffnet sich eine Reihe von Aktionsmöglichkeiten:

- *Entdichotomisieren: Zu einem Gegensatz-Pol mehrere Gegenpole aufzeigen.* Statt *ein* Gegensatzpaar zu fokussieren, gleichzeitig *viele* dyadische Oppositionen betrachten, was die Möglichkeit zu Priorisierungen, Kompromissen, Ausklammerungen etc. eröffnet.
- *Die Gegensätze nicht als gegeben, sondern als (von einem selbst) wahrgenommen oder konstruiert sehen.* Durch Coaching, Supervision, Selbsterfahrungsgruppen kann man (sich) über blinde Flecken oder Fehlwahrnehmungen aufklären.
- *Prüfen, ob es sich bei den Entscheidungsalternativen überhaupt um Gegensätze handelt.* Die scheinbaren Oppositionen sind Teilaspekte in einem größeren vernetzten Zusammenhang.
- *Prüfen, ob es Bedingungen gibt, unter denen die Alternativen sich nicht grundsätzlich antagonistisch gegenüberstehen.* ‚Kontrolle' kann z.B. einerseits als autoritäre Überwachung gesehen/bezeichnet werden oder aber andererseits als Bestätigung und Absicherung; sie wäre dann nicht das Gegenteil von ‚Autonomie', sondern eine ihrer Bedingungen.
- *Die sog. Gegensätze sind nicht als Entweder-Oder, sondern als Sowohl-als-auch zu sehen.* Grafisch würde das bedeuten, das lineare Kontinuum zwischen den beiden extremen Polen in der Mitte zu knicken und ein *cartesisches* Koordinatensystem zu bilden. In der Führungsstil-Forschung ist diese Operation besonders bekannt geworden: die

lineare eindimensionale Opposition zwischen Mitarbeiter- und Leistungs-Orientierung wurde zum zweidimensionalen (rechtwinkligen) Feld umgeformt. Auf der Ordinate ist dann die Dimension (fehlende bis maximale) Mitarbeiter-Orientierung, auf der Abszisse die (fehlende bis maximale) Leistungsorientierung eingetragen. Prinzipiell sind so alle möglichen Grade der beiden Orientierungen miteinander vereinbar.

- *Verzeitlichung.* Man entrinnt dem Zwang, sich zwischen Entweder-Oder zu entscheiden, indem man den Faktor der Zeit einführt und sich damit die Möglichkeit offenhält, einmal so und ein anderes Mal anders zu entscheiden, ohne inkonsistent zu werden (weil sich jeweils ‚die Umstände' geändert haben).

Zu [2] Kein Entscheidungsbedarf

Im Falle, dass bestritten wird, dass entschieden werden muss, ergeben sich folgende mögliche Aktivitäten:

- *Bestreiten des Wahlzwangs.* Es gibt keinen Entscheidungsbedarf, z.B. weil die Alternativen keine Gegensätze sind, z.B. gehen hohe Qualität und niedrige Kosten durchaus zusammen. "… das Verfolgen multipler Ziele, die zuweilen in Konflikt miteinander stehen, ist keineswegs paradox und ist in der Tat charakteristisch für alle Organisationen und Systeme" (*Buenger & Daft,* 1988, S. 198).
- *Kompromisse schließen.* Man kann die Extrempole vermeiden, sich ‚irgendwo' in der Mitte treffen und/oder die Extreme versöhnen (indem z.B. die lineare Opposition zu einem Kreis geschlossen wird, sodass die scheinbaren Extreme nur zwei Punkte in einem endlosen Zirkel sind).
- *Den Anwendungsbereich parzellieren oder segmentieren.* Für einen bestimmten Anwendungsbereich dem Pol A, für einen anderen dem Pol B gerecht werden und so davon ausgehen, dass die Grundregel der Sozialwissenschaften gilt: *It depends!*
- *Widersprüche als erwünscht oder entwicklungsfördernd bestehen lassen.* Sich weigern zu entscheiden und erkennen, dass Entwicklung der Spannung von Polaritäten bedarf und dass – dialektisch gesehen – Fortschritt, Wandel oder Anpassung nur deshalb möglich sind, weil in den Dingen Widersprüche (Negationen) vorhanden sind, die sich gegenseitig (durch Negation der Negation) zu neuen Entwicklungsebenen vorantreiben.
- *Exportieren in den Raum.* Probleme an andere Stakeholder delegieren. Outsourcing des Dilemmas (sich des einen Pols entledigen).

Zu [3] Kein Müssen!

Wird die dritte Setzung ‚*müssen*' negiert, finden sich folgende Handlungsmöglichkeiten:

- *Abwarten, Aussitzen.* Das Dilemma in die Latenz abdrängen. Die Gegensätze auf jemand oder etwas anderes ‚verschieben', Sündenböcke suchen, Stellvertreterkriege führen (um abzulenken).

- *Sich abfinden mit dem Dilemma.* Die Polarität aushalten, sie als Lebensprinzip erkennen (Yin – Yang), oder die Spannung sogar genießen.
- *Das Dilemma nicht sehen (wollen/ können).* Organisationales ‚Geheimnis', Exkommunikation, Tabu; Gegensätze als ‚vermeintliche' in Abrede stellen, nicht sehen oder nicht sehen können (blinder Fleck).

Mit Dilemmata kann vielfältig umgegangen werden: Sie können nicht erkannt, aktiv „übersehen", negiert, isoliert, verbannt oder auch relativiert, weiterentwickelt, angegangen, aufgelöst oder synergisch genutzt werden – zumindest rhetorisch.

Im Führungskontext wird gelegentlich von „Paradoxa der Führung" gesprochen. Dilemmata stehen in unscharfer Abgrenzung zu Paradoxa. Einige AutorInnen gebrauchen die Begriffe synonym, andere grenzen sie voneinander ab. In den meisten Fällen aber gilt das, was zu Paradoxa genannt wird, auch für Dilemmata.

Einen Einblick in das verwandte Thema der Management-Paradoxa liefert Zusatzdokument 40.

Dilemmata sind unangenehme, aber unvermeidliche Realitäten der Führungsarbeit. Sie sind jedoch auch einer der wichtigsten Gründe dafür, dass es überhaupt Führungspositionen gibt. Funktionierte die Welt logisch konsistent, könnten simple Computer den Job tun. Gerade weil es die Widersprüche, Vertracktheiten und Sackgassen gibt, besteht ein Bedarf für jenes unkonventionelle, unberechenbare und kreative Handeln, das ‚Führung' genannt wird.

Literaturverzeichnis

agv, Arbeitgeberverband der Versicherungsunternehmen in Deutschland e. V. (2012). *Beirat Frauen in Führung.* München: http://www.agv-vers.de/projekte/frauen-in-fuehrung/beirat-frauen-in-fuehrung.html; 22.09.2013.

Aiello, J. R. & Kolb, K. J. (1995). Electronic performance monitoring ans social context: Impact on productivity and stress. *Journal of Applied Psychology, 80,* 339-353.

Alimo-Metcalfe, B. & Alban-Metcalfe, R. J. (2001). The development of a new transformational leadership questionnaire. *Journal of Occupational and Organizational Psychology, 74,* 1-27.

Allen, N. J. & Meyer, J. P. (1990). The measurement and antecedents of affective, continuance and normative commitment to the organization. *Journal of Occupational Psychology, 63,* 1-18.

Allerbeck, M. (1977). *Ausgewählte Probleme der Führungsforschung. Eine empirische Studie.* München: LMU.

Allport, G. & Odbert, H.S. (1936). Trait names. A Psycho-Lexical Study. *Psychological Monographs,* 47, 211.

Alvesson, M. & Billing, Y. D. (1992). Gender and Organization: Towards a Differentiated Understanding. *Organization Studies,* 13, 73-103.

Alvesson, M. & Sveningsson, S. (2003). The great disappearing act: difficulties in doing "leadership". *The Leadership Quarterly, 14,* 359-381.

Anderson, N. H. (1965). Adding versus averaging as a stimulus combination rule in impression formation. *Journal of Experimental Psychology, 70,* 394-400.

Andresen, M. (2009). *Das (Un-)Glück der Arbeitszeitfreiheit. Eine ökonomisch-psychologische Analyse und Bewertung.* Wiesbaden: Gabler.

Antonakis, J. (2012). Transformational and charismatic leadership. In Day, D. V. & Antonakis, J. (Hrsg.), *The nature of leadership* (S. 256-288). London: Sage.

Antonakis, J., Avolio, B. J. & Sivasubramaniam, N. (2003). Context and leadership: An examination of the nine-factor Full-Range Leadership Theory using the Multifactor Leadership Questionnaire. *The Leadership Quarterly, 14(3),* 261-295.

Antonakis, J., Day, D. V. & Schyns, B. (2012). Leadership and individual differences: At the cusp of a renaissance. *The Leadership Quarterly, 23,* 643-650.

Antoni, C. H. & Hertel, G. (2009). Team processes, their antecedents and consequences: Implications for different types of teamwork. *European Journal Of Work & Organizational Psychology, 18,* 253-266.

Antonovsky, A. (1979). *Health, stress and coping: New perspectives on mental and physical well-being.* San Francisco, CA: Jossey-Bass.

Apel, K.-O. (1973). *Transformation der Philosophie.* Frankfurt am Main: Suhrkamp.

Apel, K.-O. (1984). *Das Problem einer philosophischen Theorie der Rationalitätstypen.* Frankfurt am Main: Suhrkamp.

Apel, K.-O. (1988). *Diskurs und Verantwortung. Das Problem des Übergangs zur postkonventionellen Moral.* Frankfurt: Suhrkamp.

App, S., Büttgen, M. & Pröpster, S. (2012). Erhöht ein betriebliches Gesundheitsmanagement die Arbeitgeberattraktivität? *PersonalQuarterly, 64(3),* 16-22.

Aram, J. D. (1976). *Dilemmas of Administrative Behavior.* Englewood Cliffs, NJ: Prentice-Hall.

Arbeitsgemeinschaft Betriebliche Weiterbildungsforschung e. V. (Hrsg.). (2006). Metakompetenzen und Kompetenzentwicklung. *QUEM-report: Schriften zur beruflichen Weiterbildung, 95/1+2.*

Argyle, M. (1975). *Bodily communication.* London: Methuen.

Argyle, M. (2013). *Köprersprache und Kommunikation* (10. Aufl.). Paderborn: Junfermann.

Argyris, C. & Schön, D. A. (1978). *Organizational learning.* Reading, MA: Addison-Wesley.

Argyris, C. & Schön, D. A. (2008). *Die lernende Organisation. Grundlagen, Methode, Praxis* (3. Aufl.). Stuttgart: Klett-Cotta.

Aronson, E., Wilson, T. D. & Akert, R. M. (2012). *Sozialpsychologie* (6. Aufl.). München: Pearson.

Ascheberg, C. (2006). Milieuforschung und transnationales Zielgruppenmarketing. *Aus Politik und Zeitgeschehen, 44-45,* 18-25.

Ashour, A. S. (1973a). The contingency model of leadership effectiveness: An evaluation. *Organizational Behavior and Human Performance, 9,* 339-355.

Ashour, A. S. (1973b). Further discussion of Fiedler's contingency model of leadership effectiveness. *Organizational Behavior and Human Performance, 9,* 369-376.

Austin, J. T. & Villanova, P. (1992). The criterion problem: 1917 - 1992. *Journal of Applied Psychology, 77,* 836 - 874.

Avolio, B. & Bass, B. (1987). Transformational Leadership, Charisma and Beyond. In Hunt, J., Baliga, B.R., Dachler, H.P. & Schriesheim, C. A. (Hrsg), *Emerging Leadership Vistas* (S. 29-49). Lexington: Heath.

Avolio, B. J., Jung, D. I., Murry, W. & Sivasbramaniam, N. (1996). Building highly developed teams: Focusing on shared leadership process, efficacy, trust, and performance. In Beyerlein, M. M., Johnson, D. A. & Beyerlein, S. T. (Hrsg.), *Advances in interdisciplinary studies of work teams. Bd. 3* (S. 173-209). Greenwich: JAI.

Avolio, B. J., Kahai, S. & Dodge, G. E. (2001). E-Leadership: Implications for theory, research, and practice. *Leadership Quarterly, 11,* 615-670.

Avolio, B. J., Walumba, F. O. & Weber, T. J. (2009). Leadership: Current theories, research, and future directions. *Annual Review of Psychology, 60,* 421-449.

Backhaus-Maul, H., Biedermann, C., Nährlich, S. & Polterauer, J. (Hrsg.). (2010). *Corpoate Citizenship in Deutschland* (2. Aufl.). Wiesbaden: VS.

Badura, B., Walter, U. & Hehlmann, T. (2010). *Betriebliche Gesundheitspolitik* (2. Aufl.). Berlin: Springer.

Badura, J. (2002). Ethische Beratung im Unternehmen - Konzepte im Vergleich. *Zeitschrift für Wirtschafts- und Unternehmensethik, 3,* 337-350.

Baecker, D. (1994). *Postheroisches Management. Ein Vademecum.* Berlin: Merve.

Baitsch, C. (1998). Lernen im Prozess der Arbeit- Zum Stand der internationalen Forschung. *Kompetenzentwicklung, 98,* 269-337.

Bakker, A. B. & Demerouti, E. (2007). The Job Demands-Resources model: state of the art. *Journal of Managerial Psychology, 22,* 309-328.

Bal, J. & Teo, P. K. (2001). Implementing virtual teamworking: Part 3 - a methodology for introducing virtual teamworking. *Logistics Information Management, 14*(4) 276-292.

Bales, R. F. & Slater, P. E. (1969). Role Differentiation in Small Decision Making Groups. In Gibb, C. (Hrsg), *Leadership* (S. 255-276). Harmondsworth: Penguin.

Baltes, B. B., Dickson, M. W., Sherman, M. P., Bauer, C. C. & LaGanke, J. S. (2002). Computer-mediated communication and group decision making: A meta-analysis. *Organizational Behavior and Human Decision Processes, 87,* 156-179.

Bamberg, E., Busch, C. & Ducki, A. (2003). *Stress- und Ressourcenmanagement.* Göttingen: Hogrefe.

Bamberg, E., Ducki, A. & Metz, A.-M. (Hrsg.). (2011). *Handbuch Gesundheitsförderung und Gesundheitsmanagement in der Arbeitswelt.* Göttingen: Hogrefe.

Bandura, A. (1969). *Principles of Behavior Modification.* New York: Holt, Rinehart & Winston.

Bandura, A. (1977). Self-Efficacy: Toward a Unifying Theory of Behavioral Change. *Psychological Review, 84*, 191-215.

Bandura, A. (1979). *Sozial-kognitive Lerntheorie.* Stuttgart: Klett-Cotta.

Bandura, A. (1986). *Social Foundations of Thought and Action. A Social Cognitive Theory.* Englewood Cliffs, NJ: Prentice-Hall.

Bandura, A. (1997). *Self-efficacy. The exercise of control.* New York: Freeman.

Barrick, M. R. & Mount, M. K. (1991). The Big Five Personality Dimensions and Job Performance: A Meta-Analysis. *Personnel Psychology,* 44, 1-26.

Bartels, L. K. & Nordström, C. R. (2012). Examining Big Brother's Purpose for Using Electronic Performance Monitoring. *Performance Improvement Quarterly, 25*, 65-77.

Bartlett, F. C. (1932). *Remembering: A study in experimental and social psychology.* Cambridge: Cambridge University Press.

Bass, B. M. (1981). *Stogdill's Handbook of Leadership. A Survey of Theory and Research* (2. Aufl.). New York: Free Press.

Bass, B. M. (1985). *Leadership and Performance Beyond Expectations.* New York: Academic Press.

Bass, B. M. & Avolio, B. (1990). *Transformational Leadership Development. Manual for the Multifactor Leadership Questionnaire.* Palo Alto: Consulting Psychologists Press.

Bass, B. M. & Avolio, B. (1995). *MLQ – Multifactor Leadership Questionnaire.* Redwood City, CA: Mind Garden.

Bass, B. M. & Avolio, B. J. (1994). *Improving organizational effectiveness through transformational leadership.* Thousand Oaks, CA: Sage.

Bass, B. M., Avolio, B. & Goodheim L. (1987). Biography and the Assessment of Transformational Leadership atthe World-Class Level. *Journal of Management,* 13, 7-19.

Bass, B. M. & Bass, R. (2008). *The Bass handbook of leadership: Theory, research, and managerial applications.* New York: Free Press.

Bateson, G. (1972). *Steps to an Ecology of Mind: Collected Essays in Anthropology, Psychiatry, Evolution, and Epistemology.* Chicago, Ill: University Of Chicago Press.

Bauernschuster, S. & Fichtl, A. (2013). Brauchen wir eine gesetzliche Frauenquote? *ifo Schnelldienst, 66(02)*, 39-48.

Baumgarten, R. (1977). *Führungsstile und Führungstechniken.* Berlin: de Gruyter.

Bea, F. X., Scheurer, S. & Hesselmann, S. (2011). *Projektmanagement* (2. Aufl.). München: UVK.

Beauregard, T. A. & Henry, L. C. (2009). Making the link between work-life balance practices and organizational performance. *Human Resource Management Review, 19*, 9-22.

Beck, U. (1983). Jenseits von Stand und Klasse? Soziale Ungleichheiten, gesellschaftliche Individualisierungsprozesse und die Entstehung neuer sozialer Formationen und Identitäten. In Kreckel, B. (Hrsg.), *Soziale Welt: Soziale Ungleichheiten.*

Beck, U. (1986). *Risikogesellschaft: Auf dem Weg in eine andere Moderne.* Frankfurt am Main: Suhrkamp.

Becker, H. & Langosch, I. (1984). *Produktivität und Menschlichkeit.* Stuttgart: Enke.

Becker, H. & Langosch, I. (2002). *Produktivität und Menschlichkeit* (5. Aufl.). Stuttgart: Lucius & Lucius.

Becker, M. (2006). Wissenschaftstheoretische Grundlagen des Diversity Managements. In Becker. M. & Seidel, A. (Hrsg.), *Diversity Management: Unternehmens-und Personalpolitik der Vielfalt* (S. 3-48). Stuttgart: Schäffer-Poeschel.

Becker, P. (2001). Das Fünf-Faktoren-Modell der Persönlichkeit: eine Zwischenbilanz. *Wirtschaftspsychologie,* 1, 18-26.

Beck-Gernsheim, E. & Ostner, I. (1978). Frauen verändern – Berufe nicht? Ein theoretischer Ansatz zur Problematik ‚Frau und Beruf'. *Soziale Welt,* 29, 257-287.

Beisel, R. (1994). *Synergetik und Organisationsentwicklung. Eine Synthese auf der Basis einer Fallstudie aus der Automobilindustrie.* München u. Mering: Hampp.

Beishon, R. J. & Palmer, A. W. (1979). Untersuchung von Managerverhalten. In Zündorf, L. (Hrsg), *Industrie- und Betriebssoziologie* (S. 183-209). Darmstadt: Wiss. Buchgesellschaft.

Bell, B. S. & Kozlowski, S. W. J. (2002). A typology of virtual teams: Implications for effective leadership. *Group and Organization Management, 27,* 14-49.

Bendix, R. (1956). *Work and authority in industry: managerial ideologies in the course of industrialization.* New York: Wiley.

Bendix, R. (1960). *Herrschaft und Industriearbeit.* Frankfurt: Europäische Verlagsanstalt.

Bendl, R., Hanappi-Egger, E. & Hofmann, R. (2012). Diversität und Diversitätsmanagement: Ein vielschichtiges Thema. In Bendl, R., Hanappi-Egger, E. & Hofmann, R. (Hrsg.), *Diversität und Diversitätsmanagement* (S. 11-21). Wien: Facultas wuv.

Benne, K. D. & Sheats, P. (1948). Functional Roles of Group Members. *Journal of Social Issues,* 4, 41-49.

Bennis, W. (1990). *Führen lernen.* Frankfurt: Campus.

Bennis, W. (1993). *An invented life: Reflections on leadership and change.* Reading, MA: Addison Wesley.

Bennis, W. G. & Nanus, B. (1985). *Leaders: The strategies for taking charge.* New York: Harper and Row.

Bergiel, B. J., Bergiel, E. B. & Balsmeier, P. W. (2008). Nature of virtual teams: a summary of their advantages and disadvantages. *Management Research News, 31,* 99-110.

Bernardoni, C. & Werner, V. (Hrsg.). (1987). *Ohne Seil und Haken. Frauen auf dem Weg nach oben.* Bonn: Deutsche Unesco-Kommission.

Berth, H. (2006). Arbeitslosigkeit und psychische Belastung. Ergebnisse einer Längsschnittstudie 1991 bis 2004. *Zeitschrift für Medizinische Psychologie, 15(3),* 111-116.

Berthoin Antal, A. & Quack, S. (1998). Der langsame Aufstieg in die Beletage – Karrieremöglichkeiten von Frauen im Management in mittleren und großen Unternehmen. In Kück, M. (Hrsg), *Macht und Ohnmacht von Geschäftsfraue.* (S. 109-122). Berlin: Spitz.

Biddle, B. J. (1979). *Role Theory. Expectations, Identities, and Behavior.* New York: Academic Press.

Biedermann, C. (1989). *Subjektive Führungstheorien. Die Bedeutung guter Führung für Schweizer Führungskräfte.* Bern u.a.: Haupt.

Bischoff, S. (2010). *Wer führt in (die) Zukunft? Männer und Frauen in Führungspositionen der Wirtschaft in Deutschland - die 5. Studie.* Bielefeld: Bertelsmann.

Björnavold, J. (2001). Lernen sichtbar machen: Ermittlung, Bewertung und Anerkennung nicht formell erworbener Kompetenzen. *Europäische Zeitschrift Berufsbildung, 22,* 27-36.

Blake, R. R. & McCanse, A. A. (1995). *Das GRID-Führungsmodell.* Düsseldorf u.a.: Econ.

Blake, R. R. & Mouton, J, S. (1968). *Verhaltenspsychologie im Betrieb: das Verhaltensgitter, eine Methode zur optimalen Führung in Wirtschaft und verwaltung.* Wien: Econ.

Blake, R. R. & Mouton, J. S. (1980). *Verhaltenspsychologie im Betrieb. Das neue Grid-Management-Konzept.* Wien: Econ.

Bleicher, K. (2011). *Das Konzept Integriertes Management* (8. Aufl.). Frankfurt: Campus.

Bleicher, K. & Meyer, E. (1976). *Führung in der Unternehmung. Formen und Modelle.* Reinbek: Rowohlt.

Blickle, G. (1995). Wie beeinflussen Personen erfolgreich Vorgesetzte, KollegInnen und Untergebene? - Skalenentwicklung und -validierung. *Diagnostica, 41*, 245-260.

Blickle, G. (1997). Dimensionen intraorganisationaler Einflußstrategien. *Zeitschrift für Arbeits- und Organisationspsychologie., 41*, 30-33.

Blickle, G. (1999). *Karriere, Freizeit, Alternatives Engagement. Empirische Studien zum psychologischen Kontext von Berufsorientierungen.* München: Hampp.

Blickle, G. (2004). Einflusskompetenz in Organisationen. *Psychologische Rundschau, 55*, 61-71.

Blickle, G. & Hepperle, S. (1999). Strukturgleichungsmodelle zur Analyse der Effekte von Zielen, Motiven und Machtbasen bei der Beeinflussung von Vorgesetzten und Kollegen. *Zeitschrift für Arbeits- und Organisationspsychologie,* 43, 26-35.

Blickle, G., Röttinger, C. & Nagy, M. (1997). Vertikale Einflußnahme in Organisationen. *Gruppendynamik - Zeitschrift für angewandte Sozialpsychologie, 28*, 93-107.

Blum, D., Henschel, K., Radermacher, S. & Wagner, S. (2008). Teilzeitarbeitende Führungskräfte. In Vedder, G. & Reuter, J. (Hrsg.), *Die Vielfalt der Work-Life-Balance* (S. 79-146). Mering: Hampp.

Blumer, H. (1980). Der methodologische Standpunkt des symbolischen Interaktionismus. In Arbeitsgruppe Bielefelder Soziologen (Hrsg), *Alltagswissen, Interaktion und gesellschaftliche Wirklichkeit* (S. 80-146). Opladen: Westdeutscher Verlag.

Boal, K. B. & Bryson, J. M. (1987). Charismatic Leadership: A Phenomenological and Structural Approach. In Hunt, J. G., Baliga, B. R., Dachler, H. P. & Schriesheim, C. A. (Hrsg), *Emerging Leadership Vistas* (S. 11-28). Lexington, Mass.: Heath.

Bödeker, W. & Barthelmes, I. (2011). Arbeitsbedingte Gesundheitsgefahren und Berufe mit hoher Krankenlast in Deutschland. Synopse des Kenntnisstandes und ergänzende Datenanalysen. In *Initiative Gesundheit und Arbeit - Report* (Bd. 22, S. 79-80). Essen: BKK Bundesverband.

Bolden, R. (2011). Distributed leadership in organizations: A review of theory and research. *International Journal of Management Review, 13*, 251-269.

Bolino, M. C., Klotz, A. C., Turnley, W. H. & Harvey, J. (2013). Exploring the dark side of organizational citizenship behavior. *Journal of Organizational Behavior., 34*, 540-541.

Borkenau, P. & Ostendorf, F. (2008). *NEO-Fünf-Faktoren Inventar (NEO-FFI) nach Costa und McCrae* (2. Aufl.). Göttingen: Hogrefe.

Borman, W. C. & Motowidlo, S. J. (1997). Task performance and contextual performance: The meaning for personnel selection research. *Human Performance, 10*, 99-109.

Borman, W. C. (1991). Job behavior, performance, and effectiveness. In Dunnette, M. D. & Hough, L. M. (Hrsg.), *Handbook of Industrial and Organizational Psychology* (Bd. 2, S. 271-326). Palo Alto, CA: Consulting Psychologists Press.

Bosetzky, H. (1972). Die instrumentelle Funktion der Beförderung. *Verwaltungsarchiv, 63*, 372-384.

Bouncken, R. B. (2003). *Organisationale Metakompetenzen: Theorie, Wirkungszusammenhänge, Ausprägungsformen und Identifikation.* Wiesbaden: Gabler.

Bowers, D. G. & Seashore, S. E. (1966). Predicting organizational effectiveness with a four-factor theory of leadership. *Administrative Science Quarterly, 11*, 238-263.

Bragg, M. (1999). *Auf leisen Sohlen zum Erfolg. Der diskrete Charme der Einflussnahme.* Stuttgart: Klett-Cotta.

Braitenberg, V. (1984). *Vehicles: experiments in synthetic psychology*. Cambridge, Mass.: MIT Press.

Brandl, J., Kugler, A. & Eckardstein, D. von. (2008). Betriebliche Gesundheitsförderung in der Praxis. *Zeitschrift Führung und Organisation, 77*, 228-234.

Breaugh, J. A. (1985). The measurement of work autonomy. *Human Relations, 38*, 551-570.

Brewer, N. T & Chapman, G. B. (2002). The Fragile Basic Anchoring Effect. *Journal of Behavioral Decision Making, 15*, 65-77.

Briefs, G. (1934). *Betriebsführung und Betriebsleben in der Industrie*. Stuttgart: Enke.

Brinkmann, G., Knoth, B. & Krämer, W. (1982). *Führungskräfte kleinerer Unternehmen*. Berlin: Duncker & Humblot.

Brodbeck, F. C. (2006). Navigationshilfe für internationales Change Management. Erkenntnisse aus dem GLOBE-Projekt. *Organisationsentwicklung, 3_06*, 16-31.

Brodbeck, F. C. & 44 Ko-Autorinnen (2000). Cultural Variation of Leadership Prototypes across 22 European Countries. *Journal of Occupational and Organizational Psychology,* 73, 1-29.

Broschak, J. P. & Davis-Blake, A. (2006). Mixing standard work and nonstandard deals: the consequences of heterogeneity in employment arrangements. *The Academy of Management Journal, 49(2)*, 371-393.

Brown, J. A. C. (1956). *Psychologie der industriellen Leistung*. Reinbek: Rowohlt.

Brown, M. E., Trevino, L. K. & Harrison, D. A. (2005). Ethical leadership: A social learning perspective for construct development and testing. *Organizational Behavior and Human Decision Processes, 97*, 117-134.

Bruner, J. S. & Postman, L. (1951). An approach in social perception. In Dennis, W. & Lippitt, R. (Hrsg.), *Current trends in social psychology* (S. 71-118). Pittsburgh, PA: University of Pittsburgh Press.

Bryman, A. (1992). *Charisma and leadership in organizations*. London: Sage.

Bryman, A. (1996). Leadership in organizations. In Clegg, S. R. & Hardy, C. (Hrsg.), *Handbook of organization studies* (S. 276-292). London: Sage.

Bucksteeg, T. (1994). *Vergütungspolitik in Banken*. München u. Mering: Hampp.

Buenger, V. & Daft, R. L. (1988). The Puzzle of Paradox in Just-in-Time Manufacturing. In Quinn, R. E. & Cameron, K. S. (Hrsg), *Paradox and Transformation* (S. 195-203). Cambridge, Mass.: Ballinger.

Bullinger, H.-J. & Buck, H. (2007). Demografischer Wandel und die Notwendigkeit,Kompetenzsicherung und-entwicklung in der Unternehmung neu zu betrachten. In Jochmann, W. & Gechter, S. (Hrsg.), *Strategisches Kompetenzmanagement* (S. 61-77). Berlin: Springer.

Bundesagentur für Arbeit (Hrsg.). (2011). *Perspektive 2025: Fachkräfte für Deutschland*. Nürnberg: BA.

Bundesministerium für Arbeit und Soziales (Hrsg.). (2013). *Übersicht über das Arbeitsrecht/Arbeitsschutzrecht* (7. Aufl.). Berlin: Bw.

Bundesministerium für Arbeit und Soziales & Bundesanstalt für Arbeitsschutz und Arbeitsmedizin. (2013). *Sicherheit und Gesundheit bei der Arbeit 2011*. Dortmund: BAuA.

Bundesministerium für Familie, Senioren, Frauen und Jugend (Hrsg.). (2005). *Work Life Balance. Motir für wirtschaftliches Wachstum und gesellschaftliche Stabilität*. Berlin: BMFSFJ.

Burke, C. S., Stagl, K. C., Klein, C., Goodwin, G. F., Salas, E. & Halpin, S. M. (2006). What type of leadership behaviors are functional in teams? A meta-analysis. *The Leadership Quarterly, 17*, 288-307.

Burke, M. J. & Day, R. R. (1986). A Cumulative Study of the Effectiveness of Managerial Training. *Journal of Applied Psychology,* 71, 232-245.

Burns, J. M. (1978). *Leadership*. New York: Harper & Row.

Burns, T. (1954). The directions of activity and communication in a departmental executive group: a quantitative study in a British engineering factory with a self-recording technique. *Human Relations*, *7*, 73-97.

Büssing, A. (2000). *Identität und Vertrauen durch Arbeit in virtuellen Organisationen. Computervermittelte Kommunikation in Organisationen* (S. 57-72). Göttingen: Hogrefe.

Büssing, A., Drodofsky, A. & Hegendörfer, K. (2003). *Telearbeit und Qualität des Arbeitslebens - Ein Leitfaden zur Analyse, Bewertung und Gestaltung*. Göttingen: Hogrefe - Verlag für Psychologie.

Büssing, A. & Konradt, U. (2006). Telekooperation. In B. Zimolong & U. Konradt (Hrsg.), *Ingenieurpsychologie*. Göttingen: Hogrefe.

Byrne, D. (1971). *The attraction paradigm*. New York, NY: Academic Press.

Byron, K. (2005). A meta-analytic review of work–family conflict and its antecedents. *Journal of Vocational Behavior*, *67*, 169-198.

Cairns, T. D., Hollenback, J., Preziosi, R. C. & Snow, W. A. (1998). A study of Hersey and Blanchard's situational leadership theory. *Leadership & Organization Development Journal*, *19*, 113-116.

Calás, M. B. & Smircich, L. (1991). Voicing Seduction to Silence Leadership. *Organization Studies,* 12, 567-602.

Calder, B. J. (1977). An Attribution Theory of Leadership. In Staw, B. & Salancik, G. (Hrsg), *New Directions in Organizational Behavio.* (S. 179-204). Chicago: St. Clair).

Campbell, W. K., Hoffman, B. J., Campbell, S. M. & Marchisio, G. (2011). Narcissism in organizational contexts. *Human Resource Management Review*, *21*, 268-284.

Carson, J. B.,Tesluk, P. E. & Marrone, J. A. (2007). Shared leadership in teams: an investigation of antecedent conditions and performance. *Academic Managemant Journal*, *50*, 1217-1234.

Casper, W. J., Harris, C., Taylor-Bianco, A. & Wayne, J. H. (2011). Work-family conflict, perceived supervisor support and organizational commitment among Brazilian professionals. *Journal of Vocational Behavior*, *79*, 640-652.

Chaiken, S. & Trope, Y. (Hrsg.). (1999). *Dual-process theories in social psychology*. New York, NY: Guilford.

Chalmers, A. F. (2007). *Wege der Wissenschaft* (6. Aufl.). Berlin: Springer.

Chatterjee, A. & Hambrick, D. C. (2011). Executive Personality, Capability Cues, and Risk Taking How Narcissistic CEOs React to Their Successes and Stumbles. *Administrative Science Quarterly*, *56*, 202-237.

Cheshin, A., Rafaeli, A. & Bos, N. (2011). Anger and happiness in virtual teams: Emotional influences of text and behavior on others' affect in the absence of non-verbal cues. *Organizational Behavior and Human Decision Processes*, *116*, 2-16.

Chhokar, J. S., Brodbeck, F. C. & House, R. J. (Hrsg.). (2007). *Culture and Leadership Across the World: The GLOBE Book of In-Depth Studies of 25 Societies*. Mahwah, NJ: Erlbaum.

Cohen, M. D. & March, J. G. (1974). *Leadership and ambiguity: The American college president*. Boston, Mass.: Harvard Business School Press.

Cohen, M. D., March, J. G. & Olsen, J. P. (1972). A Garbage Can Model of Organizational Choice. *Administrative Science Quarterly*, *17*, 1-25.

Cohen, S. G. & Bailey, D. E. (1997). What makes teams work: Group effectiveness research from the shop floor to the executive suite. *Journal of Management*, *23*, 239-290.

Collatz, A. & Gudat, K. (2011). *Work-Life-Balance*. Göttingen: Hogrefe.

Collins, J. C. & Porras, J. I. (1995). *Visionen im Management.* München: Artemis & Winkler.

Commer, H. & Rindermann, R. (1977). *Der Krieg im Betrieb. Spielanweisung für Chefs und Mitarbeiter.* München: Langen-Müller/Herbig.

Conger, J. (2011). Charismatic leadership. In Bryman, A., Collinson, D., Grint, K., Grint, K., Jackson, B. & Uhl-Bien, M. (Hrsg.), *The SAGE handbook of leadership* (S. 86-102). Thousand Oaks, CA: Sage.

Conger, J. & Kanungo, R. N. (1987). Toward a behavioral theory of charismatic leadership in organizational settings. *Academy of Management Review, 12*, 637-647.

Conger, J. & Kanungo, R. N. (1988). Conclusion: Patterns and Trends in Studying Charismatic Leadership. In Conger, J. & Kanungo, R. N. (Hrsg), *Charismatic Leadership. The Elusive Factor in Organizational Effec-tiveness.* San Francisco: Jossey-Bass.

Conger, J. & Kanungo, R. N. (1994). Charismatic Leadership in Organizations: Perceived Behavioral Attributes and their Measurement. *Journal of Organizational Behavior,* 15, 439-452.

Cooper, R. (1989). Modernism, Postmodernism and Organizational Analysis 2: The Contribution of Jacques Derrida. *Organization Studies,* 9, 91-112.

Corsten, H., Corsten, H. & Gössinger, R. (2008). *Projektmanagement: Einführung* (2. Aufl.). München: Oldenbourg.

Costa, P. T. & McCrae, R. R. (1992). *Revised NEO Personality Inventory (NEO PI-R) and NEO Five Factor Inventory (NEO FFI).* Odessa: Psychological Assessment Resources.

Cox, T. (1995). The complexity of diversity: Challenges and directions for future research. In Jackson, S. E. & Ruderman, M. N. (Hrsg.), *Diversity in work teams: Research paradigms for a changing workplace* (S. 235-247). Washington DC: APA.

Cronbach, L. J. & Meehl, P. E. (1955). Construct validity in psychological tests. *Psychological Bulletin, 52*, 281-302.

Cronin, M. A. & Weingart, L. R. (2007). Representational gaps, information processing, and conflict in functionally diverse teams. *Academy of Management Review, 32*, 761-773.

Czekalla, L. (2010). Neue Arbeitsbedingungen erfordern neue Konzepte für betriebliche Gesundheitsorientierung - Die Schlüsselposition der Führungskräfte. In Rigotti, T. (Hrsg.), *Gesund mit und ohne Arbeit* (S. 327-336). Lengerich: Pabst.

Dahm, K.-W. (1989a). Unternehmensbezogene Ethikvermittlung. Literaturbericht: Zur neueren Entwicklung der Wirtschaftsethik. *Zeitschrift für Evangelische Ethik,* 33, 121-147.

Dahm, K.-W. (1989b). Ethikbedarf und Managerschulung: Kann man Führungskräfte ethisch erziehen? *Personalführung,* 6, 586-591.

Dahms, K. (1963). *Über die Führung.* München: Reinhardt.

Daniel, C. (1981). *Theorien der Subjektivität. Einführung in die Soziologie des Individuums.* Frankfurt: Campus.

Davidson, J. H. (1982). Die Spitze der Welt ist flach. *Harvard Manager,* 2, 72-81.

Day, D. V. & Lord, R. G. (1988). Executive leadership and organizational performance: Suggestions for a new theory and methodology. *Journal of Management, 14*, 453-464.

Deal, T. E. & Kennedy, A. A. (1982). *Corporate Cultures: The Rites and Rituals of Corporate Life.* Reading: Addison-Wesley.

DeCharms, R. (1968). *(1968). Personal causation: The internal affective determinants of behavior.* New York: Academic Press.

Dehnbostel, P. (2001). Perspektiven für das Lernen in der Arbeit. In Arbeitsgemeinschaft Betriebliche Weiterbildungsforschung e. V. / Projekt Qualifikations-Entwicklungs-Management (Hrsg.), *Kompetenzentwicklung 2001: Tätigsein - Lernen - Innovation* (S (6) 53-93). Münster: Waxmann.

Dehnbostel, P. (2007). *Lernen im Prozess der Arbeit in Schule und Betrieb.* Münster: Waxmann.

Dennis, A. R. & Valacich, J. S. (1999). Rethinking media richness: Toward a Theory of Media Synchronicity. *Systems Science; Proceeding of the 32nd HICSS.*

DeRosa, D. M. & Lepsinger, R. (2010). *Virtual team success.* San Francisco, CA: Jossey-Bass.

Dettmers, J., Vahle-Hinz, T., Friedrich, N., Schulz, A. & Bamberg, E. (2012). Entgrenzung der täglichen Arbeitszeit - Beeinträchtigungen durch ständige Erreichbarkeit bei Rufbereitschaft. In Badura. B. et al. (Hrsg.), *Fehlzeiten-Report 2012: Gesundheit in der flexiblen Arbeitswelt: Chancen nutzen - Risiken minimieren* (S. 53-60). Berlin: Springer.

Deutscher Bundestag (2013). *Stellungnahmen der Sachverständigen zum Gesetzentwurf zur Förderung der Chancengleichheit von Männern und Frauen in Wirtschaftsunternehmen, 16.01.2013.* Berlin: Deutscher Bundestag; http://www.bundestag.de/bundestag/ausschuesse17/a06/anhoerungen/archiv/38_ChGlF__G/04_Stellungnahmen/index.html; 22.09.2013.

Deutsches Institut für Medizinische Dokumentation und Information (Hrsg.). (2011). *ICD-10-GM 2012.* Köln: Deutscher Ärzte Verlag.

Deutsches Institut für Normung (2009). *DIN 69901 - DIN-Norm Projektmanagement/Projektmanagementsysteme.* Berlin: Beuth.

Deutsches Institut für Wirtschaftsforschung (2012). *Führungskräftemonitor 2012.* Berlin: DIW.

Dilts, R. (1990). *Changing beliefs with NLP.* Cupertino: Meta Publications.

Dodge, K. A., Gilroy, F. D. & Fenzel, L. M. (1995). Requisite Management Characteristics Revisited: Two Decades Later. *Journal of Social Behavior and Personality,* 10, 253-264.

Domina, C. S. (2011). Our Strength Is In Our Diversity: Fact Or Fancy? In *Journal of Diversity Management.* Bertelsmann.

Doppler, K. & Lauterburg, C. (2008). *Change Management. Den Unternehmenswandel gestalten* (12. Aufl.). Frankfurt/M.: Campus.

Dörner, D. (1989). *Die Logik des Misslingens.* Reinbek: Rowohlt.

Dörner, D. (2008). *Die Logik des Mißlingens: strategisches Denken in komplexen Situationen* (7. Aufl.). Reinbek bei Hamburg: Rowohlt.

Drosdek, A. (2000). *Hagakure für Führungskräfte. Der Weg des Samurai.* Wien: Ueberreuter.

Drucker, P. F. (1954). *The Practice of Management.* New York: Harper & Row.

Drummond, H. (1993). *Machtspiele für kleine Teufel. Mit List und Tücke an die Spitze.* Landsberg: moderne Industrie.

DSouza, G. C. & Colarelli, S. M. (2010). Team member selection decisions for virtual versus face-to-face teams. *Computers in Human Behavior, 26,* 630-635.

Duarte, D. L. & Snyder, N. T. (2006). *Mastering virtual teams* (3. Aufl.). San Francisco, CA: Jossey-Bass.

Dubin, R. & Spray, L.S. (1964). Executive Behavior and Interaction. *Industrial Relations,* 3, 99-108.

DuBrin, Andrew J. (1990). *Effective Business Psychology.* Englewood Cliffs, NJ: Prentice-Hall.

Dunbar, R. L. M., Garud, R. & Raghuram, S. (1996). *A frame for reframing in strategic analysis.*

Dütschke, E. & Boerner, S. (2012). Zweite Wahl oder Selbstverwirklichung? Eine empirische Studie zur Präferenz flexibler Beschäftigung. *Zeitschrift für Arbeits- u. Organisationspsychologie, 56,* 173-185.

Dweck, C. S. (1999). *Self-theories: Their role in motivation, personality, and development.* Philadelphia, PA: Psychology Press.

Dweck, C. S. & Leggett, E. L. (1988). A social-cognitive approach to motivation and personality. *Psychological Review, 95*, 256-273.

Dyne, L. van , Cummings, L. L. & McLean Parks, J. (1995). Extra-role behaviors: In pursuit of construct and definitional clarity (a bridge over muddied waters). In Cummings, L. L. & Staw, B. M. (Hrsg.), *Research in organizational behavior* (Bd. 17, S. 215-285). Greenwich, CT: JAI Press.

Dyne, L. van, Graham, J. W., Dienesch, R. M. (1994). Organizational Citizenship Behavior: Construct, Redefmition, Measurement, and Validation. *Academy of Management Journal.* 37, 765-802.

Dyrchs, S. & Strack, R. (2012). *Shattering the Class Ceiling. An Analytic Approach to Advancing Women into Leadership Roles.* Boston, Mass.: Boston Consulting Group.

Eagly, A. H., Johannesen-Schmidt, M. C. & Engen, M. L. van (2003). Transformational, transactional, and laissez-faire leadership styles: a meta-analysis comparing women and men. *Psychological Bulletin, 129*, 569-591.

Eberwein, W. & Tholen, J. (1990). *Managermentalität. Industrielle Unternehmensleitung als Beruf und Politik.* Frankfurt am Main: FAZ.

Ebrahim, N. A., Ahmed, S. & Taha, Z. (2009). Virtual Teams: a Literature Review. *Australian Journal of Basic and Applied Sciences, 3*(3) 2653-2669.

Echterhoff, M. (2011). Führungskräfte tragen Verantwortung - auch für die Gesundheit der Beschäftigten?! Eine empirische Untersuchung zur Selbsteinschätzung von Führungskräften hinsichtlich ihrer gesundheitsrelevanten Einflussmöglichkeiten im Betrieb. In Badura, B. et al. (Hrsg.), *Fehlzeiten-Report 2011: Führung und Gesundheit* (S. 89-95). Berlin: Springer.

Edelmann, W. & Wittmann, S. (2012). *Lernpsychologie* (7. Aufl.). Weinheim: Beltz.

Eichenberg, T. (2007). *Distance Leadership: Modellentwicklung, empirische Überprüfung und Gestaltungsempfehlungen.* Wiesbaden: DUV.

Eisenberg, E. M. (1984). Ambiguity as strategy in organizational communication. *Communication Monographs, 51*, 227-242.

Elias, N. (1987). *Die Gesellschaft der Individuen.* Frankfurt am Main: Suhrkamp.

Ellingson, J. E., Gruys, M. L. & Sackett, P. R. (1998). Factors related to the satisfaction and performance of temporary employees. *Journal of Applied Psychology, 83*, 913-921.

Emery, F. E. & Thorsrud, E. (1964). *Form and content in Industrial Democracy.* London: Tavistock.

Emmerich, A. (2001). *Führung von unten: Konzept, Kontext und Prozess.* Wiesbaden: Deutscher Universitäts-Verlag.

Enders, J. C & Remig, M. (Hrsg.). (2013). *Perspektiven nachhaltigker Entwicklung. Theorien am Scheideweg.* Marburg: Metropolis.

Ensley, M. D., Hmieleski, K. M. & Pearce, C. L. (2006). The importance of vertical and shared leadership within new venture top management teams: Implications for the performance of startups. *The Leadership Quarterly, 17*, 217-231.

Erikson, E. H. (1966). *Identität und Lebenszyklus.* Frankfurt: Suhrkamp.

Ernst & Young. (2011a). *Women in leadership, Engaging Australian business.* Australia: Ernst & Young, http://www.ey.com/Publication/vwLUAssets/Women_in_leadership._Engaging_Australian_business/$FILE/WomeninLeadership.pdf; 24.09.2013.

Ernst & Young (Hrsg.). (2011b). *Women in leadership, What will it take to get Australia on target?.* Australia: Ernst & Young; http://www.ey.com/Publication/vwLUAssets/Women_in_ leadership._What_will_it_take_to_get_Australia_on_target/$File/What_will_it_take_to_get_Australia_on_target.pdf; 24.09.2013.

Erpenbeck, J. (2012). *Der Königsweg zur Kompetenz. Grundlagen qualitativ-quantitativer Kompetenzerfassung.* Münster: Waxmann.

Erpenbeck, J. & Rosenstiel, L. v. (2007). Einführung. In J. Erpenbeck & L. v. Rosenstiel (Hrsg.), *Handbuch Kompetenzmessung. Erkennen, verstehen und bewerten von Kompetenzen in der betrieblichen, pädagogischen und psychologischen Praxis* (2. Aufl., S. XVII-XLVI). Stuttgart: Schäffer-Poeschel.

Europäische Kommission. (2012a). *Frauen in Führungspositionen: Kommission schlägt als Zielvorgabe 40% vor. Pressemitteilung IP/12/1205 vom 14.11.2012.* Brüssel: Europäische Kommission.

Europäische Kommission. (2012b). *Frauen in wirtschaftlichen Entscheidungspositionen in der EU: Fortschrittsbericht.* Luxemburg: Europäische Union.

Evans, M. G. (1970). The Effects of Supervisory Behavior on the Path-Goal Relationship. *Organizational Behavior and Human Performance,* 5, 277-298.

Faller, G. (Hrsg.). (2012). *Lehrbuch betriebliche Gesundheitsförderung* (2. Aufl.). Bern: Huber.

Felfe, J. (2006a). Transformationale und charismatische Führung - Stand der Forschung und aktuelle Entwicklungen. *Zeitschrift für Personalpsychologie, 5,* 163-176.

Felfe, J. (2006b). Validierung einer deutschen Version des "multifactor leadership questionnaire" (MLQ form 5 x short) von Bass und Avolio (1995). In *Zeitschrift für Arbeits- und Organisationspsychologie.* Hogrefe.

Felfe, J., Elprana, G., Gatzka, M. & Stiehl, S. (2012). *Hamburger Führungsmotivationsinventar (FÜMO).* Göttingen: Hogrefe.

Felfe, J. & Goihl, K. (2002). Transformational leadership and commitment. In J. Felfe (Hrsg.), *Organizational development and leadership* (S. 87-124). Frankfurt/M: Europäischer Verlag der Wissenschaften.

Felfe, J., Six, B., Schmook, R. & Knorz, C. (2002). Fragebogen zur Erfassung von affektivem, kalkulatorischem und normativem Commitment gegenüber der Organisation, dem Beruf/der Tätigkeit und der Beschäftigungsform (COBB). In Glöckner-Rist, A. (Hrsg.), *ZUMA-Informationssystem. Elektronisches Handbuch sozialwissenschaftlicher Erhebungsinstrumente. Version 6.00.* Mannheim: Zentrum für Umfragen, Methoden und Analysen.

Festinger, L. (1957). *A Theory of Cognitive Dissonance.* Stanford, CA: Stanford University Press.

Festinger, L., Pepitone, A. & Newcomb, T. (1952). Some consequences of de-individuation in a group. *The Journal of Abnormal and Social Psychology, 47,* 382-389.

Fiedler, F. E. (1967). *A Theory of Leadership Effectiveness.* New York: McGraw-Hill.

Fiedler, F. E., Chemers, M. M. & Mahar, L. (1979). *Der Weg zum Führungserfolg. Ein Selbsthilfeprogramm für Führungskräfte.* Stuttgart: Poeschel.

Fiedler, F. E. & Mai-Dalton, R. (1995). Führungstheorie – Kontingenztheorie. In Kieser, A., Reber, G. & Wunderer, R. (Hrsg), *Handwörterbuch der Führung* (2. Aufl.) (S. 940-953). Stuttgart: Poeschel.

Field, G. R. H. (1979). A Critique of the Vroom-Yetton Contingency Model of Leadership Behavior. *Academy of Management Review,* 4, 249-257.

Field, R. H. & House, R. J. (1990). A test of the Vroom-Yetton model using manager and subordinate reports. *Journal Of Applied Psychology, 75,* 362-366.

Fink, L. (2007). Coordination, learning, and innovation: The organizational roles of e-collaboration and their impacts. *International Journal of e-Collaboration, 3 (3),* 53-70.

Finkelstein, S. & Hambrick, D. C. (1996). *Strategic leadership.* St. Paul, Minn: West.

Fisch, R., Beck, D. & Englich, B. (2001). *Projektgruppen in Organisationen.* Göttingen: Hogrefe.

Fischer, G. (1989). Ethik. Der schöne Schein. *Manager Magazin,* 2/89, 138-146.

Fischer, Oliver & Manstead, Antony. (2004). Computer-mediated Leadership: Deficits, Hypercharisma, and the Hidden Power of Social Identity. *Zeitschrift für Personalforschung, 18 (1-4)*, 306-328.

Fisher, R. & Sharp, A. (1998). *Getting it done. How to lead when you're not in charge.* New York: Harper Business Press.

Fiske, S. T. & Taylor, S. E. (2013). *Social cognition. From brains to culture* (2. Aufl.). Los Angeles, CA: Sage.

Fittkau, B. & Fittkau-Garthe, H. (1971). *Fragebogen zur Vorgesetzten-Verhaltens-Beschreibung (FVVB). Handanweisung.* Göttingen: Hogrefe.

Fjermestad, J. (2004). An analysis of communication mode in group support systems research. *Decision Support Systems, 37*, 239-263.

Fleet, D. D. van & Yukl, G. A. (1986). *Military Leadership. An Organizational Behavior Perspective.* Greenwich, Conn. & London: JAI.

Fleishman, E. A. (1973). Twenty Years of Consideration and Structure. In Fleishman, E. A. & Hunt, J. G. (Hrsg), *Current Developments in the Study of Leadershi.* (S. 1-37). Carbondale und Edwardsville; South. Illinois Univ. Press.

Fleishman, E. A., Zaccaro, S. J. & Mumford, M. D. (1991). Individual Differences and Leadership: An Overview. *Leadership Quarterly*, 2, 237-243.

Forsyth, D. R. (2009). *Group dynamics* (5. Aufl.). Belmont, CA: Wadsworth.

Foti, R. J., Bray, B. C., Thompson, N. J. & Allgood, S. F. (2012). Know thy self, know thy leader: Contributions of a pattern-oriented approach to examining leader perceptions. *The Leadership Quarterly, 23*, 702-717.

Franck, E. & Jungwirth, C. (1998). Vorurteile als Karrierebremse? Ein Versuch zur Erklärung des Glass Ceiling-Phänomens. *Zeitschrift für betriebswirtschaftliche Forschung*, 50, 1083-1097.

Franke, F. & Felfe, J. (2011). Diagnose gesundheitsförderlicher Führung - Das Instrument "Health-oriented Leadership". In Badura, B. et al. (Hrsg.), *Fehlzeiten-Report 2011: Führung und Gesundheit* (S. 4-13). Berlin: Springer.

Franke, J. (1980). *Sozialpsychologie des Betriebes: Erkenntnisse u. Ansätze zur Förderung d. innerbetrieblichen Zusammenarbeit.* Stuttgart: Enke.

Freeman, R. (1984). *Strategic management:a stakeholder approach.* Cambridge: Pitman.

Frei, F., Duell, W. & Baitsch, C. (1984). *Arbeit und Kompetenzentwicklung. Theoretische Konzepte zur Psychologie arbeitsimmanenter Qualifizierung.* Bern: Huber.

Frenzel, K., Sottong, H. & Müller, M. (2001). *Frauen und Führung. Bleibt Dornröschen ungeküss?.* München: System und Kommunikation; http://narrative-methoden.de/wp-content/uploads/2011/07/frenzelfrauenfuehrung.pdf; 22.09.2013.

Frese, M. & Fay, D. (2001). Personal initiative: An active performance concept for work in the 21st century. *Research in Organizational Behavior, 23*, 133-187.

Freud, S. (1921). *Massenpsychologie und Ich-Analyse.* Frankfurt: Fischer.

Freud, S. (1938). *Abriß der Psychoanalyse* (Gesammelte Werke, Bd. XVII). Frankfurt: Fischer.

Freudenberg, H. (1999). *Strategisches Verhalten bei Reorganisationen.* Wiesbaden: DUV.

Frey, A. (2006). Methoden und Instrumente zur Diagnose beruflicher Kompetenzen von Lehrkräften - eine erste Standortbestimmung zu bereits publizierten Instrumenten. In Allemann-Ghionda, C. & Terhart, E. (Hrsg.), *Kompetenzen und Kompetenzentwicklung von Lehrerinnen und Lehrern: Ausbildung und Beruf. Zeitschrift für Pädagogik, 51. Beiheft* (S. 30-46). Weinheim: Beltz.

Frey, D. & Jonas, E. (2002). Die Theorie der kognizierten Kontrolle. In Frey, D. & Irle M. (Hrsg.), *Theorien der Sozialpsychologie* (2. Aufl., Bd. 3, S. 13-50). Bern: Huber.

Frey, D., Stahlberg, D. & Gollwitzer, P. M. (1993). Einstellungen und Verhalten: Die Theorie des überlegten Handelns und die Theorie des geplanten Verhaltens. In Frey, D. & Irle, M. (Hrsg.), *Theorien der Sozialpsychologie* (2. Aufl., Bd. 1, S. 361-398). Bern: Huber.

Friedel-Howe, H. (1990). Ergebnisse und offene Fragen der geschlechtsvergleichenden Führungsforschung. *Zeitschrift für Arbeits- und Organisationspsychologie,* 34, 3-16.

Fromm, E. (1966). *Die Furcht vor der Freiheit.* Frankfurt: Europäische Verlagsanstalt.

Fromm, E. (1974). *Anatomie der menschlichen Destruktivität.* Stuttgart: Deutsche Verlagsanstalt.

Fuchs, P. (1994). Der Mensch – das Medium der Gesellschaft? In Fuchs, P. & Göbel, A. (Hrsg), *Der Mensch – das Medium der Gesellschaft?* (S. 15-39). Frankfurt: Suhrkamp.

Fugate, M., Kinicki, A. J. & Ashforth, B. E. (2004). Employability: A psycho-social construct, its dimensions, and applications. *Journal of Vocational Behavior, 65,* 14-38.

Fydrich, T. (2009). Arbeitsstörungen und Prokrastination. *Psychotherapeut, 54,* 318-325.

Gabriel, L. (1937). *Führertum und Gefolgschaft. Sozialphilosophische Zeitschau.* Wien und Leipzig: Deutscher Verlag für Jugend und Volk.

Galais, N., Sende, C., Hecker, D. & Wolff, H.-G. (2012). Flexible und atypische Beschäftigung: Belastungen und Beanspruchung. In Badura. B. et al. (Hrsg.), *Fehlzeiten-Report 2012: Gesundheit in der flexiblen Arbeitswelt: Chancen nutzen - Risiken minimieren* (S. 109-121). Berlin: Springer.

Gandz, J. & Murray, V. V. (1980). The experience of workplace politics. *Academy of Management Journal, 23,* 237-251.

Gardenswartz, L. & Rowe, A. (1995). *Diversity Teams at Work: Capitalizing the power of diversity.* New York: McGraw-Hill.

Gaudes, A., Hamilton-Bogart, B., Marsh, S. & Robinson, H. (2007). A framework for constructing effective virtual teams. *The Journal of E-Working, 1,* 83-97.

Gawronski, B. & Strack, F. (Hrsg.). (2012). *Cognitive consistency: A fundamental principle in social cognition.* New York: Guilford Press.

Gebert, D. (1995). Interventionen in Organisationen. In H. Schuler (Hrsg.), *Organisationspsychologie* (S. 481-494). Bern: Hans Huber.

Gebert, D. (1996). Sprachspiele der Mikropolitik - zwischen Aufklärung und Verwirrung. *Organisationsentwicklung, 15(3),* 71-73.

Gebert, D. (2003). Die offene Gesellschaft - wie verführerisch ist die geschlossene Gesellschaft? In von Rosenstiel, L., Regnet, E. & Domsch, M. (Hrsg.), *Führung von Mitarbeitern* (5. Aufl., S. 761-776). Stuttgart: Schäffer-Poeschel.

Gebert, D. (2004). Durch Diversity zu mehr Teaminnovativität? *Die Betriebswirtschaft, 64,* 412-430.

Geißler, K. & Orthey, F.-M. (2002). Kompetenz: Ein Begriff für das verwertbare Ungefähre. In Nuissl, E., Schiersmann, C. & Siebert, H. (Hrsg.), *Kompetenzentwicklung statt Bildungsziele?* (S. 69-79). Bielefeld: Bertelsmann.

Geister, S. & Scherm, M. (2004). Online-Feedback-Systeme: Die Einsatzfelder "virtuelle Teamarbeit" und "360-Grad-Feedback". In G. Hertel & U. Konradt (Hrsg.), *Human Resource Management im Inter- und Intranet* (S. 148-168). Göttingen: Hogrefe.

Gersick, C. J. & Hackman, J. R. (1990). Habitual routines in task-performing groups. *Organizational Behavior and Human Decision Processes, 47,* 65-97.

Geyer, A. & Steyrer, J. (1998). Messung und Erfolgswirksamkeit transformationaler Führung. *Zeitschrift für Personalforschung,* 12, 377-401.

Ghiselli, E. E. (1966). *The Validity of Occupational Aptitude Tests.* New York: Wiley.

Giddens, A. (1984). *The constitution of society: outline of the theory of structure.* Berkeley: University of California Press.

Glasersfeld, E. von (1997). *Radikaler Konstruktivismus: Idee, Ergebnisse, Probleme.* Frankfurt am Main: Suhrkamp.

Gnahs, D. (2007). *Kompetenzen - Erwerb, Erfassung, Instrumente.* Bielefeld: Bertelsmann.

Göbel, E. (2010). *Unternehmensethik* (2. Aufl.). Stuttgart: Lucius und Lucius.

Göbel, E. (2013). *Unternehmensethik: Grundlagen und praktische Umsetzung* (3. Aufl.). Konstanz: UVK.

Gockel, C. & Werth, L. (2010). Measuring and modeling shared leadership. *Journal of Personnel Psychology, 9*, 172-180.

Goffman, E. (2010). *Wir alle spielen Theater: die Selbstdarstellung im Alltag* (8. Aufl.). Zürich: Piper.

Goldberg, L. R. (1993). The Structure of Phenotypic Personality Traits. *American Psychologist,* 48, 26-43.

Goleman, D. (1997). *EQ. Emotionale Intelligenz.* München: Hanser.

Gomez, P. & Probst, G. (1987). Vernetztes Denken im Management. Bern: Schweizerische Volksbank.

Good, D. (2007). Success in Distributed Working: Very Near Term Effects and a Way to measure them. *The Electronic Journal for Virtual Organizations and Networks, 9*(Special Issue "The Limits of Virtual Work") 101-118.

Govindarajan, V. & Gupta, A. K. (2001). Building an effective global business team. *MIT Sloan Management Review, 42(4)*, 63-71.

Graen, G. B. & Graen, J. A. (Hrsg.). (2007). *New multinational network sharing.* Charlotte, NC: Information Age.

Graen, G., Alvares, K. M., Orris, J. B. & Martella, J. A. (1970). Contingency Model of Leadership Effectiveness. Antecedent and Evidential Results. *Psychological Bulletin,* 74, 285-296.

Graumann, C.-F. (1960). Eigenschaften als Problem der Persönlichkeitsforschung. In Lersch, P. & Thomae, H. (Hrsg), *Persönlichkeitsforschung und Persönlichkeitstheorie.* Handbuch der Psychologie, Bd. 4. (S. 87-154). Göttingen: Hogrefe).

Green, S. G. & Mitchell, T. R. (1979).Attributional Processes of Leaders in Leader-Member Interactions. *Organizational Behavior and Human Performance,* 23, 429-458.

Greene, R. (1999). *Power. Die 48 Gesetze der Macht.* München: Hanser.

Greenhaus, J. H. & Singh, R. (2004). Work-family relationships. In Spielberger, C. (Hrsg.), *Encyclopedia of Applied Psychology* (Bd. 3, S. 687-698). Amsterdam: Elsevier.

Gregersen, S., Kuhnert, S., Zimber, A. & Nienhaus, A. (2011). Führungsverhalten und Gesundheit - Zum Stand der Forschung. *Das Gesundheitswesen, 73(1)*, 3-12.

Greiner, L. E. (1972). Evolution and revolution as organizations grow. *Harvard Business Review, 50(4)*, 37-46.

Grimm, B. A. (1996). *Macht und Verantwortung. Ein Anti-Machiavelli für Führungskräfte.* Wiesbaden: Gabler.

Grimm, J. & Grimm, W. (Hrsg.). (1878/1984). *Deutsches Wörterbuch.* Bd. 4. München: dtv.

Gronn, S. (2002). Distributed leadership as a level of analysis. *Leadership Quarterly, 13*, 423-451.

Gross, W. (2012). Work-Life-Balance. In Badura, B., Ducki, A., Schröder, H., Klose, J. & Meyer, M. (Hrsg.), *Fehlzeiten-Report 2012: Gesundheit in der flexiblen Arbeitswelt* (S. 147-156). Berlin: Springer.

Grote, S. & Kauffeld, S. (2007). Stabilisieren oder dynamisieren: Das balance-Inventar der Führung (BALI-F). In Erpenbeck, J. & von Rosenstiel, L. (Hrsg.), *Handbuch Kompetenzmessung* (2. Aufl., S. 317-336). Stuttgart: Schäffer-Poeschel.

Groth, T. (1999). *Wie systemisch ist die ‚Systemische Organisationsberatung'? Neuere Beratungskonzepte für Organisationen im Kontext der Luhmannschen Systemtheorie.* Münster: LIT.

Grubitzsch, S. (1991). *Testtheorie, Testpraxis. Psychologische Tests und Prüfverfahren im kritischen Überblick.* Reinbeck: Rowohlt.

Guest, R. H. (1956). Of Time and the Foreman. *Personnel,* 32, 478-486.

Guion, R. M. (1991). Personnel assessment, selection, and placement. In M. D. Dunette & L. M. Hough (Hrsg.), *Handbook of Industrial and Organizational Psychology* (2. Aufl., Bd. 2, S. 327-397). Palo Alto, CA: Consulting Psychologists Press.

Gunkel, L., Grofmeyer, E. & Resch-Becke, G. (2011). Handlungsfelder und interventionen zur Entwicklung gesundheitsrelevanter Führungskompetenz in der betrieblichen Praxis. In Badura, B. et al. (Hrsg.), *Fehlzeiten-Report 2011: Führung und Gesundheit* (S. 121-134). Berlin: Springer.

Gutting, D. (2012). Diversity Management als Führungsaufgabe. In Grote, S. (Hrsg.), *Die Zukunft der Führung* (S. 119-129). Berlin: Springer.

Habermas, J. (1973). Wahrheitstheorien. In Fahrenbach, H. (Hrsg.), *Wirklichkeit und Reflexion. Walter Schulz zum 60. Geburtstag* (S. 211-265). Pfullingen: Neske.

Habermas, J. (1981). *Theorie des kommunikativen Handelns* (Bd. 1+2). Frankfurt am Main: Suhrkamp.

Haberstroh, M. & Wolf, J. (2005). Individuelle Autonomie in Projektteams. In Högl, M. & Gemünden, H. G. (Hrsg.), *Management von Teams. Theoretische Konzepte und empirische Befunde* (3. Aufl.). Wiesbaden: DUV.

Hacker, W. & Richter, P. (1980). *Psychologische Bewertung von Arbeitsgestaltungsmaßnahmen. Ziele und Maßstäbe.* Berlin: VEB Deutscher Verlag der Wissenschaften.

Hackman, J. R. (1987). The design of work teams. *Ariel, 129,* 32-197.

Hackman, J. R. & Oldham, G. R. (1976). Motivation through the design of work: Test of a theory. *Organizational Behavior and Human Performance, 16,* 250-279.

Hackman, J. R. & Walton, R. E. (1986). Leading groups in organizations. In Goodman, P. S. (Hrsg.), *Designing effective work groups.* San Francisco: Jossey-Bass.

Haddock, G. & Maio, G. R. (2007). *Einstellungen: Inhalt, Struktur und Funktionen* (5. Aufl., S. 187-224). Heidelberg: Springer.

Hadler, A. (1998). Personalpolitik für weibliche und männliche Vorgesetzte: Verharren im ‚So-als-ob'-Zustand der formalen Chancengleichheit oder Aufbruch zur Durchsetzung einer faktischen Gleichstellung? In Krell, G. (Hrsg), *Chancengleichheit durch Personalpolitik* (S. 349-367).Wiesbaden: Gabler.

Haiford, S. & Leonard, P. (2001). *Gender, Power and Organizations.* Basingstoke: Palgrave.

Hale, J. (2004). *Performance-Based Management - What every manager should do to get results.* San Francisco, CA: Pfeiffer.

Handy, C. (1995). Trust and the virtual organization. *Harvard Business Review, 73,* 40-50.

Hanft, A., Müskens, W. & Gierke, W. B. (2007). Mehr als nur Wissen. Methoden und Instrumente der Kompetenzerfassung. *Weiterbildung, 6,* 12-15.

Hannah, S. T., Uhl-Bien, M., Avolio, B. J. & Cavarretta, F. L. (2009). A framework for examining leadership in extreme contexts. *The Leadership Quarterly, 20,* 897-919.

Harper, D. G. & Argent, E. H. M. (1975). An Empirical Study of Power and Bargaining Relationships in an Industrial Organization. In Abell, P. (Hrsg), *Organizations as Bargaining and Influence Systems* (S. 72-102). New York: Halsted).

Hartmann, M. (2004). Eliten in Deutschland. Rekrutierungswege und Karrierepfade. *Aus Politik und Zeitgeschichte, (10)*, 17-24.

Hasselhorn, M. & Gold, A. (2013). *Pädagogische Psychologie: Erfolgreiches Lernen und Lehren* (3. Aufl.). Stuttgart: Kohlhammer.

Hatfield, E., Cacioppo, J. T. & Rapson, R. L. (1993). Emotional contagion. *Current Directions in Psychological Science, 2*, 96-99.

Hauff, M. von & Kleine, A. (2009). *Nachhaltige Entwicklung. Grundlagen und Umsetzungen.* München: Oldenbourg.

Hauschildt, J. (1980). Zielsysteme, In Grochla, E. (Hrsg), *Handwörterbuch der Organisation* (S. 2419-2430). Stuttgart: Poeschel.

Hecker, D., Galais, N. & Moser, K. (2006). *Atypische Erwerbsverläufe und Arbeitsorganisationsformen und ihr Zusammenhang zu wahrgenommenen Fehlbelastungen.* Bremerhaven: Wirtschaftsverlag NW.

Heckhausen, H. (1977). Motivation: Kognitionspsychologische Aufspaltung eines summarischen Konstrukts. *Psychologische Rundschau, 28*, 175-189.

Heckhausen, H. (1989). *Motivation und Handeln* (2. Aufl.). Berlin: Springer.

Heckhausen, J. & Heckhausen, H. (Hrsg.). (2010). *Motivation und Handeln* (4. Aufl.). Berlin: Springer.

Heide, D. (2013). Frauen in Führungspositionen: "Meine Kinder hätten keinen Spaß, wenn ich immer zuhause wäre". In *handelsblatt.com* (Bd. 16.02.2013). Düsseldorf: Handelsblatt; http://www.handelsblatt.com/unternehmen/management/koepfe/frauen-in-fuehrungspositionen-meine-kinder-haetten-keinen-spass-wenn-ich-immer-zuhause-waere-seite-all/7798896-all.html; 24.09.2013.

Heider, F. (1958). *The psychology of interpersonal relations.* New York, NY: Wiley.

Heinen, E. (1966). *Grundlagen betriebswirtschaftlicher Entscheidungen. Das Zielsystem der Unternehmung.* Wiesbaden: Gabler.

Heinz, U. (2005). *Führung und Kooperation als Erfolgsfaktoren in innovativen F&E-Projekten auf elektronischen Plattformen.* Berlin: Technische Universität, Dissertation.

Helgesen, S. (1991). *Frauen führen anders. Vorteile eines neuen Führungsstils.* Frankfurt: Campus.

Heller, F. A. (2002). Leadership. In Sorge, A. (Hrsg.), *Organization* (S. 388-401). London: Thompson.

Helmer, K. (1988). Aspekte einer historischen Topologie des Führens. In Knoll, J. & Schoeps, J. (Hrsg), *Typisch deutsch. Die Jugendbewegung* (S. 101-120). Opladen: Leske und Budrich.

Hemmati-Weber, M. (1992). *Von Menschen und Dingen. Entwicklung theoretischer Konzeptionen der Person-Umwelt-Relation anhand von Einzelfallstudien in Büroarbeitsräumen.* Hamburg: Kovac.

Hemphill, J. K. (1961). Why people attempt to lead. In Petrullo, L. & Bass, B. M. (Hrsg.), *Leadership and interpersonal behavior* (S. 201-215). New York: Holt, Rinehart & Winston.

Hemphill, J. K. & Coons, A. E. (1957). Development of the Leader Behavior Description Questionnaire. In Stogdill, R. M. & Coons, A. E. (Hrsg), *Leader Behavior. Its Description and Measurement* (S. 6-38). Columbus: University.

Hentze, J. & Kammel, A. (1996). Benötigen Organisationen charismatische Führung? *Zeitschrift für Führung und Organisation,* 65, 68-72.

Hentze, J., Kammel, A., Lindert, K. & Graf, A. (2005). *Personalführungslehre: Grundlagen, Funktionen und Modelle der Führung* (4. Aufl.). Stuttgart: Haupt UTB.

Herold, D. M., Fedor, D. B. & Caldwell, S. D. (2007). Beyond change management: A multilevel investigation of contextual and personal influences on employees' commitment to change. *Journal of Applied Psychology, 87*, 474-487.

Herrmann, D., Hüneke, K. & Rohrberg, A. (2012). *Führung auf Distanz. Mit virtuellen Teams zum Erfolg* (2. Aufl.). Wiesbaden: Springer Gabler.

Hersey, P. & Blanchard, K. H. (1969). *Management of Organizational Behavior - Utilizing Human Resources.* Englewood Cliffs, NJ: Prentice Hall.

Hersey, P. & Blanchard, K. H. (1977). *Management of Organizational Behavior - Utilizing Human Resources* (3. Aufl.). Englewood Cliffs, NJ: Prentice Hall.

Hersey, P. H., Blanchard, K. H. & Johnson, D. E. (2012). *Management of organizational behavior. Leading human resources* (10. Aufl.). Upper Saddle River, NJ: Prentice Hall.

Hertel, G., Geister, S. & Konradt, U. (2005). Managing virtual teams: A review of current empirical research. *Human Resource Management Review, 15*, 69-95.

Hertel, G. & Konradt, U. (2007). *Telekooperation und virtuelle Teamarbeit.* München: Oldenburg.

Hertel, G., Konradt, U. & Voss, K. (2006). Competencies for virtual teamwork: Development and validation of a web-based selection tool for members of distributed teams. *European Journal of Work and Organizational Psychology, 15*, 477-504.

Hertel, G. & Orlikowski, B. (2012). Projektmanagement in ortsverteilten "virtuellen" Teams. In Wastian, M. onika/Braumandl, I./Rosenstiel, L. von (Hrsg.), *Angewandte Psychologie für das Projektmanagement* (2. Aufl., S. 327-346). Heidelberg: Springer.

Hesse, J. & Schrader, H. C. (1993). *Krieg im Büro. Konflikte am Arbeitsplatz und wie man sie löst.* Frankfurt: Eichborn.

Heyse, V. & Erpenbeck, J. (2004). *Kompetenztraining. 64 Informations- und Trainingsprogramme.* Stuttgart: Schäffer-Poeschel.

Hilgard, E. R. & Bower, G. H. (1973). *Theorien des Lernens* (Bd. 1+2). Stuttgart: Klett.

Hill, L. A. & Lineback, K. (2011). *Being the Boss: The 3 Imperatives for Becoming a Great Leader.* Boston, MA: Harvard Business Press.

Himme, A. (2006). *Gütekriterien der Messung: Reliabilität, Validität und Generalisierbarkeit. Methodik der empirischen Forschung* (S. 383-400). Wiesbaden: Gabler.

Hinds, P. J. & Weisband, S. P. (2003). Knowledge sharing and shared understanding in virtual teams. In Gibson, C. B. & Cohen, S. G. (Hrsg.), *Virtual teams that work: Creating conditions for virtual team effectiveness* (S. 21-36). San Francisco, CA: Jossey-Bass.

Hinterhuber, H. H. (2010). *Die 5 Gebote für exzellente Führung.* Frankfurt am Main: Frankfurter Allgemeine Verlag.

Hirschauer, S. (1996).Wie sind Frauen, wie sind Männer? Zweigeschlechtlichkeit als Wissenssystem. In Eifert, C., Epple, A., Kessel, M., Michaelis, M., Nowak, C., Schicke, K. & Weltecke, D. (Hrsg), *Was sind Frauen? Was sind Männer? Geschlechterkonstruktionen im historischen Wandel* (S. 240-256). Frankfurt: Suhrkamp.

Hitler, A. (1931). *Mein Kampf.* München: Eher.

Hoch, J. E., Andreßen, P. & Konradt, U. (2007). E-Leadership und die Bedeutung verteilter Führung. *Wirtschaftspsychologie, 9 (3)*, 50-58.

Hoch, J. E., Pearce, C. L. & Welzel, L. (2010). Is the Most Effective Team Leadership Shared? *Journal of Personnel Psychology, 9*, 105-116.

Hochschild, A. R. (1990). *Das gekaufte Herz. Zur Kommerzialisierung der Gefühle.* Frankfurt/Main: Campus.

Hoff, E.-H., Ewers, E., Petersen, O. & Schraps, U. (2006). Neue Formen der Arbeits- und Lebensgestaltung. Biographisches Handeln, reflexive Identität und Konfliktbewältigung. In H. Neuendorff & B. Ott (Hrsg.), *Neue Erwerbsbiographien und berufsbiographische Diskontinuität* (S. 24-51). Baltmannsweiler: Schneider Hohengehren.

Hoffe, O. (1981). *Sittlich-politische Diskurse.* Frankfurt: Suhrkamp.

Hoffmann, J. & Engelkamp, J. (2013). *Lern-und Gedächtnispsychologie.* Berlin: Springer.

Hoffmann, R. (2012). Gesellschaftstheoretische Grundlagen für einen reflexiven und inklusiven Umgang mit Diversitäten in Organisationen. In Bendl, R., Hanappi-Egger, E. & Hofmann, R. (Hrsg.), *Diversität und Diversitätsmanagement* (S. 23-60). Wien: facultas wuv.

Hofstätter, P. R. (1957). *Gruppendynamik: die Kritik der Massenpsychologie.* Hamburg: Rowohlt.

Hofstede, G. (1980). *Culture's Consequences. International Differences in Work Related Values.* Beverly Hills: Sage.

Höft, S. (2006). Erfolgsüberprüfung personalpsychologischer Arbeit. In H. Schuler (Hrsg.), *2 Lehrbuch der Personalpsychologie* (S. 761-796). Göttingen: Hogrefe.

Hogan, R., Raskin, R. & Fazzini, D. (1990). The Dark Side of Charisma. In Clark, K. E. & Clark, M. B. (Hrsg), *Measures of Leadership* (S. 343-354). Greensboro: Center for Creative Leadership.

Högl, M. & Gemünden, H. G. (1999). Determinanten und Wirkungen der Teamarbeit in innovativen Projekten: Eine theoretische und empirische Analyse. *Zeitschrift für Betriebswirtschaft, Ergänzungsheft 2/99*, 35-62.

Höhler, G. (2000). *Wölfin unter Wölfen. Warum Männer ohne Frauen Fehler machen* (2. Aufl.). München: Econ.

Hollederer, A. (2003). Arbeitslos - Gesundheit los - chancenlos? In *IAB Kurzbericht* (Bd. 4). Nürnberg: Bundesanstalt für Arbeit; http://doku.iab.de/kurzber/2003/kb0403.pdf; 24.09.2013.

Hollederer, A. (2008). Psychische Gesundheit im Fall von Arbeitslosigkeit. *Praktische Arbeitsmedizin, 12/08*, 29-32.

Holst, E. & Schimeta, J. (2013). Frauenanteil in Topgremien großerUnternehmen in Deutschland nimmt geringfügig zu - DAX-30-Unternehmen mit größerer Dynamik. In Deutsches Insittut für Wirtschaftsforschung (Hrsg.), *Wochenbericht 03/2013*

Horkheimer, M. & Adorno, T. W. (1972). *Dialektik der Aufklärung. Philosophische Fragmente.* Frankfurt: Fischer.

Horne, J. H. & Lupton, T. (1965). The work activities of ‚middle'managers - an exploratory study. *Journal of Management Studies*, *2*, 14-33.

Houghton, J. D. & Neck, C. P. (2002). The revised self-leadership questionnaire. Testing a hierarchical factor structure for self-leadership. *Journal of Managerial Psychology*, *17*(8) 672-691.

Houghton, J. D., Neck, C. P. & Manz, C. C. (2003). Self-leadership and superleadership. In Pearce, C. L. & Conger, J. A. (Hrsg.), *Shared leadership: Reframing the hows and whys of leadership* (S. 123-140). Thousand Oaks, CA: Sage.

House, R. J. (1971). A Path-Goal Theory of Leader Effectiveness. *Administrative Science Quarterly,* 16, 321-338.

House, R. J. (1977). A 1976 Theory of Charismatic Leadership. In Hunt, J. G. & Larson, L. L. (Hrsg), *Leadership: The Cutting Edg.* (S. 189-207). Carbondale, Ill.: Southern Illinois University Press.

House, R. J. (1996). Path-Goal Theory of Leadership. Lessons, Legacy, and a Reformulated Theory. *Leadership Quarterly,* 7, 323-352.

House, R. J., Hanges, P. J., Javidan, M., Dorfman, P. W. & Gupta V. (Hrsg.). (2004). *Culture, Leadership, and Organizations: The GLOBE Study of 62 Societies.* Thousand Oaks, CA: Sage.

House, R. J. & Mitchell, T. R. (1974). Path-Goal Theory of Leadership. *Journal of Contemporary Business,* 3, 81-97.

House, R. J. & Shamir, B. (1995). Führungstheorien – Charismatische Führung. In Kieser, A., Reber, G. & Wunderer, R. (Hrsg), *Handwörterbuch der Führung* (2. Aufl.) (S. 878-897). Stuttgart: Poeschel).

House, R. J. & Singh, J. V. (1987). Organizational Behavior: Some New Directions for I/O Psychology. *Annual Review of Psychology,* 38, 669-718.

House, R. J., Wright, N. S. & Aditya, R. N. (1997). Cross-Cultural Research on Organiza-tional Leadership: A Critical Analysis and a Proposed Theory. In Earley, P. C. & Erez, M. (Hrsg), *New Perspectives in International Industrial Organisational Psychology* (S. 535-625). San Francisco: New Lexington).

Howell, J., Dorfman, P. W. & Kerr, S. (1986). Moderator variables in leadership research. *Academy of Management Review, 11*, 88-102.

Howell, J. & Higgins, C. A. (1990). Champions of Technological Innovation. *Administrative Science Quarterly,* 35, 317-341.

Hunsaker, P. L. & Hunsaker, J. S. (2008). Virtual teams: a leader's guide. *Team Performance Management, 14*, 86-101.

Hurrelmann, K. (2006). *Gesundheitssoziologie: eine Einführung in sozialwissenschaftliche Theorien von Krankheitsprävention und Gesundheitsförderung.* Weinheim: Beltz Juventa.

Ilmarinen, J. (2009). Work ability - a comprehensive concept for occupational health research and prevention. *Scandinavian Journal of Work, Environment and Health, 35*, 1-5.

Ilmarinen, J., Tuomi, K. & Klockars, M. (1997). Changes in the work ability of active employees over an 11-year period. *Scandinavian Journal of Work, Environment and Health, 23 (Suppl 1)*, 49-57.

Inglehart, R. (1977). *The silent revolution. Changing values and political styles among Western publics.* Princeton, NJ: Princeton University Press.

Jäckel, H. (2003). Organisationsentwicklung für Führungskräfte. In Rosenstiel, L. von, Regnet, E. & Domsch, M. (Hrsg.), *Führung von Mitarbeitern* (5. Aufl., S. 639-649). Stuttgart: Schäffer-Poeschel.

Jäger, S. (2001). Diskurs und Wissen. In Keller, R. (Hrsg.), *Handbuch Sozialwissenschaftliche Diskursanalyse* (S. 81-112). Wiesbaden: VS.

Jago, A. G. (1995). Führungstheorien – Vroom-Yetton-Modell. In Kieser, A., Reber, G. & Wunderer, R. (Hrsg), *Handwörterbuch der Führung* (2. Aufl.) (S. 1058-1075). Stuttgart: Poeschel).

James, B. G. (1973). The theory of corporate life cycle. *Long Range Planning, 6 (2)*, 68-74.

James, C. R. (2002). Designing learning organizations. *Organizational Dynamics, 32*, 46-61.

Jansen, P. & Stoop, B. (1994). Assessment Center Graduate Selection: Decision Processes, Validity, and Evaluation by Candidates. *International Journal of Selection and Assessment,* 2, 193-208.

Jarvenpaa, S. L. (1998). Communication and trust in global virtual teams. *Journal of Computer Mediated Communication, 3*, 165-198.

Jay, A. (1968). *Management und Machiavellismus.* Düsseldorf: Econ.

Jensen-Dämmrich, K. (2011). *Diversity-Management: Ein Ansatz zur Gleichbehandlung von Menschen im Spannungsfeld zwischen Globalisierung und Rationalisierung?.* Mering: Hampp.

Jermier, J. M. (1996). The path-goal theory of leadership: A subtextual analysis. *The Leadership Quarterly, 7*, 311-316.

John, O. P., Naumann, L. P. & Soto, C. J. (2008). Paradigm shift to the integrative Big-Five trait taxonomy: History, measurement, and conceptual issues. In John, O. P., Robins, R. W. & Pervin, L. A. (Hrsg.), *Handbook of personality: Theory and research* (S. 114-158). New York: Guilford Press.

Johnson, J. V. & Hall, E. M. (1988). Job strain, workplace social support, and cardiovascular disease: A cross-sectional study of a random sample of the Swedish working population. *American Journal of Public Health, 78*, 336-342.

Johnson-Laird, P. N. (1983). *Mental models: Towards a cognitive science of language, inferences, and consciousness.* Cambridge: Cambrigde University Press.

Jones, E. E. & Nisbett, R. E. (1972). The actor and the observer: Divergent perceptions of the causes of behavior. In E. E. Jones, D. E. Kanouse, H. H. Kelley, R. E. Nisbett, S. Valins & B. Weiner (Hrsg.), *Attribution: Perceiving the causes of behavior* (S. 79-94). Morristown, NJ: General Learning Press.

Jones, G. R. & Bouncken, R. B. (2008). *Organisation. Theorie, Design und Wandel* (5. Aufl.). München: Pearson.

Jones, Q., Ravid, G. & Rafaeli, S. (2004). Information overload and the message dynamics of online interaction spaces: A theoretical model and empirical exploration. *Information Systems Research, 15*, 194-210.

Jonker, J., Stark, W. & Tewes, S. (2011). *Corporate social responsibility und nachhaltige Entwicklung: Einführung, Strategie und Glossar.* Berlin: Springer.

Jöns, I. (Hrsg.). (2008). *Erfolgreiche Gruppenarbeit : Konzepte, Instrumente, Erfahrungen.* Wiesbaden: Gabler.

Judge, T. A., Bono, J. E., Ilies, R. & Gerhardt, M. W. (2002). Personality and leadership: a qualitative and quantitative review. *Journal of Applied Psychology, 87*, 765-780.

Judge, T. A., Cable, D. M. & Higgins, C. A. (2000). The employment interview: A review of recent research and recommendations for future research. *Human Resource Management Review, 10*, 383-406.

Judge, T. A. & Piccolo, R. F. (2004). Transformational and transactional leadership: A meta-analytic test of their relative validity. *JAP, 89*, 755-768.

Judge, T. A., Piccolo, R. F. & Ilies, R. (2004). The forgotten ones? The validity of consideration and initiating structure in leadership research. Journal of applied psychology, 89(1), 36. *JAP, 89*, 755-768.

Junge, M. (Hrsg.). (2012). *Metaphern und Gesellschaft: Die Bedeutung der orientierung durch Metaphern.* Wiesbaden: VS.

Kahn, R. L., Wolfe, D. M., Quinn, R. P., Rosenthal, R. A. & Snoek, J. D. (1964). *Organizational Stress: Studies in Role Conflict and Ambiguity.* New York: Wiley.

Kahneman, D. & Tversky , A. (1979). Intuitive prediction: Biases and correctiveprocedures. *Management Science, 12*, 313-327.

Kahneman, D. & Tversky, A. (1984). Choices, values and frames. *American Psychologist, 39*, 341-350.

Kaiser, S. & Kozica, A. (Hrsg.). (2012). *Ethik im Personalmanagement: Zentrale Konzepte, Ansätze und Fragestellungen.* Mering: Hampp.

Kaiser, S., Ringlstetter, M., Reindl, C. U. & Stolz, M. L. (2010). Die Wirkung von Work-Life Balance Initiativen auf das Mitarbeitercommitment: Eine empirische Untersuchung in der Unternehmensberatungsbranche. *Zeitschrift für Personalforschung, 24*, 231-265.

Kalleberg, A. L. & Rognes, J. (2000). Employment relations in Norway: Some dimensions and correlates. *Journal of Organizational Behavior, 21*, 315-335.

Kalshoven, K., Den Hartog, D. N. & De Hoogh, A. H. B. (2011). Ethical leadership at work questionnaire (ELW): Development and validation of a multidimensional measure. *The Leadership Quarterly, 22*, 51-69.

Kanning, U. P. (1999). *Die Psychologie der Personenbeurteilung.* Göttingen: Hogrefe.

Kant, I. (1986). *Kritik der praktischen Vernunft.* Stuttgart: Reclam.

Kanter, R. M. (1977). *Men and Women of the Corporation.* New York: Basic Books.

Kaplan, R. S. & Norton, D. P. (1992). The Balanced Scorecard - Measures that Drive Performance. *Harvard Business Review, 70*, 71-79.

Kaplan, R. S. & Norton, D. P. (1996). *The Balanced Scorecard.* Boston, Mass.: Harvard Business School Press.

Karasek, R. A. (1979). Job Demands, Job Decision Latitude, and Mental Strain: Implications for Job Redesign. *Administrative Science Quarterly, 24*, 285-308.

Katz, R. & Kahn, R. L. (1978). *The Social Psychology of Organizations* (2. Aufl.). New York: Wiley.

Kauffeld, S., Grote, S. & Frieling, E. (Hrsg.). (2009). *Handbuch Kompetenzentwicklung.* Stuttgart: Schäffer-Poeschel.

Kauffeld, S. & Schulte, E.-M. (2012). Teamentwicklung und Teamführung. In Heimerl, P. & Sichler, R. (Hrsg.), *Strategie - Organisation - Personal - Führung* (S. 559-594). Wien: Facultas.

Kaufhold, M. (2006). *Kompetenz und Kompetenzerfassung. Analyse und Beurteilung von Verfahren der Kompetenzmessung.* Wiesbaden: VS.

Kehr, H. M. (2000). *Die Legitimation von Führung.* Berlin: Duncker & Humblot.

Kehr, H. M. (2001). Volition und Motivation: Zwischen impliziten Motiven und expliziten Zielen. *Personalführung, 4*, 20-28.

Keil, S. (2000). *Einsame Spitze? Frauen in Führungspositionen im öffentlich-rechtlichen Rundfunk.* Münster: Lit.

Keller, R. T. (1992). Transformational leadership and the performance of research and development project groups. *Journal of Management, 18*, 489-501.

Kelley, H. H. (1972). Causal Schemata and the Attribution Process. In Jones, E. E., Kanouse, D. E., Kelley, H. H., Nisbett, R. E., Valins, S. & Weiner, B. (Hrsg), *Attribution: Perceiving Causes of Behavior.* Morristown: General Learning Press.

Kelley, H. H. (1973). The process of causal attribution. *Americam Psychologist, 28*, 107-128.

Kelly, J. (1969). *Organizational Behavior.* Homewood, Ill.: Dorsey-Irwin.

Kerr, S. & Jermier, J. M. (1978). Substitutes for Leadership: Their Meaning and Measurement. *Organizational Behavior and Human Performance,* 22, 375-403.

Kerr, S. & Mathews, C. S. (1995). Führungstheorien - Theorie der Führungssubstitution. In A. Kieser, G. Reber & R. Wunderer (Hrsg.), *Handwörterbuch der Führung* (2. Aufl., S. 1021-1034). Stuttgart: Schäffer-Poeschel.

Kerr, S. & Schriesheim, C. A. (1974). Consideration, Initiating Structure, and Organizational Criteria – An Update of Korman's 1966 Review. *Personnel Psychology,* 27, 555-568.

Kets de Vries, M. F. R. & Miller, D. (1985). Narcissism and leadership: An object relationsperspective. *Human Relations, 38*, 583-601.

Kiefer, C. F. & Senge, P. M. (1984). Metanoic organizations. In Adams, J. D. (Hrsg), *Transforming Work.* Alexandria (S. 1-15). Virginia: Miles River Press.

Kiesel, A. & Koch, I. (2012). *Lernen: Grundlagen der Lernpsychologie.* Berlin: Springer.

Kiesler, S., Siegel, J. & McGuire, T. W. (1984). Social psychological aspects of computer-mediated communication. *American Psychologist, 39*, 1123-1134.

Kim, H., Yukl, G., Howard, A. & Liden, R. (1998). Multiple-linkage leadership. In Dansereau, F. & Yammarino, F. J. (Hrsg.), *Leadership: The multiple-level approaches: Classical and new wave* (S. 243-288). Greenwich, CT: JAI Press.

Kirchler, E., Meier-Pesti, K. & Hofmann, E. (2004). *Menschenbilder in Organisationen.* Wien: WUV.

Kirkpatrick, S. A. & Locke, E. A. (1991). Leadership: Do Traits Matter? *The Academy of Management Executive,* 5, 48-60.

Kirsch, W. & Knyphausen, D. zu (1988). Unternehmen und Gesellschaft. Die ‚Standortbestimmung' des Unternehmens als Problem des Strategischen Managements. *Die Betriebswirtschaft,* 48, 489-507.

Klages, H. (2001). Werte und Wertewandel. In Schäfers, B. & Zapf, W. (Hrsg.), *Handwörterbuch zur Gesellschaft Deutschlands* (2. Aufl., S. 726-738). Opladen: Leske und Budrich.

Klein, H. J., Wesson, M. J., Hollenbeck, J. R. & Alge, B. J. (1999). Goal commitment and the goal setting process: Conceptual clarification and empirical synthesis. *Journal of Applied Psychology, 84,* 885-896.

Klein, J. I. (1988). The Myth of the Corporate Jungle. Politicization as a Political Strategy. *Journal of Management Studies,* 25, 1-12.

Kleinbeck, U. (2006). Das Management von Arbeitsgruppen. In Schuler, H. (Hrsg.), *Lehrbuch der Personalpsychologie* (2. Aufl., S. 651-672). Göttingen: Hogrefe.

Klenke, K. (1996). *Women and Leadership. A Contextual Perspective.* New York: Springer.

Klimecki, R. (1984). *Laterale Kooperation - Grundlagen eines Analysemodells in horizontaler Arbeitsbeziehungen in funktionalen Systemen.* Bern: Haupt.

Klimoski, R. J. & Strickland, W. J. (1981). *A comparative view of assessment centers: A case analysis.* Columbus, OH: Ohio State University - Manuscript.

Klingsieck, K. B. & Fries, S. (2012). Allgemeine Prokrastination. Entwicklung und Validierung einer deutschsprachigen Kurzskala der General Procrastination Scale (Lay, 1986). *Diagnostica, 58,* 182-193.

Knapp, G.-A. (1997). Gleichheit, Differenz, Dekonstruktion und Intersektionalität: Vom Nutzen theoretischer Ansätze der Frauen- und Geschlechterforschung. In Krell, G. (Hrsg.), *Chancengleichheit durch Personalpolitik* (S. 77-88). Wiesbaden: Gabler.

Knapp, G.-A. (2001). *Soziale Verortung der Geschlechter.* Münster: Westfälisches Dampfboot.

Knapp, G.-A. (2011). Gleichheit, Differenz, Dekonstruktion und Intersektionalität: Vom Nutzen theoretischer Ansätze der Frauen- und Geschlechterforschung. In Krell, G., Ortlieb, R. & Sieben, B. (Hrsg.), *Chancengleichheit durch Personalpolitik* (6. Aufl., S. 71-84). Wiesbaden: Gabler.

Koch, S. (2001). *Eigenverantwortliches Handeln von Führungskräften.* Mering: Hampp.

Koch, S. & Kaschube, J. (2000). Eigenverantwortliches Handeln in Organisationen. Konzeptualisierung des Phänomens und Exploration am Beispiel von Führungskräften. *Zeitschrift für Personalforschung, 14,* 5-27.

Koch, S., Kaschube, J. & Fisch, R. (2003). Eigenverantwortung für Organisationen - Einführung und Überblick. In S. Koch, J. Kaschube & R. Fisch (Hrsg.), *Eigenverantwortung für Organisationen* (S. 3-12). Göttingen: Hogrefe.

Kogler Hill, S. E. (2010). Team leadership. In Northouse, P. G. (Hrsg.), *Leadership. Theory and practice* (5. Aufl., S. 241-270). Los Angeles, CA: Sage.

Kohut, H. (1976). *Narzissmus. Eine Theorie der Behandlung narzisstischer Persönlichkeitsstörungen.* Frankfurt: Fischer.

Kolb, M. (2010). *Personalmanagement. Grundlagen und Praxis des Human Resources Managements* (2. Aufl.). Wiesbaden: Gabler.

Kompa, A. (2000). *Eigenschaftsansatz. Unveröffentlichtes Manuskript zur Vorlesung ‚Personalführung'.* Augsburg: Universität.

Kompa, A. (2004). *Assessment Center - Bestandsaufnahme und Kritik* (7. Aufl.). München: Hampp.

König, C. J. & Kleinmann, M. (2007). Time management problems and discounted utility. *Journal of Psychology, 141*, 321-334.

Königswieser, R. (1991). Grundlegende Gedanken zum systemischen Management. In Kratky, K. W. (Hrsg.), *Systemische Perspektiven-Interdisziplinäre Beiträge zu Theorie und Praxis* (S. 181-187). Heidelberg: Auer.

Königswieser, R. & Exner, A. (1999). *Systemische Interventionen.* Stuttgart: Klett-Cotta.

Königswieser, R. & Pelikan, J. (1990). *Anders – gleich – beides zugleich. Unterschiede und Gemeinsamkeiten in Gruppendynamik und Systemansatz.* Wien: Manuskript.

Konradt, U. & Hertel, G. (2002). *Management virtueller Teams. Von der Telearbeit zum virtuellen Unternehmen.* Weinheim: Beltz.

Konradt, U. & Hoch, J. E. (2007). A work roles and leadership functions of managers in virtual teams. *International Journal of e-Collaboration, 3 (2)*, 16-35.

Konradt, U. & Köppel, P. (2008). *Erfolgsfaktoren virtueller Kooperationen: Best Practices von Microsoft Deutschland GmbH und Telefónica O2 Germany Gmbh & Co. OHG.* Gütersloh: Bertelsmann.

Köppel, P. (2007). Kulturelle Diversität in virtuellen Teams. In D. Wagner & B.-F. Voigt (Hrsg.), *Diversity-Management als Leitbild von Personalpolitik* (S. 273-292). Wiesbaden: DUV.

Köppel, P. & Sattler, A. (2009). Virtuelle Kooperationen. *Personal, 01/09*, 26-28.

Korman, A. K. (1968). The Prediction of Managerial Performance: A Review. *Personnel Psychology*, 21, 295-322.

Kotter, J. P. (1982). *The General Managers.* New York u.a.: Free Press.

Kotter, J. P. (1990). *A Force for Change. How Leadership Differs from Management.* New York u. London: Free Press.

Kotter, J. P. (1996). *Leading change.* New York: McGraw-Hill.

Kowalski, H. (2012). Change Management stets mit BGF und Resilienz verknüpfen. In Badura. B., Ducki, A., Schröder, H., Klose, J. & Meyer, M. (Hrsg.), *Fehlzeiten-Report 2012: Gesundheit in der flexiblen Arbeitswelt: Chancen nutzen - Risiken minimieren* (S. 139-145). Berlin: Springer.

Kozlowski, S. W., Gully, S. M., Salas, E. & Cannon-Bowers, J. A. (1996). Team leadership and development: Theory, principles, and guidelines for training leaders and teams. In Beyerlein, M., Johnson, D. & Beyerlein, S. (Hrsg.), *Advances in interdisciplinary studies of work teams: Team leadership* (S. 251-289). Greenwich, CT: JAI.

Kozlowski, S. W. & Ilgen, D. R. (2006). Enhancing the effectiveness of work groups and teams. *Psychological science in the public interest, 7*, 77-124.

Krause, A., Rinne, U. & Zimmermann, K. F. (2010). *Anonymisierte Bewerbungsverfahren.* Bonn: Institut zur Zukunft der Arbeit.

Krause, D. G. (1996). *Die Kunst des Krieges für Führungskräfte. Alte Weisheiten aufbereitet für die heutige Geschäftswelt.* Wien: Ueberreuter.

Krause, D. G. (1997). *Die Kunst der Überlegenheit. Konfuzius' und Sun Tzus Prinzipien für Führungskräfte.* Wien: Ueberreuter.

Krech, D., Crutchfield, R. S. & Ballachey, E. L. (1962). *Individual in Society.* New York: McGraw-Hill.

Krell, G. (1998). Vorteile eines neuen, weiblichen Führungsstils – zur Fragwürdigkeit einer derzeit vielstrapazierten Behauptung. In Krell, G. (Hrsg), *Chancengleichheit durch Personalpolitik* (S. 339-348).Wiesbaden: Gabler.

Krell, G. (2008). Diversity Management: Chancengleichheit für alle und auch als Wettbewerbsfaktor. In Krell, G. (Hrsg.), *Chancengleichheit durch Personalpolitik. Gleichstellung von Männern und Frauen in Unternehmen und Verwaltungen* (S. 63-80). Wiesbaden: Gabler.

Krell, G. (2010). Führungspositionen. In Hans-Böcker-Stiftung (Hrsg.), *Geschlechterungleichheiten im Betrieb* (S. 423-484). Berlin: edition sigma.

Krell, G. (2013). Geschlechterverhältnisse in Führungspositionen verstehen und ändern. *Personal Quarterly, 65(1)*, 6-9.

Krüger, K., Kiefer, M., Feld, C., Diwersy, M. & Li, A. (2008). Die Work-Life-Balance von aktiven Vätern. In Vedder, G. & Reuter, J. (Hrsg.), *Die Vielfalt der Work-Life-Balance* (S. 1-78). Mering: Hampp.

Krumpholz, D. (1996). Ich schau Dir in die Augen, Kleines – Weibliche Geschlechtsrollenstereotype, äußeres Erscheinungsbild von Frauen und Führungsarbeit. *Gruppendynamik*, 27, 181-187.

Kühl, S. & Matthiesen, K. (2012). Wenn man mit Hierarchie nicht weiterkommt: Zur Weiterentwicklung des Konzepts des Lateralen Führens. In Grote, S. (Hrsg.), *Zukunft der Führung* (S. 531 - 556). Berlin: Springer.

Kühl, S., Schnelle, T. & Schnelle, W. (2004). Führen ohne Führung. *Harvard Business Manager, 01/04*, 70-79.

Kuhlmann, W. (1984). Warum Normenethik? In Apel, K.-O., Böhler, D. & Kadelbach, G. (Hrsg), *Praktische Philosophie/Ethik: Dialoge 2* (S. 11-30). Frankfurt: Fischer.

Kuhn, T. & Weibler, J. (2012). *Führungsethik in Organisationen.* Stuttgart: Kohlhammer.

Kuhr, D. & Büschemann, K.-H. (2010). Pro und Contra zur Frauenquote: Die weibliche Wirtschaft, in: Süddeutsche.de. In *Süddeutsche.de* (Bd. 16.06.2010). München: Süddeutsche; http://www.sueddeutsche.de/karriere/pro-und-contra-zur-frauenquote-die-weibliche-wirtschaft-1.960097.

Kuhrts, J., Braumandl, I. & Weisweiler, S. (2012). Das Selbstmanagement des Projektleiters. In Wastian, M., Braumandl, I. & Rosenstiel, L. von (Hrsg.), *Angewandte Psychologie für Projektmanager. Ein Praxisbuch für die erfolgreiche Projektleitung* (2. Aufl., S. 225-244). Berlin: Springer.

Kuiper, J. I., Beek, A. J. van der & Meijman, T. F. (1998). Psychosomatic complaints and unwinding of sympathoadrenal activation after work. *Stress and Health, 14*, 7-12.

Kuoppala, J., Lamminpää, A., Liira, J. & Vainio, H. (2008). Leadership, job well-being, and health effects - A systematic review and a meta-analysis. *Journal of Occupational and Environmental Medicin, 50(8)*, 904-915.

Kuppe, G. & Körner, K. (2000). Gender-Mainstreaming. Ein Beitrag zum Change Management in Politik und Verwaltung. In Peters, S. & Bensei, N. (Hrsg), *Frauen und Männer im Management. Diversity in Diskurs und Praxis* (S. 93-104). Gabler: Wiesbaden).

Küpper, H.-U. (2011). *Unternehmensethik: Grundlagen und praktische Umsetzung* (2. Aufl.). Stuttgart: Schäffer-Poeschel.

Küpper, W. & Felsch, A. (2000). *Organisation, Macht und Ökonomie. Mikropolitik und die Konstitution organisationaler Handlungssysteme.* Wiesbaden: Westdeutscher Verlag.

Kuster, J., Huber, E., Lippmann, R., Schmid, A., Schneider, E., Witschi, U. & Wüst, R. (2011). *Handbuch Projektmanagement* (3. Aufl.). Berlin: Springer.

Ladwig, D. H. (2003). Team-Diversity - Die Führung gemischter Teams. In von Rosenstiel, Regnet, E. & Domsch, M. (Hrsg.), *Führung von Mitarbeitern* (5. Aufl., S. 447-459). Stuttgart: Schäffer-Poeschel.

Lasser, R. (1987). Symbolische Führung. In Kieser, A., Reber, G. & Wunderer, R. (Hrsg), *Handwörterbuch der Führung* (S. 1927-1938). Stuttgart: Poeschel.

Latané, B., Williams, K. D. & Harkins, S. (1979). Many hands make light the work: The causes and consequences of social loafing. *Journal of Personality and Social Psychology, 37*, 822-832.

Latham, G. P. & Saari, L. M. (1979). Application of Social-Learning Theory to Training Supervisors through Behavioral Modeling. *Journal of Applied Psychology*, 64, 239-246.

Lattmann, C. (1975). *Führungsstil und Führungsrichtlinien.* Bern u. Stuttgart: Haupt.

Lattmann, C. (1982). *Die verhaltenswissenschaftlichen Grundlagen der Führung des Mitarbeiters.* Bern u. Stuttgart: Haupt.

Laufer, H. (2007). *Vertrauen und Führung: Vertrauen als Schlüssel zum Führungserfolg.* Offenbach: Gabal.

Lazarsfeld, P. F., Jahoda, M. & Zeisel, H. (1933). *Die Arbeitslosen von Marienthal: ein soziographischer Versuch über die Wirkungen langandauernder Arbeitslosigkeit.* Leipzig: Hirzel.

Lazarus, R. S. (1974). Psychological stress and coping in adaptation and illness. *International Journal of Psychiatry in Medicine*, *5*, 321-333.

Leadership Quarterly (Hrsg.). (1999). Special Issues Overview charismatic and transformational leadership: taking stock of the present and the future (Part I + II). *The Leadership Quarterly*, *10 (2,3)*, 121-520.

Lenk, T. (2002). "teamspace" - Erfahrungen mit einem Portal für virtuelle Teamarbeit. *Wirtschaftspsychologie*, *4(4)*, 55-61.

Lenz, R. (2007). Virtuelle Teamarbeit-ein Produkt der Globalisierung. *Die Neue Hochschule: Nachrichten, Meinungen, Berichte*, *49*(4-5), 36-39.

Levasseur, R. E. (2012). People skills: Leading virtual teams - a change management perspective. *Interfaces*, *42*, 213-216.

Levinson, J. C. (1997). *Guerilla-Management. Werte und Visionen auf dem Weg ins 21. Jahrhundert.* St. Gallen u. Zürich: Midas.

Lewicki, R. J. & Bunker, B. B. (1996). Developing and maintaining trust in work relationships. In Kramer, R. M. & Tyler, T. R. (Hrsg.), *Trust in Organizations: Frontiers of Theory and Research* (S. 114-139). Thousand Oaks, CA: Sage.

Lewin, K. (1931). *Die psychologische Situation bei Lohn und Strafe.* Leipzig: Hirzel.

Lewin, K. (1948). *Resolving social conflicts. Selected Papers on Group Dynamics.* New York: Harper & Row.

Lewin, K., Lippitt, R. & White, R. K. (1939). Patterns of aggressive behavior in experimentally created "social climates". *Journal of Social Psychology*, *10*, 271-299.

Lichtenstein, B. B., Uhl-Bien, M., Marion, R., Seers, A., Orton, J. D. & Schreiber, C. (2007). Complexity leadership theory: an interactive perspective on leading in complex adaptive systems. In Hazy, J. K., Goldstein, J. A. & Lichtenstein, B. B. (Hrsg.), *Complex Systems Leadership Theory: New Perspectives from Complexity Science on Social and Organizational Effectiveness* (S. 129-141). Mansfield, MA: ISCE.

Lieber, B. (2011). *Personalführung* (2. Aufl.). Konstanz: UVK.

Lieberson, S. & O'Connor, J. F. (1972). Leadership and Organizational Performance: A Study of Large Corporations. *American Sociological Review*, 37, 117-130.

Lienert, G. A. & Raatz, U. (1998). *Testaufbau und Testanalyse* (6. Aufl.). Weinheim: Beltz / Psychologie Verlags Union.

Lilge, H. G. (1981). Menschenbilder als Führungsgrundlage. *Zeitschrift für Führung und Organisation*, *50*, 14-22.

Lilli, W. & Frey, D. (1993). Die Hypothesentheorie der sozialen Wahrnehmung. In Frey, D. & Irle, M. (Hrsg.), *Theorien der Sozialpsychologie* (2. Aufl., Bd. I: Kognitive Theorien, S. 49-78). Bern: Huber.

Lipnack, J. & Stamps, J. (1998). *Virtuelle Teams: Projekte ohne Grenzen. Teambildung, virtuelle Orte, intelligentes Arbeiten, Vertrauen in Teams.* Wien: Ueberreuther.

Lipp, W. (1985). *Stigma und Charisma. Über soziales Grenzverhalten.* Berlin: Reimer.

Lipp, W. (1987). Autopoiesis biologisch, Autopoiesis soziologisch. Wohin führt Luhmanns Paradigmawechsel? *Kölner Zeitschrift für Soziologie und Sozialpsychologie,* 39, 452-470.

Locke, E. A. & Latham, G. P. (1984). *Goal setting: A motivational tool that works.* Englewood Cliffs, NJ: Prentice-Hall.

Locke, E. A. & Latham, G. P. (1990). *A theory of goal setting & task performance.* Englewood Cliffs, NJ: Prentice-Hall.

Lohmann-Haislah, A. (2012). *Stressreport Deutschland 2012. Psychische Anforderungen, Ressourcen und Befinden. Ergebnisse der BIBB/BAuA Erwerbstätigenbefragung 2011/2012.* Dortmund: BAuA.

Lohmer, M., Sprenger, B. & Wahlert, J. von. (2012). *Gesundes Führen. Life-Balance versus Burnout im Unternehmen.* Stuttgart: Schattauer.

Lorber, J. & Farell, S. (Hrsg.). (1991). *The Social Construction of Gender.* Newbury Park, CA: Sage.

Lord, R. G., Brown, D. J., Harvey, J. L. & Hall, R. J. (2001). Contextual constraints on prototype generation and their multilevel consequences for leadership perceptions. *The Leadership Quarterly, 12,* 311-338.

Lord, R. G., DeVader, C. L. & Alliger, G. M. (1986). A Meta-analysis of the Relation between Personality Traits and Leadership Perceptions: An Application of Validity Generalization Procedures. *Journal of Applied Psychology,* 71, 402-410.

Lord, R. G. & Foti, R. (1986). Schema Theories, Information Processing, and Organizational Behavior. In Sims, H. P. & Gioia, D. A. (Hrsg), *The Thinking Organization* (S. 20-48). New York: Jossey-Bass).

Lord, R. G., Foti, R. J. & DeVader, C. L. (1984). A Test of Leadership Categorization Theory: Internal Structure, Information Processing, and Leadership Perceptions. *Organizational Behavior and Human Performance,* 34, 343-378.

Lord, R. G., Foti, R. J. & Phillips, J. S. (1982). A Theory of Leadership Categorization. In Hunt, J. G., Sekaran, U. & Schriesheim, C. A. (Hrsg), *Leadership: Beyond Established Views* (S. 104-121). Carbondale u.a.: Southern Illinois Univ. Press.

Lord, R. G. & Hall, R. J. (1992). Contemporary Views of Leadership and Individual Differences. *Leadership Quarterly,* 3, 137-157.

Lord, R. G. & Maher, K. J. (1991). *Leadership and Information Processing.* Boston u.a.: Unwin Hyman.

Lowe, K. B., Kroek, K. G. & Sivasubramaniam, N. (1996). Effectiveness Correlates of Transformational and Transactional Leadership. A Meta Analytic Review of MLQ Literature. *Leadership Quarterly,* 7, 385-425.

Luhmann, N. (1964). *Funktionen und Folgen formaler Organisation.* Berlin: Duncker & Humblot.

Luhmann, N. (1968). Die Programmierung von Entscheidungen und das Problem der Flexibilität. In Mayntz, R. (Hrsg), *Bürokratische Organisation* (S. 364-391). Köln u.a.: Kiepenheuer & Witsch.

Luhmann, N. (1975). Die Weltgesellschaft. In Luhmann, N. (Hrsg.) *Soziologische Aufklärung 2* (S. 51-71). Wiesbaden: VS.

Luhmann, N. (1980). Komplexität. In Grochla, E. (Hrsg), *Handwörterbuch der Organisation* (S. 1064-1070). Stuttgart: Poeschel.

Luhmann, N. (1984). *Soziale Systeme.* Frankfurt: Suhrkamp.

Luhmann, N. (1986). *Ökologische Kommunikation.* Opladen: Westdeutscher Verlag.

Luhmann, N. (1988). Organisation. In Küpper, W. & Ortmann, G. (Hrsg), *Mikropolitik. Rationalität, Macht und Spiele in Organisationen* (S. 165-185). Opladen: Westdeutscher Verlag.

Luhmann, N. (1994). *Die Wissenschaft der Gesellschaft* (2. Aufl.). Frankfurt: Suhrkamp.

Luhmann, N. (2000). *Vertrauen. Ein Mechanismus der Reduktion von sozialer Komplexität.* Stuttgart: Enke.

Luhmann, N. (2008). *Einführung in die Systemtheorie* (4. Aufl.). Heidelberg: Auer.

Lukes, S. (1976). *Power: A Radical View.* London: Macmillan.

Luthans, F. (1988). Successful vs. effective real managers. *The Academy of Management Executive, 2,* 127-132.

Luthans, F. (1995). *Organizational behavior* (7. Aufl.). New York: MaGraw-Hill.

Luthans, F., Hodgetts, R. M. & Rosenkrantz, S. A. (1988). *Real Managers.* Cambridge, Mass.: Ballinger.

Luthans, F. & Lockwood, D. L. (1984). Toward an Observation System for Measuring Leadership Behavior in Natural Settings. In Hunt, J. G., Hosking, D., Schriesheim, C. A. & Stewart, R. (Hrsg), *Leaders and Managers* (S. 117-141) . New York: Pergamon Press.

Lyotard, J.-F. (1979). *La condition postmoderne.* Paris: Editions de Minuit.

Lyotard, J.-F. (2012). *Das postmoderne Wissen* (7. Aufl.). Wien: Passagen.

Maccoby, M. (1976). *The Gamesman: The New Corporate Leaders.* New York: Simon and Schuster.

Maccoby, M. & Deymann, H. (1979). *Die neuen Chefs: die erste sozialpsychologische Untersuchung über Manager in Großunternehmen.* Hamburg: Rowohlt.

MacCoy, C. (1985). *Management of Values.* Boston u.a.: Pitman.

Macha, H. (1998). Frauen und Macht- die andere Stimme in der Wissenschaft. *Aus Politik und Zeitgeschichte,* 22-23/98, 12-21.

Maddi, S. R. & Khoshaba, D. M. (2005). *Resilience at Work. How to succeed no matter what life throws at you.* New York: Amacom.

Mahoney, T. A., Jerdee, T. H. & Carroll, S. J. (1965). The Job(s) of Management. *Industrial Relations,* 2, 97-110.

Maier, G. W. & Bartscher, T. (2013). Stichwort: Führung. In Gabler Verlag (Hrsg.), *Gabler Wirtschaftslexikon.* http://wirtschaftslexikon.gabler.de/Archiv/78154/fuehrung-v6.html.

Maier, G. W., Wastian, M. & von Rosenstiel L. (2009). Der differenzielle Einfluss der Berufsorientierungen auf Berufserfolg und Arbeitsmotivation. Ergebnisse einer Längsschnittstudie über 6 Jahre. *Zeitschrift für Arbeits-und Organisationspsychologie, 53,* 104-120.

Malhotra, A., Majchrzak, A. & Rosen, B. (2007). Leading virtual teams. *The Academy of Management Perspectives, 21,* 60-70.

Malik, F. (2006). *Führen, Leisten, Leben - Wirksames Management für eine neue Zeit.* Frankfurt am Main: Campus.

Man, J. (2009). *The leadership secrets of Genghis Khan: 21 Lessons from history's most successful conqueror.* London: Random House Group.

Manz, C. C. (1986). Self-leadership: Toward an expanded theory of self-influence processes in organizations. *Academy of Management Review, 11,* 585-600.

Manz, C. C. (1991). Leading employees to be self-managing and beyond: Toward the establishment of self-leadership in organizations. *Journal of Management Systems, 3,* 15-24.

Manz, C. C. & Sims, H. P. (1989). *SuperLeadership. Leading Others to Lead Themselves.* New York: Prentice-Hall.

March, J. G. (1962). The Business Firm as a Political Coalition. *Journal of Politics,* 24, 662-678.

March, J. G. (1991). Exploration and exploitation in organizational learning. *Organization Science, 2,* 71-87.

Marcus, B., Höft, S. & Riediger, M. (2006). Integrity tests and the five-factor model of personality: A review and empirical test of two alternative positions. *International Journal of Selection and Assessment, 14*, 113-130.

Marcus, B. & Schuler, H. (2006). Leistungsbeurteilung. In Schuler, H. (Hrsg.), *Lehrbuch der Personalpsychologie* (2. Aufl., S. 433-469). Göttingen: Hogrefe.

Martin, L. (1991). *A report on the galss ceiling initiative.* Washington, DC: U.S. Department of Labor; http://mith.umd.edu/WomensStudies/GenderIssues/GlassCeiling/LaborDeptInfo/glass-ceiling-initiative; 24.09.2013.

Martinko, M. J. & Gardner, W. L. (1987). The Leader/Member Attribution Process. *Academy of Management Review,* 12, 235-249.

Martins, L. L., Gilson, L. L. & Maynard, M. T. (2004). Virtual teams: What do we know and where do we go from here? *Journal of Management, 30*, 805-835.

Maslow, A. (1954). *Motivation and personality.* New York: Harper.

Mathieu, J., Maynard, M. T., Rapp, T. & Gilson, L. (2008). Team effectiveness 1997-2007: A review of recent advancements and a glimpse into the future. *Journal of Management, 34*, 410-476.

Matthews, G. (1997). The Big Five as a Framework for Personality Assessment. In Anderson, N. & Herriot, P. (Hrsg), *International Handbook of Selection and Assessment* (S. 475-492). Chichester u.a.: Wiley.

Maturana, H. & Varela, F. (1972). *Autopoiesis: La Organización de lo Vivo.* Santiago de Chile: Ed. Universitaria.

Maturana, H. & Varela, F. (1980). *Autopoiesis and cognition.* Dordrecht, NL: D. Reidel.

Matyssek, A. K. (2007). *Führungsfaktor Gesundheit. So bleiben Führungskräfte und Mitarbeiter gesund.* Offenbach: Gabal.

Mawhinney, T. C. & Ford, J. D. (1977). The Path-Goal Theory of Leader Effectiveness: An Operant Interpretation. *Academy of Management Review,* 2, 398-411.

McCall, M. W. & Lombardo, M. M. (1983). Off the Track: *Why and how successful executives get derailed.* Greensboro: Center for Creative Leadership.

McClelland, D. C. (1961). *The achieving society.* Princeton, NJ: Van Nostrand.

McClelland, D. C. (1973). Testing for Competence Rather Than for "Intelligence". *American Psychologist, 28*, 1-14.

McClelland, D. C. & Boyatzis, R. E. (1982). Leadership Motive Pattern and Long-Term Success in Management. *Journal of Applied Psychology, 67*(6) 737-743.

McGrath, J. E. (1962). *Leadership behavior: Some requirements for leadership training.* Washington, DC: US Civil Service.

McGrath, J. E. (1984). *Groups: Interaction and performance.* Englewood Cliffs, NJ: Prentice-Hall.

McGregor, D. (1960). *The human side of enterprise.* New York: McGraw-Hill.

McKinsey & Company (Hrsg.). (2007). *Women Matter, Gender diversity, a corporate performance driver.* New York: McKinsey; http://www.mckinsey.de/sites/mck_files/files/Women_Matter_1_brochure.pdf; 26.09.2013.

McNall, L. A. & Roch, S. G. (2009). A Social Exchange Model of Employee Reactions to Electronic Performance Monitoring. *Human Performance, 22*, 204-224.

McWilliams, A. & Siegel, D. (2000). Corporate social responsibility and financial performance: correlation or misspecification? *Strategic Management Journal, 21*, 603-609.

Mead, G. H. (1934). *Geist, Identität und Gesellschaft.* Frankfurt: Suhrkamp.

Mehlis, G. (1923). Der Typus des Führers. *Der Arbeitgeber,* 13/23, 355-358.

Mehra, A., Smith, B. R., Dixon, A. L. & Robertson, B. (2006). Distributed leadership in teams: The network of leadership perceptions and team performance. *The Leadership Quarterly*, *17*, 232-245.

Mehrabian, A. (1972). *Nonverbal communication.* Chicago: Aldine-Atherton.

Mehrabian, A. & Wiener, M. (1967). Decoding of inconsistent communications. *Journal of Personality and Social Psychology*, *6*, 109-114.

Meindl, J. R. (1990). On Leadership. An Alternative to the Conventional Wisdom. In Staw, B. M. & Cummings, L. L. (Hrsg), *Research in Organizational Behavior,* Vol. 12 (S. 159-203). Greenwich: JAI.

Meindl, J. R. & Ehrlich, S. B. (1987). The romance of leadership and the evaluation of organizational performance. *Academy of Management Journal*, *30*, 91-109.

Mertens, D. (1974). Schlüsselqualifikationen. Thesen zur Schulung für eine moderne Gesellschaft. *Mitteilungen aus der Arbeitsmarkt- und Berufsforschung*, *7*, 36-43.

Messick, S. (1998). Test validity: A matter of consequence. *Social Indicators Research*, *45*, 35-44.

Meyer, J. P., Stanley, D. J., Herscovitch, L. & Topolnytsky, L. (2002). Affective, continuance, and normative commitment to the organization: A meta-analysis of antecedents, correlates, and consequences. *Journal of Vocational Behavior*, *61*, 20-52.

Meyer, M. & Waßmann, J. (2011). Strategische Corporate Social Responsibility - Konzeptionelle Entwicklung und Implementierung in der Praxis am Beispiel „dm-drogerie markt". Würzburg: Lehrstuhl für BWL und Marketing, Julius-Maximilians-Universität.

Meyer, T. (1992). *Die Inszenierung des Scheins. Voraussetzungen und Folgen symbolischer Politik.* Frankfurt: Suhrkamp.

Meyer, T., Ontrup, R. & Schicha, C. (2000). *Die Inszenierung des Politischen: zur Theatralität von Mediendiskursen.* Opladen: Westdeutscher Verlag.

Michaels, E., Handfield-Jones, H. & Axelrod, B. (2001). *War for talent.* Boston, Mass.: Harvard Business Press.

Miller, D. & Friesen, P. (1980). Archetypes of organizational transition. *Administrative Science Quarterly*, *25*, 268-299.

Miller, D. T. & Ross, M. (1975). Self-serving biases in the attribution of causality: Fact or fiction?. *Psychological Bulletin*, *82*, 213-225.

Miller, K. I. & Monge, P. R. (1986). Participation, satisfaction, and productivity: A meta-analytic review. *Academy of Management Journal*, *29*, 727-753.

Mintzberg, H. (1973). *The Nature of Managerial Work.* New York: Harper & Row.

Mintzberg, H. (1975). The Manager's Job: Folklore and Fact. *Harvard Business Review,* 53, 49-61.

Mitchell, T. R. (1982). Attributions and actions: A note of caution. *Journal of Management*, *8*, 65-74.

Mitchell, T. R. (1995). Führungstheorien – Attributionstheorie. In Kieser, A., Reber, G. & Wunderer, R. (Hrsg), *Handwörterbuch der Führung* (2. Aufl.) (S. 847-861). Stuttgart: Poeschel.

Mitchell, T. R. & Wood, R. E. (1980). Supervisors Responses to Subordinate Poor Performance. A Test of an Attributional Model. *Organizational Behavior and Human Performance,* 25, 123-138.

Mohe, M., Dorniok, D. & Kaiser, S. (2010). Auswirkungen von betrieblichen Work-Life Balance Maßnahmen auf Unternehmen: Stand der empirischen Forschung. *Zeitschrift für Management*, *5*, 105-139.

Möhring, H.-J. (1998). *Grundlagen einer ethisch-politischen Theorie der Führung.* Basel: Universität, Dissertation.

Molter, B., Noefer, K., Stegmaier, R. & Sonntag, K. (2013). Die Bedeutung von Berufserfahrung für den Zusammenhang zwischen Alter, entwicklungsbezogener Selbstwirksamkeit und Anpassung an organisationale Veränderungen. *Zeitschrift für Arbeits- und Organisationspsychologie, 57*, 22-31.

Morgan, G. (1986). *Images of organization.* Beverly Hills, CA: Sage.

Morgan, G. (2008). *Bilder der Organisation* (4. Aufl.). Stuttgart: Schäffer-Poeschel.

Morgeson, F. P., DeRue, D. S. & Karam, E. P. (2010). Leadership in teams: A functional approach to understanding leadership structures and processes. *Journal of Management, 36*, 5-39.

Morris, R. T. & Seeman, M. (1950). The Problem of Leadership: An Interdisciplinary Approach. *American Journal of Sociology,* 56, 149-155.

Morrison, A. M., White, R. P. & Velsor, E. van (1987). *Breaking the Glass Ceiling. Can Women Reach the Top of America's Largest Corporations?* Reading: Addison-Wesley.

Mortensen, M., Caya, O. & Pinsonneault, A. (2010). Virtual teams demystified: an integrative framework for understanding virtual teams and a synthesis of research. In *MIT Sloan School Working Papers* (Bde. 4772-10). Cambridge, Mass.: MIT.

Moser, K. (1996). *Commitment in Organisationen.* Bern: Huber.

Moser, K., Hahn, T. & Galais, N. (2000). Expertentum und eskalierendes Commitment. *Gruppendynamik und Organisationsberatung, 31*, 439-449.

Mowday, R., Porter, L. & Steers, R. (1979). The measurement of organizational commitment. *Journal of Vocational Behavior, 14*, 224-247.

Müller, E. (Hrsg.). (2012). *Demographischer Wandel. Herausforderung für die Arbeits-und Betriebsorganisation der Zukunft.* Berlin: GITO.

Müller, R. (2012). *Die Metapher: Kognition, Korpusstilistik und Kreativität.* Paderborn: mentis.

Müller, W. R. (1988). Führungslandschaft Schweiz. Was beschäftigt die Schweizer Führungskräfte und was heisst für sie Führung? *Die Unternehmung,* 42, 246-262.

Müller, W. R. & Dachler, P. H. (1988). Führungsentwicklung als reflexiver Prozess. *Zeitschrift für Organisationsentwicklung,* 7 (3), 39-52.

Müller, W. R. & Hill, W. (1977). Die situative Führung. *Die Betriebswirtschaft,* 37, 353-378.

Müller-Stewens, G. & Fontin, M. (1997). *Dilemmata in der Führungsaufgabe. Ein Ansatz zur Erschließung neuer Handlungspotentiale.* Stuttgart: Schäffer.

Mumford, M. D., Scott, G. M., Gaddis, B. & Strange, J. M. (2002). Leading creative people: orchestrating expertise and relationships. *Leadership Quarterly, 13*, 705-750.

Mummendey, H. D. (1995). *Psychologie der Selbstdarstellung* (2. Aufl.). Göttingen: Hogrefe.

Münkler, H. (1995). Die Visibilität der Macht und die Strategien der Machtvisualisierung. In Göhler, G. (Hrsg), *Macht der Öffentlichkeit, Öffentlichkeit der Macht* (S. 213-230). Baden-Baden: Nomos.

Neff, T. J. & Citrin, J., M. (1999). *Lessons from the Top. The Search for America's Best Business Leaders.* New York u.a.: Currency Doubleday.

Nerdinger, F. W. (2004). Organizational Citizenship Behavior und Extra-Rollenverhalten. In H. Schuler (Hrsg.), *Organisationspsychologie - Gruppe und Organisation. Enzyklopädie der Psychologie* (Bd. D, III, 4, S. 293-333). Göttingen: Hogrefe.

Nerdinger, F. W. (2011a). Arebitsmotivation und Arbeitszufriedenheit. In Nerdinger, F. W., Blicke, G. & Schaper, N. (Hrsg.), *Arbeits- und Organisationspsychologie* (2. Aufl., S. 393-408). Berlin: Springer.

Nerdinger, F. W. (2011b). Teamarbeit. In Nerdinger, F. W., Blicke, G. & Schaper, N. (Hrsg.), *Arbeits- und Organisationspsychologie* (2. Aufl., S. 95-109). Berlin: Springer.

Neubauer, R. (1995). Erhebung der impliziten Eignungstheorien einer Organisation. In W. Sarges (Hrsg.), *Management-Diagnostik* (2. Aufl., S. 166-173). Göttingen: Hogrefe.

Neubauer, W. & Rosemann, B. (2006). *Führung, Macht und Vertrauen in Organisationen.* Stuttgart: Kohlhammer.

Neuberger, O. (1972). Experimentelle Untersuchungen von Führungsstilen. *Gruppendynamik,* 3, 192-219.

Neuberger, O. (1976). *Führungsverhalten und Führungserfolg.* Berlin: Duncker & Humblot.

Neuberger, O. (1980). Rituelle (Selbst-)Täuschung. Kritik an der irrationalen Praxis der Personalbeurteilung. *Die Betriebswirtschaft, 40*, 27-43.

Neuberger, O. (1985). Die S.P.D.-Theorie der Führung. Eine Wende in den Beziehungen zu unseren amerikanischen Freunden. In Hehl, F.-J., Ebel, V. & Ruch, W. (Hrsg), *Diagnostik und Evaluation bei betrieblichen, politischen und juristischen Entscheidungen* (S. 105-151). Bonn: Deutscher Psychologen Verlag.

Neuberger, O. (1990). *Führen und geführt werden* (3. Aufl.). Stuttgart: Enke.

Neuberger, O. (1994). Zur Ästhetisierung des Managements. In Schreyögg, P. & Conrad, P. (Hrsg), *Managementforschung 4* (S. 1-70). Berlin: de Gruyter.

Neuberger, O. (1995). *Führen und geführt werden* (5. Aufl.). Stuttgart: Enke.

Neuberger, O. (1996). *Miteinander arbeiten – miteinander reden!* (15. Aufl.). München: Bayerisches Staatsministerium für Arbeit und Sozialordnung, Familie, Frauen und Gesundheit.

Neuberger, O. (2000). Dilemmata und Paradoxa im Managementprozess. Grenzen der Entscheidungsrationalität. In Schreyögg, G. (Hrsg), *Funktionswandel im Management: Wege jenseits der Ordnung* (S. 173-219). Berlin: Duncker & Humblot.

Neuberger, O. (2002). *Führen und führen lassen* (6. Aufl.). Stuttgart: Lucius & Lucius.

Neuberger, O. (2006). *Mikropolitik und Moral in Organisationen* (2. Aufl.). Stuttgart: Lucius und Lucius.

Neuberger, O. (2007). Ach wie gut, dass niemand weiß, was man so systemisch heißt. Oder: Was ist die wahre Gestalt des Proteus? In Tomaschek, N. (Hrsg.), *Systemische Organisationsentwicklung und Beratung bei Veränderungsprozessen* (S. 11-36). Heidelberg: Carl-Auer-Verlag.

Neuberger, O. (2009). Systemische Beratung als mikropolitisches Projekt. In Tomaschek, N. (Hrsg.), *Systemische Organisationsentwicklung und Beratung bei Veränderungsprozessen* (2. Aufl., S. 34-71). Heidelberg: Carl-Auer-Verlag.

Neuberger, O. & Kompa, A. (1987). *Wir, die Firma. Der Kult um die Unternehmenskultur.* Weinheim: Beltz.

Nieder, P. (2012). Die Rolle der Vorgesetzten im Betrieblichen Gesundheitsmanagement. In Faller, G. (Hrsg.), *Lehrbuch betriebliche Gesundheitsförderung* (2. Aufl., S. 121-127)

Niejahr, E. (2012). Frauenquote Flexibel oder starr: Welche Frauenquote passt besser? In *Die Zeit* (Bd. 66(25)). Hamburg: Zeit.

Nienhüser, W. & Baumhus, W. (2002). "Fremd im Betrieb": Der Einsatz von Fremdfirmenpersonal als Arbeitskräftestrategie. In Martin, A. & Nienhüser, W. (Hrsg.), *Neue Formen der Beschäftigung - neue Personalpolitik?* (S. 61-120). Mering: Hampp.

Nienhüser, W. & Matiaske, W. (2006). Effects of the "principle of nondiscrimination" on temporary agency work: compensation and working conditions of temporary agency workers in 15 European countries. *Industrial Relations Journal, 37*, 64-77.

Nietzsche, F. (1906). Der Wille zur Macht I. Versuch einer Umwerthung aller Werthe. 1884/88. In *Friedrich Nietzsche's Werke*, Bd. 9. Leipzig: Naumann.

Noelle-Neumann, E. (1978). *Werden wir alle Proletarier? Wertewandel in unserer Gesellschaft.* Zürich: Interfrom.

Noll, B. (2010). *Wirtschafts- und Unternehmensethik in der Marktwirtschaft* (2. Aufl.). Stuttgart: Kohlhammer.

Noll, P. & Bachmann, H. R. (1987). *Der kleine Machiavelli. Handbuch der Macht für den alltäglichen Gebrauch.* Zürich: pendo.

Nooteboom, B. (2002). *Trust. Forms, foundations, functions, failures and figures.* Cheltenham: Elgar.

North, K., Reinhardt, K. & Sieber-Suter, B. (2013). *Kompetenzmanagement in der Praxis* (2. Aufl.). Wiesbaden: Gabler.

Northouse, P G. (2010). *Leadership. Theory and practice* (5. Aufl.). Thousand Oaks, CA: Sage.

Nübling, M., Stößel, U., Hasselhorn, H.-M., Michaelis, M. & Hofmann, F. (2005). *Methoden zur Erfassung psychischer Belastungen - Erprobung eines Messinstrumentes (COPSOQ).* Bremerhaven: Wirtschaftsverlag NW.

Nyberg, A., Bernin, P. & Theorell, T. (2005). *The impact of leadership on the health of subordinates.* Stockholm: National Institute of Working Life.

Odiorne, G. S. (1965). *Management by objectives: A system of managerial leadership.* New York: Pitman.

OECD. (2005). *Definition und Auswahl von Schlüsselkompetenzen.* Paris: OECD.

Oechsler, W. A. (2011). *Personal und Arbeit: Grundlagen des Human Resource Management und der Arbeitgeber-Arbeitnehmer-Beziehungen* (9. Aufl.). München: Oldenbourg.

O'Leary, M. B. & Cummings, J. (2007). The spatial, temporal and configurational characteristics of geographic dispersion in teams. *Management of Information Systems Quarterly, 31*, 433-452.

Olfert, K. (2012). *Projektmanagement* (8. Aufl.). Herne: Kiehl.

Ones, D. S., Schmidt, F. L. & Viswesvaran, C. (1993). Comprehensive meta-analysis of integrity test validities: findings and implications for personnel selection and theories of job performance. *Journal of Applied Psychology, 78*, 679-703.

Organ, D. W. (1988). *Organizational citizenship behavior.* Lexington, MA: Lexington.

Orlikowski, B., Hertel, G. & Konradt, U. (2004). Führung und Erfolg in virtuellen Teams - Eine empirische Studie. *Arbeit - Zeitschrift für Arbeitsforschung, Arbeitsgestaltung und Arbeitspolitik, 13*, 33-47.

Orthmann, A., Gunkel, L. & Otte, R. (2011). Ressourcen als Schlüssel für Führung und Gesundheit im Betrieb. In Badura, B., Ducki, A., Schröder, H., Klose, J. & Macco, K. (Hrsg.), *Fehlzeiten-Report 2011: Führung und Gesundheit* (S. 135-146). Berlin: Springer.

Ostner, I. (1992). Zum letzten Male: Anmerkungen zum ‚weiblichen Arbeitsvermögen'. In Krell, G. & Osterloh, M. (Hrsg), Personalpolitik aus der Sicht von Frauen – Frauen aus der Sicht von Personalpolitik. *Zeitschrift für Personalforschung,* Sonderband, 107-121.

Packard, V. (1962). *Die geheimen Verführer.* Düsseldorf: Econ.

Packard, V. (1966). *Die Pyramidenkletterer.* München u. Zürich: Droemer-Knaur.

Pal, G. C. (2007). Is there a universal self-serving attributionbias? *Psychological Studies, 52*, 85-89.

Pangert, B. & Schüpbach, H. (2011). Arbeitsbedingungen und Gesundheit von Führungskräften auf mittlerer und unterer Hierarchieebene. In Badura, B., Ducki, A., Schröder, H., Klose, J. & Macco, K. (Hrsg.), *Fehlzeiten-Report 2011: Führung und Gesundheit* (S. 71-79). Berlin: Springer.

Parry, K. W. (2011). Leadership and organization theory. In Bryman, A., Collinson, D., Grint, K., Jackson, B. & Uhl-Bien, M. (Hrsg.), *The Sage handbook of leadership* (S. 53-70). Thousand Oaks, CA: Sage.

Parsons, T. (1951). *The social system.* Glencoe, Ill.: Free Press.

Pater, R. (1990). *Fernöstliche Kampftechniken im modernen Management.* München: Heyne.

Pawlowsky, P. (2008). Führung in Hochleistungssystemen. In Sackmann, S. A. (Hrsg.), *Mensch und Ökonomie. Wie sich Unternehmen das Innovationspotenzial dieses Wertespagats erschließen* (S. 303-316). Wiesbaden: Gabler.

Pearce, C. L. (2004). The future of leadership: combining vertical and shared leadership to transform knowledgework. *Academic Management Executive, 18*, 47-57.

Pearce, C. L. & Conger, J. A. (Hrsg.). (2003). *Shared leadership: Reframing the hows and whys of leadership.* Thousand Oaks, CA: Sage.

Pearce, C. L., Hoch, J. E., Jeppesen, H. J. & Wegge, J. (2010). New forms of management: Shared and distributed leadership in organizations. *Journal of Personnel Psychology, 9*, 151-153.

Pearce, C. L. & Sims, H. P. (2002). Vertical versus shared leadership as predictors of the effectiveness of change management teams: An examination of aversive, directive, transactional, transformational and empowering leader behaviors. *Group Dynamics: Theroy, Research, and Practice, 6*, 172-197.

Perridon, L. & Wagner, B. (1988). *Ethische Verantwortung im Unternehmen.* Manuskript eines Vortrags im Kontaktstudium Management am 30.9.1988. Augsburg: Universität.

Peter, L. J. & Hull, R. (1969). *The Peter Principle: Why Things Always Go Wrong.* New York: Morrow.

Petermann, F. (1985). *Psychologie des Vertrauens.* Salzburg: Müller.

Petermann, F. (2013). *Psychologie des Vertrauens* (4. Aufl.). Göttingen: Hogrefe.

Peters, T. J. & Austin, N. (1986). *Leistung aus Leidenschaft.* Hamburg: Hoffmann und Campe.

Peters, T. J. & Waterman, R. H. (1982). *In Search of Excellence.* New York: Harper & Row.

Peters, T. J. & Waterman, R. H. (1984). *Auf der Suche nach Spitzenleistungen.* Landsberg: Moderne Industrie.

Pfarr, H. (1988). *Quoten und Grundgesetz: Notwendigkeit und Verfassungsmäßigkeit von Frauenförderung.* Frankfurt: Nomos.

Pfeffer, J. (1977). The Ambiguity of Leadership. *Academy of Management Review,* 2, 104-112.

Pfeffer, J. & Salancik, G. (1978). *The External Control of Organizations: A Resource Dependence Perspective.* New York: Harper & Row.

Pfeiffer, F., Schönborn, S., Mojzisch, A. & Schulz-Hardt, S. (2007). Der Einfluss einer uneindeutigen Informationslage auf eskalierendes Commitment. *Zeitschrift für Arbeits- und Organisationspsychologie, 51*, 168-179.

Pfleiderer, G. & Seele, P. (Hrsg.). (2012). *Wirtschaftsethik kontrovers: Positionen aus Theorie und Praxis.* Baden-Baden: Nomos.

Phillips, T. (2010). *Machiavellis "Der Fürst": 52 brilliante Ideen für Ihr Business.* Offenbach: Gabal.

Pickshaus, K. & Urban, H.-J. (2011). Das Nach-Krisen-Szenario: Beschäftigungspolitische Entspannung und arbeitspolitische Zuspitzung? In Schröder, L. & Urban, H.-J. (Hrsg.), *Gute Arbeit, Folgen der Krise, Arbeitsintensivierung, Restrukturierung* (S. 21-39). Frankfurt/Main: Bund.

Piecha, A., Wegge, J., Werth, L. & Richter, P. G. (2012). Geteilte Führung in Arbeitsgruppen - ein Modell für die Zukunft? In Grote, S. (Hrsg.), *Die Zukunft der Führung* (S. 557-572). Berlin: Springer.

Pieterse, A. N., Knippenberg, D. van, Schippers, M. & Stam, D. (2010). Transformational and transactional leadership and innovative behavior: The moderating role of psychological empowerment. *Journal of Organizational Behavior, 31*, 609-623.

Podolny, J. M., Khurana, R. & Hill-Popper, M. (2004). Revisiting the meaning of leadership. *Research in Organizational Behavior, 26*, 1-36.

Podsakoff, P. M., MacKenzie, S. B. & Bommer, W. H. (1996). Meta-Analysis of the Relationship between Kerr and Jermier's Substitute for Leadership and Employee Attitudes, Role Perceptions, and Performance. *Journal of Applied Psychology,* 81, 380-399.

Podsakoff, P. M., Niehoff, B. P., MacKenzie, S. B. & Williams, M. L. (1993). Do Substitutes for Leadership Really Substitue for Leadership? An Empirical Examination of Kerr and Jermier's Situational Leadership Model. *Organizational Behavior and Human Decision Processes,* 54, 1-44.

Podsiadlowski, A. (2002). *Multikulturelle Arbeitsgruppen in Unternehmen: Bedingungen für erfolgreiche Zusammenarbeit am Beispiel deutscher Unternehmen in Südostasien.* Münster: Waxmann.

Pongratz, H. J. & Voß, G. G. (2004). *Arbeitskraftunternehmer. Erwerbsorientierte Formen in entgrenzten Arbeitsformen.* Scheßlitz: Rosch.

Poppelreuter, S. (1997). *Arbeitssucht.* Weinheim: Beltz PVU.

Popper, K. (1945). *The Open Society and Its Enemies.* London: Routledge & Kegan Paul.

Popper, M. & Lipshitz, R. (1998). Organizational learning mechanisms: A structural and cultural approach to organizational learingn. *Journal of Applied Behavioral Science, 34*, 161-179.

Powell, G. & Butterfield, A. (1984). If Good Managers are Masculine, what are Bad Managers? *Sex Roles,* 7/8, 477-484.

Priebe, A. (2007). *Nachhaltige Personalentwicklung in kleinen und mittleren Unternehmen - Versuch einer Annäherung vor dem Hintergrund des demographischen Wandels.* Bielefeld: Universität, Dissertation.

Pritchard, R. D. (1990). *Measuring and Improving Organizational Productivity.* New York: Praeger.

Pritchard, R. D., Harrell, M. M., DiazGranados, D. & Guzman, M. J. (2008). (2008). The productivity measurement and enhancement system: A meta-analysis. *Journal of Applied Psychology, 93*, 540-567.

Pritchard, R. D., Kleinbeck, U. & Schmidt, K. H. (1993). *Das Management-System PPM: Durch Mitarbeiterbeteiligung zu höherer Produktivität.* München: Beck.

Pundt, A. & Nerdinger, F. W. (2012). Transformationale Führung - Führung für den Wandel? In Grote, S. (Hrsg.), *Die Zukunft der Führung* (S. 27-45). Berlin: Springer.

Quick, J. C. (2011). *Handbook of occupational health psychology.* Washington, DC: APA.

Rack, O., Tschaut, A., Giesser, C. & Clases, C. (2011). Collective Information Management - Ein Ansatzpunkt zum Umgang mit Informationsflut in virtueller Teamarbeit. *Wirtschaftspsychologie, 13(3)*, 41-51.

Rafferty, A. E. & Griffin, M. A. (2006). Perceptions of organizational change: A stress and coping perspective. *Jornal of Applied Psychology, 91*, 1154-1162.

Ramme, I. (1990). *Die Arbeit von Führungskräften. Konzepte und empirische Ergebnisse.* Bergisch Gladbach u. Köln: Eul.

Raskin, R. & Hall, C. S. (1981). The Narcissistic Personality Inventory: Alternate Form Reliability and Further Evidence of Construct Validity. *Journal of Personality Assessment,* 45, 159-162.

Raskin, R. & Terry, H. (1988). A Principal-Components Analysis of the Narcissistic Personality Inventory and Further Evidence of its Construct Validity. *Journal of Personality and Social Psychology,* 54, 890-902.

Rastetter, D. (1994). *Sexualität und Herrschaft in Organisationen. Eine geschlechtervergleichende Analyse.* Opladen: Westdeutscher Verlag.

Rastetter, D. (2006). Managing Diversity in Teams. Erkenntnisse aus der Gruppenforschung. In Krell, G. & Wächter, H. (Hrsg.), *Diversity Managment - Impulse aus der Personalforschung* (S. 81-108). Mering: Hampp.

Rastetter, D. (2008). *Zum Lächeln verpflichtet - Emotionsarbeit im Dienstleistungsbereich.* Frankfurt am Main: Campus.

Reber, G. & Jago, A. G. (1997). Festgemauert in der Erde. Eine Studie zur Veränderung oder Stabilität des Führungsverhaltens von Managern in Deutschland, Frankreich, Österreich, Polen, Tschechien und der Schweiz zwischen 1989 und 1996. In Klimecki, R. (Hrsg.), *Personal als Strategie: Mit flexiblen und lernbereiten Human-Ressourcen Kernkompetenzen aufbauen* (S. 158-184). Neuwied: Luchterhand.

Reber, G., Jago, A. G., Auer-Rizzi, W. & Szabo, E. (2000). Führungsstile in sieben Ländern Europas - ein interkultureller Vergleich. In Regnet, E. & Hofmann, L. M. (Hrsg.), *Personalmanagement in Europa* (S. 154-173). Göttingen: Verlag für Angewandte Psychologie.

Reddin, W. J. (1970). *Managerial Effectiveness.* New York: Mc-Graw-Hill.

Reddin, W. J. (1987). *How to make your management style more effective.* London: McGraw-Hill.

Reichwald, R., Möslein, K., Sachenbacher, H. & Englberger, H. (2000). *Telekooperation, verteilte Arbeits- und Organisationsformen* (2. Aufl.). Berlin: Springer.

Reineck, U., Sambeth, U. & Winklhofer, A. (2009). *Handbuch Führungskompetenzen trainieren.* Weinheim: Beltz.

Reischauer, C. (1997). Mut zur Muße. Deutsche Manager gönnen sich relativ viel Urlaub, aber selten echte Freizeit. *Wirtschaftswoche*, 36/97, 80-85.

Remdisch, S. & Utsch, A. (2006). Führen auf Distanz. Neue Herausforderungen für Organisation und Management. *OrganisationsEntwicklung, 25 (3)*, 32-42.

Rennenkampff, A. von (2005). *Aktivierung und Auswirkungen geschlechtsstereotyper Wahrnehmung von Führungskompetenz im Bewerbungskontext.* Mannheim: Fakultät für Sozialwissenschaften der Universität Mannheim, Dissertation.

Resch, D. & Steinkellner, P. (2012). Diskursive und systemische Ansätze der Führung. In Heimerl, P./Sichler, R. (Hrsg.), *Strategie - Organisation - Personal - Führung* (S. 533-558). Wien: facultas.wuv.

Rheinberg, F. (2012). *Motivation* (8. Aufl.). Stuttgart: Kohlhammer.

Rhoades, L., Eisenberger, R. & Armeli, S. (2001). Affective commitment to the organization: The contribution of perceived organizational support. *Journal of Applied Psychology*, *86*, 825-836.

Richter, G., Bode, S. & Köper, B. (2012). *Demografischer Wandel in der Arbeitswelt.* Dortmund: Bundesanstalt für Arbeitsschutz und Arbeitsmedizin.

Ridder, H.-G., Bruns, H.-J. & Brünn, S. (2004). Online- und Multimediainstrumente zur Kompetenzerfassung. In Arbeitsgemeinschaft Betriebliche Weiterbildungsforschung e. V. (Hrsg.), *QUEM-report: Schriften zur beruflichen Weiterbildung* (Bd. 86). Berlin:

Riener, G. & Wiederhold, S. (2012). Team building and hidden costs of control. In *DICE Discussion Paper No. 66.* Düsseldorf: Heinrich-Heine-Universität.

Riethmüller, M. & Boos, M. (2011). Zwischen Aufgaben-Medien-Passung und Teamleistung: EIn Blick in die Blackbox der Kommunikation. *Wirtschaftspsychologie, 13(3)*, 21-30.

Rigotti, F. (1994). *Die Macht und die Metaphern. Über die sprachlichen Bilder der Politik.* Frankfurt: Campus.

Rigotti, T. & Mohr, G. (2011). Gesundheit und Krankheit in der neuen Arbeitswelt. In Bamberg, E., Ducki, A. & Metz, A.-M. (Hrsg.), *Handbuch Gesundheitsförderung und Gesundheitsmanagement in der Arbeitswelt* (S. 61-82). Berlin: Springer.

Rimann, M. & Udris, I. (1997). Subjektive Arbeitsanalyse: Der Fragebogen SALSA. Unternehmen arbeitspsychologisch bewerten. Ein Mehr-Ebenen-Ansatz unter besonderer Berücksichtigung von Mensch. *Technik und Organisation*, *1*, 281-298.

Risch, S. (1998). Von allen guten Geistern verlassen. Tarnen, tricksen, taktieren. Wie Top-Manager überleben. *Manager Magazin,* 28 (1), 166-186.

Robbins, S. P., Judge, T. A. & Campbell, T. T. (2010). *Organizational Behaviour.* Harlow: Pearson.

Roberge, M. É., Lewicki, R. J., Hietapelto, A. & Abdyldaeva, A. (2011). From theory to practice: recommending supportive diversity practices. *Journal of Diversity Management, 6(2),* 1-20.

Roberts, W. (1990). *Attila-Management.* Hamburg: Hoffmann & Campe.

Robertson, I. T. (1990). Behavior Modeling: Its Record and Potential in Training and Development. *British Journal of Management,* 1, 117-125.

Rodgers, R. & Hunter, J. E. (1991). Impact of management by objectives on organizational productivity. *Journal of Applied Psychology, 76,* 322-336.

Rodler, C. & Kirchler, E. (2002). *Führung in Organisationen.* Wien: WUV Universitätsverlag.

Rogers, J. K. (1995). Just a temp: Experience and structure of alienation in temporary clerical employment. *Work and Occupations, 22,* 137-166.

Rohmert, W. & Rutenfranz, J. (1975). *Arbeitswissenschaftliche Beurteilung der Belastung und Beanspruchung an unterschiedlichen industriellen Arbeitsplätzen.* Bonn: Bundesministerium für Arbeit und Sozialordnung.

Röllinghoff, S. (1996). *Die Individualisierung des Personaleinsatzes.* München und Mering: Hampp.

Rosener, J. (1990). Ways Women Lead. *Harvard Business Review,* 68 (11/12), 119-125.

Rosenstiel, L. von. (1993). Grundlagen der Führung. In L. von Rosenstiel, E. Regnet & M. Domsch (Hrsg.), *Führung von Mitarbeitern: Handbuch für erfolgreiches Personalmanagement* (2. Aufl., S. 3-25). Stuttgart: Schäffer-Poeschel.

Rosenstiel, L. von. (1999). Grundlagen der Führung. In L. von Rosenstiel, E. Regnet & M. Domsch (Hrsg.), *Führung von Mitarbeitern: Handbuch für erfolgreiches Personalmanagement* (4. Aufl., S. 3-24). Stuttgart: Schäffer-Poeschel.

Rosenstiel, L. von. (2006). Die Bedeutung von Arbeit. In Schuler, H. (Hrsg.), *Lehrbuch der Personalpsychologie* (2. Aufl., S. 15-44). Göttingen: Hogrefe.

Rosenstiel, L. von. (2009). Grundlagen der Führung. In L. von Rosenstiel, E. Regnet & M. Domsch (Hrsg.), *Führung von Mitarbeitern: Handbuch für erfolgreiches Personalmanagement* (6. Aufl., S. 3-27). Stuttgart: Schäffer-Poeschel.

Rosenstiel, L. von. (2011). *Grundlagen der Organisationspsychologie* (7. Aufl., S. 3-25). Stuttgart: Schäffer-Poeschel.

Rosenstiel, L. von & Nerdinger, F. W. (2000). Die Münchener Wertestudien - Bestandsaufnahme und (vorläufiges) Resümee. *Psychologische Rundschau, 51,* 146-157.

Rosenstiel, L. von, Nerdinger, F. W., Spieß, E. & Stengel, M. (1989). *Führungsnachwuchs im Unternehmen: Wertkonflikte zwischen Individuum und Organisation.* München: Beck.

Rosenstiel, L. von, Molt, W. & Rüttinger, B. (2005). *Organisationspsychologie* (9. Aufl.). Stuttgart: Kohlhammer.

Ross, L. (1977). The intuitive psychologist and his shortcomings: Distortions in the attribution process. *Advances in Experimental Social Psychology, 10,* 173-220.

Rothlauf, J. (2010). *Total quality management in Theorie und Praxis: Zum ganzheitlichen Unternehmensverständnis* (3. Aufl.). München: Oldenbourg.

Rotter, J. B. (1966). Generalized expectancies for internal versus external control of reinforcement. *Psychological Monographs: General & Applied, 80,* 1-28.

Rowold, J. & Heinitz, K. (2008). Führungsstile als Stressbarrieren. *Zeitschrift für Personalpsychologie, 7,* 129-140.

Rowold, J., Borgmann, L. & Heinitz, K. (2009). Ethische Führung–Gütekriterien einer deutschen Adaptation der Ethical Leadership Scale (ELS-D) von Brown et al.(2005). *Zeitschrift für Arbeits- und Organisationspsychologie, 53*, 57-69.

Rowold, J. & Kersting, M. (2008). The assessment of charismatic leadership. Validity of a German version of the Conger-Kanungo Scale (CKS). *European Journal of Psychological Assessment, 24*, 124-130.

Rudolph, U. & Reisenzein, R. (Hrsg.). (2008). 50 years of attribution research. *Social Psychology, 39(2).*

Rudow, B. (2011). *Die gesunde Arbeit* (2. Aufl.). München: Oldenbourg.

Rumelhart, David E. (1980). Schemata: The Building Blocks of Cognition. In Spiro, R. J., Bruce, B. C. & Brewer, W. E. (Hrsg.), *Theoretical Issues in Reading Comprehension* (S. 33-58). Hillsdale, NJ: Erlbaum.

Rustemeyer, R. & Thrien, S. (1989). Die Managerin – der Manager: Wie weiblich dürfen sie sein, wie männlich müssen sie sein? *Zeitschrift für Arbeits- und Organisationspsychologie,* 33, 108-116.

Rychen, D. S. & Salganik, L. H. (2003). A holistic model of competence. In D. S. Rychen & L. H. Salganik (Hrsg.), *Key Competencies for a Successful Life and a Well-Functioning Society* (S. 41-62). Göttingen: Hogrefe & Huber.

Ryser, T., Schulze, H., Vollmer, A., Huber, C., Müller, H., Turkier, Y. & Leuthold, C. (2011). Eine handlungsorientierende Typisierung globaler und virtueller Kooperationsformen. *Wirtschaftspsychologie, 13(3)*, 7-20.

Sackmann, S. (1983). Organisationskultur: Die unsichtbare Einflußgröße. *Gruppendynamik, 14*, 393-406.

Sarges, W. (1974). *Empirische Untersuchungen zum Zusammenhang zwischen Führungsstil und Leistung in Arbeitsgruppen. Ein Beitrag zur Organisationsforschung.* Hamburg: Universität, Dissertation.

Sarges, W. (2000). Diagnose von Managementpotential für eine sich immer schneller und unvorhersehbarer ändernde Wirtschaftswelt. In L. von Rosenstiel & T. Lang-von Wins (Hrsg.), *Perspektiven der Potentialbeurteilung* (S. 107-128). Göttingen: Verlag für Angewandte Psychologie.

Schaper, N. (2011). Arbeit, Freizeit und Persönlichkeit. In Nerdinger, F. W., Blickle, G. & Schaper, N. (Hrsg.), *Arbeits- und Organisationspsychologie* (2. Aufl., S. 475-495). Berlin: Springer.

Scheck, S., Allmedinger, K. & Hamann, K. (2008). The effects od media richness on multilateral negotiations in a collaborative virtual environment. *Journal of Media Psychology, 20*, 57-66.

Schein, E. H. (1965). *Organizational Psychology.* Englewood Cliffs, NJ: Jossey.

Schein, E. H. (1974). Das Bild des Menschen aus der Sicht des Managements. In Grochla, E. (Hrsg), *Management.* (S. 69-91). Düsseldorf, Wien: Econ.

Schein, E. H. (1992). *Organizational culture and leadership* (2. Aufl.). San Fransisco: Jossey Bass.

Schein, E. H. (2010). *Organisationskultur* (3. Aufl.). Bergisch Gladbach: EHP.

Schein, V. E. (1973). The Interrelationship between Sex-Role Stereotypes and Requisite Managerial Characteristics. *Journal of Applied Psychology,* 57, 95-100.

Schein, V. E., Mueller, R., Lituchy, T. & Liu, J. (1996). Think Manager – Think Male: A Global Phenomenon? *Journal of Organizational Behavior,* 17, 33-41.

Scherer, A. G. (2006). Brauchen die Wirtschaftswissenschaften eine Ethik? In Anton Leist, Johannes Fischer, Bruno Staffelbach (Hrsg.), *Ethische Verantwortung in der Wissenschaft* (S. 9-22). Zürich:

Schettgen, P. (1991). *Führungspsychologie im Wandel. Neue Ansätze in der Organisations-, Interaktions- und Attributionsforschung.* Wiesbaden: DUV.

Schettgen, P. (2000). *Der alltägliche Kampf in Organisationen. Psychologische Hintergründe und Alternativen am Beispiel der japanischen Kampfkunst Aikido.* Wiesbaden: Westdeutscher Verlag.

Schiersmann, C. (2007). *Berufliche Weiterbildung.* Wiesbaden: VS Verlag für Sozialwissenschaften.

Schiersmann, C. & Thiel, H.-U. (2011). *Organisationsentwicklung. Prinzipien und Strategien von Veränderungsprozessen* (3. Aufl.). Wiesbaden: VS Verlag für Sozialwissenschaften.

Schilcher, C., Will-Zocholl, M. & Ziegler. M. (Hrsg.). (2012). *Vertrauen und Kooperation in der Arbeitswelt Editors: Prof. Dr. Heidi.* Berlin: Springer.

Schirmer, F. (1992). *Arbeitsverhalten von Managern.* Wiesbaden: Gabler.

Schlippe, A. von & Schweitzer, J. (2003). *Lehrbuch der systemischen Therapie und Beratung* (9. Aufl.). Göttingen: Vandenhoeck & Ruprecht.

Schmidt, G. (1989). Gegen die Macht der Gewohnheit: Systemische und wirklichkeitskonstruktive Ansätze in Therapie, Beratung und Training. *Organisationsentwicklung,* 6, 21-42.

Schmidt, K.-H. & Kleinbeck, U. (2006). *Führen mit Zielvereinbarung.* Göttingen: Hogrefe.

Schmidt, M., Schank, C. & Vorbohle, K. (Hrsg.). (2011). *Führung und Verantwortung.* München, Mering: Hampp.

Schmidt, S. J. (Hrsg.). (1987). *Der Diskurs des Radikalen Konstruktivismus.* Frankfurt: Suhrkamp.

Schneider, A. & Schmidpeter, R. (Hrsg.). (2012). *Corporate Social Responsibility - verantwortungsvolle Unternehmensführung in Theorie und Praxis.* Berlin: Springer-Gabler.

Schneider, H., Gerlach, I., Heinze, J. & Wieners, H. (2010). Betriebliches Familienbewusstsein: geschlechts-oder qualifikationsgetrieben? *Die Betriebswirtschaft, 70,* 125.

Schobert, D. B. (2007). Grundlagen zum Verständnis von work-life balance. In Esslinger, A. S. & Schobert, D. B. (Hrsg.), *Erfolgreiche Umsetzung von Work-Life Balance in Organisationen* (S. 19-33). Wiesbaden: DUV.

Schobert, D. B. (2010). Vereinbarkeit verschiedener Lebensdomänen. In Esslinger, A. S., Emmert, M. & Schöffski, O. (Hrsg.), *Betriebliches Gesundheitsmanagement* (S. 88-100). Wiesbaden: Gabler.

Scholl, W. (2005). Grundprobleme der Teamarbeit und ihre Bewältigung. Ein Kausalmodell. In Högl, M. & Gemünden, H. G. (Hrsg.), *Management von Teams. Theoretische Kontepte und empirische Befunde* (3. Aufl., S. 33-66). Wiesbaden: Gabler.

Scholz, C. (1999). Darwiportunismus: Das neue Szenario im Berufsleben. *Das Wirtschaftsstudium, 28,* 1182-1184.

Scholz, C. (2001). Virtuelle Teams mit darwiportunistischer Tendenz: Der Dorothy-Effekt. *OrganisationsEntwicklung, 20(4),* 20-29.

Scholz, C. (2003). *Spieler ohne Stammplatzgarantie: Darwiportunismus in der neuen Arbeitswelt.* Weinheim: Wiley.

Scholz, G. (1994). *Das Assessment Center. Konstruktvalidität und Dynamisierung.* Göttingen: Verlag für Angewandte Psychologie.

Schrader, S. (1995). *Spitzenführungskräfte, Unternehmensstrategie und Unternehmenserfolg.* Tübingen: Mohr.

Schreyögg, G. & Hübl, G. (1992). Manager in Aktion: Ergebnisse einer Beobachtungsstudie in mittelständischen Unternehmen. *Zeitschrift Führung und Organisation,* 2, 82-89.

Schriesheim, C. A. & Kerr, S. (1977a). Theories and Measures of Leadership: A Critical Appraisal of Current and Future Directions. In Hunt, J. G. & Larson, L. L. (Hrsg), *Leadership: The Cutting Edge* (S. 9-45). Carbondale und Edwardsville: South. Illinois Univ. Press.

Schriesheim, C. A. & Kerr, S. (1977b). R.LP. LPC: A Response to Fiedler, In Hunt, J. G. & Larson, L. L. (Hrsg), *Leadership: The Cutting Edge* (S. 51-56). Carbondale und Edwardsville: South. Illinois Univ. Press.

Schülein, J. A. (1989). Rollentheorie revisited. Wissenssoziologische Anmerkungen zu einem vergessenen Paradigma. *Soziale Welt,* 40, 481-496.

Schuler, H. (1996). *Psychologische Personalauswahl: Einführung in die Berufseignungsdiagnostik.* Göttingen: Hogrefe.

Schuler, H. (2006a). Arbeits- und Anforderungsanalyse. In Schuler, H. (Hrsg.), *Lehrbuch der Personalpsychologie* (2. Aufl., S. 45-68). Göttingen: Hogrefe.

Schuler, H. (Hrsg.). (2006b). *Lehrbuch der Personalpsychologie* (2. Aufl.). Göttingen: Hogrefe.

Schuler, H. & Görlich, Y. (2007). *Kreativität. Ursachen, Messung, Förderung und Umsetzung in Innovation.* Göttingen: Hogrefe.

Schuler, H. & Schmitt, N. (1987). Multimodale Messung in der Personalpsychologie. *Diagnostica,* 33, 259-271.

Schulz von Thun, F. (1981). *Miteinander reden.* Reinbek: Rowohlt.

Schulz von Thun, F., Ruppel, J. & Stratmann, R. (2011). *Miteinander reden: Kommunikationspsychologie für Führungskräfte* (12. Aufl.). Reinbek: Rowohlt.

Schumann, O., Brink, A. & Beschorner, T. (Hrsg.). (2010). *Unternehmensethik: Forschungsperspektiven zur verhältnisbestimmung von Unternehmen und Gesellschaft.* Münster: Metropolis.

Schumpeter, J. A. (1980). *Kapitalismus, Sozialismus und Demokratie.* München: Francke UTB.

Schwanfelder, W. (2007). *Überzeugend führen mit Machiavelli. Machen macht mächtig.* Heidelberg: Redline.

Schwarzer, R. (2000). *Stress, Angst und Handlungsregulation* (4. Aufl.). Stuttgart: Kohlhammer.

Schyns, B. & Collani, G. von (2002). Berufliche Selbstwirksamkeitserwartung(Occuaptional Self-Efficacy). In A. Glöckner-Rist (Hrsg.), *ZUMA-Informationssystem. Ein elektronisches Handbuch sozialwissenschaftlicher Erhebungsinstrumente. Version 6.* Mannheim: Zentrum für Umfragen, Methoden und Analysen.

Sczesny, S. & Kühnen, U. (2004). Meta-cognition about biological sex and gender-stereotypic physical appearance: Consequences for the assessment of leadership competence. *Personality and Social Psychology Bulletin, 30*, 13-21.

Sears, G. J. & Rowe, P. M. (2003). A personality-based similar-to-me effect in the employment interview: Conscientiousness, affect-versus competence-mediated interpretations, and the role of job relevance. *Canadian Journal of Behavioural Science, 35*, 13-24.

Seidel, E. (1978). *Betriebliche Führungsformen.* Stuttgart: Poeschel.

Seliger, R. (2012). *Das Dschungelbuch der Führung - Ein Navigationssystem für Führungskräft* (3. Aufl.). Heidelberg: Auer.

Seltzer, J. & Bass, B. M. (1990). Transformational Leadership. Beyond Initiation and Consideration. *Journal of Management,* 16, 693-703.

Selye, H. (1946). The general adaptation syndrome and the diseases of adaptation. *Journal of Allergy, 17*, 358-398.

Selye, H. (1953). *Einführung in die Lehre vom Adaptationssyndrom.* Stuttgart: Thieme.

Semmer, N. & Udris, I. (2007). Bedeutung und Wirkung von Arbeit. In H. Schuler (Hrsg.), *Organisationspsychologie* (3. Aufl., S. 157-196). Bern: Huber.

Seng, A., Fiesel, L. & Rüttgers, C. (2013). Akzeptanz der Frauenquote. In *KCS-Schriftenreihe* (Bd. 6). Essen: MA Akademie.

Senge, P. M. (1990). *The fifth discipline. The art and practice of the learning organization.* New York: Doubleday.

Senge, P. M. (1999). *Die fünfte Disziplin. Kunst und Praxis der lernenden Organisation* (7. Aufl.). Stuttgart: Klett-Cotta.

Senger, H. von (1994). *Strategeme.* Bd. I. Bern u.a.: Scherz.

Senger, H. von (2000). *Strategeme.* Bd. II. Bern u.a.: Scherz.

Senger, H. von. (2011). *36 Strategeme: Lebens- und Überlebenslisten aus drei Jahrtausenden.* Frankfurt/Main: Fischer.

Sennett, R. (2000). *Der flexible Mensch: Die Kultur des neuen Kapitalismus.* München: Siedler.

Shapiro, E. (1996). *Trendsurfen in der Chefetage: Unternehmensführung jenseits der Management-Moden.* Frankfurt am Main: Campus.

Shaver, K. G. (1975). *An Introduction to Attribution Processes.* Oxford, UK: Winthrop.

Siegrist, J. (1996). *Soziale Krisen und Gesundheit.* Göttingen: Hogrefe.

Sievers, B. (1994). *Work, Death, and Life itself. Essays on Management and Organization.* Berlin und New York: de Gruyter.

Simon, F. B. (1993). *Unterschiede, die Unterschiede machen. Klinische Epistemologie. Grundlagen einer systemischen Psychiatrie und Psychosomatik.* Frankfurt: Suhrkamp.

Simon, F. B. & Stierlin, H. (Hrsg.). (1993). *Die Sprache der Familientherapie. Ein Vokabular.* Stuttgart: Klett-Cotta.

Simon, H. A. (1955). A Behavioral Model of Rational Choice. *Quarterly Journal of Economics, 69*, 99-118.

Simon, H. A. (1960). *The new science of management decision.* New York: Harper.

Sims, H. P. (1977). The Leader as a Manager of Reinforcement Contingencies: An Empirical Example and a Model. In Hunt, J. G. & Larson, L. L. (Hrsg), *Leadership: The Cutting Edge* (S. 121-137). Carbondale und Edwardsville: South. Illinois Univ. Press.

Sims, H. P. & Lorenzi, P. (1992). *The New Leadership Paradigm. Social Learning and Cognition in Organizations.* Newbury Park u.a.: Sage.

SINUS (Hrsg.). (2011). *Informationen zu den Sinus-Milieus 2011.* Heidelberg: Sinus-Institut; Online: http://www.sinus-institut.de/uploads/tx_mpdownloadcenter/Informationen_Sinus-Milieus_042011.pdf; Zugriff am 20.09.2013.

Skakon, J., Nielsen, K., Borg, Vilhelm & Guzman, J. (2010). Are leaders' well-being, behaviours and style associated with the affective well-being of their employees? A systematic review of three decades of research. *Work & Stress, 24(2)*, 107-139.

Skinner, W. & Sasser, E. W. (1977). Managers with Impact: Versatile and Inconsistent. *Harvard Business Review,* 55, 6, 140-148.

Small, E. E. & Rentsch, J. R. (2010). (2010). Shared leadership in teams: A matter of distribution. *Journal of Personnel Psychology, 9*, 203-211.

Soeffner, H.-G. (1998). Erzwungene Ästhetik. Repräsentation, Zeremoniell und Ritual in der Politik. In Willems, H. & Jurga, M. (Hrsg), *Inszenierungsgesellschaft* (S. 215-234). Opladen u. Wiesbaden: Westdeutscher Verlag.

Solansky, S. T. (2008). Leadership style and team processes in self-managed teams. *Journal of Leadership & Organizational Studies, 14*, 332-341.

Solga, M. & Blickle, G. (2012). Macht und Einfluss in Projekten. In M. Wastian, I. Braumandl, L. von Rosenstiel (Hrsg.), *Angewandte Psychologie für Projektmanager. Ein Praxisbuch für die erfolgreiche Projektleitung* (2. Aufl., S. 146-164). Berlin: Springer.

Sonnentag, S. & Fritz, C. (2010). Arbeit und Privatleben: Das Verhältnis von Arbeit und Lebensbereichen außerhalb der Arbeit aus Sicht der Arbeitspsychologie. In Kleinbeck, U. & Schmidt, K.-H. (Hrsg.), *Enzyklopädie der Psychologie: Arbeitspsychologie*

Sonntag, K. (2009). Kompetenztaxonomien und -modelle: Orientierungsrahmen und Referenzgröße beruflichen Lernens bei sich verändernden Umfeldbedingungen. *Nova Acta Leopoldina, NF 100, 364*, 249-265.

Sonntag, K. & Stegmaier, R. (2000). Verhaltensorientierte Verfahren der Personalentwicklung. In Schuler, H. (Hrsg), *Lehrbuch der Personalpsychologie* (S. 265-287). Göttingen: Hogrefe).

Sosik, J. J. & Jung, D. I. (2010). *Full range leadership development: Pathways for people, profit and planet. Psychology Press.* New York:

Spence, J. T. & Robbins, A. S. (1992). Workaholism: Definition, measurement, and preliminary results. *Journal of Personality Assessment, 58*, 160-178.

Spencer, L. M., McClelland, D. C. & Spencer, S. M. (1992). *Competency assessment methods: History and state of the art.* Boston, Mass.: Hay-McBer.

Spieß, E. & Stadler, P. (2007). Gesundheitsförderliches Führen: Defizite erkennen und Fehlbelastungen der Mitarbeiter reduzieren. In Weber, A. & Hörmann, G. (Hrsg.), *Psychosoziale Gesundheit im Beruf* (S. 255-274). Stuttgart: Gentner.

Spreemann, S. (2000). *Geschlechtsstereotype Wahrnehmung von Führung. Der Einfluss einer maskulinen oder femininen äußeren Erscheinung.* Hamburg: Kovac.

Sprenger, R. K. (1991). *Mythos Motivation. Wege aus einer Sackgasse.* Frankfurt u. New York: Campus.

Sprenger, R. K. (2012). *Radikal führen.* Frankfurt am main: Campus.

Stadler, P. & Spieß, E. (2002). *Mitarbeiterorientiertes Führen und soziale Unterstützung am Arbeitsplatz.* Dortmund: Bundesanstalt für Arbeitsschutz und Arbeitsmedizin.

Stadtler, E. (1924). *Der Unternehmer als Führerpersönlichkeit.* Hannover: Letsch.

Staehle, W. (1980). Menschenbilder in Organisationstheorien. In Grochla, E. (Hrsg), *Handwörterbuch der Organisation* (2. Aufl.) (S. 1301-1313). Stuttgart: Poeschel.

Staehle, W. (1989). *Management. Eine verhaltenswissenschaftliche Perspektive* (4. Aufl.). München: Vahlen.

Staehle, W. H. (1999). *Management: Eine verhaltenswissenschaftliche Perspektive* (8. Aufl.). München: Vahlen.

Stamov-Roßnagel, C. & Hertel, G. (2010). Older workers' motivation: against the myth of general decline. *Management Decision, 48*, 894-906.

Stärk, C. & Wallat, K. (1975). Zu Arbeitstagaufnahmen der Leiter. Sozialistische *Arbeitswissenschaft,* 19, 441-454.

Statistische Ämter des Bundes und der Länder (Hrsg.). (2011). *Demografischer Wandel in Deutschland. Bevölkerungs- und Haushaltsentwicklung in Bund und in der Ländern.* Wiesbaden: Statistische Ämter des Bundes und der Länder.

Statistisches Bundesamt (Hrsg.). (2012). *Statistisches Jahrbuch. Deutschland und Internationales.* Wiesbaden: Statistisches Bundesamt.

Statistisches Bundesamt (Hrsg.). (2013). *Zensus 2011. Bevölkerung Bundesrepublik Deutschland am 9. Mai 2011.* Wiesbaden: Statistisches Bundesamt.

Staw, B. M. (1975). Attribution of the ‚Causes' of Performance. A General Alternative Interpretation of Cross-sectional Research on Organizations. *Organizational Behavior and Human Performance,* 13, 414-432.

Steffens, B., Thüsing, G., Bortenlänger, C., Oehmichen, J., Ostermann, M.-C. & Buchholz, G. (2010). Brauchen wir eine Frauenquote? *ifo Schnelldienst, 63(35-37)*, 1-40.

Stein-Hilbers, M. (2000). *Sexuell werden. Sexuelle Sozialisation und Geschlechterverhältnisse.* Opladen: Leske und Budrich.

Steinkellner, P. (2006). Systemische Führung. In Dengg, O. (Hrsg.), *Coaching - Ein Instrument für Management und Führung* (S. 85-117). Wien: BMLV.

Steinmann, H. & Olbrich, T. (1998). Ethik-Management: Integrierte Steuerung ethischer und ökonomischer Prozesse. In Blickle, G. (Hrsg), *Ethik in Organisationen. Konzepte, Befunde, Praxisbeispiele* (S. 95-115). Göttingen: Verlag für Angewandte Psychologie.

Stengel, M. & Rosenstiel, L. von. (1985). Identifikationskrise? Wertkonflikte beim Berufseinstieg. *Psychologie und Praxis - Zeitschrift für Arbeits- und Organisationspsychologie*, *29*, 142-152.

Stewart, R. (1967). *Managers and their Jobs*. London: Macmillan.

Steyrer, J. (1995). *Charisma in Organisationen. Sozial-kognitive und psychodynamisch-interaktive Aspekte von Führung*. Frankfurt u. New York: Campus.

Steyrer, J. & Meyer, M. (2010). Welcher Führungsstil führt zum Erfolg? 60 Jahre Führungsstilforschung - Einsichten und Aussichten. *Zeitschrift Führung und Organisation*, *79*, 148-155.

Stitzel, M. (2004). Werte und Wertewandel. In Gaugler, E., Oechsler, W. A. & Weber, W. (Hrsg.), *Handwörterbuch des Personalwesens* (3. Aufl., S. 1989 - 1998). Stuttgart: Schäffer-Poeschel.

Stock, R. (2005). Kann Teamführung zu intensiv sein? *Zeitschrift für betriebswirtschaftliche Forschung*, *57*, 33-52.

Stogdill, R. M. (1948). Personal factors associated with leadership. A survey of the literature. *Journal of Psychology: Interdisciplinary & Applied*, *25*, 35-71.

Stogdill, R. M. (1950). Leadership, membership and organization. *Psychological Bulletin*, *47*, 1-14.

Stogdill, R. M. (1963). *Manual for the LBDQ Form XII*. Golumbus, GA: Columbus State University

Stogdill, R. M. (1974). *Handbook of Leadership*. New York: Free Press.

Stoller-Schai, D. (2003). *E-Collaboration: Die Gestaltung internetgestützter kollaborativer Handlungsfelder*. Saarbrücken: SVH.

Strack, F. & Deutsch, R. (2002). Urteilsheuristiken. In D. Frey & M. Irle (Hrsg.), *Theorien der Sozialpsychologie* (2. Aufl., Bd. 3, S. 352-384). Bern: Huber.

Sträter, O., Siebert-Adzic, M. & Schäfer, E. (2012). Gesundes Führen für effiziente Organisationen der Zukunft. In Grote, S. (Hrsg.), *Die Zukunft der Führung* (S. 307-330). Berlin: Springer.

Strehl, F. (1987). Arbeitsrollen der Führungskräfte (nach Mintzberg). In Kieser, A., Reber, G. & Wunderer, R. (Hrsg), *Handwörterbuch der Führung*. (S. 33-46). Stuttgart: Poeschel.

Streich, R. K. (2003). Work-Life-Balance - Rollenprobleme von Führungskräften in der berufs- und Privatsphäre. In Rosenstiel, L. von, Regnet, E., Domsch, M. (Hrsg.), *Führung von Mitarbeitern* (5. Aufl., S. 111-118). Stuttgart: Schäffer-Poeschel.

Strobel, G. & Krause, J. von (1997). *Psychische Belastung von Bauleitern*. Bremerhaven: Wirtschaftsverlag NW.

Süß, S. & Kleiner, M. (2006). Diversity management: Verbeitung in der deutschen Unternehmenspraxis und Erklärungen aus neoinstitutionalistischer Perspektive. In Krell, G. & Wächter, H. (Hrsg.), *Diversity Managment - Impulse aus der Personalforschung* (S. 57-79). Mering: Hampp.

Süß, S. & Kleiner, M. (2007). Diversity management in Germany: dissemination and design of the concept. *The International Journal of Human Resource Management*, *18*, 1934-1953.

Süß, S. & Sayah, S. (2013). Balance between work and life: A qualitative study of German contract workers. *European Management Journal*, *31*, 250-262.

Swann, W. B., Polzer, J. T., Seyle, D. C. & Ko, S. J. (2004). Finding value in diversity: Verification of personal and social self-views in diverse groups. *Academy of Management Review*, *29*, 9-27.

Sy T., Cote S. & Saavedra R. (2005). The Contagious Leader: Impact of the Leader's Mood on the Mood of Group Members, Group Affective Tone, and Group Processes. *Journal of Applied Psychology*, *90*, 295-305.

Sydow, J. (1985). *Der soziotechnische Ansatz der Arbeits- und Organisationsgestaltung*. Frankfurt: Campus.

Taesler, P. & Janneck, M. (2010). Emoticons und Personenwahrnehmung: Der EInfluss von Emoticons auf die Einschätzung unbekannter Kommunikationspartner in der Online-Kommunikation. *Gruppendynamik und Organisationsberatung, 41*, 375-384.

Tajfel, H. (1978). *Differentiation between social groups.* London, England: Academic Press.

Tannenbaum, S. I., Salas, E. & Cannon-Bowers, J. A. (1996). Promoting team effectiveness. In West, M. A. (Hrsg.), *Handbook of work group psychology* (S. 503-529). Chichester: Wiley.

Tannenbaum, R. & Schmidt, W. H. (1958). How to choose a leadership pattern. *Harvard Business Review, 36(2)*, 95-101.

Taylor, F. W. (1913/1995). *Die Grundsätze wissenschaftlicher Betriebsführung.* Weinheim: Beltz / Psychologie Verlags Union.

Tedeschi, J. T. (Hrsg.). (1981). *Impression management theory and social psychology research.* New York, NY: Academic Press.

Tengblad, S. (2006). Is there a ‚new managerial work'? A comparison with Henry Mintzberg's classic study 30 years later. *Journal of Management Studies, 43*, 1437-1461.

Tepe, P. (2012). *Ideologie.* Berlin: DeGruyter.

Thissen, M. R., Jean, M. P., Madhavi, C. B. & Toyia, L. A. (2007). *Communication tools for distributed software development teams.* St. Louis, Missouri: ACM.

Thomas, A. (1992). *Grundriß der Sozialpsychologie. Band 2: Individuum-Gruppe-Gesellschaft.* Göttingen: Hogrefe.

Thomas, A. (1999). Gruppeneffektivität: Balance zwischen Heterogenität und Homogenität. *Gruppendynamik, 30*, 117-130.

Thomas, A. B. (1988). Does Leadership Make a Difference to Organizational Performance? *Administrative Science Quarterly*, 33, 388-400.

Thomas, D. A. & Ely, R. J. (1996). Making differences matter: A new paradigm for managing diversity. *Harvard Business Review, 74*, 79-91.

Thorndike, E. L. (1898). Animal intelligence: An experimental study of the associative processes in animals. *Psychological Monographs: General and Applied, 2*, 1-109.

Thorndike, E. L. (1932). *The fundamentals of learning.* New York: Teachers College Bureau of Publications.

Thorndike, R. L. (1949). *Personnel selection: Test and measurement techniques.* Oxford, England: Wiley.

Tichy, N. & Devanna, M. A. (1986). *The Transformational Leader.* New York: Wiley.

Tokar, B. (1997). *Earth for Sale: Reclaiming Ecology in the Age of Corporate Greenwash.* Boston: South End Press.

Tolman, E. C. (1932). *Purposive Behavior in Animals and Men.* New York: Appleton-Century.

Trevino, L. K., Lengel, R. H. & Daft, R. L. (1987). Media symbolism, media richness, and media choice in organizations a symbolic interactionist perspective. *Communication Research, 14*, 553-574.

Tucker, R. C. (1968). The Theory of Charismatic Leadership. *Daedalus,* 97, 731-756.

Turel, O. & Zhang, Y. (2010). Does virtual team composition matter? Trait and problem-solving configuration effects on team performance. *Behaviour and Information Technology, 29*, 363-375.

Türk, K. (1989). *Neuere Entwicklungen in der Organisationsforschung.* Stuttgart: Enke.

Türk, K. (1995). Entpersonalisierte Führung. In Kieser, A., Reber, G. & Wunderer, R. (Hrsg.), *Handwörterbuch der Führung* (2. Aufl., S. 328-340)

Tversky, A. & Kahneman , D. (1974). Judgment under Uncertainty: Heuristics and Biases. *Science, 185*, 1124-1131.

Udris, I., Kraft, U., Mussmann, C. & Rimann, M. (1992). Arbeiten, gesund sein und gesund bleiben: Theoretische Überlegungen zu einem Ressourcenkonzept. *Psychosozial, 15(4)*, 9-22.

Udris, I., Rimann, M. & Thalmann, K. (1994). Gesundheit erhalten, Gesundheit herstellen: Zur Funktion salutogenetischer Ressourcen. In Bergmann, B. & Richter, P. (Hrsg.), *Die Handlungsregulationstheorie* (S. 199-215). Göttingen: Hogrefe.

Uhl-Bien, M. & Marion, R. (2008). *Complexity Leadership.* Charlotte, NC: Information Age.

Uhl-Bien, M. & Marion, R. (2009). Complexity leadership in bureaucratic forms of organizing: A meso model. *The Leadership Quarterly, 20*, 631-650.

Ulich, E. (2007). Von der Work Life Balance zur Life Domain Balance. *Zeitschrift Führung und Organisation, 76*, 188-193.

Ulich, E. (2011). *Arbeitspsychologie* (7. Aufl.). Stuttgart: Schäffer-Poeschel.

Ulrich, H. & Krieg, W. (1972). *St. Galler Management-Modell.* Bern: Haupt.

Ulich, E. & Wülser, M. (2010). *Gesundheitsmanagement in Unternehmen* (4. Aufl.). Wiesbaden: Gabler.

Ulrich, P. (1981). Wirtschaftsethik und Unternehmensverfassung: Das Prinzip des unternehmenspolitischen Dialogs. In Ulrich, H. (Hrsg), *Management-Philosophie für die Zukunft* (S. 57-75). Bern u. Stuttgart: Haupt.

Ulrich, P., Lunau, Y. & Weber, T. (1998). ‚Ethikmaßnahmen' in der Unternehmenspraxis. Zum Stand der Wahrnehmung und Institutionalisierung von Unternehmensethik in deutschen und schweizerischen Firmen: Ergebnisse einer Befragung. In Ulrich, P. & Wieland, J. (Hrsg), *Unternehmensethik in der Praxis* (S. 121-194). Bern u.a.: Haupt.

Urban, F. Y. (2008). *Emotionen und Führung: Theoretische Grundlagen, empirische Befunde und praktische Konsequenzen.* Heidelberg: Springer.

Vaassen, B. (1996). *Die narrative Gestalt(ung) der Wirklichkeit. Grundlinien einer postmodern orientierten Epistemologie der Sozialwissenschaften.* Braunschweig u. Wiesbaden: Vieweg.

Vaihinger, H. (1911). *Die Philosophie des als ob: System der theoretischen, praktischen und religiösen Fiktionem der Menschheit auf Grund eines idealistichen Positivismus.* Berlin: Reuther & Reichard.

Vedder, G. (2001). *Zeitnutzung und Zeitknappheit im mittleren Management.* München u. Mering: Hampp.

Voigt, B.-Friedrich & Wagner, D. (2006). Numerische und alternative Darstellungsformen von Heterogenität in der Diversity Forschung. In Krell, G. & Wächter, H. (Hrsg.), *Diversity Managment - Impulse aus der Personalforschung* (S. 109-133). Mering: Hampp.

Vonken, M. (2005). *Handlung und Kompetenz. Theoretische Perspektiven für die Erwachsenen- und Berufspädagogik.* Wiesbaden: Verlag für Sozialwissenschaften.

Vroom, V. H. & Yetton, P. W. (1973). *Leadership and Decision Making.* Pittsburgh: Univ. of Pittsburgh Press.

Vroom, V. H. (1964). *Work and motivation.* New York, NY: Wiley.

Wacker, J. G. (2004). A theory of formal conceptual definitions: developing theory-building measurement instruments. *Journal of Operations Management, 22*, 629-650.

Wakefield, R. L., Leidner, D. E. & Garrison, G. (2008). A model of conflict, leadership, and performance in virtual teams. *Information Systems Research, 19*, 434-455.

Waldmann, R. (1999). *Perspektiven der Führungsforschung. Ein Paradigmenvergleich.* Wiesbaden: DUV.

Walenta, C. (2012). Empirie der Führung. In Heimerl, P. & Sichler, R. (Hrsg.), *Strategie, Organisation, Personal, Führung* (S. 495-532). Wien: facultas wuv.

Walgenbach, P. (1994). *Mittleres Management. Aufgaben – Funktionen – Arbeitsverhalten.* Wiesbaden: Gabler.

Walter-Busch, E. (1977). *Arbeitszufriedenheit in der Wohlstandsgesellschaft. Beitrag zur Diagnose der Theoriesprachenvielfalt betriebspsychologischer und industriesoziologischer Forschung.* Bern: Haupt.

Wang, G., Oh, I.-S., Courtright, S. H. & Colbert, A. E. (2011). Transformational leadership and performance across criteria and levels: A meta-analytic review of 25 years of research. *Group & Organization Management, 36*, 223-270.

Wartenpfuhl, B. (1998). *Transversale Differenzen. Ein theoretischer Beitrag zur Konstruktion und Dekonstruktion der Geschlechterdifferenz.* Osnabrück: Universität (Dissertation).

Wastian, M., Braumandl, I. & Rosenstiel, L. von (Hrsg.). (2012). *Angewandte Psychologie für das Projektmanagement* (2. Aufl.). Heidelberg: Springer.

Wastian, M., Braumandl, I. & Weisweiler, S. (2012). Führung in Projekten - eine prozessorientierte Zukunftsperspektive. In Grote, S. (Hrsg.), *Die Zukunft der Führung* (S. 75-102). Berlin: Springer.

Watzlawick, B., Beavin, J. H. & Jackson, D. D. (1967). *Pragmatics of Human Communication.* New York: Norton.

Weaver, P. & Mitchell, S. (2012). *Lessons for leaders from the people who matter. How employees around the world view their leaders.* Bridgeville, PA: DDI; www.ddiworld.com/DDIWorld/media/trend-research/lessonsforleadersfromthepeople whomatter_mis_ddi.pdf; 23.09.2013.

Webber, R. A. (1970). Perceptions of Interactions Betweeen Superiors and Subordinates. *Human Relations*, 23, 235-248.

Weber, A., Hörmann, G. & Heipertz, W. (2007). Arbeitslosigkeit und Gesundheit aus sozialmedizinischer Sicht. *Deutsches Ärzteblatt, 107*, 2957-2962.

Weber, M. (1921). *Wirtschaft und Gesellschaft: Grundriss der verstehenden Soziologie.* Tübingen: Mohr.

Weber, M. (1972). *Wirtschaft und Gesellschaft: Grundriss der verstehenden Soziologie* (5. Aufl.). Tübingen: Mohr.

Wegge, J. (2003). Heterogenität und Homogenität in Gruppen als Chance und Risiko für die Gruppeneffektivität. In Thomas, A. & Stumpf, S. (Hrsg.), *Teamarbeit und Teamentwicklung* (S. 119-141). Göttingen: Hogrefe.

Wegge, J. (2004). *Führung von Arbeitsgruppen.* Göttingen: Hogrefe.

Wegge, J., Jeppesen, H.-J., Weber, W. G., Pearce, C. L., Silva, S., Pundt, A., Jonsson, T., Wolf, S., Wassenaar, C. L., Unterrainer, C. & Piecha, A. (2010). Promoting work motivation in organizations: Should employee involvement in organizational leadership become a new tool in the organizational psychologist's armory? *Journal of Personnel Psychology, 9*, 154-171.

Wegge, J. & Rosenstiel, L. von. (2004). Führung. In H. Schuler (Hrsg.), *Lehrbuch Organisationspsychologie* (3. Aufl., S. 475-512). Bern: Huber.

Wegge, J. & Schmidt, K. (2012). Der Projektleiter als Führungskraft. In M. Wastian, I. Braumandl, L. von Rosenstiel (Hrsg.), *Angewandte Psychologie für Projektmanager. Ein Praxisbuch für die erfolgreiche Projektleitung* (2. Aufl., S. 207-224). Berlin: Springer.

Weibler, J. (1994). *Führung durch den nächsthöheren Vorgesetzten.* Wiesbaden: DUV.

Weibler, J. (1995). Symbolische Führung. In Kieser, A., Reber, G. & Wunderer, R. (Hrsg), *Handwörterbuch der Führung* (2. Aufl.) (S. 2015-2026). Stuttgart: Poeschel.

Weibler, J. (1996). Führungslehre – Ursachensuche für die Heterogenität einer Disziplin. In Weber, W. (Hrsg), *Grundlagen der Personalwirtschaft. Theorien und Konzepte* (S. 185-221). Wiesbaden: Gabler.

Weibler, J. (1997). Vertrauen und Führung. In Klimecki, R. & Remer, A. (Hrsg.), *Personal als Strategie* (S. 185-214). Neuwied: Luchterhand.

Weibler, J. (2001). *Personalführung.* München: Vahlen.

Weibler, J. (2012). *Personalführung* (2. Aufl.). München: Vahlen.

Weibler, J. & Rohn-Endres, S. (2010). Learning Conversation and Shared Network Leadership. *Journal of Personnel Psychology, 9*, 181-194.

Weick, K. E. (1985). *Der Prozess des Organisierens.* Frankfurt: Suhrkamp.

Weimar, R., Braakmann, D., Gelo, O. & della Schiava-Winkler, U. (2009). Arbeitssucht und Hochleistung. In Batthyany, D. & Pritz, A. (Hrsg.), *Rausch ohne Drogen* (S. 163-189). Wien: Springer.

Weiner, B. (2012). An attribution theory of motivation. In Lange, P. A. M. van, Kruglanski, A. W. & Higgins, E. T. (Hrsg.), *Handbook of theories of social psychology* (Bd. 1, S. 135-155). Los Angeles, CA: Sage.

Weiner, N. (1978). Situational and Leadership Influences on Organization Performance. In Academy of Management (Hrsg.). *Proceedings of the Academy of Management*, 230-234. http://proceedings.aom.org/content/1978/1/230.full.pdf+html; 25.09.2013

Weiner, B., Frieze, I., Kukla, A., Reed, L., Rest, S. & Rosenbaum, R. (1971). *Perceiving the Causes of Success and Failure.* Morristown: General Learning Press.

Weinert, A. B. (1995). Menschenbilder und Führung. In A. Kieser, G. Reber & R. Wunderer (Hrsg.), *Handwörterbuch der Führung* (2. Aufl., S. 1427-1442). Stuttgart: Schäffer-Poeschel.

Weinert, A. B. (2004). *Organisations- und Personalpsychologie* (5. Aufl.). Weinheim: Beltz.

Weinert, F. E. (2001). Concept of competence: A conceptual clarification. In D. S. Rychen & L. H. Salganik (Hrsg.), *Defining and selecting key competencies* (S. 45-65). Seattle u.a.: Hogrefe & Huber.

Weinkauf, K. & Woywode, M. (2004). Erfolgsfaktoren von virtuellen Teams - Ergebnisse einer aktuellen Studie. *Zeitschrift für Betriebswirtschaftliche Forschung, 56*, 393-412.

Weinshall, T. D. (1966). The Communicogram. In Lawrence, J. R. (Hrsg), *Operational Research and the Social Sciences* (S. 619-633). London: Tavistock.

Weise, P. (2000). Individualethik oder Institutionenethik? Die Resozialisierung des homo oeconomicus. *Zeitschrift für Wirtschaft- und Unternehmensethik,* 1, 9-29.

Weitzel, W. & Jonsson, E. (1989). Decline in organizations: a literature integration and extension. *Administrative Science Quarterly, 34*, 91-109.

Werbik, H. (1978). *Handlungstheorien.* Stuttgart: Kohlhammer.

Werhahn, P. H. (1980). *Menschenbild, Gesellschaftsbild und Wissenschaftsbegriff in der neueren Betriebswirtschaftslehre.* Bern und Stuttgart: Haupt.

Wesner, M. S. (2008). Assessing training needs for virtual team collaboration. In J. E. Nemiro (Hrsg.), *The handbook of high-performance virtual teams: a toolkit for collaborating across boundaries* (S. 273-294). San Francisco: Jossey-Bass.

West, M. A. (2012). *Effective teamwork: Practical lessons from organizational research* (3. Aufl.). Chichester, UK: Wiley.

White, R. W. (1959). Motivation reconsidered: The concept of competence. *Psychological Review, 66*, 297-333.

Wick, A. (2005). *Urteiler in der Personalauswahl. Einflüsse persönlicher Vorstellungen über Eignung und Personalauswahl auf Informationsnutzung, Beurteilung und Entscheidung.* München: Hampp.

Wick, A. (2009). Kontextabhängigkeit der Auswahl und Brauchbarkeit von Messverfahren zur Diagnose beruflicher Kompetenzen. *report - Zeitschrift für Weiterbildungsforschung, 33*(3) 24-34.

Wick, A. (2011). *Akademisch geprägte Kompetenzentwicklung: Kompetenzorientierung in Hochschulstudiengängen.* Heidelberg: HeiDOK (online auf: www.ub.uni-heidelberg.de/archiv/12001)

Wick, A., Dauner, B. A. & Mitschke, R. (2009). Globales Lernen in medial vermittelten Arbeitsgruppen - Kompetenzentwicklung von Führungskräften für globale Zusammenarbeit. *Zeitschrift für internationale Bildungsforschung und Entwicklungspolitik, 32(4)*, 14-18.

Wick, A. & Dutke, S. (2004). Commitment und Fluktuation: Eine attributionale Perspektive. In W. Bungard, B. Koop & C. Liebig (Hrsg.), *Psychologie und Wirtschaft leben. Aktuelle Themen der Wirtschaftspsychologie in Forschung und Praxis* (S. 501-506). Mering: Hampp.

Willems, H. (Hrsg.). (2009). *Theatralisierung der Gesellschaft (Band 1 und 2).* Wiesbaden: VS GWV.

Willke, H. (1994). *Systemtheorie II: Interventionstheorie. Grundzüge einer Intervention in komplexe Systeme.* Stuttgart: Fischer.

Wils, J.-P. (1993). Ästhetische Güte. Die ästhetische Repräsentation des ethischen Wertgehaltes der Wirklichkeit. In Hartmann, H. A. & Heydenreich, K. (Hrsg), *Moral des schönen Scheins* (S. 12-17). Frankfurt a.M.: Diesterweg.

Wimmer, P. & Neuberger, O. (1981). Das Organisationsklima im Lichte kooperativen und konkurrierenden Verhaltens. In Lüge, H.-G. & Grunwald, W. (Hrsg), *Kooperation und Konkurrenz in Organisationen* (S. 189-211). Bern u. Stuttgart: Haupt.

Wimmer, P. & Neuberger, O. (1998). *Personalwesen 2: Personalplanung, Beschäftigungssysteme, Personalkosten, Personalcontrolling.* Stuttgart: Lucius und Lucius.

Winkler, I. (2004). Aktuelle theoretische Ansätze der Führungsforschung. In *Schriften zur Organisationswissenschaft* (Bd. 2). Chemnitz: Professur für Organisation und Arbeitswissenschaft.

Winston, B. E. & Patterson, K. (2006). An integrative definition of leadership. *International Journal of Leadership Studies, 1(2)*, 6-66.

Witt, J. & Witt, T. (2008). *Der Kontinuierliche Verbesserungsprozess (KVP) - Konzept, System, Maßnahmen* (3. Aufl.). München: Sauer.

Witte, E. H. (1995). Effizienz der Führung. In A. Kieser, G. Reber & R. Wunderer (Hrsg.), *Handwörterbuch der Führung* (2. Aufl., S. 263-276). Stuttgart: Schäffer-Poeschel.

Wolf, W. R. (1996). *Das Machiavelli-Snydrom. Krankheitssymptome des Unternehmens. Diagnose, Therapie, Prävention.* Wiesbaden: Gabler.

Wood, A. F. & Smith, M. J. (2004). *Online communication: Linking technology, identity & culture* (2. Aufl.). Mahwah, NJ: Erlbaum.

Wood, R. E., Mento, A. J. & Locke, E. A. (1987). Task complexity as a moderator of goal effects: A meta-analysis. *Journal of Applied Psychology, 72*, 416-425.

Worchel, P. (1979). Trust and distrust. In Austin, W. G. & Worchel, S. (Hrsg.), *The social psychology of intergroup relations* (S. 174-187). Belmont, CA: Wadsworth.

Wörl, V. (1989). Unternehmer in der Umweltpflicht. *Süddeutsche Zeitung*, 178/89, 33.

Wright, A. & Bonett, D. (2003). The moderating effects of employee tenure on the relation between organizational commitment and job performance: a meta-analysis. *Journal of Applied Psychology, 87*, 1183-1190.

Wunderer, R. & Weibler, J. (1992). Vertikale und laterale Einflußstrategien: Zur Replikation und Kritik des "Profiles of Organizational Influence Strategies (POIS)" und seiner konzeptionellen Weiterführung. *Zeitschrift für Personalforschung, 6*, 515-536.

Wunderer, R. (1992). Managing the boss. ‚Führung von unten'. *Zeitschrift für Personalforschung,* 3, 287-311.

Wunderer, R. (2009). *Führung und Zusammenarbeit. Eine unternehmerische Führungslehre* (8. Aufl.). Neuwied: Luchterhand.

Wunderer, R. (2011). *Führung und Zusammenarbeit. Eine unternehmerische Führungslehre* (9. Aufl.). Neuwied: Luchterhand.

Wunderer, R. & Dick, P. (1997). Frauen im Management - Ergebnisse einer empirischen Untersuchung. *Personalwirtschaft, 9/97*, 12-16.

Yammarino, F. J. & Bass, B. M. (1990). Long Term Forecasting of Transformational Leadership and its Effects on Naval Officers: Some Preliminary Findings. In Clark, K. E. & Clark, M. B. (Hrsg), *Measures of Leadership* (S. 151-169). Greensboro, N.C.: Center for Creative Leadership.

Yammarino, F. J., Spangler, W. D. & Bass, B. M. (1993). Transformational Leadership and Performance. A Longitudinal Investigation. *Leadership Quarterly*, 4, 81-10.2

Yukl, G. (1971). Toward a behavioral theory of leadership. *Organizational Behavior and Human Performance*, *6*, 414-440.

Yukl, G. (1981). *Leadership in Organizations.* Englewood Cliffs: Prentice-Hall.

Yukl, G. (1994). A Retrospective on Robert House's 1976 Theory of Charismatic Leadership and Recent Revisions. *Leadership Quarterly*, 4, 367-373.

Yukl, G. (1999). An evaluation of conceptual weaknesses in transformational and charismatic leadership theories. *The Leadership Quarterly*, *10*, 285-305.

Yukl, G. (2010). *Leadership in Organizations* (7. Aufl.). Upper Saddle River, NJ: Pearson.

Yukl, G. (2011). *Contingency theories of effective leadership. The SAGE Handbook of Leadership* (S. 286-298). Thousand Oaks, CA: Sage.

Yukl, G. & Mahsud, R. (2010). Why flexible and adaptive leadership is essential. *Consulting Psychology Journal: Practice and Research*, *62*, 81-98.

Zaccaro, S. J. (2012). Individual differences and leadership: Contributions to a third tipping point. *The Leadership Quarterly*, *23*, 718-728.

Zaleznik, A. (1977). Managers and Leaders: Are they Different? *Harvard Business Review*, 55, (5/6), 67-80.

Zapf, D. & Semmer, N. K. (2004). Stress und Gesundheit in Organisationen. In Schuler, H. (Hrsg.), *Enzyklopädie der Psychologie, Themenbereich D, Serie III, Band 3, Organisationspsychologie* (2. Aufl.). Göttingen: Hogrefe.

Zeutschel, U. & Stumpf, S. (2003). Projektgruppen. In Stumpf, S. & Thomas, A. (Hrsg.), *Teamarbeit und Teamentwicklung* (S. 431-445). Göttingen:: Hogrefe.

Zimbardo, P. G. (1969). The human choice: Individuation, reason, and order vs. deindividuation, impulse, and chaos. In Arnold, W. J. & Levine, D. (Hrsg.), *Nebraska Symposium on Motivation* (S. 237-307). Lincoln: University of Nebraska Press.

Zimbardo, P. G. & Gerrig, R. J. (2004). *Psychologie* (16. Aufl.). München: Pearson.

Zimber, A. & Gregersen, S. (2011). Gesundheitsfördernd führen - Ein Projekt der Berufsgenossenschaft für Gesundheitsdienst und Wohlfahrtspflege (BGW). In Badura, B. et al. (Hrsg.), *Fehlzeiten-Report 2011: Führung und Gesundheit* (S. 111-119). Berlin: Springer.

Zok, K. (2011). Führungsverhalten und Auswirkungen auf die Gesundheit der Mitarbeiter - Analyse von WIdO-Mitarbeiterbefragungen. In Badura, B., Ducki, A., Schröder, H., Klose, J. & Macco, K. (Hrsg.), *Fehlzeiten-Report 2011: Führung und Gesundheit* (S. 27-36). Berlin: Springer.

Sachverzeichnis